U0166712

国家科学技术学术著作出版基金资助出版

中国维管植物科属志

中 卷

主编 李德铢

副主编 陈之端 王 红 路安民 骆 洋 郁文彬

金鱼藻目、基部真双子叶、五桠果目、虎耳草目、
蔷薇类、檀香目和石竹目
（金鱼藻科-仙人掌科）

中国科学院昆明植物研究所 iFlora 研究计划

科学出版社

北 京

内 容 简 介

　　《中国维管植物科属志》以被子植物系统发育专家组系统（APG 系统），以及石松类和蕨类系统（PPG 系统）、裸子植物系统（克氏裸子植物系统）为框架，结合《中国植物志》英文修订版（*Flora of China*）的成果，较为全面地反映了 20 世纪 90 年代以来分子系统学和分子地理学研究的进展，以及中国维管植物科属研究现状，是一部植物分类学与系统学专业工作者的工具书。书中记录中国维管植物 314 科 3246 属，其中石松类植物 3 科 6 属，蕨类植物 36 科 156 属，裸子植物 10 科 44 属，被子植物 265 科 3040 属。根据系统学线性排列，分为上、中、下三卷：①上卷，石松类、蕨类、裸子植物、基部被子植物、木兰类、金粟兰目和单子叶植物（石松科-禾本科）；②中卷，金鱼藻目、基部真双子叶、五桠果目、虎耳草目、蔷薇类、檀香目和石竹目（金鱼藻科-仙人掌科）；③下卷，菊类（绣球花科-伞形科）。书后附有：维管植物目级系统发育框架图、维管植物科级系统发育框架图，以及主要参考文献、主要数据库网站、科属拉丁名索引、科属中文名索引。本书依据维管植物系统学研究新成果界定了科属范畴，其中科的排列按照 APG 系统和 PPG 系统的线形排列，属仍按照字母排列。书中提供了科属特征描述、分布概况、科的分子系统框架图、科下的分属检索表、系统学评述、DNA 条形码研究概述和代表种及其用途等信息，重点介绍了传统分类系统和基于分子系统学研究成果的新系统下的各科属概况和变动。读者可以了解新近的中国维管植物科属形态特征和分布信息，亦可获悉最新的分子系统框架下科属系统研究概况及目前可用的 DNA 条形码信息。

　　本书可供植物学相关专业研究人员和高校师生使用，也可为农业、林业、畜牧业、医药行业、自然保护区和环境保护，以及科技情报工作者提供参考，同时对公众认识我国植物多样性也将有所助益。

图书在版编目（CIP）数据

中国维管植物科属志（全三册）/李德铢主编. —北京：科学出版社，2020.4
ISBN 978-7-03-058843-2

Ⅰ.①中⋯　Ⅱ.①李⋯　Ⅲ.① 维管植物–植物志–中国　Ⅳ.①Q948.52

中国版本图书馆 CIP 数据核字(2018)第 214155 号

责任编辑：王　静　王海光　王　好　赵小林　白　雪 / 责任校对：郑金红
责任印制：肖　兴 / 封面设计：杨建昆　骆　洋　王　红　刘新新

科学出版社 出版
北京东黄城根北街 16 号
邮政编码：100717
http://www.sciencep.com

北京通州皇家印刷厂 印刷
科学出版社发行　　各地新华书店经销

*

2020 年 4 月第 一 版　　开本：787×1092　1/16
2020 年 4 月第一次印刷　　印张：155
字数：3 669 000

定价：1248.00 元（全三册）
(如有印装质量问题，我社负责调换)

Supported by the National Fund for
Academic Publication in Science and Technology

THE FAMILIES AND GENERA OF CHINESE VASCULAR PLANTS

Volume II

Editor-in-Chief   LI De-Zhu

Associate Editors-in-Chief

CHEN Zhi-Duan   WANG Hong   LU An-Min   LUO Yang   YU Wen-Bin

Ceratophyllales, Basal Eudicots, Dilleniales, Saxifragales, Rosids, Santalales & Caryophyllales (Ceratophyllaceae - Cactaceae)

Sponsored by the iFlora Initiative of
Kunming Institute of Botany, Chinese Academy of Sciences

Science Press
Beijing

编著者分工

金鱼藻目 Ceratophyllales
　金鱼藻科 Ceratophyllaceae：周亚东、王青锋
毛茛目 Ranunculales
　领春木科 Eupteleaceae：路安民
　罂粟科 Papaveraceae：杨永平、陈家辉
　星叶草科 Circaeasteraceae：张剑
　木通科 Lardizabalaceae：姜丽丽、邵鹏柱
　防己科 Menispermaceae：黄家乐、邵鹏柱
　小檗科 Berberidaceae：张剑
　毛茛科 Ranunculaceae：王伟、向坤莉
山龙眼目 Proteales
　清风藤科 Sabiaceae：杨拓、陈之端
　莲科 Nelumbonaceae：周亚东、王青锋
　悬铃木科 Platanaceae：鲁丽敏、陈之端
　山龙眼科 Proteaceae：鲁丽敏、陈之端
昆栏树目 Trochodendrales
　昆栏树科 Trochodendraceae：路安民
黄杨目 Buxales
　黄杨科 Buxaceae：张剑
五桠果目 Dilleniales
　五桠果科 Dilleniaceae：路安民
虎耳草目 Saxifragales
　芍药科 Paeoniaceae：伊廷双
　蕈树科 Altingiaceae：伊廷双、张书东
　金缕梅科 Hamamelidaceae：伊廷双、张书东
　连香树科 Cercidiphyllaceae：李燕、高连明
　交让木科 Daphniphyllaceae：伊廷双、张书东
　鼠刺科 Iteaceae：伊廷双、张书东
　茶藨子科 Grossulariaceae：伊廷双、张书东
　虎耳草科 Saxifragaceae：雷立公
　景天科 Crassulaceae：伊廷双、张书东
　扯根菜科 Penthoraceae：何俊、雷立公
　小二仙草科 Haloragaceae：伊廷双
　锁阳科 Cynomoriaceae：张书东
葡萄目 Vitales
　葡萄科 Vitaceae：李明、邵鹏柱
蒺藜目 Zygophyllales

　蒺藜科 Zygophyllaceae：武生聃、张林静
豆目 Fabales
　豆科 Fabaceae：徐波、赵雪利、张玉霄
　海人树科 Surianaceae：何华杰、王红
　远志科 Polygalaceae：李攀
蔷薇目 Rosales
　蔷薇科 Rosaceae：张书东、伊廷双
　胡颓子科 Elaeagnaceae：张挺、李德铢
　鼠李科 Rhamnaceae：张书东、伊廷双
　榆科 Ulmaceae：张书东、伊廷双
　大麻科 Cannabaceae：伊廷双
　桑科 Moraceae：张书东、伊廷双
　荨麻科 Urticaceae：吴增源、李德铢
壳斗目 Fagales
　壳斗科 Fagaceae：向小果
　杨梅科 Myricaceae：陈楠、傅承新
　胡桃科 Juglandaceae：李睿琦、路安民
　木麻黄科 Casuarinaceae：向小果
　桦木科 Betulaceae：鲁丽敏、陈之端
葫芦目 Cucurbitales
　马桑科 Coriariaceae：李燕、高连明
　葫芦科 Cucurbitaceae：蒋伟、李德铢
　四数木科 Tetramelaceae：何华杰、王红
　秋海棠科 Begoniaceae：税玉民
卫矛目 Celastrales
　卫矛科 Celastraceae：孙苗、陈之端
酢浆草目 Oxalidales
　牛栓藤科 Connaraceae：蒋伟、李德铢
　酢浆草科 Oxalidaceae：蒋伟、李德铢
　杜英科 Elaeocarpaceae：杨美青
金虎尾目 Malpighiales
　小盘木科 Pandaceae：何华杰、王红
　红树科 Rhizophoraceae：董莉娜、王红
　古柯科 Erythroxylaceae：杨美青
　金莲木科 Ochnaceae：鲁丽敏、陈之端
　藤黄科 Clusiaceae：蒋伟、李德铢
　红厚壳科 Calophyllaceae：刘珉璐、王红

川苔草科 Podostemaceae：周亚东、王青锋

金丝桃科 Hypericaceae：方伟

假黄杨科 Putranjivaceae：雷立公

裂药树科 Centroplacaceae：杨美青

沟繁缕科 Elatinaceae：鲁丽敏、陈之端

金虎尾科 Malpighiaceae：孙苗、陈之端

毒鼠子科 Dichapetalaceae：杨美青

钟花科 Achariaceae：杨美青

堇菜科 Violaceae：何华杰、王红

西番莲科 Passifloraceae：周亚东、王青锋

杨柳科 Salicaceae：陈家辉、杨永平

大花草科 Rafflesiaceae：祁哲晨

大戟科 Euphorbiaceae：雷立公

亚麻科 Linaceae：蒋伟、李德铢

粘木科 Ixonanthaceae：王瑞江

叶下珠科 Phyllanthaceae：徐增莱、杭悦宇、
　雷立公

牻牛儿苗目 Geraniales

牻牛儿苗科 Geraniaceae：蒋伟、李德铢

桃金娘目 Myrtales

使君子科 Combretaceae：何俊

千屈菜科 Lythraceae：周伟、李德铢

柳叶菜科 Onagraceae：杨永平、陈家辉

桃金娘科 Myrtaceae：张书东

野牡丹科 Melastomataceae：李洪雷、陈之端

隐翼科 Crypteroniaceae：周伟、李德铢

缨子木目 Crossosomatales

省沽油科 Staphyleaceae：鲁丽敏、陈之端

旌节花科 Stachyuraceae：张剑

腺椒树目 Huerteales

瘿椒树科 Tapisciaceae：刘珉璐、王红

十齿花科 Dipentodontaceae：何俊

无患子目 Sapindales

熏倒牛科 Biebersteiniaceae：张书东

白刺科 Nitrariaceae：武生聃、张林静

橄榄科 Burseraceae：刘恩德、胡国雄

漆树科 Anacardiaceae：上官法智

无患子科 Anacardiaceae：上官法智

芸香科 Rutaceae：曹小燕、曹明

苦木科 Simaroubaceae：刘恩德、胡国雄

楝科 Meliaceae：刘恩德、胡国雄

锦葵目 Malvales

锦葵科 Malvaceae：孙苗、陈之端

瑞香科 Thymelaeaceae：李攀

红木科 Bixaceae：周伟、李德铢

半日花科 Cistaceae：蒋伟、王红

龙脑香科 Dipterocarpaceae：董莉娜

十字花目 Brassicales

叠珠树科 Akaniaceae：刘珉璐、李德铢、王红

旱金莲科 Tropaeolaceae：胡光万、周亚东

辣木科 Moringaceae：苏俊霞、赵慧玲

番木瓜科 Caricaceae：王瑞江

刺茉莉科 Salvadoraceae：刘珉璐、王红

木犀草科 Resedaceae：苏俊霞、赵慧玲

山柑科 Capparaceae：苏俊霞

节蒴木科 Borthwickiaceae：苏俊霞

斑果藤科 Stixaceae：苏俊霞

白花菜科 Cleomaceae：赵慧玲、苏俊霞

十字花科 Brassicaceae：孙小芹、杭悦宇

檀香目 Santalales

铁青树科 Olacaceae：刘恩德、胡国雄

山柚子科 Opiliaceae：鲁丽敏、陈之端

蛇菰科 Balanophoraceae：王瑞江

檀香科 Santalaceae：鲁丽敏、陈之端

青皮木科 Schoepfiaceae：刘恩德、胡国雄

桑寄生科 Loranthaceae：林若竹

石竹目 Caryophyllales

瓣鳞花科 Frankeniaceae：周伟、李德铢

柽柳科 Tamaricaceae：张道远

白花丹科 Plumbaginaceae：姚纲、李德铢

蓼科 Polygonaceae：孙永帅、刘建全

茅膏菜科 Droseraceae：蒋伟、王红

猪笼草科 Nepenthaceae：王瑞江

钩枝藤科 Ancistrocladaceae：周伟、李德铢

石竹科 Caryophyllaceae：姚纲、李德铢

苋科 Amaranthaceae：董莉娜、张明英、骆洋、
　俞英、王银环、王红

吉粟草科 Gisekiaceae：郁文彬、王红

番杏科 Aizoaceae：王凡红、李德铢

商陆科 Phytolaccaceae：何俊

紫茉莉科 Nyctaginaceae：何俊

粟米草科 Molluginaceae：郁文彬、李德铢

落葵科 Basellaceae：何俊

土人参科 Talinaceae：胡光万、周亚东

马齿苋科 Portulacaceae：何俊

仙人掌科 Cactaceae：何俊

目　录

·上　卷·

·下 卷·

Ceratophyllaceae Gray (1822), *nom. cons.* 金鱼藻科

特征描述： 多年生沉水草本，无根。叶 3-11 轮生，叶片 1-4 次二叉状分歧，条形，边缘一侧有锯齿或微齿。花序缩小成单花或具有退化分枝；花单性，雌雄同株，1 至多个生于茎节，腋外生，藏于 8-15 枚基部合生的叶状苞片中，无花被；雄花：雄蕊 3 至多数，螺旋状排列；雌花：单心皮，子房上位，1 室，胚珠 1，花柱宿存。瘦果革质，基部 0-2 刺，上部 0-2 刺，边缘 1-8 刺。种子 1，单层种皮，无胚乳和外胚乳。花粉粒无萌发孔，无外近壁。染色体 $2n$=12-72。

分布概况： 1 属/6 种，世界广布；中国 1 属/3 种，南北均产。

系统学评述： 金鱼藻科的系统位置一直存在较大争议[1-6]。早期金鱼藻属被放在茨藻科 Najadaceae 中[7]，或是独立成金鱼藻科[8]，甚至独立成金鱼藻目 Ceratophyllales[9]，FRPS 将其放在毛茛目 Ranunculales 下。分子证据显示，该科位于现存有花植物系统发育树的基部或近基部位置，是被子植物的基部类群之一[3,10]，也有证据显示其为真双子叶植物分支的姐妹分支[APG III,11]，或是单子叶植物姐妹群[12]。此外，有研究显示该科与金粟兰科 Chloranthaceae 有很近的亲缘关系[13-15]。

1. *Ceratophyllum* Linnaeus 金鱼藻属

Ceratophyllum Linnaeus (1753: 992); Fu & Les (2001: 121) (Type: *C. demersum* Linnaeus)

特征描述： 同科描述。

分布概况： 6/3 种，**1** 型；世界广布；中国南北均产。

系统学评述： Les[16]根据形态证据对金鱼藻属 6 个种进行了聚类分析，将该属分为 3 个组：金鱼藻组 *Ceratophyllum* sect. *Ceratophyllum*、细金鱼藻组 *C.* sect. *Submersum* 和粗金鱼藻组 *C.* sect. *Muricatum*。目前，缺少全面的分子证据的支持。

DNA 条形码研究： BOLD 网站有该属 7 种 52 个条形码数据。

代表种及其用途： 金鱼藻 *C. demersum* Linnaeus 可用于园艺景观、水体修复及作为鱼草等。

主要参考文献

[1] Hutchinson J. The families of flowering plants. 3rd ed.[M]. Oxford: Clarendon Press, 1973.

[2] Cronquist A. An integrated system of classification of flowering plants[M]. New York: Columbia University Press, 1981.

[3] Les DH. The origin and affinities of the Ceratophyllaceae[J]. Taxon, 1988: 326-345.

[4] Loconte H, Stevenson DW. Cladistics of the Magnoliidae[J]. Cladistics, 1991, 7: 267-296.

[5] Takhtajan A. Diversity and classification of flowering plants[M]. New York: Columbia University Press, 1997.

[6] 吴征镒, 等. 中国被子植物科属综论[M]. 北京: 科学出版社, 2003.

[7] Jussieu AL. Genera plantarum, secundum ordines naturales disposita[M]. Paris: Herissant and Barrois, 1789.

[8] Gray SF. A natural arrangement of British plants[M]. London: Baldwin, Cradock, and Joy, 1821.

[9] Link JHF. Handbuch zur erkennung der nutzbarsten und am haufigsten vmmenden Gewächse. Vol. 1.[M]. Berlin: S. J. Joseephy, 1829.

[10] Doyle JA. 1994. Origin of the angiosperm flower: a phylogenetic perspective[J]. Plant Syst Evol, 1994, 8(Suppl): 7-29.

[11] Soltis DE, et al. Angiosperm phylogeny: 17 genes, 640 taxa[J]. Am J Bot, 2011, 98: 704-730.

[12] Zanis MJ, et al. Phylogenetic analyses and perianth evolution in basal angiosperms[J]. Ann MO Bot Gard, 2003, 90: 129-150.

[13] Chase MW, et al. Multigene analyses of monocot relationships[J]. Aliso, 2006, 22: 63-75.

[14] Qiu YL, et al. Angiosperm phylogeny inferred from sequences of four mitochondrial genes[J]. J Syst Evol, 2010, 48: 391-425.

[15] Zhang N, et al. Highly conserved low-copy nuclear genes as effective markers for phylogenetic analyses in angiosperms[J]. New Phytol, 2012, 195: 923-937.

[16] Les DH. The evolution of achene morphology in *Ceratophyllum* (Ceratophyllaceae), IV. Summary of proposed relationships and evolutionary trends[J]. Syst Bot, 1989: 254-262.

Eupteleaceae K. Wilhelm (1910), *nom. cons.* 领春木科

特征描述：落叶灌木或小乔木。树皮紫黑色或棕灰色；枝有长、短枝之分。芽侧生，有多数鳞片。单叶螺旋状排列，羽状脉，先端尾状渐尖。<u>花先叶开放</u>，<u>两性</u>，<u>6-12 朵生于芽苞叶腋中</u>，<u>无花被</u>；雄蕊 6-19，花药长于花丝，药隔伸出；心皮 8-31，离生，<u>子房歪斜</u>，<u>无花柱</u>，<u>柱头鸡冠状</u>，<u>具乳头状凸起</u>。倒生胚珠 1-3。<u>翅果棕色</u>，<u>周围有翅</u>，<u>顶端圆</u>，<u>下端渐细成子房柄</u>。种子 1-3，内胚乳丰富。花粉粒 3 沟，稀为 4、5 和 6，穿孔或网状纹饰。染色体 $2n=28$。

分布概况：1 属/2 种，东亚分布；中国 1 属/1 种，产华北、华东至西南。

系统学评述：领春木科是个极其孤立的单属小科，除最初被置于木兰科 Magnoliaceae 以外，大多数研究者都承认其科级地位。不同分类系统曾将该科置于不同的目[1]，归于木兰亚纲 Magnoliidae（早期）、金缕梅亚纲 Hamamelididae 或蔷薇亚纲 Rosidae。吴征镒等[2]的系统中，该科被置于金缕梅纲 Hamamelidopsis 昆栏树亚纲 Trochodendridae 连香树目 Cercidiphyllales。Endress[3]认为领春木科与连香树科系统关系近缘。APG 系统则将其归入毛茛目 Ranunculales。Wang 等[4]利用叶绿体基因 *rbc*L、*mat*K、*trn*L-F 和核基因 26S rDNA 构建了毛茛目的系统发育框架，领春木科位于该目最基部。

1. *Euptelea* Siebold & Zuccarini 领春木属

Euptelea Siebold & Zuccarini (1840: 133); Fu & Endress (2001: 123) (Type: *E. polyandra* Siebold & Zuccarini)

特征描述：同科描述。

分布概况：2/1 种，**14 型**；分布于东亚至印度北部；中国产华北、华东至西南。

系统学评述：同科评述。

DNA 条形码研究：建议将 *mat*K 作为领春木属的鉴定条形码[5]。BOLD 网站有该属 2 种 8 个条形码数据；GBOWS 网站已有 1 种 28 个条形码数据。

代表种及其用途：领春木 *E. pleiosperma* J. D. Hooker & Thomson 树皮、花药用，清热泻火；亦可作园林观赏植物，现已广泛栽培。

主要参考文献

[1] 吴征镒, 等. 中国被子植物科属综论[M]. 北京: 科学出版社, 2003.

[2] 吴征镒, 等. 被子植物的一个"多系-多期-多域"新分类系统总览[J]. 植物分类学报, 2002, 40: 289-322.

[3] Endress PK. Eupteleaceae[M]//Kubitzki K. The families and genera of vascular plants, II. Berlin: Springer, 1993: 299-300.

[4] Wang W, et al. Phylogeny and classification of Ranunculales: evidence from four molecular loci and morphological data[J]. Perspect Plant Ecol Evol Syst, 2009, 11: 81-110.

[5] Hilu KW, et al. Angiosperm phylogeny based on *mat*K sequence information[J]. Am J Bot, 2003, 90: 1758-1776.

Papaveraceae Jussieu (1789), *nom. cons.* 罂粟科

特征描述：草本、稀灌木，有时具刺毛，<u>常有乳汁或有色液汁</u>。主根明显，稀纤维状或形成块根，稀有块茎。基生叶通常莲座状，茎生叶互生，稀上部对生或近轮生，全缘或分裂，有时具卷须，无托叶。蒴果，瓣裂或顶孔开裂，稀成熟心皮分离开裂或不裂或横裂为单种子的小节，稀有蓇葖果或坚果。种子细小，球形、卵圆形或近肾形；<u>种皮平滑、蜂窝状或具网纹</u>；<u>种脊有时具鸡冠状种阜</u>；胚小，胚乳油质，子叶不分裂或分裂。花粉粒 2、3 沟或散沟，穿孔或网状纹饰。染色体 $n=6$，7，8；稀 5，8-11，16，19。

分布概况：约 38 属 700 多种，产北温带，尤以地中海地区，西亚，中亚至东亚及北美洲西南部为多；中国 19 属/443 种，各省区均产。

系统学评述：传统的分类系统中罂粟科是个自然的类群，但系统划分存在较大分歧：①分为 2 科，罂粟科和荷包牡丹科 Fumariaceae（包括 *Pteridophyllum* 和角茴香属 *Hypecoum*）[1-3]，或罂粟科（包括狭义荷包牡丹科和角茴香属）和 Pteridophyllaceae[4]；②分为 3 科，罂粟科（狭义）、荷包牡丹科（包括角茴香属）和 Pteridophyllaceae[5]；③分为 4 科，罂粟科（狭义）、荷包牡丹科、Pteridophyllaceae 和角茴香科 Hypecoaceae[6]。系统学争议主要集中在 *Pteridophyllum*、角茴香属和荷包牡丹科的界定与分类等级上。分子证据支持广义罂粟科分为 2 个分支，即 *Pteridophyllum*、角茴香属和荷包牡丹科形成 1 支，狭义的罂粟科为 1 支[7]。

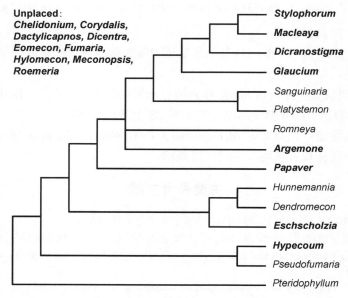

图 76　罂粟科分子系统框架图（参考 Pérez-Gutiérrez 等[7]）

分属检索表

1. 雄蕊多数，分离；雌蕊 2 至多心皮；花冠辐射对称，花瓣同形，无距；蒴果瓣裂或稀顶孔开裂；植株具浆汁
　2. 花被 3 基数；雌蕊 3 至多心皮；花单个顶生，稀聚伞状排列；蓇葖果或蒴果自先端开裂；种子无鸡冠状种阜，稀有，极小；茎和叶裂片先端具刺；蒴果 4-6 瓣自先端微裂，疏生硬刺···················
　　··**2. 蓟罂粟属 Argemone**
　2. 花被 2 基数或无花瓣；雌蕊 2 心皮，稀较多
　　3. 花瓣无；花极多，排列成大型圆锥花序；亚灌木；茎中空；叶宽卵形至近圆形，基部心形；蒴果狭倒卵形或近圆形··**15. 博落回属 Macleaya**
　　3. 花瓣 4，稀较多
　　　4. 花单生或组成总状花序；种子无鸡冠状种阜
　　　　5. 雌蕊 3 至多心皮；花单生或组成总状花序，稀圆锥状花序；蒴果 3-12 瓣裂或顶孔开裂
　　　　　6. 花柱通常明显，柱头棒状或头状，分离或连合，呈辐射状下延；蒴果 3-12 瓣自先端开裂；植株具黄色液汁···································**16. 绿绒蒿属 Meconopsis**
　　　　　6. 花柱无，柱头辐射状连合成平扁或尖塔形的盘状体；蒴果顶孔开裂；植株具白色液汁
　　　　　··**17. 罂粟属 Papaver**
　　　　5. 雌蕊 2 心皮（稀 4）；花单个顶生；蒴果 2-4 瓣裂
　　　　　7. 花瓣黄色、橙色，稀红色；蒴果 2 瓣裂
　　　　　　8. 花药线形，比花丝长；茎生叶和基生叶同形，均具柄，叶片三出多回羽状细裂，裂片线形；花托膨大成杯状；萼片花前帽状连合；蒴果自基部向先端开裂···············
　　　　　　··**8. 花菱草属 Eschscholzia**
　　　　　　8. 花药不为线形，比花丝短；基生叶多，羽状浅裂或深裂，裂片具齿，有柄；茎生叶少，明显小于基生叶，无柄
　　　　　　　9. 子房 1 室；种子卵珠形，具网纹；植株常具黄色液汁·····················
　　　　　　　···**6. 秃疮花属 Dicranostigma**
　　　　　　　9. 子房因由海绵状细胞组成的隔膜而成假 2 室；种子卵状肾形，蜂窝状；植株具红色液汁···**10. 海罂粟属 Glaucium**
　　　　　7. 花瓣紫色或红色；蒴果 4（2-3）瓣裂···························**18. 疆罂粟属 Roemeria**
　　　4. 花通常排列成伞房花序或圆锥花序；种子具鸡冠状种阜
　　　　10. 茎不为花葶状；叶茎生和基生，叶片不为心形，边缘具齿至羽状分裂
　　　　　11. 叶近对生于茎先端；茎不分枝；果不为念珠状
　　　　　　12. 花具苞片，数朵排成伞房花序；子房被短柔毛；蒴果自先端向基部 2-4 瓣裂·····
　　　　　　··**19. 金罂粟属 Stylophorum**
　　　　　　12. 花无苞片，1-3 花排列成伞房花序；子房无毛；蒴果自基部向先端 2 瓣裂·········
　　　　　　··**11. 荷青花属 Hylomecon**
　　　　　11. 叶互生于茎上下部；茎聚伞状分枝；果近念珠状·············**3. 白屈菜属 Chelidonium**
　　　　10. 茎花葶状；叶全部基生，叶片心形，边缘浅波状·················**7. 血水草属 Eomecon**
1. 雄蕊 4 枚分离或 6 枚合成 2 束；雌蕊 2 心皮；花瓣不同形；蒴果或坚果；植株无浆汁
　13. 雄蕊 4 枚，分离，与花瓣对生；花冠近辐射对称，花瓣 4 枚，2 轮排列，无距，外轮和内轮异形；蒴果长角状，节间分离或开裂为 2 果瓣·············**12. 角茴香属 Hypecoum**
　13. 雄蕊 6 枚，合成 2 束；花冠两侧对称，花瓣 4 枚，2 轮排列，外花瓣中的 1 或 2 枚基部呈囊状或距，内轮异形；蒴果 2 瓣裂或为不开裂的坚果
　　14. 花纵轴两侧对称；蒴果 2 瓣裂

15. 直立草本；无卷须
  16. 叶二至三回三出全裂；种子表面密生网状的洼陷 ················· **13. 黄药属 *Ichtyoselmis***
  16. 叶多回羽状分裂或三出复叶；种子具鸡冠状种阜 ······ **14. 荷包牡丹属 *Lamprocapnos***
15. 攀援草本；具卷须
  17. 顶生小叶卷须状；总状花序对叶生；花黄色 ·················· **5. 紫金龙属 *Dactylicapnos***
  17. 顶生小叶柄卷须状；圆锥花序腋生；花淡紫红色 ············· **1. 荷包藤属 *Adlumia***
14. 花横轴两侧对称；蒴果 2 瓣裂或不开裂的坚果
  18. 蒴果，线形至卵形，稀圆形；种子 2 至多数，具鸡冠状种阜 ········ **4. 紫堇属 *Corydalis***
  18. 坚果，圆球形；种子 1，无鸡冠状种阜 ································· **9. 烟堇属 *Fumaria***

1. *Adlumia* Rafinesque ex de Candolle 荷包藤属

Adlumia Rafinesque ex de Candolle (1821: 111), *nom. cons.* ; Zhang & Lidén (2008: 291) [Type: *A. cirrhosa* Rafinesque ex de Candolle, *nom. illeg.* (=*A. fungosa* (Aiton) Greene ex Britton, Sterns & Poggenburg≡ *Fumaria fungosa* Aiton)]

特征描述：二年生或多年生草质藤本。主根长。叶片二至三回羽状全裂，小裂片卵形，先端 2-3 浅裂，基部楔形，顶生小叶柄卷须状。圆锥花序腋生，有 2-12 花，具小苞片；花纵轴两侧对称，下垂；萼片 2，鳞片状；花瓣 4，外轮 2 瓣和内轮 2 瓣连合成坛状花冠，喉部缢缩，外轮分离部分披针形，叉开，基部囊状，海绵质，内轮分离部分圆匙形，直立；雄蕊 6，合成 2 束，与外轮花瓣对生；柱头具 4 个乳突。蒴果线状椭圆形，包以干枯、海绵质的花冠。花粉粒 3-6 沟，皱波纹饰。

分布概况：2/1 种，**9** 型；分布于北美东部，亚洲东北部；中国产东北。

系统学评述：传统上认为荷包藤属是荷包牡丹属 *Lamprocapnos* 的 1 个分支，基于 *rps*16 序列的分子系统学研究认为，荷包藤属和荷包牡丹属应为姐妹属[8]。

DNA 条形码研究：已报道荷包藤属 DNA 条形码 *rps*16 信息，可用于科属水平鉴定[8]。BOLD 网站有该属 1 种 1 个条形码数据。

代表种及其用途：荷包藤 *A. asiatica* Ohwi 可治各种疼痛，如牙痛、外伤疼痛、腹痛、痛经、头痛等。

2. *Argemone* Linnaeus 蓟罂粟属

Argemone Linnaeus (1753: 508); Zhang & Grey-Wilson (2008: 262) (Lectotype: *A. mexicana* Linnaeus)

特征描述：一年生、二年生或稀多年生有刺草本，具黄色味苦的浆汁。叶羽状分裂，裂片具波状齿，齿端具刺。花单个顶生或呈聚伞状排列，3 基数；花托狭长圆锥状。花芽先端有角状附属物；花瓣（4-）6；雄蕊多数，分离，花丝丝状或中部以下稍扩大，先端钻形，花药线形，近基部着生，2 裂，外向，开裂后弯曲；子房卵形、圆锥状卵形或近椭圆形。蒴果被刺，极稀无刺，3-6 瓣自顶端微裂，稀裂至近基部。种子多，近球形，种阜极小或无，种皮具网纹。花粉粒 3-4 沟，网状纹饰。

分布概况：29/1 种，**3** 型；主产美洲；中国南部庭园栽培，在台湾、福建、广东沿海和云南逸生。

系统学评述：传统分类将蓟罂粟属作为单系类群且从未被质疑，但种间关系一直存在争议，并认为蓟罂粟属是个新世界分布的类群。基于 ITS 序列的分子系统学研究表明，蓟罂粟属是单系，属下包含 4 个不同的分支，其划分与形态特征一致[9]。

DNA 条形码研究：已报道蓟罂粟属 ITS 片段可作属内水平鉴定使用[9]。BOLD 网站有该属 4 种 13 个条形码数据；GBOWS 网站已有 1 种 8 个条形码数据。

代表种及其用途：蓟罂粟 *A. mexicana* Linnaeus 可庭植或盆栽以供观赏。鲜草为发汗剂，种子为泻剂，种子油可治疝痛，液汁治眼睑裂伤、皮肤病、梅毒和癫病等。

3. *Chelidonium* Linnaeus 白屈菜属

Chelidonium Linnaeus (1753: 505); Zhang & Grey-Wilson (2008: 286) (Lectotype: *C. majus* Linnaeus)

特征描述：多年生直立草本，蓝灰色，具黄色液汁。茎直立，圆柱形，聚伞状分枝。基生叶羽状全裂，具长柄；茎生叶互生，叶片同基生叶，具短柄。花多数，排列成腋生的伞形花序，具苞片；花芽卵球形；萼片 2，黄绿色；花瓣 4，黄色，2 轮；雄蕊多数；子房圆柱形，1 室，2 心皮，无毛，花柱明显，柱头 2 裂。蒴果狭圆柱形，近念珠状，无毛，成熟时自基部向先端开裂成 2 果瓣，柱头宿存。种子多数，小，具光泽，表面具网纹，有鸡冠状种阜。花粉粒 3 沟，穿孔状纹饰，具小刺。

分布概况：1/1 种，**10** 型；分布于旧世界温带，从欧洲到日本均有；中国南北均产。

系统学评述：白屈菜属为单种属。分子系统学研究表明，该属与海罂粟属 *Glaucium*、秃疮花属 *Dicranostigma* 近缘[10]。

DNA 条形码研究：已报道白屈菜属 DNA 条形码有 5.8S rDNA、ITS1 和 ITS2[11]，这 3 个条形码的联合分析可用于科属水平鉴定。BOLD 网站有该属 1 种 26 个条形码数据；GBOWS 网站已有 1 种 28 个条形码数据。

代表种及其用途：白屈菜 *C. majus* Linnaeus 具镇痛、止咳、利尿解毒功效，可治胃肠疼痛、黄疸、水肿、疥癣疮肿、蛇虫咬伤。

4. *Corydalis* de Candolle 紫堇属

Corydalis de Candolle (1805: 637), *nom. cons.* ; Zhang et al. (2008: 295) [Type: *C. bulbosa* (Linnaeus) de Candolle (≡*Fumaria bulbosa* Linnaeus)].——*Roborowskia* Batalin

特征描述：一年生、二年生或多年生草本，或草本状半灌木，无乳汁。花排列成顶生、腋生或对叶生的总状花序，稀为伞房状或穗状至圆锥状，极稀形似单花腋生；花梗纤细。萼片 2，常小，膜质，花冠两侧对称，花瓣蓝色、紫色、橘色、黄色或白色；雄蕊 6，合生成 2 束；柱头各式，上端常具数目不等的乳突，乳突有时并生或具柄。果多蒴果，形状多样。种子肾形或近圆形，黑色或棕褐色，常平滑且有光泽；种阜各式，通常紧贴种子。花粉粒 6 或多沟，穿孔或网状纹饰。

分布概况：约 465/357（262）种，**8** 型；除北极地区外，广布北温带地区；中国南北均产，西南尤盛。

系统学评述：传统上紫堇属被认为属于荷包牡丹亚科的紫堇族 Corydaleae，基于

*rps*16 和 *mat*K 序列的分子系统学研究认为，紫堇属及其近缘属应该成立为紫堇科，主张划分该属下为 5 亚属，即直茎亚属 *Corydalis* subgen. *Cremnocapnos*、黄堇亚属 *C.* subgen. *Sophorocapnos*、延胡索亚属 *C.* subgen. *Corydalis*、曲花亚属 *C.* subgen. *Rapiferae* 和簇根亚属 *C.* subgen. *Fasciculatae*[12]。

DNA 条形码研究：已报道紫堇属 DNA 条形码有 *trn*L-F、*rbc*L、*mat*K、*rps*16 和 26S rDNA[12,13]，这些基因片段联合分析可用于科属水平鉴定，*rps*16 和 *mat*K 基因片段联合可用作属的鉴定条形码。BOLD 网站有该属 26 种 32 个条形码数据；GBOWS 网站已有 28 种 183 个条形码数据。

代表种及其用途：许多种类，如紫堇 *C. edulis* Maximowicz 等，具有重要的经济价值，可供观赏、入药等，大多具有清热解毒、活血化瘀、除湿止痛等功效。

5. *Dactylicapnos* Wallich 紫金龙属

Dactylicapnos Wallich (1826: 51); Zhang & Lidén (2008: 291) (Type: *D. thalictrifolia* Wallich)

特征描述：一年生或多年生草质藤本。茎攀援。叶多回羽状分裂，顶生小叶卷须状。总状花序或伞房状花序与叶对生，有 2 至数朵花；萼片 2，鳞片状；花瓣 4，黄色，大部合生，瓣片倒卵形，背部具鸡冠状凸起，爪线形，远长于瓣片；雄蕊 6，合成 2 束，与外花瓣对生，雄蕊束下部与花瓣合生，基部各具 1 蜜腺体并伸入花瓣基；柱头上端两角各具 1 小乳突，基部两侧各具 1 大乳突。蒴果线状长圆形，常呈念珠状，或长卵形，浆果状。种子具种阜。花粉粒 6 沟，穿孔状纹饰。

分布概况：12/10（3）种，**14SH** 型；分布于喜马拉雅地区；中国产西南。

系统学评述：传统上紫金龙属属于荷包牡丹属，基于 *rps*16 内含子序列研究认为荷包牡丹属和紫金龙属为姐妹属[8]。

DNA 条形码研究：已报道紫金龙属 DNA 条形码有 *rps*16，可用于科属水平鉴定[8]。GBOWS 网站有该属 3 种 39 个条形码数据。

代表种及其用途：紫金龙 *D. scandens* (D. Don) Hutchinson 入药，可镇痛、止血、降血压，主治神经性头痛、牙痛、胃痛、风湿关节痛等各种痛证，以及跌打损伤、外伤出血、产后出血不止、崩漏下血和高血压。

6. *Dicranostigma* J. D. Hooker & Thomson 秃疮花属

Dicranostigma J. D. Hooker & Thomson (1855: 255); Zhang & Grey-Wilson (2008: 281) (Type: *D. lactucoides* J. D. Hooker & Thomson)

特征描述：草本，蓝灰色，被短柔毛或无毛，常具黄色液汁。根狭纺锤形。茎圆柱形，具多数分枝。基生叶多数，羽状浅裂或深裂或二回羽状分裂，裂片疏离，边缘波状或具齿，具叶柄；茎生叶互生，羽状分裂或为不规则的大型粗齿，无叶柄。花单生或几朵于茎或分枝先端排成聚伞花序；具花梗，常无毛；无苞片。蒴果圆柱形或线形，被短柔毛或无毛，2 瓣自顶端开裂至近基部。种子小，多数，常卵珠形，具网纹，无种阜。花粉粒 3 沟，穿孔状纹饰，具小颗粒。

分布概况：3/3（2）种，**14SH** 型；分布于亚洲温带地区；中国产西南至热带以外的喜马拉雅地区和黄土高原。

系统学评述：分子系统学研究表明，秃疮花属与海罂粟属近缘[10]。

DNA 条形码研究：已报道秃疮花属 DNA 条形码有 *atp*B 和 *rbc*L，这 2 个基因片段联合分析可用于科属水平鉴定[10]。BOLD 网站有该属 2 种 3 个条形码数据；GBOWS 网站已有 2 种 20 个条形码数据。

代表种及其用途：秃疮花 *D. leptopodum* (Maximowicz) Fedde 根及全草入药，具清热解毒、消肿止痛和杀虫的功效。

7. *Eomecon* Hance 血水草属

Eomecon Hance (1884: 346); Zhang & Grey-Wilson (2008: 286) (Type: *E. chionantha* Hance)

特征描述：多年生草本，具红黄色液汁。根茎匍匐，多分枝。叶数枚，全部基生，叶片心形，质薄，具掌状脉，叶柄长。花葶直立，花于花葶先端排列成聚伞状伞房花序；萼片 2，舟状，膜质，合生成一佛焰苞状，先端渐尖，早落；花瓣 4 枚，白色，倒卵形，芽时二列覆瓦状排列；雄蕊多数，约 70 枚以上，花丝丝状，花药长圆形，2 室，纵裂，药隔宽；子房 2 心皮，1 室，具多数胚珠，花柱明显，柱头 2 裂，与胎座互生。蒴果狭椭圆形。种子具种阜。花粉粒多萌发孔，网状纹饰。

分布概况：1/1（1）种，**15** 型；特产中国产长江以南和西南山区。

系统学评述：血水草属为单种属。分子系统学研究表明，该属与 *Sanguinaria* 为姐妹群[13]。

DNA 条形码研究：已报道血水草属 DNA 条形码有 *trn*L-F、*rbc*L、*mat*K 和 26S rDNA[13]，这 4 个基因片段联合分析可用于科属水平鉴定。BOLD 网站有该属 1 种 4 个条形码数据；GBOWS 网站已有 1 种 11 个条形码数据。

代表种及其用途：血水草 *E. chionantha* Hance 全草入药，性苦、寒，有小毒；具清热解毒、活血止血的功效，外用治湿疹、疮疖、无名肿毒、毒蛇咬伤、跌打损伤，内服治劳伤腰痛、肺结核、咯血等。

8. *Eschscholzia* Chamisso 花菱草属

Eschscholzia Chamisso (1820: 73); Zhang & Grey-Wilson (2008: 281) (Type: *E. californica* Chamisso)

特征描述：一年生或多年生草本，稀为亚灌木，呈蓝灰色，具微透明的液汁。叶互生，三出多回羽状深裂。花大，单生于长花梗上；萼片 2，在花蕾时边缘连合而成帽状；花瓣 4；雄蕊多数，生于杯状花托边缘或通常生于花瓣基部，花丝短，花药线形或长圆形，常比花丝长，基着，2 室，内向；柱头 2 或更多，近宽丝状。蒴果长圆柱形，10 脉，2 瓣自基部向顶端开裂，并抛出种子，开裂后常弯曲。种子有网纹，具小瘤状凸起，无种阜。花粉粒 3 沟，穿孔或网状纹饰，具小刺。

分布概况：约 12/1 种，**9** 型；广布北美太平洋沿岸的荒漠和草原区；中国引种栽培。

系统学评述：花菱草属与罂粟亚科 Papaveroideae 为姐妹群[10]。

DNA 条形码研究：BOLD 网站有该属 18 种 53 个条形码数据。

代表种及其用途：该属植物是良好的花带、花径和盆栽材料，如花菱草 *E. californica* Chamisso。

9. *Fumaria* Linnaeus 烟堇属

Fumaria Linnaeus (1753: 699); Zhang & Lidén (2008: 428) (Lectotype: *F. officinalis* Linnaeus)

特征描述：一年生草本。茎被灰色蜡质霜。叶不规则二至四回羽状分裂，最下部叶具长柄，上部叶具短柄或近无柄。总状花序顶生或对叶生；萼片 2；花瓣 4，上面 1 枚花瓣前部扩大成花瓣片，瓣片近半圆筒形，边缘膜质，背部常具鸡冠状凸起，后部成 1 或长或短的距，下面 1 枚花瓣狭长，无距，呈沟状，里面 2 枚花瓣楔状长椭圆形，先端黏合；雄蕊 6，合成 2 束，具延伸入距的蜜腺体；柱头具 2（-3）个大乳突。坚果球形，果皮光滑或具瘤状凸起或有皱纹。花粉粒 6 孔，穿孔状纹饰。

分布概况：约 50/2 种，**12-1 型**；分布于加那利群岛至亚洲中部；中国产新疆。

系统学评述：分子系统学研究表明烟堇属为单系，与 *Rupicapnos* 为姐妹群[7]。

DNA 条形码研究：BOLD 网站有该属 7 种 38 个条形码数据；GBOWS 网站已有 1 种 4 个条形码数据。

10. *Glaucium* Miller 海罂粟属

Glaucium Miller (1754: 547); Zhang & Grey-Wilson (2008: 286) [Lectotype: *G. flavum* Crantz (≡*Chelidonium glaucium* Linnaeus)]

特征描述：二年生或多年生草本，稀一年生。基生叶多数，常羽状分裂，裂片具锯齿或圆齿，具叶柄，且基部扩大成鞘；茎生叶互生，心形抱茎。花黄色、黄褐色、深黄色或红色，单个顶生或腋生，通常具长的花梗；萼片 2；花瓣 4；雄蕊多数；子房圆柱形或线形，2 心皮，由细胞形成的海绵质隔膜把胎座连接而成假 2 室。蒴果成熟时自顶端向基部，或稀自基部向顶端开裂成 2 狭长的果瓣。种子多数，卵状肾形，种皮蜂窝状，无种阜。花粉粒 3 沟，穿孔状纹饰，具小刺。

分布概况：21-25/3 种，**12 型**；分布于欧洲温带和地中海，亚洲西南部至中部；中国产新疆。

系统学评述：海罂粟属与秃疮花属 *Dicranostigma* 近缘[10]。

DNA 条形码研究：已报道海罂粟属 DNA 条形码有 *trn*L-F、*rbc*L、*mat*K 和 26S rDNA[13]，这 4 个基因片段联合分析可用于科属水平鉴定。BOLD 网站有该属 1 种 7 个条形码数据；GBOWS 网站已有 2 种 16 个条形码数据。

代表种及其用途：天山海罂粟 *G. elegans* Fischer & C. A. Meyer 果实入药，有镇咳、祛痰、平喘的功效。

11. *Hylomecon* Maximowicz 荷青花属

Hylomecon Maximowicz (1859: 36); Zhang & Grey-Wilson (2008: 285) (Type: *H. vernalis* Maximowicz)

特征描述：多年生草本，<u>具黄色液汁</u>。<u>根茎密盖褐色、膜质、圆形的鳞片，果时呈肉质、橙黄色</u>。茎直立，柔弱，不分枝，下部无叶或稀具 1-2 叶。叶片羽状全裂，裂片 2-3 对；具长柄；茎生叶 2 枚，生于茎上部，对生或近互生，稀 3 枚，叶片同基生叶，具短柄。<u>花 1-3 朵</u>，<u>组成伞房状花序</u>，顶生或腋生。萼片 2；花瓣 4，黄色，具短爪。雄蕊多数，花药直立；子房圆柱状长圆形，无毛，花柱短，柱头 2 裂，肥厚，与胎座互生。蒴果。种子小，多数，<u>具种阜</u>。花粉粒 3 沟。

分布概况：1/1 种，<u>**14SJ** 型</u>；分布于日本，朝鲜，俄罗斯东西伯利亚；中国产东北、华北、华中、华东。

系统学评述：荷青花属为单种属。分子系统学研究表明，该属与博落回属 *Macleaya* 为姐妹群[13]。

DNA 条形码研究：已报道荷青花属 DNA 条形码有 ITS、*rbc*L、*mat*K 和 *trn*H-*psb*A[11]，这 4 个基因片段联合分析可用于科属水平鉴定。BOLD 网站有该属 4 个条形码数据；GBOWS 网站已有 1 种 12 个条形码数据。

代表种及其用途：荷青花 *H. japonica* (Thunberg) Prantl & Kündig 入药可散瘀消肿、舒筋活络、止血止痛。

12. *Hypecoum* Linnaeus 角茴香属

Hypecoum Linnaeus (1753: 124); Zhang & Lidén (2008: 288) (Lectotype: *H. procumbens* Linnaeus)

特征描述：一年生草本，矮小，<u>具微透明的液汁</u>。茎直立，具分枝，分枝直立至平卧。<u>基生叶近莲座状</u>，<u>二回羽状分裂</u>，具叶柄。花小，稀较大，排列成二歧式聚伞花序。花萼小，萼片 2，披针形或卵形，先端通常具细牙齿，早落；花瓣 4，多黄色，2 轮。<u>蒴果长圆柱形，大多具节</u>，节内有横隔膜，成熟时在节间分离，或者不具节而裂为 2 果瓣。种子多数，卵形，<u>表面具小疣状凸起</u>，稀近四棱形并具十字形的凸起。花粉粒 2 沟，穿孔状纹饰，具小刺。染色体 n=8。

分布概况：18/4（1）种，<u>**10-2** 型</u>；分布于地中海至中亚；中国产华北、西北至西南。

系统学评述：传统上角茴香属被置于荷包牡丹科[5]，或给予科的等级，并与荷包牡丹科近缘[14]。分子系统学研究支持角茴香属是 *Pteridophyllum* 和荷包牡丹科的姐妹群。叶基生、披针状和羽状分裂及 4 枚雄蕊等性状支持 *Pteridophyllum* 和角茴香属之间的近缘关系[13]。

DNA 条形码研究：已报道中国角茴香属 DNA 条形码有 *trn*L-F、*rbc*L、*mat*K 和 26S rDNA[13,15]，4 个基因片段联合分析可作为角茴香属的鉴定条形码。BOLD 网站有该属 1 种 3 个条形码数据；GBOWS 网站已有 3 种 40 个条形码数据。

代表种及其用途：角茴香 *H. erectum* Linnaeus 性凉、味苦辛，具清热解毒、镇咳止痛的功效，主治感冒发热、咳嗽、咽喉肿痛等[16]。

13. *Ichtyoselmis* Lidén & T. Fukuhara 黄药属

Ichtyoselmis Lidén & T. Fukuhara (1997: 415); Zhang & Lidén (2008: 290) [Type: *I. macrantha* (Oliver) Lidén (≡*Dicentra macrantha* Oliver)]

特征描述：多年生草本。根状茎粗壮，横走，分枝，下面疏生纤维状的根。茎基部生 2-4 片膜质的宽鞘。叶二至三回三出全裂，无毛；叶片三角形，一回裂片具长柄，中央二回裂片具较长的柄，中央三回裂片菱形，再一至二回羽状分裂，边缘具不等的锯齿，侧生三回裂片似中央三回裂片。总状花序有 4-6 花；苞片卵形，膜质；花梗约与花等长，呈不规则浅波状。果实椭圆形，坚硬，开裂。种子表面密生网状的洼陷。花粉粒 3 沟，穿孔状纹饰。

分布概况：1/1（1）种，**15** 型；特产中国贵州、湖北、四川、云南。

系统学评述：单种属，仅有黄药 *I. macrantha* (Oliver) Lidén 1 种。该属目前被并入荷包牡丹属，与紫堇属具有较近的亲缘关系[13]。

DNA 条形码研究：GBOWS 网站有该属 1 种 4 个条形码数据。

代表种及其用途：黄药可药用，具清心除烦、清热解毒的功效。

14. *Lamprocapnos* Endlicher 荷包牡丹属

Lamprocapnos Endlicher (1850: 32); Zhang & Lidén (2008: 290) [Type: *L. spectabilis* (Linnaeus) T. Fukuhara (≡*Fumaria spectabilis* Linnaeus)]

特征描述：多年生直立草本，根状茎，具叶状茎。叶多回羽状分裂或为三出复叶。总状花序，花朵下坠。萼片花瓣状。花冠具 2 个对称面，扁平，轮廓宽心形。雄蕊多离生，只是于花药下部稍稍聚合。种子黑色，具鸡冠状种阜。花粉粒 3 沟，穿孔或网状纹饰。

分布概况：约 12 种，其中 3 种分布自西喜马拉雅地区至朝鲜，日本，俄罗斯，9 种分布于北美洲；中国产 2 种，南北均有。

系统学评述：基于 *rps*16 序列的分子系统学研究表明，荷包牡丹属和紫堇属 *Corydalis*、紫金龙属 *Dactylicapnos* 为姐妹属[8]。

DNA 条形码研究：已报道荷包牡丹属 DNA 条形码有 *trn*L-F、*rbc*L、*mat*K、*rps*16 和 26S rDNA[8,13]；其中，*trn*L-F、*rbc*L、*mat*K 和 26S rDNA 这 4 个基因片段联合分析可用于科属水平鉴定。

代表种及其用途：荷包牡丹 *L. spectabilis* (Linnaeus) Fukuhara 是盆栽和切花的好材料，也适宜于布置花境。全草入药，有镇痛、解痉、利尿、调经、散血、活血、除风、消疮毒等功效。

15. *Macleaya* R. Brown 博落回属

Macleaya R. Brown (1826: 218); Zhang & Grey-Wilson (2008: 287) [Type: *M. cordata* (Willdenow) R. Brown (≡*Bocconia cordata* Willdenow)]

　　特征描述：多年生<u>直立草本</u>，<u>基部木质化</u>，<u>具黄色乳状浆汁</u>，有剧毒。<u>茎中空</u>，草质，光滑，具白粉。叶互生，叶片宽卵形或近圆形；具叶柄。花多数，于茎和分枝先端排列成大型圆锥花序；萼片 2，乳白色；花瓣无；雄蕊 8-12 或 24-30；柱头 2 裂。蒴果狭倒卵形、倒披针形或近圆形，具短柄，2 瓣裂。<u>种子 1 枚基着或 4-6 枚着生于缝线两侧</u>，<u>卵珠形</u>。花粉粒散孔。

　　分布概况：2/2（1）种，**14SJ 型**；分布于日本；中国产淮河以南和西北。

　　系统学评述：博落回属与荷花青属为姐妹群[13]。

　　DNA 条形码研究：已报道博落回属 DNA 条形码有 *trn*L-F、*rbc*L、*mat*K、ITS、*atp*B 和 26S rDNA；其中，*trn*L-F、*rbc*L、*mat*K 和 26S rDNA 这 4 个基因片段联合分析可用于科属水平鉴定[10,13]。BOLD 网站有该属 2 种 4 个条形码数据；GBOWS 网站已有 2 种 31 个条形码数据。

　　代表种及其用途：博落回 *M. cordata* (Willdenow) R. Brown 全草带根入药，有大毒，只可外用；有麻醉作用，可治跌打损伤、恶疮和蜂蜇伤等。由于含有多种生物碱，博落回提取物还可用作农药和抗菌消炎药。

16. *Meconopsis* Viguier 绿绒蒿属

Meconopsis Viguier (1814: 48); Zhang & Grey-Wilson (2008: 262) (Lectotype: *M. regia* G. Taylor, *typ. cons.*)

　　特征描述：一年生或多年生草本。主根明显，<u>肥厚而延长或萝卜状增粗</u>。茎分枝或不分枝，或为基生花葶，被刺毛、硬毛、柔毛或无毛。蒴果近球形、卵形、倒卵形、椭圆形至狭圆柱形，被刺毛、硬毛或无毛，3-12 瓣自顶端向基部微裂或开裂至全长的 1/3 或更多，稀裂至基部。种子多数，卵形、肾形、镰状长圆形或长椭圆形，<u>平滑或具纵凹痕</u>，<u>无种阜</u>。

　　分布概况：约 54/43（23）种，**10 型**；分布于西欧，喜马拉雅地区；中国主产西南。

　　系统学评述：传统上绿绒蒿属包括约 49 种，分为 2 亚属 5 组 9 系，基于 ITS 和 *trn*L-F 序列的分子系统学研究认为，绿绒蒿属有 47 种，总状绿绒蒿 *M. racemosa* Maximowicz 和拟多刺绿绒蒿 *M. pseudohorridula* C. Y. Wu & H. Chuang 归并到多刺绿绒蒿 *M. horridula* J. D. Hooker & Thomson 中，取消了亚属的设置，将绿绒蒿属直接划分为 3 个并行的组，即西欧绿绒蒿组 *Meconopsis* sect. *Cambricae*、原始绿绒蒿组 *M.* sect. *Chelidonifoliae* 和亚洲绿绒蒿组 *M.* sect. *Meconopsis*[17]。分子证据进一步表明，该属原本的模式种西欧绿绒蒿 *M. cambrica* (Linnaeus) Viguier 应从绿绒蒿属中划分出来，重新归到罂粟属之中[17-19]。然而，绿绒蒿属的模式种是分布在欧洲的西欧绿绒蒿，故而 Grey-Wilson[20]提议绿绒蒿属作为保留名称，并用产于尼泊尔的 *M. regia* G. Taylor 作为新模式种，这也在"深圳法规"得到通过。这样的话，真绿绒蒿支就可以沿用 *Meconopsis* 这个名称；此外还有 4 个种聚成另一个小支，涉及启用 *Cathcartia* 这个属名，该支中国有 3 种。

　　DNA 条形码研究：已报道绿绒蒿属 DNA 条形码有 *trn*L-F、*rbc*L、*mat*K、ITS 和 26S rDNA；其中，*trn*L-F、*rbc*L、*mat*K 和 26S rDNA 这 4 个基因片段联合分析可用于科属

水平鉴定，*trn*L-F 和 ITS 基因片段联合也可用作绿绒蒿属的鉴定条形码[13]。BOLD 网站有该属 50 种 275 个条形码数据；GBOWS 网站已有 11 种 117 个条形码数据。

代表种及其用途： 常用的绿绒蒿药用植物有 17 种，据《藏药志》记载"欧贝"全草入药，性凉，味甘、涩，具清热解毒、止痛的功效，用于治疗肺炎、肝肺热证。

17. *Papaver* Linnaeus 罂粟属

Papaver Linnaeus (1753: 506); Zhang & Grey-Wilson (2008: 278) (Lectotype: *P. somniferum* Linnaeus)

特征描述： 一年生、二年生或多年生草本，稀亚灌木。根纺锤形或渐狭。茎具乳白色、恶臭的液汁，具叶或不具叶。基生叶羽状浅裂、深裂、全裂或二回羽状分裂，表面具白粉，两面被刚毛，具叶柄。花单生，稀为聚伞状总状花序。蒴果狭圆柱形、倒卵形或球形，被刚毛或无毛，稀具刺，明显具肋或无肋，于辐射状柱头下孔裂。种子多数，小，肾形，黑色、褐色、深灰色或白色，具纵向条纹或蜂窝状。胚乳白色、肉质且富含油分；胚藏于胚乳中。花粉粒 3 沟，穿孔状纹饰，具小刺。

分布概况： 100/7 种，**8-4 型**；主要分布于中欧，南欧至亚洲温带，少数到美洲，大洋洲和非洲南部；中国产东北和西北，各地也有栽培。

系统学评述： 传统上罂粟属被认为非单系类群，基于 ITS 和 *trn*L-F 序列的分子系统学研究表明，罂粟属和疆罂粟属 *Roemeria*、*Stylomecon heterophylla* G. Taylor、西欧绿绒蒿 *M. cambrica* Viguier 形成单系分支[14,15]。

DNA 条形码研究： 已报道罂粟属 DNA 条形码 *trn*L-F、*rbc*L、*mat*K、ITS 和 26S rDNA；其中，*trn*L-F、*rbc*L、*mat*K 和 26S rDNA 这 4 个基因片段联合分析可用于科属水平鉴定，*trn*L-F 和 ITS 基因片段联合也可用作罂粟属的鉴定条形码[13,15]。BOLD 网站有该属 22 种 94 个条形码数据；GBOWS 网站已有 4 种 39 个条形码数据。

代表种及其用途： 大多数种类可用于庭园栽培以供观赏，如虞美人 *P. rhoeas* Linnaeus；有些种类含多种生物碱，可入药，有敛肺、止咳、止痛和催眠等功效，如罂粟 *P. somniferum* Linnaeus。

18. *Roemeria* Medikus 疆罂粟属

Roemeria Medikus (1792: 15); Zhang & Grey-Wilson (2008: 283) [Type: *R. violacea* Medikus, *nom. illeg.* (=*R. hybrida* (Linnaeus) de Candolle≡*Chelidonium hybridum* Linnaeus)]

特征描述： 一年生草本。叶片二回羽状深裂，裂片狭，再次浅裂，小裂片线形，无毛或被柔毛，有时小裂片卵状长圆形；具叶柄。单花顶生、腋生或与叶对生，具花梗；萼片 2；花瓣 4，紫色、紫红色或红色，芽时褶叠；雄蕊多数；子房圆柱形，2-4 心皮，1 室；花柱短，柱头头状，2-4 裂。蒴果狭圆柱形，长角果状，4 瓣，稀 2 或 3 瓣自顶端向基部开裂。种子多数，肾形，无种阜，种皮蜂窝状。花粉粒多萌发孔。

分布概况： 约 7/2 种，**12 型**；分布于地中海区至亚洲中部和西南部；中国产新疆。

系统学评述： 传统上疆罂粟属和蓟罂粟属为姐妹属，基于 ITS 和 *trn*L-F 序列的分子系统学研究表明，应该把疆罂粟属、*Stylomecon heterophylla* G. Taylor 和西欧绿绒蒿并入罂粟属[15]。

DNA 条形码研究： 已报道疆罂粟属 DNA 条形码有 *trn*L-F 和 ITS[15]，这 2 个基因片段联合分析可用于科属水平鉴定。GBOWS 网站有该属 1 种 4 个条形码数据。

代表种及其用途： 红花疆罂粟 *R. refracta* de Candolle 有镇咳、祛痰、平喘的功效。

19. *Stylophorum* Nuttall 金罂粟属

Stylophorum Nuttall (1818: 7); Zhang & Grey-Wilson (2008: 284) [Lectotype: *S. diphyllum* (Michaux) Nuttall (≡*Chelidonium diphyllum* Michaux)]

特征描述： 多年生草本，具黄色或血红色液汁。茎具条纹。基生叶少数，具长柄，叶片羽状深裂或全裂，裂片深波状或为不规则的锯齿。花排列成伞房状花序或伞形花序，具花序梗和苞片；萼片 2，被长柔毛；花瓣 4，黄色，近圆形，覆瓦状排列；雄蕊多数（20 或更多）；柱头 2-4 浅裂，裂片与胎座互生，胚珠多数。蒴果狭卵形或狭长圆形，被短柔毛，2-4 瓣自先端向基部开裂，具多数种子。种子小，具网纹和鸡冠状种阜。花粉粒多萌发孔。

分布概况： 3/2（2）种，**9** 型；分布于北美大西洋沿岸；中国产四川东部、湖北西部至秦岭。

系统学评述： 传统上金罂粟属被认为非单系类群，基于 *atp*B 和 *rbc*L 序列的分子系统学研究表明，金罂粟属、海罂粟属和秃疮花属系统关系较近[10]。

DNA 条形码研究： 已报道金罂粟属 DNA 条形码有 *trn*K、*atp*B 和 *rbc*L[10]，*atp*B 和 *rbc*L 这 2 个基因片段联合分析可用于科属水平鉴定。BOLD 网站有该属 1 种 5 个条形码数据；GBOWS 网站已有 2 种 10 个条形码数据。

代表种及其用途： 金罂粟 *S. lasiocarpum* (Oliver) Fedde 全草入药可治崩漏，煎水可洗疮毒；根和叶治外伤出血。

主要参考文献

[1] Hutchinson J. The families of flowering plants, arranged according to a new system based on their probable phylogeny. 3rd ed.[M]. Oxford: Clarendon Press, 1973.

[2] Dahlgren R. General aspects of angiosperm evolution and macrosystematics[J]. Nord J Bot, 1983, 3: 119-149.

[3] Cronquist A. The evolution and classification of flowering plants. 2nd ed.[M]. New York: New York Botanical Garden, 1988.

[4] Thorne RF. The classification and geography of the flowering plants: dicotyledons of the class Angiospermae[J]. Bot Rev, 2000, 66: 441-647.

[5] Kubitzki K, et al. The families and genera of vascular plants, II[M]. Berlin: Springer, 1993.

[6] 吴征镒, 等. 被子植物的一个"多系-多期-多域"新分类系统总览[J]. 植物分类学报, 2002, 40: 289-322.

[7] Pérez-Gutiérrez MA, et al. Phylogeny of the tribe Fumarieae (Papaveraceae *s.l.*) based on chloroplast and nuclear DNA sequences: evolutionary and biogeographic implications[J]. Am J Bot, 2012, 99: 517-528.

[8] Lidén M, et al. Phylogeny and classification of Fumariaceae, with emphasis on *Dicentra s.l.*, based on

the plastid gene *rps*16 intron[J]. Plant Syst Evol, 1997, 206: 411-420.

[9]   Schwarzbach AE, Kadereit JW. Phylogeny of prickly poppies, *Argemone* (Papaveraceae), and the evolution of morphological and alkaloid characters based on ITS nrDNA sequence variation[J]. Plant Syst Evol, 1999, 218: 257-279.

[10] Hoot SB, et al. Phylogeny of basal eudicots based on three molecular data sets: *atp*B, *rbc*L, and 18S nuclear ribosomal DNA sequences[J]. Ann MO Bot Gard, 1999, 86: 119-131.

[11] Frank RB, Joachim WK. Morphological evolution and ecological diversification of the forest-dwelling poppies (Papaveraceae: Chelidonioideae) as deduced from a molecular phylogeny of the ITS region[J]. Plant Syst Evol, 1999, 219: 181-197.

[12] Sophia WPH. Random local clock and molecular evolution studies on *Corydalis* (Papaveraceae *s.l.*)[J]. Int J Biol, 2012, 4: 31-39.

[13] Wang W, et al. Phylogeny and morphological evolution of tribe Menispermeae (Menispermaceae) inferred from chloroplast and nuclear sequences[J]. Perspect Plant Ecol Evol Syst, 2007, 8: 141-154.

[14] Takhtajan A. Diversity and classification of flowering plants[M]. New York: Columbia University Press, 1997.

[15] James CC, et al. Phylogenetics of *Papaver* and related genera based on DNA sequences from ITS nuclear ribosomal DNA and plastid *trn*L intron and *trn*L-F intergenic spacers[J]. Ann Bot, 2006, 98: 141-155.

[16] 蔡明磊, 常晓亮. 角茴香的鉴别方法研究[J]. 陕西中医学院学报, 2007, 30: 56-57.

[17] 袁长春. 濒危植物绿绒蒿属(*Meconopsis*)和滇桐属(*Craigia*)的系统发育及生物地理学研究[D]. 广州: 中山大学博士学位论文, 2002.

[18] Liu YC, et al. Molecular phylogeny of Asian *Meconopsis* based on nuclear ribosomal and chloroplast DNA sequence data[J]. PLoS One, 2014, 9: e104823.

[19] Xiao W. Molecular systematics of *Meconopsis* Vig. (Papaveraceae): taxonomy, polyploidy evolution, and historical biogeography from a phylogenetic insight[D]. PhD thesis. Austin, Texas: The University of Texas at Austin, 2013.

[20] Grey-Wilson C. Proposal to conserve the name *Meconopsis* (Papaveraceae) with a conserved type[J]. Taxon, 2012, 61: 473-474.

Circaeasteraceae J. Hutchinson (1926), *nom. cons.* 星叶草科

特征描述：小草本。叶无毛，菱状倒卵形、匙形、楔形或心形，边缘有小齿，叶脉呈开放的二叉分枝，与银杏和某些蕨类植物的叶脉相似。单花，两性；萼片卵形；花瓣缺；单珠被，珠心薄。瘦果。种子具有细胞型胚乳。花粉粒 3 沟，条网状纹饰。染色体 $2n=18$，30。

分布概况：2 属/2 种，分布于亚洲高海拔地区，主产中国，不丹，尼泊尔和印度北部；中国 2 属/2 种，产西北至西南。

系统学评述：传统分类中，星叶草科包含的星叶草属 *Circaeaster* 和独叶草属 *Kingdonia* 都曾被放在毛茛科 Ranunculaceae 中。由于两者具一系列独特的形态性状与毛茛科及近缘科相区别，因而分别被提升为科[1-3]。也有研究主张将独叶草属归入星叶草科，共同置于毛茛目 Ranunculales 中[4]。分子证据支持星叶草属和独叶草属的姐妹群关系，独叶草科 Kingdoniaceae 被合并到星叶草科，星叶草科放在毛茛目中，与木通科 Lardizabalaceae 互为姐妹群[APG III,5]。

分属检索表

1. 一年生小草本；茎短；叶菱状倒卵形，匙形或楔形；萼片 2-3 枚，无退化雄蕊；瘦果狭长，有钩毛 ·· **1. 星叶草属 *Circaeaster***
1. 多年生小草本；细长根状茎；叶具长柄，心状圆形；萼片 5 枚，退化雄蕊 8-11 (-13)；瘦果，狭倒披针形 ·· **2. 独叶草属 *Kingdonia***

1. *Circaeaster* Maximowicz 星叶草属

Circaeaster Maximowicz (1881: 556); Fu & Bruce (2001: 439) (Type: *C. agrestis* Maximowicz)

特征描述：一年生小草本。茎短。子叶宿存，与叶簇生于茎顶端。叶膜质，无毛，菱状倒卵形，匙形或楔形，先端具齿，叶脉二叉状分枝。花小，两性；萼片 2-3，狭卵形，宿存；无花瓣；雄蕊 1-2 (3)，与萼片互生，花药椭圆形，花丝线形，扁平；心皮稍长于雄蕊，1-3 枚，离生，无花柱；子房长圆形，柱头近椭球形。单珠被，薄珠心。瘦果狭长，有钩毛。种子具有细胞型胚乳。花粉粒 3 沟，条网状纹饰。染色体 $2n=30$。

分布概况：1/1 种，**13-2 型**；分布于不丹，尼泊尔，印度北部；中国产西北、西南。

系统学评述：星叶草属是个单系类群。传统分类学中，星叶草属的系统位置一直存在颇多争论。不同学者曾分别将星叶草属放在金粟兰科 Chloranthaceae、毛茛科或小檗科 Berberidaceae，甚至三白草科 Saururaceae 中。Hutchinson[1]将该属提升为星叶草科。分子系统学研究将星叶草属和独叶草属同时归于星叶草科[APGIII,5]。王伟等利用叶绿体基

因片段 *rbc*L、*mat*K、*trn*L-F，以及核基因片段 26S rDNA 研究了毛茛目的系统发育关系[5]，结果支持上述 2 属的姐妹群关系及星叶草科的单系性，并进一步确定了星叶草科与木通科的姐妹群关系。

DNA 条形码研究： *atp*B、*trn*L-F、18S rDNA 及 26S rDNA 被用于星叶草科系统学研究，可作为 DNA 条形码的候选片段[5,6]。BOLD 网站有该属 1 种 9 个条形码数据；GBOWS 网站已有 1 种 7 个条形码数据。

代表种及其用途： 星叶草 *C. agrestis* Maximowicz 为珍稀濒危保护植物，被列入《中国物种红色名录》，该种对研究真双子叶植物系统关系和演化具有重要意义。

2. *Kingdonia* I. B. Balfour & W. W. Smith 独叶草属

Kingdonia I. B. Balfour & W. W. Smith (1914: 191); Wang et al. (2001: 400) (Type: *K. uniflora* I. B. Balfour & W. W. Smith)

特征描述： 多年生小草本。根状茎细长。叶 1 枚，基生，具长柄，心状圆形，掌状全裂，顶部边缘有小齿，叶脉二叉状分枝。花两性，单生于花茎顶端；萼片 5，卵形，花瓣状；花瓣缺；退化雄蕊 8-11（-13），圆柱状，顶端头状膨大；雄蕊（3-）5-8，花药椭圆形，花丝线形；心皮 3-7（-9），子房内有下垂的胚珠，花柱钻形。单珠被，薄珠心。瘦果，狭倒披针形。种子白色，扁椭圆形，具有细胞型胚乳。花粉粒 3 沟，条网状纹饰。虫媒传粉。染色体 2*n*=18。

分布概况： 1/1（1）种，**15** 型；中国特有单种属，产云南西北部、四川西部、甘肃南部、陕西南部。

系统学评述： 传统分类中，独叶草属的分类等级和系统位置都存在争议。该属曾被归于毛茛科，也曾因其与星叶草属植物形态相似，具有被子植物非常罕见的二叉状分枝叶脉等特征而被置于星叶草科，还曾被提升到科的分类等级。分子系统学研究表明，独叶草属和星叶草属互为姐妹群，同属于星叶草科[APG III,5]。

DNA 条形码研究： *atp*B、*trn*L-F、18S rDNA 及 26S rDNA 被用于星叶草科的系统学研究，可作为 DNA 条形码的候选片段[5,6]。BOLD 网站有该属 1 种 4 个条形码数据；GBOWS 网站已有 1 种 6 个条形码数据。

代表种及其用途： 独叶草 *K. uniflora* I. B. Balfour & W. W. Smith，全草供药用，为国家 I 级重点保护野生植物。

主要参考文献

[1] Hutchinson J. The families of flowering plants, arranged according to a new system based on their probable phylogeny. 3rd ed.[M]. Oxford: Clarendon Press, 1973.
[2] Shaw HKA. Diagnoses of new families, new names, etc., for the seventh edition of Willis's 'Dictionary'[J]. Kew Bull, 1965, 18: 249-273.
[3] Takhtajan A. Diversity and classification of flowering plants[M]. New York: Columbia University, 1997.
[4] Cronquist A. An integrated system of classification of flowering plants[M]. New York: Columbia University Press, 1981.

[5] Wang W, et al. Phylogeny and classification of Ranunculales: evidence from four molecular loci and morphological data[J]. Perspect Plant Ecol Evol Syst, 2009, 11: 81-110.

[6] Hoot SB, et al. Phylogeny of basal eudicots based on three molecular data sets: *atp*B, *rbc*L, and 18S nuclear ribosomal DNA sequences[J]. Ann MO Bot Gard, 1999, 86: 119-131.

Lardizabalaceae Brown (1821), *nom. cons.* 木通科

特征描述：<u>缠绕或攀援藤本</u>，稀直立灌木。<u>木质部有宽大的髓射线</u>。冬芽大。<u>复叶互生，无托叶</u>。总状花序腋生；<u>功能性单性花</u>（多雌雄同株），<u>辐射对称</u>，<u>花被 3 基数</u>；萼片常 6，<u>花瓣状</u>，两轮；花瓣 6，<u>蜜腺状</u>，较萼片小，有时无花瓣；雄蕊 6，花药外向；雌花有退化雄蕊，<u>心皮 3（-9）</u>，离生，子房上位，每心皮胚珠多数或仅 1 枚。<u>肉质的蓇葖果或浆果</u>，可食。种皮脆壳质，细胞型胚乳。花粉 3 沟，穿孔或穴状纹饰。种子多由鸟及哺乳动物散播。

分布概况：7 属/约 40 种，东亚-南美间断分布；中国 5 属/约 34 种，南北均产，多见于长江以南。

系统学评述：该科多为单种属或寡种属。传统上根据形态学特征对木通科内有不同的划分[1,2]，个别单种属是否应独立为科也存在争议。根据多个叶绿体及核基因进行的分子系统学研究结果都比较一致，即木通科属于核心毛茛目 core Ranunculales，且为单系[APG III,3,4]。形态学与分子证据均支持大血藤属 *Sargentodoxa* 为木通科最基部分支，形成大血藤亚科 Sargentodoxoideae[APW,4]；木通亚科中猫儿屎属 *Decaisnea* 及串果藤属 *Sinofranchetia* 形成位于基部的 2 个单型族[3-5]，其余属构成较进化的核心木通族 Lardizabaleae[3,4]，也有人将核心木通族再细分为东亚及南美 2 个分支[1,3,5]。FRPS 及 FOC 中木通科包含 9 属，结合分子系统学与形态学分析，APW 中已将个别属合并[5,6]。

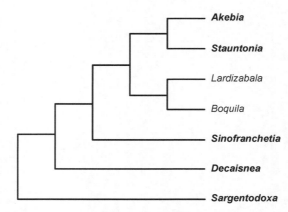

图 77　木通科分子系统框架图（参考 APW；Wang 等[4,5]）

分属检索表

1. 茎直立；奇数羽状复叶；芽鳞片 2 枚 ·· **2. 猫儿屎属 *Decaisnea***
1. 茎缠绕或攀援；掌状复叶或三出复叶；芽鳞片多枚
　2. 茎含棕红色物质；三出复叶或兼具单叶；心皮多数，每心皮胚珠 1 ····· **3. 大血藤属 *Sargentodoxa***
　2. 茎中汁液无色；掌状复叶有小叶 3-9；心皮通常 3，每心皮胚珠多数

3. 三出复叶；侧生小叶不对称 ·· **4. 串果藤属 *Sinofranchetia***

3. 三出复叶或掌状复叶；侧生小叶对称

    4. 小叶先端圆、凹或钝；花丝很短，花药内弯；果实开裂 ···············**1. 木通属 *Akebia***

    4. 小叶先端尖；花丝显著，花药直立；果实不开裂 ·····················**5. 野木瓜属 *Stauntonia***

1. *Akebia* Decaisne 木通属

Akebia Decaisne (1837: 394); Chen & Tatemi (2001: 441); Christenhusz (2012: 235) [Lectotype: *A. quinata* (Houttuyn) Decaisne (≡*Rajania quinata* Thunberg)].——*Archakebia* C. Y. Wu, T. C. Chen & H. N. Qin (1995: 240)

特征描述：木质缠绕藤本。芽多枚鳞片。掌状复叶，互生或在短枝簇生，小叶先端圆、凹或钝，侧生小叶两侧对称。总状花序，花单性，雌雄同株；雄花多数，位于花序上部；雌花比雄花大，1 朵或几朵，位于花序基部；萼片 3，偶尔 4-6，花瓣状，无花瓣；雄蕊 6，离生，花丝很短，花药内弯；雌花心皮 3-9（12）枚，每心皮胚珠多数，片状胎座。肉质蓇葖果，开裂。种子多数，种皮具条纹状雕纹。花粉粒 3 沟，穴状纹饰。蝇与蜜蜂传粉。染色体 2*n*=32。多含三萜及三萜皂苷。

分布概况：约 6/5（3）种，**14** 型；分布于日本，朝鲜；中国产华中和华南。

系统学评述：木通属在木通科内较晚分化，是个单系类群。分子系统学研究表明，木通属隶属于核心木通族，与野木瓜属 *Stauntonia* 形成姐妹群关系[3-5]。FRPS 及 FOC 中记载有木通属，以及另一个单种属，即长萼木通属 *Archakebia*。长萼木通 *A. apetala* (Q. Xia, J. Z. Suen & Z. X. Peng) C. Y. Wu 的茎、叶、花及果实等大部分特征都与木通属相似，最明显的区别在于长萼木通成熟花的花萼有 6 枚，而木通属的花萼多为 3 枚。花器官研究显示，木通属在花发育的早期也是 6 枚萼片，但其中 3 枚萼片在发育的晚期全部或部分退化[7]。王峰等根据 *trn*L-F 序列建立的系统发育树中长萼木通嵌套在木通属内[5]。Christenhusz 建议将长萼木通并入木通属，被 APW 采纳[6]。

DNA 条形码研究：ITS 序列可区分木通 *A. quinata* (Houttuyn) Decaisne、三叶木通 *A. trifoliata* (Thunberg) Koidzumi 及日本木通 *Akebia* × *pentaphylla* Makino[8]。BOLD 网站有该属 4 种 17 个条形码数据；GBOWS 网站已有 3 种 45 个条形码数据。

代表种及其用途：该属大部分种类的干燥藤茎及成熟果实均可入药，其中木通、三叶木通及白木通 *A. trifoliata* subsp. *australis* (Diels) T. Shimusu 收录于《中华人民共和国药典》；多数种类的果实可鲜食也可酿酒；种子可榨油。

2. *Decaisnea* J. D. Hooker & Thomson 猫儿屎属

Decaisnea J. D. Hooker & Thomson (1855: 350), *nom. cons.* ; Chen & Tatemi (2001: 440) [Type: *D. insignis* (Griffith) J. D. Hooker & Thomson (≡*Slackia insignis* Griffith)]

特征描述：落叶直立灌木。芽鳞片 2 枚。奇数羽状复叶，小叶对生，全缘，具短的小叶柄。总状花序或圆锥花序；功能性单性花，雌雄同株，雌花与雄花大小形态相近；萼片 6，2 轮，二型；无花瓣；雄蕊 6，花丝合生成筒；雌花有退化雄蕊，心皮 3，离生，无花柱；每心皮胚珠多数，边缘胎座。肉质蓇葖果，圆柱形，开裂。种子多数，种皮具有嵌合型雕纹。导管分子端壁具梯形穿孔板。反足细胞较大，宿存。核型胚乳。3 细胞花粉。花粉粒 3 沟，穿孔状纹饰。染色体 $2n=30$。

分布概况：1/1 种，**14** 型；分布于尼泊尔，不丹，印度北部，缅甸；中国产西南和华中。

系统学评述：猫儿屎属是个单系类群。分子系统学研究将猫儿屎 *D. insignis* (Griffith) J. D. Hooker & Thomson 作为木通亚科 Lardizabalaceae 内的单型族，其位于该亚科的基部位置[3-5]。木通科中猫儿屎具有最多原始特征，如植株为直立灌木，端壁具梯形穿孔板，不含单穿孔板等[9,10]。根据胚胎学[11]与形态学研究[2]，建议将猫儿屎提升为一个独立科。一般认为猫儿屎为单种属，也有分类学家认为其包括 *D. fargesii* Franchet 和猫儿屎，两者的主要区别在于果实的颜色及分布地区不同[6]。

DNA 条形码研究：BOLD 网站有该属 1 种 6 个条形码数据；GBOWS 网站已有 1 种 25 个条形码数据。

代表种及其用途：猫儿屎的果皮含橡胶，果肉可食，种子可榨油。根和果可入药，具有清热解毒之功效。

3. *Sargentodoxa* Rehder & Wilson 大血藤属

Sargentodoxa Rehder & Wilson (1913: 350); Chen & Tatemi (2001: 453) [Type: *S. cuneata* (D. Oliver) Rehder & Wilson (≡*Holboellia cuneata* D. Oliver)]

特征描述：落叶木质藤本，长达 10 余米。藤茎粗，内含棕红色物质；芽鳞片多枚。三出复叶或兼具单叶，无托叶，侧生小叶基部不对称。总状花序，多花；功能性单性花，雌雄异株；雄花：萼片 6，花瓣 6，花瓣极小，雄蕊 6，花丝短，离生，退化雌蕊 4-5，心皮少或无；雌花：萼片 4-9，花瓣 5-7；心皮多数，离生，螺旋状排列，每心皮胚珠 1。果实为多数小浆果合成的聚合果，成熟时黑蓝色，不开裂。种子 1，种皮光滑。花粉粒 3 沟，穴状纹饰。染色体 $2n=22$。

分布概况：1/1 种，**7** 型；分布于越南北部，老挝；中国产华中、华东、华南及西南。

系统学评述：大血藤属是个单系类群。根据分子系统学的研究，大血藤属与木通科内所有其他属形成姐妹群，成为大血藤亚科[APW,4]。木通科中大血藤属的分类学地位争议最大，传统上根据形态学研究认为，大血藤是与木通科亲缘关系较近的 1 个单型科[1]，或与南美的勃奎拉属 *Boquila* 形成姐妹群[2,12]。分子系统学与形态学证据表明，大血藤属于毛茛目，与木通科植物亲缘关系最近，应归入木通科[APW,FOC,FRPS,4,13,14]。

DNA 条形码研究：BOLD 网站有该属 2 种 17 个条形码数据；GBOWS 网站已有 1 种 7 个条形码数据。

代表种及其用途：该属仅有大血藤 *S. cuneata* (D. Oliver) Rehder & Wilson 1 种，其藤茎可药用，具有清热解毒、活血、祛湿止痛之功效；茎皮含纤维，可作绳索；枝条可为藤条代用品。

4. *Sinofranchetia* (Diels) Hemsley 串果藤属

Sinofranchetia (Diels) Hemsley (1907: 2842); Chen & Tatemi (2001: 453) [Type: *S. chinensis* (Franchet) Hemsley (≡*Parvatia chinensis* Franchet)]

特征描述：木质藤本。芽鳞片多枚。羽状 3 小叶，侧生小叶基部不对称，有长的小叶柄。总状花序，细长，下垂，多花；功能性单性花，雌花略大，位于花序基部；萼片 6，倒卵形，两轮；花瓣 6，小于萼片，绿色；雄蕊 6，离生；雌花具有退化雄蕊，且与雄花的雄蕊无明显差别；心皮 3，每心皮胚珠多数，边缘胎座。果实为浆果，不开裂。种子多数，种皮具条纹状雕纹，雕纹上具疣状凸起。花部器官螺旋状发生。花粉粒 3 沟，穴状纹饰。染色体 2*n*=36。

分布概况：1/1（1）种，**15** 型；中国特有属，分布于甘肃、陕西、湖北、湖南、广东、四川及云南。

系统学评述：串果藤属是个单系类群。分子系统学与形态学研究比较一致，即串果藤属为木通亚科的基部类群，形成单型族[1,3-5,12]。张小卉等根据解剖学特征及花的形态发生推断串果藤属与猫儿屎属具有相近的演化水平[15,16]。

DNA 条形码研究：BOLD 网站有该属 1 种 5 个条形码数据；GBOWS 网站已有 1 种 15 个条形码数据。

代表种及其用途：串果藤 *S. chinensis* (Franchet) Hemsley 的果可鲜食或酿酒。

5. *Stauntonia* de Candolle 野木瓜属

Stauntonia de Candolle (1817: 511); Chen & Tatemi (2001: 447); Christenhusz (2012: 235) (Type: *S. chinensis* de Candolle). ——*Holboellia* Wallich (1831: 144)

特征描述：常绿木质藤本。芽鳞片多枚。掌状复叶，互生，小叶 3-9，全缘，小叶先端尖，侧生小叶对称。伞房式总状花序；花单性，雌雄同株，雌花与雄花形状相近，通常雌花大；萼片 6，花瓣状，两轮；无花瓣或仅有 6 枚极小的蜜腺状花瓣；雄花：雄蕊 6，花丝合生或离生，花丝显著，花药直立。雌花：心皮 3，分离，每心皮胚珠多数，片状胎座。果实为浆果或肉质蓇葖果，不开裂。种子多数，种皮具条纹状雕纹。花粉粒 3 沟，穴状纹饰。染色体 2*n*=32。

分布概况：约 29/26（16）种，**14** 型；分布于印度，日本，越南，缅甸；中国产长江以南。

系统学评述：野木瓜属在木通科内较早分化，是个单系类群。分子系统学与形态学研究显示，野木瓜属属于核心木通族，与木通属形成姐妹群[3-5]。Qin[17]将木通科内由形态学性状较难界定的八月瓜属 *Holboellia*、野木瓜属及牛藤果属 *Parvatia* 定义为 PHS 复合体。Wang 等[5]基于 *trn*L-F 序列分析推断这 3 属均不是单系。FRPS 及 FOC 中仍记载有野木瓜属与八月瓜属 2 属，两者区别主要在于花丝合生或离生，然而这一特征在种内都存在变化[6]。鉴于 PHS 复合体内 DNA 及形态特征差异小，Christenhusz 建议将其合并，被 APW 采纳[6]。雄蕊的形态依然是野木瓜属内鉴别的重要依据[6]。

DNA 条形码研究：BOLD 网站有该属 5 种 9 个条形码数据；GBOWS 网站已有 7 种 78 个条形码数据。

代表种及其用途：一些种类的根、茎、果实和种子可入药，如野木瓜 *S. chinensis* de Candolle 具有祛风止痛、疏经活络之功效；多数种类的果实可鲜食及酿酒，种子可榨油。

主要参考文献

[1] Qin HN. A taxonomic revision of the Lardizabalaceae[J]. Cathaya, 1997, 8-9: 1-214.
[2] Loconte H, et al. Ordinal and familial relationships of *Ranunculid* genera[M]//Jensen U, Kadereit JW. Systematics and evolution of the Ranunculiflorae. Vienna: Springer, 1995: 99-118.
[3] Hoot SB, et al. Phylogenetic relationships of the Lardizabalaceae and Sargentodoxaceae: chloroplast and nuclear DNA sequence evidence[M]//Jensen U, Kadereit JW. Systematics and evolution of the Ranunculiflorae. Vienna: Springer, 1995: 195-199.
[4] Wang W, et al. Phylogeny and classification of Ranunculales: evidence from four molecular loci and morphological data[J]. Perspect Plant Ecol Evol Syst, 2009, 11: 81-110.
[5] Wang F, et al. Molecular phylogeny of the Lardizabalaceae based on *trn*L-F sequences and combined chloroplast data[J]. Acta Bot Sin, 2001, 44: 971-977.
[6] Christenhusz MJM. An overview of Lardizabalaceae[J]. Curtis's Bot Mag, 2012, 29: 235-276.
[7] Zhang XH, Ren Y. Comparative floral development in Lardizabalaceae (Ranunculales)[J]. Bot J Linn Soc, 2011, 166: 171-184.
[8] Kitaoka F, et al. Difference of ITS sequences of *Akebia* plants growing in various parts of Japan[J]. J Nat Med, 2009, 63: 368-374.
[9] 张小卉, 摆霞. 猫儿屎导管分子穿孔板新类型的发现[J]. 西北植物学报, 2011, 31: 223-228.
[10] 张小卉. 木通科 4 属植物导管穿孔板的比较研究[J]. 植物研究, 2011, 31: 277-283.
[11] Wang HF, et al. Early reproductive developmental anatomy in *Decaisnea* (Lardizabalaceae) and its systematic implications[J]. Ann Bot, 2009, 104: 1243-1253.
[12] 王峰, 李德铢. 基于广义形态学性状对木通科的分支系统学分析[J]. 云南植物研究, 2002, 24: 445-454.
[13] Hoot SB, et al. Phylogeny of basal eudicots based on three molecular data sets: *atp*B, *rbc*L, and 18S nuclear ribosomal DNA sequences[J]. Ann MO Bot Gard, 1999, 86: 119-131.
[14] Wang HF, et al. Reproductive morphology of *Sargentodoxa cuneata* (Lardizabalaceae) and its systematic implications[J]. Plant Syst Evol, 2009, 280: 207-217.
[15] Zhang XH, et al. Anatomical studies on *Sinofranchetia chinensis* (Lardizabalaceae) and their systematic significance[J]. Bot J Linn Soc, 2005, 149: 271-281.
[16] Zhang XH, et al. Floral morphogenesis in *Sinofranchetia* (Lardizabalaceae) and its systematic significance[J]. Bot J Linn Soc, 2009, 160: 82-92.
[17] Qin HN. An investigation on carpels of Lardizabalaceae in relation to taxonomy and phylogeny[J]. Cathaya, 1989, 1: 61-82.

Menispermaceae Jussieu (1789), *nom. cons.* 防己科

特征描述：缠绕或攀援藤本。叶互生，螺旋状排列；常为单叶，稀复叶；常具掌状脉，盾状叶或近盾状叶，无托叶。常为有限花序；单性，雌雄异株；萼片常轮生，覆瓦状排列；花瓣常 2 轮；雄蕊 2 至多数，花丝分离或合生，心皮 3-6，较少 1-2 或多数；子房上位；柱头各式；胚珠 2，1 枚败育。核果，内果皮常骨质或木质，表面较少平坦，常两侧压扁，胎座迹各式。种子和胚常弯，有或无胚乳，呈嚼烂状或平滑。花粉粒 3 沟或 3 孔沟，穿孔或网状纹饰。含多种生物碱。

分布概况：70 属/442 种，分布于泛热带区；中国 19 属/77 种，主产长江以南，北部稀少。

系统学评述：传统上，依据内果皮和种子的差异，防己科分为 8 族[1,2]。Kessler[3] 根据胚乳和子叶特征提出 5 族系统，将古山龙族 Coscinieae 内的 *Anamirta* 和 *Coscinium* 归入天仙藤族 Fibraureeae，余下的古山龙属 *Arcangelisia* 则置于青牛胆族 Tinosporeae；并将密花藤族 Tiliacoreae、Hyperbaeneae 及 Peniantheae 合并为 Pachygoneae。分子证据将防己科置于毛茛目 Ranunculales，与小檗科 Berberidaceae 和毛茛科 Ranunculaceae 互为姐妹群[4,5]。防己科下分为 Menispermoideae 和 Tinosporoideae 2 亚科[5]。Menispermoideae 的特征是花柱痕近基部及非叶状子叶，包含蝙蝠葛族 Menispermeae、密花藤族、

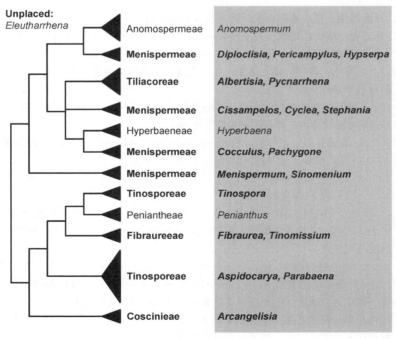

图 78　防己科分子系统框架图（参考 APW；Wang 等[5]；Wefferling 等[6]）

Anomospermeae 和 Hyperbaeneae；Tinosporoideae 包括天仙藤族、青牛胆族、古山龙族和 Peniantheae，特征是子叶呈叶状[5]。虽然大部分分子证据都支持 2 亚科[APW]，但亚科下各属的系统位置意见不一，争议较大。

分属检索表

1. 种子无胚乳；心皮 3 至多数；果核外面平滑或微有皱纹；叶非盾状
  2. 内轮萼片镊合状排列，合生；核果上的花柱残迹近基生 ······ **1. 崖藤属 Albertisia**
  2. 内轮萼片覆瓦状排列
    3. 核果上的花柱残迹基生 ······ **12. 粉绿藤属 Pachygone**
    3. 核果上的花柱残迹近顶生
      4. 雄蕊花丝合生；核果基部不收缩成柄状 ······ **15. 密花藤属 Pycnarrhena**
      4. 雄蕊花丝分离；核果基部明显收缩成柄状 ······ **8. 藤枣属 Eleutharrhena**
1. 种子有胚乳；心皮 1-6；果核外面通常有雕纹，很少近平滑或有皱纹；叶通常盾状
  5. 子叶叶状，柔薄
    6. 果核外面无雕纹；胎座迹不明显或沟状
      7. 胚乳嚼烂状；花被不分化为萼片和花瓣 ······ **2. 古山龙属 Arcangelisia**
      7. 胚乳非嚼烂状
        8. 胎座迹不明显；果核两侧压扁；花被明显分化为萼片和花瓣 ·· **18. 大叶藤属 Tinomiscium**
        8. 胎座迹明显，深沟状；果核近椭圆形；花被不分化为萼片和花瓣 ······ **9. 天仙藤属 Fibraurea**
    6. 果核外面通常有雕纹；胎座迹通常明显；花被明显分化为萼片和花瓣
      9. 种子卵状椭圆形；萼片通常 12 片；雄蕊合生成聚药雄蕊；胎座迹不明显 ······ **3. 球果藤属 Aspidocarya**
      9. 种子碟状或新月状；萼片 6 片；胎座迹明显，半球状或球状
        10. 雄蕊离生，很少基部合生；药室稍偏斜的纵裂 ······ **19. 青牛胆属 Tinospora**
        10. 雄蕊合生成聚药雄蕊；药室横裂 ······ **13. 连蕊藤属 Parabaena**
  5. 子叶非叶状，肥厚，肉质
    11. 心皮 3-6（偶有 2 或 1）；雄蕊离生，如合生则不呈盾状；雌花有 2 轮萼片
      12. 胎座迹非双片状
        13. 花被不规则排列；萼片和花瓣略有分异 ······ **10. 夜花藤属 Hypserpa**
        13. 花被轮状排列；萼片和花瓣明显分异
          14. 花药纵裂；子叶狭，柱状 ······ **14. 细圆藤属 Pericampylus**
          14. 花药横裂；子叶阔，肥厚
            15. 胎座迹隔膜状 ······ **7. 秤钩风属 Diploclisia**
            15. 胎座迹非隔膜状
              16. 雄花花瓣顶端 2 裂 ······ **5. 木防己属 Cocculus**
              16. 雄花花瓣顶端不裂 ······ **12. 粉绿藤属 Pachygone**
      12. 胎座迹双片状
        17. 萼片轮状排列 ······ **16. 风龙属 Sinomenium**
        17. 萼片近螺旋状着生 ······ **11. 蝙蝠葛属 Menispermum**
    11. 心皮 1；雄蕊合生成盾状；雌花有 1 轮萼片，或其中部分萼片退化消失
      18. 雌花花瓣与萼片互生；雄花通常有 2 轮萼片 ······ **17. 千金藤属 Stephania**
      18. 雌花花瓣与萼片对生；雄花只有 1 轮萼片

19. 雄花序腋生，伞房状聚伞花序；雌花萼片分离；雌花序上的小聚伞花序生于大型叶状
    苞片内 ·· **4. 锡生藤属 *Cissampelos***
19. 雄花序为总状花序或复总状花序式，如为伞房状圆锥花序式则生于无叶老枝或老茎
    上；雌花萼片合生成坛状钟形；雄花序上的小聚伞花序生于细小的苞片内···············
    ··· **6. 轮环藤属 *Cyclea***

1. *Albertisia* Beccari 崖藤属

Albertisia Beccari (1877: 161); Hu et al. (2008: 5) (Type: *A. papuana* Beccari)

　　特征描述：藤本。枝具明显的盘状或杯状叶痕。叶非盾状着生，叶脉羽状。雄花序
腋生或生于老枝上，为聚伞花序；萼片共 3 轮，内轮萼片镊合状排列，合生，呈坛状；
花瓣 3 或 6，肉质；聚药雄蕊圆锥状，雄蕊 18-27，花药 2 室，横裂；雌花序仅有花 1
朵，萼片和花瓣与雄花相似；心皮 6，花柱残迹近基生。核果，放射状着生于雌蕊柄上，
内果皮呈马蹄形；果核平滑或微有皱纹，胎座迹微小不明显。种子无胚乳，直立胚，子
叶肥大，胚根微小。花粉粒 3 沟，网状纹饰。染色体 $2n=26$。

　　分布概况：17/1 种，**6** 型；分布于非洲和亚洲东南部；中国产台湾、海南、广西和
云南。

　　系统学评述：根据 Diels 的 8 族和 Kessler 的 5 族系统，崖藤属分别被置于防己科密
花藤族和 Pachygoneae[2,3]。分子系统学研究将崖藤属置于 Menispermoideae 中，是个单
系类群。Wang 等[5]采用 *rbc*L、*mat*K、*trn*L-F、26S 片段和 65 个形态特征，探讨了毛茛
目各属的系统发育，显示该属和密花藤属 *Pycnarrhena* 聚成 1 支。Wefferling 等[6]结合叶
绿体 *atp*B、*rbc*L 和 *mat*K 片段的研究确定了崖藤 *A. laurifolia* Yamamoto 及 *A. papuana*
Beccari 在密花藤族内组成稳定的分支。Ortiz 等[7]利用 *ndh*F 序列所建的系统树中，该属
的 *A. porcata* Breteler 与 *Anisocycla* 互为姐妹群，两者同时与 *Tiliacora* 和 *Triclisia* 聚为 1
支，但三者之间的关系未解决。Jacques 等采用 *rbc*L 和 *atp*B 序列的分析显示，崖藤属 3
个种组成的分支，同样与 *Anisocycla* 聚为 1 支[8,9]。

　　DNA 条形码研究：BOLD 网站有该属 3 种 8 个条形码数据。

　　代表种及其用途：崖藤根茎的乙醇提取物和总碱部分对实验动物肿瘤有抑制作
用。

2. *Arcangelisia* Beccari 古山龙属

Arcangelisia Beccari (1877: 145); Hu et al. (2008: 5) [Lectotype: *A. lemniscata* (Miers) Beccari (≡*Anamirta
    lemniscata* Miers)]

　　特征描述：藤本。木质啡黄色。叶柄痕不明显。叶片革质，掌状叶脉，具虫室。雄
花为圆锥花序，腋生或生于无叶老枝上；花被 9，3 轮，外轮小，小苞片状，内轮花瓣
状，覆瓦状排列；雄蕊 9-12，花丝合生，花药横裂；雌花序常生于老茎上；花被 9，3
轮；退化雄蕊鳞片状；心皮 3，花柱残迹在一侧。核果近球形，外果皮近革质，中果皮
肉质，果核骨质状，外面有网纹状皱纹或有软刺，常有毛，胎座迹不明显。种子和种腔

直，具胚乳，嚼烂状，子叶呈叶状，开叉。花粉粒 3 孔沟，穿孔或网状纹饰。

分布概况： 4/1（1）种，**7** 型；分布于亚洲东南部至新几内亚岛；中国产海南。

系统学评述： 古山龙属归于何族一直存在争议。在 Diels 的 8 族系统中，古山龙属被置于防己科古山龙族[2]。Kessler 提出将 Diels 系统简化成 5 族，去除古山龙族，将古山龙属归入青牛胆族，而古山龙族内其余 2 属 *Anamirta* 及 *Coscinium* 则被归入天仙藤族[3]。分子系统学研究将古山龙属置于 Tinosporoideae，是个单系类群。Wang 等[1]以子叶、花柱痕、胚乳、胚、内果皮和胎座迹特征，指出古山龙属和 *Anamirta* 构成一个分支，青牛胆族和天仙藤族则构成另一个分支，因此，古山龙属应与 *Anamirta* 较接近，而与青牛胆族的关系较远。Ortiz 等[7]基于 *ndh*F 序列构建的系统树显示，古山龙属和 *Anamirta* 聚为 1 支，与其他青牛胆族、天仙藤族和 Peniantheae 构成姐妹群，所以不支持去除古山龙族。Wefferling 等[6]根据内果皮特征分析发现，古山龙族的 3 属聚成 1 支，跟 Wang 和 Ortiz 的研究结果一致。但 Jacques 等的分子证据显示，古山龙属、天仙藤族和 *Anamirta* 聚为 1 支[8,9]，而洪亚平等根据叶表皮性状推断，认为 Kessler 的分类较 Diels 合理[10]。

DNA 条形码研究： BOLD 网站有该属 2 种 5 个条形码数据。

代表种及其用途： 古山龙 *A. gusanlung* H. S. Lo 含小檗碱、药根碱、掌叶防己碱等多种生物碱，药用可清热解毒、治疗炎症、退热及治疗多种皮肤病。

3. *Aspidocarya* J. D. Hooker & Thomson 球果藤属

Aspidocarya J. D. Hooker & Thomson (1855: 180); Hu et al. (2008: 7) (Type: *A. uvifera* J. D. Hooker & Thomson)

特征描述： 藤本。叶柄痕不明显。叶心形或近于盾状。圆锥花序腋生，比叶长；雄花：萼片 12，4 轮，最外轮微小，中轮呈匙形或倒卵形，最内轮倒卵形；花瓣 6，两侧边缘内卷，雄蕊 6，聚药雄蕊盾状，横裂；雌花：萼片和花瓣与雄花相似；花瓣顶端全缘，退化雄蕊棒状；心皮 3，柱头头状或 3 裂，花柱残迹近顶生。核果，近椭圆形，果核有雕纹，两侧压扁，背面具龙骨，边缘有狭翅，胎座迹不明显。种子卵状椭圆形，甚扁，胚乳丰富，子叶呈叶状，开叉。花粉粒 3 孔沟，网状纹饰。

分布概况： 1/1 种，**7** 型；分布于印度东北部；中国产云南。

系统学评述： 传统上球果藤属被置于防己科青牛胆族[FRPS]。根据分子系统学研究，球果藤属被置于 Tinosporoideae，是个单系类群。Wang 等[5]采用 *rbc*L、*mat*K、*trn*L-F、nr 26S rRNA 片段和 65 个形态特征，探讨了毛茛目各属的系统发育，发现该属和连蕊藤属 *Parabaena* 聚为 1 支。Jacques 和 Ortiz[9]的研究中，亦发现球果藤属和连蕊藤属聚为 1 支，同族 *Disciphania* 是其姐妹群。Wefferling 等[6]以核果特征作比较，亦得出相同结论。但其后 Wang 等[11]采用 5 个叶绿体基因的系统发育分析表明，该属和 *Disciphania* 聚为 1 支，同时该分支与连蕊藤属互为姐妹群，与 Jacques 等和 Wefferling 等的研究结果有所差异。

DNA 条形码研究： BOLD 网站有该属 1 种 3 个条形码数据；GBOWS 网站已有 1 种 4 个条形码数据。

4. *Cissampelos* Linnaeus 锡生藤属

Cissampelos Linnaeus (1753: 1031); Hu et al. (2008: 27) (Lectotype: *C. pareira* Linnaeus)

特征描述：藤本或灌木。叶柄痕不明显。叶片卵形、心形或近圆形，掌状脉。雄花序腋生，伞房状聚伞花序；雄花萼片 4，1 轮，离生，倒卵形，花瓣合生成碟状或杯状，聚药雄蕊盾状；雌花序聚伞圆锥，苞片大，呈叶状，雌花序上的小聚伞花序生于大型叶状苞片内，萼片 1 轮，分离，花瓣 1，顶端全缘，与萼片对生；心皮 1，胎座迹通常近球形。核果近球形，稍扁；果核背部有雕纹。种子马蹄形，有胚乳，非嚼烂状。胚长而柱状，子叶扁平。花粉粒 3 孔沟，网状纹饰。染色体 2*n*=24。

分布概况：20-25/1 种，**2** 型；分布于美洲，非洲和亚洲；中国产云南、贵州和广西。

系统学评述：传统上锡生藤属被置于防己科蝙蝠葛族[FRPS]。防己科蝙蝠葛族的锡生藤属、轮环藤属 *Cyclea*、千斤藤属 *Stephania*、*Antizoma* 和 *Perichasma*［=*Stephania laetificata* (Miers) Bentham & J. D. Hooker］的雌花为单心皮，其余各属均为多心皮。Diels 根据心皮数目和雌花花被是否对称，将蝙蝠葛族分为 3 亚族，锡生藤属和轮环藤属归入锡生藤亚族[2]。根据分子系统学研究，锡生藤属被置于 Menispermoideae，是个单系类群。Ortiz 等[7]利用 *ndh*F 序列构建的防己科系统发育框架中，锡生藤属 5 个种聚为 1 支。Wang 等[11]采用 5 个叶绿体基因片段的分析显示，锡生藤属下不同种亦聚为 1 支，与轮环藤属互为姐妹群。Jacques 和 Ortiz[9]的研究中加入 *Antizoma* 和 *Perichasma*，采用 *atp*B 和 *rbc*L 序列分析结果显示，该属与轮环藤属、千斤藤属、*Antizoma* 和 *Perichasma* 组成一大分支，共同特征是具有单心皮。Wefferling 等[6]的研究亦得出相同结果，表明分子数据与形态特征一致。

DNA 条形码研究：BOLD 网站有该属 9 种 31 个条形码数据。

代表种及其用途：锡生藤 *C. pareira* Linnaeus var. *hirsuta* (Buchanan-Hamilton ex de Candolle) Forman 的干燥全株供药用，药材名称为亚乎奴，收载于《中华人民共和国药典》中，能消肿止痛、止血、生肌。其内含多种生物碱，可作为肌肉松弛剂。

5. *Cocculus* de Candolle 木防己属

Cocculus de Candolle (1817: 515), *nom. cons.* ; Hu et al. (2008: 12) [Type: *C. villosus* (Lamarck) de Candolle, *nom. illeg.* (≡*Menispermum villosum* Lamarck, *nom. illeg.*=*Cocculus hirsutus* (Linnaeus) Diels≡ *Menispermum hirsutum* Linnaeus)]

特征描述：木质藤本，稀灌木或小乔木。叶柄痕不明显。叶非盾状。聚伞花序或聚伞圆锥花序，花被轮状排列；萼片和花瓣明显分异；雄花萼片 6 或 9，2 或 3 轮，覆瓦状排列；花瓣 6，顶端 2 裂；雄蕊 6 或 9，花丝分离，药室横裂；雌花萼片和花瓣与雄花的相似，雌花萼片 2 轮；退化雄蕊 6 或无；心皮 6 或 3，花柱柱状，花柱残迹近基生。核果，果核背肋有雕纹，胎座迹穿孔；种子马蹄形，胚乳少，非嚼烂状；子叶线形，扁平。花粉粒 3 孔沟，网状纹饰。染色体 2*n*=26，39，52，78。

分布概况：8/2 种，**2** 型；分布于美洲，非洲，亚洲；中国产西南、东南至东北。

系统学评述：传统上木防己属被置于防己科蝙蝠葛族[FRPS]。根据分子系统学研究，木防己属被置于 Menispermoideae，是 1 个多系类群。洪亚平等[12]利用 ITS 分析蝙蝠葛族，发现木防己属与粉绿藤属聚为 1 支，两者的花及果特征相似。Ortiz 等[7]利用叶绿体片段 *ndh*F 对防己科进行系统发育分析显示，该属 4 个种分别与粉绿藤属和 *Hyperbaena* 组成 2 个分支，并非单系。Wang 等[11]基于叶绿体基因和 ITS 的分析发现，樟叶木防己 *C. laurifolius* de Candolle 和粉绿藤属的肾子藤 *P. valida* Diels 聚为 1 支，而 *C. trilobus* (Thunberg) de Candolle 和粉绿藤属的 *P. loyaltiensis* Diels、*P. ovata* (Poiret) Diels 聚为 1 支，这 2 个分支互为姐妹群，因此认为 Kessler 以无胚孔这一特征将粉绿藤属置于 Pachygoneae 并不适合。Wefferling 等[6]依据 3 个叶绿体基因和形态特征，发现 *C. carolinus* (Linnaeus) de Candolle、木防己 *C. orbiculatus* (Linnaeus) de Candolle 和 *C. trilobus* (Thunberg) de Candolle 聚为 1 支，与 Wang 等和 Ortiz 等的研究结果不同之处在于木防己属 3 个种聚为 1 支，与粉绿藤属的 *P. loyaltiensis* Diels 构成姐妹群。

DNA 条形码研究：BOLD 网站有该属 8 种 28 个条形码数据；GBOWS 网站已有 2 种 28 个条形码数据。

代表种及其用途：樟叶木防己的根或全株可供药用，药材名称为衡州乌药，含衡州乌药定、衡州乌药灵、衡州乌药胺等成分，能顺气、消食、止痛。樟叶木防己碱有箭毒类作用，可令肌肉松弛。

6. *Cyclea* Arnott ex R. Wight 轮环藤属

Cyclea Arnott ex R. Wight (1840: 22); Hu et al. (2008: 27) [Type: *C. burmanni* (de Candolle) J. D. Hooker & Thomson (≡*Cocculus burmanni* de Candolle)]

特征描述：藤本。叶柄痕不明显。雄花序上的小聚伞花序生于细小的苞片内，萼片常 4-5，1 轮，常合生；花瓣 4-5，常合生，或无花瓣；雄蕊合生成盾状聚药雄蕊，花药 4-5，横裂；雌花萼片合生成坛状钟形，花瓣顶端全缘，与萼片彼此对生；心皮 1，花柱很短，柱头 3 裂或较多裂，花柱残迹近基生。核果常稍扁，果核骨质，背肋两侧各有 2-3 列小瘤体，具马蹄形腔室，胎座迹常为 1-2 空腔。种子胚乳非嚼烂状，子叶半柱状。花粉粒 3 孔沟，网状纹饰。染色体 2n=48。

分布概况：29/13（5）种，7 型；分布于亚洲南部和东南部；中国产长江以南。

系统学评述：轮环藤属的系统位置争议较少，传统上该属被置于防己科蝙蝠葛族[FRPS]。防己科蝙蝠葛族的轮环藤属、锡生藤属、千斤藤属、*Antizoma* 和 *Perichasma* (=*Stephania laetificata*)的雌花为单心皮，其余均为多心皮。Diels 根据心皮数目和雌花花被是否对称等特征，将蝙蝠葛族划分为 3 亚族，锡生藤属和轮环藤属归入锡生藤亚族。根据分子系统学研究，轮环藤属被置于 Menispermoideae，是个单系类群。洪亚平等[12]利用 ITS 分析蝙蝠葛族，发现轮环藤属和千斤藤属聚为 1 支。Wang[11]的分析表明粉叶轮环藤 *C. hypoglauca* (Schauer) Diels 和铁藤 *C. polypetala* Dunn 聚为 1 支，锡生藤属 4 个种聚为另外 1 支，这 2 个分支互为姐妹群。Jacques 和 Bertolino[8]、Jacques 和 Ortiz[9]及 Wefferling 等[6]的研究中加入 *Antizoma*，研究表明轮环藤属、锡生藤属、千斤藤属、*Antizoma* 和 *Perichasma* 聚为 1 支，共同组成 SPACC 分支，因此，分子证据与心皮数目特征分析得到的结论一致。

DNA 条形码研究：BOLD 网站有该属 8 种 16 个条形码数据；GBOWS 网站已有 4 种 26 个条形码数据。

代表种及其用途：粉叶轮环藤的根或茎、叶可供药用，药材名称为凉粉藤，根能凉喉止咳，茎可祛痰，叶治腹痛。轮环藤 *C. racemosa* Oliver 的根可入药，药名为小青藤香，可治胃气痛、腹痛等肠胃疾病。

7. *Diploclisia* Miers 秤钩风属

Diploclisia Miers (1851: 37); Hu et al. (2008: 11) [Type: *D. macrocarpa* (Wight & Arnott) Miers (≡*Cocculus macrocarpus* Wight & Arnott)]

特征描述：木质藤本。叶柄痕不明显。叶全缘，叶柄非盾状着生。聚伞花序腋上生；花被轮状排列，萼片和花瓣明显分异；雄花萼片 6，2 轮，干时现黑色条状斑纹，覆瓦状排列；花瓣 6，两侧有内折的小耳抱着花丝；雄蕊 6，分离，花丝上部肥厚，花药近球形，药室横裂；雌花萼片 2 轮，花瓣顶端 2 裂；退化雄蕊 6；心皮 3，花柱残迹近基生。核果，果核背部有棱脊，两侧有小横肋状雕纹，胎座迹隔膜状。种子马蹄形，具少量胚乳，非嚼烂状，子叶非叶状。花粉粒 3 孔沟，穿孔状纹饰。

分布概况：2-3/2（1）种，**7 型**；分布于亚洲；中国产西南至华东。

系统学评述：传统上秤钩风属被置于防己科蝙蝠葛族[FRPS]。根据分子系统学研究，秤钩风属被置于 Menispermoideae，是个单系类群。Wang 等[11]基于多个叶绿体基因和 ITS 序列所构建的防己科系统发育框架显示，防己科下分成五大分支，在分支 II 中，秤钩风属的秤钩风 *D. affinis* Diels 和苍白秤钩风 *D. glaucescens* (Blume) Diels 聚为 1 支，与由夜花藤属 *Hypserpa*、细圆藤属 *Pericampylus* 等多个属所组成的分支互为姐妹群。Wefferling 等[6]利用 3 个叶绿体基因片段并结合形态特征分析发现，除了风龙属 *Sinomenium* 与蝙蝠葛属 *Menispermum* 互为姐妹群，位于防己科最基部，秤钩风属是 Menispermoideae 其余属的姐妹群。

DNA 条形码研究：BOLD 网站有该属 2 种 11 个条形码数据；GBOWS 网站已有 2 种 16 个条形码数据。

代表种及其用途：苍白秤钩风的藤茎可入药，药材名称为穿墙风，可清热解毒、治风湿骨痛。

8. *Eleutharrhena* Forman 藤枣属

Eleutharrhena Forman (1975: 99); Hu et al. (2008: 4) [Type: *E. macrocarpa* (Diels) Forman (≡*Pycnarrhena macrocarpa* Diels)]

特征描述：木质藤本。嫩枝上有直线纹。叶革质，非盾状，羽状脉。雄花序少花，簇生；萼片 12，4 轮，覆瓦状排列，内轮大；花瓣 6；雄蕊 6，分离，花药小，与花丝等宽，内向而横裂；雌花未见。果序梗粗壮，心皮 6，放射状排列，带粗壮心皮柄；核果，基部呈柄状，花柱残迹近顶生，果核薄木质，外面平滑或微有皱纹，无胎座迹。种子椭圆形，无胚乳，胚弯曲，子叶肥大。花粉粒 3 孔沟，网状纹饰。

分布概况：1/1 种，**7 型**；单种属，分布于印度东北部；中国产云南。

系统学评述：传统上藤枣属被置于防己科密花藤族[FRPS]，目前尚无藤枣属属下的分子系统学研究报道。该属仅有藤枣 *E. macrocarpa* (Diels) Forman 1 种。藤枣的雄花密集而生，因此曾被置于防己科密花藤属，但因其雄蕊分离及叶表皮特征，其从密花藤属中独立出来，提升为属[13]。洪亚平等对防己科 29 属 50 种 3 变种的叶表皮形态比较发现，藤枣属和密花藤属的差异在于前者的上表皮细胞呈多边形，而后者为不规则的浅波状[10]。另外，防己科中仅藤枣属具有岛状气孔器。

DNA 条形码研究：GBOWS 网站有该属 1 种 7 个条形码数据。

代表种及其用途：藤枣仅见于云南西双版纳，被世界自然保护联盟（IUCN）列为极危物种。

9. *Fibraurea* Loureiro 天仙藤属

Fibraurea Loureiro (1790: 626); Hu et al. (2008: 6) (Type: *F. tinctoria* Loureiro)

特征描述：藤本。根和茎的木质部均鲜黄色，茎部叶柄痕不明显。叶柄长，叶片卵形或长圆形。圆锥花序；花单被；雄花花被 8-12，覆瓦状排列；雄蕊 6 或 3，分离，花丝肥厚，药室叉开纵裂，无退化雌蕊；雌花花被和雄花相似；退化雄蕊 6 或 3；心皮 3，花柱残迹近顶生。核果，橘黄色；果核近木质，近椭圆形，背部隆起，腹面平坦，具 1 条纵沟，外面无雕纹，胎座迹深沟状。种子与室近同形；胚乳非嚼烂状；胚呈马蹄形，子叶细长，叶状。花粉粒 3 孔沟，穿孔状纹饰。

分布概况：2-5/1 种，**7 型**；分布于东南亚；中国产广西、广东和云南。

系统学评述：在 Diels 的 8 族系统中，天仙藤属被置于防己科天仙藤族。Kessler 提出的 5 族系统将古山龙族的 *Anamirta* 和 *Coscinium* 归入天仙藤族，而古山龙属则被归入青牛胆族。根据分子系统学研究，天仙藤属被置于 Tinosporoideae[11]，是个单系类群。根据天仙藤属叶表皮特征，洪亚平等支持 Kessler 的 5 族系统[10]。Jacques 和 Cutler[8]根据胚乳和子叶形态特征分析发现天仙藤属、大叶藤属 *Tinomiscium*（2 属都属于天仙藤族）、*Anamirta* 和古山龙属聚为 1 支，与其余青牛胆族构成姐妹群，因此支持 Kessler 将 *Anarmirta* 归入天仙藤族，但不支持古山龙属归入青牛胆族。Ortiz 等[7]、Wang 等[11]和 Wefferling 等[6]分别基于多个叶绿体基因片段的研究显示，天仙藤属位于扩大的青牛胆族（expanded Tinosporeae，由 Diels 系统内的青牛胆族、天仙藤族和 Peniantheae 族所组成），而 Diels 分类系统中的古山龙族的 3 属构成单系，与扩大的青牛胆族互为姐妹群，表明天仙藤属与 *Anamirta* 和 *Coscinium* 系统关系较远，不支持 Kessler 将两者归入天仙藤族的观点。

DNA 条形码研究：BOLD 网站有该属 2 种 5 个条形码数据。

代表种及其用途：天仙藤 *F. recisa* Pierre 的干燥藤茎可供药用，药材名称为黄藤，收载于《中华人民共和国药典》，具有清热解毒、泻火通便、治咽喉肿痛的功效。从干燥藤茎中提取的黄藤素可制成黄藤素片，能抑制多种细菌。

10. *Hypserpa* Miers 夜花藤属

Hypserpa Miers (1851: 40); Hu et al. (2008: 10) [Type: *H. cuspidata* (J. D. Hooker & Thomson) Miers (≡*Limacia cuspidata* J. D. Hooker & Thomson)]

　　特征描述：木质藤本。叶柄痕不明显，叶全缘。聚伞花序或圆锥花序腋生；花被不规则排列；萼片和花瓣略有分异；雄花萼片 7-12，螺旋状着生，苞片状，覆瓦状排列；花瓣 4-9；雄蕊 9 至多数，分离或黏合，花丝顶端肥厚，药室纵裂；雌花萼片和花瓣与雄花近似，萼片 2 轮；花瓣 4-5，顶端全缘，无退化雄蕊；心皮 3，花柱残迹近基生。核果；果核骨质，有皱纹；胎座迹外面穿孔或不穿孔，胚乳非嚼烂状，子叶非叶状，肥厚，肉质。花粉粒 3 孔沟，穿孔状纹饰。

　　分布概况：6/1 种，**5** 型；分布于亚洲南部和东南部，大洋洲，波利尼西亚；中国产华东、华南和西南。

　　系统学评述：传统上夜花藤属被置于防己科蝙蝠葛族[FRPS]。根据分子系统学研究，夜花藤属被置于 Menispermoideae，是个单系类群。洪亚平等[12]根据 ITS 序列构建的蝙蝠葛族的发育框架显示该属和细圆藤属聚为 1 支，与秤钩风属构成姐妹分支。Ortiz 等[7]基于 *ndh*F 序列分析发现，该属与细圆藤属及其他 Anomospermeae 聚为 1 支，但支持率较低。Wang 等[11]利用多个叶绿体基因和 ITS 片段对防己科系统发育分析显示，该属夜花藤 *H. nitida* Miers 和 *H. decumbens* (Bentham) Diels 2 个种聚为 1 支，并与秤钩风属、细圆藤属等多个属共同组成第 2 分支。Wefferling 等[6]的研究中亦得出相近结果，但秤钩风属的系统位置有所变化。

　　DNA 条形码研究：BOLD 网站有该属 4 种 11 个条形码数据；GBOWS 网站已有 1 种 8 个条形码数据。

　　代表种及其用途：夜花藤可供药用，药用全株，具凉血、止血、消炎、利尿的功效，也可治出血症。

11. *Menispermum* Linnaeus 蝙蝠葛属

Menispermum Linnaeus (1753: 340); Hu et al. (2008: 15) (Lectotype: *M. canadense* Linnaeus)

　　特征描述：草质藤本。叶柄痕不明显。叶盾状，具掌状脉。圆锥花序腋生；雄花萼片 4-10，螺旋状着生；花瓣 6-8 或更多，边缘内卷；雄蕊 12-18，离生，花丝柱状，花药纵裂；雌花萼片和花瓣与雄花的相似；花瓣 6-9，退化雄蕊 6-12，棒状；心皮 2-4，具心皮柄，花柱短，花柱残迹近基生。核果近扁球形，果核肾状圆形或阔半月形，甚扁，背脊隆起，其上有 2 列小瘤体，胎座迹双片状。种子胚乳丰富，非嚼烂状，子叶半柱状，比胚根稍长。花粉粒 3 孔沟，穿孔状纹饰。染色体 $2n$=52。

　　分布概况：3-4/1 种，**9** 型；分布于欧亚大陆和北美洲；中国产西北、华中至华北。

　　系统学评述：传统上蝙蝠葛属被置于防己科蝙蝠葛族[FRPS]。根据分子系统学研究，蝙蝠葛属被置于 Menispermoideae，是个单系类群。Ortiz 等[7]基于 *ndh*F 序列发现防己科可分为两大分支（即 Wang 等[5]所提出的 2 亚科），其中 1 支包括蝙蝠葛族、密花藤族、

Anomospermeae 和 Hyperbaeneae 4 族。该属的蝙蝠葛 *M. dauricum* de Candolle 和 *M. canadense* Linnaeus 聚为 1 支，与上述 4 族构成姐妹群。Wang 等[5]的研究显示，该属和风龙属聚为 1 支，是 Menispermoideae 内其他属的姐妹群。Wefferling 等[6]基于叶绿体片段分析得出相同的结论。这表明蝙蝠葛属和风龙属亲缘关系近，较早分化，位于 Menispermoideae 的基部。Jacques 和 Ortiz[9]基于 *rbc*L 及 *atp*B 片段的分析表明，该属和风龙属也聚为 1 支，但却是防己科其余所有属的姐妹群。

DNA 条形码研究：徐晓兰等[14]证明 ITS2 序列能区分蝙蝠葛和其混淆品豆科 Fabaceae 的越南槐 *Sophora tonkinensis* Gagnepain。BOLD 网站有该属 2 种 20 个条形码数据；GBOWS 网站已有 1 种 16 个条形码数据。

代表种及其用途：蝙蝠葛的干燥根茎供药用，药材名称为北豆根，收载于《中华人民共和国药典》，具有清热解毒、祛风止痛、治咽喉肿痛等的功效。干燥根茎经加工制成的北豆根的提取物内含蝙蝠葛碱，可制成北豆根片和北豆根胶囊，为耳鼻喉科喉痹类药品。

12. *Pachygone* Miers 粉绿藤属

Pachygone Miers (1851: 43); Hu et al. (2008: 13) [Type: *P. plukenetii* (de Candolle) Miers (≡*Cocculus plukenetii* de Candolle)]

特征描述：<u>木质藤本</u>。叶柄痕不明显，叶柄<u>非盾状着生</u>，叶卵形，掌状脉。总状花序或狭窄的圆锥花序，腋生；雄花萼片 6-12，轮生，外面小里面大，<u>覆瓦状排列</u>；花瓣 6，抱着花丝；<u>雄蕊 6</u>，<u>分离</u>，花药肥大，<u>横裂</u>；雌花萼片和花瓣与雄花相似；退化雄蕊 6；<u>心皮 3</u>，花柱外弯，<u>花柱残迹基生</u>。核果倒卵圆形或近球形，稍扁，<u>果核外面平滑或微有皱纹</u>，<u>肾状圆形</u>，<u>两侧凹</u>，<u>胎座迹近匙状</u>。<u>种子弯</u>，<u>无胚乳</u>，缘倚子叶阔而厚。花粉粒 3 孔沟，穿孔状纹饰。

分布概况：10-12/3（3）种，**5** 型；分布于印度，马来西亚；中国产华南、西南。

系统学评述：粉绿藤属的系统位置争议较多。Diels 的 8 族系统将该属置于防己科蝙蝠葛族，但该属的特征是无胚乳，而蝙蝠葛族的种子含胚乳，因此当 Kessler 将 Tiliacoreae、Hyperbaceneae 及 Peniantheae 合并成为 Pachygoneae 时，同时将该属归入 Pachygoneae，并定为模式属。分子系统学研究将粉绿藤属置于防己科，是 1 个多系类群。根据 FRPS，肾子藤 *P. valida* Diels 为存疑种，其分类地位不明确，被置于粉绿藤属。洪亚平等[12]基于 ITS 序列的系统发育分析发现，肾子藤与木防己属的木防己及樟叶木防己聚为 1 支。Wang 等[1,11]基于叶绿体基因和 ITS 序列的系统发育分析显示，肾子藤和樟叶木防己聚为 1 支，*P. loyaltiensis* Diels、*P. ovata* (Poiret) Diels 和木防己属的 *C. trilobus* (Thunberg) de Candolle 聚为 1 支，这 2 分支互为姐妹群。此外，亦有其他研究指出，粉绿藤属与木防己属聚为 1 支[6,7]。因此，分子证据表明 Kessler 依据无胚孔这一特征将粉绿藤属置于 Pachygoneae 的划分并不恰当。

DNA 条形码研究：BOLD 网站有该属 3 种 7 个条形码数据；GBOWS 网站已有 1 种 4 个条形码数据。

13. *Parabaena* Miers 连蕊藤属

Parabaena Miers (1851: 39); Hu et al. (2008: 10) (Type: *P. sagittata* Miers ex J. D. Hooker & Thomson)

特征描述：藤本。叶柄痕不明显，非盾状着生。叶基心形、戟形或箭形。花序腋生，比叶短，伞房状；雄花萼片 6，轮生，2 轮；花瓣 6，很小，倒卵形，顶端近截平或浅 3 裂；聚药雄蕊，花药 6，横裂；雌花萼片和花瓣与雄花近似；不育雄蕊 6；心皮 3，花柱短，柱头外弯，花柱残迹近顶生。核果卵圆形或近球形，腹面较平，中果皮肉质；果核骨质，外面有雕纹，常有刺，胎座迹位于腹面正中，盘状。种子新月形，胚乳丰富，胚根长，子叶卵形，开叉。花粉粒 3 孔沟，网状纹饰。

分布概况：6/1 种，7 型；分布于亚洲东南部到所罗门群岛；中国产云南、广西和贵州南部。

系统学评述：传统上连蕊藤属被置于防己科青牛胆族[FRPS]。根据分子系统学研究，连蕊藤属被置于 Tinosporoideae，是个单系类群。Wang 等[5]基于 *rbc*L、*mat*K、*trn*L-F 和 nr 26S rRNA 序列，结合 65 个形态特征的分析显示，该属和球果藤属互为姐妹分支。Jacques 和 Ortiz[9]的研究也显示该属和球果藤属组成 1 支，同族的 *Disciphania* 与其构成姐妹群，青牛胆属则与其系统关系较远。Wefferling 等[6]的研究得出相同结论。但 Wang 等[11]采用 5 个叶绿体建立的系统发育树表明，球果藤属和 *Disciphania* 聚为 1 个分支，与该属构成姐妹群，此外，这 3 属中，该属与连蕊藤属的系统关系较远，与 Jacques 等和 Wefferling 等[6]的研究结果有差异。

DNA 条形码研究：BOLD 网站有该属 1 种 4 个条形码数据；GBOWS 网站已有 1 种 16 个条形码数据。

代表种及其用途：连蕊藤 *P. sagittata* Miers 的嫩茎叶，为佤族人所食用。

14. *Pericampylus* Miers 细圆藤属

Pericampylus Miers (1851: 40), *nom. cons.* ; Hu et al. (2008: 11) [Type: *P. incanus* (Colebrooke) J. D. Hooker & Thomson (≡*Cocculus incanus* Colebrooke)]

特征描述：木质藤本。叶柄痕不明显。叶全缘。聚伞花序腋生；花被轮状排列，萼片和花瓣明显分异；雄花萼片 9，3 轮，最外轮小，苞片状，中轮和内轮大而凹，覆瓦状排列；花瓣 6，抱着花丝；雄蕊 6，花丝分离或不同程度的黏合，药室纵裂；雌花萼片和花瓣与雄花相似，萼片 2 轮，顶端全缘，退化雄蕊 6，丝状；心皮 3；花柱残迹近基生。核果，果核有雕纹，背部中肋两侧凸起，胎座迹隔膜状，不穿孔。种子弯成马蹄形，有胚乳，非嚼烂状，柱状子叶。花粉粒 3 孔沟，网状纹饰。

分布概况：2-3/1 种，7 型；分布于亚洲热带和亚热带地区；中国产西南至台湾。

系统学评述：传统上细圆藤属被置于防己科蝙蝠葛族[FRPS]。根据分子系统学研究，细圆藤属被置于防己科，是个单系类群。洪亚平等[12]基于 ITS 序列的发育系统分析结果表明，该属和夜花藤属及秤钩风属构成单系分支。Wang 等[11]利用多个叶绿体基因和 ITS 对防己科的系统发育分析显示，该属与夜花藤属和秤钩风属等多个属共同构成第 2 分支。Wefferling 等[6]的研究中亦得出相近结论。

DNA 条形码研究： BOLD 网站有该属 1 种 6 个条形码数据；GBOWS 网站已有 1 种 9 个条形码数据。

代表种及其用途： 细圆藤 *P. glaucus* Merrill 的藤或根有药用价值，药材名称为黑风散，全年可采。藤性味苦凉，能祛风镇痉、根治毒蛇咬伤。

15. *Pycnarrhena* Miers ex J. D. Hooker & Thomson 密花藤属

Pycnarrhena Miers ex J. D. Hooker & Thomson (1855: 206); Hu et al. (2008: 3) (Type: *P. planiflora* Miers ex J. D. Hooker & Thomson)

特征描述： 藤本。枝上有叶痕。叶非盾状，叶脉羽状。雄花为聚伞花序腋生或生于老枝上，萼片 6-15，轮生，覆瓦状排列，最内轮较大，通常圆而深凹，外轮小，最外轮的常呈小苞片状；花瓣 2-5，小，有时无花瓣；雄蕊 4-18，花丝合生，花药近球形，横裂；雌花萼片和花瓣与雄花相似；心皮 2-6，花柱残迹远离基部。核果，无柄，基部不收缩成柄状；果核外面平滑或微有皱纹，胎座迹不明显。种子与果核近同形，无胚乳，胚弯，子叶大，肉质，胚根短。花粉粒 3 孔沟，穿孔或网状纹饰。

分布概况： 9/2 种，**5** 型；分布于亚洲东南部，新几内亚岛，澳大利亚昆士兰；中国产云南和海南。

系统学评述： 密花藤属的系统位置争论较少，按 Diels 的 8 族和 Kessler 的 5 族系统，密花藤属分别被置于防己科密花藤族或 Pachygoneae。分子系统学研究将密花藤属置于 Menispermoideae 中，是个单系类群。基于 *ndh*F 片段的分子系统学研究显示，密花藤属的 *P. longifolia* Beccari 和 *P. novoguineensis* Miquel 聚成 1 支，是其他密花藤族成员的姐妹分支[7]。*rbc*L、*mat*K、*trn*L-F 等片段的分析结果同样得出密花藤属的 3 个种聚成 1 支，位于密花藤族内[5]。Jacques 和 Ortiz[9]的研究亦得出相同的结论。

DNA 条形码研究： BOLD 网站有该属 6 种 12 个条形码数据。

16. *Sinomenium* Diels 风龙属

Sinomenium Diels (1910: 254); Hu et al. (2008: 14) [Type: *S. diversifolium* (Miquel) Diels (≡*Cocculus diversifolius* Miquel)]

特征描述： 木质藤本。叶柄痕不明显。叶具掌状脉，叶柄非盾状着生。圆锥花序腋生；雄花萼片 2 轮，轮状排列，外轮狭窄；花瓣 6，抱着花丝；雄蕊 9，稀 12，离生，药室近顶部开裂；雌花萼片和花瓣与雄花的相似，萼片 2 轮，退化雄蕊 9；心皮 3，花柱外弯，柱头分裂，花柱残迹移至近基部，胎座迹双片状。核果扁球形，果核扁，背部沿中肋刺状凸起，两侧各有 1 行小横肋状雕纹。种子半月形，胚乳丰富，非嚼烂状，缘倚子叶，肥厚，肉质。花粉粒 3 孔沟，穿孔状纹饰。染色体 2*n*=52。

分布概况： 2/1 种，**14** 型；分布于东亚地区；中国南北均有。

系统学评述： 传统上风龙属被置于防己科蝙蝠葛族[FRPS]。根据分子系统学研究结果，风龙属被置于 Menispermoideae，是个单系类群。Wang 等[5]基于 *rbc*L、*mat*K、*trn*L-F 和 nr 26S rRNA 序列，结合 65 个形态特征的系统发育分析发现，该属和蝙蝠葛属聚为 1 支，位于 Menispermoideae 最基部，是其余属的姐妹群。Wefferling 等[6]根据叶绿体片段分析也得出相同的结论，表明风龙属和蝙蝠葛属属于 Menispermoideae，且系统关系近缘。Jacques 和 Ortiz[9]利用 *rbc*L 及 *atp*B 片段的分析表明，该属和蝙蝠葛属聚为 1 支，但该分支位于防己科最基部，是防己科其余所有类群的姐妹分支。

DNA 条形码研究：BOLD 网站有该属 1 种 7 个条形码数据；GBOWS 网站已有 1 种 23 个条形码数据。

代表种及其用途：风龙 *S. acutum* (Thunberg) Rehder & E. H. Wilson 的干燥藤茎供药用，药材名称为青风藤，收载于《中华人民共和国药典》，具有祛风湿、通经络、利小便、治风湿痹痛等疾病的功效。

17. *Stephania* Loureiro 千斤藤属

Stephania Loureiro (1790: 608); Hu et al. (2008: 15) (Lectotype: *S. rotunda* Loureiro)

特征描述：草质或木质藤本。叶柄痕不明显，叶柄两端肿胀，盾状着生，叶脉掌状。伞形聚伞花序；雄花花被对称；萼片 2 轮，每轮 3-4 片；花瓣 1 轮，3-4 片；雄蕊合生成盾状，聚药雄蕊，花药 2-6，横裂；雌花萼片 1 轮，花瓣与萼片互生；心皮 1，花柱残迹近基生，胎座迹二面微凹，穿孔或不穿孔。核果近球形，两侧稍扁，果核常骨质，背部中肋两侧有雕纹。种子马蹄形，具胚乳，非嚼烂状；胚弯成马蹄形，子叶非叶状。花粉粒 3 孔沟，网状纹饰。染色体 2*n*=22，24，26。

分布概况：60/37（30）种，**4 型**；分布于亚洲和非洲的热带与亚热带地区；中国产长江以南。

系统学评述：传统上千斤藤属被置于防己科蝙蝠葛族[FRPS]。Diels 根据心皮数目和雌花花被是否对称，将蝙蝠葛族划分为 3 亚族，千斤藤属被置于千斤藤亚族。千金藤属被划分为 3 亚属，包括粉防己亚属 *Stephania* subgen. *Botryodiscia*、千金藤亚属 *S.* subgen. *Stephania* 和山乌龟亚属 *S.* subgen. *Tuberiphania*。根据分子系统学研究，千斤藤属被置于防己科，是个单系类群。Ortiz 等[7]基于 *ndh*F 片段的分析显示，该属与锡生藤属/轮环藤属分支互为姐妹群。Wefferling 等[6]及 Jacques 和 Ortiz[9]的研究中加入 *Antizoma* 和 *Perichasma*，发现所有单心皮的属都聚成 1 个分支。Wang 等[1]基于 *mat*K、*trn*L-F 和 ITS 片段的研究表明，千斤藤亚族与锡生藤亚族互为姐妹群，千斤藤亚族内分为 2 支，千金藤亚属和粉防己亚属组成 1 支，与山乌龟亚属构成姐妹群。洪亚平等[12]的研究同样显示千金藤亚属和山乌龟亚属互为姐妹群,但千金藤亚属的景东千金藤 *S. chingtungensis* H. S. Lo 却嵌入山乌龟亚属的分支内。

DNA 条形码研究：Zheng 等[15]的研究表明，ITS 序列能区分金线吊乌龟 *S. cepharantha* Hayata 和其混淆品蓼科 Polygonaceae 的何首乌 *Fallopia multiflora* (Thunberg) Haraldson。对千金藤属 16 个种的 *rbc*L、*mat*K、ITS、*atp*B、*ndh*F 及 *trn*L-F 序列分析发现，这些种均可被区分开，因此可以用作该属的 DNA 条形码。BOLD 网站有该属 13 种 29 个条形码数据；GBOWS 网站已有 8 种 53 个条形码数据。

代表种及其用途：粉防己 *S. tetrandra* S. Moore 的干燥根供药用，药材名称为防己，收载于《中华人民共和国药典》。粉防己含防己碱和防己诺林碱，具有祛风止痛、利水消肿，治风湿痹痛、水肿脚气等疾病的功效。

18. *Tinomiscium* Miers ex J. D. Hooker & Thomson 大叶藤属

Tinomiscium Miers ex J. D. Hooker & Thomson (1855: 205); Hu et al. (2008: 6) (Type: *T. petiolare* Miers ex J. D. Hooker & Thomson)

特征描述：<u>藤本</u>。<u>叶柄痕不明显</u>，叶具长柄，叶片阔大，掌状 3-5 脉。<u>总状花序生于老枝上</u>，单生或簇生；雄花萼片 9-12，近革质，边缘常膜质，覆瓦状排列；花瓣 6，近膜质，边内卷；<u>雄蕊 6</u>，分离，花药内向，药室斜纵裂；<u>退化心皮 3</u>；雌花萼片和花瓣与雄花同形；退化雄蕊 6，<u>心皮 3</u>，柱头盾形，<u>花柱残迹近顶生，胎座迹不明显</u>。核果 3 或较少，<u>果核外面无雕纹</u>，<u>两侧扁</u>，背部隆起，腹面较平坦。种子倒卵圆形，<u>有胚乳，非嚼烂状</u>；<u>子叶叶状，开叉</u>，比胚根长。花粉粒 3 孔沟，穿孔状纹饰。

分布概况：约 7/1 种，**7 型**；分布于印度，亚洲东南部；中国产云南和广西。

系统学评述：大叶藤属的系统位置存在较多争议。Diels 的 8 族系统中，大叶藤属被置于防己科天仙藤族。Kessler 的 5 族系统将古山龙族的 *Anamirta* 和 *Coscinium* 归入天仙藤族，而将古山龙属归入青牛胆族。根据分子系统学研究，大叶藤属被置于 Tinosporoideae，是个单系类群。洪亚平等根据叶表皮特征的分析结果支持 Kessler 的 5 族系统[10]。Jacques 和 Bertolino[8]根据胚乳与子叶特征分析发现，大叶藤属、天仙藤属、*Anamirta* 和古山龙属聚成 1 支，与其余青牛胆族构成姐妹群，因此支持 Kessler 将 *Anamirta* 归入天仙藤族，但不支持将古山龙属归入青牛胆族。Jacques 和 Ortiz[9]、Wang 等[11]和 Wefferling 等[6]分别基于多个叶绿体分子片段与形态特征的分析显示，大叶藤属应置于扩大的青牛胆族，而 Diels 的古山龙族的 3 属则形成单系分支，与扩展的 Tinosporeae 族为姐妹群关系，表明大叶藤属与古山龙族内的 *Anamirta* 和 *Coscinium* 系统关系较远，不支持 Kessler 的系统划分。

DNA 条形码研究：BOLD 网站有该属 2 种 17 个条形码数据。

代表种及其用途：该属植物，如大叶藤 *T. petiolare* J. D. Hooker & Thomson，其乳状液汁经加工后可得古塔波胶，可应用于电子及医学等领域。

19. *Tinospora* Miers 青牛胆属

Tinospora Miers (1851: 38); Hu et al. (2008: 7) [Type: *T. cordifolia* (Willdenow) J. D. Hooker & Thomson (≡*Menispermum cordifolium* Willdenow)]

特征描述：<u>木质藤本</u>。<u>叶柄痕不明显</u>。叶具掌状脉。总状、聚伞或圆锥花序，<u>腋生或生于老枝上</u>；雄花萼片 6，<u>2 轮</u>，覆瓦状排列；花瓣 6，极少 3，<u>常两侧边缘内卷，抱着花丝</u>；<u>雄蕊 6，离生</u>，药室稍偏斜的纵裂；雌花萼片与雄花相似，<u>花瓣顶端全缘，退化雄蕊 6</u>，<u>心皮 3</u>，花柱边缘条裂，花柱残迹近顶生。核果，<u>具柄</u>，果核近骨质，<u>常有雕纹</u>，胎座迹阔，<u>具一球形的腔</u>，向外穿孔。种子新月形，<u>胚乳嚼烂状，子叶叶状，开叉</u>。花粉粒 3 孔沟，网状纹饰。染色体 $2n=26$。

分布概况：多于 30/6（3）种，**4 型**；分布于非洲，亚洲，大洋洲；中国主产华中、华东、华南、西南。

系统学评述：传统上青牛胆属被置于防己科青牛胆族[FRPS]。根据分子系统学研究，青牛胆属被置于 Tinosporoideae，是个多系类群。

Wang 等[1]基于叶绿体基因序列的分析发现，天仙藤族的大叶藤属处于青牛胆族内，并与青牛胆属聚为一支。但 Ortiz 等[7]通过绿叶体 *ndh*F 序列分析发现大叶藤属是防己科其余属的姐妹群，与青牛胆属系统关系较远。Wang 等[11]认为 Ortiz 等[7]的结果可能是由大叶藤属序列错误造成的。Jacques 和 Bertolino[8]根据胚乳与子叶特征分析得出，波叶青牛胆 *T. crispa* (Linnaeus) J. D. Hooker & Thomson、心叶青牛胆 *T. cordifolia* (Willdenow) J. D. Hooker 和 *T. oblongifolia* (Engler) Troupin 没有构成 1 个单系，其中，*T. oblongifolia* (Engler) Troupin 与其余 2 个种的系统关系较远。而基于 *rbc*L 和 *atp*B 序列的分子证据显示，中华青牛胆 *T. sinensis* (Loureiro) Merrill、*T. esiangkara* (F. M. Bailey) Forman 和 *T. smilacina* Bentham 聚为一支，而 *T. caffra* (Miers) Troupin 则与其他 4 属聚为另一支，这 2 个分支成为姐妹群关系[9]。因此，分子证据表明青牛胆属并非单系类群。

DNA 条形码研究：BOLD 网站有该属 8 种 28 个条形码数据；GBOWS 网站已有 1 种 4 个条形码数据。

代表种及其用途：该属有多个药用种收载于《中华人民共和国药典》，包括青牛胆和金果榄 *T. capillipes* Gagnepain。金果榄的干燥块根，药材名称为金果榄，具有清热解毒、利咽、止痛的功效。此外，中华青牛胆和波叶青牛胆也被收载于《中华人民共和国药典》，其干燥茎，药材名称为宽筋藤。

主要参考文献

[1] Wang W, et al. Phylogeny and morphological evolution of tribe Menispermeae (Menispermaceae) inferred from chloroplast and nuclear sequences[J]. Perspect Plant Ecol Evol Syst, 2007, 8: 141-154.

[2] Diels L. Menispermaceae[M]//Engler A. Das pflanzenreich. IV. Leipzig: W. Engelmann, 1910: 1-134.

[3] Kessler PJA. Menispermaceae[M]//Kubitzki K. The families and genera of vascular plants, II. Berlin: Springer, 1993: 402-418.

[4] Hoot SB. Phylogeny of basal eudicots based on three molecular data sets: *atp*B, *rbc*L, and 18S nuclear ribosomal DNA sequences[J]. Ann MO Bot Gard, 1999, 86: 1-32.

[5] Wang W, et al. Phytogeny and classification of Ranunculales: evidence from four molecular loci and morphological data[J]. Perspect Plant Ecol Evol Syst, 2009, 11: 81-110.

[6] Wefferling KM, et al. Phylogeny and fruit evolution in Menispermaceae[J]. Am J Bot, 2013, 100: 883-905.

[7] Ortiz RDC, et al. Molecular phylogeny of the moonseed family (Menispermaceae): implications for morphological diversification[J]. Am J Bot, 2007, 94: 1425-1438.

[8] Jacques FMB, Bertolino P. Molecular and morphological phylogeny of Menispermaceae (Ranunculales)[J]. Plant Syst Evol, 2008, 274: 83-97.

[9] Jacques FMB, Ortiz RDC. Integrating fossils in a molecular-based phylogeny and testing them as calibration points for divergence time estimates in Menispermaceae[J]. J Syst Evol, 2011, 49: 25-49.

[10] Hong YP, et al. Characters of leaf epidermis and their systematic significance in Menispermaceae[J]. J Syst Evol, 2001, 43: 615-623.

[11] Wang W, et al. Menispermaceae and the diversification of tropical rainforests near the Cretaceous-Paleogene boundary[J]. New Phytol, 2012, 195: 470-478.

[12] 洪亚平, 等. 根据ITS序列证据重建防己科蝙蝠葛族的系统发育[J]. 植物分类学报, 2001, 39: 97-104.

[13] Forman LL. The tribe Triclisieae Diels in Asia, the Pacific and Australia: the Menispermaceae of Malesia and adjacent areas: VIII[J]. Kew Bull, 1975, 30: 77-100.

[14] 徐晓兰, 等. 基于 ITS2 条形码序列的山豆根基原植物及其混伪品的 DNA 分子鉴定[J]. 世界科学技术, 2012, 14: 1147-1152.

[15] Zheng CJ, et al. Molecular authentication of the traditional medicinal plant *Fallopia multiflora*[J]. Planta Med, 2009, 75: 870-872.

Berberidaceae Jussieu (1789), *nom. cons.* 小檗科

特征描述：灌木或多年生草本，稀小乔木。<u>茎具刺或无</u>。叶常互生，稀对生或基生；单叶或羽状复叶；叶脉羽状或掌状。花两性，单生或成花序。花辐射对称；<u>花被常 3 基数</u>，偶 2 基数，稀缺如；<u>萼片 6-9</u>，<u>常花瓣状</u>，离生，2-3 轮；花瓣 6，盔状或距状，或蜜腺状，<u>基部有蜜腺或缺</u>；雄蕊与花瓣同数对生，<u>花药 2 室</u>，<u>瓣裂或纵裂</u>；子房上位，1 室，胚珠多数或少数，<u>基生或侧膜胎座</u>。浆果，蒴果，蓇葖果或瘦果。种子 1 至多数，富含胚乳。花粉粒 3 沟、螺旋状单萌发孔或散沟，穿孔或网状纹饰。昆虫传粉。

分布概况：15 属/约 650 种，分布于北半球温带及亚热带高山地区；中国 11 属/约 341 种，各地均产。

系统学评述：传统分类中，Takhtajan[1]将小檗科置于毛茛目下。该科 15 属，包括红毛七属 *Caulophyllum*、小檗属 *Berberis*、山荷叶属 *Diphylleia*、桃儿七属 *Sinopodophyllum*（或称 *Podophyllum*）、淫羊藿属 *Epimedium*、牡丹草属 *Gymnospermium*、鲜黄连属 *Jeffersonia*（或称 *Plagiorhegma*）、囊果草属 *Leontice*、十大功劳属 *Mahonia*、南天竹属 *Nandina*、鬼臼属 *Dysosma*、*Achlys*、*Bongardia*、*Ranzania* 和 *Vancouveria*。广义小檗科被划分为 2-4 科，对科下各属的系统处理亦有争议。分子证据支持将小檗科放入毛茛目中，认为其与毛茛科 Ranunculaceae 系统关系最近，并将上述的 15 属分别归入 3 亚科，即鬼臼亚科 Podophylloideae、小檗亚科 Berberidoideae 和南天竹亚科 Nandinoideae[2,3]。

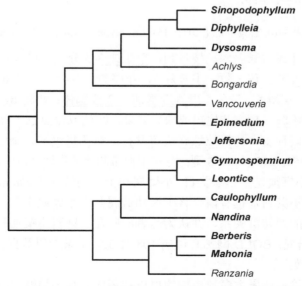

图 79　小檗科分子系统框架图（参考 APW；Wang 等[2,3]）

分属检索表

1. *Berberis* Linnaeus 小檗属

Berberis Linnaeus (1753: 330); Ying et al. (2011: 715) (Lectotype: *B. vulgaris* Linnaeus)

特征描述：落叶或常绿灌木。枝具刺，单生或 3-5 分叉。单叶互生，具叶柄，叶片与叶柄连接处常有关节。花 3 数，小苞片 3，花序类型各异。萼片 6，2 轮，稀 3 或 9，1 轮或 3 轮，黄色；花瓣 6，黄色，内侧近基部具 2 枚腺体；雄蕊 6，与花瓣对生，花药瓣裂，子房含基生胚珠 1-12，花柱短或缺。浆果，红色或蓝黑色。种子 1-10，黄褐色至红棕色或黑色，无假种皮。花粉粒螺旋状萌发孔，穿孔状纹饰。染色体 $2n=14$，28。

分布概况：约 500/215 种，**8-5** 型；分布于温带和亚热带地区；中国产西北、西南。

系统学评述：小檗属是个单系类群。小檗属和十大功劳属 *Mahonia* 的亲缘关系较近，都隶属于最狭义的小檗科，也有研究将十大功劳属归入小檗属中[4]。分子证据也支持小檗属和十大功劳属的姐妹群关系，并认为两者应归在小檗科小檗亚科内[2,3]。

DNA 条形码研究：BOLD 网站有该属 108 种 320 个条形码数据；GBOWS 网站已有 11 种 73 个条形码数据。

代表种及其用途：该属大多数植物的根皮和茎皮含有小檗碱，可代黄连药用，如鲜黄小檗 *B. diaphana* Maximowicz；也常作观赏植物栽培，如紫叶小檗 *B. thunbergii* de

Candolle var. *atropurpurea* Chenault。

2. *Caulophyllum* Michaux 红毛七属

Caulophyllum Michaux (1803: 204); Ying et al. (2011: 800) [Type: *C. thalictroides* (Linnaeus) Michaux (≡*Leontice thalictroides* Linnaeus)]

特征描述：多年生草本，落叶。根状茎，横走，结节状，极多须根。茎直立，基部被鳞片。叶互生，二至三回三出复叶，轮廓阔卵形；小叶片卵形、倒卵形或阔披针形，全缘或分裂，边缘无齿，掌状脉或羽状脉。复聚伞花序顶生，花 3 数；小苞片 3-4，早落。萼片 6，花瓣状；花瓣 6，蜜腺状，扇形；雄蕊 6，离生，花药瓣裂；心皮单一，柱头侧生，子房含基生胚珠 2 枚。浆果。种子熟时蓝色，微具白霜。花粉粒 3 沟，网状纹饰。染色体 $2n=16$。

分布概况：3/1 种，**9** 型；分布于北美和东亚，北美 2 种，东亚 1 种；中国 1 种，产东北到华中、华东。

系统学评述：红毛七属是个单系类群。传统分类中红毛七属被放在狮足草科 Leonticaceae 中，也曾被放在小檗科中。分子系统学研究认为，应将其放在小檗科南天竹亚科内，并去除狮足草科[2,3]。

DNA 条形码研究：BOLD 网站有该属 2 种 22 个条形码数据；GBOWS 网站已有 1 种 12 个条形码数据。

代表种及其用途：红毛七 *C. robustum* Maximowicz 的根状茎入药，主治风湿筋骨疼痛、跌打损伤、妇女月经不调。

3. *Diphylleia* Michaux 山荷叶属

Diphylleia Michaux (1803: 203); Ying et al. (2011: 787) (Type: *D. cymosa* Michaux)

特征描述：多年生草本。根状茎粗壮，横走，多须根，具节，节处有 1 碗状小凹；茎单一，生 2 叶，稀 3 叶。叶互生，盾状着生，呈 2 半裂，每半裂具浅裂，边缘具齿，掌状脉。花序顶生，具总梗，聚伞花序或伞形状花序。花 3 数，具花梗；萼片 6，2 轮；花瓣 6，2 轮，白色；雄蕊 6，与花瓣对生，花药底着，纵裂，子房上位，1 室，花柱极短或缺，胚珠 2-11。浆果，暗紫黑色，被白粉。种子红褐色，无假种皮。花粉粒 3 沟，刺状纹饰。染色体 $2n=12$。

分布概况：3/1 种，**9** 型；东亚-北美东部间断分布；中国有 1 种，产东北和西南。

系统学评述：山荷叶属是个单系类群。传统分类中山荷叶属被放在鬼臼科 Podophyllaceae 鬼臼亚科中，也曾被放在小檗科中。分子系统学研究将该属放在小檗科鬼臼亚科中，其与桃儿七属 *Sinopodophyllum* 亲缘关系较近[2,3]。

DNA 条形码研究：BOLD 网站有该属 3 种 5 个条形码数据。

代表种及其用途：山荷叶 *D. sinensis* H. L. Li 是民间常用的中草药，能散风祛痰、消毒解肿、杀虫，有特殊的解毒功效，可治蛇咬伤。

4. *Dysosma* Woodson 鬼臼属

Dysosma Woodson (1928: 338); Ying et al. (2011: 783) [Type: *D. pleiantha* (Hance) Woodson (≡*Podophyllum pleianthum* Hance)]

特征描述： 多年生草本。根状茎粗短，横走，多须根；茎直立，单生，光滑，基部被大鳞片。叶大，盾状。花数朵簇生或组成伞形花序，花两性，下垂。萼片 6，膜质，早落；花瓣 6，暗紫红色；雄蕊 6，花丝扁平，外倾，花药内向开裂，药隔宽而常延伸，雌蕊单生，花柱显著，柱头膨大，子房 1 室，有多数胚珠。浆果，红色。种子多数，无肉质假种皮。花粉粒 3 沟，穿孔或网状纹饰。染色体 2n=12。

分布概况： 约 7/7（6）种，**14SH** 型；分布于越南北部；中国产长江以南。

系统学评述： 鬼臼属是 1 个单系类群。传统分类中，鬼臼属又称八角莲属，曾被放在鬼臼科鬼臼亚科中，也曾被放在小檗科中。分子系统学研究将该属放在小檗科鬼臼亚科中[2,3]。

DNA 条形码研究： BOLD 网站有该属 3 种 6 个条形码数据；GBOWS 网站已有 7 种 55 个条形码数据。

代表种及其用途： 八角莲 *D. versipoellis* (Hance) M. Cheng 可入药，功效为散风祛痰、消毒解肿。

5. *Epimedium* Linnaeus 淫羊藿属

Epimedium Linnaeus (1753: 117); Ying et al. (2011: 787) (Lectotype: *E. alpinum* Linnaeus)

特征描述： 多年生草本，落叶或常绿。根状茎横走，多须根；茎单生或数茎丛生，基部被褐色鳞片。单叶或一至三回羽状复叶，基生或茎生；小叶卵形、卵状披针形或近圆形，叶缘具刺毛状细齿。花两性；总状花序或圆锥花序，顶生。萼片 8，2 轮，内轮花瓣状；花瓣 4，有距或囊；雄蕊 4，与花瓣对生，药室瓣裂，裂瓣外卷；子房上位，1 室，胚珠 6-15，侧膜胎座，花柱宿存，柱头膨大。蒴果背裂。种子具肉质假种皮。花粉粒 3 沟，网状纹饰。染色体 2n=12。

分布概况： 约 50/41 种，**10-2** 型；分布于非洲北部，欧洲南部，印度，俄罗斯，朝鲜和日本；中国主产秦岭以南，南岭以北。

系统学评述： 淫羊藿属是个单系类群。传统分类中淫羊藿属被放在鬼臼科淫羊藿亚科中，也曾被放在小檗科中。分子系统学研究认为其应被放在小檗科鬼臼亚科中，并与 *Vancouveria* 形成姐妹群[2,3]。

DNA 条形码研究： BOLD 网站有该属 58 种 76 个条形码数据；GBOWS 网站已有 3 种 11 个条形码数据。

代表种及其用途： 淫羊藿 *E. brevicornu* Maximowicz 全草供药用，具有补肾阳、强筋骨、祛风湿的功效。

6. *Gymnospermium* Spach 牡丹草属

Gymnospermium Spach (1839: 66); Ying et al. (2011: 799) [Type: *G. altaicum* (Pallas) Spach (≡*Leontice altaica* Pallas)]

特征描述：多年生草本。<u>根状茎块根状</u>；地上茎直立，草质，不分枝，全株无毛。1叶生茎顶，<u>一回三出或二至三回羽状三出复叶</u>，裂片薄质，微被白粉。总状花序顶生，具总梗，单一；花梗基部具苞片。花黄色；萼片6，花瓣状；花瓣6，蜜腺状，远较萼片短；雄蕊6，分离，与花瓣对生，2瓣开裂；雌蕊单生，花柱短或细长，柱头平截，子房1室，胚珠2-4，基底着生。蒴果，瓣裂。种子2-4，<u>具薄假种皮</u>。<u>花粉粒3沟</u>，<u>网状纹饰</u>。染色体 $2n=16$。

分布概况：6-8/3 种，**10-1 型**；分布于北温带；中国产东北、西北和华东。

系统学评述：牡丹草属是个单系类群。传统分类中牡丹草属被放在狮足草科中，也曾在小檗科中。分子系统学研究认为，应将其放在小檗科南天竹亚科内，并去除狮足草科[2,3]。

DNA 条形码研究：BOLD 网站有该属 1 种 2 个条形码数据。

代表种及其用途：牡丹草 *G. microrrhynchum* (S. Moore) Takhtajan 的粗蛋白质、粗脂肪和粗灰分含量均较高，可作饲用。

7. *Jeffersonia* Barton 鲜黄连属

Jeffersonia Barton (1793: 340); Ying et al. (2011: 783) [Type: *J. binata* Barton, *nom. illeg.* (=*J. diphylla* Barton≡*Podophyllum diphyllum* Linnaeus)]

特征描述：多年生草本。<u>根状茎细瘦</u>，<u>密生须根</u>；<u>地上茎缺如</u>。单叶，基生，叶片近圆形，不分裂，基部深心形，掌状脉；叶柄长，无毛。花单生，淡紫色；萼片6，花瓣状，早落；花瓣6；雄蕊6，与花瓣对生，花丝扁平；雌蕊1，柱头浅杯状，胚珠极多数，生于腹部。<u>蒴果革质</u>，<u>纵斜开裂</u>。种子多数，黑色。<u>花粉粒3沟</u>，<u>条状纹饰</u>。染色体 $2n=12$。

分布概况：约 2/1 种，**11 型或 9 型**；分布于北美和东亚；中国 1 种，产西北至东北。

系统学评述：鲜黄连属是个单系类群。传统分类中鲜黄连属被放在鬼臼科淫羊藿亚科中，也曾被放在小檗科中。此外，*Plagiorhegma* 也曾被并入该属[5]。分子系统学研究支持将 *Plagiorhegma* 归入该属，并将其放在小檗科鬼臼亚科中[2,3]。

DNA 条形码研究：BOLD 网站有该属 2 种 5 个条形码数据；GBOWS 网站已有 1 种 4 个条形码数据。

代表种及其用途：鲜黄连 *J. dubia* (Maximowicz) Bentham & J. D. Hook ex Baker & Moore 性味苦寒，具有清热燥湿、凉血止血的功效。

8. *Leontice* Linnaeus 囊果草属

Leontice Linnaeus (1753: 312); Ying et al. (2011: 800) (Lectotype: *L. leontopetalum* Linnaeus)

特征描述：多年生草本。<u>块状根茎</u>；地上茎直立，草质，不分枝，全株无毛。<u>茎生叶常 2（-5）枚</u>，互生，<u>二至三回羽状深裂</u>；具托叶。总状花序单一，顶生，具苞片，花黄色；萼片6，花瓣状；花瓣6，蜜腺状，黄色，远较萼片短；雄蕊6，离生；心皮1，子房膨大，无柄或具短柄，柱头小，胚珠2-4，基底胎座。<u>瘦果囊状</u>，膜质，<u>不开裂或</u>

仅顶端不整齐撕裂状，种子 2，常内藏，压扁状，无假种皮。花粉粒 3 沟，网状纹饰。染色体 2*n*=16。

分布概况：3-4/1 种，**12 型**；分布于北温带；中国 1 种，产新疆。

系统学评述：囊果草属是个单系类群。传统分类中，囊果草属被放在狮足草科中，也被放在小檗科中。分子系统学研究认为应将其放在小檗科南天竹亚科内，并去除狮足草科[2]。

DNA 条形码研究：BOLD 网站有该属 2 种 2 个条形码数据。

9. *Mahonia* Nuttall 十大功劳属

Mahonia Nuttall (1818: 211), *nom. cons.*; Ying et al. (2011: 772) [Type: *M. aquifolium* (Pursh) Nuttall, *typ. cons.* (≡*Berberis aquifolium* Pursh)]

特征描述：常绿灌木或小乔木。枝无刺。奇数羽状复叶，互生，无叶柄或具叶柄；侧生小叶通常无叶柄或具小叶柄；小叶边缘具粗疏或细锯齿或具牙齿，少有全缘。花序顶生，由（1-）3-18 个簇生的总状花序或圆锥花序组成，基部具芽鳞；苞片较花梗短或长。花黄色；萼片 3 轮，9 枚；花瓣 2 轮，6 枚，基部具 2 枚腺体或无；雄蕊 6，花药瓣裂；子房含基生胚珠 1-7，花柱极短或无，柱头盾状。浆果，深蓝色至黑色。花粉粒螺旋状萌发孔或合沟，穿孔状纹饰。染色体 2*n*=14。

分布概况：约 60/31 种，**9 型**；分布于东亚，东南亚，北美，中美和南美西部；中国产四川、云南、贵州和西藏。

系统学评述：十大功劳属是个单系类群。十大功劳属和小檗属的亲缘关系较近，都隶属于狭义的小檗科，十大功劳属的种类曾被置于小檗属[4]。分子证据也支持小檗属和十大功劳属的姐妹群关系，两者都属于小檗亚科[2,3]。

DNA 条形码研究：GBOWS 网站有该属 6 种 43 个条形码数据。

代表种及其用途：阔叶十大功劳 *M. bealei* (Fortune) Carrière、细叶十大功劳 *M. fortunei* (Lindley) Fedde 茎可入药。

10. *Nandina* Thunberg 南天竹属

Nandina Thunberg (1781: 14); Ying et al. (2011: 715) (Type: *N. domestica* Thunberg)

特征描述：常绿灌木。叶互生，二至三回羽状复叶，叶轴具关节；小叶全缘，叶脉羽状；无托叶。花两性，3 数，具小苞片；大型圆锥花序，顶生或腋生。萼片多数，螺旋状排列；花瓣 6，较萼片大，基部无蜜腺；雄蕊 6，1 轮，与花瓣对生，花药纵裂，子房倾斜椭圆形，侧膜胎座，花柱短，柱头全缘或偶有数小裂。浆果球形，熟时为红色，顶端具宿存花柱。种子 1-3，灰色或淡棕褐色，无假种皮。花粉粒 3 沟，网状纹饰。染色体 2*n*=20。

分布概况：1/1 种，**14（14SJ）型**；为东亚特有，分布于日本，印度，北美东南部有栽培；中国大多数省区均产。

系统学评述：南天竹属是个单系类群。传统分类中，南天竹属作为 1 个独立的南天竹科 Nandinaceae，也曾作为小檗科的南天竹亚科 Nandinoideae。分子系统学研究认为其应作为 1 属保留在小檗科中，并与近缘的红毛七属、牡丹草属及囊果草属一同组成南天竹亚科[2,3]。

DNA 条形码研究： BOLD 网站有该属 1 种 18 个条形码数据；GBOWS 网站已有 1 种 13 个条形码数据。

代表种及其用途： 南天竹 *N. domestica* Thunberg 全株有毒，若误食会产生全身兴奋、脉搏不稳、血压下降、肌肉痉挛、呼吸麻痹、意识模糊等症状。

11. *Sinopodophyllum* Ying 桃儿七属

Sinopodophyllum Ying (1979: 15); Ying et al. (2011: 783) [Type: *S. emodi* (Wallich ex J. D. Hook & Thomson) T. S. Ying (≡*Podophyllum emodi* Wallich ex J. D. Hook & Thomson)]

特征描述： 多年生草本。根状茎粗壮，横走；茎直立，基部被褐色大鳞片。叶 2 枚，具长柄，基部心形，3 或 5 深裂达中部，裂片有时 2-3 小裂。花大，单生，两性，整齐，粉红色，先叶开放；萼片 6，早萎；花瓣 6，开张；雄蕊 6，花药直立，花药线形，纵裂；雌蕊 1，子房 1 室，有多数胚珠。大浆果。种子多数，无肉质假种皮。四合花粉，疣状纹饰。染色体 $2n=12$。

分布概况： 仅 2/1 种，**14SH** 型；分布于北美东部，尼泊尔，不丹，印度，巴基斯坦，阿富汗东部和克什米尔；中国产西南和西北。

系统学评述： 桃儿七属是个单系类群。传统分类中桃儿七属被放在鬼臼科 Podophyllaceae 鬼臼亚科中，也曾被放在小檗科中。此外，足叶草属 *Podophyllum* 被并入该属[5]。分子系统学研究支持将足叶草属归入该属，并将其放在小檗科鬼臼亚科中，与山荷叶属亲缘关系较近[2,3]。

DNA 条形码研究： BOLD 网站有 1 种 34 个条形码数据；GBOWS 网站已有 1 种 64 个条形码数据。

代表种及其用途： 桃儿七 *S. emodi* (Wallich ex J. D. Hook & Thomson) T. S. Ying 为"太白七药"之一，具有抗癌作用。

主要参考文献

[1] Takhtajan A. Diversity and classification of flowering plants[M]. New York: Columbia University Press, 1997.

[2] Wang W, et al. Phylogenetic and biogeographic diversification of Berberidaceae in the northern hemisphere[J]. Syst Bot, 2007, 32: 731-742.

[3] Wang W, et al. Phylogeny and classification of Ranunculales: evidence from four molecular loci and morphological data[J]. Perspect Plant Ecol Evol Syst, 2009, 11: 81-110.

[4] Adhikari B, et al. Systematics and biogeography of *Berberis s.l.* inferred from nuclear ITS and chloroplast *ndh*F gene sequences[J]. Taxon, 2015, 64: 39-48.

[5] Lonconte H. Berberidaceae[M]//Kubitzki K. The families and genera of vascular plants, II. Berlin: Springer, 1993: 147-152.

Ranunculaceae Jussieu (1789), *nom. cons.* 毛茛科

特征描述：多年生或一年生草本，少灌木或木质藤本。叶互生或基生，少对生，单叶或复叶。花单生或组成各种聚伞花序或总状花序；花两性，少单性，辐射对称，稀两侧对称；萼片呈花瓣状或萼片状；花瓣存在或不存在，蜜腺特化成杯状、筒状、二唇状分泌器官，常比萼片小，基部常有囊状或筒状的距；雄蕊多数，有时少数，螺旋状排列；花药2室，纵裂；心皮分生，稀合生，多数、少数或1枚，在隆起的花托上螺旋状排列；胚珠多数、少数至1个。蓇葖果或瘦果，少为蒴果或浆果。种子具小的胚和丰富的胚乳。花粉粒3沟、环沟、散沟或散孔，稀不规则萌发孔或无萌发孔，穿孔、穴状或网状纹饰。蜂类、蝇类传粉，稀风媒。含异喹啉类、环萜类或毛茛苷等生物碱。

分布概况：约55属/2525种，世界广布（除南极洲外），分布于北半球温带和寒温带；中国35属/约921种，南北均产，主产西南山地。

系统学评述：传统分类中毛茛科的范围一直存在争议，分子证据表明芍药属 *Paeonia*、星叶草属 *Circaeaster* 和独叶草属 *Kingdonia* 不是该科成员，而白根葵属 *Glaucidium* 和北美黄连属 *Hydrastis* 与狭义毛茛科近缘，应被归入毛茛科[1]。毛茛科包括5亚科，即白根葵亚科 Glaucidioideae、黄毛茛亚科 Hydrastidoideae、黄连亚科 Coptidoideae、唐松草亚科 Thalictroideae 和毛茛亚科 Ranunculoideae，其中毛茛亚科包括10族。毛茛亚科的单系性及其10族之间的系统发育关系未得到很好的解决[1,2]。

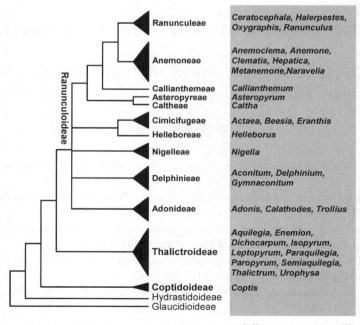

图 80　毛茛科分子系统框架图（参考 Wang 等[1,3]；Wang 和 Chen[2]）

分属检索表

1. 子房有数颗或多数胚珠；果实为蓇葖果，少有为蒴果（黑种草属）或浆果（部分类叶升麻属物种）
　2. 花两侧对称；总状花序，花梗有 2 小苞片
　　3. 一年生；雄蕊露出花被之外；心皮 6-13 ·· **19. 露蕊乌头属 Gymnaconitum**
　　3. 二年生或多年生；雄蕊不露出被花被之外；心皮 3-7, 或 1
　　　4. 上萼片无距；花瓣有爪 ·· **1. 乌头属 Aconitum**
　　　4. 上萼片有距；花瓣无爪 ··· **15. 翠雀属 Delphinium**
　2. 花辐射对称；单歧聚伞花序，如为总状花序，则小苞片不存在
　　5. 花多数组成圆锥花序或总状花序
　　　6. 叶为单叶，不分裂；退化雄蕊和花瓣均不存在 ··· **8. 铁破锣属 Beesia**
　　　6. 叶为一回或二回以上三出或近羽状复叶；退化雄蕊或花瓣存在 ········· **2. 类叶升麻属 Actaea**
　　5. 花单独顶生或少数组成单歧聚伞花序
　　　7. 叶为单叶
　　　　8. 花瓣不存在
　　　　　9. 叶不分裂，心形；胚珠沿子房腹缝线全长着生 ······························· **11. 驴蹄草属 Caltha**
　　　　　9. 叶掌状全裂；胚珠着生于子房腹缝线下部 ································ **9. 鸡爪草属 Calathodes**
　　　　8. 花瓣存在，小，有蜜腺
　　　　　10. 退化雄蕊存在；花柱长为子房的 2 倍；叶掌状三全裂 ··········· **35. 尾囊草属 Urophysa**
　　　　　10. 退化雄蕊不存在；花柱比子房短
　　　　　　11. 叶盾形，不分裂或浅裂；花瓣有细长爪 ························· **7. 星果草属 Asteropyrum**
　　　　　　11. 叶不为盾形，深裂或全裂；花瓣无长爪
　　　　　　　12. 花下有数轮生叶状苞片形成的总苞 ······················ **18. 菟葵属 Eranthis**
　　　　　　　12. 无上述总苞
　　　　　　　　13. 心皮有细柄 ··· **14. 黄连属 Coptis**
　　　　　　　　13. 心皮无细柄
　　　　　　　　　14. 叶掌状深裂或全裂；花瓣线形 ··················· **34. 金莲花属 Trollius**
　　　　　　　　　14. 叶鸡足状全裂；花瓣筒形或杯形 ············· **21. 铁筷子属 Helleborus**
　　　7. 叶为一回或二回以上的三出复叶
　　　　15. 心皮合生，成熟时形成蒴果；一年生草本（引种） ······················· **27. 黑种草属 Nigella**
　　　　15. 心皮分生，少有在基部合生（人字果属），成熟时形成蓇葖；多年生草本，少有一年生草本（蓝堇草属）
　　　　　16. 叶的裂片和牙齿顶端微凹，有腺体；花瓣有细长爪；心皮 2，基部合生 ················
　　　　　　　··· **16. 人字果属 Dichocarpum**
　　　　　16. 叶的裂片或牙齿顶端全缘，无腺体；花瓣不存在，如存在时有极短柄或无柄；心皮通常在 2 个以上，分生
　　　　　　17. 退化雄蕊存在
　　　　　　　18. 花小；萼片白色；雄蕊 8-14；花柱长为子房的 1/5 左右；花瓣小，杯状；一回三出复叶 ·············· **32. 天葵属 Semiaquilegia**
　　　　　　　18. 花中等大；萼片蓝紫色；雄蕊多数；花柱长为子房的 1/2 以上
　　　　　　　　19. 叶为一回三出复叶或掌状三全裂的单叶；花瓣小，长为萼片的 1/3 左右，无距或有短距；花柱长为子房的 2 倍 ·············· **35. 尾囊草属 Urophysa**
　　　　　　　　19. 叶为二回以上三出复叶；花瓣与萼片近等大，有距，稀无距；花柱长为子房的 1/2 左右 ······················· **6. 耧斗菜属 Aquilegia**

17. 退化雄蕊不存在
    20. 花瓣不存在································**17. 拟扁果草属 Enemion**
    20. 花瓣存在，小，有蜜腺
        21. 心皮有细柄；花瓣平或杯状·············**14. 黄连属 Coptis**
        21. 心皮无柄；花瓣下部边缘稍合生或呈杯状
           22. 基生叶枯后的叶柄宿存
                23. 花单生花葶顶端；花瓣无柄········**29. 拟耧斗菜属 Paraquilegia**
                23. 聚伞花序；花瓣有短柄········**30. 疆扁果草属 Paropyrum**
           22. 枯叶叶柄不排列成密丛；花少数形成单歧聚伞花序；花瓣有短柄
                24. 多年生草本；心皮 1-5·············**23. 扁果草属 Isopyrum**
                24. 一年生草本；心皮 6-20·········**24. 蓝堇草属 Leptopyrum**
1. 子房有 1 颗胚珠；果实为瘦果
  25. 叶对生
    26. 萼片覆瓦状排列；花柱在果期不延长，不呈羽毛状；多年生直立草本·····
    ······························**5. 银莲花属 Anemone**
    26. 萼片镊合状排列；花柱在果期伸长，呈羽毛状
      27. 花瓣不存在；退化雄蕊有时存在；叶无卷须，如有卷须（褐紫铁线莲）时，则为羽状复
        叶；多年生直立草本或小灌木，常攀援·········**13. 铁线莲属 Clematis**
      27. 花瓣存在；退化雄蕊不存在；叶为三出复叶，顶生小叶卷须状；攀援灌木
      ····························**26. 锡兰莲属 Naravelia**
  25. 叶互生或基生
    28. 花瓣不存在；萼片通常花瓣状，白色、黄色、蓝紫色，稀淡绿色
      29. 花下无总苞
        30. 叶为复叶，偶尔基生叶为单叶；瘦果两侧有纵肋·····**33. 唐松草属 Thalictrum**
        30. 叶为单叶；瘦果两侧平滑，无纵肋
          31. 攀援灌木；叶茎生·················**13. 铁线莲属 Clematis**
          31. 多年生草本；叶基生·············**25. 毛茛莲花属 Metanemone**
      29. 花或花序之下有总苞；叶均基生
        32. 总苞紧接于花萼之下，呈花萼状；叶浅裂；花柱在果期不伸长·········
        ························**22. 獐耳细辛属 Hepatica**
        32. 总苞与花分开
          33. 叶大头羽状深裂，最宽处在叶片上部，叶脉羽状；花粉有刺；花柱在果期稍延
            长，稍呈羽毛状·················**4. 罂粟莲花属 Anemoclema**
          33. 叶一至数回掌状三裂，或近羽状分裂，或不分裂，最宽处在叶片下部，叶脉掌
            状；花粉无刺·······················**5. 银莲花属 Anemone**
    28. 花瓣存在，黄色、白色，少数蓝色；萼片通常比花瓣小，多为绿色
      34. 花瓣无蜜槽·······························**3. 侧金盏花属 Adonis**
      34. 花瓣有蜜槽
        35. 雄蕊少数；聚合果圆柱状，瘦果有长喙，基部有 2 凸起·········
        ······················**12. 角果毛茛属 Ceratocephala**
        35. 雄蕊多数；聚合果较短，瘦果有短喙，基部无凸起
          36. 基生叶羽状数回细裂；胚珠在子房顶部下垂·········**10. 美花草属 Callianthemum**
          36. 基生叶不羽状细裂；胚珠生于子房室底部
            37. 瘦果无纵肋···························**31. 毛茛属 Ranunculus**

1. *Aconitum* Linnaeus 乌头属

Aconitum Linnaeus (1754: 236); Tamura (1995: 274); Li & Kadota (2001: 149) (Lectotype: *A. napellus* Linnaeus)

特征描述：多年生至一年生草本。根为一年生或多年生直根，或由 2 至数个块根形成。茎直立或缠绕。单叶互生，有时均基生，掌状分裂，稀不分裂。花序常总状；花梗有 2 小苞片；花两性，两侧对称；萼片 5，花瓣状，上萼片 1，船形、盔形或圆筒形，侧萼片 2，近圆形，下萼片 2，狭披针形或椭圆形；花瓣 2，有爪，瓣片常有唇和距，常在距的顶部、偶尔沿瓣片外缘生分泌组织；退化雄蕊常不存在；雄蕊多数，花丝下部有翅。心皮 3-5 (-13)，花柱短，胚珠多数成二列生于子房室的腹缝线上。蓇葖有脉网，宿存花柱短。种子四面体形，只沿棱生翅或同时在表面生横膜翅。花粉粒 3 沟，穿孔状纹饰。染色体 $2n$=16，24，32，48，64。

分布概况：400/211（166）种，**8（14）**型；分布于北半球温带；中国除海南岛外，南北均产，主产云南北部、四川西部和西藏东部。

系统学评述：Tamura 根据习性、根状茎将乌头属划分为 3 亚属，即 *Aconitum* subgen. *Lycoctonum*、*A.* subgen. *Aconitum* 和 *A.* subgen. *Gymnaconitum*，其中 *A.* subgen. *Lycoctonum* 包括 4 组，*A.* subgen. *Aconitum* 包括 5 组[4]。乌头属的单系性因 *A.* subgen. *Gymnaconitum* 的系统位置而存在争议。分子系统学证据重新界定了该属的范围，将 *A.* subgen. *Gymnaconitum* 独立成属，新的乌头属仅包括 *A.* subgen. *Lycoctonum* 和 *A.* subgen. *Aconitum* 2 亚属，且其单系性都得到较高的支持率[3]。

DNA 条形码研究：BOLD 网站有该属 55 种 172 个条形码数据；GBOWS 网站已有 28 种 304 个条形码数据。

代表种及其用途：该属分布在中国的种类约有 36 种可供药用，如中药中的草乌、关白附等，块根有镇痉、镇痛、祛风湿和解热等作用。从紫乌头 *A. episcopale* H. Léveillé var. *villosulipes* W. T. Wang 块根中提取的紫草乌碱已被证明有良好的局部麻醉作用。此外，乌头 *A. carmichaelii* Debeaux 经炮制后的块根，毒性降低，可作强心剂。该属植物多有剧毒，所以在服用时，块根均须进行炮制。此外，块根也可作土农药，防治病虫害，消灭蚊蝇幼虫等。

2. *Actaea* Linnaeus 类叶升麻属

Actaea Linnaeus (1753: 504); Compton (1998: 593) (Lectotype: *A. spicata* Linnaeus).——*Cimicifuga* Linnaeus (1763: pl. 298); *Souliea* Franchet (1898: 69)

特征描述：多年生草本。根状茎粗壮，茎单一，直立。基生叶鳞片状，茎生叶互生，为二回或三回三出复叶，有长柄。花序为简单或分枝的总状花序；花小，辐射对称；萼片常 4-5，花瓣状，早落；花瓣无，或匙形，无蜜腺；雄蕊多数，花药宽椭圆形、卵球形，花丝狭线形至丝形；心皮 1-8，有柄或无柄。果实为浆果或蓇葖果。种子卵形，褐色或黑色。花粉粒 3 沟或具不规则萌发孔。染色体 $2n=16$，32。

分布概况：28/11（3）种，**8 型**；分布于北温带；中国产台湾、西藏、云南、四川、贵州、广东、湖南、江西、浙江、安徽、河南、青海、甘肃、陕西、山西、河北、内蒙古、黑龙江、吉林和辽宁。

系统学评述：基于分子（*trn*L-F 和 ITS）和形态证据，Compton[5]重新界定了类叶升麻属的范围（包括黄三七属 *Souliea* 和升麻属 *Cimicifuga*），并将新界定的类叶升麻属划分为 7 组。

DNA 条形码研究：BOLD 网站有该属 19 种 144 个条形码数据；GBOWS 网站已有 6 种 47 个条形码数据。

代表种及其用途：该属在民间常供药用。例如，类叶升麻 *A. asiatica* H. Hara 为蒙药绿升麻，根茎用于治疗伤风感冒，肿毒；红果类叶升麻 *A. erythrocarpa* Fischer 为朝药，全草治疗胃炎、胃癌、肠炎、十二指肠溃疡等；黄三七 *A. vaginata* (Maximowicz) J. Compton 的根状茎可供药用，藏药为珠纳曼巴，根治虫病、溃疡、疮疖痈肿、鼻窦炎、头痛、风湿痛，叶和种子研细外用止血；升麻 *A. cimicifuga* Linnaeus 的根状茎可治风热头痛、咽喉肿痛、斑疹不易透发等，也可作土农药，防治马铃薯块茎蛾、蝇蛆等。

3. *Adonis* Linnaeus 侧金盏花属

Adonis Linnaeus (1753: 547), *nom. cons.* ; Fu & Robinson (2001: 389) (Type: *A. annua* Linnaeus, *typ. cons.*)

特征描述：多年生或一年生草本。叶基生并茎生，基生叶和茎下部叶常退化成鳞片状，茎生叶互生，数回掌状或羽状细裂。花单生于茎或分枝顶端；无苞片；花辐射对称；萼片 5-8，长圆形或卵形；花瓣 5-24，倒卵形、倒披针形或长圆形，无蜜腺。雄蕊多数，花药长圆形或椭圆形，花丝狭线形或近丝形；心皮多数，螺旋状着生于圆锥状的花托上，子房卵形，胚珠 1，花柱短，柱头小。瘦果常有隆起的脉网，宿存花柱短。花粉粒 3 沟。染色体 $2n=16$，32，48。

分布概况：30/10（3）种，**10 型**；分布于亚洲和欧洲；中国产西南、西北、东北和山西。

系统学评述：传统上，侧金盏花属与美花草属 *Callianthemum* 近缘，组成侧金盏花亚族 Adonidinae。分子系统学证据显示，该属与金莲花属 *Trollius* 和鸡爪草属 *Calathodes* 聚在 1 支，组成侧金盏花族 Adonideae[2]。Tamura[4]根据习性和花瓣性状将其分为夏侧金盏花组 *Adonis* sect. *Adonis* 和侧金盏花组 *A.* sect. *Consiligo* 2 组，后者又进一步分为 2 亚组。

DNA 条形码研究：BOLD 网站有该属 6 种 17 个条形码数据；GBOWS 网站已有 2 种 16 个条形码数据。

代表种及其用途：侧金盏花 *A. amurensis* Regel & Radde 的根和全草含福寿草苷、加大麻苷、福寿草毒苷等强心苷，有毒，可治疗充血性心力衰竭、心脏性水肿、心房纤维性颤动等。蓝侧金盏花 *A. coerulea* Maximowicz 全草药用，外敷治疗疮疖和牛皮癣等皮肤病。

4. *Anemoclema* (Franchet) W. T. Wang 罂粟莲花属

Anemoclema (Franchet) W. T. Wang (1964: 105); Fu & Robinson (2001: 328) [Type: *A. glaucifolium* (Franchet) W. T. Wang (≡*Anemone glaucifolia* A. Franchet)]

特征描述：多年生草本，具根状茎。基生叶 4-7，有短柄，大头羽状深裂或全裂，叶脉羽状。花葶直立，聚伞花序有少数花；总苞由 3 苞片组成，苞片轮生，分生，羽状浅裂；花两性，规则；萼片 5，花瓣状，倒卵形；花瓣无；雄蕊多数，花药椭圆形，花丝披针状线形；心皮多数，无柄，胚珠 1，有密柔毛，花柱细长。瘦果近椭圆球形，被长柔毛；宿存花柱与瘦果近等长或稍长，被短柔毛。花粉粒散沟，具小刺。染色体 $2n=16$。

分布概况：1/1（1）种，**15** 型；特产中国云南西北部和四川西南部。

系统学评述：传统上，罂粟莲花属被认为与广义银莲花属 *Anemone* 近缘，而分子系统学研究表明，该属与铁线莲属 *Clematis* 近缘[1]。

DNA 条形码研究：BOLD 网站有该属 1 种 2 个条形码数据；GBOWS 网站已有 1 种 3 个条形码数据。

代表种及其用途：罂粟莲花 *A. glaucifolium* (Franchet) W. T. Wang 花大而美丽，可供观赏。

5. *Anemone* Linnaeus 银莲花属

Anemone Linnaeus (1753: 538); Tamura (1995: 324); Wang et al. (2001: 307) (Lectotype: *A. coronaria* Linnaeus).——*Pulsatilla* Miller (1754: 28)

特征描述：多年生草本。根状茎。叶基生，或为单叶，有长柄，掌状或羽状分裂，或为三出复叶，叶脉掌状。花葶具总苞；苞片 2 或数个，对生或轮生，基部合生成筒，掌状细裂；花序聚伞状或伞形；花辐射对称；萼片（4 或）5 或更多，花瓣状；花瓣无；雄蕊多数，花药椭圆形，花丝丝形或线形；心皮多数或少数，1 颗下垂胚珠。聚合瘦果球形或近球形，少有两侧扁。花粉粒 3 沟、5-8 环沟、螺旋、散沟、散孔，穿孔状纹饰。染色体 $2n=14$，16，28，30，32，45，48 等。

分布概况：183/64（23）种，**1**（**8-4**）型；分布于世界各大洲，多数见于亚洲和欧洲；中国除海南外，南北均产，主产西南。

系统学评述：传统上，该属的范围一直存在争议。分子系统学研究重新界定了该属的范围，包括传统上的獐耳细辛属 *Hepatica*、白头翁属 *Pulsatilla*、*Knowltonia*、*Oreithales* 和 *Barneoudia*；新界定的银莲花属被划分为 2 亚属 8 组[6]。

DNA 条形码研究：BOLD 网站有该属 26 种 96 个条形码数据；GBOWS 网站已有 14 种 128 个条形码数据。

代表种及其用途：该属植物多含有白头翁素等化合物，有些种类如打破碗花花 *A. hupehensis* (Lemoine) Lemoine、野棉花 *A. vitifolia* Buchanan-Hamilton ex de Candolle、阿尔泰银莲花 *A. altaica* Fischer ex C. A. Meyer、草玉梅 *A. rivularis* Buchanan-Hamilton ex de Candolle、西南银莲花 *A. davidii* Franchet 等可供药用，有的种类也可作农药。

6. *Aquilegia* Linnaeus 耧斗菜属

Aquilegia Linnaeus (1753: 533); Fu & Robinson (2001: 278) (Lectotype: *A. vulgaris* Linnaeus)

特征描述：多年生草本。茎多数直立。基生叶为二至三回三出复叶，有长柄，茎生叶和基生叶相似，比基生叶小。单歧或二歧聚伞花序；苞片叶状，不具总苞；花辐射对称；萼片 5，花瓣状，开展；花瓣 5，下部常向下延长成距，稀呈囊状或近不存在；雄蕊多数，花药椭圆形，花丝狭线形；退化雄蕊约 7，位于雄蕊内侧；心皮（4）或 5 (-10)，花柱长约为子房之半；胚珠多数。蓇葖果狭圆筒状，具明显的网脉；花柱宿存。种子多数，通常黑色，光滑，狭倒卵形。花粉粒 3 沟，穿孔状纹饰。染色体 $2n=14$，28。

分布概况：70/13（4）种，**8** 型；分布于北温带；中国产西南、西北、华北及东北。

系统学评述：分子系统学证据将该属置于唐松草亚科，并与天葵属 *Semiaquilegia* 近缘[7]。分子系统学研究将该属划分为 7 个群[8]。

DNA 条形码研究：BOLD 网站有该属 64 种 191 个条形码数据；GBOWS 网站已有 7 种 68 个条形码数据。

代表种及其用途：秦岭耧斗菜 *A. incurvata* P. K. Hsiao、小花耧斗菜 *A. parviflora* Ledebour 等可供药用。华北耧斗菜 *A. yabeana* Kitagawa 的根含糖类，可制饴糖。

7. *Asteropyrum* J. R. Drummond & Hutchinson 星果草属

Asteropyrum J. R. Drummond & Hutchinson (1920: 155); Fu & Robinson (2001: 274); Yuan & Yang (2006: 15) [Lectotype: *A. peltatum* (Franchet) J. R. Drummond & Hutchinson(≡*Isopyrum peltatum* Franchet)]

特征描述：多年生小草本。根状茎短，生多数细根。单叶基生，有长柄，叶片轮廓圆形或五角形，叶柄盾状着生，基部具鞘。花茎 1-3 条；苞片对生；花辐射对称，单一，顶生；萼片 5，花瓣状；花瓣 5，长约为萼片之半，下部具细爪；雄蕊多数，花药宽椭圆形，花丝狭线形；心皮 5-8，直立；胚珠多数。蓇葖果成熟时星状展开，顶端具尖喙，种子多数，小，椭圆形，棕黄色。花粉粒散沟，具小刺。染色体 $2n=16$。

分布概况：2/2（1）种，**14SH** 型；分布于不丹，印度（锡金）；中国产云南、四川、贵州、湖北、湖南、广西。

系统学评述：传统上星果草属的系统位置备受争议，分子系统学研究支持其独立成星果草族 Asteropyreae[9]。

DNA 条形码研究：BOLD 网站有该属 1 种 2 个条形码数据；GBOWS 网站已有 1 种 6 个条形码数据。

代表种及其用途：星果草 *A. peltatum* (Franchet) J. R. Drummond & Hutchinson 的根状茎具清热利胆、除湿、泻火解毒的功效。裂叶星果草 *A. cavaleriei* (H. Léveillé & Vaniot)

J. R. Drummond & Hutchinson 为土家药金钱黄连，可用于治疗黄疸型肝炎、里急后重、眼红肿、小便频数等。

8. *Beesia* I. B. Balfour & W. W. Smith 铁破锣属

Beesia I. B. Balfour & W. W. Smith (1915: 63); Li & Tamura (2001: 142) (Type: *B. cordata* I. B. Balfour & W. W. Smith)

特征描述：多年生草本，有根状茎。叶为单叶，均基生，有长柄，心形或心状三角形，不分裂。花葶不分枝；聚伞花序无柄或近无柄；苞片及小苞片钻形。花辐射对称。萼片 5，花瓣状。花瓣无；雄蕊多数，花药近球形，花丝近丝形；心皮 1，胚珠约 10，排成 2 列着生于腹缝线上。蓇葖果狭长，扁，具横脉。种子少数，卵球形，种皮具皱褶。花粉粒 3 沟，具小刺。染色体 2n=16。

分布概况：2/2（1）种，**14SH** 型；分布于缅甸北部；中国产西南。

系统学评述：长期以来，铁破锣属的系统位置备受争议。分子系统学研究表明该属隶属于升麻族，并和日本特有属 *Anemonopsis* 形成姐妹群关系[1]。

DNA 条形码研究：BOLD 网站有该属 1 种 3 个条形码数据；GBOWS 网站已有 2 种 12 个条形码数据。

代表种及其用途：铁破锣 *B. calthifolia* (Maximowicz ex Oliver) Ulbrich 的根状茎入药，可治风湿感冒、风湿骨痛、目赤肿痛等。

9. *Calathodes* J. D. Hooker & Thomson 鸡爪草属

Calathodes J. D. Hooker & Thomson (1855: 40); Wang (1979: 67); Li & Tamura (2001: 137) (Type: *C. palmata* J. D. Hooker & Thomson)

特征描述：多年生草本，有须根。单叶，基生并茎生，掌状三全裂。花单生于茎或枝端，花辐射对称；萼片 5，花瓣状，覆瓦状排列；花瓣无；雄蕊多数，花药长圆形，花丝狭线形；心皮 7-60，斜披针形，顶端渐狭成短花柱，基部常稍呈囊状；胚珠 8-10，排成 2 列着生于子房室下部的腹缝线上。蓇葖果亚革质，在背面常有凸起。种子黑色，倒卵球形，光滑。花粉粒 3 沟，条状纹饰。染色体 2n=16。

分布概况：4/4（3）种，**14SH** 型；分布于印度（锡金），不丹；中国产台湾、西藏、云南、四川、贵州和湖北。

系统学评述：传统上鸡爪草属的系统位置备受争议，分子系统学研究将该属置于侧金盏花族，并与金莲花属近缘[2]。

DNA 条形码研究：BOLD 网站有该属 2 种 4 个条形码数据。

代表种及其用途：鸡爪草 *C. oxycarpa* Sprague 全草供药用，可治风湿麻木、鸡爪风、瘰疬等。

10. *Callianthemum* C. A. Meyer 美花草属

Callianthemum C. A. Meyer (1830: 336); Fu & Robinson (2001: 387) [Type: *C. rutaefolium* (Linnaeus) C. A.

Meyer (≡*Ranunculus rutaefolius* Linnaeus)]

特征描述：多年生草本。根状茎。叶均基生或基生和茎生，二至三回羽状复叶。花单生于茎或分枝顶端，两性；萼片 5，椭圆形，花瓣 5-16，倒卵形或倒卵状长圆形，基部有蜜槽；雄蕊多数，花药椭圆形，花丝披针状线形；心皮多数，1 颗下垂胚珠，花柱短。聚合果近球形；瘦果卵球形；花柱宿存，短。花粉粒 3 沟，穿孔状纹饰。染色体 2*n*=16，32。

分布概况：12/5（2）种，**10 型**；分布于亚洲和欧洲温带；中国产新疆、青海、西藏、云南西北部、四川西部、甘肃、陕西、山西。

系统学评述：传统上美花草属与侧金盏花属近缘，组成侧金盏花亚族。分子系统学研究支持该属独立成美花草族 Callianthemeae[1]。

DNA 条形码研究：BOLD 网站有该属 2 种 4 个条形码数据；GBOWS 网站已有 2 种 12 个条形码数据。

代表种及其用途：太白美花草 *C. taipaicum* W. T. Wang 等可供药用。

11. *Caltha* Linnaeus 驴蹄草属

Caltha Linnaeus (1753: 558); Tamura (1995: 233); Li & Tamura (2001: 135) (Type: *C. palustris* Linnaeus)

特征描述：多年生草本。有须根。叶全部基生或同时茎生，叶片不分裂，稀茎上部叶掌状分裂，有齿或全缘，叶柄基部具鞘。花单独生于茎顶端，或 2 朵或较多朵组成简单的或复杂的单歧聚伞花序；萼片 5 片或较多，花瓣状，倒卵形或椭圆形；花瓣无；雄蕊多数，花药椭圆形，花丝狭线形；心皮少数至多数，无柄或具短柄，具分枝横向脉；胚珠多数，成 2 列生子房腹缝线上。蓇葖果开裂，稀不开裂。种子椭圆球形，种皮光滑或具少数纵皱纹。花粉粒 3 沟、散沟、散孔，穿孔状纹饰。染色体 2*n*=16，32，48，56，64，80。

分布概况：12/4（1）种，**8-4 型**；分布于温带或寒温带地区；中国产西藏、云南、四川、青海、新疆、甘肃、陕西、山西、山东、河北、内蒙古、辽宁、吉林、黑龙江及浙江。

系统学评述：传统上驴蹄草属被置于金莲花族 Trollieae，分子系统学研究支持该属独立成驴蹄草族 Caltheae[1,10]。驴蹄草属下种的界定存在很大争议，属下物种的数目不同作者的观点差异很大。Tamura[4]根据叶片、柱头和种子的性状，将驴蹄草属划分为 2 组，即 *Caltha* sect. *Psychrophila* 和 *C.* sect. *Caltha*，其中 *C.* sect. *Caltha* 分为 2 亚组，即 *C.* subsect. *Caltha* 和 *C.* subsect. *Natantes*。Schuettpelz 和 Hoot[11]基于 ITS、*trn*L-F 与 *atp*B-*rbc*L 分子片段分析，将该属分为 3 个群，即 *Natans* group、*Caltha* group 和 *Psychrophila* group，该结果与 Cheng 和 Xie[12]的研究结果一致。Cheng 和 Xie[12]进一步将中国特有种细茎驴蹄草 *C. sinogracilis* W. T. Wang 置于驴蹄草复合体 *C. palustris* complex，并支持 *C. sinogracilis* f. *rubriflora* (B. L. Burtt & Lauener) W. T. Wang 独立成种，即 *C. rubriflora* W. T. Wang。

DNA 条形码研究：BOLD 网站有该属 4 种 56 个条形码数据；GBOWS 网站已有 3

种 33 个条形码数据。

代表种及其用途：驴蹄草 *C. palustris* Linnaeus、花葶驴蹄草 *C. scaposa* J. D. Hooker & Thomson 可供药用，前者还可用作土农药。

12. *Ceratocephala* Moench 角果毛茛属

Ceratocephala Moench (1794: 218); Wang & Tamura (2001: 438) [Type: *C. spicata* Moench, *nom. illeg.* (=*C. falcata* (Linnaeus) Persoon≡*Ranunculus falcatus* Linnaeus)]

特征描述：一年生小草本。主根细，直，伸长。叶多数，基生，叶柄基部有鞘，不分裂至三全裂，侧裂片再一至二回细裂，被绢状长柔毛。花葶多数，单花；花辐射对称；萼片 5，脱落；花瓣 3-5，基部有窄爪，蜜槽呈点状凹穴；雄蕊少数，花药小，卵形，花丝线状；心皮多数；花托在果期伸长，有细毛。聚合果圆柱形；瘦果扁卵形，密生绢状柔毛，果皮厚，基部有 2 凸起，喙长，硬，直或呈镰刀状弯曲。花粉粒散沟，穿孔状纹饰。染色体 2n=14，40。

分布概况：4/2 种，**8-4（13）**型；分布于欧洲和亚洲西部；中国产新疆。

系统学评述：根据 ITS、*mat*K/*trn*K 和 *psb*J-*pet*A 序列分析，角果毛茛属被置于毛茛族 Ranunculeae，与 *Myosurus* 系统关系近缘[13]。

DNA 条形码研究：BOLD 网站有该属 5 种 6 个条形码数据；GBOWS 网站已有 1 种 3 个条形码数据。

13. *Clematis* Linnaeus 铁线莲属

Clematis Linnaeus (1753: 543); Tamura (1995: 368); Wang & Bartholomew (2001: 333) (Lectotype: *C. vitalba* Linnaeus).——*Archiclematis* Tamura (1968: 31)

特征描述：多年生木质或草质藤本，少灌木、亚灌木或多年生草本。叶对生，少簇生或轮生，单叶或复叶。花序为聚伞花序或为总状、圆锥状聚伞花序，有时单生或 1 至数朵与叶簇生；苞片 2；萼片 4 或 5（-8），花瓣状，直立呈钟状、管状，或开展。花瓣缺；雄蕊多数，有时外围雄蕊不育形成线状或花瓣状的退化雄蕊；心皮多数，具柔毛或绒毛，有 1 下垂胚珠。瘦果，宿存花柱伸长，呈羽毛状，或不伸长而呈喙状。花粉粒 3 沟、散沟、散孔，穿孔状纹饰。染色体 2n=16，32，48。

分布概况：300/147（93）种，**1（8-4）**型；各大洲均有分布，主产热带及亚热带，寒带地区也有；中国南北均产，西南尤盛。

系统学评述：传统上铁线莲属的范围因是否包括互叶铁线莲属 *Archiclematis* 而存在争议。根据 4 个 DNA 片段（ITS、*atp*B-*rbc*L、*psb*A-*trn*H-*trn*Q 和 *rpo*B-*trn*C）的分析结果，互叶铁线莲属被置于铁线莲属[14]。Tamura[4]根据雄蕊和花萼将铁线莲属分为 4 亚属，即 *Clematis* subgen. *Campanella*（6 个组）、*C.* subgen. *Viorna*、*C.* subgen. *Clematis*（5 个组）和 *C.* subgen. *Flammula*（5 个组）。分子系统学证据将广义铁线莲属分为 10 个分支[14]。

DNA 条形码研究：BOLD 网站有该属 52 种 115 个条形码数据；GBOWS 网站已有

27 种 181 个条形码数据。

代表种及其用途： 多数种类含有毛茛苷及三萜皂苷，某些种类还含有香豆精及黄酮化合物；威灵仙 *C. chinensis* Osbeck、小木通 *C. armandii* Franchet、山木通 *C. finetiana* H. Léveillé & Vaniot、甘青铁线莲 *C. tangutica* (Maximowicz) Korshinsky 等可药用。

14. *Coptis* Salisbury 黄连属

Coptis Salisbury (1807: 305); Tamura (1995: 444); Fu & Robinson (2001: 305) [Lectotype: *C. trifolia* (Linnaeus) Salisbury (≡*Helleborus trifolius* Linnaeus)].

特征描述： 多年生草本。根状茎黄色，生多数须根。叶基生，有长柄，三或五全裂，有时为一至三回三出复叶。花葶 1-2 条，直立；单歧、二歧或多歧聚伞花序，或单花；苞片披针形；花辐射对称；萼片 5，花瓣状；花瓣 5-10 或更多，具爪，正面凹陷常分泌花蜜；雄蕊多数，花药宽椭圆形，花丝丝状；心皮 8-14，有柄；胚珠数颗；蓇葖果具柄，在花托顶端伞状排列；宿存花柱短。种子少数，长椭圆球形，褐色，有光泽，具不明显的条纹。花粉粒散孔，穿孔状纹饰。染色体 $2n=18$。

分布概况： 15/6（5）种，**8（9）**型；分布于北温带，多见于亚洲东部；中国产西南、中南、华东和台湾。

系统学评述： 分子系统学研究将该属与北美特有属 *Xanthorhiza* 一起组成黄连亚科[1,10]。Tamura[4]根据蓇葖果和喙性状将其分为 2 亚属，即 *Coptis* subgen. *Coptis* 和 *C.* subgen. *Metacoptis*，其中 *C.* subgen. *Metacoptis* 包括 2 组。

DNA 条形码研究： BOLD 网站有该属 14 种 159 个条形码数据；GBOWS 网站已有 5 种 61 个条形码数据。

代表种及其用途： 峨眉黄连 *C. omeiensis* (Chen) C. Y. Cheng 和云南黄连 *C. teela* Wallich 被列为国家 II 级重点保护野生植物。该属植物的地下部分含小檗碱，供药用，其中黄连 *C. chinensis* Franchet 是中国著名的中药之一。

15. *Delphinium* Linnaeus 翠雀属

Delphinium Linnaeus (1754: 236); Tamura (1995: 291); Wang & Warnock (2001: 223) (Lectotype: *D. peregrinum* Linnaeus).——*Consolida* (de Candolle) Opiz (1821: 711)

特征描述： 多年生、一年生或二年生草本。单叶互生，有时均基生，掌状分裂，偶近羽状分裂。花序总状或伞房状，有苞片；花梗有 2 个小苞片；花两侧对称；萼片 5，花瓣状，上萼片有距，2 侧萼片和 2 下萼片无距；花瓣 2，无柄，有距，距伸到萼距中，有分泌组织；退化雄蕊无或 2，分化成瓣片和爪，基部常有 2 鸡冠状小凸起；雄蕊多数，花药椭圆球形，花丝披针状线形；心皮 1、3-5（-10），胚珠多数，成 2 列生于子房室的腹缝线上。蓇葖果有脉网，宿存花柱短。种子四面体形或近球形，只沿棱生膜状翅，或密生鳞状横翅，或生同心的横膜翅。花粉粒 3 沟，穿孔状纹饰。染色体 $2n=14$，16，18，20，24，48。

分布概况： 390/175（150）种，**8-4** 型；广布北温带地区；中国除台湾和海南外，南北均产。

系统学评述：Tamura[4]根据习性、种子等性状将翠雀属划分为 3 亚属，即 *Delphinium* subgen. *Delphinastrum*、*D.* subgen. *Staphisagria* 和 *D.* subgen. *Delphinium*，其中，*D.* subgen. *Delphinastrum* 包括 4 组；*D.* subgen. *Delphinium* 包括 2 组。依据分子系统学证据将 *D.* subgen. *Staphisagria* 提升至属，翠雀属其余成员和飞燕草属 *Consolida* 一起组成新的翠雀属[3,15]。

DNA 条形码研究：BOLD 网站有该属 30 种 46 个条形码数据；GBOWS 网站已有 33 种 245 个条形码数据。

代表种及其用途：该属植物含有与乌头碱构造近似的生物碱，有些种类可药用。中国产 18 种可药用，治跌打损伤、风湿、牙痛、肠炎等。另外，有 4 种用作土农药，杀虱和蚊、蝇幼虫。此外，花美丽，可供观赏，如翠雀 *D. grandiflorum* Linnaeus 栽培已有数百年历史。

16. *Dichocarpum* W. T. Wang & Hsiao 人字果属

Dichocarpum W. T. Wang & Hsiao (1964: 323); Fu (1988: 249); Tamura (1995: 468); Fu & Robinson (2001: 275) [Type: *D. sutchuenense* (Franchet) W. T. Wang & Hsiao (≡*Isopyrum sutchuenense* Franchet)]

特征描述：多年生直立草本。具根状茎。叶基生及茎生，或全部基生，鸟趾状或一回三出复叶。单歧或二歧聚伞花序；苞片三浅裂至三全裂；花辐射对称；萼片 5，花瓣状；花瓣 5，具细长的爪；雄蕊 5-25，花药卵球形或宽椭圆形，花丝狭线形；心皮 2，长椭圆形，基部合生；胚珠多数，排成 2 列着生腹缝线上。蓇葖顶端具细喙，二叉状或近水平状展开。种子圆球形，罕椭圆球形，褐色，有光泽，光滑，偶有小疣状凸起，或粗糙状或有少数纵脉。花粉粒 3 沟或散沟。染色体 2*n*=12，24，36。

分布概况：15/11（11）种，**14** 型；分布于亚洲东部和喜马拉雅山区；中国产秦岭以南。

系统学评述：依据分子系统学证据将该属置于唐松草亚科，并与拟扁果草属 *Enemion* 和扁果草属 *Isopyrum* 近缘，三者聚为 1 个分支[1,7]。Tamura[4]根据果期花梗是否膨大、种子形状等将该属划分为 3 组：*Dichocarpum* sect. *Fargesia*、*D.* sect. *Dichocarpum* 和 *D.* sect. *Hutchinsonia*，其中 *D.* sect. *Hutchinsonia* 包括 4 亚组。

DNA 条形码研究：BOLD 网站有该属 2 种 6 个条形码数据；GBOWS 网站已有 2 种 8 个条形码数据。

代表种及其用途：耳状人字果 *D. auriculatum* (Franchet) W. T. Wang & P. K. Hsiao 全草供药用，可止咳化痰；基叶人字果 *D. basilare* W. T. Wang & P. K. Hsiao 全株药用，可治风湿等；蕨叶人字果 *D. dalzielii* (J. R. Drummond & Hutchinson) W. T. Wang & P. K. Hsiao 根可药用，治红肿疮毒等。

17. *Enemion* Rafinesque 拟扁果草属

Enemion Rafinesque (1820: 70); Tamura (1995: 452); Fu & Robinson (2001: 275) (Type: *E. biternatum*

Rafinesque)

特征描述：多年生草本。根状茎短而不明显，生多数细长的根。叶基生和茎生，二回三出复叶。<u>花单生或数朵组成伞形花序，花序下有总苞</u>；花辐射对称；萼片 5，花瓣状；<u>花瓣无</u>；雄蕊多数，花药椭圆形，花丝丝形，上部宽；心皮 3-6。<u>蓇葖椭圆形</u>，花柱宿存，形成短喙。种子少数，卵形至椭圆形，种皮具皱褶。花粉粒 3 沟。染色体 $2n$=14。

分布概况：5/1 种，**8（9）型**；分布于北美，亚洲东北部；中国产辽宁、吉林及黑龙江。

系统学评述：分子系统学证据表明该属和扁果草属近缘[1,7]。Tamura[4]根据花序有无将其划分为 *Enemion* sect. *Enemion* 和 *E.* sect. *Umbellata* 2 个组。

DNA 条形码研究：BOLD 网站有该属 2 种 7 个条形码数据；GBOWS 网站已有 1 种 16 个条形码数据。

18. *Eranthis* R. A. Salisbury 菟葵属

Eranthis R. A. Salisbury (1807: 303); Tamura (1995: 253); Li & Tamura (2001: 148) [Type: *E. hyemalis* (Linnaeus) R. A. Salisbury]

特征描述：多年生草本。<u>具块状根状茎</u>。<u>基生叶 1-2 枚或不存在</u>，<u>有长柄</u>，<u>掌状分裂</u>。花葶不分枝；<u>苞片数个</u>，<u>轮生</u>，<u>形成总苞</u>；单花顶生，辐射对称；萼片 5-8，花瓣状；<u>花瓣小</u>，<u>筒形</u>，<u>有短柄</u>，<u>顶端微凹或 2 裂</u>；雄蕊 10 枚至多数，花药椭圆形或圆形，花丝狭线形；心皮 4-9，稀较多，<u>常有柄</u>，胚珠多数。蓇葖果。种子多数，扁球形，光滑或有脉网。花粉粒 3 沟，穿孔状纹饰，具小刺。染色体 $2n$=16，48。

分布概况：8/3（2）种，**10 型**；分布于欧洲和亚洲；中国产四川西部和东北部。

系统学评述：传统上菟葵属与铁筷子属 *Helleborus* 近缘，依据分子证据将该属置于升麻族 Cimicifugeae，并与广义类叶升麻属形成姐妹群关系[16]。Tamura[4]根据根状茎将该属划分为 2 组。

DNA 条形码研究：BOLD 网站有该属 3 种 7 个条形码数据；GBOWS 网站已有 1 种 4 个条形码数据。

代表种及其用途：菟葵 *E. stellata* Maximowicz 可供观赏。

19. *Gymnaconitum* (Stapf) Wei Wang & Z. D. Chen 露蕊乌头属

Gymnaconitum (Stapf) Wei Wang & Z. D. Chen (1905: 178); Wang et al. (2013: 713) [Type: *G. gymnandrum* (Maximowicz) W. Wang & Z. D. Chen (≡*Aconitum gymnandrum* Maximowicz)]

特征描述：<u>一年生草本</u>，具直根。单叶掌状全裂，一回裂片细裂。花序总状；基部苞片似叶，其他下部苞片 3 裂；花两性，<u>两侧对称</u>；<u>萼片 5</u>，<u>花瓣状</u>，<u>具长爪</u>，<u>上萼片 1</u>，<u>船形</u>，侧萼片 2，近圆形，下萼片 2，狭披针形或椭圆形；<u>花瓣 2</u>，<u>有爪</u>，瓣片的顶部有分泌组织，无距，唇大，扇形，边缘有小齿；退化雄蕊无；雄蕊多数。心皮 6-13，胚珠多数，成 2 列生于子房室的腹缝线上。蓇葖果有脉网。<u>种子亚球形</u>，<u>密生横狭翅</u>。花粉粒 3 沟。染色体 $2n$=16。

分布概况：1/1 种，**14SH** 型；分布于中国青藏高原地区。

系统学评述：露蕊乌头属是 Wang 等[3]基于分子证据从乌头属分出的新成员，该属与广义翠雀属（包括飞燕草属）成姐妹群关系。

DNA 条形码研究：BOLD 网站有该属 1 种 13 个条形码数据。

代表种及其用途：露蕊乌头 *G. gymnandrum* (Maximowicz) Wei Wang & Z. D. Chen 全草供药用，治风湿等。

20. *Halerpestes* Greene 碱毛茛属

Halerpestes Greene (1900: 207); Wang & Tamura (2001: 435) [Type: *H. cymbalaria* (Pursh) Greene (≡*Ranunculus cymbalaria* Pursh)]

特征描述：多年生小草本。匍匐茎伸长，横走，节处生根和簇生数叶。叶基生，单叶全缘有齿或 3 裂，有时多回细裂，大多质地较厚而无毛。花葶单一或上部分枝，无叶或有苞片；单花顶生，辐射对称；萼片绿色，5，脱落；花瓣黄色，5-12，基部有爪，蜜槽位于爪的上端；雄蕊多数，花药卵圆形，花丝细长；心皮多数，螺旋状排列于花托上，胚珠 1。聚合果球形至长圆形；瘦果多数，斜倒卵形，两侧扁或稍鼓起，有 2-3 条分歧的纵肋，边缘有窄棱，果皮薄，无厚壁组织，喙短，直或外弯。花粉粒 3 沟。染色体 2*n*=16，32，48。

分布概况：约 10/5（1）种，**8-4 型**；分布于温寒地带和热带高山地区；中国产西藏、四川、西北、华北和东北。

系统学评述：根据 ITS、*mat*K/*trn*K 和 *psb*J-*pet*A 序列分析结果，碱毛茛属被置于毛茛族，但在族内的系统位置未得到解决[13]。

DNA 条形码研究：BOLD 网站有该属 8 种 13 个条形码数据；GBOWS 网站已有 5 种 47 个条形码数据。

代表种及其用途：长叶碱毛茛 *H. ruthenica* (Jacquin) Ovczinnikov 等为藏药，全草可治火烧伤。

21. *Helleborus* Linnaeus 铁筷子属

Helleborus Linnaeus (1754: 244); Tamura (1995: 248); Li & Tamura (2001: 148) (Lectotype: *H. niger* Linnaeus)

特征描述：多年生草本。根状茎。单叶，鸡足状全裂或深裂。花 1 朵顶生或少数组成顶生聚伞花序；萼片 5，花瓣状，常宿存；花瓣小，筒形或杯形，有短柄，顶端多少呈唇形；雄蕊多数，花药椭圆形，花丝狭线形；心皮 2-10，离生或合生；胚珠多数。蓇葖果革质，有宿存花柱。种子数枚，椭圆球形。花粉粒 3 沟，穿孔或网状纹饰，具小刺。染色体 2*n*=32。

分布概况：20/1（1）种，**10-1 型**；分布于欧洲东南部和亚洲西部；中国产四川西部、甘肃南部和陕西南部。

系统学评述：传统上铁筷子属与菟葵属和黑种草属 *Nigella* 组成铁筷子族 Helleboreae。分子系统学研究支持该属独立组成铁筷子族[1,10]。Tamura[4]根据蓇葖果、茎生叶等性状，将该属划分为 6 组，与分子系统学研究结果一致[17]。

DNA 条形码研究：BOLD 网站有该属 17 种 46 个条形码数据；GBOWS 网站已有 1 种 8 个条形码数据。

代表种及其用途：铁筷子 *H. thibetanus* Franchet 的地下部分可供药用，治膀胱炎、尿道炎、疮疖肿毒和跌打损伤等。

22. *Hepatica* Miller 獐耳细辛属

Hepatica Miller (1754: 628); Fu & Robinson (2001: 328) [Type: *H. nobilis* Schreber (≡*Anemone hepatica* Linnaeus)]

特征描述：多年生草本。短根状茎。单叶基生，有长柄，3-5 浅裂，裂片边缘全缘或有齿。花葶不分枝；<u>苞片 3</u>，<u>轮生</u>，<u>形成萼片状总苞</u>；花单生花葶顶端；萼片 5-10，稀更多，花瓣状；<u>花瓣无</u>。雄蕊多数，花药椭圆形，花丝狭线形；心皮多数，有短花柱，胚珠 1。<u>瘦果卵球形</u>。花粉粒 3 沟或散沟，穿孔状纹饰，具小刺。染色体 $2n=14$，28，42。

分布概况：7/2（1）种，**8** 型；分布于北温带；中国产四川、湖北、华东和辽宁。

系统学评述：根据 ITS 和 *atp*B-*rbc*L 序列分析表明獐耳细辛属嵌在银莲花属中，并与染色体 $x=7$ 的银莲花属的物种聚在 1 支，由此 Hoot 等[6]将该属归并于银莲花属中。然而，也有分子系统学研究表明该属是银莲花族最早分化的谱系[1,2]。

DNA 条形码研究：BOLD 网站有该属 7 种 26 个条形码数据；GBOWS 网站已有 1 种 8 个条形码数据。

代表种及其用途：獐耳细辛 *H. nobilis* Schreber 的根状茎药用，治劳伤、筋骨痛等。

23. *Isopyrum* Linnaeus 扁果草属

Isopyrum Linnaeus (1753: 557), *nom. cons.*; Tamura (1995: 454); Fu & Robinson (2001: 275) (Type: *I. thalictroides* Linnaeus, *typ. cons.*)

特征描述：多年生草本。具根状茎，直立，光滑，无毛。二回三出复叶基生及茎生，基生叶有长柄，茎生叶柄较短，基部围有膜质鞘。圆锥或聚伞花序；苞片三浅裂或三全裂；花辐射对称；萼片 5，花瓣状；花瓣 5，具极短的柄，较萼片小，<u>下部席卷状或合生成管状</u>，<u>基部浅囊状</u>；雄蕊 20-30，花药宽椭圆形，花丝狭线形；心皮 1-5，分生，狭卵形，直立；胚珠多数，排成 2 列着生于腹缝线上。<u>蓇葖果椭圆状卵形</u>，扁平，表面具横脉，顶端具内弯的细喙。种子数枚，种皮黑色或近黑色，有光泽，表面平滑。花粉粒 3 沟，穿孔状纹饰，具小刺。染色体 $2n=14$。

分布概况：2/1 种，**10** 型；分布于亚洲和欧洲；中国产西北和东北。

系统学评述：传统上扁果草属是个极为异质的属，已有多个从该属中被分出，如星果草属和拟耧斗菜属 *Paraquilegia*。根据根状茎和花瓣性状，Tamura[4]将扁果草属的 4 种划分为 4 组，即 *Isopyrum* sect. *Isopyrum*、*I.* sect. *Manshuria*、*I.* sect. *Paropyrum* 和 *I.* sect. *Alexeya*。依据分子证据，Wang 和 Chen[7]恢复了 *I.* sect. *Paropyrum* 的属等级，属下包括

P. anemonoides (Karelin & Kirilov) Ulbrich，同时，*I.* sect. *Isopyrum* 和 *I.* sect. *Manshuria* 聚在 1 支，并与拟扁果草属系统关系近缘。

DNA 条形码研究：BOLD 网站有该属 2 种 8 个条形码数据；GBOWS 网站已有 1 种 8 个条形码数据。

代表种及其用途：东北扁果草 *I. manshuricum* Komarov 的块根可供药用。

24. *Leptopyrum* Reichenbach 蓝堇草属

Leptopyrum Reichenbach (1832: 747); Fu & Robinson (2001: 276) [Type: *L. fumarioides* (Linnaeus) Reichenbach (≡*Isopyrum fumarioides* Linnaeus)]

特征描述：一年生草本。直根不分枝，具少数侧根。一至二回三出复叶，小叶再一至二回细裂，基生叶具长柄，茎生叶的柄较短。单歧聚伞花序；苞片叶状；花辐射对称；萼片 5，花瓣状；花瓣 2-3，近二唇形；雄蕊 10-15，花药近球形，花丝丝形，常基部稍扩大；心皮 6-20，无毛。蓇葖果线状长椭圆形，顶端具一细喙，表面具凸起的网脉。种子 4-14，深褐色或近黑色，表面具小疣状凸起。花粉粒 3 沟。染色体 2*n*=14。

分布概况：1/1 种，**11** 型；分布于亚洲北部和欧洲；中国产东北至西北。

系统学评述：依据分子系统学研究将该属置于唐松草亚科，并与拟楼斗菜属和 *Paropyrum* 系统关系近缘[7]。

DNA 条形码研究：BOLD 网站有该属 1 种 8 个条形码数据；GBOWS 网站已有 1 种 12 个条形码数据。

代表种及其用途：蓝堇草 *L. fumarioides* (Linnaeus) Reichenbach 入药可治疗心血管疾病，也用于治疗胃肠道疾病和伤寒。

25. *Metanemone* W. T. Wang 毛茛莲花属

Metanemone W. T. Wang (1980: 351); Fu & Robinson (2001: 333) (Type: *M. ranunculoides* W. T. Wang)

特征描述：多年生草本。根状茎短，粗，垂直，下部密生须根。单叶基生，有长柄，不分裂或掌状分裂。花葶直立，裸；单花顶生；萼片约 19，花瓣状；花瓣无；雄蕊约 50，花药椭圆形，花丝线形；心皮约 18，子房密被长柔毛，有 1 颗下垂的倒生胚珠，花柱钻形，柱头小。花粉粒 3 沟。

分布概况：1/1（1）种，**15** 型；特产中国云南西北部。

系统学评述：该属暂无分子系统学研究报道。

26. *Naravelia* Adanson 锡兰莲属

Naravelia Adanson (1763: 460), *nom. & orth. cons.*; Fu & Robinson (2001: 386) [Type: *N. zeylanica* (Linnaeus) de Candolle (≡*Atragene zeylanica* Linnaeus)]

特征描述：木质藤本。羽状复叶，顶端 3 小叶变成 3 条卷须，仅有基部 2 小叶存在。圆锥花序顶生或腋生；小苞片 2；萼片 4-5；花瓣 8-12，较萼片长；雄蕊多数，无毛；

花药内向；心皮多数，被毛，1 颗悬垂的胚珠。<u>瘦果狭长</u>，<u>具短柄</u>，<u>有宿存的羽毛状花柱</u>。花粉粒散孔，网状纹饰。染色体 $2n=16$。

分布概况：9/2（1）种，（**7a**）型；分布于亚洲南部及东南部；中国产云南、广东、广西。

系统学评述：对 ITS、*atp*B-*rbc*L、*psb*A-*trn*H-*trn*Q 和 *rpo*B-*trn*C 这 4 个 DNA 片段的分析显示，锡兰莲属与多个铁线莲属的支系形成多歧分支[14]，因此该属与铁线莲属的界限需要进一步研究。

DNA 条形码研究：BOLD 网站有该属 2 种 3 个条形码数据；GBOWS 网站已有 1 种 1 个条形码数据。

27. *Nigella* Linnaeus 黑种草属

Nigella Linnaeus (1754: 238); Tamura (1995: 267) (Lectotype: *C. arvensis* Linnaeus)

特征描述：一年生草本。<u>叶互生</u>，<u>二至三回羽状复叶</u>，稀不分裂。花单生，辐射对称；萼片 5，花瓣状，常有爪，脱落；<u>花瓣 5-8</u>，<u>有短柄</u>，<u>唇形</u>，<u>上唇较短</u>，<u>下唇有蜜槽</u>；雄蕊多数，花药椭圆形，花丝丝形；<u>心皮 3-10</u>，<u>无柄</u>，<u>稍合生</u>；胚珠数颗。蒴果，腹缝线的上部开裂。种子有棱，常有皱纹或疣状凸起。花粉粒 3 沟，穿孔状纹饰，具小刺。染色体 $2n=12$。

分布概况：20/2 种，（**10-1**）型；分布于地中海地区；中国引种栽培。

系统学评述：传统上，黑种草属（也包括 *Komaroffia* 和 *Garidella*）的分类等级与系统位置一直存在争议。选取该属为代表，根据分子和形态证据，Wang 等[1]接受其独立成黑种草族 Nigelleae。Tamura[4]根据种子、花萼性状将黑种草属划分为 2 亚属，即 *Nigella* subgen. *Nigellastrum* 和 *N.* subgen. *Nigella*，后者进一步被分为 3 组。根据 ITS 序列分析结果，黑种草属被划分为 4 个分支[18]。

DNA 条形码研究：BOLD 网站有该属 17 种 32 个条形码数据。

代表种及其用途：黑种草 *N. damascena* Linnaeus 的种子含生物碱和芳香油，且可作蜜源植物。

28. *Oxygraphis* Bunge 鸦跖花属

Oxygraphis Bunge (1836: 46); Wang et al. (2001: 434) [Type: *O. glacialis* (Fischer ex de Candolle) Bunge (≡*Ficaria glacialis* Fischer ex de Candolle)]

特征描述：多年生草本。具小的根状茎。<u>单叶基生</u>，<u>有柄</u>，叶片几不分裂，<u>仅有三回浅裂或少有三回深裂</u>，<u>全缘或有浅圆齿</u>。花单生，稀 2-3 朵形成单歧聚伞花序；辐射对称；萼片 5-8，果期增大并宿存，或质地较薄而脱落；<u>花瓣 5-19</u>，<u>基部有狭爪</u>，<u>蜜槽位于爪上端呈点状或杯状凹穴</u>；雄蕊多数，花药卵形，花丝细；心皮多数，有 1 颗直立胚珠，螺旋状密生于花托上。聚合果近球形；<u>瘦果两侧压扁</u>，<u>有 4 条纵肋</u>，喙短，直伸。花粉粒 3 沟。染色体 $2n=16$。

分布概况：4/4（2）种，**11**（**→9**）型；分布于喜马拉雅山区至西伯利亚一带；中国产西藏、云南西北部、四川西部、陕西、甘肃、青海、新疆。

系统学评述：根据 ITS、*mat*K/*trn*K 和 *psb*J-*pet*A 序列分析，鸦跖花属被置于毛茛族，但在族内的系统位置未得到解决[13]。

DNA 条形码研究：BOLD 网站有该属 2 种 4 个条形码数据；GBOWS 网站已有 3 种 11 个条形码数据。

代表种及其用途：鸦跖花 *O. glacialis* (Fischer ex de Candolle) Bunge 为藏药，花或全草用于恶寒无汗、传染病发烧、头痛、头伤、外伤。

29. *Paraquilegia* Drummond & Hutchinson 拟耧斗菜属

Paraquilegia Drummond & Hutchinson (1920: 156); Fu & Robinson (2001: 276) [Lectotype: *P. grandiflora* (Fischer ex de Candolle) Drummond & Hutchinson (≡*Isopyrum grandiflorum* Fischer ex de Candolle)]

特征描述：多年生草本。根状茎较粗壮。叶全部基生，一至二回三出复叶，有长柄，叶柄基部扩大成叶鞘，其外围有数层的老叶柄残基；叶柄残基密集成枯草丛状。花葶 1-3 条，直立；苞片对生或偶互生；花单生，辐射对称；萼片 5，花瓣状；花瓣 5，基部浅囊状；雄蕊多数，花药椭圆形，花丝丝形，有时基部稍扩大；心皮 5（-8），花柱长约为子房之半或近等长；胚珠多数，排成 2 列。蓇葖果直立或稍展开，顶端具细喙，表面有网脉。种子椭圆状卵球形，褐色或灰褐色，一侧生狭窄翼，光滑或有小疣状凸起。花粉粒 3 沟，网状纹饰。染色体 2*n*=14。

分布概况：5/2 种，**13-2** 型；分布于尼泊尔，蒙古国，西伯利亚，中亚地区；中国产西南和西北。

系统学评述：依据分子系统学证据将该属置于唐松草亚科，并和 *Paropyrum* 系统关系近缘[7]。

DNA 条形码研究：BOLD 网站有该属 2 种 8 个条形码数据；GBOWS 网站已有 1 种 8 个条形码数据。

代表种及其用途：拟耧斗菜 *P. microphylla* (Royle) J. R. Drummond & Hutchinson 的枝、叶可药用，治子宫出血等，且在四川西北部民间用其根和种子治乳腺炎、恶疮痈疽等。

30. *Paropyrum* Ulbrich 疆扁果草属

Paropyrum Ulbrich (1925: 218); Wang & Chen (2007: 811) [Type: *P. anemonoides* (Karelin & Kirilov) Ulbrich (≡*Isopyrum anemonoides* Karelin & Kirilov)]

特征描述：多年生草本。根状茎细长，外皮黑褐色。茎直立，柔弱，无毛。二回三出复叶，多数基生，有长柄；茎生叶似基生叶，但较小。聚伞花序；苞片 3 深裂或 3 全裂；花辐射对称；萼片 5，花瓣状；花瓣 5，长圆状船形，基部筒状。雄蕊约 20，花药宽椭圆形，花丝狭线形；心皮 2-5；胚珠多数，排成 2 列着生于腹缝线上。蓇葖果扁平，宿存花柱微外弯。种子数枚，种皮近黑色。花粉粒 3 沟。染色体 2*n*=14。

分布概况：1/1（1）种，**13-2** 型；分布于中亚地区；中国产西藏、青海、甘肃和新疆。

系统学评述：Wang 和 Chen[7]基于分子系统学研究重新拟定疆扁果草属，其与拟耧斗菜属互为姐妹群。

DNA 条形码研究：BOLD 网站有该属 1 种 2 个条形码数据。

31. *Ranunculus* Linnaeus 毛茛属

Ranunculus Linnaeus (1753: 548); Tamura (1995: 412); Wang & Gilbert (2001: 391) (Lectotype: *R. acris* Linnaeus).——*Batrachium* Gray (1821: 720)

特征描述：多年生或少数一年生草本，陆生或水生。须根纤维状簇生，或基部粗厚呈纺锤形，少数有根状茎。单叶或三出复叶，3 浅裂至 3 深裂，或全缘及有齿；叶柄伸长，基部扩大成鞘状。花单生或成聚伞花序；花两性，辐射对称；萼片（3-）5（-7），绿色，大多脱落；花瓣（3-）5（-10），基部有短爪，蜜槽呈点状或杯状袋穴，或有分离的小鳞片覆盖；雄蕊多数，稀少数，花药卵形或长圆形，花丝线形；心皮多数，离生，胚珠 1，螺旋着生于有毛或无毛的花托上，花柱腹面生有柱头组织。聚合果球形或长圆形；瘦果卵球形或两侧压扁，果皮较厚，无毛或有毛，或有刺及瘤突，或边缘有棱至宽翼，喙较短，直伸或外弯。花粉粒 3 沟、散沟或散孔，穿孔状纹饰，具小刺。染色体 2n=14，16，24，28，32，42，48，62 等。

分布概况：570/133（67）种，**1（8-4）型**；广布温寒地带，主产亚洲和欧洲；中国南北均产，西北和西南高山地区多见。

系统学评述：传统上，由于一些孤立属的分类地位不确定，毛茛属的界定一直存在争议。分子系统学研究重新界定了其范围，包括传统上的水毛茛属 *Batrachium* 和 *Aphanostemma*，但是 *Coptidium* 和 *Ficaria* 分别被独立为属[13]。Tamura[4]根据根状茎、瘦果、花萼等性状将毛茛属划分为 7 亚属。根据 ITS、*mat*K/*trn*K 和 *psb*J-*pet*A 序列分析，毛茛属被划分为 9 个分支[19]。综合分子和形态学证据，Emadzade 等将毛茛属重新划分为 2 亚属 17 组[19,20]。

DNA 条形码研究：BOLD 网站有该属 310 种 996 个条形码数据；GBOWS 网站已有 11 种 99 个条形码数据。

代表种及其用途：多数种类的茎叶中含有毛茛苷，分解后为原白头翁素，有强烈刺激性，用作引赤发泡，敷穴位，可治疗多种疾病，也能杀虫，如毛茛 *R. japonicus* Thunberg、茴茴蒜 *R. chinensis* Bunge、石龙芮 *R. sceleratus* Linnaeus、禺毛茛 *R. cantoniensis* de Candolle、扬子毛茛 *R. sieboldii* Miquel 等都是常用草药；猫爪草 *R. ternatus* Thunberg 的块根可有效治疗淋巴结核。

32. *Semiaquilegia* Makino 天葵属

Semiaquilegia Makino (1902: 119); Fu & Robinson (2001: 281) [Lectotype: *S. adoxoides* (de Candolle) Makino (≡*Isopyrum adoxoides* de Candolle)]

特征描述：多年生草本。具块根。掌状三出复叶基生和茎生，基生叶具长柄，茎生

叶柄较短。<u>单歧或蝎尾状聚伞花序</u>；苞片小；花辐射对称；萼片 5，花瓣状；<u>花瓣 5，</u>
<u>基部囊状</u>；雄蕊 8-14，花药宽椭圆形，花丝丝形，中部以下微变宽；退化雄蕊约 2，位
于雄蕊内侧；心皮 3-4（5）。<u>蓇葖果微呈星状展开，先端具 1 小细喙，表面有横向脉纹</u>。
种子多数，褐色至黑褐色，有许多小瘤状凸起。花粉粒 3 沟。染色体 $2n=14$。

分布概况：1/1 种，**14SJ 型**；分布于日本；中国产长江流域亚热带地区。

系统学评述：基于分子系统学证据将该属置于唐松草亚科，并与耧斗菜属系统关系
近缘[7]。

DNA 条形码研究：BOLD 网站有该属 1 种 7 个条形码数据；GBOWS 网站已有 1
种 20 个条形码数据。

代表种及其用途：天葵 *S. adoxoides* (de Candolle) Makino 的根称为"天葵子"，是一
种较常用的中药材，有小毒，可治疗疮疖肿、乳腺炎、扁桃体炎、淋巴结核、跌打损伤
等，根也可作土农药，防治蚜虫、红蜘蛛、稻螟等。

33. *Thalictrum* Linnaeus 唐松草属

Thalictrum Linnaeus (1737: 164), *nom. cons.* ; Tamura (1995: 474); Fu (2001: 282) (Type: *T. foetidum* Linnaeus, *typ. cons.*)

特征描述：多年生草本。具根状茎或块状根。叶基生并茎生，一至五回三出复叶；
小叶通常掌状浅裂，少数具齿，稀不分裂；托叶存在或不存在。单歧聚伞花序、总状花
序、圆锥花序或伞状花序；<u>总苞有或无</u>；花常两性，有时单性，雌雄异株；萼片 4-5，
椭圆形或狭卵形，早落；<u>花瓣缺失</u>；雄蕊多数，偶尔少数；<u>药隔顶端钝或凸起成小尖头</u>；
花丝狭线形，丝形或上部变粗；心皮 2-20（-70），无柄或有柄；胚珠 1。<u>瘦果常稍两侧</u>
<u>扁，有纵肋，宿存花柱形成直立至卷曲的喙</u>。花粉粒 6-18，散孔，穿孔状纹饰，具小刺。
染色体 $n=7$，$2n=14$-154。

分布概况：200/76（49）种，**8-4 型**；分布于亚洲，欧洲，非洲和美洲；中国各省
区均产，多见于西南。

系统学评述：依据分子系统学证据，将唐松草属置于唐松草亚科，并与蓝堇草属、
拟耧斗菜属和 *Paropyrum* 聚在 1 支[7]。Tamura[4]根据花性别和柱头性状将唐松草属划分
为 2 亚属，即 *Thalictrum* subgen. *Thalictrum* 和 *T.* subgen. *Lecoyerium*，其中，*T.* subgen.
Thalictrum 包括 9 组，*T.* subgen. *Lecoyerium* 包括 5 组。根据 ITS、ETS 和 *trn*V-*ndh*C 序
列分析，该属被划分为 2 个分支[21]。

DNA 条形码研究：BOLD 网站有该属 96 种 291 个条形码数据；GBOWS 网站已有
21 种 165 个条形码数据。

代表种及其用途：中国产约 29 种可供药用，多数种类有清热、治湿、发汗、止痢、
治目赤等作用，其中有 14 种在民间用作黄连的代替品，如高原唐松草 *T. cultratum*
Wallich、多叶唐松草 *T. foliolosum* de Candolle、昭通唐松草 *T. glandulosissimum* var.
chaotungense W. T. Wang & S. H. Wang、滇川唐松草 *T. finetii* B. Boivin 和贝加尔唐松草
T. baicalense Turczaninow 的根与根状茎均含有小檗碱。偏翅唐松草 *T. delavayi* Franchet、
美丽唐松草 *T. reniforme* Wallich 和大花唐松草 *T. grandiflorum* Maximowicz 等花较大，萼

片紫色或淡红色，可供观赏。展枝唐松草 *T. squarrosum* Stephen ex Willdenow 的叶含鞣质，可提制栲胶。

34. *Trollius* Linnaeus 金莲花属

Trollius Linnaeus (1753: 556); Doroszewska (1974: 1); Tamura (1995: 238); Li & Tamura (2001: 137) (Lectotype: *T. europaeus* Linnaeus)

特征描述：多年生草本。有须根。<u>单叶基生或同时在茎上互生</u>，<u>掌状分裂</u>。花单顶生或少数组成聚伞花序；萼片 5 至较多数，花瓣状，倒卵形；<u>花瓣 5 至多数</u>，<u>线形</u>，<u>具短爪</u>，在接近基部处有蜜槽；雄蕊多数，螺旋状排列，花药椭圆形或长圆形，在侧面开裂，花丝狭线形；<u>心皮 5 至多数</u>，<u>无柄</u>；胚珠多数，成 2 列着生于子房室的腹缝线上。蓇葖果开裂，具脉网及短喙。<u>种子近球形</u>，<u>种皮光滑</u>。花粉粒 3 沟，穿孔，条状纹饰。染色体 $2n=16$，32。

分布概况：30/16（8）种，**8-2** 型；分布于北半球温带及寒温带；中国产西藏、云南、四川西部、青海、新疆、甘肃、陕西、山西、河南、河北、辽宁、吉林、黑龙江、内蒙古及台湾。

系统学评述：长期以来，金莲花属的范围因是否包括韩国特有属 *Megaleranthis* 而存在争议。分子系统学研究表明，*Megaleranthis* 应为金莲花属的成员[2]，且金莲花属位于侧金盏花族[1,2]。Tamura[4]根据萼片、柱头等性状，将金莲花属划分为 2 组，即 *Trollius* sect. *Hegemone* 和 *T.* sect. *Trollius*，后者进一步划分为 4 亚组。根据 *mat*K、*trn*L-F 和 ITS 序列并结合 17 个形态性状的分析结果，金莲花属被划分为亚热带和寒温 2 个分支[2]。

DNA 条形码研究：BOLD 网站有该属 18 种 39 个条形码数据；GBOWS 网站已有 8 种 102 个条形码数据。

代表种及其用途：金莲花 *T. chinensis* Bunge、短瓣金莲花 *T. ledebouri* Reichb 和毛茛状金莲花 *T. ranunculoides* Hemsley 等种类可供药用。

35. *Urophysa* Ulbrich 尾囊草属

Urophysa Ulbrich (1929: 868); Fu & Robinson (2001: 277) (Type: *non designatus*)

特征描述：多年生草本。<u>根状茎粗壮而带木质</u>。叶均基生，<u>呈莲座状</u>，<u>单叶掌状三全裂或近一回三出复叶</u>，有长柄，叶柄基部膨大成鞘状。花葶常数条，不分枝；聚伞花序有 1 或 3 花；花辐射对称；萼片 5，花瓣状；<u>花瓣 5</u>，<u>基部囊状或有短距</u>；雄蕊多数，花药椭圆形，花丝下部线形，上部丝形；退化雄蕊约 7，位于能育雄蕊之内；心皮 5（-8）；胚珠多数；蓇葖果卵形，肿胀；花柱宿存。<u>种子椭圆形</u>，<u>密生小疣状凸起</u>。花粉粒 3 沟。染色体 $2n=14$。

分布概况：2/2（2）种，**15** 型；特产中国云南西北部和四川西南部。

系统学评述：分子系统学研究表明，尾囊草属位于唐松草亚科，并与耧斗菜属和天葵属聚在 1 支[7]。

DNA 条形码研究：BOLD 网站有该属 1 种 3 个条形码数据。

代表种及其用途：尾囊草 *U. henryi* (Oliver) Ulbrich 可药用；花美丽，可供观赏。

主要参考文献

[1]   Wang W, et al. Phylogeny and classification of Ranunculales: evidence from four molecular loci and morphological data[J]. Perspect Plant Ecol Evol Syst, 2009, 11: 81-110.

[2]   Wang W, Chen ZD. Phylogenetic placements of *Calathodes* and *Megaleranthis* (Ranunculaceae): evidence from molecular and morphological data[J]. Taxon, 2010, 59: 1712-1720.

[3]   Wang W, et al. *Gymnaconitum*, a new genus of Ranunculaceae endemic to the Qinghai-Tibetan Plateau[J]. Taxon, 2013, 62: 713-722.

[4]   Tamura M. Angiospermae. Ordnung Ranunculales. Fam. Ranunculaceae. II. Systematic Part[M]//Hiepko P. Die natürliche pflanzenfamilien, 17aIV. 2nd ed. Berlin: Duncker and Humblot, 1995: 223-519.

[5]   Compton JA, et al. Reclassification of *Actaea* to include *Cimicifuga* and *Souliea* (Ranunculaceae): phylogeny inferred from morphology, nrDNA ITS, and cpDNA *trn*L-F sequence variation[J]. Taxon, 1998, 47: 593-634.

[6]   Hoot SB, et al. Phylogeny and reclassification of *Anemone* (Ranunculaceae), with an emphasis on Austral species[J]. Syst Bot, 2012, 37: 139-152.

[7]   Wang W, Chen ZD. Generic level phylogeny of *Thalictroideae* (Ranunculaceae)–implications for the taxonomic status of *Paropyrum* and petal evolution[J]. Taxon, 2007, 56: 811-821.

[8]   Fior S, et al. Spatiotemporal reconstruction of the *Aquilegia* rapid radiation through next-generation sequencing of rapidly evolving cpDNA regions[J]. New Phytol, 2007, 198: 579-592.

[9]   Wang W, et al. Systematic position of *Asteropyrum* (Ranunculaceae) inferred from chloroplast and nuclear sequences[J]. Plant Syst Evol, 255: 41-54.

[10] Jensen U, et al. Systematics and phylogeny of the Ranunculaceae–A revised family concept on the basis of molecular data[J]. Plant Syst Evol, 1995, 9(Suppl): 273-280.

[11] Schuettpelz E, Hoot S. Phylogeny and biogeography of *Caltha* (Ranunculaceae) based on chloroplast and nuclear DNA sequences[J]. Am J Bot, 2004, 91: 247-253.

[12] Cheng J, Xie L. Molecular phylogeny and historical biogeography of *Caltha* (Ranunculaceae) based on analyses of multiple nuclear and plastid sequences[J]. J Syst Evol, 2014, 52: 51-67.

[13] Emadzade K, et al. Molecular phylogeny, morphology and classification of genera of Ranunculeae[J]. Taxon, 2010, 59: 809-828.

[14] Xie L, et al. Phylogenetic analyses of *Clematis* (Ranunculaceae) based on sequences of nuclear ribosomal ITS and three plastid regions[J]. Syst Bot, 2010, 36: 907-921.

[15] Jabbour F, Renner S. A phylogeny of Delphinieae (Ranunculaceae) shows that *Aconitum* is nested within *Delphinium* and that Late Miocene transitions to long life cycles in the Himalayas and Southwest China coincide with bursts in diversification[J]. Mol Phylogenet Evol, 2012, 62: 928-942.

[16] Compton JA, Culham A. Phylogeny and circumscription of tribe Actaeeae (Ranunculaceae)[J]. Syst Bot, 2002, 27: 502-511.

[17] Sun H, et al. Molecular Phylogeny of *Helleborus* (Ranunculaceae), with an emphasis on the East Asian-Mediterranean disjunction[J]. Taxon, 2001, 50: 1001-1018.

[18] Bittkau C, Comes HP. Molecular inference of a Late Pleistocene diversification shift in *Nigella s. lat.* (Ranunculaceae) resulting from increased speciation in the Aegean archipelago[J]. J Biogeogr, 2009, 36: 1346-1360.

[19] Emadzade K, et al. The biogeographical history of the cosmopolitan genus *Ranunculus* L. (Ranunculaceae) in the temperate to meridional zones[J]. Mol Phylogenet Evol, 2011, 58: 4-21.

[20] Hörandl E, Emadzade K. Evolutionary classification: a case study on the diverse plant genus *Ranunculus* L. (Ranunculaceae)[J]. Perspect Plant Ecol Evol Syst, 2012, 14: 310-324.

[21] Soza VL, et al. Timing and consequences of recurrent polyploidy in meadow-rues (*Thalictrum*, Ranunculaceae)[J]. Mol Biol Evol, 2013, 30: 1940-1954.

Sabiaceae Blume (1851), *nom. cons.* 清风藤科

特征描述：乔木或木质藤本，稀灌木状，常绿或落叶。<u>叶互生、单叶或奇数羽状复叶</u>。单花、聚伞花序、总状花序或由聚伞花序组成圆锥花序；花两性或杂性异株、辐射或两侧对称，<u>萼片、花瓣及雄蕊皆对生</u>；萼片（3）4-5（6-7），分离或基部稍合生；花瓣 5（4），覆瓦状排列，<u>等大或外 3 枚大而内 2 枚极小</u>；雄蕊 5，全部发育或与外面 3 枚较大花瓣对生者不育，内面 2 枚可育，花药 2 室，药隔狭窄或扩大成杯状；心皮 2，合生或离生，或顶部离生，子房上位，每室 1-2 胚珠。<u>核果不裂</u>，<u>1-2 室</u>。种子胚大，含油量大，少或无胚乳。花粉粒 3 孔沟，穴状或网状纹饰。染色体 $2n$=24，32。

分布概况：3 属/约 100 种，环太平洋泛热带间断分布；中国 2 属/46 种，产西南、华中和华南，17 种特有。

系统学评述：清风藤科的系统位置一直不确定，对其中 3 属的单系性也多有质疑。近年来，分子系统学研究将该科置于真双子叶基部，同时认为该科为单系[1]。清风藤科的系统位置主要存在 3 种观点：①清风藤科是核心真双子叶植物昆栏树目 Trochodendrales-黄杨目 Buxales 的姐妹群[2]；②清风藤科是核心真双子叶植物-昆栏树目-黄杨目-山龙眼目 Proteales 的姐妹群[3]；③清风藤科和山龙眼目互为姐妹群，其中，第 3 种观点得到了分子证据的支持[4]。

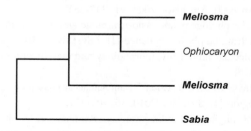

图 81　清风藤科分子系统框架图（参考 Zúñiga[1]）

分属检索表

1. 直立乔木或灌木；单叶或羽状复叶；花两侧对称，排列成圆锥花序；雄蕊 5 枚，仅 2 枚发育 ·········
·· **1. 泡花树属 *Meliosma***
1. 木质藤本或攀援灌木；单叶；花辐射对称，排列成聚伞花序，有时再呈圆锥花序式，有时单生；雄蕊 5 枚，全部发育 ··· **2. 清风藤属 *Sabia***

1. *Meliosma* Blume 泡花树属

Meliosma Blume (1823: 10); Guo & Brach (2007: 32) (Lectotype: *M. lanceolata* Blume)

特征描述：乔木或灌木，常绿或落叶。<u>单叶或奇数羽状复叶</u>。圆锥花序顶生，稀腋

生，常大型。花两性，稀杂性，苞片 1 或缺如；萼片（3-4）5；花瓣 5，外面 3 枚大而内面 2 枚极小，2 枚退化花瓣先端常 2 裂；可育雄蕊 2 枚，与退化花瓣贴生，药隔扩大成杯状，退化雄蕊形态多样，与外面 3 枚花瓣贴生；柱头合生，稀 2 裂，子房 2（-3）室，每室胚珠 1-2。核果球形、梨形或稍侧扁。胚具弯曲的胚根和折叠的子叶。花粉粒 3 孔沟，网状纹饰。染色体 2n=32。

分布概况：50/29（10）种，**3 型**；环太平洋间断分布；中国产华东、华南及西南。

系统学评述：van Beusekom[5]以花序、内轮花瓣、子房毛被、内果皮的形态和结构作为主要分类特征，对该属进行了迄今为止最为全面的修订工作，根据外轮花瓣形态、内果皮结构、奇数羽状复叶、顶端 3 小叶无节或有节，将泡花树属分为 2 亚属，即泡花树亚属 *Meliosma* subgen. *Meliosma*（包括 *M.* sect. *Lorenzanea* 和 *M.* sect. *Meliosma*），以及 *M.* subgen. *Kingsboroughia*（包括 *M.* sect. *Kingsboroughia* 和 *M.* sect. *Hendersonia*）；其中 *M.* sect. *Lorenzanea* 仅分布于热带至亚热带中南美洲，在 van Beusekom 的研究中未涉及。基于叶绿体和核基因的分析结果部分支持 van Beusekom 的划分，但一些属下类群，如 *M.* sect. *Kingsboroughia* 并非单系，属下各类群间的系统关系仍未得到很好解决，需进一步研究阐明[1]。此外，*Ophiocaryon* 嵌在泡花树属内部，与中国、墨西哥分布的 *M. alba* (Schlechtendal) Walpers 聚为姐妹分支[1]。

DNA 条形码研究：BOLD 网站有该属 11 种 18 个条形码数据；GBOWS 网站已有 7 种 46 个条形码数据。

代表种及其用途：该属植物木材优良，树皮单宁含量丰富。双裂泡花树 *M. bifida* Y. W. Law 被世界自然保护联盟（IUCN）列为近危物种。

2. *Sabia* Colebrooke 清风藤属

Sabia Colebrooke (1819: 355); Guo & Brach (2007: 25) (Type: *S. lanceolata* Colebrooke)

特征描述：常绿或落叶木质藤本，稀为灌木状。鲜见茎具较短钝刺。单叶互生，全缘，边缘软骨质半透明，常反卷。花单生，或数朵花组成聚伞花序，或由聚伞花序组成圆锥花序，稀为总状花序；花两性；萼片、花瓣、雄蕊均为 5，且均对生；花盘浅或深杯状，先端截平或具钝齿，常具纵肋；花柱 2，合生或分离，心皮 2，微连合，每室胚珠 1-2。核果球形，侧扁，内果皮两侧常具蜂窝状或条状凹穴。胚具弯曲的胚根和折叠或平展的子叶，少或无胚乳。花粉粒 3 孔沟，穴状或网状纹饰。染色体 2n=24。

分布概况：19 或约 30/17（7）种，（**7a/e**）型；分布于亚洲南部及东南部；中国产华东、华南及西南。

系统学评述：清风藤属为单系类群。陈秀英在 1943 年对该属做了第一次完整的修订[6]，确认了 53 种，其中超过 24 个新种；根据花盘的特征将该属分为 2 组：厚盘组 *Sabia* sect. *Pachydiscus* 和齿盘组 *S.* sect. *Odontodiscus*（*S.* sect. *Sabia*），分别包括 21 种和 32 种。van de Water[7]于 1980 年再次对该属进行了修订，着重描述了花序类型的变化，将包含的种数从 55 个减少到了 19 个，包括 2 个新种。大部分被降级的种都被包括在钟花清风藤 *S. campanulata* Wallich 的异名下；此外，取消了陈秀英对属下等级的划分[6]。目前该属的分子系统学研究较少。

DNA 条形码研究：BOLD 网站有该属 10 种 25 个条形码数据；GBOWS 网站已有 8 种 65 个条形码数据。已报道药用植物小花清风藤 *S. parviflora* Wallich 及其他 5 个种的 DNA 条形码（*rbc*L、*mat*K 和 *trn*H-*psb*A）信息，用于该种与其他混伪品的鉴定[8]，其中 *trn*H-*psb*A 或 *rbc*L+*mat*K 组合均可作为小花清风藤的鉴定条形码。

代表种及其用途：小花清风藤根茎入药治疗肝炎，叶可防治感冒；亦可作盆景观赏。

主要参考文献

[1] Zúñiga JD. Phylogenetics of Sabiaceae with emphasis on *Meliosma* based on nuclear and chloroplast data[J]. Syst Bot, 2015, 40: 761-775.

[2] Zhu XY, et al. Mitochondrial *matR* sequences help to resolve deep phylogenetic relationships in rosids[J]. BMC Evol Biol, 2007, 7: 217-231.

[3] Qiu YL, et al. Angiosperm phylogeny inferred from sequences of four mitochondrial genes[J]. J Syst Evol, 2010, 48: 391-425.

[4] Sun YX, et al. Phylogenomic and structural analyses of 18 complete plastomes across nearly all families of early-diverging eudicots, including an angiosperm-wide analysis of IR gene content evolution[J]. Mol Phylogenet Evol, 2016, 96: 93-101.

[5] van Beusekom CF. Revision of *Meliosma* (Sabiaceae), section *Lorenzanea* excepted, living and fossil, geography and phylogeny[J]. Blumea, 1971, 19: 355-529.

[6] Chen L. A revision of the genus *Sabia* Colebrooke[M]. Sargentia, 1943, 3: 1-75.

[7] van de Water TPM. A taxonomic revision of the genus *Sabia* (Sabiaceae)[J]. Blumea, 1980, 26: 1-64.

[8] Sui XY, et al. Molecular authentication of the ethnomedicinal plant *Sabia parviflora* and its adulterants by DNA barcoding technique[J]. Plant Med, 2011, 77: 492-496.

Nelumbonaceae Richard (1827), *nom. cons.* 莲科

特征描述：多年生水生草本，横生根状茎，茎节生不定根。单叶着生于根状茎上，互生，叶柄长，沉水、漂浮或挺出水面；叶片近圆形，盾状，全缘，叶脉放射状。单花腋生，具长柄，常挺出水面，两性，辐射对称；萼片 2-5；花瓣 20-30；雄蕊 200-300，花药纵裂；心皮 2-30，简单，嵌生于倒锥形的花托上；子房 1 室，胚珠 1，花柱短，柱头头状。果实坚果状，不开裂。种子无胚乳和外胚乳，具 2 枚肉质子叶。花粉粒 3 沟，或偶具螺旋状单萌发沟，网状纹饰。染色体 n=8。

分布概况：1 属/2 种，间断分布于东南亚，澳大利亚北部，美洲中部和北部；中国 1 属/1 种，除西藏、青海和内蒙古外，其他各省区均产。

系统学评述：由于形态上的相似性,常将莲科莲属 *Nelumbo* 和睡莲科 Nymphaeaceae、莼菜科 Cabombaceae、金鱼藻科 Ceratophyllaceae 的各属一起进行比较研究,甚至有的学者将该科作为 1 亚科置于睡莲科[FRPS,1],或独立成科置于睡莲目 Nymphaeales[2],或将莲科提升为莲目 Nelumbonales[1,3,4]。分子证据表明莲科和睡莲目其他属的系统关系较远[5,6]。此外,多种证据显示,莲科同悬铃木属 *Platanus*、山龙眼属 *Helicia* 系统关系近缘[5,7,8]。APG III 将莲科置于山龙眼目 Proteales 最基部,是山龙眼科 Proteaceae 和悬铃木科 Platanaceae 的姐妹群。

1. *Nelumbo* Adanson 莲属

Nelumbo Adanson (1763: 76); Fu & Wiersema (2001: 114) [Type: *N. nucifera* Gaertner (≡*Nymphaea nelumbo* Linnaeus)]

特征描述：同科描述。

分布概况：2/1 种，**9** 型；间断分布于东南亚，澳大利亚北部，美洲中部和北部；中国除西藏、青海和内蒙古外，各省区均产。

系统学评述：一般认为莲属有 2 个种：莲 *N. nucifera* Gaertner 和美洲黄莲 *N. lutea* Willdenow。然而，更多的证据显示，美洲黄莲可以处理为莲的亚种[5,9,10]。

DNA 条形码研究：BOLD 网站有该属 2 种 50 个条形码数据；GBOWS 网站已有 1 种 30 个条形码数据。

代表种及其用途：莲 *N. nucifera* Gaertner 在中国有悠久的种植和培育历史，目前品种多达 200 个以上。其根茎和莲子可食，营养丰富；全株各部分皆有药用价值；莲叶大，绿色，莲花大而鲜艳，园艺上可作水体布景。

主要参考文献

[1] Li HL. Classification and phylogeny of Nymphaeaceae and allied families[J]. Am Midl Nat, 1995, 54:

33-41.

[2] Goldberg A. Classification, evolution, and phylogeny of the families of dicotyledons[J]. Smithson Contrib Bot, 1986, 58: 1-134.

[3] Gupta SC, Ahluwalia R. Carpel of *Nelumbo nucifera*[J]. Phytomrphology, 1977, 27: 274-281.

[4] Takhtajan AL. Outline of the classification of flowering plants (Magnoiophyta). Bot Rev, 1980, 46: 225-359.

[5] Les DH, et al. Molecular evolutionary history of ancient aquatic angiosperms[J]. Proc Natl Acad Sci USA, 1991, 88: 10119-10123.

[6] 刘艳玲, 等. 睡莲科的系统发育: 核糖体 DNA ITS 区序列证据[J]. 植物分类学报, 2005, 43: 22-30.

[7] Qiu YL, et al. Phylogeny of basal angiosperms: analyses of five genes from three genomes[J]. Int J Plant Sci, 2000, 161: 3-27.

[8] Zanis MJ, et al. The root of the angiosperms revisited[J]. Proc Natl Acad Sci USA, 2002, 99: 6848-6853.

[9] 黄秀强, 等. 莲属两个种亲缘关系的初步研究[J]. 园艺学报, 1992, 19: 164-170.

[10] Borsch T, Barthlott W. Classification and distribution of the genus *Nelumbo* Adans. (Nelumbonaceae)[J]. Beitr Biol Pflanzen, 1996, 68: 421-450.

Platanaceae T. Lestiboudois (1826), *nom. cons.* 悬铃木科

特征描述：落叶乔木，枝叶被枝状及星状绒毛，树皮苍白色，薄片状剥落。单叶互生，叶柄长，具叶柄下芽，托叶明显，基部鞘状。花雌雄同株，头状花序，雄花无苞片，雌花具苞片；萼片 3-8，三角形；雄蕊 3-8，花丝短，药隔顶端增大成圆盾状鳞片；心皮 3-8，离生，子房长卵形，1 室，有 1-2 垂生胚珠，花柱伸长。聚合果由多数狭长倒锥形的小坚果组成，基部围以长毛。种子 1，线形，胚乳薄。花粉粒 3 沟，网状纹饰。染色体 $2n$=32-42。

分布概况：1 属/11 种，分布于北美，东南欧，西亚及越南北部；中国引种 3 种，南北各地均有栽培。

系统学评述：传统分类中，悬铃木科曾被放在金缕梅目 Hamamelidales[1,2]。APG III、Soltis 等[3]将悬铃木科与莲科 Nelumbonaceae 和山龙眼科 Proteaceae 一起置于山龙眼目 Proteales，是山龙眼科的姐妹群。

1. *Platanus* Linnaeus 悬铃木属

Platanus Linnaeus (1753: 999); Zhang et al. (2003: 44) (Lectotype: *P. orientalis* Linnaeus)

特征描述：同科描述。

分布概况：11/3 种，8 型；分布于北美，东南欧，西亚及越南北部；中国南北各地均有栽培。

系统学评述：悬铃木属是悬铃木科现存的唯一属，是个单系类群，包括 2 亚属。其中，*Platanus* subgen. *Castaneophyllum* 只包括生长在东南亚的常绿小乔木 *P. kerrii* Gagnepain；悬铃木亚属 *P.* subgen. *Platanus* 包括该属其余种类[4]。Feng 等[5]采用叶绿体 *trn*T-L 及核基因 *LEAFY* 和 ITS 片段对该属植物进行的系统发育分析发现，悬铃木亚属形成与地理分布一致的欧洲、北美西部类群和北美东部、墨西哥东部类群两大支。Grimm 和 Denk[6]基于 ITS 片段的研究发现悬铃木属内存在网状进化。

DNA 条形码研究：对该属的系统学研究中用到的 ITS 片段存在假基因拷贝，不适合用于条形码研究[6]。BOLD 网站有该属 11 种 310 个条形码数据；GBOWS 网站已有 1 种 3 个条形码数据。

代表种及其用途：该属植物为世界著名的优良庭荫树和行道树，有"行道树之王"之称。中国引种栽培 3 种，一球悬铃木 *P. occidentalis* Linnaeus、二球悬铃木 *P. acerifolia* (Aiton) Willdenow 和三球悬铃木 *P. orientalis* Linnaeus。

主要参考文献

[1] Cronquist A. An integrated system of classification of the flowering plants[M]. New York: Columbia

University Press, 1981.

[2] Takhtajan A. Diversity and classification of flowering plants[M]. New York: Columbia University Press, 1997.

[3] Soltis DE, et al. Angiosperm phylogeny: 17 genes, 640 taxa[J]. Am J Bot, 2011, 98: 704-730.

[4] Nixon KC, Poole JM. Revision of the Mexican and Guatemalan species of *Platanus* (Platanaceae)[J]. Lundellia, 2003, 6: 103-137.

[5] Feng Y, et al. Phylogeny and historical biogeography of the genus *Platanus* as inferred from nuclear and chloroplast DNA[J]. Syst Bot, 2005, 30: 786-799.

[6] Grimm GW, Denk T. Its evolution in *Platanus* (Platanaceae): homoeologues, pseudogenes and ancient hybridization[J]. Ann Bot, 2008, 101: 403-419.

Proteaceae A. L. Jussieu (1789), *nom. cons.* 山龙眼科

特征描述: 常绿灌木或乔木，稀草本。叶互生、稀对生或轮生，常革质；无托叶。花两性，稀单性，辐射对称或两侧对称，排成总状、穗状或头状花序，腋生或顶生；

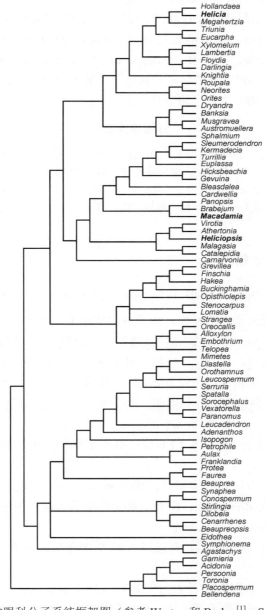

图 82　山龙眼科分子系统框架图（参考 Weston 和 Barker[1]；Sauquet 等[2]）

花被片 4，花蕾时花被管细长；雄蕊 4，着生于花被片上，花丝短，花药 2 室，纵裂，药隔常突出，腺体或腺鳞 4，与花被片互生，或连生为各式花盘；子房 1 室；胚珠 1 至多数；花柱不分裂。蓇葖果、坚果、核果或蒴果。种子扁平，有的具翅，无胚乳。花粉粒 2 或 3 孔，穿孔或网状纹饰。染色体 $n=5$，7，10-13。

分布概况：77 属/1600 种，分布于南半球的热带和亚热带地区，以澳大利亚和南非种类最多，少数产东亚和南美；中国 3 属/25 种，产西南部至台湾。

系统学评述：根据山龙眼科形态和地理分布的特殊性，传统分类几乎都承认该科是个独立的目，即山龙眼目 Proteales[3-6]。APG III、Soltis 等[7]将山龙眼科与莲科 Nelumbonaceae 和悬铃木科 Platanaceae 共同置于山龙眼目 Proteales。Johnson 和 Briggs[4]将其划分为 5 亚科，即 Bellendenoideae、Persoonioideae、Symphionematoideae、Proteoideae 和银桦亚科 Grevilleoideae，其中 Bellendenoideae 和 Symphionematoideae 为昆士兰特有的单型亚科，这种处理得到了多数学者的认可[5,6]。Weston[8]及 Weston 和 Barker[1]分别根据分子证据对该科系统关系进行了重新修订。

分属检索表

1. 叶轮生或近对生，不分裂；花两性；坚果；种子球形或半球形（栽培）⋯**3. 澳洲坚果属 Macadamia**
1. 叶互生，不分裂或具多裂至羽状分裂；坚果或核果；种子球形或半球形，无翅
  2. 叶不分裂；花两性；坚果 ⋯⋯⋯⋯⋯⋯⋯⋯⋯⋯⋯⋯⋯⋯⋯⋯⋯**1. 山龙眼属 Helicia**
  2. 叶全缘或具多裂至羽状分裂；花单性，雌雄异株；核果 ⋯⋯⋯⋯**2. 假山龙眼属 Heliciopsis**

1. *Helicia* Loureiro 山龙眼属

Helicia Loureiro (1790: 83); Qiu et al. (2003: 192) (Type: *H. cochinchinensis* Loureiro)

特征描述：乔木或灌木。叶互生，稀近对生或轮生，全缘或有齿缺。花两性，排成腋生的总状花序；苞片小，凿形或有时呈叶状，宿存或早落；萼管细长而直，花蕾时檐部稍胀大成卵形或长圆形，裂片 4，线形，开放时反卷；花药生于萼片的扩大部，长圆形，药隔延长而突出，无花丝；下位腺体 4，离生或合生成环状或杯状；子房上位，无柄，1 室，胚珠 2。坚果近球形或长圆形，不开裂或有时呈不规则的开裂。种子无翅，种皮粗糙。花粉粒 3 孔。染色体 $2n=28$。

分布概况：97/20（10）种，**5（7）型**；分布于亚洲东南部和大洋洲；中国产西南至台湾，海南尤盛。

系统学评述：根据分子系统学研究，Weston 和 Barker[1]将山龙眼属置于银桦亚科 Grevilleoideae 山龙眼族 Roupaleae。山龙眼属是个单系类群，属下划分为 2 组，中国种类均属于山龙眼组 *Helicia* sect. *Helicia*。

DNA 条形码研究：BOLD 网站有该属 6 种 7 个条形码数据；GBOWS 网站已有 5 种 30 个条形码数据。

代表种及其用途：该属有些种木材坚韧，适宜作小农具。中国广布种小果山龙眼 *H. cochinchinensis* Loureiro 种子可榨油，供制肥皂等用。网脉山龙眼 *H. reticulata* W. T.

Wang 种子漂制后可食或用作饲料，花为蜜源。

2. *Heliciopsis* Sleumer 假山龙眼属

Heliciopsis Sleumer (1955: 79); Qiu et al. (2003: 198) [Type: *H. velutina* (Prain) Sleumer (≡*Helicia velutina* Prain)]

特征描述：乔木，雌雄异株。叶互生，全缘或多裂至羽状分裂。总状花序腋生或生于枝上；花单性，辐射对称；花梗常双生；苞片钻形或披针形，近宿存；雌花的花被管基部稍膨胀，开花时花被片分离，外卷；雄蕊着生在花被片檐部，不育；腺体 4，离生或紧靠；子房无柄，胚珠 2；雄花具不育雌蕊。核果，外果皮革质，中果皮肉质，干后具残留辐射状排列软纤维或海绵状纤维，内果皮木质，表面具小洼。种子 1-2，球形或半球形，种皮膜质。花粉粒 3 孔，网纹纹饰。

分布概况：10/3（2）种，（**7ab**）型；分布于亚洲南部及东南部；中国产云南、广西和广东。

系统学评述：Weston 和 Barker[1]根据分子系统学研究将假山龙眼属置于银桦亚科 Grevilleoideae 澳洲坚果族 Macadamieae。该属是个单系类群。

DNA 条形码研究：BOLD 网站有该属 2 种 2 个条形码数据；GBOWS 网站已有 3 种 11 个条形码数据。

代表种及其用途：该属植物木材可作家具，果可食，茎皮供药用。疟腮树 *H. terminalis* (Kurz) Sleumer 根皮和叶有清热解毒的功效，广西民间用于治腮腺炎，叶外用治皮炎。

3. *Macadamia* F. Mueller 澳洲坚果属

Macadamia F. Mueller (1858: 72); Qiu et al. (2003: 199) (Type: *M. ternifolia* F. Mueller)

特征描述：乔木或大灌木。叶轮生或近对生，全缘或具齿。花序总状，腋生或顶生；花两性，花梗常双生、离生或基部贴生；花被管花蕾时直立或稍弯，开花时下半部先分裂，后花被片分离，外弯；雄蕊着生于花被片的中部或檐部，花药长圆形，药隔突出成一腺体或短附属物；腺鳞或腺体 4，离生或连生成环状；子房无柄，顶生胎座，胚珠 2，直生，并列悬垂。坚果球形，果皮硬革质，不开裂或沿腹缝线纵裂。种子 1-2，球形或半球形。花粉粒 3 孔，穿孔状纹饰。

分布概况：10/2 种，（**5**）型；分布于大洋洲和亚洲东南部；中国华南引种栽培。

系统学评述：根据分子系统学研究，Weston 和 Barker[1]将澳洲坚果属放在银桦亚科 Grevilleoideae 澳洲坚果族 Macadamieae。Mast 等[9]基于分子片段和形态性状的分析显示，该属是个并系类群，分布于非洲的 *Brabejum*、南美的 *Panopsis* 及澳大利亚的 *Orites megacarpus* A. S. George & B. Hyland 聚为 1 支，位于该属之内。

DNA 条形码研究：BOLD 网站有该属 4 种 11 个条形码数据；GBOWS 网站已有 1 种 3 个条形码数据。

代表种及其用途：该属植物具有较高的经济价值，果为著名干果，种子供食用；木材红色，适宜作细木工或家具。中国华南成功引种 2 种：澳洲坚果 *M. ternifolia* F. Mueller

和四叶澳洲坚果 *M. tetraphylla* Johnson。

主要参考文献

[1] Weston PH, Barker NP. A new suprageneric classification of the Proteaceae, with an annotated checklist of genera[J]. Telopea, 2006, 11: 314-344.

[2] Sauquet H, et al. Contrasted patterns of hyperdiversification in Mediterranean hotspots[J]. Proc Natl Acad Sci USA, 2009, 106: 221-225.

[3] Cronquist A. The evolution and classification of flowering plants[M]. New York: The New York Botanical Garden, 1988.

[4] Johnson LA, Briggs BG. On the Proteaceae-the evolution and classification of a southern family[J]. Bot J Linn Soc, 1975, 70: 83-182.

[5] Takhtajan A. Diversity and classification of flowering plants[M]. New York: Columbia University Press, 1997.

[6] 吴征镒. 中国被子植物科属综论[M]. 北京: 科学出版社, 2004.

[7] Soltis DE, et al. Angiosperm phylogeny: 17 genes, 640 taxa[J]. Am J Bot, 2011, 98: 704-730.

[8] Weston PH. Polemoniaceae[M]//Kubitzki K. The families and genera of vascular plants, IX. Berlin: Springer, 2006: 364-404.

[9] Mast AR, et al. A smaller *Macadamia* from a more vagile tribe: inference of phylogenetic relationships, divergence times, and diaspore evolution in *Macadamia* and relatives (tribe Macadamieae; Proteaceae)[J]. Am J Bot, 2008, 95: 843-870.

Trochodendraceae Eichler (1865), *nom. cons.* 昆栏树科

特征描述：乔木，<u>木质部无导管</u>，<u>仅有管胞</u>。单叶，托叶缺如或小而贴生叶柄。<u>总状或穗状花序密集</u>；<u>花两性</u>；<u>花被退化或 4</u>；雄蕊 4 或达 40-70；雌蕊由 4-17 心皮组成，子房上位，心皮合生，每心皮具 4 或多数胚珠。蓇葖果室背开裂或为纵向开裂的蒴果。种子小，胚乳丰富。花粉粒 3 沟，条网状纹饰。染色体 2n=40，48。

分布概况：2 属/2 种，东亚特有；中国 2 属/2 种，产华中、西南及台湾。

系统学评述：Takhtajan[1]将昆栏树科和水青树科 Tetracentraceae 组成昆栏树目 Trochodendrales，归于金缕梅亚纲 Hamamelidae；Thorne[2]将该科作为蔷薇超目 Rosanae 金缕梅目 Hamamelidales 昆栏树亚目 Trochodendrineae 的成员；Dahlgren[3]将该科独立成目归入蔷薇超目；吴征镒等[4]在其新成立的金缕梅纲 Hamamelidopsida 下设立昆栏树亚纲 Trochodendridae 及昆栏树目，并将昆栏树目置于该纲最基部的位置。APG III 将昆栏树科（包括水青树科）独立为昆栏树目，系统位置位于基部真双子叶类群山龙眼目 Proteales 之后，黄杨目 Buxales 之前。Sun 等[5]对该科 2 个单种属，即水青树属 *Tetracentron* 的水青树 *T. sinense* Oliver 和昆栏树属 *Trochodendron* 的昆栏树 *T. aralioides* Siebold & Zuccarini 的叶绿体基因组分析显示，现存 2 种在 3000 万-4400 万年前就已分化。

分属检索表

1. 落叶乔木；叶具掌状脉；花被片 4；雄蕊和心皮均 4；果实为蓇葖果，室背开裂 ·····················
···**1. 水青树属 *Tetracentron***
1. 常绿乔木；叶具羽状脉；花被在开花时消失；雄蕊达 40-70；心皮 6-17；果实为纵裂蒴果·········
···**2. 昆栏树属 *Trochodendron***

1. *Tetracentron* Oliver 水青树属

Tetracentron Oliver (1889: 1892); Bartholomew (2001: 125) (Type: *T. sinense* Oliver)

特征描述：<u>落叶乔木，枝有长、短枝之分。叶在短枝上单生于枝顶端，在长枝上互生</u>，<u>掌状脉</u>，<u>托叶与叶柄基部合生</u>。花序穗状；花两性，常 4 朵成簇生于花序；<u>花被片 4</u>，<u>宿存</u>；雄蕊 4，与花被片对生；<u>雌蕊由 4 心皮组成</u>，心皮沿腹缝线合生，每心皮 4 胚珠，胚珠弯生。<u>蓇葖果室背开裂</u>，<u>成熟时分离部分强烈反折</u>。花粉粒 3 沟，条网状纹饰。种子狭长圆形。染色体 2n=48。

分布概况：1/1 种，**14SH 型**；分布于尼泊尔，缅甸北部，越南北部；中国产华中到西南。

系统学评述：在早期的分类系统中，水青树属被放在木兰科 Magnoliaceae 中（如 Bentham 和 Hooker[6]）。现代的分类系统则将该属独立为水青树科，或作为昆栏树科的

姐妹科组成昆栏树目。APG III 则将该属归入昆栏树科。

DNA 条形码研究：BOLD 网站有该属 1 种 25 个条形码数据；GBOWS 网站已有 1 种 29 个条形码数据。

代表种及其用途：水青树 *T. sinense* Oliver 木材质硬，供制家具；树形美观，可作观赏树及行道树。

2. *Trochodendron* Siebold & Zuccarini 昆栏树属

Trochodendron Siebold & Zuccarini (1839: 83); Fu & Endress (2001: 124) (Type: *T. aralioides* Siebold & Zuccarini)

特征描述：常绿乔木。叶螺旋状排列，羽状脉，无托叶。花序总状；花两性，辐射对称；花被在花发育早期退化而在开花时消失；雄蕊数多变，达 40-70；花药室 2 片开裂；雌蕊由 6-17 心皮组成，心皮合生，花柱分离；每心皮达 30 枚胚珠，2 列，胚珠倒生。蒴果纵向开裂，成熟时分离部分开展，宿存花柱水平展开。种子顶端、合点端和侧边翅状扩展。花粉粒 3 沟，条网状纹饰。染色体 $2n=40$。

分布概况：1/1 种，**14SJ 型**；分布于日本；中国产台湾。

系统学评述：最初昆栏树属被放在林仙科 Winteraceae，有的研究认为该属同毛茛目系统关系近缘。近年来则将该属独立为科，或作为水青树科的姐妹科组成昆栏树目[APG III]。

DNA 条形码研究：BOLD 网站有该属 1 种 10 个条形码数据；GBOWS 网站已有 1 种 3 个条形码数据。

代表种及其用途：昆栏树 *T. aralioides* Siebold & Zuccarini 木材作家具，树皮可制黐胶；亦作庭园观赏树栽培。

主要参考文献

[1] Takhtajan A. Flowering plants[M]. Berlin: Springer, 2009.
[2] Thorne RF. Classification and geography of the flowering plants[J]. Bot Rev, 1992, 58: 225-348.
[3] Dahlgren R. General aspects of angiosperm evolution and macrosystematics[J]. Nord J Bot, 1983, 3: 119-149.
[4] 吴征镒, 等. 被子植物的一个"多系-多期-多域"新分类系统总览[J]. 植物分类学报, 2002, 40: 289-322.
[5] Sun YX, et al. Complete plastid genome sequencing of Trochodendraceae reveals a significant expansion of the inverted repeat and suggests a Paleogene divergence between the two extant species[J]. PLoS One, 2013, 8: e60429.
[6] Bentham G, Hooker JD. Genera plantarum[M]. Vols. 1-3. London: Lovell Reeve, 1862-1883.

Buxaceae Dumortier (1822), *nom. cons.* 黄杨科

特征描述：常绿灌木或小乔木，稀草本。单叶，互生或对生，全缘或有齿，<u>羽状脉或离基三出脉</u>，无托叶。花小，单性，雌雄同株或异株；<u>花序总状或密集的穗状</u>，有苞片；<u>萼片 4-6，2 轮，覆瓦状排列；无花瓣</u>；雄蕊 4-6，与萼片对生，分离，花药大，花丝扁阔；心皮 3（稀 2），子房上位，3（稀 2）室，<u>每室有 2 下垂的倒生胚珠。蒴果，或肉质的核果</u>。种子黑色、光亮，胚乳肉质。花粉粒 3（孔）沟或散孔，网状纹饰。

分布概况：6 属/约 123 种，分布于北半球；中国 3 属/约 28 种，产西南、西北、华中、东南至台湾。

系统学评述：传统分类中，黄杨科曾被置于无患子目 Sapindales、卫矛目 Celastrales、海桐花目 Pittosporales 及大戟目 Euphorbiales，或单独成立为黄杨目[1,2]。早期的黄杨科包括黄杨属 *Buxus*、板凳果属 *Pachysandra*、野扇花属 *Sarcococca*、*Notobuxus*、*Styloceras* 和油蜡树属 *Simmondsia*[3]。此后有研究将 *Notobuxus* 并入黄杨属，*Styloceras* 归入尖角黄杨科 Stylocerataceae，*Simmondsia* 归入油蜡树科 Simmondsiaceae[4,5]。分子证据支持将 *Notobuxus* 并入黄杨属[6,7]；黄杨科、双颊果科 Didymelaceae 和无知果科 Haptanthaceae 共同组成黄杨目，后 2 科被选择性地并入黄杨科，*Styloceras* 仍然保留在黄杨科内，而油蜡树科放在石竹目 Caryophyllales[8-10]。APG III 将双颊果科并入黄杨科而成为 *Didymeles*。黄杨科包括 6 属，即黄杨属、板凳果属、野扇花属、*Didymeles*、*Haptanthus* 和 *Styloceras*。

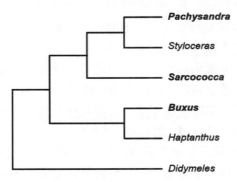

图 83　黄杨科分子系统框架图（参考 Shipunov 和 Shipunova[10]）

分属检索表

1. 叶对生，全缘，羽状脉；雌花单生于花序顶端；蒴果，3 瓣裂 ·························· **1. 黄杨属 *Buxus***
1. 叶互生，绝大多数具离基三出脉；雌花生于花序下方；核果或果实近核果状
  2. 叶具粗锯齿或波状；果上宿存的花柱长角状 ·····················**2. 板凳果属 *Pachysandra***
  2. 叶全缘；果上宿存的花柱极短 ······································· **3. 野扇花属 *Sarcococca***

1. *Buxus* Linnaeus 黄杨属

Buxus Linnaeus (1753: 983); Min & Paul (2008: 321) (Type: *B. sempervirens* Linnaeus)

特征描述：常绿灌木或小乔木。小枝四棱形。叶对生，革质，全缘，羽状脉，具叶柄。花小，单性，雌雄同株；花序总状、穗状或密集的头状，腋生或顶生；雌花 1 朵，生于花序顶端，雄花数朵，生于花序下方或四周；雄花萼片 4，分内外两列，雄蕊 4，与萼片对生，不育雌蕊 1；雌花萼片 6，子房 3 室，花柱 3。蒴果，球形或卵形，3 瓣裂，果瓣的顶部有 2 角。种子长圆形，有三侧面，种皮黑色，有光泽，胚乳肉质。花粉粒 3（孔）沟或散孔，网状纹饰。染色体 2n=28，56。

分布概况：约 100/17 种，**8-4 型**；分布于中美，西印度群岛，东亚，西欧及热带非洲；中国产西藏、台湾、海南、甘肃。

系统学评述：黄杨属是个单系类群。形态学和分子系统学研究都支持该属的系统位置和分类等级，分子证据表明传统的黄杨属与 *Notobuxus* 聚在 1 支[6]，也有研究认为 *Notobuxus* 应该作为 1 个组并入黄杨属[4]，APG III 将 *Notobuxus* 划归为黄杨属下的 1 个组。

DNA 条形码研究：BOLD 网站有该属 14 种 45 个条形码数据；GBOWS 网站已有 3 种 16 个条形码数据。

代表种及其用途：锦熟黄杨 *B. sempervirens* Linnaeus 久经栽培作绿篱或盆景。黄杨 *B. sinica* Cheng，树干木质致密、坚韧，为制作工艺品的良材，也被栽培种植以供观赏；此外，其还被《本草纲目》收载，根入药，有祛风除湿、理气、止痛的功效。

2. *Pachysandra* Michaux 板凳果属

Pachysandra Michaux (1803: 177); Min & Paul (2008: 331) (Type: *P. procumbens* Michaux)

特征描述：匍匐或攀援常绿亚灌木，下部生不定根。叶互生，薄革质或坚纸质，具粗锯齿或波状，中脉成基生或离基三出脉，具叶柄。花小，单性，雌雄同株；花序顶生或腋生，穗状，具苞片；上部为雄花，下部为雌花。雄花萼片 4，分内外两列，雄蕊 4，与萼片对生，花丝扁阔，不育雌蕊 1，具 4 棱；雌花萼片 4-6，子房 2-3 室，花柱 2-3；苞片、萼片边缘均有纤毛。果实近核果状，宿存花柱长角状。种子三角形，黑色。花粉粒散孔，网状纹饰。染色体 2n=24，26，48，54。

分布概况：3/2 种，**9 型**；分布于美国，日本；中国产长江以南。

系统学评述：板凳果属是个单系类群。形态学和分子系统学研究都支持该属的系统位置和分类等级，分子证据表明其与 *Styloceras* 系统关系最近[6]。

DNA 条形码研究：BOLD 网站有该属 3 种 21 个条形码数据；GBOWS 网站已有 1 种 9 个条形码数据。

代表种及其用途：顶花板凳果 *P. terminalis* Siebold & Zuccarini 被作为林下地被观赏植物。板凳果 *P. axillaris* Franchet，全株药用，可治偏头痛、神经性头痛；根有毒，对治疗风湿麻木、跌打损伤有疗效。

3. *Sarcococca* Lindley 野扇花属

Sarcococca Lindley (1826: 1012); Min & Paul (2008: 328) [Type: *S. pruniformis* Lindley, *nom. illeg.* (=*S. coriacea* (W. J. Hooker) Sweet≡*Pachysandra coriacea* W. J. Hooker]

特征描述: 常绿灌木。叶互生,革质,全缘,常为三出脉,具叶柄。花小,雌雄同株;花序腋生或顶生,头状或总状,有苞片;雌花少数,生于基部。雄花萼片 4,分内外两列,雄蕊 4,和萼片对生,花丝扁阔,不育雌蕊 1,长圆形,4 棱;雌花具柄,覆瓦状排列,萼片 4-6,交互对生或 3 片轮生,子房 2-3 室,花柱 2-3;苞片、小苞和萼片边缘均有纤毛。核果,卵形或球形,宿存花柱短。种子 1-2,近球形,种皮膜质,胚乳肉质。花粉粒散孔,网状纹饰。染色体 $2n=28$,56。

分布概况: 约 20/9 种,**7-1 型**,分布于亚洲东部和南部;中国产西南至台湾。

系统学评述: 野扇花属是个单系类群。形态学和分子系统学研究都支持该属的系统位置和分类等级,分子证据表明其与 *Styloceras* 及板凳果属聚在 1 支,是 *Styloceras*+板凳果属的姐妹群[6]。

DNA 条形码研究: BOLD 网站有该属 1 种 1 个条形码数据;GBOWS 网站已有 5 种 46 个条形码数据。

代表种及其用途: 野扇花 *S. ruscifolia* Stapf 全株药用,治跌打损伤、胃痛、胃炎、胃溃疡等。

主要参考文献

[1] Dahlgren RMT. A revised system of classification of the angiosperms[J]. Bot J Linn Soc, 1980, 80: 91-124.

[2] Takhtajan A. Diversity and classification of flowering plants[M]. New York: Columbia University Press, 1997.

[3] Melchior HA. Engler's syllabus der pflanzenfamilien. 12th ed. Vol. 2[M]. Berlin: Gebruder Borntraeger, 1964.

[4] Hutchinson J. The genera of flowering plants (Angiospermae). Vol. 2[M]. Oxford: Clarendon Press, 1967.

[5] Willis JC. A dictionary of the flowering plants and ferns. 8th ed.[M]. Cambridge: Cambridge University Press, 1973.

[6] von Balthazar M, et al. Phylogenetic relationships in Buxaceae based on nuclear internal transcribed spacers and plastid *ndh*F sequences[J]. Int J Plant Sci, 2009, 161: 785-792.

[7] von Balthazar M, Endress PK. Development of inflorescences and flowers in Buxaceae and the problem of perianth interpretation[J]. Int J Plant Sci, 2002, 163: 847-876.

[8] Hilu KW, et al. Angiosperm phylogeny based on *mat*K sequence information[J]. Am J Bot, 2003, 90: 1758-1776.

[9] Worberg A, et al. Phylogeny of basal eudicots: insights from non-coding and rapidly evolving DNA[J]. Org Divers Evol, 2007, 7: 55-77.

[10] Shipunov A, Shipunova E. *Haptanthus* story: rediscovery of enigmatic flowering plant from Honduras[J]. Am J Bot, 2011, 98: 761-763.

Dilleniaceae Salisbury (1807), *nom. cons.* 五桠果科

特征描述： 乔木、灌木，稀木质藤本或草本。叶互生，稀对生。花两性，少数单性，单生或排成聚伞花序或总状花序，辐射对称或极少左右对称；萼片（3-）5（-15），宿存；花瓣 5 或稍少；<u>雄蕊多数，花丝不同程度联合成束，离心发育；雌蕊群心皮 1-20，离生或各式合生</u>，每心皮 1 至多数胚珠；胚珠倒生、横生或弯生。<u>果实为离心皮果或合心皮果</u>，浆果或蓇葖果。种子常有各式假种皮，胚乳丰富。花粉粒 3 沟（或 4），稀 3 孔沟。染色体 2n=8，10，16，18，20，24，26。

分布概况： 10 属/约 500 种，泛热带分布，主产亚洲和美洲热带，澳大利亚，少数到非洲热带；中国 2 属/5 种，产华南和云南。

系统学评述： 五桠果科由于保留一些原始形态性状，如心皮多少分离而对折，有时不完全闭合，雄蕊多数，药隔有时伸长，木材有梯纹穿孔等，似乎和木兰科相似，但两者化学性状不同，五桠果科没有木兰类所具的特征性挥发油，缺乏生物碱，不含苄基异喹啉生物碱等，因此，一直以来都将该科提升为五桠果目 Dilleniales 或五桠果亚纲 Dillenidae，放在木兰类之后比较基部的位置[1]。APG III 系统虽将五桠果科置于核心真双子叶分支，但其系统位置仍不明确，所属的目也未定。Horn[2]的分子系统学研究将该科划分为 4 亚科，包括锡叶藤亚科 Delimoideae、Doliocarpoideae、Hibbertioideae 和五桠果亚科 Dillenioideae。Horn[3]利用 *rbc*L、*inf*A、*rps*4 和 *rpl*16 这 4 个叶绿体基因片段研究了该科的系统发育关系，结果显示，五桠果科分为 4 个分支，锡叶藤属 *Tetracera* 最先分化，位于最基部，Doliocarpoid 分支、五桠果分支 Dillenioid 和 Hibbertioid 分支依次分化。

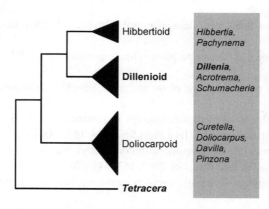

图 84　五桠果科分子系统框架图（参考 Horn[3]）

分属检索表

1. 常绿或落叶乔木；花单生或数朵排成总状花序，大型；心皮 4-20；果时宿存萼片厚革质或肉质 ……

…………………………………………………………………………………… **1. 五桠果属** *Dillenia*

1. 常绿木质藤本；花排列成顶生或侧生圆锥花序，小型；心皮多为 1-5；果时宿存萼片薄革质 ············
···**2. 锡叶藤属 *Tetracera***

1. *Dillenia* Linnaeus 五桠果属

Dillenia Linnaeus (1753: 535); Zhang & Kubitzki (2007: 332) (Type: *D. indica* Linnaeus)

  特征描述：常绿或落叶乔木或灌木。叶互生，羽状叶脉密而平行；<u>叶柄基部膨大，有翅</u>。花大型，单生或数朵排成总状花序；<u>萼片常 5</u>，覆瓦状排列，<u>果时宿存呈厚革质或硬肉质</u>；花瓣 5，早落；雄蕊（60-）100-700（-900），离生；心皮（4）5-15（-20），1 轮，每心皮 5-80 胚珠。<u>果实圆球形</u>，<u>外由宿存的肥厚萼片包被</u>，成熟心皮沿腹缝开裂，或有时不开裂。种子常有假种皮。花粉粒 3 沟，网状或皱波状纹饰。染色体 2*n*=24，26。

  分布概况：约 65/3 种，**5 型**；分布从马达加斯加到斐济，马来西亚，澳大利亚；中国产华南和云南。

  系统学评述：形态学和分子证据综合分析后将五桠果属置于五桠果亚科，在五桠果科较晚分化，同时隶属于该亚科的还有斯里兰卡特有的 *Schumacheria*，加里曼丹特有的单种属 *Didesmandra* 和东南亚分布的 *Acrotrema*[2]。

  DNA 条形码研究：BOLD 网站有该属 10 种 20 个条形码数据；GBOWS 网站已有 2 种 11 个条形码数据。

  代表种及其用途：该属植物，如小花五桠果 *D. pentagyna* Roxburph，木材坚硬，用作建筑和家具及工艺；果可食。

2. *Tetracera* Linnaeus 锡叶藤属

Tetracera Linnaeus (1753: 553); Zhang & Kubitzki (2007: 331); Horn (2007: 145) (Type: *T. volubilis* Linnaeus)

  特征描述：<u>常绿木质藤本</u>。叶互生，羽状侧脉平行。花两性，小型，排成顶生或侧生圆锥花序；<u>萼片</u>（3）4-5（-15），<u>果时宿存但常不增大</u>，<u>薄革质</u>；花瓣 3-5，早落；雄蕊 50-200（-500），<u>花丝向上扩大</u>，<u>花药 2</u>，<u>生于扩大的药隔顶端</u>，<u>上端相连</u>、<u>下部叉开</u>；雌蕊由 1-5（-8）离生心皮组成，每心皮 2-20 胚珠。蓇葖果不规则开裂。<u>种子假种皮杯状或流苏状</u>。花粉粒 3 孔沟，小穴状纹饰。染色体 2*n*=24。

  分布概况：50/2 种，**2 型**；分布于热带地区，以美洲热带，巴西尤盛；中国产广东、广西和云南。

  系统学评述：锡叶藤属位于五桠果科最基部，是锡叶藤亚科的唯一成员[2,3]。

  DNA 条形码研究：BOLD 网站有该属 11 种 13 个条形码数据；GBOWS 网站已有 1 种 12 个条形码数据。

  代表种及其用途：锡叶藤 *T. asiatica* (Loureiro) Hooglan、毛果锡叶藤 *T. scandens* (Linnaeus) Merrill 的根、茎藤和叶可药用。

主要参考文献

[1] 吴征镒，等. 被子植物的一个"多系-多期-多域"新分类系统总览[J]. 植物分类学报，2002, 40: 289-322.

[2] Horn JW. Dilleniaceae[M]//Kubitzki K. The families and genera of vascular plants, VIII. Berlin: Springer, 2007: 132-154.

[3] Horn JW. Phylogenetics of Dilleniaceae using sequence data from four plastid loci (*rbc*L, *inf*A, *rps*4, *rpl*16 intron)[J]. Int J Plant Sci, 2009, 170: 766-793.

Paeoniaceae Rafinesque (1815), *nom. cons.* 芍药科

特征描述：多年生草本、半灌木。根肥大。<u>茎基部具宿存鳞片</u>。叶互生，<u>三出或羽状复叶</u>；小叶全缘或细裂。<u>单花顶生，或每枝 2 或多朵而兼具顶生和腋生</u>；萼片 2-9；花瓣 4-13，颜色多样；<u>雄蕊多达 230</u>；<u>花盘革质或肉质</u>，环形（草本）或发育为一个鞘，1/3 或全部包被心皮（灌木）；<u>心皮 1-5（-8）</u>，<u>离生</u>，花柱有或无，柱头侧向压扁状，内弯，具羽冠，胚珠倒生，具厚珠心。<u>蓇葖果</u>。种子黑色或暗棕色，胚乳丰富。花粉粒 3 拟孔沟，网状，负网状或不规则瘤状孔穴纹饰。染色体 $2n=10$，15，20。

分布概况：1 属/30 种，分布于亚洲，欧洲和北美西部的温带至亚热带地区；中国 1 属/15 种，产北部地区。

系统学评述：芍药科有时归入芍药目 Paeoniales[1]。因为花的相似性，芍药科和毛茛科 Ranunculaceae 常被认为关系近缘[1,2]。但 2 科在花瓣和蜜腺、雌蕊群的发育状况、胚胎学的特征等方面有区别。由于共有多雌蕊和离心发育雄蕊等特征，该科被 Cronquist[3] 置于五桠果目 Dilleniales。但芍药科与五桠果目在雌蕊发育状况和蜜腺形状等方面有所区别。分子证据表明该科是虎耳草目 Saxifragales 的成员，与 Peridiscaceae 构成 1 个分支，该分支是虎耳草目其他类群构成分支的姐妹群[4,5]。

1. *Paeonia* Linnaeus 芍药属

Paeonia Linnaeus (1753: 530); Hong & Turland (2001: 127) (Type: *P. officinalis* Linnaeus)

特征描述：同科描述。

分布概况：30/15（10）种，**8 型**；分布于亚洲，欧洲和北美西部的温带至亚热带地区；中国主产北部地区。

系统学评述：芍药属属下划分 3 组 4 亚组，即 *Paeonia* sect. *Oneapia*、*P.* sect. *Moutan* (*P.* subsect. *Delavayanae* 和 *P.* subsect. *Vaginatae*)和 *P.* sect. *Paeonia* (*P.* subsect. *Foliolatae* 和 *P.* subsect. *Paeonia*)。3 个组和 *P.* sect. *Moutan* 下 2 个亚组均得到分子证据的支持[6]。该属是系统发育和分类复杂类群，尤其是 *P.* sect. *Paeonia* 可能经历了复杂的网状进化[7]，种间系统发育关系仍不十分清楚。

DNA 条形码研究：BOLD 网站有该属 41 种 181 个条形码数据；GBOWS 网站已有 4 种 35 个条形码数据。

代表种及其用途：牡丹 *P. suffruticosa* Andrews、芍药 *P. lactiflora* Pallas 是中国十大名花之一，根可入药。

主要参考文献

[1] Takhtajan A. Diversity and classification of flowering plants[M]. New York: Columbia University Press,

1997.

[2] Mabberley DJ. The plant book. 2nd ed.[M]. Cambridge: Cambridge University Press, 1997.

[3] Cronquist A. An integrated system of classification of flowering plants[M]. New York: Columbia University Press, 1981.

[4] Jian S, et al. Resolving an ancient, rapid radiation in Saxifragales[J]. Syst Biol, 2008, 57: 38-57.

[5] Soltis DE, et al. Phylogenetic relationships and character evolution analysis of Saxifragales using a supermatrix approach[J]. Am J Bot, 2013, 100: 916-929.

[6] Sang T, et al. Chloroplast DNA phylogeny, reticulate evolution, and biogeography of *Paeonia* (Paeoniaceae)[J]. Am J Bot, 1997, 84: 1120-1136.

[7] Sang T, et al. Documentation of reticulate evolution in *Peonies* (Paeonia) using internal transcribed spacer sequences of nuclear ribosomal DNA: implications for biogeography and concerted evolution[J]. Proc Natl Acad Sci USA, 1995, 92: 6813-6817.

Altingiaceae Horaninow (1841), *nom. cons.* 蕈树科

特征描述：灌木或乔木。<u>单叶互生，螺旋状排列，常掌状浅裂</u>，具羽状或掌状脉。<u>雌雄同株；雄花序总状，雌花序球形头状</u>，具 5-30 枚花；<u>花萼片和花瓣无</u>；雄花：<u>雄蕊（4-）多枚</u>，花丝极短或无，花药 2 室；雌花：退化雄蕊无或针状，子房半下位，每室 30-50 胚珠，中轴胎座，花柱内弯，柱头在果期宿存。<u>果序球形头状，双心皮蒴果</u>。种子多数，顶部种子不育，基部 1 或几枚可育，扁平，在边缘或仅在顶端具窄翅。<u>花粉粒 3 至多孔，网状纹饰。染色体 2*n*=26, 32</u>。常含芳香树脂化合物。

分布概况：1 属/15 种，分布于亚洲，中美洲和北美洲热带与亚热带地区；中国 1 属/10 种，南部广布，西南尤盛。

系统学评述：多数分类系统将蕈树科处理为金缕梅科 Hamamelidaceae 的 1 亚科或分支[1-3]，但该科被一些分类学家认可[4,5]，并得到分子证据的支持[6-11]。传统分类系统将蕈树科置于金缕梅亚纲 Hamamelidae 中[12,13]。最近的分子系统学研究表明蕈树科属于虎耳草目 Saxifragles[APG III]，为连香树科 Cercidiphyllaceae-交让木科 Daphniphyllaceae-金缕梅科分支的姐妹群[10,14]。分子系统学研究表明蕈树属 *Altingia* 和枫香树属 *Liquidambar* 均不为单系类群[15,16]。半枫荷属 *Semiliquidambar* 具有蕈树属和枫香树属的中间性状和重叠分布区，因此推断是由后 2 属杂交起源的。最近的分子证据表明 *Semiliquidambar cathayensis* H. T. Chang 是由 *Liquidambar formosana* Hance 或 *Liquidambar acalycina* H. T. Chang 和 *Altingia obovata* Merrill & Chun 或 *Altingia chinensis* (Champion) Oliver ex Hance 杂交形成的[17]。基于分子系统学和形态学研究，Ickert-Bond 和 Wen[18]对蕈树科进行了分类处理，将蕈树属和半枫荷属归并入枫香树属。

1. *Liquidambar* Linnaeus 枫香树属

Liquidambar Linnaeus (1753: 999); Ickert-Bond & Wen (2013: 21) (Lectotype: *L. styraciflua* Linnaeus).——
　　Altingia Noronha (1790: 5); *Semiliquidambar* H. T. Chang (1962: 35)

特征描述：同科描述。

分布概况：15/10（6）种，**3** 型；分布于亚洲，中美洲和北美洲热带与亚热带地区；中国南部广布，西南尤盛。

系统学评述：同科评述。

DNA 条形码研究：BOLD 网站有该属 5 种 38 个条形码数据；GBOWS 网站已有 6 种 36 个条形码数据。

代表种及其用途：树脂、根、叶及果实入药。木材可制家具，如枫香树 *L. formosana* Hance。

主要参考文献

[1] Williams J. Amentaceae[M]//Balfour JH. Manual of botany. 3rd ed. Glasgow: J. J. Griffin, 1855.

[2] Bentham G, Hooker JD. Genera Plantarum[M]. London: Lovell Reeve, 1883.

[3] Reinsch A. Uber die anatomis Chen verhiltnisse der Hamamelidaceaemit riicksicht auf ihre systematische gruppierung[J]. Bot Jahrb Syst, 1890, 11: 347-395.

[4] Endlicher S. Genera plantarum, secundum ordines naturalis Disposita[M]. Vindobonae: Universitatis Bipliopolam, 1840.

[5] Baillon H. Nouvelles notes sur les Hama-Stellungder Eupteleaceen (Magnoliales)[J]. Adansonia, 1871, 10: 120-137.

[6] Chase MW, et al. Phylogenetics of seed plants: an analysis of nucleotide sequences from the plastid gene rbcL[J]. Ann MO Bot Gard, 1993, 80: 528-580.

[7] Li J, et al. Phylogenetic relationships of the Hamamelidaceae inferred from sequences of internal transcribed spacers (ITS) of nuclear ribosomal DNA[J]. Am J Bot, 1999, 86: 1027-1037.

[8] Soltis DE, et al. Angiosperm phylogeny inferred from 18S rDNA, rbcL, and atpB sequences[J]. Bot J Linn Soc, 2000, 133: 381-461.

[9] Fishbein M, Soltis DE. Further resolution of the rapid radiation of Saxifragales (Angiosperms, eudicots) supported by mixed-model Bayesian analysis[J]. Syst Bot, 2004, 29: 883-891.

[10] Jian S, et al. Resolving an ancient, rapid radiation in Saxifragales[J]. Syst Biol, 2008, 57: 38-57.

[11] Soltis DE, et al. Angiosperm phylogeny: 17 genes, 640 taxa[J]. Am J Bot, 2011, 98: 704-730.

[12] Cronquist A. An integrated system of classification of flowering plants[M]. New York: Columbia University Press, 1981.

[13] Takhtajan A. Diversity and classification of flowering plants[M]. New York: Columbia University Press, 1997.

[14] Soltis DE, et al. Phylogenetic relationships and character evolution analysis of Saxifragales using a supermatrix approach[J]. Am J Bot, 2013, 100: 916-929.

[15] Shi S, et al. Phylogeny of the Altingiaceae based on cpDNA matK, PY-IGS and nrDNA ITS sequences[J]. Plant Syst Evol, 2001, 230: 13-24.

[16] Ickert-Bond SM, Wen J. Phylogeny and biogeography of Altingiaceae: evidence from combined analysis of five non-coding chloroplast regions[J]. Mol Phylogenet Evol, 39: 512-528.

[17] Wu W, et al. Molecular evidence for natural intergeneric hybridization between Liquidambar and Altingia[J]. J Plant Res, 2010, 123: 231-239.

[18] Ickert-Bond SM, Wen J. A taxonomic synopsis of Altingiaceae with nine new combinations[J]. Phytokeys, 2013, 31: 21-61.

Hamamelidaceae R. Brown (1818), *nom. cons.* 金缕梅科

特征描述：<u>灌木或乔木</u>，被星状毛。叶互生，全缘至有锯齿，羽状脉或掌状脉，具托叶。花序常穗状、总状或头状；<u>花两性或单性，雄全同株，或雌雄同株</u>；萼片4-5（-10），有时无；<u>花瓣无或 4-5，分离，常在芽中带状或旋卷</u>，早落；雄蕊 4 或 5，与退化雄蕊互生，或多数；<u>花药常 2 瓣裂</u>；子房半下位至下位，<u>中轴胎座；花柱分离</u>，近向后弯曲，<u>常宿存</u>；胚珠每室 1 至数枚。<u>果实为木质或革质蒴果</u>，有木质外果皮。花粉粒 3 沟，或 3 孔沟，稀为 4，网状纹饰。染色体 2n=16，24，30，32。

分布概况：27 属/106 种，分布于热带至温带，东亚至澳大利亚尤盛；中国 15 属/61 种，南北均产，南部地区尤盛。

系统学评述：金缕梅科的分类范畴和系统位置经历过重大变化。多数传统分类系统将金缕梅科（包括蕈树科 Altingiaceae）置于"低等级"金缕梅亚纲 Hamamelidae[1,2]。基于形态性状的分支分析表明，金缕梅科是个自然类群，与 Hamamelids 分支、蔷薇分支和菊支为近缘[3]。基于分子证据[4,5]，APG II 将蕈树科由金缕梅科分开，并将 2 科置于虎耳草目。金缕梅科的单系性获得分子证据微弱支持[6,7]。分子系统发育分析表明，金缕梅科与连香树科 Cercidiphyllaceae 和交让木科 Daphniphyllaceae 构成 1 个分支，蕈树科 Altingiaceae 为这个分支的姐妹群[8,9]。Endress[10]将金缕梅科划分为 4 亚科，金缕梅亚科下划分 4 族。最近分子系统学研究表明，金缕梅科包含 4 亚科：马蹄荷亚科 Exbucklandoideae、壳菜果亚科 Mytilarioideae、双花木亚科 Disanthoideae 和金缕梅亚科

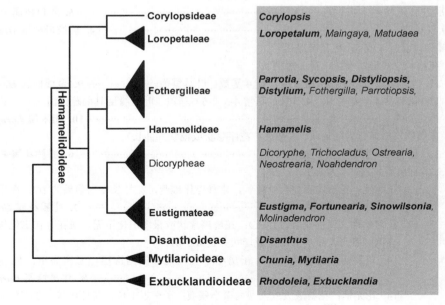

图 85　金缕梅科分子系统框架图（参考 Li[11]）

Hamameldoideae[11]；金缕梅亚科进一步划分为 6 族，分别为蜡瓣花族 Corylopsodeae、檵木族 Loropetaleae、Fothergilleae、金缕梅族 Hamamelideae、Dicorypheae 和秀柱花族 Eustigmateae[11,12]。亚科和族的分类范畴，亚科间和金缕梅亚科内族间系统发育关系未得到完全解析，一些系统发育关系仅得到较低支持。

分属检索表

1. 每心皮胚珠及种子几枚至多枚；花序头状或穗状；叶具掌状脉，有时分裂（红花荷属 Rhodoleia 具羽状脉）
  2. 托叶明显缺失；叶具羽状脉，全缘；花瓣匙状至倒披针形，红色；花序腋生，下垂，包被显著由圆形苞片组成的总苞和花···**13. 红花荷属 Rhodoleia**
  2. 具托叶；叶常具掌状脉，常具尖锐浅锯齿；花瓣条形或无；花序顶生，不下垂，不包被总苞
    3. 托叶线形，留下小的不连续疤痕；花具 2 枚对生花·····················**3. 双花木属 Disanthus**
    3. 托叶大，在每节留下显著环状疤痕；果序伸长或近头状，蒴果明显突出
      4. 花序头状；花药 2 室···**7. 马蹄荷属 Exbucklandia**
      4. 花序穗状；花药 4 室
        5. 托叶 1，长管状；花瓣有···**11. 壳菜果属 Mytilaria**
        5. 托叶 2，圆形；花瓣无···**1. 山铜材属 Chunia**
1. 每心皮胚珠和种子 1（-3）（蜡瓣花属 Corylopsis 每心皮具额外不育胚珠）；花序总状，穗状，密集聚伞圆锥状或圆锥状；叶具羽状脉，不分裂
  6. 花瓣无，雄蕊数目多样化
    7. 花序头形穗状，不具顶生花，每花具全缘苞片，不具小苞片，具萼片；蒴果沿主轴螺旋状排列，无柄
      8. 常绿，脉在叶边缘环结···**15. 水丝梨属 Sycopsis**
      8. 落叶，脉直达叶缘···**12. 银缕梅属 Parrotia**
    7. 花序密集圆锥状或总状，具顶生花，每花具（常 3 裂）苞片和（无）1 或 2（3 裂或全缘）小苞片，萼片无；沿主轴近 2 列排列，有时具柄
      9. 花杯无···**5. 蚊母树属 Distylium**
      9. 花杯有···**4. 假蚊母树属 Distyliopsis**
  6. 花瓣和雄蕊常 4 或 5，稀花瓣退化
    10. 花瓣长，线形，拳捲；花序短穗状
      11. 花药具 2 个花粉囊，2 片裂；花 4 基数；叶具锯齿················**9. 金缕梅属 Hamamelis**
      11. 花药具 4 个花粉囊，4 片裂；花常 4-5（-6）基数；叶全缘至具稀疏锯齿············
        ···**10. 檵木属 Loropetalum**
    10. 花瓣卵形或退化为鳞片状，5 基数；花序总状或穗状，伸长
      12. 柱头大，显著扩展；花柱长···**6. 秀柱花属 Eustigma**
      12. 柱头不扩展；花柱常短
        13. 花两性；花瓣发育完全，匙状，常具退化雄蕊，花杯长度为蒴果的 1/2；蒴果无柄···
        ···**2. 蜡瓣花属 Corylopsis**
        13. 花常单性（两性花有时存在）；花瓣鳞片状或极度退化至无，雄花存在退化雄蕊；花杯倒圆锥形，子房突出，或坛状并包被子房
          14. 花具柄；花瓣鳞片状；子房半下位；花杯倒圆锥形，子房突出；果实常显著具皮孔···**8. 牛鼻栓属 Fortunearia**
          14. 花无柄；花瓣缺失或表现为微小残痕；子房近上位；花杯坛状，在嘴部显著收缩而掩藏子房；果实不具皮孔···**14. 山白树属 Sinowilsonia**

1. *Chunia* H. T. Chang 山铜材属

Chunia H. T. Chang (1948: 63); Zhang et al. (2003: 26) (Type: *C. bucklandioides* H. T. Chang)

特征描述：常绿乔木。叶 3 浅裂或全缘，具掌状脉；托叶 2，早落，在每节留下环形托叶痕。密集穗状花序，顶生或近顶生，具花 12-16，花两性；萼片和花瓣无；雄蕊 8，花药卵形，2 室，每室 2 片裂，药隔突出；子房下位，2 室，每室胚珠 6；花柱极短，柱头具疣状凸起。蒴果卵球形，上半部 2 片裂，外果皮木质，内果皮厚且坚硬。种子椭球状，种皮厚且坚硬，胚乳肉质，胚直立。花粉粒 3 沟，细网状纹饰。

分布概况：1/1（1）种，**15** 型；特产中国海南。

系统学评述：分子系统学研究表明该属属于壳菜果亚科，与壳菜果属 *Mytilaria* 构成单系分支[11]。

DNA 条形码研究：BOLD 网站有该属 1 种 2 个条形码数据；GBOWS 网站已有 1 种 4 个条形码数据。

2. *Corylopsis* Siebold & Zuccarini 蜡瓣花属

Corylopsis Siebold & Zuccarini (1836: 45); Zhang et al. (2003: 35) (Lectotype: *C. spicata* Siebold & Zuccarini)

特征描述：落叶或半常绿灌木或小乔木，常被星状毛。叶膜质或革质，卵形至倒卵形，边缘具锯齿，羽状脉；托叶大，膜质。总状或密集聚伞圆锥花序下垂，先叶开放；每枚花常具 1 枚苞片和 2 枚小苞片；花两性；萼片 5；花瓣黄色；雄蕊 5，花药两室，每室 2 片裂，有时具 1-5 枚退化雄蕊；子房近上位至近下位，每室 3 颗胚珠，2 颗败育，柱头头状，果期宿存。蒴果卵球形，木质，室背 4 片裂。种子椭球状；胚直立。花粉粒 3（-4）沟，网状纹饰。染色体 $2n=24$，48，72。

分布概况：29/20（19）种，**14** 型；产东亚；中国南部广布，西南尤盛。

系统学评述：该属为单系类群，属于金缕梅亚科蜡瓣花族[11,13]。Harms[14]将该属已知 20 种划分为 5 个系。张宏达[FRPS]基本沿袭 Harms[14]的系统，将国产蜡瓣花属划分为 2 组，并将蜡瓣花组进一步划分为 3 个系。但基于形态学的属下分类系统未被分子证据证实，最新分子系统学研究[13]表明该属物种形成中国-日本、中国-喜马拉雅地区 2 个分支。结合形态学和分子证据，蜡瓣花属被划分为短柱组 *Corylopsis* sect. *Brevistyla*（短柱系 *C.* ser. *Brevistyla* 和四川蜡瓣花系 *C.* ser. *Willmottiae*）和蜡瓣花组 *C.* sect. *Corylopsis*（大果蜡瓣花系 *C.* ser. *Multiflorae*、蜡瓣花系 *C.* ser. *Corylopsis* 和少花蜡瓣花系 *C.* ser. *Pauciflorae*）[13]。

DNA 条形码研究：BOLD 网站有该属 12 种 40 个条形码数据；GBOWS 网站已有 8 种 37 个条形码数据。

代表种及其用途：该属多数种类含矮茶素，如蜡瓣花 *C. sinensis* Hemsley，可用于治疗慢性支气管炎，亦可栽培供观赏。

3. *Disanthus* Maximowicz 双花木属

Disanthus Maximowicz (1866: 485); Zhang et al. (2003: 19) (Type: *D. cercidifolius* Maximowicz)

特征描述： 落叶灌木，大部光滑无毛。叶具长柄，托叶大，早落，叶片全缘，5-7掌状脉。花序具 2 枚对生花，花序柄极短，总苞片数枚；花两性，无柄；萼筒短，被毛，萼片 5，宽大于长，花时反卷；花瓣 5，红色，细披针形，在花芽旋卷；雄蕊 5，花丝短，花药外向，两室，每室沿 1 弯曲裂缝纵裂；子房上位，每室胚珠 5 或 6，花柱短，柱头微小。蒴果木质，室背 2 片裂；内果皮骨质，与外果皮分离。种子椭球状。花粉粒 3 沟，网状纹饰。染色体 $2n=16$。

分布概况： 1/1 种，**14SJ** 型；分布于日本；中国产湖南、江西和浙江。

系统学评述： 该属隶属于双花木亚科[11]。

DNA 条形码研究： BOLD 网站有该属 2 种 7 个条形码数据；GBOWS 网站已有 1 种 16 个条形码数据。

4. *Distyliopsis* P. K. Endress 假蚊母树属

Distyliopsis P. K. Endress (1970: 30); Zhang et al. (2003: 31) [Type: *D. dunnii* (Hemsley) P. K. Endress (≡*Sycopsis dunnii* Hemsley)]

特征描述： 常绿乔木；嫩枝被星状毛或盾状鳞片。叶 2 列（稀螺旋状排列）；托叶卵形或椭圆形，早落，叶倒披针形，全缘或近全缘，羽状脉，有时具基出三脉，常光滑。雄全同株；密集圆锥花序或总状花序，每花序轴终止于 1 朵花；花雄性或两性，雄花无柄，具退化心皮；两性花具长柄；花托坛状至杯状；萼片和花瓣无；雄蕊 (1-) 5-6 (-15)，花药 2 室，每室 1 纵裂；子房上位，每室胚珠 1。蒴果沿果序轴 2 列。

分布概况： 6/5（4）种，（**7a/d**）型；分布于东亚至东南亚；中国产长江以南。

系统学评述： 该属隶属于金缕梅亚科 Fothergilleae[11]。

DNA 条形码研究： BOLD 网站有该属 1 种 1 个条形码数据；GBOWS 网站已有 2 种 6 个条形码数据。

5. *Distylium* Siebold & Zuccarini 蚊母树属

Distylium Siebold & Zuccarini (1841: 178); Zhang et al. (2003: 28) (Type: *D. racemosum* Siebold & Zuccarini)

特征描述： 常绿灌木或小乔木，幼时具星状毛或鳞毛。叶革质，全缘或顶端具浅锯齿，羽状脉。密集圆锥花序或总状花序，花 2 列（或稀螺旋状排列），腋生，近无柄；花雄性或两性；花杯无；萼片和花瓣无；雄花雄蕊 1-8，花丝短，花药 2 室，每室 1 纵裂；两性花雄蕊 5-8，子房上位，每室 1 胚珠；柱头下延。蒴果卵球形，木质，中部以上 2 片裂，顶端尖锐。每室种子 1 枚，狭卵形。花粉粒 4 至多沟，网状纹饰。染色体 $2n=24$。

分布概况： 18/12（11）种，**7-1** 型；分布于东亚，南亚和东南亚；中国产长江以南，西南尤盛。

系统学评述：该属隶属于金缕梅亚科 Fothergilleae[11]。

DNA 条形码研究：BOLD 网站有该属 2 种 6 个条形码数据；GBOWS 网站已有 4 种 28 个条形码数据。

6. *Eustigma* Gardner & Champion 秀柱花属

Eustigma Gardner & Champion (1849: 312); Zhang et al. (2003: 34) (Type: *E. oblongifolium* Gardner & Champion)

特征描述：常绿灌木或小乔木；枝条常被星状毛；顶芽裸露。叶互生，革质，全缘或在顶部具锯齿，羽状脉。总状花序，顶生，具花梗，花序基部具 2 枚苞片；花两性；花杯陀螺状，具星状毛；萼片 5；花瓣 5，小，黄色，鳞片状；雄蕊 5，与萼片对生，花丝极短，花药 2 室，每室 2 片裂；退化雄蕊无；子房近下位，每室 1 胚珠，花柱长，柱头极大，铲状，具乳头状凸起，深紫色。蒴果卵球形，木质。

分布概况：3/3（2）种，**7-4 型**；分布于越南；中国产长江以南。

系统学评述：该属隶属于金缕梅亚科秀柱花族 Eustigmateae[11]。

DNA 条形码研究：BOLD 网站有该属 4 种 4 个条形码数据。

7. *Exbucklandia* R. W. Brown 马蹄荷属

Exbucklandia R. W. Brown (1946: 348) [≡*Bucklandia* R. Brown ex Griffith, non Sternberg (1825)]; Zhang et al. (2003: 23) [Type: *E. populnea* (R. Brown ex Griffith) R. W. Brown (≡*Bucklandia populnea* R. Brown ex Griffith)]

特征描述：常绿乔木。叶互生，具长柄，托叶大，革质，椭圆形，合生，早落，在节上留下环形疤痕，叶片全缘或掌状 3-5 浅裂，厚革质，具掌状脉。头状花序，具梗，7-16 花；花两性；花杯与子房基部合生；花瓣无或 2-5；雄蕊 10-15，花丝长短不一，钻状，花药 2 室，纵裂；子房半下位，每室胚珠 5 或 6；花柱柱头下延，果期脱落。蒴果室背 4 瓣裂，每室种子 5-7，顶部 4 或 5 枚不育或不具翅，基部 1 或 2 枚可育并具窄翅。花粉粒 3 沟，网状纹饰。染色体 $2n=32$。

分布概况：4/3（1）种，**7-1 型**；产东亚，南亚和东南亚；中国产长江以南。

系统学评述：该属隶属于马蹄荷亚科，与红花荷属 *Rhodoleia* 构成单系分支[11]。

DNA 条形码研究：BOLD 网站有该属 2 种 9 个条形码数据；GBOWS 网站已有 2 种 29 个条形码数据。

8. *Fortunearia* Rehder & E. H. Wilson 牛鼻栓属

Fortunearia Rehder & E. H. Wilson (1913: 427); Zhang et al. (2003: 41) [Type: *F. sinensis* Rehder & E. H. Wilson]

特征描述：落叶灌木或小乔木；具星状毛。叶边缘有锯齿，羽状脉。常雌雄同株；穗状花序；功能性单性花；雄花的花药稍大，雌花的心皮稍大；花杯倒圆锥状，被毛；萼片 5，披针形，密被毛；花瓣 5，细小，鳞片状；雄蕊 5，花丝极短，花药 2 室，每室

2 片裂；子房半下位，每室 1 胚珠；花柱长，柱头大，下延。<u>蒴果有柄</u>，<u>先端尖锐</u>，具显著皮孔，室背开裂；内果皮厚而坚硬，常与外果皮分离。种子窄卵形，胚乳少。花粉粒 3 沟，稀多沟或孔，网状纹饰。染色体 2n=24。

分布概况：1/1（1）种，**15** 型；中国产安徽、河南、湖北、江西、陕西、四川、浙江。

系统学评述：该属隶属于金缕梅亚科秀柱花族，与秀柱花属 *Eustigma* 构成单系分支[11]。

DNA 条形码研究：BOLD 网站有该属 1 种 3 个条形码数据；GBOWS 网站已有 1 种 15 个条形码数据。

9. *Hamamelis* Linnaeus 金缕梅属

Hamamelis Linnaeus (1753: 124); Zhang et al. (2003: 32) (Type: *H. virginiana* Linnaeus)

特征描述：落叶灌木或小乔木；幼枝具绒毛。叶薄革质或纸质，不对称，<u>全缘或具波状锯齿</u>，羽状脉，<u>2 基部侧脉常具三级脉</u>。<u>头状或短穗状花序</u>，腋生，3-4 花；花两性；萼片 4，卵形，被毛；<u>花瓣 4</u>，黄色，绿色或红色，<u>带状</u>，在芽中旋卷；雄蕊 4，花丝短，<u>花药 2 室</u>，<u>2 片裂</u>；<u>退化雄蕊 4</u>，<u>与雄蕊互生</u>，鳞片状，<u>分泌花蜜</u>；<u>子房半下位</u>，每室 1 胚珠；花柱极短。蒴果木质。花粉粒 3 沟，网状纹饰。染色体 2n=24。

分布概况：6/1（1）种，**9** 型；分布于东亚和北美东部；中国产安徽、广西、湖北、湖南、江西、四川、浙江。

系统学评述：该属隶属于金缕梅亚科金缕梅族[11]。东亚的金缕梅 *H. mollis* Oliver 是该属最早分化的物种，日本分布的 *H. japonica* Siebold & Zuccarini 是北美分支的姐妹群[15]。

DNA 条形码研究：BOLD 网站有该属 7 种 79 个条形码数据；GBOWS 网站已有 1 种 7 个条形码数据。

代表种及其用途：金缕梅 *H. mollis* Olive 栽培作园艺观赏。

10. *Loropetalum* R. Brown ex Reichenbach 檵木属

Loropetalum R. Brown ex Reichenbach (1818: 375); Zhang et al. (2003: 32) [Type: *L. chinense* (R. Brown) Oliver (≡*Hamamelis chinensis* R. Brown)].——*Tetrathyrium* Bentham (1861: 132)

特征描述：常绿或半常绿灌木或小乔木，小枝具星状毛。叶具短柄，卵形，膜质或薄革质，<u>全缘</u>，具羽状脉。<u>头状</u>，<u>短穗状或总状花序</u>，3-25 花；花两性，<u>常 4 或 5（或 6）基数</u>；花杯倒圆锥状，具星状毛；萼片常 4 或 5（或 6），被毛，早落；<u>花瓣白色或红色</u>，<u>带状</u>，在花芽内旋卷；雄蕊 4 或 5（或 6），<u>花药 2 室</u>，<u>每室 2 片裂</u>；子房下位或半下位，每室 1 胚珠。果梗短或缺；蒴果卵圆形，被褐色星状毛，2 片裂，下部包被于花杯。每心皮 1 种子，卵圆形。花粉粒 3 孔沟，网状纹饰。

分布概况：3/3（2）种，**14** 型；东亚分布；中国产长江以南。

系统学评述：该属隶属于金缕梅亚科檵木族[11]。

DNA 条形码研究：BOLD 网站有该属 1 种 10 个条形码数据；GBOWS 网站已有 2 种 28 个条形码数据。

代表种及其用途：檵木 *L. chinensis* (R. Brown) Oliver 可供药用。

11. *Mytilaria* Lecomte 壳菜果属

Mytilaria Lecomte (1924: 504); Zhang et al. (2003: 26) (Type: *M. laosensis* Lecomte)

特征描述：常绿乔木。叶片具长柄，托叶早落，在节上留下环形疤痕，叶片先端 3 浅裂或全缘，阔卵圆形，基部心形，革质，全缘，具掌状脉。密集穗状花序，顶生或与叶对生，具梗，花多数；花两性；萼筒与子房合生，萼片常 5；花瓣常 5，白色，带状舌形；雄蕊 10-13，花药 2 室，每室 2 片裂，雄蕊与花瓣合生为 1 个管；子房半下位，2 室，每室 6 胚珠；花柱极短。蒴果卵球形，中部以上 2 片裂，外果皮稍肉质，内果皮木质。每心皮种子 1 枚以上。染色体 2n=26。

分布概况：1/1 种，**7-4 型**；分布于越南；中国产广东、广西和云南。

系统学评述：该属隶属于金缕梅亚科秀柱花族，与秀柱花属构成单系分支[11]。

DNA 条形码研究：BOLD 网站有该属 1 种 8 个条形码数据。

12. *Parrotia* C. A. Meyer 银缕梅属

Parrotia C. A. Meyer (1831: 46); Zhang et al. (2003: 27) [Type: *P. persica* (de Candolle) C. A. Mey (≡*Hamamelis persica* de Candolle)]

特征描述：落叶乔木。叶互生，叶片阔倒卵形或椭圆形，膜质，顶端常具锯齿，具羽状脉，两面均具星状毛。雄全同株；头状花序，腋生和顶生，3-7 花；苞片大，棕色；花萼 7-8（-10），基部联合，螺旋状排列，宿存；花瓣无；雄蕊（5-）10-15，花药伸长，2 室，每室 1 纵裂；子房半下位，每室胚珠 1，花柱长，柱头下延。蒴果沿花序轴螺旋状排列，无柄，长圆球形，木质，密被星状毛。种子椭圆形。花粉粒 3 沟，稀 4 沟，网状纹饰。染色体 2n=24。

分布概况：2/1（1）种，**10-1 型**；分布于东亚和西亚；中国产安徽、浙江和江苏。

系统学评述：该属隶属于金缕梅亚科 Fothergilleae[11]。

DNA 条形码研究：BOLD 网站有该属 2 种 4 个条形码数据；GBOWS 网站已有 1 种 11 个条形码数据。

13. *Rhodoleia* Champion ex W. J. Hooker 红花荷属

Rhodoleia Champion ex W. J. Hooker (1850: t. 4509); Zhang et al. (2003: 24) (Type: *R. championii* W. J. Hooker)

特征描述：常绿乔木或灌木。叶互生，托叶无，叶片卵圆形或披针形，革质，全缘，具羽状脉，有时具 3 基出脉，背面常具白霜。头状花序，具梗，5-8 花；花两性；萼筒极短，萼片无或退化；花瓣 2-5，红色，匙状或倒披针形；雄蕊 4-11，花药 2 室，每室 2 片裂；子房半下位，每室胚珠 12-18，着生于中轴胎座；花柱细长，与花药近等长。蒴果室背 4 片裂；果皮薄。种子扁平，多不育且不具翅，可育种子侧生窄翅。花粉粒 3

沟，细网状纹饰。染色体 $2n=24$。

分布概况：10/6（3）种，**7-1** 型；分布于东亚和东南亚；中国产长江以南。

系统学评述：该属隶属于马蹄荷亚科，与马蹄荷属 *Exbucklandia* 构成单系分支[11]。

DNA 条形码研究：BOLD 网站有该属 2 种 9 个条形码数据；GBOWS 网站已有 1 种 11 个条形码数据。

14. *Sinowilsonia* Hemsley 山白树属

Sinowilsonia Hemsley (1906: t. 2817); Zhang et al. (2003: 41) (Type: *S. henryi* Hemsley)

特征描述：落叶灌木或小乔木；幼枝或叶背具星状毛。叶互生，膜质或纸质，叶片倒卵形或椭圆形，轻微不对称，边缘常具齿，羽状脉，<u>2 基部侧脉具三级脉</u>。<u>雌雄同株（或雌雄同花）</u>；<u>穗状或总状花序</u>，顶生，下垂；<u>萼片 5</u>；<u>花瓣缺失或仅具雏形</u>；雄花具梗，<u>雄蕊 5</u>，花丝极短，花药 2 室，子房近上位；雌花无柄，退化雄蕊 5，<u>每室 1 胚珠</u>，花柱长，柱头下延。蒴果卵球形，2 片裂，内果皮与外果皮分离，每室种子 1。花粉粒 3 孔沟，网状纹饰。染色体 $2n=24$，48。

分布概况：1/1（1）种，**15** 型；分布于中国华中和西北。

系统学评述：该属隶属于金缕梅亚科 Fothergilleae[11]。

DNA 条形码研究：BOLD 网站有该属 1 种 2 个条形码数据；GBOWS 网站已有 1 种 6 个条形码数据。

15. *Sycopsis* Oliver 水丝梨属

Sycopsis Oliver (1860: 83); Zhang et al. (2003: 27) (Type: *S. griffithiana* Oliver)

特征描述：常绿灌木或小乔木；光滑或具星状毛和鳞垢。叶革质，全缘或顶端具浅齿，<u>羽状脉或兼具三出脉</u>，具鳞片。<u>雄全同株</u>；<u>密集穗状花序</u>，具梗，花螺旋状排列；<u>花雄性或两性</u>；萼片 5 或 6；<u>花瓣无</u>；<u>雄蕊 5-10</u>，花药 2 室，每室 1 纵裂；<u>雄花萼筒短</u>，退化子房存在或缺失；两性花花杯坛状，具星状鳞垢，<u>子房上位</u>，<u>但被萼筒包被</u>，<u>每室胚珠 1</u>，花柱纤细，柱头下延。宿存萼筒比蒴果短。种子窄卵形。花粉粒 3 沟，网状纹饰。染色体 $2n=36$。

分布概况：2-3/2（2）种，**7-2** 型；分布于印度东北部；中国产长江以南。

系统学评述：该属隶属于金缕梅亚科 Fothergilleae[11]。

DNA 条形码研究：BOLD 网站有该属 1 种 2 个条形码数据；GBOWS 网站已有 1 种 3 个条形码数据。

主要参考文献

[1] Cronquist A. An integrated system of classification of flowering plants[M]. New York: Columbia University Press, 1981.

[2] Takhtajan A. Diversity and classification of flowering plants[M]. New York: Columbia University Press, 1997.

[3] Hufford L. Phylogeny of basal eudicots based on three molecular data sets: *atp*B, *rbc*L, and 18S nuclear ribosomal DNA sequences[J]. Ann MO Bot Gard, 1992, 86: 1-32.

[4] Chang M, et al. Phylogenetics of seed plants: an analysis of nucleotide sequences from the plastid gene *rbc*L[J]. Ann MO Bot Gard, 1993, 80: 528-580.

[5] Li J, et al. Phylogenetic relationships of the Hamamelidaceae inferred from sequences of internal transcribed spacers (ITS) of nuclear ribosomal DNA[J]. Am J Bot, 1999, 86: 1027-1037.

[6] Fishbein M, et al. Phylogeny of Saxifragales (Angiosperms, Eudicots): analysis of a rapid, ancient radiation[J]. Syst Biol, 2001, 50: 817-847.

[7] Fishbein M, Soltis DE. Further resolution of the rapid radiation of Saxifragales (Angiosperms, eudicots) supported by mixed-model Bayesian analysis[J]. Syst Bot, 2004, 29: 883-991.

[8] Jian S, et al. Further resolution of the rapid radiation of Saxifragales (Angiosperms, eudicots) supported by mixed-model Bayesian analysis[J]. Syst Biol, 2008, 57: 38-57.

[9] Soltis DE, et al. Phylogenetic relationships and character evolution analysis of Saxifragales using a supermatrix approach[J]. Am J Bot, 2013, 100: 916-929.

[10] Endress PK. A supergeneric taxonomic classification of the Hemelidaceae[J]. Taxon, 1989, 38: 371-376.

[11] Li J. Molecular phylogenetics of Hamamelidaceae: evidence from DNA sequences of nuclear and chloroplast genomes[M]//Sharma AK, Sharma A. Plant genome: biodiversity and evolution. Vol. 1, part E: Phanerogams-Angiosperm. Rawalpindi: Science Publishers, 2008: 228-250.

[12] Li J, Bogle AL. A new suprageneric classification system of the Hamamelidoideae based on morphology and sequences of nuclear and chloroplast DNA[J]. Harvard Pap Bot, 2001, 5: 499-515.

[13] 董洪进. 大花忍冬复合群的种间关系和蜡瓣花属的系统学研究[D]. 昆明: 中国科学院昆明植物研究所博士学位论文, 2013.

[14] Harms H. Hamamelidaceae[M]//Engler A, Prantl K. Die Natürliche Pflanzenfamilien. 2nd ed. Vol. 18a. Leipzig: W. Engelmann, 1930: 303-345.

[15] Xie L, et al. Evolution and biogeographic diversification of the witch-hazel genus (*Hamamelis* L. Hamamelidaceae) in the Northern Hemisphere[J]. Mol Phylogenet Evol, 2010, 56: 675-689.

Cercidiphyllaceae Engler (1907), *nom. cons.* 连香树科

特征描述：落叶乔木。<u>枝有长、短枝之分</u>，叶在长枝上对生或近对生，短枝上单生，单叶，托叶小。<u>雌雄异株</u>；<u>花序先叶出现</u>，<u>簇生</u>；花着生在短枝上，<u>花被无</u>；<u>雄花序近无柄</u>，花 4 或多数，无柄；雄蕊 1-13，花药 4 室，基底着生，侧向开裂；<u>雌花序具肉质梗</u>，花 2-6 (-8)，无柄，<u>心皮 1</u>，具胚珠 15-30；柱头红色。蓇葖果。<u>种子扁平</u>，<u>具翅</u>，胚乳薄，油质，<u>胚大</u>。花粉粒 3 沟，穿孔-细网状纹饰。染色体 $2n=38$。

分布概况：1 属/2 种，**14SJ 型**；分布于中国和日本；中国仅连香树 *C. japonicum* Siebold & Zuccarini 1 种，广布亚热带地区。

系统学评述：连香树科为东亚子遗科，其系统位置较为孤立，曾被置于昆栏树目 Trochodendrales 和金缕梅目 Hamamelidales[1]。分子证据表明，连香树科隶属于虎耳草目 Saxifragales，与交让木科 Daphniphyllaceae 构成姐妹群[2,3,APG III]。

1. *Cercidiphyllum* Siebold & Zuccarini 连香树属

Cercidiphyllum Siebold & Zuccarini (1846: 238); Fu et al. (2001: 126) (Type: *C. japonicum* Siebold & Zuccarini ex J. J. Hoffmann & J. H. Schultes)

特征描述：同科描述。

分布概况：分布于中国和日本。

系统学评述：基于叶绿体 DNA 片段和核基因组 SSR 标记对连香树属 2 个种的亲缘地理学研究表明，该属的 2 个种在中新世与向新世过渡时形成，在第四纪冰期，中国四川盆地和长江中游一带很可能是连香树在冰期向北迁移的避难所，而在日本，种间曾发生过基因渐渗事件[4]。

DNA 条形码研究：BOLD 网站有该属 2 种 10 个条形码数据；GBOWS 网站已有 1 种 19 个条形码数据。

代表种及其用途：连香树可供园林观赏；树皮及叶均含鞣质，可提制栲胶。

主要参考文献

[1] Endress PK. Cercidiphyllaceae[M]//Kubitzki K, et al. The families and genera of vascular plants, II. Berlin: Springer, 1993: 250-253.

[2] Hoot SB, et al. Phylogeny of basal eudicots based on three molecular datasets: *atp*B, *rbc*L, and 18S nuclear ribosomal DNA sequences[J]. Ann MO Bot Gard, 1999, 86: 1-32.

[3] Zang Q, et al. Phylogenetic affinities of Cercidiphyllaceae based on *mat*K sequences[J]. Ecol Sci, 2003, 22: 113-115.

[4] Qi XS, et al. Molecular data and ecological niche modelling reveal a highly dynamic evolutionary history of the East Asian Tertiary relict *Cercidiphyllum* (Cercidiphyllaceae)[J]. New Phytol, 2012, 196: 617-630.

Daphniphyllaceae Müller Argoviensis (1869), *nom. cons.* 交让木科

特征描述：常绿乔木或灌木。枝条具圆形或椭圆形皮孔。单叶互生，无托叶，全缘，具羽状脉。雌雄异株或杂性异株；总状花序腋生，稀近顶生；花单性，下位，无花瓣，具梗；花萼无或 3-6 裂；雄花雄蕊 5-12（-18），花药 4 室，稀具退化雌蕊；雌花子房 2（-4）室，每室（1）2 胚珠，倒生，悬垂，双珠被，厚珠心，花柱二叉，具干的、乳头状下延柱头，退化雄蕊无或 5-10。核果具 1（2）种子，胚小，直生。花粉粒 3 沟（稀为拟孔沟），光滑至疣状纹饰。染色体 2*n*=32。

分布概况：1 属/10 种，分布于东亚至马来西亚；中国 1 属/10 种，产长江以南。

系统学评述：交让木科系统位置一直难以确定，曾被认为与大戟科 Euphorbiaceae 近缘，或被置于金缕梅亚纲 Hamamelidae 1 个单独的目中[1]。最近的分子系统学研究[2-4]将该科置于虎耳草目 Saxifragales，与连香树科 Cercidiphyllaceae 构成 1 个分支，但缺乏支持率[3]。

1. *Daphniphyllum* Blume 虎皮楠属

Daphniphyllum Blume (1826: 1152); Min & Kubitzki (2008) (Type: *D. glaucescens* Blume)

特征描述：同科描述。

分布概况：10/10（3）种，7 型；分布于东亚至马来西亚；中国产长江以南。

系统学评述：尚未见有属下分类及系统学研究。

DNA 条形码研究：BOLD 网站有该属 3 种 6 个条形码数据；GBOWS 网站已有 6 种 47 条形码数据。

代表种及其用途：一些种类的叶和种子供药用，如交让木 *D. macropodum* Miquel。

主要参考文献

[1] Cronquist A. An integrated system of classification of flowering plants[M]. New York: Columbia University Press, 1981.

[2] Morgan DR, Soltis DE. Phylogenetic relationships among members of Saxifragaceae *sensu lato* based on *rbc*L sequence data[J]. Ann MO Bot Gard, 1993, 80: 631-660.

[3] Jian S, et al. Resolving an ancient, rapid radiation in Saxifragales[J]. Syst Biol, 2008, 57: 38-57.

[4] Soltis DE, et al. Phylogenetic relationships and character evolution analysis of Saxifragales using a supermatrix approach[J]. Am J Bot, 2013, 100: 916-929.

Iteaceae J. Agardh (1858), *nom. cons.* 鼠刺科

特征描述：乔木或灌木。叶互生，边缘具腺状或具刺锯齿，稀全缘，羽状脉。圆锥花序或总状花序多花；花 5 基数，两性或杂性，小；萼片宿存；花瓣宿存；雄蕊与花瓣互生，着生在花盘边缘；子房上位或半下位，心皮 2，2 室，中央胎座，胚珠多数，双珠被，厚珠心，柱头不分裂或有时分裂至中部，头状。蒴果，室间开裂，具宿存花被。种子具大而弯曲的胚。花粉粒 2 孔，稀为 3 孔沟，光滑或穿孔状纹饰。染色体 $2n=22$，44。

分布概况：1 属/27 种，主要分布于东南亚，日本，北美东部有 1 种；中国 1 属/15 种，长江以南广布。

系统学评述：鼠刺属曾归属于 Escalloniaceae，但与该科在花解剖结构、孢粉和染色体基数等均有区别[1]。最近的分子研究表明鼠刺科属于虎耳草科 Saxifragaceae，与 Pterostemonaceae 构成 1 个分支[2-4]。

1. *Itea* Linnaeus 鼠刺属

Itea Linnaeus (1753: 199); Jin & Ohba (2001: 423) (Type: *I. virginica* Linnaeus).——*Kurrimia* Wallich ex Meisner (1837: 67)

特征描述：同科描述。

分布概况：27/15（10）种，**9** 型；分布于东南亚，日本，北美东部有 1 种；中国产长江以南。

系统学评述：未见有属下分类学和分子系统学研究。

DNA 条形码研究：BOLD 网站有该属 6 种 14 个条形码数据；GBOWS 网站已有 6 种 68 个条形码数据。

主要参考文献

[1] Takhtajan A. Flowering plants: origin and dispersal[M]. Edinburgh: Oliver and Boyd, 1969.
[2] Fishbein M, et al. Phylogeny of Saxifragales (Angiosperms, Eudicots): analysis of a rapid, ancient radiation[J]. Syst Biol, 2001, 50: 817-847.
[3] Jian S, et al. Resolving an ancient, rapid radiation in Saxifragales[J]. Syst Biol, 2008, 57: 38-57.
[4] Soltis DE, et al. Phylogenetic relationships and character evolution analysis of Saxifragales using a supermatrix approach[J]. Am J Bot, 2013, 100: 916-929.

Grossulariaceae de Candolle (1805), *nom. cons.* 茶藨子科

特征描述：落叶，稀常绿或半常绿灌木，稀小乔木。小枝具刺或无刺。叶互生，稀簇生，无托叶，叶片掌状分裂，稀全缘。总状，稀伞房或近无柄的伞状花序；花两性，或单性而雌雄异株；萼裂片 5（4），花瓣状；花瓣 5（4），有时无；雄蕊 5（4），常退化或在雌花中具不发育孢粉；子房下位，稀半下位，1 室，在雄花中退化或缺失，花柱常分裂，胚珠多数。多汁浆果，花萼宿存。种子多数。花粉粒 5-15 孔、5-6 带状孔沟或多孔，外壁近乎光滑，具微皱或具刺。染色体 $2n$=16，24。

分布概况：1 属/150 种，分布于北温带高山和高海拔地区及南美洲安第斯山脉；中国 1 属/59 种，产温带地区。

系统学评述：茶藨子科的系统位置长期存有争议，Bentham 和 Hooker[1]、Janczewski[2]、Engler[3] 和 Melchior[4] 等把该属置于虎耳草科 Saxifragaceae。Takhtajan 等[5] 将该属独立为科：Grossulariaceae 或 Ribesiaceae，置于 Saxifragales。Cronquist[6] 界定的茶藨子科十分多样化，包括了现隶属于 Phyllonomaceae、南鼠刺科 Escalloniaceae、Montiniaceae、Tribelaceae、Tetracarpaeaceae、鼠刺科 Iteaceae 和卫矛科 Celastraceae 的很多属。最近的分子系统学研究表明，茶藨子科仅含茶藨子属[7,8]，与虎耳草科构成 1 个分支[9-11]。

1. *Ribes* Linnaeus 茶藨子属

Ribes Linnaeus (1753: 200); Lingdi & Alexander (2001: 428); Lu & Crinan (2001: 428); Weigend & Binder (2001: 111) (Lectotype: *R. rubrum* Linnaeus)

特征描述：同科描述。

分布概况：150/59（25）种，**8-4** 型；分布于北温带高山和高海拔地区，南美洲安第斯山脉；中国产温带和高山地区。

系统学评述：该属下有多个分类系统[2,12-15]。Janczewski[2] 将其分为 6 亚属和 11 组。沿用 Coville 和 Britton[12] 的分类处理，Berger[13] 将该属分为 2 属：*Grossularia* 和 *Ribes*；*Ribes* 进一步划分为 8 亚属，*Grossularia* 被划分为 4 亚属。分子证据表明 *Grossularia* 嵌套在 *Ribes* 中，并且不是单系分支[16,17]。Berger[13] 的一些亚属的单系性未得到分子证据的支持[17]。

DNA 条形码研究：BOLD 网站有该属 45 种 151 个条形码数据；GBOWS 网站已有 22 种 170 个条形码数据。

代表种及其用途：该属植物具有较高的经济价值，如黑果茶藨子 *R. nigrum* Linnaeus、香茶藨子 *R. aureum* Pursh 与红果茶藨子 *R. sativum* (Reichenbach) Syme 的果实可供食用；高山茶藨子 *R. alpinum* Linnaeus、倒挂金钟茶藨子 *R. speciosum* Pursh、金茶藨子 *R. aureum*

Pursh 等供观赏。

主要参考文献

[1] Bentham G, Hooker JD. Genera plantarum[M]. London: Reeve & Co., 1865.

[2] Janczewski E. Monographie des groseilliers, *Ribes* L.[J]. Mem Soc Phys Geneve, 1907, 35: 199-517.

[3] Engler HGA. Saxifragaceae[M]//Engler HGA. Die natürlichen pflanzenfamilien. 2nd ed. Vol. 18. Leipzig: W. Engelmann, 1930: 74-226.

[4] Melchior H. Syllabus der pflanzenfamilien[M]. Berlin: Borntraeger, 1964.

[5] Takhtajan A. Diversity and classification of flowering plants[M]. New York: Columbia University Press, 1997.

[6] Cronquist A. An integrated system of classification of flowering plants[M]. New York: Columbia University Press, 1981.

[7] Morgan DR, Soltis DE. Phylogenetic relationships among members of Saxifragaceae *sensu lato* based on *rbc*L sequence data[J]. Ann MO Bot Gard, 1993, 80: 631-660.

[8] Soltis DE, Soltis PS. Phylogenetic relationships in Saxifragaceae *sensu lato*: a comparison of topologies based on 18S rDNA and *rbc*L sequences[J]. Am J Bot, 84: 504-522.

[9] Fishbein M, et al. Phylogeny of Saxifragales (Angiosperms, Eudicots): analysis of a rapid, ancient radiation[J]. Syst Biol, 2001, 50: 817-847.

[10] Jian S, et al. Resolving an ancient, rapid radiation in Saxifragales[J]. Syst Biol, 2008, 57: 38-57.

[11] Soltis DE, et al. Phylogenetic relationships and character evolution analysis of Saxifragales using a supermatrix approach[J]. Am J Bot, 2013, 100: 916-929.

[12] Coville FV, Britton NL. Grossulariaceae[M]//Britton NL. North American Flora. Vol. 22. New York: New York Botanical Garden, 1908: 193-225.

[13] Berger A. A taxonomic review of currants and gooseberries[J]. NY State AES Tech Bull, 1924, 109: 1-118.

[14] Rehder A. Manual of cultivated trees and shrubs[M]. New York: The MacMillan Company, 1940.

[15] Sinnott QP. A revision of *Ribes* L. subg. *Grossularia* (Mill.) Pers. sect. *Grossularia* (Mill.) Nutt. (Grossulariaceae) in North American[J]. Rhodora, 1985, 87: 189-286.

[16] Messinger WK, et al. *Ribes* (Grossulariaceae) phylogeny as indicated by restriction-site polymorphisms of PCR-amplified chloroplast DNA[J]. Plant Syst Evol, 1999, 217: 185-195.

[17] Senters AE, Soltis DE. Phylogenetic relationships in *Ribes* (Grossulariaceae) inferred from ITS sequence data[J]. Taxon, 2003, 52: 51-66.

Saxifragaceae Jussieu (1789), *nom. cons.* 虎耳草科

特征描述：<u>草本</u>。茎丛生，或单一。<u>单叶或复叶</u>，<u>互生</u>，稀对生，稀有托叶。<u>聚伞状、圆锥状或总状花序</u>，稀单花；<u>花两性</u>，<u>稀单性</u>；双被，稀单被；<u>被片 4-5（6-10），萼片花瓣状</u>；<u>花冠辐射对称</u>，<u>稀两侧对称</u>；<u>花瓣常离生</u>，<u>稀无花瓣</u>；<u>雄蕊（4-）5-10，花丝离生，花药 2 室</u>；<u>心皮 2，稀 3-5</u>，<u>多少合生</u>，<u>子房多室而具中轴胎座</u>，<u>或 1 室具侧膜胎座</u>，<u>胚珠多数</u>，<u>花柱离生或多少合生</u>。<u>蒴果，稀蓇葖果</u>；<u>种子多数</u>。胚小，胚乳丰富。花粉粒 2-3 沟（或为拟孔沟和孔沟）或 6-9 孔，网状、条纹、颗粒或棒状纹饰。染色体数目极度多样化。

分布概况：33-38 属/600 种，世界广布，主产北温带；中国 14 属/约 268 种，南北均产，主产西南。

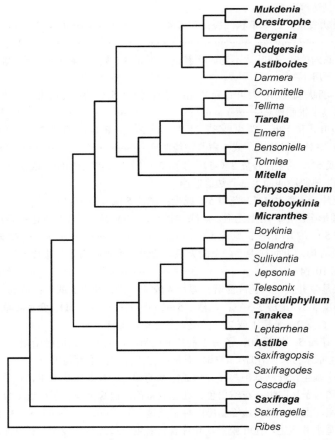

图 86　虎耳草科分子系统框架图（参考 Xiang 等[1]；Deng 等[2]）

系统学评述：Engler[3] 及 Cronquist[4] 等传统分类系统所界定的广义虎耳草科 Saxifragaceae *s.l.* 为多系类群[5,6]。FRPS 将传统虎耳草科划分为落新妇族 Astilbeae 和虎耳草族 Saxifrageae。依据分子证据，APG 系统将鼠刺科 Iteaceae、茶藨子科 Grossulariaceae、扯根菜科 Penthoraceae、绣球花科 Hydrangeaceae、南鼠刺科 Escalloniaceae、梅花草科 Parnassiaceae、胡桃桐科 Brexiaceae 和雪叶木科 Argophyllaceae 等从传统的广义虎耳草科分出[APG III]，重新界定的狭义虎耳草科为单系[1,2]。Xiang 等[1]的分子系统发育分析结果显示，狭义虎耳草科划分为 Heucheroid 和 Saxifragoid 两大分支，其中，Saxifragoid 仅包括狭义虎耳草属 *Saxifraga s.s.*［包括 *Saxifragella bicuspidate* (J. D. Hooker) Engler，但不包括小花草属 *Micranthes*］；其余属构成 Heucheroid 分支，可进一步划分为 8 个次级单系分支和系统位置未定的单种属变豆叶草属 *Saniculiphyllum*。Deng 等[2]的研究支持 Xiang 等[1]的划分，并进一步明确了属间系统发育关系，此外，其研究表明唢呐草属 *Mitella* 为多系。

分属检索表

1. 叶通常为复叶，稀单叶；花瓣 4 或 5，有时 1-3 或无；心皮 2 或 3（4）；子房 2 或 3（4）室具中轴胎座，或 1 室而具边缘胎座
  2. 单叶，叶片盾状着生，边缘掌状浅裂；花瓣 4-5；雄蕊（6-）8；心皮 2（-4），子房 2（-4）室⋯⋯⋯⋯⋯⋯⋯⋯⋯⋯⋯⋯⋯⋯⋯⋯⋯⋯⋯⋯⋯⋯⋯⋯⋯⋯⋯ **2. 大叶子属** *Astilboides*
  2. 叶常为复叶（或为单叶，但叶片不为盾状着生），通常 3-5 裂；花瓣 1-5 或无；雄蕊（5-）8-10（-14）；心皮 2 或 3，子房 1-3 室
    3. 叶为掌状、羽状或近羽状复叶；苞片无；萼片（4-）5（-7）；花瓣常无；雄蕊 10（-14）；子房 2 或 3 室且具中轴胎座⋯⋯⋯⋯⋯⋯⋯⋯**10. 鬼灯檠属** *Rodgersia*
    3. 叶为三出复叶，稀单叶；苞片显著；萼片（4）5；花瓣 1-5，有时更多或无；雄蕊（5-）8-10；子房 2（3）室具中轴胎座，或 1 室具边缘胎座 ⋯⋯⋯⋯⋯**1. 落新妇属** *Astilbe*
1. 单叶；花瓣 5（或 6），或无；心皮 2（-5）；子房 2（-5）室具中轴胎座，或 1 室具边缘或侧膜胎座，有时下部具 2 顶生侧膜胎座而上部具边缘胎座
  4. 叶全基生；苞片无；萼片 5-7；花瓣 5-6 或无；雄蕊 5 或 6 或 10-14
    5. 叶片宽卵圆形至圆形，两面无毛，边缘掌状 5-7（-9）裂，裂片具锯齿；萼片 5-6，近等大，具 1 脉；花瓣 5-6（7），白色；雄蕊 5-6（7）⋯⋯⋯⋯⋯ **7. 槭叶草属** *Mukdenia*
    5. 叶片卵形至心形，下面被腺毛，上面无毛，边缘具不规则齿牙；萼片 5-7，不等大，多脉；花瓣无；雄蕊 10-14 ⋯⋯⋯⋯⋯⋯⋯⋯⋯⋯⋯**8. 独根草属** *Oresitrophe*
  4. 叶全基生，或基生并茎生；苞片显著；萼片 4 或 5（-7）；花瓣 5 或无；雄蕊 4-10
    6. 雄蕊 5；心皮 3-5，子房 3-5 室；花柱 3-5 ⋯⋯⋯⋯⋯**11. 变豆叶草属** *Saniculiphyllum*
    6. 雄蕊 4-10；心皮 2，子房 1 或 2 室，或下部 2 室，上部 1 室
      7. 萼片 5；花瓣 5；雄蕊 10；子房 2 室具中轴胎座，或 1 室具边缘胎座
        8. 多年生草本；聚伞花序；花辐射对称；花托杯状；果为蒴果
          9. 叶全基生，叶柄基部与托叶形成短宽的鞘，叶片非盾状着生，边缘全缘或具牙齿；托杯稀与子房贴生；花瓣白色、红色或紫色，边缘全缘；子房近上位，下部 2 室具中轴胎座，上部 1 室具边缘胎座；种子具棱 ⋯⋯⋯⋯⋯⋯⋯ **3. 岩白菜属** *Bergenia*
          9. 叶基生并茎生，托叶膜质，叶片盾状着生，边缘掌状浅裂；托杯基部与子房贴生；花瓣淡黄色，边缘常具疏齿；子房半下位，2 室具中轴胎座；种子具瘤状凸起 ⋯⋯⋯⋯⋯⋯⋯⋯⋯⋯⋯⋯⋯⋯⋯⋯⋯⋯⋯⋯**9. 涧边草属** *Peltoboykinia*

8. 多年生草本，稀为一年生或二年生草本；聚伞花序或花单生；花通常辐射对称，稀两侧对称；花托杯状或浅碟形；果为蒴果，稀为蓇葖果
    10. 叶常基生；花茎常无叶，稀聚生于花茎近基部；种子具纵肋···
    ··· **5. 小花草属 Micranthes**
    10. 叶基生并茎生；花茎常具退化茎生叶；种子平滑、具瘤状凸起或具乳突·················
    ··· **12. 虎耳草属 Saxifraga**
7. 萼片 4 或 5 (-7)；花瓣 5 或无；雄蕊 4-10；子房常 1 室具 2 侧膜胎座，或下部 2 室具中轴胎座而上部 1 室具边缘胎座
  11. 托叶显著；萼片 5；花瓣 5，有时无；雄蕊 5 或 10
    12. 单叶；花序顶生，总状；花瓣常羽状分裂，稀全缘；雄蕊 5 或 10；果具 2 近等大的心皮 ·· **6. 唢呐草属 Mitella**
    12. 单叶或三小叶复叶；花序顶生或腋生，总状或圆锥状；花瓣全缘；雄蕊 10；果具 2 不等大心皮 ·· **14. 黄水枝属 Tiarella**
  11. 托叶无；萼片 4 或 5 (-7)；花瓣无；雄蕊 4-10
    13. 茎生叶无；花序圆锥状或总状；萼片 (4) 5 (-7)；雄蕊 8-10；子房近上位 ············
    ··· **13. 峨屏草属 Tanakea**
    13. 茎生叶互生或对生；花序常聚伞状；萼片 4 (或 5)；雄蕊 8 (-10) 或 4；子房近上位、半下位或近下位 ·· **4. 金腰属 Chrysosplenium**

1. *Astilbe* Buchanan-Hamilton ex D. Don 落新妇属

Astilbe Buchanan-Hamilton ex D. Don (1825: 210); Pan & Ohba (2001: 275) (Type: *A. rivularis* Buchanan-Hamilton ex D. Don)

特征描述：多年生草本。根状茎粗壮。叶互生，二至四回三出复叶，稀单叶，具长柄，托叶膜质。圆锥花序顶生，具苞片；花小，白色、淡紫色或紫红色，两性或单性，两性或单性，稀杂性或雌雄异株；萼片 5，稀 4；花瓣 1-5，更多或不存在；雄蕊 8-10，稀 5；心皮 2 (3)，多少合生或离生；子房近上位或半下位，2 (3) 室，中轴胎座，或为 1 室，边缘胎座，胚珠多数。蒴果或蓇葖果。种子小。花粉粒 3 孔沟，条网状纹饰。染色体 2*n*=14，28。

分布概况：约 18/7 (3) 种，**9** 型；分布于东亚和北美；中国南北均产，主产华东、华中和西南。

系统学评述：Engler 系统曾将该属置于虎耳草族 Saxifrageae 落新妇亚族 Astilbinae[3]，FRPS 将其归入落新妇族 Astilbeae。分子系统学研究显示落新妇属为单系，与 *Saxifragopsis* 互为姐妹群，隶属于 Heucheroid 分支[1,2,7,8]。

DNA 条形码研究：BOLD 网站有该属 30 种 132 个条形码数据；GBOWS 网站已有 3 种 89 个条形码数据。

代表种及其用途：落新妇 *A. chinensis* (Maximowicz) Franchet & Savatier、大落新妇 *A. grandis* Stapf ex Wilson、溪畔落新妇 *A. rivularis* Buchanan-Hamilton ex D. Don 的根状茎均可药用，具散瘀止痛、祛风除湿、清热止咳的功效，还可治跌打损伤、风湿痛及慢性胃炎等。

2. *Astilboides* Engler 大叶子属

Astilboides Engler in Engler & Prantl (1930: 116); Pan & Cullen (2001: 272) [Type: *A. tabularis* (Hemsley) Engler (≡*Saxifraga tabularis* Hemsley)]

特征描述：多年生草本。根状茎粗壮。<u>基生叶 1</u>，<u>大</u>，<u>具长柄</u>，<u>盾状着生</u>，近圆形或卵圆形，掌状浅裂，具齿状缺刻或不规则重锯齿，两面被毛或腺毛；<u>茎生叶较小</u>，<u>掌状 3-5 浅裂</u>，基部楔形或截形。<u>圆锥花序顶生</u>；花小，白色，<u>萼片 4-5</u>，卵圆形或倒卵状长圆形；<u>花瓣 4-5</u>，倒卵状长圆形；<u>雄蕊（6-）8</u>，花丝短，丝状；<u>心皮 2（-4）</u>，下部合生，<u>子房半下位</u>，<u>2（-4）室</u>，<u>胚珠多数</u>，花柱 2-4。<u>蒴果 2-4 室</u>。<u>种子具翅</u>。花粉粒条网状纹饰。染色体 $2n=34$，36。

分布概况：1/1 种，**15** 型；分布于中国东北东部及朝鲜半岛北部。

系统学评述：大叶子属置于落新妇族[FRPS]。分子系统学研究将其归入 Heucheroid 分支，与鬼灯檠属 *Rodgersia* 互为姐妹群[1,2,7]。

DNA 条形码研究：BOLD 网站有该属 1 种 3 个条形码数据。

代表种及其用途：大叶子 *A. tabularis* (Hemsley) Engler 的根状茎含淀粉和鞣质，可酿酒或提制栲胶；嫩芽及叶柄可食用。

3. *Bergenia* Moench 岩白菜属

Bergenia Moench (1794: 664), *nom. cons.* ; Pan & Soltis (2001: 278) [Type: *B. bifolia* Moench, *nom. illeg.* (=*B. crassifolia* (Linnaeus) Fritsch≡*Saxifraga crassifolia* Linnaeus)]

特征描述：多年生草本。<u>根状茎粗壮</u>，肉质，被鳞片。<u>单叶基生</u>，<u>厚而大</u>，具小腺窝，托叶鞘宽展。聚伞花序圆锥状，具苞片；<u>花较大</u>，<u>白色</u>、<u>红色或紫色</u>；托杯内壁几与子房不愈合；萼片 5；花瓣 5；雄蕊 10；<u>心皮 2</u>，基部合生，<u>子房近上位</u>，<u>基部 2 室</u>，<u>具中轴胎座</u>，<u>顶部 1 室</u>，<u>具 2 边缘胎座</u>，胚珠多数，花柱 2。<u>蒴果</u>，<u>先端 2 瓣裂</u>。种子黑色，具棱。花粉粒 3 孔沟，网状、条纹状或皱波-穿孔状纹饰。染色体 $2n=34$。

分布概况：9/6（3）种，**11** 型；分布于东亚，南亚北部和中亚东南部；中国产西北、西南，主产四川、云南和西藏。

系统学评述：岩白菜属曾被置于虎耳草族[FRPS]。分子系统学研究显示该属为单系，系统位置位于 Heucheroid 分支，是槭叶草属 *Mukdenia*-独根草属 *Oresitrophe* 分支的姐妹群[1,2]。属下目前尚缺乏深入的分子系统发育研究。

DNA 条形码研究：BOLD 网站有该属 10 种 27 个条形码数据；GBOWS 网站已有 1 种 15 个条形码数据。

代表种及其用途：秦岭岩白菜 *B. scopulosa* T. P. Wang、岩白菜 *B. purpurascens* (Hooker f. & Thomson) Engler 等全株药用，具止咳、止血、消炎、补脾健胃、除湿活血、清热败毒、收敛止泻之功效。

4. *Chrysosplenium* Linnaeus 金腰属

Chrysosplenium Linnaeus (1753: 398); Pan & Soltis (2001: 350) (Lectotype: *C. oppositifolium* Linnaeus)

特征描述：多年生小草本，常具鞭匐枝或鳞茎。单叶，互生或对生，具柄，无托叶。聚伞花序，稀单花，围有苞叶；花小型；萼片 4，稀 5；无花瓣，花盘有或无；雄蕊 8（-10）或 4，花丝钻形，花药 2 室，侧裂；心皮 2，中下部合生，子房近上位、半下位或近下位，1 室，胚珠多数，具 2 侧膜胎座，花柱 2，离生，柱头具斑点。蒴果。种子多数，卵球形至椭圆球形。花粉粒 3（拟）孔沟，细网状纹饰。染色体 n=11。

分布概况：65/35（20）种，**8-4 型**；分布于亚洲，欧洲，非洲，美洲，主产亚洲温带；中国南北均产，主产陕西、甘肃、四川、云南和西藏。

系统学评述：金腰属曾被置于虎耳草族[RFPS]，分子系统学研究显示该属为单系，与涧边草属 *Peltoboykinia* 互为姐妹群，系统位置位于 Heucheroid 分支[1,2]。基于形态特征，该属曾被划分为金腰亚属 *Chrysosplenium* subgen. *Chrysosplenium* 和互叶亚属 *C.* subgen. *Gamosplenium*[9]，或对生叶组 *C.* sect. *Oppositifolia* 和互生叶组 *C.* sect. *Alternifolia*[10]，这种划分也得到了分子证据的支持[11,12]。

DNA 条形码研究：BOLD 网站有该属 27 种 71 个条形码数据；GBOWS 网站已有 11 种 61 个条形码数据。

代表种及其用途：裸茎金腰 *C. nudicaule* Bunge 藏医用于治疗肝炎、头疼；蔽果金腰 *C. absconditicapsulum* J. T. Pan 具清热解毒的功效，可治传染病引起的高烧；大叶金腰 *C. macrophyllum* Oliver 可用于治疗小儿惊风和肺、耳部疾病。

5. *Micranthes* Haworth 小花草属

Micranthes Haworth (1812: 320) (Type: *M. semipubescens* Haworth).

特征描述：草本。根茎或根状茎具鳞片，有时具珠芽，花茎多少直立。叶基生，稀茎生，托叶无，叶脉羽状或掌状。聚伞或聚伞圆锥花序，或单花，具苞片；花辐射对称或多少两侧对称；萼片 5；花瓣（1-）5，或缺；雄蕊 10；雌蕊 2（-3）心皮，多合生，有时离生；子房上位或多少下位，2（-3）室，中轴胎座，花柱 2（-3），柱头 2-3。蒴果蓇葖状或具 2（-3）喙。种子棕色。花粉粒外壁条网状纹饰。染色体 n=8。

分布概况：68-93/4 种，**8 型**；分布于北美，墨西哥，南美，欧亚，主产北温带，北极高山地区；中国产甘肃、青海、陕西、四川、西藏和云南。

系统学评述：小花草属传统曾是虎耳草族虎耳草属 *Saxifraga* 的小花组 *S.* sect. *Micranthes*[FRPS]，依据形态特征，组下被划分为 4 亚组，包括 *S.* subsect. *Stellares*、*S.* subsect. *Micranthes*、*S.* subsect. *Cuneifoliatae* 和 *S.* subsect. *Rotundifoliatae*[13]。分子系统学研究支持其为单系，隶属于 Heucheroid 分支，构成涧边草属-金腰属分支的姐妹群[1,2,8,14]。

DNA 条形码研究：BOLD 网站有该属 28 种 77 个条形码数据。

代表种及其用途：黑小花草 *M. atrata* (Engler) Losinskaja 的花入药，具退热、理肺之功效；黑蕊小花草 *M. melanocentra* (Franchet) Losinskaja 的花和枝叶入药，具补血、散瘀之功效，可治疗眼病。

6. *Mitella* Linnaeus 唢呐草属

Mitella Linnaeus (1753: 406); Pan & Soltis (2001: 349) (Lectotype: *M. diphylla* Linnaeus)

特征描述：多年生草本，具根状茎。单叶基生，具长柄，心形、卵状心形至肾状心形，具缺刻或浅裂，茎生叶少或无，托叶干膜质。总状花序顶生，具苞片；花小；萼片5；花瓣5，羽状分裂，稀全缘，有时不存在；雄蕊5或10；心皮2，多合生，子房上位或近下位，1室，具2侧膜胎座，花柱2。蒴果的2果瓣最上部离生。种子多数，卵球形，具小瘤。

分布概况：约15/2种，**9**型；分布于西伯利亚，东亚和北美；中国产黑龙江、吉林、内蒙古和台湾。

系统学评述：唢呐草属曾被置于虎耳草族[FRPS]，分子系统学研究显示，唢呐草属隶属于 Heucheroid 分支[1]，为多系，黄水枝属 *Tiarella*、*Tolmiea* 等分别嵌入该属[2,8,15]，其属下种间关系仍需进一步研究。

DNA 条形码研究：BOLD 网站有该属 24 种 316 个条形码数据；GBOWS 网站已有1 种 8 个条形码数据。

7. *Mukdenia* Koidzumi 槭叶草属

Mukdenia Koidzumi (1935: 120) [≡*Aceriphyllum* Engler, non Fontaine (1889)]; Pan & Soltis (2001: 277)
  [Type: *M. rossii* (Oliver) Koidzumi]

特征描述：多年生草本。根状茎粗壮，被鳞片。叶基生，具长柄，阔卵形至近圆形，基部心形。聚伞花序，无苞片；托杯内壁仅基部与子房愈合；萼片5-6；花瓣5-6（7），披针形，短于萼片；雄蕊 5-6（7），与花瓣互生，短于花瓣；心皮 2，下部合生，子房半下位，下部1室，具2顶生状侧膜胎座，顶部1室，具边缘胎座。蒴果。种子多数。染色体 $2n=34$。

分布概况：2/1 种，**15** 型；分布于朝鲜；中国产吉林、辽宁。

系统学评述：槭叶草属曾被置于虎耳草族[FRPS]。分子系统学研究表明该属隶属于 Heucheroid 分支，与独根草属互为姐妹群[1,8]。

DNA 条形码研究：BOLD 网站有该属 1 种 2 个条形码数据。

代表种及其用途：槭叶草 *M. rossii* (Oliver) Koidzumi 可供观赏。

8. *Oresitrophe* Bunge 独根草属

Oresitrophe Bunge (1833: 31); Pan & Soltis (2001: 277) (Type: *O. rupifraga* Bunge)

特征描述：多年生草本。根状茎粗壮，被鳞片。叶基生，具柄，卵形至心形，边缘有不规则齿牙。多歧聚伞花序圆锥状，无苞片；托杯内壁之基部与子房愈合；萼片5-7，花瓣状；花瓣不存在；雄蕊10-14；心皮2，下部合生，子房近上位，1室，具2侧膜胎座，胚珠少数。蒴果革质，1室，具2喙。种子1。

分布概况：1/1（1）种，**15**型；中国特有，产河北、天津、北京、山西、河南、湖南。

系统学评述：独根草属被置于虎耳草族[FRPS]。分子系统学研究将其归入 Heucheroid 分支，与槭叶草属构成姐妹群[1,8]。

DNA 条形码研究：BOLD 网站有该属 1 种 1 个条形码数据；GBOWS 网站已有 1 种 4 个条形码数据。

代表种及其用途：独根草 *O. rupifraga* Bunge 可供观赏。

9. *Peltoboykinia* (Engler) H. Hara 涧边草属

Peltoboykinia (Engler) H. Hara (1937: 251); Pan & Soltis (2001: 280) [Type: *P. tellimoides* (Maximowicz) H. Hara (≡*Saxifraga tellimoides* Maximowicz)]

特征描述：多年生草本。根状茎粗壮，稍肉质。单叶互生，基生叶具长柄，叶片大型，盾状着生，掌状浅裂，茎生叶少，与基生叶同型，较小，托叶膜质。聚伞花序顶生；苞片小；萼片 5；花瓣 5，淡黄色，常具疏细齿；雄蕊 10；心皮 2，大部合生；子房半下位，2 室，中轴胎座，胚珠多数，花柱 2，离生。蒴果，成熟时先端 2 裂。种子细小，具小瘤状凸起。花粉粒 3 拟孔沟，光滑、穿孔状或细网状纹饰。染色体 $2n=16$。

分布概况：2/1 种，**14**型；产日本；中国产福建。

系统学评述：涧边草属曾被置于虎耳草族[FRPS]。分子系统学研究显示涧边草属隶属于 Heucheroid 分支，与金腰属构成姐妹群[1,8]。

DNA 条形码研究：BOLD 网站有该属 1 种 7 个条形码数据。

代表种及其用途：涧边草 *P. tellimoides* (Maximowicz) H. Hara 可供观赏。

10. *Rodgersia* A. Gray 鬼灯檠属

Rodgersia A. Gray (1858: 389); Pan & Cullen (2001: 273) (Type: *R. podopgylla* A. Gray)

特征描述：多年生草本。根状茎粗壮，被鳞片，常横走。掌状或羽状复叶，具长柄，小叶 3-9（-10），先端常短渐尖，边缘有重锯齿，基部近无柄，托叶膜质。聚伞花序圆锥状，无苞片，具多花；萼片（4-）5（-7），白色、粉红色或红色；花瓣常不存在，稀 1-2 或 5；雄蕊 10（-14）；子房近上位，稀半下位，2-3 室，中轴胎座，胚珠多数，花柱 2-3。蒴果 2-3 室。花粉粒条网状纹饰。染色体 $2n=30$，60。

分布概况：5/4 种，**14**型；分布于东亚和喜马拉雅地区；中国产东北、西北、华中、西南。

系统学评述：鬼灯檠属曾被置于落新妇族[FRPS]。分子系统学研究显示该属隶属于 Heucheroid 分支，所取样研究的 2 个种聚为 1 支，与大叶子属互为姐妹群[1,7,8]。

DNA 条形码研究：BOLD 网站有该属 4 种 8 个条形码数据；GBOWS 网站已有 3 种 38 个条形码数据。

代表种及其用途：该属植物如鬼灯檠 *R. podopgylla* A. Gray 可供观赏；七叶鬼灯檠 *R. aesculifolia* Batalin 的根茎含淀粉，可作食品原料，全株药用，具清热化湿、止血生肌的功效，无毒。

11. *Saniculiphyllum* C. Y. Wu & T. C. Ku 变豆叶草属

Saniculiphyllum C. Y. Wu & T. C. Ku (1992: 194); Pan & Soltis (2001: 278) (Type: *S. guangxiense* C. Y. Wu & T. C. Ku)

特征描述：多年生草本。无地上茎，<u>根茎长</u>，<u>横走</u>，<u>扁平</u>，<u>节及节间上密生不定根</u>。<u>叶基生</u>，<u>掌状全裂</u>，叶柄长，有托叶，与叶柄基部合生成短鞘。<u>圆锥状聚伞花序</u>；花小、<u>红褐色或绿色</u>，<u>具花梗</u>；<u>萼片 5</u>，覆瓦状排列；<u>花瓣 5</u>，与萼片互生，覆瓦状排列；<u>雄蕊 5</u>，着生于盘状花盘上，<u>花丝极短</u>；<u>子房下位</u>，<u>3-5 室</u>，<u>胚珠多数</u>，<u>着生于中轴胎座上</u>，花柱 3-5，极短，柱头不明显。

分布概况：1/1（1）种，**15** 型；特产中国云南东南部和广西西北部。

系统学评述：吴征镒和谷粹芝[16]曾将该属单列为族，即变豆叶草族 Saniculiphylleae。分子证据显示，该属应隶属于 Heucheroid 分支[1]，是 *Boykinia* group 的姐妹群[2]。

DNA 条形码研究：BOLD 网站有该属 1 种 3 个条形码数据。

12. *Saxifraga* Linnaeus 虎耳草属

Saxifraga Linnaeus (1753: 398); Pan et al. (2001: 281) (Lectotype: *S. granulata* Linnaeus)

特征描述：<u>草本</u>。茎常丛生，或单一。单叶，基生或兼茎生，茎生叶互生，稀对生。<u>花两性</u>，<u>或单性</u>；辐射对称，稀两侧对称；<u>聚伞花序</u>，有时单花，具苞片；<u>花托杯状（内壁完全与子房下部愈合）</u>或扁平；<u>萼片 5</u>；<u>花瓣 5</u>，全缘；<u>雄蕊 10</u>；<u>心皮 2</u>，<u>下部合生</u>，有时近离生，<u>子房近上位至半下位</u>，<u>常 2 室</u>，<u>中轴胎座</u>，有时 1 室而具边缘胎座，<u>胚珠多数</u>。<u>蒴果</u>，<u>稀蓇葖果</u>；<u>种子多数</u>。花粉粒 3 沟，网状、条纹、颗粒或棒状纹饰。染色体数目极度多样化。

分布概况：约 400/203 种，**8** 型；分布于北极，北温带和南美洲（安第斯山）高山地区；中国南北均产，主产西南和青海、甘肃。

系统学评述：虎耳草属是狭义虎耳草科中最大的属，隶属于虎耳草族[FRPS]。Soltis 等[14]的分子系统学研究表明，虎耳草属是个多系，包括狭义的虎耳草属和小花草属。在狭义的虎耳草属中，*S. mertensiana* Bongard、虎耳草 *S. stolonifera* Curtis 和齿瓣虎耳草 *S. fortunei* J. D. Hooker 聚为 1 支，其余种类聚为 1 支，并与单种属 *Saxifragella* 构成姐妹群[1,2]，因而 *S. bicuspidata* 被并入狭义虎耳草属中，共同构成单系[2]。

DNA 条形码研究：BOLD 网站有该属 42 种 119 个条形码数据；GBOWS 网站已有 21 种 116 个条形码数据。

代表种及其用途：虎耳草 *S. stolonifera* Curtis 全草入药，具祛风清热、凉血解毒等功效，有小毒；山地虎耳草 *S. montana* H. Smith 花入药，可治疗头痛、神经痛等；漆姑虎耳草 *S. saginoides* J. D. Hooker & Thomson 全草入药，具清热退烧的功效，可治疗肝炎、胆囊炎等。

13. *Tanakea* Franchet & Savatier 峨屏草属

Tanakaea Franchet & Savatier (1878: 352); Pan & Soltis (2001: 350) (Type: *T. radicans* Franchet & Savatier)

特征描述：多年生草本。叶基生，具柄，革质，椭圆形、卵形、阔卵形至狭卵形，边缘有锯齿，无托叶。圆锥或总状花序；苞片小；萼片（4-）5（-7）；花瓣不存在；雄蕊 8-10；心皮 2，下部合生，子房近上位，上部 1 室，边缘胎座，下部 2 室，中轴胎座。蒴果近上位。种子两端尖。花粉粒网状或穴状纹饰。

分布概况：2/1 种，**14**（**SJ**）型；分布于日本；中国产四川。

系统学评述：峨屏草属曾被置于虎耳草族[FRPS]。分子系统学研究表明，该属隶属于 Heucheroid 分支，与 *Leptarrhena* 互为姐妹群[1,2,8]。

DNA 条形码研究：BOLD 网站有该属 1 种 2 个条形码数据；GBOWS 网站已有 1 种 4 个条形码数据。

14. *Tiarella* Linnaeus 黄水枝属

Tiarella Linnaeus (1753: 405); Pan & Soltis (2001: 349) (Lectotype: *T. cordifolia* Linnaeus)

特征描述：多年生草本。根状茎短，具鳞片。叶大多基生，单叶，掌状分裂，或为 3 小叶复叶，茎生叶少数，托叶小型。总状或圆锥状花序；苞片小；花小；托杯内壁下部与子房愈合；萼片 5，常呈花瓣状；花瓣 5 或缺；雄蕊 10，伸出花冠外；心皮 2，大部合生，子房 1 室，具 2 个近于基生的侧膜胎座，花柱 2，丝状。蒴果的 2 果瓣不等大，下部合生，上部离生，各具种子 6-12。花粉粒 3 孔沟，光滑或细网状纹饰。染色体 $2n$=14，18。

分布概况：3/1 种，**9** 型；分布于亚洲东部和北美；中国产秦岭南部及长江以南。

系统学评述：该属曾被置于虎耳草族[RFPS]。分子系统学研究表明，该属为单系，隶属于 Heucheroid 分支，其中，*T. trifoliata* Linnaeus 最先分化，黄水枝 *T. polyphylla* D. Don 和 *T. cordifolia* Linnaeus 互为姐妹群[1,2]。

DNA 条形码研究：BOLD 网站有该属 3 种 9 个条形码数据；GBOWS 网站已有 1 种 20 个条形码数据。

代表种及其用途：黄水枝 *T. polyphylla* D. Don 全株药用，具清热解毒、活血祛痰、消肿止痛的功效。

主要参考文献

[1] Xiang CL, et al. Phylogenetic placement of the enigmatic and critically endangered genus *Saniculi-phyllum* (Saxifragaceae) inferred from combined analysis of plastid and nuclear DNA sequences[J]. Mol Phylogenet Evol, 2012, 64: 357-367.

[2] Deng JB, et al. Phylogeny, divergence times, and historical biogeography of the angiosperm family Saxifragaceae[J]. Mol Phylogenet Evol, 2015, 83: 86-98.

[3] Engler HGA. Saxifragaceae[M]//Engler HGA. Die natürlichen pflanzenfamilien. 2nd ed. Vol. 18. Leipzig: W. Engelmann, 1930: 74-226.

[4] Cronquist A. An integrated system of classification of flowering plants[M]. New York: Columbia University Press, 1981.

[5] Chase MW, et al. Phylogenetics of seed plants: an analysis of nucleotide sequences from the plastid gene *rbc*L[J]. Ann MO Bot Gard, 1993, 80: 528-580.

[6]   Soltis DE, et al. Angiosperm phylogeny inferred from a combined data set of 18S rDNA, *rbc*L, and *atp*B sequences[J]. Bot J Linn Soc, 2000, 133: 381-461.

[7]   Zhu WD, et al. Molecular phylogeny and biogeography of *Astilbe* (Saxifragaceae) in Asia and eastern North America[J]. Bot J Linn Soc, 2014, 171: 377-394.

[8]   Soltis DE, et al. Elucidating deep-level phylogenetic relationships in Saxifragaceae using sequences for six chloroplastic and nuclear DNA regions[J]. Ann MO Bot Gard, 2001, 88: 669-693.

[9]   Maximowicz C. Diagnosis plantarum novarum asiaticarum scripsit[J]. Bull Acad Sci St Petersb, 1877, 23: 340-350.

[10]   Hara H. Synopsis of the genus *Chrysosplenium* L. (Saxifragaceae)[J]. J Fac Sci Univ Tokyo, 1957, 7: 1-90.

[11]   Nakazawa M, et al. Molecular phylogenetic analysis of *Chrysosplenium* (Saxifragaceae) in Japan[J]. J Plant Res, 1997, 110: 265-274.

[12]   Soltis DE, et al. Phylogenetic relationships and evolution in *Chrysosplenium* (Saxifragaceae) based on *mat*K sequence data[J]. Am J Bot, 2001, 88: 883-893.

[13]   Webb DA, Gornall RJ. A manual of Saxifrages and their cultivation[M]. Portland: Timber Press, 1989.

[14]   Soltis DE, et al. *mat*K and *rbc*L gene sequence data indicate that *Saxifraga* (Saxifragaceae) is polyphyletic[J]. Am J Bot, 1996, 83: 371-382.

[15]   Okuyama Y, et al. Nonuniform concerted evolution and chloroplast capture: heterogeneity of observed introgression patterns in three molecular data partition phylogenies of Asian *Mitella* (Saxifragaceae)[J]. Mol Biol Evol, 2005, 22: 285-296.

[16]   吴征镒, 谷粹芝. 变豆叶草族—虎耳草科一新族[J]. 植物分类学报, 1992, 30: 193-196.

Crassulaceae Jaume Saint-Hilaire (1805), *nom. cons.* 景天科

特征描述：<u>肉质草本至（亚）灌木</u>。叶常互生或螺旋状排列，常集成基部莲座叶，<u>单叶</u>，稀复叶，<u>全缘或具圆锯齿至浅裂</u>，稀深裂，<u>无托叶</u>。花序常顶生，多花，常为聚伞圆锥花序；常雌雄同株；萼片 4 或 5；花瓣常 4 或 5；<u>雄蕊 4-10，4 室</u>；<u>子房上位，心皮常 4 或 5</u>，包被鳞片状蜜腺，每心皮具几至多数胚珠，侧膜胎座或中轴胎座。聚合蓇葖果，稀为蒴果。花粉粒 3 孔沟，网状纹饰或皱波状纹饰，常具条纹。染色体多样化。<u>具景天酸代谢</u>。

分布概况：35 属/1500 种，广布热带至温带地区；中国 12 属/约 232 种，南北均产，主产西南。

系统学评述：分子证据支持该科为虎耳草目 Saxifragales 的成员，与小二仙草科 Haloragaceae 构成 1 个分支[1,2]。分子和形态综合证据支持景天科为单系类群[3-6]。科下分类在过去 200 年间一直有很大争议[7]。基于传统分类性状，Berger[8]对该科分类系统被广泛接受，但所依据的植物习性、叶排列方式、花器官数目、花瓣愈合程度、雄蕊数目等特征具高度同塑性。分子证据表明科内分为 7 个主要分支[8-10]，或 8 个主要分支[11]。Berger[8]的 6 亚科中，只用 Crassuloideae 和 Kalanchoideae 被分子证据证明为单系类群。主要依据分子证据，Thiede 和 Eggli[12]将景天科划分为 3 亚科，即 Crassuloideae、Kalanchoideae 和 Sempervivoideae（原 Sedoideae），Sempervivoideae 进一步划分为 5 族：Aeonieae、Sedeae、Semperviveae、Telephieae 和 Umbiliceae。最近的分子系统学研究表明，Crassuloideae 为该科 2 个基部并系分支，Kalanchoideae 为单系类群，除 *Sedum humifusum* Rose 外，Sempervivoideae 也为单系类群，但该亚科下的 5 个组的单系性未得到证实[2]。

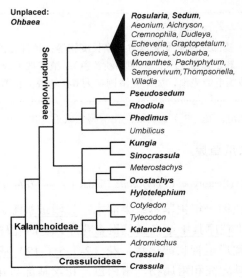

图 87 景天科分子系统框架图（参考 Soltis 等[2]）

分属检索表

1. 雄蕊 1 轮，常与花瓣数目相同；花两性
  2. 叶常对生，基部合生成鞘；花序腋生，常比包被叶片短；不形成增大根茎····**1. 东爪草属 Crassula**
  2. 叶互生，稀对生；花序顶生，常大；有时发育增大，多年生块茎
    3. 总状花序或聚伞圆锥花序具明显伸长主轴，长大于宽；心皮基部收窄，近离生；基生叶常密被
    毛 ······**4. 孔岩草属 Kungia**
    3. 聚伞花序不具明显主轴，宽常大于长；心皮基部宽，常近合生；基生叶常光滑
      4. 植株具明显基生莲座叶；花冠钟状，花瓣初始直立，然后在中部以上开展，纵切面近 S 形
      ······**12. 石莲属 Sinocrassula**
      4. 植株不具基生莲座叶，常短命；花瓣辐状 ······**11. 景天属 Sedum**
1. 雄蕊常 2 轮，数目为花瓣 2 倍；花有时单性，雌花无；雄蕊 5；花 4 基数，显著宿存花冠管完全包
被蓇葖果；叶对生 ······**3. 伽蓝菜属 Kalanchoe**
  5. 心皮具柄或近具柄，或基部收缩，或明显变细，分离
    6. 多年生，常具几至多个花枝；基生叶不形成明显莲座；花序由顶生聚伞花序组成，宽常大于
    长，有时在末梢叶腋具额外聚伞花序 ······**2. 八宝属 Hylotelephium**
    6. 植株一次结实，具单一花枝；基生叶形成多少明显的莲座，花期枯萎；花序具明显伸长的主
    轴和很多侧生小聚伞花序，有时为一个真正总状花序，小聚伞花序退化为 1 朵花 ······
    ······**6. 瓦松属 Orostachys**
  5. 心皮无柄，基部不收缩（在 Rhodiola 一些种中轻微收缩），常合生（在 Sedum 一些种中分离）
    7. 茎二态，常具很粗壮主茎或根茎，常具棕色或黑色，膜质，鳞片状叶，具显著差异的从纤细
    至直立生叶花梗
      8. 花两性；花瓣基部合生 ······**8. 合景天属 Pseudosedum**
      8. 花单性或两性；花瓣基部离生或近离生 ······**9. 红景天属 Rhodiola**
    7. 茎不明显二态，基部具完全发育叶片，稀具匍匐茎
      9. 莲座叶在花期不存在；花序顶生
        10. 叶扁平，边缘具锯齿；外种皮具纵向肋或近光滑 ······**7. 费菜属 Phedimus**
        10. 叶圆柱形或半圆柱形，全缘（在一些 Sedum 种中具齿）；外种皮网状或具乳突 ······
        ······**11. 景天属 Sedum**
      9. 莲座叶在花期存在；花序腋生
        11. 花瓣黄色；基部莲座宽度基本与花序长度相等；植株光滑 ······**5. 岷江景天属 Ohbaea**
        11. 花瓣白色、粉红或红色（国外种稀淡黄色）；植株被毛或光滑
          12. 植株被腺毛或光滑，如果光滑则花为 6-8 基数；花瓣基部合生 ······
          ······**10. 瓦莲属 Rosularia**
          12. 植株光滑；花（3-）5 基数；花瓣离生或近离生 ······**9. 红景天属 Rhodiola**

1. *Crassula* Linnaeus 东爪草属

Crassula Linnaeus (1753: 282) (Lectotype: *C. perfoliata* Linnaeus).——*Tillaea* Linnaeus (1753: 128)

特征描述： 多年生或稀一年生草本或半灌木；光滑或被毛。叶交互对生，稀轮生，基部合生成鞘。聚伞圆锥花序具 1 至多二歧聚伞花序，有时花序聚成球形、单歧聚伞花序或退化为单花；花冠瓮形至管状或辐状；花（2-）5（-12）基数；花萼基部稍联合；花瓣基部稍合生，外侧具乳突和附属物，常白色；花丝基部与花瓣合生；心皮常离生。蓇葖果，稀坚果状不开裂。花粉粒 3 孔沟，条纹状纹饰。染色体 2n=14，16，32，42，48。

分布概况：约 195/5（2）种，**1** 型；主要分布于非洲南部，撒哈拉沙漠以南地区和阿拉伯半岛西南部，一些草本种类世界广布；中国产黑龙江、内蒙古、河北、云南、西藏。

系统学评述：该属分为 2 亚属：*Crassula* subgen. *Disporocarpa*（9 组）和 *C.* subgen. *Crassula*（11 组）[13-15]，最近的分子证据表明，这 2 个亚属均不为单系分支[16]。*Tillaea* 嵌套在 *Crassula* 中，前者应该进行归并[16]。

DNA 条形码研究：BOLD 网站有该属 32 种 52 个条形码数据。

2. *Hylotelephium* H. Ohba 八宝属

Hylotelephium H. Ohba (1977: 46); Fu et al. (2001: 209) [Type: *H. telephium* (Linnaeus) H. Ohba (≡*Sedum telephium* Linnaeus)]

特征描述：多年生草本。根纤维状或块茎状。茎生叶互生、对生或 3-5 轮生，叶片扁平，边缘具齿。聚伞圆锥或伞状花序密集多花；花两性或单性，常（4）5 基数，有时退化；萼片常短于花瓣，基部近合生；花瓣常离生，紫色、红色、粉红色或白色；雄蕊数目为花瓣的 2 倍，着生在花瓣基部；心皮离生，有柄；蜜腺鳞片椭圆状圆锥形至狭椭圆形。蓇葖果直立；种子多数，具窄翅。花粉粒 3 孔沟，条网状纹饰。染色体 $2n=24$，30，36，48，50。

分布概况：约 33/16（6）种，**8** 型；分布于亚洲，欧洲和北美洲；中国产亚热带至温带地区，西南尤盛。

系统学评述：该属近期由景天属 *Sedum* 独立而成，属下划分为 2 个组：*Hylotelephium* sect. *Orostachys* 和 *H.* sect. *Hylotelephium*，但分子证据不支持这种分类处理，表明 *H.* sect. *Orostachy* 嵌套在 *H.* sect. *Hylotelephium* 中[11]。最近分子系统学研究表明该属不是个单系类群，瓦松属 *Orostachys* 部分种嵌套在该属中[2]，其分类范畴需要进一步确认。

DNA 条形码研究：BOLD 网站有该属 10 种 13 个条形码数据；GBOWS 网站已有 5 种 29 个条形码数据。

代表种及其用途：八宝 *H. erythrostictum* (Miquel) H. Ohba 全草药用。

3. *Kalanchoe* Adanson 伽蓝菜属

Kalanchoe Adanson (1763: 248); Fu et al. (2001: 204) [Type: *K. laciniata* (Linnaeus) de Candolle (≡*Cotyledon laciniata* Linnaeus)]

特征描述：多年生至二年生草本，或（亚）灌木。叶常交互对生，常扁平，叶片常具齿，有时具珠芽，稀全缘。伞状或聚伞圆锥花序顶生，多花；花两性，4 基数；花萼分离或基部合生，或形成长而肿胀的管；花冠艳丽（黄色或白色、红色、粉红色或橘黄色），裂片长于花管；雄蕊数目 2 倍于花瓣，花丝在花冠管基部或中部以上着生；心皮分离至基部多少合生。蓇葖果种子多数，种子椭球形。花粉粒 3 孔沟，条纹-皱波状纹饰。染色体 $2n=34$，36，40，68，约 102，126-135，155-165。

分布概况：125/4（2）种，**6**（**4**）型；分布于非洲和亚洲；中国产亚热带地区。

系统学评述：分子证据表明该属是单系类群[17]，与 *Cotyledon* 互为姐妹群[2]。分子证据支持基于传统分类划分的 3 个组，即落地生根组 *Kalanchoe* sect. *Bryophyllum*、真伽蓝菜组 *K.* sect. *Eukalanchoe* 和 *K.* sect. *Kitchingia*。

DNA 条形码研究：BOLD 网站有该属 11 种 21 个条形码数据；GBOWS 网站已有 2 种 8 个条形码数据。

代表种及其用途：伽蓝菜 *K. ceratophylla* Haworth 全草药用。

4. *Kungia* K. T. Fu 孔岩草属

Kungia K. T. Fu (1988: 3); Fu et al. (2001: 205) [Type: *K. schoenlandii* (Raymond-Hamet) K. T. Fu (≡*Sedum schoenlandii* Raymond-Hamet)]

特征描述：多年生草本，具匍匐茎，常具不育茎。基部叶片形成近无柄莲座，交互对生或常互生。开花茎直立，极细长但坚韧；总状花序或聚伞圆锥花序顶生，多花；花两性，5 基数；花萼披针状三角形，远比花瓣短，无距；花瓣基部合生，披针形，红色或紫色；雄蕊 5，与花瓣互生，比花瓣短；心皮近离生，基部变细或具梗，花柱长。蓇葖果直立。种子多数，卵形，具细小乳突。

分布概况：2/2（2）种，**15** 型；产中国四川北部、甘肃和陕西。

系统学评述：该属可能由瓦松属 *Orostachys* sect. *Schoenlandia* 独立而来[18]，其系统位置需要进一步确认。

5. *Ohbaea* V. V. Byalt & I. V. Sokolova 岷江景天属

Ohbaea V. V. Byalt & I. V. Sokolova (1999: 476); Fu et al. (2001: 218) [Type: *O. balfourii* (Raymond-Hamet) V. V. Byalt & I. V. Sokolova (≡*Sedum schoenlandii* Raymond-Hamet)]

特征描述：多年生草本，无毛。莲座显著，松散，莲座叶互生，扁平，大于茎生叶。花序腋生，聚伞状，具 3 个蝎尾状分枝，具苞片；花两性，5（或 6）基数；萼片近相等，基部近合生；花瓣多少分离，黄色；雄蕊数为花瓣的 2 倍，2 轮；心皮近直立，基部近合生。蓇葖果直立，种子多数。

分布概况：1/1（1）种，**15** 型；特产中国四川西部和西北部。

系统学评述：该属为原景天属的 *Sedum* subgen. *Balfouria*，后独立成属[19]。

6. *Orostachys* Fischer 瓦松属

Orostachys Fischer (1809: 270); Byalt (2000: 40); Fu et al. (2001: 206) [Lectotype: *O. malacophylla* (Pallas) Fischer (≡*Cotyledon malacophylla* Pallas)]

特征描述：二年生草本；根纤维状，无地下茎。第一年生叶片排列为一个基生密集莲座，互生，翌年由莲座中央生出不分枝花茎。总状或聚伞圆锥花序密集，顶生，常具次级分枝，多花；花两性，近无柄或具小柄，5 基数；萼片常短于花瓣，基部合生；花瓣披针形，基部近合生，白色，粉红色，或红色；雄蕊长于花瓣；心皮直立，离生，具柄，胚珠多数。蓇葖果顶端具喙。种子多数。花粉粒 3 孔沟，条纹-皱波纹饰。染色体

$2n$=24。

分布概况：约 13/8（1）种，**14** 型；分布于亚洲东部；中国产四川西部和西北部。

系统学评述：分子证据表明该属不是个单系类群，属下瓦松亚组 *Orostachys* subsect. *Orostachys* 嵌套在 *Hylotelephium* 中；*O.* subsect. *Appendiculatae* 是 *Meterostachys* 的姐妹群，可能应该独立成属[2,11]。

DNA 条形码研究：BOLD 网站有该属 7 种 8 个条形码数据；GBOWS 网站已有 5 种 30 个条形码数据。

7. *Phedimus* Rafinesque 费菜属

Phedimus Rafinesque (1817: 438); Fu et al. (2001: 218) [Lectotype: *P. stellatus* (Linnaeus) Rafinesque (≡*Sedum stellatum* Linnaeus)]

特征描述：多年生或稀一年生草本。茎基部有时木质化。叶交互对生或互生，叶片扁平，边缘具锯齿或钝锯齿。顶生密集多歧聚伞花序多花；花两性，无梗或近无梗，（4）5-6（7）基数；萼片基部合生，肉质，无距；花瓣离生，常伸展，白色、红色、紫色或黄色；雄蕊数是花瓣的 2 倍，2 轮；花柱短，在花期倾斜或舒展。蓇葖果种子多数。种子具肋和乳突。花粉粒 3 孔沟，条网状纹饰。染色体 $2n$=10，12，14，28，30，42。

分布概况：约 20/8（2）种，**10** 型；分布于亚洲和欧洲；中国产长江以北。

系统学评述：费菜属最近从景天属独立，属下分为 *Phedimus* subgen. *Phedimus*（茎匍匐生根，具不育茎；染色体 x=5，6，7；分布在地中海至高加索地区）和 *P.* subgen. *Aizoon*（一年生茎基部常木质化，由木质块茎生出；蓇葖果沿缝合线具明显唇；染色体 x=8；分布于中国，日本，韩国和中西伯利亚）[12]。*P.* subgen. *Aizoon* 在形态、细胞学和分子证据上均显著不同[10,11]，被有些分类学家独立成 *Aizopsis* V. Grulich。最新分子证据表明该属为单系类群，是红景天属 *Rhodiola* 的姐妹群[2]。

DNA 条形码研究：BOLD 网站有该属 5 种 13 个条形码数据；GBOWS 网站已有 2 种 25 个条形码数据。

8. *Pseudosedum* (Boissier) A. Berger 合景天属

Pseudosedum (Boissier) A. Berger (1930: 465); Fu et al. (2001: 213) [Type: *P. lievenii* (Ledebour) A. Berger (≡*Cotyledon lievenii* Ledebour)]

特征描述：多年生草本。叶互生，圆柱状，肉质。花梗不分枝，1 至多数，由发育良好块茎生出，密生叶，老梗常宿存。密集顶生聚伞圆锥花序，或伞形花序状，稀圆锥花序，常多花；花两性，（5）6 基数；萼片基部近合生；花瓣基部合生，漏斗状至钟状，花冠粉红色、紫色、红色或白色；雄蕊数是花瓣的 2 倍；心皮直立。蓇葖果直立。种子多数，常椭球形。花粉粒 3 孔沟，条纹-皱波状纹饰。

分布概况：10/2 种，**13** 型；分布于中亚；中国产西北部。

系统学评述：该属与红景天属 *Rhodiola* 近缘[11]，最近分子系统发育分析表明该属的 1 个种嵌套在红景天属内，属的分类地位需要进一步确认。

DNA 条形码研究：GBOWS 网站有该属 1 种 1 个条形码数据。

9. *Rhodiola* Linnaeus 红景天属

Rhodiola Linnaeus (1753: 1035); Fu et al. (2001: 251) (Type: *R. rosea* Linnaeus)

特征描述：多年生草本。茎二态。基生叶常退化成鳞片，茎生叶常互生，单叶，肉质。雌雄异株，稀同株；顶生聚伞圆锥花序，或退化为单花或稀总状花序；花常两性，稀单性，具梗；雌雄异株时花瓣与心皮在雌花中互生，雌雄同株时花瓣与心皮对生；花萼（3）4-5（6）深裂；花瓣离生，白色、红色、深紫红色或淡黄绿色；子房上位至半下位，基部常合生。蓇葖果。花粉粒 3 孔沟，网状至皱波状纹饰。染色体 $2n$=14，16，20，22，24，32，33，44，66，88，98，110。

分布概况：约 90/55（16）种，**8 型**；分布于北半球高纬度和干旱地区；中国北部、西北部尤盛。

系统学评述：该属下划分为 4 亚属 7 组[20]，但未得到分子系统学研究的支持[11]。最近分子证据表明合景天属 *Pseudosedum* 嵌套在该属中，*Phedimus* 是 *Rhodiola-Pseudosedum* 分支的姐妹群[2]。

DNA 条形码研究：BOLD 网站有该属 58 种 382 个条形码数据；GBOWS 网站已有 11 种 94 个条形码数据。

代表种及其用途：该属有些种类可以入药，如红景天 *R. rosea* Linnaeus、狭叶红景天 *R. kirilowii* (Regel) Maximowicz。

10. *Rosularia* (de Candolle) Stapf 瓦莲属

Rosularia (de Candolle) Stapf (1923: t. 8985); Fu et al. (2001: 217) [Lectotype: *R. sempervivum* (M. Bieberstien) A. Berger (≡*Cotyledon sempervivum* M. Bieberstein)].——*Sempervivella* Stapf (1923: 8985)

特征描述：多年生小草本，光滑或具腺毛。块茎肉质。基生叶莲座状，叶扁平，互生，无柄；茎生叶互生。纤细穗状聚伞圆锥花序，至伞房状聚伞圆锥花序腋生或顶生；花两性，5-9 基数；花冠瓮状、管状或漏斗状；花瓣基部合生，白色、淡黄色、粉红色、淡紫色、淡褐色；心皮直立，完全分离至基部合生而陷入花托。蓇葖果直立，分离。种子多数，具肋。花粉粒 3 孔沟。染色体 $2n$=12，14，18，26，28，30，36，56，60，70，84。

分布概况：36/3 种，**13 型**；分布于亚洲中部和西南部；中国产新疆和西藏。

系统学评述：分子证据表明瓦莲属不是个单系类群，与景天属和 *Prometheum* 之间的系统发育关系未得到完全解析[2,21]，属的分类界定需要进一步研究。

DNA 条形码研究：BOLD 网站有该属 2 种 2 个条形码数据；GBOWS 网站已有 1 种 7 个条形码数据。

11. *Sedum* Linnaeus 景天属

Sedum Linnaeus (1753: 430); Fu et al. (2001: 221) (Lectotype: *S. acre* Linnaeus)

特征描述：草本至亚灌木；根常纤维状或块茎状；茎有时木质化。<u>叶常互生</u>，稀交叉对生或轮生，无柄或稀具柄，圆柱形，稀扁平，常全缘。<u>花序顶生或稀腋生</u>，<u>聚伞花序常伞状</u>；<u>花常两性</u>，<u>稀单性</u>，（3-）5（-12）基数；<u>花瓣常离生或基部合生</u>，黄色、白色、粉红色、紫红色或淡红色；花丝常分离；<u>心皮常无柄</u>，<u>基部宽大并稍合生</u>，或完全离生，稀具柄，花柱纤细。蓇葖果。花粉粒 3 孔沟，条纹纹饰。染色体数目多样化。

分布概况：约 470/121（91）种，**8** 型；分布于北半球；中国南北均产。

系统学评述：该属形态特征极度多样化，不是个单系类群，一些单系分支已经独立成属。最近的分子系统学研究表明该属分散于不同分支中[2]，其分类界定需要进一步研究。

DNA 条形码研究：BOLD 网站有该属 53 种 116 个条形码数据；GBOWS 网站已有17 种 88 个条形码数据。

代表种及其用途：有些种类可药用，如细叶景天 *S. elatinoides* Franchet。

12. *Sinocrassula* A. Berger 石莲属

Sinocrassula A. Berger (1930: 462); Fu et al. (2001: 214) [Lectotype: *S. indica* (Decaisne) A. Berger (≡*Crassula indica* Decaisne)]

特征描述：多年生至一年生草本，光滑或微被毛。<u>根纤维状</u>。<u>叶多形成基部莲座</u>，茎生叶互生。<u>花序顶生或侧生</u>，<u>聚伞圆锥花序单至多分枝</u>；<u>花两性</u>，<u>5 基数</u>，直立，具梗；萼片离生，与瓮状花冠贴生；<u>花瓣离生或近离生</u>，近白色、绿色或粉红色，有时具红色、橘黄色和棕色杂斑；雄蕊 5，与花瓣互生，稍短；<u>心皮基部合生</u>，花柱短，柱头头状。蓇葖果种子多数。花粉粒 3 孔沟。染色体 $2n=22$。

分布概况：7/7（6）种，**11** 型；分布于印度、巴基斯坦、不丹、尼泊尔；中国华北、西北尤盛。

系统学评述：分子证据表明该属是个单系类群，是 *Hylotelephium-Meterostachys-Orostachys* 分支的姐妹群[2]。

DNA 条形码研究：BOLD 网站有该属 2 种 2 个条形码数据；GBOWS 网站已有 2 种 10 个条形码数据。

主要参考文献

[1] Jian S, et al. Resolving an ancient, rapid radiation in Saxifragales[J]. Syst Biol, 2008, 57: 38-58.

[2] Soltis DE, et al. Phylogenetic relationships and character evolution analysis of Saxifragales using a supermatrix approach[J]. Am J Bot, 2013, 100: 916-929.

[3] Chase MW, et al. Phylogenetics of seed plants: an analysis of nucleotide sequences from the plastid gene *rbc*L. Ann MO Bot Gard, 1993, 80: 528-580.

[4] Morgan DR, Soltis DE. Phylogenetic relationships among members of Saxifragaceae *sensu lato* based on *rbc*L sequence data[J]. Ann MO Bot Gard, 1993, 80: 631-660.

[5] Soltis DE, Soltis PS. Phylogenetic relationships in Saxifragaceae *sensu lato*: a comparison of topologies based on 18S rDNA and *rbc*L sequences[J]. Am J Bot, 1997, 84: 504-522.

[6] Soltis DE, et al. Angiosperm phylogeny inferred from 18S ribosomal DNA sequences[J]. Ann MO Bot Gard, 1997, 84: 1-49.

[7] Hart H. Infrafamilial and generic classification of the Crassulaceae[M]//Hart H, Eggli U. Evolution and systematics of the Crassulaceae. Leiden: Backhuys, 1995: 159-172.

[8] Berger A. Crassulaceae[M]//Engler A, Prantl K. Die natürlichen pflanzenfamilien. 2nd ed. Vol. 18. Leipzig: W. Engelmann, 1930: 352-483.

[9] Hart H, Eggli U. Cytotaxonomic studies in *Rosularia* (Crassulaceae)[J]. Bot Helvetica, 1998, 98: 223-234.

[10] Mort ME, et al. Phylogenetic relationships and evolution of Crassulaceae inferred from *mat*K sequence data[J]. Am J Bot, 2001, 88: 76-91.

[11] Mayuzumi S, Ohba H. The phylogenetic position of eastern Asian Sedoideae (Crassulaceae) inferred from chloroplast and nuclear DNA sequences[J]. Syst Bot, 2004, 29: 587-598.

[12] Thiede J, Eggli U. Crassulaceae[M]//Kubitzki K. The families and genera of vascular plants, IX. Berlin: Springer, 2007: 83-118.

[13] Friedrich HC. Zur cytotaxonomic der gattung *Crassula*[J]. Garcia de Orta, Sér Bot, 1973, 1: 49-66.

[14] Toelken HR. A revision of the genus *Crassula* in Southern Africa. Parts 1 & 2[J]. Contr Bolus Herb, 1977, 8: 1-331, 332-595.

[15] Martin CE, von Willert DJ. Leaf epidermal hydathodes and the ecophysiological consequences of foliar water uptake in species of *Crassula* from the Namib Desert in Southern Africa[J]. Plant Biol, 2000, 2: 229-242.

[16] Mort ME, et al. Analyses of cpDNA *mat*K sequence data place *Tillaea* (Crassulaceae) within *Crassula*[J]. Plant Syst Evol, 2009, 283: 211-217.

[17] Gehrig H, et al. Molecular phylogeny of the genus *Kalanchoe* (Crassulaceae) inferred from nucleotide sequences of the ITS-1 and ITS-2 regions[J]. Plant Sci, 2001, 160: 827-835.

[18] 傅坤俊. 中国的景天亚属的新分类群和八宝属一新组合[J]. 西北师范大学学报, 1988, 18: 3-5.

[19] Byalt VV, et al. A replacement name for *Balfouria* (H. Ohba) H. Ohba. (Crassulaceae)[J]. Kew Bull, 1999, 54: 476.

[20] Ohba H. Generic and infrageneric classification of the Old World Sedoideae (Crassulaceae)[J]. J Fac Sci, Univ Tokyo III Bot, 1978, 12: 139-198.

[21] Hart H, Alpinar K. *Sedum ince* (Crassulaceae), a new species from Southern Anatolia[J]. Edinb J Bot, 1999, 56: 181-194.

Penthoraceae Rydberg ex Britton (1901), *nom. cons.* 扯根菜科

特征描述：<u>多年生草木</u>。茎直立。叶互生，<u>膜质</u>，狭披针形或披针形。花两性，多数，黄色，小型，<u>螺状聚伞花序</u>。萼片 5（-8），<u>花瓣常退化或不存在</u>，雄蕊 2 轮，10（-16）。心皮 5（-8），<u>下部合生</u>，胚珠具厚珠心，珠被 2 层，胚珠多数；花柱短。蒴果 5（-8），<u>浅裂</u>，<u>裂瓣先端喙形</u>，<u>成熟后喙下环状横裂</u>；种子多数，细小。花粉粒 3 孔沟或拟孔沟，光滑至细网状纹饰。染色体 $2n=16$，18。

分布概况：1 属/2 种，东亚-北美间断分布；中国 1 属/1 种，南北均产。

系统学评述：因扯根菜属 *Penthorum* 植物叶膜质，心皮基部又无腺体，1898 年 van Tieghem 首次提出扯根菜科 Penthoraceae[1]，并得到众多学者支持[2,3]。但 Engler 系统仍将其置于虎耳草科 Saxifragaceae，将其提升为亚科，作为虎耳草科的原始类型[4]。基于分子系统学证据，扯根菜属在虎耳草目 Saxifragales 中形成独立分支，并与虎耳草科、茶藨子科 Grossulariaceae、鼠刺科 Iteaceae 和枫香科 Altingiaceae 构成的分支互为姐妹群[5-8]。基于此，1998 年 APG 系统将其作为独立的科；APG II 提出其可以选择性地和小二仙草科合并，而 APG III 将其独立为科。

1. *Penthorum* Linnaeus 扯根菜属

Penthorum Linnaeus (1753: 432); Pan & Soltis (2001: 271) (Type: *P. sedoides* Linnaeus)

特征描述：同科描述。

分布概况：2/1 种，**9 型**；东亚及北美间断分布，均喜生长在较潮湿的地方。其中，扯根菜 *P. chinense* Pursh 分布于中国，日本，朝鲜和俄罗斯等地区；*P. sedoides* Linnaeus 主产北美。

系统学评述：Baillon[9]将该属置于虎耳草科作为含单种属的扯根菜族。扯根菜属后又被置于景天科 Crassulaceae[10-13]。

DNA 条形码研究：BOLD 网站有该属 2 种 5 个条形码数据；GBOWS 网站已有 1 种 26 个条形码数据。

代表种及其用途：扯根菜 *P. chinense* Pursh 为苗族传统药物，主治黄疸、水肿、血崩、带下及各型肝炎、胆囊炎、脂肪肝等。

主要参考文献

[1] van Tieghem P. Sur le genre Penthore considere comme type d'une famille nouvelle Jes Penthoracees[J]. J Bot (Morot), 1898, 12: 150-154.

[2]   Takhtajan AL. Die evolution der Angiospermen[M]. Jena: Gustav Fischer, 1959.

[3]   Airy SHK. A dictionary of the flowering plants and ferns. 8th ed.[M]. Cambridge: Cambridge University Press, 1973.

[4]   Engler A. Saxifragaceae[M]//Engler A, Prantl K. Die natürlichen pflanzenfamilien. 2nd ed. 18a. Leipzig: W. Engelmann, 1928: 74-226.

[5]   Savolainen V, et al. Phylogenetics of flowering plants based on combined analysis of plastid *atp*B and *rbc*L gene sequences[J]. Syst Biol, 2000, 49: 306-362.

[6]   Savolainen V, et al. Phylogeny of the eudicots: a nearly complete familial analysis based on *rbc*L gene sequences[J]. Kew Bull, 2000, 55: 257-309.

[7]   Soltis DE, et al. Angiosperm phylogeny inferred from a combined data set of 18S rDNA, *rbc*L and *atp*B sequences[J]. Bot J Linn Soc, 2000, 133: 381-461.

[8]   Fishbein M, et al. Phylogeny of Saxifragales (Angiosperms, Eudicots): analysis of a rapid, ancient radiation[J]. Syst Biol, 2001, 50: 817-847.

[9]   Baillon H. Saxifragacées[M]//Histoire des plantes. 3. Paris: Hachette, 1871: 325-464.

[10]   de Candolle AP. Mémoire sur la famille des Crassulacées[M]. Paris: Treuttel &Würtz, 1928.

[11]   Torrey J, et al. A flora of North America. Vol. 1[M]. New York: Wiley & Putnam, 1840: 1-711.

[12]   Schönland S. Crassulaceae[M]//Engler A, Prantl K. Die natürlichen pflanzenfamilien III, 2a. Leipzig: W. Engelmann, 1894: 23-38.

[13]   Hutchinson J. The families of flowering plants. 3rd ed.[M]. Oxford: Clarendon Press, 1973.

Haloragaceae R. Brown (1814), *nom. cons.* 小二仙草科

特征描述：小乔木、灌木、亚灌木或草本。<u>单叶对生、互生或轮生</u>，单叶或深裂，<u>无托叶</u>。雌雄同株或异株；聚伞圆锥或总状花序，分枝花序常为二歧花序，或单花；花两性或单性同株，<u>上位</u>，4（-2）基数；萼片宿存，稀无；花瓣与雄蕊一起脱落，稀无；花药 4 室；雌蕊 4（-2）心皮，<u>花柱分离</u>，<u>子房 4（-2）室</u>，胚珠 2 或 1 每室。果实为不开裂 1-4 枚种子的坚果，或由 4 枚不分裂小坚果组成，或为室间开裂（2-）4 爿的双悬果。<u>花粉粒 4-6（-20）沟或孔</u>。染色体 2n=12，14，21，24，28，36，42。

分布概况：8-10 属/120 种，世界广布，南半球尤盛；中国 2 属/13 种，南部地区广布。

系统学评述：传统上小二仙草科曾被认为与柳叶菜科 Onagraceae[1,2]、山茱萸科 Cornaceae[3,4]或川苔草科 Podostemaceae[5,6]近缘。分子证据表明该科归属于虎耳草目 Saxifragales[7,8]。最近的分子系统学研究认为该科是景天科 Crassulaceae 的姐妹群[8-10]。Orchard[4]通过大量标本研究界定其包含 8 属。Moody 和 Les[11]研究了科下属间分子系统发育关系，提出 *Glischrocaryon+Haloragodendron* 所构成的木本分支是该科其他类群组成分支的姐妹群，后 1 个分支的系统发育关系未完全解析；进而建议将 *Gonocarpus hexandrus* (F. Mueller) Orchard 独立为新属 *Trihaloragis* M. L. Moody & Les，并重新确认 *Meionectes* R. Brown。

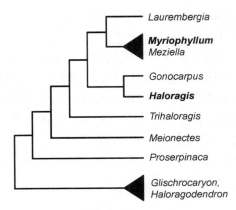

图 88　小二仙草科分子系统框架图（参考 Moody 和 Les[11]）

分属检索表

1. 陆生草本或亚灌木···**1. 小二仙草属 *Gonocarpus***
1. 水生或海滨草本···**2. 狐尾藻属 *Myriophyllum***

1. *Gonocarpus* Thunberg 小二仙草属

Gonocarpus Thunberg (1783: 3); Chen & Funston (2007: 428) (Type: *G. micranthus* Thunberg)

特征描述：草本或亚灌木，具主根或匍匐茎。叶常在下部对生，上部互生，单叶或深裂。雌雄同株；二歧聚伞花序 3-7 花，腋生；花 2（-4）基数；萼片宿存，花瓣盔状，龙骨状，常具短爪，早落；雄蕊花丝短，花药 4 室；子房 2-4 室，柱头 2 或 4。果实光滑，具肋或翅，或瘤状纹饰，具坚固隔膜，木质内果皮。种子（1-）4。花粉（3-）4-5（-6）沟（孔），粗糙、皱波或疣状纹饰。染色体 2n=12，14。

分布概况：约 35/2 种，**2-1（3）**型；分布于东南亚，澳大利亚和新西兰；中国南部广布。

系统学评述：Schindler[1]将 *Gonocarpus* 和 *Meionectes* 归并入 *Haloragis*。Orchard[4]重新认可 *Gonocarpus*。最近的分子证据支持该属为单系，*Haloragis* 为该属的姐妹群[12]。

DNA 条形码研究：BOLD 网站有该属 24 种 26 个条形码数据；GBOWS 网站已有 1种 5 个条形码数据。

2. *Myriophyllum* Linnaeus 狐尾藻属

Myriophyllum Linnaeus (1753: 992); Chen & Funston (2007: 429) (Lectotype: *M. spicatum* Linnaeus)

特征描述：多年生，稀一年生水生或海滨草本。叶对生或互生，叶常二态，沉水叶羽状分裂，出水叶多不分裂，稀为一种类型。雌雄同株或异株；花序常为不分枝的穗状花序，着生于出水叶腋，有时也着生在沉水叶的花序轴；花单性或稀过渡性两性，雌雄同株或异株；花（2-）4 基数；雄蕊（1-）4 或 8，子房和柱头退化或不存在；雌花花瓣退化或无，雄蕊无，子房（2-）4 心皮。干果，多样化纹饰，在成熟时分裂为 1 枚种子的双悬果。花粉粒 2-6 孔，细皱波状至细疣状纹饰。染色体 2n=14，21，28，42。

分布概况：35/11（1）种，**1** 型；世界广布，澳大利亚尤盛；中国南部广布。

系统学评述：分子证据表明该属与 *Meziella* 构成高支持率的单系分支，核基因 ITS片段分析支持 2 属为姐妹群，但支持率较低，叶绿体基因片段支持 *Meziella* 嵌套在狐尾藻属中，这 2 属的分类地位需要进一步研究确认[11]。

DNA 条形码研究：BOLD 网站有该属 45 种 146 个条形码数据；GBOWS 网站已有 2 种 10 个条形码数据。

主要参考文献

[1] Schindler AK. Halorrhagaceae[M]//Engler HGA. Das pflanzenreich, IV. Leipzig: W. Engelmann, 1905: 1-133.

[2] Hutchinson J. The families of flowering plants. 2nd ed. Vol. 1[M]. Oxford: Clarendon Press, 1959.

[3] Thorne RF. Synopsis of a putatively phylogenetic classification of the flowering plants[J]. Aliso, 1968, 6: 57-66.

[4] Orchard AE. Taxonomic revisions in the family Haloragaceae. 1. The genera *Haloragis*, *Haloragoden-*

dron, *Glischrocaryon*, *Meziella* and *Gonocarpus*[J]. Bull Auckland Inst Mus, 1975, 10: 1-299.

[5] Cronquist A. The evolution and classification of flowering plants[M]. Boston: Houghton Mifflin, 1968.

[6] Takhtajan A. Flowering plants. Origin and dispersal[M]. Edinburgh: Oliver and Boyd, 1969.

[7] Morgan DR, Soltis DE. Phylogenetic relationships among members of Saxifragaceae *sensu lato* based on *rbc*L sequence data[J]. Ann MO Bot Gard, 1993, 80: 631-660.

[8] Fishbein M, et al. Phylogeny of Saxifragales (Angiosperms, Eudicots): analysis of a rapid, ancient radiation[J]. Syst Biol, 2001, 50: 817-847.

[9] Jian S, et al. Resolving an ancient, rapid radiation in Saxifragales[J]. Syst Biol, 2008, 57: 38-57.

[10] Soltis DE, et al. Phylogenetic relationships and character evolution analysis of Saxifragales using a supermatrix approach[J]. Am J Bot, 2013, 100: 916-929.

[11] Moody ML, Les DH. Geographic distribution and genotypic composition of invasive hybrid watermilfoil (*Myriophyllum spicatum* × *M. sibiricum*) populations in North America[J]. Biol Invasions, 2007, 9: 559-570.

[12] Chen LY, et al. Historical biogeography of Haloragaceae: an out-of-Australia hypothesis with multiple intercontinental dispersals[J]. Mol Phylogenet Evol, 2014, 78: 87-95.

Cynomoriaceae Lindley (1833), *nom. cons.* 锁阳科

特征描述：<u>多年生根寄生肉质草本</u>。<u>全株红棕色</u>，无叶绿素，无毛，雌雄同株，极少杂性同株。茎圆柱形，肉质，<u>具螺旋状排列的鳞片叶</u>。花杂性，<u>极小</u>，由多数雄花、雌花与两性花密集形成顶生的<u>肉穗花序</u>，花序中散生鳞片状叶；花被片通常（1-）4-6（-8）；雄花具 1 雄蕊和 1 蜜腺，<u>雄蕊贴生花被片上</u>；雌花具 1 雌蕊，<u>子房下位</u>，<u>1 室</u>，<u>顶生悬垂胚珠 1</u>；两性花具 1 雄蕊和 1 雌蕊。<u>果坚果状</u>。种子具胚乳，壁厚。花粉粒 3 沟，网状纹饰。染色体 2*n*=28。含三萜。

分布概况：1 属/2 种，分布于地中海沿岸，北非，中亚；中国 1 属/1 种，产西北、北部沙漠地带。

系统学评述：锁阳属 *Cynomorium* 植物的生态习性、花部构造、果实等特征与蛇菰科 Balanophoraceae 很接近，因此长期被置于蛇菰科，属于檀香目 Santalales。APG 系统认为该属应该单独成科，但无法置于任何目中。Jian 等[1]利用 5 个基因片段的研究认为该科与蛇菰科 Balanophoraceae 亲缘关系较近，且共同隶属于檀香目；利用叶绿体基因片段的研究则认为，该科应被置于蔷薇目 Rosales，并构成蔷薇科 Rosaceae 的姐妹群[2]；线粒体基因的研究支持将该科置于虎耳草目 Saxifragales[1,3]，或无患子目 Sapindales[4]。目前该科的系统位置仍有待进一步研究确认。

1. *Cynomorium* Linnaeus 锁阳属

Cynomorium Linnaeus (1753: 970); Wan (2000: 152); Chen & Funston (2007: 434) (Type: *C. coccineum* Linnaeus)

特征描述：同科描述。

分布概况：2/1 种，**12** 型；分布于地中海沿岸，西南亚，中亚，蒙古国；中国产新疆、青海、甘肃、宁夏、内蒙古、陕西等省区。

系统学评述：暂无属下系统学研究。

DNA 条形码研究：BOLD 网站有该属 1 种 11 个条形码数据。

代表种及其用途：锁阳 *C. songaricum* Ruprecht、欧洲锁阳 *C. coccineum* Linnaeus 均有较长的药用历史，用来治疗肾阳虚证、遗精、绞痛、胃溃疡等。此外，亦可用于保健食品、茶和化妆品。

主要参考文献

[1] Jian SG, et al. Resolving an ancient, rapid radiation in Saxifragales[J]. Syst Biol, 2008, 57: 38-57.
[2] Zhang ZH, et al. Phylogenetic placement of *Cynomorium* in Rosales inferred from sequences of the inverted repeat region of the chloroplast genome[J]. J Syst Evol, 2009, 47: 297-304.

[3] Nickrent DL, et al. Discovery of the photosynthetic relatives of the "Maltese mushroom" *Cynomorium*[J]. BMC Evol Biol, 2005, 5: 38-48.

[4] Qiu YL, et al. Angiosperm phylogeny inferred from sequences of four mitochondrial genes[J]. J Syst Evol, 2010, 48: 391-425.

Vitaceae Jussieu (1789), *nom. cons.* 葡萄科

特征描述：<u>攀援具卷须藤本</u>，<u>或无卷须直立灌木</u>。单叶、羽状或掌状复叶，<u>互生</u>。伞房状多歧聚伞花序、复二歧聚伞花序或圆锥状多歧聚伞花序；花小，两性或杂性，同株或异株，4-5 基数；萼浅杯状，<u>萼片细小</u>，分离或凋谢时呈帽状黏合脱落；<u>雄蕊与花瓣对生</u>；花盘呈环状或分裂；子房上位，常 2 室，每室 2 胚珠，或多室，每室 1 胚珠。浆果。<u>种子 1 至数粒</u>，<u>胚小</u>，<u>胚乳形状各异</u>，<u>W 形</u>、<u>T 形或呈嚼烂状</u>。花粉粒 3 孔沟（孔），光滑或网状纹饰。果多由鸟类及哺乳类动物散布。

分布概况：14-15 属/约 800 种，世界广布，主要分布于热带和亚热带；中国 9 属/156 种，南北均产。

系统学评述：在传统分类中，葡萄科被置于鼠李目 Rhamnales[FRPS]，但没有得到分子系统学研究的支持[1,2]。葡萄科被置于蔷薇亚纲 Rosidae 基部的葡萄目 Vitales[APG III,APW]，并支持葡萄科为其他蔷薇类植物的姐妹群[3]。葡萄科分类存在的主要问题是火筒树属 *Leea* 的系统位置[FRPS,FOC,4-6]。分子系统学研究显示火筒树属植物单独为 1 支，并与葡萄科其余类群互为姐妹群[7-9]，但火筒树属是否应独立成科仍然存在争议。APG III 和 APW 将火筒树属置于葡萄科火筒树亚科 Leeoideae。中国的葡萄科主要分为火筒树亚科和葡萄亚科 Vitoideae。火筒树亚科只有火筒树属，而葡萄亚科下分 5 个主要分支。

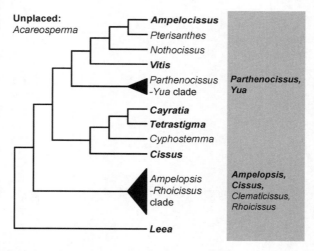

图 89　葡萄科分子系统框架图（参考 APW；Lu 等[10]；Nie 等[11]；Wen 等[12]）

分属检索表

1. 直立灌木，无卷须；花瓣基部联合并与不育雄蕊管贴生，使雄蕊管形成上下两部分；能育的雄蕊插生在顶端浅裂的不育雄蕊管基部 ·· **5. 火筒树属 *Leea***
1. 攀援灌木，通常具分枝或不分枝的卷须；花瓣离生或黏合成帽状脱落；雄蕊分离，插生在花盘外面，

无不育的雄蕊管结构

2. 花瓣黏合，凋谢时呈帽状脱落；花序呈典型的聚伞圆锥花序 ······················**8. 葡萄属 *Vitis***

2. 花瓣分离，凋谢时不黏合成帽状脱落

   3. 花序为疏散的圆锥状多歧聚伞花序，基部有卷须；花柱呈锥状，约有 10 棱 ···········
   ··**1. 酸蔹藤属 *Ampelocissus***

   3. 花序为疏散的复二歧聚伞花序、伞房状多歧聚伞花序或二级分枝集生成伞形，基部无卷须；花
   柱纤细，稀短而不明显

     4. 花常 5 数

       5. 卷须为 4-7 总状分枝，顶端遇附着物扩大成吸盘；花盘发育不明显；花序顶生或假顶生；
       果梗顶端增粗，多少有瘤状凸起；种子腹面两侧洼穴达种子顶端····························
       ···**6. 地锦属 *Parthenocissus***

       5. 卷须多为 2-3 叉状分枝或不分枝，通常顶端不扩大为吸盘；花序与叶对生；果梗不增粗，
       无瘤状凸起；种子腹面两侧洼穴不达种子顶部

        6. 花盘发育不明显；花序为典型的复二歧聚伞花序 ···················**9. 俞藤属 *Yua***

        6. 花盘发达，5 浅裂；花序为伞房状多歧聚伞花序 ··············**2. 蛇葡萄属 *Ampelopsis***

     4. 花常 4 数

       7. 花序与叶对生；种子腹侧极短，仅处于种子基部························**4. 白粉藤属 *Cissus***

       7. 花序通常腋生或假腋生，稀对生；种子腹侧明显，与种子近等长

        8. 花柱明显，柱头不分裂 ··**3. 乌蔹莓属 *Cayratia***

        8. 花柱不明显或较短，柱头通常 4 裂，稀不规则分裂·············**7. 崖爬藤属 *Tetrastigma***

1. *Ampelocissus* Planchon 酸蔹藤属

Ampelocissus Planchon (1884: 371), *nom. cons.*; Ren & Wen (2007: 208) [Type: *A. latifolia* (Roxburgh) Planchon, *typ. cons.* (≡*Vitis latifolia* Roxburgh)]

特征描述：<u>木质或草质藤本</u>。<u>卷须不分枝或二叉分枝</u>。单叶或复叶，互生。花两性或杂性异株，<u>圆锥状多歧聚伞花序疏散</u>，<u>基部有卷须</u>；花瓣 4-5，<u>分离展开</u>，<u>各自分离脱落</u>；雄蕊 4-5；花盘发达；子房 2 室，每室 2 胚珠，<u>花柱常短</u>，<u>锥形</u>，<u>约有 10 棱</u>，柱头不明显扩大。浆果球形或椭圆形。种子 1-4，倒卵圆形或椭圆形，种脐在种子背面中部，圆形或椭圆形，两侧洼穴呈沟状，从基部斜向上到种子顶端，胚乳横切面呈 T 形。花粉粒 3 孔沟，网状纹饰。染色体 $2n=40$。

分布概况：约 90/5（2）种，**2** 型；分布于亚洲南部，非洲，大洋洲和中美洲；中国产云南和西藏。

系统学评述：近期的分类系统将酸蔹藤属归入葡萄亚科，并与葡萄属 *Vitis*、*Nothocissus* 和 *Pterisanthes* 关系密切[APW]。利用叶绿体 *atp*B-*rbc*L、*rps*16 和 *trn*L-F 序列构建的分子发育树显示酸蔹藤属并非单系，与 *Nothocissus*、*Pterisanthes* 及葡萄属形成 1 个分支[8]。Nie 等[11]利用 4 个叶绿体序列（*atp*B-*rbc*L、*psb*A-*trn*H、*rps*16 和 *trn*L-F）构建的分子系统树显示酸蔹藤属为多系，与葡萄属共同组成 1 分支。Wen 等[12]利用 229 个基因转录组序列的研究显示酸蔹藤属是 *Pterisanthes* 的姐妹群。Planchon[13]利用花序、叶片及种子等形态特征将酸蔹藤属分为 4 组：*Ampelocissus* sect. *Ampelocissus*、*A.* sect. *Nothocissus*、*A.* sect. *Kalocissus* 和 *A.* sect. *Eremocissu*。之后 *A.* sect. *Nothocissus* 被提升为

Nothocissus[6,14]。

DNA 条形码研究：BOLD 网站有该属 2 种 3 个条形码数据；GBOWS 网站已有 1 种 4 个条形码数据。

2. *Ampelopsis* Michaux 蛇葡萄属

Ampelopsis Michaux (1803: 159); Chen & Wen (2007: 178) (Lectotype: *A. cordata* Michaux)

特征描述：木质藤本。卷须 2-3 分枝，顶端不扩大。单叶、羽状或掌状复叶，互生。伞房状多歧聚伞花序或复二歧聚伞花序，与叶对生；花 5 数，两性或杂性同株；花瓣 5，展开，各自分离脱落；雄蕊 5，花盘发达，边缘波状 5 浅裂；子房 2 室，每室 2 胚珠，花柱明显，柱头不明显扩大。浆果球形。种子 1-4，倒卵圆形，种脐在种子背面中部呈椭圆形或带形，两侧洼穴呈倒卵形或狭窄，从基部向上达种子近中部，胚乳横切面呈 W 形。花粉粒 3 孔沟，网状纹饰。染色体 2n=40。

分布概况：约 30/17（13）种，**9** 型；分布于亚洲和美洲；中国南北均产。

系统学评述：近期的分类系统将蛇葡萄属归入葡萄亚科[APW]。蛇葡萄属与白粉藤属 *Cissus* 及 *Rhoicissus* 和 *Clematicissus* 关系密切。利用叶绿体基因片段构建的系统发育树显示蛇葡萄属是并系，与 *Rhoicissus* 和白粉藤属组成 1 个分支[8,11]。叶绿体基因片段构建的系统发育树支持蛇葡萄属包括 2 个分支：单叶或掌状复叶分支和羽状复叶分支[8,11,12]。前者曾被视作 *Ampelopsis* sect. *Ampelopsis*，而后者则被视作 *A.* sect. *Leeaceifoliae*[15]。Nie 等[11]对蛇葡萄属 18 种的研究显示，中国分布的 13 种中，7 种属于 *A.* sect. *Ampelopsis*、6 种为 *A.* sect. *Leeaceifoliae*。

DNA 条形码研究：BOLD 网站有该属 10 种 29 个条形码数据；GBOWS 网站已有 7 种 75 个条形码数据。部分（约 4 种）中国蛇葡萄属的 DNA 条形码（ITS、*rbc*L、*mat*K 和 *psb*A-*trn*H）信息已有发表[11,16]。

代表种及其用途：白蔹 *A. japonica* (Thunberg) Makino 的根块用作中药"白蔹"。

3. *Cayratia* Jussieu 乌蔹莓属

Cayratia Jussieu (1818: 103), *nom. cons.* ; Ren & Wen (2007: 189) [Type: *C. pedata* (Loureiro) Jussieu (≡*Columella pedata* Loureiro)]

特征描述：木质藤本。卷须常 2-3 叉分枝。3 小叶或鸟足状 5 小叶，互生。伞房状多歧聚伞花序或复二歧聚伞花序，通常腋生或假腋生，稀对生；花 4 数，两性或杂性同株；花瓣展开，各自分离脱落；雄蕊 5；花盘发达，边缘 4 浅裂或波状浅裂；子房 2 室，每室胚珠 2，花柱明显，柱头不分裂，不明显扩大。浆果球形。种子 1-4，腹侧明显，与种子近等长胚，乳横切面呈半月形或 T 形。染色体 2n=20。

分布概况：约 60/17（9）种，**4** 型；分布于亚洲，大洋洲和非洲；中国南北均产。

系统学评述：近期乌蔹莓属被归入葡萄亚科[APW]。长期以来，乌蔹莓属与崖爬藤属 *Tetrastigma*、白粉藤属和 *Cyphostemma* 的关系复杂。分子证据显示乌蔹莓属是多系，与崖爬藤属和 *Cyphostemma* 形成 1 个分支，此分支与部分白粉藤属植物互为姐妹群[10-12]。

传统上，中国乌蔹莓属下分孔膜亚属 *Cayratia* subgen. *Cayratia* 和突棱亚属 *C.* subgen. *Discypharia*[FRPS,FOC,17]。Lu 等[10]利用 5 个叶绿体片段（*atp*B-*rbc*L、*rps*16、*trn*C-*pet*N、*psb*A-*trn*H 和 *trn*L-F）对乌蔹莓属 25 种的研究显示，孔膜亚属和突棱亚属均得到支持，突棱亚属与崖爬藤属是姐妹群关系[10]。

DNA 条形码研究：BOLD 网站有该属 9 种 10 个条形码数据；GBOWS 网站已有 3 种 17 个条形码数据。

代表种及其用途：角花乌蔹莓 *C. corniculata* (Bentham) Gagnepain 的块茎及乌蔹莓 *C. japonica* (Thunberg) Gagnepain 的全草可作药用。

4. *Cissus* Linnaeus 白粉藤属

Cissus Linnaeus (1753: 117); Ren & Wen (2007: 184) (Type: *C. vitiginea* Linnaeus)

特征描述：木质藤本。卷须通常不分枝或二叉分枝。单叶或掌状复叶，互生。复二歧聚伞花序或二级分枝集生成伞形，与叶对生；花 4 数，两性或杂性同株；花瓣各自分离脱落；雄蕊 4；花盘发达，呈杯状围绕子房，边缘呈波状或微 4 裂；子房 2 室，每室 2 胚珠，花柱明显，柱头不分裂或 2 裂。肉质浆果。种子 1-2，椭圆形，种脐在种子背面基部或近基部，种子腹侧极短，仅处于种子基部或下部，胚乳横切面呈 W 形。花粉粒 3 孔沟，粗糙纹饰。染色体 2*n*=22，24 或 26。

分布概况：约 350/15（2）种，**2 型**；分布于非洲，亚洲，大洋洲，中南美洲；中国产长江以南。

系统学评述：近期白粉藤属被归入葡萄亚科[APW]。利用叶绿体基因片段的分子系统学研究显示，蛇葡萄属是多系，与白粉藤属及 *Rhoicissus* 和 *Clematicissus* 关系密切[8,10,11,18]。分子系统学研究显示白粉藤属下分类复杂。Rossetto 等[19]采用 ITS1 和 *trn*L 片段对白粉藤属 15 种的研究显示白粉藤属是多系。Liu 等[18]利用 5 个叶绿体基因片段（*atp*B-*rbc*L、*rps*16、*trn*C-*pet*N、*psb*A-*trn*H 和 *trn*L-F）对白粉藤属 74 种的研究亦显示，白粉藤属是多系并可划分为 3 个主要分支，其中中国产 8 个种属于核心分支中的 2 个亚分支。

DNA 条形码研究：BOLD 网站有该属 20 种 36 个条形码数据；GBOWS 网站已有 6 种 44 个条形码数据。

5. *Leea* van Royen ex Linnaeus 火筒树属

Leea van Royen ex Linnaeus (1767: 627), *nom. cons.* ; Chen & Wen (2007: 169) (Type: *L. aequata* Linnaeus, *typ. cons.*)

特征描述：直立灌木，无卷须。叶多数为一至四回羽状复叶，互生。复二歧聚伞花序或二级分枝集生成伞形；花 4-5 数，两性；花瓣基部联合，与不育的雄蕊管贴生形成花冠雄蕊管，成熟时分离脱落；不育的雄蕊形成顶部浅裂的管，能育的雄蕊插生在不育的雄蕊管的基部，花丝沿不育雄蕊管上伸，花药在不育雄蕊管裂片凹处伸出，内向；花柱短，柱头微扩大，子房盘状，4-10 室，每室 1 胚珠。浆果扁球形。种子 4-10，胚乳呈嚼烂状。花粉粒 3 孔沟，外壁光滑。染色体 $2n$=22。

分布概况：约 34/10（2）种，**4 型**；分布于热带及亚热带亚洲地区；中国产云南、贵州、广东、广西、海南。

系统学评述：火筒树属的系统位置长期存在争议，被置于葡萄科[FRPS]，或另立火筒树科 Leeaceae[FOC]。Ren 等[4]根据叶表皮特征支持火筒树属独立成科。分子证据显示火筒树属为单系，是葡萄科其他属的姐妹群[7-12,17,18]。大多数学者认为火筒树属应独立成科[8-12,17,18,20]。Ingrouille 等[7]则认为火筒树属虽单独构成 1 支，但与葡萄科其他类群有不少共同特征，因此不支持另立火筒树科。而近期的分类系统亦将火筒树属置于葡萄科下的火筒树亚科，与葡萄科其他属所在的葡萄亚科区分开[APG III,APW]。Molina 等[20]利用 ITS1、ITS2 和 5S-NTS 序列，结合形态性状对火筒树属 22 种的研究显示，火筒树属共分为四大分支，中国的 7 种分布于其中 3 个分支。

DNA 条形码研究：BOLD 网站有该属 4 种 11 个条形码数据；GBOWS 网站已有 4 种 37 个条形码数据。

6. *Parthenocissus* Planchon 地锦属

Parthenocissus Planchon (1887: 447), *nom. cons.*; Chen & Wen (2007: 173) [Type: *P. quinquefolia* (Linnaeus) Planchon, *typ. cons.* (≡*Hedera quinquefolia* Linnaeus)]

特征描述：木质藤本。卷须 4-7 总状多分枝，遇附着物扩大成吸盘。叶为单叶、3 小叶或掌状 5 小叶，互生。圆锥状或伞房状疏散多歧聚伞花序顶生或假顶生；花 5 数，两性；花瓣展开，各自分离脱落；雄蕊 5；花盘不明显，偶有 5 个蜜腺状的花盘；子房 2 室，每室 2 胚珠，花柱明显。果梗顶端增粗，多少有瘤状凸起；浆果球形。种子 1-4，倒卵圆形，种子腹面两侧洼穴达种子顶端，胚乳横切面呈 W 形。花粉粒 3 孔沟，穴状至网状纹饰。染色体 $2n$=40。

分布概况：约 13/9（1）种，**9 型**；分布于亚洲和北美；中国南北均产。

系统学评述：地锦属被归入葡萄亚科[APW]。分子系统学研究显示地锦属是单系，与俞藤属是姐妹群关系[10,11,18,21]。传统上，中国地锦属分为 3 组 4 系：珠形组 *Parthenocissus* sect. *Margaritaceae*，分异叶系 *P.* ser. *Heterophyllae* 和单叶系 *P.* ser. *Tricuspidatae*；地锦组 *P.* sect. *Parthenocissus*，分地锦系 *P.* ser. *Parthenocissus* 和三叶系 *P.* ser. *Trifoliolae*；块形组 *P.* sect. *Tuberculiformes* 下不分系[FRPS]。Nie 等[21]利用叶绿体 *trn*L-F、*rps*16 和 *atp*B-*rbc*L 及核 GAI1 序列对地锦属 12 种的分子系统学研究显示，地锦属可以分为新、旧世界两大分支，除北美引入种五叶地锦 *P. quinquefolia* (Linnaeus) Planchon 外，其余 8 个中国种全部置于旧世界单系分支，其中形成的 3 个亚分支，基本符合传统分类系统中的珠形组、地锦组和块形组[21]。

DNA 条形码研究：BOLD 网站有该属 5 种 19 个条形码数据；GBOWS 网站已有 4 种 21 个条形码数据。

代表种及其用途：该属植物是优良的城市高层绿化树种，如异叶地锦 *P. dalzielii* Gagnepain、五叶地锦、栓翅地锦 *P. suberosa* Handel-Mazzetti、地锦 *P. tricuspidata* (Siebold &

Zuccarini) Planchon 等。地锦根部亦用作中草药。

7. *Tetrastigma* (Miquel) Planchon 崖爬藤属

Tetrastigma (Miquel) Planchon (1887: 320); Ren & Wen (2007: 195) [Lectotype: *T. lanceolarium* (Roxburgh)
    Planchon (≡*Cissus lanceolaria* Roxburgh)]

特征描述：木质藤本。卷须不分枝或二叉分枝。叶通常掌状 3-5 小叶或鸟足状 5-7 小叶，互生。多歧聚伞、伞形或复伞形花序；花 4 数；花瓣展开，各自分离脱落；子房 2 室，每室 2 胚珠，花柱明显或不明显，柱头通常 4 裂，稀不规则分裂。浆果球形或 倒卵形。种子 1-4，椭圆形，腹面两侧明显，与种子近等长，洼穴自基部、中部向上斜 展达种子顶端，亦或平行，与中棱脊几不分离，胚乳 T 形、W 形或呈嚼烂状。染色体 2n=22，26。

分布概况：约 100/44（24）种，**5 型**；分布于亚洲至大洋洲；中国主产长江以南。

系统学评述：崖爬藤属被归入葡萄亚科[APW]。分子系统学研究显示崖爬藤属是单 系[8,10,18,21,22]，与乌蔹莓属突棱亚属是姐妹群[10]。传统上，中国崖爬藤属下分掌须亚属 *Tetrastigma* subgen. *Palmicirrata* 和崖爬藤亚属 *T.* subgen. *Tetrastigma*[FRPS,FOC]。崖爬藤亚 属下分棱皮组 *T.* sect. *Carinata*、圆脐组 *T.* sect. *Orbicularia* 和崖爬藤组 *T.* sect. *Tetrastigma*； 崖爬藤组分光皮亚组 *T.* subsect. *Laevia* 和崖爬藤亚组 *T.* subsect. *Tetrastigma*；崖爬藤亚组 分掌叶系 *T.* ser. *Palmata*、崖爬藤系 *T.* ser. *Tetrastigma* 和三叶系 *T.* ser. *Trifoliolata*[FRPS,23]。 分子系统学研究显示崖爬藤属下分类复杂。Chen 等[22]利用叶绿体 *atp*B-*rbc*L、*psb*A-*trn*H、 *trn*L-F 和 *rps*16 序列对崖爬藤属 53 种（其中中国 26 种）进行了较全面的研究，结果显 示崖爬藤属有 8 个主要分支，掌须亚属为单系，并隶属于崖爬藤亚属，而崖爬藤亚属其 他分支与传统分类相差较大[22]。

DNA 条形码研究：Chen 等[22]报道了中国崖爬藤属 26 种的 DNA 条形码（*psb*A-*trn*H）。 Fu 等[24]对中国崖爬藤属 22 种 DNA 条形码（ITS、*rbc*L、*mat*K 和 *psb*A-*trn*H）有较系统 的分析，其中 ITS 序列在种间变异率较高，而 *rbc*L+*mat*K+ITS 组合具有约 94%的物种 鉴别率，可作为崖爬藤属的鉴定条形码。BOLD 网站有该属 9 种 12 个条形码数据； GBOWS 网站已有 28 种 331 个条形码数据。

代表种及其用途：崖爬藤 *T. obtectum* (Wallich ex Lawson) Planchon ex Franchet、三 叶崖爬藤 *T. hemsleyanum* Diels & Gilg 全草入药。扁担藤 *T. planicaule* (J. D. Hooker) Gagnepain 藤茎亦供药用。

8. *Vitis* Linnaeus 葡萄属

Vitis Linnaeus (1753: 202); Ren & Wen (2007: 210) (Lectotype: *V. vinifera* Linnaeus)

特征描述：木质藤本，有卷须。单叶、掌状或羽状复叶，有托叶。聚伞圆锥花序； 花 5 数；花瓣黏合，凋谢时呈帽状黏合脱落；花盘明显，5 裂；雄蕊与花瓣对生，在雌 花中不发达；子房 2 室，每室 2 胚珠，花柱纤细，柱头微扩大。肉质浆果。种子 2-4， 倒卵圆形，基部有短喙，种脐在种子背部呈近圆形，腹面两侧洼穴狭窄，呈沟状，或较阔，呈倒卵长圆形，<u>从基部向上常达种子 1/3 处</u>，胚乳呈 M 形。花粉粒 3 孔沟，皱穴状至皱网状纹饰。染色体 2n=38。

分布概况：约 60/37（30）种，**8** 型；分布于温带或亚热带；中国南北均产。

系统学评述：葡萄属被归入葡萄亚科[APW]。分子系统学显示葡萄属与酸蔹藤属及 *Nothocissus* 和 *Pterisanthes* 的关系密切[7,11]。分子证据支持葡萄属为单系，与上述各属为姐妹群关系[8-10,12,18,22]。葡萄属下分类复杂，涉及多个分类系统[25]。王发松等[26]将中国葡萄属分为 5 组：毛葡萄组 Vitis sect. *Labruscoideae*、小叶葡萄组 *V.* sect. *Sinocineriae*、葡萄组 *V.* sect. *Vitis*、秋葡萄组 *V.* sect. *Romanetianae* 和武汉葡萄组 *V.* sect. *Wuhanenses*，其中葡萄组下又分 4 个系，即疏柔毛系 *V.* ser. *Vitis*、密柔毛系 *V.* ser. *Adstrictae*、复叶系 *V.* ser. *Piasezkianae* 和皮刺系 *V.* ser. *Davidianae*。刘崇怀和冯建灿[27]利用枝叶特征的聚类分析显示中国葡萄属分 8 组 5 亚组。分子证据基本支持亚洲葡萄属植物与欧洲及北美种为独立分支[9,28,29]。张永辉[30]利用 ISSR 分子标记、叶绿体（*atpF-atpH*、*psbA-trnH* 和 *trnL-F*）及 ITS 序列对中国葡萄属 16 种的研究显示，ISSR 分子标记分析结果基本支持传统分类，而叶绿体及 ITS 分析结果则未能完全阐明种间的亲缘关系，需作进一步研究。

DNA 条形码研究：BOLD 网站有该属 11 种 51 个条形码数据；GBOWS 网站已有 12 种 58 个条形码数据。

代表种及其用途：该属若干种类的根、茎、叶或果可作药用，果可食或酿酒，种子可榨油。其中葡萄 *V. vinifera* Linnaeus 是著名的水果和酿酒原料，其果肉用作中药"白葡萄干"。

9. *Yua* C. L. Li 俞藤属

Yua C. L. Li (1990: 2); Chen & Wen (2007: 177) [Type: *Y. thomsonii* (M. A. Lawson) C. L. Li (≡*Vitis thomsonii* M. A. Lawson)]

特征描述：木质藤本，树皮有皮孔，髓白色。卷须二叉分枝。叶互生，掌状 5 小叶。<u>复二歧聚伞花序与叶对生</u>，最后一级分枝顶端近乎集生成伞形；花两性；萼杯形，全缘；<u>花瓣常 5</u>，展开脱落；雄蕊常 5；<u>花盘发育不明显</u>；雌蕊 1，子房 2 室，每室胚珠 2，<u>花柱明显</u>，柱头扩大不明显。浆果圆球形。种子梨形，顶端微凹，基部有短喙，<u>腹面洼穴从基部向上达种子 2/3 处</u>，背面种脐在种子中部，胚乳横切面呈 M 形。花粉粒 3 孔沟，负网状或网状纹饰。染色体 2n=40。

分布概况：2/2（1）种，**14** 型；产印度，尼泊尔；中国产长江以南。

系统学评述：自 1990 年李朝銮[31]将俞藤属从地锦属中分出，俞藤属一直沿用于中国的分类系统中[FRPS,FOC,17]。APW 的分类系统将俞藤属归入地锦属，置于葡萄亚科。分子系统学研究显示俞藤属是单系，与地锦属是姐妹群关系[10,11,18,21]。

DNA 条形码研究：GBOWS 网站有该属 1 种 3 个条形码数据。

代表种及其用途：大果俞藤 *Y. austro-orientalis* (Metcalf) C. L. Li 果肉层厚，果实酸甜可食，但果肉含黏液，多食时有刺激喉咙痒痛之感。俞藤 *Y. thomsonii* (Lawson) C. L. Li 的根可药用。

主要参考文献

[1] Smith JF. Phylogenetics of seed plants: an analysis of nucleotide sequences from the plastid gene *rbc*L[J]. Ann MO Bot Gard, 1993, 80: 528-580.

[2] Soltis DE, et al. Angiosperm phylogeny inferred from 18S rDNA, *rbc*L, and *atp*B sequences[J]. Bot J Linn Soc, 2000, 133: 381-461.

[3] Jansen RK, et al. Phylogenetic analyses of *Vitis* (Vitaceae) based on complete chloroplast genome sequences: effects of taxon sampling and phylogenetic methods on resolving relationships among rosids[J]. BMC Evol Biol, 2006, 6: 32-45.

[4] Ren H, et al. Structural characters of leaf epidermis and their systematic significance in Vitaceae[J]. J Sys Evol, 2003, 41: 531-544.

[5] Takhtajan A. Diversity and classification of flowering plants[M]. New York: Columbia University Press, 1997.

[6] Wen J. Vitaceae[M]//Kubitzki K. The families and genera of vascular plants, IX. Berlin: Springer, 2007: 467-479.

[7] Ingrouille MJ, et al. Systematics of Vitaceae from the viewpoint of plastid *rbc*L DNA sequence data[J]. Bot J Linn Soc, 2015, 138: 421-432.

[8] Soejima A, Wen J. Phylogenetic analysis of the grape family (Vitaceae) based on three chloroplast markers[J]. Am J Bot, 2006, 93: 278-287.

[9] Trondle D, et al. Molecular phylogeny of the genus *Vitis* (Vitaceae) based on plastid markers[J]. Am J Bot, 2017, 97: 1168-1178.

[10] Lu LM, et al. Phylogeny of the non-monophyletic *Cayratia* Juss. (Vitaceae) and implications for character evolution and biogeography[J]. Mol Phylogenet Evol, 2013, 68: 502-515.

[11] Nie ZL, et al. Evolution of the intercontinental disjunctions in six continents in the *Ampelopsis* clade of the grape family (Vitaceae)[J]. BMC Evo Biol, 2012, 12: 17-19.

[12] Wen J, et al. Transcriptome sequences resolve deep relationships of the grape family[J]. PLoS One, 2013, 8: e74394.

[13] Planchon JE. Monographie des Ampélidées vrais[M]//de Candolle A, de Candolle C. Monographiae Phanaerogamarum. 5. Paris: Masson, 1877: 305-654.

[14] Latiff A. Studies in Malesian Vitaceae, I-IV[J]. Federation Museums J, 1982, 27: 46-93.

[15] Galet P. Recherches sur les methods d'identification et de classification des Vitacées Temperées[D]. PhD thesis. Montpellier: Université de Montpellier, 1967.

[16] Li DZ. Comparative analysis of a large dataset indicates that internal transcribed spacer (ITS) should be incorporated into the core barcode for seed plants[J]. Proc Natl Acad Sci USA, 2011, 108: 19641-19646.

[17] 李朝銮. 中国葡萄科植物新分类群[J]. 应用与环境生物学报, 1996, 2: 43-53.

[18] Liu XQ, et al. Molecular phylogeny of *Cissus* L. of Vitaceae (the grape family) and evolution of its pantropical intercontinental disjunctions[J]. Mol Phylogenet Evol, 2013, 66: 43-53.

[19] Rossetto M, et al. Is the genus *Cissus* (Vitaceae) monophyletic? Evidence from plastid and nuclear ribosomal DNA[J]. Syst Bot, 2002, 27: 522-533.

[20] Molina JE, et al. Systematics and biogeography of the non-viny grape relative *Leea* (Vitaceae)[J]. Bot J Linn Soc, 2013, 171: 354-376.

[21] Nie ZL, et al. Molecular phylogeny and biogeographic diversification of *Parthenocissus* (Vitaceae) disjunct between Asia and North America[J]. Am J Bot, 2010, 97: 1342-1353.

[22] Chen PT, et al. The first phylogenetic analysis of *Tetrastigma* (Miq.) Planch. the host of Rafflesiaceae[J]. Taxon, 2011, 60: 499-512.

[23] 李朝銮, 吴征镒. 中国崖爬藤属 *Tetrastigma* (Miq.) Planch.植物系统分类研究[J]. 应用与环境生物学报, 1995, 1: 307-333.

[24] Fu YM, et al. Identification of species within *Tetrastigma* (Miq.) Planch. (Vitaceae) based on DNA barcoding techniques[J]. J Syst Evol, 2011, 49: 237-245.

[25] 孔庆山. 中国葡萄志[M]. 北京: 中国农业科学技术出版社, 2004.

[26] 王发松, 等. 中国葡萄属(*Vitis* L.)的系统研究[J]. 热带亚热带植物学报, 2000, 8: 1-10.

[27] 刘崇怀, 冯建灿. 中国葡萄属植物形态学聚类分组研究[J]. 植物遗传资源学报, 2011, 12: 847-854.

[28] Wan YZ, et al. A phylogenetic analysis of the grape genus (*Vitis* L.) reveals broad reticulation and concurrent diversification during neogene and quaternary climate change[J]. BMC Evol Biol, 2013, 13: 141-160.

[29] Zecca G, et al. The timing and the mode of evolution of wild grapes (*Vitis*)[J]. Mol Phylogenet Evol, 2012, 62: 736-747.

[30] 张永辉. 中国野生葡萄分类与系统进化的分子研究[D]. 北京: 中国农业科学院硕士学位论文, 2011.

[31] 李朝銮. 俞藤属—葡萄科一新属[J]. 云南植物研究, 1990, 12: 1-3.

Zygophyllaceae R. Brown (1814), *nom. cons.* 蒺藜科

特征描述：灌木，半灌木或草本。叶对生或互生，单叶、2 小叶至羽状复叶，常为肉质。花单生叶腋，或为聚伞或总状花序顶生；花两性，辐射对称，稀两侧对称；萼片和花瓣 4 或 5，覆瓦状或镊合状；雄蕊与花瓣同数，或为花瓣的 2-3 倍，花丝基部常有鳞状附属物；心皮合生，子房上位，3-5 室，稀 2-12 室，常为中轴胎座，胚珠 1 至多数。开裂蒴果，或为分裂果，少数为核果。花粉粒 3 孔沟或散孔，网状纹饰。昆虫传粉。种子多由风散布，有时也可附在动物的皮毛和脚掌上。

分布概况：22 属/约 280 种，分布于非洲，亚洲，澳大利亚和美洲的热带，亚热带干旱地区；中国 3 属/22 种，产西北干旱地区。

系统学评述：分子系统学研究将白刺属 *Nitraria*、骆驼蓬属 *Peganum* 从蒺藜科分出[1]，与 *Tetradiclis* 共同组成白刺科 Nitrariaceae[APW]。蒺藜科被划分为 5 亚科，包括 Zygophylloideae、Larreoideae、Seetzenioideae、Tribuloideae 和 Morkillioideae[APW,2]。Zygophylloideae 的单系性得到很好支持，该亚科被划分为 4 或 6 属，但各属间关系仍需进一步研究明确[2,3]。蒺藜科现有的分子系统学研究取样稀疏，科内属间及多数属内种间关系未能得到很好的解决。

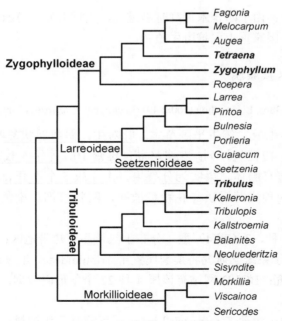

图 90　蒺藜科分子系统框架图（参考 Sheahan 和 Chase[2]；Beier 等[3]；Lia 等[4]）

分属检索表

1. *Tetraena* Maximowicz 四合木属

Tetraena Maximowicz (1889: 129); Liu & Zhou (2008: 50) (Type: *T. mongolica* Maximowicz)

    特征描述：灌木，幼枝和叶被叉状毛。叶对生或簇生，托叶干膜质。花单生叶腋；萼片 4；花瓣 4；雄蕊 8，2 轮，花丝基部具白色膜质附属物；子房 4 室。蒴果 4 瓣裂，花柱宿存。种子无胚乳。染色体 $2n=14$。

    分布概况：1/1（1）种，**15** 型；特产中国内蒙古。

    系统学评述：传统分类中四合木属为中国特有单种属。分子证据表明四合木 *T. mongolica* Maximowicz 嵌入驼蹄瓣属 *Zygophyllum* 中[2,3]。Beier 等[3]基于形态性状和分子证据对 Zygophylloideae 的系统关系进行了重新定义，将识别的 40 个种划入了四合木属，这些种大部分是从驼蹄瓣属中分出的。

    DNA 条形码研究：BOLD 网站有该属 1 种 2 个条形码数据；GBOWS 网站已有 1 种 4 个条形码数据。

    代表种及其用途：由于四合木青鲜时易燃烧，烧时出油，当地群众称为油柴。该种为残遗种，已被列为国家重点保护野生植物。

2. *Tribulus* Linnaeus 蒺藜属

Tribulus Linnaeus (1735: 386); Liu & Zhou (2008: 49) (Lectotype: *T. terrestris* Linnaeus)

    特征描述：一年生或二年生平卧草本。叶对生，偶数羽状复叶。花单生叶腋；萼片 5；花瓣 5，黄色，覆瓦状排列；花盘环状；雄蕊 10，外轮 5 枚较长，与花瓣对生，内轮 5 枚较短，基部有腺体。果实为分裂果，由 4 或 5 个不开裂的具刺的心皮组成。种子斜悬，无胚乳，种皮薄膜质。花粉粒散孔，网状纹饰。染色体 $2n=12$，24，30，36，48。

    分布概况：15/2 种，**2**（或 **4**）型；分布于热带和亚热带地区；中国南北均产。

    系统学评述：分子系统学研究将蒺藜属置于 Tribuloideae，并与 *Kelleronia* 近缘[APW]。

    DNA 条形码研究：BOLD 网站有该属 4 种 22 个条形码数据；GBOWS 网站已有 1 种 23 个条形码数据。

    代表种及其用途：蒺藜 *T. terrestris* Linnaeus 青鲜时可作饲料；果入药能平肝明目、散风行血。

3. *Zygophyllum* Linnaeus 驼蹄瓣属

Zygophyllum Linnaeus (1753: 386); Liu & Zhou (2008: 45) (Lectotype: *Z. fabago* Linnaeus).——*Sarcozygium*
 Bunge (1843: 26)

  特征描述：灌木，多年生草本，稀为一年生草本。<u>叶对生</u>，<u>2 小叶至羽状复叶</u>，稀
为单叶，<u>叶片扁平或棒状</u>，<u>肉质</u>。<u>花单生或成对</u>，<u>顶生或隐于托叶间</u>；萼片 4 或 5，有
时早落；花瓣和萼片同数，橘红色、白色或黄色，边缘有时具黄色的爪和鳞毛，很少缺
失；<u>雄蕊 8-10</u>，<u>花丝基部有鳞片状附属物</u>；子房 4-5 室，每室有胚珠 1 至数颗。蒴果有
翼或无翼，开裂或不开裂。花粉粒 3 孔沟，网状纹饰，极少穿孔。染色体 $2n$=16，18，
20，22，44。

  分布概况：约 100/19（2）种，**12-1 型**；分布于非洲，亚洲和澳大利亚的热带，亚
热带和温带干旱地区；中国产西北。

  系统学评述：驼蹄瓣属的分类长期存在问题。由于较大的形态变异和地理分布范围，
不同学者提出不同的观点，其单系性也被质疑[3]。Engler[5]将驼蹄瓣属划分为 17 组；而
van Huyssteen[6]结合果实和花丝特征，提出了包括 2 亚属 13 组的分类系统。Sheahan 等[2]
的分子证据表明，驼蹄瓣属隶属于 Zygophylloideae，且与 *Fagonia*、*Augea* 和 *Tetraena*
构成并系。Beier 等[3]增加取样，综合分子和形态性状对 Zygophylloideae 的研究显示，
该亚科分为 6 个分支，并重新将其定义为 6 属，包括 *Augea*、*Fagonia*、*Melocarpum*、
Tetraena、蹄瓣属和 *Roepera*。基于这一划分，传统上的驼蹄瓣属缩减为约 50 种，其他
种被归并到 *Melocarpum*、*Tetraena* 或 *Roepera*。Bellstedt 等[7]使用 *rbc*L 和 *trn*L-F 分子片
段对南非驼蹄瓣属进行了研究。然而，驼蹄瓣属更为全面清晰的系统关系还需增加不同
分布区类群取样以进一步研究。

  DNA 条形码研究：BOLD 网站有该属 31 种 81 个条形码数据；GBOWS 网站已有
10 种 82 个条形码数据。

  代表种及其用途：该属为重要的固沙植物，可以阻挡风沙前进；许多种类可以被骆
驼等动物食用，如驼蹄瓣 *Z. fabago* Linnaeus。

主要参考文献

[1] Savolainen V, et al. Phylogeny of the eudicots: a nearly complete familial analysis based on *rbc*L gene
  sequences[J]. Kew Bull, 2000, 55: 257-309.

[2] Sheahan MC, Chase MW. Phylogenetic relationships within Zygophyllaceae based on DNA sequences
  of three plastid regions, with special emphasis on Zygophylloideae[J]. Syst Bot, 2000, 25: 371-384.

[3] Beier BA, et al. Phylogenetic relationships and taxonomy of subfamily Zygophylloideae (Zygophyllaceae)
  based on molecular and morphological data[J]. Plant Syst Evol, 2003, 240: 11-39.

[4] Lia VV, et al. Molecular phylogeny of *Larrea* and its allies (Zygophyllaceae): reticulate evolution and
  the probable time of creosote bush arrival to North America[J]. Mol Phylogenet Evol, 2001, 21: 309-320.

[5] Engler A. Zygophyllaceae, Rutaceae, Simaroubaceae, Burseraceae[M]//Engler A, Prantl K. Die Natürlichen
  Pflanzenfamilien. 2nd ed. 19. Leipzig: W. Engelmann, 1931: 144-184.

[6] van Huyssteen D. Morphologisch-systematische studienüber die gattung *Zygophyllum* mit besonderer

berücksichtigung der Afrikanischen arten[D]. PhD thesis. Berlin: Friedrich-Wilhelms-Universität, 1937.

[7] Bellstedt D, et al. Phylogenetic relationships, character evolution and biogeography of southern African members of *Zygophyllum* (Zygophyllaceae) based on three plastid regions[J]. Mol Phylogenet Evol, 2008, 47: 932-949.

Fabaceae Lindley (1836), *nom. cons.* 豆科

　　特征描述：木本或草本，直立或部分攀援、匍匐。具含固氮菌的根瘤。叶常互生，多为一回或二回羽状复叶，较少为三小叶或掌状复叶，极少为单小叶、单叶或特化为叶状柄，常有托叶。花两性，稀单性；辐射或两侧对称，为总状、聚伞、穗状、头状或圆锥花序；萼片（3-）5（6）；花瓣（0-）5（6），常与萼片同数；雄蕊多数至定数，常10枚；雌蕊由单心皮组成，稀较多；雌蕊常由单心皮组成，稀较多，子房上位，侧膜胎座。荚果。胚乳常缺失。花粉粒3孔沟，网状纹饰。

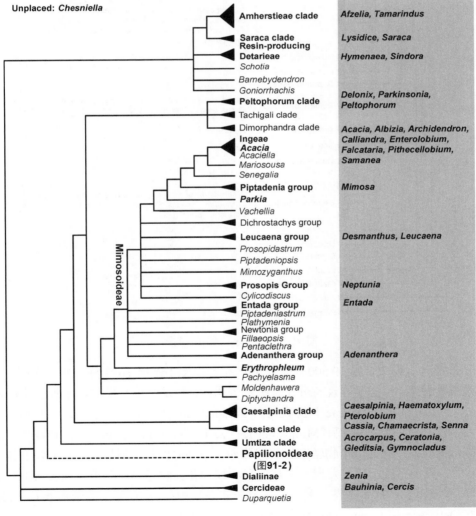

图 91-1　豆科分子系统框架图（参考 Legume Phylogeny Working Group[1]）

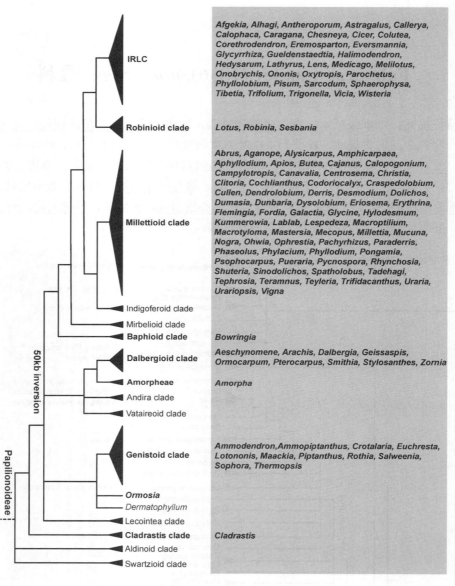

图 91-2　豆科分子系统框架图

分布概况：约 751 属/19 500 种，世界广布；中国 167 属/1673 种，南北均产。

系统学评述：形态学和现有分子证据都表明，豆科是个单系类群，与远志科 Polyga-laceae、皂皮树科 Quillajaceae 和海人树科 Surianaceae 亲缘关系较近[2-4]。该科通常被划分为 3 亚科，即含羞草亚科 Mimosoideae、云实亚科 Caesalpinioideae 和蝶形花亚科 Papilionoideae；亦有部分植物学家将其划分为 3 个独立的科，但这一观点并没有得到广泛认可[1]。分子系统学研究发现含羞草亚科和蝶形花亚科是单系类群，而云实亚科为并系类群，含羞草亚科和蝶形花亚科都嵌入到云实亚科中；云实亚科中的紫荆族 Cercideae、甘豆族 Detarieae 和 *Duparquetia* 为整个豆科的基部类群[1,5]。

分属检索表

key 1

1. 花辐射对称，花瓣在芽中镊合状排列，分离或连合；雄蕊多数或定数 ·········· key 3 (**II. 含羞草亚科 Mimosoideae**)
1. 花两侧对称，花瓣在芽中覆瓦状排列；雄蕊定数，常 10 枚
  2. 花萼常分离（紫荆族除外）；花稍两侧对称，近轴的 1 枚花瓣位于相邻两侧的花瓣之内，花丝通常分离 ·········· key 2 (**I. 云实亚科 Caesalpinioideae**)
  2. 花萼基部合生成管状；花明显两侧对称，花冠蝶形，旗瓣位于两翼瓣之外，龙骨瓣基部沿连接处合生成龙骨状；雄蕊通常为二体 (9+1) 或单体，稀分离 ·········· key 4 (**III. 蝶形花亚科 Papilionoideae**)

key 2

1. 单叶，全缘或 2 裂，有时分裂为 2 片小叶，具掌状脉 (**一、紫荆族 Cercideae**)
  2. 荚果无翅；能育雄蕊通常 3 枚或 5 枚，若为 10 枚，则花为白色、淡黄色或绿色 ·········· **1. 羊蹄甲属 Bauhinia**
  2. 荚果腹缝线上具狭翅；能育雄蕊 10 枚，花紫红色或红色 ·········· **2. 紫荆属 Cercis**
1. 一回或二回羽状复叶，具羽状脉
  3. 叶为一回羽状复叶
    4. 萼筒常明显；花药背着；药室纵裂 (**二、甘豆族 Detarieae**)
      5. 小苞片萼片状或花瓣状，完全包覆着花蕾；子房柄与花托内壁贴生 ·········· **8. 酸豆属 Tamarindus**
      5. 小苞片非萼片状或花瓣状；子房着生于花托中央，与其内壁离生
        6. 花瓣缺，萼片花瓣状 ·········· **6. 无忧花属 Saraca**
        6. 有花瓣
          7. 花瓣 1，稀 2
            8. 花瓣具长柄，远伸出于萼片之上；种子基部具角质假种皮 ·········· **3. 缅茄属 Afzelia**
            8. 花瓣无柄，被最上面一萼片所包被；种子具肉质假种皮 ·········· **7. 油楠属 Sindora**
          7. 花瓣 3 或 5
            9. 花紫红色或粉红色；能育雄蕊 2 枚；偶数羽状复叶有小叶 3-5 对 ·········· **5. 仪花属 Lysidice**
            9. 花白色；能育雄蕊 10 枚；叶仅有小叶 1 对 ·········· **4. 李叶豆属 Hymenaea**
    4. 萼筒几近于无；花药基着，极稀背着；药室孔裂或短纵裂 (**三、决明族 Cassieae**)
      10. 奇数羽状复叶；小叶互生 ·········· **12. 任豆属 Zenia**
      10. 偶数羽状复叶；小叶对生

11. 叶柄和叶轴上不具腺体；下部 3 个雄蕊的花丝较长，弯曲，上部 7 个短而直；荚果不开裂 ···················· 9. 决明属 *Cassia*
11. 叶柄和叶轴上具腺体或不具腺体；所有花丝直形；荚果开裂或不开裂
　12. 小苞片 2；荚果弹裂；瓣膜卷曲 ···················· 10. 山扁豆属 *Chamaecrista*
　12. 小苞片无；荚果不开裂或缓慢从一侧或两侧开裂，瓣膜不卷曲 ···················· 11. 番泻决明属 *Senna*

3. 叶通常为二回羽状复叶，如果为一回羽状复叶（长角豆属），则花瓣缺 **（四、云实族 Caesalpinieae）**
　13. 叶为一回羽状复叶；花瓣缺 ···················· 15. 长角豆属 *Ceratonia*
　13. 叶为二回羽状复叶；具花瓣
　　14. 花杂性或雌雄异株
　　　15. 植株无刺；花较大；荚果肥厚肿胀 ···················· 19. 肥皂荚属 *Gymnocladus*
　　　15. 植株常具分枝的枝刺；花小；荚果扁平 ···················· 18. 皂荚属 *Gleditsia*
　　14. 花两性
　　　16. 植株无刺，高大乔木
　　　　17. 花特大，直径超过 7cm，鲜艳美丽 ···················· 16. 凤凰木属 *Delonix*
　　　　17. 花小或中等大，直径不超过 3cm
　　　　　18. 雄蕊 5 枚；花红色 ···················· 13. 顶果木属 *Acrocarpus*
　　　　　18. 雄蕊 10 枚；花黄色或淡黄绿色
　　　　　　19. 荚果两缝线均具翅 ···················· 22. 盾柱木属 *Peltophorum*
　　　　　　19. 荚果无翅 ···················· 17. 格木属 *Erythrophleum*
　　　16. 植株通常具刺，多为攀援灌木，亦有乔木
　　　　20. 花不整齐，上方的一花瓣较大或较小
　　　　　21. 叶轴和小叶正常；种子无胚乳 ···················· 14. 云实属 *Caesalpinia*
　　　　　21. 叶轴极扁，小叶退化；种子具胚乳 ···················· 21. 扁轴木属 *Parkinsonia*
　　　　20. 花近整齐
　　　　　22. 子房具短柄；荚果无翅 ···················· 20. 采木属 *Haematoxylum*
　　　　　22. 子房无柄；荚果翅果状 ···················· 23. 老虎刺属 *Pterolobium*

key 3
1. 雄蕊 10 枚或较少 **（五、含羞草族 Mimoseae）**
　2. 药隔顶端有脱落性腺体

3. 总状、穗状或圆锥花序，花序下部无中性花
   4. 常具卷须；荚果成熟后瓣膜横隔成小节，逐节脱落；种子大，无马蹄形痕，无胚乳 ⋯⋯ **26. 榼藤属 Entada**
   4. 不具卷须；荚果成熟后沿缝线开裂，果瓣旋卷；种子小，具马蹄形痕，有胚乳 ⋯⋯ **24. 海红豆属 Adenanthera**
3. 头状花序，花序下部为中性花或不育雄花
   5. 草本；花萼裂片镊合状排列 ⋯⋯ **29. 假含羞草属 Neptunia**
   5. 乔木；花萼裂片覆瓦状排列 ⋯⋯ **30. 球花豆属 Parkia**
2. 药隔顶端无腺体
   6. 植株具刺；叶常很敏感，触之即闭合而下垂；荚果成熟时横裂为数节脱落但残留线于果柄上 ⋯⋯ **28. 含羞草属 Mimosa**
   6. 植株不具刺；叶不敏感；荚果成熟时沿缝线纵裂 ⋯⋯ **27. 银合欢属 Leucaena**
   7. 乔木或灌木；荚果带状，种子横列 ⋯⋯ **25. 合欢草属 Desmanthus**
   7. 草本或小灌木；荚果线形，种子纵列或斜列
1. 雄蕊多数，常 10 枚以上
   8. 花丝分离（稀仅基部连合）（六，金合欢族 **Acacieae**） ⋯⋯ **31. 金合欢属 Acacia**
   8. 花丝连合成管状（七，印加树族 **Ingeae**）
   9. 荚果开裂为 2 瓣
     10. 具假种皮和托叶刺 ⋯⋯ **37. 牛蹄豆属 Pithecellobium**
     10. 不具假种皮，极少具托叶刺
       11. 果瓣开裂时自顶端向基部翻转，具马蹄形痕 ⋯⋯ **34. 朱缨花属 Calliandra**
       11. 果瓣开裂时不自顶端向基部翻转，不具马蹄形痕 ⋯⋯ **33. 猴耳环属 Archidendron**
   9. 荚果不开裂或迟裂
     12. 荚果卷曲或弯作肾形 ⋯⋯ **35. 象耳豆属 Enterolobium**
     12. 荚果劲直
       13. 穗状花序 ⋯⋯ **36. 南洋楹属 Falcataria**
       13. 头状或伞形花序
         14. 荚果扁平，薄；种子间无横隔 ⋯⋯ **32. 合欢属 Albizia**
         14. 荚果肉质，厚；种子间有横隔 ⋯⋯ **38. 雨树属 Samanea**

key 4
1. 花丝全部分离，或在近基部处部分连合，花药同型

2. 奇数羽状复叶（仅藤槐和单叶红豆为单叶），托叶和小托叶有或无；花萼通常具近等长的 5 短齿；乔木、灌木、藤本、稀草本（八、槐族 Sophoreae）

  3. 叶为单叶

    4. 攀援灌木或藤本；萼齿较短 ·· 40. 藤槐属 Bowringia

    4. 乔木或灌木，非攀援状；萼齿长于萼筒 ·· 43. 红豆属 Ormosia

  3. 叶为复叶

    5. 顶生小叶退化成针刺，植株被银白色毛 ·································· 39. 银砂槐属 Ammodendron

    5. 顶生小叶正常，植株不被银白色毛

      6. 荚果圆柱形，串珠状 ·· 45. 槐属 Sophora

      6. 荚果扁平或侧压两侧扁，不为串珠状

        7. 腋芽包裹于膨大的叶柄内，小叶常互生 ················· 41. 香槐属 Cladrastis

        7. 腋芽不为膨大的叶柄包裹，小叶常对生

          8. 花簇生枝顶，小叶贝合状而为线形 ·············· 44. 冬麻豆属 Salweenia

          8. 花多数为总状或圆锥花序，小叶平展，不为贝合状

            9. 荚果两侧压扁至圆柱形，无翅 ·················· 43. 红豆属 Ormosia

            9. 荚果扁平，常沿腹缝线延伸成狭翅 ············ 42. 马鞍树属 Maackia

2. 掌状三小叶（仅沙冬青为单叶），托叶常与叶柄连合甚至抱茎，无小托叶；灌木或草本（十、野决明族 Thermopsideae）

  10. 灌木

    11. 托叶大，在叶柄相对，贴茎生，脱落后留存环茎的叶痕；花无小苞片 ········ 48. 黄花木属 Piptanthus

    11. 托叶小，分生，贴生叶柄，不环茎；小苞片 2 枚生于花萼下端 ··· 47. 沙冬青属 Ammopiptanthus

  10. 草本 ··· 49. 野决明属 Thermopsis

1. 花丝全部或大部分连合成雄蕊管，雄蕊单体或二体（9+1），花药同型，近同型或二型

  12. 花丝两型，即着生基着交互，有时长短交互排列

    13. 花丝上部肿大或扩展，常具刺和腺毛（二十七、车轴草族 Trifolieae）

    13. 花丝上部大也不扩展 ····································· 160. 芒柄花属 Ononis

  12. 花丝全部分连大部分连合成雄蕊管，雄蕊单体或二体（9+1），花药同型，近同型或二型

  14. 荚果横向分节并断裂成具单粒种子的荚节（十四、合萌族 Aeschynomeneae）

    15. 托叶基部不下延

      16. 托叶不与叶柄贴生；小叶 9-17

      16. 托叶大部分或部分与叶柄贴生；小叶 3-4 ············ 59. 链荚木属 Ormocarpum

17. 小叶 4 枚; 荚果地下结实, 荚果长椭圆形 ·················· **57.** 落花生属 *Arachis*
17. 小叶 3 枚; 荚果非地下结实, 荚果扁平 ·················· **61.** 笔花豆属 *Stylosanthes*
15. 托叶基部下延成盾状或两长耳
  18. 每叶具小叶 8 至多数, 苞片小, 不包被花和果; 有小苞片
    19. 荚果具扁平的荚节, 不包藏于萼内 ·················· **56.** 合萌属 *Aeschynomene*
    19. 荚果具褶叠的荚节, 包藏于萼内 ·················· **60.** 坡油甘属 *Smithia*
  18. 每叶具小叶 2 或 4; 苞片大, 包被花和果; 有小苞片
    20. 偶数羽状复叶具小叶 4, 不具透明腺点; 荚果具荚节 1-2 ·················· **58.** 睫苞豆属 *Geissaspis*
    20. 掌状复叶具小叶 2, 稀 4, 具透明腺点; 荚果具荚节 2-7 ·················· **62.** 丁葵草属 *Zornia*
14. 荚果不横向分节或成如分节时也不断裂成荚节
  21. 藤本; 荚果常被褐黄色螫毛 (十八, 菜豆族 **Phaseoleae**) ·················· **101.** 黎豆属 *Mucuna*
  21. 植株直立
    22. 奇数羽状复叶, 小叶 (3) 5-17 (二十四, 山羊豆族 **Galegeae**) ·················· **143.** 甘草属 *Glycyrrhiza*
    22. 掌状复叶具 3 小叶, 有时仅 1 小叶或为单叶 (十一, 猪屎豆族 **Crotalarieae**)
      23. 雄蕊同型; 荚果多扁平 ·················· **52.** 落地豆属 *Rothia*
      23. 雄蕊二型, 花药背着, 花丝较长的 5 枚雄蕊与花药基着, 花丝较短的 5 枚雄蕊互生; 荚果多膨胀
        24. 萼 5 裂或上方 2 齿多少合生; 荚果稍膨胀 ·················· **50.** 猪屎豆属 *Crotalaria*
        24. 上方 4 萼齿成对合生; 荚果不分成长短交互而生 ·················· **51.** 罗顿豆属 *Lotononis*
12. 花药同型或近同型
  25. 花丝顶端全部或部分膨大下延
    26. 叶片两面具白色腺毛 (二十六, 鹰嘴豆族 **Cicereae**) ·················· **157.** 鹰嘴豆属 *Cicer*
    26. 叶片两面不具白色腺毛
      27. 叶片退化成腺点; 小叶全缘, 侧脉不伸到叶缘 (二十二, 百脉根族 **Loteae**) ·················· **136.** 百脉根属 *Lotus*
      27. 叶片不为腺点; 小叶边缘具锯齿, 侧脉直伸到叶缘具锯齿 (二十七, 车轴草族 **Trifolieae**) ·················· **162.** 车轴草属 *Trifolium*
  25. 花丝顶端丝状, 不膨大下延
    28. 荚果成熟时明显横向缢缩, 断裂成荚节, 每节具 1 粒种子
      29. 具小托叶 (十九, 山蚂蝗族 **Desmodieae**)
        30. 枝节上具锐利而直的三叉硬刺 ·················· **131.** 三叉刺属 *Trifidacanthus*

44. 托叶细小，锥形，脱落；小叶侧脉近叶缘处弧状弯曲
  45. 每苞片内仅有一朵花，脱落；不具蜜腺，龙骨瓣向内弯曲且锐尖 ·············· 118. 杭子梢属 *Campylotropis*
  45. 每苞片内具两朵花，具平圆形的蜜腺，龙骨瓣首且钝 ·············· 125. 胡枝子属 *Lespedeza*
43. 叶为具多数小叶的羽状复叶或为单叶（二十五、岩黄耆族 **Hedysareae**）
  46. 单叶 ·············· 149. 骆驼刺属 *Alhagi*
  46. 羽状复叶中或单叶轴退化而成为掌状复叶
    47. 偶数羽状复叶，叶轴常长于最后一对小叶，或叶轴呈掌状
      48. 花单生，稀 2-5 朵组成小伞形花序，花梗具关节 ·············· 151. 锦鸡儿属 *Caragana*
      48. 总状花序，总花梗细长，花梗不具关节 ·············· 154. 铃铛刺属 *Halimodendron*
    47. 叶为奇数羽状复叶
      49. 植株具刺 ·············· 153. 刺豆属 *Eversmannia*
      49. 植株不具刺
        50. 托叶大，膜质或草质，与叶柄基部合生 ·············· 150. 丽豆属 *Calophaca*
        50. 托叶与叶对生
          51. 荚果背缝具沟槽；旗瓣在花期不反卷，龙骨瓣具耳，其长于龙骨瓣的一半；小灌木类群茎干明显；花冠宿存于茎节 ·············· 152. 山竹子属 *Corethrodendron*
          51. 荚上；托叶脱落，花粉具 3 拟孔沟
          51. 荚果背缝线合生成具翅；旗瓣在花期反卷，龙骨瓣的耳长度小于龙骨瓣的一半；多年生草本，若为小灌木则茎干不明显；花冠在荚果成熟时脱落，托叶宿而不落或脱落，花粉具 3 沟或 3 拟孔沟 ·············· 155. 岩黄耆属 *Hedysarum*
28. 荚果成熟时不断裂成荚节，具 1 至多数种子
  52. 植株具丁字毛
    53. 种子间不具隔膜；药隔顶端不具硬尖或腺点（二十四、山羊豆族 **Galegeae**）
      54. 雄蕊单体；荚果近四棱形 ·············· 138. 黄耆属 *Astragalus*
      54. 雄蕊二体；荚果线形或圆柱形
    53. 种子间具隔膜；药隔顶端具硬尖或腺点（十五、木蓝族 **Indigofereae**）
      54. 雄蕊单体；荚果近四棱形 ·············· 63. 瓜儿豆属 *Cyamopsis*
      54. 雄蕊二体；荚果线形或圆柱形 ·············· 64. 木蓝属 *Indigofera*
  52. 植株无毛或被丁字毛
    55. 雄蕊单体，花丝连合成多少闭合的雄蕊管
      56. 荚果呈半圆形或鸡冠状，通常具皮刺（二十五、岩黄耆族 **Hedysareae**）·············· 156. 驴食豆属 *Onobrychis*
      56. 荚果不呈半圆形或鸡冠状（十六、崖豆藤族 **Millettieae**）

71. 花柱常膨大，变扁或旋卷，常具髯毛，如花柱无毛和为圆柱形，则旗瓣和花骨瓣具细小附属体；种脐通常具海绵状残留物
 72. 花柱侧向扁平 ·····97. 扁豆属 *Lablab*
 72. 花柱圆柱形或稍背腹扁平
  73. 植株被钩状毛 ·····105. 菜豆属 *Phaseolus*
  73. 植株不被钩状毛
   74. 翼瓣长于旗瓣，花柱 2 次作 90° 弯曲 ·····98. 大翼豆属 *Macroptilium*
   74. 翼瓣短于旗瓣，花柱不作 2 次 90° 弯曲
    75. 荚果具 4 纵翅 ·····107. 四棱豆属 *Psophocarpus*
    75. 荚果不具 4 纵翅
     76. 柱头侧生，托叶基部延伸 ·····115. 豇豆属 *Vigna*
     76. 柱头顶生，托叶基部不延伸
      77. 旗瓣基部无附属体 ·····91. 镰瓣豆属 *Dysolobium*
      77. 旗瓣基部具附属体
       78. 旗瓣基部有短附属体，花柱上部膨胀增厚 ·····88. 镰扁豆属 *Dolichos*
       78. 旗瓣基部有狭长、片状附属体，花柱上部纤细 ·····99. 硬皮豆属 *Macrotyloma*
71. 花柱通常为圆柱形无髯毛；种脐通常无海绵状残留物
 79. 花通常倒置；花萼内面无毛；花柱莢、画笔状或远端具髯毛；花冠常被毛：小叶 3、1 或 5-9 片，常有小钩状毛
  80. 旗瓣背面具 1 明显短距 ·····85. 距瓣豆属 *Centrosema*
  80. 旗瓣背面无短距 ·····86. 蝶豆属 *Clitoria*
 79. 花不倒置，如个别倒置则其他各点与上述不同
  81. 旗瓣外面被绢毛，种子光滑，具凸起的假种皮；花序无结节或略具结节 ·····103. 拟大豆属 *Ophrestia*
  81. 旗瓣无毛，如果被毛，则花序通常具明显结节或其花多变化
   82. 花通常适应鸟媒或蝙蝠媒，花瓣不等长，若适应蜂媒，则花柱上部旋卷或为大型圆锥花序和荚果翅果状

83. 直立乔木或灌木，茎具皮刺；龙骨瓣比旗瓣短得多 ……………………………………………………………… 93. 刺桐属 Erythrina
83. 藤本，稀乔木，茎不具皮刺；花瓣中龙骨瓣最大
　84. 花柱旋卷
　　85. 叶干后变黑色，具 3 小叶 …………………………………………………………………………… 87. 旋花豆属 Cochlianthus
　　85. 叶干后绿色，具 (3) 5-7 (9) 小叶 ………………………………………………………………………… 80. 土圞儿属 Apios
　84. 花柱不旋卷
　　86. 花粉红色，紫色或白色，长 0.5-1cm ………………………………………………………………… 112. 密花豆属 Spatholobus
　　86. 花黄色到深红色，长 1.5-8cm ……………………………………………………………………………… 81. 紫矿属 Butea
82. 花通常适应蜂媒，若适应鸟媒则花瓣近等长
　87. 花序通常具结节；种子各式，无明显假种皮
　　88. 柱头侧生至近顶生，子房被疏柔毛，毛延伸至花柱形成假髯毛
　　……… 104. 豆薯属 Pachyrhizus
　　88. 柱头顶生，花柱无毛
　　　89. 花萼为明显的二唇形；雄蕊单体；荚果带状至长圆形，扁或略膨胀 ………………………… 84. 刀豆属 Canavalia
　　　89. 花萼为明显的二唇形；雄蕊二体；荚果线形
　　　　90. 花萼上唇 2 裂片完全合生 ………………………………………………………………………… 95. 乳豆属 Galactia
　　　　90. 花萼上唇裂片微裂至大部分分离（花萼 5 裂）…………………………… 83. 毛蔓豆属 Calopogonium
　87. 花序不具几无结节；种子光滑或具小凸点，有假种皮
　　91. 荚果不裂
　　　92. 苞片早落；种子多数 ………………………………………………………………………………… 100. 闭荚藤属 Mastersia
　　　92. 苞片花后增大，叶状，兜状折叠；种子 1 粒 …………………………………………………… 106. 苞护豆属 Phylacium
　　91. 荚果开裂
　　　93. 发育雄蕊与败育雄蕊互生；荚果先端具宿存的喙状花柱 …………………………………… 113. 软荚豆属 Teramnus
　　　93. 雄蕊全育；荚果先端不具宿存的喙状花柱
　　　　94. 茎为明显四棱柱状，具倒生褐色毛 …………………………………………………………… 114. 琼豆属 Teyleria
　　　　94. 茎通常不为明显的四棱柱状，毛非倒生

95. 叶具单小叶 ......**102. 土黄芪属** *Nogra*

95. 叶具 3 小叶

  96. 翼瓣和龙骨瓣的瓣柄长于瓣片；种子表面光滑，种脐周围无干膜质种阜；子房壁通常透明

    97. 花萼先端截形；花黄色 ......**89. 山黑豆属** *Dumasia*

    97. 花萼裂片明显，三角形；花通常红紫色、紫色、蓝色或白色，不为黄色 ......**110. 宿苞豆属** *Shuteria*

      98. 荚果子种子间具隔膜，具小苞片 ......**79. 两型豆属** *Amphicarpaea*

      98. 荚果子种子间不具隔膜，不具小苞片

  96. 翼瓣和龙骨瓣的瓣柄短于瓣片；种子表面通常粗糙，种脐周围通常具干膜质种阜；子房壁不透明

    99. 花序每节具 2 至多花 ......**108. 葛属** *Pueraria*

    99. 花序每节具 1 花

      100. 柱头漏斗状；种子间无隔膜；花长 12mm 以上 ......**111. 华扁豆属** *Sinodolichos*

      100. 柱头头状；种子间有隔膜；花长 9mm 以下 ......**96. 大豆属** *Glycine*

58. 叶为羽状复叶，小叶通常多数

  101. 叶片具腺点，花冠退化，仅具旗瓣（十二，紫穗槐族 Amorpheae） ......**53. 紫穗槐属** *Amorpha*

  101. 叶片不具腺点；花冠正常

    102. 荚果不裂；无小托叶（十三，黄檀族 Dalbergieae）

      103. 乔木，花黄色；荚果圆形，扁平，边缘有阔而硬的翅 ......**55. 紫檀属** *Pterocarpus*

      103. 乔木，灌木或木质藤本；花冠白色，淡绿色或紫色；荚果长圆形或带状，翅果状 ......**54. 黄檀属** *Dalbergia*

    102. 荚果开裂或有时仅在顶端开裂

      104. 叶轴先端有卷须或为针刺状

        105. 雄蕊 9 枚，对旗瓣的 1 枚退化；总状花序腋生；旗瓣瓣柄多少与雄蕊管连合（十七，相思子族 Abreae） ......**78. 相思子属** *Abrus*

105. 雄蕊 10 枚；花单生或总状花序或数朵簇生于叶腋；旗瓣瓣柄与雄蕊管分离（二十八、野豌豆族 Fabeae）
 106. 花柱圆柱状，在其上部周围围被毛，或压扁于顶端远轴面具 1 束髯毛，雄蕊管口通常偏斜 ……167. 野豌豆属 *Vicia*
 106. 花柱扁，在其上部近轴面被髯毛，雄蕊管口截形或稀有偏斜
  107. 花柱向远轴面纵折 ……166. 豌豆属 *Pisum*
  107. 花柱不纵折
   108. 种子双凸透镜状；花萼较花冠稍长 ……165. 兵豆属 *Lens*
   108. 种子不为双凸透镜状；花萼较花冠短 ……164. 山黧豆属 *Lathyrus*
104. 叶轴先端无卷须或不为针刺状
109. 荚果肿胀（二十四、山羊豆族 Galegeae）
 110. 花柱被髯毛，有时在柱头下的一侧只有簇状毛；翼瓣与龙骨瓣分离
  111. 叶不发育，鳞片状 ……142. 无叶豆属 *Eremosparton*
  111. 叶片正常，奇数羽状复叶
   112. 旗瓣瓣柄上部具 2 胼胝体 ……141. 鱼鳔槐属 *Colutea*
   112. 旗瓣瓣柄上部不具 2 胼胝体
    113. 无毛或被丁字毛；荚果膨胀，近球形 ……147. 苦马豆属 *Sphaerophysa*
    113. 被单毛；荚果狭椭圆形至卵形 ……146. 膨果豆属 *Phyllolobium*
 110. 花柱光滑，但有时上有柔毛或被画笔状毛；翼瓣与龙骨瓣常连锁
  114. 花萼基部偏斜，上部一侧多少突起；翼瓣具羽状脉；荚果裂后瓣膜卷曲
   115. 茎明显；托叶膜质，与叶柄分离 ……140. 旱雀豆属 *Chesniella*
   115. 茎短缩成无茎状；托叶草质，与叶柄基部贴生 ……139. 雀儿豆属 *Chesneya*
  114. 花萼基部不偏斜或略偏斜；翼瓣具掌状脉；荚果瓣膜不卷曲
   116. 龙骨瓣略短于或等长于翼瓣；花柱长子房 ……145. 棘豆属 *Oxytropis*
   116. 龙骨瓣为翼瓣一半长；花柱短于子房近等长
    117. 托叶合生至 2/3 处左右，抱茎并与叶对生；花萼上方 2 齿分合生 ……148. 高山豆属 *Tibetia*
    117. 托叶分离，于叶柄基部贴生；花萼上方 2 齿分离 ……144. 米口袋属 *Gueldenstaedtia*
109. 荚果扁平

118. 花单生，簇生或为腋生总状花序
  119. 奇数羽状复叶（二十三，刺槐族 Robinieae） ·············137. 刺槐属 *Robinia*
  119. 偶数羽状复叶（二十一，田菁族 Sesbanieae） ·············135. 田菁属 *Sesbania*
118. 总状花序顶生，与叶对生或于枝顶组成圆锥花序，稀腋生（十六，崖豆藤族 Millettieae）
  120. 总状或圆锥花序；每苞片内具 1 花
    121. 苞片较大，宿存，完全包被花芽直至开花
      122. 旗瓣基部具 2 囊状胼胝体；子房密被绒毛 ·············65. 猪腰豆属 *Afgekia*
      122. 旗瓣基部无胼胝体；子房无毛 ·············75. 耀花豆属 *Sarcodum*
    121. 苞片早落或未完全包被花芽
      123. 直立乔木；无小托叶；荚果 2 瓣裂，常仅具 1 粒种子 ······67. 肿荚豆属 *Antheroporum*
      123. 藤本，攀援灌木或乔木；具小托叶或早落；荚果不裂或迟裂，具种子 1-10 粒 ·············77. 紫藤属 *Wisteria*
        124. 花序下垂；种子间缢缩
        124. 花序不下垂；种子间不缢缩
          125. 沿腹缝线有翅或背腹，背两缝线均有翅 ······66. 双束鱼藤属 *Aganope*
          125. 背，腹缝线均无翅 ·············68. 鸡血藤属 *Callerya*
  120. 常 2-3 花聚集于短缩的圆柱状花节上，再组成假总状或假圆锥花序；每苞片内具 2-3 花 ·············76. 灰毛豆属 *Tephrosia*
    126. 草本
    126. 木本
      127. 胚珠 2
        128. 乔木；无小托叶；旗瓣瓣柄上有 2 枚附属物 ·············74. 水黄皮属 *Pongamia*
        128. 灌木；具小托叶；旗瓣瓣柄上无附属物 ·············71. 干花豆属 *Fordia*
      127. 胚珠 4-10
        129. 花冠紫色，粉红色，白色或董青色；荚果缝线上无翅 ······72. 崖豆藤属 *Millettia*
        129. 花冠红色；腹缝具窄翅 ·············69. 巴豆藤属 *Craspedolobium*

I. Caesalpinioideae 云实亚科

一、Cercideae 紫荆族

1. *Bauhinia* Linnaeus 羊蹄甲属

Bauhinia Linnaeus (1753: 374); Chen et al. (2010: 6) (Type: *B. divaricata* Linnaeus)

特征描述：乔木、灌木或攀援藤本。<u>单叶</u>，<u>全缘</u>，<u>常先端凹缺或分裂为 2 裂片</u>；基出脉 3-15 条，<u>中脉常具一小芒尖</u>。花常两性，单生或组成总状、伞房或圆锥花序；<u>花托短陀螺状或延长为圆筒状</u>；<u>萼片花期分为 2-5 片</u>；<u>花瓣 5 片</u>，<u>略不等</u>，<u>常具瓣柄</u>；能育雄蕊 2、3、5 或 10，<u>花药背着</u>，纵裂；<u>子房常具柄</u>，有胚珠 1 至多数。<u>荚果长圆形、带状或线形</u>，常扁平，<u>开裂</u>，稀不裂。种子圆形或卵形，扁平，有或无胚乳。花粉粒 3 孔沟，网状、条纹状、颗粒状或棒状纹饰。染色体 $2n=24$，26，28，42，56。

分布概况：约 300/47（23）种，**2（→14）**型；广布热带地区；中国产华南和西南。

系统学评述：此处定义的为广义的羊蹄甲属，隶属于紫荆族，是个并系类群。广义的羊蹄甲属被不同学者划分为 26 属，Wunderlin 等[6]将许多狭义的属进行了归并，并将羊蹄甲亚属划分为 9 组 2 亚组和 19 系。Lewis 和 Forest[7]定义的广义羊蹄甲分支包含 9 个狭义的属，即 *Barklya*、*Bauhinia s.s.*、*Gigasiphon*、*Lasiobema*、*Lysiphyllum*、*Phanera*、*Piliostigma*、*Schnella* 和 *Tylosema*。Sinou 等[8]基于 *trn*L-F 分子片段研究了羊蹄甲属及其近缘属的系统学关系，研究表明 *Brenierea* 嵌入到广义羊蹄甲属内，广义的羊蹄甲属主要分为两大支：*Brenierea-Bauhinia s.s.-Piliostigma* 分支和 *Gigasiphon-Tylosema-Barklya-Phanera-Lasiobema-Lysiphyllum* 分支。张瑞泉[9]基于 ITS 片段对世界范围内代表羊蹄甲 4 亚属 56 种的系统发育重建，结果表明羊蹄甲属被分为 1 支，第 1 分支由羊蹄甲亚属 *Bauhinia* subgen. *Bauhinia* 和 *B.* subgen. *Elayuna* 构成；以显托亚属 *B.* subgen. *Phanera* 为主的类群和来自澳大利亚的类群 *B.* subgen. *Barklya* 构成第 2 分支；在显托亚属中，虽然主要的类群 *B.* sect. *Phanera*、*B.* sect. *Lasiobema*、*B.* sect. *Tubicalyx* 都不是单系类群，但 *B.* ser. *Fulvae*、*B.* ser. *Corymbosae* 等都构成单系。

DNA 条形码研究：BOLD 网站有该属 78 种 133 个条形码数据；GBOWS 网站已有 11 种 61 个条形码数据。

代表种及其用途：该属部分种类为美丽的庭园观赏树种，如白花羊蹄甲 *B. acuminata* Linnaeus、红花羊蹄甲 *B. × blakeana* Dunn 及羊蹄甲 *B. purpurea* Linnaeus 等；一些种类的根皮和花可作药用，如黄花羊蹄甲 *B. tomentosa* Linnaeus 等。

2. *Cercis* Linnaeus 紫荆属

Cercis Linnaeus (1753: 374); Chen et al. (2010: 5) (Lectotype: *C. siliquastrum* Linnaeus)

特征描述：灌木或乔木。<u>单叶互生</u>，<u>具掌状脉</u>，<u>叶片呈两种类型</u>：湿润环境下物种叶片较薄、心形、先端渐尖；半干旱环境下物种叶片较厚、常为肾形、先端钝圆；托叶小、早落。花两性，两侧对称，常先叶开放，紫红、粉红或白色，排成总状花序单生于老枝上或聚生成花束簇生于老枝或主干上；苞片鳞片状；花萼阔钟状，先端 5 裂；花瓣5，近蝶形，但旗瓣最小且位于最里面。荚果狭长圆形，扁平，沿腹缝线常有狭翅。种子 2 至多数，无胚乳。花粉粒 3 孔沟，网状纹饰。染色体 $2n=14$。

分布概况：9/5（5）种，**8（9）**型；分布于地中海，中亚及北美；中国产西南至东南。

系统学评述：紫荆属是个单系类群，为紫荆族及整个豆科的基部类群，与该族其他类群是姐妹群关系[10,11]。Davis 等[12]基于 ITS 和叶绿体片段 *ndh*F 的分子系统学研究表明，北美类群和欧亚大陆西部类群嵌套在中国类群中，北美类群的 2 个种并没有聚在一起。Fritsch 和 Cruz[13]基于 5 个分子片段对紫荆属 8 个种的系统发育重建结果表明，产自中国的黄山紫荆 *C. chingii* Chun 为紫荆属的基部类群，其余 7 个种聚为两大支；产自中国的 3 个特有种聚为第 1 支，垂丝紫荆 *C. racemosa* Oliver 和湖北紫荆 *C. glabra* Pampanini 首先聚为 1 支，然后再与紫荆 *C. chinensis* Bunge 互为姐妹群；第 2 支中，产自北美的 *C. canadensis* Linnaeus 和 *C. occidentalis* Torrey ex A. Gray 首先聚在一起，然后再与产自地中海地区的 *C. siliquastrum* Linnaeus 互为姐妹群，产自中亚的 *C. griffithii* Boisser 位于该支最基部。

DNA 条形码研究：ITS 片段在种间分辨率相对较高[13]，可作为该属条形码研究参考片段。BOLD 网站有该属 14 种 54 个条形码数据；GBOWS 网站已有 2 种 15 个条形码数据。

代表种及其用途：多数种类可作优良观赏园林植物，同时树皮可入药，如紫荆 *C. chinensis* Bunge 等。

二、Detarieae 甘豆族

3. *Afzelia* Smith 缅茄属

Afzelia Smith (1798: 221), *nom. cons.* ; Chen et al. (2010: 24) (Type: *A. africana* Smith ex Persoon)

特征描述：乔木。偶数羽状复叶，小叶数对，革质；托叶早落。花两性，具梗，圆锥花序顶生；苞片和小苞片卵形，较厚，不具颜色；花萼管状，萼管长，倒锥状，喉部具一花盘，裂片 4，略不等，覆瓦状排列，革质；花瓣 1 片，大，近圆形或肾形，具瓣柄，其他的退化或缺；子房具柄，胚珠多数。荚果长圆形至菱形，厚，木质，2 瓣裂，种子间有隔膜。种子卵形或长圆形，基部有角质的假种皮状种柄，无胚乳。染色体 $2n=24$。

分布概况：约 12/1 种，（**6**）型；分布于非洲和亚洲热带地区；中国栽培于云南、广东、广西、海南等。

系统学评述：Cowan 和 Polhill[14]将缅茄属归入甘豆族的 *Hymenostegia* group。Bruneau 等[15]基于 *trn*L 和 *mat*K 片段对云实亚科进行系统发育重建表明，*Afzelia* 是个单系类群，聚到了 Amherstieae 分支，并与 *Intsia* 和 *Brodriguesia* 聚为 1 支且得到较高的支持率。

目前该属尚无较为全面的分子系统学研究报道，亟待进一步研究。

DNA 条形码研究：BOLD 网站有该属 4 种 6 个条形码数据；GBOWS 网站已有 1 种 4 个条形码数据。

代表种及其用途：一些种类是重要的商业用材，多用于建筑及造船，如 *A. quanzensis* Welwitsch；一些种类的种子可用于雕刻，植株亦可药用，用于治疗牙痛和眼病，如缅茄 *A. xylocarpa* (Kurz) Craib。

4. *Hymenaea* Linnaeus 孪叶豆属

Hymenaea Linnaeus (1753: 1192); Chen et al. (2010: 24) (Type: *H. courbarii* Linnaeus)

特征描述：乔木。小叶 1 对，孪生，全缘，厚革质，具透明腺点。花白色，排成顶生的伞房状圆锥花序；花萼管状，上部膨大成钟状，4 裂，裂片厚革质；花瓣 5 或 3，近等大或前方 2 片小而呈鳞片状；雄蕊 10，全育，离生；子房具短柄，胚珠数颗。荚果核果状，斜倒卵形或长圆形，厚革质或木质，表面粗糙或具疣状凸起，不开裂。种子少数，形状不一，种皮坚硬，无胚乳和假种皮。花粉粒 3 孔沟，网状纹饰。染色体 2n=24。

分布概况：约 26/2 种，（**2-2**）型；分布于美洲和非洲热带地区；中国广东和台湾引种栽培。

系统学评述：Cowan 和 Polhill[14]将 *Hymenaea* 与 *Peltogyne* 归入甘豆族的 *Hymenostegia* group。Herendeen 等[11]基于形态和分子证据表明 *Hymenaea* 是个单系类群，与 *Guibourtia* 是姐妹群关系。该属较为系统的研究是 Lee 和 Langenheim[16]基于形态特征与次生代谢产物所作的修订。目前该属尚无较为全面的分子系统学研究报道，亟待进一步研究。

DNA 条形码研究：BOLD 网站有该属 6 种 18 个条形码数据；GBOWS 网站已有 1 种 3 个条形码数据。

代表种及其用途：该属多数种类是有价值的经济树种，木材坚实，为建筑、造船和家具用材，由树干流出的树脂为重要的油漆原料，如孪叶豆 *H. courbarii* Linnaeus 等。

5. *Lysidice* Hance 仪花属

Lysidice Hance (1867: 298); Chen et al. (2010: 22) (Type: *L. rhodostegia* Hance)

特征描述：灌木或乔木。一回偶数羽状复叶，小叶对生，3-5 对。花艳丽，紫红色或粉红色，排成圆锥花序，常顶生；苞片及小苞片较大，红色或白色；萼管喇叭状，肉质，萼裂片 4，开花时反折；花瓣 5 片，上面 3 片发达，倒卵形，具长柄，下面 2 片小，退化为鳞片状或钻状；能育雄蕊 2，花丝很长，退化雄蕊 3-8。荚果长圆形或倒卵状长圆形，扁平，革质至木质，2 瓣裂。种子扁平，长圆形、斜阔椭圆形至近圆形，有光泽。花粉粒 3 孔沟，网状纹饰。染色体 2n=16。

分布概况：2/2（1）种，**7-4** 型；分布于越南；中国产华南和西南。

系统学评述：Cowan 和 Polhill[14]将仪花属归入甘豆族的 *Hymenostegia* group。Bruneau

等[10,15]基于 *trn*L 和 *mat*K 片段对云实亚科进行系统发育重建结果表明，*Lysidice* 是个单系类群，聚到了 Amherstieae 分支，并与 *Endertia* 和无忧花属 *Saraca* 聚为 1 支且得到较高的支持率。

DNA 条形码研究：BOLD 网站有该属 1 种 1 个条形码数据；GBOWS 网站已有 1 种 6 个条形码数据。

代表种及其用途：仪花 *L. rhodostegia* Hance 为优良庭园观赏树种，根、茎、叶有微毒，可用于消肿止痛和治疗风湿性关节炎。

6. *Saraca* Linnaeus 无忧花属

Saraca Linnaeus (1767: 469); Chen et al. (2010: 23) (Type: *S. indica* Linnaeus)

特征描述：灌木或乔木。叶互生，偶数羽状复叶，小叶 1-7 对，有时具腺结，托叶早落。伞房状圆锥花序腋生或顶生；有花瓣状、红色或黄色的小苞片，常宿存；花萼管圆柱状，裂片常 4，稀 5 或 6，花瓣状，红色或黄色；花瓣缺；雄蕊（3 或）4-8（-10），花丝丝状，分离；子房具柄，胚珠多数，花柱长，丝状。荚果长圆形或带状，扁平或略肿胀，革质至近木质，2 瓣裂。种子 1-8，椭圆形或卵形。染色体 2n=24。

分布概况：约 11/2 种，（**7a-c**）型；分布于亚洲热带地区；中国产广东、广西、云南。

系统学评述：Cowan 和 Polhill[14]将无忧花属归入甘豆族的 *Hymenostegia* group。Bruneau 等[10,15]基于 *trn*L 和 *mat*K 片段对云实亚科进行系统发育重建结果表明，*Saraca* 是个单系类群，聚到了 Amherstieae 分支，并与 *Endertia* 和仪花属 *Lysidice* 聚为 1 支且得到较高的支持率。Zuijderhoudt[17]对该属进行了分类修订。目前该属尚无较为全面的分子系统学研究报道。

DNA 条形码研究：BOLD 网站有该属 5 种 10 个条形码数据；GBOWS 网站已有 1 种 7 个条形码数据。

代表种及其用途：一些种类花大而美丽，可作庭园绿化和观赏物种，如中国无忧花 *S. dives* Pierre。

7. *Sindora* Miquel 油楠属

Sindora Miquel (1861: 287); Chen et al. (2010: 25) (Type: *S. sumatrana* Miquel)

特征描述：乔木。一回偶数羽状复叶，小叶 2-10 对，革质。花小，两性，单生、聚生，排成圆锥花序或总状花序；萼筒短，基部有花盘，裂片 4，外表面常具刺状附属物；花瓣 1，稀 2 片；雄蕊 10，上面 1 枚分离，短而无花药，其他 9 枚合生成一束，花药丁字着生；子房具短柄，胚珠 2-7，花柱线形，拳卷。荚果大而扁平，斜圆形或斜椭圆形，果瓣硬，常有散生、短的直刺，稀无刺，开裂。种子 1-2，基部具肉质假种皮，无胚乳。花粉粒 3 孔沟，网状或穿孔状纹饰。染色体 2n=24。

分布概况：约 20/2（1）种，**6（7）型**；分布于非洲中西部（加蓬），东南亚；中国产福建、广东、海南、云南。

系统学评述：Cowan 和 Polhill[14]将 *Sindora* 归入 *Detarium* group。Fougère-Danezan[18]分子系统学研究表明 *Sindora* 是个单系类群，并且进一步验证了 *Sindora* 属于甘豆族分支。Ding[19]在编写《马来西亚植物志》云实亚科时对产自马来西亚的该属 15 种进行了比较系统的描述。目前尚无该属较为全面的分子系统学研究报道。

DNA 条形码研究：BOLD 网站有该属 6 种 6 个条形码数据；GBOWS 网站已有 3 种 17 个条形码数据。

代表种及其用途：一些种类是重要的商业用材，多用于建筑、家具及造船，如 *S. wallichii* Bentham 等。

8. *Tamarindus* Linnaeus 酸豆属

Tamarindus Linnaeus (1753: 34); Chen et al. (2010: 26) (Type: *T. indica* Linnaeus)

特征描述：乔木。叶互生，一回偶数羽状复叶，小叶小，10-20 余对；托叶小，早落。总状花序生于枝顶；苞片和小苞片卵状长圆形，具颜色，常早落；萼管狭，外部淡红色，内部黄色，4 裂；花瓣 5，淡黄色具红色脉纹，上方 3 片发育，下方 2 片退化成针刺状或鳞片状；雄蕊一束，仅 3 枚能育，其他退化为刺毛状；子房具柄，贴生于萼管，胚珠多数。荚果长圆柱形，不开裂，种子间有隔膜。种子倒卵状圆形，扁平，无胚乳。花粉粒 3 (-4) 孔沟，网状纹饰。染色体 2*n*=24。

分布概况：1/1 种，（6）型；产非洲，热带地区广泛栽培；中国福建、广东、广西、云南、海南、四川有栽培。

系统学评述：Cowan 和 Polhill[20]将 *Tamarindus* 归入璎珞木族的 *Amherstia* group。Breteler[21]基于小苞片特征将属于 *Amherstia* group 的 *Tamarindus*、*Amherstia*、*Humboldtia* 移出了璎珞木族，并将该族剩下的类群称为 Macrolobieae。陈德昭等在 FRPS 中将 *Tamarindus* 归入了璎珞木族，而在 FOC 中将其归入了甘豆族。Bruneau 等[10]基于 *trn*L 片段对云实亚科进行系统发育重建结果表明，*Tamarindus* 聚到了 Amherstieae 分支，但系统关系尚未解决。

DNA 条形码研究：BOLD 网站有该属 1 种 23 个条形码数据；GBOWS 网站已有 1 种 11 个条形码数据。

代表种及其用途：酸豆 *T. indica* Linnaeus 的荚果成熟时果肉酸甜可食，种子可榨油，树皮和叶可用于生产染料，木材坚重，为建筑和家具用材。

三、Cassieae 决明族

9. *Cassia* Linnaeus 决明属

Cassia Linnaeus (1753: 376), *nom. cons.* ; Chen et al. (2010: 27) (Type: *C. fistula* Linnaeus, *typ. cons.*)

特征描述：乔木或灌木。叶螺旋状排列，偶数羽状复叶，小叶对生，叶柄和叶轴上不具腺体。总状花序构成圆锥状顶生或生于短枝；小苞片 2；萼裂片 5，花期反折；花瓣 5 片，<u>两侧对称</u>；雄蕊 10，<u>下部 3 枚雄蕊的花丝较长</u>，<u>弯曲</u>，<u>上部 7 枚短而直</u>，花药常从基部孔裂开。荚果圆柱形或扁平，<u>不开裂</u>。种子多数，<u>种脐丝状</u>。花粉粒 3 (-4) 孔沟，网状纹饰。

分布概况：约 30/2 种，**2 型**；分布于热带地区；中国产广西和云南。

系统学评述：此处定义的为狭义的决明属，隶属于决明族，是个单系类群。传统的决明属（600 余种）包括 3 亚属，即 *Cassia* subgen. *Cassia*、*C.* subgen. *Senna*、*C.* subgen. *Chamaecrista*。Irwin 和 Barneby[22]将 *Cassia* 提升为决明族决明亚族 Cassiinae，将 3 亚属分别提升为 3 个独立的属。Bruneau 等[10]基于 *trn*L 片段对云实亚科进行系统发育重建结果表明，这 3 属并没有形成 1 个单系支，*Cassia* 和番泻决明属 *Senna* 聚为 1 支，而山扁豆属 *Chamaecrista* 单独 1 支。Herendeen 等[11]基于形态和分子证据研究表明，*Chamaecrista* 与 *Senna* 聚为 1 支，而 *Cassia* 位于 Caesalpinieae-Mimosoideae 分支基部，这与 Doyle 和 Kajita 研究结果相一致。而在 Herendeen 等[23]近期研究中，这 3 属又聚为 1 个单系支，*Senna* 和 *Cassia* 聚为姐妹群再与 *Chamaecrista* 聚为姐妹群。Lewis[24]基于 Herendeen 等的分子系统学研究认为 *Cassia*、*Senna* 和 *Chamaecrista* 与云实族 Caesalpinieae 亲缘关系更近，可被定义为狭义的决明族 Cassieae。

DNA 条形码研究：BOLD 网站有该属 17 种 45 个条形码数据；GBOWS 网站已有 4 种 32 个条形码数据。

代表种及其用途：一些种类是优良的观赏绿化树种，如腊肠树 *C. fistula* Linnaeus、*C. grandis* Linnaeus、爪洼决明 *C. javanica* Linnaeus 和 *C. roxburghii* de Candolle 等；一些种类木材广泛用于制作木器、农具和家具，如 *C. roxburghii* de Candolle 和 *C. sieberiana* de Candolle 等。

10. *Chamaecrista* Moench 山扁豆属

Chamaecrista Moench (1794: 272); Chen et al. (2010: 33) [Type: *C. nictitans* Moench (≡*Cassia chamae-crista* Linnaeus)]

特征描述：草本、灌木和小乔木。偶数羽状复叶，<u>小叶对生</u>，叶常具腺体。<u>小苞片 2</u>；花黄色或红色；<u>萼裂片 5</u>；<u>花瓣 5</u>；雄蕊 5-10 能育，<u>花丝直形</u>，<u>花药缝线处具短柔毛</u>，花药常从顶部孔或狭缝裂开。<u>荚果弹裂</u>，<u>瓣膜卷曲</u>。种子光滑或具麻点。花粉粒 3 孔沟，穿孔状纹饰。

分布概况：约 330/3 种，**2（3）型**；主要分布于美洲，少数到非洲和亚洲热带地区；中国产安徽、福建、广东、广西、台湾、海南、云南、四川、贵州。

系统学评述：山扁豆属隶属于决明族决明亚族 Cassiinae，早期被定义为决明属的 1 亚属。该属系统位置已在决明属一并讨论，详见决明属系统学评述。Irwin 和 Barneby[25]对美洲山扁豆属植物进行了较为系统的研究，依据花序、腺体等特征将山扁豆属划分为 6 组，即 *Chamaecrista* sect. *Apoucouita*（20 种）、*C.* sect. *Absus*（约 179 种）、*C.* sect. *Grimaldia*（1 种）、*C.* sect. *Chamaecrista*（约 53 种）、*C.* sect. *Caliciopsis*（2 种）和 *C.* sect. *Xerocalyx*（3 种），并在组下划分了 39 系。Conceição 等[26]基于 ITS 和 *trn*L-F 片段对山扁豆属的 47

个类群（代表了所有的组）进行了分子系统发育重建，结果表明，山扁豆属是 1 个单系类群；Irwin 和 Barneby 划分的 6 个组中，*C.* sect. *Apoucouita* 和 *C.* sect. *Xerocalyx* 为单系，*C.* sect. *Absus* 和 *C.* sect. *Chamaecrista* 为并系，*C.* sect. *Grimaldia* 和 *C.* sect. *Caliciopsis* 分别嵌入 *C.* sect. *Absus* 和 *C.* sect. *Chamaecrista* 中。

DNA 条形码研究：Conceição 等[26]基于 ITS 和 *trn*L-F 片段联合分析可将 90%以上研究类群区分，可作该属条形码研究参考片段。BOLD 网站有该属 17 种 47 个条形码数据；GBOWS 网站已有 2 种 23 个条形码数据。

代表种及其用途：一些种类耐干旱、耐贫瘠，可用于土壤改良，同时枝叶可作饲料，根可入药，如山扁豆 *C. mimosoides* (Linnaeus) Greene。

11. *Senna* Miller 番泻决明属

Senna Miller (1754: 4); Irwin & Barneby (1982: 1); Chen et al. (2010: 28) [Type: *S. alexandrina* Miller (≡*Cassia senna* Linnaeus)]

特征描述：草本、灌木或小乔木。叶螺旋状排列，偶数羽状复叶，小叶对生，叶柄和叶轴上具或不具腺体。总状花序腋生或顶生；小苞片无，萼裂片 5，花瓣 5，常黄色，近相等；雄蕊 10，有时全都能育，有时上部 3 枚退化，所有雄蕊的花丝都是直形不弯曲。荚果不开裂或缓慢从一侧或两侧开裂。种子多数，种脐丝状。花粉粒 3 (-4) 孔沟，穿孔状纹饰。

分布概况：约 350/15 种，2（4）型；泛热带分布；中国各地均产。

系统学评述：番泻决明属隶属于决明族 Cassieae 决明亚族 Cassiinae，早期被定义为决明属的 1 亚属。该属系统位置已在决明属一并讨论，详见决明属系统学评述。Irwin 和 Barneby[25]对美洲番泻决明属进行了较为系统的研究，将该属划分为6组，即 *Senna* sect. *Astroites*（1 种）、*S.* sect. *Chamaefistula*（约 140 种）、*S.* sect. *Paradictyon*（1 种）、*S.* sect. *Peiranisia*（约 55 种）、*S.* sect. *Psilorhegma*（约 30 种）和 *S.* sect. *Senna*（约 20 种）。Marazzi 等[27]基于 *rps*16、*rpl*16 和 *mat*K 对番泻决明属 87 个类群（代表所有组）进行了分子系统发育重建，结果表明，番泻决明属是个单系类群，所有类群聚为 7 个大的分支；Irwin 和 Barneby 划分的 6 个组中仅有 *S.* sect. *Psilorhegma* 为单系，*S.* sect. *Chamaefistula*、*S.* sect. *Peiranisia*、*S.* sect. *Senna* 都是并系，*S.* sect. *Astroites* 和 *S.* sect. *Paradictyon* 分别嵌入到 2 个大的分支中。

DNA 条形码研究：BOLD 网站有该属 109 种 242 个条形码数据；GBOWS 网站已有 7 种 77 个条形码数据。

代表种及其用途：一些种类的种子可作药，如决明子就是 *S. tora* (Linnaeus) Roxburgh 的种子；一些种类也可作观赏绿化树种，如美丽决明 *S. spectabilis* (de Candolle) H. S. Irwin & Barneby 等。

12. *Zenia* Chun 任豆属

Zenia Chun (1946: 195); Chen et al. (2010: 27) (Type: *Z. insignis* Chun)

特征描述：落叶乔木。叶为奇数羽状复叶，无托叶，小叶互生，全缘。花两性；近辐射对称，红色，排成顶生圆锥花序；萼片5；花瓣5，近等大，与萼片都为覆瓦状排列；发育雄蕊常4，稀5；子房具短柄，花柱短，有数颗胚珠。荚果膜质，压扁，不开裂，有网状脉纹，腹缝一侧有阔翅。种子棕褐色，有光泽，脐带丝状。花粉粒3孔沟，网状纹饰。

分布概况：1/1（1）种，**7-4**型；广布广东、广西、云南、贵州。

系统学评述：Irwin 和 Barneby[22]将 Zenia 归入决明族 Cassieae 的 Dialiinae 亚族。基于 *rbc*L 片段对豆科进行系统发育重建结果表明，*Zenia* 与 *Petalostylis* 为姐妹群并得到100%支持。但 Herendeen 等[11]基于形态和分子证据表明，*Zenia* 与亚族 Dialiinae 的 *Dialium-Dicorynia* 分支是姐妹群关系，并没有与 *Petalostylis* 聚在一起。Bruneau 等[15]基于 *trn*L 和 *mat*K 片段对云实亚科的系统发育重建结果表明，*Zenia* 与产自新热带的 *Martiodendron* 为姐妹群，但支持率较低。目前该属的系统位置尚不是很明确，有待进一步研究。

DNA 条形码研究：BOLD 网站有该属 1 种 2 个条形码数据；GBOWS 网站已有 1 种 9 个条形码数据。

代表种及其用途：任豆 *Z. insignis* Chun 可作观赏植物，木材为优良木器用料。

四、Caesalpinieae 云实族

13. *Acrocarpus* Wight ex Arnott 顶果木属

Acrocarpus Wight ex Arnott (1838: 547); Chen et al. (2010: 39) (Type: *A. fraxinifolius* Arnott)

特征描述：乔木，无刺。叶互生，二回偶数羽状复叶，羽片及小叶对生。花中等大，红色，总状花序单生于叶腋或 2-3 个生于短枝先端；花两性；萼管钟形，萼裂片5；花瓣5，比萼片长1倍；雄蕊5，花丝直而远伸出于花冠外，花药背着；子房具长柄，胚珠多数。荚果带形，扁平，具长柄，沿腹缝线具狭翅。种子多数，倒卵形，扁平，具胚乳。染色体 $2n=24$。

分布概况：1/1 种，（**7a**）型；分布于亚洲热带；中国产广西、云南。

系统学评述：*Acrocarpus* 与长角豆属 *Ceratonia* 为姐妹群关系[10,11,28]。Polhill 和 Vidal[29]将该属单独归入云实族 Caesalpinieae 的 *Acrocarpus* group。由于顶果木 *A. fraxinifolius* Arnott 在其分布区范围花的大小变异较大，因此常被认为是 2 个种。

DNA 条形码研究：BOLD 网站有该属 2 种 3 个条形码数据；GBOWS 网站已有 1 种 8 个条形码数据。

代表种及其用途：顶果木作为优良观赏植物被广泛栽培，木材常被用来制作家具、茶叶盒等。

14. *Caesalpinia* Linnaeus 云实属

Caesalpinia Linnaeus (1753: 380); Lewis (2005: 127); Chen et al. (2010: 41) (Lectotype: *C. brasiliensis* Linnaeus).——*Mezonevron* Desfontaines (1818: 245)

特征描述：乔木、灌木或藤本，常有刺。二回羽状复叶。花常两性，有时单性，中等大或大，黄色或橙黄色，组成腋生或顶生的总状或圆锥花序；萼片 5，离生，下方一片较大；花瓣 5 片，常具柄，最上方一片在色泽、形状及被毛常与其他不同；雄蕊 10，离生，2 轮排列；胚珠 1-10（-13）。荚果变异较大，开裂或不开裂，扁平或肿胀，无翅或具翅，平滑或有刺。种子卵圆形或球形，常无胚乳。花粉粒 3 孔沟，网状纹饰。

分布概况：约 140/20（6）种，**2（8-4）型**；泛热带分布；中国主产华南和西南。

系统学评述：此处定义的为广义上的云实属，Polhill 和 Vidal[29]将其归入云实族 Caesalpinieae 的 *Caesalpinia* group。广义上的云实属包括 25 个属级异名，140 余种[30]。分子系统学研究表明，广义的云实属是个复系类群[31,32]。Lewis[30]将 *Hoffmannseggia*、*Pomaria* 处理为单独的属，并将 *Coulteria*、*Erythrostemon*、*Guilandina*、*Libidibia*、*Mezoneuron*、*Poincianella* 及 *Tara* 恢复为单独的属，这样狭义的云实属只包括 25 种。Gagnon 等[33]对广义的云实属分支进行了广泛取样，基于 *rps*16 片段进行了系统发育重建，结果表明 *Coulteria*、*Tara*、*Libidibia*、*Guilandina*、*Mezoneuron* 为单系类群，*Poincianella*、*Erythrostemon*、*Caesalpinia s.s.* 为非单系类群。

DNA 条形码研究：BOLD 网站有该属 24 种 58 个条形码数据；GBOWS 网站已有 7 种 39 个条形码数据。

代表种及其用途：该属一些种类可作庭园观赏，广泛栽培于热带和亚热带地区，如金凤花 *C. pulcherrima* (Linnaeus) Swartz；部分种类木材可制作乐器，心材可入药或提取生物染料，如苏木 *C. sappan* Linnaeus。

15. *Ceratonia* Linnaeus 长角豆属

Ceratonia Linnaeus (1753: 1026); Lewis (2005: 133); Chen et al. (2010: 35) (Type: *C. siliqua* Linnaeus)

特征描述：灌木或乔木。偶数羽状复叶，小叶常对生或近对生。花小，常单性，雌雄同株或异株，有时两性；排成单生或簇生的总状花序生于老枝；苞片和小苞片极小，鳞片状，早落；萼管陀螺状，裂片 5，短，齿状，早落；花瓣缺；雄蕊 5，花丝丝状，花药卵形，丁字着生；子房具短柄，胚珠多数。荚果长形，扁平，革质。种子多数，种子间充满肉瓤状物质。花粉粒 3-5 孔沟，网状纹饰。

分布概况：2/1 种，（6-2）型；原产地中海东部地区，阿拉伯半岛及非洲北部，引种于热带和亚热带地区。

系统学评述：Irwin 和 Barneby[22]将 *Ceratonia* 单独列入决明族的 Ceratoniinae 亚族；Lewis[30]将 *Ceratonia* 移出了决明族而归入云实族中。基于 *rbc*L 片段对豆科进行系统发育重建结果表明，*Ceratonia* 与云实族的顶果木属 *Acrocarpus* 为姐妹群。Herendeen 等[11]基于形态和分子证据也表明，*Ceratonia* 与云实族的 *Acrocarpus*、*Tetrapterocarpon* 和 *Umtiza* 聚为 1 支。Bruneau 等[15]基于 *trn*L 和 *mat*K 片段对云实亚科进行系统发育重建，结果表

明 *Ceratonia* 与云实族 *Acrocarpus* 和 *Tetrapterocaropn* 聚为 1 支。在 Herendeen 等[23]近期研究中，长角豆 *C. siliqua* Linnaeus 和 *C. oreothauma* Hillcoat, G. P. Lewis & Verdcourt 聚为单系支，并得到了 99%支持。

DNA 条形码研究： BOLD 网站有该属 1 种 4 个条形码数据。

代表种及其用途： 长角豆 *C. siliqua* Linnaeus 的豆荚常被作为人和动物的食物，种子主要用于提取树胶，木材可用来制作器具或当作木炭。

16. *Delonix* Rafinesque 凤凰木属

Delonix Rafinesque (1837: 92); Chen et al. (2010: 40) [Type: *D. regia* (W. J. Hooker) Rafinesque (≡*Poinciana regia* W. J. Hooker)]

特征描述： 高大乔木，无刺。二回偶数羽状复叶，羽片多对，小叶小而多。花两性，大，白色、橙红和鲜红色，组成顶生或腋生伞房状总状花序；萼片 5，具瓣，倒卵形，镊合状排列；花瓣 5，与萼片互生，近圆形，具柄，边缘皱波状；雄蕊 10，离生，伸出花瓣之外；子房无柄，胚珠多数。荚果带形，扁平，下垂，2 瓣裂。种子多数，长圆形，横生，有胚乳。花粉粒 3 孔沟，网状纹饰。染色体 $2n=28$。

分布概况： 11/1 种，（**6**）**型**；分布于马达加斯加，肯尼亚北部，索马里和埃塞俄比亚，阿拉伯半岛，印度；中国引种栽培。

系统学评述： Polhill 和 Vidal[29]将该属归入云实族的 *Peltophorum* group。Haston 等[34]基于 *trn*L-F、*rbc*L 和 *rps*16 片段对 *Peltophorum* group 进行系统发育重建表明，*Delonix* 是个并系类群，特产马达加斯加的 2 个单型属 *Colvillea* 和 *Lemuropisum* 嵌入到 *Delonix* 中。du Puy 等[35]对特产马达加斯加的 9 个种进行了分类修订。该属较为全面的分子系统学研究尚未见报道。

DNA 条形码研究： BOLD 网站有该属 7 种 28 个条形码数据；GBOWS 网站已有 1 种 7 个条形码数据。

代表种及其用途： 该属一些种类是很好的庭园观赏树木，开花时灿烂夺目，广泛引种栽培于热带、亚热带地区，如凤凰木 *D. regia* (Bojer ex Hooker) Rafinesque 等。

17. *Erythrophleum* Afzelius ex R. Brown 格木属

Erythrophleum Afzelius ex R. Brown (1826: 235); Lewis (2005: 157); Chen et al. (2010: 49) (Type: *non designatus*)

特征描述： 乔木。叶互生，二回羽状复叶，羽片数对，对生，小叶互生，革质。花小，两性，黄绿色或白色，具短梗；穗状花序在枝顶排成圆锥状；萼钟状，裂片 5，覆瓦状排列；花瓣 5，近等大；雄蕊 10，分离；子房具柄，外面被毛，胚珠多数。荚果扁平，长圆形，熟时 2 瓣裂，果瓣厚革质。种子横生，种子间有肉质组织，长圆形或倒卵形，扁平，有胚乳。3 孔沟，穿孔状纹饰。染色体 $2n=24$。

分布概况： 约 10/1 种，**4-1 型**；分布于非洲的热带地区，亚洲东部的热带和亚热带地区和澳大利亚北部；中国产广西、广东、福建、台湾、浙江等。

系统学评述： Polhill 和 Vidal[29]将该属归入云实族的 *Dimorphandra* group。Herendeen 等[11]基于形态和分子证据研究表明，*Erythrophleum* 与 *Dimorphandra* group 类群

Pachyelasma 为姐妹群关系，然后再与 *Dimorphandra-Mora*-Mimosoideae 支为姐妹群。Bruneau 等[10,15]基于 *trn*L 和 *mat*K 片段对云实亚科进行系统发育重建结果表明，*Erythrophleum* 与含羞草亚科 Mimosoideae 为姐妹群关系。Duminil 等[36]基于 *trn*L 和 *mat*K 片段对格木属的 5 个种进行了系统发育重建结果表明，格木属是个单系类群，主要聚为两大支：*E. chlorostachys* Baillon 和格木 *E. fordii* Oliver 聚为 1 支；*E. africanum* (Welwitsch ex Bentham) Harms 和 *E. suaveolens* (Guillemin & Perrottet) Brenan 先聚为 1 支，再与 *E. ivorense* A. Chevalier 聚为 1 支。

DNA 条形码研究：BOLD 网站有该属 5 种 21 个条形码数据；GBOWS 网站已有 1 种 16 个条形码数据。

代表种及其用途：格木 *E. fordii* Oliver 的木材质硬而亮，纹理密致，为著名硬木之一，可用于造船或作为房屋力柱。

18. *Gleditsia* J. Clayton 皂荚属

Gleditsia J. Clayton (1753: 1056); Chen et al. (2010: 36) (Type: *G. triacanthos* Linnaeus)

特征描述：落叶乔木或灌木。茎和枝常具分枝的粗刺。叶互生，常簇生，一回或二回偶数羽状复叶，叶轴和羽轴具槽，小叶多数，近对生或互生，边缘常具细齿或钝齿。花小，杂性或单性异株，淡绿色或绿白色，常组成腋生穗状或总状花序，稀圆锥花序；萼裂片 3-5；花瓣 3-5，与萼裂片等长或稍长；雄蕊 6-10，花丝中部以下稍扁宽并被长曲柔毛；子房无柄或具短柄，胚珠 1 至多数。荚果扁，不裂或迟开裂；种子 1 至多数，珠柄丝状。花粉粒 3 孔沟，网状纹饰。染色体 2*n*=28。

分布概况：13-16/6（3）种，**9** 型；分布于北美东部和南美南部，亚洲中部和东南部；中国南北均产。

系统学评述：Polhill 和 Vidal[29]将皂荚属和肥皂荚属 *Gymnocladus* 一起归入云实族的 *Gleditsia* group。分子系统学研究支持这 2 属为姐妹群关系[10,11,28]。Gordon[37]对皂荚属进行了系统的修订，认可了 13 种，其中 8 种产自东亚，2 种产自北美东部地区，1 种产自南美，1 种产自里海南部，1 种产自印度东北部。Schnabel 等[38]基于 ITS、*ndh*F 及 *rpl*16 对皂荚属 11 种进行了系统发育重建，结果表明 *Gleditsia* 是个单系类群；产自南美的 *G. amorphoides* (Grisebach) Taubert 是皂荚属的基部类群，与该属其他类群是姐妹群关系；剩下类群分为三大支：其中 2 支仅包括亚洲类群，剩下 1 支同时包括亚洲类群和北美类群。

DNA 条形码研究：BOLD 网站有该属 3 种 12 个条形码数据；GBOWS 网站已有 5 种 35 个条形码数据。

代表种及其用途：一些种类木材坚硬，为家具和器物用材，荚果煎汁可代替肥皂用于洗涤，种子可入药，如皂荚 *G. sinensis* Lamarck 等；部分种类为优良观赏物种，也可用作行道树和绿篱，如美国皂荚 *G. triacanthos* Linnaeus 等。

19. *Gymnocladus* Lamarck 肥皂荚属

Gymnocladus Lamarck (1753: 1056); Chen et al. (2010: 36) [Type: *G. canadensis* Lamarck, *nom. illeg.* (=*G. dioica* (Linnaeus) Koch)≡*Guilandina dioica* Linnaeus]

特征描述：落叶乔木，无刺。二回偶数羽状复叶。总状或圆锥花序顶生，花绿白色，杂性或雌雄异株；辐射对称；花萼管状，5 裂；花瓣 4 或 5，长圆形，稍长于萼片，最里面的一片有时消失；雄蕊 10，分离，5 长 5 短，较花冠短，花丝粗，被长柔毛，花药背着，药室纵裂；子房无柄，花柱直，稍粗而扁，胚珠 4-8。荚果无柄，肥厚，近圆柱形，2 瓣裂。种子大，外种皮硬而革质。染色体 $2n=28$。

分布概况：4-5/1 种，**9 型**；分布于北美东部及亚洲东部和南部；中国产西南经华中至华东和华南。

系统学评述：Polhill 和 Vidal[29]将肥皂荚属归入云实族的 *Gleditsia* group。该观点得到了分子系统学研究支持[10,11,28]。Lee[39]对产自北美和热带地区的肥皂荚属植物进行了较为系统的研究。Singh 等[40]对产自喜马拉雅山脉东部的肥皂荚属 3 种植物的分类特征、分布情况、用途、受威胁程度、保护策略等进行了全面的讨论。

DNA 条形码研究：BOLD 网站有该属 2 种 6 个条形码数据；GBOWS 网站已有 1 种 16 个条形码数据。

代表种及其用途：部分种类荚可供洗濯用，为肥皂的代用品，果可供药用，治疮癣、肿毒等，如肥皂荚 *G. chinensis* Baillon 等。

20. *Haematoxylum* Gronovius 采木属

Haematoxylum Gronovius (1753: 384); Chen et al. (2010: 48) (Type: *H. campechianum* Linnaeus)

特征描述：无刺乔木或灌木。一回或二回羽状复叶，小叶倒心形至倒卵形，托叶刺状。花小，黄色，组成腋生、短而稀疏的总状花序；萼 5 裂，裂片近相等；花瓣 5，长圆形，不相等；雄蕊 10，离生，花丝基部被毛，花药同型，药室纵裂；子房具短柄，胚珠 2-3。荚果膜质，扁平，长圆形或披针形，在果瓣中部而非沿缝线开裂。种子横生，长圆形，无胚乳。

分布概况：3/1 种，（**2-2**）型；分布于非洲纳米比亚，美洲热带地区及西印度群岛；中国引种栽培于云南、广东和台湾。

系统学评述：Polhill 和 Vidal[29]将采木属归入云实族的 *Caesalpinia* group。Bruneau 等[10]基于 *trn*L 片段分析结果表明，采木属与老虎刺属 *Pterolobium* 是姐妹群。Herendeen 等[11]基于形态和分子证据研究表明，*Haematoxylum* 与 *Pterolobium*、云实属 *Caesalpinia* 聚为 1 支。Gagnon 等[33]基于 *rps*16 片段对采木属 3 个种进行了系统发育重建结果表明，*Haematoxylum* 是个单系类群，采木 *H. campechianum* Linnaeus 和 *H. brasiletto* H. Karsten 首先聚为姐妹群，然后再与 *H. dinteri* Harms 聚为姐妹群。

DNA 条形码研究：BOLD 网站有该属 3 种 8 个条形码数据；GBOWS 网站已有 1 种 4 个条形码数据。

代表种及其用途：一些种类心材鲜红、紫色至亮黑色，木材和花可提取染料苏木精，为生物制片的重要染剂，如采木。

21. *Parkinsonia* Linnaeus 扁轴木属

Parkinsonia Linnaeus (1753: 375); Lewis (2005: 153); Chen et al. (2010: 48) (Type: *P. aculeata* Linnaeus)

特征描述：<u>乔木或灌木</u>，具刺或不具刺。<u>二回偶数羽状复叶</u>，<u>叶轴特扁</u>，羽片 2-4 枚，托叶短小，鳞片状至刺状；<u>羽轴极长且扁</u>，<u>小叶退化</u>，<u>小且极多</u>。总状或伞房花序腋生；花梗长，<u>无小苞片</u>；花两性；<u>萼片 5，膜质</u>；<u>花瓣 5</u>，开展，<u>略不相等</u>，<u>具短柄</u>，<u>最上面一片较宽具长柄</u>；雄蕊 10，分离，<u>花丝基部被长柔毛</u>；<u>子房具短柄</u>，胚珠多数，<u>花柱丝状</u>，柱头截形。荚果扁平，<u>长条形</u>，<u>无翅</u>，<u>不开裂</u>，薄革质。种子长圆形，<u>具胚乳</u>。花粉粒 3 孔沟，网状纹饰。

分布概况：11-12/1 种，（**2-2**）型；主要分布于北美和南美，非洲也产；中国海南引种栽培。

系统学评述：Polhill 和 Vidal[29]将该属归入云实族的 *Caesalpinia* group。但 Polhill[41]在后期又将其归入云实族 *Peltophorum* group。这一分类学处理得到了 Bruneau 等[10]和 Herendeen 等[11]的分子证据支持，其与 *Delonix-Lemuropisum* 支为姐妹群关系。关于扁轴木属的界定，争议最多的是 *Cercidium* 应该并入 *Parkinsonia*[30,42]还是作为独立的属[43,44]。Haston 等[34]基于 3 个叶绿体片段的分析结果支持 *Cercidium* 并入 *Parkinsonia*。Hawkins[42]基于形态特征对扁轴木属物种关系进行了分析，认为产东非的 *P. scioana* (Chiovenda) Brenan 与 *P. raimondoi* Brenan 亲缘关系较近，产南非的 *P. africana* Sonder 与南美类群亲缘关系更近。Haston 等[34]基于 3 个叶绿体片段对 *Peltophorum* group 进行系统发育重建时几乎包括了 *Parkinsonia* 所有种，分析结果表明，*Parkinsonia* 是个单系类群；*P. microphylla* Torrey 为该属基部类群；所有非洲类群单独聚为 1 支；产自美洲的 *P. texana* (A. Gray) S. Watson 与 *P. florida* (Bentham ex A. Gray) S. Watson 的其中 2 个种聚为 1 支，*P. florida* 的另外 1 个样品与 *P. praecox* (Ruiz & Pavón ex W. J. Hooker) Hawkins 聚在一起；产自南美的类群 *C. andicola* Grisebach 和 *P. peruviana* C. E. Hughes, Daza & Hawkins 与产自北美的类群聚为 1 支。

DNA 条形码研究：BOLD 网站有该属 9 种 28 个条形码数据；GBOWS 网站已有 1 种 4 个条形码数据。

代表种及其用途：一些种类可作为观赏物种和树篱，树皮和叶可药用，如扁轴木 *P. aculeata* Linnaeus。

22. *Peltophorum* (Vogel) Bentham 盾柱木属

Peltophorum (Vogel) Bentham (1840: 75), *nom. cons.* ; Chen et al. (2010: 39) [Type: *P. vogelianum* Bentham, *nom. illeg.* (=*P. dubium* (Sprengel) Taubert≡*Caesalpinia dubia* Sprengel]

特征描述：<u>落叶乔木，无刺</u>。<u>大型二回偶数羽状复叶</u>，羽片对生，<u>小叶多数</u>，<u>对生</u>，<u>无柄</u>。腋生或顶生的圆锥花序或总状花序；<u>花黄色</u>，两性；<u>萼片 5 深裂</u>，覆瓦状排列；<u>花瓣 5</u>，覆瓦状排列；雄蕊 10，离生，<u>花丝稍伸出花冠外</u>，<u>基部密被簇状粗毛</u>，花药长圆形，花药背着；<u>子房无柄</u>，胚珠 3-8。荚果长圆形，扁平，<u>不开裂</u>，<u>沿背腹两缝线均有翅</u>。种子 2-8，扁平，<u>无胚乳</u>。花粉粒 3 孔沟，网状纹饰。染色体 $2n=26$, 28。

分布概况：约 12/2 种，**2**（**5**）型；泛热带分布；中国产福建、广东、海南、云南。

系统学评述：Polhill 和 Vidal[29]将该属归入云实族的 *Peltophorum* group。Haston 等[34]基于 *trn*L-F、*rbc*L 和 *rps*16 对 *Peltophorum* group 进行系统发育重建表明，盾柱木属是

单系类群，与 *Bussea* 是姐妹群关系。目前该属尚缺乏较为系统的分类研究和修订，不同学者对该属物种数量的认识差异较大，从 5-7 种到 15 种左右[29,30,45]。尚无该属较为全面的分子系统学研究报道，该属物种系统关系仍不明确，亟待进一步研究。

DNA 条形码研究：BOLD 网站有该属 5 种 20 个条形码数据；GBOWS 网站已有 2 种 7 个条形码数据。

代表种及其用途：一些种类可作庭园观赏，木材可作木器、家具，如盾柱木 *P. pterocarpum* (Candolle) Backer ex K. Heyne 等。

23. *Pterolobium* R. Brown ex Wight & Arnott 老虎刺属

Pterolobium R. Brown ex Wight & Arnott (1834: 283); Chen et al. (2010: 47) [Type: *P. lacerans* (Roxburgh) R. Brown ex Wight & Arnott (≡*Caesalpinia lacerans* Roxburgh)]

特征描述：小乔木、攀援灌木或木质藤本。枝具下弯的钩刺。叶互生，二回偶数羽状复叶；羽片和小叶多数。花小，两性，白色或黄色；总状或圆锥花序；萼裂片 5，最下面一片较大，舟形，微凹；花瓣 5，最上面一片在最里面，与萼片均为覆瓦状排列；雄蕊 10，离生，花药同型；子房无柄，胚珠 1-2。荚果翅果状，不开裂，下部生种子处斜卵形或披针形，顶部具斜长圆或镰刀形的膜质翅；种子透镜状，无胚乳。染色体 $2n=24$。

分布概况：11/2 种，**6** 型；分布于亚洲，非洲热带和亚热带地区；中国产华南、华中和西南。

系统学评述：Polhill 和 Vidal[29]将该属归入云实族的 *Caesalpinia* group。Bruneau 等[10]基于 *trn*L 片段分析结果表明，*Pterolobium* 与 *Haematoxylum* 是姐妹群。Herendeen 等[11]基于形态和分子证据表明，*Pterolobium* 与 *Haematoxylum*、云实属 *Caesalpinia* 聚为 1 支。Manzanilla 和 Bruneau[46]基于 *SUSY*、*trn*L 和 *mat*K 片段研究表明，*Pterolobium stellatum* (Forsskål) Brenan 与华南云实 *Caesalpinia crista* Linnaeus 为姐妹群。

DNA 条形码研究：BOLD 网站有该属 1 种 2 个条形码数据；GBOWS 网站已有 2 种 17 个条形码数据。

代表种及其用途：一些种类的叶片可以提取染料、墨汁和入药，如 *P. stellatum* (Forsskål) Brenan 等。

II. Mimosoideae 含羞草亚科

五、Mimoseae 含羞草族

24. *Adenanthera* Linnaeus 海红豆属

Adenanthera Linnaeus (1753: 384); Wu & Nielsen (2010: 51) (Type: *A. pavonina* Linnaeus)

特征描述：无刺乔木。二回羽状复叶，小叶互生。花小，白色或淡黄色，组成腋生总状花序或在枝顶排成圆锥状花序；花萼钟状，具 5 短齿；花瓣 5，披针形，基部微合生或近分离，等大；雄蕊 10，分离；子房无柄，花柱线形，胚珠多数；花药顶有腺体；

子房无柄。荚果带状，扁平，革质，种子间具横隔膜，成熟后沿缝线开裂，果瓣旋卷。种子心形，鲜红色或二色，常具心状侧线环。花粉粒 12 或 16 合体。染色体 x=13。

分布概况：12/1 种，**7e（→5）型**；分布于亚洲热带地区及太平洋岛屿；中国产西南及南部。

系统学评述：Lewis 和 Elias[47]及 Luckow[48]都将海红豆属归入含羞草族的 *Adenanthera* group。Luckow 等[49]研究表明 *Adenanthera* 与 *Adenanthera* group 中的 *Amblygonocarpus* 和 *Tetrapleura* 亲缘关系较近。

DNA 条形码研究：BOLD 网站有该属 2 种 17 个条形码数据；GBOWS 网站已有 1 种 12 个条形码数据。

代表种及其用途：海红豆 *A. microsperma* Teijsmann & Binnendijk 的种子鲜红色，非常美丽，可为饰物；木材可为支柱、建筑和家具等用材。

25. *Desmanthus* Willdenow 合欢草属

Desmanthus Willdenow (1753: 516), *nom. cons.* ; Wu & Nielsen (2010: 54) [Type: *D. virgatus* (Linnaeus) Willdenow (≡*Mimosa virgata* Linnaeus)]

特征描述：灌木或多年生草本。二回羽状复叶，常在最下一对羽片着生处有腺体。花小，聚合成头状花序，单生于叶腋，花 5 数，两性或下部为雄花或中性花且常无花瓣而具短的退化雄蕊；花萼钟状，具短齿；花瓣分离或基部稍连合；雄蕊 10 或 5，分离，花药顶端无腺体；子房近无柄。荚果线形，沿缝线开裂为 2 瓣。种子纵列或斜列，卵形至椭圆形。花粉粒 3 孔沟，不规则条纹状纹饰。

分布概况：约 24/1 种，（3）型；分布于美洲热带和亚热带地区；中国引种栽培于云南、广东和台湾。

系统学评述：Lewis 和 Elias[47]将合欢草属归入含羞草族的 *Dichrostachys* group。Luckow[48]将 *Desmanthus* 归入 *Leucaena* group。分子系统学研究表明，合欢草属是个单系类群，与 *Schleinitzia* 和 *Kanaloa* 亲缘关系较近[49,50]。Luckow[51]对合欢草属进行了较为系统的修订，并基于 22 个形态特征探讨了该属的物种亲缘关系。Hughes 等[50]基于 ITS 片段对该属 21 种进行了系统发育重建，但结果并不理想，可能是由于 ITS 在合欢草属部分类群存在假基因化和拷贝取样不全等问题。

DNA 条形码研究：BOLD 网站有该属 23 种 32 个条形码数据。

代表种及其用途：一些种类的叶片和荚果可食用，亦可入药，如 *D. illinoensis* (Michaux) MacMillan ex B. L. Robinson & Fernald 等。

26. *Entada* Adanson 榼藤属

Entada Adanson (1763: 318), *nom. cons.* ; Wu & Nielsen (2010: 51) (Type: *E. rheedei* Sprengel)

特征描述：木质藤本、乔木或灌木，通常无刺。二回偶数羽状复叶，顶生的 1 对羽片常变为卷须。穗状花序，单生于上部叶腋或再排成圆锥花序；花小，两性或杂性；花萼钟状，5 齿裂；花瓣 5，分离或略合生；雄蕊 10，分离，药隔顶端常具腺体；子房近无柄，胚珠多数。荚果大而长，扁平，木质，<u>瓣膜逐节脱落</u>。种子大，扁圆形，<u>无胚乳</u>。花粉单粒或为 8，12，16 合。<u>染色体 *n*=14</u>。

分布概况：约 30/3 种，**2**（**6**）**型**；泛热带分布；中国产福建、广东、广西、云南、西藏和台湾。

系统学评述：Lewis 和 Elias[47]及 Luckow[48]都将榼藤属归入含羞草族的 *Entada* group。Luckow 等[49]分子证据表明，榼藤属是个并系类群，*Elephantorrhiza* 嵌入到 *Entada* 之中。目前该属尚缺乏较为系统的分类修订，较为全面的分子系统学研究尚未见报道。

DNA 条形码研究：BOLD 网站有该属 13 种 76 个条形码数据；GBOWS 网站已有 1 种 8 个条形码数据。

代表种及其用途：该属一些种类树皮和种子含皂苷，可供洗濯用，为肥皂的代用品，如眼镜豆 *E. rheedii* Sprengel。

27. *Leucaena* Bentham 银合欢属

Leucaena Bentham (1842: 416), *nom. cons.* ; Wu & Nielsen (2010: 53) [Type: *L. diversifolia* (Schlechtendal) Bentham, *typ. cons.* (≡*Acacia diversifolia* Schlechtendal)]

特征描述：<u>无刺灌木或乔木</u>；二回羽状复叶，<u>小叶对生</u>，<u>不敏感</u>，<u>总叶柄常具腺体</u>。花常两性，5 数，<u>无梗</u>，<u>组成稠密的球形头状花序</u>，单生或簇生于叶腋；<u>萼管钟状</u>，具短裂齿；花瓣分离；雄蕊 10，分离，<u>伸出于花冠之外</u>；子房具柄，胚珠多数。<u>荚果劲直</u>，<u>带状</u>，扁平，光滑，革质，<u>2 瓣裂</u>，无横隔膜。种子多数，<u>横生</u>，卵形，扁平。<u>花粉粒 3 孔沟</u>，<u>颗粒状纹饰</u>。<u>染色体 *n*=14</u>。

分布概况：约 22/1 种，**2**（**3**）**型**；产美洲，银合欢 *L. leucocephala* (Lamarck) de Wit 广泛引种至旧世界；中国福建、广东、广西、海南、云南和台湾引种和归化。

系统学评述：Lewis 和 Elias[47]及 Luckow[48]都将银合欢属归入含羞草族的 *Leucaena* group。来自 Luckow 等[49]和 Hughes 等[50]的分子证据表明，*Leucaena* 和 *Schleinitzia-Kanaloa-Desmanthus* 支为姐妹群。Hughes 等[52]基于形态特征、cpDNA 和 ITS 片段对银合欢属系统发育关系和多倍体起源等的研究表明，银合欢属是 1 个单系类群，传统划分的 2 个组：*Leucaena* sect. *Macrophylla* 和 *L.* sect. *Leucaena* 并没有得到有效支持；银合欢属类群主要聚为三大支：第 1 支主要为产自墨西哥南部、美洲中部和南美洲类群；第 2 支主要为产自墨西哥中南部类群；第 3 支为产自墨西哥东北部、德克萨斯州类群。

DNA 条形码研究：BOLD 网站有该属 30 种 135 个条形码数据；GBOWS 网站已有 1 种 21 个条形码数据。

代表种及其用途：一些种类的茎叶可作饲料、绿肥，木材可用于建筑，荚果和种子可作食物，如银合欢 *L. leucocephala* (Lamarck) de Wit。

28. *Mimosa* Linnaeus 含羞草属

Mimosa Linnaeus (1753: 516); Wu & Nielsen (2010: 53) (Lecotype: *M. pudica* Linnaeus)

特征描述：多年生草本或灌木，稀乔木或藤本，<u>常有刺</u>。二回羽状复叶，<u>常很敏感</u>，触之即闭合而下垂，<u>叶轴上常无腺体（*M.* sect. *Mimadenia* 除外）</u>；小叶细小，多数。<u>花</u>

小，<u>两性或杂性</u>，<u>常 4 数</u>，<u>常排成头状花序</u>；<u>花萼钟状</u>，具短裂齿；<u>花瓣下部合生</u>；雄蕊 <u>4 或 8</u>，分离，<u>伸出花冠之外</u>，花药顶端无腺体。荚果扁平，<u>长椭圆形或线形，有荚节 3-6，荚节脱落</u>，荚缘宿存果柄。种子扁平，卵形或圆形。<u>花粉 4，8，稀 12 合体</u>。<u>染色体 $n=13$</u>。

分布概况：约 500/3 种，**2-2（3）型**；主产美洲热带地区，马达加斯加；中国东南、华南和西南栽培。

系统学评述：Lewis 和 Elias[47]及 Luckow[48]都将含羞草属归入含羞草族的 *Piptadenia* group。Luckow 等[49]分子系统重建结果表明，*Mimosa* 和同属于 *Piptadenia* group 的 *Parapiptadenia-Piptadenia-Stryphnodendron-Microlobius* 分支为姐妹群关系。Bentham[53]根据雄蕊的轮数将含羞草属划分为 2 个组：*Mimosa* sect. *Habbasia*（两轮雄蕊）和 *M.* sect. *Eumimosa*（单轮雄蕊）。Barneby[54]在其含羞草属专著中基于 Bentham 所建立的系统进行了如下修订：将 *M.* sect. *Habbasia* 划分为 2 个组，即 *M.* sect. *Habbasia* 和 *M.* sect. *Batocaulon*；基于叶柄有腺体建立了 1 个新组 *M.* sect. *Mimadenia*；同时将 *Schrankia* 并入含羞草属之中。Simon 等[55]基于叶绿体片段 *trn*D-*trn*T 对含羞草属 259 种的系统发育重建结果表明，*Mimosa* 是个单系类群；*Schrankia* 嵌入到 *Mimosa* 之中，支持 Simon 将其并入 *Mimosa* 的处理；所有分组中，仅 *M.* sect. *Mimadenia* 的单系起源得到支持，较多的组下分类单元得到支持；地理分布格局很明显，所有旧世界类群聚为 1 支，嵌入到新世界类群中。

DNA 条形码研究：BOLD 网站有该属 30 种 38 个条形码数据；GBOWS 网站已有 2 种 21 个条形码数据。

代表种及其用途：许多种类具有重要的经济和社会效益，如 *M. caesalpiniifolia* Bentham 可造林、*M. scabrella* Bentham 可用作木材、含羞草 *M. pudica* Linnaeus 供观赏和 *M. tenuiflora* (Willdenow) Poiret 供药用。

29. *Neptunia* Loureiro 假含羞草属

Neptunia Loureiro (1790: 641); Wu & Nielsen (2010: 52) (Type: *N. oleracea* Loureiro)

特征描述：<u>多年生草本，有时为漂浮于水面的水生植物</u>。<u>二回羽状复叶</u>，叶轴具腺体或无，<u>小叶小，多对</u>。<u>头状花序</u>；<u>上部为两性花，下部常为雄花或中性花</u>；<u>花 5 数，花萼、花冠都很小</u>；<u>雄蕊 10 或稀 5</u>，分离，突露于花冠之上，花药顶端有一具柄腺体或无；<u>退化雄蕊花瓣状</u>，延长；子房具柄，胚珠多数。<u>荚果长圆形，下垂于果序上，2 瓣裂</u>。<u>种子横置，卵形，珠柄丝状</u>。花粉粒 3 孔沟，不规则条纹状纹饰。

分布概况：约 12/1 种，（**2**）**型**；产热带、亚热带地区，以澳大利亚和美洲尤盛；中国福建、广东和台湾引种栽培。

系统学评述：Lewis 和 Elias[47]将假含羞草属归入含羞草族的 *Dichrostachys* group。Luckow 等[49]分子证据表明，*Neptunia* 和 *Prosopidastrum* 聚为 1 支。因此，Luckow[48]将 *Neptunia* 归入 *Prosopidastrum* 所在的 *Prosopis* group。Windler[56]对假含羞草属 11 个种进行了分类修订并基于雄蕊数目的不同将其划分为 2 个组：*Neptunia* sect. *Neptunia*（雄蕊

10 枚）和 *N.* sect. *Pentanthera*（雄蕊 5 枚）。

DNA 条形码研究：BOLD 网站有该属 6 种 12 个条形码数据。

代表种及其用途：一些种类幼茎、叶及荚果可作蔬菜，亦可入药，如水含羞草 *N. oleracea* Loureiro 等。

30. *Parkia* R. Brown 球花豆属

Parkia R. Brown (1826: 234); Luckow (2005: 178); Wu & Nielsen (2010: 50) [Type: *P. africana* R. Brown, *nom. illeg.* (=*P. biglobosa* (Jacquin) R. Brown ex G. Don≡*Mimosa biglobosa* Jacquin)]

特征描述：无刺乔木。二回偶数羽状复叶，羽片及小叶多数。花极多，聚生成棒状或扁球形的头状花序；总花梗长；花序上部为两性花，黄色或红色，下部为雄花或中性花，白色或红色；花萼管状，裂齿 5，极短，覆瓦状排列；花瓣 5，线状匙形，分离或连合至中部，镊合状排列；雄蕊 10，基部常和花冠贴生；子房上位；退化雄蕊呈一长束，具色彩。荚果长圆形，直立或弯曲，2 瓣裂。种子横生。花粉 16 合或 32 合。染色体 *n*=13。

分布概况：约 35/2 种，**2（3，5）**型；分布于美洲，非洲和亚洲热带地区；中国云南和台湾引种栽培。

系统学评述：Elias[57]将球花豆属归入球花豆族 Parkieae。Luckow[48]将球花豆族并入了含羞草族，并将 *Parkia* 归入 *Piptadenia* group。分子系统学研究也支持 *Parkia* 与 *Piptadenia* group 亲缘关系较近[1,49]。Hopkins[58]根据花序种类及花的排列方式不同将球花豆属划分成 3 个组，即 *Parkia* sect. *Parkia*、*P.* sect. *Platyparkia* 和 *P.* sect. *Sphaeroparkia*。Luckow 和 Hopkins[59]基于 52 个形态学特征对球花豆属 31 个种进行了系统发育重建，结果表明，*P.* sect. *Parkia* 和 *P.* sect. *Platyparkia* 是单系类群，*P.* sect. *Sphaeroparkia* 是并系类群。目前尚无该属较为全面的分子系统学研究报道，该属是否为单系类群仍不明确，亟待进一步研究。

DNA 条形码研究：BOLD 网站有该属 10 种 22 个条形码数据；GBOWS 网站已有 1 种 3 个条形码数据。

代表种及其用途：一些种类荚果可作蔬菜，种子及果皮可酿酒，如美丽球花豆 *P. speciose* Hasskarl 等。

六、Acacieae 金合欢族

31. *Acacia* Miller 金合欢属

Acacia Miller (1754: 4); Wu & Nielsen (2010: 55); Miller & Seigler (2012: 217) [Lectotype: *A. scorpioides* (Linnaeus) W. F. Wight (≡*Mimosa scorpioides* Linnaeus)]

特征描述：灌木、小乔木或攀援藤本，有刺或无刺。二回羽状复叶或叶片退化而叶柄变为扁平的叶状柄，总叶柄和叶轴上常有腺体。花小，两性或杂性；常 5 基数，有时 3 基数，头状或穗状花序腋生或圆锥花序式排列；萼常钟状，具裂齿；花瓣分离或合生，有时缺；雄蕊多数，花丝分离或基部合生，花药顶端常具腺体，后常脱落。荚果扁平或肿胀，直或弯曲，荚果两瓣开裂或逐节断裂。种子扁平，种皮硬而光滑。花粉16合体。染色体 $n=13$。

分布概况：约 1450/18（3）种，**2（5，6）**型；广布热带和亚热带地区，尤以澳大利亚种类最多；中国产西南、华南热带和亚热带地区。

系统学评述：此处定义的为广义金合欢属，为金合欢族的单型属。近期分子研究表明，广义的金合欢属是个多系类群，其类群分布于金合欢族、印加树族 Ingeae 及含羞草族[60-62]。传统分类上，金合欢属通常被分为 3 亚属，即 *Acacia* subgen. *Acacia*、*A.* subgen. *Aculeiferum* 和 *A.* subgen. *Phyllodineae*。近 10 年来较多学者对该属进行了系统发育重建，结果表明，*Acacia* 主要分为 5 个分支，分别对应 *A.* subgen. *Phyllodineae*、*A.* subgen. *Acacia*，以及 *A.* subgen. *Aculeiferum* sect. *Aculeiferum*、*A.* subgen. *Aculeiferum* sect. *Filicinae* 和 *A. coulteri* Bentham group，其中 *A.* subgen. *Phyllodineae* 嵌入到印加树族之中，而 *A.* subgen. *Acacia* 嵌入到含羞草族之中[60-64]。Orchard 和 Maslin[65]基于分子系统学研究提出将广义合欢属 *Acacia s.l.*划分为 5 个独立属，即 *Acacia s.s.*（subgen. *Phyllodineae*）、*Vachellia*（*A.* subgen. *Acacia*）、*Senegalia*（*A.* subgen. *Aculeiferum* sect. *Aculeiferum*）、*Acaciella*（*A.* subgen. *Aculeiferum* sect. *Filicinae*）及 *Mariosousa*（*A. coulteri* group），并提议将属模式变为 *A. penninervis* Sieber ex de Candolle。

DNA 条形码研究：Nevill 等[66]将 *mat*K 和 *rbc*L 及一些补充片段应用于澳大利亚西部 11 种 *Acacia* 类群种子的鉴定，结果发现 *mat*K 能分辨出 6 种，*rbc*L 仅能分辨 3 种，而 *rpl*32-*trn*L 能分辨 9 种，因此推荐 *rpl*32-*trn*L 作为 *Acacia* 类群标准条形码的补充片段。BOLD 网站有该属 241 种 682 个条形码数据；GBOWS 网站已有 9 种 50 个条形码数据。

代表种及其用途：一些种类比较有经济价值，如金合欢 *A. farnesiana* (Linnaeus) Willdenow，根和荚可为黑色染料，花可制香水。

七、Ingeae 印加树族

32. *Albizia* Durazzini 合欢属

Albizia Durazzini (1772: 13); Wu & Nielsen (2010: 62) (Type: *A. julibrissin* Durazzini)

特征描述：乔木，灌木或藤本，小枝稀有刺。二回羽状复叶，小叶对生，叶柄、叶轴、羽轴常有腺体。花两性，异型；头状花序，再排成腋生或顶生的圆锥花序；花萼钟状或漏斗状，具 5 齿；花瓣常在中部以下合生成漏斗状，上部具 5 裂片；雄蕊多数，花丝突出于花冠之外，下部合生成管状。荚果带状，直，果瓣坚纸质或革质，不开裂或迟裂。种子圆形或卵形，扁平，具马蹄形痕。花粉 16 合体，扁球形。染色体 $x=13$。

分布概况：120-140/16（2）种，**2（3）**型；广布热带和亚热带地区，少数延伸至温带；中国产西南、华南和东南。

系统学评述：合欢属隶属于印加树族，Luckow 等[49]分子证据表明，合欢属是个多系类群，产自新热带的种类聚为 1 支，产自旧世界的种类分散在印加树族的其他属。Barneby 和 Grimes[67]对产自美洲的合欢属进行了分类修订。目前该属尚缺乏较为全面的分类研究和修订，亟待进一步研究。

DNA 条形码研究：BOLD 网站有该属 24 种 57 个条形码数据；GBOWS 网站已有 11 种 94 个条形码数据。

代表种及其用途：部分种类为优良观赏树种和行道树，材质优良，适为家具和建筑 等用，如阔荚合欢 *A. lebbeck* (Linnaeus) Bentham。

33. *Archidendron* F. Mueller 猴耳环属

Archidendron F. Mueller (1865: 59); Wu & Nielsen (2010: 66) (Type: *A. vaillantii* F. Mueller).——*Cylindro-kelupha* Kostermans (1954: 20)

特征描述：无刺乔木或灌木。二回羽状复叶，小叶常对生，叶柄、叶轴、羽轴常有 腺体。花两性或杂性，同型；球形头状、伞形或总状花序；常具茎生花；花萼钟状或管 状，具 5 齿；花瓣中部以下合生，上部 5 裂；雄蕊多数，花丝突出于花冠之外，下部合 生成管；子房 1 至多数。荚果直、弯曲或螺旋状卷曲，扁平或肿胀，常外表面微红而内 部橙红色。种子圆形或卵形，扁平，不具马蹄形痕。花粉粒 4 (-6) 孔，疣状纹饰。

分布概况：约 100/16（3）种，**5（7）型**；分布于热带亚洲至热带大洋洲；中国产 西南至东南。

系统学评述：Lewis 和 Rico Arce[68]将猴耳环属归入印加树族的 Old World group。 Brown 等[69]分子证据表明，该属物种为多系类群：产自澳大利亚的 2 个种单独聚为 1 支， 再与产自澳大利亚的 *Pararchidendron* 聚为 1 支；产自马来西亚的 2 个种聚为 1 支，位 于分支基部；产自亚洲大陆的 1 个种位于分支基部，关系未解决。Nielsen 等[70]依据荚 果特征、苞片蜜腺的有无、花序类型、雄蕊管的长度及子房柄的有无将该属植物划分为 8 个系，并认为产自美洲的 *Cojoba* 和 *Zygia* 与猴耳环属亲缘关系较近。

DNA 条形码研究：BOLD 网站有该属 11 种 18 个条形码数据；GBOWS 网站已有 3 种 17 个条形码数据。

代表种及其用途：一些种类的种子可作香料，叶可作染料和药用，如 *A. jiringa* (Jack) Nielsen。

34. *Calliandra* Bentham 朱缨花属

Calliandra Bentham (1840: 138), *nom. cons.* ; Wu & Nielsen (2010: 60); de Souza et al. (2013: 1200) [Type: *C. houstonii* (L'Héritier) Bentham, *nom. illeg.* (≡*Mimosa houstonii* L'Héritier, *nom. illeg.*=*C. houstoniana* (Miller) Standley≡*Mimosa houstoniana* Miller)]

特征描述：灌木或小乔木。托叶有时变为刺状，二回羽状复叶，羽片 1 对至数对， 小叶对生，小叶小而多对或大而少至 1 对。花 5-6 数，同型或异型，组成头状或总状花 序；花萼钟状，浅裂；花瓣联合至中部；雄蕊多数，红色或白色，明显突出，下部合生 成管，花药常具腺毛；子房无柄，胚珠多数。荚果扁平，劲直或微弯，成熟后由顶端向 基部沿缝线向外弯开裂。种子倒卵形或长圆形，压扁，具马蹄形痕，无假种皮。花粉 8 合体，条纹状纹饰。染色体 *n*=8，11（16）。

分布概况：约 150/2 种，**2-2（3）**型；主产美洲热带地区，少数到印度，缅甸；中国产云南西部。

系统学评述：此处定义的为狭义的朱缨花属，Lewis 和 Rico Arce[68]将其归入印加树族的 *Inga*。de Souza 等[71]分子系统学研究表明，将单种属 *Guinetia* 并入之后，狭义的 *Calliandra* 是单系类群，其与 *Cojoba*、*Thailentadopsis*、*Zapoteca*、*Viguieranthus* 亲缘关系较近。Barneby 根据花序特征将朱缨花属划分为 5 组和 14 系，并将旧世界的 18 种划出了朱缨花属，但未对这 18 个类群的归属做处理。de Souza 等[71]分子证据表明，Barneby 划分的 5 组都没有得到有效的支持，其基于分子证据又增加了 3 组。

DNA 条形码研究：BOLD 网站有该属 17 种 23 个条形码数据；GBOWS 网站已有 1 种 4 个条形码数据。

代表种及其用途：一些种类可作观赏植物供庭园绿化，如朱缨花 *C. haematocephala* Hasskarl。

35. *Enterolobium* Martius 象耳豆属

Enterolobium Martius (1837: 117); Wu & Nielsen (2010: 66) [Lectotype: *E. contortisiliqua* (Vellozo) Morong (≡*Mimosa contortisiliqua* Vellozo)]

特征描述：无刺、落叶大乔木。二回羽状复叶，羽片及小叶多对，叶柄有腺体。花两性，同型或异型，组成球形的头状花序，簇生于叶腋或呈总状花序式排列；花萼钟状，具 5 短齿；花冠漏斗形，中部以上具 5 裂片；雄蕊多数，花丝突出于花冠之外，基部连合成管；子房无柄，胚珠多数。荚果卷曲或弯作肾形，厚而硬，不开裂，种子间具隔膜。种子横生，扁平，具马蹄形痕，珠柄丝状。花粉粒 32（28）合体，3-4 孔。

分布概况：11/1 种，**2（-2）**型；分布于美洲热带地区；中国引种栽培于广东、广西、福建、浙江和江西。

系统学评述：Nielsen[72]将象耳豆属归入印加树族的 *Albizia* group。Luckow 等[49]分子证据表明，象耳豆属 2 个种单独聚为 1 支，位于 Ingeae 分支基部，关系尚未解决。Brown 等[69]研究表明，象耳豆属 2 个种也聚为 1 支，与 *Albizia-Cathormion* 分支为姐妹群关系。Mesquita[73]及 Barneby 和 Grimes[67]对象耳豆属植物进行了分类研究与修订。目前尚无该属较为全面的分子系统学研究报道，该属是否为单系类群仍不明确，亟待进一步研究。

DNA 条形码研究：BOLD 网站有该属 3 种 12 个条形码数据；GBOWS 网站已有 1 种 4 个条形码数据。

代表种及其用途：一些类群生长迅速，枝叶广布，为极好的荫蔽树，材质优良，适为家具和建筑等用，如象耳豆 *E. cyclocarpum* (Jacquin) Grisebach。

36. *Falcataria* (I. C. Nielsen) Barneby & J. W. Grimes 南洋楹属

Falcataria (I. C. Nielsen) Barneby & Grimes (1996: 254); Wu & Nielsen (2010: 60) (Type: *F. falcataria* Linnaeus)

特征描述：无刺乔木。二回羽状复叶，羽片 6-20 对，叶柄常有腺体，小叶对生，多数，近无柄。穗状花序单生或数个组成圆锥花序；<u>花 5-6 数</u>，<u>同型</u>；<u>花萼钟状或半球</u><u>形</u>，具齿；<u>花瓣密被短柔毛，仅基部 1/4 连合</u>；雄蕊多数。<u>荚果直</u>，<u>带形</u>，硬纸质，<u>腹</u><u>线侧具狭刺，两侧开裂</u>。<u>种子多数</u>，外种皮橄榄绿色，<u>具马蹄形痕</u>。染色体 $2n=26$。

分布概况：3/1 种，（**5**）型；分布于澳大利亚（昆士兰），印度尼西亚（马鲁古群岛），新几内亚及太平洋西南诸岛；中国引种栽培于福建、广东、广西、海南和云南。

系统学评述：Lewis 和 Rico Arce[68]将南洋楹属归入印加树族的 Old World group。Brown 等[74]分子系统学研究表明，南洋楹属是个单系类群，与 *Paraserianthes* 和金合欢属亲缘关系较近。Nielsen 等[75]于 1983 年建立 *Paraserianthes* 并将其划分为 2 组，即 *Paraserianthes* sect. *Falcataria*（3 种）和 *P*. sect. *Paraserianthes*（1 种）。Barneby 和 Grimes[67]将 *P*. sect. *Falcataria* 提升为 *Falcataria*，原来的 *Paraserianthes* 则仅包括 1 种。Brown 等[74]对 Nielsen 建立的广义 *Paraserianthes* 进行了分子系统发育重建，结果表明，广义的 *Paraserianthes* 是 1 个并系类群，隶属于 *P*. sect. *Paraserianthes* 的 *P. lophantha* (Willdenow) I. C. Nielsen，首先与 *Acacia s.s.* 聚为姐妹群，之后再与 *P*. sect. *Falcataria* 聚为姐妹群。分子证据支持 Barneby 和 Grimes[67]将 *Falcataria* 提升为属的处理[74]。

DNA 条形码研究：BOLD 网站有该属 1 种 1 个条形码数据；GBOWS 网站已有 1 种 3 个条形码数据。

代表种及其用途：一些种类可作观赏植物，如南洋楹 *F. moluccana* (Miquel) Barneby & J. W. Grimes。

37. *Pithecellobium* Martius 牛蹄豆属

Pithecellobium Martius (1837: 114), *nom. & orth. cons.*; Wu & Nielsen (2010: 61) [Type: *P. unguis-cati* (Linnaeus) Bentham, *typ. cons.* (≡*Mimosa unguis-cati* Linnaeus)]

特征描述：乔木或灌木，<u>具托叶刺</u>。二回羽状复叶，不敏感，<u>小叶对生</u>，<u>总叶柄和</u><u>叶轴上常有腺体</u>。<u>头状或穗状花序</u>，生于上部叶腋或排成圆锥花序；单型花，两性，常 5 数；<u>花萼钟状或漏斗状</u>，<u>具短齿</u>；<u>花瓣中部以下合生</u>，<u>上部 5 裂</u>；雄蕊多数，突出，<u>花丝合生成管</u>；单子房。<u>荚果卷曲</u>，果瓣纸质，内部红色，<u>开裂</u>。<u>种子具假种皮</u>，<u>具展</u><u>开的侧线环</u>。花粉 16 合体或 32 合体，表面平滑。染色体 $n=13$。

分布概况：约 18/1 种，（**3**）型；分布于美洲热带和亚热带地区；中国引种牛蹄豆 *P. dulce* (Roxburgh) Bentham 栽培于华南、西南和东南，供观赏绿化。

系统学评述：Lewis 和 Rico Arce[68]将牛蹄豆属归入印加树族的 *Pithecellobium*。Grimes[76]基于形态特征对印加树族属间关系研究表明，*Pithecellobium* 与 *Havardia* 亲缘关系较近。目前尚无该属较为全面的分子系统学研究报道，该属是否为单系类群仍不明确。

DNA 条形码研究：BOLD 网站有该属 5 种 26 个条形码数据；GBOWS 网站已有 1 种 4 个条形码数据。

代表种及其用途：一些种类为观赏绿化植物，假种皮可食，木材可用于建筑，如牛蹄豆 *P. dulce* (Roxburgh) Bentham。

38. *Samanea* (Bentham) Merrill 雨树属

Samanea (Bentham) Merrill (1916: 46); Wu & Nielsen (2010: 71) [Type: *S. saman* (Jacquin) Merrill (≡*Mimosa saman* Jacquin)]

特征描述：无刺大乔木，树冠广展。二回羽状复叶，羽片 3-6 对，<u>羽片及叶片间常有腺体</u>，小叶对生。<u>头状或伞形花序</u>；<u>花异型</u>，中间较大，具 7-8 裂片，边缘较小，具 5 裂片；<u>萼具短管</u>；<u>花瓣中部以下合生</u>；雄蕊多数，<u>花丝突出</u>，<u>下部合生成管</u>；<u>子房无柄，胚珠多数</u>。荚果直或稍弯，<u>边缘增厚</u>，<u>不开裂</u>，<u>种子间具隔膜</u>。种子多数，透镜状，<u>具马蹄形痕</u>。花粉粒 8（-10）孔。

分布概况：3/1 种，（**3bc**）型；分布于南美洲亚马孙河地区至中美洲萨尔瓦多；中国引种雨树 *S. saman* (Jacquin) Merrill 栽培于云南、海南及台湾。

系统学评述：Barneby 和 Grimes[67]重新恢复了雨树属，并认可了 3 个种。Lewis 和 Rico Arce[68]将雨树属归入印加树族的 *Samanea*。分子证据表明，雨树属是单系类群，与 *Albizia-Cathormion-Enterolobium* 分支为姐妹群关系[69]。

DNA 条形码研究：BOLD 网站有该属 2 种 5 个条形码数据；GBOWS 网站已有 1 种 4 个条形码数据。

代表种及其用途：一些类群生长迅速，枝叶繁茂，可为庭园绿化树种和荫蔽树，如雨树。

III. Papilionoideae 蝶形花亚科

八、Sophoreae 槐族

39. *Ammodendron* Fischer ex de Candolle 银砂槐属

Ammodendron Fischer ex de Candolle (1825: 523); Bao et al. (2010: 85) [Type: *A. sieversii* de Candolle, *nom. illeg.* (=*A. argenteum* (Pallas) Kuntze≡*Sophora argentea* Pallas)]

特征描述：<u>灌木</u>，<u>被银白色丝状毛</u>。<u>偶数羽状复叶具小叶 1-2 对</u>，叶轴顶端硬刺状，托叶小，无小托叶。总状花序顶生；花萼浅杯状，<u>萼齿近等长</u>，上面 2 齿稍靠合；旗瓣圆形反折，翼瓣斜长圆形，龙骨瓣内弯，钝圆，2 瓣片分离；<u>雄蕊 10</u>，<u>离生</u>，花药丁字着生；子房无柄，胚珠少数，花柱内弯，钻状，柱头小，顶生。<u>荚果长圆形或披针形</u>，<u>侧扁</u>，<u>不开裂</u>，<u>沿缝线具窄翅</u>。<u>种子 1-2</u>，长圆形或近圆柱状，无种阜，子叶厚，胚根反折。

分布概况：约 8/1 种，**13** 型；分布于亚洲西北部的温带地区；中国产新疆西北部。

系统学评述：Wojciechowski 等[77]、Lavin 等[78]和 Cardoso 等[79,80]基于 *rbc*L 和 *mat*K 片段对豆科的研究都仅涉及银砂槐属的 *A. argenteum* Kuntze，研究表明该种与槐属 *Sophora* 为姐妹群关系，嵌入在槐属植物构成的单系支。该属是否为单系类群及属下分类系统有待进一步研究。

DNA 条形码研究：BOLD 网站有该属 2 种 2 个条形码数据。

代表种及其用途：银砂槐 *A. bifolium* (Pallas) Yakovlev 是优良的防风固沙植物，也是国家 II 级重点保护野生植物。

40. *Bowringia* Champion ex Bentham 藤槐属

Bowringia Champion ex Bentham (1852: 75); Bao et al. (2010: 72) (Type: *B. callicarpa* Champion ex Bentham)

特征描述：攀援灌木。单叶，较大，托叶小。总状花序腋生，甚短；花萼膜质，先端截形；花冠白色，旗瓣圆形，具柄，翼瓣镰状长圆形，龙骨瓣与翼瓣相似，稍大；雄蕊 10，分离或基部稍连合；子房具短柄，胚珠多数，花柱锥形，柱头小，顶生。荚果卵形或球形，成熟时沿缝线开裂，果瓣薄革质，具种子 1-2。种子长圆形或球形，褐色，具种阜。花粉粒 3 孔沟，网状纹饰。

分布概况：约 4/1 种，**6-2 型**；分布于非洲大陆中西部，马达加斯加，东南亚地区；中国产福建、广东、广西和海南。

系统学评述：Breteler[81]把藤槐属并入分布于非洲的 *Leucomphalos*。Pennington 等[82]基于叶绿体 *trn*L 内含子对蝶形花亚科的研究中包含了原藤槐属的物种,研究表明原藤槐属位于 Genistoid 支系的 Baphioid clade。Cardoso 等[79,80,83]的研究支持将该属归于 Baphieae。该属的系统位置及属下种间关系有待进一步的研究。

DNA 条形码研究：GBOWS 网站有该属 1 种 8 个条形码数据。

代表种及其用途：藤槐 *B. callicarpa* Champion ex Bentham 全草可用作清热凉血药。

41. *Cladrastis* Rafinesque 香槐属

Cladrastis Rafinesque (1824: 60); Bao et al. (2010: 93) (Type: *C. fragrans* Rafinesque)

特征描述：落叶乔木，稀攀援灌木，树皮灰色。芽叠生，无芽鳞，被膨大的叶柄基部包裹。奇数羽状复叶，小叶互生或近对生。圆锥花序或近总状花序，顶生，苞片和小苞片早落；花萼钟状，萼齿 5，近等大；花冠白色，瓣片近等长；雄蕊 10，花丝分离或近基部稍联合；子房线状披针形，具柄，花柱内弯，胚珠少数至多数。荚果压扁，两侧具翅或无翅，边缘明显增厚，迟裂，种子 1 至多数。种子长圆形，压扁，种皮褐色。花粉粒 3 孔沟，网状纹饰。

分布概况：8/6（5）种，**9 型**；分布于东亚和北美洲东部的温带与亚热带地区；中国产华东、华南和西南。

系统学评述：香槐属隶属于槐族。Doyle 等[3]、Pennington 等[82]和 Wojciechowski 等[77]、Lavin 等[78]、Cardoso 等[79,80]分别基于叶绿体基因 *rbc*L、*trn*L 和 *mat*K 对豆科的系统发育研究表明，香槐属是个多系类群，与 *Styphnolobium* 和 *Pickeringia* 关系很近，共同组成单系支 *Cladrastis* clade。现有的分子系统学研究涉及香槐属 3 个种，其中翅荚香槐 *C. platycarpa* (Maximowicz) Makino 位于 *Cladrastis* clade 的最基部，小花香槐 *C. delavayi* (Franchet) Prain 和 *C. lutea* Rafinesque 关系很近，与 *Styphnolobium* 为姐妹群关系。

DNA 条形码研究：叶绿体 *matK* 片段对该属植物有较高的分辨率，可考虑作为该属 DNA 条形码。BOLD 网站有该属 5 种 16 个条形码数据；GBOWS 网站已有 2 种 19 个条形码数据。

代表种及其用途：多数种类木质坚硬，黄色，可作木材及提取黄色染料，花芳香，树冠优美，常作庭园观赏树种，如香槐 *C. wilsonii* Takeda。

42. *Maackia* Ruprecht 马鞍树属

Maackia Ruprecht (1856: 143); Sun et al. (2010: 95) (Type: *M. amurensis* Ruprecht)

特征描述：<u>乔木或灌木</u>。<u>芽单生叶腋，芽鳞数枚，覆瓦状排列</u>。<u>奇数羽状复叶，互生</u>，小叶对生或近对生，全缘，小叶柄短，无小托叶。总状花序单一或在基部分枝；<u>花萼膨大，钟状，5 齿裂</u>；花冠白色，旗瓣反卷；<u>雄蕊 10，花丝基部稍连合，着生于花萼筒上</u>；子房密被毛，胚珠少数。荚果扁平，<u>长椭圆形至线形，无翅或沿腹缝延伸成狭翅</u>。种子 1-5，长椭圆形，压扁。花粉粒 3 孔沟，网状纹饰。

分布概况：12/7（6）种，**14SJ 型**；分布于东亚地区；中国南北均产。

系统学评述：马鞍树属在分子系统上位于 Genistoid 支系[28,80,84,85]，基于叶绿体 *rbc*L 对豆科的分子系统学研究中包含了马鞍树属 2 种，研究表明马鞍树属是个多系类群，*M. floribunda* (Miquel) Takeda 和朝鲜槐 *M. amurensis* Ruprecht 分别与 *Sophora bhutanica* H. Ohashi 和冬麻豆 *Salweenia wardii* E. G. Baker 为姐妹群关系，位于 2 个不同的单系支；然而基于 *trn*L 和 *rbc*L 对槐族一些属的研究表明，该研究包含的马鞍树属 3 个种聚为单系，其中包括之前 Kajita 研究的 2 种，另一种为 *M. tashiroi* (Yatabe) Makino。马鞍树属是否为单系尚不能确定，属下分类系统也有待进一步研究。

DNA 条形码研究：BOLD 网站有该属 4 种 6 个条形码数据；GBOWS 网站已有 2 种 16 个条形码数据。

代表种及其用途：朝鲜槐除可为观赏树外，其木材坚实，纹理密致，适为建筑和家具用，又可为农具和枕木用；树皮可提取黄色染料。

43. *Ormosia* Jackson 红豆属

Ormosia Jackson (1811: 360), *nom. cons.* ; Sun et al. (2010: 73) [Type: *O. coccinea* (Aublet) Jackson≡*Robinia coccinea* Aublet)]

特征描述：<u>乔木</u>。<u>叶互生</u>，稀近对生，<u>奇数羽状复叶对生</u>，稀单叶或为 3 小叶；小叶对生。圆锥花序或总状花序顶生或腋生；花萼钟形，5 齿裂，或上方 2 齿连合较多；<u>花冠白色或紫色，长于花萼</u>；<u>雄蕊 10，花丝分离或基部有时稍连合</u>；子房具胚珠 1 至数颗，花柱长，线形。<u>荚果木质或革质，2 瓣裂</u>，稀不裂，<u>果瓣内壁有横隔或无，缝线无翅</u>。种子 1 至数粒，<u>种皮常为红色</u>。花粉粒 3 孔沟，穿孔状纹饰。<u>染色体 2n=16</u>。

分布概况：约 130/37（34）种，**3（5）型**；分布于热带美洲，东南亚和澳大利亚西北部；中国产五岭以南，以广东、广西、云南和海南尤盛。

系统学评述：Pennington 等[82]、Wojciechowski 等[77]、Lavin 等[78]和 Cardoso 等[79,80]

基于 *rbc*L 与 *mat*K 对豆科的分子系统学研究表明，红豆属为支持率很高的单系类群，与 *Panurea*、*Clathrotropis* 和 *Spirotropis* 构成的单系为姐妹群关系，共同构成 *Ormosia* clade。*Ormosia* clade 位于广义的 Genistoid 支系，并与该支系的其他类群（*Clathrotropis*、Brongniartieae clade、core Genistoids 和 *Bowdichia* clade）共同构成的单系为姐妹群关系。自 Jackson 建立该属以来，许多学者进行了红豆属系统分类学研究。Prain 基于荚果和种子特征将红豆属分为 2 亚属；Merrill 和 Chen[86]基于叶类型、种皮、种脐、荚果横隔、果翅等特征，并将所研究的东亚种类分为 15 系；Rudd[87]认为叶脉对数、种脐特征、种子颜色等性状较重要，并将美洲种类分为 3 组 7 系；Yakovlev[88]则主要根据荚果横隔膜、种子扩散等将红豆属分为 6 属。Cardoso 等[79,80]基于 *mat*K 对蝶形花亚科的分子系统学研究中包含了红豆属 20 余种，研究表明红豆属聚为了 3 个支持率较高的单系，但属下分类系统的建立有待全面深入的研究。

DNA 条形码研究： 叶绿体片段 *mat*K 对该属的种类具有较高的分辨率（约 60%），可作为该属 DNA 条形码。BOLD 网站有该属 29 种 37 个条形码数据；GBOWS 网站已有 4 种 31 个条形码数据。

代表种及其用途： 该属多数种类木材花纹美丽，淡红色至褐红色，质坚硬，刨削后有光泽，宜作高级家具、雕刻等用材，如红豆树 *O. hosiei* Hemsley & E. H. Wilson 和花榈木 *O. henryi* Prain；一些种类种皮红色光亮，可作装饰品，如长脐红豆 *O. balansae* Drake。

44. *Salweenia* E. G. Baker 冬麻豆属

Salweenia E. G. Baker (1935: 134); Sun et al. (2010: 95) (Type: *S. wardii* E. G. Baker)

特征描述： 常绿灌木。奇数羽状复叶，托叶草质，无小托叶，小叶对生，线形或披针形，全缘，贝合状。花簇生枝顶，苞片与小苞片细小，小苞片位于花萼下面，花梗短；花萼钟状，萼齿 5，正三角形，上方 2 齿部分合生；花冠黄色，旗瓣倒卵形，先端微凹，翼瓣与龙骨瓣均具长柄；雄蕊二体，花药同型；子房具长柄。荚果线状长圆形，扁平，具果颈，2 瓣开裂，果瓣近纸质。种子近心形。染色体 2*n*=18。

分布概况： 2/2（2）种，15 型；特产中国四川西部和西藏东部。

系统学评述： 冬麻豆属隶属于槐族，是个单系类群，与槐属 *Sophora* 近缘[28,89]，位于 Genistoid 支系。长久以来，冬麻豆属一直被认为是个单种属，只有冬麻豆 *S. wardii* E. G. Baker 1 个种。Yue 等[89]通过形态学、细胞学和 4 个叶绿体片段（*trn*L-F、*rpl*32-*trn*L、*psb*A-*trn*H、*trn*S-G）对分布于雅砻江、怒江和澜沧江河谷的冬麻豆属的研究发现其明显分化为 2 个种，并发表 1 新种，即雅砻江冬麻豆 *S. bouffordiana* H. Sun, Z. M. Li & J. P. Yue。这 2 个种也表现出明显的地理隔离，其中雅砻江冬麻豆分布于雅砻江干热河谷，冬麻豆分布于较为凉爽的怒江和澜沧江河谷。

DNA 条形码研究： 叶绿体片段 *trn*L-F、*rpl*32-*trn*L、*psb*A-*trn*H 和 *trn*S-G 在该属种间种内有一定的分辨率，可以考虑作为该属的 DNA 条形码使用。BOLD 网站有该属 1 种 1 个条形码数据；GBOWS 网站已有 1 种 20 个条形码数据。

45. *Sophora* Linnaeus 槐属

Sophora Linnaeus (1753: 373), *nom. cons.* ; Bao et al. (2010: 85) (Lectotype: *S. tomentosa* Linnaeus, *typ. cons.*)

特征描述：乔木、灌木或多年生草本，稀攀援状。奇数羽状复叶对生，全缘。花序总状或圆锥状，顶生、腋生或与叶对生；花白色、黄色或紫色；花萼钟状或杯状，萼齿5，等大，或上方 2 齿近合生而成为近二唇形；旗瓣与翼瓣形状、大小多变，翼瓣单侧生或双侧生；雄蕊 10，分离或基部有不同程度的连合，花药卵形或椭圆形，丁字着生；胚珠多数。荚果圆柱形或稍扁，串珠状，有时具翅，不裂或有不同的开裂方式。种子 1 至多数。花粉粒 3 孔沟，网状纹饰。

分布概况：约 70/21（9）种，**1 型**；广布全球热带至温带地区；中国主产西南、华南和华东，少数种分布至华北、西北和东北。

系统学评述：此处定义的槐属为广义上的槐属，位于 Genistoid 支系，是 1 个多系类群。Cardoso 等[80]基于 *mat*K 对蝶形花亚科的研究表明，槐属物种与银砂槐属 *Ammodendron* 物种混淆在一起，共同构成单系[80]。Yakovlev[90]把槐属划分为了几个属，这些属的划分逐渐被认可，其中形态和分子证据表明 *Calia*（*Sophora* sect. *Calia*）和 *Styphnolobium*（*S.* sect. *Styphnolobium*）是独立进化的 2 个类群，Pennigton 等[91]也将 *Calia* 和 *Styphnolobium* 定义为 2 个独立属。Cardoso 等[80]基于叶绿体 *mat*K 对豆科的研究也表明 *Styphnolobium* 是个单系，与香槐属 *Cladrastis* 为姐妹群关系。槐属的界定及属下分类系统的建立亟待进一步研究。

DNA 条形码研究：BOLD 网站有该属 24 种 74 个条形码数据；GBOWS 网站已有 6 种 77 个条形码数据。

代表种及其用途：一些种类可作观赏和蜜源植物，花入药或为黄色染料，如槐 *S. japonica* Linnaeus；多数种类含有各种生物碱，可入药，茎叶煎汁为驱虫剂，如苦参 *S. flavescens* Aiton。

九、Euchresteae 山豆根族

46. *Euchresta* J. J. Bennett 山豆根属

Euchresta J. J. Bennett (1840: 148); Sun et al. (2010: 98) [Type: *E. horsfieldii* (Leschenault) J. J. Bennett (≡*Andira horsfieldii* Leschenault)]

特征描述：灌木。叶互生，小叶 3-7 枚，全缘，下面常被柔毛或绒毛。总状花序；花萼膜质，钟状或管状，基部略呈囊状，边缘 5 裂，萼齿短；花冠伸出萼外，常白色，翼瓣和龙骨瓣有瓣柄；雄蕊二体（9+1），花药背着；子房有长柄，胚珠 1-2，花柱 1，线形。荚果核果状，肿胀，不裂，椭圆形，果壳常亮黑色，具果颈，有种子 1。种子无种阜，无胚乳，种皮白色，膜质。花粉粒 3 沟。染色体 n=9。

分布概况：约 4/4（1）种，**7-1（14SJ）型**；分布于喜马拉雅地区至日本；中国产西南、华中、华南和台湾。

　　系统学评述：山豆根属在分子系统树上位于 Genistoid 支系，与槐属 *Sophora* 为姐妹群关系[28,85]。基于 *rbc*L 及基于 *rbc*L 和 *trn*L 对豆科的分子系统学研究均表明，山豆根属嵌入槐属中，但都只涉及该属 1 或 2 个种，该属是否为单系尚不清楚，属下的种间关系有待进一步研究。

　　DNA 条形码研究：BOLD 网站有该属 3 种 3 个条形码数据；GBOWS 网站已有 1 种 8 个条形码数据。

　　代表种及其用途：山豆根 *E. japonica* J. D. Hooker ex Regel 有清热、解毒、消肿、镇痛等功效，为民间常用草药，主治肠炎腹泻、腹胀、腹痛、胃痛、咽喉痛、牙痛等。

十、Thermopsideae 野决明族

47. *Ammopiptanthus* S. H. Cheng 沙冬青属

Ammopiptanthus S. H. Cheng (1959: 1831); Wei et al. (2010: 100) [Type: *A. mongolicus* (Maximowicz) S. H. Cheng (≡*Piptanthus mongolicus* Maximovicz)]

　　特征描述：常绿灌木。小枝叉分。单叶或掌状三出复叶，革质，托叶小，钻形或线形，与叶柄合生，先端分离，小叶被银白色绒毛。总状花序短，顶生于短枝上，苞片小，脱落，具小苞片；花萼钟形，近无毛，萼齿 5，短三角形，上方 2 齿合生；花冠黄色，旗瓣和翼瓣近等长，龙骨瓣背部分离；雄蕊 10，花丝分离，花药圆形，同型，近基部背着；胚珠少数，花柱细长，柱头小，点状顶生。荚果扁平，瓣裂，长圆形，具果颈。种子圆肾形。染色体 $2n=18$。

　　分布概况：1-2/1-2 种，**13-1** 型；分布于中亚地区；中国产甘肃、内蒙古、宁夏和新疆西部。

　　系统学评述：沙冬青属位于 Genistoid 支系，是个单系类群，与槐属 *Sophora* 及银砂槐属的 *A. argenteum* Kuntze 关系较近[80,92]。Wang 等[92]基于 ITS 对野决明族的系统学研究表明，沙冬青属 2 个种与槐属的种类聚为支持率较高的单系支，位于野决明族其他属组成的单系外部。因此认为沙冬青属可能并不应该归于野决明族，该属的系统位置有待进一步澄清。该属原记载有 2 个种，在 FOC 中认为 2 个种可能是因水分等环境因子影响而产生的 2 个生态型，故合并为 1 种，即沙冬青 *A. mongolicus* (Maximowicz) S. H. Cheng。该属的物种界定及种内种间关系亟待更深一步的研究。

　　DNA 条形码研究：GBOWS 网站有该属 1 种 8 个条形码数据。

　　代表种及其用途：沙冬青属植物为古老的残遗、濒危物种，也有很强的抗寒、抗旱和耐盐碱等特性，为抗逆研究的模式植物。沙冬青还是防风固沙、治疗多种疾病的宝贵植物资源，具有重要的生态和药用价值。

48. *Piptanthus* Sweet 黄花木属

Piptanthus Sweet (1828: 264); Wei et al. (2010: 100) [Type: *P. nepalensis* (W. J. Hooker) Sweet (≡*Baptisia nepalensis* W. J. Hooker)]

特征描述：灌木。掌状三出复叶，互生，托叶大，2 枚合生，与叶柄相对，贴茎生，先端分离呈 2 尖头。总状花序顶生，2-3 朵轮生；苞片托叶状，基部连合成鞘状，脱落，无小苞片；萼钟形，萼齿 5，近等长，上方 2 萼齿合生，老熟时花萼在近基部位于子房同位线作环状关节性脱离；花冠黄色，花瓣近等长，均具长瓣柄，旗瓣先端凹缺，翼瓣和龙骨瓣基部具耳；雄蕊 10，分离；子房线形，胚珠 2-10。荚果线形，扁平，薄革质。种子斜椭圆形。花粉粒 3 孔沟，网状纹饰。染色体 $2n$=18。

分布概况：2/2（1）种，**14SJ 型**；分布于印度，不丹，尼泊尔，缅甸；中国产西南和西北。

系统学评述：黄花木属在分子系统树上位于 Genistoid 支系，是 1 个单系类群[28,80,92]。基于叶绿体 *rbc*L 基因对豆科的系统发育研究，以及 Wang 等[92]和 Uysal 等[93]基于 ITS 对野决明族的系统发育研究均表明，黄花木属与野决明族的 *Anagyris* 和野决明属 *Thermopsis* 关系较近。

DNA 条形码研究：ITS 在黄花木属的 2 个种具有很高的分辨率，可以作为该属的 DNA 条形码。BOLD 网站有该属 1 种 3 个条形码数据；GBOWS 网站已有 2 种 27 个条形码数据。

代表种及其用途：黄花木 *P. nepalensis* (W. J. Hooker) Sweet 可被用作观赏植物栽培。

49. *Thermopsis* R. Brown ex W. T. Aiton 野决明属

Thermopsis R. Brown ex W. T. Aiton (1811: 3); Wei et al. (2010: 101) [Type: *T. lanceolata* W. T. Aiton, *nom. illeg.* (=*T. lupinoides* (Linnaeus) Link≡*Sophora lupinoides* Linnaeus)]

特征描述：多年生草本，具匍匐根状茎。茎直立，少分枝，具纵槽纹，基部有膜质托叶鞘，抱茎合生成筒状，上缘裂成 3 齿，偶不裂。掌状三出复叶，托叶叶状，分离，常大。总状花序顶生；花常轮生或对生，偶互生；苞片 3 (-6)，稀 1，叶状，近基部连合，宿存；萼钟形，萼齿 5，上方 2 齿多少合生；花冠常黄色，稀紫色，花瓣均具瓣柄；雄蕊 10，花丝扁平，全部分离；子房线形，花柱长，通常密被毛。荚果线形、长圆形或卵形，扁平。种子肾形或圆形。花粉粒 3 孔沟，网状纹饰。

分布概况：约 25/12（4）种，**9 型**；分布于中亚，东亚和北美；中国产西南、华东至东北。

系统学评述：野决明属在分子系统树上位于 Genistoid 支系，是 1 个多系类群[28,77,80,92-94]。Wang 等[92]基于 ITS 对野决明族的系统发育研究表明，野决明属与 *Baptisia*、*Anagyris* 和黄花木属 *Piptanthus* 关系较近，共同组成支持率很高的单系支，且野决明属旧世界的种类与新世界的种类表现出明显的地理隔离，其东亚的种类与北美的种类分别与 *Anagyris*、*Piptanthus* 和 *Baptisia* 构成 2 个支持率很高的单系分支。

DNA 条形码研究：ITS 片段在野决明属的种间分辨率较高，可以作为该属的 DNA 条形码。BOLD 网站有该属 9 种 12 个条形码数据；GBOWS 网站已有 5 种 51 个条形码数据。

代表种及其用途：一些种类可作观赏，如 *T. rhombifolia* var. *montana* (Nuttall) Isley；

大部分种类富含喹诺里西啶类生物碱和黄酮类化合物，可治疗疾病，如披针叶野决明 *T. lanceolata* R. Brown 可治疗咳嗽痰喘等；野决明 *T. lupinoides* (Linnaeus) Link 有消肿、解毒、祛痰和催吐的功效，可治恶疮疥癣等。

十一、Crotalarieae 猪屎豆族

50. *Crotalaria* Linnaeus 猪屎豆属

Crotalaria Linnaeus (1753: 714), *nom. cons.* ; Li et al. (2010: 105) (Type: *C. latifolia* Linnaeus).——*Priotropis* Wight & Arnott (1834: 180)

特征描述：草本或灌木。茎枝圆或四棱形；单叶或三出复叶；托叶有或无。总状花序顶生、腋生、与叶对生或密集枝顶形似头状；花萼二唇形或近钟形，二唇形时，上唇二萼齿宽大，合生或稍合生，下唇三萼齿较窄小，近钟形时，5 裂，萼齿近等长；花冠黄色或深紫蓝色；雄蕊连合成单体，花药二型；花柱长，基部弯曲。荚果，膨胀，种子 2 至多数。花粉粒 3 孔沟，网状纹饰。

分布概况：约 700/42 种，**2 型**；分布于热带和亚热带，主产非洲大陆东部和南部及马达加斯加；中国主产长江以南，少数延伸至东北。

系统学评述：猪屎豆属在分子系统树上位于 Genistoid 支系，与 *Bolusia* 关系最近，是个单系类群[80,95-97]。自 1753 年林奈建立猪屎豆属，该属的属下分类系统被多次修订。Polhill[98]依据花的龙骨瓣喙部是否扭曲及种子的数目将猪屎豆属植物划分为 11 组；Bisby 和 Polhill[99]及 Polhill[100]主要基于花形态特征，以及对非洲大陆和马达加斯加猪屎豆属的研究，将该属重新修订为 8 组 9 亚组。Ansari[101,102]基于 ITS 对印度猪屎豆属的分子系统学研究表明，Polhill 于 1982 年建立的 8 组中的 6 组在印度的种类中是成立的，另外又基于花、植株的特征分别在 *Crotalaria* sect. *Calycinae* 与 *C.* sect. *Crotalaria* 下建立了 4 个和 2 个新的亚组。le Roux 等[96]基于 ITS 和叶绿体片段 *mat*K、*psb*A-*trn*H 与 *rbc*L，以及花萼、龙骨瓣等重要形态形状，对世界猪屎豆属进行了分子系统学研究，并重建了该属的属下分类系统。依据该研究结果，le Roux 重新界定了 *C.* sect. *Geniculatae*、*C.* sect. *Calycinae* 和 *C.* sect. *Crolataria*，将一些亚组提升为组，并废除了分子系统学研究中不是单系的亚组。该研究建立的新的属下分类系统包含 11 组，即 *C.* sect. *Hedriocarpae*、*C.* sect. *Incanae*、*C.* sect. *Schizostigma*、*C.* sect. *Calycinae*、*C.* sect. *Borealigeniculatae*、*C.* sect. *Crotalaria*、*C.* sect. *Stipulosae*、*C.* sect. *Glaucae*、*C.* sect. *Geniculatae*、*C.* sect. *Amphitrichae* 和 *C.* sect. *Grandiflorae*。

DNA 条形码研究：ITS 及叶绿体片段 *mat*K、*psb*A-*trn*H 与 *rbc*L 对猪屎豆属种类有较高的分辨率，可以考虑作为该属的 DNA 条形码。BOLD 网站有该属 178 种 231 个条形码数据；GBOWS 网站已有 17 种 168 个条形码数据。

代表种及其用途：一些种类含有吡咯烷类生物碱，可作药用，如假地蓝 *C. ferruginea* Graham ex Bentham 用于治疗久咳痰血、耳鸣耳聋、头晕目眩等；茎皮可作绳索、渔网、麻袋及造纸的原料，如菽麻 *C. juncea* Linnaeus；还可作绿肥，如大托叶猪屎豆 *C.*

spectabilis Roth。

51. *Lotononis* (de Candolle) Ecklon & Zeyher 罗顿豆属

Lotononis (de Candolle) Ecklon & Zeyher (1836: 176), *nom. cons.* ; Wei et al. (2010: 117) [Type: *L. vexillata* (Meyer) Ecklon & Zeyher, *typ. cons.* (≡*Crotalaria vexillata* Meyer)]

特征描述：多年生草本。掌状三出复叶，中央小叶常较大，小叶偶有 5 枚，托叶小，叶状。花序与叶对生，近伞状；花小，几无梗；花萼狭筒形，上方 4 齿多少成对合生，每侧各具 1 对细齿尖，最下 1 齿离生；花冠稍伸出，旗瓣和翼瓣常较窄，龙骨瓣阔，先端钝圆，急弯；雄蕊 10 枚合生成雄蕊筒，上部稍分离，花药二型，长短交互，基着和背着；花柱上弯，柱头顶生。荚果长圆形至线形，常扁平，先端略上弯，稍膨胀，2 瓣裂，有多数种子。

分布概况：约 150/1 种，（**10-3**）型；主要分布于非洲南部，延伸至地中海区域和西亚至阿拉伯，巴基斯坦；中国台湾有栽培。

系统学评述：罗顿豆属是分类上比较复杂的类群，自从 Ecklon 和 Zeyher 于 1836 年建立该属，经历了多次修订。此处定义的为广义罗顿豆属，隶属于猪屎豆族，是个多系类群，与该族的猪屎豆属 *Crotalaria*、*Lebeckia*、*Pearsonia* 和落地豆属 *Rothia* 近缘[97,103,104]。van Wyk[105]基于形态学、细胞学及化学成分的分析，建立了罗顿豆属的属下分类系统，共包含 15 组，为之后的研究提供了框架。Boatwright 等[97]基于 ITS、叶绿体 *rbc*L 及形态学对猪屎豆族的研究包含了罗顿豆属 15 组的 52 种，结果表明其是个多系类群。Boatwright 等[104]基于之前的数据，新增加了形态上较特别的 *L. macrocarpa* Ecklon & Zeyher，对猪屎豆族的系统学研究表明，广义的罗顿豆属是个多系类群，可以分为 5 个支持率很高的单系：*L. macrocarpa*（与猪屎豆族的"Cape" group 种类关系较近）、狭义猪屎豆属、*Leobordea* 支系、*Listia* 支系及 *L.* sect. *Euchlora*（与猪屎豆属为姐妹群关系）。依据该研究结果，Boatwright 对罗顿豆属进行重新界定，恢复了 *Leobordea*、*Listia* 和 *Euchlora* 3 属，并且基于 *L. macrocarpa* 建立了新属 *Ezoloba*。

DNA 条形码研究：ITS 及叶绿体 *rbc*L 在罗顿豆属种间具有较高的分辨率，可以考虑作为该属的 DNA 条形码。BOLD 网站有该属 5 种 6 个条形码数据。

代表种及其用途：罗顿豆 *L. bainesii* Baker 被作为优良牧草广泛栽培。

52. *Rothia* Persoon 落地豆属

Rothia Persoon (1807: 638), *nom. cons.* ; Li et al. (2010: 118) [Type: *R. trifoliata* (Roth) Persoon, *typ. cons.* (≡*Dillwynia trifoliata* Roth)]

特征描述：一年生草本，匍匐或披散，被毛。叶具指状 3 小叶，托叶小或叶状，单个或成对。花序顶生，与叶对生，总状，具花 1-5 朵；苞片和小苞片不显著；花萼管多少膜质，萼裂片 5，近同形，上面两个裂片呈镰形；旗瓣圆形或长圆形，具一线形的爪，翼瓣与龙骨瓣与旗瓣近等长，龙骨瓣顶端圆形；雄蕊连合成管，管上端撕裂，花药 10，小，同型；子房无柄，具多数胚珠，花柱稍直。荚果近长圆形或线形，急尖，花柱稍直，开裂，种子多数。花粉粒 3 孔沟，柱状纹饰。

分布概况：2/1 种，**4** 型；分布于非洲，印度至澳大利亚北部；中国产广东和海南。

系统学评述：落地豆属在分子系统树上与猪屎豆族的 *Robynsiophyton* 为姐妹群，与 *Pearsonia* 关系次之，三者在形态上也较为接近[97,106]。目前的分子系统学研究中只涉及 *R. hirsuta* (Guillemin & Perrottet) Baker 1 种，该属是否为单系尚不清楚，有待进一步研究。

十二、Amorpheae 紫穗槐族

53. *Amorpha* Linnaeus 紫穗槐属

Amorpha Linnaeus (1753: 713); Wei et al. (2010: 120) (Type: *A. fruticosa* Linnaeus)

　　特征描述：灌木或亚灌木，有腺点。叶互生，奇数羽状复叶，小叶对生或近对生，托叶针形，早落，小托叶线形至刚毛状。花小，组成顶生、密集的穗状花序；苞片钻形，早落；花萼钟状，5 齿裂，常有腺点；蝶形花冠退化，仅存旗瓣，蓝紫色，向内弯曲包裹雄蕊和雌蕊；雄蕊 10，下部合生成鞘，上部分裂，成熟时花丝伸出旗瓣；胚珠 2。荚果不开裂，表面密布疣状腺点。种子 1-2，长圆形或近肾形。花粉粒 3 孔沟，网状纹饰。染色体 $2n=40$。

　　分布概况：约 15/1 种，（**9**）型；分布于加拿大南部至墨西哥北部；中国南北均有栽培。

　　系统学评述：紫穗槐属是个并系类群，与紫穗槐族的 *Errazurizia* 和 *Parryella* 较近缘[80,107,108]。McMahon 和 Hufford[107,109,110]基于花形态及 ITS、单拷贝核基因 *CNGC4* 及叶绿体 *trn*K，对紫穗槐族的系统学研究涉及紫穗槐属 5 个种，种间关系并不清楚，该属的属下分类系统亟待进一步研究。

　　DNA 条形码研究：ITS 在紫穗槐属的属下种间具有一定的分辨率，可以考虑作为该属的 DNA 条形码。BOLD 网站有该属 5 种 20 个条形码数据；GBOWS 网站已有 1 种 11 个条形码数据。

　　代表种及其用途：该属一些种类可用作防护林、水土保持或观赏植物等，如紫穗槐 *A. fruticosa* Linnaeus。

十三、Dalbergieae 黄檀族

54. *Dalbergia* Linnaeus f. 黄檀属

Dalbergia Linnaeus f. (1782: 52), *nom. cons.* ; Chen et al. (2010: 121) (Type: *D. lanceolaria* Linnaeus f.)

　　特征描述：乔木、灌木或木质藤本。奇数羽状复叶互生，无小托叶。圆锥花序顶生或腋生，分枝有时呈二歧聚伞状；花萼钟状，裂齿 5，上方 2 枚部分合生；花冠白色、淡绿色或紫色，花瓣具柄；雄蕊 10 或 9，常合生为一上侧边缘开口的鞘，或鞘的下侧亦开裂而组成 5+5 的二体雄蕊，极稀不规则开裂为 3-5 体雄蕊，对旗瓣的 1 枚雄蕊稀离生而组成 9+1 的二体雄蕊。荚果不开裂，长圆形或带状，翅果状，有 1 至数粒种子。种子肾形，扁平。花粉粒 3 孔沟，穿孔状纹饰。

分布概况：约 250/29（14）种，**2 型**；泛热带分布；中国产西南、华南和华中。

系统学评述：黄檀属在分子系统树上位于 Dalbergioid 支系，是个单系类群[111]。由于黄檀属植物形态变异较大，分布范围广，属内的传统分类系统一直难以统一。Bentham[112]于 1860 年将该属当时的 64 种划分为 6 系；Carvalho[113,114]依据花序和果实的形态将巴西 41 种黄檀属植物划分为 5 组；Prain[115]将东南亚的 86 种划分为 2 亚属 5 组 24 系；Thothathri[116]又依据雄蕊和果实的形态把印度大陆的 46 种划分为 4 组 7 系。Vatanparast 等[111]首次进行了黄檀属的分子系统学研究，共包含代表传统分类学中定义的各个分类单元的 64 种，基于 ITS 片段的分析表明，*Dalbergia* sect. *Triptolemea* 和 *D.* sect. *Ecastaphyllum* 为单系类群，而 *D.* sect. *Dalbergia* 和 *D.* sect. *Selenolobium* 不是单系类群。另外，该结果也支持 Carvalho[114]认为的花序和果实的类型是该属的同源性状的结论，可以用于黄檀属的分类。

DNA 条形码研究：ITS 在黄檀属内种间分辨率较高，可以考虑作为该属 DNA 条形码。BOLD 网站有该属 56 种 412 个条形码数据；GBOWS 网站已有 9 种 102 个条形码数据。

代表种及其用途：一些种类具有很高的木材和药用价值，如降香黄檀 *D. odorifera* T. C. Chen、*D. nigra* (Vellozo) Allemão ex Benth、印度黄檀 *D. sissoo* Roxburgh ex de Candolle、*D. latifolia* Roxburgh 和 *D. melanoxylon* Guillemin & Perrottet，其中降香黄檀是中国特有的濒危药用植物，也是国家 II 级重点保护野生植物，具行气活血、止痢、止血的功效；一些种类是紫胶虫寄主树，如钝叶黄檀 *D. obtusifolia* (Baker) Prain。

55. *Pterocarpus* Jacquin 紫檀属

Pterocarpus Jacquin (1763: 283), *nom. cons.* ; Chen et al. (2010: 130) (Type: *P. officinalis* Jacquin, *typ. cons.*)

特征描述：乔木。奇数羽状复叶，小叶互生，托叶小，脱落，无小托叶。花黄色，圆锥花序顶生或腋生，苞片和小苞片小，早落；花梗有明显关节；花萼倒圆锥状，稍弯，萼齿短，上方 2 枚近合生；花冠伸出萼外，花瓣有圆形长柄旗瓣，与龙骨瓣同于边缘呈皱波状；雄蕊 10，单体，或 5+5 的二体，或对旗瓣的 1 枚离生为 9+1 的二体；胚珠 2-6，花柱丝状，内弯，无须毛。荚果圆形，扁平，边缘有阔而硬的翅，常有种子 1。种子长圆形或近肾形。

分布概况：35-40/1 种，**2 型**；以非洲为主的泛热带分布；中国产广东、台湾和云南。

系统学评述：紫檀属在分子系统上位于 Dalbergioid 支系的 *Ptercarpus* clade，是 1 个并系类群，与 *Paramachaerium* 关系较近[80,117,118]。Klitgård 等[117]基于 ITS2 及叶绿体基因 *rbc*L、*mat*K、*trn*L 和 *ndh*F-*rpl*32 对 *Ptercarpus* clade 的研究表明，紫檀属与 *Paramachaerium* 和 *Etaballia* 共同构成单系。根据上述研究结果，Klitgård 等[117]将单种属 *Etaballia* 并入紫檀属，也进一步证明了豆科较早分支的类群中花的变异程度较高。但是紫檀属的属下分类系统尚不清晰，有待进一步研究。

DNA 条形码研究：ITS2 及叶绿体片段 *rbc*L、*mat*K、*trn*L 和 *ndh*F-*rpl*32 对紫檀属种间有较高的分辨率，可以考虑作为该属的 DNA 条形码。BOLD 网站有该属 31 种 87 个条形码数据；GBOWS 网站已有 1 种 6 个条形码数据。

代表种及其用途：该属大多树种为珍贵用材树种，如紫檀 *P. indicus* Willdenow、*P. santalinus* Linnaeus 和 *P. angolensis* de Candolle；有些种类的树皮树根可提取树胶，治疗腹泻、痢疾等，如紫檀；另外一些种类的树汁也可以作为天然红色染料，如 *P. tinctorius* Welwitsch。

十四、Aeschynomeneae 合萌族

56. *Aeschynomene* Linnaeus 合萌属

Aeschynomene Linnaeus (1753: 713); Sa et al. (2010: 131) (Type: *A. aspera* Linnaeus)

特征描述：草本或灌木。茎直立或匍匐在地上而枝端向上。奇数羽状复叶，小叶互相紧接并容易闭合；托叶早落。总状花序腋生；苞片托叶状，成对，宿存，小苞片卵状披针形，宿存；花萼膜质，常二唇形，上唇 2 裂，下唇 3 裂；旗瓣大，圆形，具瓣柄，翼瓣无耳，龙骨瓣弯曲略有喙；雄蕊二体（5+5）或基部合生成一体；子房具柄，线形，有胚珠多数，花柱丝状。荚果有果颈，扁平，具荚节 4-8，各节有种子 1。花粉粒 3 孔沟，网状纹饰。

分布概况：160-180/2 种，**2 型**；分布于热带和亚热带；中国南北各 1 种，台湾引种并逸生。

系统学评述：合萌属在分子系统树上位于 Dalbergioid 支系的 *Dalbergia* clade，是 1 个多系类群[80]。Vogel[119]基于托叶的着生位置将合萌属划分为 2 组，即 *Aeschynomene* sect. *Aeschynomene* 和 *A.* sect. *Ochopodium*。Lavin 等[120]基于 *trn*K、*trn*L 和 ITS 对 *Dalbergia* clade 种类的研究表明，合萌属是个多系，*A.* sect. *Ochopodium* 与 *Machaerium* 的关系更近。Ribeiro 等[121]基于 *trn*L 内含子和 ITS 对合萌族类群的研究表明，*A.* sect. *Aeschynomene* 不是单系，该组新世界与旧世界的类群分别聚在不同的分支；而 *A.* sect. *Ochopodium* 则是个单系。Chaintreuil 等[122]基于 *trn*L 内含子和 ITS 对合萌属的研究中包含该属 38 种，分子系统发育重建结果表明，合萌属聚为 4 支，其中 *A.* sect. *Ochopodium* 单独位于 1 支，并为支持率很高的单系，与 *Machaerium* 为姐妹群关系，Chaintreuil 认为应该把这个组提升为 1 个独立属；*A.* sect. *Aeschynomene* 的种类位于另外 1 支，与 *Kotschya*、坡油甘属 *Smithia*、睫苞豆属 *Geissaspis*、*Soemmeringia* 和 *Bryaspis* 关系较近，共同组成 1 个单系。合萌属的修订及属下分类系统的建立有待更全面的研究。

DNA 条形码研究：ITS 和 *trn*L 片段在合萌属种间具有较高的分辨率，可考虑作为该属的 DNA 条形码。BOLD 网站有该属 30 种 73 个条形码数据；GBOWS 网站已有 1 种 16 个条形码数据。

代表种及其用途：该属一些种类可用作造纸纤维原料，如 *A. aspera* Linnaeus 和 *A. elaphroxylon* (Guillemin & Perrottet) Taubert；一些种类可作饲料和绿肥，如敏感合萌 *A. americana* Linnaeus；一些种类能形成茎瘤，具有双重固氮作用，可用于农业生产，如 *A. nilotica* Taubert 和 *A. afraspera* J. Léonard。

57. *Arachis* Linnaeus 落花生属

Arachis Linnaeus (1753: 741); Sa et al. (2010: 132) (Type: *A. hypogaea* Linnaeus)

特征描述：<u>一年生草本</u>。<u>偶数羽状复叶</u>，<u>托叶大而显著</u>，<u>部分与叶柄贴生</u>，<u>无小托叶</u>。<u>花单生或数朵簇生于叶腋内</u>，<u>无柄</u>；花萼膜质，<u>裂片 5</u>，<u>上部 4 裂片合生</u>，<u>下部 1 裂片分离</u>；花冠黄色；<u>雄蕊 10</u>，<u>单体</u>，1 枚常缺，<u>花药二型</u>，长短互生，近背着或基着；胚珠受精后子房柄逐渐延长，下弯成一坚强的柄，将尚未膨大的子房插入土下，<u>在地下发育成熟</u>。莢果长椭圆形，<u>有凸起的网脉</u>，<u>不开裂</u>，<u>常于种子之间缢缩</u>，有种子 1-4。花粉粒 3 拟孔沟，网状纹饰。染色体 $2n=20$，40。

分布概况：69/1 种，（**3**）型；分布于热带美洲，世界各地广泛栽培。

系统学评述：落花生属在分子系统树上位于 Dalbergioid 支系的 *Pterocarpus* clade，是个单系类群，与笔花豆属 *Stylosanthes* 是姐妹群关系[80,117]。Krapovickas 和 Rigoni[123] 依据形态特征、地理分布及杂交性等将落花生属划分为 9 组，即 *Arachis* sect. *Arachis*、*A.* sect. *Caulorrhizae*、*A.* sect. *Erectoides*、*A.* sect. *Extranervosae*、*A.* sect. *Heteranthae*、*A.* sect. *Procumbentes*、*A.* sect. *Rhizomatosae*、*A.* sect. *Trierectoides* 和 *A.* sect. *Triseminatae*。不同学者利用多种分子标记对落花生属的种间关系进行了研究[124-129]。Bechara 等[128]和 Friend 等[129]基于 ITS 与叶绿体 *trn*T-*trn*F 对落花生属的分子系统学研究表明，*A.* sect. *Caulorrhizae*、*A.* sect. *Extranervosae* 和 *A.* sect. *Triseminatae* 为单系类群，而 *A.* sect. *Erectoides*、*A.* sect. *Procumbentes* 和 *A.* sect. *Trierectoides* 不是单系类群。

DNA 条形码研究：ITS 和叶绿体 *trn*T-*trn*F 在落花生属种间具有较高的分辨率，可以考虑作为该属候选的 DNA 条形码。BOLD 网站有该属 13 种 40 个条形码数据；GBOWS 网站已有 1 种 4 个条形码数据。

代表种及其用途：落花生 *A. hypogaea* Linnaeus 可食用和榨油，已在全世界广为栽培；一些种类可用作饲用和地被植物，如 *A. pintoi* Krapovickas & W. C. Gregory。

58. *Geissaspis* Wight & Arnott 睫苞豆属

Geissaspis Wight & Arnott (1834: 217); Sa et al. (2010: 132) (Type: *G. cristata* Wight & Arnott)

特征描述：<u>一年生草本</u>。<u>偶数羽状复叶</u>，<u>小叶 2 对</u>，托叶膜质，<u>无小托叶</u>。花小，<u>紫色</u>，排成腋生、具长总花梗的总状花序；<u>苞片大</u>，<u>覆瓦状排列</u>，膜质，有脉纹和睫毛，<u>常覆被花、果</u>；花萼膜质，管状，<u>深裂为二唇形</u>，上唇全缘，下唇有不明显的萼齿；花冠比萼长 2-3 倍；<u>雄蕊单体（10）</u>，花药一式；子房无柄。<u>莢果有莢节 1-2</u>，<u>莢节中部膨胀</u>，<u>具显著扁平的边缘</u>，有网状脉，不开裂，种子 1-2，具果颈。

分布概况：3/1 种，（**7a-c**）型；分布于非洲和亚洲热带地区；中国产广东。

系统学评述：睫苞豆属位于 Dalbergioid 支系的 *Dalbergia* clade。分子系统学研究中只涉及睫苞豆属 1 个种 *G. descampsii* de Wildeman & T. Durand，与合萌属为姐妹群关系。该属是否为单系，以及属下的种间关系有待进一步研究。

DNA 条形码研究：BOLD 网站有该属 2 种 2 个条形码数据。

59. *Ormocarpum* P. Beauvois 链荚木属

Ormocarpum P. Beauvois (1807: 95), *nom. con.*; Sa et al. (2010: 133) (Type: *O. verrucosum* P. Beauvois)

特征描述：灌木。<u>奇数羽状复叶</u>，小叶 9-17 片，<u>托叶三角状针形</u>，<u>无小托叶</u>。<u>花黄色</u>，单朵或成对腋生或排成稀疏的总状花序；苞片成对，宿存，小苞片与苞片相似；花萼膜质，钟状，<u>裂片 5</u>，上面 2 裂片三角形，下面 3 裂披针形，与萼管等长；雄蕊<u>二体</u>，<u>5 枚一束</u>，花药一式；胚珠多数，花柱丝状，内折，柱头小，顶生。<u>荚果线形或长圆形</u>，<u>膨胀</u>，<u>有节</u>，不开裂，<u>表面有皱纹</u>，无毛或具软刺而粗糙，具果颈。

分布概况：约 20/1 种，**4** 型；分布于非洲，亚洲，太平洋岛屿至澳大利亚北部；链荚木 *O. cochinchinense* (Loureiro) Merrill 在中国广东、海南和台湾有栽培且逸生。

系统学评述：此处定义的链荚木属为狭义链荚木属，在分子系统树上位于 *Dalbergia* 支系，是个单系类群，与 *Ormocarpopsis* 和 *Peltiera* 为姐妹群关系[80,120,130]。Lavin 等[120]基于叶绿体 *trn*K、*trn*L 内含子，ITS1 和 ITS2 对豆科 Dalbergioid 支系的研究表明，广义的链荚木属是个多系类群。Thulin 和 Lavin[130]基于 ITS 对 *Ormocarpum* group（包含旧世界的属：*Ormocarpum*、*Ormocarpopsis* 和 *Peltiera*，以及新世界的属：*Diphysa* 和 *Pictetia*）的分子系统学研究结果与 Lavin 的基本一致，但 Thulin 结合形态及地理分布，将分子水平上支持率很高的包含好望角分布的链荚属的 6 种独立为 1 个新属 *Zygocarpum*。剩余的链荚木属种类聚为 1 个单系，*O. verrucosum* P. Beauvois 位于该属的最基部，属下的种间关系尚不清楚，有待进一步研究。

DNA 条形码研究：ITS 片段在链荚木属种间具有较高的分辨率，可以考虑作为该属的 DNA 条形码。BOLD 网站有该属 21 种 36 个条形码数据。

代表种及其用途：该属的一些种类可用作行道树，如链荚木。

60. *Smithia* Aiton 坡油甘属

Smithia Aiton (1789: 496), *nom. cons.* ; Sa et al. (2010: 133) (Type: *S. sensitiva* Aiton)

特征描述：<u>平卧或披散草本或矮小灌木</u>。<u>偶数羽状复叶</u>，小叶 5-9 对，托叶干膜质，长卵形，基部下延成披针形的长耳，宿存，<u>小托叶缺</u>。小花单朵至多朵成腋生的总状花序或花束，<u>或多少蝎尾状</u>，苞片干膜质，具条纹，脱落，小苞片干膜质，宿存；花萼膜质，<u>二唇形</u>，唇常全缘；花冠伸出萼外，黄色、蓝色或紫色；雄蕊<u>初时全部合生为</u>鞘状，后期分为相等的二体（5+5），花药一式；胚珠多数，花柱向内弯，<u>丝状</u>。<u>荚果具数个扁平或膨胀的荚节</u>，<u>褶叠包藏于萼内</u>。花粉粒 3 沟，网状纹饰。

分布概况：约 20/5 种，**4** 型；主产南亚次大陆，分布于非洲，亚洲的热带地区并延伸至澳大利亚北部；中国产西南至台湾。

系统学评述：坡油甘属位于 Dalbergioid 支系的 *Dalbergia* clade，与 *Bryaspis*、*Kotschya*、*Cyclocarpa*、*Soemmeringia* 和 *Humularia* 的关系较近[80,120,122]。现有的研究中只涉及坡油甘属的个别种。

DNA 条形码研究：BOLD 网站有该属 4 种 4 个条形码数据；GBOWS 网站已有 2

种 16 个条形码数据。

61. *Stylosanthes* Swartz 笔花豆属

Stylosanthes Swartz (1788: 108); Sa et al. (2010: 135) [Type: *S. procumbens* Swartz, *nom. illeg.* (=*S. hamata* (Linnaeus) Taubert≡*Hedysarum hamatum* Linnaeus)]

特征描述：草本或亚灌木，稍具腺毛。羽状复叶具 3 小叶，托叶与叶柄贴生成鞘状，宿存，无小托叶。花多朵组成密集的短穗状花序，腋生或顶生，苞片膜质，宿存，小苞片披针形，膜质；花萼筒状，5 裂，上面 4 裂片合生；花冠黄色或橙黄色；雄蕊 10，单体，下部闭合成筒状，花药二型，5 枚较长的近基着，与 5 枚较短而背着的互生。荚果扁平，长圆形或椭圆形，先端具喙，具荚节 1-2，果瓣具粗网脉或小疣凸。种子近卵形。

分布概况：约 25/2 种，（**2-2**）型；主要分布于南美，少数到非洲和亚洲的热带、亚热带地区；中国广东、台湾和海南有栽培。

系统学评述：笔花豆属位于 Dalbergioid 支系的 *Dalbergia* clade，与落花生属是姐妹群关系[80,120]。该属是否为单系类群及属下分类关系亟待进一步研究。

DNA 条形码研究：BOLD 网站有该属 39 种 125 个条形码数据。

代表种及其用途：圭亚那笔花豆 *S. guianensis* (Aublet) Swartz 原产于拉丁美洲，已被引种到许多热带、亚热带地区并广泛栽培，用作牧草、水土保持等。

62. *Zornia* J. F. Gmelin 丁葵草属

Zornia J. F. Gmelin (1792: 1076); Sa et al. (2010: 136) (Type: *Z. bracteata* J. F. Gmelin)

特征描述：一年生或多年生纤弱草本。指状复叶具小叶 2-4 枚，常具透明腺点，托叶近叶状，常于基部下延成盾状。花小，疏离，组成穗状花序；每朵花为一对披针形苞片所包藏；萼小，二唇形，上面的齿短；花冠常黄色，花瓣近等大；雄蕊单体，花药异型。荚果扁，腹缝直，背缝波状，由数个近圆形、扁、有小刺或平滑的节荚组成。花粉粒 3 沟，网状纹饰。

分布概况：约 80/2 种，**2** 型；泛热带分布；中国产西南至台湾。

系统学评述：丁葵草属位于黄檀族的 *Adesmia* 支系，是 1 个单系类群，与主要在北美分布的 *Poiretia* 为姐妹群关系[80,82,131]。Mohlenbrock[132]依据花序的形态将丁葵草属划分为 2 亚属：*Zornia* subgen. *Myriadena* 和 *Z.* subgen. *Zornia*；并依据小叶的个数和小叶的形状将 *Z.* subgen. *Zornia* 分为 3 组，即 *Z.* sect. *Zornia*、*Z.* sect. *Isophylla* 和 *Z.* sect. *Anisophylla*。Fortuna-Perez 等[131]基于 ITS 和叶绿体 *trn*L-F 对丁葵草属的分子系统学研究表明，Mohlenbrock 定义的属下分类单元没有得到支持。生物地理学分析表明，丁葵草属物种在 800 万-1000 万年前分化为两大支，旧世界的种类位于基部，而新世界及澳大利亚的种类则起源最晚。

DNA 条形码研究：ITS 和 *trn*L-F 在丁葵草属种间具有较高的分辨率，可以考虑作为该属的 DNA 条形码。BOLD 网站有该属 18 种 26 个条形码数据；GBOWS 网站已有 1

种 4 个条形码数据。

代表种及其用途： 一些种类为药用植物，如 *Z. diphylla* (Linnaeus) Persoon 具有清热解表、凉血解毒的作用，用于治疗感冒、咽喉炎、急性黄疸型肝炎等。

十五、Indigofereae 木蓝族

63. *Cyamopsis* de Candolle 瓜儿豆属

Cyamopsis de Candolle (1825: 215); Sun et al. (2010: 164) [Type: *C. psoraloides* de Candolle, *nom. illeg.* (=*C. tetragonoloba* (Linnaeus) Taubert≡*Psoralea tetragonoloba* Linnaeus)].——*Cordaea* Sprengel (1831: 581)

特征描述： 一年生草本，具平贴丁字毛。奇数羽状复叶、羽状三出复叶或单叶，托叶钻形，小叶全缘、有锯齿或深裂，两面或下面被白色平贴丁字毛。总状花序腋生；疏花，有或无总花梗；花萼 5 裂，下萼齿最长；花冠淡黄色、黄色或粉红色，旗瓣近阔倒卵形，龙骨瓣不卷曲，多少呈囊状，无距或有短距；雄蕊 10，单体，花丝结合成管，花药顶端具硬尖，基部无鳞片；子房无柄。荚果近四棱形，扁平而阔，顶端尖细成喙。种子立方形，表面有细微瘤状凸起。花粉粒 3 孔沟，穿孔状纹饰。

分布概况： 4/1 种，（6）型；产非洲和南亚热带地区；中国云南西部有栽培。

系统学评述： 瓜儿豆属属于木蓝族，是个单系类群，与木蓝属 *Indigofera* 为姐妹群关系[133,134]。Schrire 等[134]基于 ITS 对木蓝族的系统发育研究表明瓜儿豆属的 4 个种聚为支持率较高的单系，其中非洲的 3 个种，即 *C. dentata* (N. E. Brown) Torre、*C. serrata* Schinz 和 *C. senegalensis* Guillemin & Perrottet 关系相对较近，聚为 1 支，而瓜儿豆 *C. tetragonoloba* (Linnaeus) Taubert 则单独位于该属的最基部。

DNA 条形码研究： ITS 在瓜儿豆属种间具有较高的分辨率，可以考虑作为该属的 DNA 条形码研究。BOLD 网站有该属 1 种 2 个条形码数据。

代表种及其用途： 瓜儿豆 *C. tetragonoloba* (Linnaeus) Taubert 是良好的饲料、绿肥；嫩荚可供食用；种子胚乳中含瓜儿胶，是石油工业中优质的凝胶材料、食品中重要的黏稠剂。

64. *Indigofera* Linnaeus 木蓝属

Indigofera Linnaeus (1753: 751); Gao et al. (2010: 137); Schrire et al. (2009: 816) (Lectotype: *I. tinctoria* Linnaeus)

特征描述： 灌木或草本，稀小乔木，多少被白色或褐色平贴丁字毛，少数具二歧或距状开展毛及多节毛，有时被腺毛或腺体。奇数羽状复叶，偶为掌状复叶、三小叶或单叶。总状花序腋生，少数呈头状、穗状或圆锥状；萼齿 5；花冠紫红色至淡红色，偶为白色或黄色，翼瓣具耳，龙骨瓣常呈匙形，常具距突与翼瓣勾连；雄蕊二体；胚珠 1 至多数。荚果多线形或圆柱形。种子肾形、长圆形或近方形。花粉粒 3 孔沟，网状、穿孔状或不规则条纹状纹饰。染色体 2n=14，16，32，36 或48。

分布概况： 约 750/79（45）种，**2** 型；分布于泛热带，非洲大陆和马达加斯加尤盛；

中国主产西南部和南部，少数延伸至东北。

系统学评述：木蓝属均隶属于木蓝族 Indigofereae。Schrire 等[133,134]基于 ITS 片段和形态学对木蓝族的系统发育重建表明，木蓝属是个单系类群，与由瓜儿豆属 *Cyamopsis*、*Indigastrum*、*Rhynchotropis* 和 *Microcharis* 组成的单系支（CRIM clade）为姐妹群关系。木蓝属自建立以来，属下分类系统经历了多次修订，其中较为全面的是 Desvaux 将该属分为木蓝亚属 *Indigofera* subgen. *Indigofera* 和球果亚属 *I.* subgen. *Sphaeridiophora*；de Candolle[135]将当时记载的该属 121 种分为 5 组；Gillett[136]将该属分为 5 亚属，即木蓝亚属 *I.* subgen. *Indigofera*、刺荚亚属 *I.* subgen. *Acanthonotus*、扁果亚属 *I.* subgen. *Amecarpus*、*I.* subgen. *Indigastrum* 和 *I.* subgen. *Microcharis*；Schrire[137]将后 2 属（分布于非洲）独立为属，其他 3 亚属在木蓝属中作为组，共有 25 组。中国木蓝属的研究中，比较系统的是 Craib[138]记载该属分布于中国的种类 57 种，其中新种 29 种 1 变种 1 变型（其中 6 种后来被合并）。方云亿和郑朝宗[139,140]基于之前的分类系统，将中国木蓝属划分为 3 亚属：木蓝亚属、球果木蓝亚属和刺荚木蓝亚属，其中木蓝亚属只包含木蓝组 *I.* sect. *Tinctoria*，又被分为 14 亚组，并继续采用该系统[FRPS]。高信芬和 Schrire 在 FOC 没有采用之前的属下分类系统，共记载了中国木蓝属植物 79 种。Schrire 等[133,134]是该属现有最全面的分子系统学研究，结果表明，除 *I. nudicaulis* E. Meyer 外，其余种类聚为 4 个支持率很高的单系支：旧热带支系、泛热带支系、开普敦支系和特提斯支系。其中，中国有分布的 29 种分别位于除开普敦支系外的其他 3 个支系，泛热带支系 21 种，特提斯支系 6 种，旧热带支系 2 种，分子证据与传统的属下分类系统不一致。木蓝属属下分类系统有待进一步的研究。

DNA 条形码研究：ITS 在木蓝属种间具有较高的分辨率，可以考虑作为该属的 DNA 条形码。BOLD 网站有该属 36 种 62 个条形码数据；GBOWS 网站已有 11 种 98 个条形码数据。

代表种及其用途：部分种类的根、茎或叶可供药用或提取染料，如野青树 *I. suffruticosa* Miller、木蓝 *I. tinctoria* Linnaeus；一些种可用作旱地绿肥、饲用或水土保持植物，如河北木蓝 *I. bungeana* Walpers。

十六、Millettieae 崖豆藤族

65. *Afgekia* Craib 猪腰豆属

Afgekia Craib (1927: 376); Wei et al. (2010: 174) (Type: *A. sericea* Craib)

特征描述：<u>攀援灌木</u>，偶乔木。<u>奇数羽状复叶互生</u>，叶枕膨大，小叶近对生。<u>总状圆锥花序大型</u>，<u>常腋生或生老茎上</u>，甚密集；<u>苞片大</u>，<u>花期宿存</u>，甚显著，小苞片细；<u>花萼具 5 短齿</u>，上方 2 齿部分合生，下方 3 齿三角形；旗瓣基部内侧具耳，有 2 囊状胼胝体；<u>雄蕊二体（9+1）</u>，花药同型；<u>子房线形</u>，<u>密被绒毛</u>，<u>花柱无毛</u>。荚果硕大，卵形，<u>果皮厚木质</u>，<u>不开裂</u>。种子单生，甚大，<u>肾形</u>。染色体 $2n=16$。

分布概况：3/1 种，**7-3 型**；分布于缅甸，泰国；中国产广西和云南。

系统学评述：猪腰豆属位于 Hologalegina 支系的 *Callerya* clade，是 1 个多系类群，与鸡血藤属 *Callerya* 关系较近[141,142]。Hu 等[141]基于 ITS 对崖豆藤族的研究中涉及 1 种 *A. filipes* (Dunn) R. Geesink。研究表明 *A. filipes* (Dunn) R. Geesink 与鸡血藤属的 2 个种：*C. megasperma* (F. Mueller) A. Schott 和 *C. australis* (Endlicher) A. Schott 关系较近。Li 等[143]基于 ITS 和叶绿体 *matK* 对紫藤属的分子系统学研究中涉及猪腰豆属 2 种，即 *A. filipes* (Dunn) R. Geesink 和 *A. sericea* Craib，分析结果表明，这 2 个种分别与鸡血藤属的物种一起聚为 2 个支持率很高的单系支。猪腰豆属下种间关系有待进一步研究。

DNA 条形码研究：ITS 和 *matK* 在猪腰豆属种间具有较高的分辨率，可以考虑作为该属的 DNA 条形码。BOLD 网站有该属 2 种 4 个条形码数据；GBOWS 网站已有 1 种 4 个条形码数据。

66. *Aganope* Miquel 双束鱼藤属

Aganope Miquel (1855: 151); Chen et al. (2010: 172) (Lectotype: *A. floribunda* Miquel)

特征描述：藤本、乔木或披散灌木。小叶对生，纸质或近革质，托叶早落，小托叶早落或无。圆锥花序顶生或腋生；苞片短于花瓣，小苞片早落；花萼杯状或钟状，顶端近截平或有明显的齿；花冠无毛或近无毛，旗瓣先端钝或微凹，胼胝体有或无；雄蕊二体，对旗瓣的 1 枚分离；子房有胚珠 1-10。荚果扁平，木质化，沿腹缝线有狭翅或腹、背两缝线均有狭翅。种子 1 至数粒。

分布概况：约 7/3（1）种，**6 型**；分布于热带非洲、亚洲及太平洋岛屿；中国产广西、广东、云南和海南。

系统学评述：双束鱼藤属位于 Millettoid 支系，是个单系类群，与 *Ostryocarpus* 为姐妹群关系。Sirichamorn 等[144]基于叶绿体 *trnK-matK*、*trnL-F*、*psbA-trnH* 及 ITS 对鱼藤属类（*Derris*-like taxa）的系统学研究表明，双束鱼藤属的 7 种聚为 3 个支持率较高的分支，其中 *A. stuhlannii* (Taubert) Adema 单独位于最基部，*A. heptaphylla* (Linnaeus) Polhill、密锥花鱼藤 *A. thyrsiflora* (Bentham) Polhill 和 *A. balansae* (Gagnepain) P. K. Lôc 聚为 1 支；*A. impressa* (Dunn) Polhill、*A. leucobotrya* (Dunn) Polhill 和 *A. gabonica* (Baillon) Polhill 聚为 1 支。

DNA 条形码研究：ITS 及叶绿体 *trnK-matK*、*trnL-F* 和 *psbA-trnH* 在双束鱼藤属下种间具有较高的分辨率，可以考虑作为该属的 DNA 条形码。BOLD 网站有该属 8 种 16 个条形码数据；GBOWS 网站已有 1 种 4 个条形码数据。

67. *Antheroporum* Gagnepain 肿荚豆属

Antheroporum Gagnepain (1915: 180); Wei et al. (2010: 173) (Lectotype: *A. pierrei* Gagnepain)

特征描述：常绿乔木。小枝常具点状皮孔。奇数羽状复叶互生，无托叶及小托叶。总状花序多花，2-5 枝簇生于小枝上部叶腋或聚集枝梢，形成顶生大型复合花序；花萼杯状，上方 2 齿截平或凹缺，余 3 齿三角形，等大，短于萼筒；雄蕊单体，雄蕊管基部上方有裂口，花药圆形，基着；子房被绒毛，花柱钻形，短于子房，无毛。荚果斜卵形，顶端具短喙，果瓣厚木质，凸起，内具空腔，胚珠常仅 1 颗发育。种子扁球形。

分布概况： 4/2 种，**7-3** 型；分布于泰国，越南；中国产西南部。

系统学评述： 肿荚豆属隶属于崖豆藤族，暂没有相关的分子系统学研究。

DNA 条形码研究： BOLD 网站有该属 1 种 1 个条形码数据。

68. *Callerya* Endlicher 鸡血藤属

Callerya Endlicher (1843: 104); Wei et al. (2010: 181) (Type: *C. tomentosa* J. R. Th. Vogel)

特征描述： 藤本或攀援灌木，稀乔木。托叶无毛，多早落，奇数羽状复叶，小托叶狭三角形，早落或宿存，小叶对生。总状花序腋生或顶生，有时为圆锥花序，苞片长或短于花冠，常脱落；花萼杯状，顶端截平或有不明显的齿；旗瓣光滑，中国的种类基部没有胼胝体，反折；雄蕊二体（9+1）。荚果开裂或迟裂，多少木质化，肿胀或不肿胀，背、腹缝线无翅，有时有加厚，种子 1-9。种子近圆形。

分布概况： 约 30/18（10）种，**5（7）**型；分布于南亚，东南亚，大洋洲和新几内亚；中国产南方。

系统学评述： 鸡血藤属位于 Hologalegina 支系的 *Callerya*clade，是 1 个并系类群，与猪腰豆属 *Afgekia* 和紫藤属 *Wisteria* 关系较近[141,143]。Hu 等[141]基于 ITS 对崖豆藤族的研究表明，该属与紫藤属和猪腰豆属的种类共同构成单系（*Callerya* clade），其中 *C. atropurpurea* (Wallich) A. Schott 位于该支的最基部，其余种类聚为 2 支。Li 等[143]基于 ITS 和叶绿体 *mat*K 对紫藤属的研究与 Hu 的研究结果较为一致，均表明鸡血藤属是个并系类群，与猪腰豆属和紫藤属关系很近，该属的属下分类系统有待进一步研究。

DNA 条形码研究： ITS 和叶绿体 *mat*K 在鸡血藤属种间具有较高的分辨率，可以作为该属的 DNA 条形码。BOLD 网站有该属 13 种 29 个条形码数据；GBOWS 网站已有 5 种 50 个条形码数据。

69. *Craspedolobium* Harms 巴豆藤属

Craspedolobium Harms (1921: 135); Wei et al. (2010: 189) (Type: *C. schochii* Harms)

特征描述： 攀援灌木。小叶 3 枚。花聚集于短缩的圆柱状生花节上，呈团伞花序状，再排列成伸长的总状花序式；花萼钟状，萼齿 5，近等长，上方 2 齿几连合，两侧萼齿三角形，最下 1 齿披针状卵形；花冠红色，无毛，旗瓣先端稍凹缺，无胼胝体；雄蕊二体（9+1），花药同型；子房具短柄，被细柔毛，胚珠 5-8。荚果扁平，厚纸质，瓣裂，腹缝具狭翅状边，种子间无横隔，种子 3-5（-7）。种子肾形。染色体 $2n=22$。

分布概况： 1/1 种，**15** 型；分布于东南亚；中国产广西、贵州、四川和云南。

系统学评述： 巴豆藤属隶属于崖豆藤族，目前尚无相关的分子系统学研究，该属的系统位置有待进一步的研究。

DNA 条形码研究： BOLD 网站有该属 1 种 6 个条形码数据；GBOWS 网站已有 1

种 15 个条形码数据。

70. *Derris* Loureiro 鱼藤属

Derris Loureiro (1790: 423), *nom. cons.* ; Chen et al. (2010: 166) (Type: *D. trifoliata* Loureiro, *typ. cons.*)

特征描述：木质藤本，稀直立灌木或乔木。奇数羽状复叶，小叶对生，无小托叶。总状或圆锥花序腋生或顶生，花簇生于缩短的分枝上；花萼钟状或杯状，顶端近截平或有 4-5 齿；花冠白色、紫红色或粉红色；雄蕊 10，常合生成单体，有时对旗瓣的 1 枚分离而成二体，花药丁字着生。荚果薄而硬，扁平，不开裂，圆形、长椭圆形至舌状长椭圆形，沿腹缝线有狭翅或腹、背两缝线均有狭翅，种子 1 至数粒。种子肾形，扁平。花粉粒 3 孔沟，网状纹饰。

分布概况：约 50/16（9）种，**2 型**；分布于非洲，亚洲和澳大利亚的亚热带与热带地区，以及太平洋岛屿；中国产西南至台湾。

系统学评述：自从 1790 年 Loureiro 建立鱼藤属，该属的系统位置及属的界定一直存在争议。Bentham[112]根据荚果不开裂将鱼藤属归入黄檀族，并将其划分为 5 组 2 系。Polhill[145]和 Geesink[146,147]发现鱼藤属的形态及其化学成分与崖豆藤族 Millettieae 一些属比较相似，故将其列入崖豆藤族。Lavin 等[148]和 Hu 等[149,150]对崖豆藤族或豆科的分子系统学研究都表明鱼藤属应该归入崖豆藤族。Geesink[147]把鱼藤属下的一些组或系提升到属的水平，并指出狭义的鱼藤属仅包括 *Derris* sect. *Dipteroderris* 和 *D.* ser. *Asiaticae*（属于 *D.* sect. *Euderris*）。Adema[151]对泰国和越南的鱼藤属的形态性状进行支系分析，结果支持 Geesink 的划分，唯一不同的是认为 *D.* sect. *Brachypterum* 不能作为单独的 1 属，而应归于狭义的鱼藤属。Sirichamorn 等[144]基于叶绿体 *trn*K-*mat*K、*trn*L-F、*psb*A-*trn*H 及 ITS 对鱼藤属类（*Derris*-like taxa）的分子系统学研究表明，Adema 定义的狭义的鱼藤属是个多系类群，与 Adema 和 Geesink 定义的拟鱼藤属 *Paraderris*（原 *P.* sect. *Paraderris*）共同构成支持率很高的单系，因此认为拟鱼藤属也应归入狭义的鱼藤属；同时支持了 Geesink 将 *D.* sect. *Brachypterum* 从鱼藤属中分离出去作为 1 个单独的属。此处定义的鱼藤属即为 Sirichamorn 最新界定的狭义的鱼藤属，隶属于崖豆藤族，在分子系统树上位于 Millettioid 支系，是个单系类群[28,78,144,152]。Sirichamorn 等[144,152]的研究表明，狭义的鱼藤属在分子系统树上聚为 2 个支持率较高的大支，属下分类系统的建立有待进一步的研究。

DNA 条形码研究：核基因 ITS 及叶绿体 *trn*K-*mat*K、*trn*L-F、*psb*A-*trn*H 在鱼藤属种间具有较高的分辨率，可以考虑作为该属的 DNA 条形码。BOLD 网站有该属 30 种 69 个条形码数据；GBOWS 网站已有 6 种 31 个条形码数据。

代表种及其用途：鱼藤属植物根部多含有鱼藤酮，是中国三大传统杀虫植物之一，可作为毒鱼剂使用，也为民间药用植物，如鱼藤 *D. trifoliata* Loureiro 以全株及根状茎入药，有散瘀止痛、杀虫止痒的功效，可治疗跌打肿痛、关节疼痛、疥癣和湿疹等。

71. *Fordia* Hemsley 干花豆属

Fordia Hemsley (1886: 160); Wei et al. (2010: 175) (Type: *F. caulifora* Hemsley)

特征描述：灌木。芽生叶腋上方，具多数针刺状开展的芽苞片。奇数羽状复叶聚集枝梢，托叶丝状，小托叶钻形，均宿存，小叶多至 12 对，全缘。总状花序着生于老茎上或当年生枝的基部，细长；萼齿 5，近截平，齿尖不明显，旗瓣基部无胼胝体；雄蕊二体（9+1），对旗瓣的 1 枚花丝离生，花药同型；子房无柄，被柔毛，花柱上弯，无毛，柱头小，点状，顶生，胚珠 2。荚果棍棒状，扁平，革质，瓣裂，种子 1-2。种子圆形，扁平。

分布概况：8/2（2）种，（**7a**）型；分布于东南亚；中国产广东、广西、贵州和云南。

系统学评述：干花豆属在传统和分子上均属于崖豆藤族，是崖豆藤族的核心类群[141,150]。目前尚没有该属的分子系统学研究，属下种间关系有待进一步研究。

DNA 条形码研究：BOLD 网站有该属 2 种 6 个条形码数据；GBOWS 网站已有 2 种 12 个条形码数据。

代表种及其用途：干花豆 *F. cauliflora* Hemsley 取根煎服，或取枝、根煮熟后食用，可用于病后虚弱、产妇身体复原，还可健身益脑，亦可用于痴呆及脑外伤等疾患的治疗。

72. *Millettia* Wight & Arnott 崖豆藤属

Millettia Wight & Arnott (1834: 263), *nom. cons.* ; Wei et al. (2010: 176) (Type: *M. rubiginosa* Wight & Arnott)

特征描述：藤本、直立或攀援灌木或乔木。奇数羽状复叶互生，小叶 2 至多对，常对生。圆锥花序大，顶生或腋生，花单生分枝上或簇生缩短的分枝上；小苞片 2 枚，贴萼生或着生于花梗中上部；花无毛或外面被绢毛；萼齿 5；旗瓣内面常具色纹；雄蕊二体（9+1），对旗瓣 1 枚多少与雄蕊管连合成假单体，花药同型；胚珠 4-10，花柱基部常被毛。荚果扁平或肿胀，线形或圆柱形，单粒种子时呈卵形或球形，开裂，稀迟裂，种子 2 至多数。种子凸镜形、球形或肾形。花粉粒 3 孔沟，网状/穿孔状纹饰。

分布概况：约 100/18（6）种，**2**（**6**）型；分布于热带和亚热带的非洲、亚洲及大洋洲；中国产西南至台湾。

系统学评述：分子系统学研究表明，崖豆藤属是崖豆藤族的核心类群，是 1 个多系类群[141,150,153]。该属的系统位置及属下分类系统亟待进一步研究。

DNA 条形码研究：BOLD 网站有该属 26 种 48 个条形码数据；GBOWS 网站已有 5 种 32 个条形码数据。

代表种及其用途：该属植物大多可作观赏，如垂序崖豆 *M. leucantha* Kurz；一些种类的藤茎也可作为鸡血藤在中药中应用，具有杀虫、攻毒、止痛、调经补血、治疗风湿骨痛等功效，如厚果崖豆藤 *M. pachycarpa* Bentham。

73. *Paraderris* (Miquel) R. Geesink 拟鱼藤属

Paraderris (Miquel) R. Geesink (1984: 109); Chen et al. (170) [Lectotype: *P. cuneifolia* (Bentham) R. Geesink (≡*Derris cuneifolia* Bentham)]

特征描述：木质藤本。奇数羽状复叶，托叶小，小托叶早落或无。总状花序腋生，偶为圆锥花序，花枝纤细，有花（1）2 或 3（-5）朵；苞片短于花瓣，小苞片宿存；<u>花萼 5 浅裂</u>；花冠白色至玫瑰红色，旗瓣椭圆至近圆形，基部内侧具胼胝体，翼瓣与龙骨瓣近等长；<u>单体雄蕊</u>，有时对旗瓣的 1 枚分离而成二体；子房被毛，<u>胚珠 1-7</u>。<u>荚果不裂</u>，木质或厚木质，沿腹缝线有狭翅或腹、背两缝线均有狭翅。种子 1 至多数，胚反折。

分布概况：约 15/6（3）种，**（7d）**型；分布于东南亚到新几内亚；中国广东、广西、云南、海南和台湾有野生或栽培。

系统学评述：此处定义的拟鱼藤属为 Geesink[147]和 Adema[151]所定义的拟鱼藤属，即原鱼藤属的 *Derris* sect. *Paraderris*。Sirichamorn 等[144]对鱼藤属类（*Derris*-like taxa）的研究表明，拟鱼藤属是个多系类群，与狭义的鱼藤属共同构成支持率很高的单系，因此将其并入鱼藤属。

DNA 条形码研究：BOLD 网站有该属 7 种 14 个条形码数据。

74. *Pongamia* Adanson 水黄皮属

Pongamia Adanson (1763: 322), *nom. & orth. cons.*; Zhang et al. (2010: 187) [Type: *P. pinnata* (Linnaeus) Pierre, *typ. cons.* (≡*Cytisus pinnatus* Linnaeus)]

特征描述：<u>乔木</u>。奇数羽状复叶，小叶对生，<u>无小托叶</u>。花组成腋生的总状花序；苞片小，早落，小苞片微小；花萼钟状或杯状，顶端截平；花冠伸出萼外，旗瓣近圆形，基部两侧具耳，<u>在瓣柄上有 2 枚附属物</u>，翼瓣偏斜，长椭圆形，具耳，龙骨瓣镰形，先端钝，并在上部连合；<u>雄蕊 10</u>，通常 <u>9 枚合生成雄蕊管</u>，<u>对旗瓣的 1 枚离生</u>，花药基着；子房近无柄，<u>胚珠 2</u>，花柱上弯，<u>无毛</u>。荚果椭圆形或长椭圆形，<u>扁平</u>，<u>果瓣厚革质或近木质</u>，种子 1。

分布概况：1/1 种，**5** 型；泛热带分布并延伸至亚热带地区；中国产福建、广东、海南和台湾。

系统学评述：水黄皮属隶属于崖豆藤族，在分子系统树上位于核心崖豆藤族支系，与崖豆藤属 *Millettia* 关系较近[141]。

DNA 条形码研究：BOLD 网站有该属 1 种 6 个条形码数据；GBOWS 网站已有 1 种 8 个条形码数据。

代表种及其用途：水黄皮 *P. pinnata* (Linnaeus) Pierre 树形优美，花色鲜艳美丽，可作为优良的观花树种；也是一种半红树植物，对环境的适应性很强，具有耐盐、抗风、抗高温等特性，能够在环境恶劣的盐碱荒地中生长，也是华南地区常见的防风护堤树。

75. *Sarcodum* Loureiro 耀花豆属

Sarcodum Loureiro (1790: 425); Sun et al. (2010: 174) (Type: *S. scandens* Loureiro)

特征描述：<u>草本或攀援灌木</u>。奇数羽状复叶，托叶革质，<u>小叶多数</u>。<u>总状花序顶生及腋生</u>；花大而美丽，红色或白色，苞片和小苞片近宿存；花萼钟状，上方 2 齿不明显，近截平，下方 3 齿急尖；旗瓣向后反折，龙骨瓣直，先端急尖，突出于翼瓣外成喙；雄蕊<u>二体</u>，对旗瓣的 1 枚离生，其余 9 枚花丝合生成长管；胚珠多数，花柱钻形，上弯，<u>上部内侧近轴面有纵列须毛</u>。<u>荚果圆柱形</u>，<u>肿胀</u>，基部具果颈，<u>熟时 2 瓣开裂</u>。种子肾形。

分布概况：3/1 种，（**7a**）型；分布于东南亚及太平洋岛屿；中国产海南。

系统学评述：耀花豆属隶属于崖豆藤族，目前尚没有相关的分子系统学研究，该属的系统位置及属下种间关系有待进一步研究。

代表种及其用途：耀花豆 *S. scandens* Loureiro 花形奇特，花色艳丽，可用作观赏植物。

76. *Tephrosia* Persoon 灰毛豆属

Tephrosia Persoon (1807: 328), *nom. cons.* ; Wei et al. (2010: 190) [Type: *T. villosa* (Linnaeus) Persoon (≡*Cracca villosa* Linnaeus)]

特征描述：<u>草本</u>，有时为灌木状。奇数羽状复叶，<u>具托叶</u>，<u>无小托叶</u>，小叶常被绢毛，侧脉与中脉成锐角平行伸向叶缘成边缘脉序。常总状花序顶生或与叶对生和腋生，有时花序轴缩短成近头状或伞状；<u>萼齿 5</u>，上方 2 齿多少连合；<u>旗瓣背面具柔毛或绢毛</u>；雄蕊<u>二体</u>，对旗瓣的 1 枚花丝与雄蕊管分离，花丝基部扩大并弯曲，<u>具疣体，花药同型</u>；<u>花盘浅皿状</u>，<u>具 1 裂口</u>。荚果线形或长圆形，扁平或在种子处稍凸起，<u>爆裂</u>，<u>果瓣扭转</u>。种子长圆形或椭圆形。花粉粒 3 孔沟，网状或穿孔状纹饰。

分布概况：约 350/11（1）种，分布于热带和亚热带地区；中国西南至台湾有野生或栽培。

系统学评述：灰毛豆属在分子系统树上位于核心的 Millettieae 分支，Hu 等[141]及 da Silva 等[153]对崖豆藤族分子系统学研究中的灰毛豆属种类都聚为单系，但都只包含了 2-5 种，因此该属是否为单系，以及属下的分类系统尚需更全面的分子系统学研究。

DNA 条形码研究：BOLD 网站有该属 19 种 38 个条形码数据；GBOWS 网站已有 3 种 36 个条形码数据。

代表种及其用途：灰毛豆 *T. purpurea* (Linnaeus) Persoon 的提取物具有较高的杀虫活性，可用作杀虫剂。

77. *Wisteria* Nuttall 紫藤属

Wisteria Nuttall (1818: 115), *nom. cons.* ; Wei et al. (2010: 188) [Type: *W. speciosa* Nuttall, *nom. illeg.* (*W. frutescens* (Linnaeus) Poiret≡*Glycine frutescens* Linnaeus)]

特征描述：<u>落叶大藤本</u>。奇数羽状复叶互生，托叶早落，<u>具小托叶</u>。总状花序顶生，<u>下垂</u>；花多数，散生于花序轴上，苞片早落，无小苞片；花萼杯状，<u>萼齿 5</u>，<u>略呈二唇形</u>；<u>花冠蓝紫色或白色</u>，旗瓣基部具 2 胼胝体，翼瓣长圆状镰形，有耳，与龙骨瓣离生或先端稍黏合，龙骨瓣内弯，钝头；雄蕊<u>二体</u>，对旗瓣的 1 枚离生或在中部与雄蕊管黏合，<u>花药同型</u>；<u>花柱无毛</u>，<u>胚珠多数</u>。荚果线形，<u>种子间缢缩</u>，迟裂。<u>种子大</u>，肾形。花粉粒 3 孔沟，网状纹饰。

分布概况：约 6/4（3）种，**9** 型；东亚北美间断分布；中国各地多有栽培，西部亦有野生。

系统学评述：紫藤属在分子系统树上位于 Hologalegina 支系的 *Callerya* clade，与猪腰豆属 *Afgekia* 和鸡血藤属 *Callerya* 关系较近[141,143]。Hu 等[141]基于 ITS 对崖豆藤族的分子系统学研究中包含了紫藤属 4 种，分析结果表明，这 4 种聚为支持率很高的单系支，嵌入 *Callerya* clade。Li 等[143]基于 ITS 和叶绿体 *matK* 对紫藤属的系统学研究包含了紫藤属 5 种 16 个样品，分析结果表明，*W. frutescens* (Linnaeus) Poiret 为该属最基部类群，与 *W. brachybotrys* Siebold & Zuccarini 关系较近，而紫藤 *W. sinensis* (Sims) Sweet、藤萝 *W. villosa* Rehder 和 *W. floribunda* (Willdenow) Candolle 的关系较近，且 3 个种混淆在一起，关系不清楚。另外基于 *matK* 片段用最大似然法建立的系统发育树中，鸡血藤属的 2 种［*C. megasperma* (F. Mueller) A. Schott 和 *C. australis* (Endlicher) A. Schott］嵌在紫藤属物种构成的单系中。因此，紫藤属是否为单系及属下分类系统有待进一步研究。

DNA 条形码研究：ITS 和叶绿体 *matK* 在紫藤属种间具有较高的分辨率，可以考虑作为该属的 DNA 条形码。BOLD 网站有该属 8 种 51 个条形码数据；GBOWS 网站已有 1 种 16 个条形码数据。

代表种及其用途：该属植物花序大而美丽，色彩丰富，部分种类还具有芳香怡人的气息，有很高的观赏价值和园林应用前景，如紫藤 *W. sinensis* (Sims) Sweet。

十七、Abreae 相思子族

78. *Abrus* Adanson 相思子属

Abrus Adanson (1763: 327); Bao & Gilbert (2010: 194) [Type: *A. precatorius* Linnaeus (≡*Glycine abrus* Linnaeus)]

特征描述：藤本。偶数羽状复叶，小叶多对，叶轴顶端具短尖。花小，组成总状花序；常数朵聚生于花序轴；花萼钟状，顶端截平或具短齿；花冠蝶形，远伸出萼外，旗瓣卵形，具短柄，基部多少与雄蕊管连合；雄蕊 9，单体，上部分离，花药同型；胚珠多数，柱头无髯毛。荚果长圆形，扁平，2 裂。种子椭圆形或近球形，暗褐色或半红半黑，有光泽。

分布概况：约 17/2 种，**2** 型；广布热带和亚热带地区；中国产云南、湖南、广东、广西、海南、福建、台湾等。

系统学评述：相思子属为相思子族的单型属，分子系统发育研究表明，相思子属位于 Millettoid *s.s.* group 基部，与菜豆族 Phaseoleae、刀豆亚族 Diocleinae、刺桐亚族 Erythrininae、拟大豆亚族 Ophrestiinae 及崖豆藤族的核心类群分支为姐妹群关系[28,77,154,155]。

DNA 条形码研究：BOLD 网站有该属 5 种 57 个条形码数据；GBOWS 网站已有 1 种 22 个条形码数据。

代表种及其用途：一些种类种子色泽华美，可作装饰品，根藤亦可入药，如相思子 *A. precatorius* Linnaeus。

十八、Phaseoleae 菜豆族

79. *Amphicarpaea* Elliot ex Nuttall 两型豆属

Amphicarpaea Elliot ex Nuttall (1818: 113), *nom. & orth. cons.*; Sa & Gilbert (2010: 249) [Type: *A. monoica* (Linnaeus) Nuttall, *nom. illeg.* (≡*Glycine monoica* Linnaeus, *nom. illeg.*=*A. bracteata* (Linnaeus) Fernald≡*Glycine bracteata* Linnaeus)]

特征描述：缠绕草本。羽状 3 小叶，托叶和小托叶常有脉纹。花常两型，闭锁花，生于茎下部，于地下结实，正常花，生于茎上部；常 3-7 朵排成腋生的短总状花序；花萼管状，4-5 裂；各瓣近等长，旗瓣倒卵形或倒卵状椭圆形，具瓣柄和耳；雄蕊二体，花药一式；子房无柄或近无柄，基部具鞘状花盘，花柱无毛，柱头小，顶生。荚果线状长圆形，扁平，在地下结的果常圆形或椭圆形。种子近球形或卵形，种脐短，侧生，假种皮不发达。花粉粒 3 孔沟，网状纹饰。染色体 $2n=20$。

分布概况：5/3（2）种，**9** 型；分布于东亚，北美及非洲的热带地区；中国南北均产。

系统学评述：两型豆属隶属于菜豆族大豆亚族 Glycininae。Lee 和 Hymowitz[156]对大豆亚族的系统发育重建表明，*Amphicarpaea* 是个单系类群，与软荚豆属 *Teramnus* 和大豆属 *Glycine* 聚为姐妹群。而 Stefanovic 等[157]分子系统学研究表明，*Amphicarpaea* 与山黑豆属 *Dumasia* 聚为姐妹群。Turner 和 Fearing[158]对该属进行了修订。Parker 等[159]研究表明，北美类群和日本类群各自聚为 1 支，为姐妹群关系。

DNA 条形码研究：BOLD 网站有该属 4 种 29 个条形码数据；GBOWS 网站已有 3 种 38 个条形码数据。

代表种及其用途：两型豆 *A. edgeworthii* Bentham 可作饲草和覆盖植物。

80. *Apios* Fabricius 土圞儿属

Apios Fabricius (1759: 176), *nom. cons.* ; Sa & Gilbert (2010: 203) (Type: *A. americana* Medikus)

特征描述：缠绕草本，有块根。羽状复叶具 5-7 小叶，稀 3 或 9，全缘；小托叶小。腋生总状花序或顶生圆锥花序；总花梗常具结；花萼钟形，上面 2 个萼齿极阔，合生，下面 1 个线形较长，其余 2 个很短；旗瓣卵形或圆形，反折，翼瓣斜倒卵形，比旗瓣短，龙骨瓣最长，内弯或旋卷；雄蕊二体；子房近无柄，胚珠多数，花柱丝状，卷曲。荚果线形，近镰刀形，扁，2 瓣裂。种子无种阜。花粉粒 3 孔沟。染色体 $2n=22$。

分布概况：约 8/6（4）种，**9** 型；分布于东亚，中南半岛，印度和北美；中国产西南至东南。

系统学评述：土圞儿属隶属于菜豆族刺桐亚族 Erythrininae。分子系统学研究表明，*Apios* 与 Phaseoloid group 主要分支为姐妹群关系[77,157]。Robinson[160]基于旗瓣特征将土圞儿属划分为 2 亚属，即 *Apios* subgen. *Tylosemium* 和 *A.* subgen. *Euapios*。Woods[161]对该属进行了较为全面的修订，但没有认可 Robinson 关于亚属的划分。Ren[162]研究表明 *Apios* 是个单系类群，北美类群聚为 1 支，嵌入到东亚类群中。

DNA 条形码研究：BOLD 网站有该属 3 种 12 个条形码数据；GBOWS 网站已有 2 种 32 个条形码数据。

代表种及其用途：该属一些种类块根含淀粉，味甜可食，可提制淀粉或作酿酒原料，叶和种子亦可入药，如土圞儿 *A. fortunei* Maximowicz。

81. *Butea* Roxburgh ex Willdenow 紫矿属

Butea Roxburgh ex Willdenow (1802: 857); Chen et al. (2010: 219) [Type: *B. frondosa* Roxburgh ex Willdenow, *nom. illeg.* (=*B. monosperma* (Lamarck) Taubert, *typ. cons.*≡*Erythrina monosperma* Lamarck)]

特征描述：乔木或大藤本。羽状 3 小叶；小托叶钻状。花大，黄色、橘红色或鲜红色，密集成簇，排成腋生或顶生的总状或圆锥花序；花萼钟状，裂齿短，钝三角形，上面 2 齿合生为唇；龙骨瓣最长，向内弯曲，先端尖；雄蕊二体，花药一式；子房无柄或具极短的柄，胚珠 2，花柱长，花柱内弯，无毛。荚果长圆形，扁平，2 瓣裂，下部不开裂。种子 1，种脐小，无种阜。花粉粒 3 孔沟，网状纹饰。染色体 $2n=18$。

分布概况：4-5/3（1）种，（**7a**）型；分布于印度，孟加拉国，不丹，越南，泰国，缅甸，柬埔寨，老挝，尼泊尔，印度尼西亚，斯里兰卡；中国产云南、广西、西藏。

系统学评述：此处定义的为广义的紫矿属，包括了 *Meizotropis*。紫矿属常被归入菜豆族刺桐亚族。分子证据表明 *Butea* 与密花豆属 *Spatholobus* 单独聚为 1 支，为姐妹群关系。Schrire[163]将 *Butea* 与 *Meizotropis* 和 *Spatholobus* 单独归为 1 支，位于 core Phaseoleae 基部位置。Li 等[164]研究表明 *Butea* 并没有与 *Spatholobus* 聚在一起，而是与亚族 Cajaninae 分支聚为姐妹群。Sanjappa[165]对该属进行了较为系统的修订。Ridder-Numan[166]基于花粉形态、解剖特征及宏观形态学特征等 97 个性状对紫矿属及密花豆属进行了系统发育重建，结果表明紫矿属为单系类群，狭义的 *Butea* 和 *Meizotropis* 各自聚为 1 支。目前该属尚缺乏较为全面的分子系统学研究报道，亟待进一步研究。

DNA 条形码研究：BOLD 网站有该属 4 种 12 个条形码数据；GBOWS 网站已有 1 种 4 个条形码数据。

代表种及其用途：紫矿 *B. monosperma* (Lamarck) Taubert 花大而美丽，可作观赏植物；本种也是紫胶虫的主要寄主之一，其生产的紫胶，质地优良，是航空制造业上的重要黏合剂；此外，从树皮中的流出的红色液汁，干后变成赤胶，医药上用作收敛剂。

82. *Cajanus* Adanson 木豆属

Cajanus Adanson (1763: 326), *nom. & orth. cons.*; Sa & Gilbert (2010: 230) [Type: *C. cajan* (Linnaeus) E. Huth (≡*Cytisus cajan* Linnaeus)].——*Atylosia* Wight & Arnott (1834: 257)

特征描述：灌木或草本。羽状 3 小叶，稀指状 3 小叶，小叶背面有腺点。总状花序腋生或顶生；花萼钟状，5 齿裂，上部 2 枚合生；花冠宿存或否；旗瓣具爪和内弯的耳，翼瓣狭椭圆形至宽椭圆形，具耳，龙骨瓣偏斜圆形，先端钝；雄蕊二体，花药一式；子房近无柄，胚珠 2 至多数；花柱线状，上部无毛或稍具毛。荚果线状长圆形，压扁，开裂，果瓣于种子间有凹入的斜槽。种子肾形至近圆形，光亮，有各种颜色或具斑块，种阜明显或残缺。花粉粒 3 孔沟，网状纹饰。

分布概况：34/7 种，4 型；分布于热带亚洲，非洲及大洋洲；中国产西南至东南。

系统学评述：木豆属隶属于菜豆族木豆亚族。Stefanovic 等[157]研究表明 *Cajanus* 与 *Bolusafra-Eriosema* 分支为姐妹群。van der Maesen 依据习性、叶片结构、毛被、荚果大小、种阜特征等将木豆属划分为 6 组，即 *Cajanus* sect. *Cajanus*（2 种）、*C*. sect. *Atylosia*（7 种）、*C*. sect. *Fruticosa*（9 种）、*C*. sect. *Cantharospermum*（5 种）、*C*. sect. *Volubilis*（6 种）和 *C*. sect. *Rhynchosoides*（3 种）。对 *Cajanus* 及其近缘属的分子系统发育重建结果表明，*Cajanus* 是个并系类群，野扁豆属 *Dunbaria* 和鹿藿属 *Rhynchosia* 部分类群嵌入到 *Cajanus* 类群之中，*Cajanus* 物种间关系未能得到很好解决[167]。

DNA 条形码研究：BOLD 网站有该属 1 种 11 个条形码数据；GBOWS 网站已有 3 种 32 个条形码数据。

代表种及其用途：木豆 *C. cajan* (Linnaeus) Huth 为世界第六大食用豆类，叶可作家畜饲料、绿肥，根入药能清热解毒，亦为紫胶虫的优良寄主植物。

83. *Calopogonium* Desvaux 毛蔓豆属

Calopogonium Desvaux (1826: 423); Sun & Thulin (2010: 240) (Type: *C. mucunoides* Desvaux)

特征描述：缠绕或平卧草本。羽状 3 小叶，有小托叶。总状花序腋生；花小或中等大，花簇生在花序轴的节上；花梗极短；花萼钟状或管状，裂齿 5，上面 2 枚多少合生；花蓝色或紫色，旗瓣倒卵形，基部具内弯的耳，翼瓣狭，具耳，龙骨瓣比翼瓣短，钝而稍弯；雄蕊二体，花药一式；子房无柄，胚珠多数，花柱丝状，无髯毛，柱头头状，小，顶生。荚果线形或长椭圆形，开裂，略扁或两面凸起，种子间有横缢纹。种子圆形，稍扁，无种阜。花粉粒 3 孔沟，细网状或穿孔状纹饰。染色体 2*n*=36。

分布概况：5-6/1 种，（3）型；分布于美洲热带、亚热带地区及安的列斯群岛；中国广东、广西、海南、云南和台湾引种栽培。

系统学评述：毛蔓豆属传统上隶属于菜豆族刀豆亚族 Diocleinae。将毛蔓豆属归入大豆亚族。Stefanovic 等[157]分子证据表明，*Calopogonium* 与豆薯属 *Pachyrhizus* 聚为姐妹群。Carvalho-Okano 和 Leitão Filho[168]对巴西产毛蔓豆属植物进行了系统修订。该属尚缺乏分子系统学研究报道，是否为单系类群仍不明确，亟待进一步研究。

DNA 条形码研究：BOLD 网站有该属 3 种 6 个条形码数据。

代表种及其用途：该属植物为优良的覆盖植物和绿肥，如毛蔓豆 *C. mucunoides* Desvaux。

84. *Canavalia* Adanson 刀豆属

Canavalia Adanson (1763: 325), *nom. & orth. cons.*; Wu & Thulin (2010: 198) [Type: *C. ensiformis* (Linnaeus) de Candolle (≡*Dolichos ensiformis* Linnaeus)]

特征描述：草本，缠绕、平卧或近直立。羽状 3 小叶，具小托叶。总状花序腋生；花紫堇色、红色或白色，单生或 2-6 朵簇生于花序轴隆起的节上；萼钟状，顶部二唇形；

花冠伸出萼外，旗瓣大，近圆形，<u>外反</u>，翼瓣镰刀状或稍扭曲，龙骨瓣顶端钝或具旋卷的喙尖；<u>雄蕊单体</u>；<u>子房具短柄</u>，花柱内弯，无髯毛。<u>荚果大</u>，<u>带形至长椭圆形</u>，扁平或略膨胀，<u>近腹缝线的两侧常有隆起的纵脊</u>，<u>2 瓣裂</u>，<u>果瓣革质</u>。种子椭圆形或长圆形，种脐线形。<u>染色体 *n*=11</u>。花粉粒 3 孔沟，网状纹饰。

分布概况：约 50/5 种，**2 型**；广布热带和亚热带地区；中国产西南至东南。

系统学评述：刀豆属隶属于菜豆族刀豆亚族。Queiroz 等[169]基于形态特征对刀豆亚族的系统发育重建结果表明，*Canavalia* 与 *Cleobulia* 为姐妹群关系。Varela 等[170]基于 ITS 对刀豆亚族的系统发育重建结果表明，*Canavalia* 是单系类群，与 *Dioclea* 聚为 1 支，或单独聚为 1 支位于基部。近期分子系统学研究表明，传统上隶属于菜豆族的刀豆亚族和拟大豆亚族 Ophrestiinae 与崖豆藤族的核心类群亲缘关系更近[28,77,163]。Sauer[171]对刀豆属进行了较为全面的修订并划分了 4 亚属，即 *Canavalia* subgen. *Catodonia*（7 种）、*C.* subgen. *Wenderothia*（16 种）、*C.* subgen. *Canavalia*（23 种）和 *C.* subgen. *Maunaloa*（6 种）。Vatanparast 等[172]的分子证据表明，*C.* subgen. *Maunaloa* 是 1 个单系类群，嵌入到 *C.* subgen. *Canavalia* 中，可能起源于 *C.* subgen. *Canavalia* 中的海刀豆 *Canavalia rosea* (Swartz) de Candolle。

DNA 条形码研究：BOLD 网站有该属 17 种 36 个条形码数据；GBOWS 网站已有 1 种 8 个条形码数据。

代表种及其用途：一些种类嫩荚和种子可供食用，植株亦可作绿肥，覆盖作物及饲料，如刀豆 *C. gladiata* (Jacquin) de Candolle。

85. *Centrosema* (de Candolle) Bentham 距瓣豆属

Centrosema (de Candolle) Bentham (1837: 53), *nom. cons.* ; Sa & Gilbert (2010: 202) [Type: *C. brasilianum* (Linnaeus) Bentham, *typ. cons.* (≡*Clitoria brasiliana* Linnaeus)]

特征描述：灌木或草本，匍匐或攀援。羽状复叶具 3 小叶，稀 5-7，托叶宿存，具线纹，小托叶小。<u>花常向上翻转</u>，单生或 2 至多朵组成腋生的总状花序；<u>花萼短钟状</u>，5 裂，裂片不等大；花冠白色、紫色、红色或蓝色，伸出萼外，<u>旗瓣背面近基部具短距</u>，有短而内弯的爪；<u>雄蕊二体（9+1）</u>；子房无柄，<u>柱头顶端具 1 圈小刚毛</u>。荚果线形，扁平，<u>果瓣近背腹两荚缝均凸起为脊状</u>。种子近球形或椭球形，种脐线形或椭圆形，种阜小或无。花粉粒 3 孔沟，网状纹饰。染色体 2*n*=18，20，22 或 24。

分布概况：约 36/1 种，**(3) 型**；主要分布于美洲大陆泛热带地区，少数引种于旧世界；中国广东、海南、台湾、江苏和云南等引种栽培。

系统学评述：距瓣豆隶属于菜豆族蝶豆亚族 Clitoriinae。分子证据表明，传统上隶属于 Phaseoleae 的 Clitoriinae 为 Phaseoleae *s.l.* 分支基部类群，*Centrosema* 与蝶豆属 *Clitoria* 为姐妹群关系[28,77,163]。Williams 和 Clements[173]将距瓣豆属划分为 11 群，并对这些群的物种进化关系进行了探讨。

DNA 条形码研究：BOLD 网站有该属 3 种 3 个条形码数据。

代表种及其用途：一些种类为优良饲料和覆盖植物，广泛引种于世界各地，如距瓣

豆 *C. pubescens* Bentham。

86. *Clitoria* Linnaeus 蝶豆属

Clitoria Linnaeus (1753: 753); Sa & Gilbert (2010: 200) (Lectotype: *C. ternatea* Linnaeus)

特征描述：缠绕草本、近直立灌木或乔木。奇数羽状复叶具小叶 3-9。花大，腋生，单生或成双或排成总状花序；<u>苞片托叶状</u>；<u>花萼膜质</u>，管状，5 裂，裂片披针形或三角形；<u>旗瓣大</u>，<u>近平直伸展或呈兜状</u>，具瓣柄，无耳，<u>背面被毛</u>，<u>翼瓣和龙骨瓣短</u>；<u>雄蕊二体</u>；子房具柄，<u>基部常为鞘状花盘所包围</u>，花柱扁，<u>长而弯曲</u>，具瓣柄，无耳。荚果线形，线状长圆形，<u>具果颈</u>，扁平或膨胀。种子近球形或椭球形，种脐小，<u>无种阜</u>。<u>染色体 2*n*=24（16）</u>。

分布概况：约 62/5 种，**2（3）型**；广布热带和亚热带地区，主产美洲；中国产西南至东南。

系统学评述：蝶豆属隶属于菜豆族蝶豆亚族。分子证据表明，传统上隶属于 Phaseoleae 的 Clitoriinae 为 Phaseoleae *s.l.* 分支基部类群，*Clitoria* 与另一蝶豆亚族类群距瓣豆属 *Centrosema* 为姐妹群关系[28,77,163]。Bentham[174]将蝶豆属划分为 3 组。Fantz[175]基于种子和果实特征同时参照雌蕊、雄蕊、染色体、分布区等特征对 Bentham 划分的 3 组进行了详细区分，并建议提升为亚属。Fantz[176]进一步将 *Clitoria* subgen. *Bractearia* 划分为 4 组。目前该属尚缺乏较为全面的分子系统学研究，该属物种是否为单系类群仍不明确，亟待进一步研究。

DNA 条形码研究：BOLD 网站有该属 2 种 7 个条形码数据；GBOWS 网站已有 2 种 11 个条形码数据。

代表种及其用途：一些种类花大而美丽，可作观赏，全株亦可作绿肥，如蝶豆 *C. ternatea* Linnaeus。

87. *Cochlianthus* Bentham 旋花豆属

Cochlianthus Bentham (1852: 234); Chen et al. (2010: 204) (Type: *C. gracilis* Bentham)

特征描述：<u>草质藤本</u>，<u>干后植株变黑</u>。<u>羽状 3 小叶</u>，具小托叶。<u>花红色至紫红色</u>，总状花序腋生；<u>花序轴纤细而具结节</u>；<u>花萼钟状</u>，<u>二唇形</u>；旗瓣宽卵形，<u>基部具内弯的耳</u>，翼瓣长圆形或近匙形，稍长于旗瓣，基部具长耳，龙骨瓣条形，与翼瓣等长或较长，<u>上部呈环状卷曲</u>；雄蕊二体；子房具短柄，<u>花柱卷曲</u>，<u>柱头盾状</u>，顶生。荚果线形，内弯，扁平，2 瓣裂。种子数粒，种脐短小，种阜不明显。花粉粒三角球形或球形，具 3 孔沟，网状纹饰。

分布概况：2/2（1）种，**14SH 型**；分布于尼泊尔；中国产西南至华南。

系统学评述：旋花豆属隶属于菜豆族刺桐亚族。分子证据表明，*Cochlianthus* 与黧豆属 *Mucuna* 单独聚为 1 支，为姐妹群关系[164]。Woods[161]对该属进行了较为全面的修订。目前尚没有包含高山旋花豆 *C. montanus* (Diels) Harms 的分子系统学研究，该属是

否为单系仍不明确，亟待进一步研究。

DNA 条形码研究：BOLD 网站有该属 1 种 1 个条形码数据；GBOWS 网站已有 1 种 8 个条形码数据。

88. *Dolichos* Linnaeus 镰扁豆属

Dolichos Linnaeus (1753: 725), *nom. cons.* ; Wu & Thulin (2010: 253) (Type: *D. trilobus* Linnaeus)

特征描述：草本或灌木，攀援、匍匐或直立。根茎大，木质。羽状或稀指状 3 小叶，或单小叶，常在开花时始发叶；有托叶及小托叶。总状花序腋生或顶生，稀近伞形花序；花萼具 5 齿；花冠苍白色至黄色或紫色，旗瓣近圆形，常具耳及附属体，翼瓣倒卵形或长圆形，龙骨瓣具喙，但不旋卷；雄蕊二体，花药一式；子房具 3-12 胚珠，花柱膨胀增厚，常向基部弯曲，柱头顶生，顶生，周围常有一圈毛。荚果直或弯曲，扁平。种子扁，种脐短且常居中。花粉粒 3（-6）孔沟，网状纹饰。染色体 2n=20。

分布概况：约 60/4 种，**6 型**；分布于非洲和亚洲；中国产云南、海南和台湾。

系统学评述：镰扁豆属隶属于菜豆族菜豆亚族。Delgado-Salinas 等[177]分子证据表明 *Dolichos* 为单系类群，与 *Nesphostylis* 为姐妹群。而 Wojciechowski 等[77]研究表明 *Dolichos* 与硬皮豆属 *Macrotyloma* 和 *Sphenostylis* 亲缘关系更近。Verdcourt[178]基于花色、花序及花柱等特征将镰扁豆属划分为 3 亚属。Moteetee 和 van Wyk[179]对南非产的 9 种进行了修订。目前尚无该属较为全面的分子系统学研究报道，物种间亲缘关系尚不明确，亟待进一步研究。

DNA 条形码研究：BOLD 网站有该属 8 种 10 个条形码数据。

89. *Dumasia* de Candolle 山黑豆属

Dumasia de Candolle (1825: 96); Sa & Gilbert (2010: 242) (Lectotype: *D. villosa* de Candolle)

特征描述：缠绕草本或攀援状亚灌木。羽状 3 小叶，具托叶和小托叶。总状花序腋生；花黄色，中等大小；苞片和小苞片小；花萼圆筒状，筒口斜截形，萼齿不明显；花冠突出萼外，各瓣均具长瓣柄，旗瓣具耳，龙骨瓣常较翼瓣稍短；雄蕊二体；子房线形，具短柄，胚珠数颗，花柱细长，弯曲处膨大，柱头顶生，头状。荚果线形，扁平或近念珠状，基部有圆筒状、膜质的宿存花萼。种子多为黑色或蓝色。花粉 6 孔，网状纹饰。染色体 2n=20，22。

分布概况：10/9（5）种，**4 型**；分布于亚洲，非洲南部及大洋洲的巴布亚新几内亚地区；中国产西南至东南，西南尤盛。

系统学评述：山黑豆属隶属于菜豆族大豆亚族。Lee 和 Hymowitz[156]对大豆亚族的系统发育重建表明，*Dumasia* 位于大豆亚族的基部分支。Stefanovic 等[157]的分子证据表明，*Dumasia* 与两型豆属 *Amphicarpaea* 为姐妹群关系。Pan 和 Zhu[180]对该属做了全面的分类修订，分析了属内种间关系及地理分布格局。目前尚缺乏该属较为全面的分子系统学研究，该属物种是否为单系类群仍不明确，亟待进一步研究。

DNA 条形码研究：BOLD 网站有该属 1 种 2 个条形码数据；GBOWS 网站已有 4 种 24 个条形码数据。

代表种及其用途：小鸡藤 *D. forrestii* Diels 的果可药用，有止痛、松弛肌肉之效。

90. *Dunbaria* Wight & Arnott 野扁豆属

Dunbaria Wight & Arnott (1834: 258); Sa & Gilbert (2010: 227) (Lectotype: *D. ferruginea* Wight & Arnott)

特征描述：草质或木质藤本。羽状 3 小叶，小叶下面有明显的腺点，托叶早落或缺，小托叶常缺。花单生于叶腋或排成总状花序；花萼钟状，裂齿披针形或三角形，上面 2 枚合生，下面一枚最长；花冠常黄色，旗瓣和翼瓣基部都具耳，龙骨瓣弯曲，有时具喙；雄蕊二体，花药一式；子房具柄或无柄，有胚珠数颗，花柱丝状，内曲，无毛。荚果线形或线状长圆形，开裂。种脐长或短，有薄或细小的种阜。花粉粒 3 孔沟，网状纹饰。

分布概况：20/8 种，5（7）型；分布于热带亚洲和大洋洲；中国产西南、中南及东南。

系统学评述：野扁豆属隶属于菜豆族木豆亚族。分子证据表明，*Dunbaria* 嵌入到木豆属 *Cajanus* 类群里面，但该研究仅包括 *Dunbaria* 单一物种。目前与 *Dunbaria* 相关的分子系统学研究报道较少，其系统位置仍不清楚，有待进一步研究。Bentham[181]根据花瓣的凋存状态将该属类群划分为 2 组，即 *Dunbaria* sect. *Eudunbaria* 和 *D.* sect. *Rhyncholobium*；Baker[182]将 Bentham 的 2 组提升为 2 亚属；但这些属下等级的划分没有得到广泛认可。van der Maesen[183]对野扁豆属做了较为全面的修订，并没有采用属下等级的划分。

DNA 条形码研究：BOLD 网站有该属 1 种 1 个条形码数据；GBOWS 网站已有 5 种 31 个条形码数据。

91. *Dysolobium* (Bentham) Prain 镰瓣豆属

Dysolobium (Bentham) Prain (1897: 425); Sa & Gilbert (2010: 239) [Lectotype: *D. dolichoides* (Roxburgh) Prain (≡*Phaseolus dolichoides* Roxburgh)]

特征描述：草质或灌木状攀援植物。羽状 3 小叶，有托叶。总状花序腋生，具肿胀的节；萼钟状，上方 2 裂齿合生，最下 1 裂片较长；花冠蓝紫色，旗瓣较大，圆形，具爪，翼瓣与龙骨瓣平展部分近等长，龙骨瓣有时明显向上弯，有喙；雄蕊二体；子房无柄，有绢毛，花柱纤细，上弯，在柱头下方环生须毛。荚果带状，木质，略扁，被短绒毛，2 裂。种子黑褐色或黑色，无毛或有短绒毛，种脐长圆形，假种皮为两裂片组成。

分布概况：4/2 种，（7a-c）型；分布于印度，东南亚；中国产云南、贵州和台湾。

系统学评述：将 *Dysolobium* 与四棱豆属 *Psophocarpus*、刺桐属 *Erythrina*、*Otoptera* 和 *Decorsea* 单独列为 1 支。van Welzen 和 den Hengst[184]对该属植物进行了修订。目前尚无该属分子的系统学研究，该属物种亲缘关系仍不明确，亟待进一步研究。

92. *Eriosema* (de Candolle) Desvaux 鸡头薯属

Eriosema (de Candolle) Desvaux (1826: 421), *nom. cons.* ; Sa & Gilbert (2010: 227) [Type: *E. rufum* (Kunth) G. Don (≡*Glycine rufa* Kunth)]

特征描述: 草本或亚灌木,直立或近直立,常有块根。具小叶 1 或 3 (-6) 片,国产种具小叶 1 片,小叶下面常有腺点。花 1-2 朵簇生于叶腋或组成总状花序;花萼钟状,5 裂;花冠伸出萼外,旗瓣阔倒卵形或长椭圆形,基部具瓣柄和耳,背面常被丝质长柔毛,翼瓣与龙骨瓣较短;雄蕊二体,花药同型;子房无柄,有胚珠 2,花柱丝状或上部稍增厚,无毛,柱头小,头状。荚果菱状椭圆形或长圆形,膨胀,有种子 1-2。种子偏斜,种柄着生于长线形种脐的一端。花粉粒 3 孔沟,网状纹饰。染色体 $2n=22$。

分布概况: 约 130/1 种,**2**(**6**)型;广布热带和亚热带地区,非洲尤盛;中国产云南、贵州、西藏、湖南、江西、广东、广西、海南、台湾。

系统学评述: 鸡头薯属隶属于菜豆族木豆亚族。Bruneau 等[185]基于形态和分子证据表明,*Eriosema* 与鹿藿属 *Rhynchosia* 聚为姐妹群。

DNA 条形码研究: BOLD 网站有该属 3 种 3 个条形码数据;GBOWS 网站已有 1 种 7 个条形码数据。

代表种及其用途: 一些种类的块根可供食用和提取淀粉,入药有滋阴、清热解毒、祛痰、消肿的功效,如鸡头薯 *E. chinense* Vogel。

93. *Erythrina* Linnaeus 刺桐属

Erythrina Linnaeus (1753: 706); Sa & Gilbert (2010: 237) (Type: *E. corallodendron* Linnaeus)

特征描述: 乔木或灌木。小枝常有皮刺。羽状 3 小叶;小托叶呈腺状体。总状花序腋生或顶生;花大而美丽,常红色或橙色,成对或成束簇生在花序轴上;花萼佛焰苞状,或钟状而呈二唇形;花瓣极不相等,旗瓣大或伸长,无附属物,翼瓣最短,有时缺,龙骨瓣比旗瓣短小得多;雄蕊二体,花药同型;子房具柄,胚珠多数,花柱内弯,无髯毛,柱头小,顶生。荚果具果颈,多为带形、镰刀形,在种子间收缩,开裂,稀不裂。种子卵球形,种脐侧生,无种阜。花粉粒 3 孔,网状纹饰。染色体 $2n=42$。

分布概况: 约 120/4 种,**2**(**6**)型;广布热带和亚热带地区;中国产西南至东南。

系统学评述: 刺桐属传统上隶属于菜豆族刺桐亚族。分子系统学研究表明刺桐亚族并不是单系类群[28,157],将 *Erythrina* 与隶属于菜豆亚族的四棱豆属 *Psophocarpus*、镰瓣豆属 *Dysolobium*、*Otoptera* 和 *Decorsea* 单独列为 1 支。Stefanovic 等[157]、Li 等[164]研究表明 *Erythrina* 与 *Psophocarpus* 聚为姐妹群并得到较高的支持率。刺桐属属下划分较为复杂,共划分为 5 亚属 36 组。Krukoff 和 Barneby[186]对该属进行了较全面的研究。Bruneau 和 Doyle[187]及 Bruneau[188]基于叶绿体 DNA 与形态特征对刺桐属进行系统发育重建,结果表明该属是个单系类群;属下 *Erythrina* subgen. *Erythraster* 为单系类群,*E.* subgen. *Micropteryx*、*E.* subgen. *Erythrina* 和 *E.* subgen. *Chirocalyx* 都是并系类群,而大多数组都是单系类群。

DNA 条形码研究: BOLD 网站有该属 16 种 37 个条形码数据;GBOWS 网站已有 2

种 23 个条形码数据。

代表种及其用途：该属植物花很美丽，多为观赏，同时根和树皮亦可入药，如刺桐 E. variegata Linnaeus。

94. *Flemingia* Roxburgh ex W. T. Aiton 千斤拔属

Flemingia Roxburgh ex W. T. Aiton (1812: 349), *nom. cons.* ; Sa & Gilbert (2010: 232) [Type: *F. strobilifera* (Linnaeus) W. T. Aiton (≡*Hedysarum strobiliferum* Linnaeus)]

特征描述：灌木或亚灌木，稀草本。茎直立、卧地或缠绕。叶为指状 3 小叶或单叶，下面常有腺点。花序腋生或顶生，总状或复总状花序，稀圆锥或头状花序腋生或顶生；苞片 2 列；花萼 5 裂，萼管短，裂片狭长，下面 1 枚最长；花冠伸出萼外或内藏，各瓣近等长；雄蕊二体，花药同型；子房近无柄，有胚珠 2，花柱无毛或基部略被毛，柱头小。荚果椭圆形，膨胀，果瓣内无隔膜，有种子 1-2。种子近圆形，无种阜，种柄位于种子中央。花粉粒 3 沟，穿孔状纹饰。

分布概况：约 30/15（2）种，**4（6）**型；分布于热带亚洲，非洲及大洋洲；中国产西南、中南和东南各省区。

系统学评述：千斤拔属隶属于菜豆族木豆亚族。Li 等[164]的分子证据表明，*Flemingia* 与 *Adenodolichos* 聚为姐妹群。基于木豆亚族 6 属的分子系统发育重建结果表明，*Flemingia* 为单系类群，位于木豆亚族的最基部。韦裕宗[189]对中国产千斤拔属植物进行了研究，将其划分为 4 组，并探讨了该属的起源、演化和迁移路线。张忠廉等[190]基于 ISSR 分子标记对 14 种千斤拔属植物亲缘关系进行了研究。目前尚缺乏该属较为全面的分类和分子系统学研究。

DNA 条形码研究：BOLD 网站有该属 6 种 16 个条形码数据；GBOWS 网站已有 5 种 45 个条形码数据。

代表种及其用途：一些种类的根供药用，有祛风除湿、舒筋活络、强筋壮骨、消炎止痛等作用，如千斤拔 F. prostrata Roxburgh。

95. *Galactia* P. Browne 乳豆属

Galactia P. Browne (1756: 298); Chen et al. (2010: 199) (Type: *G. pendula* Persoon)

特征描述：平卧或缠绕草本或亚灌木。羽状复叶具 3 小叶，稀 1-7 片，小托叶宿存。花小，单生、孪生或簇生于总状花序疏离而微肿胀的节上；萼深裂，上面 2 裂片完全合生；花冠稍伸出萼外，各瓣近等长，旗瓣近基部边缘稍弯或有附属体，翼瓣狭或倒卵形，与龙骨瓣贴生，龙骨瓣钝而稍直；雄蕊二体（9+1），花药同型；子房近无柄，基部有鞘状腺体。荚果线形，扁平，2 瓣裂。种子小，两侧压扁，无种阜。花粉粒 3 孔沟，网状纹饰。染色体 $n=10$。

分布概况：约 60/2 种，**2-1（5）**型；广布美洲，亚洲，非洲热带和亚热带地区及澳大利亚；中国产西南至东南。

系统学评述：乳豆属隶属于菜豆族刀豆亚族。Queiroz 等[169]基于形态特征对刀豆亚族的系统发育重建结果表明，*Galactia* 不是单系类群，*Collaea* 和 *Lackeya* 嵌入其中。Sede 等[191,192]对产自南美南部的 *Galactia*、*Camptosema* 和 *Collaea* 进行了分子系统发育重建，结果表明 *Galactia* 是个多系类群，与 *Camptosema* 和 *Collaea* 嵌套在一起。Burkart[193]对产自南美特别是阿根廷的乳豆属植物进行了较为全面的修订，并划分了 3 组：*Galactia* sect. *Collaearia*、*G.* sect. *Galactia* 和 *G.* sect. *Odonia*。目前该属及其近缘类群仍然缺乏较为全面的分子系统学研究。

DNA 条形码研究：BOLD 网站有该属 15 种 19 个条形码数据；GBOWS 网站已有 1 种 6 个条形码数据。

代表种及其用途：一些种类可作牧草，又为覆盖植物，可防止水土流失，如琉球乳豆 *G. tashiroi* Maximowicz。

96. *Glycine* Willdenow 大豆属

Glycine Willdenow (1802: 854), *nom. cons.* ; Sa & Gilbert (2010: 250) (Type: *G. clandestina* Wendland)

特征描述：草本，缠绕、攀援、匍匐或直立。常具根瘤。羽状复叶常 3 小叶，稀 4-5 (-7)。总状花序腋生，植株下部的常单生或簇生；小苞片成对，着生于花萼基部；花萼膜质，钟状，有毛，深裂为近二唇形，上部 2 裂片常合生，下部 3 裂片披针形至刚毛状；花常紫色、淡紫色或白色，各瓣均具长瓣柄；雄蕊单体或二体；子房近无柄，胚珠数颗。荚果线形或长椭圆形，扁平或稍膨胀，直或弯镰状，具果颈，种子间有隔膜，果瓣于开裂后扭曲。种子 1-5。花粉粒 3 孔沟，网状纹饰。染色体 2n=40。

分布概况：约 20/6（2）种，**5 型**；分布于亚洲至大洋洲，澳大利亚种类尤多；中国南北各省区均产。

系统学评述：大豆属隶属于菜豆族大豆亚族。Lee 和 Hymowitz[156]对大豆亚族的系统发育重建表明，*Glycine* 是单系类群，与软荚豆属 *Teramnus* 为姐妹群。而 Stefanovic 等[157]的分子证据表明，*Glycine* 与补骨脂族 Psoraleeae 为姐妹群。大豆属的分类非常复杂，不同学者认可的物种数差异较大[163,194]。该属分为 2 亚属，即 *Glycine* subgen. *Glycine*（多年生）和 *G.* subgen. *Soja*（一年生）。Doyle 等[195]的分子系统学研究表明，这 2 亚属都是单系类群；所有不同染色体类型的类群都各自单独聚为 1 支；*G.* subgen. *Glycine* 存在广泛的杂交和基因渐渗。

DNA 条形码研究：BOLD 网站有该属 15 种 154 个条形码数据；GBOWS 网站已有 1 种 43 个条形码数据。

代表种及其用途：大豆 *G. max* (Linnaeus) Merrill 为重要粮食作物之一，除直接食用外，也是植物蛋白质和食用油的主要来源，亦具有广泛的工业和医药用途。

97. *Lablab* Adanson 扁豆属

Lablab Adanson (1763: 325); Wu & Thulin (2010: 253) [Type: *L. niger* Medikus (≡*Dolichos lablab* Linnaeus)]

特征描述：多年生缠绕藤本或近直立。羽状 3 小叶，托叶反折，宿存。总状花序腋生，花序轴上有肿胀的节；花萼钟状，裂片二唇形，上唇全缘或微凹，下唇 3 裂；花冠紫色或白色，旗瓣圆形，常反折，具附属体及耳，龙骨瓣弯成直角；雄蕊二体；子房具多胚珠；花柱弯曲，近顶部内缘被毛。荚果斜长圆状镰形，花柱宿存，有时边缘具疣状体，具海绵质隔膜。种子卵形，具白色假种皮。染色体 2n=22。

分布概况： 1/1 种，**1**（**6**）**型**；原产非洲和印度，现热带地区均有栽培；中国南北广泛栽培。

系统学评述： 扁豆属隶属于菜豆族菜豆亚族。分子证据表明 *Lablab* 与 *Dipogon* 为姐妹群关系[77,196]。

DNA 条形码研究： BOLD 网站有该属 2 种 9 个条形码数据；GBOWS 网站已有 1 种 4 个条形码数据。

代表种及其用途： 扁豆 *L. purpureus* (Linnaeus) Sweet 在世界热带地区广泛栽培，嫩荚作蔬菜，花和种子可入药，植株可作饲料和绿肥。

98. *Macroptilium* (Bentham) Urban 大翼豆属

Macroptilium (Bentham) Urban (1928: 457); Wu & Thulin (2010: 259) [Type: *M. lathyroides* (Linnaeus) Urban (≡*Phaseolus lathyroides* Linnaeus)]

特征描述： 直立或攀援草本。羽状 3 小叶或稀 1 小叶，托叶基部不延伸。总状花序长，花常成对或数朵生于花序轴的节上；花萼狭钟状或圆柱形，裂齿 5，深度近相等；花冠白色、紫色、深红色或黑色，旗瓣反折，具 2 耳，翼瓣圆形，大，较旗瓣及龙骨瓣为长，翼瓣及龙骨瓣均具长瓣柄，部分与雄蕊管连合，龙骨瓣旋卷；雄蕊二体，花药同型，子房近无柄；子房近无柄，花柱的增厚部分 2 次作 90°弯曲。荚果细长，近圆柱形或扁，2 瓣裂。种子多或少，种脐短。花粉粒 3 孔沟，网状、穿孔或不规则条纹状纹饰。染色体 2n=22。

分布概况： 约 20/2 种，（**3**）**型**；分布于美洲；中国引种栽培于福建、广东和台湾。

系统学评述： 大翼豆属隶属于菜豆族菜豆亚族。Stefanovic 等[157]的分子证据表明，*Macroptilium* 与 *Strophostyles* 聚为姐妹群。Maréchal 等[197]基于形态特征和生化特征分析表明大翼豆属是个自然类群。Lackey[198]基于叶片及花部特征将大翼豆属划分为 3 组。Espert 等[199]基于形态、生化和分子系统学研究表明，*Macroptilium* 是单系类群，聚为两大支。

DNA 条形码研究： BOLD 网站有该属 16 种 34 个条形码数据；GBOWS 网站已有 1 种 8 个条形码数据。

代表种及其用途： 部分种类为高产牧草和优良覆盖作物，如紫花大翼豆 *M. atropurpureum* (Mocino & Sessé ex de Candolle) Urban 和大翼豆 *M. lathyroides* (Linnaeus) Urban。

99. *Macrotyloma* (Wight & Arnott) Verdcourt 硬皮豆属

Macrotyloma (Wight & Arnott) Verdcourt (1970: 322), *nom. cons.* ; Chen et al. (2010: 254) [Type: *M. uniflorum* (Lamarck) Verdcourt (≡*Dolichos uniflorus* Lamarck)]

特征描述：攀援、匍匐或直立草本。有时具木质根茎。羽状 3 小叶或稀为单小叶；具托叶和小托叶。花常簇生叶腋或组成假总状花序；花萼钟状，4-5 裂；花冠黄色或微白色至淡黄绿色，稀红色，无毛；旗瓣常具耳及 2 枚长片状附属体，翼瓣狭，龙骨瓣不旋卷；雄蕊二体，花药一式；花柱细长，不增粗，柱头顶生，头状，其下常有一圈毛。荚果线状长圆形，扁。种子扁，种脐短，居中。染色体 $2n=20$。花粉粒 3 孔或 3 孔沟，网状或刺状纹饰。

分布概况：24/1 种，**6** 型；分布于亚洲和非洲；中国产台湾南部。

系统学评述：硬皮豆属隶属于菜豆族菜豆亚族。Delgado-Salinas 等[177]的分子证据表明，*Macrotyloma* 为单系类群，与 *Alistilus-Nesphostylis-Dolichos* 分支聚为姐妹群。Wojciechowski 等[77]研究表明，*Macrotyloma* 与镰扁豆属 *Dolichos* 和 *Sphenostylis* 亲缘关系较近。Verdcourt[200]对硬皮豆属进行系统的修订，并探讨了该属的地理分布及属下的划分。目前尚无该属较为全面的分子系统学研究，亟待进一步研究。

DNA 条形码研究：BOLD 网站有该属 7 种 11 个条形码数据。

代表种及其用途：一些种类可作豆类作物，用作食物和饲料，如硬皮豆 *M. uniflorum* (Lamarck) Verdcourt。

100. *Mastersia* Bentham 闭荚藤属

Mastersia Bentham (1865: 535); Wu & Thulin (2010: 206) (Type: *M. assamica* Bentham)

特征描述：藤本。羽状 3 小叶，具小托叶。总状花序腋生和顶生，花 2-3 朵簇生在花序轴的小结上；具小苞片；萼裂齿长于萼管，上部 2 裂片合生；旗瓣近圆形，无耳，翼瓣斜长圆形，龙骨瓣阔，与翼瓣近等长，微弯曲；雄蕊二体；子房无柄，花柱内弯，短丝状，无毛。荚果线形，压扁，上部缝线具狭刺，不裂。种子多数，长圆形，横向排列，种脐小，脐带丝状。花粉粒 3 孔沟，网状纹饰。

分布概况：2/1 种，（**7a/c**）型；分布于不丹，印度，缅甸，印度尼西亚，马来西亚；中国产西藏。

系统学评述：闭荚藤属传统上常被归入菜豆族大豆亚族[194]。将其与刺桐亚族的土圞儿属 *Apios*、旋花豆属 *Cochlianthus* 等归为 1 支，再与 Desmodieae-Kennediinae 分支为姐妹群。目前已有的分子系统学研究中，仅 Lee 和 Hymowitz[156]在其关于大豆亚族的研究中包括了 *Mastersia* 这一类群，结果表明，*Mastersia* 单独聚为 1 支，位于大豆亚族的基部。

101. *Mucuna* Adanson 黧豆属

Mucuna Adanson (1763: 325), *nom. cons.* ; Wu & Wilmot-Dear (2010: 207) [Type: *M. urens* (Linnaeus) de Candolle (≡*Dolichos urens* Linnaeus) (*typ. cons.*)]

特征描述：藤本。羽状 3 小叶，小叶大。花序腋生或生于老茎；复假总状或紧缩的圆锥花序；花大而美丽；花萼钟状，二唇形，上面 2 齿合生；花冠深紫色、红色、浅绿色或近白色，干后常黑色；旗瓣常较短，具耳，龙骨瓣比翼瓣稍长或等长，先端内弯，有喙；雄蕊二体，<u>花药二式</u>，<u>常具髯毛</u>。荚果膨胀或扁，<u>边缘常具翅</u>，<u>常被褐黄色螫毛</u>，<u>2 瓣裂，有的种类具隆起的斜向的片状褶襞</u>。种子肾形、圆形或椭圆形，种脐短至超过种子周长的 1/2，<u>无种阜</u>。花粉粒 3 孔沟，网状纹饰。<u>染色体 $2n=22$</u>。

分布概况：约 100/18（9）种，**2** 型；泛热带分布；中国产西南、中南至东南。

系统学评述：黧豆属并不是个单系类群，Luckey[194]将其归入菜豆族刺桐亚族，将其单独归为 1 支，与山蚂蝗族 Desmodieae 分支为姐妹群关系。Li 等[164]分子证据表明，*Mucuna* 与旋花豆属 *Cochlianthus* 单独聚为 1 支，再与 Desmodieae 分支聚为姐妹群。黧豆属通常被划分为 2 亚属，即 *Mucuna* subgen. *Stizolobium* 和 *M.* subgen. *Mucuna*。Wilmot-Dear[201-205]对东南亚黧豆属植物进行了较为系统的修订。

DNA 条形码研究：BOLD 网站有该属 12 种 17 个条形码数据；GBOWS 网站已有 3 种 24 个条形码数据。

代表种及其用途：一些种类花大而美丽，可作观赏绿化植物，同时茎藤药用，有活血去瘀、舒筋活络之效，如常春油麻藤 *M. sempervirens* Hemsley。

102. *Nogra* Merrill 土黄芪属

Nogra Merrill (1935: 201); Chen et al. (2010: 248) [Lectotype: *G. grahamii* (Wallich ex Bentham) Merrill (≡*Glycine grahamii* Wallich ex Bentham)]

特征描述：<u>平卧或攀援草质藤本</u>。<u>单小叶</u>。总状花序腋生或圆锥花序顶生；花单生、双生或簇生于花序轴节上；<u>萼管钟状，5 齿裂，上面 2 裂齿中部以下合生</u>；<u>花冠突出，各瓣近等长</u>，<u>具瓣柄</u>，旗瓣倒卵形、椭圆形或近圆形，基部有 2 个内弯的短耳，翼瓣基部与龙骨瓣稍贴生，具耳；雄蕊二体；<u>子房无柄或近无柄</u>，胚珠多数，花柱内弯，无毛。荚果狭长圆形或线形，压扁，<u>2 瓣裂</u>，<u>种子间有隔膜</u>。种子圆形或长圆形，种脐小，具种阜。染色体 $2n=22$。

分布概况：约 4/1（1）种，**7-2** 型；分布于印度，缅甸，老挝，泰国；中国产广西和云南。

系统学评述：土黄芪属隶属于菜豆族大豆亚族。Lee 和 Hymowitz[156]对大豆亚族的系统发育重建表明，*Nogra* 与葛属 *Pueraria* 部分种类聚为姐妹群。Sanjappa[206]对印度产土黄芪属进行了系统研究。

103. *Ophrestia* H. M. L. Forbes 拟大豆属

Ophrestia H. M. L. Forbes (1948: 1003); Sa & Gilbert (2010: 200) [Type: *O. oblongifolia* (E. H. F. Meyer) Forbes (≡*Tephrosia oblongifolia* E. H. F. Meyer)]

特征描述：草本、亚灌木或灌木。<u>奇数羽状复叶具小叶 3-11</u>，稀单叶。总状花序单生、成对或成束生于叶腋；<u>花萼膜质</u>，<u>钟状</u>，<u>5 裂</u>，<u>裂片短于萼管</u>，上部 2 裂齿多少合生；花冠伸出萼外，旗瓣提琴形，卵状长圆形或近圆形，<u>外部具绢毛</u>，基部渐狭为阔而短的瓣柄，<u>翼瓣及龙骨瓣具瓣柄和耳</u>，<u>旗瓣长度＞翼瓣≥龙骨瓣</u>；<u>雄蕊二体（9+1）</u>；<u>子房近无柄</u>。荚果线状长圆形，扁平，边缘略增厚，<u>2 瓣裂</u>。种子长圆状卵形；种脐短，边缘假种皮展开。染色体 2*n*=20。

分布概况：约 16/1 种，**6** 型；分布于亚洲和非洲热带地区；中国产海南。

系统学评述：拟大豆属隶属于菜豆族拟大豆亚族 Ophrestiinae。分子证据表明拟大豆亚族与 core Millettieae 为姐妹群关系[28,77,163]。

DNA 条形码研究：BOLD 网站有该属 2 种 6 个条形码数据。

104. *Pachyrhizus* Richard ex de Candolle 豆薯属

Pachyrhizus Richard ex de Candolle (1825: 402), *nom. cons.* ; Wu & Thulin (2010: 241) [Type: *P. angulatus* Richard ex de Candolle, *nom. illeg.* (=*P. erosus* (Linnaeus) Urban, *typ. cons.*≡*Dolichos erosus* Linnaeus]

特征描述：缠绕或直立草本，具肉质块根。羽状 3 小叶，小叶常有角或波状裂片。花排成腋生的总状花序或圆锥花序，常簇生于肿胀的节上；花萼二唇形，上唇微缺，下唇 3 齿裂；花冠青紫色或白色，旗瓣宽倒卵形，基部有 2 个内折的耳，翼瓣长圆形，镰状，龙骨瓣与翼瓣等长；雄蕊二体，花药一式；子房无柄，胚珠多数，花柱顶端内弯，沿内弯一侧有毛，柱头侧生至近顶生。荚果带形，种子间有下压的缢痕。种子卵形或扁圆形，种脐小。花粉粒 3 孔沟，网状纹饰。染色体 2*n*=22。

分布概况：5/1 种，（**3**）型；分布于热带美洲地区；中国东南至西南引种栽培。

系统学评述：豆薯属传统上隶属于菜豆族刀豆亚族。将豆薯属归入大豆亚族。Stefanovic 等[157]的分子证据表明，*Pachyrhizus* 与毛蔓豆属 *Calopogonium* 聚为姐妹群。Sørensen[207]对豆薯属植物进行了全面的修订。目前尚缺乏该属较为系统的分子系统学研究，该属物种是否为单系类群仍不明确，亟待进一步研究。

DNA 条形码研究：BOLD 网站有该属 1 种 10 个条形码数据。

代表种及其用途：一些种类广泛栽培，块根生食或熟食或制淀粉，种子含鱼藤酮可作杀虫剂，如豆薯 *P. erosus* (Linnaeus) Urban。

105. *Phaseolus* Linnaeus 菜豆属

Phaseolus Linnaeus (1753: 723); Freytag & Debouck (2002: 1); Wu & Thulin (2010: 249) (Type: *P. vulgaris* Linnaeus)

特征描述：缠绕或直立草本，常被钩状毛。羽状 3 小叶或稀 1，具小托叶。总状花序腋生；花梗着生处肿胀；萼钟状，5 裂，二唇形；旗瓣圆形，阔，反折，有时具附属体和 1 横向的褶，龙骨瓣延长成 1 螺旋状长喙；雄蕊二体，花药同型或背着/基着各 5 枚；花柱顶部增粗，常与龙骨瓣同作 360°以上的旋卷，柱头偏斜。荚果线形或长圆形，压扁或圆柱形，有时具喙，2 瓣裂。种子 2 至多数，长圆形或肾形，种脐短小，居中。花粉粒 3 孔沟，网状纹饰。染色体 2*n*=22（20）。

分布概况：60-65/3 种，**3**（**9**）型；原产美洲热带，亚热带及温带地区；中国南北广泛栽培。

系统学评述：菜豆属隶属于菜豆族菜豆亚族。Stefanovic 等[157]的分子证据表明，*Phaseolus* 与 *Strophostyles*、大翼豆属 *Macroptilium* 及 *Ramirezella* 亲缘关系较近。而 Li

等[164]研究表明，*Phaseolus* 与 *Ramirezella* 和 *Oxyrhynchus* 为姐妹群。Freytag 和 Debouck[208]将菜豆属类群划分为 14 群。Delgado-Salinas 等[209,210]的分子证据表明 *Phaseolus* 是单系类群，除 5 个种外，其余种类聚为 8 个分支并得到形态特征、生态及地理分布方面的支持。

DNA 条形码研究：Nicolè 等[211]利用 ITS 及 7 个叶绿体片段（*rbc*L、*trn*L、*mat*K、*rpo*B-*trn*C、*atp*B-*rbc*L、*trn*T-L、*psb*A-*trn*H）来鉴别菜豆 *P. vulgaris* Linnaeus、荷包豆 *P. coccineus* Linnaeus、棉豆 *P. lunatus* Linnaeus 和豇豆 *Vigna unguiculata* (Linnaeus) Walpers 这些经济豆类的种质资源。BOLD 网站有该属 71 种 378 个条形码数据；GBOWS 网站已有 3 种 15 个条形码数据。

代表种及其用途：该属中有许多常见的栽培经济作物，可作蔬菜、粮食等用，少数种类亦可作观赏植物，如菜豆、荷包豆和棉豆。

106. *Phylacium* Bennett 苞护豆属

Phylacium Bennett (1840: 159); Huang & Ohashi (2010: 252) (Type: *P. bracteosum* Bennett)

特征描述：缠绕草本。羽状 3 小叶，全缘。总状花序腋生，有时具 1-2 分枝，花具短梗，单生或数朵簇生于每节上；苞片膜质，花后增大，叶状，舟形；花萼膜质，5 裂，上部的 2 裂全合生；花白色，具瓣柄，旗瓣近圆形，基部具 1 对小痂体和耳，翼瓣长圆形，有耳，龙骨瓣内弯，有短耳；雄蕊二体，花药同型；子房近无柄，为环状的花盘所围绕，胚珠 1，花柱顶部稍增大。荚果宽椭圆形，扁平，具网纹，不开裂。种子 1，无种阜，肾形或圆形。

分布概况：2/1 种，**5 型**；分布于印度，中南半岛，菲律宾至马来西亚，澳大利亚；中国产广西和云南。

系统学评述：苞护豆属传统上被置于山蚂蝗族 Desmodieae 胡枝子亚族 Lespedezinae。Doyle 等[154]和 Kajita 等[28]基于形态、孢粉学及分子系统学研究都表明苞护豆属与菜豆族亲缘关系更近。基于上述结果将苞护豆属归入菜豆族大豆亚族。Li 等[164]研究表明 *Phylacium* 与大豆亚族的软荚豆属 *Teramnus* P. Browne 为姐妹群。Bresser[212]对该属做了系统研究和修订。该属类群是否为单系类群有待进一步研究。

DNA 条形码研究：BOLD 网站有该属 1 种 1 个条形码数据；GBOWS 网站已有 1 种 8 个条形码数据。

107. *Psophocarpus* Necker ex de Candolle 四棱豆属

Psophocarpus Necker ex de Candolle (1825: 403), *nom. cons.* ; Wu & Thulin (2010: 240) [Type: *P. tetrago-nolobus* (Linnaeus) de Candolle (≡*Dolichos tetragonolobus* Linnaeus)]

特征描述：草本或亚灌木，常攀援或平卧，稀直立。具块根。羽状 3 小叶或单小叶，托叶在着生点以下延长。花单生或排成总状花序；具肿胀的节；萼 5 裂，上方 1 对裂片完整或 2 裂；花冠蓝色或微紫色，旗瓣近圆形，基部具耳及附属体，无毛，翼瓣斜倒卵形，龙骨瓣弯成直角；雄蕊二体，花药中 5 个背着的与 5 个基着的互生；胚珠多数，花柱具髯毛，柱头顶生或近顶生。荚果四棱柱状，有 4 纵翅，开裂，种子间具隔膜。种子卵形或长圆状椭圆形，有或无假种皮。花粉粒 3 孔沟，网状纹饰。

分布概况：约 10/1 种，**4（6）**型；分布于旧世界热带地区；中国云南、广东、广西、海南和台湾引种栽培。

系统学评述：四棱豆属传统上隶属于菜豆族菜豆亚族。将 *Psophocarpus* 与镰瓣豆属 *Dysolobium*、刺桐属 *Erythrina*、*Otoptera* 和 *Decorsea* 单独列为 1 支。Stefanovic 等[157] 和 Li 等[164]研究表明，四棱豆属与刺桐属聚为姐妹群并得到较高的支持率。Verdcourt 和 Halliday[213]基于柱头和髯毛位置将四棱豆属划分为 2 亚属：*Psophocarpus* subgen. *Psophocarpus* 和 *P.* subgen. *Vignopsis*。Maxted[214]基于 97 个形态特征重新将四棱豆属划分为 2 亚属，即 *P.* subgen. *Psophocarpus* 和 *P.* subgen. *Lophostigma*，并进一步将 *P.* subgen. *Psophocarpus* 划分为 2 组。Fatihah 等[215]基于 51 个形态特征对四棱豆属 9 种进行了系统发育重建，结果表明 *Psophocarpus* 是 1 个单系类群，支持 Maxted 关于亚属和组的划分，并基于 *P. grandiflorus* R. Wilczek 单独聚为 1 支位于该属最基部，将其独立为 1 亚属 *P.* subgen. *Longipedunculares*。目前尚无该属较为全面分子系统学研究报道。

DNA 条形码研究：BOLD 网站有该属 3 种 6 个条形码数据。

代表种及其用途：四棱豆 *P. tetragonolobus* (Linnaeus) Candolle 的嫩叶、嫩荚可作蔬菜，块根亦可食。

108. *Pueraria* de Candolle 葛属

Pueraria de Candolle (1825: 97); Wu & Thulin (2010: 244) [Lectotype: *P. tuberosa* (Roxburgh ex Willdenow) de Candolle (≡*Hedysarum tuberosum* Roxburgh ex Willdenow)]

特征描述：缠绕草本或灌木，有时具块根。羽状 3 小叶，托叶基部或盾状着生，小叶大，卵形或菱形，全缘或具波状 3 裂片。总状或圆锥花序；花常数朵簇生于花序轴凸起的节上；花萼钟状，上部 2 枚裂齿部分或完全合生；花冠天蓝色或紫色，旗瓣有耳，有时具附属体；雄蕊二体，花药一式，子房无柄或近无柄，胚珠多数，花柱丝状，上部内弯，柱头小，头状。荚果线形，稍扁或圆柱形，2 瓣裂；种子间有或无隔膜。种子扁，近圆形或长圆形。花粉粒 3 孔沟，网状纹饰。染色体 $2n=22$。

分布概况：约 20/10（3）种，**7（e）**型；分布于亚洲热带地区及东亚；中国主产西南、中南至东南。

系统学评述：葛属隶属于菜豆族大豆亚族。Lee 和 Hymowitz[156]对大豆亚族的系统发育重建表明，*Pueraria* 是个多系类群，分散聚在大豆亚族的不同分支上。van der Maesen[216] 对 *Puraria* 进行了修订并将该属类群划分为 3 组。Cagle[217]对 *Puraria* 系统发育重建结果表明，*Puraria* 是多系类群，该属类群主要聚为 5 个独立的分支。该属类群需要进行重新修订。

DNA 条形码研究：BOLD 网站有该属 6 种 32 个条形码数据；GBOWS 网站已有 6 种 54 个条形码数据。

代表种及其用途：葛麻姆 *P. montana* var. *lobata* (Willdenow) Maesen & S. M. Almeida ex Sanjappa & Predeep 的茎皮纤维供织布和造纸原料；块根可制葛粉，且和花供药用，

有解表退热、生津止渴、止泻的功能；种子可榨油。

109. *Rhynchosia* Loureiro 鹿藿属

Rhynchosia Loureiro (1790: 425), *nom. cons.* ; Sa & Gilbert (2010: 223) (Type: *R. volubilis* Loureiro)

特征描述：攀援、匍匐或缠绕藤本，稀直立灌木或亚灌木。羽状 3 小叶，小叶下面常有腺点。总状花序腋生，稀分支或单生；花萼钟状，5 裂，上面 2 裂齿多少合生；花冠常黄色，稀紫色；旗瓣圆形或倒卵形，基部具内弯的耳，龙骨瓣和翼瓣近等长，内弯；雄蕊二体；子房近无柄，常有胚珠 2，稀 1；花柱常于中部以上弯曲，常仅下部被毛。荚果扁平或膨胀，先端常有小喙。种子 2，稀 1，珠柄着生于种脐中央，种阜小或缺。花粉粒 3 孔沟，网状纹饰。染色体 $2n=22$。

分布概况：约 200/13（5）种，**2（6）型**；广布世界热带和亚热带地区，尤以非洲居多，部分种类到温带地区；中国产长江以南。

系统学评述：鹿藿属隶属于菜豆族木豆亚族。Bruneau 等[185]基于形态和分子系统学研究表明，*Rhynchosia* 与鸡头薯属 *Eriosema* 为姐妹群。不少学者对鹿藿属属下的划分进行了探讨：de Candolle[135]将鹿藿属划分为 3 组；Bentham 和 Hooker[218]基于种子与习性特征划分为 11 组；Grear[219]将新世界类群划分为 3 组；Fortunato[220]对分布于新世界的鹿藿属，基于 25 个形态特征重建了系统发育关系，分析结果支持 Grear 对于 3 组的划分。目前该属尚缺乏较为全面的分类和分子系统学研究，是否为单系类群仍不明确，亟待进一步研究。

DNA 条形码研究：BOLD 网站有该属 5 种 8 个条形码数据；GBOWS 网站已有 6 种 53 个条形码数据。

代表种及其用途：一些种类的茎叶或根供药用，可祛风解热，如菱叶鹿藿 *R. dielsii* Harms。

110. *Shuteria* Wight & Arnott 宿苞豆属

Shuteria Wight & Arnott (1834: 207), *nom. cons.* ; Sa & Gilbert (2010: 205) (Type: *S. vestita* Wight & Arnott, *typ. cons.*)

特征描述：多年生草质藤本。羽状复叶具 3 小叶，托叶和小托叶具纵条纹。总状花序腋生，花小，成对、密集簇生或稀疏；具小苞片；萼管钟状，具条纹，裂齿较萼管短，上部 2 裂片合生；花冠红色、淡紫色或紫色，旗瓣卵圆形或宽卵形，无耳，比其他花瓣长；雄蕊二体；子房近无柄或延长具短柄，胚珠多数，花柱内弯，丝状，无毛。荚果线形，压扁，稍弯曲，有隔膜。种子近圆形、长圆形或肾圆形，无种阜，种脐小。染色体 $2n=22$。

分布概况：约 6/4（1）种，**（7a）型**；分布于亚洲热带和亚热带地区；中国产西南至华南。

系统学评述：宿苞豆属传统上常被归入菜豆族大豆亚族。分子证据表明，*Shuteria* 与大豆亚族的 3 属为姐妹群关系，或处于 Phaseoloid group 主要分支的基部[157,164]。

Thuan[221]对该属进行了修订。目前该属尚缺乏较为全面的分子系统学研究,该属物种是否为单系类群仍不明确,亟待进一步研究。

DNA 条形码研究:BOLD 网站有该属 3 种 8 个条形码数据;GBOWS 网站已有 2种 18 个条形码数据。

代表种及其用途:一些种类的根药用,有清热解毒的功效,可治感冒咳嗽、乳腺炎、肺结核和慢性支气管炎等,如宿苞豆 *S. involucrata* (Wallich) Wight & Arnott。

111. *Sinodolichos* Verdcourt 华扁豆属

Sinodolichos Verdcourt (1790: 398); Wu & Thulin (2010: 248) [Type: *S. lagopus* (Dunn) Verdcourt (≡*Dolichos lagopus* Dunn)]

特征描述:<u>多年生缠绕草本</u>。羽状 3 小叶,小叶纸质,羽脉凸起,托叶三角形。总状花序,<u>总花梗短或近簇生</u>;<u>花萼被白色或黄色粗毛</u>,萼管钟状,<u>二唇形</u>;花瓣具瓣柄,旗瓣圆形或长圆形,基部具短耳,翼瓣及龙骨瓣倒卵状长圆形,具狭长向下的耳;雄蕊二体,花丝不等长,花药近一式;<u>子房线形</u>,<u>近无柄</u>,<u>具花盘</u>,胚珠约 10,花柱线形,<u>柱头漏斗状</u>。荚果线状长圆形,扁平,<u>开裂</u>,<u>密被黄色刚毛状长柔毛</u>。种子长圆形,种脐居中,无假种皮,具种阜。

分布概况:2/1 种,**7-2** 型;分布于印度,中南半岛;中国产云南、广西、海南。

系统学评述:华扁豆属隶属于菜豆族大豆亚族。Doyle 等[222]分子系统学研究表明 *Sinodolichos* 与 *Pseudeminia*、*Pseudovigna* 亲缘关系较近。

112. *Spatholobus* Hasskarl 密花豆属

Spatholobus Hasskarl (1842: 52); Chen et al. (2010: 219) (Type: *S. littoralis* Hasskarl)

特征描述:木质攀援藤本。羽状 3 小叶;具小托叶。<u>圆锥花序腋生或顶生</u>;花小而多,通常数朵密集于花序轴或分枝的节上;<u>花萼钟状或筒状</u>,<u>裂齿较短</u>,<u>二唇形</u>;花冠粉红色、紫色或白色;<u>雄蕊二体</u>,<u>花药大小均一或 5 大 5 小</u>;子房具短柄或无柄,<u>胚珠2</u>,花柱稍弯,无毛或被毛,柱头小,顶生,头状。荚果具果颈或无,<u>镰形或长圆形</u>,压扁,具网纹,<u>密被短柔毛或绒毛</u>,<u>具 1 种子</u>,<u>熟时只于顶部开裂</u>。种子扁平。花粉粒3 孔沟,网状纹饰。

分布概况:约 30/10(7)种,(**7ab**)**型**;分布于亚洲热带地区;中国产云南、广东、广西、福建和海南。

系统学评述:密花豆属常被归入菜豆族刺桐亚族。分子系统学研究表明 *Spatholobus* 与紫矿属 *Butea* 聚为 1 支,为姐妹群关系。将 *Spatholobus* 与 *Butea* 和 *Meizotropis* 单独归为 1 支,位于 core Phaseoleae 基部位置。Ridder-Numan 和 Wiriadinata[223]对该属进行了较为系统的修订。Ridder-Numan[166]基于花粉形态、解剖特征及形态学特征等 97 个性状对密花豆属及其近缘属进行了系统发育重建,结果表明密花豆属为单系类群,主要聚为 3 个大的分支。目前该属尚缺乏较为全面的分子系统学研究,亟待进一步研究。

DNA 条形码研究:BOLD 网站有该属 6 种 10 个条形码数据;GBOWS 网站已有 1

种 5 个条形码数据。

代表种及其用途：密花豆 *S. suberectus* Dunn 的茎藤入药，有祛风活血、舒筋活络之效，为中药鸡血藤的主要来源之一。

113. *Teramnus* P. Browne 软荚豆属

Teramnus P. Browne (1756: 290); Sun & Thulin (2010: 250) (Lectotype: *T. volubilis* Swartz)

特征描述：缠绕草本，茎纤细。羽状 3 小叶。花小，数朵簇生于叶腋或排成总状花序；苞片小，线形，宿存；小苞片线形，具纵条纹；花萼膜质，钟状，裂片 4 或 5，长于萼管；花冠稍伸出萼外，旗瓣倒卵形，基部狭，具瓣柄，无耳，翼瓣狭，与钝而直且较短的龙骨瓣贴生；单体雄蕊，其中仅 5 枚较长的发育，5 枚较短的不育；子房无柄，胚珠多数，花柱短，弯曲，无毛，柱头头状。荚果线形，稍扁，先端具宿存的喙状花柱，种子间有隔膜。种子多数。染色体 $2n=28$。

分布概况：8/1 种，**2** 型；泛热带广布；中国产海南和台湾。

系统学评述：软荚豆属隶属于菜豆族大豆亚族。Lee 和 Hymowitz[156]对大豆亚族的系统发育重建表明，*Teramnus* 是单系类群，与大豆属 *Glycine* 聚为姐妹群。Verdcourt[224]对该属类群分布及关系进行了探讨。Lee 和 Hymowitz[156]分子系统学研究表明，*T. micans* (Welwitsch ex Baker) Baker f.与 *T. mollis* (Wight & Arnott) Bentham 聚为 1 支；*T. flexilis* (Graham) Bentham 与 *T. labialis* (Linnaeus f.) Sprengel.和 *T. repens* (Taubert) Baker f.聚为 1 支；*T. uncinatus* (Linnaeus) Swartz 和 *T. volubilis* Swartz 位于整个类群基部。

DNA 条形码研究：BOLD 网站有该属 2 种 6 个条形码数据。

代表种及其用途：部分类群可作饲草和覆盖植物，如软荚豆 *T. labialis* (Linnaeus) Sprengel。

114. *Teyleria* Backer 琼豆属

Teyleria Backer (1939: 107); Sun & Thulin (2010: 241) [Type: *T. koordersii* (Backer ex Koorders-Schumacher) Backer (≡*Glycine koordersii* Backer ex Koorders-Schumacher)]

特征描述：多年生缠绕草本，茎四棱柱状。羽状 3 小叶；托叶具有纵条纹。花小，总状花序腋生；花序下部常具不规则的分枝；花萼膜质，钟状，5 裂，萼齿披针形，与萼管等长或稍长；花冠稍伸出萼外；旗瓣大，倒卵形，无耳，翼瓣具长瓣柄，与龙骨瓣贴连，龙骨瓣钝，先端具长喙；雄蕊单体；子房无柄，胚珠 6-8，花柱短而弯曲，柱头小，头状。荚果线形，扁平，稍弯，先端具短喙，果瓣内于种子间有隔膜。种子 4-8，具种阜。

分布概况：3/1 种，**7** 型；分布于中南半岛，印度尼西亚，菲律宾；中国产海南。

系统学评述：琼豆属隶属于菜豆族大豆亚族。Lee 和 Hymowitz[156]关于大豆亚族的分子系统学研究表明，*Teyleria* 与葛属 *Pueraria* 的 *P. strict* Kurz 聚为姐妹群，之后再与 *Neonotonia* 聚为姐妹群。van der Maesen[216]在对 *Puraria* 修订时将其中的 2 个种移入了 *Teyleria*。

115. *Vigna* Savi 豇豆属

Vigna Savi (1824: 113); Wu & Thulin (2010: 255) [Type: *V. glabra* Savi, *nom. illeg.* (=*V. luteola* (Jacquin) Bentham≡*Dolichos luteolus* Jacquin)]

特征描述：缠绕或直立草本，稀亚灌木。羽状 3 小叶或稀单叶，托叶常 2 裂或基部延长。假总状花序或 1 至多朵簇生叶腋；花序轴上花梗着生处常增厚并有腺体；花萼 5 裂，花萼二唇形；花冠黄色、蓝色或紫色；旗瓣圆形，基部常具附属体，龙骨瓣无喙或具内弯、稍旋卷的喙；雄蕊二体；子房无柄，花柱线形，上部增厚，内侧具毛，下部喙状，柱头侧生。荚果线形或线状长圆形，圆柱形或稀扁平。种子常肾形或四方形，有假种皮或无。花粉粒 3 孔，网状纹饰。染色体 2n=22，稀 20。

分布概况：约 100/14 种，**2（6）**型；分布于热带和亚热带地区；中国产东南、华南至西南。

系统学评述：豇豆属隶属于菜豆族 Phaseoleae 菜豆亚族 Phaseolinae。Maréchal 等[197]将豇豆属划分为 7 亚属，即 *Vigna* subgen. *Vigna*（6 组）、*V.* subgen. *Plectotropis*（2 组）、*V.* subgen. *Haydonia*（3 组）、*V.* subgen. *Macrorhynchus*（1 组）主要分布于非洲；*V.* subgen. *Ceratotropis*（1 组）产亚洲；*V.* subgen. *Lasiospron*（1 组）、*V.* subgen. *Sigmoidotropis*（5 组）产美洲。分子证据表明豌豆属为多系类群；*V.* subgen. *Lasiospron* 和旧世界类群聚为 1 支，然后与毒扁豆属 *Physostigma* 聚为姐妹群；而美洲的其他豇豆属类群则与美洲其他的 Phaseolinae 类群单独聚为 1 支[177,225]。Delgado-Salinas 等[177]将豇豆属旧世界类群和 *V.* subgen. *Lasiospron* 定义为狭义豌豆属，而将美洲的其他类群分别归入 *Ancistrotropis*、*Cochliasanthus*、*Condylostylis*、*Leptospron*、*Sigmoidotropis* 和 *Helicotropis*。

DNA 条形码研究：BOLD 网站有该属 50 种 160 个条形码数据；GBOWS 网站已有 5 种 56 个条形码数据。

代表种及其用途：该属中有许多常见的栽培作物，具有较大的经济价值，如豇豆 *V. unguiculata* (Linnaeus) Walpers、绿豆 *V. radiata* (Linnaeus) Wilczek 和赤豆 *V. angularis* (Willdenow) Ohwi & H. Ohashi 等，种子富含淀粉，可作粮食、蔬菜等用。

十九、Desmodieae 山蚂蟥族

116. *Alysicarpus* Necker ex Desvaux 链荚豆属

Alysicarpus Necker ex Desvaux (1813: 120); Huang & Ohashi (2010: 290) [Type: *A. Bupleurifolius* (Linnaeus) de Candolle (≡*Hedysarum bupleurifolium* Linnaeus)]

特征描述：草本。茎直立或披散。单叶，稀羽状 3 小叶，托叶干膜质或半革质，离生或合生。总状花序腋生或顶生；每苞片腋内具 2 花；花萼深裂，裂片干而硬，具明显脉纹，近等长，上部 2 裂片常合生；花冠不伸出或稍伸出萼外，旗瓣宽，倒卵形或圆形，龙骨瓣钝，贴生于翼瓣；雄蕊二体，花药一式，子房无柄或近无柄，胚珠多数。荚果圆柱形，膨胀，荚节数个，不开裂。花粉粒 3 孔沟，不规则条纹状-穿孔状纹饰。染色体

$2n$=16，20。

分布概况：约 30/5（1）种，**4** 型；分布于热带非洲，亚洲和大洋洲，热带美洲有引种栽培；中国产福建、广东、广西、海南、云南和台湾。

系统学评述：链荚豆属隶属于山蚂蝗族山蚂蝗亚族 Desmodiinae。Ohashi[226]将链荚豆属归入 *Desmodium* group。Li 等[164]的分子证据表明 *Alysicarpus* 与 *Codoriocalyx-Desmodium pauciflorum-Christia-Uraria* 分支聚为姐妹群。目前该属尚无较为全面的分子系统学研究，亟待进一步研究。

DNA 条形码研究：BOLD 网站有该属 5 种 11 个条形码数据；GBOWS 网站已有 1 种 10 个条形码数据。

代表种及其用途：链荚豆 *A. vaginalis* (Linnaeus) de Candolle 为良好的绿肥和饲料，全草入药。

117. *Aphyllodium* (de Candolle) Gagnepain 两节豆属

Aphyllodium (de Candolle) Gagnepain (1916: 254); Huang & Ohashi (2010: 266) [Type: *A. biarticulatum* (Linnaeus) Gagnepain (≡*Hedysarum biarticulatum* Linnaeus)].——*Dicerma* de Candolle (1825: 339)

特征描述：亚灌木或灌木。叶为指状 3 小叶，托叶联合抱茎，先端常 3 裂，小托叶极小。总状花序顶生或腋生；花 2-5 朵簇生节上；花萼钟状或漏斗状，外面被贴伏长毛和小钩状毛，5 裂，上部 2 裂片完全合生或稍 2 裂；花冠红色，旗瓣狭倒卵形至倒卵形，无耳，翼瓣窄长圆形，龙骨瓣长椭圆形，较翼瓣短，具耳和瓣柄；雄蕊二体；雌蕊无柄。荚果具 2 荚节，腹背两缝线均于种子间深缢缩，被丝状毛，偶有 1 荚节。种脐周围具带边假种皮。花粉粒 3 孔沟。

分布概况：7/1 种，**5** 型；分布于亚洲热带地区至澳大利亚北部；中国产海南。

系统学评述：两节豆属隶属于山蚂蝗族山蚂蝗亚族。Ohashi[226]将该属归入 *Phyllodium* group。Pedley[227]对产澳大利亚的两节豆属进行了分类修订。

118. *Campylotropis* Bunge 杭子梢属

Campylotropis Bunge (1835: 6); Iokawa & Ohashi (2002: 179); Huang et al. (2010: 292) [Type: *C. chinensis* Bunge, *nom. illeg.* (=*C. macrocarpa* (Bunge) Rehder≡*Lespedeza macrocarpa* Bunge)]

特征描述：灌木或亚灌木，稀亚灌木状草本。多分枝，幼枝具棱。羽状 3 小叶，具托叶。总状花序腋生或组成圆锥花序顶生；苞片腋内仅具 1 花；花梗在顶端具关节；花萼钟状，5 裂，上面 2 裂片近完全合生；花冠长为花萼的 2 倍及以上，旗瓣基部具短柄，翼瓣具耳和较长的瓣柄，龙骨瓣上部向内呈直角弯曲，顶端渐尖，常呈喙状；雄蕊单体；子房具短柄，1 室 1 胚珠。荚果扁平，不开裂，顶端具短尖头。花粉粒 3 孔沟，网状纹饰。染色体 $2n$=22。

分布概况：约 37/32（20）种，**11** 型；分布于亚洲温带地区；中国南北均产，以西南尤盛。

系统学评述：杭子梢属隶属于山蚂蝗族胡枝子亚族 Lespedezinae。Xu 等[228]的分子证据表明，*Campylotropis* 为单系类群，与 *Lespedeza-Kummerowia* 分支聚为姐妹群并得到了较高的支持率。形态上，*Campylotropis* 花序轴上每个节点只有一朵花，不具蜜腺，龙骨瓣上部向内弯曲且锐尖而区别于胡枝子属 *Lespedeza* 的每个节点具有两朵花，具平圆形的蜜腺，直且钝的龙骨瓣。Iokawa 和 Ohashi[229-231]对该属做了较为系统的研究和分类修订，但由于该属物种分类较为复杂，因此尚未对属下阶元的划分作探讨。目前尚无该属较为全面的分子系统学研究，该属物种的亲缘关系仍不明确，亟待进一步研究。

DNA 条形码研究： BOLD 网站有该属 2 种 4 个条形码数据；GBOWS 网站已有 6 种 45 个条形码数据。

代表种及其用途： 杭子梢 *C. macrocarpa* (Bunge) Rehder 全国广布，可作为营造防护林和混交林的树种，起到固氮和改良土壤的作用，枝条可供编织，叶和嫩枝可作绿肥和饲料，也可作为蜜源植物。

119. *Christia* Moench 蝙蝠草属

Christia Moench (1802: 39); Huang & Ohashi (2010: 289) (Type: *C. lunata* Moench)

特征描述： 直立或披散草本或亚灌木。羽状三出复叶或单小叶，具小托叶。花小，组成顶生总状花序或圆锥花序，少数为腋生花序；花萼膜质，钟状，结果时增大，5 裂，裂片卵状披针形；旗瓣宽，基部渐狭成瓣柄，翼瓣与龙骨瓣贴生，龙骨瓣钝；雄蕊二体，花药一式；子房有胚珠数颗，花柱线形，内弯，柱头头状。荚果包藏于宿萼内，具数个荚节，反复折叠，有脉纹。染色体 $2n=22$。

分布概况： 约 13/5（1）种，**5 型**；分布于热带亚洲和大洋洲；中国产华南至东南。

系统学评述： 蝙蝠草属隶属于山蚂蝗族山蚂蝗亚族。Ohashi[226]将蝙蝠草属归入 *Desmodium* group。Li 等[164]的分子证据表明，*Christia* 与狸尾豆属 *Uraria* 聚为姐妹群。

DNA 条形码研究： GBOWS 网站有该属 1 种 4 个条形码数据。

代表种及其用途： 蝙蝠草 *C. vespertilionis* (Linnaeus f.) Bakhuizen f. ex Meeuwen 全草供药用，治肺结核、虫蛇咬伤；叶外敷可作为跌打接骨药。

120. *Codoriocalyx* Hasskarl 舞草属

Codoriocalyx Hasskarl (1841: 80); Huang & Ohashi (2010: 283) (Type: *C. conicus* Hasskarl)

特征描述： 直立灌木。羽状三出复叶，侧生小叶很小或有时缺而为单叶，具托叶和小托叶。总状花序或圆锥花序顶生或腋生；小苞片缺；花萼膜质，宽钟形，5 裂，上部 2 裂片合生但先端明显具 2 齿；花冠紫色或紫红色，旗瓣常偏斜，近圆形，基部具小瓣柄，翼瓣近半三角形，先端圆形，具耳，龙骨瓣镰刀状；雄蕊二体；雌蕊线形，胚珠 6-13。荚果具荚节 5-9，腹缝线直，背缝线稍缢缩，成熟时沿背缝线开裂，被毛，无网脉。种子具假种皮。子叶出土萌发。染色体 $2n=$（20）22。

分布概况： 2/2 种，**7 型**；分布于印度，斯里兰卡，东南亚；中国产西南至东南。

系统学评述： 舞草属隶属于山蚂蝗族山蚂蝗亚族。Ohashi[226]将舞草属归入 *Desmodium* group。Li 等[164]的分子证据表明，*Codoriocalyx* 与蝙蝠草属 *Christia*、狸尾豆

属 *Uraria*、*Desmodium pauciflorum* (Nuttall) de Candolle 分支聚为姐妹群。

代表种及其用途： 舞草 *C. motorius* (Houttuyn) H. Ohashi 全株供药用，有舒筋活络、祛瘀之效；该种在温度较高时，特别在阳光下，小叶会按椭圆形轨道急促舞动，为优良观赏植物。

DNA 条形码研究： BOLD 网站有该属 1 种 1 个条形码数据；GBOWS 网站已有 2 种 13 个条形码数据。

121. *Dendrolobium* (Wight & Arnott) Bentham 假木豆属

Dendrolobium (Wight & Arnott) Bentham (1852: 215); Huang & Ohashi (2010: 263) [Lectotype: *D. umbellatum* (Linnaeus) Bentham (≡*Hedysarum umbellatum* Linnaeus)]

特征描述： 灌木或小乔木。羽状 3 小叶或稀 1 小叶，侧生小叶基部常偏斜；托叶近革质，有条纹，具小托叶。花序腋生，近伞形、伞形至短总状花序；花单生于每一苞片；花萼钟状或筒状，5 裂，上部 2 裂片完全合生或稍 2 裂；花冠白色或淡黄色，旗瓣具瓣柄，无耳，翼瓣狭长圆形，具耳或无；雄蕊单体；子房无柄，花柱细长。荚果不开裂，有 1-8 荚节，多少呈念珠状。种子宽长圆状椭圆形或近方形。花粉粒 3 孔沟。染色体 $2n=22$。

分布概况： 18/5（1）种，**5 型**；分布于亚洲和大洋洲热带与亚热带地区；中国产海南、广东、广西、贵州、云南、贵州及台湾。

系统学评述： 假木豆属隶属于山蚂蝗族山蚂蝗亚族。Ohashi[226]将假木豆属归入 *Phyllodium* group。Nemoto 和 Ohashi[232]基于节荚特征与分子证据表明，*Dendrolobium* 与排钱树属 *Phyllodium* 为姐妹群关系。而 Li 等[164]认为 *Dendrolobium* 与葫芦茶属 *Tadehagi* 亲缘关系更近。Ohashi[233-235]对假木豆属部分类群进行了研究。该属尚缺乏较为全面的分类和分子系统学研究，该属物种是否为单系类群仍不明确，亟待进一步研究。

DNA 条形码研究： BOLD 网站有该属 1 种 1 个条形码数据；GBOWS 网站已有 1 种 19 个条形码数据。

代表种及其用途： 假木豆 *D. triangulare* (Retzius) Schindler 的根可入药，有强筋骨之效。

122. *Desmodium* Desvaux 山蚂蝗属

Desmodium Desvaux (1813: 122), *nom. cons.* ; Huang & Ohashi (2010: 268) [Type: *D. scorpiurus* (Swartz) Desvaux, *typ. cons.* (≡*Hedysarum scorpiurus* Swartz)]

特征描述： 草本、亚灌木或灌木。羽状 3 小叶或退化为单小叶，托叶常干膜质，有条纹，小托叶钻形或丝状。总状花序腋生或顶生组成圆锥花序，稀单生或成对生于叶腋；花萼钟状，4-5 裂，上部裂片全缘或先端 2 裂至微裂；花冠白色、绿白色、黄白色、粉红色、紫色、紫堇色，各瓣均有瓣柄；雄蕊二体或稀单体；子房常无柄，胚珠数颗。荚果扁平，不开裂，背腹两缝线稍缢缩或腹缝线劲直，荚节数个，常具钩状毛。花粉粒 3 孔沟，网状纹饰。

分布概况： 约 280/32（4）种，**2 型**；分布于热带和亚热带地区，美洲尤多；中国主产西南经中南至东南，仅 1 种产陕西、甘肃。

系统学评述：山蚂蝗属隶属于山蚂蝗族山蚂蝗亚族。Nemoto 和 Ohashi[232]基于节荚特征与分子证据表明山蚂蝗属是个多系类群，分别与山蚂蝗亚族其他属类群聚在一起。山蚂蝗属物种的系统分类非常复杂，到目前为止仍没有得到很好解决。Ohashi[233]和 Pedley[227]分别对亚洲与澳大利亚产山蚂蝗属及其近缘属类群进行了分类修订，并将部分山蚂蝗属类群独立为属[236,237]，如小槐花属 *Ohwia* 和长柄山蚂蝗属 *Hylodesmum*。Yang 和 Huang 将中国产山蚂蝗属类群划分为 4 亚属 9 组[FRPS]。目前该属仍然缺乏全面的分子系统学研究，亟待进一步研究。

DNA 条形码研究：BOLD 网站有该属 21 种 69 个条形码数据；GBOWS 网站已有 17 种 164 个条形码数据。

代表种及其用途：广东金钱草 *D. styracifolium* (Osbeck) Merrill 全株供药用，有清热利尿、通淋消肿、散结之效；*D. intortum* (Miller) Urban 为重要的饲料和覆盖作物。

123. *Hylodesmum* H. Ohashi & R. R. Mill 长柄山蚂蝗属

Hylodesmum H. Ohashi & R. R. Mill (2000: 173) [≡*Podocarpium* (Bentham) Y. C. Yang & P. H. Huang (1979), non A. Braun ex Stizenberger (1851)]; Huang & Ohashi (2010: 262) [Type: *H. podocarpum* (de Candolle) H. Ohashi & R. R. Mill (≡*Desmodium podocarpum* de Candolle)].——*Podocarpium* (Bentham) Y. C. Yang & P. H. Huang (1979: 1)

特征描述：多年生草本或亚灌木。羽状复叶，小叶 3-7，全缘或浅波状；有托叶和小托叶。总状花序顶生或腋生，稀为圆锥花序，每节常着生 2-3 花；花萼宽钟状，4 裂，上部裂片有时微 2 裂；旗瓣宽椭圆形或倒卵形，具短瓣柄；雄蕊单体；子房明显具柄。荚节 2-5，腹缝线直或微波状，背缝线于荚节间深缢至腹缝线，荚节常为斜三角形或略宽的半倒卵形。种子常较大，无假种皮，子叶留土萌发。

分布概况：14/10（3）种，**9** 型；分布于东亚和北美；中国南北均产。

系统学评述：长柄山蚂蝗属隶属于山蚂蝗族山蚂蝗亚族。Ohashi[226]将长柄山蚂蝗属归入 *Desmodium* group。Li 等[164]的分子证据表明，*Hylodesmum* 与山蚂蝗属 *Desmodium* 亲缘关系较近。Kajita 和 Ohashi[238]基于叶绿体片段研究表明，*Hylodesmum* 是个单系类群。

DNA 条形码研究：BOLD 网站有该属 2 种 6 个条形码数据；GBOWS 网站已有 7 种 55 个条形码数据。

代表种及其用途：云南长柄山蚂蝗 *H. longipes* (Franchet) H. Ohashi & R. R. Mill 的根和果可入药，根可润肺止咳、驱虫，果可止血消炎。

124. *Kummerowia* Schindler 鸡眼草属

Kummerowia Schindler (1912: 403); Huang et al. (2010: 311) [Type: *K. striata* (Thunberg) Schindler (≡*Hedysarum striatum* Thunberg)]

特征描述：一年生草本，常多分枝。羽状 3 小叶，托叶膜质，大而宿存，通常比叶柄长，小叶侧脉笔直且直达叶缘。花常 1-2 朵生于叶腋，稀 3 朵或更多；小苞片 4 枚生于花萼下方；花常二型：一种有正常花冠，另一种为闭锁花；花小，粉红色或紫色，旗瓣与翼瓣近等长，较龙骨瓣短；雄蕊二体，胚珠 1。荚果扁平，不开裂，种子 1。花粉粒 3 孔沟，网状纹饰。染色体 $2n=22$。

分布概况：2/2 种，**11 型**；分布于西伯利亚，朝鲜，日本；中国南北各省区均产。

系统学评述：鸡眼草属隶属于山蚂蝗族胡枝子亚族。Xu 等[228]的分子证据表明，*Kummerowia* 为单系类群，与胡枝子属 *Lespedeza* 聚为姐妹群，解决了长期以来鸡眼草属是否该并入胡枝子属的疑问。这与形态特征也比较吻合，形态上，*Kummerowia* 是一年生草本植物，具有简化的复合聚伞花序，托叶膜质，大而宿存，通常长于叶柄，小叶侧脉笔直且直达叶缘而区别于 *Lespedeza*（是多年生植物，具有总状花序，托叶小，通常短于叶柄，小叶侧脉弓形且未达叶缘）。

DNA 条形码研究：BOLD 网站有该属 3 种 7 个条形码数据；GBOWS 网站已有 2 种 45 个条形码数据。

代表种及其用途：鸡眼草 *K. striata* (Thunberg) Schindler 全草供药用，有清热解毒、健脾利湿之效；又可作饲料和绿肥。

125. *Lespedeza* Michaux 胡枝子属

Lespedeza Michaux (1803: 70); Ohashi et al. (2009: 143); Huang et al. (2010: 302) [Lectotype: *L. sessiliflora* Michaux, *nom. illeg.* (=*L. virginica* (Linnaeus) Britton≡*Medicago virginica* Linnaeus)]

特征描述：多年生草本、亚灌木或灌木。羽状 3 小叶。总状或圆锥花序，或数朵簇生于叶腋；每苞片内具两花；花常二型：一种有正常花冠，另一种为闭锁花，花冠退化；花萼钟形，5 裂，上方 2 裂片常合生至中上部；花瓣具瓣柄，翼瓣常短于旗瓣和龙骨瓣，龙骨瓣先端钝；雄蕊二体；子房具 1 胚珠。荚果双凸镜状，种子 1，不开裂，闭花受精荚果具短且弯曲的尖头，开花受精荚果具长且直的尖头。花粉粒 3 孔沟，网状纹饰。染色体 $2n=20$, 22。

分布概况：约 40/24（9）种，**9 型**；东亚-北美间断分布；中国除新疆外，南北均产。

系统学评述：胡枝子属隶属于山蚂蝗族胡枝子亚族。Xu 等[228]分子系统学研究表明，*Lespedeza* 为单系类群，与鸡眼草属 *Kummerowia* 为姐妹群。Maximowicz[239]根据闭锁花的有无、荚果大小、萼片包被荚果的程度等特征将胡枝子属划分为大胡枝子组 *Lespedeza* sect. *Macrolespedeza* 和胡枝子组 *L.* sect. *Lespedeza*。Ohashi[240]接受了这种划分并将 2 个组提升为亚属水平。Xu 等[228]基于核基因 ITS 和 5 个叶绿体片段的系统发育分析表明，基于传统形态划分的 2 亚属都不是单系类群；地理上间断分布的北美类群和东亚类群都是单系类群且互为姐妹群；核基因树和叶绿体树拓扑结构不一致，暗示基因渐渗及不完全谱系重排在胡枝子属的进化历史中可能扮演了重要角色。徐波[241]依据形态特征，结合分子证据和细胞学证据对胡枝子属下划分做了如下探讨：取消原来的 2 亚属，将该属植物分为 4 组。

DNA 条形码研究：Xu 等[228]分子系统学研究表明，ITS 在该属的种间分辨率较高，特别是胡枝子亚属，可作 DNA 条形码研究参考片段。BOLD 网站有该属 11 种 29 个条形码数据；GBOWS 网站已有 10 种 99 个条形码数据。

代表种及其用途：该属多数植物具有耐干旱、耐贫瘠、耐刈割等优良性状，是荒山荒地造林的先锋树种，起到固氮和水土保持的作用；叶和嫩枝可作绿肥和饲料，也可作为蜜源植物，如胡枝子 *L. bicolor* Turczaninow 和兴安胡枝子 *L. davurica* (Laxmann) Schindler。

126. *Mecopus* Bennett 长柄荚属

Mecopus Bennett (1840: 154); Huang & Ohashi (2010: 285) (Type: *M. nidulans* Bennett)

特征描述：一年生草本。单小叶，宽倒卵状肾形，托叶线状披针形。花小，组成稠密的顶生总状花序；苞片锥状，宿存；花梗顶部钩状；花萼钟状，裂片披针形，上面 2 片合生；花冠白色，旗瓣阔，倒卵形，翼瓣镰刀形，龙骨瓣内弯；雄蕊二体；子房具柄，有 2 胚珠，花柱内弯，柱头小，头状。荚果具长的果颈，荚节 1-2，压扁，两面稍凸起，具网纹，先端有喙；果梗长，先端旋扭。种子肾形。

分布概况：1/1 种，（7a）型；分布于印度，中南半岛，爪哇岛，马来西亚；中国产海南。

系统学评述：长柄荚属隶属于山蚂蝗族山蚂蝗亚族。Ohashi[226]将长柄荚属归入 *Desmodium* group。该属类群的系统地位仍不明确，有待进一步研究。

127. *Ohwia* H. Ohashi 小槐花属

Ohwia H. Ohashi (1999: 243); Huang & Ohashi (2010: 267) [Type: *O. caudata* (Thunberg) H. Ohashi (≡*Hedysarum caudatum* Thunberg)]

特征描述：灌木。羽状 3 小叶，叶柄具翅。假总状花序或圆锥花序，顶生或腋生；花萼狭钟状，4 裂，上部裂片微 2 裂；花冠白色至淡黄色，花瓣稍胼胝质，具明显脉纹，旗瓣椭圆形，具爪，龙骨瓣长于翼瓣；雄蕊二体；子房具柄，基部具花盘，花柱弯曲，柱头小。荚果线形，腹背缝线浅缢缩，节荚狭椭圆形。子叶出土萌发。花粉粒 3 孔沟，网状或细网状纹饰。

分布概况：2/1（1）种，7 型；分布于东亚至东南亚；中国产长江以南。

系统学评述：小槐花属隶属于山蚂蝗族山蚂蝗亚族。Ohashi[226]将小槐花属归入 *Phyllodium* group。Nemoto 和 Ohashi[232]对山蚂蝗族节荚解剖研究表明，小槐花属具有独特的果皮解剖类型（Type IV），与其他山蚂蝗族都不相同。

DNA 条形码研究：GBOWS 网站有该属 1 种 14 个条形码数据。

代表种及其用途：小槐花 *O. caudata* (Thunberg) H. Ohashi 的根、叶供药用，能祛风活血、利尿、杀虫，亦可作牧草。

128. *Phyllodium* Desvaux 排钱树属

Phyllodium Desvaux (1813: 123); Huang & Ohashi (2010: 265) (Type: *non designatus*)

特征描述：灌木或亚灌木。羽状 3 小叶，具托叶和小托叶。花 4-15 朵组成伞形花序包藏于对生、圆形、宿存的叶状苞片内，在枝先端排列成总状圆锥花序状，形如一长串钱牌；花萼钟状，被柔毛，5 裂，上部 2 裂片完全合生或微 2 裂；花冠白色至淡黄色或稀紫色，龙骨瓣弧曲；雄蕊单体；子房基部具小花盘。荚果腹缝线稍缢缩成浅波状，背缝线呈浅牙齿状，无柄，不开裂，有荚节（1-）2-7。种脐周围具明显带边假种皮。花粉粒 3 孔沟，网状纹饰。染色体 2n=22。

分布概况：8/4 种，5 型；分布于亚洲热带和亚热带地区及澳大利亚北部；中国产福建、广东、海南、广西、江西、贵州、云南及台湾等。

系统学评述：排钱树属隶属于山蚂蝗族山蚂蝗亚族。Ohashi[226]将排钱树属归入 *Phyllodium* group。Nemoto 和 Ohashi[232]基于节荚特征与分子系统学研究表明，*Phyllodium* 与假木豆属 *Dendrolobium* 为姐妹群关系。Ohashi[233]将该属植物划分为 2 亚属。目前该属尚缺乏较为全面的分子系统学研究，该属物种是否为单系类群及物种间亲缘关系仍不明确，亟待进一步研究。

DNA 条形码研究：BOLD 网站有该属 1 种 3 个条形码数据；GBOWS 网站已有 2 种 24 个条形码数据。

代表种及其用途：一些种类的根、叶供药用，有解表清热、活血散瘀之效，如排钱树 *P. pulchellum* (Linnaeus) Desvaux。

129. *Pycnospora* R. Brown ex Wight & Arnott 密子豆属

Pycnospora R. Brown ex Wight & Arnott (1834: 197); Huang & Ohashi (2010: 284) (Type: *P. nervosa* R. Wight & Arnott)

特征描述：多年生草本。茎直立或平卧，从基部分枝。羽状三出复叶或仅具 1 小叶；具托叶和小托叶。总状花序顶生；总花梗具柔毛和腺毛；苞片早落，干膜质；花萼小，钟状，深裂，裂片长，上部 2 裂片几合生；花冠淡紫蓝色，花瓣近等长，旗瓣近圆形，基部渐狭，龙骨瓣钝，与翼瓣粘连；雄蕊二体，花药一式；子房无柄，胚珠多数，花柱丝状，内弯，柱头小，头状。荚果长椭圆形，膨胀，具细密而平行的横脉纹，无横隔，不分节，有种子 8-10。花粉粒 3 孔沟，网状纹饰。染色体 2n=20。

分布概况：1/1 种，4 型；分布于热带非洲、亚洲和澳大利亚东部；中国产贵州西南部、云南、江西南部、福建、广东、广西、海南、香港和台湾。

系统学评述：密子豆属隶属于山蚂蝗族山蚂蝗亚族。Ohashi[226]将密子豆属归入 *Desmodium* group。

DNA 条形码研究：GBOWS 网站有该属 1 种 7 个条形码数据。

代表种及其用途：密子豆 *P. lutescens* (Poiret) Schindler 可作绿肥和水土保持植物。

130. *Tadehagi* H. Ohashi 葫芦茶属

Tadehagi H. Ohashi (1973: 280) [≡*Pteroloma* Desvaux ex Bentham (1852), non de Candolle (1825)]; Huang & Ohashi (2010: 284) [Type: *T. triquetrum* (Linnaeus) H. Ohashi (≡*Hedysarum triquetrum* Linnaeus)]

特征描述：灌木或亚灌木。单叶，叶柄有宽翅，翅顶具 2 枚小托叶。总状花序顶生或腋生；每苞片腋内具 2-3 花，具小苞片；花萼钟状，4 裂，上部裂片全缘或微 2 裂；

花瓣具脉纹，旗瓣圆形、宽椭圆形或倒卵形，翼瓣较龙骨瓣长，具耳和瓣柄，龙骨瓣先端急尖或钝；雄蕊二体；<u>雌蕊无柄，子房被柔毛</u>，胚珠 5-8，<u>基部具明显花盘</u>，花柱无毛，柱头头状。荚果具荚节 5-8，<u>腹缝线直或稍呈波状</u>，<u>背缝线稍缢缩至深缢缩</u>。<u>种脐周围具带边假种皮</u>，子叶出土萌发。花粉粒 3 孔沟，网状纹饰。染色体 $2n=22$。

分布概况：6/2 种，**5（7）型**；分布于亚洲热带，太平洋群岛和澳大利亚北部；中国产西南至东南。

系统学评述：葫芦茶属隶属于山蚂蝗族山蚂蝗亚族。Ohashi[226]将葫芦茶属归入 *Phyllodium* group。Li 等[164]分子系统学研究表明，*Tadehagi* 与假木豆属 *Dendrolobium* 聚为姐妹群。Ohashi[242]将该属划分为 2 亚属。目前该属尚缺乏较为全面的分子系统学研究，该属物种是否为单系类群及物种间亲缘关系仍不明确，亟待进一步研究。

DNA 条形码研究：*rbc*L、*mat*K、*trn*H-*psb*A 和 ITS 用于分子鉴定葫芦茶 *T. triquetrum* (Linnaeus) H. Ohashi 及其他凉茶原材料[243]。BOLD 网站有该属 2 种 13 个条形码数据；GBOWS 网站已有 2 种 18 个条形码数据。

代表种及其用途：葫芦茶全株供药用，能清热解毒、健脾消食和利尿。

131. *Trifidacanthus* Merrill 三叉刺属

Trifidacanthus Merrill (1917: 269); Huang & Ohashi (2010: 262) (Type: *T. unifoliolatus* Merrill)

特征描述：<u>直立灌木，具三叉状硬刺</u>。<u>叶仅有 1 小叶</u>，托叶干膜质，具条纹；小叶全缘，具短柄。总状花序短，腋生；<u>小苞片缺</u>；<u>花萼膜质</u>，<u>筒部短</u>，裂片 5，上部 2 枚近全合生，下部 3 枚卵状披针形，渐尖，<u>花冠紫色</u>，旗瓣宽倒卵形，无瓣柄或有极短的柄，翼瓣长椭圆形，龙骨瓣略呈镰刀状，先端钝；雄蕊二体，花药一式；子房线形具短柄，约有 6 胚珠，花柱微内弯，无毛。<u>荚果劲直</u>，由（3-）5-7 个荚节组成，果瓣薄，<u>具网纹</u>，腹缝线直，<u>背缝线于节间深凹</u>。

分布概况：1/1 种，（**7ab**）型；分布于印度尼西亚，马来西亚，菲律宾，越南；中国产海南。

系统学评述：三叉刺属隶属于山蚂蝗族山蚂蝗亚族。Ohashi[226]将三叉刺属归入 *Desmodium* group。该属类群的系统地位仍不是很明确，亟待进一步研究。

132. *Uraria* Desvaux 狸尾豆属

Uraria Desvaux (1813: 122); Ohashi (2006: 332); Huang et al. (2010: 286) [Type: *U. picta* (Jecquin) Desvaux ex de Candolle (≡*Hedysarum pictum* Jacquin)]

特征描述：多年生草本、亚灌木或灌木。单叶或羽状 3（-5-9）小叶；具托叶和小托叶。总状花序顶生或腋生或再组成圆锥花序；<u>花极多</u>，<u>常密集</u>；每苞片内具 2 花；<u>花梗在花后继续增长且顶端常弯曲成钩状</u>，稀不弯曲；花萼 5 裂，上方有时部分合生，下部 3 裂片常较长，呈刺毛状；旗瓣圆形或倒卵形，翼瓣与龙骨瓣黏合；雄蕊二体；<u>子房几无柄</u>，胚珠 2-10。荚果小，荚节 2-8，<u>反复折叠</u>，<u>每节沿腹缝线连接</u>，不开裂，每节具 1 种子。花粉粒 3 孔沟，网状纹饰。染色体 $2n=20$，22。

分布概况：约 20/7 种，**4 型**；分布于热带亚洲，非洲和澳大利亚，亚洲尤多；中国产西南经中南至东南。

系统学评述：狸尾豆属隶属于山蚂蝗族山蚂蝗亚族。Ohashi[226]将狸尾豆属归入 *Desmodium* group。Li 等[164]分子系统学研究表明，*Uraria* 与蝙蝠草属 *Christia* 聚为姐妹群。Yang 和 Huang 依据花序及萼片特征将中国产狸尾豆属类群划分为 2 个组[FRPS]。Ohashi[244]对中国产狸尾豆属进行了分类修订，并将算珠豆属 *Urariopsis* 并入到狸尾豆属。目前该属仍然缺乏较为全面的分类和分子系统学研究，该属类群是否为单系尚不明确，有待进一步研究。

DNA 条形码研究：叶绿体 *rbc*L、*mat*K、*trn*H-*psb*A 和 ITS 被用于鉴定猫尾草 *U. crinita* (Linnaeus) Desvaux ex de Candolle 及其他凉茶原材料[243]。BOLD 网站有该属 5 种 12 个条形码数据；GBOWS 网站已有 5 种 51 个条形码数据。

代表种及其用途：猫尾草全草供药用，具散瘀止血、清热止咳之效。

133. *Urariopsis* Schindler 算珠豆属

Urariopsis Schindler (1916: 51); Huang et al. (2010: 288) [Type: *U. cordifolia* (Wallich) Schindler (≡*Uraria cordifolia* Wallich)]

特征描述：灌木或亚灌木。单叶，具托叶和小托叶。总状花序顶生或腋生，稀具分枝而成圆锥花序；苞片大，早落，每苞片腋内具 2 花；小苞片缺；花萼钟状，5 深裂，上部 2 裂片合生至中部以上；旗瓣倒卵形，翼瓣具耳，龙骨瓣钝，具瓣柄，无耳；雄蕊二体，与子房着生于圆柱状的花盘上；子房具短柄，胚珠 2-3，花柱成直角向上弯曲，柱头小，头状。荚果常 3-4 节，各节压扁在中央互相连接，呈算珠状。种子肾形。

分布概况：2/2（1）种，**7 型**；分布于印度，缅甸，泰国，越南，柬埔寨，老挝，印度尼西亚；中国产广东、广西、贵州和云南。

系统学评述：算珠豆属隶属于山蚂蝗族山蚂蝗亚族。该属是独立为 1 属还是并入狸尾豆属存在较大争议[226,244,245]，这 2 属的主要区别在于狸尾豆属荚果各节的连接点在各节的边缘，沿腹缝线连接，算珠豆属荚果各节的连接点在各节的中央，整个荚果形状酷似算珠。目前该属类群的系统地位及与狸尾豆属的关系仍不明确，亟待进一步研究。

二十、Psoraleeae 补骨脂族

134. *Cullen* Medikus 补骨脂属

Cullen Medikus (1787: 381); Wei & Gilbert (2010: 312) [Type: *C. corylifolium* (Linnaeus) Medikus (≡*Psoralea corylifolia* Linnaeus)]

特征描述：草本或灌木，常具腺体。指状或羽状复叶具 1-5 小叶，小叶全缘或锯齿状，常具腺点。头状、总状或穗状花序腋生；苞片膜质，每苞片内具 2-3 花；花萼 5 裂，常具明显腺点，萼齿披针形，下方一个较长；花冠紫色、蓝色或黄白色，各瓣近等长，具瓣柄；雄蕊单体，上部分离；子房无柄或具短柄，具 1 胚珠。荚果卵形，不开裂，果

实成熟时常具黑色疣状腺体，果皮与种子不易分离。染色体 2n=22。

分布概况：约 33/1 种，**4 型**；主产澳大利亚，部分到菲律宾，印度尼西亚，印度，索马里，亚洲西南部，地中海，非洲南部；中国产贵州、四川、云南。

系统学评述：补骨脂属隶属于补骨脂族。Egan 和 Crandall[246]对补骨脂族的系统发育重建表明，*Cullen* 是个单系类群，与 *Bituminaria* 亲缘关系较近，为补骨脂族的基部类群。Grimes[247]根据形态特征对该属进行了系统发育重建，基于茎基部分枝与否将补骨脂属划分为两大支，并对 *C. patens* J. W. Grimes 复合群进行了分析和探讨。该属尚缺乏较为全面的分子系统学研究，该属物种的亲缘关系尚不明确，有待进一步研究。

DNA 条形码研究：BOLD 网站有该属 6 种 20 个条形码数据；GBOWS 网站已有 1 种 13 个条形码数据。

代表种及其用途：补骨脂 *C. corylifolium* (Linnaeus) Medikus 的种子入药，有补肾壮阳、补脾健胃之效。

二十一、Sesbanieae 田菁族

135. *Sesbania* Scopoli 田菁属

Sesbania Scopoli (1777: 308), *nom. & orth. cons.*; Sun & Bartholomew (2010: 313) [Type: *S. sesban* (Linnaeus) Merrill (≡*Aeschynomene sesban* Linnaeus)]

特征描述：草本或灌木，稀乔木。偶数羽状复叶，小叶小，极多数，叶柄和叶轴上面常有凹槽。总状花序腋生于枝端；花萼阔钟状，萼齿 5，近等大，稀近二唇形；花冠黄色或具斑点，稀白色、红色、紫黑色；旗瓣宽，瓣柄上有 2 个胼胝体，翼瓣镰状长圆形；雄蕊二体，花药同型；子房线形，具柄，胚珠多数，花柱细长弯曲，柱头小，头状顶生。荚果常为细长圆柱形，有时具翅，先端具喙，熟时开裂，种子间具横隔。种子圆柱形，种脐圆形。花粉粒 3 孔沟，网状、穿孔状纹饰。染色体 2n=12。

分布概况：约 60/4 种，**2 型**；主要分布于热带至亚热带区域，非洲尤盛，少数延伸至温带区域；中国主产西南至东南。

系统学评述：田菁属隶属于田菁族。Lavin 等[248]的分子证据表明，田菁属与刺槐族 Robinieae 聚为姐妹群。而 Wojciechowski 等[77]研究表明田菁属先与百脉根族 Loteae 聚为姐妹群，之后两者再与刺槐族聚为姐妹群。Farruggia[249]对田菁属及其近缘类群的系统发育重建结果表明，田菁属是个单系类群，与百脉根族亲缘关系更近，支持 Wojciechowski 的研究结果；田菁属聚为两大支，新世界类群 *Sesbania* sect. *Daubentonia*、*S.* sect. *Daubentoniopsis* 和 *S.* sect. *Glottidium* 聚为一支且都是单系类群；*S.* sect. *Sesbania*、*S.* sect. *Pterosesbania* 和 *S.* sect. *Agati* 聚为另一支，其中 *S.* sect. *Pterosesbania* 和 *S.* sect. *Agati* 分别嵌入到 *S.* sect. *Sesbania* 中。

DNA 条形码研究：BOLD 网站有该属 56 种 114 个条形码数据；GBOWS 网站已有 2 种 25 个条形码数据。

代表种及其用途：大花田菁 *S. grandiflora* (Linnaeus) Persoon 花大而美丽，供观赏；

叶、花、嫩荚可食用；树液含阿拉伯胶及单宁；树皮入药为收敛剂；内皮可提取优质纤维。

二十二、Loteae 百脉根族

136. *Lotus* Linnaeus 百脉根属

Lotus Linnaeus (1753: 773); Wei et al. (2010: 316) (Lectotype: *L. corniculatus* Linnaeus)

特征描述：一年生或多年生草本或亚灌木，稀灌木。小叶常 5 枚，稀更多或 3-4 枚，其中 3 枚顶生，2 枚近叶柄基部着生；托叶缺或退化为黑色腺点。伞形花序腋生，稀单花；苞片 1-3，叶状；萼钟状或微二唇状；花冠黄色、白色或紫色，旗瓣阔，瓣柄边缘常增厚；雄蕊二体，花丝长短互生，长者顶端膨大；子房无柄，胚珠多数。荚果圆筒状或稍扁压，劲直或弯曲，2 瓣裂，有隔膜，种子多数。种子近球形或凸镜形。花粉粒 3 孔沟，穿孔状或不规则条纹状纹饰。

分布概况：约 125/8 种，**10-3 型**；主要分布于欧亚大陆，地中海，非洲和大洋洲温带和亚热带；中国主产西北，少数到西南和台湾。

系统学评述：百脉根属隶属于百脉根族。该属的界定非常复杂，一直以来不断有类群被归入或者剔除出该属[250]。近期分子和形态学分析表明[251,252]，广义百脉根属的美洲类群与旧世界类群亲缘关系较远，它们各自与百脉根族其他属的类群聚在一起。Sokoloff 和 Lock[253]将广义百脉根属的美洲类群剔除出百脉根属而划分为 4 个独立的属。Kramina 和 Sokoloff[254]及 Sokoloff[255]基于形态与染色体特征将百脉根属划分为 14 组。Degtjareva 等[250,256]基于分子和形态重建结果表明，*Lotus* 是单系类群，与 *Cytisopsis-Hammatolobium-Tripodion* 分支聚为姐妹群；属下阶元中，*Lotus* sect. *Ononidium*、*L.* sect. *Heinekenia* 和 *L.* sect. *Lotus* 都不是单系类群，*L.* sect. *Erythrolotus* 嵌入到 *L.* sect. *Lotus* 之中。

DNA 条形码研究：BOLD 网站有该属 92 种 346 个条形码数据；GBOWS 网站已有 2 种 17 个条形码数据。

代表种及其用途：百脉根 *L. corniculatus* Linnaeus 为优良牧草或饲料，也是优良蜜源植物之一。

二十三、Robinieae 刺槐族

137. *Robinia* Linnaeus 刺槐属

Robinia Linnaeus (1753: 722); Sun & Bartholomew (2010: 320) (Lectotype: *R. pseudoacacia* Linnaeus)

特征描述：乔木或灌木，有时植物株各部具腺刚毛。奇数羽状复叶，托叶刚毛状或刺状。总状花序下垂；苞片膜质，早落；萼钟状，5 齿裂，上方 2 萼齿近合生；花冠白色、粉红色或玫瑰红色，花瓣具柄，旗瓣大，反折，龙骨瓣内弯，钝头；雄蕊二体；子房具柄，胚珠多数，花柱钻状，顶端具毛，柱头小，顶生。荚果扁平，沿腹缝线具狭翅，果瓣薄，有时外面密被刚毛。种子数粒，长圆形或偏斜肾形，无种阜。花粉粒 3 孔沟，

网状纹饰。染色体 2*n*=20，22。

分布概况：4-10/2 种，（9）型；原产北美洲至中美洲；中国广泛栽培。

系统学评述：刺槐属隶属于刺槐族。Lavin 等[248]在对刺槐族的分子系统发育重建时包括了刺槐属所有物种，结果表明 *Robinia* 是单系类群，与产自南美的 *Poissonia* 聚为姐妹群；*Robinia* 分为两大支，*R. neomexicana* A. Gray 单独聚为一支，另一支中，毛洋槐 *R. hispida* Linnaeus 与 *R. viscosa* Ventenat 先聚在一起，然后两者再与刺槐 *R. psedoacacia* Linnaeus 聚为姐妹群。

DNA 条形码研究：BOLD 网站有该属 5 种 39 个条形码数据；GBOWS 网站已有 1 种 18 个条形码数据。

代表种及其用途：刺槐 *R. pseudoacacia* Linnaeus 被广泛引种作行道树或庭园栽培，花清香扑鼻，既可食用，又是上等蜜源；木材硬重，抗腐耐磨，宜作枕木、车辆、建筑等多种用材；茎皮、根、叶供药用，有利尿、止血之效。

二十四、Galegeae 山羊豆族

138. *Astragalus* Linnaeus 黄耆属

Astragalus Linnaeus (1753: 755); Podlech & Zarre (2013: 1); Xu & Podlech (2010: 328) (Lectotype: *A. christianus* Linnaeus).——*Neodielsia* H. Harms (1905: 68)

特征描述：草本、半灌木，稀灌木，有时具刺，常被单毛或丁字毛。奇数或偶数羽状复叶，稀轮生，具托叶。花排成腋生的球状、矩圆状、伞形或疏散的总状花序，极少单花；花萼钟状或管状，萼齿 5，部分种类果期萼筒膨大成囊状；旗瓣顶端常微凹，龙骨瓣钝；雄蕊二体，稀单体；花柱无毛或稀上部具毛，柱头无毛或具毛。荚果形状多样，线形、矩圆形或球形，常膨胀，1 室或背缝线凹陷而成不完全假 2 室或假 2 室。种子常肾形，无种阜。花粉粒 3 拟孔沟，网状纹饰。

分布概况：约 3000/401（221）种，**1（12）**型；世界广布，北半球温带地区尤多；中国南北均产，西南至西北尤多。

系统学评述：黄耆属隶属于山羊豆族。该属是有花植物中最大的属，无论形态还是生境都有较大变异，因此该属的界定非常复杂，如近期 *Podlechiella*、膨果豆属 *Phyllolobium* 被划出该属[257,258]；*Barnebyella*、*Ophiocarpus* 被划入该属[FRPS]；*Astracantha* 先被划出后又被划入该属[259,260]；*A. epiglottis* Linnaeus 和 *A. annularis* Forsskål 是否应该归入该属仍然存疑[257]。该属的属下等级划分也非常复杂：Barneby[261]将北美类群划分为 7 亚属 93 组；Podlech[262]将旧世界类群划分为 3 亚属；Podlech 和 Zarre[263]将旧世界类群划分为 136 组，但没有做亚属的划分。徐朗然等将中国黄耆属植物划分为 58 组[FOC]。Wojciechowski[264]的分子系统学研究表明，除极少数种外，黄耆属绝大部分类群聚为单系，北美类群中非整倍性染色体数目(*x*=11-15)的类群单独聚为 1 支，而整倍性类群则分散聚到旧世界类群分支中；*Astracantha* 和 *Orophaca* Britton 嵌入到黄耆属之中。近期，不少学者分别对美洲类群和旧世界类群进行了系统发育重建[257,265-268]，结果表明

Astragalus 与棘豆属 *Oxytropis*、鱼鳔槐属 *Colutea* 及 *Swainsona* 亲缘关系较近；前人划分的所有亚属和多数组都没有得到支持；*A. epiglottis* 和 *A. annularis* 没有与黄耆属聚在一起，而是与 *Biserrula* 和 *Oxytropis* 聚在一起，需要作进一步分类处理；近期被划出黄耆属的 *Podlechiella* 和 *Phyllolobium*，与 *Swainsona*、*Colutea* 和 *Oxytropis* 亲缘关系更近；*Barnebyella* 和 *Ophiocarpus* 嵌入到黄耆属之中；南美类群 2 支嵌入到北美类群中。

DNA 条形码研究：BOLD 网站有该属 445 种 735 个条形码数据；GBOWS 网站已有 47 种 35 个条形码数据。

代表种及其用途：紫云英 *A. sinicus* Linnaeus 在中国各地多有栽培，为重要的绿肥作物和牲畜饲料，嫩梢亦供蔬食；蒙古黄耆 *A. penduliflorus* Lamarck subsp. *mongholicus* (Bunge) X. Y. Zhu 的根为常用中药材；*A. gummifer* Labillardière 产黄耆胶，具有广泛的工业用途。

139. *Chesneya* Lindley ex Endlicher 雀儿豆属

Chesneya Lindley ex Endlicher (1840: 1725); Zhu & Larsen (2010: 500) (Lectotype: *C. rytidosperma* Jaubert & Spach)

特征描述：多年生草本。茎基部常木质，短缩成无茎状。奇数羽状复叶，稀 3 小叶，托叶草质，下部与叶柄基部贴生。花单生于叶腋，极少组成 1-4 花的总状花序；花萼管状，基部的一侧膨大，萼齿 5，先端常具褐色腺体；花冠紫色或黄色，旗瓣下面密被短柔毛，较翼瓣与龙骨瓣略长；雄蕊二体，花药同型；子房无柄，柱头头状，顶生。荚果扁平，1 室。种子肾形。花粉粒 3 孔沟，不规则条纹状纹饰。染色体 $n=8$。

分布概况：约 21/7（2）种，**12 型**；分布于地中海，西亚至中亚，集中产中亚；中国产四川西南部、西藏、云南西北部、内蒙古、新疆和甘肃。

系统学评述：雀儿豆属隶属于山羊豆族。Wojciechowski 等[269]分子系统学研究表明，*Chesneya* 与 Astragalean clade 分支亲缘关系较近。谢艳萍[270]研究发现，*Chesneya* 与 *Gueldenstaedtia-Tibetia* 分支聚为姐妹群。朱湘云[271]经过系统研究后将海绵豆属重新归入该属。目前该属尚缺乏较为全面的分子系统学研究，该属类群是否为单系及物种亲缘关系尚不明确，亟待进一步研究。

DNA 条形码研究：BOLD 网站有该属 8 种 13 个条形码数据；GBOWS 网站已有 2 种 17 个条形码数据。

代表种及其用途：一些种类具有观赏价值，如大花雀儿豆 *C. macrantha* S. H. Cheng ex H. C. Fu。

140. *Chesniella* Borissova 旱雀豆属

Chesniella Borissova (1964: 182); Zhu & Larsen (2010: 503) [Type: *C. ferganensis* (Korshinsky) Borissova (≡*Chesneya ferganensis* Korshinsky)]

特征描述：多年生草本。根粗壮，木质。茎基部木质，纤细，平卧。奇数羽状复叶，小叶 5-11，全缘，托叶膜质，与叶柄分离。花单生于叶腋；花萼钟状；花冠淡黄色、粉红色或紫色，旗瓣圆形，下面密被短柔毛，与翼瓣及龙骨瓣近等长；雄蕊二体，花药同型；子房无柄，柱头头状，顶生。荚果卵形或长圆形。种子圆状肾形。染色体 *n*=8。

分布概况： 6/2（1）种，**13 型**；分布于中亚；中国产内蒙古和甘肃。

系统学评述： 旱雀豆属隶属于山羊豆族。Borissova 基于其前期划分的 *Chesneya* sect. *Microcarpon* Borissova 而建立了该属。Lock 和 Schrire[272]并没有认可该属。该属是作为1 个独立的属还是并入雀儿豆属尚不明确，有待进一步研究。

141. *Colutea* Linnaeus 鱼鳔槐属

Colutea Linnaeus (1753: 723); Su & Larsen (2010: 503) (Type: *C. arborescens* Linnaeus)

特征描述： 灌木或小灌木。奇数羽状复叶，稀 3 小叶；托叶小，无小托叶。总状花序腋生；总花梗长；苞片及小苞片很小或缺；花萼钟状，萼齿 5，外面被毛；花冠黄色或淡褐红色，旗瓣近圆形，瓣柄上部具 2 胼胝体，翼瓣狭镰状长圆形，龙骨瓣内弯，先端钝；雄蕊二体，花药同型；子房具胚珠多数，花柱内弯，沿内弯面有髯毛，柱头内卷或钩曲。荚果膨胀如膀胱状，先端尖或渐尖，不开裂或仅在顶端 2 瓣裂，具长果颈。种子多数，肾形，无种阜。花粉粒 3 孔沟，穿孔状纹饰。

分布概况： 约 28/4（1）种，**10-2 型**；分布于欧洲南部，非洲东北部及亚洲中部及西南部；中国产西藏西部、青海西部、四川西南部和云南西北部，辽宁、北京、山东、陕西、江苏等引种栽培。

系统学评述： 鱼鳔槐属隶属于山羊豆族。Osaloo 等[257]研究发现 *Colutea* 与 *Podlechiella* 聚为姐妹群。而 Wojciechowski[264]研究表明，*Colutea* 未与 *Podlechiella* 聚在一起，而是聚入 Coluteoid clade，与 *Smirnowia-Eremosparton-Sphaerophysa-Lessertia-Sutherlandia* 分支聚为姐妹群。Browicz[273]对该属进行了较为全面的分类研究，将该属主要划分为 5 组。目前该属尚缺乏较为全面的分子系统学研究，该属类群是否为单系及物种亲缘关系尚不明确，亟待进一步研究。

DNA 条形码研究： BOLD 网站有该属 5 种 9 个条形码数据；GBOWS 网站已有 1 种 12 个条形码数据。

代表种及其用途： 鱼鳔槐 *C. arborescens* Linnaeus 的花鲜艳美丽，果似鱼鳔，被广泛栽植于庭园供观赏。

142. *Eremosparton* Fischer & C. A. Meyer 无叶豆属

Eremosparton Fischer & C. A. Meyer (1841: 75); Su & Larsen (2010: 505) [Type: *E. aphyllum* (Pallas) Fischer & C. A. Meyer (≡*Spartium aphyllum* Pallas)]

特征描述： 矮灌木。叶不发育，鳞片状。花多数，总状花序细长，稀疏；花萼钟状，萼齿 5 裂，长为龙骨瓣长的 1/2，上边 2 齿比下边 3 齿宽；旗瓣圆形或圆肾形，先端微缺，具短瓣柄，龙骨瓣较翼瓣短；雄蕊二体，花药同形；子房无柄，花柱内弯，上部背面被纵髯毛，柱头顶生。荚果圆形或圆卵形，扁平稍膨胀，2 瓣，不开裂，具 1-2（3）种子，果瓣膜质。种子肾状，无种阜。

分布概况：3/1 种，**13 型**；分布于俄罗斯东南部至中亚；中国产新疆。

系统学评述：无叶豆属隶属于山羊豆族。Sanderson 和 Wojciechowski[274]的分子系统学研究表明，*Eremosparton* 与 *Smirnowia* 聚为姐妹群，并得到较高的支持率。目前尚无该属较为全面的分子系统学研究，该属类群是否为单系尚不明确。

DNA 条形码研究：BOLD 网站有该属 1 种 2 个条形码数据。

代表种及其用途：准噶尔无叶豆 *E. songoricum* (Litvinov) Vassilczenko 为优良先锋固沙植物。

143. *Glycyrrhiza* Linnaeus 甘草属

Glycyrrhiza Linnaeus (1753: 741); Bao & Brach (2010: 509) (Lectotype: *G. echinata* Linnaeus)

特征描述：多年生草本或半灌木，具粗的根茎及根，常有腺毛及鳞片状腺体。茎直立，多分枝。奇数羽状复叶，小叶（3）5-17 枚。总状或穗状花序腋生，花冠白色、黄色、紫色或紫红色；花萼钟状或筒状，具 5 齿，上部 2 齿部分合生；旗瓣具短爪，翼瓣短于旗瓣，龙骨瓣分离；雄蕊二体，花丝长短互生，花药二型，药室于顶端联合。荚果卵形、椭圆形或线状长圆形等，直或弯曲成镰刀形或环形，具刺或瘤状凸起，极少光滑。种子肾形或圆形。花粉粒 3 孔沟，穿孔状纹饰。

分布概况：约 20/8（2）种，**8-4 型**；主要分布于欧亚大陆，部分种类延伸至澳大利亚及南北美洲；中国产黄河以北。

系统学评述：甘草属传统上隶属于山羊豆族，近期分子系统学研究表明 *Glycyrrhiza* 并没有与山羊豆族其他类群聚在一起，而是与紫藤属 *Wisteria* 和 *Callerya* 一起位于整个 IRLC 分支基部[77,269,274]。因此，甘草属的系统位置还需进一步研究。不同学者常依据叶片多少、小叶形状、荚果形状、根状茎发达与否等特征将甘草属划分为 2-3 组[275]。孟雷[275]对该属的分子系统发育重建结果表明，甘草属是个单系类群，除 *G. lepidota* Nuttall 关系尚未解决外，其余物种基本与根据形态特征所做的划分相一致。

DNA 条形码研究：BOLD 网站有该属 14 种 50 个条形码数据；GBOWS 网站已有 4 种 31 个条形码数据。

代表种及其用途：甘草 *G. uralensis* Fischer ex Candolle 的根和根状茎供药用，有解毒、消炎、祛痰镇咳之效。

144. *Gueldenstaedtia* Fischer 米口袋属

Gueldenstaedtia Fischer (1823: 171); Zhu (2004: 283); Bao & Brach (2010: 506) [Lectotype: *G. pauciflora* (Pallas) Fischer (≡*Astragalus pauciflorus* Pallas≡*A. biflorus* Pallas (1776), non Linnaeus (1771)]

特征描述：多年生草本，植株呈莲座状。主根圆锥状，主茎极缩短。奇数羽状复叶，稀 1 小叶，托叶分离，于叶柄基部贴生。伞形花序具 3-8（-12）朵花；花紫堇色、淡红色及黄色；花萼钟状，密被长柔毛，稀无毛，萼齿 5，上方 2 齿分离，较长而宽；旗瓣卵形或近圆形，龙骨瓣钝头，极短小，为旗瓣的 1/3-1/2；雄蕊二体；子房无柄，花柱上端内卷，胚珠多数。荚果圆筒形，1 室，无假隔膜，种子多数。种子三角状肾形，具凹点。花粉粒 3 孔沟，棒状纹饰。染色体 $2n=14$。

分布概况：约 12/3（2）种，**11（14）**型；分布于西伯利亚至喜马拉雅地区；中国除福建、广东、海南、台湾外，南北均产。

系统学评述：米口袋属隶属于山羊豆族 Galegeae。谢艳萍[270]对米口袋属和高山豆属 *Tibetia* 的系统发育重建表明，*Gueldenstaedtia* 是个单系类群，与 *Tibetia* 聚为姐妹群，之后两者再与雀儿豆属 *Chesneya* 聚为姐妹群；米口袋属内部没有形成很好的二歧分支，这可能是米口袋属近期快速分化的缘故。不同学者对该属种类的认识差异较大：崔鸿宾在 FRPS 中认可了该属 12 种；Polhill[276]认可了该属约 10 种；朱湘云对该属物种进行了大量合并，最终认可该属 4 种[277]。

DNA 条形码研究：BOLD 网站有该属 3 种 15 个条形码数据；GBOWS 网站已有 5 种 79 个条形码数据。

代表种及其用途：少花米口袋 *G. verna* (Geogri) Borissova 全草药用，可清热解毒。

145. *Oxytropis* de Candolle 棘豆属

Oxytropis de Candolle (1802: 53), *nom. cons.* ; Zhu et al. (2010: 453) [Type: *O. montana* (Linnaeus) de Candolle, *typ. cons.* (≡*Astragalus montanus* Linnaeus)]

特征描述：多年生草本或垫状亚灌木，常被单毛、腺毛或腺点。奇数羽状复叶，小叶基部多少偏斜，对生、互生或轮生，托叶明显。花序总状、穗状或头状，稀伞形，1 至多花；花萼筒状或钟状，萼齿 5，近等长；龙骨瓣先端具喙，维管束直达喙先端；雄蕊二体，花药同型；子房无柄或有柄，花柱线状，无髯毛。荚果长圆形或卵形，常膨胀，1 室或腹缝线凹陷呈不完全 2 室或 2 室，沿腹缝 2 瓣裂，稀不裂。花粉粒 3 孔沟，穿孔状纹饰。

分布概况：约 310/133（74）种，**8（13）**型；分布于亚洲，欧洲，非洲和北美，中亚种类尤多；中国主产西北，西南、华北和东北也有。

系统学评述：棘豆属隶属于山羊豆族。分子系统学研究表明，*Oxytropis* 是单系类群，聚入 Astragalean clade 分支，与 *Podlechiella*、膨果豆属 *Phyllolobium*、鱼鳔槐属 *Colutea*、*Swainsona* 及黄耆属 *Astragalus* 亲缘关系较近[257,264,278,279]。Bunge[280]将该属分为 4 亚属 17 组。《苏联植物志》棘豆属的分类系统继承和发扬了 Bunge 系统，把该属划分为 6 亚属和 21 组。Zhu 和 Ohashi[281]将中国产棘豆属划分为 3 亚属 20 组。Meyers[282]对北美类群的分子系统发育重建表明，所有属下划分的阶元都没有得到支持，*Oxytropis*de sect. *Arctobia* 类群分别嵌入到 *O.* sect. *Orobia*、*O.* sect. *Glaeocephala* 和 *O.* sect. *Baicalia* 之中。目前该属尚缺乏较为全面的分子系统学研究。

DNA 条形码研究：BOLD 网站有该属 39 种 97 个条形码数据；GBOWS 网站已有 17 种 155 个条形码数据。

代表种及其用途：部分种类可入药，如小花棘豆 *O. glabra* Candolle。

146. *Phyllolobium* Fischer 膨果豆属

Phyllolobium Fischer (1818: 33); Zhang & Podlech (2006: 41); Xu et al. (2010: 322) (Type: *P. chinense* Fischer)

特征描述：多年生草本。茎常发达，具单毛。托叶分离，稀基部合生。花组成腋生的总状花序；总花梗发达；具苞片；有或无小苞片；花萼钟状；旗瓣宽，多少圆形，顶端微凹，瓣柄短，翼瓣与龙骨瓣不粘连；子房有柄，柱头下具画笔状簇毛，有时簇毛下延至花柱上部内侧。荚果 1 室、不完全假 2 室或假 2 室。花粉粒 3 孔沟，网状纹饰。

分布概况：21/21（17）种，**14SH** 型；主要分布于中国，部分到喜马拉雅地区，塔吉克斯坦；中国产云南、四川、甘肃、青海、西藏。

系统学评述：膨果豆属隶属于山羊豆族，长期以来被处理为黄耆属簇毛亚属 *Astragalus* subgen. *Pogonophace*。张明理等将其提升为独立的属并划分为 4 组，但沿用 1818 年 Fisher 的 *Phyllolobium* 属名[258,283]。张明理等对膨果豆属及其近缘类群进行了分子系统发育重建，结果表明 *Phyllolobium* 是个单系类群，与鱼鳔槐亚族的 *Swainsona* 聚为姐妹群[268,278]，划分的 4 组也都得到了支持。

DNA 条形码研究：GBOWS 网站有该属 4 种 32 个条形码数据。

147. *Sphaerophysa* de Candolle 苦马豆属

Sphaerophysa de Candolle (1825: 270); Su & Larsen (2010: 505) [Lectotype: *S. salsula* (Pallas) de Candolle (≡*Phaca salsula* Pallas)]

特征描述：小灌木或多年生草本，无毛或被灰白色丁字毛。奇数羽状复叶，小叶 3 至多数，全缘，无小托叶。总状花序腋生；花萼 5 齿裂；花冠红色，旗瓣圆形，边缘反折，翼瓣镰状长圆形，龙骨瓣先端内弯而钝；雄蕊二体，花药同型；子房具长柄，胚珠多数，花柱内弯，近轴面具纵列髯毛，柱头顶生，头状或偏斜。荚果膨胀，近无毛，几不开裂，具长果颈，腹缝线稍内凹，果瓣膜质或革质。种子多数，肾形。花粉粒 3 孔沟，网状纹饰。染色体 $n=8$。

分布概况：2/1 种，**12 型**；分布于西亚，中亚，东亚及西伯利亚；中国产吉林、辽宁、内蒙古、河北、山西、陕西、宁夏、甘肃、青海、新疆。

系统学评述：苦马豆属隶属于山羊豆族。Sanderson 和 Wojciechowski[274]的分子系统学研究表明，*Sphaerophysa* 与 *Smirnowia-Eremosparton* 分支聚为姐妹群。

DNA 条形码研究：BOLD 网站有该属 1 种 1 个条形码数据；GBOWS 网站已有 1 种 25 个条形码数据。

代表种及其用途：苦马豆 *S. salsula* (Pallas) de Candolle 以全草、根及果实入药。

148. *Tibetia* (Ali) H. P. Tsui 高山豆属

Tibetia (Ali) H. P. Tsui (1979: 48); Bao & Brach (2010: 507) [Type: *T. himalaica* (Baker) H. P. Tsui (≡*Gueldenstaedtia himalaica* J. G. Baker)]

特征描述：多年生草本。主根粗壮，分茎细长，常纤细，具分枝。奇数羽状复叶，托叶宽卵形，膜质，抱茎并与叶对生。伞形花序腋生，有 1-4 花；花萼狭钟状，上部 2 齿较大并部分合生；花冠紫色，稀黄色；旗瓣宽倒卵形或倒心形，翼瓣宽斜倒卵形，与旗瓣近等长，龙骨瓣长约翼瓣之半；雄蕊二体；子房常圆筒状，花柱内弯与子房成直角。荚果圆筒状，1 室，具多数种子。种子肾形，表面平滑。花粉粒 3 孔沟和 4 孔沟，穿孔状纹饰。染色体 $2n=16$。

分布概况：约 5/5（4）种，**14SH 型**；分布于不丹，尼泊尔，巴基斯坦；中国产四川、云南、西藏、甘肃和青海。

系统学评述：高山豆属隶属于山羊豆族。崔鸿宾基于子房被毛与否及花粉类型不同将高山豆属划分为 2 个组[FRPS]。谢艳萍[270]对米口袋属 *Gueldenstaedtia* 和高山豆属的系统发育重建表明，*Tibetia* 是单系类群，与 *Gueldenstaedtia* 聚为姐妹群，之后两者再与雀儿豆属 *Chesneya* 聚为姐妹群；叶绿体片段分析结果支持根据花色及叶表皮细胞形状分为的 2 个大分支。

DNA 条形码研究：BOLD 网站有该属 2 种 4 个条形码数据；GBOWS 网站已有 8 种 118 个条形码数据。

二十五、Hedysareae 岩黄耆族

149. *Alhagi* Gagnebin 骆驼刺属

Alhagi Gagnebin (1755: 59); Xu & Kai (2010: 526) (Type: *non designatus*)

特征描述：多年生草本或半灌木。单叶，全缘，具钻状托叶。总状花序腋生；花冠红色或紫红色；每花具 1 苞片和 2 枚钻状小苞片；花萼钟状，5 裂；旗瓣与龙骨瓣约等长，翼瓣较短，其与龙骨瓣皆具长瓣柄和短耳；雄蕊二体（9+1），花药同型；子房线形，柱头头状。荚果为串珠状，不开裂。种子肾形或近正方形。花粉粒 3 沟，网状纹饰。染色体 $2n=16$，28。

分布概况：120-140/16（2）种，**2（3）型**；广布热带、亚热带地区，少数延伸至温带；中国产西南、华南和东南。

系统学评述：骆驼刺属位于岩黄耆族基部，可能是 1 个单系类群。在 FRPS 中，该属被置于山羊豆族 Galegeae，分子系统学研究表明该属与岩黄耆族的锦鸡儿属 *Caragana*、岩黄耆属 *Hedysarum*、驴食豆属 *Onobrychis* 等关系较近[4,77,274,284]，因此将该属置于岩黄耆族[285]。

DNA 条形码研究：BOLD 网站有该属 4 种 9 个条形码数据；GBOWS 网站已有 1 种 14 个条形码数据。

代表种及其用途：骆驼刺 *A. sparsifolia* Shaparenko ex Keller & Shaparenko 的幼嫩枝叶为骆驼的重要饲料，该种也是重要的固沙植物。在新疆吐鲁番地区，枝叶能分泌出糖类而凝结其上，干燥后可收集之，即"刺糖"，可用于治疗神经性头痛。

150. *Calophaca* Fischer ex de Candolle 丽豆属

Calophaca Fischer ex de Candolle (1825: 270); Zhu & Kai (2010: 527) [Type: *C. wolgarica* (Linnaeus f.) Fischer ex de Candolle (≡*Cytisus wolgarica* Linnaeus f.)]

特征描述：灌木或小灌木。奇数羽状复叶，小叶 5-27 片，托叶大，膜质或草质。总状花序；苞片和小苞片很少宿存；花萼管状，萼齿 5；花冠黄色，颇大，旗瓣卵形或近圆形，边缘反折，翼瓣倒卵状长圆形，或近镰形，龙骨瓣内弯，与翼瓣近等长；雄蕊二体（9+1）；子房无柄，被有柄腺毛或柔毛，花柱丝状，下部被白色长柔毛，柱头小，顶生。荚果圆筒状或线形，被柔毛及腺毛，1 室，2 瓣裂，具宿存花萼。染色体 $n=8$。

分布概况：5/3（2）种，**11 型**；分布于俄罗斯，中亚地区；中国产新疆西部、山西和内蒙古。

系统学评述：丽豆属隶属于岩黄耆族，是否为单系尚不清楚。在 FRPS 中，该属被置于山羊豆族 Galegeae，与锦鸡儿属 *Caragana* 和雀儿豆属 *Chesneya* 亲缘关系较近。分子系统学研究表明该属与锦鸡儿属关系密切，嵌套在该属内[268,274]，将该属并入岩黄耆族[285]。

DNA 条形码研究：BOLD 网站有该属 5 种 9 个条形码数据。

151. *Caragana* Fabricius 锦鸡儿属

Caragana Fabricius (1763: 421); Liu et al. (2010: 528) [Type: *C. arborescens* Lamarck (≡*Robinia caragana* Linnaeus)]

特征描述：灌木，稀为小乔木。偶数羽状复叶或假掌状复叶，叶轴顶端常硬化成针刺，托叶宿存并硬化成针刺，先端常具针尖状小尖头。花单生、并生或簇生叶腋，具关节；苞片 1 或 2，有时退化成刚毛状或不存在；花萼管状或钟状，基部偏斜，囊状凸起或不为囊状；花冠黄色，稀淡紫色、浅红色，各瓣均具瓣柄，翼瓣和龙骨瓣常具耳；雄蕊二体（9+1）。荚果筒状或稍扁。花粉粒 3 孔沟，网状纹饰。染色体 $n=8$，16。

分布概况：约 100/66（32）种，**11（14）型**；分布于亚洲和欧洲的干旱与半干旱地区；中国产东北、华北、西北和西南各省区。

系统学评述：锦鸡儿属隶属于岩黄耆族，是个并系类群。Komarov[286]对该属进行了系统性研究，将其划分为 8 系。随后，不同学者对该属的分类提出了不同观点[287,288]。在 FRPS 中，该属被置于山羊豆族 Galegeae，包括 11 个系，而在 FOC 中则被置于岩黄耆族，未进行属下划分。分子系统学研究表明，锦鸡儿属与岩黄耆族的岩黄耆属 *Hedysarum*、驴食豆属 *Onobrychis*、骆驼刺属 *Alhagi* 等在同一分支内[274,279]。根据上述研究结果，Lock[285]将该属并入岩黄耆族。基于 *rbc*L、*trn*S-G 和 ITS 片段对锦鸡儿属的研究表明，张明理[288]划分的 5 组 12 系中的 3 组，即 *Caragana* sect. *Caragana*、*C.* sect. *Bracteolatae* 和 *C.* sect. *Frutescentes* 得到较高的支持率，其他组和系并未得到支持，而这一结果也得到形态证据的支持[289]。然而，Amirahmadi 等[290]的研究结果并不支持将锦鸡儿属并入岩黄耆族。

DNA 条形码研究：BOLD 网站有该属 54 种 99 个条形码数据；GBOWS 网站已有 7 种 56 个条形码数据。

代表种及其用途：该属植物大多数种可绿化荒山和保持水土，有些种为良好蜜源植物，如锦鸡儿 *C. sinica* (Buc'hoz) Rehder。

152. *Corethrodendron* Fischer & Basiner 山竹子属

Corethrodendron Fischer & Basiner (1845: 315); Xu & Byoung-Hee (2010: 512) [Type: *C. scoparium* (Fischer & Meyer) Fischer & Basiner (≡*Hedysarum scoparium* Fischer & Meyer)]

特征描述：<u>小灌木。茎明显</u>。<u>奇数羽状复叶</u>，<u>托叶 2</u>，<u>膜质</u>，联合或分离，与叶对生。<u>花序总状</u>，<u>腋生</u>；苞片脱落；花萼下方具 2 个小苞片；花萼钟状，萼齿 5；<u>花冠紫色或粉紫色</u>，宿存，旗瓣长于翼瓣，<u>龙骨瓣具耳</u>，<u>耳长于龙骨瓣的一半</u>；<u>雄蕊二体（9+1）</u>；子房无柄，具毛。<u>荚果节荚状</u>，<u>不开裂</u>，背缝线具沟，节荚扁平或凸起，具绒毛或光滑。

分布概况：5/5（1）种，**13** 型；分布于蒙古国，哈萨克斯坦，俄罗斯；中国产西北、华北和东北的干旱沙漠地区。

系统学评述：山竹子属隶属于岩黄耆族，可能是个单系类群。在 FRPS 中，该属被作为岩黄耆属的 1 组，即木本组 *Hedysarum* sect. *Fruticosa*，而在 FOC 中，则独立成属。兰芙蓉[291]利用 ITS 和 *trn*L-F 片段对中国岩黄耆属的系统发育关系进行了研究，结果支持山竹子属的成立。Amirahmadi 等[290]基于 ITS、*trn*L-F 和 *mat*K 片段对岩黄耆族的研究也支持山竹子属独立成属，其与刺枝豆属 *Eversmannia* 亲缘关系较近。

DNA 条形码研究：BOLD 网站有该属 2 种 2 个条形码数据；GBOWS 网站已有 5 种 42 个条形码数据。

代表种及其用途：该属植物是优良的饲料和固沙植物。红花山竹子 *C. multijugum* (Maximowicz) B. H. Choi & H. Ohashi 的根可入药。

153. *Eversmannia* Bunge 刺枝豆属

Eversmannia Bunge (1838: 267); Sun & Bruce (2010: 526) [Type: *E. hedysaroides* Bunge, *nom. illeg.* (≡*Hedysarum subspinosum* Fischer ex de Candolle)]

特征描述：<u>小灌木</u>，<u>具刺</u>。<u>奇数羽状复叶</u>。<u>总状花序</u>，<u>腋生</u>；花萼钟管状，萼齿 5；旗瓣长卵形，与龙骨瓣等长，基部锥形，<u>翼瓣</u>，<u>约为旗瓣的 1/4 长</u>，龙骨瓣偏斜；<u>雄蕊二体（9+1）</u>；子房无毛，花柱丝状，顶端内卷，柱头小。荚果宽线形，扁平，弯曲，革质，无毛；每节荚具 1 粒种子，成熟时由腹缝线处脱落。花粉粒 3 沟，网状纹饰。

分布概况：4/1 种，**12** 型；分布于中亚，东欧和俄罗斯；中国产新疆北部。

系统学评述：刺枝豆属隶属于岩黄耆族，是否为单系尚不清楚。分子系统学研究表明该属嵌套于驴食豆属 *Onobrychis*[292]，而 Amirahmadi 等[290]的研究显示该属与山竹子属 *Corethrodendron* 具有比较近的关系，并没有嵌入驴食豆属内。

DNA 条形码研究：BOLD 网站有该属 1 种 1 个条形码数据。

154. *Halimodendron* Fischer ex de Candolle 铃铛刺属

Halimodendron Fischer ex de Candolle (1825: 269); Zhu & Kai (2010: 545) [Type: *H. argenteum* de Candolle, *nom. illeg.* (=*H. halodendron* (Pallas) C. K. Schneider≡*Robinia halodendron* Pallas)]

特征描述：<u>落叶灌木</u>。<u>偶数羽状复叶</u>，具 2-4 片小叶，<u>叶轴在小叶脱落后延伸并硬化成针刺状</u>，<u>托叶宿存并为针刺状</u>。<u>总状花序生于短枝上</u>，<u>具少数花</u>；花萼钟状，基部偏斜；<u>花冠淡紫色至紫红色</u>；旗瓣圆形，边缘微卷，翼瓣的瓣柄与耳几等长，龙骨瓣近半圆形，先端钝；<u>雄蕊二体（9+1）</u>；子房膨大，有长柄，花柱向内弯，柱头小。<u>荚果膨胀</u>，<u>果瓣较厚</u>。染色体 n=8。

分布概况：1/1 种，**12** 型；分布于蒙古国，俄罗斯；中国产甘肃、新疆和内蒙古。

系统学评述：铃铛刺属隶属于岩黄耆族，是单系类群。在 FRPS 中，该属被置于山羊豆族 Galegeae，而分子系统学研究则支持将该属归入岩黄耆族，并与锦鸡儿属 *Caragana* 具有比较近的亲缘关系[284,289]。Amirahmadi 等[290]的研究支持该属与锦鸡儿属的近缘关系，但并不支持这 2 属并入岩黄耆族。

DNA 条形码研究：BOLD 网站有该属 3 种 6 个条形码数据；GBOWS 网站已有 1 种 11 个条形码数据。

代表种及其用途：铃铛刺 *H. halodendron* (Pallas) Druce 有固沙和改良盐碱土的功能。

155. *Hedysarum* Linnaeus 岩黄耆属

Hedysarum Linnaeus (1753: 745), *nom. cons.* ; Xu & Byoung-Hee (2010: 514) (Type: *H. alpinum* Linnaeus).——*Stracheya* Bentham (1853: 306)

特征描述：<u>草本</u>，稀为半灌木或灌木。<u>奇数羽状复叶</u>，<u>托叶 2</u>，<u>干膜质</u>，<u>与叶对生</u>。<u>花序总状</u>，稀为头状，腋生；花萼钟状或斜钟状，萼齿 5；花冠紫红色、玫瑰红色、黄色或淡黄色，旗瓣倒卵形或卵圆形，翼瓣线形或长圆形，龙骨瓣长于旗瓣；<u>雄蕊二体（9+1）</u>。<u>果实为节荚果，两侧扁平或双凸透镜形</u>，<u>具明显隆起的脉纹</u>，<u>有时具刺、刚毛或瘤状凸起</u>，<u>不开裂</u>。花粉粒 3 沟或 3 拟孔沟，网状纹饰。染色体 $2n$=14，16，28（48）。

分布概况：约 160/41（17）种，**8（13）**型；分布于北温带的欧洲、亚洲，北美和北非；中国产内陆干旱和高寒地区及喜马拉雅山地。

系统学评述：岩黄耆属隶属于岩黄耆族，是 1 个并系或多系类群。Fedtschenko[293]将岩黄耆属分为 7 组，被广泛采用；Choi 和 Ohashi[294]根据孢粉形态特征，将该属分为 3 亚属 5 组，随后，上述学者根据更多的形态学、解剖学等学科的证据，基于 Fedtschenko 的分类系统，提出了新的属下分类系统，将 2 个组的类群独立成属（即 *Hedysarum* sect. *Spinosissima*=*Sulla* Medikus，*H.* sect. *Fruticosa*=山竹子属 *Corethrodendron*），藏豆属 *Stracheya* 并入岩黄耆属，并将岩黄耆属划分为 4 组 3 亚组[295]。在 FRPS 中，中国的岩黄耆属植物被划分在 4 个组中，这 4 个组包含于 Fedtschenko 的系统中；而 FOC 中，并未对该属进行属下划分，将木本组 *H.* sect. *Fruticosa* 独立成属，即山竹子属。分子系统学研究表明，岩黄耆属与驴食豆属 *Onobrychis* 为最近缘属[284,290,292]；原置于岩黄耆属的非洲类群为 1 个单系分支，支持其独立成属，即 *Sulla*[284,290]；*H. membranaceum* Cosson & Balansa 和 *H. argyreum* Greuter & Burdet 被并入新成立的属 *Greuteria* 中[284]；山竹子属（原置于岩黄耆属木本组）作为 1 个独立的属得到支持[284,291]。

DNA 条形码研究：拟蚕豆岩黄耆 *H. vicioides* Schischkin & Komarov 的 *rbc*L、*mat*K、ITS 和 *cox*I 片段已获得，主要用于区分该种与黄耆属 *Astragalus* 部分药用植物[296]；藏豆 *H. tibeticum* (Bentham) B. H. Choi & H. Ohashi 的 *trn*H-*psb*A 和 *rbc*L 片段被用于中国种子植物 DNA 条形码研究中[297]。BOLD 网站有该属 36 种 83 个条形码数据；GBOWS 网站已有 11 种 95 个条形码数据。

代表种及其用途：该属植物具有重要经济价值。绝大多数植物为牲畜所喜食，有些植物的根可入药，如多序岩黄耆 *H. polybotrys* Handel-Mazzetti，多数种类是重要的蜜源植物，少数种类被栽培作观赏用。

156. *Onobrychis* Miller 驴食豆属

Onobrychis Miller (1754); Xu & Byoung-Hee (2010: 525) (Type: *non designatus*)

特征描述：<u>一年生或多年生草本，有时为具刺的小灌木</u>。奇数羽状复叶；托叶干膜质。总状花序，腋生或有时呈穗状；花萼钟状；<u>花冠紫红色、玫瑰紫色或淡黄色</u>，旗瓣倒卵形或倒心形，翼瓣短小，龙骨瓣等于、短于或长于旗瓣；<u>雄蕊二体（9+1）</u>；<u>子房无柄</u>，花柱丝状，柱头头状，小。<u>荚果常 1 节</u>，<u>两侧膨胀</u>，<u>不开裂</u>，<u>脉纹隆起</u>，<u>常具皮刺</u>。花粉粒 3 孔沟，网状纹饰。染色体 2n=14，16，28，32。

分布概况：约 130/3 种，**12** 型；分布于北非，西亚和中亚及欧洲；中国主产新疆。

系统学评述：驴食豆属隶属于岩黄耆族，可能是个并系类群。基于花部特征，该属被分为 2 亚属（*Onobrychis* subgen. *Onobrychis* 和 *O.* subgen. *Sisyrosema*）和若干组[298,299]，随后，Rechinger[300]在此基础上，将 2 亚属分别划分为 4 组和 5 组。Lewke Bandara 等[292]基于 *mat*K 和 ITS 序列对驴食豆属开展分子系统学研究，表明驴食豆属为并系，岩黄耆属 *Hedysarum* 部分类群和刺枝豆属 *Eversmannia* 嵌套在该属内，上述 2 个片段能够为驴食豆属的属下划分提供足够的信息。另外，Amirahmadi 等[290]基于 ITS、*trn*L-F 和 *mat*K 序列的研究表明，驴食豆属构成了 1 个支持率较低的分支，包括 2 个支持率较高的亚支，刺枝豆属、山竹子属 *Corethrodendron* 与新成立的 *Greuteria* 是驴食豆属的姐妹群；驴食豆属的亚属和组的划分未得到支持。

DNA 条形码研究：BOLD 网站有该属 44 种 69 个条形码数据；GBOWS 网站已有 1 种 4 个条形码数据。

代表种及其用途：该属植物可作为优良的牧草，如驴食豆 *O. viciifolia* Scopoli。

二十六、Cicereae 鹰嘴豆族

157. *Cicer* Linnaeus 鹰嘴豆属

Cicer Linnaeus (1753: 738); Bao & Turland (2010: 546) (Type: *C. arietinum* Linnaeus)

特征描述：多年生或一年生草本，常有刺，明显具腺毛。奇数羽状复叶或叶轴末端变为卷须或刺，小叶 3 至多数，边缘具锯齿。花单生或 2-5 朵组成腋生总状花序；花萼具 5 齿，基部稍凸起；翼瓣与龙骨瓣分离；雄蕊二体；花柱圆柱形，无毛，弯曲，柱头顶生。荚果膨胀，含种子 1-10，被腺毛。种子具喙，2 裂至近球形。花粉粒 3 孔沟，网状纹饰。染色体 $n=8$（7）。

分布概况：约 43/2（1）种，**12** 型；分布于地中海至中亚，部分延伸至加那利群岛和非洲东南部热带地区；中国产新疆、西藏。鹰嘴豆 *C. arietinum* Linnaeus 引种栽培于新疆、青海、甘肃、陕西、山西、山东、河北、内蒙古及台湾。

系统学评述：鹰嘴豆属为鹰嘴豆族的单型属。Wojciechowsk 等分子系统学研究表明，*Cicer* 单独聚为 1 支，与 Trifolieae-Fabeae 分支聚为姐妹群，或与山羊豆属 *Galega*、Trifolieae-Fabeae 共同并列于分支基部[77,94,269]。基于形态特征和地理分布，鹰嘴豆属被划分为 4 组[301,302]。Javadi 等[303]对鹰嘴豆属的分子系统重建表明，*Cicer* 是个单系类群，该属类群基于地理分布聚为四大支，基于形态划分的 4 组都没有得到支持。

DNA 条形码研究：BOLD 网站有该属 27 种 53 个条形码数据。

代表种及其用途：鹰嘴豆是世界上栽培面积较大的豆类作物，种子、嫩荚、嫩苗均可供食用，淀粉广泛用于造纸工业和纺织工业，种子在医学上应用也较为广泛。

二十七、Trifolieae 车轴草族

158. *Medicago* Linnaeus 苜蓿属

Medicago Linnaeus (1753: 778), *nom. cons.* ; Wei et al. (2010: 553) (Type: *M. sativa* Linnaeus, *typ. cons.*)

特征描述：草本，稀灌木。羽状复叶，互生，托叶部分与叶柄合生，全缘或齿裂，小叶 3，边缘具锯齿，侧脉直伸至齿尖。总状花序腋生，有时呈头状或单生；苞片小或无；萼齿 5；翼瓣一侧有齿尖凸起与龙骨瓣的耳状体互相钩住，授粉后脱开，龙骨瓣钝头；雄蕊二体，花丝顶端不膨大，花药同型；花柱两侧略扁，无毛。荚果螺旋形转曲、肾形、镰形或近于挺直，背缝常具棱或刺，种子 1 至多数。种子小，幼苗出土子叶基部不膨大，也无关节。花粉粒 3 孔沟，网状、穿孔状或不规则条纹状纹饰。

分布概况：约 85/15（1）种，**10-3** 型；分布于地中海区域，西南亚，中亚和非洲；南北均产。

系统学评述：苜蓿属在分子系统上位于 Vicioid 支系，是单系类群，与草木犀属 *Melilotus* 和胡卢巴属 *Trigonella* 组成的分支为姐妹群关系[304,305]。Small 和 Jomphe[306]基于苜蓿属植物花、果实和幼苗的形态特征将该属划分为 12 组 8 亚组。基于不同的 DNA 片段研究了苜蓿属的分子系统学[305,307-311]，这些结果与基于形态建立的属下分类系统很不一致。Maureira-Butler 等[311]分别基于核基因 *CNGC5* 和 *β-cop* 对苜蓿属进行的系统发育重建不一致，推测可能是杂交导致。Steele 等[305]基于核基因 *GA3ox1* 和叶绿体 *trnK/matK* 对苜蓿属的系统发育研究支持现有传统分类系统中的 *Medicago* sect. *Medicago* 和 *M.* sect. *Buceras*，并认为只有 1 粒种子的果实是苜蓿属和胡卢巴属的同源性

状，染色体 2*n*=14 是苜蓿属物种独立进化的特征。

DNA 条形码研究：核基因 *GA3ox1* 在苜蓿属属下种间具有较高的分辨率，可以考虑作为该属的 DNA 条形码。BOLD 网站有该属 61 种 184 个条形码数据；GBOWS 网站已有 5 种 88 个条形码数据。

代表种及其用途：该属植物为重要的饲料植物，如紫苜蓿 *M. sativa* Linnaeus。

159. *Melilotus* (Linnaeus) Miller 草木犀属

Melilotus (Linnaeus) Miller (1754: ed. 4); Wei et al. (2010: 552) [Lectotype: *M. officinalis* (Linnaeus) Lamarck (≡*Trifolium officinalis* Linnaeus)]

特征描述：草本。茎直立，多分枝。叶互生，羽状三出复叶，托叶全缘或具齿裂，托叶基部与叶柄合生，顶生小叶具较长小叶柄，侧小叶几无柄，边缘具锯齿，无小托叶。总状花序细长，腋生，多花疏列；萼齿 5，具短梗；花冠黄色或白色，偶带淡紫色晕斑，龙骨瓣阔镰形，钝头；雄蕊二体，上方 1 枚完全离生或中部连合雄蕊筒，花丝顶端不膨大，花药同型；子房无毛或被微毛，花柱细长，果时常宿存。荚果伸出萼外；果梗在果熟时与荚果一起脱落，种子 1-2。花粉粒 3 孔沟，网状纹饰。

分布概况：约 20/4 种，**10** 型；分布于温带欧洲，地中海地区，非洲和亚洲的亚热带地区；中国南北均产。

系统学评述：草木犀属位于 Vicioid 支系，是并系类群，与胡卢巴属 *Trigonella* 为姐妹群关系[304,305]。现有的分子系统学研究中仅涉及该属个别种，属下分类系统有待进一步研究。

DNA 条形码研究：BOLD 网站有该属 9 种 54 个条形码数据；GBOWS 网站已有 2 种 43 个条形码数据。

代表种及其用途：该属植物是优良的饲料和绿肥，如白花草木犀 *M. albus* Medikus；一些种类含有香豆素和类黄酮等物质，具有一定的药用价值，如草木犀 *M. officinalis* (Linnaeus) Lamarck。

160. *Ononis* Linnaeus 芒柄花属

Ononis Linnaeus (1753: 716); Wei et al. (2010: 547) (Lectotype: *O. spinosa* Linnaeus)

特征描述：草本或灌木，常被柔毛和腺毛。羽状三出复叶，有时为 1 枚小叶，托叶叶片状，大部分贴生叶柄，小叶常具锯齿，侧脉直达齿尖。花单生或 2-3 朵呈短总状花序；基部有叶片，有时叶片呈苞状，形成假顶生佛焰苞状花序；萼齿 5；雄蕊单体，花丝顶端膨大，余部连合成闭合的雄蕊筒，花药二型；花柱细长，无毛。荚果包藏于萼中，或伸出萼外 2-3 倍，2 瓣裂。花粉粒 3 孔沟，网状纹饰。染色体 *n*=8，或 2*n*=10，12，14。

分布概况：约 86/4 种，**12** 型；分布于非洲北部，欧洲，亚洲西部和南部；中国新疆和西藏有野生。

系统学评述：芒柄花属在分子系统树上位于 Vicioid 支系，是单系类群，与胡卢巴

属 *Trigonella* 和草木犀属 *Melilotus* 关系较近，分子证据表明该属是车轴草族 Trifolieae 的基部类群[304,312]。芒柄花属较全面且一直沿用的分类学处理是 Širjaev[313]基于芒柄花属 68 个种的形态特征，划分为 2 组 22 亚组。Turini 等[312]基于 ITS 和叶绿体 *trn*L-F 对芒柄花属的分子系统学研究包含该属 68 种，研究中组的划分没有得到支持，但大多数亚组的划分得到了支持；其中，*Ononis* subsect. *Antiquae* 和 *O.* subsect. *Rhodanthae* 组成 1 个支持率很高的单系，是该属基部类群。该研究中包含的种类在分子系统树上也聚为了与花梗长度和花色相一致的 5 个大支。

DNA 条形码研究：BOLD 网站有该属 77 种 94 个条形码数据。

代表种及其用途：该属的一些种类可作为观赏植物，如红芒柄花 *O. spinosa* Linnaeus 和黄芒柄花 *O. natrix* Linnaeus。

161. *Parochetus* Buchanan-Hamilton ex D. Don 紫雀花属

Parochetus Buchanan-Hamilton ex D. Don (1825: 240); Wei et al. (2010: 551) (Lectotype: *P. communis* Buchanan-Hamilton ex D. Don)

特征描述：多年生柔细草本。掌状三出复叶，托叶基部与叶柄稍连合。花 1-3 朵组成伞形花序，着生于细长总花梗的顶端；苞片 2-4，托叶状，分离，无小苞片，花具梗；萼钟形，具脉纹 15-20，萼齿 5，上方 2 齿连合较高，下方 1 齿稍长；雄蕊二体，上方 1 枚分离，在中部与雄蕊筒连合，其余 9 枚合生，连合部位达 4/5 以上，花丝先端不膨大，花药同型；子房无柄，胚珠多数，花柱上弯，无毛。荚果线形，膨胀，稍压扁，2 瓣裂。种子肾形。

分布概况：2/1 种，6 型；分布于非洲东部，亚洲中部和南部；中国产四川、云南及西藏。

系统学评述：紫雀花属在分子系统树上位于 Vicioid 支系，是该支系的基部类群，与 *Galega* 关系最近[304,314]。该属是否为单系尚不清楚，有待进一步的研究。

DNA 条形码研究：BOLD 网站有该属 2 种 6 个条形码数据；GBOWS 网站已有 1 种 7 个条形码数据。

代表种及其用途：该属植物可作为园艺观赏植物，如紫雀花 *P. communis* Buchanan-Hamilton ex D. Don。

162. *Trifolium* Linnaeus 车轴草属

Trifolium Linnaeus (1753: 764); Wei et al. (2010: 548) (Lectotype: *T. pratense* Linnaeus)

特征描述：草本。茎直立、匍匐或上升。掌状复叶，托叶显著，部分合生于叶柄上，小叶具锯齿。花具梗或近无梗，集头状或短总状花序，偶单生，花序腋生或假顶生；萼筒具脉纹 5、6、10、20 条，偶 30 条；花冠无毛，宿存，旗瓣离生或基部和翼瓣、龙骨瓣连合，后两者相互贴生；雄蕊 10，二体，全部或 5 枚花丝的顶端膨大，花药同型。荚果不开裂，常包藏于宿存花萼或花冠中，种子 1-2。种子形状各样，与宿存花萼或整个头状花序一起传播。花粉粒 3 孔沟，网状、穿孔状或不规则条纹状纹饰。

　　分布概况：约 250/13 种，**8-4 型**；以地中海为中心，分布于欧亚大陆，非洲和美洲的温带及亚热带地区；中国各地有野生或栽培。

　　系统学评述：车轴草属在分子系统树上属于 Vicioid 支系，是个单系类群。Steele 和 Wojciechowski 等[304]及 Wojciechowski[94]分别基于 *mat*K 对车轴草族、野豌豆族 Fabeae 与豆科的分子系统学研究表明，车轴草属与野豌豆族为姐妹群关系。而 Ellison 等[314]基于 ITS 和叶绿体 *trn*L 对车轴草属的分子系统学研究表明，车轴草属与草木犀属 *Melilotus* 和胡卢巴属 *Trigonella* 关系最近，但支持率都不是很高，车轴草属的分子系统位置的确定需要进一步研究。由于车轴草属植物花的形态多样性较高，属的界定及属下分类系统一直存在争议。Zohary 和 Heller[315]通过对车轴草属的系统学研究将其划分为 8 组，也有一些学者倾向于将车轴草属植物划分为几个较小的属。Ellison 等[314]基于车轴草属 218 种的核基因 ITS 及叶绿体 *trn*L 数据，对该属进行的分子系统发育分析结果表明，车轴草属是个单系类群，属内又聚为几个支持率较高的单系，并且证明了之前的学者对该属所做的一些拆分和界定是不合适的，因为大部分是多系类群。Ellison 根据该研究重建了车轴草属的属下分类系统，分为 2 亚属（*Trifolium* subgen. *Chronosemium* 和 *T.* subgen. *Trifolium*），在 *T.* subgen. *Trifolium* 下又分为 8 组：*T.* sect. *Glycyrrhizum*、*T.* sect. *Paramesus*、*T.* sect. *Lupinaster*、*T.* sect. *Trifolium*、*T.* sect. *Trichocephalum*、*T.* sect. *Vesicastrum*、*T.* sect. *Trifoliastrum* 和 *T.* sect. *Involucrarium*。

　　DNA 条形码研究：ITS 及叶绿体 *trn*L、*mat*K 在车轴草属属下种间具有较高的分辨率，可以考虑作为该属的 DNA 条形码。BOLD 网站有该属 63 种 340 个条形码数据；GBOWS 网站已有 5 种 61 个条形码数据。

　　代表种及其用途：该属植物是著名的饲料和地被植物，如白车轴草 *T. repens* Linnaeus；一些种类有药用价值，如红车轴草 *T. pratense* Linnaeus。

163. *Trigonella* Linnaeus 胡卢巴属

Trigonella Linnaeus (1753: 776); Wei et al. (2010: 557) (Lectotype: *T. foenum-graecum* Linnaeus)

　　特征描述：草本，无毛或具单柔毛，或具腺毛，有特殊香气。茎直立、平卧或匍匐，多分枝。羽状三出复叶，顶生小叶通常稍大，小叶边缘具锯齿或缺刻状，托叶具明显脉纹。花序腋生，短总状、伞状、头状或卵状花序腋生，偶 1-2 朵腋生，花梗短，纤细，花后增粗；萼齿 5；雄蕊二体，花丝顶端不膨大，花药同型。荚果不作螺旋状转曲，膨胀或稍扁平，有时缝线具啮蚀状窄翅，表面有横向或斜向网纹；种子 1 至多数。子叶出土时叶柄基部具关节并膨大。花粉粒 3 孔沟，网状纹饰。

　　分布概况：约 55/8 种，**10-3 型**；分布于非洲，亚洲，欧洲和大洋洲；中国产西部。

　　系统学评述：胡卢巴属在分子系统上位于 Vicioid 支系，是个并系类群，与草木犀属 *Melilotus* 为姐妹群关系[304,305,309,311]。Steele 等[305]基于核基因 *GA3ox1* 和叶绿体 *trn*K/*mat*K 对苜蓿属的分子系统学研究中涉及胡卢巴属 17 种，是目前包含该属种类最多的分子系统学研究，该研究表明草木犀属的 2 种嵌入在胡卢巴属物种构成的单系中；胡卢巴属物种大致聚为 3 支，但支持率都不是很高，只有个别种之间的关系得到了较高的支持率，该属的属下分类系统需要更深入的研究。

DNA 条形码研究：BOLD 网站有该属 22 种 34 个条形码数据；GBOWS 网站已有 4 种 23 个条形码数据。

代表种及其用途：胡卢巴 *T. foenum-graecum* Linnaeus 具有温肾壮阳、祛寒除湿等功效。

二十八、Fabeae 野豌豆族

164. *Lathyrus* Linnaeus 山黧豆属

Lathyrus Linnaeus (1753: 729); Bao et al. (2010: 572) (Lectotype: *L. sylvestris* Linnaeus)

特征描述：草本，具根状茎或块根。茎直立、上升或攀援，有翅或无翅。偶数羽状复叶，具 1 至数小叶，叶轴末端具卷须或针刺，小叶具羽状脉或平行脉，托叶半箭形稀箭形，偶叶状。总状花序腋生，具 1 至多花；花紫色、粉红色、黄色或白色，有时具香味；萼钟状，萼齿不等长或稀近相等；雄蕊二体（9+1）；花柱先端扁平，近轴一面被刷毛。荚果常压扁，开裂。种子 2 至多数。花粉粒 3 孔沟，网状、穿孔状或不规则条纹状纹饰。

分布概况：160/18（3）种，**8-4 型**；分布于欧洲，亚洲及北美洲的北温带地区，南美及非洲也有；中国主产东北、华北、西北及西南，华东也有。

系统学评述：山黧豆属在分子系统上位于 Vicioid 支系，是单系类群，与豌豆属是姐妹群关系[304,316,317]。山黧豆属的属下分类一直存在争议，但大多数修订都将该属划分为 12 或 13 组[316,318,319]。Kupicha[319]对山黧豆属下组的修订是目前广为接受的分类系统，其将该属分为 13 组。Asmussen 和 Liston[316]、Kenicer 等[317]分别基于叶绿体 *rpo*C、IR 和核基因 ITS，以及叶绿体 *trn*L-F、*trn*S-G 对山黧豆属的分子系统学研究基本支持 Kupicha 建立的传统分类系统，但是个别组不是单系，需要进行合并或拆分，属下分类系统有待进一步研究。

DNA 条形码研究：ITS 和叶绿体 *trn*L-F、*trn*S-G、*rpo*C、IR 在山黧豆属种间具有较高的分辨率，可以考虑作为该属的 DNA 条形码。BOLD 网站有该属 102 种 299 个条形码数据；GBOWS 网站已有 6 种 32 个条形码数据。

代表种及其用途：该属植物蛋白质等营养物质含量较高，可作为饲料植物，但含有山黧豆毒素，长期喂养会使动物中毒，如牧地山黧豆 *L. pratensis* Linnaeus。

165. *Lens* Miller 兵豆属

Lens Miller (1754: 765); Bao et al. (2010: 576) (Type: *L. culinaris* Medikus)

特征描述：直立或披散的一年生草本，或半藤本状。偶数羽状复叶，小叶 4 至多枚，全缘，顶端 1 枚变为卷须、刺毛或缺，倒卵形、倒卵状长圆形或倒卵状披针形，托叶斜披针形。花小，单生或数朵排成总状花序；萼裂片狭长；花冠蝶形白色或种种颜色，旗瓣倒卵形，翼瓣、龙骨瓣有瓣柄和耳；雄蕊二体（9+1），离生；花柱近轴面具疏髯毛。

荚果短，扁平，种子 1-2。种子双凸镜形。花粉粒 3 孔沟，网状纹饰。染色体 2*n*=14。

分布概况：4-6/1 种，**12** 型；分布于地中海至西亚地区。

系统学评述：兵豆属在分子系统上位于 Vicioid 支系，与野豌豆属 *Vicia* 为姐妹群关系[304]。Steele 和 Wojciechowski[304]基于 *mat*K 对车轴草族 Trifolieae 及野豌豆族的分子系统学研究中包含了兵豆属 2 个种，即 *L. culinaris* Medikus 和 *L. ervoides* (Brignoli di Brunhoff) Grande，研究表明这 2 个种聚为 1 个支持率很高的单系，与野豌豆属的种类关系较近。

DNA 条形码研究：BOLD 网站有该属 9 种 22 个条形码数据。

代表种及其用途：兵豆 *L. culinaris* Medikus 可供食用。

166. *Pisum* Linnaeus 豌豆属

Pisum Linnaeus (1753: 727); Bao et al. (2010: 577) (Type: *P. sativum* Linnaeus)

特征描述：一年生或多年生柔软草本，茎方形、空心、无毛。叶具小叶 2-6，卵形至椭圆形，全缘或多少有锯齿，下面被粉霜，托叶大，叶状，叶轴顶端具羽状分枝的卷须。花白色或颜色多样，单生或数朵排成总状花序腋生，具柄；萼钟状，偏斜或在基部为浅束状，萼片多少呈叶片状；旗瓣扁倒卵形，翼瓣稍与龙骨瓣连生；雄蕊二体（9+1）；子房近无柄，胚珠多数，花柱内弯，压扁，内侧面有纵列的髯毛。荚果肿胀，长椭圆形，顶端斜急尖。种子数粒，球形。花粉粒 3 孔沟，网状纹饰。

分布概况：2-3/1 种，**12** 型；分布于地中海至西南亚地区。

系统学评述：豌豆属在分子系统上位于 Vicioid 支系，与山黧豆属 *Lathyrus* 和 *Vavilovia* Fedorov 关系较近[304,320]。自豌豆属成立以来，由于豌豆属植物被广泛驯化栽培及杂交渐渗现象的存在，豌豆属的物种数量一直存在争议，多则认为 5 种，少则认为只有 1 种。被接受最多的是 Maxted 和 Ambrose[321]建立的分类系统，认为豌豆属共有 3 种 2 亚种 5 变种，即 *P. sativum* Linnaeus，包含 subsp. *sativum* （var. *sativum*、var. *arvense*）和 subsp. *elatius* （var. *elatius*、var. *brevipedunculatum* 和 var. *pumilio*），*P. fulvum* Sibthorp & Smith 和 *P. abyssinicum* A. Braun。Smýkal 等[320]对豌豆属的分子系统学研究支持豌豆属包含 3 种，对豌豆属的谱系地理学研究表明，野生的豌豆属起源于中东地区，向东到达高加索、伊朗和阿富汗，向西到达地中海地区。该属的属下分类亟待更深入的研究。

DNA 条形码研究：BOLD 网站有该属 12 种 73 个条形码数据；GBOWS 网站已有 1 种 4 个条形码数据。

代表种及其用途：豌豆 *P. sativum* Linnaeus 的种子、嫩果荚或嫩茎叶供食用，茎叶作饲料。

167. *Vicia* Linnaeus 野豌豆属

Vicia Linnaeus (1753: 734); Bao et al. (560) (Lectotype: *V. sativa* Linnaeus)

特征描述：草本。茎细长、具棱，多分枝，攀援、蔓生或匍匐，稀直立。偶数羽状复叶。叶轴先端具卷须或短尖头，无小托叶，小叶 （1）2-12 对，全缘。花序腋生，总状或复总状，花多数、密集着生于长花序轴上部，稀单生或 2-4 簇生于叶腋；旗瓣下方具较大的瓣柄，翼瓣与龙骨瓣耳部相互嵌合；雄蕊二体，花药同型；胚珠 2-7，花柱圆柱形，顶端四周被毛，或侧向压扁于远轴端具 1 束髯毛。荚果常扁，腹缝开裂；种子 2-7。花粉粒 3 孔沟，网状纹饰。染色体 $n=5$，6，7，9，11 等。

分布概况：约 160/40（13）种，**8-4** 型；主要分布于北半球温带地区，延伸至非洲北部和东部，太平洋岛屿及北美洲和南美洲；中国南北均产。

系统学评述：野豌豆属在分子系统上位于 Vicioid 支系，是多系类群，与兵豆属 *Lens* 关系较近[304,320,322,323]。Kupicha[324]将野豌豆属划分为 2 亚属：*Vicia* subgen. *Cracca* 和 *V.* subgen. *Vicia*，其中 *V.* subgen. *Cracca* 形态特征较为多样，分为 17 组，*V.* subgen. *Vicia* 包含 5 组。花柱的性状和花柱的毛被类型是野豌豆族的属间及属下分类的重要形态学性状，Kupicha 记载野豌豆属花柱性状有 3 种：侧向压扁、圆柱形，或背腹压扁；毛被类型有 2 种，均匀毛被或背面成簇髯毛。Choi 等[323]基于核基因 ITS 和花柱的特征对野豌豆属的系统学研究表明，花柱侧面压扁和背面成簇的髯毛是较为进化的特征，而花柱背腹压扁和均匀的毛被则是较为原始的特征。Endo 等[322]基于 ITS 对新世界分布的 27 种的分子系统学研究表明，新世界和旧世界分布的花柱侧面压扁与均匀毛被的种类是姐妹群关系，新世界的花柱背腹压扁和背面成簇髯毛的种类聚在旧世界的同种花柱类型的种类中，即表明在野豌豆属的进化中，新世界种类的分化时间相对较晚。有关野豌豆属的分子系统学研究表明，其是多系类群，分子系统学研究与传统分类结果不一致，大致可以分为 5 支：*V. tetrasperma* (Linnaeus) Schreber（与豌豆属 *Pisum* 和山黧豆属 *Lathyrus* 种类聚为 1 支）、*Ervoid* group（与兵豆属种类聚为 1 支）、*V. hirsuta* (Linnaeus) Gray、*Faboid* group 和 *Oroboid* group。

DNA 条形码研究：ITS 在野豌豆属的属下种间具有较高的分辨率，可以考虑作为该属的 DNA 条形码。BOLD 网站有该属 121 种 489 个条形码数据；GBOWS 网站已有 6 种 87 个条形码数据。

代表种及其用途：该属植物世界各国广为栽培，作为牧草或绿肥，如广布野豌豆 *V. cracca* Linnaeus、长柔毛野豌豆 *V. villosa* Roth。

主要参考文献

[1] Legume Phylogeny Working Group. Legume phylogeny and classification in the 21st century: progress, prospects and lessons for other species-rich clades[J]. Taxon, 2013, 62: 217-248.

[2] Bello MA, et al. Combined phylogenetic analyses reveal interfamilial relationships and patterns of floral evolution in the eudicot order Fabales[J]. Cladistics, 2012, 28: 393-421.

[3] Doyle J, et al. A phylogeny of the chloroplast gene *rbc*L in the Leguminosae: taxonomic correlations and insights into the evolution of nodulation[J]. Am J Bot, 1997, 84: 541-554.

[4] Lavin M, et al. Evolutionary rates analysis of Leguminosae implicates a rapid diversification of lineages during the Tertiary[J]. Syst Biol, 2005, 54: 575-594.

[5] The Legume Phylogeny Working Group. Towards a new classification system for legumes: progress report from the 6th international Legume conference[J]. S Afr J Bot, 2013, 89: 3-9.

[6] Wunderlin R, et al. Cercideae[M]//Polhill RM, Raven PH. Advances in legume systematics, part 1. Richmond: Royal Botanic Gardens, Kew, 1981, 1: 107-116.

[7] Lewis GP, Forest F. Galegeae[M]//Lewis G, et al. Legumes of the world. Richmond: Royal Botanic Gardens, Kew, 2005: 57-67.

[8] Sinou C, et al. The genus *Bauhinia s.l.* (Leguminosae): a phylogeny based on the plastid[J]. Botany, 2009, 87: 947-960.

[9] 张瑞泉. 羊蹄甲属的分子系统学研究[D]. 广州: 中国科学院华南植物研究所硕士学位论文, 2006.

[10] Bruneau A, et al. Phylogenetic relationships in the Caesalpinioideae (Leguminosae) as inferred from chloroplast *trn*L intron sequences[J]. Syst Bot, 2001, 26: 487-514.

[11] Herendeen PS, et al. Phylogenetic relationships in the caesalpinioid legumes: a preliminary analysis based on morphological and molecular data[M]//Bruneau A, Klitgaard BB. Advances in legume systematics, part 10. Richmond: Royal Botanic Gardens, Kew, 2003: 37-62.

[12] Davis CC, et al. Phylogeny and biogeography of *Cercis* (Fabaceae): evidence from nuclear ribosomal ITS and chloroplast *ndh*F sequence data[J]. Syst Bot, 2002, 27: 289-302.

[13] Fritsch PW, Cruz BC. Phylogeny of *Cercis* based on DNA sequences of nuclear ITS and four plastid regions: implications for transatlantic historical biogeography[J]. Mol Phylogenet Evol, 2012, 62: 816-825.

[14] Cowan RS, Polhill RM. Detarieae[M]//Polhill RM, Raven PH. Advances in legume systematics, part 1. Richmond: Royal Botanic Gardens, Kew, 1981, 1: 117-134.

[15] Bruneau AB, et al. Phylogenetic patterns and diversification in the caesalpinioid legumes[J]. Botany, 2008, 86: 697-718.

[16] Lee YT, Langenheim JH. Systematics of the genus *Hymenaea* L. (Leguminosae, Caesalpinioideae, Detarieae)[J]. Univ Calif Publ Bot, 1975, 69: 1-109.

[17] Zuijderhoudt GFP. A revision of the genus *Saraca* L. (Legum.-CAES.)[J]. Blumea, 1967, 1515: 413-425.

[18] Fougère-Danezan M, et al. Phylogenetic relationships in resin-producing Detarieae inferred from molecular data and preliminary results for a biogeographic hypothesis[M]//Klitgaard BB, Bruneau A. Advances in legumes systematics, part 10. Richmond: Royal Botanic Gardens, Kew, 2003: 161-180.

[19] Ding H. *Sindora*[M]//Kalkman C, et al. Flora Malesiana. Ser. I. Vol. 12. Leiden, the Netherlands: Leiden University, 1996: 691-709.

[20] Cowan RS, Polhill RM. Amherstieae[M]//Polhill RM, Raven PH. Advances in legume systematics, part 1. Richmond: Royal Botanic Gardens, Kew, 1981: 135-142.

[21] Breteler FJ. The boundary between Amherstieae and Detarieae (Caesalpinioideae)[M]//Crisp MD, Doyle JJ. Advances in legumes systematics. Richmond: Royal Botanic Gardens, Kew, 1995: 53-61.

[22] Irwin HS, Barneby RC. Tribe Cassieae[M]//Polhill RM, Raven PH. Advances in legumes systematics, part 1. Richmond: Royal Botanic Gardens, Kew, 1981: 97-106.

[23] Herendeen PS, et al. Floral morphology in caesalpinioid legumes: testing the monophyly of the "*Umtiza* Clade"[J]. Int J Plant Sci, 2003, 164: S393-S407.

[24] Lewis GP. Cercideae[M]//Lewis G, et al. Legumes of the world. Richmond: Royal Botanic Gardens, Kew, 2005: 111-126.

[25] Irwin HS, Barneby RC. Review of Cassiinae in the New World[J]. Mem New York Bot Gard, 1982, 35: 1-918.

[26] Conceição ADS, et al. Phylogeny of *Chamaecrista* Moench (Leguminosae-Caesalpinioideae) based on nuclear and chloroplast DNA regions[J]. Taxon, 2009, 58: 1168-1180.

[27] Marazzi B, et al. Phylogenetic relationships within *Senna* (Leguminosae, Cassiinae) based on three chloroplast DNA regions: patterns in the evolution of floral symmetry and extrafloral nectaries[J]. Am J Bot, 2006, 93: 288-303.

[28] Kajita T, et al. *rbc*L and legume phylogeny, with particular reference to Phaseoleae, Millettieae, and allies[J]. Syst Bot, 2001, 26: 515-536.

[29] Polhill RM, Vidal JE. Caesalpinieae[M]//Polhill RM, Raven PH. Advances in legumes systematics, part 1. Richmond: Royal Botanic Gardens, Kew, 1981: 81-96.

[30] Lewis GP. Caesalpinieae[M]//Lewis GP, et al. Legumes of the world. Richmond: Royal Botanic

Gardens, Kew, 2005, 127-163.

[31] Lewis GP, Schrire BD. Caesalpinieae[M]//Crisp MD, Doyle JJ. Advances in legume systematics, part 7. Richmond: Royal Botanic Gardens, Kew, 1995, 7: 41-52.

[32] Simpson BB, et al. Progress towards resolving the relationships of the *Caesalpinia* group (Caesalpinieae: Caesalpinioideae: Leguminosae)[M]//Klitgaard BB, Bruneau A. Advances in legume systematics, part 10. Richmond: Royal Botanic Gardens, Kew, 2003: 123-148.

[33] Gagnon E, et al. A molecular phylogeny of Caesalpinia *sensu lato*: increased sampling reveals new insights and more genera than expected[J]. S Afr J Bot, 2013, 89: 111-127.

[34] Haston EM, et al. A phylogenetic reappraisal of the *Peltophorum* group (Caesalpinieae: Leguminosae) based on the chloroplast *trn*L-F, *rbc*L and *rps*16 sequence data[J]. Am J Bot, 2005, 92: 1359-1371.

[35] du Puy DJ, et al. The genus *Delonix* (Leguminosae: Caesalpinioideae: Caesalpinieae) in Madagascar[J]. Kew Bull, 1995, 50(3): 445-475.

[36] Duminil J, et al. Large-scale pattern of genetic differentiation within African rainforest trees: insights on the roles of ecological gradients and past climate changes on the evolution of *Erythrophleum* spp. (Fabaceae)[J]. BMC Evol Biol, 2013, 13: 1-13.

[37] Gordon D. A revision of the genus *Gleditsia* (Leguminosae)[D]. PhD thesis. Bloomington, Indiana: Indiana University, 1966.

[38] Schnabel A, et al. Phylogenetic relationships in *Gleditsia* (Leguminosae) based on ITS sequences[J]. Am J Bot, 2003, 90: 310-320.

[39] Lee YT. The genus *Gymnocladus* and its tropical affinity[J]. J Arnold Arbo, 1976, 57: 91-112.

[40] Singh RK, et al. Minangmose (*Gymnocladus assamicus*) and Dekang (*Gymnocladus burmanicus*): culturally important and endangered trees of eastern Himalayas-conservation perspectives[J]. Indian J Tradit Knowl, 2010, 9: 419-429.

[41] Polhill RM. Classification of the Leguminosae and complete synopsis of legume genera[M]//Bisby FA, et al. Phytochemical Dictionary of the Leguminosae. Vol. 1. London: Chapman & Hall, 1994.

[42] Hawkins JA. Systematics of *Parkinsonia* L. and *Cercidium* Tul. (Leguminosae: Caesalpinioideae)[D]. PhD thesis. Oxford: University of Oxford, 1994.

[43] Sargent CS. Notes upon some North American trees V[J]. Gard & Forest, 1889, 2: 388.

[44] Carter AM. The genus *Cercidium* (Leguminosae: Caesalpinioideae) in the Sonoran desert of Mexico and the United States[J]. Proc Calif Acad Sci, 1974, 40: 17-57.

[45] Ding H. *Peltophorum*[M]//Kalkman C, et al. Flora Malesiana. Ser. I. Vol. 12. Leiden, the Netherlands: Leiden University, 1996: 650-651.

[46] Manzanilla V, Bruneau A. Phylogeny reconstruction in the Caesalpinieae grade (Leguminosae) based on duplicated copies of the sucrose synthase gene and plastid markers[J]. Mol Phylogenet Evol, 2012, 65: 149-162.

[47] Lewis GP, Elias TS. Mimoseae[M]//Polhill RM, Raven PH. Advances in legume systematics, part 1. Richmond: Royal Botanic Gardens, Kew, 1981: 155-168.

[48] Luckow M. Tribe Mimoseae[M]//Lewis G, et al. Legumes of the world. Richmond: Royal Botanic Gardens, Kew, 2005, 163-183.

[49] Luckow M, et al. Phylogenetic analysis of the Mimosoideae (Leguminosae) based on chloroplast DNA sequence data[M]//Klitgaard BB, Bruneau A. Advances in legume systematics, part 10. Richmond: Royal Botanic Gardens, Kew, 2003: 197-220.

[50] Hughes CE, et al. Relationships among genera of the informal *Dichrostachys* and *Leucaena* groups (Mimosoideae) inferred from nuclear ribosomal its sequences[M]//Klitgaard BB, Bruneau A. Advances in legume systematics, part 10. Richmond: Royal Botanic Gardens, Kew, 2003: 221-238.

[51] Luckow M. Monograph of *Desmanthus* (Leguminosae-Mimosoideae)[J]. Syst Bot Monogr, 1993, 38: 1-166.

[52] Hughes CE, et al. Divergent and reticulate species relationships in *Leucaena* (Fabaceae) inferred from multiple data sources: insights into polyploid origins and nrDNA polymorphism[J]. Am J Bot, 2002, 89: 1057-1073.

[53] Bentham G. Revision of the suborder Mimoseae[J]. Trans Linn Soc Lond, 1875, 30: 335-664.

[54] Barneby RC. Sensitivae Censitae (*Mimosa*). Mem New York Bot Gard, 1991, 65: 1-835.

[55] Simon MF, et al. The evolutionary history of *Mimosa* (Leguminosae): toward a phylogeny of the sensitive plants[J]. Am J Bot, 2011, 98: 1201.

[56] Windler DR. A revision of the genus *Neptunia* (Leguminosae)[J]. Aust J Bot, 1966, 14(3): 379-420.

[57] Elias TS. Parkieae[M]//Polhill RM, Raven PH. Advances in legume systematics. Richmond: Royal Botanic Gardens, Kew, 1981, 1: 153.

[58] Hopkins HCF. *Parkia* (Leguminosae: Mimosoideae)[J]. Flora Neotropica, 1986, 43: 1-123.

[59] Luckow M, Hopkins HCF. A cladistic analysis of *Parkia* (Leguminosae: Mimosoideae)[J]. Am J Bot, 1995, 82(10): 1300-1320.

[60] Miller JT, Seigler D. Evolutionary and taxonomi relationships of *Acacia s.l.* (Leguminosae: Mimosoideae)[J]. Aust J Bot, 2012, 25: 217-224.

[61] Miller JT, Bayer RJ. Molecular phylogenetics of *Acacia* (Fabaceae: Mimosoideae) based on the chloroplast *mat*K coding sequence and flanking *trn*K intron spacer regions[J]. Am J Bot, 2001, 88: 697-705.

[62] Kyalangalilwa B, et al. Phylogenetic position and revised classification of *Acacia s.l.* (Fabaceae: Mimosoideae) in Africa, including new combinations in *Vachellia* and *Senegalia*[J]. Bot J Linn Soc, 2013, 172: 500-523.

[63] Miller JT, Bayer RJ. Molecular phylogenetics of *Acacia* subgenera *Acacia* and *Aculeiferum* (Fabaceae: Mimosoideae), based on the chloroplast *mat*K coding sequence and flanking *trn*K intron spacer regions[J]. Aust Syst Bot, 2003, 16(1): 27-33.

[64] Murphy DJ, et al. Molecular phylogeny of *Acacia* subgenus *Phyllodineae* (Mimosoideae: Leguminosae) based on DNA sequences of the internal transcribed spacer region[J]. Aust Syst Bot, 2003, 16: 19-26.

[65] Orchard AE, Maslin BR. The case for conserving *Acacia* with a new type[J]. Taxon, 2005, 54: 509-512.

[66] Nevill PG, et al. DNA barcoding for conservation, seed banking and ecological restoration of *Acacia* in the Midwest of Western Australia[J]. Mol Ecol Resour, 2013, 13(6): 1033-1042.

[67] Barneby RC, Grimes J. Silk tree, guanacaste, monkey's earring. A generic system for the synandrous Mimosaceae of the Americas. Part III. *Calliandra*[J]. Mem New York Bot Gard, 1998, 74: 1-223.

[68] Lewis GP, Rico Arce L. TribeIngeae[M]//Lewis G, et al. Legumes of the world. Richmond: Royal Botanic Gardens, Kew, 2005, 193-213.

[69] Brown GK, et al. *Acacia s.s.* and its relationship among tropical legumes, tribe Ingeae (Leguminosae: Mimosoideae)[J]. Syst Bot, 2008, 33: 739-751.

[70] Nielsen I, et al. The genus *Archidendron* (Leguminosae-Mimosoideae)[J]. Nord J Bot, 1984, 76: 1-120.

[71] de Souza ÉR, et al. Phylogeny of *Calliandra* (Leguminosae: Mimosoideae) based on nuclear and plastid molecular markers[J]. Taxon, 2013, 62: 1200-1219.

[72] Nielsen I. Ingeae[M]//Polhill RM, Raven PH. Advances in legume systematics, part 1. Richmond: Royal Botanic Gardens, Kew, 1981: 173-190.

[73] Mesquita ADL. Revisão taxonômica do gênero *Enterolobium* Mart. (Mimosoideae) para a Região Neotropical[D]. Master thesis. Recife: Federal Rural de Pernambuco University, 1990.

[74] Brown GK, et al. Relationships of the Australo‐Malesian genus *Paraserianthes* (Mimosoideae: Leguminosae) identifies the sister group of *Acacia sensu stricto* and two biogeographical tracks[J]. Cladistics, 2011, 27: 380-390.

[75] Nielsen I, et al. Studies in the Malesian, Australian and Pacific Ingeae (Leguminosae-Mimosoideae): The genera *Archidendropsis*, *Wallaceodendron*, *Paraserianthes*, *Pararchidendron* and *Serianthes* (part 3)[J]. Bull Mus Natl Hist Nat B, Adansonia, 1984, 5: 303-329.

[76] Grimes J. Generic relationships of Mimosoideae tribe Ingeae, with emphasis on the New World *Pithecellobium* complex[M]//Crisp MD, Doyle JJ. Advances in legume systematics, part 7. Richmond: Royal Botanic Gardens, Kew, 1995: 101-121.

[77] Wojciechowski MF, et al. A phylogeny of Legumes (Leguminosae) based on analysis of the plastid *mat*K gene resolves many well-supported subclades within the family[J]. Am J Bot, 2004, 91:

1846-1862.

[78] Lavin M, et al. Evolutionary rates analysis of Leguminosae implicates a rapid diversification of lineages during the tertiary[J]. Syst Biol, 2005, 54: 575-594.

[79] Cardoso D, et al. Revisiting the phylogeny of papilionoid legumes: new insights from comprehensively sampled early-branching lineages[J]. Am J Bot, 2012, 99: 1991-2013.

[80] Cardoso D, et al. Reconstructing the deep-branching relationships of the papilionoid legumes[J]. S Afr J Bot, 2013, 89: 58-75.

[81] Breteler FJ. A revision of *Leucomphalos*, including *Baphiastrum* and *Bowringia* (Leguminosae-Papilionoideae)[J]. Agric Univ Pap, 1994, 4: 1-41.

[82] Pennington RT, et al. Phylogenetic relationships of basal papilionoid legumes based upon sequences of the chloroplast *trn*L intron[J]. Syst Bot, 2001, 26: 537-556.

[83] Cardoso D, et al. Filling in the gaps of the papilionoid legume phylogeny: The enigmatic Amazonian genus *Petaladenium* is a new branch of the early-diverging Amburaneae clade[J]. Mol Phylogenet Evol, 2015, 84: 112–124.

[84] Wink M, Mohamed G. Evolution of chemical defence traits in the Leguminosae: mapping of distribution patterns ofsecondary metabolites on a molecular phylogeny inferred from nucleotide sequences of the *rbc*L gene[J]. Biochem Syst Ecol, 2003, 31: 897-917.

[85] Lee WK, et al. Molecular evidence for the inclusion of the Korean endemic genus "*Echinosophora*" in *Sophora* (Fabaceae), and embryological features of the genus[J]. J Plant Res, 2004, 117: 209-219.

[86] Merrill ED, Chen L. A revision of the genus *Sabia* Colebrooke[J]. Sargentia, 1943, 3: 77-120.

[87] Rudd VE. The American species of *Ormosia* (Leguminosae)[J]. Contr US Natl Herb, 1965, 32: 278-384.

[88] Yakovlev G. A contribution to the revision of the genus *Ormosia* Jacks: 1. The genera *Ruddia* Yakovl. and *Fedorovia* Yakovl. (Leguminosae)[J]. Bot Zhurn, 1971, 56: 652-658.

[89] Yue XK, et al. Systematics of the genus *Salweenia* (Leguminosae) from Southwest China with discovery of a second species[J]. Taxon, 2011, 60: 1366-1374.

[90] Yakovlev GP. Zametki po sistematike i geografii roda *Sophora* L. i blizkikh rodov[J]. Vopr Farmakogn, 1967, 4: 42-62.

[91] Pennington RT, et al. Tribe Sophoreae[M]//Lewis G, et al. Legumes of the world. Richmond: Royal Botanic Gardens, Kew, 2005: 227-249.

[92] Wang H, et al. A phylogeny of Thermopsideae (Leguminosae: Papilionoideae) inferred from nuclear ribosomal internal transcribed spacer (ITS) sequences[J]. Bot J Linn Soc, 2006, 151: 365-373.

[93] Uysal T, et al. A new genus segregated from *Thermopsis* (Fabaceae: Papilionoideae): *Vuralia*[J]. Plant Syst Evol, 2014, 300: 1627-1637.

[94] Wojciechowski MF. Reconstructing the phylogeny of legumes (Leguminosae): an early 21st century perspective[M]//Klitgaard BB, Bruneau A. Advances in legume systematics, part 10. Richmond: Royal Botanic Gardens, Kew, 2003: 5-35.

[95] Subramaniam S, et al. Molecular systematics of Indian *Crotalaria* (Fabaceae) based on analyses of nuclear ribosomal ITS DNA sequences[J]. Plant Syst Evol, 2013, 299: 1089-1106.

[96] le Roux MM, et al. A global infrageneric classification system for the genus *Crotalaria* (Leguminosae) based on molecular and morphological evidence[J]. Taxon, 2013, 62: 957-971.

[97] Boatwright JS, et al. Phylogenetic relationships of tribe Crotalarieae (Fabaceae) inferred from DNA sequences and morphology[J]. Syst Bot, 2008, 33: 752-761.

[98] Polhill RM. Miscellaneous notes on African species of *Crotalaria* L.: II[J]. Kew Bull, 1968, 22: 169-348.

[99] Bisby F, Polhill R. The role of taximetrics in angiosperm taxonomy II. Parallel taximetric and orthodox studies in *Crotalaria* L.[J]. New Phytol, 1973, 72: 727-742.

[100] Polhill RM. *Crotalaria* in Africa and Madagascar[M]. Rotterdam: Balkema, 1982.

[101] Ansari AA. Taxonomic studies on genus *Crotalaria* L. in India-II: infra-generic classification[J]. J Econ Tax Bot, 2006, 30: 570-582.

[102] Ansari AA. *Crotalaria* L. in India[M]. Dehra Dun: Bishen Singh Mahendra Pal Singh, 2008.

[103] van Wyk B. A review of the tribe Crotalarieae (Fabaceae)[J]. Contr Bolus Herb, 1991, 13: 265-288.

[104] Boatwright JS, et al. The generic concept of *Lotononis* (Crotalarieae, Fabaceae): reinstatement of the genera *Euchlora*, *Leobordea* and *Listia* and the new genus *Ezoloba*[J]. Taxon, 2011, 60: 161-177.

[105] van Wyk B. A synopsis of the genus *Lotononis* (Fabaceae: Crotalarieae)[J]. Contrib Bolus Herb, 1991, 14: 1-292.

[106] Boatwright J, et al. A taxonomic revision of the genus *Rothia* (Crotalarieae, Fabaceae)[J]. Aust Syst Bot, 2008, 21: 422-430.

[107] McMahon M, Hufford L. Phylogeny of Amorpheae (Fabaceae: Papilionoideae)[J]. Am J Bot, 2004, 91: 1219-1230.

[108] Mcmahon M. Phylogenetic relationships and floral evolution in the Papilionoid Legume clade Amorpheae[J]. Brittonia, 2005, 57: 397-411.

[109] McMahon M, Hufford L. Developmental morphology and structural homology of corolla-androecium synorganization in the tribe Amorpheae (Fabaceae: Papilionoideae)[J]. Am J Bot, 2002, 89: 1884-1898.

[110] McMahon M, Hufford L. Evolution and development in the Amorphoid clade (Amorpheae: Papilio-noideae: Leguminosae): petal loss and dedifferentiation[J]. Int J Plant Sci, 2005, 166: 383-396.

[111] Vatanparast M, et al. First molecular phylogeny of the pantropical genus *Dalbergia*: implications for infrageneric circumscription and biogeography[J]. S Afr J Bot, 2013, 89: 143-149.

[112] Bentham G. Synopsis of Dalbergieæ, a tribe of leguminosæ[J]. J Proc Linn Soc Bot, 1860, 4: 1-128.

[113] Carvalho AMD. Systematic studies of the genus *Dalbergia* L. f. in Brazil[D]. PhD thesis. Reading, UK: University of Reading, 1989.

[114] Carvalho AMD. A synopsis of the genus *Dalbergia* (Fabaceae: Dalbergieae) in Brazil[J]. Brittonia, 1997, 49: 87-109.

[115] Prain D. The species of *Dalbergia* of southeastern Asia. Ann Royal Bot Gard, 1904, 10: 1-114.

[116] Thothathri K. Studies on the mangroves of peninsular India versus the Andaman and Nicobar Islands[J]. Bull BotSurv India, 1983, 25: 169-173.

[117] Klitgård BB, et al. A detailed investigation of the *Pterocarpus clade* (Leguminosae: Dalbergieae): *Etaballia*, with radially symmetrical flowers is nested within the papilionoid-flowered *Pterocarpus*[J]. S Afr J Bot, 2013, 89(4): 128-142.

[118] Saslis-Lagoudakis CH, et al. The use of phylogeny to interpret cross-cultural patterns in plant use and guide medicinal plant discovery: an example from *Pterocarpus* (Leguminosae)[J]. PLoS One, 2011, 6: e22275.

[119] Vogel J. De Hedysareis Brasiliae[J]. Linnaea, 1838, 12: 50-111.

[120] Lavin M, et al. The dalbergioid legumes (Fabaceae): delimitation of a pantropicalmonophyletic clade[J]. Am J Bot, 2001, 88: 503-533.

[121] Ribeiro RA, et al. The genus *Machaerium* (Leguminosae) is more closely related to *Aeschynomene* sect. *Ochopodium* than to *Dalbergia*: inferences from combined sequence data[J]. Syst Bot, 2007, 32: 762-771.

[122] Chaintreuil C, et al. Evolution of symbiosis in the legume genus *Aeschynomene*[J]. New Phytol, 2013, 200: 1247-1259.

[123] Krapovickas SA, Rigoni VA, Taxonomia del genero *Arachis* (Leguminosae)[J]. Bonplandia, 1994, 8: 1-186.

[124] Gimenes MA, et al. Genetic variation and phylogenetic relationships based on RAPD analysis in section *Caulorrhizae*, genus *Arachis* (Leguminosae)[J]. Euphytica, 2000, 116: 187-195.

[125] Gimenes MA, et al. Genetic relationships among *Arachis* species based on AFLP[J]. Genet Mol Biol, 2002, 25: 349-353.

[126] Ramos ML, et al. Chromosomal and phylogenetic context for conglutin genes in *Arachis*, based on genomic sequence[J]. Mole Genet Genomics, 2006, 275: 578-592.

[127] Tang RH, et al. Phylogenetic relationships in genus *Arachis* based on SSR and AFLP markers[J]. Agric Sci China, 2008, 7: 405-414.

[128] Bechara MD, et al. Phylogenetic relationships in genus *Arachis* based on ITS and 5.8S rDNA sequences[J]. BMC Plant Biology, 2010, 10: 255.

[129] Friend S, et al. Species, genomes, and section relationships in the genus *Arachis* (Fabaceae): a molecular phylogeny[J]. Plant Syst Evol, 2010, 290: 185-199.

[130] Thulin M, Lavin M. Phylogeny and biogeography of the *Ormocarpum* group (Fabaceae): a new genus *Zygocarpum* from the Horn of Africa region[J]. Syst Bot, 2013, 26: 299-317.

[131] Fortuna-Perez AP, et al. Phylogeny and biogeography of the genus *Zornia* (Leguminosae: Papilionoideae: Dalbergieae)[J]. Taxon, 2013, 62: 723-732.

[132] Mohlenbrock RH. A monograph of the leguminous genus *Zornia*[J]. Webbia, 1961, 16: 1-141.

[133] Schrire BD, et al. Towards a phylogeny of *Indigofera* (Leguminosae-Papilionoideae): identification of major clades and relative ages[M]//Klitgaard BB, Bruneau A. Advances in legume systematics, part 10. Richmond: Royal Botanic Gardens, Kew, 2003: 269-302.

[134] Schrire BD, et al. Phylogeny of the tribe Indigofereae (Leguminosae-Papilionoideae): geographically structured more in succulent-rich and temperate settings than in grass-rich environments[J]. Am J Bot, 2009, 96: 816-852.

[135] de Candolle AP. Prodromus systematis naturalis regni vegetabilis. Vol. 2[M]. Paris: Treuttel & Würtz, 1825.

[136] Gillett JB. *Indigofera* (*Microcharis*) in tropical Africa with the related genera *Cyamopsis* and *Rhynchotropis*[J]. Kew Bull, 1958, 1: 1-166.

[137] Schrire B. Cladistic analysis of the tribe Indigofereae (Leguminosae)[M]//Crisp MD, Doyle JJ. Advances in legume systematics, part 7. Richmond: Royal Botanic Gardens, Kew, 1995: 161-244.

[138] Craib W. The *Indigofera* of China[J]. Not R Bot Gard Edinb, 1913, 36: 47-77.

[139] 方云亿, 郑朝宗. 国产木蓝属新分类群[J]. 植物分类学报, 1983, 21: 325-336.

[140] 方云亿, 郑朝宗. 国产木蓝属的系统研究[J]. 植物分类学报, 1989, 27: 161-177.

[141] Hu JM, et al. Phylogenetic analysis of nuclear ribosomal ITS/5.8S sequences in the tribe Millettieae (Fabaceae): *Poecilanthe-Cyclolobium*, the core Millettieae, and the *Callerya* group[J]. Syst Bot, 2003, 27: 722-733.

[142] Hu JM, Chang SP. Two new members of the *Callerya* group (Fabaceae) based on phylogenetic analysis of *rbc*L sequences: *Endosamara racemosa* (Roxb.) Geesink and *Callerya vasta* (Kosterm.) Schot[J]. Taiwania, 2003, 48: 118-128.

[143] Li JH, et al. Molecular systematics and biogeography of *Wisteria* inferred from nucleotide sequences of nuclear and plastid genes[J]. J Syst Evol, 2014, 52: 40-50.

[144] Sirichamorn Y, et al. Phylogeny of palaeotropic *Derris*-like taxa (Fabaceae) based on chloroplast and nuclear DNA sequences shows reorganization of (infra)generic classifications is needed[J]. Am J Bot, 2012, 99: 1793-808.

[145] Polhill RM. Evolution and systematics of the Leguminosae[M]//Polhill RM, Raven PH. Advances in legume systematics, part 1. Richmond: Royal Botanic Gardens, Kew, 1981: 1-26.

[146] Geesink R. Proposals to conserve *Millettia* W. & A. and revise the conservation of *Pongamia* Vent. (Leguminosae-Papilionoideae)[J]. Taxon, 1981, 30: 327-329.

[147] Geesink R. Scala Millettiearum[M]. Leiden: E. J. Brill/Leiden University Press, 1984.

[148] Lavin M, et al. Monophyletic subgroups of the tribe Millettieae (Leguminosae) as revealed by phytochrome nucleotide sequence data[J]. Am J Bot, 1998, 85: 412-433.

[149] Hu JM. Phylogenetic relationships of the tribe Millettieae and allies-the current status[M]//Herendeen PS, Bruneau A. Advances in legume systematics, part 9. Richmond: Royal Botanic Gardens, Kew, 2000: 299-310.

[150] Hu JM, et al. Phylogenetic systematics of the tribe Millettieae (Leguminosae) based on chloroplast *trn*K/*mat*K sequences and its implications for evolutionary patterns in Papilionoideae[J]. Am J Bot, 2000, 87: 418-430.

[151] Adema F. Notes on Malesian Fabaceae XX. *Derris* in Thailand and Malesia[J]. Thai Forest Bull, 2000,

28: 2-16.

[152] Sirichamorn Y, et al. Historical biogeography of *Aganope*, *Brachypterum*, and *Derris* (Fabaceae, tribe Millettieae): insights into the origins of Palaeotropical intercontinental disjunctions and general biogeographical patterns in Southeast Asia[J]. J Biogeogr, 2014, 41: 882-893.

[153] da Silva MJ, et al. Phylogeny and biogeography of *Lonchocarpus sensu lato* and its allies in the tribe Millettieae (Leguminosae, Papilionoideae)[J]. Taxon, 2012, 61: 93-108.

[154] Doyle J, et al. Towards a comprehensive phylogeny of legumes: evidence from *rbc*L sequences and non-molecular data[M]//Herendeen PS, Bruneau A. Advances in legume systematics, part 9. Richmond: Royal Botanic Gardens, Kew, 2000, 9: 1-20.

[155] Schrire BD. Abreae[M]//Lewis G, et al. Legumes of the world. Richmond: Royal Botanic Gardens, Kew, 2005: 389-391.

[156] Lee J, Hymowitz T. A molecular phylogenetic study of the subtribe Glycininae (Leguminosae) derived from the chloroplast DNA *rps*16 intron sequences[J]. Am J Bot, 2001, 88: 2064-2073.

[157] Stefanovic S, et al. Relationships among phaseoloid legumes based on sequences from eight chloroplast regions[J]. Syst Bot, 2009, 34: 115-128.

[158] Turner BL, Fearing S. A taxonomic study of the genus *Amphicarpaea* (Leguminosae)[J]. Southwestern Nat, 1964, 9: 207-218.

[159] Parker MA, et al. Comparative phylogeography of *Amphicarpaea* legumes and their root-nodule symbionts in Japan and North America[J]. J Biogeogr, 2010, 31: 425-434.

[160] Robinson BL. A new species of *Apios* from Kentucky[J]. Bot Gaz, 1898, 25: 450-453.

[161] Woods M. A revision of *Apios* and *Cochlianthus* (Leguminosae)[D]. PhD thesis. Carbondale, Illinois: Southern Illinois University, 1988.

[162] Ren B. Systematics of the genera *Apios* Fabr. and *Cochlianthus* Benth. (Fabaceae)[D]. Master thesis, Beijing: Institute of Botany, Chinese Academy of Sciences, 2005.

[163] Schrire BD. Phaseoleae[M]//Lewis G, et al. Legumes of the world. Richmond: Royal Botanic Gardens, Kew, 2005: 393-431.

[164] Li HL, et al. Diversification of the phaseoloid legumes: effects of climate change, range expansion and habit shift[J]. Front Plant Sci, 2013, 4: 1-8.

[165] Sanjappa M. Revision of the genera *Butea* Roxb. ex Willd. and *Meizotropis* Voigt (Fabaceae)[J]. Bull Bot Surv India, 1987, 29: 199-225.

[166] Ridder-Numan J. Historical biogeography of *Spatholobus* (Leguminosae-Papilionoideae) and allies in SE Asia[M]//Hall R, Holloway JD. Biogeography and geological evolution of SE Asia. Leiden: Backhuys, 1999: 259-277.

[167] Kassa MT. Molecular analysis of genetic diversity in domesticated *Pigeonpea* (*Cajanus cajan* (L.) Mill sp.) and wild relatives[D]. PhD thesis. Grahamstown, South Africa: Rhodes University, 2011.

[168] Carvalho-Okano RM, Leitão Filho HF. Revision of the genera *Butea* Roxb. ex Willd. and *Meizotropis* Voigt (Fabaceae)[J]. Revista Brasil Bot, 1985, 8: 31-45.

[169] Queiroz L, et al. Phylogeny of the Diocleinae (Papilionoideae: Phaseoleae) based on morphological characters[M]//Klitgaard BB, Bruneau A. Advances in legume systematics, part 10. Richmond: Royal Botanic Gardens, Kew, 2003: 303-324.

[170] Varela ES, et al. Relationships in subtribe Diocleinae (Leguminosae; Papilionoideae) inferred from internal transcribed spacer sequences from nuclear ribosomal DNA[J]. Phytochemistry, 2004, 65: 59-69.

[171] Sauer J. Revision of *Canavalia*[J]. Brittonia, 1964, 16: 106-181.

[172] Vatanparast M, et al. Origin of Hawaiian endemic species of *Canavalia* (Fabaceae) from sea-dispersed species revealed by chloroplast and nuclear DNA sequences[J]. J Jpn Bot, 2011, 86: 15-25.

[173] Williams RJ, Clements RJ. Taxonomy of *Centrosema*[M]//Schultze-Kraft R, Clements RJ. Centrosema: biology, agronomy, and utilization. Cali, Colombia: Centro Internacional de Agricultura Tropical, 1990: 1-28.

[174] Bentham G. Synopsis of the genus *Clitoria*[J]. J Linn Soc Bot, 1858, 2: 33-44.

[175] Fantz PR. A monograph of the genus *Clitoria* (Leguminosae: Glycineae)[D]. PhD thesis. Florida: University of Florida, 1977.

[176] Fantz PR. Taxonomic notes and new sections of *Clitoria* subgenus *Bractearia* (Leguminosae)[J]. SIDA, 1979, 8: 90-94.

[177] Delgado-Salinas A, et al. *Vigna* (Leguminosae) *sensu lato*: the names and identities of the American segregate genera[J]. Am J Bot, 2011, 98: 1694-1715.

[178] Verdcourt B. Studies in the Leguminosae-Papilionoïdeae for the 'Flora of Tropical East Africa': III[J]. Kew Bull, 1970, 24: 379-447.

[179] Moteetee AN, van Wyk BE. A revision of the genus *Dolichos* (Fabaceae, Papilionoideae, Phaseoleae), including Lesotho and Swaziland[J]. S Afr J Bot, 2012, 78: 178-194.

[180] Pan B, Zhu XY. Taxonomic revision of *Dumasia* (Fabaceae, Papilionoideae)[J]. Ann Bot Fenn, 2010, 47: 241-256.

[181] Bentham G. Leguminosae[M]//Miquel FAW. Plantae Junghuhnianae. Leiden: A. W. Sythoff, 1852: 205-269.

[182] Baker G. Leguminosae[M]//Hooker JD. Flora of British India. Vol. 2. London: Reeve & Co., 1876: 217-219.

[183] van der Maesen LJ. Revision of the genus *Dunbaria* Wight & Arn. (Leguminosae-. Papilionoideae)[J]. Wageningen Agric Univ Pap, 1998, 98: 1-109.

[184] van Welzen PC, den Hengst S. A revision of the genus *Dysolobium* (Papilionaceae) and the transfer of subgenus *Dolichovigna* to *Vigna*[J]. Blumea, 1985, 30: 363-383.

[185] Bruneau A, et al. Phylogenetic relationships in Phaseoleae: evidence from chloroplast DNA restriction site characters[M]//Crisp MD, Doyle JJ. Advances in legume systematics, part 7. Richmond: Royal Botanic Gardens, Kew, 1995: 309-330.

[186] Krukoff B, Barneby RC. Conspectus of species relationships in *Eiythrina*[J]. Lloydia, 37: 332-459.

[187] Bruneau A, Doyle JJ. Cladistic analysis of chloroplast DNA restriction site characters in *Erythrina* (Leguminosae: Phaseoleae)[J]. Syst Bot, 1993, 18: 229-247.

[188] Bruneau A. Phylogenetic and biogeographical patterns in *Erythrina* (Leguminosae: Phaseoleae) as inferred from morphological and chloroplast DNA Characters[J]. Syst Bot, 1996, 21: 587-605.

[189] 韦裕宗. 中国千斤拔属植物的初步研究[J]. 广西植物, 1991, 3: 193-207.

[190] 张忠廉, 等. 千斤拔属植物亲缘关系分析及其初步质量评价[J]. 中草药, 2011, 42: 1817-1821.

[191] Sede S, et al. Genetic relationships in the *Galactia-Camptosema-Collaea* complex (Leguminosae) inferred from AFLP markers[J]. Plant Syst Evol, 2008, 276: 261-270.

[192] Sede SM, et al. Phylogenetic relationships among southern south American species of *Camptosema*, *Galactia* and *Collaea* (Diocleinae: Papilionoideae: Leguminosae) on the basis of molecular and morphological data[J]. Aust J Bot, 2009, 57: 76-86.

[193] Burkart A. El género *Galactia* (Legum.-Phaseoleae) en Sudamérica con especial referencia a la Argentina y países vecinos[J]. Darwiniana, 1971, 16: 663-796.

[194] Luckey JA. Phaseoleae[M]//Polhill RM, Raven PH. Advances in legume systematics, part 1. Richmond: Royal Botanic Gardens, Kew, 1981: 301-327.

[195] Doyle JJ, et al. Diploid and polyploid reticulate evolution throughout the history of the perennial soybeans (*Glycine* subgenus *Glycine*)[J]. New Phytol, 2004, 161: 121-132.

[196] Thulin M, et al. Phylogeny and biogeography of *Wajira* (Leguminosae): monophyletic segregate of *Vigna* centered in the Horn of Africa region[J]. Syst Bot, 2004, 29: 903-920.

[197] Maréchal R, et al. Étude taxonomique d'un groupe complexe d'espèces des genres *Phaseolus* et *Vigna* (Papilionaceae)[J]. Boissiera, 1978, 28: 160-231.

[198] Lackey JA. A review of generic concepts in American Phaseolinae (Fabaceae, Faboideae)[J]. Bulletin, 1983, 42: 101-101.

[199] Espert SM, et al. Phylogeny of *Macroptilium* (Leguminosae): morphological, biochemical and molecular evidence[J]. Cladistics, 2007, 23: 119-129.

[200] Verdcourt B. A revision of *Macrotyloma* (Leguminosae)[J]. Hooker's Icon, 1982, 38: 1-138.

[201] Wilmot-Dear CM. A revision of *Mucuna* (Leguminosae-Phaseoleae) in China and Japan[J]. Kew Bull, 1984, 39: 23-65.

[202] Wilmot-Dear CM. A revision of *Mucuna* (Leguminosae, Phaseoleae) in the Indian subcontinent and Burma[J]. Kew Bull, 1987, 42: 23-46.

[203] Wilmot-Dear CM. A revision of *Mucuna* (Leguminosae: Phaseoleae) in the Pacific[J]. Kew Bull, 1990, 45: 1-35.

[204] Wilmot-Dear CM. A revision of *Mucuna* (Leguminosae-Phaseoleae) in the Philippines[J]. Kew Bull, 1991, 46: 213-251.

[205] Wilmot-Dear CM. A revision of *Mucuna* (Leguminosae: Phaseoleae) in Thailand, Indochina and the Malay Peninsula[J]. Kew Bull, 1992, 47: 203-245.

[206] Sanjappa M. Legumes of India[M]. Dehra Dun: Bishen Singh Mahendra Pal Singh, 1992: 220-221.

[207] Sørensen M. A taxonomic revision of the genus *Pachyrhizus* (Fabaceae-Phaseoleae)[J]. Nord J Bot, 2010, 8: 167-192.

[208] Freytag GF, Debouck DG. Taxonomy, distribution, and ecology of the genus *Phaseolus* (Leguminosae-Papilionoideae) in North America, Mexico, and Central America[J]. SIDA, 2002, 23: 1-300.

[209] Delgado-Salinas A, et al. Phylogeny of the genus *Phaseolus* (Leguminosae): arecent diversification in an ancient landscape[J]. Syst Bot, 2006, 31: 779-791.

[210] Delgado-Salinas A, et al. Phylogenetic analysis of the cultivated and wild species of *Phaseolus* (Fabaceae)[J]. Syst Bot, 1999, 24: 438-460.

[211] Nicolè S, et al. Biodiversity studies in *Phaseolus* species by DNA barcoding[J]. Genome, 2011, 54: 529-545.

[212] Bresser M. Monograph of the genus *Phylacium* (Leguminosae)[J]. Blumea, 1978, 24: 485-493.

[213] Verdcourt B, Halliday P. A revision of *Psophocarpus* (Leguminosae-Papilionoideae-Phaseoleae)[J]. Kew Bull, 1978, 33: 191-227.

[214] Maxted N. A phenetic investigation of *Psophocarpus* Neck. ex DC. (Leguminosae-Phaseoleae)[J]. Bot J Linn Soc, 2010, 102: 103-122.

[215] Fatihah HNN, et al. Cladistic analysis of *Psophocarpus* Neck. ex DC. (Leguminosae, Papilionoideae) based on morphological characters[J]. S Afr J Bot, 2012, 83: 78-88.

[216] van der Maesen LJG. The sections of *Begonia*, including descriptions, keys and species lists[J]. Wageningen Agric Univ Pap, 1985, 85: 1-132.

[217] Cagle W. Parsing polyphyletic *Pueraria*: delimiting distinct evolutionary lineages through phylogeny[D]. Master thesis, Greenville: East Caronila University, 2013.

[218] Bentham G, Hooker JD. Genera plantarum. Vol. 1, Part 2[M]. London: L. Reeve, 1865.

[219] Grear JW. A revision of the New World species of *Rhynchosia* (Leguminosae-Faboideae)[J]. Mem New York Bot Gard, 1978, 31: 1-168.

[220] Fortunato RH. Structural evolution in Caesalpinioideae[M]//Herendeen PS, Bruneau A. Advances in legume systematics, part 9. Richmond: Royal Botanic Gardens, Kew, 2000: 339-354.

[221] Thuan NV. Revision du genre *Shuteria* (Papilionaceae)[J]. Adansonia, 1972, 2: 291-305.

[222] Doyle JJ, et al. Chloroplast-expressed glutamine synthetase in *Glycine* and related Leguminosae: phylogeny, gene duplication, and ancient polyploidy[J]. Syst Bot, 2003, 28: 567-577.

[223] Ridder-Numan JW, Wiriadinata H. A revision of the genus *Spatholobus* (Leguminosae, Papilionoidea)[J]. Reinwardtia, 1985, 10: 139-205.

[224] Verdcourt B. Studies in the Leguminosae-Papilionoidea for the 'Flora of Tropical East Africa': II[J]. Kew Bull, 1970, 24: 263-284.

[225] Delgado-Salinas A. Chloroplast DNA phylogenetic studies in New World Phaseolinae (Leguminosae: Papilionoideae: Phaseoleae)[J]. Syst Bot, 1993, 18: 6-17.

[226] Ohashi H. Desmodieae[M]//Lewis G, et al. Legumes of the world. Richmond: Royal Botanic Gardens, Kew, 2005: 433-445.

[227] Pedley L. *Desmodium* Desv. (Fabaceae) and related genera in Australia: a taxonomic revision[J]. Austrobaileya, 1999, 5: 209-261.

[228] Xu B, et al. Analysis of DNA sequences of six chloroplast and nuclear genes suggests incongruence, introgression, and incomplete lineage sorting in the evolution of *Lespedeza* (Fabaceae)[J]. Mol Phylogenet Evol, 2012, 62: 346-358.

[229] Iokawa Y, Ohashi H. A taxonomic study of the genus *Campylotropis* (Leguminosae)(I)[J]. J Jpn Bot, 2002, 77: 179-222.

[230] Iokawa Y, Ohashi H. Ataxonomic study of the genus *Campylotropis*(Leguminosae)(II)[J]. J Jpn Bot, 2002, 77: 251-283.

[231] Iokawa Y, Ohashi H. Ataxonomic study of the genus *Campylotropis*(Leguminosae)(III)[J]. J Jpn Bot, 2002, 77: 315-350.

[232] Nemoto T, Ohashi H. Diversity and evolution of anatomical structure of lomentsin tribe Desmodieae (Papilionoideae)[M]//Klitgaard BB, Bruneau A. Advances in legume systematics, part 10. Richmond: Royal Botanic Gardens, Kew, 2003: 395-412.

[233] Ohashi H. The Asiatic species of *Desmodium* and its allied genera (Leguminosae)[J]. Ginkgoana, 1973, 1: 1-318.

[234] Ohashi H. *Dendrolobium* (Leguminosae-Papilionoideae: Desmodieae) in the Philippines[J]. J Jpn Bot, 1998, 73: 248-258.

[235] Ohashi H. Taxonomy and distribution of *Desmodium* and related genera (Leguminosae) in Malesia(I)[J]. J Jpn Bot, 2004, 79: 101-139.

[236] Ohashi H, Mill R. *Hylodesmum*, a new name for *Podocarpium* (leguminosae)[J]. Edinb J Bot, 2000, 57: 171-188.

[237] Ohashi H. The genera, tribes and subfamilies of Japanese Leguminosae[J]. Sci Rep Tohoku Imp Univ, Ser 4, Biol, 1999, 40: 187-268.

[238] Kajita T, Ohashi H. Chloroplast DNA variation in *Desmodium* subgenus *Podocarpium* (Leguminosae): infrageneric phylogeny and infraspecific variations[J]. J Plant Rese, 1994, 107: 349-354.

[239] Maximowicz CJ. Synopsis generis Lespedezae, Michaux[J]. Act Hort Petrop, 1873, 2: 329-388.

[240] Ohashi H. Nomenclatural changes in Leguminosae of Japan[J]. J Jpn Bot, 1982, 57: 29-30.

[241] 徐波. 胡枝子属的系统学研究[D]. 成都: 中国科学院成都生物所博士学位论文, 2011.

[242] Ohashi H. A new circumscription of *Tadehagi* and a new genus *Akschindlium* (Leguminosae)[J]. J Jpn Bot, 2003, 78: 269-294.

[243] Li M, et al. Establishment of DNA barcodes for the identification of the botanical sources of the Chinese 'cooling' beverage[J]. Food Control, 2012, 25: 758-766.

[244] Ohashi H, et al. The genus *Uraria* (Leguminosae) in China[J]. J Jpn Bot, 2006, 81: 332-361.

[245] Ohashi H, et al. Desmodieae[M]//Polhill RM, Raven PH. Advances in legume systematics, part 1. Richmond: Royal Botanic Gardens, Kew, 1981: 292-300.

[246] Egan AN, Crandall KA. Incorporating gaps as phylogenetic characters across eight DNA regions: ramifications for North American Psoraleeae (Leguminosae)[J]. Mol Phylogenet Evol, 2008, 46: 532-546.

[247] Grimes JW. A revision of *Cullen* (Leguminosae: Papilionoideae)[J]. Aust Syst Bot, 1997, 10: 565-648.

[248] Lavin M, et al. Phylogeny of robinioid legumes (Fabaceae) revisited: *Coursetia* and *Gliricidia* recircumscribed, and a biogeographical appraisal of the Caribbean endemics[J]. Syst Bot, 2003, 28: 387-409.

[249] Farruggia F. Phylogenetic and monographic studies of the pantropical genus *Sesbania*[D]. PhD thesis. Arizona: Arizona State University, 2009.

[250] Degtjareva G, et al. Phylogeny of the genus *Lotus* (Leguminosae, Loteae): evidence from nrITS sequences and morphology[J]. Can J Bot, 2006, 84: 813-830.

[251] Allan G, et al. Molecular phylogenetic analyses of tribe Loteae (Leguminosae): implications for classification and biogeography[M]//Klitgaard BB, Bruneau A. Advances in legume systematics, part 10. Richmond: Royal Botanic Gardens, Kew, 2003: 371-393.

[252] Sokoloff DD. Cladistic analysis of the tribe Loteae (Leguminosae) based on morphological

characters[M]//Pandey AK, et al. Plant taxonomy: advances and relevance. New Delhi: CBS, 2005: 45-81.

[253] Sokoloff DD, Lock M. Loteae[M]//Lewis G, et al. Legumes of the world. Richmond: Royal Botanic Gardens, Kew, 2005: 455-465.

[254] Kramina TE, Sokoloff DD. On *Lotus* sect. *Erythrolotus* (Leguminosae) and related taxa[J]. Byull Moskovsk Obshch Isp Prir, Otd Biol, 2003, 108: 59-62.

[255] Sokoloff DD. On system and phylogeny of the tribe Loteae DC. (Leguminosae)[J]. Byull Moskovsk Obshch Isp Prir, Otd Biol, 2003, 108: 35-48.

[256] Degtjareva GV, et al. New data on nrITS phylogeny of *Lotus* (Leguminosae, Loteae)[J]. Wulfenia, 2008, 15: 35-49.

[257] Osaloo SK, et al. Molecular systematics of the genus *Astragalus* L. (Fabaceae): phylogenetic analyses of nuclear ribosomal DNA internal transcribed spacers and chloroplast gene *ndh*F sequences[J]. Plant Syst Evol, 2003, 242: 1-32.

[258] Zhang ML, et al. Revision of the genus *Phyllolobium* Fisch. (Leguminosae-Papilionoideae)[J]. Feddes Repert, 2010, 117: 41-64.

[259] Podlech D. Zur taxonomie und nomenklatur der tragacanthoiden Astragali[J]. Mitt Bot Staatssamml München, 1983, 19: 1-23.

[260] Zarre M, Podlech D. Problems in the taxonomy of Tragacanthic *Astragalus*[J]. Sendtnera, 1997, 4: 243-250.

[261] Barneby RC. Atlas of north American *Astragalus*[J]. Mem New York Bot Gard, 1964, 13: 1-1188.

[262] Podlech D. Neue Aspekte zur evolution und gliederung der gattung *Astragalus* L.[J]. Mitt Staatssamml München, 1982, 18: 359-378.

[263] Podlech D, Zarre S. A taxonomic revision of the genus *Astragalus* L. (Leguminosae) in the Old World[M]. Wien, Austria: Naturhistorisches Museum, 2013.

[264] Wojciechowski MF. Evidence on the monophyly of *Astragalus* (Fabaceae) and its major subgroups based on nuclear ribosomal DNA ITS and chloroplast DNA *trn*L intron data[J]. Syst Bot, 1999, 24: 409-437.

[265] Osaloo SK, et al. Molecular systematics of the Old World *Astragalus* (Fabaceae) as inferred from nrDNA ITS sequence data[J]. Brittonia, 2005, 57: 367-381.

[266] Scherson RA, et al. Phylogeny, biogeography, and rates of diversification of New World *Astragalus* (Leguminosae) with an emphasis on South American radiations[J]. Am J Bot, 2008, 95: 1030-1039.

[267] Kazemi M, et al. Molecular phylogeny of selected Old World *Astragalus* (Fabaceae): incongruence among chloroplast *trn*L-F, *ndh*F and nuclear ribosomal DNA ITS sequences[J]. Nord J Bot, 2009, 27: 425-436.

[268] Zhang ML, et al. Phylogenetic origin of *Phyllolobium* with a further implication for diversification of *Astragalus* in China[J]. J Integr Plant Biol, 2009, 51: 889-899.

[269] Wojciechowski MF, et al. Molecular phylogeny of the "temperate herbaceous tribes" of papilionoid legumes: a supertree approach[M]//Herendeen PS, Bruneau A. Advances in legume systematics, part 9. Richmond: Royal Botanic Gardens, Kew, 2000: 277-298.

[270] 谢艳萍. 高山豆属和米口袋属的系统发育及在东亚的生物地理演化[D]. 昆明: 中国科学院昆明植物研究所博士学位论文, 2012.

[271] 朱相云. 雀儿豆属(豆科)的订正[J]. 植物分类学报, 1996, 34: 558-562.

[272] Lock M, Schrire B. Galegeae[M]//Lewis G, et al. Legumes of the world. Richmond: Royal Botanic Gardens, Kew, 2005: 475-487.

[273] Browicz K. The genus *Colutea* L. A monograph[J]. Monograph Bot, 1963, 14: 1-136.

[274] Sanderson MJ, Wojciechowski MF. Diversification rates in a temperate legume clade: are there "so many species" of *Astragalus* (Fabaceae)[J]. Am J Bot, 1996, 83: 1488-1502.

[275] 孟雷. 甘草属(*Glycyrrhiza* L.)的系统学研究[D]. 北京: 中国科学院植物研究所博士学位论文, 2005.

[276] Polhill RM. Galegeae[M]//Polhill RM, Raven PH. Advances in legume systematics, part 1. Richmond: Royal Botanic Gardens, Kew, 2000: 357-363.

[277] Zhu XY. *Oxytropis ihasaensis* (Fabaceae), a new species from Xizang (Tibet) in China, with supplementary notes on the section *Sericopetala*[J]. Ann Bot Fenn, 2004, 41: 495-497.

[278] Zhang ML, et al. Intense uplift of the Qinghai-Tibetan Plateau triggered rapid diversification of *Phyllolobium* (Leguminosae) in the Late Cenozoic[J]. Plant Ecol Divers, 2012, 5: 491-499.

[279] Wojciechowski MF. *Astragalus* (Fabaceae): a molecular phylogenetic perspective[J]. Brittonia, 2005, 57: 382-396.

[280] Bunge A. Species Generis *Oxytropis* DC.[J]. Mem Acad Sci Petersb, Ser. 1874: 1-166.

[281] Zhu XY, Ohashi H. Systematics of Chinese *Oxytropis* DC. (Leguminosae)[J]. Cathaya, 2000, 11/12: 1-218.

[282] Meyers ZJ. A contribution to the taxonomy and phylogeny of *Oxytropis* section *Arctobia* (Fabaceae) in North America[D]. Master Thesis, Alaska: University of Alaska Fairbanks, 2012.

[283] 张明理, 等. 豆科蔓黄耆属 *Phyllolobium* 及其属下组的分类[J]. 兰州大学学报(自然科学版), 2009, 45: 75-78.

[284] Ahangarian S, et al. Molecular phylogeny on the Tribe Hedysareae with special reference to *Onobrychis* (Fabaceae) as inferred from nrDNA ITS sequences[J]. Iran J Bot, 2007, 13: 64-74.

[285] Lock JM. Hedysareae[M]//Lewis G, et al. Legumes of the world. Richmond: Royal Botanic Gardens, Kew, 2005: 489-495.

[286] Komarov VL. Generis *Caragana* monographia[J]. Acta Hortic Petrop, 1908, 29: 77-388.

[287] 赵一之. 中国锦鸡儿属的分类学研究[J]. 内蒙古大学学报, 1993, 24: 631-653.

[288] 张明理. 锦鸡儿属种系发生关系重建的探讨[J]. 云南植物研究, 1997, 19: 331-341.

[289] Zhang ML, et al. Phylogeny of *Caragana* (Fabaceae) based on DNA sequence data from *rbc*L, *trn*S-*trn*G, and ITS[J]. Mol Phylogenet Evol, 2009, 50: 547-559.

[290] Amirahmadi A, et al. Molecular systematics of the tribe Hedysareae (Fabaceae) based on nrDNA ITS and plastid *trn*L-F and *mat*K sequences[J]. Plant Syst Evol, 2014, 300: 729-747.

[291] 兰芙蓉. 基于 ITS 序列和 *trn*L-F 序列探讨中国岩黄耆属植物的系统学关系[D]. 杨凌: 西北农林科技大学硕士学位论文, 2011.

[292] Lewke Bandara N, et al. A phylogenetic analysis of genus *Onobrychis* and its relationships within the tribe Hedysareae (Fabaceae)[J]. Turk J Bot, 2013, 37: 981-992.

[293] Fedtschenko BA. Generis Hedysari revisio[J]. Acta Horti Petrop, 1902, 19: 183-342.

[294] Choi BH, Ohashi H. Pollen morphology and taxonomy of *Hedysarum* and its related genera of the tribe Hedysareae (Leguminosae-Papilionoideae)[J]. J Jpn Bot, 1996, 71: 191-213.

[295] Choi BH, Ohashi H. Generic criteria and an infrageneric system for *Hedysarum* and related genera (Papilionoideae-Leguminosae)[J]. Taxon, 2003, 52: 567-576.

[296] Guo HY, et al. DNA barcoding provides distinction between Radix Astragali and its adulterants[J]. Sci China Life Sci, 2010, 53: 992-999.

[297] Li DZ, et al. Comparative analysis of a large dataset indicates that internal transcribed spacer (ITS) should be incorporated into the core barcode for seed plants[J]. Proc Natl Acad Sci USA, 2011, 108: 19641-19646.

[298] Širjaev G. Onobrychis generis revisio critica. Pars prima[J]. Publications Faculte des Sciences de l' Université Masaryk, 1925, 56: 1-197.

[299] Gorshkova SG. Eversmannia Bge. (Leguminosae)[M]//Komarov VL, et al. Flora of the USSR. Vol. 13. Jerusalem: Israel Program for Scientific Translation, 1972: 198-199.

[300] Rechinger KH. Tribus Hedysareae[M]//Rechinger KH. Flora Iranica, Nr, 157. Graz, Austria: Akademische Druck und Verlagsanstalt, 1984: 365-475.

[301] van der Maesen LJG. Origin, history and taxonomy of Chickpea[M]//Saxena MC, Singh KB. The chickpea. Aberystwyth, UK: CAB International Cambrian News Ltd., 1987: 11-34.

[302] Popov MG. The genus *Cicev* and its species[J]. Bull Appl Bot Genet Plant Breed, 1929, 21: 1-254.

[303] Javadi F, et al. Geographical diversification of the genus *Cicer* (Leguminosae: Papilionoideae) inferred from molecular phylogenetic analyses of chloroplast and nuclear DNA sequences[J]. Bot J Linn Soc, 2007, 154: 175-186.

[304] Steele KP, Wojciechowski MF. Phylogenetic analyses of tribes Trifolieae and Vicieae, based on sequences of the plastid gene *mat*K (Papilionoideae: Leguminosae)[M]//Bruneau A, Klitgaard BB. Advances in legume systematics, part 10. Richmond: Royal Botanic Gardens, Kew, 2003, 10: 355-370.

[305] Steele KP, et al. Phylogeny and character evolution in *Medicago* (Leguminosae): evidence from analyses of plastid *trn*K/*mat*K and nuclear *GA3ox1* sequences)[J]. Evol Phylo, 2010, 97: 1142-1155.

[306] Small E, Jomphe M. A synopsis of the genus *Medicago* (Leguminosae)[J]. Can J Bot, 1989, 67: 3260-3294.

[307] Bena G, et al. Ribosomal external and internal transcribed spacers: combined wse in the phylogenetic analysis of *Medicago* (Leguminosae)[J]. J Mol Evol, 1998, 46: 299-306.

[308] Downie SR, et al. Multiple independent losses of the plastid *rpoC1* intron in *Medicago* (Fabaceae) as inferred from phylogenetic analyses of nuclear ribosomal DNA internal transcribed spacer sequences[J]. Can J Bot, 1998, 76: 791-803.

[309] Bena G. Molecular phylogeny supports the morphologically based taxonomic transfer of the "medicagoid" *Trigonella* species to the genus *Medicago* L.[J]. Plant Syst Evol, 2001, 229: 217-236.

[310] 孙毅, 等. 根据核糖体 DNA ITS 序列分析苜蓿属的系统分类[J]. 西北植物学报, 2003, 23: 242-246.

[311] Maureira-Butler IJ, et al. The reticulate history of *Medicago* (Fabaceae)[J]. Syst Biol, 2008, 57: 466-482.

[312] Turini FG, et al. Phylogenetic relationships and evolution of morphological characters in *Ononis* L. (Fabaceae)[J]. Taxon, 2010, 59: 1077-1090.

[313] Širjaev G. ZWei neue Leguminosen aus Kleinasien[J]. Notizblatt des Königl Botanischen Gartens und Museums zu Berlin, 1932, 11: 379-380.

[314] Ellison NW, et al. Molecular phylogenetics of the clover genus (*Trifolium*-Leguminosae)[J]. Mol Phylogenet Evol, 2006, 39: 688-705.

[315] Zohary M, Heller D. The genus *Trifolium*[M]. Jerusalem, Israel: Israel Academy of Sciences and Humanities, 1984.

[316] Asmussen C, Liston A. Chloroplast DNA characters, phylogeny, and classification of *Lathyrus* (Fabaceae)[J]. Am J Bot, 1998, 85: 387-401.

[317] Kenicer GJ, et al. Systematics and biogeography of *Lathyrus* (Leguminosae) based on internal transcribed spacer and cpDNA sequence data[J]. Am J Bot, 2005, 92: 1199-1209.

[318] Czefranova Z. Review of species in the genus *Lens* Mill.[J]. Novosti Sist Vyssh Rast, 1971, 8: 184-191.

[319] Kupicha FK. The infrageneric structure of *Lathyrus*[J]. Not R Bot Gard Edinb, 1983, 41: 209-244.

[320] Smýkal P, et al. Phylogeny, phylogeography and genetic diversity of the *Pisum* genus[J]. Plant Gene Resour, 2011, 9: 4-18.

[321] Maxted N, Ambrose M. Peas (*Pisum* L.)[M]//Maxted N, Bennett SJ. Plant genetic resources of Legumes in the Mediterranean. Dordrecht, the Netherlands: Kluwer Academic Publishers, 2000: 181-190.

[322] Endo Y, et al. Phylogenetic relationships of New World *Vicia* (Leguminosae) inferred from nrDNA internal transcribed spacer sequences and floral characters[J]. Syst Bot, 2008, 33: 356-363.

[323] Choi BH, et al. Phylogenetic significance of stylar features in genus *Vicia* (Leguminosae): an analysis with molecular phylogeny[J]. J Plant Res, 2006, 119: 513-523.

[324] Kupicha FK. The infrageneric structure of *Vicia*[J]. Not R Bot Gard Edinb, 1976, 34: 287-326.

Surianaceae Arnott (1834), *nom. cons.* 海人树科

特征描述：乔木或灌木。<u>叶互生</u>，<u>单叶或羽状复叶</u>，托叶小或缺失。<u>聚伞状或圆锥状花序</u>顶生或腋生，很少茎生；<u>花两性或单性</u>，辐射对称；<u>萼片和花瓣均 5 (-7)，覆瓦状排列</u>；雄蕊 10，两轮，内轮雄蕊常退化，花药长圆形，丁字着药，纵向开裂；雌蕊 1 或 5 心皮，每室 1 或 2 胚珠，柱头棒状或较小。<u>果核果状</u>，1-5 聚生。种子具胚乳或无，胚弯曲或折叠。花粉粒 3 孔沟，条状、网状或穿孔状纹饰。虫媒。

分布概况：5 属/8 种，分布于热带海洋沿岸，主要见于太平洋和印度洋的珊瑚礁和小岛；中国 1 属/1 种，产台湾和西沙群岛。

系统学评述：该科早期的系统位置存在争议，Takhtajan[1]和 Thorne[2]将其置于芸香目 Rutales，Cronquist[3]则将其置于蔷薇目 Rosales。传统上该科五属均列入苦木科 Simaroubaceae[4]。分子系统学研究将海人树属、*Cadellia*、*Guilfoylia*、*Recchia* 和 *Stylobasium* 分出另行成立海人树科，隶属于豆目 Fabales，与远志科 Polygalaceae 构成姐妹群[5-7]。

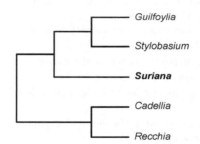

图 92　海人树科分子系统框架图（参考 Crayn 等[5]；Soltis 等[6]；Forest 等[7]）

1. *Suriana* Linnaeus 海人树属

Suriana Linnaeus (1753: 284); Peng & Wm (2008: 105) (Lectotype: *S. maritima* Linnaeus)

特征描述：灌木或小乔木。<u>单叶互生</u>，无托叶。<u>聚伞花序</u>；<u>花梗基部具关节</u>；<u>苞片宿存</u>，<u>叶状</u>；<u>花两性，5 基数</u>；萼片基部合生；<u>花瓣与萼片同数，均为覆瓦状排列</u>；雄蕊 10，有时 5 枚不发育，丁字着药；<u>花盘不发育</u>；柱头小而不明显，心皮 5，分离，每心皮具 2 胚珠，并列，基底着生，珠孔朝向基部。<u>果为核果状，聚生，被宿存花萼所包</u>。种子 1，胚弯曲，无胚乳。花粉粒 3 孔沟，条状、网状或穿孔状纹饰。虫媒。

分布概况：1/1 种，**2（3）型**；主要分布于太平洋至印度洋中的小孤岛或珊瑚岛上；中国产台湾及西沙群岛。

系统学评述：海人树属仅海人树 *S. maritima* Linnaeus，早期划归于苦木科[4]。分子系统学研究将海人树属、*Cadellia*、*Guilfoylia*、*Recchia* 和 *Stylobasium* 分出另行成立海

人树科，放在豆目中[5,6]。

DNA 条形码研究： BOLD 网站有该属 1 种 4 个条形码数据。

代表种及其用途： 海人树是珊瑚礁和小岛上的先锋树种之一。

主要参考文献

[1] Takhtajan A. Systema Magnoliophytorum[M]. Leningrad: Nauka, 1987.

[2] Thorne RF. Classification and geography of the flowering plants[J]. Bot Rev, 1992, 58: 225-327.

[3] Cronquist A. Some realignments in the dicotyledons[J]. Nord J Bot, 2010, 3: 75-83.

[4] Cronquist A. An integrated system of classification of flowering plants[M]. New York: Columbia University Press, 1981.

[5] Crayn DM, et al. A reassessment of the familial affinity of the Mexican genus *Recchia* Moçiño & Sessé ex DC[J]. Brittonia, 1995, 47: 397-402.

[6] Soltis DE, et al. Angiosperm phylogeny inferred from a combined data set of 18S rDNA, *rbc*L, and *atp*B sequences[J]. Bot J Linn Soc, 2000, 133: 381-461.

[7] Forest F, et al. The role of biotic and abiotic factors in evolution of ant dispersal in the milkwort family (Polygalaceae)[J]. Evolution, 2007, 61: 1675-1694.

Polygalaceae Hoffmannsegg & Link (1809), *nom. cons.* 远志科

特征描述：草本、藤本或木本，极少寄生。茎大多圆柱形，偶具棱或翅。单叶互生，有时对生或轮生，<u>无托叶</u>，叶柄基部或叶片上有时具蜜腺。总状或圆锥花序，极少简化为单花；花两性，极少为单性，多少辐射对称至<u>两侧对称</u>；萼片 5，分离或基部合生乃至成筒；花瓣 5 或 3，分离，<u>中间 1 枚常内凹</u>，<u>呈龙骨瓣状</u>，顶部常具 3 裂片或 1 流苏状附属物；雄蕊（2-）5-8（-10），花丝分离，或合生成鞘（管）；<u>心皮 2-8</u>，<u>合生</u>，子房上位，<u>2-8 室</u>，<u>偶 1 室</u>，胚珠 1，稀 4-40。蒴果，偶为翅果、坚果或浆果。<u>种子常具假种皮</u>。<u>花粉粒 3-33 孔沟</u>。昆虫传粉，或自花授粉。染色体 *n*=6-23。蚂蚁、鸟类、哺乳动物，或风力传播种子。

分布概况：26 属/965 种，除南极洲和新西兰，世界广布，主产热带和亚热带；中国 6 属/53 种，南北均产。

系统学评述：传统上远志科分为 3 族：黄叶树族 Xanthophylleae、远志族 Polygaleae 和 Moutabeae。Eriksen[1]根据形态学从远志族中分出了第 4 族 Carpolobieae。黄叶树族仅含黄叶树属 *Xanthophyllum*，因具单室子房和 4-40 颗胚珠而与其他 3 族相区别，有些学者也据此认为应将其独立成科，但形态和分子证据均表明黄叶树族与远志科其他成员互为姐妹群[1-4]。远志科与海人树科 Surianaceae 互为姐妹群，同属于豆目 Fabales[APW]。叶绿体 *trn*L-F 片段分析结果认为 Moutabeae 可能是并系[2]；而基于 3 个叶绿体片段的分子系统学研究显示其为单系[3]。此外，远志族、Moutabeae、Carpolobieae 之间的系统发育关系仍存在问题[2]，分子系统学研究或支持远志族和 Carpolobieae 互为姐妹群[3]，亦支持远志族和 Moutabeae 的姐妹群关系[4]。

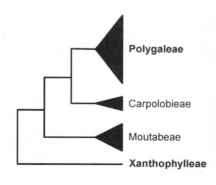

图 93 远志科分子系统框架图（参考 APW；Persson[2]；Forest 等[3]；Abbott[4]）

分属检索表

1. 花瓣 5；子房 1 室，4-40 颗胚珠·································**6. 黄叶树属** *Xanthophyllum*
1. 花瓣 3；子房 2-8 室，每室具 1 颗胚珠
  2. 寄生小草本，无叶绿素·································**1. 寄生鳞叶草属** *Epirixanthes*
  2. 非寄生，具叶绿素
    3. 藤本，极少为灌木或小乔木；翅果·································**5. 蝉翼藤属** *Securidaca*
    3. 一年生或多年生草本、灌木或小乔木；蒴果
      4. 雄蕊 4-6；果实边缘具刺或齿·································**4. 齿果草属** *Salomonia*
      4. 雄蕊 8
        5. 叶具明显柄；龙骨瓣顶部具 2 裂的鸡冠状附属物；花粉粒肾形，异极
        ·································**2. 异翅果属** *Heterosamara*
        5. 叶无柄或具短柄；龙骨瓣顶部具多裂或流苏状的鸡冠状附属物；花粉粒圆形，等极·······
        ·································**3. 远志属** *Polygala*

1. *Epirixanthes* Blume 寄生鳞叶草属

Epirixanthes Blume (1823: 25); Chen et al. (2008: 159) (Type: *non designatus*)

特征描述：<u>寄生小草本，无叶绿素，通过真菌获取养分</u>。叶小，鳞片状。<u>穗状花序顶生</u>；萼片 5，不等大，较花瓣小，分离或基部联合，宿存；<u>花瓣 3</u>，乳白色，染以粉红色，中间 1 枚龙骨瓣状，无鸡冠状附属物；<u>雄蕊 2-5，花丝全部或部分联合成鞘，并与花瓣贴生</u>，花药侧裂；子房 2 室，每室具 1 倒生胚珠，花柱直立，柱头 2 裂，仅 1 个发育；花盘半环状。<u>蒴果，具肉质果皮，不开裂，边缘无齿或刺</u>。种子无毛，无种阜，几无胚乳。<u>花粉粒 15-18 孔沟</u>。染色体 $2n=24$。

分布概况：6/1 种，**5** 型；分布于热带亚洲至所罗门群岛；中国产福建、海南、台湾和云南。

系统学评述：寄生鳞叶草属缺少相关的分子系统学研究，可能隶属于远志族 Polygaleae II，或被置于齿果草属 *Salomonia*，作为齿果草属下的 1 个组[FRPS]。但两者亦有诸多区别：寄生鳞叶草属花柱直立，花盘半环状，蒴果不开裂，异养，生于林下；而齿果草属花柱弯曲，无花盘，蒴果开裂，自养，生于开阔地，所以现今多将寄生鳞叶草属独立[5]。目前缺乏分子系统学研究验证其系统位置。仅有研究涉及该属 2 种，即 *E. cylindrica* Blume 和 *E. papuana* J. J. Smith，认为该属可能与 *Comesperma* 较近，或嵌在远志属 *Polygala* 内[6]。Pendry[7]发表了产自泰国东南部的 1 个新种，并编制了寄生鳞叶草属最新的检索表，苞片的形状、大小、脱落情况，以及小苞片的有无似乎是比较重要的分类特征。

2. *Heterosamara* Kuntze 异翅果属

Heterosamara Kuntze (1891: 47); Paiva & P. Silveira (2007: 288) (Type: *H. birmanica* Kuntze)

特征描述：一年生或多年生草本、灌木或小乔木。单叶互生；<u>明显具柄</u>；叶片卵圆

形至披针形。总状花序顶生或腋生；苞片和小苞片早落；萼片 5，侧面 2 枚大，花瓣状，早落；花瓣 3，中间 1 枚龙骨瓣状，顶部具 2 裂的鸡冠状附属物，或极少无附属物；雄蕊 8，花丝联合成一开放的鞘，并与花瓣贴生，花药顶孔开裂；子房 2 室，每室具 1 倒生胚珠。蒴果。种子被毛，具种阜或无，另端具附属体或无。花粉粒肾形，24-33 孔沟。

分布概况：17/3（2）种，**6 型**；主产热带非洲和亚洲，延伸至亚热带；中国产西南、华南至华中。

系统学评述：传统上异翅果属被并入远志属，Paiva[8] 根据孢粉学证据及花和叶的形态特征恢复并界定了该属（共包含 14 种），其与远志属的主要区别在于：花粉肾形，异极，龙骨瓣顶部具 2 裂的鸡冠状附属物，叶明显具柄。异翅果属属于远志族 Polygaleae II，是单系类群，是 *Chamaebuxus*+*Polygala* subgen. *Chodatia* 分支的姐妹群[2,3]。Castro 等[9] 将远志属 3 种移至该属，并为它们建立 1 个新组 *Heterosamara* sect. *Villososperma*（中国产的 3 种都隶属于该组），该组与原先的 14 种（*Polygala* sect. *Heterosamara*）的区别在于：种子具长毛，无种阜，种脐端具一弯曲附属物。目前属下缺乏全面的分子系统学研究。

DNA 条形码研究：BOLD 网站有该属 1 种 1 个条形码数据。

代表种及其用途：一些种类的根可入药，如长毛籽远志 *H. wattersii* (Hance) Paiva & P. Silveira。

3. *Polygala* Linnaeus 远志属

Polygala Linnaeus (1753: 701); Chen et al. (2008: 141) (Lectotype: *P. vulgaris* Linnaeus)

特征描述：一年生或多年生草本、灌木或小乔木。单叶互生、对生或轮生；无柄或具短柄。总状花序顶生或腋生，极少为圆锥花序；萼片 5，侧面 2 枚大，花瓣状，宿存；花瓣 3，中间 1 枚龙骨瓣状，顶部的鸡冠状附属物多裂或流苏状；雄蕊 8，花丝联合成一开放的鞘，并与花瓣贴生，花药顶孔开裂；子房 2 室，每室具 1 倒生胚珠。蒴果。种子无毛，常具种阜。花粉粒 8-22 孔沟。染色体 n=6-13，15-17，19，23。

分布概况：300-350/41（19）种，**1 型**；除南极洲和新西兰外，世界广布；中国南北均产，主产西南和华南。

系统学评述：远志属属于远志族 Polygaleae II，是 1 个多系类群。长期以来，远志属的分类就存在问题，与近缘属界限不清晰，范围界定多变，属下分组也多有争议。随着研究的深入，广义远志属下的一些组已独立成属（如前述的异翅果属等），但现今接受的远志属乃至其下的某些组依然是多系类群[2-4]。因此，远志属下各组及种间的系统演化关系仍需进一步研究。

DNA 条形码研究：BOLD 网站有该属 142 种 225 个条形码数据；GBOWS 网站已有 8 种 41 个条形码数据。

代表种及其用途：一些种类全草可入药，如瓜子金 *P. japonica* Houttuyn。

4. *Salomonia* Loureiro 齿果草属

Salomonia Loureiro (1790: 14), *nom. cons.*；Chen et al. (2008: 158) (Type: *S. cantoniensis* Loureiro)

特征描述：<u>一年生草本</u>。<u>穗状花序顶生或极少腋生</u>；萼片 5，不等大，较花瓣小，基部联合，宿存；<u>花瓣 3</u>，乳白色，染以粉红色，中间 1 枚龙骨瓣状，无鸡冠状附属物；<u>雄蕊 4-6</u>，花丝几全部联合成鞘，并与花瓣贴生，花药顶孔开裂；子房 2 室，每室具 1 倒生胚珠，花柱强烈弯曲，柱头 2 裂；无花盘。<u>蒴果室背开裂</u>，<u>边缘具齿或刺</u>。种子无毛，无种阜，具胚乳。<u>花粉粒 13-14 孔沟</u>。

分布概况：6/2 种，**5 型**；产热带亚洲和澳大利亚；中国产西南、华南至华东。

系统学评述：齿果草属属于远志族 Polygaleae II，是单系类群。它可能是（*Chamaebuxus*+*Polygala* subgen. *Chodatia*）+*Heterosamara* 分支的姐妹群[3]，或是蝉翼藤属 *Securidaca* 的姐妹群[4]。Koyama[10]发表了产自泰国的 3 个新种，并编制了齿果草属的检索表，蒴果的形态特征（2 室的室壁有无刺或刺毛或网纹，边缘是否具刺）是比较重要的分类特征。迄今齿果草属无全面的分子系统学研究。

DNA 条形码研究：BOLD 网站有该属 1 种 1 个条形码数据；GBOWS 网站已有 1 种 10 个条形码数据。

代表种及其用途：齿果草 *S. cantoniensis* Loureiro 全草可入药。

5. *Securidaca* Linnaeus 蝉翼藤属

Securidaca Linnaeus (1759: 1151), *nom. cons.*; Chen et al. (2008: 141) (Type: *S. volubilis* Linnaeus)

特征描述：<u>藤本</u>，<u>极少为灌木或小乔木</u>。总状花序或圆锥花序顶生或腋生；萼片 5，分离，侧面 2 枚较大，白色至紫色，花瓣状，早落；<u>花瓣 3</u>，粉红色至紫色，有时基部黄色，中间 1 枚呈龙骨瓣状，顶部不具附属物，或多少具鸡冠状附属物；<u>雄蕊 8</u>，花丝全部或大部分联合成 U 形的鞘，并与花瓣贴生；<u>子房假 1 室</u>，花柱弯曲，柱头 2 裂；花盘肾形。<u>翅果</u>。种子无种阜，无胚乳。<u>花粉粒 8-13 孔沟</u>。染色体 2*n*=32。

分布概况：80/2（1）种，**2 型**；主产热带美洲，少数产热带亚洲和非洲；中国产广东、广西、海南、云南。

系统学评述：蝉翼藤属属于远志族 Polygaleae II，是单系类群。它可能是（*Comesperma*+*Monnina*）+（*Phlebotaenia*+*Rhinotropis*）分支的姐妹群[3]，或与齿果草属一起组成前述分支的姐妹群[4]。

DNA 条形码研究：BOLD 网站有该属 10 种 18 个条形码数据。

代表种及其用途：一些种类的根可入药，茎皮纤维坚韧，如蝉翼藤 *S. inappendiculata* Hasskarl。

6. *Xanthophyllum* Roxburgh 黄叶树属

Xanthophyllum Roxburgh (1820: 81), *nom. cons.*; Chen et al. (2008: 139) (Type: *X. flavescens* Roxburgh, *typ. cons.*)

特征描述：<u>乔木或灌木</u>。节上通常具腺体。总状或圆锥花序通常腋生；花两侧对称，通常白色，有时黄色、粉红色或紫色；萼片 5，分离，侧面 2 枚稍大，通常早落；<u>花瓣 5</u>，<u>分离</u>，中间 1 枚呈龙骨瓣状，基部具爪，顶部不具鸡冠状附属物；<u>雄蕊（7-）8（-10）</u>，花丝分离或基部联合，极少联合至中部，花药内向；心皮 2，合生，<u>子房上位</u>，<u>1 室，偶为不完全 2 室</u>，<u>侧膜胎座</u>，<u>胚珠 4-20（-40）</u>，花柱 1，微弯，柱头通常 2 裂，有时呈头状；花盘环状。<u>浆果球形</u>，极少为不规则开裂的蒴果。种子无种阜，无胚乳。<u>花粉粒 5-11 孔沟</u>。

分布概况：93/4（2）种，**5 型**；产热带亚洲和大洋洲；中国产广东、广西、海南和云南。

系统学评述：黄叶树属是黄叶树族下仅含的 1 属，是单系类群，是远志科的基部类群[2-4]。黄叶树属具单室子房和 4-40 颗胚珠而有别于远志科其他成员，有些学者因此认为应将其独立成科；但它同时也具有远志科特征性的多孔沟花粉，以及类似的形态特征（如花的结构、节上腺体等），所以置于远志科下似乎更为合适。van der Meijden[11]根据果实内种子数、胚和胚乳形态，以及花的结构特征将该属全部 93 种（37 种为 Meijden 发表）划分为 7 亚属：*Xanthophyllum* subgen. *Xanthophyllum*、*X.* subgen. *Coriaceum*、*X.* subgen. *Triadelphum*、*X.* subgen. *Exsertum*、*X.* subgen. *Brunophyllum*、*X.* subgen. *Grandiflorum* 和 *X.* subgen. *Macintyria*，将 *X.* subgen. *Xanthophyllum* 分为 2 组：*X.* sect. *Xanthophyllum* 和 *X.* sect. *Eystathes*，并将 *X.* sect. *Eystathes* 再分为 2 亚组：*X.* subsect. *Jakkia* 和 *X.* subsect. *Eystathes*。其中，中国产的 4 种都隶属于 *X.* sect. *Xanthophyllum*。目前缺乏全面的分子系统学研究。

DNA 条形码研究：BOLD 网站有该属 7 种 24 个条形码数据。

代表种及其用途：该属木材坚实致密，可供建筑用材，如黄叶树 *X. hainanense* H. H. Hu。

主要参考文献

[1] Eriksen B. Phylogeny of the Polygalaceae and its taxonomic implications[J]. Plant Syst Evol, 1993, 186: 33-55.

[2] Persson C. Phylogenetic relationships in Polygalaceae based on plastid DNA sequences from the *trn*L-F Region[J]. Taxon, 2001, 50: 763-779.

[3] Forest F, et al. The role of biotic and abiotic factors in evolution of ant dispersal in the milkwort family (Polygalaceae)[J]. Evolution, 2007, 61: 1675-1694.

[4] Abbott JR. Phylogeny of the Polygalaceae and a revision of *Badiera*[D]. PhD thesis. Florida: University of Florida, 2009.

[5] van der Meijden R. Polygalaceae[M]//van Steenis CGGJ. Flora Malesiana. Vol. 10. Dordrecht: Kluwer, 1988, 10: 455-539.

[6] Bello MA, et al. Combined phylogenetic analyses reveal interfamilial relationships and patterns of floral evolution in the eudicot order Fabales[J]. Cladistics, 2012, 28: 393-421.

[7] Pendry CA. *Epirixanthes compressa* Pendry, a new mycoheterotrophic species of Polygalaceae from Thailand[J]. Thai Forest Bull, 2010, 38: 184-186.

[8] Paiva JAR. *Polygalarum* Africanarum et Madagascariensium prodromus atque gerontogaei generis *Heterosamara* Kuntze, a genere *Polygala* L. segregati et a nobis denuo recepti, synopsis monographica[J]. Fontqueria, 1998, 50: 1-346.

[9] Castro S, et al. *Heterosamara* sect. *Villososperma*, comb. nov. (Polygalaceae) from eastern Asia[J]. Nord J Bot, 2007, 25: 286-293.

[10] Koyama H. A revision of the genus *Salomonia* (Polygalaceae)[J]. Bull Nat Sci Mus, B (Tokyo), 1995, 21: 1-12.

[11] van der Meijden R. Systematics and evolution of *Xanthophyllum* (Polygalaceae)[M]. Leidenz: Leiden University Press, 1982.

Rosaceae Jussieu (1789), *nom. cons.* 蔷薇科

特征描述： 草本、灌木或乔木，落叶或常绿。冬芽常具数个裸露鳞片，有时仅具 2 个。单叶或复叶，互生，稀对生，<u>常具托叶</u>，<u>离生或贴生叶柄</u>，<u>叶柄先端常具 2 腺体</u>。花序多样；花常辐射对称，两性，稀单性而雌雄异株；<u>花托（萼筒）离生或贴生心皮</u>，<u>常在果期膨大</u>；萼片常 5，覆瓦状，有时与副萼裂片互生；花瓣常 5，覆瓦状，稀无；<u>雄蕊常多数</u>；心皮 1 至多数，分离或合生，子房上位至下位，胚珠基生、侧生或顶生或多少成中轴胎座。蓇葖果、瘦果、梨果、核果、聚合果，稀蒴果。子叶常肉质，很少折叠或旋卷，胚乳常无。花粉粒 3 孔沟，或拟孔沟。一些类群具生氰糖苷和糖醇山梨醇。

分布概况： 90 属/2520 种，世界广布，北半球最为丰富；中国 46 属/约 900 种，南北均产，主产西南。

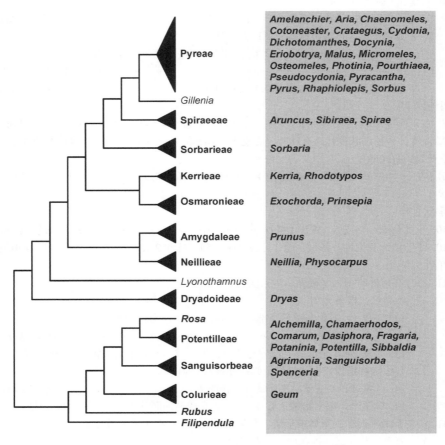

图 94　蔷薇科分子系统框架图（参考 Potter 等[1]）

　　系统学评述：尽管蔷薇科在解剖学、营养器官特征和果实形态都表现出较大的多样性，但是该科一直被认为是单系类群[1]，并得到雄蕊数目、叶绿体 DNA 序列[2-6]及淀粉颗粒合成酶基因（*GBSSI*）[7]等证据的支持。传统分类中以果实类型为主要依据，将蔷薇科划分为 4 亚科[FRPS]。但无论是染色体基数、化学成分、锈菌寄生物的分布，还是叶绿体和核 DNA 序列的分析结果都不支持基于果实类型而界定的亚科。这些非果实性状是新分类的基础。依据这些特征，蔷薇科划分为 3 亚科 16 族：蔷薇亚科 Rosoideae、具有根瘤共生固氮的仙女木亚科 Dryadoideae 和绣线菊亚科 Spiraeoideae（包括传统的李亚科 Prunoideae 和苹果亚科 Maloideae）。

分属检索表

1. 果实为开裂的蓇葖果，稀蒴果；托叶有或无
  2. 果实为蒴果；种子有翅；花大型，直径在 2cm 以上 ·············· **17. 白鹃梅属 *Exochorda***
  2. 果实为开裂的蓇葖果；种子无翅；花小型，直径不超过 2cm
    3. 单叶
      4. 心皮 1（-5）·· **24. 绣线梅属 *Neillia***
      4. 心皮 5，稀（1）3-4
        5. 蓇葖果膨大，沿背腹两缝线开裂；有托叶 ·············· **27. 风箱果属 *Physocarpus***
        5. 蓇葖果不膨大，沿腹缝线开裂；无托叶
          6. 花序伞形、伞形总状、伞房状或圆锥状；心皮离生；叶缘有锯齿或缺刻，稀全缘·······
            ·· **46. 绣线菊属 *Spiraea***
          6. 花序穗状圆锥形；心皮基部合生；叶全缘 ·············· **42. 鲜卑花属 *Sibiraea***
    3. 羽状复叶
      7. 多年生草本；一至三回羽状复叶，无托叶；心皮 3-4（-8），离生 ······· **5. 假升麻属 *Aruncus***
      7. 灌木；一回羽状复叶，有托叶；心皮 5，基部合生 ·············· **43. 珍珠梅属 *Sorbaria***
1. 果实不开裂；有托叶
  8. 子房下位、半下位、稀上位；心皮（1）2-5，多数与杯状花托内壁连合；梨果或浆果状，稀小核果状
    9. 羽状复叶
      10. 小叶全缘；心皮 5，各含 1 胚珠 ·························· **25. 小石积属 *Osteomeles***
      10. 小叶边缘有锯齿，稀近全缘；心皮 2-4（-5），各含 2 胚珠 ·············· **44. 花楸属 *Sorbus***
    9. 单叶
      11. 心皮在成熟时变为坚硬骨质，果实内含 1-5 小核
        12. 叶全缘；枝条无刺
          13. 心皮 1，着生在萼筒基部，成熟时可与肉质萼筒分离为小核果状 ···········
            ·· **13. 牛筋条属 *Dichotomanthes***
          13. 心皮 2-5，全部或大部分与萼筒合生，成熟时为小梨果状 ·· **9. 栒子属 *Cotoneaster***
        12. 叶边缘有锯齿或裂片，稀全缘；枝条常有刺
          14. 叶常绿；心皮 5，各有成熟的胚珠 2 ·············· **34. 火棘属 *Pyracantha***
          14. 叶凋落，稀半常绿；心皮 1-5，各有成熟的胚珠 1 ·············· **10. 山楂属 *Crataegus***
      11. 心皮在成熟时变为革质或纸质，梨果 1-5 室，各室有 1 或多数种子
        15. 复伞房花序或圆锥花序，有花多朵
          16. 叶常绿，稀凋落
            17. 心皮一部分离生，子房半下位·············· **26. 石楠属 *Photinia***

    17. 心皮全部合生，子房下位

        18. 果期萼片宿存；花序圆锥状，稀总状；心皮（2-）3-5················

        ···**16. 枇杷属 Eriobotrya**

        18. 果期萼片脱落；花序总状，稀圆锥状；心皮 2（-3）

        ·································**36. 石斑木属 Rhaphiolepis**

   16. 叶凋落

      19. 果期萼片脱落·····················**23. 脱萼花楸属 Micromeles**

      19. 果期萼片宿存

        20. 总花梗和花梗在果期常具显明疣点；心皮在果实成熟时顶端与萼筒分离·

        ···**30. 老叶儿树属 Pourthiaea**

        20. 总花梗和花梗在果期无显明疣点；心皮大部分与萼筒合生···········

        ···**4. 单叶花楸属 Aria**

  15. 伞形或总状花序，有时花单生

    21. 各心皮含种子 3 至多数

      22. 花单生，枝条无刺

        23. 花柱离生；果期萼片宿存；叶全缘·············**11. 榲桲属 Cydonia**

        23. 花柱基部合生；果期萼片脱落；叶边缘有刺芒状尖锐锯齿·············

        ·····························**33. 中华假榲桲属 Pseudocydonia**

      22. 花簇生或伞形花序；枝条有时具刺

        24. 萼筒外被密毛，萼片宿存；子房每室含胚珠 3-10；花序伞形·········

        ···**14. 栘㯯属 Docynia**

        24. 萼筒外面无毛，萼片脱落；子房每室含多数胚珠；花簇生·············

        ···**6. 木瓜属 Chaenomeles**

    21. 各心皮含种子 1-2

      25. 果实有不完全的 4-10 室，每室 1 胚珠；叶凋落；花序总状，稀单花；萼片宿

      存···**3. 唐棣属 Amelanchier**

      25. 果实 2-5 室，每室 2 胚珠

        26. 叶常绿；花序直立总状或圆锥状；果实较小，黑色，2 室，萼片脱落·······

        ·································**36. 石斑木属 Rhaphiolepis**

        26. 叶凋落；花序伞形总状；果形较大，2-5 室，萼片宿存或脱落

          27. 花柱离生；果实常有多数石细胞··········**35. 梨属 Pyrus**

          27. 花柱基部合生；果实多无石细胞··········**22. 苹果属 Malus**

8. 子房上位，少数下位；心皮 1 或多数；瘦果或核果

  28. 心皮常 1，稀 2-5；核果；萼片常脱落

    29. 灌木常有刺；花柱侧生；内果皮革质·············**31. 扁核木属 Prinsepia**

    29. 乔木或灌木无刺；花柱顶生；内果皮骨质·············**32. 李属 Prunus**

  28. 心皮常多数；瘦果；萼片宿存

    30. 瘦果或小核果，着生在扁平或隆起的花托上

      31. 托叶不与叶柄连合；心皮 4-15，生在扁平或微凹的花托基部

        32. 多年生草本；叶羽状复叶或掌状分裂；花小而数多，聚成顶生圆锥状或伞房花序

        ·································**18. 蚊子草属 Filipendula**

        32. 落叶灌木；单叶；花大，单生

          33. 叶互生；花无副萼，黄色，5 出；心皮 5，各含胚珠 1····**21. 棣棠花属 Kerria**

          33. 叶对生；花有副萼，白色，4 出；心皮 4，各含胚珠 2················

1. *Agrimonia* Linnaeus 龙芽草属

Agrimonia Linnaeus (1753: 448); Li et al. (2003: 382) (Lectotype: *A. eupatoria* Linnaeus)

特征描述：多年生草本。根状茎倾斜。奇数羽状复叶，有托叶。花小，两性，顶生穗状总状花序；萼筒陀螺状，有棱，外面有钩刺或 5 齿，喉部收缩；萼片 5，覆瓦状，宿存；花瓣 5，较萼片大；花盘边缘增厚，环绕萼筒口部；雄蕊 5-15 或更多，成 1 列着生在花盘外面；心皮通常 2，包藏在萼筒内，花柱顶生，丝状，伸出萼筒外，柱头微扩大，胚珠每心皮 1，下垂。瘦果 1-2，包藏在具钩刺的萼筒内。种子 1，种皮膜质。花粉粒 3（-4）孔或孔沟，网状、负网状和条纹状纹饰。染色体 2*n*=28，42，56，70。

分布概况：10/4 种，**8** 型；分布于北温带和热带高山地区；中国产南北各省区。

系统学评述：龙芽草属隶属于蔷薇亚科龙芽草族 Agrimonieae[1]。基于 ITS 和 *trn*L-F 序列的系统发育分析表明，龙芽草属是个单系类群，可划分为 2 个分支：欧美分布的 8 倍体和北美分布的 4 倍体种；北美分布的 8 倍体种和亚洲、北美分布的 4 倍体种。质体数据显示北美分布的 8 倍体种为多系。

DNA 条形码研究：BOLD 网站有该属 10 种 65 个条形码数据；GBOWS 网站已有 2 种 44 个条形码数据。

代表种及其用途：龙芽草 *A. pilosa* Ledebour 的全草、根及冬芽均为重要药材。

2. *Alchemilla* Linnaeus 羽衣草属

Alchemilla Linnaeus (1753: 123); Li et al. (2003: 388) (Lectotype: *A. vulgaris* Linnaeus)

特征描述：草本，多年生，稀一年生。根状茎木质。单叶互生，近圆形，掌状浅裂或深裂，极稀掌状复叶，托叶与叶柄合生。花极小，两性，密集伞房花序，稀聚伞花序或单花；苞片无；萼筒壶形，宿存，喉部收缩；萼片 4（5），镊合状；副萼 4（5）；花瓣缺；花盘边缘增厚，围绕在萼筒上方；雄蕊（1-）4，着生在萼筒喉部，花丝短，离生；心皮 1（-4），花柱基生或腹生，线形，无毛，柱头头状，胚珠 1，基生。瘦果 1（-4），包在膜质花托内。种子基生，种皮膜质，子叶长倒卵形。花粉粒 3 孔沟或拟孔沟，光滑或负网状纹饰。染色体 2*n*>64，复杂。

分布概况：100-300/3 种，**8** 型；分布于寒带和温带地区，延伸至热带高山地区；中国产西北和西南。

系统学评述：羽衣草属隶属于蔷薇亚科委陵菜族 Potentilleae[1,8]。基于核基因 ITS 和叶绿体基因 *trn*L-F 构建的系统发育树将该属分为 4 个与地理或生活型相关的分支：欧亚分布的 *Alchemilla* 分支、一年生的 *Aphanes* 分支、南美分布的 *Lachemilla* 分支和非洲分布的 *Alchemilla* 分支[9]。

DNA 条形码研究：BOLD 网站有该属 106 种 177 个条形码数据；GBOWS 网站已有 1 种 7 个条形码数据。

代表种及其用途：多数种类，如羽衣草 *A. japonica* Nakai & H. Hara 等，为高山牧草，全草可入药，有收敛消炎的作用。

3. *Amelanchier* Medikus 唐棣属

Amelanchier Medikus (1789: 155); Gu & Spongberg (2003: 190) [Type: *A. ovalis* Medikus (≡*Mespilus Amelanchier* Linnaeus)]

特征描述：灌木或乔木，落叶。单叶互生，有锯齿或全缘，有叶柄和托叶。总状花序顶生；苞片早落；萼筒钟状；萼片 5，全缘；花瓣 5，细长，长圆形或披针形，白色；雄蕊 10-20；花柱 2-5，部分合生或离生，子房下位或半下位，2-5 室，每室胚珠 2。梨果近球形，浆果状，室背生假隔膜分隔成不完全 4-10 室，具宿存、反折的萼片。种子 4-10，直立，子叶平凸。花粉粒 3 孔沟。染色体 2n=32，34，40，50，56，68，72。

分布概况： 25/2（1）种，**9 型**；分布于亚洲，欧洲，北美洲；中国产华东、华中和西北。

系统学评述： 唐棣属隶属于绣线菊亚科苹果族 Maleae[1]。利用 ITS 构建的系统树将该属划分为 2 个分支：北美西部分布的种和北美东部的 *A. humilis* Wiegand 及 *A. sanguinea* (Pursh) de Candolle 构成一个分支，北美东部分布的其余物种构成另一个分支[10]。

DNA 条形码研究： BOLD 网站有该属 14 种 69 个条形码数据。

代表种及其用途： 多数种类，如唐棣 *A. sinica* (C. K. Schneider) Chun 等，为观赏树木，具有美丽的花序和密集的果实。果肉多浆可食，或用以酿酒制酱。有些种类树皮可以入药。近年试用作果树砧木，有矮化之效。

4. *Aria* (Persoon) Host 单叶花楸属

Aria (Persoon) Host (1831: 7) (Type: *non designatus*)

特征描述： 落叶乔木或灌木。单叶互生，叶背通常具白色柔毛，具锯齿或浅裂，托叶早落。花两性，多数成顶生复伞房花序；萼筒钟状，稀倒圆锥形或壶形；萼片和花瓣各 5；雄蕊 20；心皮 2-3（4），大部分与萼筒合生，仅先端离生，花柱 2-3（4），基部常合生，子房半下位或下位，2-4 室，每室胚珠 2。梨果小型，有宿存萼片，子房壁坚硬，各室种子 1-2。染色体 2n=34，51，68。

分布概况： 约 50/11（8）种，**8 型**；分布于西欧；中国产华中、西南。

系统学评述： 单叶花楸属隶属于绣线菊亚科苹果族[1]。部分学者长期以来将该属作为广义花楸属 *Sorbus s.l.* 的 1 亚属，但分子系统学研究支持其作为独立的属。

DNA 条形码研究： BOLD 网站有该属 1 种 1 个条形码数据。

5. *Aruncus* Linnaeus 假升麻属

Aruncus Linnaeus (1758: 259); Gu & Alexander (2003: 74) [Type: *A. sylvester* Kosteletzky (≡*Spiraea aruncus* Linnaeus)]

特征描述： 多年生草本，根茎粗大。一至三回羽状复叶，稀 3 小叶，互生，不具托叶，小叶具尖锐重锯齿。花单性，稀两性，雌雄异株；穗状圆锥花序大型；苞片和小苞片线状披针形；萼筒杯状；花盘环形；萼片（4）5（6），宿存；花瓣 5，白色；雄花：雄蕊 15-30，着生于萼筒边缘，花丝细长，长于花瓣，雌蕊退化；雌花：花丝短，花药不育，心皮 3-4（-8），子房 1 室。蓇葖果光滑，成熟时下垂，沿腹缝开裂。种子 2，棍棒状，有少量胚乳。花粉粒 3 孔沟或拟孔沟，条纹状纹饰。染色体 2n=14，16，18。

分布概况： 3-6/2（1）种，**8 型**；分布于北温带；中国南北均产。

系统学评述： 假升麻属隶属于绣线菊亚科绣线菊族 Spiraeeae[1]，并与 *Luetkea* 互成姐妹群[11]。

    DNA 条形码研究：BOLD 网站有该属 2 种 7 个条形码数据；GBOWS 网站已有 1 种 9 个条形码数据。

    代表种及其用途：该属植物花序大，花期长，花朵密集，可供栽培观赏，如假升麻 *A. sylvester* Kosteletzky ex Maximowicz。

6. *Chaenomeles* Lindley 木瓜属

Chaenomeles Lindley (1821: 96), *nom. & orth. cons.*; Gu & Spongberg (2003: 171-173) [Type: *C. japonica* (Thunberg) Lindley ex Spach (≡*Pyrus japonica* Thunberg)]

    特征描述：落叶或常绿灌木、亚灌木或小乔木，有刺。单叶互生，具齿稀全缘，叶柄短，托叶草质。花簇生，先于叶开放或与叶同时开放；萼片 5，全缘或近全缘，早落；花瓣 5；雄蕊 20 或更多，2 轮；花柱 2-5，基部合生，子房 5 室，每室胚珠多数，排成两行。梨果大型，萼片脱落，花柱常宿存。种子多数，褐色，种皮革质，无胚乳。花粉粒 3 孔沟，条纹状纹饰。染色体 2n=34。

    分布概况：4/4（2）种，**14** 型；分布于东亚；中国产西南、华南、华中、西北。

    系统学评述：该属隶属于绣线菊亚科苹果族[1,12]。RAPD 和同工酶分析显示日本木瓜 *C. japonica* (Thunberg) Lindley ex Spach 与毛叶木瓜 *C. cathayensis* (Hemsley) C. K. Schneider 和皱皮木瓜 *C. speciosa* (Sweet) Nakai 差异明显，西藏木瓜 *C. thibetica* T. T. Yu 与毛叶木瓜亲缘关系更近[13]。

    DNA 条形码研究：BOLD 网站有该属 4 种 36 个条形码数据；GBOWS 网站已有 1 种 6 个条形码数据。

    代表种及其用途：木瓜 *C. sinensis* (Thouin) Koehne 为重要观赏植物和果品，世界各地均有栽培。

7. *Chamaerhodos* Bunge 地蔷薇属

Chamaerhodos Bunge (1829: 429); Li et al. (2003: 333) [Lectotype: *C. erecta* (Linnaeus) Bunge (≡*Sibbaldia erecta* Linnaeus)]

    特征描述：草本或亚灌木。叶互生，三裂或二至三回全裂；托叶膜质，贴生于叶柄。花小，聚伞、伞房或圆锥花序，稀单花；萼筒钟形、筒形或倒圆锥形；萼片 5，直立，镊合状，宿存；花瓣 5，白色或紫色；雄蕊 5，和花瓣对生；花盘围绕萼筒喉部，边缘肥厚，具长刚毛；心皮 4-10 或更多，花柱基生，基部有关节，脱落，柱头头状，胚珠 1，着生在子房基部。瘦果卵形，无毛，包裹在宿存花萼内。种子直立。花粉粒 3 孔沟。染色体 2n=14。

    分布概况：8/5 种，**11** 型；分布于亚洲和北美洲；中国产华北和西北。

    系统学评述：地蔷薇属隶属于蔷薇亚科委陵菜族[1]，是 *Drymocallis* 的姐妹群[8]。

    DNA 条形码研究：BOLD 网站有该属 4 种 5 个条形码数据；GBOWS 网站已有 1 种 7 个条形码数据。

代表种及其用途：地蔷薇 *C. erecta* (Linnaeus) Bunge 全草供药用，有祛风湿的功效，主治风湿性关节炎。

8. *Comarum* Linnaeus 沼委陵菜属

Comarum Linnaeus (1753: 502); Li et al. (2003: 328) (Type: *C. palustre* Linnaeus)

特征描述：多年生草本或亚灌木。羽状复叶，互生。花两性，聚伞花序；萼筒平坦或微呈碟状，果期增大，椭圆形或半球形，海绵质；萼片 5，宿存；副萼 5，宿存；花瓣 5，红色、紫色或白色；雄蕊 15-25，花丝丝状，宿存，花药扁球形，侧面裂开，基部心形；心皮多数，花柱侧生，丝状。瘦果无或有毛。花粉粒 3 孔沟，负网状纹饰。染色体 $2n=28$，42。

分布概况：5/2 种，**10** 型；分布于北半球温带；中国产华北和西北。

系统学评述：沼委陵菜属隶属于蔷薇亚科委陵菜族[1]。尽管该属种类很少，但已有的分子系统学研究并没有解决其属下的种间关系[8]。由于西北沼委陵菜 *C. salesovianum* (Stephan) Ascherson & Graebner 特殊的形态特征，有学者将其作为 *Farinopsis* 的唯一成员[14]。

DNA 条形码研究：BOLD 网站有该属 2 种 6 个条形码数据；GBOWS 网站已有 1 种 12 个条形码数据。

代表种及其用途：西北沼委陵菜有记载羊食后中毒。

9. *Cotoneaster* Medikus 栒子属

Cotoneaster Medikus (1789: 154); Lu & Brach (2003: 85) (Type: *C. integerrimus* Medikus)

特征描述：落叶、常绿或半常绿灌木，有时为小乔木。单叶互生，叶柄短，全缘，托叶细小，早落。花单生、簇生或成聚伞花序；萼筒钟状或陀螺状，极少筒状；萼片 5，宿存；花瓣 5，芽时覆瓦状排列；雄蕊 10-20（-22）；心皮 2-5，背面与萼筒连合，腹面分离，花柱 2-5，离生，柱头扩大，子房下位或半下位，2-5 室，每室胚珠 2。梨果核果状，先端具宿存内弯肉质萼片，含（1-）2-5 骨质小核，常具种子 1。种子扁平，子叶平凸。花粉粒 3 沟（或为孔沟和拟孔沟），光滑、颗粒状、负网状或网状纹饰。染色体 $2n=34$，51，68，85，136。

分布概况：90/59（37）种，**8** 型；分布于亚洲（日本除外），中美洲，欧洲和北非的温带地区；中国产西部和西南部。

系统学评述：栒子属隶属于绣线菊亚科苹果族[1]。分子系统学研究支持传统分类中 2 亚属（组）的划分，但并不支持 4 亚组（*Cotoneaster* subsect. *Microphylli*、*C.* subsect. *Chaenopetalum*、*C.* subsect. *Adpressi* 和 *C.* subsect. *Cotoneaster*）为单系[15]。

DNA 条形码研究：BOLD 网站有该属 51 种 149 个条形码数据；GBOWS 网站已有 15 种 152 个条形码数据。

代表种及其用途：大多数种类，如西南栒子 *C. franchetii* Bois，为丛生灌木，夏季开放密集的小型花朵，秋季结成累累成束的红色或黑色果实，在庭园中可作为观赏灌木或绿篱。有些匍匐散生的种类，如匍匐栒子 *C. adpressus* Bois 是点缀岩石园和保护堤岸的良好植物材料。园艺上已培育出若干杂交种。

10. *Crataegus* Linnaeus 山楂属

Crataegus Linnaeus (1753: 475); Gu & Spongberg (2003: 111) (Lectotype: *C. oxyacantha* Linnaeus)

特征描述：落叶，<u>稀半常绿灌木、亚灌木或小乔木</u>，通常具刺。单叶互生，<u>有锯齿</u>，<u>深裂或浅裂</u>，稀全缘，<u>有托叶</u>。伞房花序，有时为单花；萼筒钟状；萼片 5；花瓣 5，白色，极少数粉红色；雄蕊 5-25；<u>心皮 1-5</u>，大部分与花托合生，仅先端分离，<u>子房下位至半下位</u>，<u>每室胚珠 2</u>，<u>其中 1 颗常不发育</u>。梨果，先端有宿存萼片，<u>心皮熟时骨质</u>，各具种子 1。种子直立，子叶平凸。花粉粒 3 沟或孔沟、拟孔沟、条纹状或网状纹饰。染色体 $2n=24$，32，34，48，51，68，72。

分布概况：1000/18（10）种，**8 型**；广布北半球，北美尤盛；中国南北均产，北方尤盛。

系统学评述：山楂属隶属于绣线菊亚科苹果族[1]。分子系统学研究支持该属的几个主要分支与地理分布相关，但种间关系并没有得到解决，尤其是北美东部的分支[16]。

DNA 条形码研究：BOLD 网站有该属 124 种 1235 个条形码数据；GBOWS 网站已有 7 种 43 个条形码数据。

代表种及其用途：该属有些种类果实大型而肉质，可供食用和入药，如山楂 *C. pinnatifida* Bunge；有些种类的嫩叶可作茶叶代用品；许多种类可栽培供观赏，并适宜作绿篱；少数种类可作苹果、梨、榅桲和枇杷等果树的砧木。

11. *Cydonia* Miller 榅桲属

Cydonia Miller (1754: 28); Gu & Spongberg (2003: 170) (Lectotype: *C. oblonga* Miller)

特征描述：<u>落叶灌木或小乔木</u>；<u>枝条无刺</u>。<u>单叶互生</u>，<u>全缘</u>，<u>有</u>叶柄与托叶。花单生于小枝顶端；萼片 5，全缘、反折；花瓣 5，倒卵形，白色或粉红色；雄蕊 20；<u>花柱5</u>，<u>离生</u>，基部具毛，<u>子房</u>下位，<u>5 室</u>，<u>每室胚珠多数</u>。<u>梨果具宿存反折萼片</u>。花粉粒 3 沟，颗粒状纹饰。染色体 $2n=34$。

分布概况：1/1 种，**12 型**；原产中亚；中国福建、贵州、江西、陕西、山西、新疆有栽培。

系统学评述：榅桲属隶属于绣线菊亚科苹果族[1]。

DNA 条形码研究：BOLD 网站有该属 1 种 11 个条形码数据；GBOWS 网站已有 1 种 4 个条形码数据。

代表种及其用途：榅桲 *C. oblonga* Miller 可作果树及砧木；果实可入药。

12. *Dasiphora* Rafinesque 金露梅属

Dasiphora Rafinesque (1840: 167) [Lectotype: *D. riparia* Rafinesque, *nom. illeg.* (=*D. fruticosa* (Linnaeus) Rydberg≡*Potentilla fruticosa* Linnaeus)]

特征描述：<u>灌木</u>。<u>羽状复叶</u>，小叶 2（3）对，稀 3 小叶；<u>小叶全缘，与叶柄结合处具关节</u>；托叶膜质。<u>单花或数朵顶生</u>；萼片 5，宿存，镊合状；副萼片 5；花瓣 5，黄色或白色；心皮多数，着生在微凸起的花托上，彼此分离，<u>花柱近基生</u>，柱头扩大，子房密被柔毛。瘦果多数，着生在干燥的花托上。种子 1，种皮膜质。花粉粒 3 孔沟，条纹状纹饰。染色体 $2n=14$，28。

分布概况：3/3 种，**8** 型；分布于亚洲，欧洲和北美洲；中国产东北、西北、西南。

系统学评述：金露梅属隶属于蔷薇亚科委陵菜族[1]。该属是草莓亚族 Fragariinae 少数的木本类群，与同为木本的绵刺属有较近的亲缘关系，但种间关系并没有得到解决[8]。

DNA 条形码研究：BOLD 网站有该属 8 种 128 个条形码数据。

代表种及其用途：该属植物，如金露梅 *D. fruticosa* Linnaeus 等，均可作庭园观赏灌木；叶与果可提制栲胶；嫩叶可代茶叶饮用；花、叶入药；在内蒙古山区为饲用植物，骆驼最爱吃；藏民广泛用作建筑材料。

13. *Dichotomanthes* Kurz 牛筋条属

Dichotomanthes Kurz (1873: 194); Lu & Spongberg (2003: 85) (Type: *D. tristaniaecarpa* Kurz)

特征描述：<u>灌木至小乔木</u>。单叶互生，<u>全缘</u>，稀有锯齿；叶柄短；托叶细小，早落。顶生复伞房花序；萼筒钟状；花萼肉质，果期增大；花瓣 5，白色；雄蕊（15-）20，花丝长短交互排列，着生在萼筒边缘；<u>心皮 1</u>，着生在萼筒基部，花柱近顶生至侧生，柱头盘状，边缘不规则，<u>子房上位</u>，<u>1 室</u>，胚珠 2，并生。<u>果干燥</u>，<u>常突出在肉质萼筒的顶端</u>，萼片宿存，<u>心皮革质</u>。种子 1，扁平，子叶平凸。花粉粒 3 孔沟，细条纹-穴状纹饰。染色体 $2n=34$。

分布概况：1/1（1）种，**15** 型；特产中国西南。

系统学评述：牛筋条属隶属于绣线菊亚科苹果族[1,17]。

DNA 条形码研究：BOLD 网站有该属 1 种 7 个条形码数据；GBOWS 网站已有 1 种 16 个条形码数据。

14. *Docynia* Decaisne 栒栕属

Docynia Decaisne (1874: 125); Gu & Spongberg (2003: 170) [Lectotype: *D. indica* (Wallich) Decaisne (≡*Pyrus indica* Wallich)]

特征描述：<u>常绿或半常绿乔木</u>。单叶互生，全缘或具齿，有时浅裂，<u>有叶柄与托叶</u>。<u>花 2-5 朵丛生</u>，与叶同时开放或先叶开放；花梗短或近于无梗；苞片小，早落；萼筒钟状，外被绒毛；萼片 5，披针形；花瓣 5，基部有短爪，白色；雄蕊 30-50，2 轮；<u>花柱 5，基部合生</u>，<u>子房</u>下位，<u>5 室</u>，<u>每室胚珠 3-10</u>。梨果近球形，卵形或梨形，<u>具宿存萼片</u>。花粉粒 3 孔沟，条纹状纹饰。

分布概况：5/2（1）种，**14（SH）**型；分布于亚洲；中国产西南。

系统学评述：栒栕属隶属于绣线菊亚科苹果族[1]。该属与苹果属 *Malus*、*Eriolobus*、多胜海棠属 *Docyniopsis* 构成支持率很高的分支，但这 4 属之间的关系并没有得到解决[18]。

DNA 条形码研究：BOLD 网站有该属 2 种 15 个条形码数据；GBOWS 网站已有 2 种 12 个条形码数据。

代表种及其用途：蛇莓 *D. indica* (Wallich) Decaisne 可栽培供观赏用，果实可食或入药。

15. *Dryas* Linnaeus 仙女木属

Dryas Linnaeus (1753: 501); Li et al. (2003: 286) (Lectotype: *D. octopetala* Linnaeus)

特征描述：矮小常绿半灌木。茎丛生或稍匍匐地面。单叶互生，边缘外卷，全缘至近羽状浅裂，下面白色；托叶贴生于叶柄，宿存。花茎细，直立，仅生 1 朵两性花，少为杂性花；萼筒短，凹下，有腺毛；萼片（6-）8（-10），宿存；花瓣（6-）8（-10），倒卵形；雄蕊多数，离生，2 轮；花盘和萼筒连合；心皮多数，离生，花柱顶生。瘦果多数，顶端有白色羽毛状宿存花柱。花粉粒 3 孔沟，条纹状纹饰。染色体 $2n$=18。

分布概况：3-14/1 种，**8-2** 型；分布于北半球及极地高山；中国产吉林和新疆。

系统学评述：仙女木属隶属于仙女木亚科[1]，是蔷薇科唯一行根瘤共生固氮的亚科。

DNA 条形码研究：BOLD 网站有该属 3 种 13 个条形码数据；GBOWS 网站已有 1 种 4 个条形码数据。

代表种及其用途：该属植物的根部与放线菌可形成根瘤固氮，如东亚仙女木 *D. octopetala* var. *asiatica* (Nakai) Nakai。

16. *Eriobotrya* Lindley 枇杷属

Eriobotrya Lindley (1821: 96); Gu & Spongberg (2003: 138) [Lectotype: *E. japonica* (Thunberg) Lindley (≡*Mespilus japonica* Thunberg)]

特征描述：常绿乔木或灌木。单叶互生，边缘有锯齿或全缘；通常有叶柄；托叶多早落。顶生圆锥花序，常有绒毛；萼筒杯状或倒圆锥状；萼片 5，宿存；花瓣 5，倒卵形或圆形，基部具爪；雄蕊 20；花柱 2-5，基部合生，常有毛，子房下位，2-5 室，每室胚珠 2。梨果肉质或干燥，萼片宿存，内果皮膜质，有 1-2 大种子。花粉粒 3 孔沟或拟孔沟，颗粒状纹饰。染色体 $2n$=34，51，68。

分布概况：30/14（3）种，**14** 型；分布于东亚；中国产亚热带地区。

系统学评述：枇杷属隶属于绣线菊亚科苹果族[1]。分子系统学研究支持该属为单系[19-21]，属下的种间关系仍需进一步研究。

DNA 条形码研究：BOLD 网站有该属 11 种 70 个条形码数据；GBOWS 网站已有 3 种 11 个条形码数据。

代表种及其用途：一些种类，如枇杷 *E. japonica* (Thunberg) Lindley 果实可供生食或加工。

17. *Exochorda* Lindley 白鹃梅属

Exochorda Lindley (1858: 925); Gu & Alexander (2003: 82) [Type: *E. grandiflora* (W. J. Hooker) Lindley (≡*Spiraea grandiflora* W. J. Hooker)]

特征描述：落叶灌木。单叶互生，全缘或有锯齿，有叶柄，托叶小而早落或无。花大型，总状花序顶生；萼筒浅钟状；萼片 5，短而宽；花瓣 5，白色，椭圆形至宽倒卵形，有爪，覆瓦状；雄蕊 15-30，花丝短，着生在花盘边缘；心皮 5，合生，花柱分离，子房上位，5 室。蒴果具 5 脊，倒圆锥形，沿背腹两缝开裂，每室种子 1-2。种子扁平有翅。花粉粒 3 孔沟，条纹状纹饰。染色体 2n=16，18。

分布概况：1/1 种，**11** 型；分布于亚洲中部到东部；中国南北分布。

系统学评述：白鹃梅属隶属于绣线菊亚科 Osmaronieae[1]。Gao[22]通过对该属的综合分析，认为该属仅包括 1 个形态变异连续的种。

DNA 条形码研究：BOLD 网站有该属 3 种 4 个条形码数据；GBOWS 网站已有 1 种 4 个条形码数据。

代表种及其用途：白鹃梅 *E. racemosa* (Lindley) Rehder 可栽培供观赏。

18. *Filipendula* Miller 蚊子草属

Filipendula Miller (1754: 28); Li et al. (2003: 193) [Lectotype: *F. vulgaris* Moench (≡*Spiraea filipendula* Linnaeus)]

特征描述：多年生草本。根茎短而斜走。羽状复叶或掌状分裂，通常顶生小叶扩大；托叶近心形至卵状披针形。聚伞花序圆锥状或伞房状；花多而小，两性，极稀单性而雌雄异株；萼片 5，花后宿存反折；花瓣 5，基部有爪；雄蕊 20-40；心皮 5-15，着生在扁平或微凸起的花托上，离生，花柱顶生，柱头头状。瘦果离生，压扁，花柱宿存。种子 1，下垂，胚乳极少。花粉粒 3 孔沟，颗粒状纹饰。染色体 2n=14，16，28。

分布概况：约 10/7（1）种，**8** 型；分布于北半球温带至寒温带；中国主产东北和西北，华北、云南及台湾也有。

系统学评述：蚊子草属隶属于蔷薇亚科 Ulmarieae，是蔷薇亚科其他类群的姐妹群[1]。

DNA 条形码研究：BOLD 网站有该属 5 种 25 个条形码数据；GBOWS 网站已有 3 种 27 个条形码数据。

代表种及其用途：一些种类，如蚊子草 *F. palmata* (Pallas) Maximowicz 的根、茎和叶可提制栲胶；有的种类花朵密集，叶片美丽，可供观赏。

19. *Fragaria* Linnaeus 草莓属

Fragaria Linnaeus (1753: 494); Li et al. (2003: 335) (Lectotype: *F. vesca* Linnaeus)

特征描述：多年生草本。通常具纤匍枝。三出或羽状五小叶；托叶基部与叶柄合生，鞘状。花两性或单性，杂性异株；聚伞花序，稀单花；萼筒倒圆锥形或陀螺状；萼片 5，宿存；副萼片 5，宿存；花瓣 5，白色，稀淡黄色；雄蕊多数；心皮多数，着生在凸出的花托上，离生，花柱自心皮腹面侧生，宿存。聚合果由增大花托形成，浆果状，瘦果小，硬壳质，成熟时着生在肥厚肉质花托凹陷内。种子 1，种皮膜质，子叶平凸。花粉粒 3 沟，或为孔沟和拟孔沟，条网状、负网状和颗粒状纹饰。染色体 2*n*=14，21，28，35，42，56，70。

分布概况：约 20/9（3）种，**8** 型；分布于北半球温带和亚热带地区，个别种延伸至南美；中国南北均产，西南尤盛。

系统学评述：草莓属隶属于蔷薇亚科委陵菜族[1]。分子系统发育研究将该属分为 3 个主要分支[23-25]，但 *F. nilgerrensis* Schlechtendal ex J. Gay 和 *F. viridis* Weston 的系统位置仍没有得到解决[25]。

DNA 条形码研究：BOLD 网站有该属 26 种 112 个条形码数据；GBOWS 网站已有 4 种 24 个条形码数据。

代表种及其用途：该属为重要的温带水果，果供鲜食或作果酱、罐头，味道鲜美，其中草莓 *F. × ananassa* (Weston) Duchesne 世界广泛栽培。

20. *Geum* Linnaeus 路边青属

Geum Linnaeus (1753: 500); Li et al. (2003: 286) (Lectotype: *G. urbanum* Linnaeus). ——*Acomastylis* Greene (1906: 174); *Coluria* R. Brown (1823: 18); *Taihangia* T. T. Yu & C. L. Li (1980: 471); *Waldsteinia* R. Brown (1823: 18)

特征描述：多年生草本。基生叶为单叶或奇数羽状、掌状复叶，茎生叶较少；托叶常与叶柄合生。花两性，稀单性，单生或伞房、聚伞花序；萼筒陀螺形或半球形；萼片 5，镊合状；副萼片 5，较小；花瓣 5；雄蕊多数；花盘着生在萼筒上部；心皮多数，着生在凸出花托上，彼此分离，花柱丝状，果时宿存或在关节处脱落，每心皮胚珠 1。瘦果小，干燥或稍肉质。种子直立。花粉粒 3 孔沟（或拟孔沟），光滑、条纹状或负网状纹饰。染色体 2*n*=14，21，28，42，70，84。

分布概况：约 100/11（5）种，**8-4** 型；广布南北两半球温带；中国南北均产。

系统学评述：路边青属隶属于蔷薇亚科无尾果族 Colurieae[1]。该属的范围一直存在争议，分子系统学研究认为该属应包括羽叶花属 *Acomastylis*、无尾果属 *Coluria*、*Novosieversia*、*Oncostylus*、*Orthurus*、太行花属 *Taihangia* 和林石草属 *Waldsteinia*[26]，但属下关系仍需进一步研究。

DNA 条形码研究：BOLD 网站有该属 27 种 97 个条形码数据；GBOWS 网站已有 4 种 98 个条形码数据。

代表种及其用途：路边青 *G. aleppicum* Jacquin 全草供药用，全株含鞣质，可提制栲胶。

21. *Kerria* de Candolle 棣棠花属

Kerria de Candolle (1818: 156); Li et al. (2003: 192) [Type: *K. japonica* (Linnaeus) Candolle (≡*Rubus japonicus* Linnaeus)]

特征描述：落叶灌木。单叶互生，具重锯齿；托叶钻形，早落。花两性，大而单生；萼筒短，碟形；萼片 5；花瓣 5，黄色，具短爪；雄蕊多数，排列成数组；花盘环状，被疏柔毛；心皮 5，分离，生于萼筒内，花柱顶生，直立，丝状，顶端截形，胚珠 2，侧生于缝合线中部，1 枚败育。瘦果侧扁，无毛。花粉粒 3 拟孔沟，条纹状纹饰。染色体 2n=18。

分布概况：1/1 种，**14（SJ）**型；分布于日本，欧美各地引种栽培；中国产中部。

系统学评述：棣棠花属隶属于绣线菊亚科棣棠族 Kerrieae[1]。

DNA 条形码研究：BOLD 网站有该属 2 种 5 个条形码数据；GBOWS 网站已有 1 种 11 个条形码数据。

代表种及其用途：棣棠花 *K. japonica* (Linnaeus) Candolle 供庭园绿化和药用。

22. *Malus* Miller 苹果属

Malus Miller (1754: 835); Gu & Spongberg (2003: 179) [Lectotype: *M. sylvestris* Miller (≡*Pyrus malus* Linnaeus)]

特征描述：落叶或半常绿乔木或灌木，通常不具刺。单叶互生，有齿或分裂，在芽中呈席卷状或对折状，有叶柄和托叶。伞形总状花序；萼筒碗状；萼片 5，宿存或脱落；花瓣 5，白色、粉红色或红色；雄蕊 15-50；花柱 3-5，基部合生，子房下位，3-5 室，每室胚珠 2。梨果，通常不具石细胞或少数种类有石细胞，内果皮软骨质，3-5 室，每室种子 1-2。种皮褐色或黑色，子叶平凸。花粉粒 3 沟，条纹状纹饰。染色体 2n=24，34，51，68。

分布概况：55/25（15）种，**8**型；北温带广布；中国产西南。

系统学评述：苹果属隶属于绣线菊亚科苹果族[1]，与栘依属、*Eriolobus* 和多胜海棠属构成支持率很高的分支，但这 4 属之间的关系并没有得到解决[41]。此处暂时仍将 *Eriolobus*、多胜海棠属作为 *Malus* 的成员处理。基于 ITS 和 *mat*K 的分析结果支持将苹果属分成 3 个分支，分别为 *Malus* sect. *Malus*、*Sorbomalus* group 和基部类群，但是这 3 个分支并没有获得较高的支持率，且分支内部物种间的系统发育关系也没有得到解决[27]。

DNA 条形码研究：BOLD 网站有该属 61 种 487 个条形码数据；GBOWS 网站已有 6 种 43 个条形码数据。

代表种及其用途：多数种类为重要果树及砧木或观赏用树种，世界各地均有栽培，如苹果 *M. pumila* Miller、海棠花 *M. spectabilis* (Aiton) Borkhausen 等。

23. *Micromeles* Decaisne 脱萼花楸属

Micromeles Decaisne (1874: 125) (Type: *non designatus*)

特征描述：落叶乔木或灌木。单叶互生，有锯齿或浅裂片，有托叶。花两性，多数成顶生复伞房花序；萼片 5；花瓣 5；雄蕊 15-25；心皮 2-3（-4-5），全部与花托合生，花柱 2-3，稀 4-5，基部合生，子房半下位或下位，2-3（-4-5）室，每室胚珠 2。梨果小型，下划线无宿存萼片，子房壁坚硬，各室种子 1-2。染色体 2n=34。

分布概况：约 25/20（12）种，**14** 型；东亚；中国主产西南，部分种分布至华中、华南。

系统学评述：脱萼花楸属隶属于绣线菊亚科苹果族[1]。该属曾作为花楸属的 1 个组，分子系统学研究支持该属为单系，可能为杂交起源[41]。

24. *Neillia* D. Don 绣线梅属

Neillia D. Don (1825: 228); Gu & Alexander (2003: 77); Oh S. H. (2006: 91) (Lectotype: *N. thyrsiflora* D. Don).——*Stephanandra* Siebold & Zuccarini (1843: 739)

特征描述：落叶灌木，稀亚灌木。单叶互生，常 2 列，边缘有锯齿、重锯齿或分裂，托叶早落。总状或圆锥花序，稀伞房花序，顶生或腋生；苞片小，全缘；萼筒杯状、钟状至筒状；萼片 5，直立，宿存；花瓣 5，白色或粉红色；雄蕊 10-30，生于萼筒边缘；心皮 1（-5），花柱顶生，直立，胚珠 2-10。蓇葖果藏于宿存萼筒内，成熟时沿腹缝线或基部开裂。种子 1 至数粒，种皮有光泽，胚乳丰富，子叶平凸或圆形。花粉粒 3 孔沟，网状纹饰。染色体 2n=18。

分布概况：22/17（13）种，**14** 型；分布于中亚，东亚，东南亚；中国产西南。

系统学评述：该属隶属于绣线菊亚科绣线梅族 Neillieae[1,28]。叶绿体基因片段、rDNA（ITS 和 ETS）及 *LEAFY* 基因第 2 个内含子构建的系统树均支持 *Neillia-Stephanandra* 为单系，*Stephanandra* 可能起源于绣线梅属 2 个谱系的杂交[28]。

DNA 条形码研究：BOLD 网站有该属 12 种 46 个条形码数据；GBOWS 网站已有 6 种 98 个条形码数据。

代表种及其用途：大部分种类可栽培供观赏用，如绣线梅 *N. thyrsiflora* D. Don；部分种类的茎皮纤维可作造纸原料。

25. *Osteomeles* Lindley 小石积属

Osteomeles Lindley (1821: 96); Gu & Spongberg (2003: 117) [Type: *O. anthyllidifolia* (J. E. Smith) Lindley (≡*Pyrus anthyllidifolia* J. E. Smith)]

特征描述：落叶或常绿灌木。奇数羽状复叶，互生，小叶片全缘，对生，近于无柄；叶轴上有窄叶翼；托叶线形至披针形，早落。顶生伞房花序，多花；苞片早落；萼筒钟状；萼片 5；花瓣 5，白色；雄蕊 20；花柱 5，离生，子房下位，5 室，每室胚珠 1。梨果小型，具宿存直立萼片。种子直立，子叶平凸。花粉粒 3 孔沟，纹纹-穴状纹饰。染色体 2n=32。

分布概况：5/3（1）种，**2-1** 型；分布于亚洲东部；中国产西南和华南。

系统学评述：该属隶属于绣线菊亚科苹果族[1,29]。

DNA 条形码研究：BOLD 网站有该属 2 种 7 个条形码数据；GBOWS 网站已有 2 种 16 个条形码数据。

代表种及其用途：该属植物可栽培供观赏，适宜作绿篱和岩石园植物，如华西小石积 *O. schwerinae* C. K. Schneider。

26. *Photinia* Lindley 石楠属

Photinia Lindley (1820: 491); Lu & Spongberg (2003: 121) (Type: *P. arbutifolia* Lindley).——*Stranvaesia* Lindley (1837: 1956)

特征描述：常绿乔木或灌木。单叶互生，革质，全缘或有锯齿，有托叶。花两性，多数，常成复伞房花序；总花梗和花梗不具疣点；萼筒杯状、钟状或筒状；萼片5；花瓣5，开展；雄蕊20，稀较多或较少；心皮2，稀3-5，花柱离生或基部合生，子房半下位，部分与萼筒合生，2-5室，每室胚珠2。小梨果2-5室，微肉质，有宿存萼片。种子直立，子叶平凸。花粉粒3孔沟（或拟孔沟），具光滑、条纹状或负网状纹饰。染色体2n=34。

分布概况：约30/27（18）种，**9-1型**；分布于东亚，墨西哥和中美洲；中国产长江以南。

系统学评述：石楠属隶属于绣线菊亚科苹果族[1]。广义的石楠属包括石楠属、老叶儿树属 *Pourthiaea*、红果树属 *Stranvaesia* 和 *Aronia*。基于分子系统学和形态学研究，狭义的石楠属包括红果树属，为单系类群，老叶儿树属和 *Aronia* 应划分为2个独立的属[30]。

DNA 条形码研究：BOLD 网站有该属8种19个条形码数据；GBOWS 网站已有13种89个条形码数据。

代表种及其用途：部分种类可栽培观赏，根和叶供药用，种子榨油，可制肥皂或润滑油，如石楠 *P. serratifolia* (Desfontaines) Kalkman 等。

27. *Physocarpus* (Cambessèdes) Rafinesque 风箱果属

Physocarpus (Cambessèdes) Rafinesque (1838: 73), *nom. & orth. cons.*; Gu & Alexander (2003: 76) [Type: *Physocarpus opulifolius* (Linnaeus) Maximowicz (≡*Spiraea opulifolia* Linnaeus)]

特征描述：落叶灌木。单叶互生，通常基部3裂，叶脉三出，有叶柄和托叶。伞房花序，顶生；花两性；萼筒杯状；萼片5，镊合状；花瓣5，白色或粉红色；雄蕊20-40；心皮1-5，基部合生，子房1室。蓇葖果膨大，沿背腹两缝开裂。种子2-5，胚乳丰富。花粉粒3孔沟。染色体2n=18。

分布概况：20/1种，**9型**；主要分布于北美，东亚也有；中国产湖北和黑龙江。

系统学评述：风箱果属隶属于绣线菊亚科绣线梅族[1,28]，叶绿体基因片段、rDNA（ITS 和 ETS）及 *LEAFY* 基因第2个内含子构建的系统树均支持该属为单系，但属下的种间关系尚有争议[28]。

DNA 条形码研究：BOLD 网站有该属7种36个条形码数据。

代表种及其用途：该属植物多具有密集花序，可供观赏用，如风箱果 *P. amurensis* (Maximowicz) Maximowicz。

28. *Potaninia* Maximowicz 绵刺属

Potaninia Maximowicz (1882: 465); Li et al. (2003: 381) (Type: *P. mongolica* Maximowicz)

特征描述：小灌木。地下茎粗壮；茎多分枝，老枝刺状。复叶3或5小叶；托叶透明，贴生在叶柄上。花两性，微小，单生叶腋；苞片 3，宿存；萼筒漏斗状；萼片 3，宿存；花瓣 3，约与萼片等长，早落；雄蕊 3，和花瓣对生，着生于肿胀的花盘光滑的边缘；心皮 1，卵形，花柱基生，宿存，柱头头状，胚珠 1，上升。瘦果圆柱形。种子 1，圆柱形，向下渐粗。花粉粒 3 孔沟，条纹状纹饰。

分布概况：1/1 种，**13-1** 型；分布于蒙古国；中国产内蒙古。

系统学评述：绵刺属隶属于蔷薇亚科委陵菜族，与金露梅属有较近的亲缘关系[1,8]。

DNA 条形码研究：BOLD 网站有该属 1 种 1 个条形码数据。

代表种及其用途：绵刺 *P. mongolica* Maximowicz 可作饲料。

29. *Potentilla* Linnaeus 委陵菜属

Potentilla Linnaeus (1753: 495); Li et al. (2003: 291) (Lectotype: *P. reptans* Linnaeus).——*Duchesnea* Smith (1811: 372)

特征描述：多年生草本，稀一年生。奇数羽状或掌状复叶；托叶与叶柄合生。花通常两性，单花、聚伞花序或聚伞圆锥花序；萼筒下凹，多呈半球形；萼片 5，镊合状；副萼片 5；花瓣 5；雄蕊通常 20，稀减少或更多（11-30）；心皮多数，着生在微凸起的花托上，彼此分离，花柱顶生、侧生或基生，每心皮胚珠 1，胚珠倒生、横生或近直生。瘦果多数，着生在干燥或海绵质的花托上，萼片宿存。种子 1，种皮膜质。花粉粒 3 沟、或为孔沟和拟孔沟，条纹状、网状或负网状纹饰。染色体 2*n*=10，14，18，20，21，28，33，34，35，38，39，42，48，49，56，62，63，64，70，83，84，91。

分布概况：300-430/22（16）种，**8** 型；主要分布于北半球温带，寒带及高山地区，极少数接近赤道；中国南北均产，主产东北、西北和西南各省区。

系统学评述：委陵菜属隶属于蔷薇亚科委陵菜族[1,31]。广义的委陵菜属 *Potentilla s.l.* 得到了分子系统学研究的支持[31]，在广泛取样的基础上，狭义委陵菜属 *Potentilla s.s.* 根据形态学定义的属下分类单元大部分也得到了分子系统学的支持。

DNA 条形码研究：BOLD 网站有该属 84 种 277 个条形码数据；GBOWS 网站已有 36 种 622 个条形码数据。

代表种及其用途：根含淀粉，可作代食品，或含鞣质，可提制栲胶；全草可供药用，如翻白草 *P. discolor* Bunge。

30. *Pourthiaea* Decaisne 老叶儿树属

Pourthiaea Decaisne (1874: 125) (Type: *non designatus*)

特征描述：落叶乔木或灌木。叶互生，纸质，多数有锯齿，稀全缘，有托叶。花两性，伞形、伞房或复伞房花序，稀聚伞花序，顶生；总花梗和花梗在果期常具显明疣点；萼筒杯状、钟状或筒状；萼片 5；花瓣 5；雄蕊 20，稀较多或较少；心皮 2，稀 3-5，花柱离生或基部合生，子房半下位，2-5 室，每室胚珠 2。小梨果 2-5 室，微肉质，成熟时不裂开，先端或 1/3 部分与萼筒分离，有宿存萼片，每室种子 1-2。种子直立，子叶平凸。

分布概况：约 33/21（16）种，**7** 型；分布于亚洲东部及南部；中国产亚热带地区。

系统学评述：老叶儿树属隶属于绣线菊亚科苹果族[1]。该属曾被置于石楠属作为 *Photinia* sect. *Pourthiaea*。分子系统学结合形态学的研究支持该属应独立，为单系。根据形态学特征，该属可划分为 2 个系：多花系 *Pourthiaea* ser. *Multiflorae* 和少花系 *P*. ser. *Pauciflorae*，但并未得到分子证据的支持[30]。

代表种及其用途：该属植物花序密集，夏季开白色花朵，秋季结红色果实，可供观赏，如中华石楠 *P. beauverdiana* C. K. Schneider 等。

31. *Prinsepia* Royle 扁核木属

Prinsepia Royle (1835: 206); Gu & Bruce (2003: 389) (Type: *P. utilis* Royle)

特征描述：<u>落叶直立或攀援灌木</u>，<u>有枝刺</u>。单叶互生或簇生，有短柄；托叶小型，早落。花两性，总状花序或簇生和单生；萼筒口花盘环形；萼片 5，不等，宿存；花瓣 5，有短爪；雄蕊 10 或多数，数轮；<u>花柱侧生</u>，柱头头状，子房上位，胚珠 2，并生，下垂。<u>核果</u>中果皮肉质，内果皮革质，平滑或稍有纹饰。种子 1，<u>直立</u>，种皮膜质；子叶平凹，含油质。花粉粒 3 孔沟，条纹状或网状纹饰。染色体 $2n=32$。

分布概况：5/4（3）种，**14（SH）**型；分布于喜马拉雅山区；中国产西南、西北、东北和台湾等。

系统学评述：扁核木属隶属于绣线菊亚科 Osmaronieae，与白鹃梅属和 *Oemleria* 有较近的亲缘关系[1,32]。

DNA 条形码研究：BOLD 网站有该属 4 种 13 个条形码数据；GBOWS 网站已有 2 种 15 个条形码数据。

代表种及其用途：东北扁核木 *P. sinensis* (Oliver) Oliver ex Bean、蕤核 *P. uniflora* Batalin 的果实可食用。扁核木 *P. utilis* Royle 的种子油可食用、制皂等。在云南，该种的茎、叶、果、根可药用。

32. *Prunus* Linnaeus 李属

Prunus Linnaeus (1753: 473); Gu & Bartholomew (2003: 401) (Lectotype: *P. domestica* Linnaeus).——*Amygdalus* Linnaeus (1753: 472); *Armeniaca* Scopoli (1754: 15); *Cerasus* Miller (1754: 300); *Laurocerasus* Duhamel (1755: 345); *Maddenia* J. D. Hooker & Thomson (1854: 381); *Padus* Miller (1754: 999); *Pygeum* Gaertner (1788: 218)

特征描述：<u>落叶或常绿乔木或灌木</u>，<u>无刺</u>。单叶，有托叶。花单生，伞形或总状花序；花瓣常白色或粉红色，稀缺；雄蕊 10 至多数；心皮 1，稀 2-5，<u>花柱顶生</u>，子房上位，1 室，胚珠 2，悬垂。<u>核果</u>外果皮和中果皮肉质，内果皮骨质，成熟时多不裂开或极稀裂开。种子 1，稀 2。花粉粒 3 沟（或为孔沟和拟孔沟），条纹状、负网状、颗粒状或条网状纹饰。染色体 $2n=16$，24，32，40，43，44，48，53，59，64，96。

分布概况：约 400/111（66）种，**8** 型；主要分布于北半球温带地区，少数产热带；中国各地均产，主产西南、西北和华南。

　　系统学评述：李属隶属于绣线菊亚科桃族 Amygdaleae[1]。核基因 ITS 和叶绿体基因片段系统发育分析均支持该属广义的范畴，并进一步划分为 2 个群，但 2 个群包括的物种因选择的基因片段不同而略有差异[32-34]。

　　DNA 条形码研究：BOLD 网站有该属 193 种 1061 个条形码数据；GBOWS 网站已有 37 种 447 个条形码数据。

　　代表种及其用途：该属植物，如李 *P. salicina* Lindley 等，为温带重要果树，又是绿化和美化环境的优良树种；木材也可作家具等物；部分种类的根、叶、花、种仁等均可入药。

33. *Pseudocydonia* (C. K. Schneider) C. K. Schneider 中华假榠栌属

Pseudocydonia (C. K. Schneider) C. K. Schneider (1906: 180) [Type: *P. sinensis* (Thouin) C. K. Schneider (≡*Cydonia sinensis* Thouin)]

　　特征描述：<u>灌木或小乔木</u>。<u>小枝无刺</u>。<u>叶片边缘有刺芒状尖锐锯齿</u>，<u>齿尖有腺</u>；托叶草质，边缘具腺齿。<u>花单生叶腋</u>，无毛；萼筒钟状，外面无毛；萼片边缘有腺齿，外面无毛，内面密被浅褐色绒毛，反折；花瓣倒卵形，淡粉红色；雄蕊多数，长不及花瓣之半；<u>花柱 3-5</u>，<u>基部合生</u>，柱头头状，分裂不明显，子房 5 室，每室胚珠多数。<u>梨果</u>暗黄色，木质，味芳香，果梗短。花粉粒 3 孔沟，条纹状纹饰。

　　分布概况：1/1（1）种，**15 型**；中国产华东、华南、华中。

　　系统学评述：中华假榠栌属隶属于绣线菊亚科苹果族[1]。该属曾被置于木瓜属，分子系统学研究支持该属应独立，是个单系，可能是杂交起源。

　　DNA 条形码研究：BOLD 网站有该属 1 种 8 个条形码数据。

　　代表种及其用途：木瓜 *P. sinensis* (Thouin) C. K. Schneider (*Cydonia sinensis* Thouin) 习见栽培供观赏，果实味涩，水煮或浸渍糖液中供食用，入药有解酒、去痰、顺气、止痢之效。

34. *Pyracantha* M. J. Roemer 火棘属

Pyracantha M. J. Roemer (1847: 104); Gu & Spongberg (2003: 108) [Lectotype: *P. coccinea* M. J. Roemer (≡*Mespilus pyracantha* Linnaeus)]

　　特征描述：<u>常绿灌木或小乔木</u>，<u>常具枝刺</u>。<u>单叶互生或簇生</u>，叶柄短，<u>边缘有圆钝锯齿</u>、<u>细锯齿或全缘</u>；<u>托叶细小</u>，早落。复伞房花序；萼筒短；萼片 5；花瓣 5，白色，开展，爪短；雄蕊 15-20；<u>心皮 5</u>，腹面离生，背面约 1/2 与萼筒相连，花柱 5，离生，<u>子房</u> 5 室，半下位，<u>每室胚珠 2</u>。<u>梨果小</u>，球形，顶端萼片宿存，<u>内含小核 5</u>。花粉粒 3 孔沟，条纹状纹饰。染色体 $2n=34$。

　　分布概况：10/7（5）种，**10-1 型**；分布于亚洲东部至欧洲东南部；中国产西北和南方各省区。

　　系统学评述：火棘属隶属于绣线菊亚科苹果族[1]，可能为多系[35]。

　　DNA 条形码研究：BOLD 网站有该属 6 种 67 个条形码数据；GBOWS 网站已有 4

种 128 个条形码数据。

代表种及其用途： 常绿多刺灌木，如火棘 *P. fortuneana* (Maximowicz) H. L. Li，适宜作绿篱；果实磨粉可以代粮食用；嫩叶可作茶叶代用品；茎皮、根皮含鞣质，可提栲胶。

35. *Pyrus* Linnaeus 梨属

Pyrus Linnaeus (1753: 479); Gu & Spongberg (2003: 173) (Lectotype: *P. communis* Linnaeus)

特征描述： 落叶，稀半常绿乔木或灌木，有时具刺。单叶互生，有锯齿或全缘，稀分裂，在芽中呈席卷状，有叶柄与托叶。花先于叶开放或同时开放，伞形总状花序；萼筒杯状；萼片 5，反折或开展；花瓣 5，具爪，白色，稀粉红色；雄蕊 15-30；花柱 2-5，离生，子房 2-5 室，每室胚珠 2。梨果，果肉多汁，富石细胞，内果皮软骨质。种子黑色或黑褐色，种皮软骨质，子叶平凸。花粉粒 3 孔沟（或拟孔沟），光滑、负网状、条纹状或网状纹饰。染色体 2*n*=34，42，43，51，68。

分布概况： 25/14（8）种，**10** 型；分布于亚洲，欧洲至北非；中国南北广泛栽培。

系统学评述： 梨属隶属于绣线菊亚科苹果族[1]。利用叶绿体基因或核基因均未能很好地解决该属的系统发育关系[36-39]。Katayama 等[40]利用从叶绿体基因组筛选出的 2 个高变区的单倍型数据，将该属 21 种分为 3 个分支，分支 A 和 B 包括了东亚和南亚分布的大部分种，分支 C 主要包括产自欧洲、西亚、中亚、俄罗斯和非洲的种类。

DNA 条形码研究： BOLD 网站有该属 25 种 80 个条形码数据；GBOWS 网站已有 7 种 54 个条形码数据。

代表种及其用途： 重要果树及观赏树种，木材坚硬细致具有多种用途，如白梨 *P. bretschneideri* Rehder。

36. *Rhaphiolepis* Lindley 石斑木属

Rhaphiolepis Lindley (1820: 468), *nom. & orth. cons.*; Gu & Spongberg (2003: 141) [Type: *R. indica* (Linnaeus) Lindley (≡*Crataegus indica* Linnaeus)]

特征描述： 常绿灌木或小乔木。单叶互生，革质，具短柄；托叶锥形，早落。总状或圆锥花序，顶生；萼筒钟状至筒状，下部与子房合生；萼片 5，直立或外折，脱落；花瓣 5，白色或粉红色，有短爪；雄蕊 15-20；花柱 2 或 3，基部合生，子房下位，2 室，每室胚珠 2，直立。梨果核果状，近球形，肉质，萼片脱落后顶端有 1 圆环或浅窝。种子 1-2，近球形，种皮薄，子叶肥厚，平凸或半球形。花粉粒 3 孔沟，条纹-网状纹饰。

分布概况： 15/7（3）种，**14** 型；分布于亚洲东部；中国产南方各省区。

系统学评述： 石斑木属隶属于绣线菊亚科苹果族，是枇杷属的姐妹群[1,18,29,41]。

DNA 条形码研究： BOLD 网站有该属 6 种 23 个条形码数据；GBOWS 网站已有 1 种 4 个条形码数据。

代表种及其用途： 多数可栽培供观赏用，如石斑木 *R. indica* (Linnaeus) Lindley。

37. *Rhodotypos* Siebold & Zuccarini 鸡麻属

Rhodotypos Siebold & Zuccarini (1841: 185); Li et al. (2003: 192) (Type: *R. kerrioides* Siebold & Zuccarini)

特征描述：<u>落叶灌木</u>。<u>单叶对生</u>，边缘具尖锐重锯齿；托叶膜质，带形，离生。<u>花两性，单生于枝顶</u>；<u>萼筒碟形</u>、<u>扁平</u>；<u>萼片 2 对</u>，叶状；<u>副萼 4</u>；<u>花瓣 4</u>，白色，有短爪；雄蕊多数，数轮；花盘肥厚，顶端缩缢盖住雌蕊；心皮 4，花柱顶生，<u>丝状</u>，柱头头状，<u>每心皮胚珠 2</u>，<u>下垂</u>，<u>1 枚败育</u>。核果 1-4，外果皮光滑干燥。种子 1，倒卵球形，子叶平凸，有 3 脉。花粉粒 3 孔沟（或拟孔沟），条纹状或负网状纹饰。

分布概况：1/1 种，**14（SJ）**型；分布于日本，朝鲜半岛；中国产浙江、辽宁、湖北、山东、陕西、甘肃、安徽、江苏、河南等。

系统学评述：鸡麻属隶属于绣线菊亚科棣棠族[1]。

DNA 条形码研究：BOLD 网站有该属 1 种 3 个条形码数据；GBOWS 网站已有 1 种 11 个条形码数据。

代表种及其用途：鸡麻 *R. scandens* (Thunberg) Makino 在各地栽培供庭园绿化用，临床上用于治疗血虚肾亏。

38. *Rosa* Linnaeus 蔷薇属

Rosa Linnaeus (1753: 491), *nom. cons.* ; Gu & Kenneth (2003: 339) (Type: *R. cinnamomea* Linnaeus, *typ. cons.*)

特征描述：<u>直立</u>、<u>蔓延或攀援灌木</u>，<u>多数被有皮刺</u>、针刺或刺毛，稀无刺。叶互生，<u>奇数羽状复叶</u>，稀单叶；托叶贴生或着生于叶柄上，稀无托叶。花单生或成伞房状、稀复伞房状或圆锥状花序；<u>萼筒球形</u>、<u>坛形至杯形</u>，<u>颈部缢缩</u>；萼片 5，稀 4，开展；花瓣 5，稀 4；花盘环绕萼筒口部；雄蕊多数，数轮；<u>心皮多数</u>，稀少数，<u>离生</u>，花柱顶生或侧生，离生或上部合生，胚珠单生，下垂。<u>瘦果木质</u>，<u>着生在肉质萼筒内形成蔷薇果</u>。花粉粒 3 孔沟，或拟孔沟，光滑、条网状、颗粒状或负网状纹饰。染色体 $2n$=14，21，28，35，42，49，56。

分布概况：200/95（65）种，**8**型；广布寒温带至亚热带地区；中国南北均产。

系统学评述：蔷薇属隶属于蔷薇亚科蔷薇族 Roseae[1]。最新的分类系统将该属划分为 4 亚属，其中最大的亚属 *Rosa* subgen. *Rosa* 划分为 10 组，其中最大的组 *R.* sect. *Caninae* 进一步划分为 6 亚组。该属的系统发育研究一直是一个难点，许多基因片段都不能很好地解析属下类群间的系统关系[42-52]。初步的研究结果不支持 *R.* subgen. *Hulthemia* 和 *R.* subgen. *Platyrhodon* 的分类等级；指出 *R.* sect. *Carolinae* 应与 *R.* sect. *Cinnamoneae* 合并；此外，单系的 *R.* subsect. *Rubigineae* 嵌入 *R.* sect. *Caninae*，使后者成为并系；*R.* sect. *Caninae* 中的其余 5 亚组并没有得到很高的支持率。

DNA 条形码研究：BOLD 网站有该属 109 种 427 个条形码数据；GBOWS 网站已有 23 种 228 个条形码数据。

代表种及其用途：该属植物为重要的观赏植物，如月季花 *R. chinensis* Jacquin 等。

许多种类可提炼芳香油；部分种类花、果实可食用；许多种类为各地常用的中草药，各有特效。

39. *Rubus* Linnaeus 悬钩子属

Rubus Linnaeus (1753: 492), *nom. cons.* ; Lu & Boufford (2003: 195) (Type: *R. fruticosus* Linnaeus, *typ. cons.*)

特征描述：落叶，稀常绿、半常绿灌木、半灌木或多年生匍匐草本。茎具皮刺或针刺，稀无刺。叶互生，单叶、掌状或羽状复叶，有叶柄和托叶。花两性，稀单性而雌雄异株；花序圆锥状、总状、伞房状或数朵簇生及单生；花萼膨大，有时具短而阔的萼筒；萼片（4）5（-8）裂，宿存；花瓣 5，稀更多，偶尔缺；雄蕊多数；心皮多数，稀少，分离，着生于凸起的花托上，花柱近顶生，柱头头状，子房 1 室，胚珠 2。聚合果由小核果或核果状瘦果集生于花托上而成。种子下垂，种皮膜质，子叶平凸。花粉粒 3 孔沟（或拟孔沟），网状、颗粒状或负网状纹饰。染色体 $2n$=14，21，24，28，35，42，56，70，84，98。

分布概况：700/208（139）种，**1** 型；世界广布，主产北半球温带，少数到热带和南半球；中国南北均产。

系统学评述：悬钩子属隶属于蔷薇亚科悬钩子族 Rubeae[1]。对少数样品的 ITS 序列的系统学研究显示，该属 3 个分支与地理和倍性一致，而传统的分类中只有 *Rubus* subgen. *Orobatus* 为单系[52]。

DNA 条形码研究：BOLD 网站有该属 317 种 782 个条形码数据；GBOWS 网站已有 75 种 972 个条形码数据。

代表种及其用途：该属植物有些种类的果实多浆，味甜酸，可供食用，如山莓 *R. corchorifolius* Linnaeus f.、复盆子 *R. idaeus* Linnaeus 等，在欧美已长期栽培作重要水果；有些种类的果实、种子、根及叶可入药；茎皮、根皮可提制栲胶；少数种类庭园栽培供观赏。

40. *Sanguisorba* Linnaeus 地榆属

Sanguisorba Linnaeus (1753: 116); Li et al. (2003: 384) (Lectotype: *S. officinalis* Linnaeus)

特征描述：多年生草本。根粗壮，下部长出若干纺锤形、圆柱形或细长条形根。奇数羽状复叶；托叶与叶柄合生，鞘状；叶柄鞘状。花两性，稀单性，穗状或头状花序顶生于伸长的花葶上；萼筒喉部缢缩；萼片 4（-7），瓣状；花瓣无；雄蕊 4，稀更多，着生于花盘喉部，花丝分离，稀下部合生；心皮 1（2），包藏在萼筒内，花柱顶生，柱头画笔状，胚珠 1，下垂。瘦果小，包藏在宿存的多刺或有翼的萼筒内。种子 1，子叶平凸。花粉粒 6 孔沟，穿孔状纹饰。染色体 $2n$=14，28，42，56，57，72，84，85。

分布概况：30/7（1）种，**8** 型；分布于欧洲，亚洲及北美洲；中国南北各省区均产，大多种类集中在东北。

系统学评述：地榆属隶属于蔷薇亚科龙芽草族[1]，基于叶绿体基因片段 *trn*L-F 的系统发育分析显示，喜马拉雅地区分布的矮地榆 *S. fifliformis* (J. D. Hooker) Handel-Mazzetti 是该属其他种的姐妹群[54]。

DNA 条形码研究：BOLD 网站有该属 15 种 60 个条形码数据；GBOWS 网站已有 3 种 39 个条形码数据。

代表种及其用途：地榆 *S. officinalis* Linnaeus、太白花地榆 *S. stipulata* Rafinesque 和矮地榆 *S. filiformis* (J. D. Hooker) Handel-Mazzetti 的根可入药。

41. *Sibbaldia* Linnaeus 山莓草属

Sibbaldia Linnaeus (1753: 284); Li et al. (2003: 329) (Lectotype: *S. procumbens* Linnaeus)

特征描述：<u>多年生草本</u>。常具木质化根茎。<u>羽状或掌状复叶</u>，<u>小叶 3-5</u>，<u>边缘或顶端有齿</u>，稀全缘。花通常两性，稀单性，<u>聚伞花序或单花</u>；萼筒碟形或杯状；萼片（4）5，互生，宿存；副萼片（4）5；花瓣（4）5；花盘通常明显宽阔，稀不明显；<u>雄蕊（4-）5（-10）</u>；<u>心皮 4-20</u>，离生，<u>花柱侧生、近基生或顶生</u>，每心皮胚珠 1，通常上升。<u>瘦果少数</u>，<u>着生于干燥凸起的花托上</u>，萼片宿存。花粉粒 3 孔沟，条纹状纹饰。染色体 $2n$=14。

分布概况：20/13（4）种，**10** 型；分布于北半球极地和高山地区；中国产华北、西北及西南高山地带。

系统学评述：山莓草属隶属于蔷薇亚科委陵菜族[1,8]。该属并不是单系类群，可能包括部分委陵菜属的种类[8]。

DNA 条形码研究：BOLD 网站有该属 5 种 12 个条形码数据；GBOWS 网站已有 5 种 40 个条形码数据。

代表种及其用途：隐瓣山莓草 *S. procumbens* var. *aphanopetala* (Handel-Mazzetti) T. T. Yü & C. L. Li 全草入药，可止咳、调经、祛瘀消肿。

42. *Sibiraea* Maximowicz 鲜卑花属

Sibiraea Maximowicz (1879: 213); Li et al. (2003: 329) [Type: *S. laevigata* (Linnaeus) Maximowicz (≡*Spiraea laevigata* Linnaeus)]

特征描述：<u>落叶灌木</u>。单叶互生，<u>全缘</u>，几近无柄，<u>无托叶</u>，中脉明显，侧脉 3-5 对。<u>花杂性异株</u>，顶生穗状圆锥花序；花小，梗短；苞片披针形，全缘；萼筒浅钟状；萼片 5，直立，宿存；花瓣 5，白色，长于萼片；雄蕊 20-25，雌花中退化；<u>心皮 5</u>，<u>基部合生</u>。<u>蓇葖果</u>，<u>直立</u>，<u>沿腹缝线及背缝线顶端开裂</u>。种子 2，有少量胚乳。花粉粒 3 孔沟，条纹状纹饰。染色体 $2n$=16。

分布概况：4/3（2）种，**10-1** 型；分布于欧洲，俄罗斯西伯利亚；中国产西北、西南。

系统学评述：鲜卑花属隶属于绣线菊亚科绣线菊族[1,11]。

DNA 条形码研究：GBOWS 网站有该属 2 种 33 个条形码数据。

43. *Sorbaria* (Seringe ex Candolle) A. Braun 珍珠梅属

Sorbaria (Seringe ex Candolle) A. Braun (1860: 177), *nom. cons.* ; Gu & Alexander (2003: 75) [Type: *S. sorbifolia* (Linnaeus) A. Braun (≡*Spiraea sorbifolia* Linnaeus)]

特征描述：落叶灌木。羽状复叶，互生，具托叶。花小型，圆锥花序顶生；萼筒浅杯状；萼片 5，反折，宿存；花瓣 5，白色，覆瓦状；雄蕊 20-50；心皮 5，基部合生，与萼片对生。蓇葖果光滑，沿腹缝线开裂。种子数枚。花粉粒 3 孔沟或拟孔沟，条纹状纹饰。染色体 2*n*=36。

分布概况：9/3（2）种，**9** 型；分布于温带亚洲；中国产东北、华北至西南。

系统学评述：珍珠梅属隶属于绣线菊亚科珍珠梅族 Sorbarieae[1]，是 *Spiraeanthus* 的姐妹群。

DNA 条形码研究：BOLD 网站有该属 5 种 42 个条形码数据；GBOWS 网站已有 3 种 46 个条形码数据。

代表种及其用途：多数种类可栽培供观赏用，枝及果穗可入药，如珍珠梅 *S. sorbifolia* (Linnaeus) A. Braun。

44. *Sorbus* Linnaeus 花楸属

Sorbus Linnaeus (1753: 477); Lu & Spongberg (2003: 144) (Lectotype: *S. aucuparia* Linnaeus)

特征描述：落叶乔木或灌木。奇数羽状复叶，互生，小叶片有锯齿，稀近全缘，有托叶。花两性，多数成顶生复伞房花序；萼片和花瓣各 5；雄蕊 15-25；心皮 2-4（-5），大部分与花托合生，罕为全部合生，花柱 2-4，稀 5，通常离生，子房半下位或下位，2-4（-5）室，每室胚珠 2。梨果小型，有宿存萼片，子房壁膜质，罕稍坚硬，各室种子 1-2。花粉粒 3 孔沟，负网状纹饰。染色体 2*n*=34，51，68。

分布概况：80/36（23）种，**8** 型；分布于北半球，亚洲，欧洲，北美洲；中国产西南。

系统学评述：花楸属隶属于绣线菊亚科苹果族。属内叶的形态变化多样，常作为划分类群的主要依据之一，一些学者认为花楸属只包含复叶类群，而另一些分类学家却提出广义的花楸属应包括单叶类群和复叶类群。形态性状和表征分析及分子系统学的研究均显示广义的花楸属为非单系类群[1,41,42,55]，因此此处的花楸属取狭义的概念。

DNA 条形码研究：BOLD 网站有该属 35 种 204 个条形码数据；GBOWS 网站已有 13 种 78 个条形码数据。

代表种及其用途：多数花楸属植物花、果实可供观赏之用，如水榆花楸 *S. alnifolia* (Siebold & Zuccarini) K. Koch 等。有些种类果实中含丰富的维生素和糖分，可作果酱、果糕及酿酒之用。有些种类已成了果树育种和砧木的重要原始材料之一。木材可供作器物；嫩枝和叶可作饲料；种子含脂肪和苦杏仁素，供制肥皂及医药工业用；枝皮含单宁，在鞣皮工业中可以利用。

45. *Spenceria* Trimen 马蹄黄属

Spenceria Trimen (1879: 97); Li et al. (2003: 384) (Type: *S. ramalana* Trimen)

特征描述：多年生草本。基生叶奇数羽状，茎生叶少数，3 裂或先端 2-3 齿；托叶草质，附着在叶柄上。稀疏总状花序顶生；苞片全缘或 3 裂；总苞杯状，7-8 裂；萼筒倒圆锥形；萼片 5，宿存；副萼片 5；花瓣 5，基部有短爪；雄蕊 30-40，2-3 轮，花丝基部膨大并连合，宿存；花盘延长成管包围花柱；心皮（1）2，花柱近顶生，柱头小，每心皮胚珠 1，垂生。果实由除花瓣外花的其他部分形成，瘦果包括在花托内。种子无胚乳，子叶近方形。花粉粒 3 孔沟，条纹状纹饰。染色体 2n=28。

分布概况：1/1 种，**15** 型；分布于不丹；中国产西南。

系统学评述：马蹄黄属隶属于蔷薇亚科龙芽草族，并构成龙芽草亚族 Agrimoniinae 其他类群的姐妹群[1]。

代表种及其用途：马蹄黄 *S. ramalana* Trimen 的根入药，可解毒消炎、收敛止血、止泻、止痢。

46. *Spiraea* Linnaeus 绣线菊属

Spiraea Linnaeus (1753: 489); Lu & Alexander (2003: 47) (Lectotype: *S. salicifolia* Linnaeus)

特征描述：落叶灌木。单叶互生，边缘有锯齿或缺刻，有时分裂，稀全缘，羽状脉，或基出 3-5 脉，通常具短叶柄，无托叶。花两性，稀杂性；伞形、伞形总状、伞房或圆锥花序；萼筒钟状或杯状；萼片 5，通常稍短于萼筒；花瓣 5，较萼片长；雄蕊 15-60，着生在花盘和萼片之间；心皮（3-）5（-8），离生，花柱顶生、近顶生，柱头头状或盘状，胚珠每室 2 至多数，悬垂。蓇葖果 5，骨质，常沿腹缝线开裂。种子细小，种皮膜质，胚乳少或无。花粉粒 3 孔沟或拟孔沟，光滑或颗粒状纹饰。染色体 2n=16，18，20，32，36，54，72。

分布概况：80-100/70（47）种，**8** 型；分布于北半球温带至亚热带山区；中国产西南。

系统学评述：绣线菊属隶属于绣线菊亚科绣线菊族[1]。基于核基因 ITS 和叶绿体片段 *trn*L-F 的研究显示，该属与 *Kelseya* 构成姐妹群，基于花序形态划分的 3 个组均不是单系[11,56]。

DNA 条形码研究：BOLD 网站有该属 18 种 33 个条形码数据；GBOWS 网站已有 21 种 147 个条形码数据。

代表种及其用途：多数种类耐寒，是庭园中常见栽培的观赏灌木，如绣线菊 *S. salicifolia* Linnaeus。

主要参考文献

[1] Potter D, et al. Phylogeny and classification of Rosaceae[J]. Plant Syst Evol, 2007, 266: 5-43.

[2] Evans RC. Molecular, morphological, and ontogenetic evaluation of relationships and evolution in the

Rosaceae[D]. PhD thesis. Toronto: University of Toronto, 1999.

[3]   Evans RC, Dickinson TA. Floral ontogeny and morphology in subfamily Amygdaloideae T. & G. (Rosaceae)[J]. Int J Plant Sci, 1999, 160: 955-979.

[4]   Evans RC, Dickinson TA. Floral ontogeny and morphology in subfamily Spiraeoideae Endl. (Rosaceae)[J]. Int J Plant Sci, 1999, 160: 981-1012.

[5]   Morgan DR, et al. Systematic and evolutionary implications of *rbc*L sequence variation in Rosaceae[J]. Am J Bot, 1994, 81: 890-903.

[6]   Potter D, et al. Phylogenetic relationships in Rosaceae inferred from chloroplast *mat*K and *trn*L-*trn*F nucleotide sequence data[J]. Plant Syst Evol, 2002, 231: 77-89.

[7]   Evans RC, et al. The granule-bound starch synthase (GBSSI) gene in the Rosaceae: multiple loci and phylogenetic utility[J]. Mol Phylogenet Evol, 2000, 17: 388-400.

[8]   Lundberg M, et al. Allopolyploidy in Fragariinae (Rosaceae): comparing four DNA sequence regions, with comments on classification[J]. Mol Phylogenet Evol, 2009, 51: 269-280.

[9]   Gehrke B, et al. Molecular phylogenetics of *Alchemilla*, *Aphanes* and *Lachemilla* (Rosaceae) inferred from plastid and nuclear intron and spacer DNA sequences, with comments on generic classification[J]. Mol Phylogenet Evol, 2008, 47: 1030-1044.

[10]   Campbell CS, et al. Persistent nuclear ribosomal DNA sequence polymorphism in the *Amelanchier agamic* complex (Rosaceae)[J]. Mol Biol Evol, 1997, 14: 81-90.

[11]   Potter D, et al. Phylogenetic relationships in tribe Spiraeeae (Rosaceae) inferred from nucleotide sequence data[J]. Plant Syst Evol, 2007, 266: 105-118.

[12]   Campbell CS, et al. Phylogeny of subtribe Pyrinae (formerly the Maloideae, Rosaceae): limited resolution of a complex evolutionary history[J]. Plant Syst Evol, 2007, 266: 119-145.

[13]   Bartish IV, et al. Phylogenetic relationships and differentiation among and within populations of *Chaenomeles* Lindl. (Rosaceae) estimated with RAPDs and isozymes[J]. Theore Appl Genet, 2000, 101: 554-563.

[14]   Soják J. *Potentilla* L. (Rosaceae) and related genera in the former USSR (identification key, checklist and figures) notes on *Potentilla* XVI[J]. Bot Jahrb Syst, 2004, 125: 253-340.

[15]   Li FF, et al. Molecular phylogeny of *Cotoneaster* (Rosaceae) inferred from nuclear ITS and multiple chloroplast sequences[J]. Plant Syst Evol, 2014, 300: 1533-1546.

[16]   Lo EYY, et al. Evidence for genetic association between East Asian and western North American *Crataegus* L. (Rosaceae) and rapid divergence of the eastern North American lineages based on multiple DNA sequences[J]. Mol Phylogenet Evol, 2009, 51: 157-68.

[17]   周丽华, 等. 国产蔷薇科李亚科的花粉形态[J]. 云南植物研究, 2000, 22: 282-285.

[18]   Lo EY, Donoghue MJ. Expanded phylogenetic and dating analyses of the apples and their relatives (Pyreae, Rosaceae)[J]. Mol Phylogenet Evol, 2012, 63: 230-243.

[19]   Li P, et al. Molecular phylogeny of *Eriobotrya* Lindl. (Loquat) inferred from internal transcribed spacer sequences of nuclear ribosome[J]. Pak J Bot, 2009, 41: 185-193.

[20]   Li P, et al. Preliminarily phylogeny study of the *Eriobotrya* based on the ITS sequences[J]. Acta Hortic, 2006, 750: 241-244.

[21]   Yang XH, et al. A preliminarily phylogeny study of the *Eriobotrya* based on the nrDNA *Adh* sequences[J]. Not Bot Horti Agrobo, 2012, 40: 233-237.

[22]   Gao F. *Exochorda*: five species or one? A biosystematic study of the Rosaceous genus *Exochorda*[D]. PhD thesis. Wageningen: Wageningen Agriculatural University, 1997.

[23]   Potter D, et al. Phylogenetic relationships among species of *Fragaria* (Rosaceae) inferred from non-coding nuclear and chloroplast DNA Sequences[J]. Syst Bot, 2000, 25: 337-348.

[24]   Aïnouche A. Tracking the evolutionary history of polyploidy in *Fragaria* L. (strawberry): new insights from phylogenetic analyses of low-copy nuclear genes[J]. Mol Phylogenet Evol, 2009, 51: 515-530.

[25]   Njuguna W, et al. Insights into phylogeny, sex function and age of *Fragaria*, based on whole chloroplast genome sequencing[J]. Mol Phylogenet Evol, 2013, 66: 17-29.

[26]   Jee S, Eriksson T. Phylogenetic relationships of *Geum* (Rosaceae) and relatives inferred from the nrITS

and *trn*L-*trn*F regions[J]. Syst Bot, 2002, 27: 303-317.

[27] Robinson JP, et al. Taxonomy of the genus *Malus* Mill. (Rosaceae) with emphasis on the cultivated apple, *Malus domestica* Borkh[J]. Plant Syst Evol, 2001, 226: 35-58.

[28] Oh SH, Potter D. Molecular phylogenetic systematics and biogeography of tribe Neillieae (Rosaceae) using DNA sequences of cpDNA, rDNA, and *LEAFY*[J]. Am J Bot, 2005, 92: 179-192.

[29] Aldasoro JJ, et al. Phylogenetic and phytogeographical relationships in Maloideae (Rosaceae) based on morphological and anatomical Characters[J]. Blumea, 2005, 50: 3-32.

[30] Guo W, et al. A phylogeny of *Photinia sensu lato* (Rosaceae) and related genera based on nrITS and cpDNA analysis[J]. Plant Syst Evol, 2011, 291: 91-102.

[31] Dobes C, Paule J. A comprehensive chloroplast DNA-based phylogeny of the genus *Potentilla* (Rosaceae): implications for its geographic origin, phylogeography and generic circumscription[J]. Mol Phylogenet Evol, 2010, 56: 156-175.

[32] Bortiri E, et al. Phylogeny and systematics of *Prunus* (Rosaceae) as determined by sequence analysis of ITS and the chloroplast *trn*L-*trn*F spacer DNA[J]. Syst Bot, 2001, 26: 797-807.

[33] Lee S, Wen J. A phylogenetic analysis of *Prunus* and the Amygdaloideae (Rosaceae) using ITS sequences of nuclear ribosomal DNA[J]. Am J Bot, 2001, 88: 150-160.

[34] Wen J, et al. Phylogenetic inferences in *Prunus* (Rosaceae) using chloroplast *ndh*F and nuclear ribosomal ITS sequences[J]. J Syst Evol, 2008, 46: 322-332.

[35] Li QY, et al. Generic limits of Pyrinae: insights from nuclear ribosomal DNA sequences[J]. Bot Stud, 2012, 53: 151-164.

[36] Zheng X, et al. Molecular evolution of *Adh*, and *LEAFY*, and the phylogenetic utility of their introns in *Pyrus* (Rosaceae)[J]. BMC Evol Biol, 2011, 11: 255.

[37] Zheng X, et al. Non-concerted ITS evolution, early origin and phylogenetic utility of ITS pseudogenes in *Pyrus*[J]. Mol Phylogenet Evol, 2008, 48: 892-903.

[38] Zheng XY, et al. Phylogenetic utility and molecular evolution of the nuclear alcohol dehydrogenase gene in *Pyrus*[J]. Acta Hort, 2010, 859: 271-280.

[39] Kimura T, et al. Genetic characterization of pear varieties revealed by chloroplast DNA sequences[J]. J Hortic Sci Biotech, 2003, 78: 241-247.

[40] Katayama H, et al. Phylogenetic utility of structural alterations found in the chloroplast genome of pear: hypervariable regions in a highly conserved genome[J]. Tree Genet Genomes, 2012, 8: 313-326.

[41] Campbell CS, et al. Phylogenetic relationships in Maloideae (Rosaceae): evidence from sequences of the internal transcribed spacers of nuclear ribosomal DNA and its congruence with morphology[J]. Am J Bot, 1995, 82: 903-918.

[42] Bruneau A, et al. Phylogenetic relationships in the genus *Rosa*: new evidence from chloroplast DNA sequences and an appraisal of vurrent knowledge[J]. Syst Bot, 2007, 32: 366-378.

[43] Joly S, et al. Polyploid and hybrid evolution in roses east of the rocky mountains[J]. Am J Bot, 2006, 93: 412-425.

[44] Joly S, Bruneau A. Incorporating allelic variation for reconstructing the evolutionary history of organisms from multiple genes: an example from *Rosa* in North America[J]. Syst Biol, 2006, 55: 623-636.

[45] Leus L, et al. Molecular evaluation of a collection of *Rose* species and cultivars by AFLP, ITS, *rbc*L and *mat*K[J]. Acta Hort, 2004, 651: 141-147.

[46] Matsumoto S, et al. Phylogenetic analyses of the subgenus *Eurosa* using the its nrDNA sequence[J]. Acta Hort, 2000, 521: 193-202.

[47] Matsumoto S, et al. Phylogenetic analyses of the genus *Rosa*, using the *mat*K sequence: molecular evidence for the narrow genetic background of modern roses[J]. Sci Hortic, 1998, 77: 73-82.

[48] Wissemann V. Molecular evidence for allopolyploid origin of the *Rosa canina* complex (Rosaceae, Rosoideae)[J]. J Appl Bot, 2002, 76: 176-178.

[49] Wissemann V, Ritz CM. The genus *Rosa* (Rosoideae, Rosaceae) revisited: molecular analysis of nrITS-1 and *atp*B-*rbc*L intergenic spacer (IGS) versus conventional taxonomy[J]. Bot J Linn Soc, 2015, 147: 275-290.

[50] Wu S, et al. Phylogenetic analysis of Japanese *Rosa* species using *mat*K sequences[J]. Breeding Sci, 2000, 50: 275-281.

[51] Wu S, et al. Phylogenetic analysis of Japanese *Rosa* species using DNA sequences of nuclear ribosomal internal transcribed spacers (ITS)[J]. J Hortic Sci Biotech, 2001, 76: 127-132.

[52] Koopman WJM, et al. AFLP markers as a tool to reconstruct complex relationships: a case study in *Rosa* (Rosaceae)[J]. Am J Bot, 2008, 95: 353-366.

[53] Alice LA. Phylogeny of *Rubus* (Rosaceae) based on nuclear ribosomal DNA internal transcribed spacer region sequences[J]. Am J Bot, 1999, 86: 81-97.

[54] Kerr MS. A phylogenetic and biogeographic analysis of Sanguisorbeae (Rosaceae), with emphasis on the Pleistocene radiation of the high Andean genus *Polylepis*[D]. PhD thesis. Maryland: University of Maryland, 2004.

[55] 郑冬梅, 等. 运用形态特征和分支、表征方法探讨广义花楸属(*Sorbus* L.)属下分类关系[J]. 园艺学报, 2007, 34: 723-728.

[56] Huh MK. Phylogenetic relationships in the genus *Spiraea* (Rosaceae) inferred from the chloroplast DNA region, *trn*L-*trn*F[J]. Am J Plant Sci, 2012, 3: 559-566.

Elaeagnaceae Jussieu (1789), *nom. cons.* 胡颓子科

特征描述：常绿或落叶直立灌木或攀援藤本；<u>全株被银白色或褐色至锈色盾形鳞片或星状绒毛</u>。单叶互生，稀对生，全缘。花两性或单性，具香气；<u>花萼常连合成筒，顶端 4 裂</u>，稀 2 裂，<u>在子房上面通常明显收缩</u>；无花瓣；雄蕊着生于萼筒喉部，花药内向，通常为丁字药；子房上位，包被于花萼管内，1 心皮，1 室，1 胚珠。果实为瘦果或坚果，<u>核果状</u>，红色或黄色。种皮骨质或膜质。花粉粒 3（4）孔沟，穿孔状或颗粒状纹饰。虫媒。

分布概况：3 属/90 种，分布于北温带及热带地区；中国 2 属/74 种，南北均产。

系统学评述：胡颓子科的系统位置一直有争议。早期依据花的相似形态放在瑞香科 Thymelaeaceae 附近，归到瑞香目 Thymelaeales；后来 Cronquist[1]将胡颓子科归到山龙眼目 Proteales；Takhtajan[2]等将胡颓子科独立成胡颓子目 Elaeagnales，归入鼠李超目 Rhamnanae，属于蔷薇亚纲 Rosidae。分子系统学研究将胡颓子科置于蔷薇目 Rosale，并与 Dirachmaceae 和 Barbeyaceae 形成的分支成姐妹群[3]。

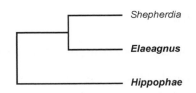

图 95　胡颓子科分子系统框架图（参考 Sytsma 等[3]）

分属检索表

1. 花两性或杂性；花萼 4 裂；雄蕊 4，与花萼裂片互生·····················**1. 胡颓子属 Elaeagnus**
1. 花单性，雌雄异株；花萼 2 裂；雄蕊 4，2 枚与花萼裂片互生，2 枚与花萼裂片对生····························
··**2. 沙棘属 Hippophae**

1. *Elaeagnus* Linnaeus 胡颓子属

Elaeagnus Linnaeus (1753: 121); Qin & Michael (2007: 251) (Lectotype: *E. angustifolia* Linnaeus)

特征描述：直立或攀援灌木，通常具刺，<u>全体被银白色或褐色鳞片或星状绒毛</u>。单叶互生，全缘，幼时散生银白色或褐色鳞片或星状柔毛，成熟后通常脱落，下面灰白色或褐色，密被鳞片或星状绒毛。花两性，单生或伞形总状花序；<u>花萼筒状，上部 4 裂</u>，下部紧包围子房，在子房上面通常明显收缩；雄蕊 4，花丝极短，丁字药；花柱单一，顶端常弯曲，无毛或具星状柔毛。坚果核果状，红色或橙色，果核椭圆形，具 8 肋，内具白色丝状毛。花粉粒 3-4 孔沟，穿孔状纹饰。

分布概况：90/67（55）种，**8-4（14）型**；主产亚洲东部及东南部，少数到欧洲温带地区，北美洲也有；中国各地均产，以长江以南地区尤盛。

系统学评述：该属的研究迄今为止还不是很充分，部分种间关系混乱、种类划分不清。Sun 和 Lin[4]分析了胡颓子属形态性状的变异，对国产胡颓子属的 13 种和 6 变种的名称做了归并处理，确认胡颓子属在中国大陆有 36 种 1 亚种 5 变种。吴征镒等[5]指出，该属所划分的常绿组 Elaeagnus sect. Semperiventes 和落叶组 E. sect. Deciduae，落叶组中各种并非原始，结合地理分布和形态研究认为，牛奶子 E. umbellata Thunberg 为最早分化，常绿组中应以胡颓子 E. pungens Thunberg 为中心，该属和许多热带亚洲至东亚分布的属一样，均以东亚分布的种类较古老，印度-马来种多为后分化。总之，该属应结合多种形态特征，特别是花的两性或杂性、花管形状、鳞片状况，以及花序演化等综合起来探讨演化关系。

DNA 条形码研究：BOLD 网站有该属 11 种 28 个条形码数据；GBOWS 网站已有 15 种 116 个条形码数据。

代表种及其用途：该属多数种类的果实富有维生素、糖类及有机酸，可作果脯、果酱、果酒、果汁、果糕等。翅果油树 E. mollis Diels 的种仁含有丰富的油脂，所榨取的油脂可作食用及其他工业用。胡颓子、角花胡颓子 E. gonyanthes Bentham、披针叶胡颓子 E. lanceolata Warburg ex Diels、宜昌胡颓子 E. henryi Warburg ex Diels 等可作药用。

2. *Hippophae* Linnaeus 沙棘属

Hippophae Linnaeus (1753: 1023); Qin et al. (2007: 270) (Type: *H. rhamnoides* Linnaeus)

特征描述：落叶直立灌木或小乔木，具刺。单叶互生，对生或三叶轮生，线形或线状披针形，两面具鳞片或星状柔毛。花单性，雌雄异株；雌株花序轴发育成小枝或棘刺，雄株花序轴花后脱落；雄花先开放，花萼 2 裂，雄蕊 4，花丝短，花药矩圆形；雌花单生叶腋，花萼囊状，顶端 2 齿裂，子房上位，1 心皮，1 室，1 胚珠，花柱短，微伸出花外。核果状坚果为肉质化的萼管包围，近圆形或长矩圆形。种子 1，倒卵形或椭圆形，骨质。花粉粒 3-4 孔沟，颗粒状纹饰。染色体 $2n$=24。

分布概况：7/7（4）种，**10 型**；分布于亚洲和欧洲温带地区；中国产北部、西部和西南部高海拔地区。

系统学评述：沙棘属是胡颓子科的 1 个小属，分布区很广但不连续，形态变异较大，长期以来种间和亚种间的划分有较多争议，特别是沙棘 H. rhamnoides Linnaeus 各亚种之间的关系比较混乱[6-10]。Bartish 等[11]基于叶绿体 DNA 和形态学的证据，将沙棘属分为 7 种 8 亚种，现已被多数学者接受。廉永善和陈学林[8]基于果实形态将沙棘属分为 2 组，即 *Hippophae* sect. *Hippophae* 和 H. sect. *Gyantsensis*，然而 Sun 等[12]根据 ITS 序列构建的系统树并不支持这个划分。该属需要更广泛的取样和更多分子片段联合分析，并结合地理分布和形态特征进一步厘清种间系统关系。

DNA 条形码研究：BOLD 网站有该属 6 种 64 个条形码数据；GBOWS 网站已有 9 种 240 个条形码数据。

代表种及其用途：该属植物经济价值较大，常利用其果实作药用及酿酒，制果子露、果酱、果泥等饮料和食品。沙棘 *H. rhamnoides* Linnaeus 根系发达，根蘖性强，生长迅速，干旱或潮湿的地方均能生长，为防风、固沙、防水土流失的优良树种，特别在黄土高原，其是固定土壤的重要树种。

主要参考文献

[1]   Cronquist A. An integrated system of classification of flowering plants[M]. New York: Columbia University Press, 1981.

[2]   Takhtajan A. Diversity and classification of flowering plants[M]. New York: Columbia University Press, 1997.

[3]   Sytsma KJ, et al. Phylogeny of Capparaceae and Brassicaceae based on chloroplast sequence data[J]. Am J Bot, 2002, 89: 1531-1546.

[4]   Sun M, Lin Q. A revision of *Elaeagnus* L. (Elaeagnaceae) in mainland China[J]. J Syst Evol, 2010, 48: 356-390.

[5]   吴征镒, 等. 中国被子植物科属综论[M]. 北京: 科学出版社, 2003.

[6]   Rousi A. The genus *Hippophae* L. A taxonomic study[J]. Ann Bot Fennici, 1971, 8: 177-227.

[7]   Avdeyev VI. Novaya taksonomiya roda oblepikha: *Hippophae* L.[J]. Izv Akad Nauk Tadzh SSR, Biol Nauk, 1983, 4: 11-17.

[8]   廉永善. 沙棘属的新发现[J]. 中国科学院大学学报, 1988, 26: 235-237.

[9]   Hyvonen J. On phylogeny of *Hippophae* (Elaeagnaceae)[J]. Nord J Bot, 1996, 16: 51-62.

[10] 廉永善, 陈学林. 沙棘属植物的系统分类[J]. 沙棘, 1996, 9: 15-24.

[11] Bartish JV, et al. Phylogeny of *Hippophae* (Elaeagnaceae) inferred from parsimony analysis of choloroplast DNA and morphology[J]. Syst Bot, 2002, 27: 41-54.

[12] Sun K, et al. Molecular phylogenetics of *Hippophae* L. (Elaeagnaceae) based on the internal transcribed spacer (ITS) sequences of nrDNA[J]. Plant Syst Evol, 2002, 235: 121-134.

Rhamnaceae Jussieu (1789), *nom. cons.* 鼠李科

特征描述： <u>乔木、灌木常具刺</u>，<u>或藤本具卷须或缠绕茎</u>。<u>单叶互生而螺旋状排列</u>，稀对生；<u>托叶存在</u>，有时刺状。有限花序，有时简化为单花。<u>花常两性，辐射对称，小</u>，<u>具盘状至圆柱状花托杯</u>；萼片常 4 或 5，分离；<u>花瓣常 4 或 5</u>，<u>分离</u>，<u>常多少凹入或呈兜状</u>，<u>花期包被雄蕊</u>；<u>雄蕊 4 或 5</u>，<u>分离</u>；心皮常 2 或 3，合生，子房上位至下位，中轴胎座，胚珠 1，柱头常近头状。<u>核果</u>，稀翅果状分果。内胚乳有或无。花粉粒 3 孔沟。染色体 2*n*=20，22，24，32，36，44，46，48，72。常含丹宁。

分布概况： 58 属/1000 种，世界广布，热带和暖温带地区尤多；中国 13 属/137 种，南北均产。

系统学评述： 鼠李科作为单系类群得到形态学及 *rbc*L 和 *trn*L-F 序列分析结果的支持[1]。因具良好发育且内壁产生花蜜的花托和叶具托叶等特征，该科可能与蔷薇科

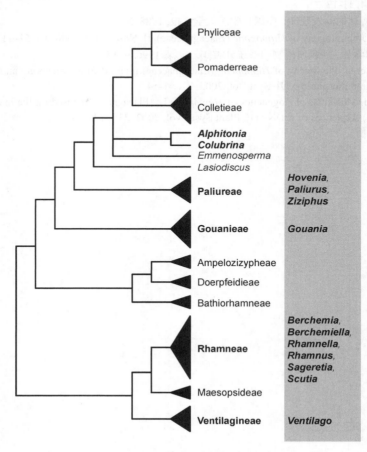

图 96　鼠李科分子系统框架图（参考 Richardson 等[2]）

Rosaceae 关系最近。DNA 序列分析显示鼠李科与榆科 Ulmaceae、桑科 Moraceae 及其近缘科系统发育关系较近[3]。鼠李科可分为鼠李分支 Rhamnoid group（Rhamnoideae）、枣分支 Ziziphoid group（Ziziphoideae）和 Ampeloziziphoids 3 分支 11 族，但其中部分类群的系统发育关系仍未得到解决[1]。

分属检索表

1. 攀援灌木；有卷须；子房下位；果实常具纵向 3 翅·······················**5. 咀签属 Gouania**
1. 直立或藤状灌木，或乔木；无卷须；子房上位或半上位；果实无翅或具不开裂的翅
  2. 果实顶端具纵向伸长为长圆形的翅，不开裂·······················**12. 翼核果属 Ventilago**
  2. 果实顶端无纵向的翅，或周围有木栓质或木质化的圆翅
    3. 核果浆果状或蒴果状，无翅；内果皮薄革质或纸质，具 2-4 分核
      4. 子房明显上位；浆果状核果，不开裂，基部与宿存的萼筒分离
        5. 花序轴在结果时膨大成肉质；叶具基生三出脉··············**6. 枳椇属 Hovenia**
        5. 花序轴在结果时不膨大成肉质；叶具羽状脉
          6. 花无梗（稀具短梗），花序穗状或穗状圆锥状 ··········**10. 雀梅藤属 Sageretia**
          6. 花具明显的梗，腋生聚伞花序
            7. 常绿藤状灌木；茎常具 1 对钩状皮刺；核果具不开裂的分核；种子无沟 ·····
            ·······································**11. 对刺藤属 Scutia**
            7. 落叶，稀常绿灌木或乔木；枝端通常有枝刺，稀无刺；核果通常有沿内棱裂缝开裂或稀不开裂的分核；种子背面常有沟，稀无沟·················**9. 鼠李属 Rhamnus**
      4. 子房半下位；蒴果状核果，成熟时室背开裂，基部或中部以上与萼筒合生
        8. 落叶灌木或藤状灌木；叶侧脉 2-5 对；腋生聚伞花序；外果皮薄 ·····**4. 蛇藤属 Colubrina**
        8. 常绿乔木或稀灌木；叶侧脉 11-15 对；腋生或顶生聚伞总状或聚伞圆锥花序；外果皮厚而易脆 ·······································**1. 麦珠子属 Alphitonia**
    3. 核果无翅，或有翅；内果皮坚硬，厚骨质或木质，无分核
      9. 叶具羽状脉，无托叶刺；核果圆柱形
        10. 叶边缘具锯齿或近全缘；聚伞花序腋生或数花簇生；花盘薄，杯状，结果时不增大·····
        ·······································**8. 猫乳属 Rhamnella**
        10. 叶全缘；聚伞总状或聚伞圆锥状花序顶生；花盘肥厚，壳斗状，包围子房之半，结果时增大或不增大
          11. 直立灌木或乔木；小枝粗糙，具纵裂纹；叶基部不对称；萼片内面中肋中部具喙状凸起；花盘五边形，结果时不增大；核果 1 室··········**3. 小勾儿茶属 Berchemiella**
          11. 直立或藤状灌木，稀小乔木；小枝平滑；叶基部对称；萼片内面中肋仅顶端增厚，中部无喙状凸起，花盘 10 裂，齿轮状，结果时明显增大成盘状或皿状，包围果实的基部；核果 2 室 ·······························**2. 勾儿茶属 Berchemia**
      9. 叶具基生三出脉，稀五出脉，通常具托叶刺；核果非圆柱形
        12. 果实周围具平展的杯状或草帽状的翅·······················**7. 马甲子属 Paliurus**
        12. 果实无翅，为肉质核果 ·······························**13. 枣属 Ziziphus**

1. *Alphitonia* Reissek ex Endlicher 麦珠子属

Alphitonia Reissek ex Endlicher (1840: 1098); Chen & Carsten (2007: 166) [Type: *A. excelsa* (Fenzl) Reissek ex Bentham (≡*Colubrina excelsa* Fenzl)]

特征描述：<u>乔木或灌木</u>。叶互生，全缘，羽状脉；托叶小，早落。花两性或杂性；聚伞总状或聚伞圆锥花序，顶生或腋生；花萼 5 裂；花瓣 5，匙形，两侧内卷，基部具爪；雄蕊 5，为花瓣抱持；花盘厚，圆形，有 5 个凹缺，或为五边形；子房藏于花盘内，2-3 室，每室胚珠 1，花柱短，2-3 裂。<u>蒴果状核果</u>，外果皮初时肉质，<u>成熟时不规则开裂</u>；<u>分核 2-3</u>，<u>每核种子 1</u>，沿腹缝线开裂。<u>种子有膜质的假种皮</u>，顶端开口。花粉粒 3 孔沟，粗糙、条纹状或网状纹饰。

分布概况：10/1 种，**5** 型；分布于亚洲东部，澳大利亚，太平洋岛屿；中国产海南。

系统学评述：Richardson 等[2]综合形态学和分子系统学研究将麦珠子属置于枣分支，但因与其他类群之间的系统发育关系没有得到较高的支持率，而被作为 1 个系统位置不定的属。最近分子系统学的研究支持该属与新近描述的产澳大利亚西南部的 *Granitites* 有较近的亲缘关系[4]。

DNA 条形码研究：BOLD 网站有该属 2 种 3 个条形码数据。

代表种及其用途：麦珠子 *A. incana* (Roxburgh) Teijsmann & Binnendijk ex Kurz 的幼树生长迅速，是优良的速生造林树种；木材结构细致，是制作家具的良好用材。

2. *Berchemia* Necker ex de Candolle 勾儿茶属

Berchemia Necker ex de Candolle (1825: 22), *nom. cons.* ; Chen & Carsten (2007: 124) [Type: *B. volubilis* (Linnaeus f.) Candolle (≡*Rhamnus volubilis* Linnaeus f.)]

特征描述：<u>直立或藤状灌木</u>，<u>稀小乔木</u>。叶互生，<u>全缘</u>，<u>羽状平行脉</u>；托叶基部合生，宿存，稀脱落。聚伞总状或聚伞圆锥状花序，稀 1-3 花；<u>花两性</u>，<u>具梗</u>；萼筒短，萼片内面中肋顶端增厚，无喙状凸起；花瓣匙形或兜状，两侧内卷，基部具短爪；花盘厚，齿轮状，不等 10 裂；<u>子房上位</u>，中部以下藏于花盘内，仅基部与花盘合生，2 室，每室胚珠 1，花柱短粗，柱头头状，不分裂、微凹或 2 浅裂。<u>核果顶端常有残存的花柱</u>，基部有宿存的萼筒；花盘常增大；内果皮硬骨质。花粉粒 3 孔沟，网状纹饰。含蒽醌类、萘满酮、香豆素、勾儿茶素等化合物。

分布概况：32/19（12）<u>种，**9** 型</u>；分布于亚洲东部至东南部温带和热带地区；中国产西南、华南、中南及华东。

系统学评述：勾儿茶属隶属于鼠李族 Rhamneae[1,2]。从形态上，该属由于具有长椭圆形或近圆柱形的核果、羽状平行脉和无托叶刺等特征，与猫乳属和小勾儿茶属具有密切的亲缘关系。依据花的数目、花序的类型及其大小、花序轴及叶柄有无毛被、叶形及侧脉的数目等，该属可以分为 2 组，即腋花组 *Berchemia* sect. *Axilliflorae* 和多花组 *B.* sect. *Berchemia*，但尚未得到分子系统学研究的支持。

DNA 条形码研究：BOLD 网站有该属 3 种 7 个条形码数据；GBOWS 网站已有 6 种 43 个条形码数据。

代表种及其用途：一些种类的根、茎或叶可供药用，嫩叶可代茶，如多花勾儿茶 *B. floribunda* (Wallich) Brongniart。

3. *Berchemiella* Nakai 小勾儿茶属

Berchemiella Nakai (1923: 30); Chen & Carsten (2007: 130) [Type: *B. berchemiaefolia* (Makino) Nakai
(≡*Rhamnella berchemiifolia* Makino)]

特征描述：乔木或灌木。叶互生，全缘，基部常不对称，侧脉羽状平行。聚伞总状花序顶生；花两性，具梗；苞片小，脱落；萼筒盘状，5 裂，萼片内面中肋中部具喙状凸起；花瓣倒卵形，顶端圆形或微凹，两侧内卷，基部具短爪，子房上位，中部以下藏于花盘内，2 室，每室有 1 侧生胚珠，花柱粗短，花后脱落，柱头微凹或 2 浅裂；花盘厚，五边形，结果时不增大。核果，1 室 1 种子，基部有宿存的萼筒。花粉粒 3 孔沟，网状纹饰。

分布概况：3/2（2）种，**14**（**SJ**）型；分布于日本；中国产安徽、湖北、浙江和云南。

系统学评述：基于叶绿体 *trn*L-F 和 *rbc*L 的研究支持小勾儿茶属隶属于鼠李族[1,2]，形态上该属与勾儿茶属较近缘。

4. *Colubrina* Richard ex Brongniart 蛇藤属

Colubrina Richard ex Brongniart (1826: 61), *nom. cons.* ; Chen & Carsten (2007: 167) [Type: *C. ferruginosa*
Brongniart, *typ. cons.* (≡*Rhamnus colubrinus* Jacquin)]

特征描述：乔木、灌木或藤状灌木。叶互生，托叶小，早落。花两性；腋生聚伞花序；花萼 5 裂，萼筒半球形；花瓣 5，基部具爪；雄蕊 5；花盘厚，肉质，圆形，与萼筒合生；子房藏于花盘内，3 室，每室胚珠 1，花柱 3 浅裂或 3 半裂，柱头反折。蒴果状核果，近球形，与果愈合的萼筒包围果实基部至中部，3 室，每室种子 1，成熟时沿室背开裂。花粉粒 3 孔沟，网状纹饰。染色体 $2n$=24，32，48。含生物碱、皂苷和多酚。

分布概况：23/2 种，**2** 型；分布于亚洲南部，大洋洲，太平洋岛屿，南美洲热带地区；中国产广东、广西、台湾和云南。

系统学评述：分子系统学和形态学研究将蛇藤属置于枣分支，但因与其他类群之间的系统发育关系没有得到较高的支持率，而被作为 1 个系统位置不定的属[1,2]。形态学研究将该属划分为 2 亚属，即 *Colubrina* subgen. *Colubrina*（包括 *C.* sect. *Barcena*、*C.* sect. *Cowania*、*C.* sect. *Capuronia* 和 *C.* sect. *Culubrina*）和 *C.* subgen. *Serrataria*[5]。

DNA 条形码研究：BOLD 网站有该属 6 种 18 个条形码数据；GBOWS 网站已有 1 种 7 个条形码数据。

5. *Gouania* Jacquin 咀签属

Gouania Jacquin (1763: 263); Chen & Carsten (2007: 163) (Lectotype: *G. tomentosa* Jacquin)

特征描述：攀援灌木，通常有卷须，无刺。叶互生，羽状脉或基生三出脉，托叶早落。花杂性，聚伞总状或聚伞圆锥花序，顶生或腋生；花萼 5 裂，萼筒短；花瓣 5，匙形；雄蕊 5，为花瓣所抱持；花盘厚，五边形或 5 裂，包围子房，子房下位，3 室，每室胚珠 1，花柱 3 半裂或深裂。<u>蒴果近球形</u>，<u>两端凹陷</u>，<u>顶端有宿存的花萼</u>，<u>有 3 个具圆形翅的分核</u>。种子 3，红褐色，有光泽，<u>胚乳薄</u>。花粉粒 3 孔沟，网状纹饰。染色体 $2n=48$。含三萜和咁签酸。

分布概况：20/2 种，**2** 型；分布于热带和亚热带地区；中国产西南和华南。

系统学评述：咁签属隶属于咁签族 Gouanieae，与 *Helinus* 关系较近[1,2]。Buerki 等[6]和 Stjohn[7]分别对该属产马达加斯加和夏威夷的种类进行了分类研究，但尚缺乏对该属全面的系统发育分析。

DNA 条形码研究：BOLD 网站有该属 2 种 4 个条形码数据；GBOWS 网站已有 2 种 21 个条形码数据。

6. *Hovenia* Thunberg 枳椇属

Hovenia Thunberg (1781: 7); Chen & Carsten (2007: 117) (Type: *H. dulcis* Thunberg)

特征描述：<u>落叶乔木</u>，<u>稀灌木</u>。叶互生，边缘有锯齿，基生三出脉。顶生或兼腋生聚伞圆锥花序；萼片 5，中肋内面凸起；花瓣 5，两侧内卷，基部具爪；雄蕊 5，为花瓣抱持；<u>花盘厚</u>，肉质，盘状，<u>有毛</u>；子房上位，1/2-2/3 藏于花盘内，仅基部与花盘合生，3 室，每室胚珠 1，花柱 3 浅裂至深裂。<u>浆果状核果</u>顶端有残存的花柱，基部具宿存的萼筒；<u>花序轴果时膨大</u>，<u>扭曲</u>，肉质。种子 3，扁圆球形，褐色或紫黑色，有光泽。花粉粒 3 孔沟，网状或条纹状纹饰。染色体 $2n=24$。含糖苷。

分布概况：3/3 种，**14（SJ）**型；分布于朝鲜，日本，不丹，缅甸，尼泊尔和印度；中国除黑龙江、吉林、辽宁、内蒙古、新疆、宁夏、青海和台湾外，各省区均产。

系统学评述：分子系统学研究支持枳椇属与枣属 *Ziziphus* 和马甲子属 *Paliurus* 共同构成马甲子族 Paliureae[1,2]。

DNA 条形码研究：BOLD 网站有该属 3 种 6 个条形码数据；GBOWS 网站已有 4 种 39 个条形码数据。

代表种及其用途：该属植物，如枳椇 *H. acerba* Lindley，木材坚硬，纹理致密，为制造各种细木工及家具的良好用材；果序轴结果时膨大，味甜，可食；种子供药用。

7. *Paliurus* Miller 马甲子属

Paliurus Miller (1754: 4); Chen & Carsten (2007: 116) [Type: *P. spina-christi* Miller (≡*Rhamnus paliurus* Linnaeus)]

特征描述：<u>落叶乔木或灌木</u>。叶互生，<u>基生三出脉</u>，<u>托叶常变成刺</u>。聚伞花序或聚伞圆锥花序，腋生或顶生；花萼 5 裂，中肋在内面凸起；花瓣 5，匙形或扇形，两侧常内卷；花盘厚，肉质，边缘 5 或 10 齿裂或浅裂；子房上位，大部分藏于花盘内，基部与花盘愈合，3 室（稀 2 室），每室胚珠 1，花柱通常 3 深裂。<u>核果杯状或草帽状</u>，<u>周围具木栓质或革质的翅</u>，基部有宿存的萼筒。花粉粒 3 孔沟，网状纹饰。染色体 $2n=24$。含环肽、三萜、黄酮等。

分布概况：5/5（3）种，**10-1** 型；分布于欧洲和亚洲东部；中国产西南、中南、华东。

系统学评述： 分子系统学研究支持马甲子属与枳椇属和枣属共同构成马甲子族[1,2]，并嵌入枣属中，但仍为单系[8]。

DNA 条形码研究： BOLD 网站有该属 1 种 1 个条形码数据；GBOWS 网站已有 2 种 18 个条形码数据。

代表种及其用途： 铜钱树 *P. hemsleyanus* Rehder ex Schirarend & Olabi 的树皮可提制栲胶。马甲子 *P. ramosissimus* (Loureiro) Poiret 的根、枝、叶、花、果均可供药用，种子榨油可制烛。

8. *Rhamnella* Miquel 猫乳属

Rhamnella Miquel (1867: 218); Chen & Carsten (2007: 131) (Type: *R. japonica* Miquel).——*Chaydaia* Pitard (1912: 925)

特征描述： <u>灌木或小乔木，或藤状灌木</u>。叶互生，<u>纸质或近膜质</u>，<u>羽状脉</u>，<u>边缘具锯齿</u>，托叶常宿存。腋生聚伞花序或数花簇生；<u>花两性，具梗</u>；萼筒钟状；萼片 5，中肋内面凸起，中下部有喙状凸起；花瓣 5，卵状匙形或圆状匙形，两侧内卷；花盘薄，杯状，五边形；子房上位，仅基部着生于花盘，1 室或不完全 2 室，胚珠 2，花柱顶端 2 浅裂。<u>核果圆柱状椭圆形，顶端有残留的花柱，基部为宿存的萼筒所包围</u>。花粉粒 3 孔沟，网状纹饰。染色体 2*n*=24。

分布概况： 8/8（5）种，**5 型**；分布于朝鲜，日本；中国产西南和华南。

系统学评述： 分子系统学研究支持该属隶属于鼠李族，但该族下的属间关系没有得到解决[1,2]。

DNA 条形码研究： BOLD 网站有该属 2 种 2 个条形码数据；GBOWS 网站已有 1 种 7 个条形码数据。

代表种及其用途： 猫乳 *R. franguloides* (Maximowicz) Weberbauer 的根可供药用；皮可制绿色染料。

9. *Rhamnus* Linnaeus 鼠李属

Rhamnus Linnaeus (1753: 193); Chen & Carsten (2007: 139) (Lectotype: *R. cathartica* Linnaeus)

特征描述： <u>灌木或乔木</u>。<u>无刺或小枝顶端常变成针刺</u>。叶互生或近对生，稀对生，羽状脉，有锯齿或稀全缘；托叶小，早落，稀宿存。<u>花两性或单性，雌雄异株，稀杂性</u>，单生、簇生或成腋生聚伞、聚伞总状或聚伞圆锥花序；花萼钟状或漏斗状钟状，4-5 裂，内面中肋凸起；<u>花瓣 4-5</u>，兜状，基部具短爪，<u>顶端常 2 浅裂</u>，稀无花瓣；雄蕊 4-5，为花瓣抱持；花盘薄，杯状；子房上位，不为花盘包围，2-4 室，每室胚珠 1，花柱 2-4 裂。<u>浆果状核果</u>，基部为宿存萼筒所包围，具 2-4 分核。<u>种子背面或背侧具纵沟</u>，稀无沟。染色体 2*n*=20，24。花粉粒 3 孔沟，网状纹饰。含黄酮、蒽醌。

分布概况： 150/57（37）种，**1 型**；分布于温带至热带，主产亚洲东部和北美洲的西南部，少数达欧洲和非洲；中国各省区均产，以西南和华南种类最多。

系统学评述：鼠李属有广义和狭义不同的界定，广义的鼠李属包括裸芽亚属 *Rhamnus* subgen. *Frangula* 和鳞芽亚属 *R.* subgen. *Rhamnus*，狭义的则将裸芽亚属作为独立的属。由于取样的原因，Bolmgren 和 Oxelman[9]的研究并没有解决该属的系统发育关系。

DNA 条形码研究：BOLD 网站有该属 13 种 64 个条形码数据；GBOWS 网站已有 15 种 120 个条形码数据。

代表种及其用途：该属多数种类，如冻绿 *R. utilis* Decaisne 等，果实含黄色染料；种子含脂肪油和蛋白质，榨油供制润滑油和油墨、肥皂；少数种类树皮、根、叶可供药用。

10. *Sageretia* Brongniart 雀梅藤属

Sageretia Brongniart (1826: 52); Chen & Carsten (2007: 133) [Lectotype: *S. theezans* (Linnaeus) Brongniart (≡*Rhamnus theezans* Linnaeus)]

特征描述：<u>直立或藤状灌木</u>，<u>稀小乔木</u>。叶互生或近对生，边缘具锯齿，稀近全缘，羽状脉；托叶小，脱落。花两性，<u>通常无梗或近无梗</u>；<u>穗状或穗状圆锥花序</u>，稀总状花序；萼片 5，内面顶端常增厚，中肋凸起而成小喙；花瓣 5，匙形，顶端 2 裂；花盘厚，肉质，壳斗状，全缘或 5 裂；子房上位，仅上部和柱头露于花盘之外，其余为花盘包围，基部与花盘合生，2-3 室，每室胚珠 1，花柱短，柱头头状，不分裂或 2-3 裂。<u>浆果状核果</u>，有 2-3 个不开裂的分核，基部为宿存的萼筒包围。种子扁平，稍不对称，两端凹陷。花粉粒 3 孔沟，网状或皱波状纹饰。染色体 $2n=24$。

分布概况：35/19（15）种，**3 型**；主要分布于亚洲东南部，北美洲和非洲也有；中国产西南、西北、华南、华中。

系统学评述：分子系统学研究支持雀梅藤属隶属于鼠李族，可能与对刺藤属 *Scutia* 构成姐妹群，但支持率不高[1,2]。

DNA 条形码研究：BOLD 网站有该属 2 种 2 个条形码数据；GBOWS 网站已有 6 种 46 个条形码数据。

代表种及其用途：一些种类，如雀梅藤 *S. thea* (Osbeck) M. C. Johnston，果实可食；叶可作茶的代用品。

11. *Scutia* (Commerson ex Candolle) Brongniart 对刺藤属

Scutia (Commerson ex Candolle) Brongniart (1826: 55); Chen & Carsten (2007: 162) [Type: *S. indica* Brongniart, *nom. illeg.* (=*S. circumscissa* (Linnaeus f.) W. Theobald≡*Rhamnus circumscissus* Linnaeus f.)]

特征描述：<u>直立或藤状灌木</u>。<u>具刺</u>或无刺。叶对生或近对生，革质，羽状脉，全缘或锯齿不明显。<u>花两性</u>；簇生或腋生聚伞花序；花萼 5 裂，萼筒半球形或倒锥形；<u>花瓣</u>兜状或扁平，<u>顶端微凹</u>，基部具短爪；花盘薄，贴生于萼筒内；子房球形，陷于花盘内，2-4 室，每室胚珠 1，花柱短，不分裂或 2-4 裂。<u>浆果状核果</u>，顶端常有残留的花柱，中部以下为宿存的萼筒所包围，萼筒与核果分离，具 2-4 分核，每核种子 1。<u>种子无沟</u>，种皮薄至近革质。花粉粒 3 孔沟，不规则条纹状纹饰。

分布概况：5/1 种，**2-2 型**；分布于旧热带和南美；中国产云南、广西。

系统学评述：分子系统学研究支持对刺藤属属于鼠李族，可能与雀梅藤属构成姐妹群[2,4]。

DNA 条形码研究：BOLD 网站有该属 2 种 2 个条形码数据。

12. *Ventilago* J. Gaertner 翼核果属

Ventilago J. Gaertner (1788: 223); Chen & Carsten (2007: 164) (Type: *V. maderaspatana* J. Gaertner)

特征描述：<u>藤状灌木</u>，<u>稀小乔木</u>。叶互生，革质或近革质，稀纸质，基部常不对称，网状脉明显。花簇生或成聚伞、聚伞总状或聚伞圆锥花序；花萼 5 裂，内面中肋中部以上凸起；花瓣顶端凹缺，稀不存在；花盘厚，肉质，五边形；子房全藏于花盘内，2 室，每室胚珠 1，花柱 2 裂。<u>核果</u>不开裂，基部 1/3-1/2 被宿存萼筒包围，<u>上端有矩圆形的翅</u>，顶端常有残存的花柱。种子<u>无胚乳</u>，子叶肥厚。花粉粒 3 孔沟，网状纹饰。含蒽醌类、萘乙酮等。

分布概况：40/6（2）种，**4 型**；分布于旧热带；中国产华南、西南。

系统学评述：翼核果属隶属于翼核果族 Ventilagineae，是该族唯一成员[1,2]。

DNA 条形码研究：BOLD 网站有该属 2 种 2 个条形码数据；GBOWS 网站已有 1 种 10 个条形码数据。

代表种及其用途：毛果翼核果 *V. calyculata* Tulasne 的果翅炒熟后可代茶；翼核果 *V. leiocarpa* Bentham 的根可入药。

13. *Ziziphus* Miller 枣属

Ziziphus Miller (1754: 4); Chen & Carsten (2007: 119) [Lectotype: *Z. jujuba* Miller, *nom. illeg.* (=*Z. zizyphus* (Linnaeus) H. Karsten≡*Rhamnus zizyphus* Linnaeus)]

特征描述：<u>落叶或常绿乔木</u>，<u>或藤状灌木</u>。叶互生，边缘具齿或稀全缘，<u>基生三出</u>、稀五出脉；托叶通常变成针刺。花两性，聚伞、聚伞总状或聚伞圆锥花序；萼片 5，内面中肋凸起；花瓣 5，具爪，或无花瓣；花盘厚，肉质，5 或 10 裂；子房下半部或大部藏于花盘内，花柱 2，稀 3-4，浅裂或半裂，稀深裂。<u>核果不开裂</u>，基部有宿存的萼筒，<u>中果皮肉质或软木栓质</u>，内果皮硬骨质或木质，1-2 室，稀 3-4 室，每室种子 1。种子无或有稀少的胚乳；子叶肥厚。花粉粒 3 孔沟，网状纹饰。染色体 $2n$=22，24，36，48，72。含萜类、生物碱。

分布概况：100/12（6）种，**2 型**；主要分布于亚洲和美洲的热带与亚热带地区，非洲和两半球温带也有；中国主产西南和华南。

系统学评述：分子系统学研究支持枣属位于马甲子族[1,2]，但很可能并不是单系类群，分别形成新世界和旧世界 2 个分支[8]。

DNA 条形码研究：BOLD 网站有该属 22 种 64 个条形码数据；GBOWS 网站已有 8

种 54 个条形码数据。

代表种及其用途：枣 *Z. jujuba* var. *jujuba* Miller、酸枣 *Z. jujuba* var. *spinosa* (Bunge) Hu ex H. F. Chow 和滇刺枣 *Z. mauritiana* Lamarck 的果实均可食用。枣、枣仁和根，酸枣仁及滇刺枣的树皮可供药用。

主要参考文献

[1] Richardson JE, et al. A revison of the tribal classification of Rhamnaceae[J]. Am J Bot, 2000, 87: 1309-1324.

[2] Richardson JE, et al. A phylogenetic analysis of Rhamnaceae using *rbc*L and *trn*L-F plastid DNA Sequences[J]. Kew Bull, 2000, 55: 311-340.

[3] Zhang SD, et al. Multi-gene analysis provides a well-supported phylogeny of Rosales[J]. Mol Phylogenet Evol, 2011, 60: 21-28.

[4] Fay MF, et al. Molecular data confirm the affinities of the south-west Australian endemic Granitites with *Alphitonia* (Rhamnaceae)[J]. Kew Bull, 2001, 56: 669-675.

[5] Johnston MC. Revision of *Colubrina* (Rhamnaceae)[J]. Brittonia, 1971, 23: 2-53.

[6] Buerki S, et al. A taxonomic revision of *Gouania* (Rhamnaceae) in Madagascar and the other islands of the western Indianocean (The Comoro and Mascarene islands, and the Seychelles)[J]. Ann MO Bot Gard, 2011, 98: 157-195.

[7] Stjohn H. Monograph of the Hawaiian species of *Gouania* (Rhamnaceae): Hawaiian plant studies 34[J]. Pac Sci, 1969, 23: 507-543.

[8] Islam MB, Simmons MP. A thorny dilemma: testing alternative intrageneric classifications within *Ziziphus* (Rhamnaceae)[J]. Syst Bot, 2006, 31: 826-842.

[9] Bolmgren K, Oxelman B. Generic limits in *Rhamnus* L. *s.l.* (Rhamnaceae) inferred from nuclear and chloroplast DNA sequence phylogenies[J]. Taxon, 2004, 53: 383-390.

Ulmaceae Mirbel (1815), *nom. cons.* 榆科

特征描述：<u>乔木</u>。<u>具钟乳体，不具乳汁细胞</u>。<u>单叶互生</u>，2 列，<u>羽状脉，基部不对称</u>，具托叶。有限花序成簇，<u>腋生</u>；<u>花</u>两性或单性，雌雄同株、异株或杂性，辐射对称，<u>不显著，具花托杯</u>；花瓣 4-9，分离至合生；<u>雄蕊</u> 4-9，<u>与花瓣对生</u>，花丝分离，在花芽中直立；心皮 2，合生，子房上位，顶生胎座，常有 1 颗胚珠。<u>翅果或小坚果</u>。种子扁平，<u>胚直立，胚乳只有一层细胞</u>，看似缺如。花粉粒 2-7 孔、疣状、皱波、网状或颗粒纹饰。染色体 2*n*=28，56，56，84。常含丹宁。

分布概况：8 属/35 种，分布于北半球温带，主产亚洲；中国 3 属/25 种，南北均产。

系统学评述：传统的榆科包括榆亚科 Ulmoideae 和朴亚科 Celtidoideae，隶属于荨麻目 Urticales。形态学研究表明这 2 亚科之间有很大的差异[1]。分子系统学研究将榆科置于蔷薇目 Rosales，与荨麻科 Urticaceae、桑科 Moraceae 和大麻科 Cannabaceae 构成 1 支[2-4]，朴属 *Celtis* 及相似的朴亚科的几个属被归入大麻科 Cannabaceae[5]。Zavada 等[1]基于形态、解剖、化学、细胞学及孢粉学的系统发育分析并未解决榆科内各个属间的系统关系。分子系统发育分析显示 *Ampelocera*、*Phyllostylon* 和 *Holoptelea* 构成 1 支，是该科其余属的姐妹群[6]。

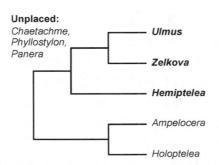

图 97 榆科分子系统框架图（参考 Sytsma 等[2]；Manchester 等[7]）

分属检索表

1. 核果几乎肉质，无翅 ·· **3. 榉属** *Zelkova*
1. 果干燥，具明显翅
  2. 果对称，两侧有翅；小枝无刺 ··· **2. 榆属** *Ulmus*
  2. 果不对称，一侧具翅；小枝有刺 ··· **1. 刺榆属** *Hemiptelea*

1. *Hemiptelea* Planchon 刺榆属

Hemiptelea Planchon (1872: 131); Fu et al. (2003: 9) [Type: *H. davidii* (Hance) Planchon (≡*Planera davidii* Hance)]

特征描述：落叶乔木。<u>小枝有棘刺</u>。叶互生，具短柄，边缘钝锯齿，托叶早落。<u>花杂性</u>，1-4 朵簇生于当年生枝叶腋；花被杯状，4-5 裂；雄蕊与花被片同数且对生；雌蕊具短花柱，柱头 2，条形，子房侧向压扁，1 室，具 1 倒生胚珠。<u>小坚果偏斜，两侧扁，上半部具鸡头状翅</u>，基部具宿存花被。胚直立，子叶宽。花粉粒 4-7 孔，疣状纹饰。染色体 $2n=84$。

分布概况：1/1 种，**14（SJ）型**；分布于朝鲜半岛；中国产华中和华北。

系统学评述：刺榆属形态特征介于榆属和榉属之间，可能是榆属与榉属杂交起源的古老的多倍体属，分子系统学研究支持榉属可能是该属的姐妹群[2]。

DNA 条形码研究：BOLD 网站有该属 1 种 5 个条形码数据；GBOWS 网站已有 1 种 4 个条形码数据。

代表种及其用途：该属仅 *H. davidii* (Hance) Planchon，可作固沙及绿篱用树种；木材可供制农具及器具用；树皮纤维可作人造棉、绳索、麻袋的原料；嫩叶可作饮料；种子可榨油。

2. *Ulmus* Linnaeus 榆属

Ulmus Linnaeus (1753: 225); Fu et al. (2003: 1) (Lectotype: *U. campestris* Linnaeus)

特征描述：乔木。<u>小枝有时具木栓翅或木栓层</u>。叶互生，2 列，边缘有锯齿，<u>基部常偏斜</u>，托叶膜质，早落。花小，<u>无花瓣</u>，<u>两性</u>，稀杂性，腋生总状花序或花束；花萼钟形，宿存，4-9 裂；雄蕊与萼片同数，对生；子房 1（2）室。<u>翅果圆形或卵形，扁平，周围具翅</u>。种子扁或微凸，种皮薄，无胚乳，胚直立，子叶扁平或微凸。花粉粒 4-7 孔，网状、脑纹状或皱波纹饰。染色体 $2n=28$，56。

分布概况：40/21（14）种，**8 型**；产北半球；中国南北均产，以长江以北较多。

系统学评述：该属与榉属有较近的亲缘关系[2,5]。根据形态学特征划分为 5-9 组，分子系统学研究将该属划分为 2 亚属 6 组，分别为 *Ulmus* subgen. *Oreoptelea*（*U.* sect. *Blepharocarpus*、*U.* sect. *Chaetoptelea* 和 *U.* sect. *Trichoptelea s.l.*）和 *U.* subgen. *Ulmus*（*U.* sect. *Lanceifolia*、*U.* sect. *Microptelea* 和 *U.* sect. *Ulmus*）[3]。

DNA 条形码研究：BOLD 网站有该属 17 种 83 个条形码数据；GBOWS 网站已有 10 种 68 个条形码数据。

代表种及其用途：一些种类，如榆树 *U. pumila* Linnaeus，耐盐碱，是土壤改良的先锋树种；木材坚硬，为上等用材；树皮、树叶和嫩果可食；翅果是医药和轻、化工业的重要原料；也可作观赏树种。

3. *Zelkova* Spach 榉属

Zelkova Spach (1841: 356), *nom. cons.* ; Fu et al. (2003: 10) [Type: *Z. crenata* Spach, *nom. illeg.* (*Rhamnus carpinifolius* Pallas; *Z. carpinifolia* (Pallas) K. H. E. Koch)]

特征描述：落叶乔木。叶互生，锯齿圆齿状，托叶成对离生，膜质，早落。<u>花杂性</u>；雄花数朵簇生于幼枝的下部叶腋，雌花或两性花通常单生（稀 2-4 朵簇生）于幼枝的上部叶腋；雄花：花被钟形，4-6（7）浅裂，雄蕊与花被裂片同数，花丝短而直立，退化子房缺；雌花或两性花：花被 4-6 深裂，退化雄蕊缺或多少发育，子房无柄，花柱短，柱头 2，条形，偏生，胚珠倒垂，稍弯生。核果偏斜，宿存柱头喙状，在背面具龙骨状凸起。种子上下多少压扁，顶端凹陷，胚乳缺，胚弯曲。花粉粒 4-5 孔，网状、脑纹状或皱波纹饰。染色体 2*n*=28。

分布概况：5/3（2）种，**10-1 型**；分布于亚洲东部和西南部，欧洲东南部；中国产辽东半岛至西南以东地区。

系统学评述：该属与榆属关系较近[2,5]。分子系统学和形态学数据联合分析结果显示，中国特有种大叶榉 *Z. schneideriana* Handel-Mazzetti 和大果榉 *Z. sinica* C. K. Schneider 是该属其他种的姐妹群[8]。

DNA 条形码研究：BOLD 网站有该属 6 种 33 个条形码数据；GBOWS 网站已有 2 种 10 个条形码数据。

代表种及其用途：榉树 *Z. serrata* (Thunberg) Makino 的树皮和叶可供药用。大叶榉木材有"血榉"之称，为造船、桥梁、车辆、家具、器械等用的上等木材；树皮含纤维，为人造棉、绳索和造纸原料。

主要参考文献

[1] Zavada MS, et al. Phylogenetic analysis of Ulmaceae[J]. Plant Syst Evol, 1996, 200: 13-20.
[2] Sytsma KJ, et al. Urticalean rosids: circumscription, rosid ancestry, and phylogenetics based on *rbc*L, *trn*L-F, and *ndh*F sequences[J]. Am J Bot, 2002, 89: 1531-1546.
[3] Wiegrefe SJ, et al. Phylogeny of elms (*Ulmus*, Ulmaceae): molecular evidence for a sectional classification[J]. Syst Bot, 1994, 19: 590-612.
[4] Zhang SD, et al. Multi-gene analysis provides a well-supported phylogeny of Rosales[J]. Mol Phylogenet Evol, 2011, 60: 21-28.
[5] Ueda K, et al. A molecular phylogeny of Celtidaceae and Ulmaceae (Urticales) based on *rbc*L nucleotide sequences[J]. J Plant Res, 1997, 110: 171-178.
[6] Neubig K, et al. Fossils, biogeography and dates in an expanded phylogeny of Ulmaceae[C]//Botany: Annual meeting of the botanical society of America in Columbus, July 7-11, 2012, Columbus, Ohio. St. Louis, Missouri: Botanical Society of America, 2012.
[7] Manchester SR, et al. Integration of paleobotanical and neobotanical data in the assessment of phytogeographic history of holarctic angiosperm clades[J]. Int J Plant Sci, 2001, 162: S19-S27.
[8] Denk T, et al. Phylogeny and biogeography of *Zelkova* (Ulmaceae sensu stricto) as inferred from leaf morphology, ITS sequence data and the fossil record[J]. Bot J Linn Soc, 2005, 147: 129-157.

Cannabaceae Martynov (1820), *nom. cons.* 大麻科

特征描述：乔木、藤本或草本，直立或缠绕，<u>无乳汁细胞</u>。<u>叶互生或对生</u>，具腺毛，全缘或掌状分裂；托叶分离或联合，早落。<u>聚伞花序单生于叶腋</u>；花单性，雌雄同株，稀雌雄异株，不显著；雄花：花被片 5，雄蕊 5，与花被片对生；雌花：<u>子房上位</u>，1 室，具 2 个干柱头和 1 个倒生胚珠。<u>核果，翼果或花萼包被的瘦果</u>。<u>种子具弯曲或卷曲的胚</u>。花粉粒（2）3 孔。染色体 2n=14，16，17，18，20，21，22，26，28，30，40，84，120。具倍半萜内酯。

分布概况：约 10 属/180 种，间断分布于新、旧世界（除南极洲外）热带至温带地区；中国 7 属/25 种，南北均产。

系统学评述：大麻科包括了传统大麻科的 2 属，以及原隶属于榆科 Ulmaceae，后独立为朴科 Celtidaceae 的 8 属[FOC]。在 Engler 系统中，原大麻科包括大麻属 *Cannabis* 和葎草属 *Humulus*，归属于桑科 Moraceae 大麻亚科 Cannaboideae[1]。Rendle[2]将大麻亚科提升为大麻科。原属于广义榆科的朴属 *Celtis*[3]，后被提升为朴亚科 Celtidoideae[1,4]或朴族 Celtideae[5]，而形态学、解剖学和分子系统学研究将其提升为 1 个科[3,6-14]。Wiegrefe[15]提出将大麻科和朴科合并，并获得了后续分子系统学研究的支持[16-18]。杨美青[19]和 Yang 等[20]对大麻科进行了分子系统发育重建，结果支持大麻科为单系类群，其中，*Aphananthe* 最早分化，是其余属的姐妹群；除 *Parasponia* 套嵌在 *Trema* 中之外，其他所有属均为单系。

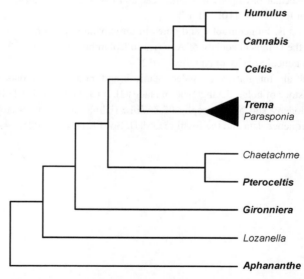

图 98 大麻科分子系统框架图（参考杨美青[19]；Yang 等[20]）

分属检索表

1. 果实干
  2. 果实两侧均具翅 ·· **6. 青檀属** *Pteroceltis*
  2. 瘦果；不具翅
    3. 缠绕藤本；叶掌状分裂或全缘；雌花序圆锥状，下垂 ·········· **5. 葎草属** *Humulus*
    3. 直立草本；叶掌状分裂；雌花序非圆锥状，直立 ················· **2. 大麻属** *Cannabis*
1. 果实肉质
  4. 叶具羽状脉；枝条直生，不具腋生刺 ···························· **4. 白颜树属** *Gironniera*
  4. 叶基出三（或五）脉，稀羽状脉
    5. 侧脉直达叶缘，每条脉终止于一个叶齿 ···················· **1. 糙叶树属** *Aphananthe*
    5. 侧脉在到达叶缘前联合成脉环
      6. 花具短柄或近无梗；果实直径 1.5-4mm，具宿存花被片和柱头；叶缘具细齿·················
      ·· **7. 山黄麻属** *Trema*
      6. 花具长梗；果实直径 5-15mm，无宿存花被片和柱头；叶缘全缘或具齿·········· **3. 朴属** *Celtis*

1. *Aphananthe* Planchon 糙叶树属

Aphananthe Planchon (1848: 265), *non. cons.*; Fu et al. (2004: 11) (Type: *A. philippinensis* Planchon)

    特征描述：落叶或半常绿乔木或灌木。枝不具刺或翅。叶互生，纸质至革质，羽状脉或基出三脉，具锯齿或全缘。花单性，雌雄异株或同株；雄花序成密集的聚伞花序，雌花序单生于叶腋；雄花：花被 4 或 5 深裂，雄蕊与花被片数目相同，子房缺失或不显著；雌花：花被片 4 或 5 深裂，花被片窄，花柱短，柱头 2，条形。核果卵形至近球形，外果皮多少肉质，内果皮骨质。种子具薄的胚乳或无，胚弯曲或内卷，子叶窄。花粉粒 3 孔，颗粒状纹饰。染色体 2n=26，28。

    分布概况：5/2 种，**2-1（3，5）型**；分布于亚洲东部，南部和东南部，以及大洋洲，马达加斯加和墨西哥；中国亚热带地区广布。

    系统学评述：糙叶树属是大麻科现存最基部分支，是该科其他类群的姐妹群[19,20]。杨美青[19]利用核基因（ITS 和 ETS）和叶绿体基因片段（*trn*L-F 和 *psb*A-*trn*H）对该属进行分子系统学研究，解析了种间系统发育关系。

    DNA 条形码研究：BOLD 网站有该属 3 种 8 个条形码数据；GBOWS 网站已有 2 种 13 个条形码数据。

    代表种及其用途：树皮纤维可制造人造棉、绳索等；木材坚硬细密，可用于制作家具和建材，如糙叶树 *A. aspera* (Thunberg) Planchon。

2. *Cannabis* Linnaeus 大麻属

Cannabis Linnaeus (1753: 1027); Wu et al. (2004: 75) (Type: *C. sativa* Linnaeus)

    特征描述：一年生直立草本。茎具槽。叶互生或在茎基部对生，掌状复叶，下部叶具裂片 5-11，上部叶具裂片 1-3，边缘具锯齿。雌雄异株，稀同株；雄花序为腋生或顶生的松散圆锥花序，雌花序莲座状，腋生；雄花：花被片 5，覆瓦状排列，雄蕊 5，花丝极短，在芽中直生，退化雌蕊小；雌花：每花具 1 枚叶状小苞片，花被退化，膜质，紧贴子房，花柱 2，丝状，早落，胚珠悬垂。瘦果单生于宿存的苞片内，卵形。胚卷曲。花粉粒 3 孔，颗粒状纹饰。染色体 2n=20。

分布概况：1-2/1 种，**11（13）型**；原产中亚，现世界各地栽培；中国新疆原生或归化，各地栽培。

系统学评述：大麻属是大麻科较晚演化分支，是葎草属 *Humulus* 的姐妹群[19,20]。大麻 *C. sativa* Linnaeus 可能原产中亚，长时期的栽培选择导致相当程度的变异。分布于俄罗斯的 *C. ruderalis* Janischewsky 被有些分类学家处理为有别于大麻的不同种，但尚需分子系统学研究以确定该种的分类地位[19]。

DNA 条形码研究：BOLD 网站有该属 2 种 24 个条形码数据；GBOWS 网站已有 1 种 11 个条形码数据。

代表种及其用途：大麻，别名火麻、线麻、白麻等。大麻籽含油量为 29%-35%，在工业上可造干性油、肥皂、油漆、染料、油墨、清洗剂等，其中不饱和脂肪酸含量较高，精炼后可以用作食用油。大麻含多种药用成分，叶、花、皮、根、籽实等入药，主要有滋养、润燥、利尿、镇静、止痛、催眠等作用。大麻含有多种酚类化合物，在医疗上用作麻醉剂；含有四氢大麻酚（THC），可提取致幻成瘾的毒品大麻，与海洛因、可卡因并列三大毒品之一。

3. *Celtis* Linnaeus 朴属

Celtis Linnaeus (1753: 1043); Fu et al. (2004: 15) (Lectotype: *C. australis* Linnaeus)

特征描述：落叶或常绿乔木。叶互生，具锯齿或全缘，基出三脉，次级脉在到达叶缘前联合成脉环；托叶 2，离生，膜质或厚纸质。圆锥花序、聚伞花序或单花；花小，单性或两性；花被片 4 或 5，基部稍合生，早落；雄花：雄蕊与花被片数目相等；雌花：雌蕊花柱短，柱头 2，线状，子房单室，具 1 倒生胚珠。核果内果皮骨质，表面有网孔状凹陷或近光滑。胚乳稀少或无，胚弯曲，子叶宽。花粉粒 3 孔，颗粒状纹饰。染色体 2n=20，30，40。

分布概况：约 109/11（4）种，**2 型**；分布于热带和温带地区；中国南北均产。

系统学评述：朴属隶属于大麻科较演化的分支，但与近缘属的系统发育关系尚不清楚[19,20]。

DNA 条形码研究：BOLD 网站有该属 25 种 64 个条形码数据；GBOWS 网站已有 6 种 43 个条形码数据。

代表种及其用途：一些种类，如朴树 *C. sinensis* Persoon 等，木材较好，树皮用于制绳和造纸；多数种类的种子可用于制造肥皂和润滑油。

4. *Gironniera* Gaudichaud-Beaupré 白颜树属

Gironniera Gaudichaud-Beaupré (1844: t. 85); Fu et al. (2004: 11) (Type: *G. celtidifolia* Gaudichaud-Beaupré)

特征描述：常绿乔木或灌木。枝条不具刺或翅。叶互生，全缘或具浅锯齿，羽状脉，次级脉在到达叶缘前结成脉环；托叶坚硬，常基部合生。花单性，雌雄异株，稀雌雄同株；腋生聚伞花序，或雌花单生于叶腋；雄花：花被片 5 深裂，雄蕊 5，花丝短，直立，子房退化，毛状；雌花：花被片 5，子房无柄，花柱短，柱头 2，条形，柱头表面具小的乳突。核果卵形或近球形，内果皮骨质。种子具胚乳或无，胚卷曲，子叶窄。花粉粒 3 孔，颗粒状纹饰。染色体 2*n*=84。

分布概况：6/1 种，（**7e**）**型**；分布于东南亚，太平洋岛屿和斯里兰卡；中国产云南、海南、广西和广东。

系统学评述：白颜树属是大麻科基部分支，与其他 2 个亚分支的系统发育关系未完全解析[19,20]。

DNA 条形码研究：BOLD 网站有该属 2 种 8 个条形码数据；GBOWS 网站已有 1 种 14 个条形码数据。

代表种及其用途：木材供制家具，宜作木鼓等乐器；枝皮纤维可制人造棉；叶药用治寒湿，如白颜树 *G. subaequalis* Planchon。

5. *Humulus* Linnaeus 葎草属

Humulus Linnaeus (1753: 1028); Wu et al. (2004: 74); Reeves & Richards (2011: 45) (Type: *H. lupulus* Linnaeus)

特征描述：多年生或一年生缠绕草本。茎粗糙，6 棱。单叶对生，基部叶近心形并 3-7（-9）裂，顶生叶卵形，背面具黄褐色树脂腺和斑点。雌雄异株；雄花序为松散圆锥花序，雌花序为圆锥穗状聚伞花序；雄花：花被片 5 裂，雄蕊 5，苞片宿存并在果期膨大；雌花：萼片薄膜质，与子房贴生，全缘，子房近被压扁的花萼包被，花柱 2 分支，早落。瘦果宽卵形，花萼宿存，贴生于瘦果，果皮坚硬。胚旋卷，子叶窄。花粉粒 3（-4）孔，颗粒状纹饰。染色体 2*n*=16，17，18，20，21，40。

分布概况：约 5/3（1）种，**8（9）型**；分布于亚洲，欧洲和北美的温带至亚热带；中国南北均产。

系统学评述：葎草属是大麻科较晚演化分支，是大麻属的姐妹群[19,20]。Reeves 和 Richards[21]对北美产啤酒花 *H. lupulus* Linnaeus 的 3 个变种开展了分子系统学研究，认为 *H. lupulus* var. *pubescens* E. Small 和 *H. lupulus* var. *neomexicanus* A. Nelson & Cockerell 是显著的独立分支，建议作为独立种处理；*H. lupulus* var. *lupuloides* E. Small 可能是新演化分支，不建议为独立种。

DNA 条形码研究：BOLD 网站有该属 5 种 29 个条形码数据；GBOWS 网站已有 2 种 29 个条形码数据。

代表种及其用途：啤酒花的花和花序是啤酒酿造的重要原料。

6. *Pteroceltis* Maximowicz 青檀属

Pteroceltis Maximowicz (1873: 292); Fu et al. (2004: 9) (Type: *P. tatarinowii* Maximowicz)

特征描述：落叶乔木。<u>枝条不具刺或翅</u>。叶常二列互生，具锯齿，<u>基出三脉，次级脉在未达叶齿前弧曲</u>；托叶 2，分离，早落。<u>花单性</u>，<u>同株</u>；雄花：数朵簇生于当年生枝条下部叶腋，花被 5 深裂，雄蕊 5，花丝直立，花药顶端被毛；雌花：单生于当年生枝条上部叶腋，花被 4 深裂，裂片披针状，子房侧向压扁，花柱短，柱头 2，胚珠倒垂。<u>坚果具长梗</u>，近球形，<u>围绕以阔翅</u>。胚乳少，胚弯曲，子叶宽。花粉粒 3 孔，颗粒状纹饰。染色体 $2n=20$。

分布概况：1/1（1）种，**15** 型；中国南北均产。

系统学评述：青檀属是 *Chaetachme* 的姐妹群[19,20]。

DNA 条形码研究：BOLD 网站有该属 1 种 5 个条形码数据；GBOWS 网站已有 1 种 15 个条形码数据。

代表种及其用途：青檀 *P. tatarinowii* Maximowicz 栽培可作或优良木材；树皮用于制造宣纸；种子可以榨油。

7. *Trema* Loureiro 山黄麻属

Trema Loureiro (1790: 539); Fu et al. (2004: 12) (Type: *T. cannabina* Loureiro)

特征描述：常绿乔木或灌木。<u>枝条不具刺或翅</u>。叶互生，边缘具细锯齿，<u>基出 3（-5）脉（*T. levigate* Handel-Mazzetti 具羽状脉），次级脉在到达叶缘前联合成脉环</u>；托叶 2，离生，早落。<u>花单性或杂性</u>，<u>聚伞花序成对生于叶腋</u>；雄花：被片 5（4），雄蕊与花被片数目相同，子房退化；雌花：花被片 5（4），<u>子房无柄</u>，花柱短，柱头 2，胚珠单生，下垂。<u>核果卵圆形至近球形</u>，<u>具宿存的花被片和柱头</u>，外果皮近肉质。胚乳肉质，胚弯曲或内卷，子叶窄。花粉粒 2 孔，疣状纹饰。染色体 $2n=20$，30。

分布概况：15/6（2）种，**2** 型；广布热带和亚热带地区；中国产华东和西南。

系统学评述：山黄麻属是大麻科较演化分支，但与其他分支系统发育位置未得到完全解析[19,20]。分子系统学研究表明 *Parasponia* 嵌套在该属中，应该进行合并[19,20]。属下种间关系未得到完全解析，现有分子证据表明很多种类可能不为单系类群。

DNA 条形码研究：BOLD 网站有该属 17 种 69 个条形码数据；GBOWS 网站已有 5 种 58 个条形码数据。

代表种及其用途：该属植物，如山黄麻 *T. tomentosa* (Roxburgh) H. Hara 等，韧皮纤维供制麻绳、纺织和造纸用，种子油供制皂和润滑油用。

主要参考文献

[1] Engler A, Prantl K. Die natürlichen pflanzenfamilien[M]. Berlin: Bomträger, 1893: 53-67.
[2] Rendle AB. The classification of flowering plants[M]. Cambridge: Cambridge University Press, 1926.
[3] Takahashi M. Pollen morphology of Celtidaceae and Ulmaceae: a reinvestigation[M]//Crane PR, Blackmore S. Evolution, systematics, and fossil history of the Hamamelidae. Oxford: Clarendon Press, 1989: 253-265.
[4] Sweitzer EM. Comparative anatomy of Ulmaceae[J]. J Arnold Arbor, 1971, 52: 523-585.
[5] Bentham G, Hooker JD. Genera plantarum: ad exemplaria imprimis in herberiis Kewensibus Servata

Definite[M]. London: Reeve & Co., 1883.

[6] Link HF. Handbuch zur erkennung der nutzbarsten und am häufigsten vorkommenden gewächse, 2[M]. Berlin: Haude und Spenerschen Buchhandlung, 1831.

[7] Chernik V. Arrangement and reduction of perianth and androecium parts in representatives of the Ulmaceae Mirbel and Celtidaceae Link[J]. Bot Zhurn, 1975, 60: 1561-1573.

[8] Giannasi DE. Generic relationships in Ulmaceae based on flavonoid chemistry[J]. Taxon, 1978, 27: 331-344.

[9] Chernik V. Peculiarities of structure and development of the pericarp of the representatives of the family Ulmaceae and Celtidaceae[J]. Bot Zhurn, 1980, 65: 521-531.

[10] Oginuma K, et al. Karyomorphology and relationships of Celtidaceae and Ulmaceae (Urticales)[J]. Bot Mag (Tokyo), 1990, 103: 113-131.

[11] Takaso T, Tobe H. Seed coat morphology and evolution in Celtidaceae and Ulmaceae (Urticales)[J]. Bot Mag (Tokyo), 1990, 103: 25-41.

[12] Terabayashi S. Vernation patterns in Celtidaceae and Ulmaceae (Urticales), and their evolutionary and systematic implications[J]. Bot Mag-Tokyo, 1991, 104: 1-13.

[13] Zavada MS, Kim M. Phylogenetic analysis of Ulmaceae[J]. Plant Syst Evol, 1996, 200: 13-20.

[14] Ueda K, et al. A molecular phylogeny of Celtidaceae and Ulmaceae (Urticales) based on *rbc*L nucleotide sequences[J]. J Plant Res, 1997, 110: 171-178.

[15] Wiegrefe SJ, et al. The Ulmaceae, one family or two? Evidence from chloroplast DNA restriction site mapping[J]. Plant Syst Evol, 1998, 210: 249-270.

[16] Song BH, et al. Further evidence for paraphyly of the Celtidaceae from the chloroplast gene *mat*K[J]. Plant Syst Evol, 2001, 228: 107-115.

[17] Sytsma KJ, et al. Urticalean rosids: circumscription, rosid ancestry, and phylogenetics based on *rbc*L, *trn*L-*trn*F, and *ndh*F sequences[J]. Am J Bot, 2002, 89: 1531-1546.

[18] Sattarian A. Contribution to the biosystematics of *Celtis* L. (Celtidaceae) with special emphasis on the African species[D]. PhD thesis. Wageningen: Wageningen University, 2006.

[19] 杨美青. 大麻科(Cannabaceae)的分子系统学、性状演化与生物地理学研究[D]. 昆明: 中国科学院昆明植物研究所博士学位论文, 2013.

[20] Yang MQ, et al. Molecular phylogenetics and character evolution of Cannabaceae[J]. Taxon, 2013, 62: 473-485.

[21] Reeves PA, Richards CM. Species delimitation under the general lineage concept: an empirical example using wild north American hops (Cannabaceae: *Humulus lupulus*)[J]. Syst Biol, 2011, 60: 45-59.

Moraceae Gaudichaud (1835), *nom. cons.* 桑科

特征描述：<u>乔木</u>、<u>灌木</u>、<u>藤本</u>，稀草本。<u>有乳汁</u>，有时具刺。<u>单叶互生</u>，稀对生，有时具钟乳体；托叶早落。有限花序腋生。<u>花单性</u>，雌雄同株或异株，小，常辐射对称。<u>萼片</u>（1-）2-4（-8），分离至合生，<u>常变成肉质与成熟果实相连合</u>；花瓣缺；<u>雄蕊与萼片同数对生</u>，花药1或2室；子房1（2）室，花柱1-2分枝，柱头丝状，胚珠1，倒生至弯生。<u>核果</u>，<u>稀瘦果</u>，<u>常形成聚花果</u>。种子1，胚弯生至稀直生。花粉粒2-4至多孔。染色体 2n=20，24，26，28，30，32，39，40，42，50，56，66，84，308。常含丹宁。

分布概况：39属/1125种，广布热带至温带地区；中国9属/144种，南北均产。

系统学评述：传统上桑科曾被置于荨麻目 Urticales，分子系统学研究将桑科置于蔷薇目 Rosales，与荨麻科 Urticaceae 互为姐妹群[1-4]。桑科被划分为波罗蜜族 Artocarpeae、Castilleae、Dorstenieae、榕族 Ficeae 和桑族 Moreae 共5族[4-6]，或为波罗蜜族、Castilleae、Dorstenieae、榕族、Maclureae 和桑族共6族（原隶属于并系的桑族中具有弯曲雄蕊的类群被置于 Maclureae）[2]。

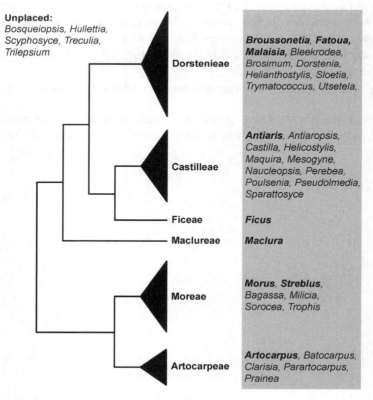

图99　桑科分子系统框架图（参考 Clement 和 Weiblen[2]）

分属检索表

1. 草本，无乳汁··**4. 水蛇麻属 Fatoua**
1. 乔木、灌木或木质藤本，有乳汁
  2. 花生于壶形花序托内壁···**5. 榕属 Ficus**
  2. 花序头状，穗状，总状，很少聚伞状，或花生于盘状花序托上
    3. 雌花序常单花；核果肉质
      4. 核果梨形或倒卵球形；雄蕊芽时直立·····························**1. 见血封喉属 Antiaris**
      4. 核果球形；雄蕊芽时内折···**9. 鹊肾树属 Streblus**
    3. 雌花形成各种花序；核果形成聚花果或被肉质花被包被
      5. 花序有由几个重叠的苞片形成的总苞·······················**7. 牛筋藤属 Malaisia**
      5. 花序无苞片或有几个非常小的苞片
        6. 叶边缘明显具齿，很少近全缘并具细长果序
          7. 柱头 2，等长；花萼裂片覆瓦状排列·················**8. 桑属 Morus**
          7. 柱头 1，或有 1 退化裂片；花萼裂片镊合状排列···**3. 构属 Broussonetia**
        6. 叶全缘或具浅圆齿
          8. 植株无刺；小苞片和花被无腺体；成熟的聚花果长（3-）5-15cm
            ···**2. 波罗蜜属 Artocarpus**
          8. 植株通常有腋生的刺；小苞片和花被具黄色腺体；成熟的聚花果长 1.5-2.5（5）cm··
            ···**6. 柘属 Maclura**

1. *Antiaris* Leschenault 见血封喉属

Antiaris Leschenault (1810: 478); Wu et al. (2003: 36) (Type: *A. toxicaria* Leschenault)

  特征描述：常绿乔木。叶互生，2 列，全缘或有锯齿；托叶小，或在叶柄内连合，早落。雌雄同株。雄花序托盘状，肉质，多花，无花间小苞片，苞片宿存；雌花序单花；雄花：花被（3）4 裂，匙形，肉质，先端凹，雄蕊 3-8，芽时直立，内藏，无退化雌蕊；雌花：藏于梨形花托内，为多数苞片包围，无花被，子房 1 室，胚珠自室顶悬垂，花柱钻形，分枝 2，弯曲，被毛。核果肉质，具宿存苞片。种子无胚乳，外种皮坚硬。花粉粒 3 孔。

  分布概况：1/1 种，**4** 型；分布于旧热带；中国产云南、广东南部、广西南部。

  系统学评述：分子系统学研究强烈支持见血封喉属位于 Castilleae，并与 *Mesogyne* 构成姐妹群[2]。

  DNA 条形码研究：BOLD 网站有该属 1 种 4 个条形码数据；GBOWS 网站已有 1 种 4 个条形码数据。

  代表种及其用途：见血封喉 *A. toxicaria* Leschenault 的树液有剧毒，可制毒箭，其毒素也可入药，主治高血压、心脏病、乳腺炎等；茎皮纤维可作绳索。

2. *Artocarpus* J. R. Forster & G. Forster 波罗蜜属

Artocarpus J. R. Forster & G. Forster (1775: 51), *nom. cons.* ; Wu et al. (2003: 30) (Type: *A. communis* J. R.

Forster & G. Forster)

特征描述：<u>乔木</u>。叶螺旋状排列或 2 列，革质，全缘或羽状分裂，极稀为羽状复叶；托叶离生。<u>雌雄同株</u>；<u>头状花序腋生或生于老茎发出的短枝上</u>；雄花：离生；<u>花萼管状 2 浅裂或 2-4 裂</u>，<u>雄蕊 1</u>，<u>芽时直立</u>，无退化雌蕊；雌花：至少部分合生，花萼管状，下部具薄壁，上部具厚壁，相互部分或全部融合，子房 1 室，花柱顶生或侧生，柱头 1 或 2。<u>聚花果肉质</u>。种子无胚乳。花粉粒 3 孔，颗粒状纹饰。染色体 2n=56，84。

分布概况：50/14（5）种，**7** 型；分布于热带和亚热带亚洲，太平洋岛屿；中国产台湾、福建、广东、海南、广西、云南、贵州，少见于四川南部。

系统学评述：分子系统学研究支持波罗蜜属位于波罗蜜族，并与 *Clarisia* 和 *Batocarpus* 构成的分支成为姐妹群关系，进一步可以划分为 4 亚属，即 *Artocarpus* subgen. *Prainea*、*A.* subgen. *Pseudojaca*、*A.* subgen. *Artocarpus* 和 *A.* subgen. *Cauliflori*[7]。

DNA 条形码研究：BOLD 网站有该属 11 种 37 个条形码数据；GBOWS 网站已有 5 种 30 个条形码数据。

代表种及其用途：面包树 *A. communis* J. R. Forster & G. Forster、波罗蜜 *A. heterophyllus* Lamarck 引种栽培于世界热带，为热带地区著名水果。

3. *Broussonetia* L'Héritier de Brutelle ex Ventenat 构属

Broussonetia L'Héritier de Brutelle ex Ventenat (1799: 547), *nom. cons.* ; Wu et al. (2003: 26) [Type: *B. papyrifera* (Linnaeus) Ventenat (≡*Morus papyrifera* Linnaeus)].——*Allaeanthus* Thwaites (1854: 302)

特征描述：<u>乔木、灌木或攀援灌木</u>。<u>叶互生</u>，螺旋状排列或 2 列，<u>边缘具锯齿</u>，<u>基出三脉</u>，侧脉羽状；托叶侧生，分离，早落。<u>雌雄异株或同株</u>；<u>雄花序腋生</u>，<u>穗状或头状</u>，多花；<u>雌花序密集头状</u>，苞片棍棒状，宿存；<u>雄花</u>：花萼（3）4 裂，<u>雄蕊与花被裂片同数而对生</u>，<u>芽时内折</u>；雌花：花被管状，顶端 3-4 裂或全缘，宿存，子房内藏，具柄，花柱侧生，柱头线形，胚珠垂悬。聚花果球形，果皮膜质，外果皮肉质。花粉粒 2-3 孔，光滑、网状或粗糙纹饰。染色体 2n=26。

分布概况：4/4 种，**7** 型；分布于亚洲东部和太平洋岛屿；中国主产西南至东南。

系统学评述：早期的研究将构属置于桑族，分子系统学研究支持该属位于 Dorstenieae，并与 *Malaisia* 构成姐妹群[2,4]。

DNA 条形码研究：BOLD 网站有该属 1 种 11 个条形码数据；GBOWS 网站已有 2 种 18 个条形码数据。

代表种及其用途：多数种类，如构树 *B. papyrifera* (Linnaeus) L'Héritier ex Ventenat 等，树皮为造纸原料，木材可作家具；叶及果实可供药用。

4. *Fatoua* Gaudichaud-Beaupré 水蛇麻属

Fatoua Gaudichaud-Beaupré (1830: 509); Wu et al. (2003: 22) (Lectotype: *F. pilosa* Gaudichaud-Beaupré)

特征描述：<u>草本</u>，<u>无乳汁</u>。叶互生，2 列，边缘具锯齿；托叶离生，早落。<u>花单性同株</u>，<u>雌雄花混生</u>，聚伞花序、总状花序或穗状花序腋生，具小苞片；雄花：花萼钟状，

4 裂，裂片镊合状排列，雄蕊 4，花丝在花芽时内折，退化雌蕊很小；雌花：花萼 4-6 裂，裂片镊合状排列，子房离生，花柱侧生，柱头 2 裂，丝状，胚珠倒生。瘦果小，斜球形，微扁，为宿存花被包围。种皮膜质，无胚乳。

分布概况：2/2 种，**4-1 型**；分布于亚洲，澳大利亚，太平洋岛屿；中国主产东南、华南和中南，西南少见。

系统学评述：水蛇麻属的系统位置一直存在争议，早期曾被置于荨麻科或桑科的桑族，分子系统学研究支持该属隶属于桑科 Dorstenieae，并构成 Dorstenieae 其余属的姐妹群[2,4,8]。

DNA 条形码研究：BOLD 网站有该属 1 种 5 个条形码数据；GBOWS 网站已有 1 种 24 个条形码数据。

5. *Ficus* Linnaeus 榕属

Ficus Linnaeus (1753: 1059); Wu et al. (2003: 37) (Lectotype: *F. carica* Linnaeus)

特征描述：<u>乔木</u>，<u>灌木</u>，有时为攀援状，或附生。叶互生，稀对生或轮生，全缘或分裂，极少掌状；托叶合生，叶痕环状。花雌雄同株或异株，<u>生于肉质壶形花序托内壁</u>，苞片 3；雌雄同株的花序托内有雄花、瘿花和雌花；雌雄异株雄花、瘿花同生于一花序托内，雌花生于另一花序托内；雄花：花萼裂片 2-6，雄蕊 1-3，稀更多，退化雌蕊有或无；雌花：花被片 0-6，子房离生，花柱 1 或 2；瘿花：相似于雌花，但不产生种子。<u>榕果腋生或生于老茎</u>。种子下垂，胚乳通常缺失。花粉粒 1-4 孔，光滑或细纹状纹饰。染色体 2*n*=24，26，28，39，40。

分布概况：1000/99（16）种，**2 型**；分布于热带和亚热带地区，东南亚尤盛；中国产西南至华东和华南。

系统学评述：榕属是榕族的唯一成员，其单系性得到较高的支持率[2,4]。分子系统学研究将该属划分为 15 个分支，基于形态学数据建立的 6 亚属，只有 *Ficus* subgen. *Sycidium* 的单系性得到支持[9]。

DNA 条形码研究：通过对 6 个叶绿体基因片段（*rbc*L、*mat*K、*psb*A-*trn*H、*psb*K-*psb*I 和 *atp*F-*atp*H）和核基因 ITS 片段的分析发现，单个片段中核基因 ITS 具有最高的鉴别率和引物通用性，其次为 *psb*K-*psb*I 和 *psb*A-*trn*H、ITS 和 *psb*A-*trn*H 片段的组合可以提高对物种的鉴定率，因此，推荐 ITS 作为该属的鉴定条形码。BOLD 网站有该属 310 种 1361 个条形码数据；GBOWS 网站已有 46 种 518 个条形码数据。

代表种及其用途：该属植物的韧皮纤维可作麻类代用品；有些种类的榕果可食用或药用；许多种为紫胶虫良好的寄主树。印度榕 *F. elastica* Roxburgh 可用来制橡胶。

6. *Maclura* Nuttall 柘属

Maclura Nuttall (1818: 233); Wu et al. (2003: 35) (Type: *M. aurantiaca* Nuttall).——*Cudrania* Trécul (1847: 122)

特征描述：<u>乔木</u>、<u>灌木</u>、<u>攀援灌木或木质藤本</u>。<u>枝刺腋生</u>。叶螺旋状排列或 2 列，全缘，羽状脉；托叶离生。雌雄异株；球形头状花序具苞片，每枚具 2 黄色腺体；花被片（3）4（5），离生或基部合生，每枚具 2-7 腺体；雄花：雄蕊与花被片同数，芽时直立，退化子房有或无；雌花：花萼盾状，肉质，离生或下部合生，子房离生或陷入花序托内，花柱短，柱头 1 或 2，不等。聚花果球形，肉质。核果卵形，表面壳状。种子细小，肉质。花粉粒 2-3 孔，外壁粗糙。染色体 2n=28，56。

分布概况：12/5 种，**2** 型；分布于非洲，亚洲，大洋洲，北美，太平洋岛屿，南美；中国产西南至东南，1 种达华北。

系统学评述：柘属亚洲分布的成员曾被独立成 Cudrania，但进一步研究发现该划分依据的雄蕊和花柱特征并不稳定，因此，仍建议将 Cudrania 作为柘属的异名。该属曾被置于桑族[4]，但分子系统学研究则建议将其作为独立的 Maclureae，与 Castilleae、Dorstenieae 和榕族构成的分支互为姐妹群[2]。

DNA 条形码研究：BOLD 网站有该属 7 种 19 个条形码数据；GBOWS 网站已有 5 种 53 个条形码数据。

代表种及其用途：构棘 M. cochinchinensis (Loureiro) Corner 木材煮汁可作染料，茎皮及根皮药用，称"黄龙脱壳"。柘 M. tricuspidata Carrière 的茎皮纤维可以造纸；根皮药用；嫩叶可以养幼蚕；果可生食或酿酒；木材可以作家具或作黄色染料。

7. *Malaisia* Blanco 牛筋藤属

Malaisia Blanco (1837: 789); Wu et al. (2003: 27) (Type: *M. tortuosa* Blanco)

特征描述：攀援灌木。叶互生，不对称，羽状脉，全缘或具不明显钝齿；托叶侧生，早落。雌雄异株；雄花序腋生，穗状或似柔荑状；雌花序近球形，为肉质苞片围绕，每花序内仅 1-2（-5）花结实可育；雄花：花被片 3-4 裂，镊合状排列，雄蕊 3-4，芽时内折，退化雌蕊小；雌花：花被壶形，子房内藏，花柱顶生，2 深裂，线形。聚花果近球形，被肉质宿存花被包被，果皮薄，肉质，略与种皮黏合。花粉粒 1-2 孔，光滑纹饰。

分布概况：1/1 种，**5** 型；分布于亚洲，大洋洲；中国产华南和西南。

系统学评述：长期以来，部分学者建议将牛筋藤属和热带美洲原产的 Olmedia 并入广义的 Trophis s.l.[5,10,11]，但分子系统学研究显示，Trophis s.l.并不是个单系[4]，因此将牛筋藤属作为独立的属，该属与构属构成姐妹群[2]。

8. *Morus* Linnaeus 桑属

Morus Linnaeus (1753: 986); Wu et al. (2003: 22) (Lectotype: *M. nigra* Linnaeus)

特征描述：落叶乔木或灌木。叶互生，边缘具锯齿、全缘至深裂，基出 3-5 脉，侧脉羽状；托叶离生，近侧生，早落。雌雄异株或同株，花序穗状；雄花：花被片 4，覆瓦状排列，雄蕊 4，芽时内折，退化雌蕊陀螺形；雌花：花被片 4，覆瓦状排列，果时肉质，子房 1 室，花柱有或无，柱头 2 裂，内面被毛或为乳头状凸起。聚花果为多数包藏于肉质花被片内的瘦果组成，外果皮肉质，内果皮壳质。种子近球形。花粉粒 1-5 孔，光滑或粗糙纹饰。染色体 2n=28，30，42，56，66，84，308。

　　分布概况：16/11（5）种，**8** 型；主产北温带，在热带非洲，印度尼西亚和南美洲山地亦有；中国南北各地均产。

　　系统学评述：桑属位于桑族，与 *Trophis* 构成姐妹群[2,4]。系统学研究将该属划分为 5 个分支，与基于形态学研究结果的划分一致[12]。

　　DNA 条形码研究：BOLD 网站有该属 23 种 183 个条形码数据；GBOWS 网站已有 6 种 91 个条形码数据。

　　代表种及其用途：该属植物，如桑 *M. alba* Linnaeus，具有重要价值，桑叶为家蚕主要饲料，木材可以作工艺用材，果实可以生食或酿酒，茎及树皮可提取桑色素，各部可供药用。

9. *Streblus* Loureiro 鹊肾树属

Streblus Loureiro (1790: 754); Wu et al. (2003: 28) (Lectotype: *S. asper* Loureiro)

　　特征描述：<u>乔木或灌木，稀藤状灌木</u>。<u>刺有或无</u>。叶互生，2 列，二级脉羽状；叶柄短。<u>雌雄同株或异株</u>；<u>雄花序腋生，总状、穗状或近头状，或有 1 单生雌花而两性</u>；雌花序常单花；雄花：花被片（3-）4（-5），分离或基部合生，<u>雄蕊与花被片同数而对生，芽时内折，有退化雌蕊</u>；雌花：花被片 4，对生，分离或多少合生，子房上位，花柱 2 裂。<u>核果球形，果皮膜质，基部通常一边肉质</u>。种子大，球形，包以薄膜质的内果皮。花粉粒 2 孔，光滑或网状纹饰。染色体 2n=28。

　　分布概况：22/7 种，**7** 型；分布于热带和亚热带亚洲；中国产云南、广东、海南、广西。

　　系统学评述：鹊肾树属是个异质性的属，根据形态上的差异可以划分为 5 组[13]，分子系统学研究将 *Streblus* sect. *Sloetia* 和 *S.* sect. *Bleekrodea* 作为独立的属从鹊肾树属中划出后使该属成为单系类群，修订后的鹊肾树属隶属于桑族，与 *Milicia* 成姐妹群[2]。

　　DNA 条形码研究：BOLD 网站有该属 5 种 14 个条形码数据；GBOWS 网站已有 3 种 8 个条形码数据。

　　代表种及其用途：米扬 *S. tonkinensis* (Dubard & Eberhardt) Corner 为优质胶树。

主要参考文献

[1] Zerega NJ, et al. Biogeography and divergence times in the mulberry family (Moraceae)[J]. Mol Phylogenet Evol, 2005, 37: 402-416.

[2] Clement WL, Weiblen GD. Morphological evolution in the mulberry family (Moraceae)[J]. Syst Bot, 2009, 34: 530-552.

[3] Zhang SD, et al. Multi-gene analysis provides a well-supported phylogeny of Rosales[J]. Mol Phylogenet Evol, 2011, 60: 21-28.

[4] Datwyler SL, Weiblen GD. On the origin of the fig: phylogenetic relationships of Moraceae from *ndh*F sequences[J]. Am J Bot, 2004, 91: 767-777.

[5] Berg CC. Moreae, Artocarpeae, and *Dorstenia* (Moraceae) with introductions to the family and *Ficus* and with additions and corrections to Flora Neotropica Monograph 7[M]. New York: New York Botanical

Garden, 2001.

[6]　Berg CC. Flora Malesiana precursor for the treatment of Moraceae 8: other genera than *Ficus*[J]. Blumea, 2005, 50: 535-550.

[7]　Zerega NJC, et al. Phylogeny and recircumscription of Artocarpeae (Moraceae) with a focus on *Artocarpus*[J]. Syst Bot, 2010, 35: 766-782.

[8]　Wu ZY, et al. Molecular phylogeny of the nettle family (Urticaceae) inferred from multiple loci of three genomes and extensive generic sampling[J]. Mol Phylogenet Evol, 2013, 69: 814-827.

[9]　Ronsted N, et al. Phylogeny, biogeography, and ecology of *Ficus* section *Malvanthera* (Moraceae)[J]. Mol Phylogenet Evol, 2008, 48: 12-22.

[10]　Berg CC. The genera *Trophis* and *Streblus* (Moraceae) remodelled[J]. Proc Kon Akad Wetensch, Ser. C, 1988, 91: 345-362.

[11]　Rohwer JG. Moraceae[M]//Kubitzki K. The families and genera of vascular plants, II. Berlin: Springer, 1993: 438-453.

[12]　Zhao WG, et al. Phylogeny of the genus *Morus* (Urticales: Moraceae) inferred from ITS and *trn*L-F sequences[J]. Afr J Biotechnol, 2005, 4: 563-569.

[13]　Berg CC, et al. Moraceae (*Ficus*)[M]//Nooteboom HP. Flora Malesiana. Ser. 1. Vol. 17. Leiden: National Herbarium Nederland, 2005: 1-730.

Urticaceae Jussieu (1789), *nom. cons.* 荨麻科

特征描述：草本、亚灌木或灌木，稀乔木或攀援藤本。茎常富含纤维，有时肉质。叶互生或对生。花序由若干小的团伞花序排成聚伞状、圆锥状、总状、伞房状、穗状、串珠式穗状、头状、有时花序轴上端发育成球状、杯状或盘状多少肉质的花序托，稀退化成单花。雄蕊常内折；雌蕊由1心皮构成，子房1室，胚珠1，直立或稍倾斜。果实常为瘦果，有时为肉质的核果状，常包被于宿存的花被片内。种子卵形、椭圆形或圆形。植株有时被刺毛，且常被钟乳体。

分布概况：55属/2626种，世界广布（除南极洲），主要分布于热带及亚热带的潮湿地区，延伸至温带；中国26属/340余种，产各地，以长江以南亚热带和热带地区分布最多。

系统学评述：荨麻科在传统的分类系统中隶属于金缕梅亚纲荨麻目[1,2]，APG系统中则归属于共生固氮分支的蔷薇目[3]。该科最早由Jussieu建立，包含27属[4]。1830年，基于形态学的研究，Gaudichaud[5]对荨麻科进行了第一次较全面的分类修订，认为科下应包含41属，并首次在科下成立了12族。而Weddell[6]则认为荨麻科下应包含43属，分为5族。Friis[7]对荨麻科进行了较系统的研究，认为荨麻科应包含45属，并对Weddell[6]系统中的3族，即Boehmerieae、Parietarieae和Forsskaoleae是否合理提出了质疑。Kravtsova[8]基于果实性状的分析，认为荨麻科包含45属，并分为3亚科6族。由此可见，荨麻科下系统在传统分类学中的划分有诸多争议。

在科的界定方面，荨麻科和Cecropiaceae的关系一直是分类学家争议的焦点。1978年Berg描述了1个新科Cecropiaceae，包含原属于荨麻科的6属，即*Cecropia*、*Coussapoa*、*Musanga*、*Myrianthus*、*Poikilospermum*和*Pourouma*[9]。然而，Cecropiaceae的地位受到了分子系统学研究的质疑，一些属被证明应隶属于荨麻科[10-13]，但由于取样限制，至今Cecropiaceae和荨麻科的系统关系尚未完全清楚。此外，目前针对荨麻科的分子系统学研究大多关注某个族或者属[14-17]。

Hadiah等[12]选取荨麻科25属63种，基于叶绿体片段序列分析显示该科分为3个分支，然而该研究中很多形态变异较大、物种数量多的属（如苎麻属和楼梯草属等）由于取样较少，无法验证是否为单系类群，并且很多属间系统关系不明确。吴增源等选取荨麻科47属122种，基于3个基因组的4个DNA片段，重建了该科更为完整的系统发育关系[13]，结果表明所选取的Cecropiaceae中的4属分布在荨麻科不同两大分支中。荨麻科划分了四大分支，与传统分类划分的5族[7]相比，仅有1族（单蕊麻族）的单系性得到支持，其余4族（荨麻科族、假楼梯草族、苎麻族和墙草族）均非单系类群，且族中一些属间关系，如大蝎子草属*Girardinia*和火麻树属*Dendrocnide*、*Gyrotaenia*和*Myriocarpa*等支持率较低。荨麻科下最大的分支clade I由苎麻族、单蕊麻族和墙草族的

大多数种类组成[13]，分支内很多属均非单系，如苎麻属、雾水葛属 *Pouzolzia* 等。另外，荨麻科中最庞杂的苎麻族 Boehmerieae 成员散落 3 个大分支中，尤其水丝麻属 *Maoutia* 和四脉麻属 *Leucosyke* 与来自 Cecropiaceae 的 3 属聚成 1 支[13]，吴增源等通过形态性状演化分析也未能找到该分支的形态学共衍征[18]，因此该分支（clade IV）是荨麻科分类学研究的难点之一。

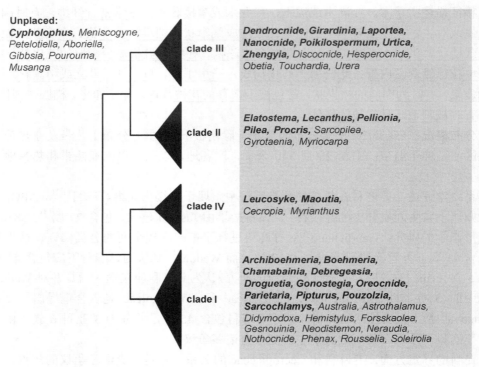

Unplaced:
***Cypholophus**, Meniscogyne,
Petelotiella, Aboriella,
Gibbsia, Pourouma,
Musanga*

clade III
***Dendrocnide, Girardinia, Laportea,
Nanocnide, Poikilospermum, Urtica,
Zhengyia**, Discocnide, Hesperocnide,
Obetia, Touchardia, Urera*

clade II
***Elatostema, Lecanthus, Pellionia,
Pilea, Procris**, Sarcopilea,
Gyrotaenia, Myriocarpa*

clade IV
***Leucosyke, Maoutia**,
Cecropia, Myrianthus*

clade I
***Archiboehmeria, Boehmeria,
Chamabainia, Debregeasia,
Droguetia, Gonostegia, Oreocnide,
Parietaria, Pipturus, Pouzolzia,
Sarcochlamys**, Australia, Astrothalamus,
Didymodoxa, Hemistylus, Forsskaolea,
Gesnouinia, Neodistemon, Neraudia,
Nothocnide, Phenax, Rousselia, Soleirolia*

图 100　荨麻科分子系统框架图（参考 APW；Wu 等[13]）

分属检索表

1. 木质藤本；雄蕊在芽时直立 ·· **21. 锥头麻属 Poikilospermum**
1. 草本、亚灌木或灌木，稀乔木；雄蕊在芽时内折
　2. 植株被刺毛；雌花无退化雄蕊
　　3. 叶对生；雌花被片离生，且外面 2 枚比内面 2 枚小 ················· **25. 荨麻属 Urtica**
　　3. 叶互生；雌花被片合生或离生
　　　4. 托叶抱茎，耳形 ·· **26. 征镒麻属 Zhengyia**
　　　4. 托叶侧生或柄内合生，非耳形
　　　　5. 托叶侧生；瘦果直立，无柄；柱头画笔头状，纤细草本 ·········· **15. 花点草属 Nanocnide**
　　　　5. 托叶柄内合生；瘦果强烈歪斜，有柄；柱头丝状、舌状或锥形；乔木、灌木或强壮的草本
　　　　　6. 雌花被片有 3 枚合生，第 4 枚缺失或退化成 1 根硬毛；强壮草本，常被长度超过 5mm 的刺毛 ·· **9. 蝎子草属 Girardinia**
　　　　　6. 雌花被片 4 枚，常交互对生，分生或基部合生；刺毛的长度一般不超过 5mm
　　　　　　7. 乔木或灌木；托叶革质，全部合生；雌花被片近等大，花梗在果时腊肠状，不膨大成翅 ··· **6. 火麻树属 Dendrocnide**

    7. 草本或半灌木；托叶膜质，较小，先端 2 列；雌花被片极不等大，侧生 2 枚较大，
        背腹生 2 枚较小，花梗常宿存，果实常膨大成翅 ·······················**11. 艾麻属 Laportea**

2. 植株无刺毛；雌花常有退化雄蕊或无
    8. 雌蕊无花柱；柱头常画笔头状；雌花被片分生或基部合生，有退化雄蕊（藤麻属 Procris 例外）；
        钟乳体条形或纺锤形，稀点状
      9. 叶对生，叶片两侧对称或近对称
          10. 花序常为松散的聚伞状或聚伞圆锥状，有时呈穗状或头状；瘦果边缘无鸡冠状的附属物
            ···**19. 冷水花属 Pilea**
          10. 花生在盘状或钟状且多少肉质的花序托上；瘦果顶端或上部边缘有马蹄形或鸡冠状凸起
            的附属物 ··**12. 假楼梯草属 Lecanthus**
      9. 叶互生，排成 2 列，如为对生则同对的叶极不等大，小的一枚常退化成托叶状或消失；叶
        片两侧常偏斜，狭侧在上，宽侧在下
          11. 雌花被片小并且短于子房或强烈退化至消失，外面先端无角状凸起；瘦果表面光滑或有
            各种纹饰（如纵肋、瘤状凸起等）；雄花序常有花序托，稀为聚伞花序；雌花序有花序
            托，且常有各种形状的小苞片 ·······························**8. 楼梯草属 Elatostema**
          11. 雌花被片长于子房，外面先端常有角状凸起；瘦果表面常有小瘤状凸起，稀光滑；雄花
            序聚伞状，或其轴及分支缩短而形成盘状花序托
            12. 雌花序聚伞状，雌花被片（4-）5，退化雄蕊存在 ·················**18. 赤车属 Pellionia**
            12. 雌花序头状，花序轴顶端膨大成球形或棒状的花序托，无总苞；雌花被片 3 或 4，
              肉质，无退化雄蕊 ··**23. 藤麻属 Procris**
    8. 雌蕊大多数有花柱；柱头形状多样，但一般不为画笔头状；雌花被片常合生成管状，稀极度退
        化或不存在，无退化雄蕊；钟乳体点状
    13. 托叶不存在；花常两性；瘦果黑色，光滑且有光泽·············**17. 墙草属 Parietaria**
    13. 托叶宿存；花单性
        14. 团伞花序腋生，外围有钟状或管状、具齿的总苞；雌花常 1-2 朵生于总苞的中央，雌
          花无花被；雄花仅具 1 枚雄蕊 ·······························**7. 单蕊麻属 Droguetia**
        14. 花序常为单性，无总苞；雌花被片管状；雄蕊 3-5 枚
          15. 叶对生
            16. 叶缘全缘
              17. 基部三出脉明显，其侧出的一对直达叶尖，二级脉不明显；雄花芽顶部截
              平，雄花被片背面具一环绕的冠状物或长毛·······**10. 糯米团属 Gonostegia**
             17. 基部三出脉，但其侧出的一对在上部分枝，不达叶尖，二级脉明显；雄花
              被片背面凸圆 ······································**22. 雾水葛属 Pouzolzia**
           16. 叶缘呈锯齿状或牙齿状
             18. 柱头小，近卵形；托叶宿存，花期反折；小草本，有时具有纤细的葡匐茎
              ···**3. 微柱麻属 Chamabainia**
             18. 柱头伸长；托叶常脱落；灌木或草本，无葡匐茎
              19. 柱头常短于 0.5mm，宿存；果实两侧对称；团伞花序紧缩成半球状或
               球状，生于上年生枝或老枝的叶腋·············**4. 瘤冠麻属 Cypholophus**
             19. 柱头相对较长，有时脱落；花序种类多样，常具有花梗
              20. 柱头在果时宿存，雌花被片和果实难以分离；瘦果无光泽 ·········
                ···**2. 苎麻属 Boehmeria**
              20. 柱头花后脱落，雌花被片和果实易于分离；瘦果有光泽 ··········
                ···**22. 雾水葛属 Pouzolzia**

15. 叶互生
    21. 柱头丝形或舌形
        22. 柱头舌形 ·· **1. 舌柱麻属 *Archiboehmeria***
        22. 柱头丝形
           23. 雌花被片肉质，合生成管状，柱头脱落 ··········· **20. 落尾木属 *Pipturus***
           23. 雌花被片非肉质，合生成管状，但顶端有小齿，柱头常宿存
               24. 柱头在果时宿存，雌花被片和果实难以分离；瘦果无光泽 ···········
                                          2. 苎麻属 *Boehmeria*
               24. 柱头花后脱落，雌花被片和果实易于分离；瘦果有光泽 ···········
                                     22. 雾水葛属 *Pouzolzia*
    21. 柱头画笔状、盾状或环形
        25. 团伞花序无梗，由多数花聚集成头状或团块状花簇，密集地排列于花枝上；
           柱头环状 ··· **24. 肉被麻属 *Sarcochlamys***
        25. 花序球形或由不连续的团伞花序组成伸长的花序类型；柱头盾状或画笔
           头状
           26. 柱头盾状，边缘有长纤毛；雌花被片和果实不易分离；果实外常围以
               肉质透明的盘状或壳斗状的花托 ······················· **16. 紫麻属 *Oreocnide***
           26. 柱头画笔头状；瘦果无肉质花托包围
               27. 雌花被片很小，不明显，合生成浅兜状或不存在；叶背面有雪白
                   色的毡毛；瘦果具有 3 棱 ····························· **14. 水丝麻属 *Maoutia***
               27. 雌花被片明显，合生成管状
                   28. 雌花被片在果时增大，常肉质；瘦果全部包被于花被片内 ······
                                    5. 水麻属 *Debregeasia*
                  28. 雌花被片短；瘦果伸出花被片之外 ···· **13. 四脉麻属 *Leucosyke***

1. *Archiboehmeria* C. J. Chen 舌柱麻属

Archiboehmeria C. J. Chen (1980: 477); Chen et al. (2003: 163) [Type: *A. atrata* (Gagnepain) C. J. Chen (≡*Debregeasia atrata* Gagnepain)]

    特征描述：灌木或半灌木，<u>无刺毛</u>。<u>叶互生</u>，<u>边缘有齿</u>，<u>基出脉 3</u>，托叶 2 裂，脱落。<u>花序雌雄同株</u>，<u>二歧聚伞状</u>，<u>成对腋生</u>；雄花被片（4-）5，合生至中部，镊合状排列；雌花被管状，有 4（-5）齿，子房被花被管所包裹，<u>柱头舌状</u>。<u>瘦果卵形</u>，<u>由宿存花被所包被</u>，<u>外果皮壳质</u>，<u>呈坚果状</u>。种子具丰富的油质胚乳，子叶小。

    分布概况：1/1 种，7-4 型；分布于越南北部；中国产广西、海南、广东和湖南南部。

    系统学评述：分子系统学研究表明舌柱麻属隶属于荨麻科科下第一大分支，是 1 个单系类群，姐妹群是苎麻属或肉被麻属[13]，有待进一步研究确认。

    DNA 条形码研究：BOLD 网站有该属 1 种 2 个条形码数据。

    代表种及其用途：舌柱麻 *A. atrata* (Gagnepain) C. J. Chen 的茎皮纤维为麻的代用品和人造棉的原料。

2. *Boehmeria* Jacquin 苎麻属

Boehmeria Jacquin (1760: 31); Chen et al. (2003: 164) (Type: *B. ramiflora* Jacquin)

特征描述：灌木、亚灌木或多年生草本。叶互生，有齿，不分裂，稀2-3裂，基出脉3；托叶分生，脱落。团伞花序生于叶腋或排列成穗状或圆锥花序。雄花被片常为4，镊合状排列，退化雌蕊存在；雌花被管状，有2-4齿，柱头丝形，密被柔毛，宿存。瘦果卵形，由宿存花被所包被，果皮薄，常无光泽。花粉粒2（-3）孔，刺状纹饰。染色体 n=13，14，21。

分布概况：65/25（6）种，**2** 型；主要分布于热带、亚热带地区，少数到温带；中国产西南、华南和东北，主产西南和华南。

系统学评述：苎麻属最早由 Jacquin 建立[19]，模式种为采自印度西部的 *B. ramiflora* Jacquin。该属的界定及属下关系一直存在争议。1830 年法国植物学家 Gaudichaud 确认了苎麻属的属级地位，并描述了苎麻族中的第二大属，即雾水葛属 *Pouzolzia*[5]，其在形态学上最易与苎麻属混淆[20]。Weddell 首次对苎麻属与雾水葛属的系统关系进行研究，认为苎麻属宿存的丝形柱头、果实无光泽可明显与雾水葛属区分[21]，并且将苎麻属的种数增加至 47 种 48 变种[6]。在 Weddell 之后的 100 多年里，苎麻属不断有新类群发表[22,23]，但是属下关系研究甚少。Satake 研究了日本及其邻国的 39 种苎麻属植物，并根据叶和花序生长特征将其分为苎麻亚属 *Boehmeria* subgen. *Tilocnide* 和大叶苎麻亚属 *B.* subgen. *Duretia*。王文采和陈家瑞[FRPS]根据叶序、花序、雄花及瘦果等外部形态及其演化趋势，认为中国苎麻属约有 32 种 11 变种，并将其分为 5 组，初步建立了中国苎麻属较为完整的分类体系。最近 Wilmot-Dear 等基于形态学和地理学对世界苎麻属进行了分类修订，认为苎麻属应包含 47 种，其中 14 种分布在新世界，33 种分布在旧世界[23-25]。

苎麻属的分子系统学研究十分有限。唐冬丽等[26,27]分别基于 ITS 序列和 *trn*L-F 序列研究显示苎麻属是单系，但取样和分子标记有限。Hadiah 等[12]认为苎麻属并非单系类群，但研究仅选取了 5 种，仅使用了 *rbc*L 和 *trn*L-F 叶绿体片段的序列信息。吴增源等选取荨麻科 47 属 122 种，基于 3 个基因组的 7 个 DNA 片段，重建了荨麻科更为完整的系统发育关系[13]，其中苎麻属选取了 19 种，结果显示苎麻属并非单系类群，一些种与雾水葛属和肉被麻属 *Sarcochlamys* 聚在一起，系统关系不清楚，需要进一步研究。

代表种及其用途：该属植物，如苎麻 *B. nivea* (Linnaeus) Gaudichaud-Beaupré 的茎皮纤维为麻的代用品和人造棉的原料。

3. *Chamabainia* Wight 微柱麻属

Chamabainia Wight (1853: 11); Chen et al. (2003: 175) (Type: *C. cuspidata* Wight)

特征描述：多年生草本。叶对生，边缘有牙齿，基出脉3；托叶分生，膜质，宿存。团伞花序单性，雌雄同株或雌雄异株；苞片小，膜质；雄花：花被片3-4，镊合状排列；雌花：花被管状，子房包于花被内，柱头近无柄，小，近卵形，有密毛。瘦果近椭圆球形，包于宿存花被内，果皮硬壳质，稍带光泽。染色体 n=11，12。

分布概况：1/1 种，**7** 型；分布于东亚热带和亚热带地区；中国产西藏东南部至台湾的热带地区。

系统学评述：系统学研究表明传统的微柱麻属是个单系类群[13]。

DNA 条形码研究：BOLD 网站有该属 1 种 3 个条形码数据；GBOWS 网站已有 1 种 8 个条形码数据。

代表种及其用途：微柱麻 *C. cuspidata* Wight 全草或根在民间药用，治胃腹疼痛等。

4. *Cypholophus* Weddell 瘤冠麻属

Cypholophus Weddell (1854: 198); Chen et al. (2003: 178) [Lectotype: *C. microcephalus* (Blume) Weddell (≡*Boehmeria macrocephala* Blume)]

特征描述：灌木或小乔木。叶交互对生，边缘有锯齿，具羽状脉，稀三基出脉；托叶分生，早落。花单性，雌雄同株或异株，团伞花序紧缩成半球状或球状；雄花被片 4-5，镊合状排列，雄蕊 4-5；雌花被片合生成管状，顶端紧缩成口，子房直立，柱头丝形。瘦果被肉质的花被所包裹，果皮硬壳质。种子有胚乳，子叶椭圆形。

分布概况：330/1 种，（**7e**）型；分布于印度尼西亚，菲律宾和夏威夷；中国产台湾。

系统学评述：在传统的分类中，该属被置于苎麻族 Boehmerieae 肉被麻亚族 Sarcochlamydinae[7]，目前暂无分子系统学研究。

代表种及其用途：瘤冠麻 *C. moluccanus* (Blume) Miquel 的茎皮纤维可制绳索和麻袋。

5. *Debregeasia* Gaudichaud-Beaupré 水麻属

Debregeasia Gaudichaud-Beaupré (1844: 90); Chen et al. (2003: 185) (Type: *D. velutina* Gaudichaud-Beaupré)

特征描述：灌木或小乔木。叶互生，边缘具细牙齿或细锯齿，基出脉 3，下面被白色或灰白色毡毛；托叶柄内合生，顶端 2 裂。雌雄同株或异株，雄的团伞花簇常由 10 余朵花组成，雌花序球形，成对生于叶腋；雄蕊 3-4（-5）；雌花被合生成管状，柱头画笔头状。瘦果浆果状，常梨形或壶形，宿存花被增厚变肉质。染色体 n=14。

分布概况：6/6 种，**6** 型；分布于东亚的热带和亚热带地区；中国产长江以南。

系统学评述：分子系统学的初步研究支持该属是单系类群，且属下的椭圆叶水麻 *D. elliptica* C. J. Chen、长叶水麻 *D. longifolia* (N. L. Burman) Weddell、鳞片水麻 *D. squamata* King ex J. D. Hooker、水麻 *D. saeneb* (Weddell) Weddell 均被证明是很好的单系种[13]。

DNA 条形码研究：基于分子系统学研究发现，ITS 在种间的变异较大，有可能作为该属的 DNA 条形码；*mat*K 在种间的变异较小，而 *rbc*L 在种间几乎无区分[13]。BOLD 网站有该属 7 种 26 个条形码数据；GBOWS 网站已有 4 种 71 个条形码数据。

代表种及其用途：该属植物，如水麻 *D. orientalis* C. J. Chen 等的茎皮纤维可作代麻原料，果实可食、酿酒，叶可作饲料。

6. *Dendrocnide* Miquel 火麻树属

Dendrocnide Miquel (1851: 29); Chen et al. (2003: 88) [Lectotype: *D. peltata* (Blume) Miquel (≡*Urtica peltata* Blume)]

特征描述：乔木或灌木，具刺毛。叶螺旋状互生，具柄，全缘、波状或有齿，常具羽状脉；托叶常较大，在叶柄内完全合生。花序聚伞圆锥状，单生于叶腋，雌的团伞花序常具多少膨大的肉质序梗；雄花 4 或 5 基数；雌花 4 基数；花被片多少合生，裂片近等大，两面有疣状凸起物；宿存柱头向下弯；果期花梗腊肠状。

分布概况：36/6（1）种，**5**（**7**）型；分布于东南亚，大洋洲和太平洋岛屿的热带地区；中国产台湾、广东南部、海南、广西西南部、云南、西藏东南部。

系统学评述：分子系统学研究强烈支持火麻树属隶属于第三大分支，且该属是个单系类群得到了较高的支持率，但属下系统关系有待加大取样研究[13]。

DNA 条形码研究：ITS、*mat*K 在种间的变异较大，有可能作为该属的 DNA 条形码；但是 *rbc*L 在种间的变异较小[13]。BOLD 网站有该属 9 种 16 个条形码数据；GBOWS 网站已有 2 种 5 个条形码数据。

7. *Droguetia* Gaudichaud-Beaupré 单蕊麻属

Droguetia Gaudichaud-Beaupré (1830: 505); Chen et al. (2003: 189) (Lectotype: *D. ovata* Gaudichaud-Beaupré)

特征描述：草本。茎渐升。叶互生或对生，有柄，边缘有齿，基出脉 3；托叶分生。团伞花序腋生，外围以钟状或管状、具齿的总苞。雄花较多，生于花序的周围，花被片 1，常有 3 齿，雄蕊 1；雌花 1-2 朵生于总苞的中央，柱头丝形。瘦果包于总苞内，卵形。种子有胚乳。花粉粒 3 孔，颗粒状纹饰。染色体 $n=9$。

分布概况：7/1 种，**6** 型；主产非洲，1 种星散分布于非洲东北部及亚洲的热带地区；中国产云南。

系统学评述：分子系统学研究认为该属并非单系类群，其与 *Australina* 系统关系不清楚[13]。

DNA 条形码研究：ITS 在种间的变异较大，有可能作为该属的 DNA 条形码，*mat*K 在种间变异较小，而 *rbc*L 在种间几乎无区分[13]。BOLD 网站有该属 3 种 5 个条形码数据；GBOWS 网站已有 1 种 4 个条形码数据。

8. *Elatostema* J. R. Forster & G. Forster 楼梯草属

Elatostema J. R. Forster & G. Forster (1775: 53), *nom. cons.* ; Chen et al. (2003: 127) (Type: *E. sessile* J. R. Forster & G. Forster)

特征描述：小灌木，亚灌木或草本。叶互生，两侧不对称，具三出脉、半离基三出脉或羽状脉。雄花序有时分枝呈聚伞状；苞片常沿花序托边缘形成总苞，在花之间有小苞片；雄花被片（3-）4-5；雌花被片 3-5，短于子房，柱头画笔头状。瘦果狭卵球形或椭圆球形，光滑或不光滑。钟乳体纺锤形或线形，稀点状或不存在。花粉粒 2 孔，刺状纹饰。染色体 $n=10$，12，13，14，16。

分布概况：500/234（205）种，**4** 型；分布于亚洲，大洋洲和非洲的热带地区；中国分布于西南、华南至秦岭，主产云南、广西、四川和贵州。

系统学评述：自 1776 年该属成立以来，其属下系统关系及其与赤车属 *Pellionia* 的关系一直存在争议。Weddell[6]认为赤车属和楼梯草属应为 2 个独立属，并根据雄花序有无总苞及花序托的形状，在楼梯草属下成立了 2 组：*Elatostema* sect. *Androsyce* 和 *E.* sect. *Elatostema*。后来，Schröter 和 Winkler[28]将赤车属作为楼梯草属的 1 亚属，且将楼梯草属划分为 4 亚属：*E.* subgen. *Pellionia*、*E.* subgen. *Elatostematoides*、*E.* subgen. *Weddelia* 和 *E.* subgen. *Euelatostema*。王文采对楼梯草属和赤车属研究认为，楼梯草属和赤车属应该为独立的属，根据花序和花序托的形态、瘦果形态、叶脉类型及退化叶的有无等性状，将楼梯草属划分为 5 组，即 *E.* sect. *Pellionioides*、*E.* sect. *Weddelia*、*E.* sect. *Laevisperma*、*E.* sect. *Elatostema* 和 *E.* sect. *Androsyce*[29,30,FRPS]。通过大量的标本查阅和研究，王文采对该属进行了全面的修订，将其划分为 4 组，即 *E.* sect. *Pellionioides*、*E.* sect. *Weddelia*、*E.* sect. *Elatostema* 和 *E.* sect. *Androsyce*[31,32]。Hadiah 等[14]基于叶绿体片段 *rbc*L 对楼梯草属、赤车属和藤麻属的系统关系进行了初步研究，因为取样较少，且片段单一，所以揭示的系统发育信息有限，三者关系尚不清楚。吴增源等基于 3 个基因组的 7 个片段构建了较完整的荨麻科系统发育框架[13]，研究显示楼梯草属为单系类群，但其与赤车属和藤麻属的系统关系尚不清楚。

DNA 条形码研究：ITS、*mat*K 在种间的变异较大，有可能作为该属的 DNA 条形码；但是 *rbc*L 在种间的变异较小[13]。BOLD 网站有该属 20 种 52 个条形码数据；GBOWS 网站已有 12 种 48 个条形码数据。

代表种及其用途：中国南方热带和亚热带山区中组成阴湿环境草本植被的主要建群植物；有些种类可供药用、饲料或观赏，如楼梯草 *E. involucratum* Franchet & Savatier 等。

9. *Girardinia* Gaudichaud-Beaupré 蝎子草属

Girardinia Gaudichaud-Beaupré (1830: 498); Chen et al. (2003: 90) (Lectotype: *G. leschenaultiana* Jacquemont)

特征描述：高大草本，具刺毛。茎呈“之”字形。叶互生，边缘有齿或分裂，基出脉 3；托叶柄内合生，先端 2 裂。花序成对生于叶腋，雄花序穗状、二叉状分枝或圆锥状，雌团伞花序呈蝎尾状着生于序轴上，排列成穗状、圆锥状或蝎尾状；雄花被片镊合状排列；雌花被片 3-4，子房花后渐变偏斜，柱头线形。瘦果。花粉粒 2-3 孔，刺状纹饰。染色体 $n=10$，12。

分布概况：2/1 种，**6** 型；分布于亚洲和非洲大陆北部及马达加斯加；中国产华东、西南至东北。

系统学评述：分子系统学研究强烈支持蝎子草属隶属于第三大分支，且该属的单系性得到了较高的支持率，是个较自然的类群。属下的蝎子草 *G. diversifolia* subsp. *suborbiculata* (C. J. Chen) C. J. Chen & Friis、红火麻 *G. diversifolia* subsp. *triloba* (C. J.

Chen) C. J. Chen & Friis、大蝎子草 *G. diversifolia* subsp. *diversifolia* (Link) Friis 的单系均得到了较高的支持率[13]。

DNA 条形码研究：ITS、*mat*K 在种间的变异较大，有可能作为该属的 DNA 条形码；但是 *rbc*L 在种间的变异较小[13]。BOLD 网站有该属 7 种 17 个条形码数据；GBOWS 网站已有 1 种 25 个条形码数据。

代表种及其用途：该属植物，如蝎子草，其茎皮纤维可供纺织和制绳索用。有些种类供药用，种子可榨油，刺毛有毒，触及皮肤可引起红肿。

10. *Gonostegia* Turczaninow 糯米团属

Gonostegia Turczaninow (1864: 509); Chen et al. (2003: 178) (Type: *non designatus*)

特征描述：多年生草本或亚灌木。叶对生或互生，全缘，基出脉 3 (-5)；有托叶。团伞花序生于叶腋，雄花：花被片镊合状排列，花蕾顶部截平，呈陀螺形，退化雌蕊极小；雌花：花被管状，有 2-4 小齿，在果期有数条至 12 条纵肋，有纵翅，子房卵形，柱头丝形，有密柔毛，脱落。瘦果卵球形，果皮硬壳质，常有光泽。染色体 n=13。

分布概况：3/3 种，**5（7）型**；分布于亚洲热带和亚热带地区及澳大利亚；中国产西南、华南至秦岭。

系统学评述：系统学研究表明糯米团属是单系类群，但属下关系有待进一步研究[13]。

DNA 条形码研究：ITS、*mat*K 和 *rbc*L 在种间的变异较大，有可能作为该属的 DNA 条形码[13]。BOLD 网站有该属 2 种 6 个条形码数据；GBOWS 网站已有 2 种 26 个条形码数据。

代表种及其用途：糯米团 *G. hirta* (Blume) Miquel 的茎皮纤维可制人造棉，供混纺和单纺；全草入药，治消化不良、食积胃痛等，外用治血管神经性水肿、外伤出血等；也可作猪饲料。

11. *Laportea* Gaudichaud 艾麻属

Laportea Gaudichaud (1862: 498), *nom. cons.* ; Chen et al. (2003: 85) [Lectotype: *L. canadensis* (Linnaeus) Weddell (≡*Urtica canadensis* Linnaeus)].——*Fleurya* Gaudichaud-Beaupré

特征描述：草本或半灌木，有刺毛。叶互生，边缘有齿，基出脉 3 或羽状脉；托叶于叶柄内合生，先端 2 裂。花单性，雌雄同株，花序聚伞圆锥状，稀总状或穗状；雄花被片近镊合状排列，雄蕊 4 或 5；雌花被片 4，极不等大，子房直立，不久偏斜，柱头钻形、舌形，稀分枝。瘦果偏斜。钟乳体点状或短杆状。花粉粒 2-4 孔，颗粒状纹饰。染色体 n=10, 13。

分布概况：28/7（2）种，**2（9）型**；主要分布于热带，亚热带，少数种类产温带地区；中国产长江以南。

系统学评述：分子系统学研究强烈支持艾麻属隶属于第三大分支，但该属是否为单系类群有待研究[13]。

DNA 条形码研究：ITS、*mat*K 在种间的变异较大，有可能作为该属的 DNA 条形码；

但是 *rbc*L 在种间的变异较小[13]。BOLD 网站有该属 11 种 50 个条形码数据；GBOWS 网站已有 2 种 23 个条形码数据。

代表种及其用途：该属植物的茎皮纤维可制绳索或作为代麻原料，如艾麻 *L. cuspidata* (Weddell) Friis。

12. *Lecanthus* Weddell 假楼梯草属

Lecanthus Weddell (1854: 187); Chen et al. (2003: 121) [Lectotype: *L. wightii* Weddell, *nom. illeg.* (≡*Elatostema ovatum* R. Wight=*Lecanthus peduncularis* (Wall. ex Royle) Weddell≡*Procris peduncularis* Wall. ex Royle)]

特征描述：草本，无刺毛。叶对生，具柄，边缘有锯齿，三出脉；托叶柄内合生。花单性，生在盘状或钟状且多少肉质的花序托上；总苞片呈一或二列生于花序托盘的边缘；雄花被片 4-5，雄蕊 4-5；雌花被片不等大，柱头头状。瘦果顶端或在上部的背腹面边缘有 1 隆起成马蹄形或鸡冠状的棱，表面常有疣状凸起。花粉粒 2 孔，刺状纹饰。染色体 *n*=12。

分布概况：3/3（1）种，**6** 型；分布于亚洲东南部，非洲东部热带和亚热带地区；中国产长江以南。

系统学评述：系统学研究表明假楼梯草属是单系类群，与冷水花属 *Pilea* 互为姐妹群，属下关系有待进一步研究[13]。

DNA 条形码研究：ITS、*mat*K 在种间的变异较大，有可能作为该属的 DNA 条形码；但是 *rbc*L 在种间的变异较小[13]。BOLD 网站有该属 2 种 5 个条形码数据；GBOWS 网站已有 2 种 31 个条形码数据。

13. *Leucosyke* Zollinger & Moritzi 四脉麻属

Leucosyke Zollinger & Moritzi (1846: 76); Chen et al. (2003: 187) (Type: *L. javanica* Zollinger & Moritzi)

特征描述：小乔木或灌木。叶对生或互生，常 2 列，具柄，有钝锯齿，基出脉 3（-4），背面灰白色；托叶柄内合生，先端 2 裂或全缘。雌雄异株，花序常二叉状分枝，每分枝的顶端有一头状团伞花序，或簇生在叶腋；雄花被片镊合状排列，雄蕊 4-5；雌花被片短，在子房基部合生成杯状，子房斜卵形，柱头头状。瘦果小。花粉粒 3 孔，刺状纹饰。

分布概况：35/1 种，（**7e**）型；分布于东亚的热带地区及太平洋岛屿；中国产台湾。

系统学评述：分子系统学研究支持四脉麻属是单系类群，其姐妹群为水丝麻属[13]。传统分类认为四脉麻属和水丝麻属都应隶属于苎麻族[6,7]，但是分子系统学研究显示，该 2 属和 Cecropiaceae 的 *Cecrpia*、*Myrianthus*、*Coussapoa* 聚在一起，形成了 1 个科下主要分支（clade IV），目前关于该主要分支的形态学共衍征有待进一步研究。另外，该属的属下系统关系也需要研究。

DNA 条形码研究：BOLD 网站有该属 3 种 7 个条形码数据。

代表种及其用途：四脉麻 *L. quadrinervia* C. B. Robinson 的茎皮纤维可供制麻袋、绳索原料。

14. *Maoutia* Weddell 水丝麻属

Maoutia Weddell (1854: 193); Chen et al. (2003: 188) (Lectotype: *M. platystigma* Weddell)

特征描述：灌木或小乔木，无刺毛。叶互生，边缘有牙齿或圆齿状锯齿，基出脉3；托叶干膜质，在叶柄内合生，先端2裂。雌雄同株或异株，聚伞花序腋生；雄蕊5；雌花被片合生成不对称的浅兜状，或无花被，子房直立，柱头画笔头状，宿存。瘦果三角状卵形或稍压扁，果皮稍肉质或硬壳质，宿存花被稍肉质。种子具少量胚乳。花粉粒2 (-3)孔，刺状纹饰。

分布概况：15/2 种，（**7e**）**型**；分布于亚洲和太平洋诸岛的热带和亚热带地区；中国产西南、广西和台湾。

系统学评述：传统的分类学认为四脉麻属和水丝麻属都应隶属于苎麻族，但是分子系统学初步研究支持该属是单系类群，其姐妹群为四脉麻属[13]。四脉麻属、水丝麻属和Cecropiaceae 的 *Cecrpia*、*Myrianthus*、*Coussapoa* 聚在一起，形成了荨麻科下主要分支（clade IV），但关于该主要分支的形态学共衍征有待进一步研究。另外，该属的属下系统关系也有待研究。

DNA 条形码研究：BOLD 网站有该属 1 种 1 个条形码数据；GBOWS 网站已有 1 种 3 个条形码数据。

代表种及其用途：水丝麻 *M. puya* (W. J. Hooker) Weddell 的茎皮纤维是代麻原料。

15. *Nanocnide* Blume 花点草属

Nanocnide Blume (1856: 154); Chen et al. (2003: 84) (Type: *N. japonica* Blume)

特征描述：草本，具刺毛。茎下部常匍匐，丛生状。叶互生，边缘具粗齿或近于浅窄裂，基出脉不规则3-5，侧脉二叉状分枝；托叶分离。雌雄同株，雄花序聚伞状腋生，雌花序团伞状腋生；雄蕊与花被裂片同数；雌花被片不等4深裂，外面一对较大，背面具龙骨状凸起，内面一对较窄小而平，柱头画笔头状。瘦果宽卵形，有疣状凸起。钟乳体短杆状。花粉粒2孔，刺状纹饰。

分布概况：2/2 种，**14SJ 型**；分布于东亚的温带地区；中国产云南、四川、福建、台湾。

系统学评述：分子系统学研究强烈支持花点草属隶属于第三大分支，姐妹群是荨麻属，且花点草属被证明是单系类群；花点草 *N. japonica* Blume 和毛花点草 *N. lobata* Weddell 的单系关系也得到了较高的支持率，是 2 个较自然的种[13]。

DNA 条形码研究：ITS、*mat*K 和 *rbc*L 在种间的变异均较大，可能作为该属的 DNA 条形码[13]。BOLD 网站有该属 2 种 10 个条形码数据；GBOWS 网站已有 1 种 16 个条形码数据。

代表种及其用途：毛花点草全草入药，有清热解毒之效，可用于治疗烧烫伤、热毒疮、湿疹、肺热、痰中带血等。

16. *Oreocnide* Miquel 紫麻属

Oreocnide Miquel (1851: 39); Chen et al. (2003: 181) (Type: *non designatus*)

特征描述：灌木或乔木。叶互生，基出脉 3 或羽状脉；托叶离生。雌雄异株，花序二至四回二歧聚伞状分枝、二叉分枝，稀呈簇生状，团伞花序生于分枝的顶端，密集成头状；雄花被片镊合状排列，雄蕊 3-4；雌花被片合生成管状，柱头盘状或盾状，花托肉质透明，盘状至壳斗状，位于果的基部或包被着果的大部分。染色体 *n*=12，14。

分布概况：18/10 种，（**7d**）型；分布于东亚及巴布亚新几内亚的热带和亚热带地区；中国产西南至华东。

系统学评述：分子系统学研究支持该属是单系类群，而且紫麻属是传统苎麻族（clade I）中的基部类群，但属下系统关系有待研究[13]。

DNA 条形码研究：BOLD 网站有该属 2 种 4 个条形码数据；GBOWS 网站已有 5 种 46 个条形码数据。

代表种及其用途：紫麻 *O. frutescens* (Thunberg) Miquel 的茎皮纤维可作代麻原料。

17. *Parietaria* Linnaeus 墙草属

Parietaria Linnaeus (1753: 1052); Chen et al. (2003: 189) (Lectotype: *P. officinalis* Linnaeus)

特征描述：草本，稀亚灌木。叶互生，全缘，基出脉 3 或离生脉 3；托叶缺。聚伞花序腋生，常有少数几朵花组成；苞片萼状，条形；雄花被片 4，雄蕊 4；雌花被片 4，合生成管状，4 浅裂，子房直立，花柱短或无，柱头画笔头状或匙形，退化雄蕊不存在。瘦果卵形，有光泽，包藏于干的宿存花被片内。钟乳体点状。花粉粒 3 孔，刺状纹饰。染色体 *n*=7，8，10，13，14。

分布概况：20/1 种，**1** 型；分布于温带和亚热带地区；中国产除华东和华南以外的省区。

系统学评述：分子系统学研究认为该属并非单系类群，其和墙草族的其他属，如 *Gesnounia*、*Soleirolia* 系统关系不清楚，有待研究[13]。

DNA 条形码研究：ITS 在种间的变异较大，有可能作为该属的 DNA 条形码，*mat*K 在种间的变异较小，而 *rbc*L 在种间几乎无区分率[13]。BOLD 网站有该属 7 种 29 个条形码数据；GBOWS 网站已有 1 种 3 个条形码数据。

18. *Pellionia* Gaudichaud-Beaupré 赤车属

Pellionia Gaudichaud-Beaupré (1830: 494), *nom. cons.* ; Chen et al. (2003: 122) (Type: *P. elatostemoides* Gaudichaud-Beaupré, *typ. cons.*)

特征描述：草本或亚灌木。叶互生，2 列，两侧不相等，具三出脉、半离基三出脉或羽状脉；托叶 2。雄花序聚伞状，雌花序呈球状，并具密集的苞片，偶具花序托；雄花被片外面顶部之下有角状凸起；雌花被片长于子房或与子房等长，柱头画笔头状。瘦果小，卵形或椭圆形，常有小瘤状凸起。钟乳体纺锤形，或不存在。花粉粒 3 孔，颗粒状纹饰。染色体 *n*=8，13，16。

分布概况：120/32（16）种，（**7e**）型；主要分布于亚洲热带地区，少数到亚洲的亚热带地区及大洋洲岛屿；中国产长江流域及以南。

系统学评述：赤车属最早由 Gaudichaud 建立[5]，传统分类认为赤车属和楼梯草属最为相近，两者最大的区别在于前者雌花被片比子房长，外面先端有角状凸起，雄花序为聚伞状；而楼梯草属雌花被片很小，明显比子房短，外面先端无角状凸起，雄花序大多具有花序托，稀为聚伞状[30-34]。最近的分子系统学研究表明，赤车属并非自然类群，因此该属的划分，以及其和楼梯草属、藤麻属的系统关系有待进一步研究[13]。

DNA 条形码研究：ITS、*mat*K 在种间的变异较大，有可能作为该属的 DNA 条形码；但是 *rbc*L 在种间的变异较小[13]。BOLD 网站有该属 8 种 8 个条形码数据；GBOWS 网站已有 4 种 33 个条形码数据。

19. *Pilea* Lindley 冷水花属

Pilea Lindley (1821: 4), *nom. cons.* ; Chen et al. (2003: 92) [Type: *P. muscosa* Lindley, *nom. illeg.* (=*P. microphylla* (Linnaeus) Liebmann≡*Parietaria microphylla* Linnaeus)].——*Achudemia* Blume (1856: 57)

特征描述：草本或亚灌木，稀灌木，<u>无刺毛</u>。<u>叶对生</u>，<u>三出脉</u>，<u>稀羽状脉</u>；托叶柄内合生。花序聚伞状、聚伞圆锥状、穗状、串珠状、头状等；雄花被片 4-5，稀 2，雄蕊与花被片同数；雌花 3 基数，<u>柱头画笔头状</u>。瘦果卵形或近圆形，<u>表面平滑或有瘤状凸起</u>，<u>稀呈鱼眼状</u>。钟乳体条形、纺锤形或短杆状，<u>稀点状</u>。花粉粒 2 孔，刺状纹饰。染色体 *n*=8，12，13，15，18。

分布概况：400/80（31）种，**2-2**（**3**）型；世界广布，主产热带和亚热带地区，延伸至温带地区；中国主产长江以南，少数到东北、甘肃等。

系统学评述：分子系统学研究表明冷水花属是否为单系类群尚不明确，有 1 个单型属 *Sarcopilea* 应包含其中，关于两者的关系有待进一步研究[13,15]。假楼梯草 *Lecanthus* 与该属的关系较近。

DNA 条形码研究：ITS、*mat*K 在种间的变异较大，有可能作为该属的 DNA 条形码；但是 *rbc*L 在种间的变异较小[13,15]。BOLD 网站有该属 19 种 44 个条形码数据；GBOWS 网站已有 11 种 72 个条形码数据。

代表种及其用途：中国南方热带和亚热带山区中组成阴湿环境草本植被的主要建群植物。有些种类可供药用、饲料或观赏，如冷水花 *P. notata* C. H. Wright 等。

20. *Pipturus* Weddell 落尾木属

Pipturus Weddell (1854: 196); Chen et al. (2003: 181) [Lectotype: *P. velutinus* (Decaisne) Weddell (≡*Boehmeria velutina* Decaisne)]

特征描述：<u>乔木、直立或攀援灌木</u>，<u>无刺毛</u>。<u>叶螺旋状互生</u>，<u>边缘全缘或有圆齿</u>，<u>基出脉 3-5</u>；托叶柄内合生，先端 2 裂。<u>雄团伞花序排成穗状或圆锥状</u>，<u>稀簇生于叶腋</u>；

雌团伞花序紧缩成头状；雄花被片镊合状排列；雌花多数着生于稍肉质的花序托上，花被片合生成管状，柱头丝形。瘦果小，由肉质的花被所包裹。花粉粒 3 孔，颗粒状纹饰。染色体 $n=13$, 14。

分布概况：40/1 种，**5（7）型**；分布于印度尼西亚，日本，马来西亚，澳大利亚北部，马达加斯加，马斯克林群岛和太平洋岛屿；中国产台湾。

系统学评述：分子系统学研究支持该属是个单系类群，姐妹群为 *Neraudia*，但属下系统关系有待研究[13]。

DNA 条形码研究：ITS、*mat*K 和 *rbc*L 在种间的变异较大，有可能作为该属的 DNA 条形码[13]。BOLD 网站有该属 4 种 7 个条形码数据。

代表种及其用途：落尾木 *P. arborescens* (Link) C. B. Robinson 的茎皮纤维可作代麻原料。

21. *Poikilospermum* Zippelius ex Miquel 锥头麻属

Poikilospermum Zippelius ex Miquel (1864: 203); Chen et al. (2003: 180) (Type: *P. amboinense* Zippelius ex Miquel)

特征描述：木质藤本。叶常革质，螺旋状互生，全缘，羽状脉；托叶柄内合生。花序雌雄异株，常单生于叶腋，聚伞状，二叉分枝或多回二歧分枝，团伞花序球状，生于每个分枝的顶端；雄蕊（2-）4，花丝直立，有时内折；雌花被片合生成管状，柱头舌形、弯头状或盾形头状。瘦果卵形或椭圆形。钟乳体短杆状或近点状。

分布概况：27/3 种，**5（7）型**；分布于喜马拉雅地区，经马来西亚至西太平洋群岛；中国产云南南部。

系统学评述：锥头麻属的系统位置一直备受争议，Berg[9]将其与原置于荨麻科中的 5 属，即 *Cecropia*、*Musanga*、*Coussapoa*、*Myrianthus* 和 *Pourouma* 一起成立了 1 科 Cecropiaceae。但是分子系统学研究不支持 Cecropiaceae 的成立，且强烈支持锥头麻属应隶属于第三大分支，且该属的单系位置得到了较高的支持率，是个较自然的类群，其和 *Urera* 的亲缘关系最近，但该属属下关系有待加大取样研究[13]。

DNA 条形码研究：ITS、*mat*K 在种间的变异较大，有可能作为该属的 DNA 条形码；但是 *rbc*L 在种间的变异较小[13]。BOLD 网站有该属 4 种 11 个条形码数据；GBOWS 网站已有 2 种 20 个条形码数据。

代表种及其用途：锥头麻 *P. suaveolens* (Blume) Merrill 的茎皮纤维可供纺织和制绳索用。

22. *Pouzolzia* Gaudichaud-Beaupré 雾水葛属

Pouzolzia Gaudichaud-Beaupré (1830: 503); Chen et al. (2003: 175) [Type: *P. laevigata* (Poiret) Decaisne (≡*Parietaria laevigata* Poiret)]

特征描述：灌木、亚灌木或多年生草本。叶互生，稀对生，基出脉 3；托叶分生。团伞花序生于叶腋，稀形成穗状花序；苞片膜质，小；雄花被片镊合状排列，基部合生；雌花被片管状，常卵形，顶端缢缩，有 2-4 个小齿，果期稍增大，有时具纵翅。瘦果卵球形，果皮壳质，常有光泽。花粉粒 3 孔，刺状纹饰。染色体 n=10，11，12，13，16。

分布概况：37/4（1）种，**2-2（3）**型；泛热带分布；中国产西南、华南至湖北、安徽南部，多数产西南。

系统学评述：系统学研究表明雾水葛属并非单系类群，有待进一步研究[13]。

DNA 条形码研究：ITS、*mat*K 在种间的变异较大，有可能作为该属的 DNA 条形码；但是 *rbc*L 在种间的变异较小[13]。BOLD 网站有该属 8 种 12 个条形码数据；GBOWS 网站已有 5 种 42 个条形码数据。

代表种及其用途：一些灌木类型的种，如红雾水葛 *P. sanguinea* (Blume) Merrill，茎皮及枝皮的纤维是较好的代麻用品，可制绳、麻布及麻袋等。

23. *Procris* Commerson ex Jussieu 藤麻属

Procris Commerson ex Jussieu (1978: 403); Chen et al. (2003: 163) (Type: *P. axillaris* J. F. Gmelin)

特征描述：多年生草本或亚灌木。叶 2 列，两侧稍不对称，全缘或有浅齿，羽状脉；托叶小，退化叶常存在。雄花簇生，排列成聚伞花序，花梗无苞片；雌花序头状，无梗或有短梗，花序梗顶端膨大形成球状或棒状的花序托；小苞片狭匙形；雄花被 5 深裂；雌花被片 3-4，柱头小，画笔状。瘦果卵形或椭圆形。钟乳体条形，极小。花粉粒 2 孔，刺状纹饰。

分布概况：20/1 种，**6（4）**型；分布于亚洲和非洲的热带地区；中国产西南、华南及台湾。

系统学评述：在传统分类中该属与楼梯草属、赤车属的系统关系一直存在争议，属下系统关系及其与楼梯草属、赤车属的关系有待进一步研究。

DNA 条形码研究：BOLD 网站有该属 4 种 5 个条形码数据；GBOWS 网站已有 1 种 10 个条形码数据。

24. *Sarcochlamys* Gaudichaud-Beaupré 肉被麻属

Sarcochlamys Gaudichaud-Beaupré (1844: 89); Chen et al. (2003: 179) (Type: *S. pulcherrima* Gaudichaud-Beaupré)

特征描述：灌木或小乔木。叶螺旋状互生，边缘有锯齿，基出脉 3；托叶柄内生，2 裂。雌雄异株，花序聚伞圆锥状，成对腋生，团伞花序密集排列于花枝上；雄花被片 5，覆瓦状排列；雌花被片 4-5，柱头环状，其上着生短的乳头状毛。瘦果宽卵球状或倒卵球状，偏斜，被多少肉质的花被所包裹。种子有少量胚乳，子叶卵形。钟乳体点状。花粉粒 2 孔，刺状纹饰。

分布概况：1/1 种，**7-2** 型；分布于喜马拉雅地区东部，泰国和印度尼西亚的热带地区；中国产西藏墨脱、云南贡山。

系统学评述：肉被麻属是否为单系类群有待进一步研究。从系统关系上看，该属与苎麻属的 *Boehmeria nivea* var. *nivea* (Linnaeus) Gaudichaud-Beaupré 和 *B. tomentosa*

Weddell 关系较近[13]，但该属的研究有待进一步加大对不同分布地的取样研究。

DNA 条形码研究：BOLD 网站有该属 1 种 1 个条形码数据。

25. *Urtica* Linnaeus 荨麻属

Urtica Linnaeus (1753: 983); Chen et al. (2003: 78) (Lectotype: *U. dioica* Linnaeus)

特征描述：草本，稀灌木，具刺毛。茎 4 棱。对生叶，基出脉 3-5（-7）。花序成对腋生，数朵花聚集成小的团伞花簇，在序轴上排成穗状、总状或圆锥状，稀头状；雄花被片覆瓦状排列；雌花被片 4，不等大，柱头画笔头状。瘦果光滑或有疣状凸起。钟乳体点状或条形。花粉粒 3（-4）孔，颗粒状纹饰。染色体 n=10，11，12，13，19。

分布概况：30/14/3 种，1（8-4）型；分布于北半球的温带和热带地区；中国产华北和西南。

系统学评述：传统分类学中荨麻属隶属于荨麻族，分子系统学研究表明荨麻属隶属于第三大分支，可能包含 1 个小属 *Hesperocnide*，两者构成了单系类群，姐妹群为花点草属[13]。

DNA 条形码研究：ITS、*mat*K 在种间的变异较大，有可能作为该属的 DNA 条形码；但是 *rbc*L 在种间的变异较小[13]。BOLD 网站有该属 65 种 178 个条形码数据；GBOWS 网站已有 10 种 104 个条形码数据。

代表种及其用途：很多种，如欧荨麻 *U. urens* Linnaeus 等的茎皮纤维可作纺织原料，茎叶可作饲料，有的嫩叶和嫩枝可食，有些种类可药用。

26. *Zhengyia* T. Deng, D. G. Zhang & H. Sun 征镒麻属

Zhengyia T. Deng, D. G. Zhang & H. Sun (2013: 89) (Type: *Z. shennongensis* T. Deng, D. G. Zhang & H. Sun)

特征描述：多年生草本，具匍匐的根状茎，具刺毛。茎圆柱形，高 1-3m。互生叶，基出脉 3。花序成对腋生，圆锥状；雄花被片 4，有短梗或无梗，花被片在中部以下合生；雌花被片 4，不等大，内面 2 枚较大，外面 2 枚较小，柱头短棒状。瘦果近球形，偏斜，有瘤状凸起。钟乳体点状；叶腋常有 13 个木质珠芽。染色体 n=12。

分布概况：1/1（1）种，15 型；特产中国湖北西南部。

系统学评述：征镒麻属是根据瘦果扁球形或长球形、果实表面有瘤状凸起、托叶耳状抱茎，染色体 x=12 等特征建立；同时基于简单的取样和少数 DNA 片段对该属的系统位置进行了研究，认为该属姐妹群为 *Urtica*+*Hesperocnide* 分支[35]。进一步对荨麻族进行更加密集的取样，开展分子系统学研究将有助于明确其分类地位。

DNA 条形码研究：BOLD 网站有该属 1 种 4 个条形码数据。

主要参考文献

[1] Thorne RF. Classification and geography of the flowering plants[J]. Bot Rev, 1992, 58: 225-348.

[2] Takhtajan A. Flowering plant. 2nd ed.[M]. Heidelberg: Springer, 2009.

[3] Bremer B, et al. An update of the Angiosperm Phylogeny Group classification for the orders and families of flowering plants: APG III[J]. Bot J Linn Soc, 2009, 161: 105-121.

[4]　Jussieu AL. Genera plantarum secundum ordines naturales disposita[M]. Paris: Viduam Herissant, 1789.

[5]　Gaudichaud C. Botanique, part 12[M]//Freycinet HD. Voyage Autour du Monde...Executé sur les Corvettes de S.M. l 'Uranie et la Physiciene'. Paris: Pilet-Aine, 1830: 465-522, and plates 111-120.

[6]　Weddell HA. Urticacées[M]//de Candolle AP. Prodromus systematis naturalis regni vegetabilis. Paris: Victoris Masson et Filii, 1869: 32-235.

[7]　Friis I. Urticaceae[M]//Kubitzki K, et al. The families and genera of vascular plants, II. Berlin: Springer, 1993: 612-630.

[8]　Kravtsova TI. Comparative carpology of the Urticaceae Juss.[M]. Moscow: KMK Scientific Press, 2009.

[9]　Berg CC. Cecropiaceae, a new family of the Urticales[J]. Taxon, 1978, 27: 39-44.

[10]　Sytsma KJ, et al. Urticalean rosids: circumscription, rosid ancestry, and phylogenetics based on *rbc*L, *trn*L-F, and *ndh*F sequences[J]. Am J Bot, 2002, 89: 1531-1546.

[11]　Zerega NJC, et al. Biogeography and divergence times in the mulberry family (Moraceae)[J]. Mol Phylogenet Evol, 2005, 37: 402-416.

[12]　Hadiah JT, et al. Infra-familial phylogeny of Urticaceae, using chloroplast sequence data[J]. Aust Syst Bot, 2008, 21: 375-385.

[13]　Wu ZY, et al. Molecular phylogeny of the nettle family (Urticaceae) inferred from ultiple loci of three genomes and extensive generic sampling[J]. Mol Phylogenet Evol, 2013, 69: 814-827.

[14]　Hadiah JT, et al. Infra-familial phylogeny of Urticaceae, using chloroplast sequence data[J]. Telopea, 2003, 10: 235-246.

[15]　Monro AK. Revision of species-rich genera: a phylogenetic framework for the strategic revision of *Pilea* (Urticaceae) based on cpDNA, nrDNA, and morphology[J]. Am J Bot, 2006, 93: 426-441.

[16]　Kim C, et al. Generic phylogeny and character evolution in Urticeae (Urticaceae) inferred from nuclear and plastid DNA regions[J]. Taxon, 2015, 64: 65-78.

[17]　Treiber EL, et al. Phylogeny of the Cecropieae (Urticaceae) and the evolution of an ant-plant mutualism. Syst Bot, 2016, 41: 56-66.

[18]　Wu ZY, et al. Ancestral state reconstruction reveals rampant homoplasy of diagnostic morphological characters in Urticaceae, conflicting with current classification schemes[J]. PLoS One, 2015, 10: e0141821.

[19]　Jacquin NJ. Enumeratio systematica plantarum, quas in insulis caribaeis vicinaque Americes Continente detexit novas[M]. Leiden: Lugduni Batavorum, 1760.

[20]　Wilmot-Dear CM, Friis I. The New World species of *Boehmeria* and *Pouzolzia* (Urticaceae, tribus Boehmerieae): a taxonomic revision[J]. Opera Bot, 1996, 129: 1-103.

[21]　Weddell HA. Revue de la famille des Urticacées[J]. Ann Sci Natl Bot Ser, 1854, 4: 173-212.

[22]　王文采. 华南苎麻属一新种[J]. 广西植物, 1983, 3: 77-80.

[23]　Wilmot-Dear CM, et al. New species in Old World *Boehmeria* (Urticaceae)[J]. Edinb J Bot, 2010, 67: 431-450.

[24]　Wilmot-Dear CM, et al. A new species of *Boehmeria* (Urticaceae), *B. burgeriana* Wilmot-Dear, Friis & Kravtsova, endemic to Costa Rica[J]. Kew Bull 2003, 58: 213-218.

[25]　Wilmot-Dear CM, Friis I. Urticaceae for the non-specialist: identification in the flora Malesiana region, Indochina and Thailand[J]. Blumea, 2013, 58: 85-216.

[26]　康冬丽, 等. 基于 ITS 序列的苎麻属大叶苎麻组的系统发育研究[J]. 植物科学学报, 2008, 26: 450-453.

[27]　康冬丽, 等. 利用 *trn*L-F 序列探讨苎麻属植物的系统发育关系[J]. 生物技术通讯, 2011, 22: 45-48.

[28]　Schröter H, Winkler H. Monographie der gattung *Elatostema s.l.*[J]. Rep Sp Nov Beih, 1936, 88: 1-174.

[29]　王文采. 中国荨麻科楼梯草属分类[J]. 东北林学院植物研究室汇刊, 1980, 7: 1-96.

[30]　王文采. 中国荨麻科赤车属分类[J]. 东北林学院植物研究室汇刊, 1980, 6: 45-65.

[31]　王文采. 中国荨麻科楼梯草属新分类[M]//傅德志, 等. 王文采院士论文集. 北京: 高等教育出版社, 2012: 1016-1178.

[32]　王文采. 中国楼梯草属植物[M]. 青岛: 青岛出版社, 2014.

[33] Weddell HA. Monographie de la famille des Urticées[J]. Nouv Archieves Mus Hist Natl, 1856, 9: 1-592.

[34] 王文采. 中国赤车属新分类[J]. 广西植物, 2016, 36: 1-29.

[35] Deng T, et al. *Zhengyia shennongensis*: a new bulbiliferous genus and species of the nettle family (Urticaceae) from central China exhibiting parallel evolution of the bulbil trait[J]. Taxon, 2013, 62: 89-99.

Fagaceae Dumortier (1829), *nom. cons.* 壳斗科

特征描述：<u>常绿或落叶乔木</u>。<u>单叶</u>，<u>互生</u>，托叶早落。<u>花单性同株</u>；花被一轮，4-8片，基部合生；<u>雄花序下垂或直立</u>，球状或穗状，雄蕊 4-12，花丝纤细，花药 2 室，纵裂；<u>雌花序穗状直立</u>，<u>花单生或聚生于一壳斗内</u>，<u>子房下位</u>，倒生胚珠 2，<u>仅 1 颗发育</u>，中轴胎座。壳斗形状多样，包着坚果底部至全包坚果，开裂或不开裂，<u>每壳斗有坚果 1-3 (-5)</u>；坚果有棱角或浑圆，无胚乳，子叶 2 片。主要是风媒传粉，少数为昆虫传粉。染色体 x=11，12，22。

分布概况：7 属/900 余种，广布于北半球热带，亚热带和温带地区，以亚洲的种类最多；中国 7 属全有，约 295 种，南北均产。

系统学评述：传统上壳斗科分 4 亚科，即栗亚科 Castaneoideae、三棱栎亚科 Trigonobalanoideae、水青冈亚科 Fagoideae 和栎亚科 Quercoideae[1]。其中，栗亚科包括柯属 *Lithocarpus*、锥属 *Castanopsis*、金鳞果属 *Chrysolepis* 和栗属 *Castanea*。三棱栎亚科包括广义三棱栎属 *Trigonobalanus*，共 3 种，间断分布于热带美洲和热带亚洲。水青冈亚科仅包含水青冈属 *Fagus*，其为较特化的属。栎亚科包括了广义的栎属 *Quercus*，并分为青冈类、落叶栎类和高山栎类三大类。Nixon[2]基于形态证据分支分析提出 2 亚科 9 属的分类系统，即水青冈亚科（水青冈属、三棱栎属、*Colombobalanus* 和 *Formanodendron*）、栗亚科 Castanoideae（栗属、锥属、金鳞果属、石栎属和栎属）。周浙昆[3]整理了现有壳斗科化石资料，讨论了该科及各属的起源时间、地史分布和演替过程，支持分为 2 亚科的观点。Manos 等[4]利用 ITS 和 *mat*K 片段重建壳斗科系统发育关系，表明栗亚科和水青冈亚科的划分不成立，且没有得到形态学证据的支持。Manos 和 Standford[5]对每个属分别构建了系统发育关系和重建了祖先分布区，并结合化石证据，表明现有地理分布格局的形成与北大西洋陆桥和白令陆桥有着十分紧密的关系。

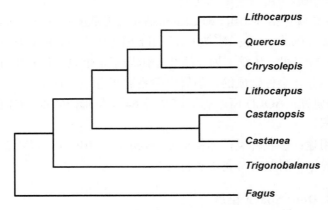

图 101　壳斗科分子系统框架图（参考 Manos 等[4]）

分属检索表

1. 雄花序球状或头状，下垂；花药长 1.5-2.0mm，雌花（1）2 朵，偶有 3 朵；坚果有 3 脊棱 ········
··· **4. 水青冈属** *Fagus*
1. 雄花序穗状或圆锥状，直立或下垂；雌花单朵或多朵聚生成簇，分散在花序轴上
　2. 雄花序直立，雄花有退化雌蕊；花药长约 0.25mm；雌花的柱头细窝头状，颜色几与花柱相同
　　3. 落叶；子房 6-9 室；无顶芽 ··· **1. 栗属** *Castanea*
　　3. 常绿；子房 3 室；具顶芽
　　　4. 叶通常 2 列；壳斗常有刺，大部分全包坚果，若壳斗杯状，则其小苞片呈鱼鳞状或多少横
　　　　向连生成圆环 ·· **2. 锥属** *Castanopsis*
　　　4. 叶非 2 列；壳斗无刺，通常杯状，若全包坚果，则壳斗有刺或线状体或有环状肋纹 ·········
　　　　··· **5. 柯属** *Lithocarpus*
　2. 雄花序下垂，雄花无退化雌蕊；花药长 0.5-1mm；雌花的柱头面长于宽，颜色与花柱不同
　　5. 壳斗 3-5 瓣裂；坚果具 3 脊棱 ···························· **7. 三棱栎属** *Trigonobalanus*
　　5. 壳斗不瓣裂；坚果无脊棱
　　　6. 壳斗的小苞片鱼鳞状，或线状而近于木质，或狭披针形，膜质或纸质；常绿或落叶乔木····
　　　　·· **6. 栎属** *Quercus*
　　　6. 壳斗的小苞片连生成圆环；坚果的顶部通常有环圈；常绿乔木··· **3. 青冈属** *Cyclobalanopsis*

1. *Castanea* Miller 栗属

Castanea Miller (1754: ed. 4); Huang et al. (1999: 315) (Lectotype: *C. sativa* Miller)

特征描述：<u>落叶乔木</u>。小枝<u>无顶芽</u>。叶互生，具锯齿状裂齿。花单性同株；<u>雄花序穗状</u>；花被 6 裂，雄蕊 10-20，<u>中央有被长绒毛的不育雌蕊</u>，花丝长于花被 4-6 倍；雌花 2-3 朵聚生于有刺的总苞内，生于上部花序的基部，花被 6 裂；子房下位，<u>花柱与子房均 6-9</u>，每室有 2 颗胚珠。<u>壳斗密被针刺</u>，具坚果 1-3（5）。花粉粒 3 孔沟，颗粒状纹饰。染色体 *x*=12。

分布概况：约 12/4（2）种，**8**（**9**）型；分布于亚洲，欧洲南部及其以东地区，北美东部；中国产华东、中南、西南和河北。

系统学评述：栗属包括 3 个组，即 *Castanea* sect. *Eucastanon*、*C.* sect. *Balanocastanon* 和 *C.* sect. *Hypocastanon*[6]。Lang 等[7,8]分别利用 *trn*T-L-F 和 *ndh*F、*ycf*6-*psb*M、*ycf*9-*trn*GM 和 *rpl*16 的联合分析表明，传统上划分的 3 个组均不是单系，现有地理分布格局是由 2 次扩散和 3 次隔离分化事件造成的，但属内关系需要进一步研究。

DNA 条形码研究：BOLD 网站有该属 7 种 64 个条形码数据；GBOWS 网站已有 1 种 7 个条形码数据。

代表种及其用途：多数种类，如板栗 *C. mollissima* Blume，果实含淀粉和糖，可生食、熟食或制干粉；木材坚实，属优质材。

2. *Castanopsis* (D. Don) Spach 锥属

Castanopsis (D. Don) Spach (1841: 142); Huang et al. (1999: 317) [Type: *C. armata* (Roxburgh) Spach

(≡*Quercus armata* Roxburgh)]

特征描述：<u>常绿乔木，枝有顶芽</u>，具多数芽鳞。<u>叶 2 列</u>，互生或螺旋状排列，叶背被毛或鳞腺。花单性同株；雄花序为直立的穗状或圆锥花序；花被 5-6 (-8) 裂，雄蕊 (8-) 9-12，<u>花药近圆球形，退化雌蕊小</u>；雌花单朵或数朵聚生于一壳斗内，子房 3 室，花柱 3，<u>柱头小圆点状或浅窝穴状</u>。果翌年成熟，坚果 1-4 枚包于有刺总苞内。花粉粒 3 孔沟，不规则条纹状纹饰。

分布概况：约 120/58（30）种，**9（7）型**；分布于亚洲热带和亚热带地区；中国产长江以南各地，主产西南和华南。

系统学评述：Manos 等[4]的分子系统学研究表明，该属与栗属聚为 1 支。基于 ITS、*trn*L-F 和 *mat*K 分子片段研究了 fissa 复合群的系统位置，表明其为柯属和栲属之间的过渡类群，并成为 1 个单系（未发表数据）。该属内关系有待增加取样进一步研究。

DNA 条形码研究：BOLD 网站有该属 33 种 130 个条形码数据；GBOWS 网站已有 48 种 686 个条形码数据。

3. *Cyclobalanopsis* Oersted 青冈属

Cyclobalanopsis Oersted (1866: 77), *nom. cons.* ; Huang et al. (1999: 380) [Type: *C. velutina* Oersted, *typ. cons.* (≡*Quercus velutina* Lindley ex Wallich (1864), non Lamarck (1785)]

特征描述：<u>常绿乔木</u>。<u>冬芽芽鳞多</u>，覆瓦状排列。叶互生，全缘或具齿。花单性同株；<u>雄花序为下垂柔荑花序</u>；花被 5-6 深裂，雄蕊与花被裂片同数，<u>花丝细长</u>，花药 2 室，退化雌蕊细小；<u>雌花单生或排成穗状</u>，花被 5-6 裂，子房 3 室，每室胚珠 2，花柱 2-4。<u>壳斗上的小苞片合成同心环带</u>，坚果 1。花粉粒 3 拟孔沟。染色体 2*n*=24。

分布概况：150/69（43）种，**7 型**；分布于亚洲热带、亚热带地区；中国产秦岭、淮河以南。

系统学评述：青冈属的分类地位一直存在争议。Øersted[9]依据其壳斗苞片排列成同心圆而与栎亚属 *Quercus* subgen. *Quercus* 相区别，故将其从栎属中分开独立成属，这一观点得到一些学者的认同[FOC]。而大多数学者主张不把青冈分出来[4,10-12]。Menitsky[13]依据形态的综合指数，将青冈亚属 *Cyclobalanopsis* subgen. *Cyclobalanopsis* 分为 8 组（*C.* sect. *Selrfiserrata*、*C.* sect. *Oidocaa*、*C.* sect. *Cvclabalanoides*、*C.* sect. *Ghuca*、*C.* sect. *Heferiana*、*C.* sect. *Acuta*、*C.* sect. *Gilva* 和 *C.* sect. *Lepidotricha*）。王萍莉和张金谈[14]利用孢粉学证据讨论了青冈亚属的系统地位，支持将青冈属归入栎属，作为青冈亚属 *C.* subgen. *Cyclobalanopsis* 的分类处理。Nixon[15]基于形态学分析表明，青冈属应归并入栎属，成为青冈亚属。邓敏[12]对青冈亚属的分子系统学、叶表皮和果实特征的分析显示，青冈亚属的单系性不成立，以往对属内组的划分也不成立，需要进一步的研究。

DNA 条形码研究：GBOWS 网站有该属 6 种 18 个条形码数据。

代表种及其用途：该属植物，如青冈 *C. glauca* (Thunberg) Oersted 等的木材可作桩柱、车辆、桥梁、运动器械、枕木等用材；壳斗和树皮富含单宁，可提制栲胶；种子富含淀粉，可酿酒，也可作饲料和工业用淀粉。

4. *Fagus* Linnaeus 水青冈属

Fagus Linnaeus (1753: 997); Huang et al. (1999: 314) (Lectotype: *F. sylvatica* Linnaeus)

特征描述：落叶乔木。芽有鳞片。叶互生，具锯齿。花先叶开放；雄花排成具柄、下垂的头状花序，花被 5-7 裂，雄蕊 8-16；雌花成对生于具柄的总苞内，花被 5-6 裂，与子房合生，子房下位，3 室，花柱 3。坚果 2，包藏于一木质、具刺或具瘤凸的总苞内，成熟时 4 瓣开裂；坚果卵状三角形，有 3 条脊状棱。花粉粒 3 孔沟，颗粒状纹饰。染色体 $x=12$。

分布概况：约 10/4（3）种，**8（9）型**；分布于北半球温带及亚热带高山；中国产黄河以南。

系统学评述：Shen[16]基于形态学特征将水青冈属 13 种分为 2 亚属，即水青冈亚属 *Fagus* subgen. *Fagus* 和米心水青冈亚属 *F.* subgen. *Engleriana*，并认为这 2 亚属具有单系性，同时将水青冈亚属分为 4 族。Manos 和 Standford[5]及李建强等[17]的分子系统学研究均表明水青冈亚属不是单系类群，不支持 Shen 的观点。Denk[18,19]依据水青冈属植物的形态学和分子系统学研究结果，在分类上基本接受了 Shen 的观点，且支持米心水青冈亚属单系性的观点，但是水青冈亚属内种间关系未能得到很好解决。

代表种及其用途：水青冈 *F. longipetiolata* Seemen 的木材纹理直，材质较坚硬，可作农具、家具用材。

5. *Lithocarpus* Blume 柯属

Lithocarpus Blume (1826: 526); Huang et al. (1999: 333) (Type: *L. javensis* Blume)

特征描述：常绿乔木；枝有顶芽。叶互生全缘或具齿；托叶宿存。花单性同株；穗状花序直立；雄花 3-7 朵聚生，花被 4-6 裂，雄蕊 10-12，退化雌蕊细小；雌花 3-7 朵簇生于雄花序之下或生于雌花序上，子房下位，3 室，每室有 2 胚珠，花柱 3，柱头窝点状。壳斗外壁无刺，壳斗的鳞片分离或覆瓦状合成一同心环，具坚果 1。花粉粒 3 孔沟，颗粒状-不规则条纹状纹饰。

分布概况：约 300/123（69）种，**9 型**；分布于亚洲热带和亚热带地区；中国产秦岭以南，以广东、广西和云南尤多。

系统学评述：Barnett[20]基于柯属的繁殖器官特征，将 221 种分为 5 组 12 群；Camus[21]将 279 种划分为 14 亚属。Manos[22]将北美的唯一种类 *L. densiflorus* (W. J. Hooker & Arnott) Rehder 升级为新属 *Notholithocarpus*，并得到了形态学、花粉和分子证据支持。Cannon 等[23]对东南亚地区柯属植物的谱系地理研究，将其分为两类叶绿体单倍型：一类仅分布在加里曼丹岛，另一类则广布。属内系统发育关系还需进一步研究。

代表种及其用途：该属植物木材坚硬，适合作工业用材，如红柯 *L. fenzelianus* A. Camus。

6. *Quercus* Linnaeus 栎属

Quercus Linnaeus (1753: 994); Huang et al. (1999: 370) (Lectotype: *Q. robur* Linnaeus)

特征描述：常绿、落叶乔木。冬芽芽鳞数枚。叶螺旋状互生，具齿或分裂。花单性同株；雄花序为下垂柔荑花序；雄蕊 6，花药 2，纵裂，花丝细长，退化雌蕊细小；雌花单生或数朵排成穗状花序；花被 6 裂，退化雄蕊 6，子房 3 室，每室有胚珠 2，花柱 3。坚果部分为总苞所包围；总苞鳞片状、刺状或粗线形。花粉粒 3 孔沟，颗粒状纹饰。染色体 2*n*=24。

分布概况：约 300/35（15）种，**8-4（7）型**；广布亚洲，非洲，欧洲和美洲；中国产南北各省区。

系统学评述：Deng 等[24]利用形态学分析对栎属属内关系进行了梳理，该属分为青冈亚属 *Quercus* subgen. *Cyclobalanopsis* 和栎亚属 *Q.* subgen. *Quercus*；后者又分为 3 个组：*Q.* sect. *Lobatae*、*Q.* sect. *Protobalanus* 和 *Q.* sect. *Quercus*。依据发育种子表面败育胚珠位于基部的性状，广义的 *Q.* sect. *Quercus* 包括分布在中美、南美和欧亚的种类（包括狭义的 *Q.* sect. *Quercus* 和 *Q.* sect. *Cerris*；*Q.* subgen. *Sclerophyllodrys*）；*Q.* sect. *Lobatae* 是该亚属内最基本的类群，但是与 *Q.* sect. *Quercus* 和 *Q.* sect. *Protobalanus* 没有共衍征。Zhou 等[25]利用叶表皮特征分析了中国栎亚属内部关系。Denk 和 Grimm[26]认为花粉形态可以作为栎属内各组分类的依据。属内关系还需进一步研究。

DNA 条形码研究：栎属种间杂交现象十分普遍，ITS 存在多拷贝和致同进化不完全，不适合作 DNA 条形码。BOLD 网站有该属 124 种 1218 个条形码数据；GBOWS 网站已有 5 种 22 个条形码数据。

代表种及其用途：该属木材可作车船、农具、地板、室内装饰等用材；栓皮栎 *Q. variabilis* Blume 的树皮为制造软木的原料；种子富含淀粉，可供酿酒或作家畜饲料；壳斗和树皮富含鞣质，可提取栲胶。

7. *Trigonobalanus* Forman 三棱栎属

Trigonobalanus Forman (1962: 140); Huang et al. (1999: 369) (Type: *T. verticillata Forman*).——*Formanodendron* Nixon & Crepet (1989: 840)

特征描述：常绿乔木。单叶互生或 3 叶轮生；具托叶。花单性，柔荑花序或直立穗状花序；雄花（1-）3-7 朵簇生于花序轴上，每簇具 1 基生苞片和 2 侧生苞片，花被 6 裂，覆瓦状排列；雄蕊 6，与花被裂片对生，花药大，宽卵圆形，基部心形，近背着，纵裂，花丝约为花药长的 2 倍；雌花单生或 3-7 朵簇生于花序轴上，下面有 3-5 枚苞片，花被 6 裂，裂片覆瓦状排列，有 6 枚退化雄蕊；子房 3 室，每室有 2 胚珠；花柱 3，弯曲，柱头头状。壳斗包着坚果基部，3-5 裂，近轴一裂片常退化，外壁被横向排列的鳞片。每 1 壳斗内有坚果 1-3（-7），坚果三棱形，顶端有宿存的花被和花柱，果实内壁被绒毛。花粉粒 3 拟孔沟，颗粒状纹饰。

分布概况：3/2 种，**3（7-3）型**；分布于南美洲和亚洲；中国产海南和云南南部。

系统学评述： Nixon 和 Crepet[27]根据叶着生方式、花粉形态和染色体数目不同将其分为 *Trigonobalanus*、*Colombobalanus* 和 *Formanodendron* 这 3 个单种属。Manos 和 Standford[5]利用 *mat*K 分子片段研究表明，三棱栎属的分化仅次于水青冈属，这一结果也得到了其他分子系统学研究支持[4]。Chen 等[28]根据形态学和核型分析研究支持这 3 个属作为 1 个属处理，即 *Trigonobalanus*。

代表种及其用途： 三棱栎 *T. doichangensis* (A. Camus) Nixon & Crepet 材质坚硬，可作各种农具，也可作为荒山造林树种。

主要参考文献

[1] Jones JH. Evolution of the Fagaceae: the implications of foliar features[J]. Ann MO Bot Gard, 1986, 73: 228-275.

[2] Nixon KC. Origins of Fagaceae[M]//Crane PR, Blackmore S. Evolution, systematics and fossil history of the Hamamelidae. Oxford: Clarendon Press, 1999: 23-43.

[3] 周浙昆. 壳斗科的地质历史及其系统学和植物地理学意义[J]. 植物分类学报, 1999, 37: 369-385.

[4] Manos PS, et al. Systematics of Fagaceae: phylogenetic tests of reproductive trait evolution[J]. Int J Plant Sci, 2011, 162: 1361-1379.

[5] Manos PS, Standford AM. The historical biogeography of Fagaceae: tracking the tertiary history of temperate and subtropical forests of the Northern Hemisphere[J]. Int J Plant Sci, 2001, 162: S77-S93.

[6] Johnson GP. Revision of *Castanea* sect. *Balanocastanon* (Fagaceae)[J]. J Arnold Arbor, 1988, 69: 25-49.

[7] Lang P, et al. Phylogeny of *Castanea* (Fagaceae) based on chloroplast *trn*T-L-F sequence data[J]. Tree Genet Genomes, 2006, 2: 132-139.

[8] Lang P, et al. Molecular evidence for an Asian origin and a unique westward migration of species in the genus *Castanea* via Europe to North America[J]. Mol Phylogenet Evol, 2007, 43: 49-59.

[9] Ørsted AS. Bidrag til egeslaegtens systematic[J]. Vidensk Meded Nat For Kjobenhavn, 1867, 18: 11-96.

[10] Camus A. Les Chênes. Monographie du genre *Quercus*. Tome I. genre *Quercus*, sous-genre *Cyclobalanopsis*, sous-genre *Euquercus* (sections *Cerris* et *Mesobalanus*)[M]. Paris: Lechevalier, 1936-1938.

[11] Govaerts R, Frodin DG. World checklist and bibliography of Fagales[M]. Richmond: Royal Botanical Gardens, Kew, 1998.

[12] 邓敏. 壳斗科栎属青冈亚属的形态解剖、分类、分布及其系统演化[D]. 昆明: 中国科学院昆明植物研究所博士学位论文, 2007.

[13] Menitsky YL. Oaks of Asia[M]. Leningrad: Science Publishers, 1984.

[14] 王萍莉, 张金谈. 中国青冈属花粉形态及其与栎属的关系[J]. 中国科学院研究生院学报, 1988, 26: 282-289.

[15] Nixon KC. Infrageneric classification of *Quercus* (Fagaceae) and typification of sectional names[J]. Ann Sci For, 1993, 50: S25-S34.

[16] Shen CF. A monograph of the genus *Fagus* Tourn. ex L. (Fagaceae)[D]. PhD thesis. New York: City University of New York, 1992.

[17] 李建强, 等. 基于细胞核 rDNA ITS 片段的水青冈属的分子系统发育[J]. 武汉植物学研究, 2003, 21: 31-36.

[18] Denk T. Phylogeny of *Fagus* L. (Fagaceae) based on morphological data[J]. Plant Syst Evol, 2003, 240: 55-81.

[19] Denk T. Patterns of molecular and morphological differentiation in *Fagus* (Fagaceae): phylogenetic implications[J]. Am J Bot, 2005, 92: 1006-1016.

[20] Barnett EC. Keys to the species groups of *Quercus*, *Lithocarpus*, and *Castanopsis* of eastern Asia, with notes on their distribution[J]. Trans Bot Soc Edinb, 1944, 34: 159-204.

[21] Camus A. Les Chênes. Monographie du genre *Quercus* (et *Lithocarpus*)[M]. Paris: Lechevalier, 1954: 6-8.

[22] Manos PS. Phylogenetic relationships and taxonomic status of the Paleoendemic Fagaceae of western north America: recognition of a new genus, *Notholithocarpus*[J]. Madrono, 2008, 55: 181-180.

[23] Cannon CH, et al. Phylogeography of the southeast Asian stone oaks (*Lithocarpus*)[J]. J Biogeogr, 2003, 30: 211-226.

[24] Deng M, et al. Taxonomy and systematics of *Quercus* subgenus *Cyclobalanopsis*[J]. Int Oaks, 2013, 24: 48-60.

[25] Zhou ZK, et al. Taxonomical and evolutionary implications of the leaf anatomy and architecture of *Quercus* L. subgenus *Quercus* from China[J]. Cathaya, 1995, 7: 1-34.

[26] Denk T, Grimm GW. Significance of pollen characteristics for infrageneric classification and phylogeny in *Quercus* (Fagaceae)[J]. Int J Plant Sci, 2009, 170: 926-940.

[27] Nixon KC, Crepet WL. *Trigonobalanus* (Fagaceae): taxonomic status and phylogenetic relationships[J]. Am J Bot, 1989, 76: 828-841.

[28] Chen G, et al. Karyomorphology of the endangered *Trigonobalanus doichangensis* (A. Camus) Forman (Fagaceae) and its taxonomic and biogeographical implications[J]. Bot J Linn Soc, 2007, 154: 321-330.

Myricaceae Blume (1817), *nom. cons.* 杨梅科

特征描述：芳香灌木或小乔木。根部常共生固氮根瘤菌。<u>单叶互生</u>，<u>羽状脉</u>，全缘或羽状深裂，多无托叶。<u>柔荑花序腋生</u>，有苞片；<u>花单性，多雌雄异株</u>，稀同株及两性花；花被无；雄花单生枝条腋部，有苞片包被；<u>雄蕊 2 至多数（常 4-8）</u>，<u>花丝短</u>，分离或基部合生；雌花多单生于苞片腋内，有时 2-4 枚聚生，具 2-4 苞片；雌蕊 2 心皮，1室，1 直生胚珠，柱头 2 裂，子房上位。<u>核果或小坚果</u>，<u>表面平滑或者有囊状凸起</u>，常被蜡质。种子 1，几无胚乳。花粉粒 3 孔，颗粒状纹饰。风媒传粉。

分布概况：3 属/50 种，分布于温带和亚热带；中国 1 属/4 种，产华东、湖南、广东、广西、贵州。

系统学评述：传统上杨梅科包括 3 属，即杨梅属 *Myrica*、香蕨木属 *Comptonia* 和高山杨梅属 *Canacomyrica*[1]，其中，杨梅属广布南北半球热带、亚热带和温带，而香蕨木属及高山杨梅属均为单种属，前者分布在东北美，后者分布于新喀里多尼亚。早期，杨梅科被置于柔荑花序类的金缕梅亚纲[2]，但分子系统学研究表明该科与壳斗科和胡桃科接近，被置于壳斗目 Fagales[APG III]。Herbert 等[3]基于 *rbc*L、ITS 和 *trn*L-F 序列分析表明杨梅科的 3 属为单系，最近亲缘是胡桃科 Juglandaceae。

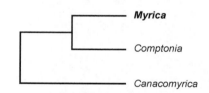

图 102　杨梅科分子系统框架图（参考陈楠[4]）

1. *Myrica* Linnaeus 杨梅属

Myrica Linnaeus (1753: 1024); Lu & Bornstein (1999: 275) (Lectotype: *M. gale* Linnaeus)

特征描述：<u>芳香乔木或灌木</u>。<u>单叶互生</u>，<u>常密集于小枝上端</u>，无托叶，叶片倒披针形或倒卵形或椭圆形，革质，全缘、有锯齿或分裂，<u>有时叶背面有腺点</u>。花单性或两性，柔荑花序或穗状花序。<u>雄蕊 2-8（-20）</u>，花丝短，分离或基部合生；<u>雌花具 2-4 枚小苞片</u>；<u>子房外表面具蜡质腺体或肉质乳头状凸起</u>。核果，<u>外果皮肉质或干燥</u>，内果皮坚硬，种子具膜质种皮。花粉粒 3 孔，颗粒状纹饰。染色体 *x*=8，2*n*=16，48，96。

分布概况：40/4（2）种，**8-4 型**；分布于南北半球温带至亚热带和热带地区；中国产长江以南至西南。

系统学评述：杨梅属下系统分类研究较少，Loureiro[5]曾提出将该属的部分种归为 1个新属，即 *Morella*，但未被分类学家接受，已作为杨梅属的异名[FOC]。最近，陈楠[4]

在研究杨梅 *M. rubra* (Loureiro) Siebold & Zuccarini 群体遗传学基础上，以高山杨梅属和香蕨木属为对照，基于 ITS 序列对杨梅属进行了研究，揭示其是单系类群，中国产的 4 种 1 变种中，毛杨梅 *M. esculenta* Wallich 是 1 个独立的种，而杨梅、云南杨梅 *M. nana* Chevalier 和青杨梅 *M. adenophora* Hance 及恒春青杨梅变种 *M. adenophora* var. *kusanoi* Hayata 构成 1 个复合群。

DNA 条形码研究： 从已研究的片段看，ITS 和 *rbc*L 可以作为 3 属间的鉴别，但是对杨梅属内种间的鉴别率仅在 50%[3,4]。BOLD 网站有该属 2 种 19 个条形码数据；GBOWS 网站已有 2 种 38 个条形码数据。

代表种及其用途： 杨梅特产东亚，其核果为著名亚热带水果，主要食用核果表面的囊状凸起。

主要参考文献

[1] Takhtajan AL. Outline of the classification of flowering plants (Magnoliophyta)[J]. Bot Rev, 1980, 46: 225-359.

[2] Cranquist A. An integrated system of classification of flowering plants[M]. New York: Columbia University Press, 1981.

[3] Herbert J, et al. Nuclear and plastid DNA sequences confirm the placement of the enigmatic *Canacomyrica monticola* in Myricaceae[J]. Taxon, 2006, 55: 349-357.

[4] 陈楠. 中国特产水果杨梅遗传多样性及栽培起源研究[D]. 杭州: 浙江大学硕士学位论文, 2014.

[5] Loureiro J. Flora Cochinchinensis[M]. Ulyssipone: Typis et Expensis Academicis, 1790.

Juglandaceae de Candolle ex Perleb (1818), *nom. cons.* 胡桃科

特征描述：落叶或半常绿乔木，<u>具树脂</u>，<u>有芳香</u>。<u>奇数或稀偶数羽状复叶</u>。<u>花雌雄同株或杂性同株</u>）；<u>雄花序常为柔荑状</u>，单生或数条成束；<u>雌花序穗状</u>，<u>顶生</u>，<u>或集束成下垂的柔荑花序</u>；心皮 2，合生，子房下位（*Rhoiptelea* 为上位，双珠被）。<u>果实为假核果或坚果状</u>；外果皮肉质、革质或膜质，成熟时不开裂、4-9 瓣开裂或不规则破裂；内果皮坚硬，骨质。花粉粒多为 3 孔，颗粒状纹饰。风媒。

分布概况：8 属/约 70 种，大多数分布于北半球热带到温带；中国 8 属/28 种 1 变种，主要分布于长江以南，少数种类分布到北部。

系统学评述：传统上胡桃科曾被不同学者放在芸香超目 Rutiflorae 或金缕梅亚纲 Hamamelidae，与马尾树科 Rhoipteleaceae、杨梅科 Myricaceae 等关系较近，在 APG 系统中被归入壳斗目 Fagales。对胡桃科下系统学关系也有不同的意见。Stone[1]和 FRPS 不再分亚科和族，但 Manning[2]把胡桃科分为化香树亚科 Platycaryoideae 和胡桃亚科 Juglandoideae，前者仅包含化香树亚科，其余属归入胡桃亚科。Manos 和 Stone[3]基于形态和分子序列研究也将胡桃科分为 2 亚科：黄杞亚科 Engelhardioideae 和胡桃亚科；前者包括黄杞属 *Engelhardia*、美黄杞属 *Oreomunea* 和果黄杞属 *Alfaroa*，其余属归入胡桃亚科。马尾树属 *Rhoiptelea* 由于其具托叶、双珠被、子房上位等形态特征区别于其他胡桃科类群，APG II 曾将其独立成科，但在 APG III 中又归并到了胡桃科作为 1 亚科。最新基于多个分子片段的研究[4]显示胡桃科分为 3 支。

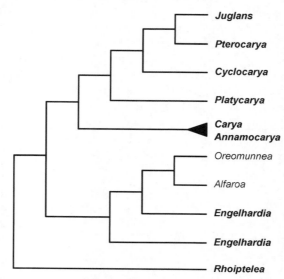

图 103　胡桃科分子系统框架图（参考 Zhang 等[4]）

分属检索表

1. 具托叶；子房上位；双珠被 ·· **8. 马尾树属 *Rhoiptelea***
1. 无托叶；子房下位；非双珠被
  2. 雄花序及两性花序常形成顶生而直立的伞房状花序束；果序球果状；果实小型，坚果状，两侧具
    狭翅；枝条髓部不成薄片状分隔而为实心 ···························· **6. 化香树属 *Platycarya***
  2. 雄花序下垂，雌花序直立或下垂；果序不呈球果状
    3. 花及雄花的苞片 3 裂；果实具由苞片形成的显著 3 裂的膜质果翅；常为偶数羽状复叶；枝条髓
      部不成薄片状分隔而成实心 ·································· **4. 黄杞属 *Engelhardia***
    3. 雌花及雄花的苞片不分裂；果翅不分裂或不具果翅
      4. 枝条髓部成薄片状分隔
        5. 果实核果状，无翅；外果皮肉质，干后成纤维质，通常成不规则的 4 瓣破裂··········
        ·· **5. 胡桃属 *Juglans***
        5. 果实坚果状，具革质的果翅
          6. 果实具由 1 水平向的圆形或近圆形的果翅所围绕；雄花序数条成一束，自叶痕腋内
            生出 ··· **3. 青钱柳属 *Cyclocarya***
          6. 果实具 2 展开的果翅；雄花序单生，自芽鳞腋内或叶痕腋内生出··················
            ·· **7. 枫杨属 *Pterocarya***
      4. 枝条髓部不成薄片状分隔而为实心
        7. 雄花序常 5-8 条成一束，生于花序总梗上；外果皮干后木质，常成不甚规则的 4-9 瓣裂开；
          小叶全缘 ····································· **1. 喙核桃属 *Annamocarya***
        7. 雄花序常 3 条成一束，生于花序总梗上；外果皮干后革质或木质，常成规则的 4 瓣裂开；
          小叶具锯齿 ·· **2. 山核桃属 *Carya***

1. *Annamocarya* A. Chevalier 喙核桃属

Annamocarya A. Chevalier (1941: 504); Lu et al. (1999: 283) (Type: *A. indochinensis* A. Chevalier)

    特征描述：落叶乔木。小枝髓部实心。奇数羽状复叶。雌雄同株；雄性柔荑花序下垂，常 5-8 条成一束；雌性穗状花序直立顶生，具少数雌花；雌花苞片及小苞片同形，愈合形成一个顶端具 6-9 尖裂的壶状总苞，并贴生于子房；子房下位。假核果，外果皮厚，干燥后木质，常成大小不等的 4-9 瓣裂开；果核基部不完全 4 室。花粉粒 3 孔，颗粒状纹饰。

    分布概况：1/1 种，**7-4 型**；分布于越南；中国产西南。

    系统学评述：喙核桃属与山核桃属关系密切，在分子系统树上常聚为 1 支[4]。基于形态学证据，仍暂保留该属。

    DNA 条形码研究：BOLD 网站有该属 1 种 3 个条形码数据；GBOWS 网站有 1 种 1 个条形码数据。

    代表种及其用途：喙核桃 *A. sinensis* (Dode) Leroy 的枝、叶和果实有药用价值。

2. *Carya* Nuttall 山核桃属

Carya Nuttall (1818: 220), *nom. cons.* ; Lu et al. (1999: 283) [Type: *C. tomentosa* (Poiret) Nuttall, *typ. cons.*

(≡*Juglans tomentosa* Poiret)]

特征描述： 落叶乔木。芽具芽鳞或裸芽；枝条髓部为实心。奇数羽状复叶。雌雄同株。雄性柔荑花序下垂，常 3 条成一束；雄花具苞片 1，小苞片 2，与苞片愈合贴生于花托，无花被片，雄蕊 3-10；雌性穗状花序顶生，直立，具少数雌花；雌花苞片 1，小苞片 3，与苞片愈合而形成一个 4 浅裂的壶状总苞，并贴生于子房，花后随子房增大；无花被片；子房下位，柱头盘状，2 浅裂。果序直立，果为假核果，外果皮干后革质或木质，常 4 瓣裂开；内果皮骨质，坚硬。染色体 2n=32，64。

分布概况： 约 15/4（3）种，**9** 型；主要分布于北美洲，亚洲东部；中国产东南和西南。

系统学评述： 传统上认为山核桃属是胡桃科中演化最高级的属，但对其系统关系认识存在分歧。Leroy[5]主张山核桃属和胡桃属放在 1 个族，而 Manning[2]认为两者关系较远。分子系统学研究支持喙核桃属并入山核桃属，山核桃属与黄杞族外的其他属，如化香树属、枫杨属、青钱柳属和胡桃属构成 1 支[3,4]。

DNA 条形码研究： Xiang 等报道了胡桃科 9 属 54 种的 DNA 条形码（ITS、*rbc*L、*mat*K 和 *trn*H-*psb*A）信息[6]，*mat*K 在属级水平有很好鉴别，ITS、*rbc*L、*mat*K 和 *trn*H-*psb*A 在属下种间的鉴别度都不高。BOLD 网站有该属 16 种 52 个条形码数据；GBOWS 网站已有 1 种 7 个条形码数据。

代表种及其用途： 山核桃 *C. cathayensis* Sargent 的果仁可食；油芬香可口；木材优质。

3. *Cyclocarya* Iljinskaja 青钱柳属

Cyclocarya Iljinskaja (1953: 115); Lu et al. (1999: 280) [Lectotype: *C. paliurus* (Batalin) Iljinskaja (≡*Pterocarya paliurus* Batalin)]

特征描述： 落叶乔木。芽具柄，裸出；小枝髓部片状分隔。奇数羽状复叶。雌雄同株。雌、雄花序均柔荑状；雄花序，3 条或稀 2-4 条成束下垂，雌花序单独顶生；雄花辐射对称，苞片小，花被片 4，大小相等；花托圆形，扁平；雄蕊 20-30；雌花几乎无梗或具短梗；苞片与 2 小苞片相愈合，花被片 4；子房下位，2 心皮位于正中线上，不完全 2 室。果实具短柄，为苞片及小苞片形成的水平向圆盘状翅所围绕，顶端具 4 枚宿存的花被片。染色体 2n=56。

分布概况： 1/1（1）种，**15** 型；分布于中国长江以南。

系统学评述： 青钱柳属曾作为枫杨属的 1 个组。由于其与枫杨属存在一些明显的区别性状，也曾被分立成属。分子系统学研究显示青钱柳属与胡桃属和枫杨属关系较近[3,4,6]。

DNA 条形码研究： BOLD 网站有该属 1 种 3 个条形码数据；GBOWS 网站已有 1 种 12 个条形码数据。

代表种及其用途： 青钱柳 *C. paliurus* (Batalin) Iljinskaja 的树皮可提制栲胶，木材可作家具和工业用材。

4. *Engelhardia* Leschenault ex Blume 黄杞属

Engelhardia Leschenault ex Blume (1825: 528); Lu et al. (1999: 280) (Lectotype: *E. spicata* Leschenault ex Blume)

特征描述：落叶或半常绿乔木。芽裸出；枝条髓部为实心。叶互生，偶数羽状复叶。雌雄同株稀异株。雌雄性花序柔荑状，长而具多数花，俯垂。雄花苞片 3 裂，花被片 4 或减退，雄蕊 3-15；雌花苞片 3 裂，基部贴生于子房下端，小苞片 2，花被片 4；子房下位，2 心皮合生，柱头 2 或 4。果序长而下垂，果实坚果状，外侧具 3 裂膜质果翅，果翅基部与果实下部愈合，中裂片长。染色体 2*n*=32。

分布概况：约 8/6（1）种，（**7ab**）型；分布于亚洲东部热带及亚热带地区；中国产华南和西南。

系统学评述：传统上，黄杞属与美洲产的果黄杞属和美黄杞属被放在胡桃亚科黄杞族中。基于多个分子序列分析显示，黄杞属、果黄杞属和美黄杞属构成 1 个分支，是其他胡桃科植物的姐妹群[4]。黄杞族内系统发育关系没有得到很好解决，该属的有些种类与果黄杞属和美黄杞属聚在一起；黄杞属的单系性需进一步研究[4]。

DNA 条形码研究：BOLD 网站有该属 3 种 8 个条形码数据；GBOWS 网站已有 3 种 26 个条形码数据。

代表种及其用途：一些种类的树皮和叶药用或提制栲胶，如黄杞 *E. roxburghiana* Wallich、云南黄杞 *E. spicata* Leschenault ex Blume。

5. *Juglans* Linnaeus 胡桃属

Juglans Linnaeus (1753: 997); Lu et al. (1999: 282) (Lectotype: *J. regia* Linnaeus)

特征描述：落叶乔木。小枝髓部薄片状分隔。叶互生，奇数羽状复叶。雌雄同株，雄性柔荑花序单生；雄花具苞片 1，小苞片 2，花被片 3，雄蕊 4-40；雌花序穗状，直立，顶生于当年生小枝，具多数至少数雌花；雌花无梗，苞片与 2 枚小苞片愈合成一壶状总苞并贴生于子房；花被片 4，下部联合并贴生于子房；子房下位，2 心皮，柱头 2，内面具柱头面。果为假核果，无翅，外果皮肉质完全成熟时常不规则裂开；果核不完全 2-4 室，内果皮（核壳）硬，骨质。染色体 2*n*=32。

分布概况：约 20/5（3）种，**8-5**（**9**）型；分布于两半球温带，热带区域；中国南北均产。

系统学评述：胡桃属是单系类群。传统上认为胡桃属是较进化的，与枫杨属关系密切，分子系统学研究支持这一观点[3,4,6]。

DNA 条形码研究：BOLD 网站有该属 15 种 50 个条形码数据；GBOWS 网站已有 1 种 16 个条形码数据。

代表种及其用途：核桃 *J. regia* Linnaeus 是著名的坚果类经济植物；其木材是很好的硬木材料。

6. *Platycarya* Siebold & Zuccarini 化香树属

Platycarya Siebold & Zuccarini (1843: 741); Lu et al. (1999: 277) (Type：*P. strobilacea* Siebold & Zuccarini)

特征描述：落叶小乔木。芽具芽鳞；小枝髓部实心。叶互生，奇数羽状复叶。雄花序及两性花序共同形成直立的伞房状花序束，中央顶端的为两性花序，两性花序下部为雌花序，上部为雄花序，两性花序下方为雄性穗状花序。雄花苞片不分裂，无小苞片及花被片，雄蕊 4-10；雌花具 2 小苞片，花被片轮状；子房 1 室，无花柱，柱头 2 裂。果序球果状，直立，有多数木质、有弹性、密集成覆瓦状排列的宿存苞片；果为小坚果状，背腹压扁状，两侧具狭翅。种子具膜质种皮。染色体 $2n=28$，30。

分布概况：2/2 种，**14SJ** 型；分布于朝鲜，日本；中国产黄河以南。

系统学评述：由于化香树属表现出许多原始性状，传统上认为是胡桃科系统发育上较为隔离的 1 支，被独立成化香树亚科，但分子系统学研究不支持这一观点。在分子系统树上化香树属与胡桃属、青钱柳属和枫杨属形成 1 支[3,4,6]。

DNA 条形码研究：BOLD 网站有该属 1 种 6 个条形码数据；GBOWS 网站已有 1 种 1 个条形码数据。

代表种及其用途：化香树的树皮、根皮、叶和果序是提制栲胶的原料；种子可榨油。

7. *Pterocarya* Kunth 枫杨属

Pterocarya Kunth (1824: 345); Lu et al. (1999: 280) (Type: *P. pterocarpa* Michaux)

特征描述：落叶乔木。小枝髓部片状分隔。叶奇数（稀偶数）羽状复叶。雌雄同株。柔荑花序单性；雄花序下垂，单生；雄花苞片 1，小苞片 2，4 枚花被片中仅 1-3 枚发育，雄蕊 9-15，花药无毛或具毛；雌花序单独生于小枝顶端，开花时俯垂，果时下垂；雌花苞片 1 及小苞片 2 各自离生，贴生于子房，花被片 4，贴生于子房，花柱短，柱头 2 裂，裂片羽状。果实为干坚果，基部具 1 宿存的鳞状苞片及 2 革质翅，顶端留有 4 枚宿存的花被片及花柱。染色体 $2n=32$。

分布概况：约 8/7（5）种，**11（14）**型；分布于高加索，日本，越南北部；中国产山东、云南东南部。

系统学评述：传统上认为枫杨属与胡桃属关系密切，也得到了分子系统学支持[3,4,6]。在多基因片段系统发育树上，枫杨属与青钱柳属构成姐妹群后与胡桃属聚为 1 支。

DNA 条形码研究：BOLD 网站有该属 7 种 14 个条形码数据；GBOWS 网站已有 5 种 35 个条形码数据。

代表种及其用途：有些种的树皮可提制栲胶、作纤维原料；果实作饲料或可酿酒；种子可榨油，如枫杨 *P. stenoptera* C. de Candolle。

8. *Rhoiptelea* Diels & Handel-Mazzetti 马尾树属

Rhoiptelea Diels & Handel-Mazzetti (1932: 77); Fu et al. (2003: 20) (Type: *R. chiliantha* Diels & Handel-Mazzetti)

特征描述：落叶乔木。叶互生，奇数羽状复叶，具托叶。花序由简单的细长分枝集合而成局部的柔状圆锥花序；花杂性同株，风媒，辐射对称；两性花及雌花 1-7，常 3，形成二歧团伞花序，中间为两性花，两侧为雌花；2 心皮合生，子房上位，双珠被。果实近圆形具翅小坚果。种子卵形。花粉粒 3 孔，颗粒状纹饰。染色体 2*n*=32。

分布概况：1/1 种，**7-4 型**；分布于越南北部；中国产贵州南部、广西、云南东南部。

系统学评述：传统上，依据该属的形态特征将其独立成科[7,FRPS,FOC]，在 APG II 中亦处理成独立科。然而，APG III 又将其并入胡桃科。

DNA 条形码研究：BOLD 网站有该属 1 种 2 个条形码数据；GBOWS 网站已有 1 种 16 个条形码数据。

代表种及其用途：马尾树 *R. chiliantha* Diels & Handel-Mazzetti 木材坚实，耐用，可作建筑、家具、器具等用材；叶及树皮富含单宁，可提取栲胶。

主要参考文献

[1] Stone DE. Juglandaceae[M]//Kubitzki K. The families and genera of vascular plants, II. Berlin: Springer, 1993: 348-359.

[2] Manning WE. The classification within the Juglandaceae[J]. Ann MO Bot Gard, 1978, 4: 1058-1087.

[3] Manos PS, Stone DE. Evolution, phylogeny, and systematics of the Juglandaceae[J]. Ann MO Bot Gard, 2001, 88: 231-269.

[4] Zhang JB, et al. Integrated fossil and molecular data reveal the biogeographic diversification of the eastern Asian-eastern North American disjunct hickory genus (*Carya* Nutt.)[J]. PLoS One, 2013, 8: e70449.

[5] Leroy JF. Étude sur les Juglandaceae. à la recherche d'uneconception morphologique de la fleur femelle et du fruit[J]. Mém Mus Natl His Nat Sér B Bot, 1955, 96: 1-246.

[6] Xiang XG. Molecular identification of species in Juglandaceae: a tiered method[J]. J Syst Evol, 2011, 49: 252-260.

[7] 张芝玉. 马尾树科的形态及分类系统位置的讨论[J]. 植物分类学报, 1981, 19: 168-177.

Casuarinaceae R. Brown (1814), *nom. cons.* 木麻黄科

特征描述：乔木或灌木。小枝轮生，具节。叶鳞片状，轮生成环状，下部连合为鞘。花单性，雌雄同株或异株；雄花序为顶生的穗状花序，雄花被片 1 或 2，雄蕊 1，花药 2 室，纵裂；雌花序为顶生的球形或椭圆状的头状花序，雌花生于 1 枚苞片和 2 枚小苞片腋间，无花被，雌蕊 2 心皮，子房上位，胚珠 2，侧膜着生。小坚果扁平，具膜质薄翅，纵列于球果状的果序上；种子单生，无胚乳，有 1 对大而扁平的子叶。风媒。染色体 x=8-10。

分布概况：4 属/96 种，主要分布于澳大利亚，东南亚和太平洋群岛；中国引种 1 属/3 种。

系统学评述：形态学研究认为木麻黄科位于金缕梅亚纲 Hamamelidae[1]。分子系统学研究表明木麻黄科与桦木科 Betulaceae、杨梅科 Myricaceae 和核果桦科 Ticodendraceae 聚为 1 支[2,3]。最初该科仅包含木麻黄属 *Casuarina*，之后根据形态学分析，将其分为 4 属，即 *Gymnostoma*、*Ceuthostoma*、*Casuarina* 和 *Allocasuarina*[4]，这也得到了分子证据的支持[5]。分子系统学研究显示，木麻黄科的 4 属均为单系，其中 *Gymnostoma* 是最早分化出来的类群，木麻黄属和 *Allocasuarina* 互为姐妹群。

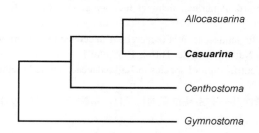

图 104 木麻黄科分子系统框架图（参考 Steane 等[5]）

1. *Casuarina* Linnaeus 木麻黄属

Casuarina Linnaeus (1759: 123); Xia et al. (1999: 106) (Type: *C. equisetifolia* Linnaeus)

特征描述：乔木。小枝轮生，具节。叶鳞片状，轮生成环状，下部连合为鞘。花单性；雄花组成顶生的穗状花序，每朵雄花由 1 雄蕊和 1-2 花被片组成，小苞片 2；雌花组成球形或椭圆状的头状花序，无花被，小苞片 2，子房上位，花柱短，胚珠 2，侧膜胎座。果序球果状，小坚果具膜质薄翅；种子无胚乳。花粉粒 3 孔，颗粒状纹饰。风媒。染色体 $2n$=18。

分布概况：18/3 种，**5 型**；产大洋洲，少数到亚洲东南部，马来西亚；中国华南和东南引种栽培。

系统学评述：根据 Steane 等[5]的研究表明，木麻黄属分为 2 分支（clade C1 和 C2）；

C1 包含澳大利亚特有的类群，而 C2 包含了澳大利亚以外的类群和广布类群；2 个分支内的种间关系没有得到解决。

DNA 条形码研究：BOLD 网站有该属 16 种 51 个条形码数据；GBOWS 网站已有 1 种 6 个条形码数据。

代表种及其用途：重要的海岸防风固沙植物，也可作行道树，如木麻黄 *C. equisetifolia* Linnaeus subsp. *equisetifolia*。

主要参考文献

[1] Johnson LAS, Wilson KL. Casuarinaceae[M]//Kubitzki K. The families and genera of vascular plants, II. Berlin: Springer, 1993: 237-242.

[2] Manos PS, et al. Phylogenetic analyses of "higher" Hamamelididae based on plastid sequence data[J]. Am J Bot, 1997, 84: 1407-1419.

[3] Qiu YL, et al. Phylogenetics of the Hamamelidae andtheir allies: parsimony analyses of nucleotide sequenes of the plastid gene *rbc*L[J]. Int J Plant Sci, 1998, 159: 891-905.

[4] Johnson LAS, et al.Casuarinaceae: asynopsis[M]//Crane PR, Blackmore S. Evolution, systematics and fossil history of the Hamamelidae. Oxford: Clarendon Press, 1989: 167-188.

[5] Steane DA, et al. Using *mat*K sequence data to unravel the phylogeny of Casuarinaceae[J]. Mol Phylogenet Evol, 2003, 28: 47-59.

Betulaceae Gray (1822), *nom. cons.* 桦木科

特征描述：落叶乔木或灌木。<u>单叶互生</u>，<u>叶缘具重锯齿或单齿</u>，<u>稀浅裂或全缘</u>，<u>叶脉羽状</u>。雌雄同株，<u>花单性</u>，风媒；<u>雄花序为下垂的柔荑花序</u>；雄花 1-3 朵成小花序聚生在初级苞片腋内，有花被或缺，雄蕊（1）2-20，花药 2 室；<u>雌花序球果状</u>、<u>穗状</u>、<u>总状或头状</u>，雌花 1-3（4，5）朵成小花序聚生在初级苞片腋内；子房 2 室，每室具 1 或 2 胚珠，花柱 2。<u>果为具翅或不具翅小坚果或坚果</u>。胚直立，无胚乳。花粉粒 3 孔，稀多孔。染色体 x=8，14。

分布概况：6 属/150-200 种，分布于亚洲，欧洲和北美洲温带，少数至南美洲；中国 6 属/89 种，南北均产。

系统学评述：桦木科的范围仍有争论，有广义和狭义之分，血清学和 DNA 序列证据支持广义桦木科概念，将榛科包括在内。早期的分类，如 Winkler[1]将 6 属归于 2 族，即榛族 Coryleae，包括榛属 *Corylus*、虎榛子属 *Ostryopsis*、鹅耳枥属 *Carpinus* 和铁木属 *Ostrya*；桦木族 Betuleae，包括桦木属 *Betula* 和桤木属 *Alnus*。Abbe[2]依据花器官的初级苞片、次级苞片、被片、子房和花丝等维管束痕迹的分布特征，将桦木科划分为 3 族：桦木族（包括桤木属和桦木属）、榛族（包括榛属和虎榛子属）和鹅耳枥族 Carpineae（包括鹅耳枥属和铁木属）。Chen 等利用 *rbc*L 和 ITS 分子片段对桦木科系统关系的研究支持 2 亚科（榛亚科 Coryloideae 和桦木亚科 Betuloideae）和 3 族的划分，但建议将虎榛子属从榛族分出，而与鹅耳枥属和铁木属组成鹅耳枥族[3]。

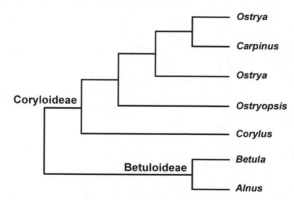

图 105　桦木科分子系统框架图（参考 Chen 和 Li[4]；Grimm 和 Renner[5]）

分属检索表

1. 雄花 2-6 朵生于每一苞鳞的腋间，有 4 枚膜质的花被；雌花无花被；果为具翅的小坚果，连同果苞排列为球果状或穗状
　2. 果苞木质，宿存，具 5 裂片，每 1 果苞内具 2 枚小坚果；果序呈球果状；雄蕊 4；花粉粒通常具 4-5 孔，外壁具明显的带状加厚 ·· **1. 桤木属 *Alnus***

2. 果苞革质，成熟后脱落，具 3 裂片，每 1 果苞内具 3 枚小坚果；果序呈穗状；雄蕊 2-3；花粉粒通常具 3 孔，外壁无明显带状加厚·······················**2. 桦木属 *Betula***

1. 雄花单生于每一苞鳞的腋间，无花被；雌花具花被；果为小坚果或坚果，连同果苞排列为总状或头状

  3. 果序为总状；花粉粒之孔显明突出，外壁较薄

    4. 果苞叶状，革质或纸质，扁平，3 裂或 2 裂，不完全包裹小坚果··········**3. 鹅耳枥属 *Carpinus***

    4. 果苞囊状，膜质，完全包裹小坚果·······················**5. 铁木属 *Ostrya***

  3. 果序簇生成头状；花粉粒之孔不显著突出，外壁较厚

    5. 果为坚果，大部或全部为果苞所包；果苞钟状或管状；雄蕊花药的药室分离，顶端具簇生毛·

    ·······················**4. 榛属 *Corylus***

    5. 果为小坚果，全部为果苞所包；果苞囊状；雄蕊花药的药室不分离，顶端无毛·······················

    ·······················**6. 虎榛子属 *Ostryopsis***

1. *Alnus* Miller 桤木属

Alnus Miller (1754: 429); Li & Skvortsov (1999: 286) [Lectotype: *A. glutinosa* (Linnaeus) J. Gaertner (≡*Betula alnus* var. *glutinosa* Linnaeus)]

特征描述：落叶乔木或灌木；芽有柄，裸露或具芽鳞 2-3 枚。单叶，互生，全缘、浅裂或具锯齿。雄花序下垂、圆柱状，雄花 3 朵生于初级苞片内，花被 4，雄蕊多为 4，花药 2 片合生，4 个花粉囊；雌花序单生、聚成总状或圆锥状；每个初级苞片内具 2-3 (-5) 朵雌花；雌花无花被，子房 2 室；柱头 2。果序球果状；果苞木质，鳞片状，宿存，顶端具 5 枚浅裂片，具翅小坚果 2-3。花粉粒 4-5 孔，外壁明显带状加厚。染色体 $2n=28$, 56，112。

分布概况：26/10（8）种，**8-4 型**；分布于北温带和南美安第斯山；中国南北均产。

系统学评述：传统分类将桤木属与桦木属放在桦木亚科。分子证据支持桤木属在桦木亚科的系统位置[3]。桤木属有着悠久的分类学研究历史，将其细分为 3 属，或将桤木属分为 4 组。Navarro 等利用 ITS 分子序列对桤木属 19 种的研究支持桤木属的单系性，且将该属分为 2 亚属，即 *Alnus* subgen. *Alnaster* 和 *A. Gymnothrsus*[6]。Chen 和 Li 增加取样后的研究支持将桤木属分为 3 亚属，即 *A.* subgen. *Alnobetula*、*A.* subgen. *Clethropsis* 和 *A.* subgen. *Alnus*[4]。

DNA 条形码研究：BOLD 网站有该属 38 种 209 个条形码数据；GBOWS 网站已有 13 种 131 个条形码数据。ITS 和 *trn*H-*psb*A 联合片段为该属物种鉴别的最佳分子标记组合[7]。

代表种及其用途：该属树种木材质软，可供一般建筑、制作家具及器具用材。桤木 *A. cremastogyne* Burkill 在华中，台湾桤木 *A. formosana* (Burkill) Makino 在日本和中国台湾是优良的造林树种；大多数种类的根部与放线菌形成根瘤，能固定空气中的游离氮素，对增加土壤肥力、改良土质有较好的效果。

2. *Betula* Linnaeus 桦木属

Betula Linnaeus (1753: 982); Li & Skvortsov (1999: 286) (Lectotype: *B. alba* Linnaeus)

特征描述：落叶乔木或灌木。树皮具多种颜色，光滑、薄层状剥裂或块状剥裂。芽

无柄，具多数芽鳞，<u>叶边缘具重锯齿或单锯齿</u>，叶脉羽状。花单性，雌雄同株。雄花序下垂、柔荑状，每初级苞片内具 1-3 朵雄花；花被膜质，<u>雄蕊 2-3</u>，花丝顶端分叉，花药 2 片合生。雌花序直立或下垂，每初级苞片内有 1-3（4）朵雌花，花被缺，子房 2 室，花柱 2 枚分离。<u>果苞革质、脱落，具 3 裂片</u>，<u>具膜质翅的小坚果 1-3</u>。种子单生。<u>花粉粒 3 孔</u>，颗粒状纹饰。

分布概况：50-60/32（14）种，**8** 型；分布于北温带，少数至北极；中国南北均产。

系统学评述：分子证据均支持桦木属的单系性及其在桦木亚科的系统位置[3,5]。由于进化历史上杂交、渐渗和多倍化事件的频繁发生，桦木属的属下分类较为混乱。传统分类通过对其历次修订，将其分成几个亚属，或分成几个组。Järvinen 等[8]利用叶绿体 *mat*K 和核基因 ADH 的研究发现，桦木属内发生过几次独立的多倍化和基因渐渗事件；Li 等[9]基于低拷贝核基因 *Nia* 对桦木属的研究支持 *Betula* subgen. *Betulaster* 和 *B*. subgen. *Betula* 的单系性，而 *B*. subgen. *Chamaebetula* 和 *B*. subgen. *Neurobetula* 的单系性没有得到支持。

DNA 条形码研究：BOLD 网站有该属 34 种 191 个条形码数据；GBOWS 网站已有 7 种 52 个条形码数据。

代表种及其用途：白桦 *B. platyphylla* Sukaczev 为欧亚温带落叶阔叶林中的常见树种；木材中等硬，纹理密致，可为木箱、家具、胶合板等原料，又供薪炭用；树皮内所含的油名桦皮油，可染革以增加香气。

3. *Carpinus* Linnaeus 鹅耳枥属

Carpinus Linnaeus (1737: 292); Li & Skvortsov (1999: 286) (Lectotype: *C. betulus* Linnaeus)

特征描述：乔木或小乔木，稀灌木。芽顶端锐尖，具多数芽鳞。<u>叶边缘具重锯齿或单齿</u>，叶脉羽状。花单性，雌雄同株。<u>雄花序下垂、柔荑状</u>，每初级苞片内具 1-3 朵雄花；雄花无花被，花丝短，顶端分叉，花药 2 片分离，顶端有簇毛。<u>雌花序单生、穗状、直立或下垂</u>；每初级苞片内具 2 朵雌花，具花被，<u>子房下位，不完全 2 室，每室具 2 倒生胚珠，花柱 2</u>。果苞叶状，<u>3 裂或 2 裂</u>。种子 1。花粉粒 3-4 孔，极少为 2 或 5 孔。

分布概况：50/33（27）种，**8** 型；分布于北温带及北亚热带地区；中国南北均产。

系统学评述：Yoo 和 Wen[10]及 Grimm 和 Renner[5]的研究支持鹅耳枥属为单系，且镶嵌在铁木属中；Li[11]采用低拷贝核基因 *Nia* 的研究支持该属为并系。

DNA 条形码研究：BOLD 网站有该属 26 种 150 个条形码数据；GBOWS 网站已有 12 种 83 个条形码数据。

代表种及其用途：乔木树种，如鹅耳枥 *C. turczaninowii* Hance 等，木材坚硬，纹理致密，但易脆裂，可制作农具、家具及作一般板材；种子含油，可制皂及作滑润油。

4. *Corylus* Linnaeus 榛属

Corylus Linnaeus (1753: 998); Li & Skvortsov (1999: 286) (Lectotype: *C. avellana* Linnaeus)

特征描述：落叶灌木或小乔木，稀乔木。芽具芽鳞。叶边缘具重锯齿或浅裂；叶脉羽状。花单性，雌雄同株；雄花序下垂，柔荑状，每初级苞片内具 1-3 朵雄花，雄花无花被，花丝短，花药 2 片分离，顶端被毛；雌花序头状，每初级苞片内具 2 枚雌花，雌花具花被，子房下位，2 室，每室具 1 倒生胚珠，花柱 2，柱头钻状。果苞钟状或管状，或果苞的裂片硬化成针刺状；坚果球形，大部或全部为果苞包被；种子 1。花粉粒 3 孔，颗粒状纹饰。

分布概况：20/7（4）种，**8** 型；分布于亚洲，欧洲及北美洲；中国产东北、华北、西北及西南。

系统学评述：Yoo 和 Wen[10,12]利用 *mat*K、*trn*H-*psb*A、*trn*L-F 及 ITS 对榛属进行了系统学研究，支持该属的单系性及其与虎榛子属+铁木属+鹅耳枥属的姐妹群关系。

DNA 条形码研究：BOLD 网站有该属 18 种 147 个条形码数据；GBOWS 网站已有 6 种 48 个条形码数据。

代表种及其用途：该属植物的种子含油丰富，可用作油料，如榛 *C. heterophylla* Fischer ex Trautvetter；坚果为北方常见的干果之一，供食用。乔木树种木质坚硬，供建筑及家具制作之用。

5. *Ostrya* Scopoli 铁木属

Ostrya Scopoli (1760: 414), *nom. cons.* ; Li & Skvortsov (1999: 286) (Type: *O. carpinifolia* Scopoli)

特征描述：落叶乔木或小乔木。芽具多数芽鳞。叶边缘具不规则重锯齿，叶脉羽状。花单性，雌雄同株；雄花序柔荑花序状，着生于上一年生枝条的顶端；每初级苞内具 1-3 朵雄花，花被无，花丝顶端分叉，花药 2 片分离，顶端具毛；雌花序总状，直立，每总苞内有 2 朵雌花，具花被，子房 2，每室具 2 倒生胚珠，花柱 2。果序穗状，果苞囊状、封闭，膜质，具网纹，被毛；小坚果卵圆形，稍扁，具数肋。种子 1。花粉粒多 3 孔，颗粒状纹饰。

分布概况：8/5（4）种，**8**（9）型；分布于亚洲东部，欧洲，北美洲及中美洲；中国产西部、华中至华北。

系统学评述：Yoo 和 Wen[10]利用 *mat*K、*trn*L-F、*trn*H-*psb*A 及 ITS 的分子片段研究支持铁木属为并系，得到 Grimm 和 Renner 的支持[5]；Li[11]用低拷贝核基因 *Nia* 序列分析支持铁木属为单系。

DNA 条形码研究：BOLD 网站有该属 6 种 55 个条形码数据；GBOWS 网站已有 1 种 3 个条形码数据。

代表种及其用途：该属木材材质致密，有光泽，柔韧适度，可制作器具，如铁木 *O. japonica* Sargent。

6. *Ostryopsis* Decne 虎榛子属

Ostryopsis Decne (1873: 155); Li & Skvortsov (1999: 286) (Type: *O. davidiana* Decne)

特征描述：灌木。芽具多数芽鳞。叶脉羽状，叶缘具不规则的重锯齿或浅裂。花单性，雌雄同株。雄花序呈柔荑花序状顶生或侧生；每初级苞片内具 1-3 朵雄花；雄花无花被，花丝短，顶端分叉，花药 2 片分离，顶端具毛。雌花序排成总状，每初级苞片内具 2 朵雌花，有花被膜质，与子房贴生，子房 2 室，每室具 1 倒生胚珠，花柱 2。果苞厚纸质，囊状，顶端 3 裂。小坚果宽卵圆形，稍扁，完全为果苞所包，外果皮木质。种子 1。花粉粒 3 孔，颗粒状纹饰。

分布概况：2/2（2）种，15 型；分布于中国华北、西北和西南。

系统学评述：虎榛子属是个单系。分子证据均支持该属在榛亚科的位置，且高度支持其与鹅耳枥属和铁木属的姐妹群关系[4,5,11,13]。

DNA 条形码研究：BOLD 网站有该属 3 种 52 个条形码数据；GBOWS 网站已有 3 种 80 个条形码数据。

代表种及其用途：该属植物种子含油，可供食用或制皂用，如虎榛子 *O. davidiana* Decaisne。常在荒坡聚生成丛，枝叶密集，根系盘结，有保持水土之效。

主要参考文献

[1] Winkler H. Betulaceae[M]//Engler A. Das pflanzenreich. Lepzig: W. Engelman, 1904: 1-149.
[2] Abbe EC. Flowers and inflorescences of the "Amentiferae"[J]. Bot Rev, 1974, 40: 159-261.
[3] Chen ZD, et al. Phylogeny and evolution of the Betulaceae as inferred from DNA sequences, morphology and palaeobotany[J]. Am J Bot, 1999, 86: 1168-1181.
[4] Chen ZD, Li JH. Phylogenetics and biogeography of *Alnus* (Betulaceae) inferred from sequences of nuclear ribosomal DNA its region[J]. Int J Plant Sci, 2004, 165: 325-335.
[5] Grimm GW, Renner SS. Harvesting Betulaceae sequences from GenBank togenerate a new chronogram for the family[J]. Bot J Linn Soc, 2013, 172: 465-477.
[6] Navarro E, et al. Molecular phylogeny of *Alnus* (Betulaceae), inferred from ribosomal DNA ITS sequences[J]. Plant Soil, 2003, 254: 207-217.
[7] Ren BQ, et al. Species identification of *Alnus* (Betulaceae) using nrDNA and cpDNA genetic markers[J]. Mol Ecol Resour, 2010, 10: 594-605.
[8] Järvinen P, et al. Phylogeneticrelationships of *Betula* species (Betulaceae) based on nuclear ADH and chloroplast *matK* sequences[J]. Am J Bot, 2004, 91: 1834-1845.
[9] Li JH, et al. Phylogenetic relationships ofdiploid species of *Betula* (Betulaceae) inferred from DNA-sequences of nuclear nitrate reductase[J]. Syst Bot, 2007, 32: 357-365.
[10] Yoo KO, Wen J. Phylogeny of *Carpinus* and subfamily Coryloideae (Betulaceae) based on chloroplast and nuclear ribosomal sequence data[J]. Plant Syst Evol, 2007, 267: 25-35.
[11] Li JH. Sequences of low-copy nuclear gene support the monophyly of *Ostrya* and paraphyly of *Carpinus* (Betulaceae)[J]. J Syst Evol, 2008, 46: 333-340.
[12] Yoo KO, Wen J. Phylogeny and biogeography of *Carpinus* and subfamily Coryloideae (Betulaceae)[J]. Int J Plant Sci, 2002, 163: 641-650.
[13] Li RQ, et al. Phylogenetic relationships in Fagales based on DNA sequences from three genomes[J]. Int J Plant Sci, 2004, 165: 311-324.

Coriariaceae de Candolle (1824), *nom. cons.* 马桑科

特征描述：灌木或亚灌木状草本。小枝具棱角。单叶，对生或轮生，无托叶。花单生或排列成顶生或腋生的总状花序，两性或单性，辐射对称；萼片 5，覆瓦状排列；花瓣 5，比萼片小，里面龙骨状，肉质，花后增大而包于果外；雄蕊 10，离生或与花瓣对生的雄蕊贴生于龙骨状凸起上；花药大，伸出，2 室，纵裂；心皮 5-10，分离；子房上位，每心皮有 1 个自室顶下垂的倒生胚珠，花柱顶生，柱头外弯。核果状瘦果，成熟后萼片转肉质多汁，红色至黑色。种子无胚乳，胚直立。花粉粒 3 孔，内孔圆形，颗粒状纹饰。染色体 2*n*=10，15。

分布概况：1 属/5 种，环太平洋分布，主产中国，日本，中南美洲，新西兰及地中海；中国 1 属/3 种，产西南、西北及华南。

系统学评述：传统上该科的系统位置存在争议，Cronquist[1]将马桑科置于毛茛目 Ranunculales，而 Takhtajan[2]将其独立为 1 个单型的马桑目 Coriariales。分子系统学研究表明马桑科隶属于葫芦目 Cucurbitales，与毛利果科 Corynocarpaceae 构成姐妹群[3]。

1. *Coriaria* Linnaeus 马桑属

Coriaria Linnaeus (1753: 1037); Ming et al. (2008: 333) (Lectotype: *C. myrtifolia* Linnaeus)

特征描述：同科描述。

分布概况：15/3 种，**8-6** 型；环太平洋分布；中国产西南、西北及华南。

系统学评述：马桑属为单系类群，其系统位置孤立。Yokoyama 等[4]基于 *rbc*L 和 *mat*K 序列对马桑属进行了系统发育分析，发现该属形成 2 个主要分支，欧亚分支位于基部，其他种构成另一分支，其中智利-巴布亚新几内亚-新西兰-太平洋岛屿的成员与中美洲和南美北部的成员形成姐妹群；2 个分支的分化时间为 5900 万-6300 万年前，不支持该属间断分布通过大陆漂移形成的假说[4]。

DNA 条形码研究：BOLD 网站有该属 12 种 40 个条形码数据；GBOWS 网站已有 3 种 39 个条形码数据。

代表种及其用途：一些种类的根瘤有固氮作用，可以改良土壤，如马桑 *C. nepalensis* Wallich。

主要参考文献

[1] Cronquist A. An intergrated system of classification of flowering plants[M]. New York: Columbia University Press, 1981.

[2] Takhtajan A. Diversity and classification of flowering plants[M]. New York: Columbia University Press,

1997.

[3] Zhang LB, et al. Phylogeny of the Cucurbitales based on DNA sequences of nine loci from three genomes: implications for morphological and sexual system evolution[J]. Mol Phylogenet Evol, 2006, 39: 305-322.

[4] Yokoyama J, et al. Molecular phylogeny of *Coriaria*, with special emphasis on the disjunct distribution[J]. Mol Phylogenet Evol, 2000, 14: 11-19.

Cucurbitaceae Jussieu (1789), *nom. cons.* 葫芦科

特征描述：攀援或匍匐草本，稀灌木。具卷须或稀无，卷须侧生叶柄基部，单1，或2至多歧。叶互生，常单叶，常掌状分裂。花单性（稀两性），雌雄同株或异株；萼片常5；花瓣常5；雄蕊5或3，花丝分离或合生成柱状；子房下位或稀半下位，常3心皮，具侧膜胎座。果实大型至小型，常为肉质浆果状或果皮木质，不开裂或成熟后盖裂或3瓣纵裂。种子多数、扁平，种皮几层，最外层有时肉质。花粉粒3至多（孔）沟，条纹状或网状纹饰。染色体 *n*=7-24。

分布概况：95属/960种，主要分布于热带和亚热带，少数至温带；中国30属/147种，主产西南和华南，少数至华北。

系统学评述：基于形态学葫芦科分为2亚科11族14亚族128属[1]。最近的分子系统学研究表明翅子瓜亚科 Zanonioideae 不是单系，Jeffrey 系统中几乎所有的亚族都不是单系，30余属是多系或并系类群[2-4]。因此，Schaefer 和 Renner[4]根据分子系统学研究对该科进行了全面的修订，仅接受单系属，故30余属被并入其他属；不再采用亚科和亚族等级来划分葫芦科，该科被分成15族，即锥形果族 Gomphogyneae、Triceratieae、翅子瓜族 Zanonieae、盒子草族 Actinostemmeae、藏瓜族 Indofevilleeae、赤瓟族 Thladiantheae、罗汉果族 Siraitieae、苦瓜族 Momordiceae、Joliffieae、Bryonieae、裂瓜族 Schizopeponeae、刺瓜藤族 Sicyoeae、Coniandreae、冬瓜族 Benincaseae 和南瓜族 Cucurbiteae。

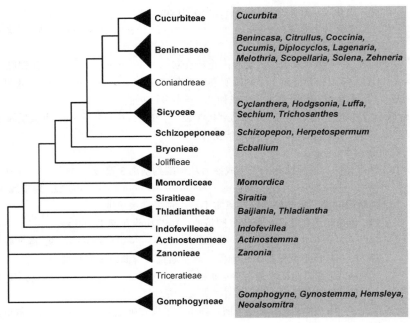

图 106　葫芦科分子系统框架图（参考 Schaefer 和 Renner[4]）

分属检索表

1. 花瓣流苏状
  2. 胚珠和种子多数，水平生；萼筒长度小于 7cm ·············· **28. 栝楼属** *Trichosanthes*
  2. 胚珠 12，种子 6 枚，每枚种子旁边有 1 枚不育种子；萼筒长度为 7-10cm ·············
  ·· **15. 油渣果属** *Hodgsonia*
1. 花瓣全缘
  3. 雄蕊 5，花药卵圆形，直立
    4. 掌状复叶，稀单叶
      5. 小叶近全缘，基部具 2 腺体；种子顶端具膜质翅 ·············· **21. 棒锤瓜属** *Neoalsomitra*
      5. 小叶有锯齿，基部无腺体；种子无翅或周围具膜质翅
        6. 果实不开裂，种子水平生 ·············· **27. 赤瓟属** *Thladiantha*
        6. 果实顶端 3 瓣裂，稀不开裂；种子下垂生
          7. 花瓣裂片长于 5mm；果实圆筒状椭圆形、圆锥形或球形，种子多于 6 枚·············
          ···························· **13. 雪胆属** *Hemsleya*
          7. 花瓣裂片短于 3mm；果实陀螺形或球形，1-3（5）枚种子
            8. 雌雄同株；果实陀螺形或近三棱状钟形，顶端 3 瓣裂 ·········· **11. 锥形果属** *Gomphogyne*
            8. 雌雄异株；果实球形或钟形，不裂或沿腹缝开裂 ·········· **12. 绞股蓝属** *Gynostemma*
    4. 单叶
      9. 花冠裂片短于 10mm；果实开裂，盖裂或 3 瓣裂
        10. 叶片全缘；果实 6-10cm，顶端截平，3 瓣裂；种子周围被膜质翅 ·············
        ···························· **29. 翅子瓜属** *Zanonia*
        10. 叶片分裂；果实 1-3.5cm，盖裂；种子无翅或顶端具膜质翅···· **1. 盒子草属** *Actinostemma*
      9. 花冠裂片约 2cm，或短于 2cm 时，花萼长于花冠；果实浆果状，不开裂；种子无翅
        11. 花萼长于花冠；花药肾形；果实长于 10cm ·········· **16. 藏瓜属** *Indofevillea*
        11. 花冠长于花萼；花药卵圆形；果实小于 10cm
          12. 全株被黑色腺鳞 ·········· **25. 罗汉果属** *Siraitia*
          12. 全株不被腺鳞
            13. 卷须在分叉点之上旋卷；花药直立 ·········· **27. 赤瓟属** *Thladiantha*
            13. 卷须在分叉点上下同时旋卷；花药弓曲 ·········· **2. 白兼果属** *Baijiania*
  3. 雄蕊 3 或 1，当雄蕊为 1 时药室水平生或稀 5，药室多回折曲
    14. 雄蕊联合成柱状，花药环状；叶片鸟足状深裂 ·········· **8. 小雀瓜属** *Cyclanthera*
    14. 雄蕊 3，或稀 5，药室折曲；非鸟足状复叶
      15. 花直径小于 10mm
        16. 雌雄异株，稀两性花；果实成熟后从顶端到基部 3 瓣裂；种子 1-3，下垂生·············
        ···························· **22. 裂瓜属** *Schizopepon*
        16. 常雌雄同株，稀雌雄异株；果实不裂；种子常水平生
          17. 雄花无退化雌蕊；药室多回折曲；雄花和雌花簇生于叶腋·············
          ···························· **9. 毒瓜属** *Diplocyclos*
          17. 雄花具球形或锥形退化雌蕊；药室通直、弯曲或多回折曲
            18. 药室弧曲或"之"字形折曲 ·········· **26. 茅瓜属** *Solena*
            18. 药室通直
              19. 雄花无柄或几无柄，簇生；子房有硬毛·········· **6. 黄瓜属** *Cucumis*
              19. 雄花具柄，聚伞花序、总状花序或伞形花序；子房光滑或具绒毛

20. 花丝与花药等长或长于花药，约 1mm 或大于 1mm
  21. 花冠黄色；花丝和退化雄蕊除基部外无毛；种子两面具细凹穴 ··· **23. 云南马㼎儿属 *Scopellaria***
  21. 花冠白色或淡黄色；花丝和退化雄蕊有毛；种子光滑 ··· **30. 马㼎儿属 *Zehneria***
20. 花丝比花药短，0.5-1mm
  22. 药隔不伸出；柱头光滑，2 裂；果实成熟后黑色·········· **19. 美洲马㼎儿属 *Melothria***
  22. 药隔稍伸出；柱头具小凸起，膨大；果实成熟后白色或红色 ··· **30. 马㼎儿属 *Zehneria***
15. 花直径大于 10mm
  23. 药室通直或 3 回折曲，花萼筒窄漏斗状 ········· **14. 波棱瓜属 *Herpetospermum***
  23. 药室多回折曲，花萼筒非窄漏斗状
    24. 无卷须············· **10. 喷瓜属 *Ecballium***
    24. 具卷须
      25. 花冠钟状
        26. 叶片具刚毛，基部无腺体；花冠黄色；果实大········ **7. 南瓜属 *Cucurbita***
        26. 叶片无毛，基部有腺体；花白色；果实约 5cm ······ **5. 红瓜属 *Coccinia***
      25. 花冠辐状或稀钟状，花冠裂片几分离
        27. 雄花花萼筒伸长，管状或漏斗状
          28. 花冠白色；叶柄顶端具两腺体 ······ **17. 葫芦属 *Lagenaria***
          28. 花冠黄色；叶片基部无腺体
            29. 花冠辐状；叶片小于 10cm ······ **28. 栝楼属 *Trichosanthes***
            29. 花冠钟状或近辐状；叶片大于 10cm ······ **14. 波棱瓜属 *Herpetospermum***
        27. 花冠辐状
          30. 花梗上具叶状苞片；果实常具凸起，成熟后常 3 裂 ······ **20. 苦瓜属 *Momordica***
          30. 花梗无苞片；果实非上所述
            31. 雄花序总状或近伞形
              32. 一年生草本；种子多数 ······ **18. 丝瓜属 *Luffa***
              32. 多年生攀援草本；种子 1 ······ **24. 佛手瓜属 *Sechium***
            31. 单花或簇生
              33. 叶状花萼裂片，具齿，反折 ······ **3. 冬瓜属 *Benincasa***
              33. 花萼裂片锥形，全缘，不反折
                34. 卷须 2 或 3 分歧；药隔不伸出 ······ **4. 西瓜属 *Citrullus***
                34. 卷须单一；药隔伸出 ······ **6. 黄瓜属 *Cucumis***

1. *Actinostemma* Griffith 盒子草属

Actinostemma Griffith (1845: 24); Lu & Jeffrey (2011: 18); Schaefer & Renner (2011: 122) (Type: *A. tenerum* Griffith).——*Bolbostemma* Franquet (1930: 325)

特征描述：攀援草本。单叶，全缘或 3-5 裂。花单性，稀两性；雌雄同株或异株；

雄花序总状或圆锥状；花萼裂片线状披针形；花冠裂片披针形，尾状渐尖；雄蕊 5（-6），离生，花丝短，花药 1 室；雌花单生，簇生或生于圆锥花序，花萼、花冠同雄花，子房常具疣状凸起，1 或 3 室，花柱短，柱头 3。果实卵状或圆柱形，有刺或无刺，盖裂，顶盖圆锥状，具 2（-6）种子；种子（近）卵形，表面雕纹状，顶端有膜质翅或无翅。花粉粒 3 孔沟，条纹状纹饰。染色体 $n=8$。

分布概况：3/3（2）种，**14** 型；分布于东亚和东南亚；中国南北均产。

系统学评述：盒子草属是单系类群。盒子草属仅包括 1 种，即盒子草 *A. tenerum* Griffith。Schaefer 和 Renner[4]根据分子系统学研究结合形态学证据将假贝母属 *Bolbostemma* 并入其中。

DNA 条形码研究：BOLD 网站有该属 1 种 4 个条形码数据；GBOWS 网站已有 2 种 20 个条形码数据。

代表种及其用途：盒子草种子及全草药用，有利尿消肿、清热解毒、祛湿之效；种子含油，可制肥皂，油饼可作肥料及猪饲料。

2. *Baijiania* A. M. Lu & J. Q. Li 白兼果属

Baijiania A. M. Lu & J. Q. Li (1993: 31); de Wilde & Duyfjes (2003: 279) [Type: *B. borneensis* (Merrill) A. M. Lu & J. Q. Li (≡*Thladiantha borneensis* Merrill)].——*Sinobaijiania* C. Jeffrey & W. J. de Wilde (2006: 494)

特征描述：多年生攀援草本。根块状。叶卵圆状心形或三角状心形，全缘或 2-3 裂。雄花总状花序，具苞片；花萼 5，花冠椭圆形或卵圆形，雄蕊 5，花药弯曲；雌花 1-3，胚珠多数，水平着生。果实近球形或圆柱形；种子顶端平截或钝，无翅。花粉粒 3 孔沟，网状纹饰。染色体 $n=16$。

分布概况：4/3（2）种，**7-1** 型；分布于老挝，泰国；中国产广东、西藏东南部、云南、台湾。

系统学评述：Schaefer 和 Renner[4]选取该属 3 种构建的分子系统发育关系，强烈支持该属是 1 个单系，并强烈地支持赤爬属是其最近的姐妹群。李建强[5]将罗汉果属中的无鳞罗汉果亚属 subgen. *Microlagenaria* 提升为属级并命名为白兼果属。de Wilde 和 Duyfjes[6]认为分布在加里曼丹岛的白兼果 *B. borneensis* (Merrill) A. M. Lu & J. Q. Li 与分布在中国的白兼果不是同一个种，提出分布在中国白兼果属植物应为 1 新属并命名为 *Sinobaijiania*[7]，FOC 也沿用这一处理。然而，Schaefer 和 Renner[4]根据最新的分子研究支持李建强的处理。

DNA 条形码研究：BOLD 网站有该属 2 种 4 个条形码数据。

3. *Benincasa* Savi 冬瓜属

Benincasa Savi (1818: 158); Lu & Jeffrey (2011: 54); Schaefer & Renner (2011: 122) (Type: *B. cerifera* Savi)

特征描述：一年生蔓生草本，全株密被硬毛。叶掌状 5 浅裂。常雌雄同株；雄花花萼筒宽钟状，裂片 5，近叶状；花冠辐状，常 5 裂；雄蕊 3，离生，药室多回折曲，退化子房腺体状；雌花花萼和花冠同雄花；退化雄蕊 3；子房卵珠状，具 3 胎座，胚珠多数；水平生，花柱插生在盘上，柱头 3，2 裂。果实大型，长圆柱状或近球状，具糙硬毛及白霜，不开裂，种子多数。花粉粒 3 孔沟，网状纹饰。染色体 $x=12$。

分布概况：2/1 种，**5** 型；原产新喀里多尼亚，新爱尔兰，新几内亚，热带澳大利亚，现热带、亚热带地区均有栽培；中国各地均有栽培。

系统学评述：该属原是单种属，Schaefer 和 Renner[4]基于分子系统学与形态学证据将 *Praecitrullus fistulosus* (Stocks) Pangalo 并入该属。该属被置于冬瓜族。

DNA 条形码研究：BOLD 网站有该属 1 种 4 个条形码数据；GBOWS 网站已有 1 种 4 个条形码数据。

代表种及其用途：冬瓜 *B. hispida* (Thunberg) Cogniaux 的果实除作蔬菜外，也可浸渍为各种糖果；果皮和种子药用，有消炎、利尿、消肿的功效。

4. *Citrullus* Schrader 西瓜属

Citrullus Schrader (1836: 279), *nom. cons.*；Lu & Jeffrey (2011: 53) [Type: *C. vulgaris* Schrader, *typ. cons.* (≡*Cucurbita citrullus* Linnaeus)]

特征描述：蔓生草本。单叶 3-5 深裂，裂片又羽状或二回羽状浅裂或深裂。雌雄同株；雄花：花萼裂片 5；花冠辐状或宽钟状，深 5 裂，雄蕊 3，花丝短，离生，药室线形，折曲，药隔膨大，不伸出；退化雌蕊腺体状；雌花：花萼和花冠同雄花；退化雄蕊 3；子房卵球形，胎座 3，胚珠多数，水平着生，花柱短，柱状，柱头 3。果实大，球形至椭圆形，肉质，不开裂；种子多数，长圆形或卵形，压扁，平滑。花粉粒 3 孔沟，不规则网状纹饰。染色体 $n=11$。

分布概况：4/1 种，（**6**）型；分布于地中海东部，非洲热带，亚洲西部；中国引种 1 种，各地有栽培。

系统学评述：该属是单系类群，是冬瓜族的一员[4]。

DNA 条形码研究：BOLD 网站有该属 7 种 31 个条形码数据；GBOWS 网站已有 1 种 8 个条形码数据。

代表种及其用途：西瓜 *C. lanatus* (Thunberg) Matsumura & Nakai 的果实为夏季之水果，果肉味甜，能降温去暑；种子含油，可作消遣食品；果皮药用，有清热、利尿、降血压之效。

5. *Coccinia* R. Wight & Arnott 红瓜属

Coccinia R. Wight & Arnott (1834: 347); Lu & Jeffrey (2011: 52) [Type: *C. indica* R. Wight & Arnott, *nom. illeg.* (=*C. grandis* (Linnaeus) J. O. Voigt≡*Bryonia grandis* Linnaeus)]

特征描述：攀援草本，常具块状根。单叶，叶片有角或分裂。雌雄异株，稀同株；雄花：单生或为伞房状、总状花序；花萼裂片 5；花冠钟形，裂片 5；雄蕊 3，花丝联合成柱，花药合生，药室折曲；无退化雌蕊；雌花：单生，花萼花冠同雄花；退化雄蕊 3；子房 3 胎座，花柱纤细，柱头 3 裂；胚珠多数，水平着生。果实卵状或长圆状，浆果状，不开裂，种子卵形，多数，扁压，边缘拱起。花粉粒 3 孔沟，网状纹饰。染色体 2*n*=22。

分布概况：约 20/1 种，**4** 型；分布于热带非洲；中国产广东、广西和云南。

系统学评述：该属是单系类群[8]。利用叶绿体基因片段分析结果表明，该属分为 4 个分支：*Quinqueloba* 组、*Barteri* 支、*Adoensis* 支和 *Rehmannii* 支。该属位于冬瓜族[4]。

DNA 条形码研究：BOLD 网站有该属 35 种 120 个条形码数据；GBOWS 网站已有 1 种 7 个条形码数据。

代表种及其用途：红瓜 *C. grandis* (Linnaeus) Voigt 的嫩叶可作蔬菜。

6. *Cucumis* Linnaeus 黄瓜属

Cucumis Linnaeus (1753: 1011); Ghebretinsae et al. (2007: 176); Lu & Jeffrey (2011: 52); Schaefer (2007: 165) (Lectotype: *C. sativus* Linnaeus).——*Mukia* Arnott (1840: 50)

特征描述：攀援或蔓生草本；全株被糙硬毛。常雌雄同株；雄花常簇生，花萼 5 裂，花冠 5 裂，雄蕊 3，离生，药室线形，折曲或稀弓曲，退化雌蕊腺体状；雌花单生或稀簇生；花萼和花冠同雄花，子房纺锤形或近圆筒形，具 3-5 胎座，花柱短，柱头 3-5，胚珠多数，水平着生。果实肉质或质硬，常不开裂，平滑或具瘤状凸起；种子多数，扁压，光滑，无毛，种子边缘不拱起。花粉粒 3 孔（沟），微网状至穿孔状纹饰。染色体 *n*=7 或 12。

分布概况：约 55/4 种，**4** 型；分布于非洲，亚洲和澳大利亚；中国引种并广泛栽培。

系统学评述：Ghebretinsae 等[9]、Schaefer[10]根据分子系统学研究[11,12]将 *Cucumella*、*Dicoelospermum*、帽儿瓜属 *Mukia*[FOC]、*Myrmecosicyos* 和 *Oreosyce* 并入黄瓜属。*Muellerargia* 是黄瓜属最近的姐妹群，该属属于冬瓜族[4]。

DNA 条形码研究：BOLD 网站有该属 55 种 177 个条形码数据；GBOWS 网站已有 4 种 61 个条形码数据。

代表种及其用途：甜瓜 *C. melo* Linnaeus 和黄瓜 *C. sativus* Linnaeus 是该属最重要的蔬菜和水果。

7. *Cucurbita* Linnaeus 南瓜属

Cucurbita Linnaeus (1753: 1010); Lu & Jeffrey (2011: 52) (Lectotype: *C. pepo* Linnaeus)

特征描述：一年生蔓生草本。叶浅裂。雌雄同株，花单生；雄花：花萼筒钟状，裂片 5，披针形或顶端扩大成叶状，花冠合瓣，钟状，5 裂仅达中部，雄蕊 3，花丝离生，花药靠合成头状，药室线形，折曲，无退化雌蕊；雌花：花梗短，花萼和花冠同雄花，退化雄蕊 3，子房长圆状或球状，胎座 3，花柱短，柱头 3，胚珠多数，水平着生。果实常大型，肉质，不开裂；种子多数，扁平，光滑。花粉粒散孔，刺状纹饰。染色体 *n*=20。

分布概况：约 15/3 种，（**3**）型；分布于热带，亚热带美洲；中国引种栽培。

系统学评述：分子系统学研究表明该属是单系类群[13]，被置于南瓜族[4]。

DNA 条形码研究：BOLD 网站有该属 26 种 71 个条形码数据；GBOWS 网站已有 2

种 12 个条形码数据。

　　代表种及其用途：南瓜 *C. moschata* (Duchesne ex Lamack) Duchesne ex Poiret 和西葫芦 *C. pepo* Linnaeus 的果实可以作蔬菜。

8. *Cyclanthera* Schrader 小雀瓜属

Cyclanthera Schrader (1831: 2); Lu & Jeffrey (2011: 52); Schaefer & Renner (2011: 122) (Type: *C. pedata* Schrader)

　　特征描述：攀援草本。叶不裂或鸟足状 5-7 小叶。雌雄同株；雄花：总状花序或圆锥花序，花萼筒碟状或杯状，花冠辐状，5 深裂，<u>雄蕊 1</u>，花丝极短，<u>花药水平生</u>，<u>1 室</u>，<u>环状</u>；<u>雌花单生、双生或三朵簇生</u>，花萼和花冠同雄花，<u>子房斜卵状</u>，<u>有小喙</u>，花柱极短，柱头大。<u>果实偏斜</u>，<u>开裂</u>，<u>中心轴柱或侧膜胎座外露</u>；种子扁平，顶端和基部常 2 裂或具 2 尖头，种皮硬而脆。<u>花粉粒 4-11 孔沟</u>，<u>穿孔状纹饰或具皱状凸起</u>。染色体 n=16。

　　分布概况：40/1 种，**3** 型；分布于热带美洲；中国西藏、云南引种栽培。

　　系统学评述：分子系统学研究表明该属不为单系，Schaefer 和 Renner[4]将 *Rytidostylis* 和 *Pseudocyclanthera* 并入该属。小雀瓜属原置于刺瓜藤族小雀瓜亚族 Cyclantherinae[1]，但是分子证据不支持小雀瓜亚族为单系类群[4]。

　　DNA 条形码研究：BOLD 网站有该属 4 种 6 个条形码数据。

　　代表种及其用途：小雀瓜 *C. pedata* Schrader 的幼苗及果实可作蔬菜食用。

9. *Diplocyclos* (Endlicher) T. Post & O. Kuntze 毒瓜属

Diplocyclos (Endlicher) T. Post & O. Kuntze (1903: 178); Lu & Jeffrey (2011: 52) (Type: *Bryonia affinis* Endlicher)

　　特征描述：攀援草本。<u>单叶掌状 5 深裂</u>。花小型，<u>雌雄同株</u>；<u>雄花和雌花簇生于同一叶腋</u>；雄花：花萼筒宽钟形，花冠宽钟形，<u>雄蕊 3</u>，<u>离生</u>，花丝短，无退化雌蕊；雌花：花被与雄花同，退化雄蕊 3，子房球形或卵形，胎座 3，胚珠少数，水平着生，柱头 3，深 2 裂。<u>果实为浆果</u>，<u>小型</u>，球形或卵球形；种子边缘有环带，两面隆起。花粉粒 3 孔（沟），网状纹饰具刺状覆盖层。染色体 n=12。

　　分布概况：4/1 种，**4**（**6**）型；分布于热带非洲，亚洲和澳大利亚；中国产台湾、广东和广西。

　　系统学评述：目前没有针对该属的分子系统学研究。在对红瓜属 *Coccinia* 的分子系统学研究中选取该属 2 种作为外群，研究表明这 2 个种聚为 1 支，并得到 100%的靴带支持[8]。在最新的葫芦科分子系统中，该属位于冬瓜族，最近姐妹群是红瓜属[4]。

　　DNA 条形码研究：BOLD 网站有该属 2 种 7 个条形码数据。

10. *Ecballium* A. Richard 喷瓜属

Ecballium A. Richard (1824: 19), *nom. cons.* ; Lu & Jeffrey (2011: 52) [Type: *E. elaterium* (Linnaeus) A.

Richard (≡*Momordica elaterium* Linnaeus)]

特征描述：<u>蔓生草本</u>。<u>无卷须</u>。叶片心形。<u>花雌雄同株</u>，<u>极稀异株</u>；雄花序总状，花萼裂片 5，花冠 5 深裂，<u>雄蕊 3</u>，<u>花药宽</u>，<u>药室折曲</u>，无退化雌蕊；雌花单生，花萼和花冠同雄花，退化雄蕊 3，子房长圆形，胎座 3，花柱短，柱头 3，2 裂，胚珠多数，水平着生。<u>果实长圆形</u>，<u>有短刚毛</u>，<u>肉质</u>，<u>成熟后从果梗脱落</u>，<u>种子喷射散播</u>；种子小，长圆形，扁平，淡黄色，有窄的边缘。花粉粒 3 孔沟，网状纹饰。染色体 n=9。

分布概况：1/1 种，**12** 型；分布于地中海沿岸地区和小亚细亚；中国产新疆。

系统学评述：葫芦科分子系统学研究中该属隶属于 Bryonieae[4]。

DNA 条形码研究：BOLD 网站有该属 2 种 11 个条形码数据。

代表种及其用途：喷瓜 *E. elaterium* (Linnaeus) A. Richard 的果液可作泻下剂用。

11. *Gomphogyne* Griffith 锥形果属

Gomphogyne Griffith (1845: 26); de Wilde et al. (2007: 45); de Wilde et al. (2011: 1); Lu & Jeffrey (2011: 52) (Type: *G. cissiformis* Griffth)

特征描述：攀援草本。<u>复叶</u>，<u>叶鸟足状</u>，<u>具 5-7 小叶</u>。卷须单一或常二歧。花小，雌雄同株，淡绿色；总状花序或圆锥花序；雄蕊 5，<u>花丝短</u>，<u>基部联合</u>，<u>花药近球形</u>，<u>1室</u>，<u>直立</u>，纵裂，无退化雌蕊；子房下位，<u>棍棒形或倒圆锥形</u>，1 室，<u>花柱 3</u>，胚珠 3，无退化雄蕊。<u>蒴果陀螺形或近三棱状钟形</u>，<u>具纵肋</u>，<u>顶端截形</u>，具冠状宿存花柱 3，顶端开裂，种子 1-3；种子椭圆形，压扁，具皱纹及乳突，边缘具齿。花粉粒 3 孔沟，条纹状纹饰。染色体 n=16。

分布概况：2/1 种，**7a/b（14SH）** 型；分布于不丹，印度，尼泊尔；中国产云南。

系统学评述：该属是否为单系类群尚存在争议。该属的种数存在争议，有研究认为是寡种属，如 Li H T 和 Li D Z[14]；《中国植物志》记载有 6 种[FRPS]；de Wilde 等[15,16]包括 8 种；Schaefer 和 Renner[17]基于形态与分子证据，认为只包括 2 种，即锥形果 *G. cissiformis* W. Griffth 和 *G. nepalensis* W. J. de Wilde & Duyfjes，其他种应归入雪胆属 *Hemsleya* Cogniaux ex Forbes & Hemsley（与 Schaefer 通信得知），Lu 和 Jeffrey 也接受这一观点[FOC]；此外，已有的分子系统学研究对该属取样不足，尚未有选取所有存在争议的种进行研究。Schaefer 等[3]及 Schaefer 和 Renner[4]对葫芦科的分子系统学研究中选取了锥形果与 *G. cirromitrata* W. J. de Wilde & Duyfjes，研究表明后者是雪胆属的姐妹群，而未与锥形果形成单系类群。

DNA 条形码研究：BOLD 网站有该属 2 种 5 个条形码数据；GBOWS 网站已有 1种 3 个条形码数据。

12. *Gynostemma* Blume 绞股蓝属

Gynostemma Blume (1825: 23); Chen (1995: 403); Lu & Jeffrey (2011: 52) (Lectotype: *G. pedatum* Blume)

特征描述：攀援草本。复叶，<u>鸟足状</u>，<u>具 3-9 小叶</u>，稀单叶，卷须二歧。雌雄异株，腋生或顶生圆锥花序；雄花：<u>花萼筒短</u>，5 裂，花冠辐状，5 深裂，雄蕊 5，<u>花丝短</u>，<u>合</u>

生成柱，花药卵形，直立；雌花：花萼与花冠同雄花，具退化雄蕊，花柱 3，稀 2，分离，柱头 2，新月形下垂。浆果，不开裂，或蒴果，顶端 3 裂，顶部具鳞脐状凸起或 3 枚冠状物，具 2-3 粒种子；种子阔卵形、压扁，具乳突状凸起或具小凸刺。花粉粒 3 孔沟，条纹状纹饰。染色体 *n*=11。

分布概况：约 17/14（9）种，**7ab（14）型**；分布于热带亚洲至东亚；中国产陕西南部和长江以南，以西南最多。

系统学评述：分子系统学研究支持绞股蓝属为单系类群。陈书坤[18]将该属划分为 2 亚属，即绞股蓝亚属 *Gynostemma* subgen. *Gynostemma* 和喙果藤亚属 *G.* subgen. *Trirostellum*，后者又划分为 2 组：五柱绞股蓝组 *G.* sect. *Pentastylos* 和喙果藤组 *G.* sect. *Trirostellum*。在 Schaefer 和 Renner[4]研究葫芦目的分子系统发育关系中，选取了该属 4 种，聚在 1 支并得到了 100%的靴带支持。

DNA 条形码研究：BOLD 网站有该属 12 种 91 个条形码数据；GBOWS 网站已有 5 种 129 个条形码数据。

代表种及其用途：该属最重要的药用植物是绞股蓝 *G. pentaphyllum* (Thunberg) Makino，因其含有与人参皂苷相似的达玛烷型皂苷，被誉为"南方人参"。据报道，绞股蓝有抗肿瘤、抗疲劳、抗衰老、调节脂质代谢、降低过氧化脂质、镇静、催眠、镇痛、防治老年性白发、美润肌肤等作用。

13. *Hemsleya* Cogniaux ex F. B. Forbes & Hemsley 雪胆属

Hemsleya Cogniaux ex F. B. Forbes & Hemsley (1888: 490); Li (1993: 1-74); Lu & Jeffrey (2011: 52) (Type: *H. chinensis* Cogniaux ex F. B. Forbes & Hemsley)

特征描述：攀援草本。根具膨大块茎。卷须先端二歧。鸟足状复叶，（3-）5-9（-11）小叶。雌雄异株，聚伞总状花序至圆锥花序；雄花：花冠辐状、碗状或盘状、陀螺状、灯笼状至伞状，5 裂，雄蕊 5，花丝短，常小于 1mm；雌花：花冠同雄花，花柱 3，柱头 2 裂，子房近圆形至楔形。果实球形、圆锥形或圆筒状椭圆形，具 9-10 条纵棱，具小瘤突或平滑，花柱常宿存；种子椭圆形至宽卵形，少数种类具膜质或木栓质翅。花粉粒 3 孔沟，条纹状纹饰。染色体 *n*=14。

分布概况：约 27/25（21）种，**14SH 型**；分布于亚洲亚热带到热带地区；中国产西南至中南。

系统学评述：雪胆属位于葫芦科锥形果族，是单系类群。吴征镒和陈宗莲将该属划分为 4 组，即马铜铃组 *Hemsleya* sect. *Graciliflorae*、曲莲组 *H.* sect. *Amabiles*、肉花雪胆组 *H.* sect. *Carnosiflorae* 和雪胆组 *H.* sect. *Hemsleya*[FRPS]。李德铢[19]将其中 2 组马铜铃组和雪胆组提升为亚属水平，并将雪胆亚属 *H.* subgen. *Hemsleya* 划分为 3 组，即短柄雪胆组 *H.* sect. *Delavayanae*、曲莲组和雪胆组，曲莲组进一步划分为 3 亚组，雪胆组划分为 2 亚组。Li 等[20]基于 1 个核基因片段 ITS 和 3 个叶绿体片段 *trn*H-*psb*A、*rpl*16 和 *trn*L 序列的研究支持李德铢系统中亚属的划分，但是不支持该系统对曲莲组和雪胆组的界定。李洪涛以李德铢系统为基础，结合分子系统学研究，提出雪胆属新的系统框架，雪胆属分为 2 亚属，即马铜铃亚属和雪胆亚属，雪胆亚属分为 3 组，即短柄雪胆组、雪胆

组和征镒雪胆组 *H.* sect. *Chengyihanae*[21]。

DNA 条形码研究：该属完成了 22 种的 4 个核心条形码，鉴别率 70%左右[22]。BOLD 网站有该属 29 种 215 个条形码数据；GBOWS 网站已有 21 种 368 个条形码数据。

代表种及其用途：该属多种块茎供药用，作提取雪胆素的原料或用作生药，如曲莲 *H. amabilis* Diels。

14. *Herpetospermum* Wallich ex Bentham & J. D. Hooker 波棱瓜属

Herpetospermum Wallich ex Bentham & J. D. Hooker (1867: 834); Lu & Jeffrey (2011: 52); Schaefer & Renner (2011: 122) [Type: *H. caudigerum* Wallich ex Clarke, *nom. illeg.* (*H. pedunculosum* (Seringe) Baillon≡*Bryonia pedunculosa* Seringe].——*Biswarea* Cogniaux (1882: 16); *Edgaria* C. B. Clarke (1876: 113)

特征描述：攀援草本。叶卵形到心形，长度可到 15cm，5-7 裂或不裂，全缘或不规则齿状；卷须 2（-3）歧。雌雄异株；雄花：总状花序或稀单生，下方狭管状，到上方扩张成宽钟状，萼片线形到钻形，花冠宽钟状或近辐状，花冠在基部合生，椭圆形，黄色，花药插在管的上半部，<u>药室直或 2-3 回折曲</u>，退化雄蕊 3 或无；雌花：单生，花被同雄花，子房长圆形或狭卵球形，3 室，每室胚珠 1-6 或 16，水平或下垂，柱头 3。果实干燥，纤维状，宽椭圆、椭圆到梭形，<u>多少具脊</u>，<u>长 5-8cm</u>，<u>顶部 3 瓣裂</u>；<u>种子 6、12 或约 48</u>，长圆形或倒卵形，扁平。<u>花粉粒很大</u>，<u>3 孔</u>。染色体 *n*=11。

分布概况：3/3 种，**14SH 型**；分布于印度，缅甸，尼泊尔；中国产西藏和云南。

系统学评述：分子系统学研究表明波棱瓜属、三裂瓜属 *Biswarea*[FOC]和三棱瓜属 *Edgaria*[FOC]构成单系类群[4]。Schaefer 和 Renner[17]根据这 3 属果实 3 瓣裂，相似的花粉类型等形态特征，将后 2 属并入到波棱瓜属。修订后的波棱瓜属与裂瓜属 *Schizopepon* 构成裂瓜族。

DNA 条形码研究：BOLD 网站有该属 3 种 7 个条形码数据；GBOWS 网站已有 1 种 12 个条形码数据。

15. *Hodgsonia* J. D. Hooker & Thomson 油渣果属

Hodgsonia J. D. Hooker & Thomson (1854: 257); Lu & Jeffrey (2011: 52); de Wilde & Duyfjes (2001: 169) [Type: *H. heteroclita* (Roxburgh) J. D. Hooker & Thomson (≡*Trichosanthes heteroclita* Roxburgh)]

特征描述：<u>木质藤本</u>。<u>叶片厚革质</u>；<u>卷须粗壮</u>，<u>2-5 歧</u>。雌雄异株；雄花：总状花序，<u>花萼筒伸长</u>，上部短钟状，<u>裂片短</u>，花冠辐状，5 深裂，基部合生，<u>裂片具长流苏</u>，雄蕊 3，<u>花丝不明显</u>，<u>花药合生</u>，<u>药室折曲</u>；雌花单生，花萼和花冠同雄花，子房球形，<u>1 室</u>，花柱长，柱头 3，2 裂，伸出，胎座 3。<u>果实大</u>，扁压，<u>具 12 条纵沟</u>，<u>能育和不发育种子各 6</u>；种子大型，扁平，椭圆形。花粉粒 3 孔沟，粗网状纹饰。染色体 *n*=9。

分布概况：2/1 种，（**7ab**）<u>型</u>；分布于热带亚洲；中国产广西、西藏东南部和云南南部。

系统学评述：该属被置于刺瓜藤族[4]。

DNA 条形码研究：BOLD 网站有该属 1 种 2 个条形码数据；GBOWS 网站已有 1 种 4 个条形码数据。

代表种及其用途：油渣果 *H. heteroclita* (Roxburgh) J. D. Hooker & Thomson 的种子富含油脂，可榨油食用。

16. *Indofevillea* Chatterjee 藏瓜属

Indofevillea Chatterjee (1946: 345); Lu & Jeffrey (2011: 52) (Type: *I. khasiana* Chatterjee)

特征描述：木质攀援状藤本。叶具柄，全缘。雌雄异株；雄花序圆锥状，苞片线形，渐尖，花萼裂片 5，急尖，具 3 脉，花冠裂片 5，较花萼裂片短，具 3-5 条脉，雄蕊 5，4 枚成对靠合，1 枚分离，花丝几无，花药肾形，1 室，有柔毛，退化雌蕊缺；雌花未见。果实长圆形，不开裂，3-6 个成簇生于长果梗上，果皮较厚，近木质，种子多数；种子扁压，卵形。花粉粒 3 孔沟，网状纹饰。

分布概况：1/1 种，**7-2（14SH）**型；分布于印度东北部；中国产西藏东南部（墨脱）。

系统学评述：Jeffrey 将该属置于 Joliffieae 族赤瓟亚族 Thladianthinae[1]，但 Schaefer 和 Renner[4]根据最新的分子系统学研究将其独立成藏瓜族。

DNA 条形码研究：BOLD 网站有该属 2 种 4 个条形码数据；GBOWS 网站已有 1 种 3 个条形码数据。

17. *Lagenaria* Seringe 葫芦属

Lagenaria Seringe (1825: 25); Lu & Jeffrey (2011: 52) (Type: *L. vulgaris* Seringe)

特征描述：攀援草本；植株被粘毛。单叶。雌雄同株；雄花花梗长，花萼筒狭钟状或漏斗状，裂片，花冠裂片 5，雄蕊 3，花丝离生，花药内藏，药室折曲，退化雌蕊腺体状；雌花花梗短，花萼和花冠同雄花，子房卵状或圆筒状或中间缢缩，花柱短，胎座 3，柱头 3，胚珠多数，水平着生。果实不开裂，嫩时肉质，成熟后果皮木质，中空；种子多数，倒卵圆形，扁，边缘多少拱起，顶端截形。花粉粒 3 孔沟，穿孔状或网状纹饰。染色体 n=11。

分布概况：6/1 种，**6** 型；分布于热带非洲；中国各地均有栽培。

系统学评述：目前没有针对该属的分子系统学研究，但是在最新的葫芦科分子系统学研究中，选取了该属 3 种，研究表明该属是单系，得到了 89%的靴带支持，且被置于冬瓜族[4]。

DNA 条形码研究：BOLD 网站有该属 5 种 80 个条形码数据；GBOWS 网站已有 1 种 4 个条形码数据。

代表种及其用途：葫芦 *L. siceraria* (Molina) Standley 的果实幼嫩时可作蔬菜，成熟后外壳木质化，中空，可作各种容器，水瓢或儿童玩具；也可药用。

18. *Luffa* Miller 丝瓜属

Luffa Miller (1754: 4); Lu & Jeffrey (2011: 52) [Type: *L. aegyptica* Miller (≡*Momordica luffa* Linnaeus)]

特征描述： 攀援草本。叶柄顶端无腺体，叶片 5-7 浅裂。雌雄异株或同株；雄花总状花序，花萼筒倒锥形，裂片 5，花冠裂片 5，离生，雄蕊 3 或 5，离生，药室线形，多回折曲；雌花单生，花被与雄花同，退化常雄蕊 3，稀 4-5，子房圆柱形，柱头 3，胎座 3，胚珠多数，水平着生。果实长圆形或圆柱状，未成熟时肉质，熟后变干燥，里面呈网状纤维，熟时由顶端盖裂；种子多数，长圆形，扁压。花粉粒大，3 孔沟，穿孔或网状纹饰。染色体 n=13。

分布概况： 8/2 种，**2** 型；分布于东南亚，澳大利亚，波利尼西亚，非洲和新世界热带和亚热带地区；中国广泛栽培。

系统学评述： 该属是单系类群[23]。最新的分子系统学研究将其置于刺瓜藤族靠基部位置[24]。

DNA 条形码研究： Filipowicz 等[23]用 7 个叶绿体片段 *trn*L、*trn*L-F、*rpl*20-*rps*12、*ndh*F-*rpl*32、*psb*A-*trn*H、*rbc*L、*mat*K 和 1 个核基因片段 ITS 成功鉴定了该属 8 个种。其中 *trn*L-F 内含子及其间隔区和 ITS 有最多的种间特异差异。BOLD 网站有该属 14 种 88 个条形码数据。

代表种及其用途： 广东丝瓜 *L. acutangula* (Linnaeus) Roxburgh 果嫩时作蔬菜，成熟后网状纤维即丝瓜络药用，能通经络。丝瓜 *L. cylindrica* (Linnaeus) Roemer 果为夏季蔬菜，成熟时里面的网状纤维称丝瓜络，可代替海绵用作洗刷灶具及家具；还可供药用，有清凉、利尿、活血、通经、解毒之效。

19. *Melothria* Linnaeus 美洲马㼎儿属

Melothria Linnaeus (1753: 35); Lu & Jeffrey (2011: 52); Schaefer & Renner (2011: 122) (Type: *M. pendula* Linnaeus)

特征描述： 一年生攀援草本。单叶掌状裂。雌雄同株；雄花总状花序或近伞房状花序，花萼 5 裂，花冠辐状，5 裂，雄蕊 3，药室直立或稍折曲，具退化子房；雌花单生，花萼花冠同雄花，子房球状至纺锤状，3 室，胚珠多数，水平生，花柱基部由一环状盘围绕，柱头 3。果实球状至椭圆状；种子多数，扁平，光滑。花粉粒 3 孔沟，微网状纹饰。染色体 n=12。

分布概况： 12/1 种，（**3**）型；分布于热带美洲；中国台湾引种栽培。

系统学评述： 该属不是单系类群。Schaefer 和 Renner[4]为使其成为单系类群，将 *Melancium*、*Cucumeropsis* 和 *Posadaea* 并入该属。

DNA 条形码研究： BOLD 网站有该属 5 种 13 个条形码数据。

20. *Momordica* Linnaeus 苦瓜属

Momordica Linnaeus (1753: 1009); Lu & Jeffrey (2011: 52) (Lectotype: *M. charantia* Linnaeus)

特征描述：攀援草本。叶片近圆形或卵状心形，3-7 浅裂或深裂。花雌雄异株或同株；雄花单生或总状花序，花梗具叶状苞片，苞片圆肾形，花萼筒短，花冠 5 深裂，雄蕊 3，稀 5 或 2，花丝短，离生，药室折曲、稀直或弓曲；雌花单生，花萼和花冠同雄花，子房椭圆形或纺锤形，花柱长，柱头 3，胚珠多数，水平着生。果实不开裂或 3 瓣裂，常具瘤状、刺状凸起；种子少数或多数，平滑或有各种刻纹。花粉粒 3 孔沟，网状纹饰。染色体 *n*=11 或 14。

分布概况：45-59/3 种，**4** 型；分布于热带非洲，亚洲及澳大利亚；中国主产华南和西南。

系统学评述：分子系统学研究表明该属是单系类群，并被分成 11 组[25]。根据最新的葫芦科分子系统学研究，Schaefer 和 Renner[4]将该属独立成苦瓜族。

DNA 条形码研究：BOLD 网站有该属 56 种 168 个条形码数据；GBOWS 网站已有 6 种 48 个条形码数据。

代表种及其用途：苦瓜 *M. charantia* Linnaeus 主要作蔬菜，也可糖渍；成熟果肉和假种皮也可食用；根、藤及果实入药，有清热解毒的功效。木鳖子 *M. cochinchinensis* (Loureiro) Sprengel 的种子、根和叶入药，有消肿、解毒止痛之效。

21. *Neoalsomitra* Hutchinson 棒锤瓜属

Neoalsomitra Hutchinson (1942: 97); Lu & Jeffrey (2011: 52); de Wilde & Duyfjes (2003: 99) [Type: *N. sarcophylla* (Wallich) Hutchinson (≡*Zanonia sarcophylla* Wallich)]

特征描述：攀援灌木或草质藤本。单叶或 3-5 小叶复叶。雌雄异株；圆锥花序或总状花序；雄花：花萼筒杯状，5 深裂，花冠辐状，5 深裂，雄蕊 5，分离，花丝短，基部邻接，花药 1 室；雌花：花萼和花冠同雄花，花柱 3，或稀 4，圆锥形，肉质，柱头新月形，胚珠多数，下垂。果实棒槌状或圆柱状，无棱或稍具棱形，顶端阔截形，3 瓣裂；种子压扁，顶端具延长的膜质翅，边缘具深波状疣状凸起。花粉粒 3 孔沟，条纹状纹饰。

分布概况：11/1 种，**5** 型；分布于印度至波利尼西亚和澳大利亚；中国产华南、西南和台湾。

系统学评述：Schaefer 等[3]对葫芦科的分子系统学研究中选取该属 9 种，研究表明该属分为 2 支，并且都得到了 100%靴带支持。

DNA 条形码研究：BOLD 网站有该属 9 种 20 个条形码数据；GBOWS 网站已有 1 种 7 个条形码数据。

22. *Schizopepon* Maximowicz 裂瓜属

Schizopepon Maximowicz (1859: 110); Lu & Jeffrey (2011: 52) (Type: *S. bryoniaefolius* Maximowicz)

特征描述：草质藤本。单叶，5-7 裂或稀不分裂。花两性或单性，雌雄同株或异株；花萼筒杯状或钟状，裂片 5；花冠裂片 5，白色；雄蕊 3，花丝短，药室直，药隔不伸出或显著伸出成锥形；子房卵形或圆锥形，3 室或不完全 3 室，每室具 1 下垂生胚珠，花柱短，柱头稍膨大，2 裂。果实卵状或圆锥状，平滑或有小疣状凸起，先端急尖或长渐尖成喙状，3 瓣裂或不开裂；种子下垂生，卵形，边缘有不规则齿。花粉粒 3 孔沟，网状纹饰。染色体 n=10。

分布概况： 8/8（5）种，**14SH 型**；分布于亚洲东部至喜马拉雅地区；中国产东北、华北、华中，以西南种类最多。

系统学评述： 目前对该属的分子系统学研究较少。Jeffrey[26]根据该属独特的花粉形态将其独立成裂瓜族。但是，Schaefer 和 Renner[4]根据分子系统学研究认为，裂瓜族应包括波棱瓜属。

DNA 条形码研究： BOLD 网站有该属 1 种 3 个条形码数据；GBOWS 网站已有 2 种 15 个条形码数据。

23. *Scopellaria* W. J. de Wilde & Duyfjes 云南马㼎儿属

Scopellaria W. J. de Wilde & Duyfjes (2006: 297); Lu & Jeffrey (2011: 52) [Type: *S. marginata* (Blume) W. J. de Wilde & Duyfjes (≡*Bryonia marginata* Blume)]

特征描述： 攀援草本。单叶全缘或浅裂，卷须单一。雌雄同株；雄花总状花序，花萼筒钟状，5 裂，花冠黄色，5 裂，雄蕊 3；雌花 1 或 2，常与雄花同生于叶腋，花萼和花冠同雄花，子房 3 室，胚珠多数，水平生，花柱短，柱头 3。果实球形或纺锤形，不裂；种子多数，卵状椭圆形，扁平，表面具细凹穴。花粉粒 3 孔沟，不规则条纹状至网状纹饰。

分布概况： 2/1 种，（7ab）型；分布于东南亚，马来西亚西部；中国产云南。

系统学评述： 该属是从马㼎儿属分出来的新属[27,28]。最新的分子系统学研究将其置于冬瓜族[4]。

DNA 条形码研究： BOLD 网站有该属 1 种 2 个条形码数据。

24. *Sechium* P. Browne 佛手瓜属

Sechium P. Browne (1756: 355), *nom. cons.* ; Lu & Jeffrey (2011: 52) [Type: *S. edule* (Jacquin) Swartz (≡*Sicyos edulis* Jacquin)]

特征描述： 多年生攀援草本。根块状。叶片膜质，浅裂，卷须 3-5 歧。雌雄同株；雄花生于总状花序上，花萼筒半球形，裂片 5，花冠辐状，5 深裂，雄蕊 3，花丝短，连合成柱，花药离生，药室折曲；雌花单生或双生，花萼及花冠同雄花，子房纺锤状，1 室，有刺毛，花柱短，5 浅裂，具 1 胚珠，胚珠从室的顶端下垂生。果实肉质，倒卵形，上端具沟槽；种子 1，卵圆形，扁，种皮木质，光滑，子叶大。花粉粒具 8-9 环状萌发沟，网状纹饰，上具刺。染色体 n=14。

分布概况： 5/1 种，（3）型；分布于墨西哥和中美洲；中国长江以南广泛栽培。

系统学评述： 分子系统学研究表明，佛手瓜属不是单系类群，并嵌在 *Sicyos* 中[29]。该属被置于刺瓜藤族[4]。

DNA 条形码研究： BOLD 网站有该属 5 种 13 个条形码数据；GBOWS 网站已有 1 种 4 个条形码数据。

代表种及其用途： 佛手瓜 *S. edule* (Jacquin) Swartz 的果实及嫩芽可作蔬菜。

25. *Siraitia* Merrill 罗汉果属

Siraitia Merrill (1934: 200); Li (1993: 45); Lu & Jeffrey (2011: 52) (Type: *S. silomaradjae* Merrill)

特征描述：攀援草本。全株常被红色或黑色疣状腺鳞。单叶心形；卷须常分二叉，在分叉点上下同时旋卷。雌雄异株；雄花序总状或圆锥状，花萼裂片 5，花冠裂片 5，雄蕊 5，花药 1 室，药室 S 形折曲；雌花单生、双生或数朵生于一总梗顶端，花柱短粗，3 浅裂；胚珠多数，水平生。果实球形、扁球形或长圆形；种子多数，水平生，近圆形或卵形，表面具沟纹或平滑，无翅或稀具木栓质翅。花粉粒 3 孔沟，网状纹饰。染色体 $n=14$。

分布概况：4/3（1）种，**7-1 型**；分布于印度（锡金），印度尼西亚，马来西亚，泰国，越南；中国产广西、贵州、湖南南部、广东、江西和云南东南部及南部。

系统学评述：李建强[30]将该属无鳞罗汉果亚属提升为 1 个新属，即白兼果属，并将小球瓜 *S. africana* (C. Jeffrey) A. M. Lu & Z. Y. Zhang 提升为 1 新属小球瓜属 *Microlagenaria* J. Q. Li。最新的分子系统学研究发现小球瓜属与罗汉果属聚为 1 支，得到较强的支持率。Schaefer 和 Renner[4]将小球瓜属并入罗汉果属。分子系统学研究表明罗汉果属是单系类群，Schaefer 和 Renner[4]将该属独立成罗汉果族。

DNA 条形码研究：BOLD 网站有该属 1 种 11 个条形码数据；GBOWS 网站已有 1 种 7 个条形码数据。

代表种及其用途：罗汉果 *S. grosvenorii* (Swingle) C. Jeffrey ex A. M. Lu & Z. Y. Zhang，其果实入药，味甘甜，甜度比蔗糖高 150 倍，有润肺、祛痰、消渴之效，也可作清凉饮料，煎汤代茶，能润解肺燥；叶子晒干后临床用以治慢性咽炎、慢性支气管炎等。翅子罗汉果 *S. siamensis* (Craib) C. Jeffrey ex S. Q. Zhong & D. Fang 的块根民间药用治胃疼，叶外用治神经性皮炎及皮癣。

26. *Solena* Loureiro 茅瓜属

Solena Loureiro (1790: 514); Lu & Jeffrey (2011: 52); de Wilde & Duyfjes (2004: 69) (Type: *S. heterophylla* Loureiro)

特征描述：多年生攀援草本，具块状根。叶柄极短或近无；叶片变异极大，基部深心形或戟形。雌雄异株或同株；雄花：总梗短，伞形状或伞房状花序，花萼筒钟状，裂片 5，花冠裂片 5，雄蕊 3，花丝短，药室弧曲或 "之" 字形折曲；雌花单生，子房长圆形，胚珠少数，水平着生，退化雄蕊 3。果实长圆形或卵球形，不开裂，外面光滑；种子数粒，圆球形。花粉粒 3 孔沟，穿孔状、疣状凸起或网状纹饰。染色体 $n=12$ 或 24。

分布概况：3/1 种，**5（7）型**；分布于东亚和东南亚；中国产台湾、福建、江西、广东、广西、云南、贵州、四川和西藏。

系统学评述：FRPS 记载茅瓜属植物在中国分布 2 种,即茅瓜 *S. amplexicaulis* (Lamack) Gandhi 和西藏茅瓜 *S. delavayi* (Cogniaux) C. Y. Wu。de Wilde 和 Duyfjes[31]对该属进行分类修订，认为分布在中国的茅瓜应该是 *S. heterophylla* Loureiro，且 *S. delavayi* 是 *S.*

heterophylla 的异名，并将西藏茅瓜处理为茅瓜 *S. heterophylla* 的亚种 *S. heterophylla* subsp. *Napaulensis* (Seringe) W. J. de Wilde & Duyfjes。FOC 同意这种处理。在最新的分子系统学研究中该属置于冬瓜族[4]。

DNA 条形码研究：BOLD 网站有该属 2 种 4 个条形码数据；GBOWS 网站已有 2 种 15 条形码数据。

代表种及其用途：茅瓜的块根药用，能清热解毒、消肿散结。

27. *Thladiantha* Bunge 赤瓟属

Thladiantha Bunge (1833: 29); Li (1997: 103); Lu & Jeffrey (2011: 52) (Type: *T. dubia* Bunge)

特征描述：草质藤本。叶常单叶，心形，稀掌状分裂或呈鸟趾状 3-5（-7）小叶。雌雄异株；<u>雄花序总状或圆锥状</u>，花萼裂片 5，<u>花冠钟状</u>，<u>黄色</u>，5 深裂，<u>雄蕊 5</u>，分离，<u>全部 1 室</u>，<u>药室通直</u>；雌花单生、双生或 3-4 朵簇生于一短梗上，花萼和花冠同雄花，花柱 3 裂，<u>子房表面平滑或有瘤状凸起</u>，具 3 胎座。<u>果实浆质</u>，<u>不开裂</u>，<u>平滑或具多数瘤状凸起</u>，<u>有明显纵肋或无</u>；种子多数。花粉粒 3（孔）沟，网状纹饰。染色体 $n=9$。

分布概况：3/23（19）种，（**7a**）型；分布于不丹，印度，印度尼西亚，朝鲜半岛，老挝，缅甸，尼泊尔，泰国，越南；中国产西南，少数到黄河流域以北地区。

系统学评述：Schaefer 和 Renner[4]根据分子系统学研究，将该属与白兼果属界定为赤瓟族。该属分成 2 组，即裂苞组 *Thladiantha* sect. *Fidobractea* 和赤瓟组 *T.* sect. *Thladiantha*[FRPS]。目前的分子系统学研究不支持这 2 个组的划分。

DNA 条形码研究：完成了该属 10 余种的 4 个核心条形码，鉴别率在 70%左右[22]。BOLD 网站有该属 16 种 348 个条形码数据；GBOWS 网站已有 18 种 482 条形码数据。

代表种及其用途：赤瓟 *T. dubia* Bunge 是该属经济用途较大的种。果实和根入药，果实能理气、活血、祛痰和利湿，根有活血化瘀、清热解毒、通乳之效。

28. *Trichosanthes* Linnaeus 栝楼属

Trichosanthes Linnaeus (1753: 1008); de Boer & Thulin (2012: 23); Lu & Jeffrey (2011: 52) (Lectotype: *T. anguina* Linnaeus).——*Gymnopetalum* Arnott (1840: 52)

特征描述：一年生或多年生藤本。单叶常全缘或 3-7（-9）裂；<u>卷须常 2-5 歧</u>。花雌雄异株或同株；雄花常总状花序，<u>常具苞片</u>，<u>花萼筒筒状</u>，<u>伸长</u>，5 裂；花冠 5 裂，<u>先端具流苏</u>，雄蕊 3；雌花单生，极稀为总状花序，花萼与花冠同雄花，子房下位，1 室，具 3 个侧膜胎座，柱头 3，胚珠多数，水平生或半下垂。果实肉质，不开裂；种子褐色，1 室、<u>长圆形</u>、<u>椭圆形或卵形</u>，压扁，或 <u>3 室</u>，<u>臌胀</u>，<u>两侧室空</u>。花粉粒 3（4）孔（沟），纹饰多样。染色体 $n=11$ 或 12。

分布概况：约 100/33（14）种，**5**（**7**）型；分布于亚洲和澳大利亚北部；中国各地均有，以华南和西南最多。

系统学评述：分子系统学研究表明栝楼属应包含金瓜属 *Gymnopetalum*[FOC]才能成为单系类群[24,32]。根据种子形态的差异，栝楼属下分成 2 亚属，即王瓜亚属 *Trichosanthes* subgen. *Cucumeroides* 和栝楼亚属 T. subgen. *Trichosanthes*，栝楼亚属又分成 3 组，即叶苞组 T. sect. *Foliobracteola*、大苞组 T. sect. *Involucraria* 和栝楼组 T. sect. *Tricho-santhes*[FRPS]。分子系统学研究不支持基于形态学证据对该属属下等级的划分，de Boer 和 Thulin[32]将该属分成 2 亚属，即 T. subgen. *Scotanthus* 和栝楼亚属。原隶属于栝楼亚属的大苞组划分到 T. subgen. *Scotanthus*，且该组不是单系；原王瓜亚属降级为栝楼亚属的 1 个组，即王瓜组 T. sect. *Cucumeroides*；叶苞组和栝楼组都不是单系。

DNA 条形码研究：BOLD 网站有该属 55 种 197 个条形码数据；GBOWS 网站已有 22 种 456 个条形码数据。

代表种及其用途：栝楼 T. *kirilowii* Maximowicz 是该属最重要的药用植物。该种的根、果实、果皮和种子为传统的中药天花粉、栝楼、栝楼皮和栝楼子（瓜蒌仁）。根有清热生津、解毒消肿的功效，其根中蛋白称天花粉蛋白，有引产作用，是良好的避孕药。果实、种子和果皮有清热化痰、润肺止咳、滑肠的功效。

29. *Zanonia* Linnaeus 翅子瓜属

Zanonia Linnaeus (1753: 1028); Lu & Jeffrey (2011: 52); de Wilde & Duyfjes (2007: 281) (Type: *Z. indica* Linnaeus)

特征描述：攀援灌木。单叶全缘。雌雄异株；雄花圆锥花序，雌花总状花序；雄花：花萼 3，稀 4；花冠辐状，5 深裂，雄蕊 5，分离，着生在肉质的花盘上，花丝短粗，花药 1 室，无退化雌蕊；雌花：花萼和花冠同雄花，退化雄蕊 5，子房 3 室，后由于隔膜缩回而成 1 室，花柱 3，顶端 2 裂，胚珠每室 2，着生在侧膜胎座上，下垂。蒴果，圆柱状棍棒形，顶端截形并 3 瓣裂；种子大，长圆形，压扁，具膜质翅。花粉粒 3 孔沟，条纹状纹饰。

分布概况：1/1 种，（7ab）型；分布于不丹，柬埔寨，印度，印度尼西亚，老挝，马来西亚，缅甸，菲律宾，斯里兰卡，泰国，越南；中国产广西和云南南部。

系统学评述：该属是单种属，包括 1 种 2 亚种[33]。

DNA 条形码研究：BOLD 网站有该属 1 种 2 个条形码数据。

30. *Zehneria* Endlicher 马㼎儿属

Zehneria Endlicher (1833: 69); Lu & Jeffrey (2011: 52); de Wilde & Duyfjes (2006: 1); Schaefer & Renner (2011: 122) (Type: *Z. baueriana* Endlicher)

特征描述：攀援草本。单叶。雌雄同株或异株；雄花序总状或近伞房状，稀同时单生，花萼钟状，裂片 5，花冠钟状，裂片 5，雄蕊 3，药室常通直或稍弓曲，具退化雌蕊；雌花单生或伞房状，花萼和花冠同雄花，子房卵球形或纺锤形，3 室，胚珠多数，水平着生，花柱基部由一环状盘围绕，柱头 3。果实圆球形或长圆形或纺锤形，不开裂；种子多数，卵形，扁平。花粉粒 3 孔沟，微网状纹饰或稀微网状-孔状纹饰。染色体 $n=24$。

分布概况：55/4 种，4 型；分布于旧热带；中国产台湾、四川、湖北、安徽、江苏、浙江、福建、江西、湖南、广东、广西、贵州和云南。

系统学评述： de Wilde 和 Duyfjes[28]根据马胶儿属植物的雄蕊着生位置、花药药室数目、花药的形态、花盘的有无、退化雄蕊的有无、柱头形状等将该属分成 5 属，其中 4 属是新成立的属，即 *Indomelothria*、*Neoachmandra*、云南马胶儿属和 *Urceodiscus*。最新的分子系统学研究支持 *Indomelothria* 和云南马胶儿属为单系类群，但不支持马胶儿属为单系类群，*Neoachmandra* 和 *Anangia* 植物嵌在其中[2-4]。因此，Schaefer 和 Renner[4]将这 2 属的种类都并入马胶儿属。该属同样被置于冬瓜族。

DNA 条形码研究： BOLD 网站有该属 7 种 11 个条形码数据；GBOWS 网站已有 3 种 46 个条形码数据。

代表种及其用途： 马胶儿 *Z. indica* (Loureiro) Keraudren 全草药用，有清热、利尿、消肿之效。

主要参考文献

[1] Jeffrey C. A new system of Cucurbitaceae[J]. Bot Zhurn, 2005, 90: 332-335.

[2] Kocyan A, et al. A multi-locus chloroplast phylogeny for the Cucurbitaceae and its implications for character evolution and classification[J]. Mol Phylogenet Evol, 2007, 44: 553-577.

[3] Schaefer H, et al. Gourds afloat: a dated phylogeny reveals an Asian origin of the gourd family (Cucurbitaceae) and numerous oversea dispersal events[J]. Proc R Soc B, 2009, 276: 843-851.

[4] Schaefer H, Renner SS. Phylogenetic relationships in the order Cucurbitales and a new classification of the gourd family (Cucurbitaceae)[J]. Taxon, 2011, 60: 122-138.

[5] 李建强. 罗汉果属修订及葫芦科二新属[J]. 植物分类学报, 1993, 31: 45-55.

[6] de Wilde W, Duyfjes B. Evolutionand loss of long-fringed petals:a case study using a dated phylogenyof the snake gourds, *Trichosanthes* (Cucurbitaceae)[J]. Blumea, 2003, 48: 279-284.

[7] Jeffrey C, de Wilde W. A review of the subtribe Thladianthinae (Cucurbitaceae)[J]. Bot Zhurn, 2006, 91: 766-776.

[8] Holstein N, Renner SS. Niche conservation? Biome switching within and between species of the African genus *Coccinia* (Cucurbitaceae)[J]. BMC Evol Biol, 2011, 11: 28.

[9] Ghebretinsae AG, et al. Nomenclatural changes in *Cucumis* (Cucurbitaceae)[J]. Novon, 2007, 17: 176-178.

[10] Schaefer H. *Cucumis* (Cucurbitaceae) must include *Cucumella*, *Dicoelospermum*, *Mukia*, *Myrmecosicyos*, and *Oreosyce*: a recircumscription based on nuclear and plastid DNA data[J]. Blumea, 2007, 52: 165-177.

[11] Ghebretinsae AG, et al. Relationships of cucumbers and melons unraveled: molecular phylogenetics of *Cucumis* and related genera (Benincaseae, Cucurbitaceae)[J]. Am J Bot, 2007, 94: 1256-1266.

[12] Renner S, et al. Phylogenetics of *Cucumis* (Cucurbitaceae): cucumber (*C. sativus*) belongs in an Asian/Australian clade far from melon (*C. melo*)[J]. BMC Evol Biol, 2007, 7: 58.

[13] Zheng YH, et al. Chloroplast phylogeny of *Cucurbita*: evolution of the domesticated and wild species[J]. J Syst Evol, 2013, 51: 326-334.

[14] Li HT, Li DZ. Systematic position of *Gomphogyne* (Cucurbitaceae) inferred from ITS, *rpl*16 and *trn*S-*trn*R DNA sequences[J]. J Syst Evol, 2008, 46: 595-599.

[15] de Wilde W, et al. Revision of the genus *Gomphogyne* (Cucurbitaceae)[J]. Thai Forest Bull, 2007, 35: 45-68.

[16] de Wilde W, et al. Miscellaneous south east Asian cucurbit news IV[J]. Thai Forest Bull, 2011, 39: 1-22.

[17] Schaefer H, Renner SS. Cucurbitaceae[M]//Kubitzki K. The families and genera of vascular plants, X. Berlin: Springer, 2011: 112-174.

[18] 陈书坤. 绞股蓝属植物的分类系统和分布[J]. 植物分类学报, 1995, 33: 403-410.

[19] 李德铢. 雪胆属的系统与进化[M]. 昆明: 云南科技出版社, 1993.

[20] Li HT, et al. A molecular phylogenetic study of *Hemsleya* (Cucurbitaceae) based on ITS, *rpl*16, *trn*H-*psb*A, and *trn*L DNA sequences[J]. Plant Syst Evol, 2010, 285: 23-32.

[21] 李洪涛. 雪胆属的分子系统演化与生物地理学研究[D]. 昆明: 中国科学院昆明植物研究所博士学位论文, 2007.

[22] Li DZ, et al. Comparative analysis of a large dataset indicates that internal transcribed spacer (ITS) should be incorporated into the core barcode for seed plants[J]. Proc Natl Acad Sci USA, 2011, 108: 19641-19646.

[23] Filipowicz N, et al. Revisiting *Luffa* (Cucurbitaceae) 25 years after C. Heiser: species boundaries and application of names tested with plastid and nuclear DNA sequences[J]. Syst Bot, 2014, 39: 205-215.

[24] de Boer HJ, et al. Evolution and loss of long-fringed petals: a case study using a dated phylogeny of the snake gourds, *Trichosanthes* (Cucurbitaceae)[J]. BMC Evol Biol, 2012, 12: 108.

[25] Schaefer H, Renner SS. A three-genome phylogeny of *Momordica* (Cucurbitaceae) suggests seven returns from dioecy to monoecy and recent long-distance dispersal to Asia[J]. Mol Phylogenet Evol, 2010, 54: 553-560.

[26] Jeffrey C. On the classification of the Cucurbitaceae[J]. Kew Bull, 1964, 17: 473-477.

[27] de Wilde W, Duyfjes B. *Scopellaria*, a new genus name in Cucurbitaceae[J]. Blumea, 2006, 51: 297-298.

[28] de Wilde W, Duyfjes B. Redefinition of *Zehneria* and four new related genera (Cucurbitaceae), with an enumeration of the Australasian and Pacific species[J]. Blumea, 2006, 51: 1-88.

[29] Sebastian P, et al. Radiation following long-distance dispersal: the contributions of time, opportunity and diaspore morphologyin *Sicyos* (Cucurbitaceae)[J]. J Biogeogr, 2012, 39: 1427-1438.

[30] 李建强. 罗汉果属修订及葫芦科二新属[J]. 植物分类学报, 1993, 31: 45-55.

[31] de Wilde W, Duyfjes B. Review of the genus *Solena* (Cucurbitaceae)[J]. Blumea, 2004, 49: 69-81.

[32] de Boer HJ, Thulin M. Synopsis of *Trichosanthes* (Cucurbitaceae) based on recent molecular phylogenetic data[J]. Phytokeys, 2012, 2012: 23.

[33] de Wilde W, Duyfjes B. Diversity in *Zanonia indica* (Cucurbitaceae)[J]. Blumea, 2007, 52: 281-290.

Tetramelaceae Airy Shaw (1965) 四数木科

特征描述：落叶乔木，含鞣质，常具板状根，各部被毛或被鳞片。单叶互生，全缘或具锯齿，掌状脉，无托叶。穗状花序或圆锥花序，花单性，雌雄异株；雄花 4 或 6-8，与萼片对生，花丝较长，等大或不等大，无花瓣或有时具花瓣，插生于萼片上面，雄蕊 4 或 6-8，花药底着内向或外向，花蕾时内弯，不育子房存在或有时不存；雌花无花瓣和不育雄蕊，花柱 4 或 6-8，与萼裂片对生，插生于萼管喉部边缘，柱头头状或偏斜状，子房下位，侧膜胎座，胎座与萼片互生，胚珠多数。蒴果由萼管里面顶部的子房壁开裂，或沿背缝自上而下成 6-8 星状开裂，果皮木质，种子多数，极小，卵形或纺锤形。花粉粒 3 孔沟，小型，网状纹饰。风媒或虫媒。染色体 $2n=46$。

分布概况：2 属/2 种，分布于热带亚洲，主产中南半岛至新几内亚岛；中国 1 属/1 种，产云南南部。

系统学评述：该科原属于野麻科 Datiscaceae。Cronquist[1]将其列在堇菜目。分子系统学研究将四数木属 *Tetrameles* 和八果木属 *Octomeles*（中国不产）分出另行成立四数木科，将野麻属单独列为野麻科，与该科一起放在葫芦目[2,3]。

1. *Tetrameles* R. Brown 四数木属

Tetrameles R. Brown (1826: 230); Wang & Turland (2007: 151); Swensen & Kubitzki (2011: 175) (Type: *T. nudiflora* R. Brown)

特征描述：落叶乔木，具板状根。单叶互生，掌状脉。花单性异株，先叶开放，穗状花序（雌花）或圆锥花序（雄花）顶生，成簇，下垂，小花单生或 2-4（雌花）、4-5 或更多（雄花）簇生，无花瓣；雄花萼筒极短，裂片 4，雄蕊 4，与萼裂片对生，插生于杯状的花托上，花药内向，不育子房盘状，近十字形，有时不存在，不育子房盘状；雌花具长而明显的萼筒，微四棱形，上部杯状，裂片 4，三角形，花柱 4，与萼裂片对生，子房上位，1 室，侧膜胎座。蒴果；种子多数，卵形。花粉粒 3 孔沟，网状纹饰。风媒。

分布概况：1/1 种，**5/7** 型；分布于亚洲热带地区；中国产云南南部。

系统学评述：该属仅含四数木 1 种，早期划归于野麻科中。近年来的分子系统学研究将四数木属 *Tetrameles* 和八果木属 *Octomeles*（中国不产）分出另行成立四数木科，放在葫芦目中[2,3]。

DNA 条形码研究：BOLD 网站有该属 1 种 5 个条形码数据；GBOWS 网站已有 1 种 15 个条形码数据。

代表种及其用途：四数木 *T. nudiflora* R. Brown 为热带东南亚雨林典型的上层落叶树种，为国家 II 级重点保护野生植物。

主要参考文献

[1] Cronquist A. An integrated system of classification of flowering plants[M]. New York: Columbia University Press, 1981.

[2] Zhang LB, et al. Phylogeny of the Cucurbitales based on DNA sequences of nine loci from three genomes: implications for morphological and sexual system evolution[J]. Mol Phylogenet Evol, 2006, 39: 305-322.

[3] Swensen S, Kubitzki K. Datiscaceae[M]//Kubitzki K. The families and genera of vascular plants, X. Berlin: Springer, 2011: 175-179.

Begoniaceae C. Agardh (1825), *nom. cons.* 秋海棠科

特征描述：草本肉质。茎有关节，直立或无地上茎。<u>单叶互生，2 列</u>。花序聚伞状；<u>花单性</u>，雌雄同株；雄花被片 2-4，雄蕊多数，<u>花药 2 室</u>；雌花被片 2-5，雌蕊由 2-5 心皮形成，<u>子房下位</u>，稀半下位，2-3（4-7）室，<u>中轴胎座或侧膜胎座</u>；花柱分离或基部合生；<u>柱头呈螺旋状，带刺状乳头</u>。<u>果为蒴果</u>，有时呈浆果状，有翅或棱。花粉粒 3 孔沟，条纹状纹饰。染色体 2n=20，22，30，32，34，36，38，44，52，56，60，64，88 等。

分布概况：2（-3）属/约 1400 种，广布热带和亚热带地区；中国 1 属/180 余种，产西南及华南各地。

系统学评述：该科的亲缘关系复杂，与其近缘的可能是 Datiscaceae，它们都具单性花，子房下位，侧膜胎座，胚含油等特征而极为相似。然而秋海棠科与葫芦科 Cucurbitaceae 相同特征也很多，如单性花，子房下位，雄蕊联合的倾向，种子无胚乳，胚含油，叶具掌状脉等而极为相似[1]。在秋海棠科内，特产太平洋夏威夷群岛的 *Hillebrandia* 具有多室子房半下位的果实，可能与亚洲秋海棠属浆果或侧膜胎座类有一定联系[2]。

1. *Begonia* Linnaeus 秋海棠属

Begonia Linnaeus (1742: 516); Ku et al. (2007: 151) (Type: *B. obliqua* Linnaeus)

特征描述：多年生草本肉质。茎直立、匍匐状，稀攀援状。单叶，互生或全部基生；<u>叶片常不对称</u>。<u>花单性</u>，多雌蕊同株，极稀异株；花被片花冠状；雄花：花被片 2-4；雌花：花被片 2-5（-6-8），<u>子房下位</u>，具侧膜胎座或中轴胎座，每胎座具 1-2 裂片。蒴果浆果状，呈 3-4 翅或小角状凸起；种子细小，极多数。花粉粒 3 孔沟，条纹状纹饰。染色体 2n=20，22，30，32，34，36，38 等。

分布概况：约 1000/180 余种，**2-2 型**；广布热带和亚热带地区，尤以中美洲，南美洲最多；中国产长江以南，极少数到华北、甘肃、陕西南部，云南东南部和广西西南部尤盛。

系统学评述：该属属下系统分类，前人的研究主要以子房室数、胎座类型、果实类型及开裂方式、花被片数目及形态等特征，并按各大洲区共分成 63 组，有些种未被归入任何组[3]。属内关系和地理联系较为复杂，有待深入而全面的分子系统学研究[4,5]。

中国的秋海棠属系统暂采用 Shui 等[6]的分组处理，分为 9 组，分别是侧膜组 *Begonia* sect. *Coelocentrum* Irmsch、单座组 *B.* sect. *Reichenheimia* (Klotzsch) de Candolle、等翅组 *B.* sect. *Petermannia* (Klotzsch) de Candolle、无翅组 *B.* sect. *Sphenanthera* (Hasskarl) Warb、棒果组 *B.* sect. *Leprosa* (T. C. Ku) Y. M. Shui、小花组 *B.* sect. *Alicida* C. B. Claeke、秋海棠

组 *B.* sect. *Diploclinium* (Wight) de Candolle、扁果组 *B.* sect. *Platycentrum* (Klotzsch) de Candolle 和小海棠组 *B.* sect. *Parvibegonia* de Candolle。

DNA 条形码研究：基于中国秋海棠属 26 种 136 个个体的 4 个 DNA 条形码候选片段、*matK-trn*H-*psb*A 分析，叶绿体基因 *rbc*L、*matK* 和 *trn*H-*psb*A 种内和种间变异小，对秋海棠属植物的鉴别能力有限；ITS 序列种内和种间变异大、重合少，物种正确鉴定率高，是 3 个叶绿体基因不可缺少的补充候选片段[7]。BOLD 网站有该属 104 种 339 个条形码数据；GBOWS 网站已有 72 种 856 个条形码数据。

代表种及其用途：该属植物花朵鲜艳美丽，体态多姿，花期较长，作园艺和美化庭园的观赏植物，常见有原产美洲的四季海棠 *B. semperflorens* Link & Otto 等。

主要参考文献

[1] Carlquist S, Miller RB. Wood anatomy of Corynocarpaceae is consistent with cucurbitalean placement[J]. Syst Bot, 2001, 26: 54-65.

[2] Clement WL, et al. Phylogenetic position and biogeography of *Hillebrandia sandwicensis* (Begoniaceae): a rare Hawaiian relict[J]. Am J Bot, 2004, 91: 905-917.

[3] Doorenbos J, et al. Thesections of *Begonia*: including descriptions, keys and species lists[J]. Agric Univ Wageningen Pap, 1998, 98: 1-266.

[4] Thomas DC, et al. A non-codingplastid DNA phylogeny of Asian *Begonia* (Begoniaceae): evidence for morphological homoplasy and sectional polyphyly[J]. Mol Phylogenet Evol, 2011, 60: 428-440.

[5] Thomas DC, et al. West to east dispersal and subsequent rapid diversification of the mega-diverse genus *Begonia* (Begoniaceae) in the Malesian archipelago[J]. J Biogeogr, 2012, 39: 98-113.

[6] Shui YM, et al. Synopsis of the Chinese species of *Begonia* (Begoniaceae), with a reappraisal of sectional delimitation[J]. Bot Bull Acad Sin, 2002, 43: 313-327.

[7] 焦丽娟, 税玉民. 中国秋海棠属(秋海棠科)植物的 DNA 条形码评价[J]. 植物分类与资源学报, 2013, 35: 715-724.

Celastraceae R. Brown (1814), *nom. cons.* 卫矛科

特征描述：乔木或灌木，常攀援状，稀草本，偶具刺。单叶对生或互生。有限聚伞花序，顶生或腋生；具小苞片；花常两性，有时单性或杂性，<u>辐射对称</u>；花萼 4-5 裂，宿存；<u>花瓣 4-5</u>；雄蕊 3-5，<u>与花瓣互生</u>，<u>着生于花盘上</u>；花药基着或背着，1-2 室，纵裂；<u>子房上位至半下位</u>，<u>中轴胎座</u>，<u>（1）2-5（10）室</u>，<u>与花盘分离或藏于其内</u>；胚珠 1 至多数；花柱全缘，或 3-5 裂。蒴果、分果、核果或浆果；<u>常具橙色至红色翅或假种皮</u>；种子 1 至多数，光滑或具沟痕，具种脊。花粉粒 3 孔沟，网状至穿孔状纹饰。染色体 2n=16，24，28。叶和茎含单宁、卫矛醇，部分种类含卡西酮。

分布概况：94 属/1400 种，分布于热带和亚热带，少数至温带；中国 15 属/257 种，各地均产。

系统学评述：传统的卫矛科是个相当异质的类群，科下系统和各亚科之间的关系有比较多的变化或时有分合。该科与刺茉莉科 Salvadoraceae、茶茱萸科 Icancinaceae 及梅花草科 Parnassiaceae 的关系较近[1]。Loesener 将卫矛科分为 5 亚科，即弯蕊亚科 Campylostemonoideae、卫矛亚科 Celastroideae、雷公藤亚科 Tripterygioideae、福木亚科 Cassinoideae 和毛药树亚科 Goupioideae，不包括翅子藤科 Hippocrateaceae 和木根草科 Stackhousiaceae[2]。而现在翅子藤亚科 Hippocrateoideae 与五层龙亚科 Salacioideae 都归于狭义的卫矛科[3,4]。Takhtajan[4]认为卫矛科内各亚科都紧密相近，或者没有一个可达独立成科的标准。

分子系统学研究表明，卫矛科是系统关系相当混乱的类群。根据形态学定义的分类群用分子的系统发育关系重建时显示大部分不是单系[5-15]，传统的卫矛科范围已经被打乱。将一些类群如毛药木属 *Goupia*、核子木属 *Perrottetia*、膝柄木属 *Bhesa* 等类群移去之后，卫矛科的单系性得到了较好的保持，而且形态上也不再表现显著的异质性[12]。尽管移出了一些类群，但卫矛科的范围却有所扩大[8,11,12]。将翅子藤科归并进卫矛科，是因为如果将其分出会导致卫矛科为并系类群[APG III,13]。Coughenour 等[14,15]的研究表明，具有假种皮蒴果的 *Sarawakodendron* 是五层龙亚科 Salacioideae 的姐妹群，而浆果状的五层龙亚科类群有肥厚、具黏液的内果皮，其本质可能就是假种皮；翅子藤亚科 Hippocrateoideae 与上述两者的组合成姐妹群，类似地，具假种皮的 *Helictonema* 再与上述类群成姐妹群关系，这些分支与 Lophopetaleae 一起组成了卫矛科分布于旧世界的一大支，而且卫矛科种子具翅的性状在系统发育关系上多变化。Simmons 等[10]的研究认为，Cassinoideae 与 Tripterygioideae 也不是单系，二者之间及各亚科之下的关系还有待于进一步研究。目前为止，卫矛科内的属间关系并没有彻底解决，而且科内各单系类群的划分仍然存在问题[8,16]。另外，Simmons 等采用 ITS、26S、*mat*K 及 *trn*L-F 4 个片段分析讨论了卫矛科内各类群的系统发育关系，这些片段也可作为科内类群 DNA 条形码研究的候选片段[5-15]。

诸多分子系统学研究一致表明，梅花草属与卫矛科具有密切关系，但梅花草属应该归属于卫矛科还是单立为梅花草科 Parnassiaceae 尚存在争议[7,9-12]。Simmons 等在探讨科内的福木亚科与雷公藤亚科之间的系统发育关系时，发现梅花草属 *Parnassia+Lepuropetalum*、*Mortonia+Pottingeria*、*Quetzalia+Microtropis* 依次为卫矛科其他类群的姐妹群关系，但支持率并不高，位置也不稳定[10]。此处将梅花草属置于卫矛科[APG III]。

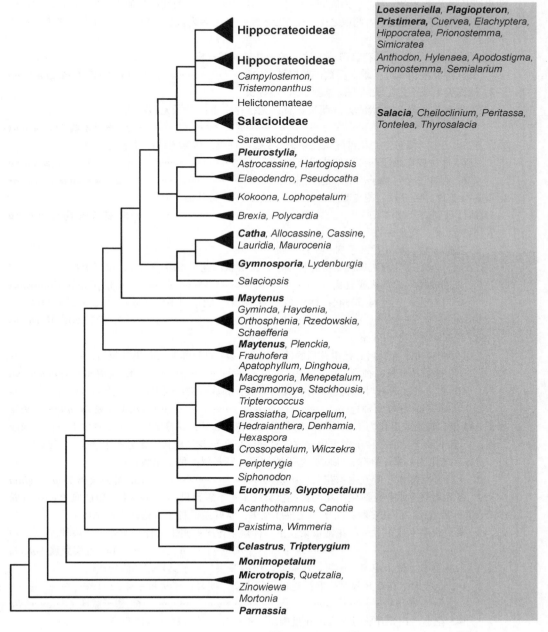

图 107　卫矛科分子系统框架图（参考 McKenna 等[8]；Simmons 等[9]；Simmons 和 Cappa[11]；Coughenour 等[14,15]）

分属检索表

1. 多年生草本；基生叶多呈莲座状；花单生于茎顶；子房 1 室；果实无假种皮或无翅 ············· ·· **10. 梅花草属 Parnassia**
1. 藤本、灌木或乔木；单叶对生或互生；聚伞或圆锥花序顶生或腋生；子房 2-5（-10）室，稀退化为 1 室；果实通常具假种皮或翅
  2. 蒴果或具翅蒴果，胞背裂，少为胞间裂或半裂；花常单性，稀两性；花部 3-6 数；花盘较薄，或 厚；雄蕊着生于花盘边缘内侧或之上；子房 2-5 室；种子多为假种皮包围；多分布于热带、亚热 带及温带
    3. 花部常 5 数，稀 3 数；花盘薄或近缺；种子具翅或假种皮
      4. 植株常被星状绒毛；雄蕊多数；蒴果具顶生翅············ **11. 斜翼属 Plagiopteron**
      4. 植株无毛或不为星状绒毛；雄蕊 2-5，不等长
        5. 叶对生；花盘环状或无；蒴果 2 裂，无宿存中轴；种子无假种皮 ··············· ··· **8. 假卫矛属 Microtropis**
        5. 叶互生，稀对生；花盘杯状；蒴果 2-3 裂，有或无宿存果轴；种子具假种皮
          6. 假种皮在种子基部延伸成膜质翅 ···························· **1. 巧茶属 Catha**
          6. 假种皮全包种子，不下延成翅 ···················· **2. 南蛇藤属 Celastrus**
    3. 花部 4-5 数，稀 6 数；花盘肥厚；种子多具假种皮，稀具翅
      7. 植株具刺或分枝顶端刺状；花常单性 ···················· **5. 裸实属 Gymnosporia**
      7. 植株无刺；花常两性
        8. 花部 5 数，稀 4 数；子房 2-5 室
          9. 叶对生；花盘肥厚扁平；花柱细小，圆头状；蒴果不裂或深裂，或延展成翅；假种皮 围成杯状、舟状或盔状 ······························· **3. 卫矛属 Euonymus**
          9. 叶互生；花盘肉质杯状；柱头 2-3 裂；蒴果开裂，但不延展成翅；假种皮围成杯状··· ·· **7. 美登木属 Maytenus**
        8. 花部 4 数；子房 4 室
          10. 叶对生；无托叶；花瓣花后脱落；花盘 3 裂；胚珠垂悬；蒴果开裂后，明显宿存中轴； 种子具分枝的种脊 ···································· **4. 沟瓣属 Glyptopetalum**
          10. 叶互生；具托叶；花瓣宿存；花盘微裂；胚珠直立；蒴果深裂，无明显宿存中轴；种 子不具分枝的种脊 ···························· **9. 永瓣藤属 Monimopetalum**
  2. 翅果、核果、浆果或退化为 1 室蒴果；花多两性；花部 5 数；花盘肥厚；雄蕊着生于花盘边缘或 外侧；子房不多于 3 室；种子多无假种皮，具翅，呈环形或三棱状；多分布于热带、亚热带
    11. 子房常退化为 1 室 1 胚珠；果实为翅果或核果，不开裂；种子无假种皮
      12. 全为藤状灌木；叶互生；花杂性；翅果 ···················· **15. 雷公藤属 Tripterygium**
      12. 多为直立乔木；叶对生；花两性；核果或 1 室不裂蒴果············· **12. 盾柱属 Pleurostylia**
    11. 子房不常退化，胚珠多数；果实为蒴果或浆果，常开裂；种子具翅则无假种皮
      13. 攀援状灌木或小乔木；花常数朵簇生，稀聚伞花序；浆果；种子无翅，具假种皮 ············ ·· **14. 五层龙属 Salacia**
      13. 木质藤本；聚伞花序；蒴果，压扁状，中缝开裂；种子具翅，无假种皮
        14. 花较大，花瓣开放时广展；花盘环状肉质，明显；子房每室 4-22 胚珠············· ··· **6. 翅子藤属 Loeseneriella**
        14. 花小，花瓣开放时直立；花盘肉质，不明显；子房每室 2-10 胚珠············· ·· **13. 扁蒴藤属 Pristimera**

1. *Catha* Forsskål ex Schreber 巧茶属

Catha Forsskål ex Schreber (1777: 228); Ma & Funston (2011: 479) [Lectotype: *C. edulis* (Vahl) Endlicher
(≡*Celastrus edulis* Vahl)]

特征描述：灌木或乔木。叶在老枝上对生，幼枝上互生；具钝齿。花小，两性，白
色，聚伞花序腋生；花部 5 数；花盘薄，浅杯状，微 5 裂；雄蕊着生花盘外侧，花药纵
裂，内曲；花丝明显；子房 3 室，每室 2 胚珠，直立，柱头 3 裂。蒴果窄圆柱状，假种
皮橙红色，顶端开裂。种子 1-3，细长倒卵形，基部具膜质翅。

分布概况：1/1 种，（6）型；分布于非洲东部和北部，阿拉伯半岛及亚洲热带有栽
培；中国广西、海南和云南有栽培。

系统学评述：该属虽然与裸实属 *Gymnosporia* 植物都含有卡西酮一类的兴奋剂，两
者被疑为近缘类群，但目前无论是分子系统学的研究，还是与形态性状结合分析都一致
支持该属与福木亚科 Cassinoideae 内单独聚为 1 支的 4 属，即 *Allocassine*、*Cassine*、
Lauridia 和 *Maurocenia* 成姐妹群关系[7,8,10,11,16]。

DNA 条形码研究：BOLD 网站有该属 1 种 5 个条形码数据；GBOWS 网站已有 1
种 4 个条形码数据。

代表种及其用途：巧茶 *C. edulis* (Vahl) Endlicher 在埃塞俄比亚作为重要的经济作物，
其嫩叶含有单胺类生物碱，可作兴奋剂。在非洲东部，阿拉伯半岛国家及马达加斯加人
民用以咀嚼嗜好或者当茶饮用。

2. *Celastrus* Linnaeus 南蛇藤属

Celastrus Linnaeus (1753: 196), *nom. & gend. masc. cons.*; Zhang & Funston (2010: 466) (Lectotype: *C. scandens*
Linnaeus).——*Monocelastrus* F. T. Wang & T. Tang (1951: 136)

特征描述：藤状灌木，具皮孔。叶互生，具锯齿。花小，常单性，黄绿或黄白色，
圆锥状、总状聚伞花序，偶单花；花部 5 数，花盘膜质或肉质，环状至杯状，全缘或浅
5 裂；雄蕊，着生于花盘边缘；花药纵裂，内曲；子房上位，与花盘离生，稀微连合，3
室，每室 1-2 胚珠，胚珠基部具假种皮，柱头 2-3 裂。蒴果黄色，球状，顶端常宿存花
柱，基部宿存花萼，室背开裂，果轴宿存。种子 1-6，椭球体到半球形，假种皮肉质红
色，全包种子；胚直立，胚乳丰富。花粉粒 3 孔沟，网状纹饰。昆虫传粉。染色体 $2n=46$。

分布概况：31/25（16）种，2（14）型；分布于亚洲，澳大利亚，南美，北美，马
达加斯加的热带和亚热带及温带地区；中国均产，以长江以南尤盛。

系统学评述：由于该属形态上的变异很大，不同的学者对于其属下的划分及种数也
各持己见[FRPS,FOC,2,17]。分子系统学研究对南蛇藤属的单系性，以及属下划分基本确定[18]，
并一致表明该属与雷公藤属 *Tripterygium* 具有较高支持率的近缘关系[7-9,18]。

DNA 条形码研究：BOLD 网站有该属 18 种 37 个条形码数据；GBOWS 网站已有 9
种 121 个条形码数据。

代表种及其用途：美洲南蛇藤 *C. scandens*、南蛇藤 *C. orbiculatus* Thunberg 被广泛

栽培以作园林观赏，尤其是果实与假种皮在冬季色彩艳丽。有些种类纤维较好，还有些种或为油料，或为农药，杀菜虫有效。

3. *Euonymus* Linnaeus 卫矛属

Euonymus Linnaeus (1753: 197), *nom. & orth. cons.*; Ma (2001: 1); Ma (2002: 31); Ma & Funston (2008: 440)
(Type: *E. europaeus* Linnaeus)

特征描述：灌木或乔木，或藤本。叶对生；花两性，较小，聚伞圆锥花序；花部 4-5 数；雄蕊 4-5，花药"个"字着生或基着，1-2 室，花丝极短，着生于花盘边缘处；花盘肥厚扁平；子房 3-5 室，藏于花盘内，每室 2-12 胚珠，轴生或室顶角垂生。蒴果近球状、倒锥状，常不分裂或浅裂，或深裂，或延展成翅；果皮平滑或有凸起；种子每室常 1-2，稀 6 以上。种子外被红色或黄色肉质假种皮，全包或仅局部包围成杯状、舟状或盔状。花粉粒 3 孔沟，网状纹饰。染色体 $2n$=16，32，48，64。

分布概况：130/90（50）种，**1（8-4）型**；分布于亚洲，澳大利亚，欧洲，北美及马达加斯加；中国南北均产。

系统学评述：该属种类较多，存在间断分布，而且异质性较高，可能包含一些属或其下的种类，如沟瓣属 *Glyptopetalum*、永瓣藤属 *Monimopetalun* 及 *Torralbasia*[9]。近期 Simmons 和 Cappa[11]从该属分出仅产非洲大陆、因间断分布形成的单种属 *Wilczekra*，并认为其系卫矛科早期多样化的唯一非洲成员。

DNA 条形码研究：BOLD 网站有该属 34 种 76 个条形码数据；GBOWS 网站已有 16 种 112 个条形码数据。

代表种及其用途：一些种类，如卫矛 *E. alatus* (Thunberg) Siebold、欧卫矛 *E. europaeus* Linnaeus 和扶芳藤 *E. fortunei* (Turczaninow) Handel-Mazzetti 常被广泛栽培以作园林观赏或树篱，尤其是具假种皮的种子和果实在冬季作观赏用。

4. *Glyptopetalum* Thwaites 沟瓣属

Glyptopetalum Thwaites (1856: 267); Liu & Funston (2008: 463) (Type: *G. zeylanicum* Thwaites)

特征描述：常绿灌木或乔木。单叶对生。聚伞花序，对生，1-4 分枝；花部 4 数，萼片肾形；雄蕊 4；花盘 3 裂，杯状或盘状，常与子房融合，子房陷入花盘内，4 室，每室 1 胚珠，自室顶垂悬。蒴果近球形，背缝开裂，果瓣常向内弯卷露出种子，种子和果瓣相继脱落后，中轴仍宿存果梗上。种子 1-4；种脊线状，稍凸起并在近合点处有分枝；假种皮红色，包围种子。

分布概况：27/9（7）种，**（7a）型**；分布于亚洲热带及亚热带地区；中国产云南、贵州、广西和广东。

系统学评述：分子系统学研究表明沟瓣属与狭义的卫矛属关系密切，但彼此间系统关系尚不明确[9]。沟瓣属显然是卫矛属在新的印度-西马来热带（雨林）条件下持续演化形成的，个别种类如刺叶沟瓣 *G. ilicifolium* (Franchet) C. Y. Cheng & Q. S. Ma 为金沙江干热河谷的特化种，则为较古老的古南大陆（或古地中国海）的孑遗植物[1]。

DNA 条形码研究：BOLD 网站有该属 1 种 1 个条形码数据；GBOWS 网站已有 3 种 12 个条形码数据。

5. *Gymnosporia* (Wight & Arnott) J. D. Hooker 裸实属

Gymnosporia (Wight & Arnott) J. D. Hooker (1862: 359), *nom. cons.* ; Liu & Funston (2008: 474) [Type: *G. montana* (A. W. Roth) Bentham, *typ. cons.* (≡*Celastrus montanus* A. W. Roth)]

特征描述：灌木或小乔木；小枝常刺状。叶互生（刺上对生）或簇生。花单性，稀两性，单生或聚伞花序簇生于刺枝叶腋；花部 5（6）数；花盘环状肉质，4-5 裂；雄蕊着生于花盘周围；子房基部与花盘融合，2-4 室，每室 2-3 胚珠。蒴果卵球形或近球形，革质，背缝开裂；种子 1-4，椭球体，假种皮不包或包裹种子。花粉粒 3 孔沟，网状纹饰。染色体 2n=20，24，36，56。

分布概况：80/11（7）种，（**4**）型；分布于新、旧世界的热带和亚热带地区，主产亚洲和非洲的热带地区；中国产长江以南。

系统学评述：McKenna 等[8]认为，裸实属起源于非洲大陆而后再向马达加斯加，东南亚及大洋洲扩散的，其范围应该包括所有旧世界的裸实属类群及 *Putterlickia*，而新世界的裸实属类群应归为 Simmons 发表的新属 *Haydenia*。最早该属的类群曾为南蛇藤属 *Celastrus* 下的 1 个组，而后 Loesener[2]依据心皮数量将其分为 2 类，但并未正式提出分类等级地位。中国学者大都以组将其置于美登木属 *Maytenus*[FPRS,19,20]。然而，近年分别来自形态及分子的证据认为裸实属与美登木属植物截然不同，并独立为属[FOC,5-7,13,21]。

DNA 条形码研究：BOLD 网站有该属 30 种 49 个条形码数据；GBOWS 网站已有 3 种 16 个条形码数据。

代表种及其用途：有刺的裸实属植物，如贵州裸实 *G. esquirolii* H. Léveillé 等，其树皮往往含有抗癌的大环化合物，亦具多种生物碱，包括咖啡因。

6. *Loeseneriella* A. C. Smith 翅子藤属

Loeseneriella A. C. Smith (1941: 438); Peng & Funston (2008: 490) [Type: *L. macrantha* (Korthals) A. C. Smith (≡*Hippocratea macrantha* Korthals)]

特征描述：木质藤本；枝对生或近对生，具皮孔。叶对生或近对生。花两性，聚伞花序或圆锥花序腋生或生于小枝顶端；花梗和花柄被毛，具小苞片；花部 5 数，覆瓦状排列；花盘明显，环状肉质，高突；雄蕊 3；子房 3 室，每室 4-15（或 22）胚珠，花柱圆柱形。蒴果常 3 枚聚生，扁平，中缝开裂；外果皮薄，具纵线条纹。种子多数，基生膜质翅。染色体 2n=56。

分布概况：20/5（5）种，5（7）型；分布于亚洲及非洲热带地区；中国产广东、广西、云南和海南。

系统学评述：分子系统学研究支持该属的单系性，而且与 *Apodostigma*、*Campylostemon*、*Elachyptera*、*Hippocratea*、*Reissantia* 及 *Tristemonanthus* 构成了支持率很高的单系分支，但此分支的共衍征尚不清楚，分支内各属间的关系亦待定[15]。

DNA 条形码研究：BOLD 网站有该属 4 种 9 个条形码数据；GBOWS 网站已有 2 种 6 个条形码数据。

7. *Maytenus* Molina 美登木属

Maytenus Molina (1782: 177); Liu & Funston (2008: 477) (Type: *M. boaria* Molina)

特征描述：灌木或小乔木，稀倾斜或藤本状；常无刺。叶互生，具柄。花两性或单性，组成二歧或单歧分枝的聚伞花序；花部 5（4）数；花盘杯状肉质；雄蕊 5，着生于花盘上；子房 2-3 室，直立，每室 2 胚珠，柱头 2-3 裂。蒴果球形或卵球形，室背 2-3 裂；种子 1-6，具杯状假种皮，包围种子基部或全包围。花粉粒 3 孔沟，网状纹饰。染色体 2*n*=18，20，24，26，32，36，40，44，48，52，54，60。

分布概况：220/6（5）种，**2（6）型**；分布于美洲热带、亚热带地区及澳大利亚温带地区；中国产西南至东南。

系统学评述：广义的美登木属被认为是个异质性很高的并系，可能包含其他属的类群，如南蛇藤属 *Celastrus* 与裸实属 *Gymnosporia*[5-7,21]。McKenna 等[8]基于 2 个核基因和 2 个叶绿体片段，并结合形态性状对广义的美登木属的范围重新界定，该研究表明 *Moya* 与 *Tricerma* 嵌入美登木属内，应作为美登木属的异名处理，而原来美登木属的 5 个种应该归于裸实属，大洋洲的美登木属的类群移置 *Denhamia*。

DNA 条形码研究：BOLD 网站有该属 40 种 91 个条形码数据；GBOWS 网站已有 2 种 7 个条形码数据。

代表种及其用途：美登木 *M. hookeri* Loesener 有清香味道，化瘀消症、清火解毒、消肿止痛，还防治早期癌症。

8. *Microtropis* Wallich ex Meisner 假卫矛属

Microtropis Wallich ex Meisner (1837: 68), *nom. cons.* ; Zhang & Funston (2008: 479) [Type: *M. discolor* (Wallich) C. F. Meisner (≡*Cassine discolor* Wallich)]

特征描述：灌木或乔木；小枝略四棱。叶对生。花两性，稀单性，排成腋生花束或聚伞花序；花部常 5 数，稀 4 或 6 数；花萼基部合生，边缘具不整齐细齿或缘毛，果期宿存，略增大；花盘环状或无；雄蕊 5（4）；子房卵形，2-3 室，每室 2 胚珠，花柱短粗。蒴果长椭球形，2 裂。种子常 1，直生于稍凸起增大的胎座上，无假种皮，种皮肉质呈假种皮状。

分布概况：60-70/27（20）种，**3 型**；分布于亚洲南部和东南部，以及美洲和非洲的热带与亚热带地区；中国产西南至台湾。

系统学评述：分子系统学研究表明该属与因地理隔离而从该属分出的 *Quetzalia* 最近缘，但在形态上除蒴果开裂方式外，并无其他共衍征；上述两者一起为 *Zinowiewia* 的姐妹群[9]。

DNA 条形码研究：BOLD 网站有该属 5 种 7 个条形码数据；GBOWS 网站已有 7 种 40 个条形码数据。

9. *Monimopetalum* Rehder 永瓣藤属

Monimopetalum Rehder (1926: 233); Ma & Funston (2008: 465) (Type: *M. chinense* Rehder)

特征描述：缠绕、无刺灌木。<u>叶互生</u>；<u>托叶 2 枚，锥尖，边缘常略呈流苏状，宿存</u>。<u>花两性</u>，聚伞花序腋生；花部 4 数；<u>花瓣匙形，长于萼片，宿存，果期明显增大成翅状</u>；<u>花盘扁平环状</u>；雄蕊无花丝；<u>子房大部与花盘合生</u>，4 室，每室 2 胚珠；花柱极短。蒴果深裂成 1-4 瓣，常仅 1-2 室发育；种子 1-2，<u>基部有环状的假种皮</u>。花粉粒 3 孔沟，网状纹饰。

分布概况：1/1（1）种，**15** 型；特产中国安徽、江西。

系统学评述：该属植物可能是白垩-第三纪以来的孑遗成分[1]。分子系统学研究也表明，永瓣藤属是卫矛科内早期分化且孤立的 1 支[9]。

DNA 条形码研究：BOLD 网站有该属 1 种 1 个条形码数据；GBOWS 网站已有 1 种 16 个条形码数据。

10. *Parnassia* Linnaeus 梅花草属

Parnassia Linnaeus (1753: 273); Gu & Hultgård (2001: 358); Wu et al. (2009: 559) (Type: *P. palustris* Linnaeus)

特征描述：多年生草本；茎常不分枝。叶基生、多呈莲座状；<u>花茎中部以下具无柄叶 1 枚</u>。花两性，<u>单生茎顶</u>；<u>花萼 5，基部多少连合且与子房合生</u>；<u>花瓣 5，全缘或睫毛状</u>；雄蕊 5，<u>与花瓣互生</u>，退化雄蕊 5；<u>子房 1 室</u>，上位或半下位，<u>侧膜胎座 3-4</u>。蒴果偶带棱，室背开裂；种子多数，倒卵球体或椭球形，<u>沿整个腹缝线着生</u>，有翅；膜质。花粉粒 3 孔沟，网状纹饰。染色体 2n=14，18，27，32，36，48。

分布概况：50-70/63（49）种，**8（9）**型；分布于北温带，主产亚洲东部和东南部；中国各地均产，主产西南。

系统学评述：诸多分子系统学研究表明梅花草属和 *Lepuropetalum* 与卫矛科具有密切关系[7,9-12]。在早期相当长的一段时期内梅花草属被置于虎耳草科 Saxifragaceae，但这样的处理受到质疑。此外，梅花草属曾分别被移置到茅膏菜科 Droseraceae、金丝桃科 Hypericaceae，甚至景天科 Crassulaceae。当然，Takhtajan[4]认为梅花草属为单系类群。APG II 系统中将梅花草属植物单独分出 1 科，列在卫矛目 Celastrales 下。Simmons 等选用核核糖体 26S nrDNA、取样密集的分子系统发育研究显示，梅花草属被解析为卫矛科内早期分化出的 1 支，但支持率不高[6]；也有分子系统学研究将梅花草属归为卫矛科内的成员[24]。

DNA 条形码研究：BOLD 网站有该属 40 种 520 个条形码数据；GBOWS 网站已有 50 种 1199 个条形码数据。

代表种及其用途：梅花草 *P. palustris* Linnaeus 全草可入药。

11. *Plagiopteron* Griffith 斜翼属

Plagiopteron Griffith (1843: 244); Tang & Zmarzty (2008: 493) (Type: *P. fragrans* Griffith)

特征描述：木质藤木，嫩枝被星状绒毛。叶对生，被绒毛。花两性，圆锥花序生枝顶叶腋，轴被绒毛；花萼 3-5，披针形，被绒毛；花瓣 3-5，呈萼片状，反卷，分离，两面被绒毛；雄蕊多数；子房被褐色长绒毛，3 室，每室 2 侧生胚珠。蒴果三角状陀螺形，顶端有水平排列的翅 3 条。花粉粒 3 孔沟，穿孔状纹饰。

分布概况：1/1 种，**7-3** 型；分布于缅甸，印度，泰国；中国产广西。

系统学评述：分子系统学研究明确地将该属识别为卫矛科的成员，且与翅子藤亚科 Hippocrateoideae 关系更近[5,6,13-15,23]。该属曾先后被放入椴树科 Tiliaceae、大风子科 Flacourtiaceae 及单立的斜翼科 Plagiopteraceae。该属分子系统位置与其木质攀援的习性、对生叶、由小花组成聚伞花序及翅果等形态性状比较吻合，但其花粉形态却在卫矛科中少见。

DNA 条形码研究：BOLD 网站有该属 1 种 5 个条形码数据；GBOWS 网站已有 1 种 12 个条形码数据。

代表种及其用途：斜翼 *P. suaveolens* Griffit 的枝、叶及根供药用。

12. *Pleurostylia* Wight & Arnott 盾柱属

Pleurostylia Wight & Arnott (1834: 157); Ma & Funston (2008: 487) (Lectotype: *P. wightii* Wight & Arnott)

特征描述：直立乔木或灌木。叶对生。花两性，数朵排成腋生、极短聚伞花序；花部 5 数；花盘杯状，肉质；雄蕊 5，着生于花盘边缘之下；子房半藏于花盘内，2 室或退化为 1 室，每室 2-8 胚珠，花柱短，柱头阔盾状。核果或蒴果卵球形或椭球形，骨质，不裂。种子 1-2，为假种皮状的内果皮所包围。

分布概况：8/1 种，**4** 型，分布于旧热带和亚热带；中国产海南。

系统学评述：Simmons 等的分子证据与形态性状联合分析表明，盾柱属为单系，且与单型属 *Hartogiopsis* 近缘[10]。

DNA 条形码研究：BOLD 网站有该属 4 种 7 个条形码数据；GBOWS 网站已有 1 种 4 个条形码数据。

13. *Pristimera* Miers 扁蒴藤属

Pristimera Miers (1972: 360); Peng & Funston (2008: 491) [Lectotype: *P. verrucosa* (Kunth) Miers (≡*Hippocratea verrucosa* Kunth)]

特征描述：木质藤本，枝常对生，近圆形或四棱形，节间略膨起。叶对生或近对生。花两性，单生或排成腋生聚伞花序；花部 5 数；花瓣直立开展；花盘肉质，不明显，常与子房不易区别；雄蕊 3；子房扁三角形，3 室，每室 2-10 胚珠，并生或上下叠生；花柱短。蒴果狭长椭圆形，常 3 枚聚生于膨大花托上，亦或退化为 1 枚，扁平，沿中缝开裂，果皮薄革质，具条纹；种子 2-10，基部具膜质翅，中间有 1 条明显脉纹；无胚乳。

分布概况：30/4（1）种，**3型**；分布于亚洲热带地区及中南美洲；中国产云南、广西、广东和海南。

系统学评述：Simmons 等[6]曾用核糖体 26S 的系统发育分析认为该属不为单系。最近，Coughenour 等[15]基于叶绿体与核基因片段的系统发育重建及结合形态性状的研究，将分布与旧世界 *Prionostemma* 的 5 个类群及 *Simirestis* 的 8 个类群移置该属，另将该属的亚属 *Trochantha* 提升为属，以恢复该属的单系性。

DNA 条形码研究：BOLD 网站有该属 1 种 2 个条形码数据。

14. *Salacia* Linnaeus 五层龙属

Salacia Linnaeus (1771: 159), *nom. cons.* ; Peng & Funston (2008: 487) (Type: *S. chinensis* Linnaeus)

特征描述：<u>攀援状灌木或小乔木</u>；小枝近圆形，<u>节间膨大或略扁平</u>。叶对生。花两性，<u>少至数朵簇生于叶腋或腋上生的瘤状凸起体上</u>，<u>稀排成聚伞花序</u>；花部 5 数；雄蕊 2-3；<u>子房圆锥状</u>，藏于肉质花盘内，2-3 室，每室 2-9 胚珠，花柱极短，顶端截形。<u>浆果肉质或近木质</u>；种子 2-12，<u>有棱</u>，<u>无翅</u>，<u>被含有黏液的假种皮包裹</u>；无胚乳。染色体 $2n=28$。

分布概况：200/10（8）种，**2型**；分布于热带地区；中国产云南、贵州、广西和广东及其沿海岛屿。

系统学评述：该属较大，异质性也高，Simmons 等[5,6,9]的系统发育研究一致表明，该属为并系，有待于增加亚洲和非洲的取样作进一步研究。

DNA 条形码研究：BOLD 网站有该属 34 种 71 个条形码数据；GBOWS 网站已有 4 种 15 条形码数据。

代表种及其用途：该属植物浆果黄色可食，有些种类可用于降低血糖，如五层龙 *S. chinensis* Linnaeus。

15. *Tripterygium* J. D. Hooker 雷公藤属

Tripterygium J. D. Hooker (1862: 368); Ma & Funston (2008: 486) (Type: *T. wilfordii* J. D. Hooker)

特征描述：<u>藤状灌木</u>，小枝常有 4-6 锐棱。叶互生。花杂性，<u>顶生圆锥聚伞花序</u>；花部 5 数；花盘肉质，扁平；雄蕊 5；<u>子房上位</u>，<u>下部与花盘愈合</u>，<u>3 室</u>，<u>每室 2 胚珠</u>，<u>仅 1 室 1 胚珠发育</u>，花柱常圆柱状。<u>蒴果为 3 膜质翅包围</u>；种子 1，细窄，三棱形，无假种皮。花粉粒 3 孔沟，网状纹饰。染色体 $2n=24$。

分布概况：4/3 种，**14SJ型**；东亚分布；中国产西南、中南、华东至东北。

系统学评述：从形态上看该属与 *Wimmeria* 相近[22]，而分子系统学研究一致表明它与南蛇藤属 *Celastrus* 更近缘，且聚伞状圆锥花序至总状花序被认为是该分支的共衍征；另外，该属与 *Wimmeria* 的显著翅果性状被认为是趋同进化的结果[7-10,18]。

DNA 条形码研究：BOLD 网站有该属 3 种 7 个条形码数据；GBOWS 网站已有 1 种 29 个条形码数据。

代表种及其用途：该属植物因其翅果，常作景观植物用。雷公藤 *T. wilfordii* J. D. Hooker、昆明山海棠 *T. hypoglaucum* (H. Léveillé) Hutchinson 系剧毒植物，可用于杀虫；

另对类风湿亦有疗效，但有剧毒须慎用。

主要参考文献

[1] 吴征镒, 等. 中国被子植物科属综论[M]. 北京: 科学出版社, 2003.

[2] Loesener T. Celastraceae[M]//Engler A, et al. Die natürlichen pflanzenfamilien. Berlin: Duncker & Humlot, 1942: 87-197.

[3] Robson N, et al. Celastraceae[M]//Polhill RM. Flora of tropical east Africa. Rotterdam: Balkema, 1994: 1-78.

[4] Takhtajan A. Diversity and classification of flowering plants[M]. New York: Columbia University Press, 1997.

[5] Simmons MP, et al. Phylogeny of the Celastraceae inferred from phytochrome B and morphology[J]. Am J Bot, 2001, 88: 313-325.

[6] Simmons MP, et al. Phylogeny of the Celastraceae inferred from 26S nrDNA, phytochrome B, *atp*B, *rbc*L, and morphology[J]. Mol Phylogenet Evol, 2001, 19: 353-366.

[7] Simmons MP, et al. Phylogeny of the Celastreae (Celastraceae) and the relationships of *Catha edulis* (qat) inferred from morphological characters and nuclear and plastid genes[J]. Mol Phylogenet Evol, 2008, 48: 745-757.

[8] McKenna MJ, et al. Delimitation of the segregate genera of *Maytenus s.l.* (Celastraceae) based on morphological and molecular characters[J]. Syst Bot, 2011, 36: 922-932.

[9] Simmons MP, et al. Phylogeny of Celastraceae tribe Euonymeae inferred from morphological characters and nuclear and plastid genes[J]. Mol Phylogenet Evol, 2012, 62: 9-20.

[10] Simmons MP, et al. Phylogeny of Celastraceae subfamilies Cassinoideae and Tripterygioideae inferred from morphological characters and nuclear and plastid loci[J]. Syst Bot, 2012, 37: 456-467.

[11] Simmons MP, Cappa JJ. *Wilczekra*, a new genus of Celastraceae for a disjunct lineage of *Euonymus*[J]. Syst Bot, 2013, 38: 148-153.

[12] Zhang LB, Simmons MP. Phylogeny and delimitation of the Celastrales inferred from nuclear and plastid genes[J]. Syst Bot, 2006, 31: 122-137.

[13] Simmons MP, Hedin JP. Relationships and morphological character change among genera of Celastraceae *sensu lato* (including Hippocrateaceae)[J]. Ann MO Bot Gard, 1999, 86: 723-757.

[14] Coughenour JM, et al. Phylogeny of Celastraceae subfamily Salacioideae and tribe Lophopetaleae inferred from morphological characters and nuclear and plastid genes[J]. Syst Bot, 2010, 35: 358-366.

[15] Coughenour JM, et al. Phylogeny of Celastraceae subfamily Hippocrateoideae inferred from morphological characters and nuclear and plastid genes[J]. Mol Phylogenet Evol, 2011, 59: 320-330.

[16] Islam MB, et al. Phylogeny of the *Elaeodendron* group (Celastraceae) inferred from morphological characters and nuclear and plastid genes[J]. Syst Bot, 2006, 31: 512-524.

[17] Hou D. Celastraceae[M]//van Steenis CGGJ. Flora Malesiana I. Vol. 6. Leyden: Flora Malesiana Foundation, 1962: 227-291.

[18] Mu XY, et al. Phylogeny of *Celastrus* L. (Celastraceae) inferred from two nuclear and three plastid markers[J]. J Plant Res, 2012, 125: 619-630.

[19] 裴盛基, 李延辉. 国产裸实属和美登木属的分类研究[J]. 云南植物研究, 1981, 3: 25-31.

[20] Qin XS, et al. A new species of *Maytenus* section *Gymnosporia* (Celastraceae) from Hainan Island, China[J]. Bot J Linn Soc, 2008, 158: 534-538.

[21] Jordaan M, van Wyk AE. Systematic studies in subfamily Celastroideae (Celastraceae) in southern Africa: reinstatement of the genus *Gymnosporia*[J]. S Afr J Bot, 1999, 65: 177-181.

[22] Ma JS, et al. A revision of the genus *Tripterygium* (Celastraceae)[J]. Edinb J Bot, 1999, 56: 33-46.

[23] Simmons MP, et al. Phylogeny of the Celastraceae inferred from phytochrome B gene sequence and morphology[J]. Am J Bot, 2000, 87: 156-157.

[24] Soltis DE, et al. Angiosperm phylogeny: 17 genes, 640 taxa[J]. Am J Bot, 2011, 98: 704-730.

Connaraceae R. Brown (1818), *nom. cons.* 牛栓藤科

特征描述：灌木、小乔木或藤本。<u>叶互生</u>，<u>奇数羽状复叶</u>，<u>无托叶</u>。花两性，辐射对称；总状或圆锥花序；<u>萼片 5（4）</u>，<u>常宿存</u>，包被果实基部；花瓣 5（4），离生；雄蕊 10 或 5，两轮；心皮 5（-3）或 1，离生，<u>子房上位</u>，1 室。<u>蓇葖果</u>，<u>成熟后常沿腹缝线开裂</u>；<u>种子常有肉质假种皮</u>。花粉粒 3 孔沟（拟孔沟），网状至穿孔装纹饰。染色体 x=14，16。

分布概况：12 属/180 种，分布于泛热带，非洲和旧世界尤多；中国 6 属/9 种，产云南、广东、广西、福建和台湾。

系统学评述：APG 系统中牛栓藤科位于酢浆草目，酢浆草科 Oxalidaceae 是其姐妹群[APW]。Planchon[1]将该科分为 2 族，即牛栓藤族 Connareae 和 Cnestideae；*Jollydora* 放入该科后，Gilg[2]把牛栓藤科分为 2 亚科，即牛栓藤亚科 Connaroideae 和 Jollydoroideae。Schellenberg[3]提出新的分类系统，将 *Jollydora* 放到牛栓藤亚科，另一亚科是 Cnestoideae，他将牛栓藤亚科分为 2 族：牛栓藤族和 Roureeae，后者分 2 亚族。Schellenberg[4]又接受 Gilg 对该科的划分，而且属数增加至 24 属。随后，属数被 Leenhouts[5]和 Breteler[6]则减少至 12 属。Lemmens 等[7]在 Breteler[6]系统上提出新的划分：4 族分别是牛栓藤族、Jollydoreae、Manoteae 和 Cnestideae。Chen 等[8]的分子系统学研究中包括了该科 5 属 8 种，研究表明牛栓藤科是单系分支并得到强烈的支持，红叶藤属 *Rourea* 和栗豆藤属 *Agelaea* 不为单系类群，牛栓藤属 *Connarus* 与 *Rourea glabra* Kunth 聚为 1 支且是其余种的姐妹群，但是这种关系及其余属间的关系支持率都很低（靴带支持率小于 70%）。

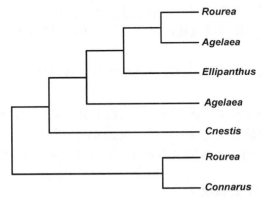

图 108　牛栓藤科分子系统学框架（参考 Chen 等[8]）

分属检索表

1. 羽状复叶 3 小叶以上
  2. 心皮 1，雄蕊 5+5 ·· **3. 牛栓藤属 *Connarus***

2. 心皮 5，雄蕊 10

 3. 萼片覆瓦状排列，果期增大；花瓣在芽中拳卷，长于萼片 ·················· **6. 朱果藤属 *Roureopsis***

 3. 萼片覆瓦状排列，稀镊合状排列，果期不增大；花瓣在芽中为覆瓦状排列

  4. 萼片在果期不增大；花瓣与萼片等长或稍短；种子有胚乳 ·················· **2. 螫毛果属 *Cnestis***

  4. 萼片在果期增大；花瓣长于萼片；种子无胚乳 ··················· **5. 红叶藤属 *Rourea***

1. 羽状复叶 3 小叶或 1 小叶

 5. 心皮 5；萼片覆瓦状排列；种子无胚乳 ··················· **1. 栗豆藤属 *Agelaea***

 5. 心皮 1；萼片镊合状排列；种子有少量胚乳 ··················· **4. 单叶豆属 *Ellipanthus***

1. *Agelaea* Solander ex Planchon 栗豆藤属

Agelaea Solander ex Planchon (1850: 437); Lu & Turland (2003: 438) [Lectotype: *A. villosa* Solander ex Planchon, *nom. illeg.* (=*A. trifolia* (Lamarck) Gilg≡*Cnestis trifolia* Lamarck)]

 特征描述：藤本或攀援灌木。叶具 3 小叶。圆锥花序腋生或顶生；花两性；萼片 5，覆瓦状排列；花瓣 5，线形，比萼片长；雄蕊常 10，2 轮，不等长；心皮 5，子房及花柱基部被短绒毛，胚珠 2，直立。蓇葖果，常有小瘤体，成熟时红色，纵裂，强烈弯曲，花萼宿存；种子 1，黑色，具假种皮，无胚乳。花粉粒 3 孔沟。

 分布概况：7-50/1 种，**6-2** 型；分布于热带非洲至东南亚；中国产海南。

 系统学评述：Lemmens 等[7]的系统中，该属置于螫毛果族。该属不为单系类群[8]。

2. *Cnestis* Jussieu 螫毛果属

Cnestis Jussieu (1789: 374); Lu & Turland (2003: 435) (Lectotype : *C. corniculata* Lamarck)

 特征描述：藤本或攀援灌木。奇数羽状复叶，全缘。圆锥或总状花序。花两性；萼片 5，在芽中呈覆瓦状或镊合状；花瓣 5；雄蕊 10，完全发育，异长；心皮 5，离生，子房被短柔毛；胚珠 2，并生，直立。蓇葖果 1-5，无柄，具喙，沿腹缝线开裂，花萼宿存，不扩大；种子 1，扁平成豆状，黑色或深棕色，基部被假种皮包裹，有胚乳。花粉粒 3 孔沟。

 分布概况：13-40/1 种，**6** 型；分布于热带非洲大陆和马达加斯加及亚洲东南部；中国产海南。

 系统学评述：Lemmens 等[7]系统中，该属置于螫毛果族，其与红叶藤属、单叶豆属和栗豆藤属聚 1 支，但是靴带支持率较低（仅为 65%）[8]。

 DNA 条形码研究：GBOWS 网站有该属 1 种 4 个条形码数据。

3. *Connarus* Linnaeus 牛栓藤属

Connarus Linnaeus (1753: 675); Lu & Turland (2003: 437) (Type: *C. monocarpus* Linnaeus)

 特征描述：藤本、灌木或小乔木。奇数羽状复叶或 3 小叶，全缘，常具透明腺点。总状或圆锥花序；花两性；萼片 5，宿存，常较厚或肉质，花后不膨大；雄蕊 10，2 轮，与花瓣对生雄蕊，常不育；心皮 1，具 2 并列胚珠。果为荚果状，沿腹缝线或背缝线开

裂，花萼宿存，果皮木质或革质；种子 1，具杯状或条裂状假种皮，无胚乳。花粉粒 3 孔沟，网状至穿孔状纹饰。染色体 *n*=16。

分布概况：80-120/2 种，**2（3）**型；泛热带分布，产美洲热带，非洲热带及亚洲东南部；中国产华南及西南。

系统学评述：Lemmens 等[7]系统中，该属置于牛栓藤族。在 Chen 等[8]的研究中，该属是单系类群，其与 *Rourea glabra* Kunth 形成姐妹群关系，但是靴带支持率不高，仅为 66%。

DNA 条形码研究：BOLD 网站有该属 2 种 4 个条形码数据；GBOWS 网站已有 2 种 13 个条形码数据。

4. *Ellipanthus* J. D. Hooker 单叶豆属

Ellipanthus J. D. Hooker (1862: 431); Lu & Turland (2003: 439) [Lectotype: *E. unifoliolatus* (Thwaites) Thwaites (≡*Connarus unifoliolatus* Thwaites]

特征描述：灌木或小乔木，叶为单小叶，全缘。圆锥或聚伞花序；花两性，或单性，雌雄异株；萼片 4-5，在芽中镊合状排列，花后不膨大；花瓣 4-5，在芽中覆瓦状排列；雄蕊 10，2 轮，5 枚不育；心皮单生，偏斜，花柱被长柔毛，胚珠 2。果为蓇葖果，果皮木质，萼宿存，在果期不膨大；种子 1 枚，椭圆形，具黄色或橘黄色假种皮，胚乳少量。花粉粒 3 孔沟。

分布概况：7-13/1（1）种，**6** 型；分布于亚洲东南部，非洲热带；中国产广东、海南。

系统学评述：Lemmens 等[7]系统中，该属置于牛栓藤族。单叶豆属与红叶藤属部分种及栗豆藤属部分种形成 1 个分支，且得到中等的靴带支持率（87%）。

DNA 条形码研究：GBOWS 网站有该属 1 种 3 个条形码数据。

5. *Rourea* Aublet 红叶藤属

Rourea Aublet (1775: 467, pl. 187), *nom. cons.* ; Lu & Turland (2003: 436) (Type: *R. frutescens* Aublet)

特征描述：攀援藤本，灌木或小乔木。奇数羽状复叶，常具多对小叶。聚伞花序排成圆锥花序；花两性，5 数；萼片覆瓦状排列，宿存，花后膨大并紧抱果基部；花瓣 5，为萼片长 2-3 倍；雄蕊 10，不等长；心皮 5，离生，仅 1 枚成熟，胚珠 2，并生。蓇葖果单生，沿腹缝线纵裂。种子 1 枚，种皮光滑，为肉质假种皮所包围，无胚乳。

分布概况：40-100/3 种，**2（3）**型；分布于非洲，美洲，大洋洲的热带地区及亚洲东南部；中国产华南和西南。

系统学评述：Lemmens 等[7]系统中，该属置于螫毛果族。该属不是单系类群[8]。

DNA 条形码研究：BOLD 网站有该属 3 种 11 个条形码数据；GBOWS 网站已有 2 种 6 个条形码数据。

代表种及其用途：根供药用，可以治痢；假种皮可以食用；茎纤维可作绳索，如小叶红叶藤 *R. microphylla* (W. J. Hooker & Arnott) Planchon。

6. *Roureopsis* Planchon 朱果藤属

Roureopsis Planchon (1850: 423); Lu & Turland (2003: 436) (Lectotype: *R. pubinervis* Planchon)

特征描述：直立或攀援灌木。奇数羽状复叶，稀具 1 小叶。总状或圆锥花序；花两性，5 数；萼片 5，覆瓦状排列，果期膨大；花瓣 5，比萼片长；雄蕊 5+5，萼片上着生的较花瓣上着生的长，花丝基部合生成一短管，花药背着；心皮，外面被长硬毛，内面无毛。果长圆形，顶端有短尖；种子 1，具黑色假种皮，无胚乳。花粉粒 3 孔沟。

分布概况：10/1 种，6 型；分布于西非和亚洲热带；中国产广西、云南。

系统学评述：Lemmens 等[7]系统中，该属被处理成红叶藤属的异名，但 FOC 将其处理成 2 属。

主要参考文献

[1] Planchon JE. Prodromus monographiae ordinis Connaracearum[J]. Linnaea, 1850, 23: 411-442.
[2] Gilg E. Gentianaceae[M]//Engler A, Prantl K. Natürlichen pflanzenfamilien. Lepzig: W. Engelmann, 1897: 189-190.
[3] Schellenberg G. Beiträge zur vergleichenden anatomie und zur systematik der Connaraceen[M]. Zürich: Mitteilungen aus dem Botanischen Museum der Universitat Zürich, 1910.
[4] Schellenberg G. Connaraceae[M]//Engler A. Das pflanzenreich. Leipzig: W. Engelmann, 1938: 127.
[5] Leenhouts PW. Connaraceae[M]//van Steenis GGGJ. Flora Malesiana, I. Jakarta: Noordhoff, 1958: 495-591.
[6] Breteler FJ. The Connaraceae: a taxonomic study with emphasis on Africa[D]. PhD thesis. Wageningen: Wageningen Agriculture University, 1989.
[7] Lemmens RHMJ, et al. Connaraceae[M]//Kubitzki K. The families and genera of vascular plants, VI. Berlin: Springer, 2004: 74-81.
[8] Chen ZD, et al. Tree of life for the genera of Chinese vascular plants[J]. J Syst Evol, 2016, 54: 277-306.

Oxalidaceae R. Brown (1818), *nom. cons.* 酢浆草科

特征描述：一年生或多年生草本，稀灌木或乔木。根茎或鳞茎状块茎，常肉质，或有地上茎。复叶或单叶，基生或茎生；常全缘。花两性，常单花，或近伞形或伞房花序；萼片 5；花瓣 5；雄蕊 10，2 轮，5 长 5 短；雌蕊 5，合生心皮，子房上位，5 室，中轴胎座，花柱 5，异长，宿存。室背开裂蒴果或肉质浆果，常具棱（肋）；种子常为肉质外种皮。花粉粒 3 孔沟或 3 拟孔沟，网状纹饰。染色体 $2n=$（10-）14（-84），14-32，22-24。

分布概况：5 属/780 种，分布于热带或亚热带地区，温带地区亦产，主产南美洲；中国 3 属/约 13 种，产南北各地。

系统学评述：酢浆草科在 Cronquist 系统中被列入牻牛儿苗目 Geraniales，还包括安山草属 *Hypseocharis*（牻牛儿苗目牻牛儿苗科）、鳞球穗属 *Lepidobotrys*（卫矛目 Celastrales 鳞球穗科 Lepidobotryaceae）及八瓣果属 *Dirachma*（蔷薇目 Rosales 八瓣果科 Dirachmaceae）[APW]。APG III 中酢浆草科与牛栓藤科 Connaraceae、火把树科 Cunoniaceae、杜英科 Elaeocarpaceae，以及其他几个小科共同放入酢浆草目 Oxalidales；近期的分子系统学研究表明，酢浆草目中牛栓藤科与酢浆草科聚为 1 支，为其他科的姐妹群[APW]。Heibl 和 Renner[1]对酢浆草科的分子系统学研究表明，牛栓藤科为酢浆草科的姐妹群，并得到形态学证据的支持，即羽状复叶、小叶具有关节、花柱异长、雄蕊合生及花器官发生相似[APW]。

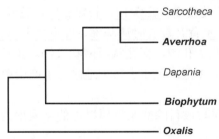

图 109　酢浆草科分子系统框架图（参考 Heibl 和 Renner[1]）

分属检索表

1. 乔木或灌木；奇数羽状复叶；果实肉质浆果 ·· **1. 阳桃属 *Averrhoa***
1. 草本或茎基部木质化的草本；叶为指状 3 小叶或偶数羽状复叶；果为蒴果
  2. 草本；叶为指状 3 小叶；蒴果的果瓣与中轴粘贴 ····································· **3. 酢浆草属 *Oxalis***
  2. 茎为基部木质化的草本；叶为偶数羽状复叶；蒴果的果瓣与中轴分离 ····· **2. 感应草属 *Biophytum***

1. *Averrhoa* Linnaeus 阳桃属

Averrhoa Linnaeus (1753: 428); Liu & Watson (2008: 1) (Lectotype: *A. bilimbi* Linnaeus)

特征描述：<u>乔木或灌木</u>。叶互生或近于对生，<u>奇数羽状复叶</u>，小叶全缘，无托叶。<u>花小</u>，聚伞花序或圆锥花序，<u>自叶腋抽出</u>，<u>或着生于枝干上</u>，即所谓"茎上生花"或"老干生花"；萼片 5，<u>红色</u>，<u>近于肉质</u>；花瓣 5，白色，淡红色或紫红色；<u>雄蕊 10</u>，<u>长短互间</u>，基部合生，全部发育或 5 枚无花药；子房 5 室，花柱 5。<u>浆果肉质</u>，下垂，<u>有明显的 3-6 棱</u>，常 5 棱，<u>横切面呈星芒状</u>，种子多数。花粉粒 3 孔沟，网状纹饰。染色体 n=11，12。

分布概况：2/2 种，**7** 型；原产亚洲热带地区，多栽培；中国产福建、广东、广西、云南和台湾。

系统学评述：Hutchinson[2]将该属从酢浆草科中分出来独立成阳桃科 Averrhoaceae 并放置在芸香目 Rutales。该属植物的形态特征特别是果实特征与酢浆草属的区别较大，把它作为 1 科[FRPS]，但是分子系统学研究并不支持这一划分[APW]。

DNA 条形码研究：BOLD 网站有该属 1 种 11 个条形码数据；GBOWS 网站已有 1 种 4 个条形码数据。

代表种及其用途：阳桃 *A. carambola* Linnaeus 的果生津止渴可入药，根、皮、叶有止痛止血的功效。

2. *Biophytum* de Candolle 感应草属

Biophytum de Candolle (1824: 689); Liu & Watson (2008: 2) [Lectotype: *B. sensitivum* (Linnaeus) de Candolle (≡*Oxalis sensitiva* Linnaeus)]

特征描述：<u>一年生或多年生草本</u>。<u>单茎或二歧分枝</u>，<u>基部常木质化</u>。<u>叶聚生于茎顶或簇生于枝上</u>，<u>偶数羽状复叶</u>；<u>叶柄基部膨大</u>；小叶对生，常偏斜。花单生或数朵组成花序；花常黄色，萼片 5；花瓣 5；<u>雄蕊 10</u>，<u>长短相间</u>，花丝分离；子房近球形，5 室，花柱 5。<u>蒴果卵状长圆形</u>，<u>室背开裂有时达基部</u>，<u>果瓣与中轴分离</u>，每果瓣有种子多数，种皮有小瘤状凸起。花粉粒 3 孔沟，穿孔状至网状纹饰。染色体 n=7-16。

分布概况：约 70/3 种，**2** 型；分布于热带地区，主产南美和非洲，亚洲次之；中国产长江以南。

系统学评述：感应草属与该科除酢浆草属以外的 4 属聚为 1 支，并且是该分支中最早分出来的属[1]。

DNA 条形码研究：BOLD 网站有该属 2 种 4 个条形码数据。

代表种及其用途：一些种类为药用植物，如感应草 *B. sensitivum* (Linnaeus) de Candolle 全草可入药。

3. *Oxalis* Linnaeus 酢浆草属

Oxalis Linnaeus (1753: 433); Liu & Watson (2008: 2) (Lectotype: *O. acetosella* Linnaeus)

特征描述：一年生或多年生草本。<u>根具肉质鳞茎状或块茎状地下根茎</u>。叶互生或基生，<u>指状复叶</u>，常 3 小叶。<u>花基生或为聚伞花序</u>；萼片 5；花瓣 5；<u>雄蕊 10</u>，<u>长短相间</u>；子房 5 室，每室具 1 至多数胚珠，<u>花柱 5</u>，分离。<u>果为室背开裂的蒴果</u>，<u>果瓣宿存于中</u>

轴上；种子具 2 瓣状的假种皮，种皮光滑。有横或纵肋纹。花粉粒 3 孔沟，皱波状至网状纹饰。染色体 $n=$（5-）7（-42）。

分布概况：约 700/8 种，**1 型**；世界广布，分布于南美，南非好望角；中国南北均产，引种 2 个种作观赏。

系统学评述：Lourteig[3,4]基于形态学，对除南非类群之外的该属类群划分为 4 亚属，即 *Oxalis* subgen. *Thamnoxys*、*O.* subgen. *Monoxalis*、*O.* subgen. *Oxalis* 和 *O.* subgen. *Trifidus*，以及多个组；由于该属高度的形态变异及可能发生的种间杂交，故对于几个分类群的界定及组间关系依旧非常困难[5]。Oberlander 等[6]对南非酢浆草属利用 *trn*L-F、*trn*S-G 和 ITS 序列的分子系统学研究表明，南非种类为单系，其内包括 3 个支系，而没有 1 个组为单系；祖先分布区重建分析支持南非支系起源于好望角区系或该区系附近[5]。Heibl 和 Renner[1]对智利酢浆草属的分子系统学研究表明，智利种类聚为 7 个支系，可能与地理分布区及形态学相关；该研究中分子系统学结果与最新的分类学分组结果[3]较一致；地中海区域为酢浆草属热点区域及谱系分化区域，没有快速适应性进化的证据。为蔓生草本的主要是 2 个组，即 *O.* sect. *Corniculatae*（$x=5, 6$）和 *O.* sect. *Ripariae*（$x=5$），Vaio 等[5]利用叶绿体片段及 ITS 片段对这 2 个组的研究表明，它们都不是单系，但是形成两支，一支包括染色体 $x=5$ 的二倍体种类；另一支包括 $x=6$ 的二倍体和多倍体种类。

DNA 条形码研究：BOLD 网站有该属 132 种 315 个条形码数据；GBOWS 网站已有 5 种 52 个条形码数据。

代表种及其用途：酢浆草 *O. corniculata* Linnaeus var. *corniculata* 全草可入药，能解热利尿、消肿散淤；茎叶含草酸，可用以磨镜或擦铜器，使其具光泽。

主要参考文献

[1] Heibl C, Renner SS. Distribution models and a dated phylogeny for Chilean *Oxalis* species reveal occupation of new habitats by different lineages, not rapid adaptive radiation[J]. Syst Biol, 2012, 61: 823-834.

[2] Hutchinson J. The families of flowering plants. 2nd ed.[M]. Oxford: Claredon Press, 1959.

[3] Lourteig A. *Oxalis* L. subgénero *Thamnoxys* (Endl.) Reiche emend. Lourteig[J]. Bradea, 1994, 7: 1-199.

[4] Lourteig A. *Oxalis* L. subgenera *Monoxalis* (Small) Lourteig, *Oxalis* Trifidus Lourteig[J]. Bradea, 2000, 7: 201-629.

[5] Vaio M, et al. Molecular phylogeny and chromosome evolution among the creeping herbaceous *Oxalis* species of sections *Corniculatae* and *Ripariae* (Oxalidaceae)[J]. Mol Phylogenet Evol, 2013, 68: 199-211.

[6] Oberlander KC, et al. Molecular phylogenetics and origins of southern African *Oxalis*[J]. Taxon, 2011, 60: 1667-1677.

Elaeocarpaceae Jussieu (1816), *nom. cons.* 杜英科

特征描述：常绿或半落叶木本。单叶，互生或对生，具柄。花单生或排成总状或圆锥花序，两性或杂性；萼片4-5，常镊合状排列；<u>花瓣4-5，镊合状或覆瓦状排列，或不存在</u>；<u>雄蕊多数</u>，分离，<u>生于花盘上或花盘外</u>，花药2室，<u>顶端常有药隔伸出成喙状或芒状</u>；花盘环形或分裂成腺体状；子房上位，2至多室，<u>花柱连合或分离，胚珠每室2至多数</u>。<u>果为核果或蒴果，有时果皮外侧有针刺</u>；种子椭圆形，胚乳丰富，胚扁平。花粉粒3孔沟，穿孔状至网状纹饰。染色体x=12，14，15，21。

分布概况：12属/605种，分布于除非洲外的热带和亚热带地区；中国2属/52种，产云南、广西、广东、四川、贵州、湖南、湖北、台湾、浙江、福建、江西和西藏。

系统学评述：在Crayn等[1]的研究中，杜英科为单系类群。其中，*Aristotelia*和*Vallea*形成1个高支持率的分支，此分支与*Sloanea*形成姐妹群；支持*Crinodendron*、*Peripentadenia*和*Dubouzetia*之间比较近的亲缘关系；*Tetratheca*和*Tremandra*形成1个高支持率的分支，*Aceratium*和*Sericolea*互为姐妹群。

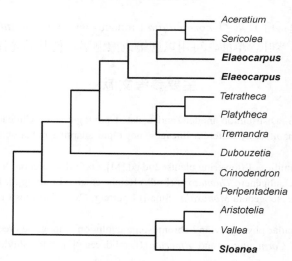

图110　杜英科分子系统框架图（参考Crayn等[1]）

分属检索表

1. 总状花序，花被边缘具锯齿；核果 ·································· **1. 杜英属 Elaeocarpus**
1. 花单生或总状花序，花被边缘全缘或具齿；蒴果 ·················· **2. 猴欢喜属 Sloanea**

1. *Elaeocarpus* Linnaeus 杜英属

Elaeocarpus Linnaeus (1753: 515); Tang & Phengklai (2007: 223) (Type: *E. serratus* Linnaeus)

特征描述：<u>乔木</u>。<u>叶互生</u>，<u>下面或有黑色腺点</u>，<u>常有长柄</u>；<u>托叶存在</u>，<u>线形</u>，或不存在。总状花序，花两性，或杂性；萼片4-6，分离；花瓣4-6，白色，分离，<u>顶端常撕裂</u>；<u>雄蕊10-50</u>，<u>花丝极短</u>，花药2室，顶孔开裂，药隔有时突出成芒刺状，或顶端有毛丛；<u>花盘分裂为5-10个腺状体</u>，稀为环状；<u>子房2-5室</u>，<u>每室有胚珠2-6</u>。核果，1-5室，内果皮硬骨质，表面常有沟纹；<u>种子每室1</u>，胚乳肉质，子叶薄。花粉粒3孔沟，穿孔状纹饰。

分布概况：200/38（14）种，**5**（**7d**）型；分布于东亚，东南亚及西南太平洋和大洋洲；中国产华南及西南。

系统学评述：在Crayn等[1]的研究中该属非单系。

DNA条形码研究：BOLD网站有该属28种45个条形码数据；GBOWS网站已有13种68个条形码数据。

代表种及其用途：杜英 *E. decipiens* Hemsley的材质可作一般器具，种子油可作肥皂和润滑剂，树皮也可作染料，非常适合作为庭园添景、绿化或观赏树种。

2. *Sloanea* Linnaeus 猴欢喜属

Sloanea Linnaeus (1753: 512); Tang & Phengklai (2007: 235) (Lectotype: *S. dentata* Linnaeus)

特征描述：乔木。叶互生，具长柄，羽状脉，无托叶。总状花序，花两性；萼片4-5，卵形，镊合状或覆瓦状排列；花瓣4-5，稀缺，倒卵形，覆瓦状排列；<u>雄蕊多数</u>，<u>生于花盘上</u>，花药顶孔开裂或从顶部向下开裂，药隔常突出成喙，花丝短；子房3-7室，被毛，胚珠每室数颗。<u>蒴果圆球形或卵形</u>，<u>表面多刺</u>，<u>室背3-7片裂</u>；外果皮木质；内果革质；种子1至数粒，<u>垂生</u>，<u>常具假种皮</u>，胚乳丰富，子叶扁平。花粉粒3孔沟，网状纹饰。

分布概况：约120/14（7）种，**3**（**2-1**）型；分布于热带、亚热带地区；中国产云南、广西、台湾、海南、湖南、湖北、四川、贵州、广东、福建和浙江。

系统学评述：属下未见全面的系统学研究。

DNA条形码研究：BOLD网站有该属26种45个条形码数据；GBOWS网站已有5种21个条形码数据。

代表种及其用途：猴欢喜 *S. sinensis* (Hance) Hemsley是优良的硬阔叶树种；树皮和果壳含鞣质，可提制栲胶；种子含油脂，是栽培香菇的优良原料，同时也是以观果为主，观叶与观花为辅的常绿观赏树种。

主要参考文献

[1] Crayn DM, et al. Molecular phylogeny and dating reveals an Oligo-Miocene radiation of dry-adapted shrubs (former Tremandraceae) from rainforest tree progenitors (Elaeocarpaceae) in Australia[J]. Am J Bot, 2006, 93: 1328-1342.

Pandaceae Engler & Gilg (1912-1913), *nom. cons.* 小盘木科

特征描述：乔木或灌木，<u>单叶互生</u>，<u>羽状脉</u>。聚伞花序或总状圆锥花序；<u>花小</u>，<u>单性</u>，<u>雌雄异株</u>；萼片 5，覆瓦状排列或张开；花瓣 5，覆瓦状或镊合状排列；<u>雄蕊 1-2 轮着生于花托上</u>，外轮的与花瓣互生，<u>内轮雄蕊退化成腺体或不育</u>，<u>花药 2 室</u>，<u>内向纵裂</u>；子房上位，2-5 室，胚珠每室 1-2，倒生，<u>无珠孔塞</u>。核果；种子无种阜。花粉粒 3 孔沟，穿孔状至网状纹饰。染色体 $2n=30$。

分布概况：3 属/15 种，**6 型**；分布于热带非洲及亚洲；中国 1 属/1 种，产广东、海南、广西和云南。

系统学评述：传统上，小盘木科的 4 属被置于大戟科 Euphorbiaceae，Engler 系统将其单列为小盘木目 Pandales；Cronquist 系统将其列在大戟目 Euphorbiales。分子系统学研究将 *Centroplacus* 列入裂药树科 Centroplacaceae，将小盘木属 *Microdesmis*、*Panda* 和 *Galearia* 单独列为小盘木科，放在金虎尾目[1,2]。小盘木属是小盘木科的基部类群，*Panda* 和 *Galearia* 互为姐妹群[2]。

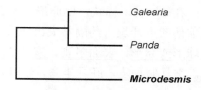

图 111　小盘木科分子系统框架图（参考 van Welzen[1]；Xi 等[2]）

1. *Microdesmis* J. D. Hooker 小盘木属

Microdesmis J. D. Hooker (1848: 758); Li & Gilbert (2008: 162) (Lectotype: *M. puberula* J. D. Hooker ex Planchon)

特征描述：灌木或小乔木。<u>单叶互生</u>，<u>羽状脉</u>。花极小，簇生于叶腋，<u>单性</u>，<u>雌雄异株</u>；雄花：花萼 5 深裂，花瓣 5，<u>雄蕊 10 或 5</u>，<u>2 轮</u>，<u>着生于花托上</u>，<u>内轮退化成腺体或不育</u>，花丝离生，<u>花药 2 室</u>，<u>纵裂</u>；雌花的萼片、花瓣与雄花的相似，稍大，子房 2-3 室，每室 1 胚珠，花柱短，2 深裂。核果；<u>种子具肉质胚乳</u>，种皮膜质；子叶 2，宽而扁。花粉粒 3 孔沟，穿孔状纹饰。染色体 $2n=30$。

分布概况：11/1 种，**6 型**；分布于非洲和亚洲热带及亚热带地区；中国产广东、海南、广西和云南。

系统学评述：迄今小盘木属尚未提出任何的属下分类系统，亦无全面的分子系统学研究。

DNA 条形码研究：BOLD 网站有该属 4 种 12 个条形码数据；GBOWS 网站已有 1

种 3 个条形码数据。

　　代表种及其用途: 小盘木 *M. caseariifolia* Planchon 为中药材,具有行气止痛的功效。

主要参考文献

[1]　van Welzen PC. Pandaceae[M]//Nooteboom NH. Flora Malesiana. Ser. 1. Vol. 20. Leiden: Nationaal Herbarium Nederland, 2011: 15-43.

[2]　Xi Z, et al. Phylogenomics and a posteriori data partitioning resolve the Cretaceous angiosperm radiation Malpighiales[J]. Proc Natl Acad Sci USA, 2012, 109: 17519-17524.

Rhizophoraceae Persoon (1807), *nom. cons.* 红树科

特征描述：乔木或灌木。常具支撑根或呼吸根。小枝实心或具髓或中空而无髓。叶交互对生，单叶，托叶在叶柄间。有限花序，腋生；花两性，辐射对称；萼片 4 或 5，稀多数，镊合状排列；花瓣与萼裂片同数，分离，常具皱褶或毛；雄蕊与花瓣对生；花药 4，纵裂；子房下位。果实常 1 室，不开裂；种子有或无胚乳。花粉粒 3 孔沟，穿孔状至网状纹饰。昆虫或鸟类传粉。染色体 $x=9$，$2n=36$。含单宁。

分布概况：16 属/149 种，5（7d）型；广布热带海岸和内陆；中国 6 属/14 种，分布于西南至台湾，主产南部海岸。

系统学评述：一般认为红树科与四柱木科 Anisophylleaceae 近缘[1]，并作为红树科的 1 个单独的族[2]或者亚科[3]。红树科曾被置于桃金娘目 Myrtales[4]或者山茱萸目 Cornales[5,6]。Takhtajan[7]成立红树超目 Rhizophoranae，包含 2 个单型目：四柱木目 Anisophylleales 和红树目 Rhizophorales。van Vliet[8]认为红树科为单系起源，并划分为 4 族，即 Rhizophoreae、Anisophylleae、Macarisieae 和 Crossostylideae。分子证据表明红树科是单系类群，与金虎尾目的卫矛科或杜英科互为姐妹群，可以划分为 3 个单系的族[9,10]。果实特征可以作为族的主要识别特征：Macarisieae 多为蒴果、Gynotrocheae 为浆果、Rhizophoreae 为胎生果实[9]。

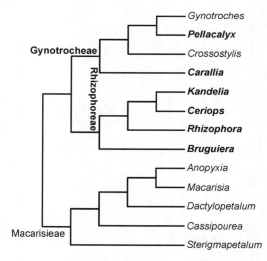

图 112　红树科分子系统框架图（参考 Schwarzbach 和 Ricklefs[9]）

分属检索表

1. 叶顶端渐尖或凸尖，极少圆形
　2. 叶顶端凸尖；花瓣 4 枚；花药多室，瓣裂·····················**6. 红树属 *Rhizophora***

2. 叶顶端渐尖；花瓣非 4 枚；花药 4 室，纵裂
   3. 花瓣 2 深裂，裂缝间常有刺毛 1 条 ·· **1. 木榄属 *Bruguiera***
   3. 花瓣撕裂状或为不规则的啮蚀状，常具柄
     4. 小枝实心；叶片下面常有黑色或紫色小点；雄蕊着生于花盘上 ·········· **2. 竹节树属 *Carallia***
     4. 小枝中空；叶片下面无小点；雄蕊生于萼筒喉部 ···························· **5. 山红树属 *Pellacalyx***
1. 叶顶端钝形或微凹缺
   5. 雄蕊为花瓣的倍数，花瓣顶端有短棒状的附属体 ································· **3. 角果木属 *Ceriops***
   5. 雄蕊极多数，花瓣 2 裂，每一裂片再分裂为数条丝状裂片 ··············· **4. 秋茄树属 *Kandelia***

1. *Bruguiera* Savigny 木榄属

Bruguiera Savigny (1798: 696); Qin et al. (2007: 296) [Type: *B. gymnorhiza* (Linnaeus) Savigny (≡*Rhizophora gymnorhiza* Linnaeus)]

    特征描述：乔木或灌木。<u>具支撑根或气根</u>。叶革质，交互对生；托叶膜质，早落。聚伞花序；花萼革质，萼筒钟形或倒圆锥形；雄蕊为花瓣的 2 倍，每 2 枚雄蕊为花瓣抱持，花药 4，纵裂；花盘位于萼筒上；子房下位，心皮 3，花柱丝状。<u>果实藏于萼管内或与之合生</u>，每心皮 1 种子，无胚乳。<u>胎生</u>。花粉粒 3 孔沟，穿孔状纹饰。染色体 $2n=36$。含木榄醇和异木榄醇、植物激素甜菊醇和木榄酚。

    分布概况：7/3 种，**4** 型；分布于东半球热带海滩，从非洲东部至亚洲，经马来西亚到澳大利亚北部和波利尼西亚；中国产广东、广西、福建、台湾及其沿海岛屿。

    系统学评述：传统上木榄属被置于红树科红树族。该属幼苗首先通过果实扩散[11]，这不同于红树族内直接凭借幼苗扩散的类群，如 *Rhizophora*、*Kandelia* 和 *Ceriops*[12,13]。Schwarzbach 等基于分子系统发育分析，结果与形态学一致，支持将该属作为红树族的单独分支[9]。

    DNA 条形码研究：BOLD 网站有该属 7 种 52 个条形码数据；GBOWS 网站已有 2 种 8 个条形码数据。

    代表种及其用途：木榄 *B. gymnorhiza* (Linnaeus) Savigny 是构成中国红树林的优势树种之一，材质坚硬，色红，很少作土工木料，多用作燃料，树皮含单宁 19%-20%。

2. *Carallia* Roxburgh 竹节树属

Carallia Roxburgh (1811: 8), *nom. cons.* ; Qin et al. (2007: 298) (Type: *C. lucida* Roxburgh)

    特征描述：灌木或乔木。<u>树干基部有时具板状根</u>。叶对生，<u>下面常有黑色或紫色小点</u>；托叶披针形。聚伞花序，腋生；<u>小苞片 2</u>，分裂而早落，或基部合生而宿存；花萼 5-8 裂；<u>花瓣与花萼裂片同数</u>；雄蕊为花萼裂片的 2 倍，分离，<u>生于花盘的边缘</u>，花药 4，纵裂；子房下位，3-5 心皮，花柱柱状，柱头具槽纹或微裂。果实肉质，有种子 1 至多数，种子椭圆形或肾形，胚直或弯曲。花粉粒 3 孔沟，穿孔状至网状纹饰。

    分布概况：10/4 种，**5（7d）**型；分布于东半球热带地区；中国产广东、广西、云南。

    系统学评述：旁杞树 *C. pectinifolia* W. C. Ko 与秋茄树 *Kandelia candel* Druce 和红海

兰 *Rhizophora stylosa* Griffith 聚为单系类群，而竹节树 *C. brachiata* (Loureiro) Merrill 与角果木 *Ceriops tagal* (Perrottet) C. B. Robinson 互为姐妹群[14]。

DNA 条形码研究：BOLD 网站有该属 4 种 18 个条形码数据；GBOWS 网站已有 2 种 9 个条形码数据。

代表种及其用途：木材质硬而重，纹理交错，如竹节树可作乐器、饰木、门窗、器具等用材。

3. *Ceriops* Arnott 角果木属

Ceriops Arnott (1838: 363); Qin et al. (2007: 297) (Lectotype: *C. roxburghiana* Arnott)

特征描述：灌木或小乔木。具支柱根。叶交互对生，密集于小枝顶端；具托叶。聚伞花序；花萼 5-6 深裂；花瓣与花萼裂片同数，顶端有 2-3 枚棒状附属体或分裂成流苏状；雄蕊为花瓣的 2 倍，生于花盘的裂片间，花药 4；子房下位，心皮 3，每心皮有胚珠 2，花柱圆柱形，柱头全缘或不显 2-3 裂。果实倒卵形，1 室，种子 1，中部围绕宿存的花萼，胎生。无胚乳。花粉粒 3 孔沟，穿孔状纹饰。染色体 $2n=36$。含 Tagalsin C 及多种萜类化合物。

分布概况：2/1 种，**4（6）型**；分布于亚洲及非洲热带海岸；中国产广东、海南、台湾。

系统学评述：该属具纤细的支撑根，这些根在较老的植株中常融合在树干基部呈圆锥状[15]。分子系统学分析表明该属与秋茄树属互为姐妹群[9]。

DNA 条形码研究：BOLD 网站有该属 9 种 102 个条形码数据；GBOWS 网站已有 1 种 3 个条形码数据。

代表种及其用途：材质坚重，耐腐性强，角果木 *C. tagal* (Perrottet) C. B. Robinson 可作木材、染料或入药。

4. *Kandelia* (de Candolle) R. Wight & Arnott 秋茄树属

Kandelia (de Candolle) R. Wight & Arnott (1834: 310); Qin et al. (2007: 297) [Type: *K. rheedei* R. Wight & Arnott, *nom. illeg.* (=*K. candel* (Linnaeus) Druce≡*Rhizophora candel* Linnaeus)]

特征描述：灌木或小乔木，具支柱根。叶革质，交互对生。二歧分枝聚伞花序，腋生；花萼基部与子房合生并为一环状小苞片所包围；花瓣与花萼裂片同数，早落，花瓣 2 裂，每一裂片再分裂为数条丝状裂片；雄蕊极多，花药 4；子房下位，幼时心皮 3，结实时心皮 1，仅 1 胚珠发育，柱头 3 裂。果实近卵形，中部围绕宿存的花萼；种子胎生。无胚乳，胚轴圆柱形或棒形，顶端尖而硬。花粉粒 3 孔沟，穿孔状纹饰。染色体 $2n=36$。

分布概况：2/2 种，**（7a）型**；分布于亚洲东部至东南部的热带地区；中国产广东、广西、福建、台湾的浅海和盐滩。

系统学评述：传统上该属被认为仅包含秋茄树 *K. candel* (Linnaeus) Druce。根据染色体数目、谱系地理学、适应生理、叶解剖等特征，Sheue 等[16]拟定新种 *K. obovata* Sheue, H. Y. Liu & J. Yong。

DNA 条形码研究：BOLD 网站有该属 2 种 55 个条形码数据；GBOWS 网站已有 1 种 5 个条形码数据。

代表种及其用途：秋茄树 *K. candel* (Linnaeus) Druce 的材质坚重，耐腐，可作车轴、把柄等小件用材。

5. *Pellacalyx* Korthals 山红树属

Pellacalyx Korthals (1836: 20); Qin et al. (2007: 299) (Type: *P. axillaris* Korthals)

特征描述：乔木。小枝中空。叶对生，托叶外面具星状毛。团伞花序；花萼筒状，花瓣与花萼裂片同数，着生于萼筒边缘，外面密被毛，顶端具齿或为各种深度的撕裂；雄蕊为花瓣的 2 倍，生于萼筒喉部，长短各半，花药 4，纵裂；子房下位，心皮 5-10，每心皮胚珠多数，花柱柱状，常被毛，柱头盘状或头状，有不明显的分裂。果实近球形；种子多数，具胚乳，离母树后始发芽。花粉粒 3 孔沟，穿孔状纹饰。

分布概况：8/1 种，（**7a**）型；分布于泰国，缅甸，马来西亚，菲律宾；中国仅分布于云南南部。

系统学评述：分子系统学研究表明，该属与竹节树族的 *Gynotroches* 互为姐妹群[9]。

DNA 条形码研究：BOLD 网站有该属 3 种 4 个条形码数据；GBOWS 网站已有 1 种 2 个条形码数据。

6. *Rhizophora* Linnaeus 红树属

Rhizophora Linnaeus (1753: 443); Qin et al. (2007: 295) (Lectotype: *R. mangle* Linnaeus)

特征描述：乔木或灌木。有支撑根。叶革质，交互对生，背面有黑色腺点，中脉直伸出顶端成一尖头。聚伞花序。花两性；花萼 4，革质，花瓣 4，早落，生于花盘基部；雄蕊生于花盘边缘，花丝极短或无，花药多室、瓣裂；子房半下位，心皮 2，花柱不明显。种子 1，无胚乳，胎生。花粉粒 3 孔沟，穿孔状至网状纹饰。染色体 $2n=36$。含单宁，树枝和木髓含较高的拒食素。

分布概况：8-9/3 种，**2** 型；分布于印度洋，太平洋和大西洋热带沿岸；中国产广东、台湾、广西浅海盐滩或海湾内的沼泽地。

系统学评述：分子系统学研究显示，该属与红树族的角果木属和秋茄属构成的分支互为姐妹群[9]。

DNA 条形码研究：BOLD 网站有该属 9 种 69 个条形码数据；GBOWS 网站已有 1 种 4 个条形码数据。

代表种及其用途：该属植物大多可用作建筑用材或燃料；树皮和根含有单宁，可用作染料；果实可食用，如红茄苳 *R. mucronata* Lamarck。

主要参考文献

[1] Melchior H. Rhizophoraceae[M]//Melchior H. Engler's syllabus der pflanzenfamilien. Berlin: Gebrüder

Bornträger, 1964: 357-359.

[2] Bentham G, Hooker JD. Genera plantarum[M]. London: Reeve & Co., 1865.

[3] Schimper AFW. Rhizophoraceae[M]//Engler A, Prantl K. Die natürlichen pflanzenfamilien. Leipzig: W. Engelmann, 1898: 42-56.

[4] Soó CR. A review of the new classification systems of flowering plants (Angiospermatophyta, Magno-liophytina)[J]. Taxon, 1975, 24: 585-592.

[5] Cronquist A. The evolution and classificaiton of flowering plants[M]. Boston: Houghton Mifflin, 1968.

[6] Thorne RF. Synopsis of a putatively phylogenetic classificationof the flowering plants[J]. Aliso, 1968, 6: 57-66.

[7] Takhtajan AL. Diversity and classificaiton of flowering plants[M]. New York: Columbia University Press, 1997.

[8] van Vliet GJCM. Wood anatomy of the Rhizophoraceae[J]. Leiden Bot Ser, 1976, 3: 20-75.

[9] Schwarzbach AE, Ricklefs RE. Systematic affinities of Rhizophoraceae and Anisophylleaceae, and intergeneric relationships within Rhizophoraceae, based on chloroplast DNA, nuclear ribosomal DNA, and morphology[J]. Am J Bot, 2000, 87: 547-564.

[10] Setoguchi H, et al. Molecular phylogeny of Rhizophoraceae based on *rbc*L gene sequences[J]. J Plant Res, 1999, 112: 443-455.

[11] Tomlinson PB. The botany of Mangroves[M]. Cambridge: Cambridge University Press, 1986.

[12] Juncosa AM. Developmental morphology of the embryo andseedling of *Rhizophora mangle* L. (Rhizophoraceae)[J]. Am J Bot, 1982, 69: 1599-1611.

[13] Juncosa AM. Embryogenesis and developmental morphology of the seedling in *Bruguiera exaristata* Ding Hou (Rhizophoraceae)[J]. Am J Bot, 1984, 71: 180-191.

[14] 黄椰林. 中国主要红树科植物的分子系统发育[J]. 中山大学学报(自然科学版), 1999, 38: 39-42.

[15] Juncosa AM, Tobe H. Embryology of tribe Gynotrocheae (Rhizophoraceae) and its development and systematic implications[J]. Ann MO Bot Gard, 1988, 75: 1410-1424.

[16] Sheue CR, et al. *Kandelia obovata* (Rhizophoraceae), a new mangrove species from eastern Asia[J]. Taxon, 2003, 52: 287-294.

Erythroxylaceae Kunth (1822), *nom. cons.* 古柯科

特征描述：灌木或乔木。<u>单叶互生</u>，<u>稀对生</u>；<u>托叶常生于叶柄内侧</u>。<u>花簇生或聚伞花序</u>，两性，稀单性雌雄异株，辐射对称；萼片 5，基部合生，近覆瓦状排列或旋转排列，宿存；花瓣 5，分离，脱落或宿存，内面有舌状体贴生于基部，稀无；雄蕊 5、10 或 20，2 轮或 1 轮，花丝基部合生，花药 2 室；<u>子房 2-3 室</u>，<u>中轴胎座</u>，每室有悬垂胚珠 1-2，<u>具花蜜盘</u>，花柱 1-3 或 5，分离或多少合生，<u>花柱异长</u>。核果或蒴果，<u>具宿存萼片</u>。<u>种子很少具有假种皮</u>。花粉粒 3 孔沟，穿孔状至网状纹饰。染色体 $x=12$，稀 18。种子或果实靠鸟类传播。含芽子碱。

分布概况：4 属/250 种，分布于热带及亚热带，主产南美洲；中国 1 属/2 种，其中 1 种为栽培种，产西南至东南。

系统学评述：传统的形态学研究认为该科与亚麻科 Linaceae 和香膏科 Humiriaceae 关系较近，因此曾被置于亚麻目 Linales。然而分子证据表明该科与红树科形成姐妹群关系，两者构成的分支又与垂籽树形成姐妹群[Ctenolophonaceae+(Erythroxylaceae+Rhizophoraceae)][1-6]。*Aneulophus* 是该科中比较孤立的类群，分子证据表明该属是该科的基部类群，*Nectaropetalum* 和 *Pinacopodium* 构成的分支与古柯属 *Erythroxylum* 形成姐妹群；古柯属的单系性需要进一步研究[3]。

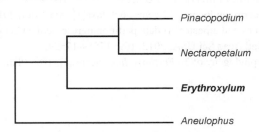

图 113　古柯科分子系统框架图（参考 Schwarzbach 和 Ricklefs[3]）

1. *Erythroxylum* P. Browne 古柯属

Erythroxylum P. Browne (1756: 278); Liu & Bartholomew (2008: 39) (Type: *E. areolatum* Linnaeus)

特征描述：灌木或小乔木，常无毛。<u>叶互生</u>，托叶生于叶柄内侧，在短枝上的常彼此复迭。花小，白色或黄色，<u>单生或 3-6 朵簇生或腋生</u>，常为异长花柱花；<u>萼片基部合生</u>；花瓣有爪，内面有舌状体贴生于基部；雄蕊 10，不等长或近等长，花丝基部合生成浅杯状，有腺体或无腺体；子房 3 室，2 室不育，可育的一室有胚珠 1-2，<u>花柱分离或合生</u>。核果；<u>种子 1</u>，有胚乳或无胚乳。花粉粒 3 孔沟，穿孔状至网状纹饰。以异交为主，部分为自交，蜜蜂和黄蜂为主要传粉者。染色体 $x=12$，稀 18。种子或果实靠鸟类传播。

分布概况：约 200/2 种，**2（3）型**；分布于热带及亚热带，主产南美洲；中国 1 种，长江以南引种栽培。

系统学评述：Emche 等[7]利用古柯属 36 种 133 个个体进行扩增片段长度多态性（AFLP）分析，结果表明大部分分支与地理分布和亚组是一致的。大部分非洲的种类位于基部位置，热带美洲的 23 种聚为 1 支，此分支分为 2 个分支，其中一个分支包括栽培种及 *Erythroxylum* sect. *Archerythroxylum* 和 *E.* sect. *Heterogyne*；另一个分支包括该属的 9 组。

DNA 条形码研究：BOLD 网站有该属 12 种 27 个条形码数据；GBOWS 网站已有 2 种 13 个条形码数据。

代表种及其用途：古柯 *E. novogranatense* (D. Morris) Hieronymus 是可卡因的重要来源，常被制成镇静剂。

主要参考文献

[1] Setoguchi H, et al. Molecular phylogeny of Rhizophoraceae based on *rbc*L gene sequences[J]. J Plant Res, 1999, 112: 443-455.

[2] Savolainen V, et al. Phylogeny of the eudicots: an early complete familial analysis based on *rbc*L gene sequences[J]. Kew Bull, 2000, 257-309.

[3] Schwarzbach AE, Ricklefs RE. Systematic affinities of Rhizophoraceae and Anisophylleaceae, and intergeneric relationships within Rhizophoraceae, based on chloroplast DNA, nuclear ribosomal DNA, and morphology[J]. Am J Bot, 2000, 87: 547-564.

[4] Wurdack KJ, Davis CC. Malpighiales phylogenetics: gaining ground on one of the most recalcitrant clades in the angiosperm tree of life[J]. Am J Bot, 2009, 96: 1551-1570.

[5] Soltis DE, et al. Angiosperm phylogeny: 17 genes, 640 taxa[J]. Am J Bot, 2011, 98: 704-730.

[6] Xi Z, et al. Phylogenomics and a posteriori data partitioningresolve the Cretaceous angiosperm radiation Malpighiales[J]. Proc Natl Acad Sci USA, 2012, 109: 17519-17524.

[7] Emche SD, et al. AFLP phylogeny of 36 *Erythroxylum* species[J]. Trop Plant Biol, 2011, 4: 126-133.

Ochnaceae de Candolle (1811), *nom. cons.* 金莲木科

特征描述：乔木或灌木。单叶互生，稀羽状复叶，多为羽状脉，托叶全缘或呈撕裂状。花两性，辐射对称，排成顶生或腋生的总状花序或圆锥花序，有时为伞形花序，具苞片；花萼 5，稀 10，分离或基部合生，常宿存；花瓣 5-10，常 5；雄蕊 5-10 或多数，分离，花药条形、基着、纵裂或顶孔开裂，有时具退化雄蕊；子房上位，全缘或深裂，1-12 室。果为蒴果或小核果状环列于花托的周围；种子 1 至多数，胚伸直。花粉粒 3 孔沟，光滑、瘤状或网状纹饰。染色体 *n*=10，12-14，19。

分布概况：27 属/500 种，分布于热带和亚热带地区；中国 3 属/4 种，产广东和广西。

系统学评述：传统分类将该科作为广义的科放在山茶目 Theales[1-3]；Takhtajan 将其分成若干小科，即 Strasburgeriaceae、辛木科 Sauvagesiaceae、Lophiraceae 和狭义的金莲木科 Ochnaceae，并放在 Ochnales 中[4]。目前采用狭义的金莲木科概念。分子证据均支持将金莲木科放在新成立的金虎尾目中，但不同学者对金莲木科的范围定义不同[5-8]。APG III 将羽叶树科 Quiinaceae、水母柱科 Medusagynaceae 和狭义的金莲木科合并为广义金莲木科；对金虎尾目的最新分子系统学研究高度支持狭义金莲木科与［羽叶树科＋水母柱科］互为姐妹群[7-9]。

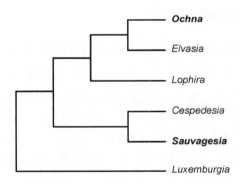

图 114　金莲木科分子系统框架图（参考 Wurdack 和 Davis[7]；Xi 等[8]；Matthews 等[9]）

分属检索表

1. 雄蕊 5，花药纵裂；有多数退化雄蕊；子房全缘（由 3 心皮组成），1 室，胚珠多数；蒴果，开裂 ……………………………………………………………………………………………………… **2. 合柱金莲木属 *Sauvagesia***
1. 雄蕊 10 或多数，花药顶孔开裂；无退化雄蕊；子房深裂，3-10 室，胚珠每室 1 颗；核果，不开裂
  2. 雄蕊 10，1 轮排列；柱头锥尖，不分裂；胚珠弯生；叶有明显的边脉 ……………………………… …………………………………………………………………………… **1. 赛金莲木属 *Campylospermum***
  2. 雄蕊多数，2 或多轮排列；柱头盘状，浅裂；胚珠直立；叶无明显的边脉 ····· **3. 金莲木属 *Ochna***

1. *Campylospermum* Tieghem 赛金莲木属

Campylospermum Tieghem (1902: 35); Zhang & Amaral (2007: 361) (Type: *non designatus*)

特征描述：灌木或小乔木，分枝扩展。单叶互生，两面通常光亮无毛，侧脉近平行且于叶缘处弯拱连结而成明显的边脉；托叶小，基部于叶腋内连合。总状花序或圆锥花序，顶生或腋生；花萼 5，宿存；花瓣 5，黄色或白色，常旋转排列；雄蕊 10，1 轮排列，花药顶孔开裂；子房深裂，5 室，每室有弯生胚珠 1，花柱单生，柱头锥尖。核果 1-2，或 5，环生于扩大的花托上；种子弯生，无胚乳。染色体 $n=10$，12，24。

分布概况：65/2 种，**6 型**；主要分布于热带非洲大陆和马达加斯加，少数到南亚和东南亚；中国产海南。

系统学评述：传统分类曾将该属归入泛热带分布的 *Quratea*。目前该属尚无分子系统学研究的报道。

DNA 条形码研究：Parmentier 等[10]采用 *mat*K、*rbc*L 和 *trn*H-*psb*A 对该属非洲热带雨林中的 5 种进行研究，但只获取了 *rbc*L 和 *trn*H-*psb*A 序列，发现用这 2 个候选片段鉴定到该属的准确率较高，但种水平可靠性降低。BOLD 网站有该属 20 种 53 个条形码数据。

代表种及其用途：齿叶赛金莲木 *C. serratum* (Gaertner) Bittrich & M. C. E. Amaral、赛金莲木 *C. striatum* (Tieghem) M. C. E. Amaral 可药用。

2. *Sauvagesia* Linnaeus 合柱金莲木属

Sauvagesia Linnaeus (1753: 203) Zhang & Amaral (2007: 362) (Type: *S. erecta* Linnaeus)

特征描述：灌木，稀小乔木或草本，无毛。叶缘具腺锯齿，托叶 2，撕裂状。圆锥花序顶生或腋生；萼片（4 或）5，边缘具腺毛；花瓣（4 或）5，旋转状；雄蕊 5，宿存；花药纵向开裂少孔裂，退化雄蕊 1-3 轮排列，匙形或瓣状，有时愈合为筒；子房全缘，（2 或）3 心皮，1 室，胚珠多数，生于侧膜胎座或基生胎座上，花柱单生，宿存，柱头点状。蒴果，室间开裂；种子小，蜂窝状，胚直，胚乳丰富。花粉粒 3 孔沟，光滑纹饰。染色体 $2n=38$。

分布概况：35/1（1）种，**3 型**；主要分布于新世界热带，少数到非洲和马来西亚；中国产广东、广西。

系统学评述：Takhtajan[4]将其放在辛木科 Sauvagesiaceae，认为狭义的金莲木科不包含该属。FOC 将其放在狭义金莲木科。分子证据也支持该属在金莲木科的位置[5,6,8]。目前世界范围内属下种间关系研究较少。

DNA 条形码研究：BOLD 网站有该属 14 种 31 个条形码数据；GBOWS 网站已有 1种 2 个条形码数据。

代表种及其用途：合柱金莲木 *S. rhodoleuca* (Diels) M. C. E. Amaral 为国家 I 级重点保护野生植物；其根茎入药。

3. *Ochna* Linnaeus 金莲木属

Ochna Linnaeus (1753: 513); Zhang & Amaral (2007: 362) (Type: *O. jabotapita* Linnaeus)

　　特征描述：灌木或小乔木。单叶互生，常有锯齿；托叶小，脱落。花大，圆锥花序、伞房花序或伞形花序，腋生或顶生；<u>花萼 5</u>，<u>常有颜色</u>，<u>宿存</u>，<u>结果时增大</u>；花瓣 5-10，黄色，1 或 2 轮排列；<u>雄蕊多数</u>，2 或多轮排列，花药常顶孔开裂；子房深裂，3-12 室，每室有直立胚珠 1，<u>生于中轴胎座上</u>，花柱合生，<u>柱头常盘状</u>，<u>浅裂</u>。核果 3-10，环生于扩大的花托上；种子直立，无胚乳。花粉粒 3 孔沟（稀 4），瘤状纹饰。

　　分布概况：85/1 种，**6 型**；主要分布于热带非洲，少数产热带亚洲；中国产广东、广西和海南。

　　系统学评述：金莲木属在金莲木科的位置一直以来是相对稳定的。近年来针对金虎尾目的分子系统学研究对该属均有取样，高度支持其在金莲木科的位置[5-8]。

　　DNA 条形码研究：BOLD 网站有该属 6 种 12 个条形码数据；GBOWS 网站已有 1 种 3 个条形码数据。

　　代表种及其用途：金莲木 *O. integerrima* (Loureiro) Merrill 为国家 I 级重点保护野生植物，作为观赏和药用；树皮可治疗消化系统疾病，根可以驱蚊杀虫，树叶和树枝含有多种黄酮类化合物。

主要参考文献

[1] Cronquist A. The evolution and classification of flowering plants[M]. New York: The New York Botanical Garden, 1988.

[2] Dahlgren R. General aspects of angiosperm evolution and macrosystematics[J]. Nord J Bot, 1983, 3: 119-149.

[3] Thome RF. Proposed new realignments in the angiosperms[J]. Nord J Bot, 1983, 3: 85-117.

[4] Takhtajan A. Diversity and classification of flowering plants[M]. New York: Columbia University Press, 1997.

[5] Davis CC, Anderson WR. A complete generic phylogeny of Malpighiaceae inferred from nucleotide sequence data and morphology[J]. Am J Bot, 2010, 97: 2031-2048.

[6] Soltis DE, et al. Angiosperm phylogeny: 17 genes, 640 taxa[J]. Am J Bot, 2011, 98: 704-730.

[7] Wurdack KJ, Davis CC. Malpighiales phylogenetics: gaining ground on one of the most recalcitrant clades in the angiosperm tree of life[J]. Am J Bot, 2009, 96: 1551-1570.

[8] Xi ZX, et al. Phylogenomics and a posteriori data partitioning resolve the Cretaceous angiosperm radiation Malpighiales[J]. Proc Natl Acad Sci USA, 2012, 109: 17519-17524.

[9] Matthews ML, et al. Comparative floral structure and systematics in Ochnaceae *s.l.* (Ochnaceae, Quiinaceae and Medusagynaceae; Malpighiales)[J]. Bot J Linn Soc, 2012, 170: 299-392.

[10] Parmentier I, et al. How effective are DNA barcodes in the identification of African rainforest trees?[J]. PLoS One, 2013, 8: e54921.

Clusiaceae Lindley (1836), *nom. cons.* 藤黄科

特征描述：乔木、灌木和藤本；<u>分泌道和分泌腔具有色渗出液</u>。<u>叶常对生或轮生</u>，单叶，<u>全缘</u>，具透明或黑色斑点和（或）分泌道。有限花序；花两性或单性；<u>萼片 2-5</u>，分离；<u>花瓣 4-5</u>，<u>常不对称</u>；<u>雄蕊多数</u>，常簇生；<u>心皮常 2-5</u>，合生，子房上位，常具中轴胎座，每心皮 1 至多数胚珠。<u>开裂的蒴果、浆果、核果</u>。<u>种子有或无假种皮</u>。花粉粒 3 孔沟（稀 4-7），穿孔状、网状或光滑纹饰。

分布概况：14 属/595 种，泛热带分布；中国 1 属/20 种，产台湾南部、福建、广东、海南、广西、云南、西藏、贵州和湖南。

系统学评述：在 Stevens 系统[1]中，藤黄科被分成 2 亚科，即 Kielmeyeroideae（包括族 Calophylleae 和 Endodesmieae）和藤黄亚科 Clusioideae（包括族 Clusieae、Garcinieae 和 Symphonieae）。分子系统学研究表明藤黄科是个多系类群，Kielmeyeroideae 是金丝桃科 Hypericaceae 和 Podostemaceae 的姐妹群；藤黄亚科是 Bonnetiaceae 的姐妹群[2,3]。对该科的处理有 2 种观点：把所有的藤黄类 clusioids 当作广义的藤黄科[3]；或恢复 Kielmeyeroideae 作为科级的地位，即红厚壳科 Calophyllaceae[2]。APG 系统中采用了后一观点。因此，狭义的藤黄科即藤黄亚科包括 14 属，分成 3 族。FOC 记录藤黄科在中国分布有 8 属，根据最新的 APG 系统，现在只包括 1 属，即藤黄属 *Garcinia*，其中金丝

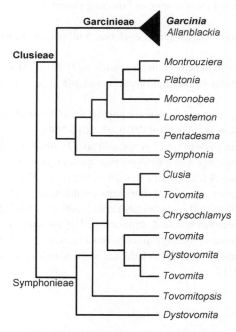

图 115　藤黄科分子系统框架图（参考 Ruhfel 等[4]）

桃属 *Hypericum*、惠林花属 *Lianthus*、三腺金丝桃属 *Triadenum* 和黄牛木属 *Cratoxylum* 被放在金丝桃科；铁力木属 *Mesua*、红厚壳属 *Calophyllum* 和格脉树属 *Mammea* 被放在红厚壳科 Calophyllaceae[APW]。最新的分子系统学研究认为，狭义的藤黄科分成 2 支并得到了强烈的支持。其中，藤黄族为 1 支，Garcinieae 和 Symphonieae 聚为 1 支，Garcinieae 不是单系[4]。但是 Sweeney 基于核基因片段 ITS 和 GBSSI 的分子系统学分析强烈支持 Garcinieae 为单系类群[5]。

1. *Garcinia* Linnaeus 藤黄属

Garcinia Linnaeus (1753: 443); Li et al. (2007: 40) (Type: *G. mangostana* Linnaeus)

特征描述：乔木或灌木，具黄色树脂。叶革质，对生，全缘。花杂性，稀单性或两性；同株或异株，聚伞花序或圆锥花序；萼片和花瓣常 4 或 5；雄花的雄蕊多数，花丝分离或合生，1-5 束；雌花的退化雄蕊（4-）8 至多数，分离或合生，子房（1-）2-12 室，花柱短或无花柱，胚珠每室 1。浆果，外果皮革质，光滑或有棱；种子具多汁瓢状的假种皮。花粉粒 3 孔沟（稀 4-7），穿孔状、网状或光滑纹饰。

分布概况：450/20（13）种，**6 或 4** 型；分布于热带亚洲，非洲南部及波利尼西亚西部；中国产台湾南部、福建、广东、海南、广西、云南、西藏、贵州及湖南。

系统学评述：叶绿体片段和线粒体片段联合分析认为，藤黄属不是单系类群，*Allanblackia* 嵌在其中[4]。核基因片段 ITS 和 GBSSI 的分析结果强烈支持该属是单系类群[5]，该属的系统发育关系有待进一步研究。

DNA 条形码研究：BOLD 网站有该属 67 种 221 个条形码数据；GBOWS 网站已有 6 种 27 个条形码数据。

代表种及其用途：莽吉柿 *G. mangostana* Linnaeus 是著名的热带果树；种子富含油脂，据粗分析，含油量均在 15%以上；黄色树脂供药用。*G. hanburyi* J. D. Hooker 是著名的药用藤黄和高级黄色颜料。多种植物的木材可供建筑和制作家具。

主要参考文献

[1] Stevens PF. Clusiaceae-Guttiferae[M]//Kubitzki K. The families and genera of vascular plants, IX. Berlin: Springer, 2007: 48-66.

[2] Wurdack KJ, Davis CC. Malpighiales phylogenetics: gaining ground on one of the most recalcitrant clades in the angiosperm tree of life[J]. Am J Bot, 2009, 96: 1551-1570.

[3] Gustafsson MH, et al. Phylogeny of Clusiaceae based on *rbc*L sequences[J]. Int J Plant Sci, 2002, 163: 1045-1054.

[4] Ruhfel BR, et al. Phylogeny of the clusioid clade (Malpighiales): evidence from the plastid and mitochondrial genomes[J]. Am J Bot, 2011, 98: 306-325.

[5] Sweeney PW. Phylogeny and floral diversity in the genus *Garcinia* (Clusiaceae) and relatives[J]. Int J Plant Sci, 2008, 169: 1288-1303.

Calophyllaceae J. Agardh (1858) 红厚壳科

特征描述：常绿乔木或灌木。茎具成对腺体；分泌道或分泌腔具渗出液。<u>叶轮生或对生，全缘，具透明斑点或分泌道</u>。雌雄异株，花 4-5 基数，花瓣覆瓦状排列；<u>雄蕊多少簇生，花药常具腺体</u>；<u>花柱较长</u>，心皮 2-5，顶生或基生胎座，每心皮 1 至多数胚珠。蒴果、浆果或核果；种子 1 至多数，外种皮增厚。花粉粒 3 孔沟（稀 4）或无萌发孔，穿孔状或网状纹饰。染色体 2n=32-42。

分布概况：14 属/460 种，泛热带分布；中国 3 属/6 种，分布于广东、广西、云南、海南、台湾。

系统学评述：红厚壳科曾属于藤黄科 Clusiaceae，根据分子证据红厚壳科被独立出来，与金丝桃科 Hypericaceae 和川苔草科 Podostemaceae 近缘[APG III,1]。Ruhfel 等基于分子和形态数据构建的系统框架中，该科分为 Calophylleae 和 Endodesmieae，*Endodesmia* 与 *Lebrunia* 构成 Endodesmieae[2,3]。

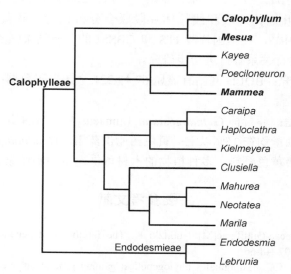

图 116　红厚壳科分子系统框架图（参考 Ruhfel 等[2,3]）

分属检索表

1. 果实完全开裂，蒴果 ··· **3. 铁力木属 *Mesua***
1. 果实不开裂，核果或浆果
　　2. 花两性；花柱长（1-1.8cm）··· **1. 红厚壳属 *Calophyllum***
　　2. 花杂性或单性；花柱很短（约 3mm）······································· **2. 格脉树属 *Mammea***

1. *Calophyllum* Linnaeus 红厚壳属

Calophyllum Linnaeus (1753: 513); Li et al. (2007: 38) (Lectotype: *C. calaba* Linnaeus)

特征描述：乔木或灌木，具乳液。无托叶；叶对生，革质，脉间具腺点或分泌道。两性花（或少有单性花）；雄蕊多数，离生，花丝线形，蜿蜒状，基部分离或合生成数束，花药底着，直立，2 室，纵裂；子房 1 室，具单生直立的胚珠，花柱细长，柱头盾形。核果，外果皮薄；种子具薄的假种皮，子叶厚，肉质，富含油脂。花粉粒 3 孔沟，穿孔状至网状纹饰。

分布概况：187/4 种，**2-1 型**；主要分布于亚洲热带地区，南美洲和大洋洲次之；中国产云南、广西、海南及台湾。

系统学评述：红厚壳属曾被置于藤黄科 Kielmeyeroideae，分子系统学研究将 Kielmeyeroideae 亚科分出来形成了红厚壳科[APG III]。红厚壳属花被和雄蕊数目常出现种内变异，同生境中的种类形态相似，性状模糊重叠，种类鉴定困难。Stevens[4]研究了巴布亚新几内亚的种类和旧世界的种类。Ruhfel[2]研究的 Clusioid 分支中，红厚壳属为单系类群。

DNA 条形码研究：BOLD 网站有该属 18 种 61 个条形码数据。

代表种及其用途：薄叶红厚壳 *C. membranaceum* Gardner & Champion 的根、叶可药用。红厚壳 *C. inophyllum* Linnaeus 的种子含油，油可供工业用，加工后可食用，也可供医药用；木材质地坚实，宜作船、桥梁、枕木、农具及家具等用材；树皮含单宁，可提制栲胶。

2. *Mammea* Linnaeus 格脉树属

Mammea Linnaeus (1753: 512); Li et al. (2007: 40) (Lectotype: *M. americana* Linnaeus)

特征描述：乔木。叶革质，网脉明显。束状花序；花杂性或单性，同株或异株；萼片脱落；雄蕊多数，分离或基部联合成 1 轮，花药直立，长圆形或线形，底着，2 室，两侧垂直开裂；子房 2 室，每室有胚珠 2，花柱短，柱头盾形，3 裂。浆果大，不开裂；种子 1-4。花粉粒 3 孔沟（稀 4）或无萌发孔，穿孔状纹饰。

分布概况：80/1（1）种，**2-2（3）型**；主要分布于热带亚洲，其次是热带非洲，大洋洲及南美洲；中国产云南南部。

系统学评述：Kostermans 修订了亚洲和太平洋的种类，根据子房室数将该属分为 subgen. *Mammea* 和 subgen. *Monolocellatus*[5]。Stevens[6]修订了巴布亚西亚的种类，认为子房室数存在一定的种内变异，描述了 3 个新种。Ruhfel[2]研究的 Clusioid 分支中，格脉树属为单系。

DNA 条形码研究：BOLD 网站有该属 8 种 33 个条形码数据。

代表种及其用途：观赏用；格脉树 *M. yunnanensis* (H. L. Li) Kostermans 的果实成熟时假种皮味甜可食。

3. *Mesua* Linnaeus 铁力木属

Mesua Linnaeus (1753: 515); Li et al. (2007: 38) (Lectotype: *M. ferrea* Linnaeus)

特征描述：乔木。叶硬革质，常具透明斑点。顶芽早衰，腋芽陷于茎中。花两性，稀杂性；萼片和花瓣 4；雄蕊多数，分离，花药直立，底着，2 室，垂直开裂；子房 2 室，每室有直立胚珠 2，花柱长，柱头盾状。果实成熟时 2-4 瓣裂。种子 1-4，胚乳肉质，富含油脂。花粉粒 3 孔沟，穿孔状纹饰。

分布概况：5/1 种，（**7d**）型；分布于亚洲热带；中国产南部。

系统学评述：Stevens[6]修订了巴布亚西亚的种类，描述了 1 个新种 *M. coriacea* P. F. Stevens。

DNA 条形码研究：BOLD 网站有该属 3 种 12 个条形码数据；GBOWS 网站已有 1 种 3 个条形码数据。

代表种及其用途：铁力木 *M. ferrea* Linnaeus 的种子可作为工业油料，木材可作工业用材。有些种类适宜于庭园绿化观赏，也可药用。

主要参考文献

[1] Stevens PF. Hypericaceae[M]//Kubitzki K. The families and genera of vascular plants, IX. Berlin: Springer-Verlag, 2007: 48-66.

[2] Ruhfel BR, et al. Phylogeny of the clusioid clade (Malpighiales): evidence from the plastid and mitochondrial genomes[J]. Am J Bot, 2011, 98: 306-325.

[3] Ruhfel BR, et al. Combined morphological and molecular phylogeny of the clusioid clade (Malpighiales) and the placement of the ancient rosid macrofossil *Paleoclusia*[J]. Int J Plant Sci, 2013, 174: 910-936.

[4] Stevens PF. A review of *Calophyllum* L. (Guttiferae) in Papuasia[J]. Aust J Bot, 1974, 22: 349-411.

[5] Kostermans AJGH. A monograph of the Asiatic and Pacific species of *Mammea* L. (Guttiferae)[J]. Commun For Res Inst Indones, 1961, 72: 1-63.

[6] Stevens PF. A review of *Calophyllum* L. (Guttiferae) in Papuasia[J]. Aust J Bot, 1974, 22: 413-423.

Podostemaceae Richard ex Kunth (1816),
nom. cons. 川苔草科

特征描述：<u>水生草本</u>。<u>根常呈扁平、分枝的叶状体状</u>，或丝状。<u>茎常二态</u>。<u>单叶</u>，全缘、浅裂或深裂，排列成 2 列，<u>基部呈鞘状</u>。<u>花两性</u>，辐射对称或两侧对称；单花或数花簇生，或形成总状或聚伞花序；佛焰苞有或无；<u>花被片 2-5</u>，离生或基部合生；<u>雄蕊 1-4</u>；<u>花丝离生或基部合生</u>，<u>花药 2-4 室</u>；<u>子房上位</u>，<u>2 或 3 室</u>，中轴胎座，<u>胚珠多数</u>，<u>花柱 2 或 3</u>。<u>蒴果</u>；<u>种子多数</u>，小，无胚乳。花粉单粒或二合体，3 孔沟（或螺旋萌发孔），穿孔状或光滑纹饰。染色体 $x=8$，10，12，14，20 等。

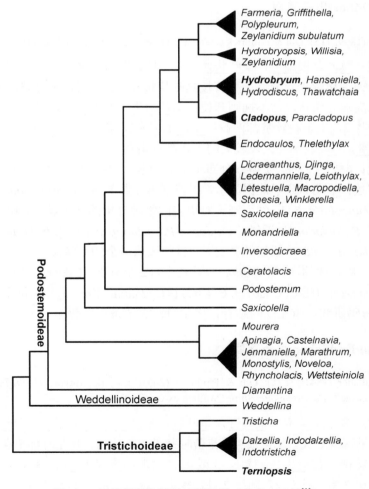

图 117 川苔草科分子系统框架图（参考 Koi 等[1]）

分布概况：48 属/270 种，广布热带地区，少数到温带地区；中国 3 属/4 种，产云南、广东和福建。

系统学评述：基于形态学证据，川苔草科曾被分为 2 亚科，即 Podostemoideae 和 Tristichoideae[2-4]，Engler[5]将 Tristichoideae 中的 *Weddellina* 独立成亚科 Weddellinoideae，得到了形态学和近年来一系列分子证据的支持[1,6-9]。Koi 等[1]基于叶绿体基因 *mat*K 分析了 43 属 132 种 657 个样本，构建了该科最全的系统发育树。

分属检索表

1. 花腋生；无佛焰苞；花被片 3；雄蕊 2 或 3 ························· **3. 石蔓属 Ternipsis**
1. 花顶生；具佛焰苞；花被片 2；雄蕊 1 或 2
　　2. 生殖枝上的叶指状分裂，覆瓦状排列；蒴果光滑，无脉纹 ··········· **1. 川苔草属 Cladopus**
　　2. 生殖枝上的叶鳞片状，2 列；蒴果具纵脉纹 ··········· **2. 水石衣属 Hydrobryum**

1. *Cladopus* Möller 川苔草属

Cladopus Möller (1899: 115); Qiu & Philbrick (2003: 191) (Type: *C. nymanii* H. Möller)

特征描述：草本。根扁平，呈叶状体，多分枝。茎短，极少分枝。可育枝上的叶呈莲座状，线形或 3-9 片指状分裂；可育枝具鳞片状叶，2 裂或指状分裂，覆瓦状排列。佛焰苞卵形，尖端乳头状，常不规则开裂；单花顶生，两侧对称，具柄，开放前藏于佛焰苞内；花被片 2，生于花丝基部两侧；雄蕊 1，稀 2，花药 2 室，基着；子房 2 室，花柱 2。蒴果平滑，2 片，不等大，较大的 1 枚裂片宿存。

分布概况：6/2（1）种，7 型；分布于南亚和东南亚；中国产广东、福建、海南。

系统学评述：早期的分子证据显示，川苔草属并非单系，*Torrenticola* 嵌入其中形成 *Cladopus-Torrenticola* 分支[7]，然而基于对更多的物种分析的结果显示，川苔草属为单系类群，并且和 *Paracladopus* 近缘，*Cladopus-Paracladopus* 同 *Hydrobryum-Hanseniella-Hydrodiscus-Thawatchaia* 形成姐妹分支[1]。目前该属最全的系统发育树是 Koi 等[1]基于叶绿体基因 *mat*K 构建的，表明 *Cladopus* 明显分为 2 个分支，中国产 2 个种 *C. nymanii* H. Möller 和 *C. chinensis* (H. C. Chao) H. C. Chao (≡*C. doianus* Koriba)分别位于不同分支。

DNA 条形码研究：BOLD 网站有该属 13 种 43 个条形码数据。

2. *Hydrobryum* Endlicher 水石衣属

Hydrobryum Endlicher (1841: 1375); Qiu & Philbrick (2003: 190) [Lectotype: *H. griffithii* (Wallich ex Griffith) Tulasne (≡*Podostemum griffithii* Wallich ex Griffith)]

特征描述：多年生草本。根展开，呈叶状，紧贴于石上而似地衣。叶鳞片状，2 列覆瓦状排列，早落或缺失。单花顶生，花蕾时藏于佛焰苞内，开花时佛焰苞的腹面纵裂，花伸出，具小花梗；花被片 2（稀 1、3 或 4），线形；雄蕊 1 或 2（3），花丝基部联合，花药 2 室；子房 2 室，柱头 2。蒴果 2 片，等大，每片有明显的 5 或 6（或 9）条肋；种子多数。

分布概况：12/1 种，**7** 型；分布于南亚和东南亚；中国产云南。

系统学评述：早期的分子证据显示，水石衣属和 *Synstylis* 聚在 1 支[7]，然而基于更多的取样研究显示，水石衣属同 *Hanseniella*、*Hydrodiscus* 和 *Thawatchaia* 具有较近的亲缘关系[1]。

DNA 条形码研究：BOLD 网站有该属 26 种 125 个条形码数据。

3. *Terniopsis* Chao 石蔓属

Terniopsis Chao (1949: 2) (Type: *T. sessilis* H. C. Chao)

特征描述：多年生草本。根扁平，具分枝。茎单生或分枝。叶小，椭圆形，无柄，覆瓦状 3 列，侧面 2 列较小。花 1 或 2，生于茎基部第 1 叶的叶腋，无柄，苞片 2，不规则，对生；花被片 3，膜质，基部合生；雄蕊 2 或 3，花丝离生，花药 4 室；子房 3 室，柱头 3。蒴果平滑，3 片裂；种子小，多数。

分布概况：4/1（1）种，**7 型**；分布于南亚和东南亚；中国产福建。

系统学评述：石蔓属作为国产川苔草科的新属石蔓属 *Terniopsis* 和新种 *Terniopsis sessilis* H. C. Chao 最初刊载于 1948 年的《北平中央研究植物丛刊》上，1980 年增补于《云南植物研究》[10]。Cusset C 和 Cusset G[11]将其归并到 *Dalzellia*，并认为 *Dalzellia sessilis* (C. S. Chao) C. Cusset & G. Cusset 和 *Dalzellia* 内其他种的显著区别只是花成熟时不具柄。然而，在查阅相关文献，特别是 Cook 和 Rutishauser[12]对于 *Dalzellia* 及其相关属的描述时，发现国产石蔓属（川藻属）与 *Dalzellia* 有显著区别，同时与相关属 *Tristichia* 也有一定区别[10]，另外，最近的一系列分子证据也证明了这 3 属在亚科 Tristichoideae 中的独立性[1,7,13]。因此，此处接受赵修谦[10]对于石蔓属 *Terniopsis* 的处理。

Tristichoideae 形成了 3 个大的分支 A、B 和 C，同时亚科内的各属都能很好地聚在 1 支构成单系类群，且具有较高的支持率，C 分支仅包括石蔓属，位于亚科的基部[1]。同时，石蔓属又分为了 2 个大分支和 4 个亚支：'Sessilis' subclade 和'Lao-Thai' subclade 组成了 clade I；'Chanthaburlensis' subclade 和'Malayana' subclade 构成了 clade II。各个分支和亚支都有较高的支持率。国产唯一种 *Terniopsis sessilis*[≡*Dalzellia sessilis* (H. C. Chao) C. Cusset & G. Cusset]位于 clade I 的'Sessilis'subclade[1]。

DNA 条形码研究：BOLD 网站有该属 15 种 69 个条形码数据。

主要参考文献

[1] Koi K, et al. Molecular phylogenetic analysis of Podostemaceae: implications for taxonomy of major groups[J]. Bot J Linn Soc, 2012, 169: 461-492.

[2] van Royen P. The Podostemaceae of the New World. Part 1[J]. Meded Bot Mus Herb Rijks Univ Utrecht, 1951, 107: 1-151.

[3] Takhtajan A. Outline of the classification of flowering plants (Magnoliophyta)[J]. Bot Rev, 1980, 46: 255-359.

[4] Landolt E, et al. Extreme adaptations in angiospermous hydrophytes[M]. Borntraeger, 1998: 197-209.

[5] Engler A. Reihe Podostemales[M]//Engler A. Die natürlichen pflanzenfamilien. 2nd ed. Leipzig: W.

Engelmann, 1930: 1-68.

[6] Rutishauser R. Structural and developmental diversity in Podostemaceae (river-weeds)[J]. Aquatic Bot, 1997, 57: 29-70.

[7] Kita Y, Kato M. Infrafamilial phylogeny of the aquaticangiosperm Podostemaceae inferred from the nucleotidesequence of the *mat*K gene[J]. Plant Biol, 2001, 3: 156-163.

[8] Moline P, et al. Comparative morphology and molecular systematics of African Podostemaceae-Podostemoideae, with emphasis on *Dicraeanthus* and *Ledermanniella* from Cameroon[J]. Int J Plant Sci, 2007, 168: 159-180.

[9] Tippery NP, et al. Systematics and phylogeny of neotropical riverweeds (Podostemaceae: Podostemoideae)[J]. Syst Bot, 2011, 36: 105-118.

[10] 赵修谦. 中国川草科一新属[J]. 云南植物研究, 1980, 2: 296-299.

[11] Cusset C, Cusset G. Etude sur Les Podostemales. 9. Délimitations taxinomiques dans Les Tristichaceae[J]. Bull Mus Natl Hist Nat Paris, 4th ser 10, sect B Adansonia No 2, 1988: 149-177.

[12] Cook CDK, Rutishauser R. Podostemaceae[M]//Kubitzki K. The families and genera of vascular plants, IX. Berlin: Springer, 2007: 304-344.

[13] Koi S, et al. Phylogenetic relationship and morphology of *Dalzellia gracilis* (Podostemaceae, subfamily Tristichoideae) with proposal of a new genus[J]. Int J Plant Sci, 2009, 170: 237-246.

Hypericaceae Jussieu (1789), *nom. cons.* 金丝桃科

特征描述：草本、灌木或乔木；植株具腺体或管，常具黏液毛。叶对生，稀轮生或互生，全缘，无托叶。花序顶生，聚伞状，稀腋生为单花；花对称，完全花；萼片离生，常 4-5；花瓣 4-5，离生；雄蕊（9-）∞，离生或不同方式地成束或合生，药隔时常具腺体；子房上位，3-5 室，中轴胎座至侧膜胎座，每心皮具 1 至多数倒生胚珠；花柱离生，基部多少合生，或花柱单一，柱头膨大，黏滑。浆果或蒴果，极少为核果。种子细小，有翅或无翅；胚直生或极少弯生。花粉粒 3 孔沟，穿孔状、网状或皱波状纹饰。

分布概况：9 属/540 种，世界广布；中国 4 属/69 种，南北均产。

系统学评述：金丝桃科与藤黄科 Clusiaceae、Bonnetiaceae 之间具有紧密关系[1]，而该科常被置于扩大的藤黄科[2]。APG III 和 APW 均将它们作为不同的科处理。近期的分子证据表明川苔草科 Podostemaceae 可能与金丝桃科构成姐妹群[3-5]。金丝桃科大致可分为 3 族，族间关系为 Cratoxyleae+(Vismieae+Hypericeae)，但多个属的地位和属间关系则不明确[APW]。

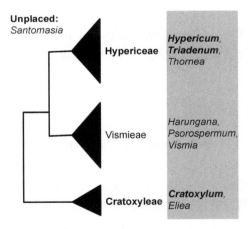

图 118　金丝桃科分子系统框架图（参考 Ruhfel 等[4,5]）

分属检索表

1. 蒴果室背开裂；种子具明显的翅；雄蕊成束，花丝联合达中部以上 ⋯⋯⋯⋯⋯**1. 黄牛木属 *Cratoxylum***

1. 蒴果室间开裂；种子通常无翅，或具龙骨状凸起或多少具翅；雄蕊仅花丝基部联合，或雄蕊 3，花丝联合达 2/3 处

　　2. 花瓣黄色，有时脉上带红色；雄蕊通常多数，仅在基部合生，形成 5 束或 3 束；无退化雄蕊及不育的雄蕊束；有时具深色（黑或红色）腺体 ⋯⋯⋯⋯⋯⋯⋯⋯⋯⋯⋯⋯⋯⋯**2. 金丝桃属 *Hypericum***

　　2. 花瓣粉色或白色；雄蕊基部合生或 1/2-2/3 合生，形成 3 束；在正常发育的雄蕊束之间具 3 束退化雄蕊及不育的雄蕊束；无深色腺体

3. 小灌木；雄蕊 5 束，基部合生；花瓣白色；叶具点状腺体或平行线状腺体⋯⋯⋯⋯⋯⋯
⋯⋯⋯⋯⋯⋯⋯⋯⋯⋯⋯⋯⋯⋯⋯⋯⋯⋯⋯⋯⋯⋯⋯⋯⋯⋯⋯ **3. 惠林花属 Lianthus**

3. 具地下茎的草本；雄蕊 3 束，花丝 1/2-2/3 合生；花瓣白色或浅粉色；叶仅具点状腺点⋯⋯⋯⋯⋯
⋯⋯⋯⋯⋯⋯⋯⋯⋯⋯⋯⋯⋯⋯⋯⋯⋯⋯⋯⋯⋯ **4. 三腺金丝桃属 Triadenum**

1. *Cratoxylum* Blume 黄牛木属

Cratoxylum Blume (1823: 172); Li et al. (2007: 36) [Type: *C. hornschuchii* Blume, *nom. illeg.* (*Hornschuchia hypericina* Blume; *C. hypericinum* Merrill)]

特征描述：灌木至小乔木。叶对生，全缘。花排成顶生或腋生的聚伞花序；萼片与花瓣均 5，革质，宿存；花瓣基部有时有鳞片；雄蕊 3-5 束，肉质、下位的腺体与雄蕊束互生；子房 3 室，每室有胚珠数至多数，花柱 3，分离，柱头头状。果为蒴果，成熟时室背开裂；种子有翅。花粉粒 3 孔沟，网状纹饰。

分布概况：6/2 种，（7ab）型；分布于印度，缅甸，泰国，经中南半岛及中国南部至马来西亚，印度尼西亚及菲律宾；中国产广东、广西及云南。

系统学评述：根据分类特征和分子证据表明，黄牛木属 *Cratoxylum* 与 *Eliea* 构成姐妹群，共同组成 Cratoxyleae[3-5]。

DNA 条形码研究：BOLD 网站有该属 5 种 21 个条形码数据；GBOWS 网站已有 2 种 25 个条形码数据。

代表种及其用途：黄牛木 *C. cochinchinense* (Loureiro) Blume 木材坚硬，纹理精致，为名贵雕刻木材，也可制作雀笼，故又有雀笼木之名；幼果供作烹调香料；根、树皮、嫩叶可入药。

2. *Hypericum* Linnaeus 金丝桃属

Hypericum Linnaeus (1753: 783); Li & Robson (2007: 2) (Type: *H. perforatum* Linnaeus).——*Ascyrum* Miller (1754: ed. 4)

特征描述：灌木或草本。叶对生，有时轮生，无柄或具短柄，有透明的腺点。花两性，多为黄色，单生或聚伞花序，顶生或腋生；萼片 5；花瓣 5，常偏斜；雄蕊极多数，分离或基部联合成束；子房上位，1 室、具侧膜胎座，或 3-5 室、具中轴胎座；胚珠极多数；花柱 3-5。蒴果，很少浆果；种子小，表面具各种雕纹，无假种皮。花粉粒 3 孔沟，网状纹饰。

分布概况：460/64（33）种，1（8-4）型；除南北两极地或荒漠地及大部分热带低地外，世界广布；中国产各地，西南尤多。

系统学评述：金丝桃属是金丝桃科最大的属，也是世界性大属。Robson[6-17]将该属分为 36 组。但有分子证据表明，其不是 1 个单系，而将 *Santomasia*、三腺金丝桃属 *Triadenum* 和 *Thornea* 全都包含进来[4,5]。直到 Nürk 等[18]对该属 206 种进行了较全面的取样，分子系统学的分析证实三腺金丝桃属网结于金丝桃属，而 *Thornea* 是金丝桃属的姐妹群；该属 60%的组为单系。Meseguer[19]选取了该属 36 组中的 33 组 186 种，基于 ITS、 *psb*A-*trn*H、*trn*S-G 和 *trn*L-F 片段分析，认为金丝桃属不是个单系，应包括三腺金丝桃属，而且不承认传统的属下分类系统，认为该属的多个组都是并系或多系的。

DNA 条形码研究：BOLD 网站有该属 108 种 276 个条形码数据；GBOWS 网站已有 24 种 121 个条形码数据。

代表种及其用途：该属花朵艳丽，常作为观赏植物；有些种类还可药用，民间作镇静剂，如黄海棠 *H. ascyron* Linnaeus。

3. *Lianthus* N. Robson 惠林花属

Lianthus N. Robson (2001: 38); Li & Robson (2007: 35) [Type: *L. ellipticifolius* (H. L. Li) N. Robson (≡*Hypericum ellipticifolium* H. L. Li)]

特征描述：小灌木，无毛，具透明腺体。叶对生，无柄，全缘，近轴面具点状腺体，远轴面具线状腺体。花两性；萼片 5，梅花状排列，离生；花瓣 5，白色，倒卵形，先端近锐尖；花序顶生，具 5-6 花，为近伞状聚伞花序；雄蕊 5 束，形成 3 个部分（即 2+2+1），每一束具 3 或 4 枚雄蕊；花药小，纵向开裂，背着；花丝纤细，基部合生；子房 3 室，中轴胎座，每室胚珠多数；花柱 3，纤细，离生；柱头为狭窄的头状。蒴果卵珠形，具纵向窄条纹的膜。种子梭形，黑褐色，两端渐尖，两侧有龙骨状凸起，表面有细蜂窝纹。

分布概况：1/1（1）种，**15** 型；特产中国云南西北部。

系统学评述：分子证据表明该属可能并不成立，而应并入金丝桃属[18,19]。

4. *Triadenum* Rafinesque 三腺金丝桃属

Triadenum Rafinesque (1837: 78); Li & Robson (2007: 35) (Type: *T. virginianum* Rafinesque)

特征描述：草本；根茎匍匐，分枝。叶对生，全缘，具透明或偶有暗黑色腺点。花序聚伞状，具 1-5 花；花白色或淡粉色，小苞片细小，两性；花萼钟状，5 裂，萼片 5，覆瓦状排列，全缘，具透明腺条；花瓣 5，覆瓦状排列；雄蕊 3 束宿存，每束有 3 枚雄蕊，花丝 1/2-2/3 处合生，花药丁字着生，药隔上有腺体；下位腺体 3，与雄蕊束互生，不分裂，肉质；子房 3 室，中轴胎座，胚珠多数；花柱 3，分离，柱头头状。果为室间开裂的蒴果，果爿有含树脂的腺条；种子小，有细蜂窝纹。花粉粒 3 孔沟，穿孔状、网状或皱波状。

分布概况：6/2 种，**9** 型；分布于印度，经中国至日本，朝鲜，俄罗斯远东地区，美国东部及加拿大；中国产江苏、安徽、浙江、江西、台湾、湖北、湖南和云南。

系统学评述：分子证据表明，该属可能并不成立，而应并入金丝桃属[18,19]。

DNA 条形码研究：GBOWS 网站有该属 1 种 4 个条形码数据。

主要参考文献

[1] Gustafsson MHG, et al. Phylogeny of Clusiaceae based on *rbc*L sequences[J]. Int J Plant Sci, 2002, 163: 1045-1054.

[2] Cronquist A. An integrated system of classification of flowering plants[M]. New York: Columbia

University Press, 1981.

[3]   Wurdack KJ, Davis CC. Malpighiales phylogenetics: gaining ground on one of the most recalcitrant clades in the angiosperm tree of life[J]. Am J Bot, 2009, 96: 1551-1570.

[4]   Ruhfel BR, et al. Phylogeny of the clusioid clade (Malpighiales): evidence from the plastid and mitochondrial genomes[J]. Am J Bot, 2011, 98: 306-325.

[5]   Ruhfel BR, et al. Combined morphological and molecular phylogeny of the clusioid clade (Malpighiales) and the placement of the ancient rosid macrofossil *Paleoclusia*[J]. Int J Plant Sci, 2013, 174: 910-936.

[6]   Robson NKB. Studies in the genus *Hypericum* L. (Guttiferae). 1. Infrageneric classification[J]. Bull Brit Mus (Nat Hist), Bot Ser, 1977, 5: 295-355.

[7]   Robson NKB. Studies in the genus *Hypericum* L. (Guttiferae). 2. Characters of the genus[J]. Bull Brit Mus (Nat Hist), Bot Ser, 1981, 8: 55-226.

[8]   Robson NKB. Studies in the genus *Hypericum* L. (Guttiferae). 3. Sections 1. Campylosporus to 6a. Umbraculoides[J]. Bull Brit Mus (Nat Hist), Bot Ser, 1985, 12: 163-211.

[9]   Robson NKB. Studies in the genus *Hypericum* L. (Guttiferae). 7. Section 29. *Brathys* (part 1)[J]. Bull Brit Mus (Nat Hist), Bot Ser, 1987, 16: 1-106.

[10]   Robson NKB. Studies in the genus *Hypericum* L. (Guttiferae). 8. Sections 29. *Brathys* (part 2) and 30. *Trigynobrathys*[J]. Bull Brit Mus (Nat Hist), Bot Ser, 1990, 20: 1-151.

[11]   Robson NKB. Studies in the genus *Hypericum* L. (Guttiferae). 6. Sections 20. *Myriandra* to 28. *Elodes*[J]. Bull Brit Mus (Nat Hist), Bot Ser, 1996, 26: 75-217.

[12]   Robson NKB. Studies in the genus *Hypericum* L. (Guttiferae). 4(1). Sections 7. *Roscyna* to 9. *Hypericum sensu lato* (part 1)[J]. Bull Brit Mus (Nat Hist), Bot Ser, 2001, 31: 37-88.

[13]   Robson NKB. Studies in the genus *Hypericum* L. (Guttiferae). 4(2). Section 9. *Hypericum sensu lato* (part 2): subsection 1. *Hypericum* series 1, *Hypericum*[J]. Bull Brit Mus (Nat Hist), Bot Ser, 2002, 32: 61-123.

[14]   Robson NKB. Studies in the genus *Hypericum* L. (Clusiaceae). Section 9. *Hypericum sensu lato* (part 3): subsection 1. *Hypericum* series 2. *Senanensia*, subsection 2. *Erecta* and section 9b *Graveolentia*[J]. Syst Biodivers, 2006, 4: 19-98.

[15]   Robson NKB. Studies in the genus *Hypericum* L. (Hypericaceae). 5(1). Sections 10. *Olympia* to 15/16. *Crossophyllum*[J]. Phytotaxa, 2010, 4: 5-126.

[16]   Robson NKB. Studies in the genus *Hypericum* L. (Hypericaceae). 5(2). Section 17. *Hirtella* to 19. *Coridium*[J]. Phytotaxa, 2010, 4: 127-258.

[17]   Robson NKB. Studies in the genus *Hypericum* L. (Hypericaceae) 9. Addenda, corrigenda, keys, lists and general discussion[J]. Phytotaxa, 2012, 72: 1-111.

[18]   Nürk NM, et al. Molecular phylogenetics and morphological evolution of St. John's wort (*Hypericum*; Hypericaceae)[J]. Mol Phylogenet Evol, 2013, 66: 1-16.

[19]   Meseguer AS, et al. Bayesian inference of phylogeny, morphology and range evolution reveals a complex evolutionary history in St. John's wort (Hypericum)[J]. Mol Phylogenet Evol, 2013, 67: 379-403.

Putranjivaceae Meisner (1842) 假黄杨科

特征描述：乔木。叶 2 列。雌雄异株；花序簇生。萼片有时具单迹，花瓣缺如，或 4-5（-7）；雄花雄蕊（2-）3-20，或多数，花药外向，花粉具假核；雌花退化雄蕊有时无；雌蕊由（1-）2-4（-9）心皮合生而成，花柱有时很短，有分枝，柱头大，往往呈盖瓣状，2 裂。果实为核果；种子外种皮具维管束，外种皮外中层石细胞状，内种皮多少增生。花粉粒 3 孔沟，穿孔状至网状纹饰。染色体 $x=7$，$n=7$ 或 20。

分布概况：2 属/约 225 种，分布于热带地区，非洲和马来西亚尤盛；中国 2 属/14 种，产南部各省区。

系统学评述：传统上，假黄杨科作为广义大戟科 Euphorbiaceae *s.l.*叶下珠亚科 Phyllanthoideae 核子木族 Drypeteae[1,2]。根据分子系统学研究，该科从大戟科中独立出来，并认为与 Lophopyxidaceae 互为姐妹群[3-5]。分布于非洲、具 3 个种的 *Sibangea* 有时会被认为应该从核子木属 *Drypetes* 分出，但分子证据支持该属合并到核子木属中[2,6]。Hurusawa[7]曾将假黄杨属 *Putranjiva* 处理为核子木属的 1 亚属，这一处理曾被广泛认可。然而，分子证据认为两者为姐妹群且应分为不同的属[6]。

分属检索表

1. 有花盘；雄蕊多为 4，或多数；花柱柱头状 ·· **1. 核果木属 *Drypetes***
1. 无花盘；雄蕊多为 2-3（4）；花柱变宽，呈花瓣状 ····························· **2. 假黄杨属 *Putranjiva***

1. *Drypetes* Vahl 核果木属

Drypetes Vahl (1810: 49); Li & Gilbert (2008: 218) (Type: *D. glauca* Vahl)

特征描述：乔木或灌木。单叶互生，羽状脉，托叶 2。花单性，雌雄异株；无花瓣；雄花簇生或组成团伞、总状或圆锥花序，萼片 4-6，雄蕊 1-25，排成 1 至数轮，花药 2 室，退化雌蕊极小或无；雌花单生于叶腋内或侧生于老枝上，萼片与雄花的相同，花盘环状；子房 1-2 室，稀 3 室，每室有 2 胚珠。核果或蒴果，1-2 室，稀 3 室，每室有种子 1；种子无种阜。花粉粒 3 孔沟，穿孔状至网状纹饰。染色体 $n=20$。

分布概况：约 200/12（2）种，**2** 型；分布于亚洲，非洲和美洲的热带及亚热带地区；中国产台湾、广东、海南、广西、贵州和云南。

系统学评述：Hurusawa[7]曾将假黄杨属 *Putranjiva* 处理为该属的 1 亚属。未见属下系统学研究。

DNA 条形码研究：BOLD 网站有该属 25 种 66 个条形码数据。

代表种及其用途：核果木 *D. indica* (Müller Argoviensis) Pax & Hoffmann 等为用材树种。

2. *Putranjiva* Wallich 假黄杨属

Putranjiva Wallich (1826: 61); Li & Gilbert (2008: 222) (Type: *P. roxburghii* Wallich)

　　特征描述：乔木或灌木。单叶互生，叶缘全缘或具细锯齿，羽状脉。花单性，雌雄异株，无花瓣；花盘缺如；雄花成腋生总状花序或穗状花序，花萼 4-6 裂，雄蕊 2-4，退化雌蕊无；雌花单生叶腋，花萼 5 裂；子房卵形或长圆状卵形，2 室，每室 2 胚珠，花柱花瓣状扩大，上部 2 或 3 分枝，被乳突。核果不开裂，分核石质，坚硬种子 1；种子外种皮膜质或脆壳质。花粉粒 3 孔沟，网状纹饰。染色体 $n=20$（可能 7，19，21）。

　　分布概况：约 4/2（1）种，**7** 型；分布于南亚及东南亚至琉球群岛；中国产广东、香港、台湾；另外，引种台湾假黄杨 *P. roxburghii* Wallich 栽培于香港。

　　系统学评述：Hurusawa[7]曾将假黄杨属 *Putranjiva* 处理为核果木属的 1 亚属。未见属下系统学研究。

　　DNA 条形码研究：BOLD 网站有该属 2 种 5 个条形码数据。

　　代表种及其用途：台湾假黄杨的叶和果药用，可治疗风湿病。

主要参考文献

[1]　Webster GL. Synopsis of the genera and suprageneric taxa of Euphorbiaceae[J]. Ann MO Bot Gard, 1994: 33-144.

[2]　Radcliffe-Smith A, Esser HJ. Genera Euphorbiacearum[M]. Richmond: Royal Botanic Gardens, Kew, 2001.

[3]　Davis CC, et al. Explosive radiation of Malpighiales supports a mid-Cretaceous origin of modern tropical rain forests[J]. Am Nat, 2005, 165: e36-e65.

[4]　Xi ZX, et al. Phylogenomics and a posteriori data partitioning resolve the Cretaceous angiosperm radiation Malpighiales[J]. Proc Natl Acad Sci USA, 2012, 109: 17519-17524.

[5]　Wurdack KJ, Davis CC. Malpighiales phylogenetics: gaining ground on one of the most recalcitrant clades in the angiosperm tree of life[J]. Am J Bot, 2009, 96: 1551-1570.

[6]　Wurdack KJ, et al. Molecular phylogenetic analysis of Phyllanthaceae (Phyllanthoideae *pro parte*, Euphorbiaceae *sensu lato*) using plastid *rbc*L DNA sequences[J]. Am J Bot, 2004, 91: 1882-1900.

[7]　Hurusawa I. Eine nochmalige durchsicht des herkommlichen systems der Euphorbiaceen im weiteren Sinne[J]. J Fac Sci Univ Tokyo, Sect. 3, Bot, 1954, 6: 209-342.

Centroplacaceae Doweld & Reveal (2005) 裂药树科

特征描述：常绿乔木，叶互生，叶缘有锯齿，具托叶。<u>花序分枝</u>，总状花序，<u>花梗具关节</u>；花两性，单性或雌雄异株；花小，5 基数，<u>具单轮雄蕊</u>，<u>雌花与花萼对生</u>，<u>花柱分离或合生</u>；心皮合生，2-3 室，每室 2-3 胚珠，<u>蒴果延背缝线开裂</u>，<u>每室 1 种子</u>，<u>被具鲜艳颜色的肉质假种皮包被</u>，胚乳肉质，胚小。花粉粒 3 孔沟，条纹状或皱波状纹饰。种子靠鸟类传播。

分布概况：2 属/6 种，分布于非洲西部，印度到马来西亚；中国 1 属/1 种，产广西合浦。

系统学评述：裂药树科在 APG III 系统中被重新定义，该科包含 *Bhesa* 和 *Centroplacus* 2 属。基于形态学和解剖学研究，前者被认为是卫矛科 Celastraceae 中比较孤立的属，而分子证据表明其与金虎尾目 Malpighiales 关系更近[1]；后者的系统位置存在一定的争议，之前被置于大风子科 Flacourtiaceae 或卫矛科或大戟科 Euphorbiaceae。虽然这 2 属在形态和地理分布上表现出很大的不同，但最近的分子证据表明两者形成一个高支持率的分支，并较微弱地支持两者与金虎尾科 Malpighiaceae+沟繁缕科 Elatinaceae 构成的分支形成姐妹群[2,3]。APG III 系统将两者放入 1 个新的科——裂药树科。

1. *Bhesa* Hamilton ex Arnott 膝柄木属

Bhesa Hamilton ex Arnott (1834: 31); Ma & Funston (2008: 479) (Type: *non designatus*)

特征描述：常绿乔木，<u>常有板状根</u>。叶互生，革质；<u>叶柄粗长</u>，<u>在接近叶基时增粗</u>，托叶膜质脱落后留有具托叶痕。聚伞花序总状或圆锥状，单生或 2 至数个簇生于枝侧，或假顶生；花 5 数，少为 4 数，萼片 5，花瓣 5，<u>花盘肉质盘状</u>；雄蕊 5；心皮 2 合生，花柱 2，分离或基部合生，<u>子房不与花盘愈合</u>，顶端常有一环长毛，2 室，每室有 2 胚珠。<u>蒴果成熟纵裂</u>；种子 1-2，<u>假种皮肉质</u>，<u>白色或棕色大部或部分包围种子</u>。花粉粒 3 孔沟，条纹状纹饰。

分布概况：6/1 种，（7e）型；分布于热带地区；中国产广西合浦。

系统学评述：传统上膝柄木属被置于无患子目 Sapindales 卫矛科[4]，分子系统学研究将该属所有类群转移至金虎尾目裂药树科[1,2]。属下系统发育关系的研究未见报道。

DNA 条形码研究：BOLD 网站有该属 3 种 7 个条形码数据；GBOWS 网站已有 1 种 2 个条形码数据。

代表种及其用途：膝柄木 *B. sinica* H. T. Chang & Liang 是该属中分布最北的种，目前仅在广西海岸发现 3 株成年树和 7 株幼树，是中国几乎绝迹的特有种，一般被用作防腐木材。

主要参考文献

[1] Zhang LB, Simmons MP. Phylogeny and delimitation of the Celastrales inferred from nuclearand plastid genes[J]. Syst Bot, 2006, 31: 122-137.

[2] Wurdack KJ, Davis CC. Malpighiales phylogenetics: gaining ground on one of the most recalcitrant clades in the angiosperm tree of life[J]. Am J Bot, 2009, 96: 1551-1570.

[3] Xi ZX, et al. Phylogenomics and a posteriori data partitioning resolve the Cretaceous angiosperm radiation Malpighiales[J]. Proc Natl Acad Sci USA, 2012, 109: 17519-17524.

[4] Zhang XY, et al . Wood anatomy of *Bhesa sinica* (Celastraceae)[J]. IAWA, 1990, 11: 57-60.

Elatinaceae Dumortier (1829), *nom. cons.* 沟繁缕科

特征描述: 矮小，半水生或陆生草本或亚灌木。单叶，对生或轮生；有成对托叶。花小，两性，辐射对称，单生、簇生或组成腋生的聚伞花序；萼片 2-5；花瓣 2-5，分离；雄蕊与萼片同数或为其 2 倍，分离，花药背着，2 室；子房上位，2-5 室，花柱 2-5，分离，短，柱头头状。蒴果，膜质、革质或脆壳质，果瓣与中轴及隔膜分离，为室间开裂；种子多数，小，种皮常有皱纹，无胚乳。花粉粒 3 孔沟，网状纹饰。染色体 $x=6$，9。

分布概况: 2 属/34-40 种，分布于温带和热带地区；中国 2 属/约 6 种，产东北、东南至西南。

系统学评述: 传统分类把沟繁缕科放在藤黄目 Guttiferales，认为该科与藤黄科 Clusiaceae 和金丝桃科 Hypericaceae 近缘，因为它们有许多共同特点：叶对生，合生心皮而花柱分离，柱头头状，蒴果为室间开裂；但鉴于其独特特征应单独成立沟繁缕目 Elatinales[1,2]。分子证据高度支持沟繁缕科与金虎尾科 Malpighiaceae 的姐妹群关系，并将其放入金虎尾目[3-5]。

分属检索表

1. 陆生植物；花 5 基数；蒴果 5 瓣裂 ·· **1. 田繁缕属 *Bergia***
1. 水生植物；花 2-4 基数；蒴果 2-4 瓣裂 ································· **2. 沟繁缕属 *Elatine***

1. *Bergia* Linnaeus 田繁缕属

Bergia Linnaeus (1771: 241); Yang & Tucker (2007: 55) (Type: *B. capensis* Linnaeus)

特征描述: 草本或亚灌木，直立或匍匐状，多分枝。叶对生，边缘具细锯齿。花小，排成腋生的聚伞花序或簇生于叶腋内；萼片 5，离生，有明显的中脉；花瓣与萼片同数，离生；雄蕊与花瓣同数或较多，但不超过其 2 倍；子房上位，5 室，每室有胚珠极多数。蒴果近骨质，5 瓣裂，隔膜常附着于宿存的中轴上；种子多数，长圆形，微弯曲，具网纹。花粉粒 3 孔沟，网状纹饰。

分布概况: 25/3 种，**2** 型；广布热带和温带地区；中国产南部。

系统学评述: Davis 和 Anderson[3]利用叶绿体 *ndh*F、*rbc*L、*mat*K 及核基因 PHYC 对金虎尾目的系统学研究中仅包括该属 2 种，取样较少。

DNA 条形码研究: BOLD 网站有该属 5 种 14 个条形码数据。

代表种及其用途: 大叶田繁缕 *B. capensis* Linnaeus、田繁缕 *B. ammannioides* Roxburgh ex Roth 和倍蕊田繁缕 *B. serrata* Blanco 为田边、路旁及溪边常见杂草。

2. *Elatine* Linnaeus 沟繁缕属

Elatine Linnaeus (1753: 367); Yang & Tucker (2007: 56) (Type: *E. hydropiper* Linnaeus)

特征描述： 水生草本植物；茎纤细，匍匐状，节上生根。叶小型，对生或轮生，全缘，具短柄。花极小，腋生，每节只有 1 花；萼片 2-4，基部合生；花瓣 2-4，比萼片长，钝头；雄蕊与花瓣同数或为其 2 倍；子房上位，2-4 室，胚珠多数，花柱 2-4，柱头头状。蒴果膜质，2-4 瓣裂，隔膜于果开裂后脱落或附着于中轴上；种子多数，直、弯曲或呈马蹄形，具棱和网纹。花粉粒 3 孔沟，网状纹饰。

分布概况： 10-15/3 种，**2** 型；分布于热带，亚热带和温带地区；中国产黑龙江、吉林、广东、台湾、云南。

系统学评述： Davis 和 Anderson 利用叶绿体 *ndh*F、*rbc*L、*mat*K 及核基因 PHYC 对金虎尾目的系统学研究中包括该属 3 种[3]。

DNA 条形码研究： BOLD 网站有该属 8 种 22 个条形码数据；GBOWS 网站已有 1 种 15 个条形码数据。

代表种及其用途： 马蹄沟繁缕 *E. hydropiper* Linnaeus、三蕊沟繁缕 *E. triandra* Schkuhr 和长梗沟繁缕 *E. ambigua* Wight，生于河流沿岸水中及池沼中。

主要参考文献

[1] Takhtajan A. Diversity and classification of flowering plants[M]. New York: Columbia University Press, 1997.
[2] 吴征镒，等. 中国被子植物科属综论[M]. 北京: 科学出版社, 2003.
[3] Davis CC, Anderson WR. A complete generic phylogeny of Malpighiaceae inferred from nucleotide sequence data and morphology[J]. Am J Bot, 2010, 97: 2031-2048.
[4] Soltis DE, et al. Angiosperm phylogeny: 17 genes, 640 taxa[J]. Am J Bot, 2011, 98: 704-730.
[5] Xi ZX, et al. Phylogenomics and a posteriori data partitioning resolve the Cretaceous angiosperm radiation Malpighiales[J]. Proc Natl Acad Sci USA, 2012, 109: 17519-17524.

Malpighiaceae Jussieu (1789), *nom. cons.* 金虎尾科

特征描述：乔木、灌木、藤本或稀草本。<u>单叶</u>，<u>常对生</u>，稀互生或 3 叶轮生，<u>叶柄和叶背常具腺体</u>。聚伞状、总状花序顶生或腋生，稀单花；花梗具关节；小苞片常 2；<u>花两性</u>，<u>辐射或近左右对称</u>；花萼 5，分离至基部合生，<u>远轴端具 2 腺体</u>；<u>花瓣 5</u>，<u>分离</u>，<u>常爪状</u>，<u>边缘具流苏或齿</u>；雄蕊 10，<u>花丝分离或基部合生</u>；花药 2 室，纵裂；<u>子房上位</u>，<u>3 室</u>，<u>合生</u>，<u>每室 1 胚珠</u>，<u>下垂半倒生</u>，<u>中轴胎座</u>；花柱 3 宿存。<u>翅果状分果或肉质核果</u>，或蒴果，不开裂或稀 2 裂；<u>种子 3</u>，<u>具脊纹孔或坚果状</u>；胚大而直，稀弯，无胚乳。花粉粒常 3-5 孔沟。染色体 *n*=6，10。

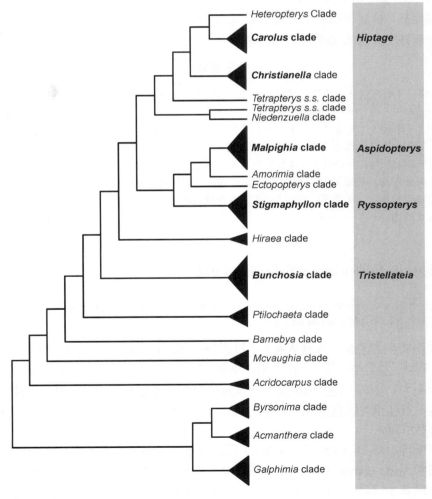

图 119　金虎尾科分子系统框架图（参考 Davis 和 Anderson[1]；Anderson 等[2]）

分布概况：68 属/1250 种，分布于热带和亚热带地区，南美尤盛；中国 4 属/21 种，产西南、华南和台湾。

系统学评述：在 Thorne 以前，金虎尾科多隶属于牻牛儿苗目 Geraniales，在 Engler 系统中作为 1 亚目，其后 Melchior 又将其转入芸香目 Rutales。Thorne 将其归为远志亚目 Polygalales，之后被分别置于远志目和 Vochysiales（为金虎尾目的合法名）[3]。Takhtajan[4]认为该科与古柯科 Erythroxylaceae 有许多共性；目前系统发育研究将金虎尾科置于金虎尾目[APG III]，而沟繁缕科 Elatinaceae 为金虎尾科的最近缘类群[5-7]。

早期的学者大都是依据此类群的果实性状来划分属和族，而后来的分子系统学研究提升了对金虎尾科的认识，并揭示出了仅靠单一形状分类的缺陷，原来传统的一些大属，分子证据表明并不是单系[8-11]，而且该科的不同果实形态是多次演化的[1]。迄今为止，金虎尾科内大部分类群的系统位置得到了很好的解决[1,9,10]，该科内总体分为两大支，即 Byrsonimoideae 与 Malpighioideae，而前者的类群仅分布于旧世界，而后者新、旧世界都有分布[10]。基于 4 个基因片段，Davis 和 Anderson[1]在属级水平比较全面取样（除一些具翅果属外）的研究很好地解析了属间系统发育关系；此研究还表明金虎尾科花形态的演化与新热带传粉者的选择密切相关。

分属检索表

1. 雌雄异株；花通常退化成单性；花瓣无爪或多少具爪；每心皮仅背翅发育 ·· **3. 翅实藤属 Ryssopterys**
1. 雌雄同株；花两性；花瓣具爪或无；每心皮的侧翅、背翅均发育，稀背翅不发育或为鸡冠状
  2. 叶柄基部具托叶；每心皮有 3 至多数翅发育，形成星芒状翅果 ············· **4. 三星果属 Tristellateia**
  2. 叶柄基部无托叶；每心皮有 1-3 翅发育，不成星芒
    3. 花两侧对称；花瓣具爪；花柱 1；2 枚侧翅短，背翅通常最长·················· **2. 风筝果属 Hiptage**
    3. 花辐射对称；花瓣无爪；花柱 3；侧翅发育成圆形或长圆形的翅盘，背翅不发育或仅发育为鸡冠状凸起···································· **1. 盾翅藤属 Aspidopterys**

1. *Aspidopterys* Jussieu ex Endlicher 盾翅藤属

Aspidopterys Jussieu ex Endlicher (1840: 1060); Chen & Funston (2008: 132) [Lectotype: *A. elliptica* (Blume) Jussieu (≡*Hiraea elliptica* Blume)]

特征描述：木质藤本或藤状灌木。叶对生。花两性，腋生或顶生圆锥花序；小苞片 2；花萼 5 裂，无腺体；花瓣 5，无爪；雄蕊 10；子房 3 裂，裂片侧边有翅，花柱 3 裂。翅果，由 1-3 个合成，每心皮侧边的翅发育成圆形或长圆形的膜或革质的翅盘，翅具放射性脉纹，背翅很少发育或成鸡冠状凸起；种子圆柱形，位于翅果中央。花粉粒 3（-4）孔沟，疣状纹饰。

分布概况：15-20/9（5）种，（**7a-c**）型；分布于亚洲热带地区；中国产西南和华南。

系统学评述：Davis 和 Anderson[1]的分子系统学研究显示盾翅藤属所在旧世界的分支是金虎尾属 *Malpighia* 的姐妹群，尽管支持率不高（60%）。鉴于盾翅藤属与金虎尾属所在分支内的 *Mascagnia* 在形态上更相似，故泛热带类群和 *Mascagnia* 系统关系比金虎

尾属近缘也有可能[2]。

DNA 条形码研究：BOLD 网站有该属 4 种 8 个条形码数据；GBOWS 网站已有 5 种 32 个条形码数据。

2. *Hiptage* Gaertner 风筝果属

Hiptage Gaertner (1790: 169); Chen & Funston (2008: 135) [Type: *H. madablota* Gaertner, *nom. illeg.* (≡*Banisteria tetraptera* Sonnerat)]

特征描述：木质藤本或藤状灌木。叶对生；无腺体或背面具腺体。花两性，两侧对称，总状花序腋生或顶生；花梗有 2 小苞片，中部以上具关节；花萼 5 裂，基部有大腺体 1 枚或无；花瓣 5，具爪；雄蕊 10，不等长，其中 1 枚最大，花丝分离或下部结合，花药 2 室；子房 3 浅裂，每室 1 胚珠，花柱单生。果有 3 翅，中间者最长；种子呈多角球形。花粉粒 3（-4）孔沟，疣状纹饰。昆虫传粉。染色体 $2n=56, 58, 60$。

分布概况：20-30/10（7）种，（**7e**）**型**；分布于毛里求斯，印度，孟加拉国，中南半岛，马来西亚，菲律宾，印度尼西亚，斐济等；中国产西南、华南至台湾。

系统学评述：分子系统学研究将风筝果属置于一些具水平翅的类群中，但并没有得到支持[1]。如果说风筝果属狭长的侧翅是由具两枚蝴蝶翅膀状水平翅类群演化来的，那么风筝果属的中间长翅就难以解释[2]。故该属的系统位置尚待确定。

DNA 条形码研究：BOLD 网站有该属 4 种 14 个条形码数据；GBOWS 网站已有 5 种 23 个条形码数据。

代表种及其用途：风筝果 *H. benghalensis* (Linnaeus) Kurz 在热带广泛栽培作观赏用，花香，也作盆景；局部作农用杀虫剂。

3. *Ryssopterys* Blume ex Jussieu 翅实藤属

Ryssopterys Blume ex Jussieu (1838: 21); Chen & Funston (2008: 138); Anderson (2011: 73) [Type: *R. timoriensis* (de Candolle) Jussieu (≡*Banisteria timoriensis* de Candolle)]

特征描述：木质藤本，小枝被短柔毛。叶对生或近对生，背面边缘具小腺体，叶基与叶柄顶端处有 2 圆形腺体。花序腋生；花黄色或白色，常退化为单性，辐射对称；花萼 5 深裂，无腺体；花瓣 5，无爪或多少具爪；雄蕊 10，花丝基部合生；子房 3 裂，3 室，被粗伏毛，花柱 3，分离。翅果，1-3 个合生，仅具 1 背翅。花粉粒 3 孔沟，瘤状纹饰。

分布概况：6/1 种，**5 型**；分布于印度，马来西亚，菲律宾，印度尼西亚至澳大利亚，新喀里多尼亚及密克罗尼西亚；中国产台湾。

系统学评述：分子系统学研究将该属移置于 *Stigmaphyllon* 下作为亚属。该属的分布无疑与南太平洋的扩张有关，近似于该科内 Rhynchophoreae 的祖型[3]。最近，Anderson[12] 的分子系统学研究将该属作为亚属的原因如下：①一般认为金虎尾科是新世界起源，旧世界的类群是新世界的衍生。根据 Davis 和 Anderson 对金虎尾科系统发育关系的重建，旧世界的翅实藤属类群嵌入了新世界的 *Stigmaphyllon* 内，且 2 属的单系性均得到了 100%

的支持[1]。②如保留翅实藤属的话，将会导致 *Stigmaphyllon* 为 1 个并系类群。③从形态上看，这 2 个类群的花都是辐射对称，花萼无腺体，而且花柱都有叶状凸起，与 *Stigmaphyllon* 吻合。

尽管 Anderson[12] 的观点颇有说服力，但此处作者认为：首先，金虎尾科的形态差异如此之大，分布范围又渗透新、旧世界，而且 Davis 和 Anderson[1] 对此类群的系统发育工作也不尽完善，尤其是基因取样上，3 个叶绿体基因、1 个核基因片段不足以完全澄清金虎尾科内的系统发育信息，有待于更多的研究；其次，上述 2 属花形态差异很大，尤其花柱的叶状凸起方式也并不一致；最后，Anderson[12] 的修订工作主要基于有限的标本研究，没有野外考察，尚待于进一步求证。故此处暂不采纳将翅实藤属降级为 *Stigmaphyllon* 的亚属的分类学处理。

DNA 条形码研究：BOLD 网站有该属 3 种 4 个条形码数据。

4. *Tristellateia* Thouars 三星果属

Tristellateia Thouars (1806: 14); Chen & Funston (2008: 138) (Type: *T. madagascariensis* Poiret)

特征描述：木质藤本。叶对生或轮生，基部具 2 腺体。花两性，辐射对称，总状花序腋生或顶生。花萼 5 裂；花瓣 5，长圆形，具长爪；雄蕊 10，几等长；子房球形，3 裂，每裂 1 胚珠，花柱常 1，稀 3。成熟心皮 3，每心皮具 3 或多个翅，并多少合生成一个星芒状的翅果。花粉粒 3 孔沟，网状纹饰。染色体 $2n=18$。

分布概况：20-22/1 种，4（5/7）型，主要分布于马达加斯加，其次为非洲大陆东部和印度，马来西亚至澳大利亚及太平洋岛屿；中国产台湾。

系统学评述：分子系统学的研究将该属置于该科内的 *Bunchosia* 分支内[2]。中国台湾海岸林中可见的三星果 *T. australasiae* A. Richard，其实是多星果，它显然是该属祖型在南太平洋、印度扩张期间兴起，来源于第一次泛古大陆、古北大陆和古南大陆东北与中南半岛（古北大陆西南）、马达加斯加（古南大陆中部的东北）尚有联系的早期。马达加斯加于第二次泛古大陆漂离古南大陆中部时才有后期的较大分化。这可能是金虎尾科并非南美起源的证据之一（南美只是后期分化中心）[3]。

DNA 条形码研究：BOLD 网站有该属 4 种 13 个条形码数据。

代表种及其用途：三星果在东南亚作为观赏植物而广泛栽培。

主要参考文献

[1]   Davis CC, Anderson WR. A complete generic phylogeny of Malpighiaceae inferred from nucleotide sequence data and morphology[J]. Am J Bot, 2010, 97: 2031-2048.

[2]   Anderson WR, et al. Malpighiaceae[EB/OL].[2014-1-1]. http://herbarium.lsa.umich.edu/malpigh/index.html, 2006 onward.

[3]   吴征镒, 等. 中国被子植物科属综论[M]. 北京: 科学出版社, 2003.

[4]   Takhtajan A. Diversity and classification of flowering plants[M]. New York: Columbia University Press, 1997.

[5]   Davis CC, Chase MW. Elatinaceae are sister to Malpighiaceae; Peridiscaceae belong to Saxifragales[J].

Am J Bot, 2004, 91: 262-273.

[6]   Wurdack KJ, Davis CC. Malpighiales phylogenetics: gaining ground on one of the most recalcitrant clades in the angiosperm tree of life[J]. Am J Bot, 2009, 96: 1551-1570.

[7]   Xi ZX, et al. Phylogenomics and a posteriori data partitioning resolve the Cretaceous angiosperm radiation Malpighiales[J]. Proc Natl Acad Sci USA, 2012, 109: 17519-17524.

[8]   Davis CC, et al. High-latitude tertiary migrations of an exclusively tropical clade: evidence from Malpighiaceae[J]. Int J Plant Sci, 2004, 165: S107-S121.

[9]   Cameron KM, et al. Molecular systematics of Malpighiaceae: evidence from plastid *rbc*L and *mat*K sequences[J]. Am J Bot, 2001, 88: 1847-1862.

[10] Davis CC, et al. Phylogeny of Malpighiaceae: evidence from chloroplast *ndh*F and *trn*L-F nucleotide sequences[J]. Am J Bot, 2001, 88: 1830-1846.

[11] Davis CC, et al. Phylogeny of *Acridocarpus-Brachylophon* (Malpighiaceae): implications for Tertiary tropical floras and Afroasian biogeography[J]. Evolution, 2002, 56: 2395-2405.

[12]   Anderson C. Revision of *Ryssopterys* and transfer to *Stigmaphyllon* (Malpighiaceae)[J]. Blumea, 2011, 56: 73-104.

Dichapetalaceae Baillon (1886), *nom. cons.* 毒鼠子科

特征描述：小乔木或灌木。单叶互生，托叶早落。花小，两性或单性；辐射对称或稍两侧对称，腋生聚伞花序，<u>总花梗有时和叶柄或叶片的中脉贴生</u>；萼片 5，分离或稍合生；花瓣常 2 裂；雄蕊与花瓣互生；<u>花盘分裂为 5 枚与花瓣对生的腺体或腺体合生成一波状浅环</u>；<u>子房上位或下位，2-3 室，每室具 2 倒垂的胚珠，花柱单生，顶部 2-3 裂。果为核果。</u>花粉粒 3 孔沟（或 5-6 孔），穿孔状、网状和皱波状纹饰。染色体 $x=12$。<u>常含有氟乙酸。</u>

分布概况：3 属/165 种，分布于热带地区；中国 1 属/2 种，产广东、广西、云南。

系统学评述：鼠毒子科最早被置于牻牛儿苗目 Geraniales、蔷薇目 Rosales、瑞香目 Thymelaeales、卫矛目 Celastrales 或大戟目 Euphorbiales。分子证据表明该科位于金虎尾目，并与三角果科 Trigoniaceae 形成姐妹群[1-4]，花形态解剖同样支持两者的亲缘关系[5]。

1. *Dichapetalum* Thouars 毒鼠子属

Dichapetalum Thouars (1806: 23); Chen & Prance (2008: 160) (Type: *D. madagascariense* Poiret)

特征描述：<u>小乔木、直立或攀援灌木。单叶互生</u>，全缘，叶柄短，托叶 2，早落。花小，两性或稀单性，腋生聚伞花序；<u>花梗顶端处具关节</u>；萼片 5，<u>基部稍联合或合生成管状</u>；花瓣 5，分离，多少匙形，顶端 2 裂或近全缘；雄蕊 5，等大，<u>花药常丝状</u>；<u>腺体 5，或具浅波状边缘的花盘</u>；子房上位，2-5 室。<u>果为核果</u>，常被柔毛，外果皮薄，带肉质，内果皮硬壳质；种子 1。花粉粒 3 孔沟（或 5-6 孔），网状纹饰。染色体 $2n=24$ 或 96。

分布概况：130/2 种，**2（6）**型；分布于热带和亚热带地区；中国产广东、广西和云南。

系统学评述：该属属下的分子系统发育研究未见报道。

DNA 条形码研究：BOLD 网站有该属 11 种 13 个条形码数据；GBOWS 网站已有 1 种 4 个条形码数据。

代表种及其用途：很多种类由于含有氟乙酸和氟脂肪酸而有剧毒，被用于毒杀牲畜和民间制药，如毒鼠子 *D. gelonioides* (Roxburgh) Engler。

主要参考文献

[1] Davis CC, Chase MW. Elatinaceae are sister to Malpighiaceae; Peridiscaceae belong to Saxifragales[J]. Am J Bot, 2004, 91: 262-273.
[2] Nandi OI, et al. A combined cladistic analysis of angiosperms using *rbc*L and non-molecular data sets[J]. Ann MO Bot Gard, 1998: 137-214.

[3] Wurdack KJ, Davis CC. Malpighiales phylogenetics: gaining ground on one of the most recalcitrant clades in the angiosperm tree of life[J]. Am J Bot, 2009, 96: 1551-1570.

[4] Xi ZX, et al. Phylogenomics and a posteriori data partitioning resolve the Cretaceous angiosperm radiation Malpighiales[J]. Proc Natl Acad Sci USA, 2012, 109: 17519-17524.

[5] Matthews ML, Endress PK. Comparative floral structure and systematics in Cucurbitales (Corynocarpaceae, Coriariaceae, Tetramelaceae, Datiscaceae, Begoniaceae, Cucurbitaceae, Anisophylleaceae)[J]. Bot J Linn Soc, 2004, 145: 129-185.

Achariaceae Harms (1897), *nom. cons.* 钟花科

特征描述：灌木或乔木，极少数为攀援草本。单叶互生，常全缘，很少具齿，螺旋状排列或 2 列，叶柄常基部和顶部增粗；无托叶。花单生、穗状花序或聚伞花序，单性；花萼 2-5；花瓣 4-15，基部具腺体，无花蜜；雄蕊 5 至多数，与花瓣对生或不规则生长，花药基生，有时孔裂；雌蕊 2-10，花柱短，柱头头状、盾状或点状，胚珠无柄。浆果；种子胚直立，有时具假种皮。花粉粒 3（拟）孔沟，穿孔状、网状至皱波状纹饰。染色体 $x=10$，12，23。

分布概况：32 属/145 种，泛热带分布；中国 2 属/5 种，产西南。

系统学评述：传统上钟花科属于堇菜目大风子科[1]，根据分子证据钟花科独立出来，分为 4 族，即 Acharieae、Lindackerieae、Erythrospermeae 和 Pangieae[2,3]。之后的学者因为 Pangieae 所有属未能聚为 1 支，而对其的单系性提出了质疑[4]，但是这个结论需要进一步证实。分子系统学研究均支持 Lindackerieae 和 Erythrospermeae 的姐妹群关系，但是对于 4 族的系统发育关系还尚未完全解决，或支持［Pangieae（Lindackerieae+Erythrospermeae）+Acharieae］的系统发育关系[2,3]，或支持（Pangieae+Acharieae）+（Lindackerieae+Erythrospermeae）的系统发育关系[4]。

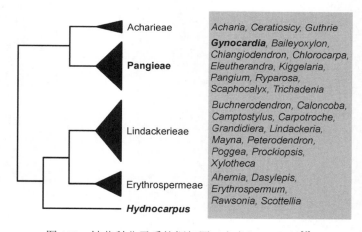

图 120　钟花科分子系统框架图（参考 Groppo 等[4]）

分属检索表

1. 花萼覆瓦状排列，离生或仅基部合生；雄蕊 5 至多数；花柱 3-6 或缺，柱头明显，扁平，常反卷，无老茎生花现象 ·· **1. 大风子属 *Hydnocarpus***

1. 花萼杯状合生，通常具 3-5 齿或浅裂片；花瓣亦连合，通常 5 裂；雄蕊多数（100）；花柱 5，柱头小，心形或盾状，有老茎生花现象 ·································· **2. 马蛋果属 *Gynocardia***

1. *Gynocardia* Roxburgh 马蛋果属

Gynocardia Roxburgh (1820: 95); Yang & Zmarzty (2007: 116) (Type: *G. odorata* Roxburgh)

特征描述：乔木。单叶，全缘，有短柄。花序呈簇生状，生于枝干上或叶腋；花单性，雌雄异株；花萼杯状，近截形，有 5 齿或 3-5 裂；花瓣 5，联合，有 1 个鳞片，彼此对生；雄花的雄蕊多数，花药线形，底着药；雌花退化雄蕊 10-15；子房有侧膜胎座 5，胚珠多数。浆果大，近球形。种子多数，倒卵形，种皮厚而脆，胚乳油质和肉质；子叶扁平。

分布概况：1/1 种，**7-2 型**；分布于印度，缅甸；中国产云南、西藏。

系统学评述：马蛋果属原隶属于大风子科，分子证据将该属置于钟花科 Pangieae。现有的分子系统学研究未能解决该属的系统位置[2-4]。

DNA 条形码研究：BOLD 网站有该属 1 种 1 个条形码数据；GBOWS 网站已有 1 种 4 个条形码数据。

代表种及其用途：马蛋果 *G. odorata* R. Brown 的木材坚实，结构细密，供建筑、家具和器具等用；花香果美可供观赏，又为蜜源植物；果实熟后可食。

2. *Hydnocarpus* Gaertner 大风子属

Hydnocarpus Gaertner (1788: 288); Yang & Zmarzty (2007: 114) (Type: *H. venenata* Gaertner)

特征描述：乔木。单叶，互生，革质，全缘或有齿，羽状叶脉；托叶小，早落。圆锥花序、聚伞花序或簇生状，稀为单花；花单性，雌雄异株；雄花萼片 4-5，花瓣 4-5，分离，基部内侧有鳞片 1 枚，雄蕊 5 至多数，花丝短，花药肾形，退化子房有或无；雌花退化雄蕊 5 至多数，子房 1 室，侧膜胎座 3-6，每个胎座上胚珠多数，花柱短或近无，柱头 3-6 浅裂。浆果果皮坚脆；种子数粒，种皮有条纹，胚乳油质，子叶宽大，叶状。花粉粒 3 孔沟，网状至皱波状纹饰。

分布概况：40/4 种，（**7ab**）**型**；分布于热带亚洲，东至菲律宾；中国产云南、广西、广东和海南。

系统学评述：大风子属原隶属于大风子科，分子证据将该属置于钟花科 Pangieae。现有的分子系统学研究仅涉及该属的 2 个种，即 *Hydnocarpus heterophylla* Blume 和 1 个未知种 *Hydnocarpus* sp.，未能解决该属的系统位置，虽然都支持该属与 Lindackerieae 和 Erythrospermeae 构成的分支形成姐妹群，但是支持率较低[2-4]。迄今为止，该属属下较详尽的分子系统学研究未见报道。

DNA 条形码研究：BOLD 网站有该属 2 种 4 个条形码数据；GBOWS 网站已有 1 种 10 个条形码数据。

代表种及其用途：一些种类种子油富含大风子酸和晁横酸等，可供消炎和治麻风病、牛皮癣、风湿病等，如海南大风子 *Hydnocarpus hainanensis* (Merrill) Sleumer。

主要参考文献

[1] Cronquist A. An integrated system of classification of flowering plants[M]. New York: Columbia University Press, 1981.

[2] Chase MW, et al. When in doubt, put it in Flacourtiaceae: a molecular phylogenetic analysis based on plastid *rbc*L DNA sequences[J]. Kew Bull, 2002, 57: 141-181.

[3] Sosa V, et al. *Chiangiodendron* (Achariaceae): an example of the Laurasian flora of tropical forests of Central America[J]. Taxon, 2003, 52: 519-524.

[4] Groppo M, et al. Placement of *Kuhlmanniodendron* Fiaschi & Groppo in Lindackerieae (Achariaceae, Malpighiales) confirmed by analyses of *rbc*L sequences, with notes on pollen morphology and wood anatomy[J]. Plant Syst Evol, 2010, 286: 27-37.

Violaceae Batsch (1802), *nom. cons.* 董菜科

特征描述：<u>草本至灌木或乔木</u>。单叶<u>互生</u>，具羽状和掌状脉；<u>具托叶</u>。花两性，<u>常稍至高度左右对称</u>；萼片 5；<u>花瓣 5</u>，<u>异形</u>，覆瓦状至旋转排列，有时在近轴面有距；<u>雄蕊常 5</u>，远轴端的 2 个花药或所有花药背部具有腺状或距状蜜腺，<u>向内散发花粉</u>；<u>心皮常 3</u>，<u>合生</u>，<u>子房上位</u>，<u>侧膜胎座</u>，花柱 1，末端增大或变态。<u>常室背开裂的蒴果</u>；<u>种子有假种皮</u>。花粉粒 3 孔沟（稀为 4-6），穿孔状、网状或光滑纹饰。昆虫传粉。

分布概况：22 属/约 1100 种，广布世界各地；中国 3 属/101 种，主产西南。

系统学评述：传统上堇菜科分为 3 亚科，即 Fusispemoideae（含 *Fusispermum*）、Leonioideae（含 *Leonia*）和堇菜亚科 Violoideae（剩下所有的属）；堇菜亚科又分为 2 族，即三角车族 Rinoreeae（花辐射对称至稍两侧对称）和堇菜族 Violeae（花高度左右对称）。分子系统发育研究并不认可原来的亚科分类，不过 Fusispemoideae 仍受到支持并位于该科最基部；其中，三角车属 *Rinorea* 和鼠鞭草属 *Hybanthus* 均为多系，分别代表了 3 个和 9 个分支[1-3]。

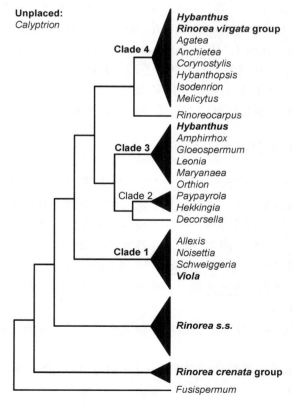

图 121　堇菜科分子系统框架图（参考 Tokuoka[1]；Xi 等[2]；Wahlert 等[3]）

分属检索表

1. *Hybanthus* Jacquin 鼠鞭草属

Hybanthus Jacquin (1760: 17), *nom. cons.* ; Chen et al. (2007: 73) (Type: *H. havanensis* Jacquin).——
  Ionidium Ventenat (1803: 27)

特征描述：小灌木，稀草本。单叶互生，极少对生。花常单生叶腋，橙色或紫色，两性，两侧对称；萼片近相等，基部不下延；花瓣 5，下面一片最大，基部囊状或成距；花丝细短，其中 2-4 枚的背部有短距，花药合生或离生，药隔顶端延伸成膜质的附属物；子房卵形或近球形，胚珠多数，生于 3 个侧膜胎座。蒴果 3 瓣裂；种子椭圆形，具纵条纹。花粉粒 3 孔沟，穿孔状至网状纹饰。虫媒。染色体 $2n=32$。

分布概况：约 150/1 种，**2 型**；分布于热带和亚热带地区；中国产海南。

系统学评述：Wahlert 等[3]基于 *trn*L/*trn*L-F 和 *rbc*L 序列的系统发育分析发现鼠鞭草属为多系，将其划分为 9 个分支，即 *H. caledonicus*、*H. havanensis*、*H. concolor*（单型）、*H. enneaspermus*、*H. thiemei*、*H. fruticulosus*、*H. guanacastensis*、*H. mexicanus* 和 *H. calceolaria*，不支持依据花被类型划分属下系统。Tokuoka[1]基于 *rbc*L、*atp*B、*mat*K 和 18S 序列的系统发育分析也显示鼠鞭草属是多系。

DNA 条形码研究：BOLD 网站有该属 30 种 54 个条形码数据。

2. *Rinorea* Aublet 三角车属

Rinorea Aublet (1775: 235), *nom. cons.* ; Chen et al. (2007: 72) (Type: *R. guianensis* Aublet)

特征描述：灌木或小乔木。单叶互生，稀对生，全缘或有锯齿。花小，两性，辐射对称，单生、总状花序或圆锥花序，顶生或腋生；5 基数，萼片近相等，革质；花瓣相等，无距；雄蕊 5，花丝分离或多少合生，着生于花盘顶部内侧，药隔背面无鳞片状附属物，顶端延伸成膜质附属物；花盘环状；子房上位，卵状，花柱直立，柱头不分裂，胚珠多或少。蒴果 3 瓣裂；种子少数，椭圆状，种脐大。花粉粒 3 孔沟，穿孔状纹饰；虫媒。染色体 $2n=24$，48。

分布概况：约 340/4（1）种，**2 型**；分布于亚洲热带，美洲热带及非洲；中国产海南、广西。

系统学评述：Wahlert 和 Ballard[4]基于 *trn*L/*trn*L-F 和 *trn*D-*trn*E 序列的系统发育分析发现三角车属分为 3 个大分支，分别为 *Rinorea s.s.*分支、新热带分支和旧世界分支。Wahlert 等[3]基于 *trn*L/*trn*L-F 和 *rbc*L 序列的系统发育表明三角车属为多系，并建议将其

3 个分支 *R. crenata*、*Rinorea s.s.* 和 *R. virgata* 独立为 3 属。

DNA 条形码研究：BOLD 网站有该属 33 种 93 个条形码数据；GBOWS 网站已有 1 种 10 个条形码数据。

3. *Viola* Linnaeus 董菜属

Viola Linnaeus (1753: 933); Chen et al. (2007: 74) (Type: *V. odorata* Linnaeus)

特征描述：<u>多年生草本</u>，<u>具根状茎</u>。<u>单叶互生或基生</u>；<u>托叶宿存</u>。花两性，<u>两侧对称</u>，单生，<u>常二型花</u>；萼片 5，基部延伸；<u>花瓣 5</u>，<u>异形</u>，<u>下方（远轴）1 瓣最大</u>，<u>基部延伸成距</u>；雄蕊 5，<u>下方 2 枚雄蕊的药隔背方近基部处形成距状蜜腺</u>；<u>子房上位</u>，3 心皮，侧膜胎座，胚珠多数。<u>蒴果 3 瓣裂</u>；果瓣舟状有厚而硬的龙骨；种子倒卵状，种皮坚硬。花粉粒 3 孔沟（稀为 4-6），穿孔状至光滑纹饰。<u>虫媒</u>，<u>常闭花授粉</u>。染色体 $2n=10$，12，14，16，18，20，22，24，26，32，34，36，40，44，46，48，52，54，58，60，70，72，74，80，100，104，128。

分布概况：约 550/96（35）种，**1（8-5）型**；广布温带，热带及亚热带，主产北半球温带；中国南北均产，主产西南。

系统学评述：传统上将董菜属划分为 14 组（或亚属），然而没有得到分子系统学研究支持，如 Yoo 等[5]利用 ITS 序列对韩国董菜属进行系统发育重建，认为 *Viola* sect. *Nomimium* 是并系类群，目前的划分不能准确反映其系统发育关系。梁冠欣和邢福武[6]基于 *trn*L-F、*psb*A-*trn*H、*rpl*16 和 ITS 序列系统发育分析，发现董菜亚属 *V.* subgen. *Viola* 不是个单系类群。董菜属尚无全面的分子系统学研究，属下各组之间的关系有待进一步的研究。

DNA 条形码研究：BOLD 网站有该属 151 种 590 个条形码数据；GBOWS 网站已有 13 种 73 个条形码数据。

代表种及其用途：紫花地丁 *V. philippica* Cavanilles、菫 *V. moupinensis* Franchet 等，可供药用，能清热解毒、活血去瘀；有些种类花色艳丽，可供观赏，如三色菫 *V. tricolor* Linnaeus 就是著名的庭园观赏佳品。

主要参考文献

[1] Tokuoka T. Molecular phylogenetic analysis of Violaceae (Malpighiales) based on plastid and nuclear DNA sequences[J]. J Plant Res, 2008, 121: 253-260.
[2] Xi ZX, et al. Phylogenomics and a posteriori data partitioning resolve the Cretaceous angiosperm radiation Malpighiales[J]. Proc Natl Acad Sci USA, 2012, 109: 17519-17524.
[3] Wahlert GA, et al. A phylogeny of the Violaceae (Malpighiales) inferred from plastid DNA sequences: implications for generic diversity and intrafamilial classification[J]. Syst Bot, 2014, 39: 239-252.
[4] Wahlert GA, Ballard JHE. A phylogeny of *Rinorea* (Violaceae) inferred from plastid DNA sequences with an emphasis on the African and Malagasy species[J]. Syst Bot, 2012, 37: 964-973.
[5] Yoo KO, et al. Phylogeny of Korean *Viola* based on ITS sequences[J]. Korean J Pl Taxon, 2005, 35: 7-23.
[6] 梁冠欣, 邢福武. 董菜属组间的系统发育与亲缘关系: 基于 *trn*L-*trn*F、*psb*A-*trn*H、*rpl*16、ITS 序列, 细胞学以及形态学证据[J]. 云南植物研究, 2010, 32: 477-488.

Passifloraceae Jussieu ex Roussel (1806), *nom. cons.* 西番莲科

特征描述：攀援草本或藤本，稀灌木或小乔木，具腋生卷须。叶互生，叶柄或叶片基部常有 1 至多个腺体。单花或聚伞花序，腋生，常具 3 枚苞片。花两性，功能上单性或杂性，（3-）5（-8）数：萼片（3-）5（-6），离生；花瓣（3-）5（-6），稀缺失；常有 1 至多轮呈丝状或毛状的副花冠；雄蕊（4 或）5 至多数，花药 2 室；雌蕊具雌蕊柄，子房 1 室，（1-）3-5（-6）心皮，胚珠多数，花柱（1-）3（-5）。浆果或 3-5 瓣蒴果；种子多数，扁平。花粉粒 3 或 6 孔沟，网状纹饰。染色体 n=5，6，7，9-13。

分布概况：27 属/975 种，主要分布于热带，尤其是美洲和非洲，暖温带也产；中国 2 属/23 种，产南方地区。

系统学评述：在 APG III 系统中，西番莲科包含了以往系统中的 3 科（或亚科），即 Malesherbiaceae、Turneraceae 和原来的西番莲科，而原西番莲科包含 2 族：Passifloreae 和 Paropsieae。这得到了来自叶绿体基因 *rbc*L、*atp*B、*mat*K 和核基因 18S rDNA 证据分析的支持[1]。

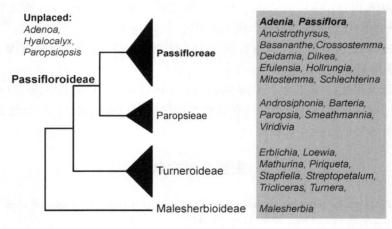

图 122　西番莲科分子系统框架图（参考 Tokuoka[1]）

分属检索表

1. 花小，单性或杂性；雌雄蕊柄短或无；内副花冠无，外副花冠常退化；蒴果 ········ **1. *Adenia* 蒴莲属**
1. 花大，两性；雌雄蕊柄长；副花冠高度发育；浆果····················**2. *Passiflora* 西番莲属**

1. *Adenia* Forsskål 蒴莲属

Adenia Forsskål (1775: 77); Wang & Hearn (2007: 147) (Type: *A. venenata* Forsskål)

特征描述：草质或木质藤本，常具根茎或块茎，或有1膨大的主茎。单叶互生，基部具2腺体。雌雄异株；聚伞花序腋生，1至数花，中间生卷须；萼筒杯状，萼片（4-）5（-6），宿存；花瓣（4-）5（-6），离生，附于萼筒顶部；副花冠由萼管生出1轮裂片组成或缺失；雄花雄蕊（4-）5（-6），退化子房小；雌花小于雄花，退化雄蕊5；雌蕊具雌蕊柄，子房1室，心皮3（-5），胚珠多数，花柱3（-5）。蒴果开裂，种子多数，具肉质假种皮。花粉粒3孔沟。

分布概况：100/3种，**4型**；广布热带和亚热带地区；中国产西南、华南和台湾。

系统学评述：作为西番莲科第二大属，蒴莲属的系统位置和属内系统关系一直没有得到很好的解决。Krosnick和Freudenstein[2]的研究显示蒴莲属与西番莲科其他类群形成姐妹分支，而Muschner等[3]的研究表明该属嵌于西番莲属中。对于属内系统关系，de Wilde[4]根据花和叶等形态特征将该属分为6组，然而，核基因ITS序列证据显示，该属明显分为5个大的分支[5]。

DNA条形码研究：BOLD网站有该属8种13个条形码数据；GBOWS网站已有1种3个条形码数据。

代表种及其用途：蒴莲 *A. heterophylla* (Blume) Koorders 以根入药，又名云龙党；味甘，微苦，性凉；可以滋补强壮，祛风湿，通经络；可用于健脾胃、补肝肾。

2. *Passiflora* Linnaeus 西番莲属

Passiflora Linnaeus (1753: 995), *nom. cons.* ; Wang et al. (2007: 141) (Type: *P. incarnata* Linnaeus)

特征描述：草质或木质藤本。叶互生，叶下面和叶柄常有腺体。聚伞花序腋生，有时退化仅存1-2花；花两性，5数；萼筒钟形到柱形；萼片5，常花瓣状；花瓣5；副花冠呈两轮，外副花冠常由1至数轮组成，内副花冠膜质，扁平或褶状、全缘或流苏状，有时呈雄蕊状，其内或下部具有蜜腺环；雄蕊5（-8），离生；雌蕊具雌蕊柄，子房1室，心皮3（-5），花柱3（-5）。浆果。种子扁平，被假种皮。花粉粒3孔沟（稀6），网状纹饰。染色体 x=6，9。

分布概况：520/20（7）种，**2-1型**；分布于热带美洲和热带亚洲；中国产华南和西南。

系统学评述：西番莲属是包含500多种的大属。早期Killip[6]根据形态学证据将其分为22亚属。Feuillet和MacDougal[7]以Killip系统为基础，综合新近发现的新种，将22亚属归并为4亚属，即 *Passiflora* subgen. *Passiflora*、*P.* subgen. *Astrophea*、*P.* subgen. *Decaloba* 和 *P.* subgen. *Deidamioides*，得到了来自叶绿体基因和染色体数目及核基因等证据的强烈支持[3,8]。

DNA条形码研究：BOLD网站有该属127种262个条形码数据；GBOWS网站已有4种29个条形码数据。

代表种及其用途：该属植物多为花大而美丽的藤本，可用于园林立体绿化。一些种类为热带水果，如鸡蛋果 *P. edulis* Sims 现已在云南、广西、广东南部和海南广泛栽培。

主要参考文献

[1] Tokuoka T. Molecular phylogenetic analysis of Passifloraceae *sensu lato* (Malpighiales) based on plastid and nuclear DNA sequences[J]. J Plant Res, 2012, 125: 489-497.

[2] Krosnick SE, Freudenstein JV. Monophyly and floral character homology of Old World *Passiflora* (Subgenus *Decaloba*: supersection *Disemma*)[J]. Syst Bot, 2005, 30: 139-152.

[3] Muschner VC, et al. A first molecular phylogenetic analysis of *Passiflora* (Passifloraceae)[J]. Am J Bot, 2003, 90: 1229-1238.

[4] de Wilde W. A key to the species of *Adenia* section *Ophiocaulon* (Passifloraceae) mainly based on vegetative characters, with the description of two new taxa[J]. Act Bot Neerl, 1968, 17: 126-136.

[5] Hearn DJ. *Adenia* (Passifloraceae) and its adaptive radiation: phylogeny and growth form diversification[J]. Syst Bot, 2006, 31: 805-821.

[6] Killip EP. The American species of Passifloraceae[J]. Publ Field Mus Nat Hist, Bot Ser, 1938, 19: 1-613.

[7] Feuillet C, MacDougal JM. A new infrageneric classification of *Passiflora* (Passifloraceae)[J]. Passiflora, 2003, 13: 34-38.

[8] Hansen AK, et al. Phylogenetic relationships and chromosome number evolution in *Passiflora*[J]. Syst Bot, 2006, 31: 138-150.

Salicaceae Mirbel (1815), *nom. cons.* 杨柳科

特征描述：落叶乔木或直立、垫状和匍匐灌木。树皮光滑或开裂粗糙。单叶互生，稀对生，不分裂或浅裂。花小均具苞片；花常为单性，有时为两性，常<u>雌雄异株</u>；总状花序或穗状花序，<u>常为柔荑花序</u>；花瓣有或缺，<u>或退化为腺体</u>或<u>不分泌花蜜的花盘</u>；雄蕊 1-60（-70）。雌蕊由 2-4（5）心皮合成，子房 1 室，侧膜胎座，胚珠多数。多为蒴果，2-4（5）瓣裂，种子有时有种毛。花粉粒 3 孔沟（或拟孔沟）或无萌发孔，穿孔状、网状、光滑纹饰。

分布概况：50 余属/1800 余种，世界广布，主产北温带；中国 13 属/约 385 种，南北分布，主产西南。

系统学评述：传统分类把杨柳科分为杨属 *Populus* 和柳属 *Salix*，随后根据花的形态将钻天柳属 *Chosenia* 独立成属，这一分类处理曾被广泛接受，FOC 中亦是如此。但分子证据表明钻天柳属应重新并入柳属[1-3]。根据最新的分子证据，大风子科 Flacourtiaceae 这个复杂的多系类群的很多种类并入到杨柳科，将广义的杨柳科扩大到 50 余属，该科

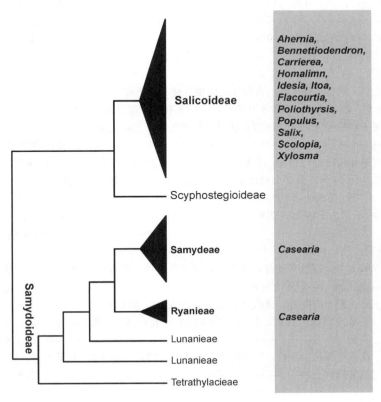

图 123　杨柳科分子系统框架图（参考 Alford[4]；Xi 等[5]；Samarakoon[6]；Soltis 等[7]）

可进一步分为 3 亚科，即 Samydoideae、Scyphostegioideae 和柳亚科 Salicoideae，其中 Samydoideae 位于最基部，紧接着 Scyphostegioideae 分化出，最晚分化的为杨柳亚科，这种亚科之间的关系受到了强烈支持[APG III,4-10]。Samarakoon[6]研究了 Samydoideae 内部的系统关系，证明了该亚科的单系，进一步可分 4 族，即 Lunanieae、Ryanieae、Samydeae 和 Tetrathylacieae。杨柳亚科内部的关系难以解决，早先划分的族被认为可能并非单系，内部的关系有待进一步澄清[4,8,9]。

<h2 style="text-align:center">分属检索表</h2>

1. 花为柔荑花序
  2. 萌枝髓心五角状，有顶芽，芽鳞多数；雌、雄花序下垂，苞片先端分裂，花盘杯状；叶片通常宽大，柄较长 ·· **10. 杨属 *Populus***
  2. 萌枝髓心圆形，无顶芽，芽鳞 1，雌花序直立或斜展，苞片全缘，无杯状花盘；叶片通常狭长，柄短 ··· **11. 柳属 *Salix***
1. 花不为柔荑花序
  3. 花两性，下位或周位
    4. 花下位，有花瓣和萼片之分或难于区分
      5. 萼片和花瓣均多数，螺旋状排列，两者区别不明显 ··············· **1. 菲柞属 *Ahernia***
      5. 萼片和花瓣覆瓦状排列或镊合状排列，两者有区别 ············· **12. 箣柊属 *Scolopia***
    4. 花周位，有花瓣或无花瓣
      6. 花有花瓣，并有花瓣与萼片之分；雄蕊与花瓣同数，并对生，如较多则成束生 ··· **6. 天料木属 *Homalium***
      6. 花无花瓣；雄蕊 6-12 ························· **4. 脚骨脆属 *Casearia***
  3. 花单性，稀杂性，下位
    7. 果为浆果；种子无翅
      8. 叶大型；掌状叶脉；叶柄有腺体；圆锥花序长而下垂 ·············· **7. 山桐子属 *Idesia***
      8. 叶小型；羽状叶脉，稀 3-5 基出脉；叶柄无腺体；花少数，呈总状或聚伞状，稀为短圆锥状
        9. 树干和枝条无刺；花序圆锥状或总状腋生或顶生；浆果鲜时红色 ·· **2. 山桂花属 *Bennettiodendron***
        9. 树干和枝条幼时有刺；总状或聚伞状花序或短圆锥状花序，腋生；果实鲜时紫黑色
          10. 子房 1 室，具 2 个稀可达 6 个侧膜胎座；花少数腋生，总状或聚伞状较短；果实较小，直径在 5mm 以下 ··············· **13. 柞木属 *Xylosma***
          10. 子房为不完全的 2-8 室；总状或团伞花序或再形成圆锥状；果实较大，直径在 5mm 以上 ·································· **5. 刺篱木属 *Flacourtia***
    7. 果为蒴果；种子有翅
      11. 柱头 6-8 裂，花柱短而厚；雄花呈多花圆锥花序，雌花常单个顶生或少数腋生；果较大，长可达 8cm，种子周边有翅 ·················· **8. 栀子皮属 *Itoa***
      11. 柱头 2-3 裂，有花柱；果较小，长不超过 6cm；掌状脉
        12. 花单性同株；多数，排成大型圆锥状；花柱 3；蒴果小，长不超过 3cm；种子周边具翅 ·································· **9. 山拐枣属 *Poliothyrsis***
        12. 花单性异株；少数，呈总状或短圆锥状花序；花柱 3-4；蒴果中型，长 2-6cm；种子一端具翅 ····························· **3. 山羊角树属 *Carrierea***

1. *Ahernia* Merrill 菲柞属

Ahernia Merrill (1909: 293) (Type: *A. glandulosa* Merrill)

特征描述：乔木；单叶，互生，基部 5 脉或离基 5 出脉，有腺体 2 个，全缘或上部有不明显的波状钝齿；花两性，排成腋生的总状花序；萼片 4 或 5；花瓣 10-15，与萼片相似；雄蕊极多数，着生于花瓣上或在子房的周围，花丝长；子房具短柄，1 室，有 5 个侧膜胎座，柱头小，不明显的 3 裂或近碟状；果实倒卵形，果皮脆壳质，有不明显的纵槽，不开裂；种子多数，稍扁平。花粉粒 3 孔沟，网状纹饰。

分布概况：1/1 种，**7** 型；分布于菲律宾，马来西亚；中国产海南。

系统学评述：该属为单种属，隶属于红子木族 Erythrospermeae，与 *Banara*、*Hasseltia* 和 *Pleuranthodendron* 构成了 1 个分支[8,9]。

2. *Bennettiodendron* Merrill 山桂花属

Bennettiodendron Merrill (1927: 10); Yang & Zmarzty (2007: 123) [Type: *B. leprosipes* (Clos) Merrill (≡*Xylosma leprosipes* Clos)]

特征描述：灌木或乔木；叶有锯齿，无托叶；花小，单性异株，为总状花序式排列的伞形花序；萼片 3，很少 4-5；花瓣缺；雄花有雄蕊极多数，其间有许多肉质的腺体，花丝被毛；退化雌蕊小；花盆腺体状，有睫毛；雌花有退化雄蕊多数。子房有侧膜胎座 3，每一胎座上有胚珠 2-3，花柱 3，丝状，柱头近 2 裂；浆果，常有种子 1，种皮稍网状。花粉粒 3 孔沟（稀 3 沟），网状纹饰。

分布概况：6/4 种，**7** 型；分布于印度，缅甸，越南，马来西亚，印度尼西亚等；中国主产海南、广东、广西、云南，少数到湖南、江西和贵州。

系统学评述：该属隶属于刺篱木族 Flacourtieae，与山桐子属 *Idesia* 互为姐妹群[6,8,9]。该属种类在叶形、叶齿、叶柄长短、花序大小（长短、疏密）、果实大小变化极大，并无相关性，且分布区重叠，似为多型种，Sleumer[11]已如此处理。

DNA 条形码研究：BOLD 网站有该属 1 种 1 个条形码数据；GBOWS 网站已有 1 种 12 个条形码数据。

代表种及其用途：山桂花 *B. leprosipes* (Clos) Merrill 供观赏。

3. *Carrierea* Franchet 山羊角树属

Carrierea Franchet (1896: 498); Yang & Zmarzty (2007: 126) (Type: *C. calycina* Franchet)

特征描述：乔木。单叶，互生，有钝锯齿；基出脉 3；有长柄。圆锥花序顶生或腋生；花单性，雌雄异株；花梗基部有苞片；花萼 5，长而反卷；花瓣缺；雄花大，雄蕊多数，着生于花托上，花药基部联合，有退化雌蕊；雌花小，子房 1 室，侧膜胎座 3-4，胚珠多数，花柱 3-4，极短，柱头 3 裂，有退化雄蕊。蒴果大，羊角状披针形，有绒毛；种子扁平，有翅。花粉粒 3 孔沟（或拟孔沟），网状纹饰。

分布概况：2/2（1）种，**7-4** 型；分布于越南北部；中国产西南、湖南、湖北。

系统学评述：该属隶属于山拐枣族 Poliothyrsieae，与 *Itoa* 和 *Poliothyrsis* 近缘[8,9]。

DNA 条形码研究：GBOWS 网站有该属 1 种 3 个条形码数据。

代表种及其用途：山羊角树 *C. calycina* Franchet 的木材结构细密，材质良好，供建筑、家具、农具和器具等用；种子可榨油供工业用油，入药可补脑熄风，治疗头昏目眩；果形奇特，形似羊角，供观赏。

4. *Casearia* Jacquin 脚骨脆属

Casearia Jacquin (1760: 21); Yang & Zmarzty (2007: 133) [Lectotype: *C. nitida* (Linnaeus) Jacquin (≡*Samyda nitida* Linnaeus)]

特征描述：小乔木或灌木。单叶，互生，常有透明的腺点和腺条。花小，两性稀单性，形成团伞花序，稀退化为单生；花梗短，在基部以上有关节，数枚鳞片状的苞片所包被；萼片 4-5；花瓣缺；雄蕊（6-）8-10（-12），花丝基部和退化雄蕊联合成一短管；退化雄蕊和雄蕊同数而互生。蒴果，种子成熟后有槽纹，为一层膜质假种皮所包围，假种皮常流苏状。花粉粒 3 孔沟（稀 4），穿孔状、网状或光滑纹饰。染色体 2n=42。

分布概况：约 160/11 种，**2** 型；分布于美洲，非洲，亚洲和澳大利亚的热带与亚热带，以及太平洋岛屿；中国产云南和海南。

系统学评述：该属隶属于 Samydeae，非单系，其中的 *Casearia* sect. *Piparea* 与 *Ryania* 和 *Trichostephanus* 近缘，所有其余的组与 *Hecatostemon*、*Laetia*、*Samyda* 和 *Zuelania* 嵌套在一起[6]。

DNA 条形码研究：BOLD 网站有该属 14 种 34 个条形码数据；GBOWS 网站已有 2 种 9 个条形码数据。

代表种及其用途：石生脚骨脆 *C. tardieuae* Lescot & Sleumer 为热带石灰岩地区的造林树种。

5. *Flacourtia* Commerson ex L'Héritier 刺篱木属

Flacourtia Commerson ex L'Héritier (1786: 30); Yang & Zmarzty (2007: 118) (Type: *F. ramontchi* L'Héritier)

特征描述：乔木或灌木，常有刺。单叶，互生。花小，单性，雌雄异株，稀杂性，总状花序或团伞花序，顶生或腋生；萼片小，4-7，覆瓦状排列；花瓣缺；花盘肉质，全缘或有分离的腺体；雄花的雄蕊多数；退化子房缺；雌花的子房基部有围绕的花盘，为不完全的 2-8 室，每个侧膜胎座上有叠生的胚珠 2，花柱和胎座同数，分离或基部稍联合。浆果球形。花粉粒 3 孔沟，稀 4，网状纹饰。染色体 2n=20，22。

分布概况：15-17/5（1）种，**6** 型；主产热带亚洲和非洲，东达澳大利亚北部，美拉尼西亚至斐济；中国产福建、广东、海南、广西、贵州和云南。

系统学评述：该属隶属于刺篱木族 Flacourtieae，与 *Lasiochlamys*、*Priamosia* 和柞木属 *Xylosma* 近缘[6]。

DNA 条形码研究：BOLD 网站有该属 5 种 21 个条形码数据；GBOWS 网站已有 2 种 8 个条形码数据。

代表种及其用途：刺篱木 *F. indica* (Burman f.) Merrill 的浆果味甜，可以生食或作蜜饯，以及酿造；木材坚实，供家具、器具等用，又可作绿篱和沿海地区防护林的优良树种。

6. *Homalium* Jacquin 天料木属

Homalium Jacquin (1760: 24); Yang & Zmarzty (2007: 128) (Type: *H. racemosum* Jacquin)

特征描述：乔木或灌木；叶互生，边缘有具腺体的钝齿，稀全缘；花排成腋生或顶生的总状花序或顶生的圆锥花序，很少单生，有时数朵簇生；花柄在中部以上或以下有节；萼管陀螺形，与子房的基部合生，裂片 4-12；花瓣与萼片同数；雄蕊 1 或成束与每一花瓣对生，且有一腺体与每一萼片对生；花柱 5-7；蒴果中部为宿存的萼片和花瓣所围绕。花粉粒 3 孔沟，网状纹饰。染色体 2n=20，22。

分布概况：180-200/12（6）种，**2** 型；广布热带地区；中国主产海南、广东、广西和云南，少数达湖南、江西、福建和台湾。

系统学评述：该属隶属于天料木族 Homalieae，与 *Bembicia* 互为姐妹群[6]。

DNA 条形码研究：BOLD 网站有该属 9 种 14 个条形码数据；GBOWS 网站已有 5 种 16 个条形码数据。

代表种及其用途：天料木 *H. cochinchinense* Druce 为名贵材用树种。

7. *Idesia* Maximowicz 山桐子属

Idesia Maximowicz (1866: 485), *nom. cons.* ; Yang & Zmarzty (2007: 124) (Type: *I. polycarpa* Maximowicz)

特征描述：落叶乔木；叶互生，基部 5 脉，大型，边缘有锯齿；叶柄和叶基常有腺体；花单性异株，排成顶生的圆锥花序；萼片 5，有时 3-6；无花瓣；雄花有雄蕊极多数，着生在花盘上；雌花的子房球形，1 室，有胚珠极多数，生于 5（3-6）个侧膜胎座上，花柱 5，很少 3-6；果为一浆果，成熟时红色，种子多数，红棕色，外种皮膜质。花粉粒 3 孔沟（稀 6），网状纹饰。

分布概况：1/1 种，**14SJ** 型；分布于日本，朝鲜；中国大部分省区均产。

系统学评述：该属隶属于刺篱木族 Flacourtieae，与山桂花属互为姐妹群[6]。

DNA 条形码研究：BOLD 网站有该属 1 种 7 个条形码数据；GBOWS 网站已有 2 种 30 个条形码数据。

代表种及其用途：山桐子 *I. polycarpa* Maximowicz 木材松软，可作建筑、家具、器具等的用材；为山地营造速生混交林和经济林的优良树种；为养蜂业的蜜源资源植物；为山地、园林的观赏树种；果实、种子均含油。

8. *Itoa* Hemsley 栀子皮属

Itoa Hemsley (1901: 27); Yang & Zmarzty (2007: 127) (Type: *I. orientalis* Hemsley)

特征描述：乔木；叶互生，薄革质，大型叶，长椭圆形，边缘有锯齿，<u>花单性</u>，<u>雌雄异株</u>；雄花排成顶生、直立的圆锥花序，花梗短；<u>雌花常单独顶生</u>，<u>花梗在果期延长</u>，<u>中间有关节</u>；萼 3 裂，很少 4 裂；无花瓣；<u>雄蕊极多数</u>，<u>花丝极短</u>；花柱 6-8，柱头短，6-8 裂。蒴果木质。种子多数，扁平，<u>有膜质翅包围</u>，内层的种子呈辐射状，外层的种子排列整齐。花粉粒 3 孔沟，网状纹饰。

分布概况：约 2/1 种，**7-1 型**；分布于越南北方，印度尼西亚（苏拉威西、马鲁古），巴布亚新几内亚岛；中国产四川、云南、贵州和广西。

系统学评述：该属隶属于山拐枣族 Poliothyrsieae，与山羊角树属和山拐枣属 *Poliothyrsis* 近缘。

DNA 条形码研究：BOLD 网站有该属 1 种 1 个条形码数据；GBOWS 网站已有 2 种 24 个条形码数据。

代表种及其用途：栀子皮 *I. orientalis* Hemsley 材质良好，结构细密，供建筑、家具和器具等用；蜜源植物；叶大果大，庭园栽培供观赏。

9. *Poliothyrsis* Oliver 山拐枣属

Poliothyrsis Oliver (1889: 19); Yang & Zmarzty (2007: 125) (Type: *P. sinensis* Oliver)

特征描述：落叶乔木。单叶，<u>互生</u>，叶缘有浅钝齿，卵形，基部圆形或截形和心形，两侧有腺体，<u>有 3-5 基出脉</u>；叶柄长。<u>花单性同序</u>，圆锥花序顶生，稀腋生，花多数；雌花在花序顶端，雄花在花序的下部；萼片 5；花瓣缺；<u>雄花有多数比萼片短的雄蕊</u>；雌花有多数退化的雄蕊，子房 1 室，花柱 3，柱头 2 裂。蒴果 3-4 瓣裂，有毛；<u>种子多数</u>，<u>有翅</u>。花粉粒 3 孔沟，穿孔状至网状纹饰。

分布概况：1/1（1）种，**15 型**；特产中国秦岭以南。

系统学评述：该属隶属于山拐枣族 Poliothyrsieae，与栀子皮属和山羊角树属近缘[6]。

DNA 条形码研究：BOLD 网站有该属 2 种 4 个条形码数据；GBOWS 网站已有 1 种 3 个条形码数据。

代表种及其用途：山拐枣 *P. sinensis* Oliver 木材结构细密，材质优良，供家具、器具等用；花多而芳香，为蜜源植物。

10. *Populus* Linnaeus 杨属

Populus Linnaeus (1753: 1034); Fang et al. (1999: 139) (Lectotype: *P. alba* Linnaeus)

特征描述：<u>乔木</u>，材质柔软，白色；<u>冬芽有鳞片</u>；叶互生，常宽阔；<u>花单性异株</u>，无花被，排成<u>柔荑花序</u>，常先叶开放；雄蕊 4-30 或更多，生于撕裂状的鳞片下；雌蕊亦有撕裂状的鳞片；子房 1 室，胚珠极多数生于 2-4 个侧膜胎座上，花柱 2-4，<u>全部花的基部都有一杯状的花盘</u>；蒴果 2-4 裂；种子极多数，小，<u>有绵毛</u>。花粉粒无萌发孔，穿孔状纹饰。染色体 $2n=38$。

分布概况：约 100/62（47）种，**8 型**；广布北温带；中国产西南、西北、北部，东部有栽培。

系统学评述：传统上把杨属分为 6 个分支，即 *Abaso*、*Aigeiros*、*Leucoides*、*Populus*、*Tacamahaca* 和 *Turanga*，但是部分物种的归属存在一定的争议[10]，如 *P. nigra* 应该归于 *Aigeiros*、*Populus* 还是 *Tacamahaca*。分子系统学研究支持杨属为单系，且支持该属分为上述 6 个分支[12]。

DNA 条形码研究：5.8S、ITS1 和 ITS2 基因片段联合分析可作为杨属的鉴定条形码[1,3,12]。BOLD 网站有该属 42 种 230 个条形码数据；GBOWS 网站已有 12 种 155 个条形码数据。

代表种及其用途：多数种类，如银白杨 *P. alba* Linnaeus 等，木材可供建筑、板料、火柴杆、造纸等用；叶可作为牛、羊的饲料；芽脂、花序、树皮可供药用；为营造防护林、水土保持林或四旁绿化的树种。

11. *Salix* Linnaeus 柳属

Salix Linnaeus (1753: 135), *nom. cons.*; Fang et al. (1999: 162) (Type: *S. alba* Linnaeus, *typ. cons.*). —— *Chosenia* Nakai (1920: 67)

特征描述：落叶灌木或乔木，很少常绿；<u>无顶芽</u>，侧芽紧贴枝上，<u>芽鳞单一</u>；<u>叶互生</u>，单叶，长而尖，很少卵形；羽状脉；托叶小或大；<u>花单性异株</u>，<u>无花被</u>，<u>排成柔荑花序</u>，每一花生于一苞片的腋内；雄蕊 1-2 或更多，花丝基部有腺体 1-2，或合生成盘状；子房 1 室，有侧膜胎座 2-4；柱头 2，全缘或 2 裂；蒴果 2 裂；<u>种子有绵毛</u>。花粉粒 3 孔沟，网状纹饰。染色体 $2n=38$，76，114，152，190。

分布概况：约 521/276（189）种，**8 型**；主产北温带，寒带次之，亚热带和南半球极少；中国各省区均产，主产西南。

系统学评述：柳属的分类鉴定困难，系统划分较为混乱，曾经被划分为多达 35 属，广为承认的属有钻天柳属 *Chosenia* 和心叶柳属 *Toisusu*，而亚属等级的分类系统则更为混乱[10]。分子系统学研究表明柳属分为四大分支，其中广义柳亚属 *Salix* subgen. *Salix* 除去三蕊柳组 *S.* sect. *Triandrae*、大白柳 *S. urbaniana* Seemen 和钻天柳 *S. arbutifolia* Pallas 三者之外的种类聚为 1 个单系分支，且新、旧世界的种类分别形成单系分支；大白柳和钻天柳构成 1 个分支；三蕊柳组为 1 分支；柳属种类最多的皱纹柳亚属 *S.* subgen. *Chamaetia* 和黄花柳亚属 *S.* subgen. *Vetrix* 形成 1 个单系分支[1,2]。钻天柳属由柳属划分出来独立成属，并得到叶表皮解剖学证据的支持[13]，但分子系统学研究表明该属嵌于柳属内，应将其重新并入柳属[1,2]，最近的柳属分类系统已将该属并入柳属作为 1 亚属[14]。

DNA 条形码研究：ITS 基因片段可作为柳属的鉴定条形码[3]。BOLD 网站有该属 207 种 1703 个条形码数据；GBOWS 网站已有 35 种 207 个条形码数据。

代表种及其用途：该属植物木材轻柔，主供小板材、小木器、矿柱材、民用建筑材、农具材和薪炭材用，如白柳 *S. alba* Linnaeus 等。有些种类的木炭为制造火药的原料；枝条多细长而柔，可作编制品；树皮含单宁，供工业用或药用；嫩枝、叶为动物饲料或可作家畜饲料或饲柞蚕。其是保持水土、固堤、防沙和四旁绿化及美化环境的优良树种；也是早春蜜源植物。

12. *Scolopia* Schreber 箣柊属

Scolopia Schreber (1789: 335), *nom. cons.*；Yang & Zmarzty (2007: 116) [Type: *S. pusilla* (Gaertner) Willdenow (≡*Limonia pusilla* J. Gaertner)]

  特征描述：灌木或小乔木，常有刺；叶互生；托叶生于叶腋，极小，早落；花小，两性，排成顶生或腋生的总状花序；萼片 4-6，基部稍连合；花瓣 4-6；雄蕊多数，着生于肥厚的花托上，花药卵形，药隔顶有附属体；花盘 8-10 裂，很少缺；子房 1 室，有胚珠数颗生于 3-4 个侧膜胎座上；浆果基部常有宿存的萼片、花瓣和雄蕊，有种子 2-4。花粉粒 3 拟孔沟，网状纹饰。染色体 2*n*=22。

  分布概况：37-4/5 种，**4** 型；分布于旧世界热带和亚热带地区；中国产广西、广东、海南、福建和台湾，以海南为多。

  系统学评述：该属隶属于箣柊族 Scolopieae，非单系，与 *Ludia* 近缘。

  DNA 条形码研究：BOLD 网站有该属 4 种 9 个条形码数据；GBOWS 网站已有 1 种 7 个条形码数据。

  代表种及其用途：箣柊 *S. chinensis* (Loureiro) Clos，产福建、广东、广西等省区。其材质优良，供家具、器具等用；亦为绿化丘陵及园林观赏树种。

13. *Xylosma* G. Forster 柞木属

Xylosma G. Forster (1786: 72), *nom. cons.*；Yang & Zmarzty (2007: 121) [Type: *X. orbiculata* (J. R. Forster & G. Forster) G. Forster, *typ. cons.* (≡*Myroxylon orbiculatum* J. R. et G. Forster)

  特征描述：常绿乔木或灌木，常有刺；叶互生，有齿缺，无托叶；花单性，雌雄异株，稀两性，无花瓣；雄花的花盘常 4-8 裂，很少全缘；雄蕊多数，花丝丝状，花药基着，无附属物，退化子房缺；雌花的花盘环状；子房 1 室，侧膜胎座 2 (-6)，每胎座上有 2 至数颗胚珠，花柱短或缺，柱头头状或 2-6 裂；果为一浆果；种子少数，倒卵形，光滑。花粉粒 3 孔沟或拟孔沟，网状纹饰。染色体 2*n*=20。

  分布概况：40-50/4 种，**2** 型；分布于热带和亚热带地区，少数达暖温带南沿；中国产西南部至东部。

  系统学评述：该属隶属于刺篱木族 Flacourtieae，与 *Lasiochlamys* 和 *Priamosia* 近缘。

  DNA 条形码研究：BOLD 网站有该属 7 种 22 个条形码数据；GBOWS 网站已有 1 种 2 个条形码数据。

  代表种及其用途：柞木 *X. racemosa* (Siebold & Zuccarini) Miquel 材质坚实，纹理细密，材色棕红，供家具农具等用；叶、刺供药用；种子含油；树形优美，供庭园美化和观赏等用；亦为蜜源植物。

主要参考文献

[1] Chen JH, et al. Molecular phylogeny of *Salix* L. (Salicaceae) inferred from three chloroplast datasets and its systematic implications[J]. Taxon, 2010, 59: 29-37.

[2] Azuma T, et al. Phylogenetic relationships of *Salix* (Salicaceae) based on *rbc*L sequence data[J]. Am J Bot, 2000, 87: 67-75.

[3] Leskinen E, Alström-Rapaport C. Molecular phylogeny of Salicaceae and closely related Flacourtiaceae: evidence from 5.8S, ITS1 and ITS2 of the rDNA[J]. Plant Syst Evol, 1999, 215: 209-227.

[4] Alford MH. Claves para los géneros de Flacourtiaceae de Perú y del Nuevo Mundo[J]. Arnaldoa, 2003, 10: 19-38.

[5] Xi ZX, et al. Phylogenomics and a posteriori data partitioning resolve the Cretaceous angiosperm radiation Malpighiales[J]. Proc Natl Acad Sci USA, 2012, 109: 17519-17524.

[6] Samarakoon T. Phylogenetic relationships of Samydaceae and taxonomic revision of the species of *Casearia* in South-Central Asia[D]. PhD thesis. Hattiesburg, Mississippi: University of Southern Mississippi, 2015

[7] Soltis DE, et al. Angiosperm phylogeny: 17 genes, 640 taxa[J]. Am J Bot, 2011, 98: 704-730.

[8] Chase MW, et al. When in doubt, put it in Flacourtiaceae: a molecular phylogenetic analysis based on plastid *rbc*L DNA sequences[J]. Kew Bull, 2002, 57: 141-181.

[9] Alford MH. Systematic studies in Flacourtiaceae[D]. PhD thesis. New York: Cornell University, 2005.

[10] Argus GW. *Salix*[M]//Flora of North America Editorial Committee. Flora of North America. Vol. 7. New York and Oxford: Oxford University Press, 2010: 23-162.

[11] Sleumer H. Flacourtiaceae[M]//van Steenis CGGJF. Flora Malesiana. Ser. 1. Djakarta: Noordhoff-Kolff, 1954: 2-106.

[12] Hamzeh M, Dayanandan S. Phylogeny of *Populus* (Salicaceae) based on nucleotide sequences of chloroplast *trn*T-*trn*F region and nuclear rDNA[J]. Am J Bot, 2004, 91: 1398-1408.

[13] Chen JH, et al. Comparative morphology of leaf epidermis of *Salix* (Salicaceae) with special emphasis on sections Lindleyanae and Retusae[J]. Bot J Linn Soc, 2008, 157: 311-322.

[14] Ohashi H. Saliceae of Japan[J]. Sci Rep Tohoku Univ. Ser. 4 (Biol), 2001, 40: 269-396.

Rafflesiaceae Dumortier (1829), *nom. cons.* 大花草科

特征描述：草本，全寄生，无叶绿素；营养期以细胞株形式寄生于葡萄科崖爬藤属（*Tetrastigma*）植物茎干和根内部；仅在花期可见。花单生，辐射对称，直径可达 150cm；单性或两性，雌雄同株或异株，肉质具腐臭味；花被合生，裂片 4-10；雄蕊多数，无花丝；雌蕊由 4-6（多）心皮合生，子房下位，侧膜胎座，胚珠极多数，珠被 1-2 层，花柱 1 或无，柱头盘状、头状或多裂。浆果；种子小，种皮坚硬。花粉单粒，球形，无萌发孔，光滑或皱波状纹饰。染色体 $n=11$，12。

分布概况：3 属/37 种，分布于东南亚地区；中国 1 属/1 种，产西藏东南部和云南南部。

系统学评述：大花草科系统位置一直存在疑问。传统上常将大花草科作为目置于木兰类植物中[1]，认为与菌花科 Hydnoraceae 和马兜铃科 Aristolochiaceae 近缘。Barkman 等[2]基于分子系统学研究确定该科位于金虎尾目 Malpighiales。Davis 等[3]的研究支持这一结果，并确定大戟科 Euphorbiaceae 为大花草科的姐妹群。大花草科的界限问题也一直存在争论。早期，分类学家[1,4]将大花草等 9 个寄生植物属置于大花草科。Meijer[5]认为帽蕊草属 *Mitrastemon* 等 4 属属于大花草科。但分子系统学证据[6]表明，大花草科仅包含大花草属 *Rafflesia*、寄生花属 *Sapria* 和 *Rhizanthe* 3 属，帽蕊草属 Mitrastemon 被置于杜鹃花目的帽蕊草科 Mitrastemonaceae[APG III]，其他曾包含于科内的属皆为多系起源，且亲缘关系很远。Bendiksby 等[7]对大花草科的分子系统学研究显示，寄生花属位于该科系统树的基部，*Rhizanthes* 与大花草属形成姐妹群，科的分化时间大约在 8200 万年前（白垩纪晚期）。

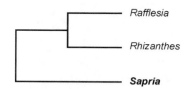

图 124　大花草科分子系统框架图（参考 Bendiksby 等[7]）

1. *Sapria* Griffith 寄生花属

Sapria Griffith (1844: 216); Huang & Gilbert (2003: V5 271) (Type: *S. himalayana* Griffith)

特征描述：寄生草本，生于葡萄科崖爬藤属茎干和根内部。茎极度退化。叶呈鳞片状。花单生，单性，雌雄异株；花被钟状，肉质鲜艳，具黄色疣点，散发腐败气味，裂片 10，花被管半球形；雄蕊 20，无花丝，花药环生于杯状体下方，孔裂；雌花花被管基部与子房贴生，花柱粗壮，顶部杯状体具 6 条不明显辐射线，子房下位，侧膜胎座，

子房内壁多腔隙，胚珠多数。果球形具宿存变硬的花被。花粉单粒，球形，无萌发孔，外壁光滑。

分布概况：3/1 种，**7-2 型**；分布于印度（阿萨姆邦），缅甸，泰国，柬埔寨，越南；中国产西藏东南部和云南南部。

系统学评述：寄生花属位于大花草科的基部，是单系类群。Bendiksby 等[7]对大花草科的分子系统学研究显示寄生花属为单系，并位于该科基部位置，与大花草属和 *Rhizanthes* 组成的单系分支成姐妹群关系。在寄生花属内，支持寄生花 *S. himalayana* Griffith 与泰国产 *S. poilanei* Gagnepain 系姐妹种关系。

主要参考文献

[1] Takhtajan AL, et al. Pollen morphology and classification in Rafflesiaceae *s. l.*[J]. Bot Zhurn, 1985, 70: 153-162.

[2] Barkman TJ, et al. Mitochondrial DNA sequences reveal the photosynthetic relatives of *Rafflesia*, the world's largest flower[J]. Pro Natl Acad Sci USA, 2004, 101: 787-792.

[3] Davis CC, et al. Floral gigantism in Rafflesiaceae[J]. Science, 2007, 315: 1812.

[4] Harms H. Rafflesiaceae[M]//Engler A, Harms H. Die natürlichen planzenfamilien. Lepzig: Duncker & Humblot, 1935, 243-281.

[5] Meijer W. 1997. Rafflesiaceae[M]//Kalkman C, et al. Flora Malesiana. Ser. 1. Vol. 13. Leiden, The Netherlands: Rijksherbarium, 1997: 1-42.

[6] Barkman TJ, et al. Mitochondrial DNA suggests at least 11 origins of parasitism in angiosperms and reveals genomic chimerism in parasitic plants[J]. BMC Evol Biol, 2007, 7: 248.

[7] Bendiksby M, et al. Elucidating the evolutionary history of the southeast Asian, holoparasitic, giant-flowered Rafflesiaceae: pliocene vicariance, morphological convergence and character displacement[J]. Mol Phylogenet Evol, 2010, 57: 620-633.

Euphorbiaceae Jussieu (1789), *nom. cons.* 大戟科

特征描述：乔木、灌木或草本。叶螺旋状着生，互生，或对生，叶片卷叠式多样，叶脉羽状，背面成对的近基部腺体有或无，叶柄先端常叶枕状，有托叶（或缺），具腋生黏液毛；萼片（2-）3-6（-12）；蜜腺盘状（或缺）；雄花：雄蕊花药内向开裂，退化雌蕊无；雌花：退化雄蕊无，雌蕊（2）3（至多数）心皮合生，柱头显著，常分枝或具

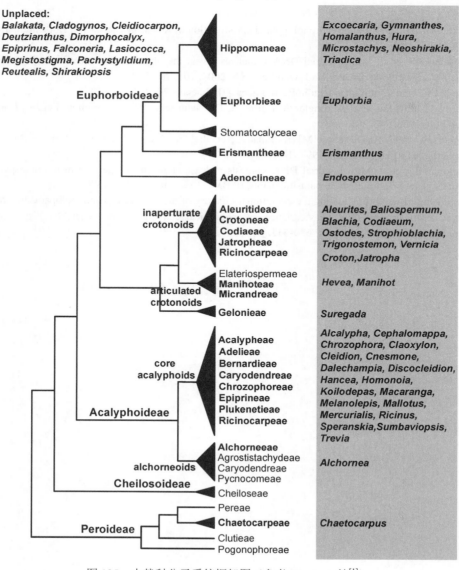

图 125　大戟科分子系统框架图（参考 Wurdack 等[1]）

近轴的沟；珠孔为外（或双）珠孔式，有珠心喙及胎座式珠孔塞；种子内胚乳丰富，胚绿色或白色；花粉单粒（稀四合体），3 孔沟或拟孔沟，偶有 3 以上、3 沟或无萌发孔，穿孔状、巴豆状、皱波状和网状纹饰。染色体 $2n=$（10-）18（22+）。

分布概况：217 属/6745 种，泛热带分布，（寒）温带也有；中国 56 属/253 种，各地均产，主产南部、西南部及台湾。

系统学评述：长期以来，由 Webster[2] 提出的广义大戟科的概念一直被采用，包括 5 亚科：铁苋菜亚科 Acalyphoideae、巴豆亚科 Crotonoideae、大戟亚科 Euphorbioideae、叶下珠亚科 Phyllanthoideae 和 Oldfieldioideae。随着分子系统学研究的深入，广义大戟科被拆分成 5 科，即大戟科 Euphorbiaceae（狭义，以下均为狭义大戟科的概念）、小盘木科 Pandaceae、叶下珠科 Phyllanthaceae、假黄杨科 Putranjivaceae 和 Picrodendraceae[1,3-5]。Wurdack 等[1] 用 *trn*L-F 和 *rbc*L 分子片段构建了大戟科的系统发育树，分为 9 个主要分支，分别为刺果树亚科 Peroideae、Cheilosoideae、Erismantheae、铁苋菜亚科、Adenoclineae、Gelonieae、articulated crotonoids、inaperturate crotonoids 和大戟亚科；刺果树亚科和 Cheilosoideae 这 2 个新亚科被提出，同时各个分支的单系性也大多得到了支持。Tokuoka[6] 采用 *rbc*L、*atp*B、*mat*K 和 18S 基因构建的系统树将大戟科分为 5 亚科，即刺果树亚科、Cheilosoideae、铁苋菜亚科、巴豆亚科和大戟亚科，但巴豆亚科的单系性支持率较低。Webster[7] 对大戟科的处理仍沿用了 Webster[2] 中的叶下珠亚科 Phyllanthoideae 和 Oldfieldioideae，共有 7 亚科。另外，在 Davis 等[8] 及 Wurdack 和 Davis[9] 的研究中，大花草科 Rafflesiaceae 嵌入了大戟科，进而使得大戟科成为非单系的类群；但需要注意的是，由于该科的全寄生特性及所选取基因的长枝吸引，其系统位置仍待进一步研究[8-10]。此处采取了保留刺果树亚科在大戟科内而不是独立成科的做法。

分属检索表

1. 木质藤本或半灌木，茎缠绕或攀援，往往被螫毛
  2. 花序头状，具长花序梗，托以 2 大的总苞状的苞片；雄花每苞 3 至多数；雄蕊 10 以上 ··· **17. 黄蓉花属 Dalechampia**
  2. 花序总状花序状；雄花每苞 1 朵；雄蕊 2 或 3
    3. 雄花花萼裂片 4 (-6)；雄蕊 2 或 3，花药近无柄；花柱部分合生成一个粗柱状体，游离的尖端弯曲 ·· **45. 粗柱藤属 Pachystylidium**
    3. 雄花花萼裂片 2；雄蕊 3，花药着生于粗短的花丝上；花柱不似上述
      4. 雄蕊药隔具下弯的线形附属物；花柱多离生，平展并羽毛状 ········· **14. 粗毛藤属 Cnesmone**
      4. 雄蕊药隔无附属物；花柱合生成一巨大近球形或棒状的结构，顶端 3 瓣裂，非羽毛状 ········ ··· **39. 大柱藤属 Megistostigma**
1. 乔木、灌木或草本，茎不缠绕，绝无螫毛
  5. 毛被为星状毛，盾状鳞片，和（或）丁字毛，有时亦有单毛和（或）腺毛或鳞片
    6. 雄花有花瓣；花序通常两性（在东京桐属 Deutzianthus 单性），通常为总状花序状，有时为锥状圆锥花序
      7. 花丝在蕾内弯曲；叶于叶柄和叶片连接处有腺体而且叶缘经常有腺体 ····· **16. 巴豆属 Croton**
      7. 花丝在蕾内直立；叶经常无此类腺体
        8. 草本，茎基部木质；叶短于 10cm；雄蕊 5-15
          9. 花序顶生；雄花每苞 1-4 朵；花丝离生 ······················· **49. 地构叶属 Speranskia**

   9. 花序腋生；雄花每苞 1 朵；花丝合生 ················· **9. 沙戟属 _Chrozophora_**
  8. 乔木；叶大，（7-）10-20（-24）cm×（4-）7-17（-20）cm；雄蕊 15-70
   10. 雄蕊 50-70；花序为穗状花序状，雌花位于雄花下方 ······· **51. 白叶桐属 _Sumbaviopsis_**
   10. 雄蕊 7-20；花序为锥状圆锥花序，雌花位于雄花上方，或花序单性；果实不开裂
    11. 常绿乔木；幼枝和叶被星状毛；雄蕊 15-32；子房 2（-3）室；外果皮肉质·········
    ········· **3. 石栗属 _Aleurites_**
    11. 落叶乔木；幼枝和叶无毛或被微柔毛；雄蕊 7-12；子房 3 室；外果皮脆壳质
     12. 叶柄先端具 2 盘状腺体；植株雌雄异株；雄花花萼 5 裂
     ········· **18. 东京桐属 _Deutzianthus_**
     12. 叶柄无腺体；植株雌雄同株；雄花花萼 2 或 3 瓣裂
      13. 花序和果实被星状绒毛，苞片显著；花小，密集；花瓣一致地深红色；
      花药外向；果梗非常短 ········· **46. 三籽桐属 _Reutealis_**
      13. 花序和果实无毛或被微柔毛，毛为单毛或丁字毛，苞片不显著；花大，
      稀疏；花瓣白色具红色脉序；花药内向；果梗长 ······ **56. 油桐属 _Vernicia_**
 6. 雄花无花瓣；花序变化多样，两性或单性
  14. 植株通常雌雄异株；雄蕊 15-250
   15. 叶和花序缺乏腺性鳞片，仅有星状或鳞状毛出现；叶互生；蒴果光滑，往往 2（-3）
   室 ········· **40. 墨鳞属 _Melanolepis_**
   15. 叶下面和（或）花序具腺性鳞片（带白色的至淡黄色的、淡橙色或淡红色的点），有
   时被密集的星状毛遮蔽；叶对生或互生；蒴果光滑或被软刺，多 3 瓣裂·········
   ········· **37. 野桐属 _Mallotus_**
  14. 植株雌雄同株，稀雌雄异株（黄桐属 _Endospermum_）；雄蕊 3-15
   16. 叶具掌状脉，叶柄着生点有时狭窄盾状；灌木高达 2.5m；雌花花萼长 6-13mm ·········
   ········· **10. 白大凤属 _Cladogynos_**
   16. 叶具羽状脉，绝不盾状；高大灌木至乔木，3-15m 高；雌花花萼长 2-6mm
    17. 茎被绒毛；乔木或灌木，高 3-15m；叶基部无腺体或小托叶，宽楔形、钝圆形或
    心形
     18. 花序顶生，有分枝；雄蕊花丝纤细，离生；花萼无毛 ·········
     ········· **22. 风轮桐属 _Epiprinus_**
     18. 花序腋生，不分枝；雄蕊花丝与花药等宽，基部具关节；花萼被星状毛 ·······
     ········· **34. 白茶树属 _Koilodepas_**
    17. 茎被柔毛或密被微柔毛，后变无毛；乔木，高 10-25m；叶基部有 1 对腺体或小
    托叶，楔形或截平形
     19. 叶柄长 0.3-0.5cm；果实为被结节状刺毛的蒴果 ·· **7. 肥牛树属 _Cephalomappa_**
     19. 叶柄长 1-9cm；果实为无刺的核果
      20. 叶柄长 1-4cm；核果被微柔毛，直径 3-5cm；植株雌雄同株·········
      ········· **12. 蝴蝶果属 _Cleidiocarpon_**
      20. 叶柄长 4-9cm，核果直径约 1cm；植株通常雌雄异株
      ········· **21. 黄桐属 _Endospermum_**
 5. 毛被为单毛和（或）腺毛
  21. 树乳白色，通常丰富
   22. 叶为掌状 3-5 小叶的复叶或 3-9 深裂的叶；植株通常栽培
    23. 叶为掌状 3-5 小叶的复叶，非盾状；花序腋生，有时生于无叶的节上·········
    ········· **29. 橡胶树属 _Hevea_**

23. 叶为掌状 3-9 深裂的叶，叶柄的着生点往往盾状；花序顶生或与叶对生··················
·· **38. 木薯属 *Manihot***

 22. 叶全缘，稀浅裂；植株多野生
  24. 花序为一杯状花序，拟似一朵花，真花极为退化；花被极度退化，多缺如，雄花退化
   成一个雄蕊，雌花退化为一个裸露的雌蕊，它们都被一个杯状的总苞包围在里面，
   通常具一个顶生的雌花和 4 或 5 组侧生的雄花，以及几个近边缘的显著的杯状总苞
   的腺体；花柱多 2 裂··· **24. 大戟属 *Euphorbia***
  24. 花序伸长，通常雌花生于基部而雄花生于顶端，绝不被包围在总苞里面；雄花花萼通
   常存在；花柱往往简单
   25. 草本到半灌木；茎和叶疏被微柔毛；果实为蒴果，每裂瓣具 2 列锥形刺··········
    ·· **42. 地杨桃属 *Microstachys***
   25. 乔木或灌木；茎和叶无毛；果实为核果或蒴果，无刺
    26. 果实为多室的木质裂果，直径 8-9cm，均匀地开裂成弯曲的裂片；雌花具深
     紫色的柱头，宽 1.5-2.5cm；花药合生；树干和枝条具刺···················
     ·· **32. 响盒子属 *Hura***
    26. 果实为 2 或 3 室的蒴果或核果，直径达 1.5cm；雌花柱头极小；花药离生，
     花丝合生；植株无刺
     27. 雄花萼片显著，长圆状披针形；花序两性或单性，腋生或顶生，如全为
      雌花则腋生且植株生于海岸上或附近；叶对生或互生··················
      ·· **25. 海漆属 *Excoecaria***
     27. 雄花花萼 2-5 浅裂；花序两性，总是顶生或与叶对生；叶总是互生
      28. 托叶大，包藏顶芽，脱落；雄花花萼侧向压扁，离生；叶具叶柄腺体
       ······································· **30. 澳杨属 *Homalanthus***
      28. 托叶小或无；雄花花萼非侧向压扁；叶有或无叶柄腺体
       29. 叶片边缘明显具锯齿或波浪状
        30. 叶柄顶端的腹面具 2 显著的腺体；花序轴无毛；外果皮略
         肉质 ···························· **26. 异序乌桕属 *Falconeria***
        30. 叶柄顶端无腺体；花序轴被长柔毛；外果皮厚而坚硬 ········
         ···························· **48. 齿叶乌桕属 *Shirakiopsis***
       29. 叶片边缘全缘或具细锯齿
        31. 叶柄不具翅亦无腺体
         32. 花序长 4-12cm；果实为不开裂的浆果 ····················
          ································· **4. 浆果乌桕属 *Balakata***
         32. 花序长约 2cm；果实为蒴果··· **27. 裸花树属 *Gymnanthes***
        31. 叶柄具翅和（或）端生腺体
         33. 叶柄具翅；种子无假种皮；叶片最下面的 1 对脉明显在
          基部以上发出，不形成基部叶缘··························
          ···························· **43. 白木乌桕属 *Neoshirakia***
         33. 叶柄无翅；种子被薄的蜡质假种皮包裹；叶片最下面的 1
          对脉从最基部发出，形成基部叶缘··························
          ································· **54. 乌桕属 *Triadica***

21. 树乳无，或水样，或有色，但绝非白色
 34. 叶片具密集的玻璃质斑点；花序为 1 很小的、与叶对生的聚伞花序··············
  ·· **52. 白树属 *Suregada***

34. 叶片无玻璃质斑点；花序腋生或顶生

  35. 叶片背面及子房和果实往往被腺鳞或具腺尖的毛

    36. 叶多为对生，但其中之一非常小而似托叶；花柱长 10-25mm；毛被为具腺尖的毛 ·· **28. 粗毛野桐属 Hancea**

    36. 叶互生，或若对生则形状相似；花柱长 1.5-7 (-10) mm；毛被为无柄腺鳞，往往色彩鲜艳

      37. 花序顶生或与叶对生，稀腋生；花药 2 室；花柱粗壮·····**37. 野桐属 Mallotus**

      37. 花序腋生；花药 3 或 4 室；花柱短，或长，纤细·······**36. 血桐属 Macaranga**

  35. 叶明显无腺鳞和具腺尖的毛

    38. 叶对生

      39. 成对的叶等大；毛被无腺毛，毛非簇生

        40. 草本，高 0.3-1m；果实为 2 瓣裂的蒴果，裂瓣背面具 2-4 芒刺或疣状凸起 ···································· **41. 山靛属 Mercurialis**

        40. 乔木或灌木，高 3-11m；果实为球形蒴果，无装饰 ·············· **23. 轴花木属 Erismanthus**

      39. 成对的叶不等大；毛被具腺毛和（或）簇生毛

        41. 果实不开裂；花柱长 20-25mm；花药之药隔狭窄 ·····**53. 滑桃树属 Trevia**

        41. 果实开裂；花柱长 1.5-7 (-10) mm；花药之药隔往往宽而显著················· **37. 野桐属 Mallotus**

    38. 叶互生，有时聚集成轮

      42. 雄蕊极多数，花丝几乎以全部长度合生成几个集群（方阵）；若植株雌雄异株（水柳属 Homonoia），则雌花组成腋生的穗状花序，且植株生长于河床上

        43. 植株无毛；叶片掌状分裂；花序顶生，两性；雄、雌花簇生于苞腋内 ····· ·· **47. 蓖麻属 Ricinus**

        43. 幼枝被柔毛；叶片全缘；花序腋生，单性；雄花单生于苞腋内，雌花单生或组成穗状花序

          44. 植株雌雄同株；雌花单生；果实具小瘤或鳞片；叶片倒披针形、倒卵形或近琴形，(5-17) cm× (2-5) cm；乔木或灌木，生于林中坡地，往往在石灰岩上 ···············**35. 轮叶戟属 Lasiococca**

          44. 植株雌雄异株；雌花组成穗状花序；果实被柔毛，不具小瘤；叶片线状长圆形或狭窄披针形，(6-20) cm× (1.2-2.5) cm；灌木或小乔木，生于河床上 ···············**31. 水柳属 Homonoia**

      42. 花丝离生或仅基部合生，或植株雌雄异株或植株雌性

        45. 叶在接近叶柄与叶片的关节处具 2 或多数腺体

          46. 叶片基部具小托叶，具掌状叶脉

            47. 雄蕊 25-60，花药离生；雌花花萼裂片镊合状；花柱二分叉········· ·· **20. 丹麻杆属 Discocleidion**

            47. 雄蕊通常 8，花药合生；雌花萼片覆瓦状；花柱不分叉 ·· **2. 山麻杆属 Alchornea**

          46. 叶片基部无小托叶，具掌状或羽状叶脉

            48. 叶片具掌状叶脉；雄花具花瓣；植株多为雌雄同株（锥序叶轮木 Ostodes paniculata 为雌雄异株）

              49. 花序为 1 具柄的聚伞花序，两性；雄蕊 8-12，内轮的具融合的花丝 ······························ **33. 麻风树属 Jatropha**

49. 花序为 1 聚伞圆锥花序，具分枝或无分枝，有时单性（植株雌雄异株）；雄蕊 20-40，离生 ············ **44. 叶轮木属 Ostodes**

48. 叶片具羽状叶脉；雄花无花瓣；植株雌雄异株

 50. 雄蕊 4-8，花丝基部具关节；雄花花盘缺如；花柱不分叉，线状 ······························ **2. 山麻杆属 Alchornea**

 50. 雄蕊 10-20，或更多，花丝离生；雄花花盘存在；花柱二分叉或羽毛状

  51. 雄花的萼片（2）3-4，覆瓦状；雄花的花盘环状；花柱被小乳突或羽毛状；种子球形或近球形 ············
  ························· **11. 白桐树属 Claoxylon**

  51. 雄花的萼片（4）5-6，镊合状；雄花的花盘具多数短的、直立的腺体；花柱二分叉；种子为椭球形或卵形 ············
  ························· **5. 斑籽木属 Baliospermum**

45. 叶在叶柄与叶片间的连接处无腺体

 52. 花序为无柄的腋生的单性花簇；果实密被刺毛或小瘤体；雄蕊（5-）8-15，花丝合生成柱状 ············ **8. 刺果树属 Chaetocarpus**

 52. 花序有明显主轴且伸长；果实光滑、具小瘤或具疏刺；雄蕊多分离（仅在异萼木属 Dimorphocalyx 中花丝合生）

  53. 花序有具明显棒状花梗的顶生的雌花；雄蕊 3-5 ························
  ························· **55. 三宝木属 Trigonostemon**

  53. 花序单性，或具近基生的雌花和近顶生的雄花；雄蕊（7 或）8 或更多

   54. 雄蕊（7）8；花药药室长而纤细，弯曲扭转；雌花往往藏于大的苞片之中；花柱条裂状 ············ **1. 铁苋菜属 Acalypha**

   54. 雄蕊 10-200；花药药室椭球形至长圆形，直挺；花柱二分叉

    55. 雄蕊 25-80 (-100)；雄花无花瓣 **13. 棒柄花属 Cleidion**

    55. 雄蕊 10-30；雄花具花瓣

     56. 雌花具花瓣；雄蕊的花丝合生或离生

      57. 花丝合生；花序长约 1cm，少花 ············
      ························· **19. 异萼木属 Dimorphocalyx**

      57. 花丝离生；花序长 8-30cm，多花 ············
      ························· **15. 变叶木属 Codiaeum**

     56. 雌花无花瓣；雄蕊的花丝离生

      58. 雌花萼片具明显的腺性流苏状边缘；种子具有种阜 ············ **50. 宿萼木属 Strophioblachia**

      58. 雌花萼片无流苏状边缘；种子无种阜 ············
      ························· **6. 留萼木属 Blachia**

1. *Acalypha* Linnaeus 铁苋菜属

Acalypha Linnaeus (1753: 1003); Qiu & Gilbert (2008: 251) (Lectotype: *A. virginica* Linnaeus)

 特征描述：一年生或多年生草本，灌木或小乔木。雌雄同株，稀异株。叶互生，具基出脉 3-5 或为羽状脉。花序腋生或顶生，雌雄花同序或异序；雄花序穗状，雄花多朵

簇生于苞腋或在苞腋排成团伞花序；雌花序总状或穗状花序，每苞腋具雌花 1-3，雌花的苞片具齿或裂片，花后常增大；雌花和雄花同序时，雄花常生于花序上部，呈穗状，雌花 1-3，位于花序下部；无花瓣和花盘。雄花：花萼裂片 4，镊合状排列，雄蕊常为 8，花药 2 室，不育雌蕊缺；雌花：萼片 3-5，子房 2 或 3 室，每室具胚珠 1。蒴果小，常具 3 个分果爿，果皮具毛或软刺；种子具明显种脐或种阜。花粉粒 3 孔沟（稀 4），穿孔状纹饰。

分布概况：约 450/16（7）种，**2** 型；广布热带、亚热带地区；中国除西北外，各省区均有，主产华南和西南。

系统学评述：Webster[2,7]把该属归于铁苋菜亚科的铁苋菜族 Acalypheae 铁苋菜亚族 Acalyphineae，仅含铁苋菜属 *Acalypha*。

DNA 条形码研究：BOLD 网站有该属 13 种 35 个条形码数据；GBOWS 网站已有 3 种 44 个条形码数据。

代表种及其用途：铁苋菜 *A. australis* Linnaeus 可药用，治疗肠炎、痢疾、吐血、尿血、崩漏等；外治痈疖疮疡、皮炎湿疹。

2. *Alchornea* Swartz 山麻杆属

Alchornea Swartz (1800: 1153); Qiu & Gilbert (2008: 241) (Type: *A. latifolia* Swartz)

特征描述：乔木或灌木。嫩枝无毛或被柔毛，雌雄同株或异株。叶互生，边缘具腺齿，基部具斑状腺体；羽状脉或掌状脉。雌雄同株或异株；花序穗状或总状或圆锥状，雄花多朵簇生于苞腋，雌花 1 朵生于苞腋，无花瓣。雄花：花萼花蕾时闭合，镊合状排列；雄蕊 4-8，花丝基部合生成盘状，花药 2 室，无不育雌蕊；雌花：萼片 4-8，有时基部具腺体，子房（2-）3 室，每室具胚珠 1，花柱（2-）3，常线状，不分裂。蒴果具 2-3 个分果爿，果皮平滑或具小疣或小瘤；种子无种阜。花粉粒 3 孔沟，穿孔状至皱波状纹饰。

分布概况：约 50/8 种，**2** 型；分布于热带、亚热带地区；中国产西南和秦岭以南热带和暖温带地区。

系统学评述：Webster[2]把该属归于铁苋菜亚科山麻杆族 Alchorneae 山麻杆亚族 Alchorneinae。Wurdack 等[1]认为该属因为包括了 *Bocquillonia* 而成为并系群。

DNA 条形码研究：BOLD 网站有该属 6 种 14 个条形码数据；GBOWS 网站已有 2 种 12 个条形码数据。

代表种及其用途：山麻杆 *A. davidii* Franchet 等的茎皮纤维可供造纸或纺织用；种子榨油供工业用；叶片入药可解毒、杀虫、止痛。

3. *Aleurites* J. R. Foster & G. Forster 石栗属

Aleurites J. R. Foster & G. Forster (1776: 111); Li & Gilbert (2008: 265) (Type: *A. trilobus* J. R. Foster & G. Forster)

特征描述：常绿乔木，嫩枝密被星状柔毛。单叶，全缘或 3-5 裂；叶柄顶端有 2 腺体。雌雄同株。花组成顶生的圆锥花序；花蕾近球形，花萼整齐或不整齐的 2-3 裂；花瓣 5；雄花：腺体 5，雄蕊 15-32，排成 3-4 轮，生于凸起的花托上，无不育雌蕊；雌花：子房 2（-3）室，每室 1 胚珠，花柱 2 裂。核果近圆球状，外果皮肉质，内果皮壳质，种子 1-2；种子无种阜。

分布概况：2/1 种，**5** 型；分布于亚洲，大洋洲热带和亚热带地区，夏威夷特有 1 种；中国产华南、西南及台湾等。

系统学评述：在 Webster[2]的系统中，该属被置于巴豆亚科石栗族 Aleuritideae 石栗亚族 Aleuritinae（另外 2 属为三籽桐属 *Reutealis* 和油桐属 *Vernicia*）。

DNA 条形码研究：BOLD 网站有该属 1 种 2 个条形码数据；GBOWS 网站已有 1 种 5 个条形码数据。

代表种及其用途：石栗 *A. moluccana* (Linnaeus) Willdenow 为南方园林绿化树种；种子含干性油，为工业原料。

4. *Balakata* Esser 浆果乌桕属

Balakata Esser (1999: 154); Li & Esser (2008: 283) [Type: *B. luzonica* (S. Vidal) Esser (≡*Myrica luzonica* S. Vidal)].——*Sapium* Jacquin (1760: 31)

特征描述：乔木或灌木，雌雄同株，有时一种性别消失，通体无毛。树汁白色。叶互生，叶柄具 2 顶生腺体，叶片全缘，具羽状叶脉。雌雄同株，花组成顶生或腋生的聚伞圆锥花序，苞片于下面基部生 2 大的腺体；雄花生于花序的端部，黄色，5-9 簇生于苞片腋部，花瓣和花盘缺，雄蕊 2，花药 2 室，退化雌蕊缺；雌花生于花序基部，每苞腋仅 1 枚，花瓣和花盘缺，子房 2 室，每室 1 胚珠，柱头 2，外卷。果实具果梗，肉质不开裂，球形，2 室具 1 或 2 种子；种子近球形，具薄的肉质外种皮和石质种皮，无种阜；胚乳肉质；子叶宽而变平。

分布概况：2/1 种，**7** 型；分布于南亚和东南亚热带地区；中国产云南。

系统学评述：在 Webster[2]的系统中，该属被置于大戟亚科乌桕族 Hippomaneae 乌桕亚族 Hippomaninae，并归并于 *Sapium* 之内。而 Webster[7]的系统中，作为独立的属放在大戟亚科乌桕族。

代表种及其用途：浆果乌桕 *B. baccata* (Roxburgh) Esser 的树汁有毒性；药用，主治脾虚食少、食积不化、脘腹胀满、月经不调等。

5. *Baliospermum* Blume 斑籽木属

Baliospermum Blume (1826: 603); Li & Gilbert (2008: 277) (Type: *B. axillare* Blume)

特征描述：灌木或亚灌木。叶互生，叶片基部或叶柄顶端有 2 腺体。雌雄异株，稀同株；圆锥花序，腋生，雄花序多花，雌花序少花，稀雌花生于雄花序基部；雄花：萼片 4-5，无花瓣，花盘环状，具裂片或 5 离生腺体，雄蕊 10-20，稀更多，花丝离生，花药 2 室，纵裂，无不育雌蕊；雌花：萼片（4）5-6，花盘环状，子房 3（-4）室，每室有 1 胚珠，花柱 2 裂或再分裂。蒴果具 3 个分果爿；种子椭球形或卵形，种皮有各色斑纹。花粉粒无萌发孔，巴豆状纹饰。

分布概况：约 8/5 种，**7** 型；分布于南亚次大陆，中南半岛，马来半岛，印度尼西亚；中国产西南。

系统学评述：Webster[2]将该属置于巴豆亚科变叶木族 Codiaeae。在 Webster[7]的系统中，变叶木族划分了亚族，该属归于变叶木亚族 Codiaeinae。分子系统学支持该属归于变叶木亚族[1]，但变叶木族为并系。

DNA 条形码研究：BOLD 网站有该属 2 种 6 个条形码数据；GBOWS 网站已有 3 种 12 个条形码数据。

6. *Blachia* Baillon 留萼木属

Blachia Baillon (1858: 385); Li & Gilbert (2008: 269) [Type: *B. umbellata* (Willdenow) Baillon (≡*Croton umbellatum* Willdenow)]

特征描述：叶互生，全缘，稀分裂。雌雄同株；花雌雄异序，花序顶生或腋生，雄花序总状；雌花序有花数朵，排成伞形花序状或总状，有时雌花单朵或数朵生于雄花序基部；雄花：萼片 4-5，覆瓦状排列，花瓣 4-5，腺体鳞片状，雄蕊 10-20，不育雌蕊缺；雌花：萼片 5，无花瓣，花盘环状或分裂，子房 3-4 室，每室胚珠 1，花柱 3，离生，各 2 裂。花粉粒无萌发孔，巴豆状纹饰。种子无种阜，胚乳肉质，子叶宽且扁。

分布概况：约 10/4 种，**7** 型；分布于亚洲热带地区；中国产广东、广西、海南。

系统学评述：Webster[2]将该属置于巴豆亚科变叶木族。在 Webster[7]的系统中，变叶木族划分了亚族，该属归于变叶木亚族。分子系统学支持该属归于变叶木亚族[1,6]。

DNA 条形码研究：BOLD 网站有该属 1 种 3 个条形码数据；GBOWS 网站已有 2 种 12 个条形码数据。

7. *Cephalomappa* Baillon 肥牛树属

Cephalomappa Baillon (1874: 130); Qiu & Gilbert (2008: 250) (Type: *C. Beccariana* Baillon)

特征描述：乔木。叶互生，全缘或具细齿。花序总状，腋生；雌雄同株，无花瓣，花盘缺，雄花密集排成团伞花序，位于花序轴顶部或花序短分枝顶部；雌花 1 至数朵生于花序基部；雄花：花萼花蕾时陀螺状或近球形，开花时 2-5 浅裂，镊合状排列，雄蕊 2-4，不育雌蕊小；雌花：萼片或花萼裂片 5-6，覆瓦状排列，凋落，子房 3 室，每室胚珠 1，花柱基部合生，上部 2 浅裂。蒴果具 3 个分果爿，果皮具小瘤体或短刺；种子近球形，种皮脆壳质具斑纹。花粉粒 3 孔沟，网状纹饰。

分布概况：约 5/1 种，**7** 型；分布于东南亚热带地区；中国产广西。

系统学评述：Webster[2]把该属归于铁苋菜亚科风轮桐族 Epiprineae 风轮桐亚族 Epiprininae。Webster[7]则把该属归于铁苋菜亚科风轮桐族肥牛树亚族 Cephalomappinae，该亚族仅肥牛树属。Wurdack 等[1]的研究中，该属与白茶树属 *Koilodepas* 和 *Cephalocroton* 构成 1 个分支。

DNA 条形码研究：BOLD 网站有该属 1 种 1 个条形码数据。

代表种及其用途：肥牛树 *C. sinensis* (Chun & F. C. How) Kostermans 为优良木材用树种，嫩枝叶可作饲料。

8. *Chaetocarpus* Thwaites 刺果树属

Chaetocarpus Thwaites (1854: 300); Li & Gilbert (2008: 279) [Type: *C. pungens* Thwaites, *nom. illeg.* (=*C. castanicarpus* (Roxburgh) Thwaites≡*Adelia castanicarpa* Roxburgh)]

特征描述：乔木或灌木。叶互生，全缘；叶柄短。雌雄异株；花小，无花瓣，簇生于叶腋，花梗短，中部具关节；雄花：萼片 4-5，覆瓦状排列，腺体小，与萼片互生，雄蕊 5-15，花丝合生成柱状，上部离生，基部具短绒毛，花药 2 室，不育雌蕊 3 裂，被长柔毛；雌花：萼片 4-8；子房 3 室，每室胚珠 1，花柱 3，离生，2 深裂，柱头密生流苏状乳头。蒴果近球形，密生刺状刚毛或小瘤体，内果皮骨质；种子卵球形，种皮黑色，有光泽，具假种皮。花粉粒 3 孔沟，穿孔状纹饰。

分布概况：约 17/1 种，**2-2 型**；分布于西非，热带亚洲，马达加斯加，南美和西印度群岛；中国产云南南部。

系统学评述：Webster[7]将该属归于刺果树亚科。刺果树亚科包括 4 族 5 属，刺果树属位于 Chaetocarpeae[7]。该属与 Trigonopleura 为姐妹群[6]。在 Webster[2]的系统中，该属则位于铁苋菜亚科。如在科系统评述提到的，在 Davis 等[8]及 Wurdack 和 Davis[9]的研究中大花草科嵌入了大戟科，将刺果树科独立才能使得大戟科成为单系。然而考虑到大花草科的全寄生特性，以及所选取基因的长枝吸引造成该科的系统位置的不确定性[8-10]，此处采用刺果树亚科独立成科的做法。

DNA 条形码研究：BOLD 网站有该属 5 种 9 个条形码数据；GBOWS 网站已有 1 种 2 个条形码数据。

9. *Chrozophora* A. Jussieu 沙戟属

Chrozophora A. Jussieu (1824: 27), *nom. & orth. cons.*; Qiu & Gilbert (2008: 223) [Type: *C. tinctoria* (Linnaeus) A. Jussieu (≡*Croton tinctorius* Linnaeus)]

特征描述：一年生草本或亚灌木。叶互生，叶片基部常具 2 腺体。雌雄同株；总状花序，腋生，雄花位于上部；雌花 1-6，生于花序下部；雄花：萼片 5，镊合状排列，花瓣 5，稀具 5 腺体，雄蕊 5-15，花丝合生成柱状，花药 2 室，无不育雌蕊；雌花：萼片 5，镊合状排列，花瓣 5，稀无，腺体 5，小，子房 3 室，每室胚珠 1，花柱 3，2 裂，宿存。蒴果具 3 个分果爿，果皮具小瘤体或无，被星状毛或具鳞片；种子卵状，无种阜。花粉粒 6-9 孔沟，穿孔状纹饰。

分布概况：约 12/1 种，**12 型**；分布于欧洲地中海地区，非洲，亚洲；中国产新疆。

系统学评述：Webster[2,7]把该属归于铁苋菜亚科沙戟族 Chrozophoreae 沙戟亚族 Chrozophorinae。该属植物习性上与沙戟亚族差异较大，但种子和毛被的形态及分子证据支持它们在 1 个亚族[1,7]。

DNA 条形码研究：BOLD 网站有该属 2 种 4 个条形码数据。

10. *Cladogynos* Zippelius ex Spanoghe 白大凤属

Cladogynos Zippelius ex Spanoghe (1841: 349); Qiu & Gilbert (2008: 248) (Type: *C. orientalis* Zippelius ex Spanoghe)

特征描述：灌木；小枝被白色星状短柔毛。叶互生，具锯齿，具掌状脉。雌雄同株；花序总状，1-2 个生于叶腋，无花瓣，雄花密集排成团伞花序，位于花序轴顶部，雌花1-2，生于花序下部；雄花：雄蕊 4，花丝离生，顶部内弯，不育雌蕊柱状，花盘缺；雌花：萼片 5-7，宿存，腺体与萼片互生，子房 3 室，每室具胚珠 1，花柱基部合生，上部3-4 裂，裂片二叉裂。蒴果具 3 个分果爿，被星状柔毛，内果皮壳质；种子球形。花粉粒 3 孔沟，穿孔状纹饰。

分布概况：1/1 种，**7** 型；分布于热带东南亚；中国产广西东部及东南部。

系统学评述：Webster[2,7]把该属归于铁苋菜亚科风轮桐族风轮桐亚族。尚无关于该属的分子系统学研究。

DNA 条形码研究：GBOWS 网站有该属 1 种 6 个条形码数据。

11. *Claoxylon* A. Jussieu 白桐树属

Claoxylon A. Jussieu (1824: 43); Qiu & Gilbert (2008: 245) (Type: *C. parviflorum* A. Jussieu)

特征描述：乔木或灌木。叶互生，边缘具齿或近全缘；羽状脉。雌雄异株，稀同株；总状花序，腋生，雄花 1 至多朵簇生于苞腋，雌花常 1 朵生于苞腋，无花瓣；雄花：雄蕊 10-200，常 20-30，花药 2 室；腺体细小，众多，散生于雄蕊的基部，无不育雌蕊；雌花：萼片 2-4，常 3；花盘具浅裂或为离生腺体，子房 2-3（-4）室，每室具胚珠 1，花柱短，离生或基部合生。蒴果，具 2-3（-4）个分果爿；种子球形或近球形，无种阜。花粉粒 4 孔沟（稀为 3 或 5），穿孔状纹饰。

分布概况：约 75/6 种，**4** 型；分布于旧热带；中国产台湾、广东、海南、广西和云南。

系统学评述：Webster[2,7]把该属归于铁苋菜亚科铁苋菜族白桐树亚族 Claoxylinae。分子系统学分析也支持此处理[1]。

DNA 条形码研究：BOLD 网站有该属 3 种 3 个条形码数据；GBOWS 网站已有 2种 8 个条形码数据。

代表种及其用途：白桐树 *C. indicum* (Reinwardt ex Blume) Hasskarl 的根部供药用，治风湿痛。

12. *Cleidiocarpon* Airy Shaw 蝴蝶果属

Cleidiocarpon Airy Shaw (1965: 313); Qiu & Gilbert (2008: 250) (Type: *C. laurinum* Airy Shaw)

特征描述：乔木。叶互生，全缘，羽状脉；叶柄具叶枕。圆锥状花序，顶生，雌雄同株；花无花瓣，花盘缺，雄花多朵在苞腋排成团伞花序，稀疏排列在花序轴上，雌花1-6 朵，生于花序下部；雄花：雄蕊 3-5，花药背着，4 室，药隔不突出，不育雌蕊柱状；

雌花：萼片 5-8，覆瓦状排列，宿存，副萼小，与萼片互生，早落，子房 2 室，每室具胚珠 1，花柱下部合生，顶部 3-5 裂。果核果状，近球形或双球形，具宿存花柱基；种子近球形，胚乳丰富。花粉粒 3 孔沟，穿孔状纹饰。

分布概况：2/1 种，**7-3 型**；分布于缅甸北部，泰国西南部，越南北部；中国产贵州、广西和云南。

系统学评述：Webster[2,7]把该属归于铁苋菜亚科风轮桐族风轮桐亚族。Thin[11]曾经因为该属核果的独特性提出 1 个新的蝴蝶果亚族 Cleidiocarpinae。

代表种及其用途：蝴蝶果 *C. cavaleriei* (H. Léveillé) H. K. Airy Shaw 的种子富含淀粉和油脂，煮熟除去胚后可食用；又为园林观赏树种；药用，可治疗声音嘶哑、咽喉炎、扁桃体炎。

13. *Cleidion* Blume 棒柄花属

Cleidion Blume (1825: 612); Qiu & Gilbert (2008: 244) (Type: *C. javanicum* Blume)

特征描述：乔木或灌木。叶互生，边缘具腺齿；羽状脉。雌雄同株或雌雄异株；无花瓣和花盘；雄花序常穗状，雄花多朵于苞腋簇生或排成团伞花序，稀单生于苞腋；雌花序总状或仅 1 朵，腋生；雄花：雄蕊 25-80（-100），稀更多，花丝离生，花药 4 室，药隔稍突出，无不育雌蕊；雌花：萼片 3-5，覆瓦状排列，子房 2-3 室，每室具胚珠 1，基部常合生，各 2 深裂，柱头密生小乳头。蒴果具 2-3 个分果爿；果梗长且硬，棒状；种子近球形，无种阜，种皮具斑纹。花粉粒 3 孔沟，穿孔状纹饰。

分布概况：约 25/3 种，**2 型**；分布于热带、亚热带地区；中国产广东、海南、广西、贵州、云南和西藏（墨脱）。

系统学评述：Webster[2,7]把该属归于铁苋菜亚科铁苋菜族棒柄花亚族 Cleidiinae。分子系统学分析也支持将其归于铁苋菜族，但未确定亚族[15]。在 Wurdack 等[1]的分子系统学研究中，棒柄花属位于与 *Blumeodendron*、*Marcaranga* 和 *Mallotus* 构成的分支的基部，但该属并无其他属所具有的外珠被维管束[7]。

DNA 条形码研究：BOLD 网站有该属 2 种 2 个条形码数据；GBOWS 网站已有 2 种 8 个条形码数据。

代表种及其用途：棒柄花 *C. brevipetiolatum* Pax & Hoffmann、长棒柄花 *C. javanicum* Blume 的树皮药用可治疗感冒、肝炎、疟疾、小便涩痛、脱肛等；外用于疮、疖。

14. *Cnesmone* Blume 粗毛藤属

Cnesmone Blume (1825: 630); Qiu & Gillespie (2008: 255) (Type: *C. javanica* Blume)

特征描述：藤本或攀援状灌木，被柔毛和螫毛。叶互生，羽状脉。雌雄同株；总状花序，顶生或与叶对生，无花瓣，无花盘；雄花：雄蕊 3，花丝离生，花药近基部背着，药室纵裂，药隔肉质，突出成线形反折的附属物，不育雌蕊缺；雌花：花萼裂片 3 或 6，子房 3 室，每室有 1 胚珠，花柱 3，基部合生，上部开展。蒴果由 3 个分果爿组成。花粉粒 3-4 孔沟（稀无萌发孔），穿孔状至瘤状纹饰。种子球形，外种皮稍肉质，内种皮脆壳质。

分布概况：约 11/3 种，**7** 型；分布于亚洲南部和东南部；中国产广东、海南、广西和云南。

系统学评述：Webster[2,7]把该属归于铁苋菜亚科的 Plukenetieae 族 Tragiinae 亚族。Wurdack 等[1]的分子系统学分析亦支持此处理。

DNA 条形码研究：BOLD 网站有该属 1 种 1 个条形码数据。

代表种及其用途：粗毛藤 *C. mairei* (H. Léveillé) Croizat 有螫毛，能引起皮肤痒痛。

15. *Codiaeum* A. Jussieu 变叶木属

Codiaeum A. Jussieu (1824: 33), *nom. cons.* ; Li & Gilbert (2008: 267) [Type: *C. variegatum* (Linnaeus) A. Jussieu, *typ. cons.* (≡*Croton variegatum* Linnaeus)]

特征描述：灌木或小乔木。叶互生，全缘，稀分裂。雌雄同株，稀异株，花序总状，雄花数朵簇生于苞腋，花萼（3-）5（-6）裂，花瓣细小，5-6，稀缺，花盘分裂为 5-15 个离生腺体，雄蕊 15-100，无不育雌蕊；雌花单生于苞腋，花萼 5，无花瓣，花盘近全缘或分裂，子房 3 室，每室有 1 胚珠，花柱 3，不分裂，稀 2 裂。蒴果；种子具种阜。花粉粒无萌发孔，巴豆状纹饰。

分布概况：约 15/1 种，（**5**）型；分布于亚洲东南部至大洋洲北部；中国南方热带地区及北方温室栽培。

系统学评述：Webster[2]将该属置于巴豆亚科变叶木族 Codiaeinae。在 Webster[7]的系统中，变叶木族划分了亚族，该属归于变叶木亚族。分子系统学研究表明变叶木族为并系群，但其中的变叶木亚族似乎为单系[1,6]。

DNA 条形码研究：BOLD 网站有该属 2 种 9 个条形码数据；GBOWS 网站已有 1 种 3 个条形码数据。

代表种及其用途：变叶木 *C. variegatum* (Linnaeus) A. Jussieu 是常见的庭园或公园观叶植物。

16. *Croton* Linnaeus 巴豆属

Croton Linnaeus (1753: 1004); Li & Esser (2008: 258) (Lectotype: *C. tiglium* Linnaeus)

特征描述：常乔木或灌木，常被星状毛或鳞腺。叶互生，稀对生或近轮生；羽状脉或具掌状脉；叶柄顶端或叶片近基部常有 2 腺体，有时叶缘齿端或齿间有腺体；托叶早落。雌雄同株（或异株）；花序顶生或腋生，总状或穗状；雄花：花瓣与萼片同数，腺体常与萼片同数且对生，雄蕊 10-20，无不育雌蕊；雌花：花萼 5，宿存；花瓣细小或缺；子房 3 室，每室有 1 胚珠，花柱 3，常 2 或 4 裂。蒴果具 3 个分果爿；种子平滑，种皮脆壳质，种阜小。花粉粒无萌发孔，巴豆状纹饰。

分布概况：约 1300/23 种，**2** 型；广布热带、亚热带地区，多数在新世界热带地区；中国产长江以南。

系统学评述：在 Webster[2]的系统中，该属被置于巴豆亚科巴豆族 Crotoneae。然而，分子系统学分析表明，巴豆族不是单系类群[1,6]。Webster[7]基于形态特征将该属分为 40 个组。Berry 等[13]基于 ITS 和 *trn*L-F 基因对该属 29 组 78 种进行了系统学研究，确定了 *Moacroton*、*C. alabamensis* E. A. Smith ex Chapman 和 *C. olivaceus* Müller Argoviensis 构成 1 个分支与剩余的巴豆属的种成姐妹群，剩余的这些种又可分为 3 个大分支（2 个新世界种构成的分支和 1 个旧世界种构成的分支，其中 1 个新世界种分支位于最基部），这可能表明了该属为新世界起源。Webster[7]继而根据 Berry 等[13]的研究将该属处理为 2 亚属：*Croton* subgen. *Croton* 和 *C.* subgen. *Moacroton*。

DNA 条形码研究：BOLD 网站有该属 344 种 769 个条形码数据；GBOWS 网站已有 5 种 24 个条形码数据。

代表种及其用途：巴豆 *C. tiglium* Linnaeus 的成熟果实、根及叶供药用，有助于治寒结便秘、腹水肿胀、寒邪食积等；有大毒，须慎用。

17. *Dalechampia* Linnaeus 黄蓉花属

Dalechampia Linnaeus (1753: 1054); Qiu & Gilbert (2008: 258) (Type: *D. scandens* Linnaeus)

特征描述：灌木或亚灌木，缠绕或攀援，被毛，有时具螫毛。叶互生，全缘或 3-5 裂。雌雄同株，无花瓣，排成顶生或腋生头状花序；具长的花序梗；总苞片 2 枚全缘或 3 裂；花序下部具 3 朵雌花，花序上部具 3 或 2 朵雄花；雄花：花萼裂片 4-6，无花盘；雄蕊常 15-30，稀 90 或少至 10，花药 2 室，无不育雌蕊；雌花：萼片 5-12，常羽状分裂，稀全缘，花后增大变硬，包被果实，花盘缺，稀环状，子房 3（-4）室，每室有胚珠 1。蒴果由 3 个分果爿组成；种子球形，无种阜。花粉粒 3 孔沟（稀为 4 或 5），网状纹饰。染色体 $2n=44$，46，72，138。

分布概况：约 120/1 种，**2 型**；主要分布于美洲热带地区，少数产热带非洲，亚洲南部和东南部热带地区；中国产云南。

系统学评述：Webster[2,7]把该属归于铁苋菜亚科的 Plukenetieae 族黄蓉花亚族 Dalechampiinae，该亚族仅含黄蓉花属。Wurdack 等[1]也将该属嵌入 Plukenetieae 族，与 *Astrococcus* 为姐妹群。根据 Webster 和 Armbruster[14]及 Armbruster[15]的处理，该属可分为 7 组，即 *Dalechampia* sect. *Rhopalostylis*、*D.* sect. *Dioscoreifliae*、*D.* sect. *Cremophyllum*、*D.* sect. *Coriaceae*、*D.* sect. *Tilifoliae*、*D.* sect. *Dalechampia* 和 *D.* sect. *Brevicolumnae*。

DNA 条形码研究：BOLD 网站有该属 46 种 57 个条形码数据；GBOWS 网站已有 1 种 7 个条形码数据。

代表种及其用途：黄蓉花 *D. bidentata* Blume 有时会因螫毛而引起人类皮肤痒痛。

18. *Deutzianthus* Gagnepain 东京桐属

Deutzianthus Gagnepain (1924: 139); Li & Gilbert (2008: 267) (Type: *D. tonkinensis* Gagnepain)

特征描述：乔木，小枝有明显叶痕。叶互生，基出脉 3，侧脉明显；叶柄顶端有 2 腺体。雌雄异株；伞房状圆锥花序顶生，雌花序较雄花序短且狭；雄花：花瓣 5，与萼片互生，内向镊合状排列，花盘 5 深裂，雄蕊 7，2 轮，外轮 5 枚离生，内轮 2 枚常合生达中部，无不育雌蕊；雌花：萼片三角形，花瓣与雄花同，花盘杯状，5 裂，<u>子房被毛</u>，<u>3 室</u>，每室有 1 胚珠，花柱 3，仅基部合生。果近圆球状，外果皮壳质，内果皮木质；<u>种子椭圆形</u>，<u>种皮硬壳质</u>，<u>胚乳海绵质</u>。花粉粒无萌发孔，巴豆状纹饰。

分布概况：2/1 种，**7-4 型**；分布于亚洲东南部；中国产广西、云南。

系统学评述：在 Webster[2]的系统中，该属被置于巴豆亚科麻风树族 Jatropheae，而在 Webster[7]的系统中则归于石栗族 Aleuritideae 的 Grosserinae 亚族。分子系统学研究都未涉及该属。

DNA 条形码研究：GBOWS 网站有该属 1 种 2 个条形码数据。

19. *Dimorphocalyx* Thwaites 异萼木属

Dimorphocalyx Thwaites (1861: 278); Li & Gilbert (2008: 272) (Type: *D. glabellus* Thwaites)

特征描述：乔木或灌木，无毛，<u>叶互生</u>，<u>全缘</u>，<u>羽状脉</u>。雌雄异株，稀同株；<u>花序总状或聚伞状</u>，<u>顶生或腋生</u>；雄花：花瓣 5，离生，腺体 5，与花瓣互生；雄蕊 10-15，外轮 5 枚离生，其余合生成柱状；无不育雌蕊；<u>雌花</u>：<u>花萼 5 深裂</u>，<u>覆瓦状排列</u>，<u>花后增大</u>，<u>宿存</u>，花瓣 5；花盘环状，子房 3 室，每室有 1 胚珠，花柱 3，基部合生，顶端各 2 裂。<u>蒴果具 3 个分果爿</u>，<u>内果皮壳质</u>；<u>种子具肉质胚乳</u>，<u>子叶宽且扁</u>。花粉粒无萌发孔，巴豆状纹饰。

分布概况：约 15/1 种，**5 型**；分布于热带亚洲（印度，斯里兰卡到中国南部和加里曼丹岛）延伸至澳大利亚；中国产海南。

系统学评述：在 Webster[2]的系统中，该属被置于巴豆亚科变叶木族。Webster[7]将该属归于变叶木族叶轮木亚族 Ostodeinae。尚无该属的分子系统学研究。

DNA 条形码研究：BOLD 网站有该属 1 种 1 个条形码数据。

20. *Discocleidion* (Müller Argoviensis) Pax & K. Hoffmann 丹麻杆属

Discocleidion (Müller Argoviensis) Pax & K. Hoffmann (1914: 45); Qiu & Gilbert (2008: 241) [Type: *D. ulmifolium* (J. Müller Argoviensis) Pax & Hoffmann (≡*Cleidion ulmifolium* Müller Argoviensis)]

特征描述：灌木或小乔木。<u>叶互生</u>，<u>边缘有锯齿</u>，<u>基出脉 3-5</u>。总状花序或圆锥花序，顶生或腋生；<u>雌雄异株</u>，<u>无花瓣</u>；雄花 3-5 朵簇生，花萼裂片 3-5，<u>雄蕊 25-60</u>，<u>花丝离生</u>，<u>花药 4 室</u>；花盘具腺体，无不育雌蕊；雌花 1-2 朵生于苞腋，花萼裂片 5，花盘环状，<u>子房 3 室</u>，<u>每室有胚珠 1</u>，<u>花柱 3</u>，<u>2 裂</u>。<u>蒴果具 3 个分果爿</u>；种子球形，具疣状凸起。花粉粒 3 孔沟，穿孔状纹饰。

分布概况：2/2 种，**14（SJ）型**；分布于中国和琉球群岛；中国产安徽、福建、甘肃、广东、广西、贵州、湖北、湖南、江西、陕西、山西、四川、浙江。

系统学评述：Webster[2]把该属归于铁苋菜亚族 Bernardieae。该属与蓖麻属 *Ricinus* 和地构叶属 *Speranskia* 构成 1 个分支，但支持率低[1]。

DNA 条形码研究：BOLD 网站有该属 1 种 1 个条形码数据；GBOWS 网站已有 1

种 12 个条形码数据。

21. *Endospermum* Bentham 黄桐属

Endospermum Bentham (1861: 304); Li & Gilbert (2008: 278) (Type: *E. chinense* Bentham)

特征描述：乔木。叶互生，叶片基部与叶柄连接处有腺体。雌雄异株；无花瓣；雄花几无梗，组成圆锥花序，花萼杯状，3-5 浅裂，雄蕊 5-12，2-3 轮，花药 2 室，花盘边缘浅裂，不育雌蕊缺；雌花排成总状花序或圆锥花序，花萼 4-5 齿裂，花盘环状，子房 2-3（-6）室，每室有胚珠 1，柱头 2-6 浅裂。果实核果状，果皮干燥稍近肉质，成熟时分离成 2-3 个不开裂的分果爿；种子无种阜。花粉粒 3 孔沟，巴豆状纹饰。染色体 *n*=24。

分布概况：约 20/1 种，**4** 型；分布于亚洲东南部和大洋洲热带地区；中国产福建南部、广东、广西、海南、云南南部。

系统学评述：在 Webster[2,7]的系统中，该属被置于巴豆亚科的 Adenoclineae 族黄桐亚族 Endosperminae。分子系统学研究亦表明该属应归于单系的 Adenoclineae 族[1,6]。

DNA 条形码研究：BOLD 网站有该属 5 种 12 个条形码数据；GBOWS 网站已有 1 种 4 个条形码数据。

22. *Epiprinus* Griffith 风轮桐属

Epiprinus Griffith (1854: 487); Qiu & Gilbert (2008: 249) (Type: *E. malayanus* Griffith)

特征描述：乔木或灌木；嫩枝被糠秕状的短星状毛。叶互生，常聚生于枝顶。圆锥状花序；雌雄同株，无花瓣，无花盘；雄花多朵在苞腋排成团伞花序，雌花数朵生于花序基部；雄花：雄蕊 4-15，花丝离生，花药近基着，药隔突出成细尖，不育雌蕊小；雌花：萼片 5-6，外向镊合状排列，副萼鳞片状，子房 3 室，每室具胚珠 1，花柱基部合生，上部分离。蒴果具 3 个分果爿，近球形，具毛，内果皮厚，近木质；种子近球形，种皮具斑纹。花粉粒 3 孔沟或拟孔沟，穿孔状至网状纹饰。

分布概况：4-6/1 种，**7** 型；分布于热带东南亚，从印度阿萨姆到马来西亚；中国产海南和云南南部。

系统学评述：Webster[2,7]把该属归于铁苋菜亚科风轮桐族风轮桐亚族。尚无该属的分子系统学研究。

23. *Erismanthus* Wallich ex Müller Argoviensis 轴花木属

Erismanthus Wallich ex Müller Argoviensis (1866: 1138); Li & Gilbert (2008: 274) (Type: *E. obliquus* Wallich ex Müller Argoviensis)

特征描述：乔木或灌木，雌雄同株。叶对生，2 列，基部偏斜心形，羽状脉。雌雄同株；花雌雄同序或异序，雄花序总状，腋生，短，呈球穗花序状；雌花单朵腋生或生于雄花序的基部。雄花：萼片（4-）5，花瓣（4-）5，无花盘，雄蕊 12-15，花药 2 室，不育雌蕊伸长；雌花：萼片 5，不等大，花后稍增大，花瓣无，无花盘，子房 3 室，每室具胚珠 1，花柱基部合生，上部各 2 裂。蒴果具 3 个分果片；种子近球形，无种阜，种皮具斑纹。花粉粒 3 沟，穿孔状纹饰。

分布概况：2/1 种，**7** 型；分布于亚洲东南部热带地区；中国产海南。

系统学评述：在 Webster[2,7]的系统中，该属被置于铁苋菜亚科轴花木族 Erismantheae。分子系统学研究尚未涉及该属，但其所在的轴花木族似乎不能归属于铁苋菜亚科，而是介于巴豆亚科和大戟亚科之间，轴花木族分离后，狭义的铁苋菜亚科才能成为单系类群[1]。

DNA 条形码研究：GBOWS 网站有该属 1 种 4 个条形码数据。

24. *Euphorbia* Linnaeus 大戟属

Euphorbia Linnaeus (1753: 450); Ma & Gilbert (2008: 288) (Lectotype: *E. antiquorum* Linnaeus).——
Pedilanthus Necker ex Poiteau (1812: 388)

特征描述：草本，灌木，或乔木；植物体具乳状液汁。叶常互生或对生，少轮生；托叶无。杯状聚伞花序，单生或组成单歧或二歧或多歧花序；每个杯状聚伞花序由 1 枚位于中间的雌花和多枚位于周围的雄花组成，称大戟花序；雄花无花被，仅有 1 枚雄蕊，花丝与花梗间具不明显的关节；雌花常无花被，子房 3 室，每室 1 胚株，花柱 3，常分裂或基部合生。蒴果，成熟时分裂为 3 个 2 裂的分果片；种子每室 1，种皮革质，深褐色或淡黄色。花粉粒 3 孔沟，穿孔状至网状纹饰。染色体 x=6-10。

分布概况：约 2000/78（11）种，**2** 型；世界广布，热带干旱地区尤盛；中国南北均产，以西南和西北较多。

系统学评述：在 Webster[2,7]的系统中，该属被置于大戟亚科大戟族 Euphorbieae 大戟亚族 Euphorbiinae。Steinmann 和 Porter[16]的分子系统学研究表明并系的大戟属与 *Chamaesyce*、*Pedilanthus*、*Monadenium*、*Synadenium* 和 *Endadenium* 聚在一起。更多的研究表明传统上的大戟属的大多亚属和组都是并系与多系[17-21]，并把大戟属划分为了 4 大分支，分别为 Esula 分支、Rhizanthium 分支、Euphorbia 分支和 Chamaesyce 分支[16,18,21,22]。

DNA 条形码研究：BOLD 网站有该属 651 种 1729 个条形码数据；GBOWS 网站已有 21 种 208 个条形码数据。

代表种及其用途：该属许多种类的根和块根为著名的中草药，如大戟 *E. pekinensis* Ruprecht、狼毒 *E. fischeriana* Steudel 等；也有观赏植物，如一品红 *E. pulcherrima* Willdenow ex Klotzsch 等；因种子含油高，可作生物燃料，如续随子 *E. lathyris* Linnaeus 等。

25. *Excoecaria* Linnaeus 海漆属

Excoecaria Linnaeus (1759: 1288); Li & Esser (2008: 280) (Type: *E. agallocha* Linnaeus)

特征描述：乔木或灌木，具乳状汁液。叶互生或对生，具羽状脉。雌雄异株或同株；花雌雄同株时常异序，无花瓣，聚集成腋生或顶生的总状花序或穗状花序；雄花萼片 3，稀为 2；雄蕊 3，无退化雌蕊；雌花子房 3 室，每室具 1 胚珠，花柱粗，基部多少合生。蒴果自中轴开裂而成具 2 瓣裂的分果片，分果片常坚硬而稍扭曲，中轴宿存，具翅。种子球形，无种阜，种皮硬壳质，胚乳肉质，子叶宽而扁。花粉粒 3 孔沟，穿孔状纹饰。

分布概况：约 40/5（2）种，**4** 型；分布于非洲，亚洲，大洋洲及太平洋诸群岛；中国产西南、华南和华东。

系统学评述：在 Webster[2]的系统中，该属被置于大戟亚科乌桕族乌桕亚族。Webster[7]的系统中，取消了亚族这一等级。分子系统学研究表明乌桕族在狭义概念下显然是个并系群[1,6]。海漆属的单系性有待确认。Tokuoka 和 Tobe[23]根据胚珠结构提出 *E. bussei* (Pax) Pax 和该属其他种类明显有异。*Conosapium* 被 Radcliffe-Smith 和 Esser[24]及 Schatz[25]作为独立的属，但可能为海漆属下的 1 个组[7]。

DNA 条形码研究：BOLD 网站有该属 3 种 23 个条形码数据；GBOWS 网站已有 2 种 24 个条形码数据。

代表种及其用途：海漆 *E. agallocha* Linnaeus 为海边湿地红树林植物，亦是有毒植物，会引致皮肤生疮或瘙痒。乳汁更不宜接触眼睛。红背桂花 *E. cochinchinensis* Loureiro、绿背桂花 *E. formosana* (Hayata) Hayata 栽培观赏。鸡尾木 *E. venenata* S. K. Lee & F. N. Wei 有毒，会引起皮肤红肿、脱皮；但鲜叶可药用，捣烂外敷可治牛皮癣。

26. *Falconeria* Royle 异序乌桕属

Falconeria Royle (1839: 354); Li & Esser (2008: 283) (Lectotype: *F. insignis* Royle)

特征描述：乔木或灌木；树汁白色。叶互生，端部聚生；叶柄远短于叶片，顶端具 2 腺体；叶片边缘具锯齿，下面具边缘腺体。雌雄同株；雄花和雌花生于各自的花序，组成顶生伸长的总状花序状的聚伞圆锥花序；苞片背面基部具 2 大的腺体；雄花小，黄色，9-15 成簇生于苞片腋部，花梗极短，花瓣和花盘缺，雄蕊 2，花药 2 室，纵向开裂，退化雌蕊无；雌花大于雄花，每苞腋仅 1 朵雌花，花梗极短，花瓣和花盘缺，子房 2 或 3 室，每室 1 胚珠，花柱 2 或 3，柱头外卷。果实为蒴果，近无柄，球形，2 或 3 室，不规则开裂，果轴宿存；种子近球形，灰白色，覆盖假种皮，无种阜。

分布概况：1/1 种，**7** 型；分布于亚洲南部和东南；中国产海南、四川和云南。

系统学评述：在 Webster[2]的系统中，该属被置于大戟亚科乌桕族乌桕亚族，并归并于 *Sapium* 内。而 Webster[7]将其作为独立的属被置于乌桕族。该属在乌桕族中具单性的穗状花序和不规则开裂的果实及白色假种皮；较之其他该族的亚洲类群，异序乌桕属与 *Sapium* 在形态上更相近[7]。

DNA 条形码研究：BOLD 网站有该属 1 种 1 个条形码数据；GBOWS 网站已有 1 种 3 个条形码数据。

代表种及其用途：异序乌桕 *F. insignis* Royle 的树汁有毒性。

27. *Gymnanthes* Swartz 裸花树属

Gymnanthes Swartz (1788: 95); Zhu & Esser (2008: 286) (Lectotype: *G. lucida* Swartz)

特征描述：灌木至乔木，具白色树汁。叶互生，叶片边缘全缘或稀具锯齿，下面有边缘腺体。雌雄同株或雄花缺如；花序顶生或腋生，伸长的总状花序状的聚伞圆锥花序；

雄花 1-3，花梗短但明显，萼片 2，花瓣和花盘缺，雄蕊 3-12，退化雌蕊缺；雌花花梗显著且果期伸长，花瓣和花盘缺，子房 3 室，光滑或由于 3 对芒刺耳边粗糙，每室 1 胚珠，花柱 3，不分叉。蒴果近球形；种子干燥，常不具种阜。

分布概况： 约 25/1 种，**2** 型；分布于新世界热带地区；中国产云南南部。

系统学评述： 在 Webster[2] 的系统中，该属被置于大戟亚科乌桕族乌桕亚族，Webster[7] 的系统中，取消了亚族这一等级。分子系统学研究表明该属应归于乌桕族，但该族在狭义概念下显然是个并系群[1,6]。

DNA 条形码研究： BOLD 网站有该属 4 种 10 个条形码数据。

28. *Hancea* Seemann 粗毛野桐属

Hancea Seemann (1857: 409); Qiu & Gilbert (2008: 224) (Type: *H. hookeriana* Seemann)

特征描述： 灌木或乔木，毛被为单毛，或为具腺尖的毛，或为具中央细胞的无柄的盾状着生的星状鳞片。叶多为对生，叶片单片，基部无腺体，全缘，羽状叶脉或掌状 3 出脉。雌雄同株或雌雄异株；花序顶生或腋生；雄花：萼片 2-4，镊合状，花瓣缺，花盘缺，花药 2 室，外向，退化雌蕊缺；雌花：萼片（3 或）4-6（或 7）覆瓦状或镊合状，花瓣缺，花盘缺，子房 3 室，每室 1 胚珠，花柱短。果实为蒴果，具刺，刺有时具腺尖；种子球形，具 3 棱，无假种皮。

分布概况： 约 17/1 种，**6** 型；分布于马达加斯加，马斯克林群岛，马来西亚，印度尼西亚到新几内亚；中国产广东、广西和海南。

系统学评述： 在 Webster[2,7] 的系统中，该属被置于铁苋菜亚科铁苋菜族的 Rottlerinae 亚族。形态学和分子系统学分析表明，粗毛野桐属是野桐属 *Mallotus* 和血桐属 *Macaranga* 的姐妹群[26-29]。根据 Sierra 等[30] 的划分，该属可分为 *Hancea* subgen. *Cordemoya*（4 种，分布于马达加斯加和马斯克林群岛）和 *H.* subgen. *Hancea*（其他 13 种，为 2 组，分布从中国南部，东南亚到新几内亚）。

DNA 条形码研究： BOLD 网站有该属 5 种 7 个条形码数据；GBOWS 网站已有 1 种 3 个条形码数据。

29. *Hevea* Aublet 橡胶树属

Hevea Aublet (1775: 871); Li & McPherson (2008: 264) (Type: *H. guianensis* Aublet)

特征描述： 乔木；有丰富乳汁。叶互生或近对生，叶柄顶端有腺体，具小叶 3（-5）片，全缘。雌雄同株，同序；无花瓣，由多个聚伞花序组成圆锥花序；雄花花萼 5 齿裂或 5 深裂；花盘分裂为 5 腺体，雄蕊 5-10，花丝合生成一超出花药的柱状物，花药 1-2 轮；雌花的花萼与雄花同，子房 3 室，每室有 1 胚珠，常无花柱，柱头粗壮。蒴果大，常具 3 个分果爿，外果皮近肉质，内果皮木质；种子具斑纹，无种阜。花粉粒 3 沟，巴豆状纹饰。

分布概况： 约 10/1 种，**（3）** 型；分布于南美洲亚马孙地区；中国长江以南栽培。

系统学评述： 在 Webster[2]的系统中，该属被置于巴豆亚科的 Micrandreae 族橡胶树亚族 Heveinae。Webster[7]将该属置于巴豆亚科橡胶树族 Heveeae，该族仅 1 属。

DNA 条形码研究： BOLD 网站有该属 3 种 10 个条形码数据；GBOWS 网站已有 1 种 6 个条形码数据。

代表种及其用途： 橡胶树 *H. brasiliensis* (Willdenow ex A. Jussieu) Müller Argoviensis 因树汁中含有橡胶，为重要的工业原料，现为世界热带广泛栽培；同时也是有毒植物，毒性很强，特别是种子。

30. *Homalanthus* A. Jussieu 澳杨属

Homalanthus A. Jussieu (1824: 50), *nom. & orth. nom.*; Li & Esser (2008: 279) (Type: *H. leschenaultianus* A. Jussieu)

特征描述： 乔木或灌木。叶互生，全缘。雌雄同株或异株；花无花瓣和花盘，聚集成顶生的总状花序；雄花在每一苞片内多数，花萼于蕾期两侧压扁，裂片 2，或 1 裂片退化，雄蕊 5-50，花丝极短，花药外露，无退化雌蕊；雌花在每一苞片内少数或单生，花萼不扁压，裂片 2-3，子房 2 室或稀有 3 室，每室具 1 胚珠，花柱短或近无花柱，柱头伸长，不分裂或顶端不同深浅 2 裂。蒴果近球形，不开裂或为 2 裂的分果爿；种子卵形，种阜肉质，有时包裹着一半种子，种皮硬壳质。花粉粒 3 孔沟，穿孔状至网状纹饰。

分布概况： 约 35/1 种，**4** 型；分布于亚洲东南部和大洋洲及太平洋诸群岛，也广泛栽培；中国产海南和台湾。

系统学评述： 在 Webster[2]的系统中，该属被置于大戟亚科乌桕族乌桕亚族。Webster[7]的系统取消了亚族这一等级。

DNA 条形码研究： BOLD 网站有该属 3 种 10 个条形码数据。

31. *Homonoia* Loureiro 水柳属

Homonoia Loureiro (1790: 636); Qiu & Gilbert (2008: 247) (Type: *H. riparia* Loureiro)

特征描述： 灌木或小乔木；全株被柔毛或鳞片。叶互生，下面具鳞片；羽状脉。雌雄异株；花无花瓣，花盘缺，雄花排成狭的总状花序，腋生；雌花排成穗状花序，腋生；雄花：雄蕊多数，花丝合生成多个雄蕊束，各雄蕊束基部依次合生成柱状，花药 2 室，无不育雌蕊；雌花：萼片 5-8，覆瓦状排列，花后几不增大，子房 3 室，每室具 1 胚珠，花柱 3，柱头密生羽毛状凸起。蒴果具 3 个分果爿，果皮被短柔毛；种子卵球形，无种阜，外种皮肉质或膜质，内种皮厚壳质。花粉粒 3 孔沟，稀为 4，皱波状纹饰。

分布概况： 约 2/1 种，**7** 型；分布于热带南亚和东南亚；中国产华南和西南。

系统学评述： Webster[2,7]把该属归于铁苋菜亚科铁苋菜族轮叶戟亚族 Lasiococcinae。分子系统学研究表明该属与 *Spathiostemon* 为姐妹群[1]。

DNA 条形码研究： BOLD 网站有该属 1 种 2 个条形码数据；GBOWS 网站已有 1 种 6 个条形码数据。

32. *Hura* Linnaeus 响盒子属

Hura Linnaeus (1753: 1008); Li & Esser (2008: 287) (Type: *H. crepitans* Linnaeus)

特征描述：乔木；树干和枝条具粗刺，毛被为简单多细胞的毛；树汁白色。叶互生，近全缘或有波状粗齿；叶柄长，顶端具 2 腺体。雌雄同株；花无花瓣和花盘；雄花：多数，密集成顶生、具长花序梗的穗状花序；花萼膜质，雄蕊 8-20，排成 2-3 轮或多轮，花丝和药隔连合成柱状体，药室分离，无退化雌蕊；雌花：于枝顶的叶腋内单生，且与雄花序毗邻，花萼革质，全缘，包围子房，子房 5-20 室，每室具 1 胚珠。蒴果大，扁圆盒状，顶端凹陷，分果爿木质，轮生状；种子侧向压扁，无种阜。花粉粒 3 孔沟，网状纹饰。

分布概况：2/1 种，（4）或 3 型；分布于美洲热带地区；中国海南、香港引种栽培。

系统学评述：在 Webster[2]的系统中，该属被置于大戟亚科响盒子族 Hureae。Webster[7]将该属置于乌桕族，采纳了分子系统学的结论[1,6]。

DNA 条形码研究：BOLD 网站有该属 1 种 5 个条形码数据；GBOWS 网站已有 1 种 3 个条形码数据。

代表种及其用途：响盒子树 *H. crepitans* Linnaeus 的果实可作玩具旅游纪念品。

33. *Jatropha* Linnaeus 麻风树属

Jatropha Linnaeus (1753: 1006), *nom. cons.* ; Li & Gilbert (2008: 268) (Lectotype: *J. gossypiifolia* Linnaeus, *typ. cons.*)

特征描述：乔木、灌木、亚灌木或为多年生草本。叶互生，常掌状或羽状分裂；托叶全缘或分裂为刚毛状，或为有柄的一列腺体。雌雄同株，稀异株；伞房状聚伞圆锥花序，顶生或腋生，在二歧聚伞花序中央的花为雌花，其余花为雄花；花瓣 5，覆瓦状排列；腺体 5，离生或合生成环状花盘；雄花：雄蕊 8-12，或较多，排成 2-6 轮，花丝多少合生，有时最内轮花丝合生成柱状；雌花：子房 2-3（-4-5）室，每室有 1 胚珠，花柱 3，基部合生，不分裂或 2 裂。蒴果；种子有种阜，种皮脆壳质，胚乳肉质。花粉粒无萌发孔，巴豆状纹饰。

分布概况：约 175/3 种，**2 型**；产美洲热带、亚热带地区，非洲广泛栽培；中国长江以南常见栽培或逸为野生。

系统学评述：在 Webster[2,7]的系统中，该属被置于巴豆亚科麻风树族 Jatropheae。分子证据支持此划分[1,6]。

DNA 条形码研究：BOLD 网站有该属 17 种 80 个条形码数据；GBOWS 网站已有 1 种 8 个条形码数据。

代表种及其用途：麻风树 *J. curcas* Linnaeus 的种子含油量高，油可供工业用，尤其是作为生物燃料，亦可用于医药；树皮药用。佛肚树 *J. podagrica* Hooker、珊瑚花 *J. multifida* Linnaeus 为常见的热带地区或温室栽培的观赏植物。

34. *Koilodepas* Hasskarl 白茶树属

Koilodepas Hasskarl (1856: 139); Qiu & Gilbert (2008: 249) (Type: *K. bantamense* Hasskarl)

特征描述：乔木或灌木；嫩枝被星状短柔毛。叶互生；托叶宿存。花序穗状，腋生，雌雄同株或异株，无花瓣，花盘缺；雄花多朵在苞腋排成团伞花序，稀疏排列在花序轴上，雌花数朵，生于花序基部；雄花：雄蕊 3-8，花丝厚，基部合生，花药小，药室稍叉开；不育雌蕊小；雌花：子房 3 室，每室具 1 胚珠，花柱短粗，基部合生，上部 2 至多裂，具羽毛状凸起。蒴果具 3 个分果爿，被星状短柔毛；种子种皮壳质，具斑纹。花粉粒 3 孔沟，穿孔状至网状纹饰。

分布概况：约 10/1 种，**7 型**；分布于印度，印度尼西亚，马来西亚，泰国，越南；中国产海南。

系统学评述：Webster[2,7]把该属归于铁苋菜亚科风轮桐族风轮桐亚族。分子系统学分析支持将其与地构叶属 *Speranskia* 归于铁苋菜族的风轮桐亚族[1,6]。

DNA 条形码研究：BOLD 网站有该属 2 种 2 个条形码数据。

35. *Lasiococca* J. D. Hooker 轮叶戟属

Lasiococca J. D. Hooker (1887: 1587); Qiu & Gilbert (2008: 247) [Type: *L. symphyllifolia* (Kurz) J. D. Hooker (≡*Homonoia symphylliaefolia* Kurz)]

特征描述：小乔木或灌木；嫩枝被短柔毛，小枝无毛。叶革质，互生或近轮生，倒披针形、倒卵形或近琴形。花雌雄同株，无花瓣，花盘缺；雄花排成总状花序，腋生；雌花单朵腋生，有时为近伞房花序；雄花：雄蕊多数，花丝合生成多个雄蕊束，花药 2 室，无不育雌蕊；雌花：萼片 5-7，不等大，覆瓦状排列，花后稍增大，宿存，子房 3 室，每室具 1 胚珠，花柱 3，基部合生，顶部不叉裂。蒴果具 3 个分果爿，果皮密生具刚毛的小瘤或鳞片；种子近球形，无种阜。花粉粒 3 孔沟，穿孔状纹饰。

分布概况：3/1 种，**7 型**；分布于印度，马来西亚，越南；中国产海南和云南。

系统学评述：Webster[2,7]把该属归于铁苋菜亚科铁苋菜族轮叶戟亚族 Lasiococcinae。

36. *Macaranga* Du Petit-Thouars 血桐属

Macaranga Du Petit-Thouars (1806: 26); Qiu & Gilbert (2008: 237) (Lectotype: *M. mauritiana* Bojer ex Baill)

特征描述：乔木或灌木；幼嫩枝、叶通常被柔毛。叶互生，下面具颗粒状腺体，具掌状脉或羽状脉，近基部具斑状腺体。雌雄异株，稀同株；花序总状或圆锥状，腋生，无花瓣，无花盘；雄花序苞腋具花数朵至多朵；雌花序苞腋具花 1 朵，稀数朵；雄花：雄蕊 1-3 或 5-15，稀 20-30，花药 3-4 室，无不育雌蕊；雌花：子房 (1-) 2 (-6) 室，具软刺或无，每室具 1 胚珠，花柱不叉裂，分离，稀基部合生。蒴果具 (1-) 2 (-6) 个分果爿，果皮平滑或具软刺或具瘤体，常具颗粒状腺体；种子近球形，种皮脆壳质。花粉粒 3 孔沟（或拟孔沟），穿孔状纹饰。

分布概况：约 260/10 种，**4 型**；分布于非洲，亚洲和大洋洲；中国产台湾、福建、广东、海南、广西、贵州、四川、云南、西藏。

系统学评述：Webster[2,7]把该属归于铁苋菜亚科铁苋菜族的 Rottlerinae 亚族。分子系统学分析亦如此处理[1,6]。

DNA 条形码研究：BOLD 网站有该属 104 种 239 个条形码数据；GBOWS 网站已有 6 种 35 个条形码数据。

代表种及其用途：血桐 *M. tanarius* var. *tomentosa* (Blume) Müller Argoviensis 的木材可供作建材。

37. *Mallotus* Loureiro 野桐属

Mallotus Loureiro (1790: 635); Qiu & Gilbert (2008: 225) (Type: *M. cochinchinensis* Loureiro)

特征描述：灌木或乔木；常被星状毛。叶互生或对生，全缘或有锯齿，有时具裂片，下面常有颗粒状腺体，近基部具 2 至数个斑状腺体，掌状脉或羽状脉。花单性，雌雄异株或稀同株；无花瓣，无花盘；花序顶生或腋生，总状花序，穗状花序或圆锥花序；雄花在每一苞片内有多朵，雄蕊多数，花药 2 室，无不育雌蕊；雌花在每一苞片内 1 朵，花萼 3-5 裂或佛焰苞状，子房 3 室，稀 2-4 室，每室具 1 胚珠。蒴果具（2-）3（-4）个分果爿，常具软刺或颗粒状腺体；种子卵形或近球形，种皮脆壳质，胚乳肉质，子叶宽扁。花粉粒 3 孔沟（稀 4），穿孔状纹饰。染色体 n=11，12，18。

分布概况：约 150/28 种，**4 型**；主要分布于亚洲热带和亚热带地区，少数到非洲和大洋洲；中国产华南。

系统学评述：Webster[2,7]把该属归于铁苋菜亚科铁苋菜族的 Rottlerinae 亚族。分子系统学分析亦如此处理[1,6]。Kulju 等[26]和 Sierra 等[27]的分析表明野桐属 *Mallotus* 与血桐属 *Macaranga* 密切相关，而 *Cordemoya* 的种类与两者不同。

DNA 条形码研究：BOLD 网站有该属 56 种 116 个条形码数据；GBOWS 网站已有 8 种 77 个条形码数据。

代表种及其用途：白背叶 *M. apelta* (Loureiro) Müller Argoviensis、野梧桐 *M. japonicus* (Linnaeus f.) Müller Argoviensis 等的茎皮可作编绳原料；种子的油可制肥皂、油漆或润滑油等。

38. *Manihot* Miller 木薯属

Manihot Miller (1754: 28); Li & Gilbert (2008: 275) [Lectotype: *M. esculenta* Crantz (≡*Jatropha manihot* Linnaeus)]

特征描述：灌木或乔木，稀为草本。有乳状汁，有时具肉质块根；茎、枝有大而明显叶痕。叶互生，掌状深裂或上部的叶近全缘。雌雄同株；花排成顶生总状花序或狭圆锥花序，花序下部的 1-5 朵花为雌花，上部的为雄花；花萼钟状，有彩色斑，呈花瓣状，5 裂，花瓣缺；雄花：花盘 10 裂；雄蕊 10，2 轮，生于花盘裂片间，花药 2 室，不育雌蕊小或缺；雌花：花盘全缘或分裂，子房 3 室，每室有 1 胚珠，顶端 3 裂。蒴果具 3 个分果爿；种子有种阜，种皮硬壳质，胚乳肉质。花粉粒无萌发孔，巴豆状纹饰。染色体 $2n=36$。

分布概况：约 60/2 种，**3** 型；分布于美洲热带地区，尤其是巴西，广泛栽培于热带地区；中国华东、华南和西南有栽培。

系统学评述：在 Webster[2,7]的系统中，该属被置于巴豆亚科木薯族 Manihoteae。分子系统学研究亦如此处理[1,6]。Rogers 和 Appan[31]将该属分为 19 组，其中 *Manihotoides* 也并入其中，与 *Manihot* sect. *Parvibracteatae* 相邻。

DNA 条形码研究：BOLD 网站有该属 3 种 14 个条形码数据；GBOWS 网站已有 1 种 4 个条形码数据。

代表种及其用途：木薯 *M. esculenta* Crantz 的块根含木薯淀粉，是热带地区主要的粮食作物；生食有毒，须用水浸泡并烹调后方可食用。

39. *Megistostigma* J. D. Hooker 大柱藤属

Megistostigma J. D. Hooker (1887: 1592); Qiu & Gillespie (2008: 256) (Type: *M. malaccense* J. D. Hooker)

特征描述：缠绕藤本。叶和花序常具螫毛。叶互生，基出脉 3-5。雌雄同株，无花瓣；总状花序，腋生；雄花：花盘环状，雄蕊 3，花丝粗短，花药基部着生，无不育雌蕊；雌花数朵生于花序下部，花萼裂片 5，卵状披针形，花后增大，无花盘，子房 3 室，花柱短，合生，柱头 3 裂。蒴果扁球形，由 3 个分果爿组成，被紧贴绒毛，果皮木质；种子近球形，有斑纹。花粉粒 3 孔沟（稀 4），穿孔状纹饰。

分布概况：约 5/2 种，**7** 型；分布于亚洲东南部；中国产云南。

系统学评述：Webster[2,7]把该属归于铁苋菜亚科的 Plukenetieae 族 Tragiinae 亚族。

DNA 条形码研究：GBOWS 网站有该属 1 种 3 个条形码数据。

代表种及其用途：缅甸大柱藤 *M. burmanicum* (Kurz) H. K. Airy Shaw、云南大柱藤 *M. yunnanense* Croizat 因为有螫毛，能引起皮肤痒痛。

40. *Melanolepis* Reichenbach ex Zollinger 墨鳞属

Melanolepis Reichenbach ex Zollinger (1856: 22); Reichenbach ex Zollinger (1856: 324); Qiu & Gilbert (2008: 240) [Type: *M. multiglandulosa* (Blume) Reichenbach & Zollinger (≡*Rottlera multiglandulosa* Blume)]

特征描述：乔木，被星状丛卷绒毛。叶互生，掌状脉。花雌雄同株或异株，花瓣缺，总状花序或圆锥花序；雄花在每苞腋 2-4 朵，雄蕊 150-250，花丝离生，花药 2 室，药室下部离生，药隔突出成悬垂物，无不育雌蕊；雌花在每苞腋 1 朵，花萼裂片 5，花盘环状，子房 2（-3）室，每室具 1 胚珠，花柱 2，离生，密生乳头状凸起。蒴果，具 2（-3）分果爿，无刺；种子近球形，黑色，具薄的假种皮，种皮峰窠状。花粉粒 3 孔沟，网状纹饰。

分布概况：2/1 种，**7** 型；分布于亚洲热带并延伸至太平洋诸群岛；中国产台湾。

系统学评述：Webster[2]把该属归于铁苋菜亚科沙戟族的 Doryxylinae 亚族。Webster[7]

则把该属归于铁苋菜亚科沙戟族沙戟亚族。分子系统学研究支持将其与沙戟属 *Chrozophora* 和白叶桐属 *Sumbaviopsis* 归于沙戟族[1]。

DNA 条形码研究：BOLD 网站有该属 1 种 6 个条形码数据。

41. *Mercurialis* Linnaeus 山靛属

Mercurialis Linnaeus (1753: 1035); Qiu & Gilbert (2008: 247) (Type: *M. perennis* Linnaeus)

特征描述：草本，具根状茎。叶对生，羽状脉，叶缘常具锯齿。雌雄异株，稀同株；无花瓣，雄花序穗状，腋生，雄花多朵在苞腋排成团伞花序；雌花簇生于叶腋，或数朵排成穗状或总状花序，有时具雄花。雄花花萼花蕾时球形，开花时 3 深裂，膜质，镊合状排列；雄蕊 8-20，花药 2 室，花盘缺，无不育雌蕊；雌花：腺体 2，线状，子房 2 室，每室具 1 胚珠，花柱短，不分裂，具乳头状凸起。蒴果具 2 个分果爿，双球形，内果皮壳质；种皮平滑或具小孔穴，具种阜。花粉粒 3 孔沟，网状纹饰。

分布概况：约 8/1 种，**10-1 型**；分布于地中海沿岸，欧洲和亚洲温带地区；中国产华东、华中、华南、西南。

系统学评述：Webster[2,7]把该属归于铁苋菜亚科铁苋菜族山靛亚族 Mercurialinae。分子系统学分析也支持此处理[1,6]。

DNA 条形码研究：BOLD 网站有该属 13 种 68 个条形码数据；GBOWS 网站已有 1 种 12 个条形码数据。

代表种及其用途：山靛 *M. leiocarpa* Siebold & Zuccarini 为有毒植物，其毒性为全株有毒，可引起胃肠炎、下痢、血尿等。

42. *Microstachys* A. Jussieu 地杨桃属

Microstachys A. Jussieu (1824: 48); Li & Esser (2008: 282) (Type: *Microstachys bicornis* Vahl ex A. Jussieu)

特征描述：草本到半灌木。叶互生，稀对生，具羽状脉；托叶小。雌雄同株，稀异株。如雌雄同序，则雌花生于花序轴基部，雄花生于花序轴上部，总状花序或穗状花序，无花瓣和花盘；苞片基部具 2 腺体；雄花小，1-3 朵生于苞腋内；萼片通常 3，分离或基部合生；雄蕊 2-3，稀为 4，花丝分离或基部合生，花药纵裂，无退化雌蕊；雌花萼片 3，通常比雄花的大；子房 3 室，稀 2 室，每室具 1 胚珠，花柱 3，开展或外卷。蒴果平滑或具刺，开裂为 2-3 个分果爿；种子具种阜。

分布概况：17/1 种，**2 型**；主要分布于新世界热带地区，非洲、亚洲和大洋洲也产；中国产广东、广西、海南。

系统学评述：在 Webster[2]的系统中，该属被置于大戟亚科乌桕族乌桕亚族，并归并于 *Sebastiania* 之内。然而，Esser[32]将该属独立。在 Webster[7]的系统中，亦作为独立的属被置于大戟亚科乌桕族。

DNA 条形码研究：BOLD 网站有该属 2 种 2 个条形码数据；GBOWS 网站已有 1 种 12 个条形码数据。

43. *Neoshirakia* Esser 白木乌桕属

Neoshirakia Esser (1998: 129); Li & Esser (2008: 286) [Type: *N. japonica* (Siebold & Zuccarini) Esser (≡*Stillingia japonica* Siebold & Zuccarini)]

特征描述：乔木或灌木。树汁白色。叶互生，叶柄无腺体；全缘，背面有一排边缘腺体，脉羽状。花序顶生或腋生，雌雄同株，或异株；长总状花序状聚伞圆锥花序，不分枝，无花瓣，无花盘，苞片下面基部有 2 大的腺体；雄花黄色，每苞腋 3 朵，雄蕊 3；退化雌蕊缺；雌花每苞腋 1 朵，子房 3 室，光滑，每室 1 胚珠，花柱 3，柱头外卷，无腺体。蒴果，室间（沿隔膜）开裂 3 室，中央（蒴）果轴宿存；种子干燥，无种阜；外种皮坚硬，无蜡质假种皮。

分布概况：2-3/2 种，**14（SJ）型**；分布于朝鲜，日本；中国产华东、华中、华南及西南。

系统学评述：在 Webster[2,7]的系统中，该属为大戟亚科乌桕族裸花树属 *Gymnanthes* 的异名。Esser[33,34]的处理中则认为应独立成属。Webster[7]亦认为白木乌桕属是否应并入裸花树属待进一步研究。

DNA 条形码研究：BOLD 网站有该属 1 种 1 个条形码数据；GBOWS 网站已有 1 种 3 个条形码数据。

代表种及其用途：白木乌桕 *N. japonica* (Siebold & Zuccarini) Esser 为油脂植物；根皮药用，消肿利尿。

44. *Ostodes* Blume 叶轮木属

Ostodes Blume (1825: 619); Li & Gilbert (2008: 271) (Type: *O. paniculata* Blume)

特征描述：灌木或乔木。叶互生，叶缘具锯齿，齿端有腺体，基部明显三出脉；叶柄顶端有 2 腺体。雌雄同株或异株；花序生于枝条近顶端叶腋，总状花序状的聚伞圆锥花序；雄花：花瓣 5，花盘 5 裂或腺体离生，雄蕊 20-40，无不育雌蕊；雌花花萼和花瓣与雄花同，但较大花盘环状，子房密被毛，3 室，每室有 1 胚珠，花柱 3，2 深裂。蒴果具 3 个分果爿；种皮脆壳质。花粉粒无萌发孔，巴豆状纹饰。染色体 $2n=20$。

分布概况：3/2 种，**7 型**；分布于热带亚洲；中国产海南、云南、西藏。

系统学评述：Webster[2]将该属置于巴豆亚科变叶木族。在 Webster[7]的系统中，变叶木族划分了亚族，该属归于叶轮木亚族 Ostodeinae。分子系统学研究支持此处理[1,6]。

DNA 条形码研究：BOLD 网站有该属 1 种 5 个条形码数据；GBOWS 网站已有 2 种 16 个条形码数据。

45. *Pachystylidium* Pax & K. Hoffmann 粗柱藤属

Pachystylidium Pax & K. Hoffmann (1919: 108); Li & Gillespie (2008: 257) [Type: *P. hirsutum* (Blume) Pax & K. Hoffmann (≡*Tragia hirsuta* Blume)]

特征描述：半灌木，缠绕状或攀援状，毛被为单毛或螫毛。叶互生，托叶显著，宿存，掌状三出叶脉。雌雄同株；<u>花序顶生或与叶对生</u>，<u>不分枝</u>，<u>两性</u>；雄花：花瓣缺，花盘环状，有时不明显，雄蕊 2（或 3），药室明显，退化雌蕊缺；雌花：萼片 6（-8），平展，<u>子房 3 室</u>，<u>硬刺毛具螫状毛</u>，胚珠每室 1 颗，花柱 3。果实为蒴果，3 室，具螫状毛；种子球形，无种阜。花粉粒 3 沟，穿孔状纹饰。

分布概况：1/1 种，**7** 型；分布于东南亚热带地区；中国产云南。

系统学评述：Webster[2,7]把该属归于铁苋菜亚科的 Plukenetieae 族 Tragiinae 亚族。

代表种及其用途：粗柱藤 *P. hirsutum* (Blume) Pax & K. Hoffmann 有螫毛，能引起皮肤痒痛。

46. *Reutealis* Airy Shaw 三籽桐属

Reutealis Airy Shaw (1967: 394); Li & Gilbert (2008: 266) [Type: *R. trisperma* (Blanco) Airy Shaw (≡*Aleurites trisperma* Blanco)]

特征描述：落叶乔木。叶互生，单叶，卵圆形至心形，<u>基出脉 5-7</u>，<u>且基部具 2 显著的腺体</u>。雌雄同株或雌雄异株；<u>花序顶生</u>，聚伞圆锥花序状，<u>多花</u>，密被星状绒毛；花萼匙状小杯形，<u>2 或 3 裂</u>；<u>花瓣 5</u>，<u>颜色不一</u>；雄花：雄蕊 7-13，两轮，花药大，药隔较宽；雌花：<u>子房卵形</u>，<u>3 或 4 室</u>，<u>被绢毛</u>，花柱 3 或 4，二分叉。果实为核果，大型，近球形，3 或 4 室，具 3 或 4 棱，具 3 或 4 种子。

分布概况：1/1 种，（**7**）型；分布于菲律宾群岛；中国广东和广西引种栽培。

系统学评述：在 Webster[2]的系统中，该属被置于巴豆亚科石栗族石栗亚族，而 Webster[7]的系统则将该属并入油桐属 *Vernicia*。

代表种及其用途：三籽桐 *R. trisperma* (Blanco) Airy Shaw 的种子榨油，可作生物柴油；也可药用。

47. *Ricinus* Linnaeus 蓖麻属

Ricinus Linnaeus (1753: 1007); Qiu & Gilbert (2008: 248) (Type: *R. communis* Linnaeus)

特征描述：草本或草质灌木；<u>茎常被白霜</u>。叶互生，纸质，掌状分裂叶缘具锯齿，叶柄的基部和顶端均具腺体，托叶合生，凋落。<u>雌雄同株</u>，<u>无花瓣</u>，<u>花盘缺</u>；<u>圆锥花序</u>，<u>顶生</u>，<u>雄花生于花序下部</u>，<u>雌花生于花序上部</u>；雄花：<u>雄蕊极多</u>，<u>可达 1000</u>，<u>花丝合生成数目众多的雄蕊束</u>，花药 2 室，无不育雌蕊；雌花：<u>子房具软刺或无刺</u>，<u>3 室</u>，<u>每室具胚珠 1 枚</u>，花柱 3，基部稍合生，顶部各 2 裂，密生乳头状凸起。<u>蒴果</u>，<u>具 3 个分果爿</u>，<u>具软刺或平滑</u>；种子种皮硬壳质，<u>种阜大</u>。花粉粒 3 孔沟，穿孔状至网状纹饰。

分布概况：1/1 种，**6** 型；原产于非洲东北部，广泛栽培或逸生热带地区；中国南北各省区均有栽培。

系统学评述：Webster[2,7]把该属归于铁苋菜亚科铁苋菜族蓖麻亚族 Ricininae。分子系统学分析支持将其与地构叶属 *Speranskia* 归于铁苋菜族蓖麻亚族[1,6]。

DNA 条形码研究：BOLD 网站有该属 1 种 31 个条形码数据；GBOWS 网站已有 1 种 16 个条形码数据。

代表种及其用途：蓖麻 *R. communis* Linnaeus 的种子含蓖麻油，医用或作工业润滑剂；种子有毒。

48. *Shirakiopsis* Esser 齿叶乌桕属

Shirakiopsis Esser (1999: 184); Li & Esser (2008: 285) [Type: *S. indica* (Willdenow) Esser (≡*Sapium indicum* Willdenow)]

特征描述：乔木。花枝和果枝具叶；毛被为灰白色至淡黄色（或淡红色）的、多细胞的、单列的毛。叶规则互生；托叶卵圆形至三角形，不裂，无腺体；叶柄极短于叶片，无腺体；叶互生，叶片每侧具 0-10 边缘生的腺体。雌雄同株；花序顶生，淡黄色，总状花序状的聚伞圆锥花序，不分枝，两性，被长柔毛；雄花（3-）5-7 组成小聚伞花序；苞片三角形，基部有 1 对伸长的扁球形至椭圆形的腺体；花萼片 3，花瓣和花盘缺，雄蕊 3；雌花 1-3 生于花序基部，有时缺，萼片（2 或）3，基部融合，无腺体，花瓣和花盘缺，子房（2 或）3 室，光滑，无毛，柱头（2 或）3，不分叉。分果瓣具 3 种子，中央果轴翅状。种阜极不明显。

分布概况：6/1 种，**4** 型；分布于热带非洲，热带亚洲，西太平洋诸群岛；中国广东引种栽培。

系统学评述：在 Webster[2,7]的系统中，该属为大戟亚科乌桕族裸花树属 *Gymnanthes* 的异名。Esser[34]的处理中则认为应独立成属。

代表种及其用途：齿叶乌桕 *S. indica* (Willdenow) Esser 栽培获取木材，并可药用；果实外皮有毒；种子油可以食用。

49. *Speranskia* Baillon 地构叶属

Speranskia Baillon (1858: 388); Qiu & Gilbert (2008: 223) [Type: *S. tuberculata* (Bunge) Baillon (≡*Croton tuberculatum* Bunge)]

特征描述：草本。叶互生，边缘具粗齿。花单性，雌雄同株；总状花序，顶生，雄花常生于花序上部，雌花生于花序下部，有时雌雄花同聚生于苞腋内，雄花生于雌花两侧；雄花：花萼 5，花瓣 5，有爪，有时无，花盘 5 裂或为 5 个离生的腺体，雄蕊 8-10（-15），2-3 轮排列于花托上，花药 2 室，无不育雌蕊；雌花：花萼裂片 5，花瓣 5 或缺，小，花盘盘状，子房 3 室，每室有 1 胚珠，花柱 3，2 裂几达基部。蒴果具 3 个分果爿；种子球形。花粉粒 3 孔沟，网状纹饰。

分布概况：2/2（2）种，**15**型；除新疆、西藏外，各省区均产。

系统学评述：Webster[2,7]把该属归于铁苋菜亚科沙戟族地构叶亚族 Speranskiinae（仅含地构叶属 *Speranskia*）。分子证据支持其归于铁苋菜族 Acalypheae 蓖麻亚族 Ricininae[1,6]。

DNA 条形码研究：BOLD 网站有该属 1 种 3 个条形码数据；GBOWS 网站已有 2 种 5 个条形码数据。

代表种及其用途：地构叶 *S. tuberculata* (Bunge) Baillon、广东地构叶 *S. cantonensis*

(Hance) Pax et Hoffmann 药用，全草治风湿痹痛、筋骨挛缩、皮肤湿疹、痈疮肿毒；根治水肿、便秘。

50. *Strophioblachia* Boerlage 宿萼木属

Strophioblachia Boerlage (1900: 235); Li & Gilbert (2008: 270) (Type: *S. fimbricalyx* Boerlage)

特征描述：小灌木。叶互生，全缘，羽状脉。雌雄同株；雌雄异序或同序，总状花序聚伞状；雄花：萼片 4-5，花瓣 5，白色，腺体 5，雄蕊约 30，花药 2 室，不育雌蕊缺；雌花：萼片 5，花后增大，边缘具腺毛；无花瓣，花盘坛状，全缘，子房 3 室，每室有 1 胚珠，花柱 3，基部合生，上部 2 深裂。蒴果无毛，具宿存的萼片；种子有种阜。

分布概况：2/2 种，**7-1** 型；分布于亚洲东南部；中国产广西西南部、海南、云南南部。

系统学评述：在 Webster[2]的系统中，该属被置于巴豆亚科变叶木族。Webster[7]将该属归于变叶木亚族。分子证据亦支持其归于变叶木亚族[1,6]。

DNA 条形码研究：BOLD 网站有该属 1 种 2 个条形码数据；GBOWS 网站已有 3 种 15 个条形码数据。

51. *Sumbaviopsis* J. J. Smith 白叶桐属

Sumbaviopsis J. J. Smith (1910: 356); Qiu & Gilbert (2008: 222) [Type: *S. albicans* (Blume) J. J. Smith (≡*Adisca albicans* Blume)]

特征描述：灌木或乔木，小枝被星状柔毛。叶互生，叶缘稍波状齿或近全缘；掌状脉；基部狭的盾状着生。花序顶生，无分枝；雌雄同株；雄花生于花序上部，2-3 朵簇生于苞腋，雌花生于花序下部，仅 1 朵，稀全为雄花；雄花：花萼裂片 5，花瓣 5 或 10，花盘的边缘有齿，有时无花盘，雄蕊多数，无不育雌蕊；雌花：花萼 5 深裂，覆瓦状排列，花盘环状，有时不明显或缺，子房 3 室，每室具胚珠 1，花柱 3，基部合生，上部 2 裂。蒴果由 3 个分果爿组成；种子近球形。花粉粒 3 孔沟，穿孔状至网状纹饰。

分布概况：1/1 种，**7** 型；分布于印度东北部，缅甸，亚洲东南部；中国产云南。

系统学评述：Webster[2]把该属归于铁苋菜亚科沙戟族的 Doryxylinae 亚族。Webster[7]则把该属归于铁苋菜亚科沙戟族沙戟亚族。分子系统学分析支持将其与墨鳞属 *Melanolepis* 和沙戟属 *Chrozophora* 归于沙戟族[1,6]。

DNA 条形码研究：BOLD 网站有该属 1 种 3 个条形码数据。

52. *Suregada* Roxburgh ex Rottler 白树属

Suregada Roxburgh ex Rottler (1803: 206); Li & Esser (2008: 275) (Type: *non designatus*)

特征描述：灌木或小乔木，枝、叶无毛。叶互生，全缘或偶有疏生小齿，叶片密生透明细点，羽状脉，托叶小，合生，早落，在节上留下明显环痕。雌雄异株，偶有同株；无花瓣，聚伞花序或团伞花序；雄花：萼片 5（-6），雄蕊多数，离生，腺体细小，无不育雌蕊；雌花：花盘环状，子房（2-）3 室，每室有 1 胚珠，柱头 2 裂。蒴果核果状；种子无种阜，胚乳肉质，子叶扁。花粉粒 4-6 孔，巴豆状纹饰。

分布概况：约 40/2 种，**4** 型，分布于旧热带地区；中国产广东、广西、海南、台湾、云南南部。

系统学评述：在 Webster[2,7]的系统中，该属被置于巴豆亚科白树族 Gelonieae。分子系统学研究亦表明该属应归于单系的白树族[1,6]。

DNA 条形码研究：BOLD 网站有该属 7 种 17 个条形码数据；GBOWS 网站已有 1 种 5 个条形码数据。

53. *Trevia* Linnaeus 滑桃树属

Trevia Linnaeus (1753: 1193); Qiu & Gilbert (2008: 224) (Type: *T. nudiflora* Linnaeus)

特征描述：乔木。叶对生，全缘，基出脉 3-5。花单性，雌雄异株，无花瓣，无花盘；雄花序为疏散的总状花序，腋生，每一苞片内有雄花 2-3 朵；雄的花蕾球形，开花时 3-5 裂，花萼裂片镊合状排列；雄蕊 75-95，花丝离生，花药近基部背面着生，长圆形，药室平行，纵裂，花托凸出；无不育雌蕊；雌花单生或排成总状花序，花萼佛焰苞状，子房 2-4 室，每室有 1 胚珠，花柱 2-4，基部稍合生。核果，2-4 室，不开裂，外果皮略为肉质，内果皮薄壳质；种子无种阜，种皮外层肉质，内层坚硬。

分布概况：1-2/1 种，**7** 型；分布于亚洲南部和东南部热带地区；中国产云南、广西和海南。

系统学评述：Webster[2,7]把该属归于铁苋菜亚科铁苋菜族的 Rottlerinae 亚族。分子系统学分析也支持此处理[1,6]。Kulju 等[26]揭示滑桃树属 *Trevia* 嵌入野桐属 *Mallotus* 仅以不开裂的果实而区别，将其连同 *T. polycarpa* Bentham 转入野桐属。然而，*Trevia*（1753）对 *Mallotus*（1790）有优先权，为了命名学的连续性，*Mallotus* 应当针对 *Trevia* 而正式保留，因为前者更为人熟知，而且传统上都应用于更大的属。替代的结果是在 *Trevia* 里将出现很多的新组合。

DNA 条形码研究：GBOWS 网站有该属 1 种 2 个条形码数据。

代表种及其用途：滑桃树 *T. nudiflora* Linnaeus 为优良的木材树种，油料（种子）树种；亦药用，含抗肿瘤活性成分。

54. *Triadica* Loureiro 乌桕属

Triadica Loureiro (1790: 598); Li & Esser (2008: 284) [Lectotype: *T. sebifera* (Linnaeus) Small (≡*Triadica sinensis* Loureiro)]

特征描述：乔木或灌木，具白色乳汁。单叶，叶柄顶端有 1 或 2 腺体，托叶小。雌雄同株或异株；圆锥花序顶生或腋生，聚伞圆锥花序穗状或总状花序，苞片基部具 2 腺体；雄花小，黄色，簇生于叶腋，花萼 2-3 浅裂或具 2-3 齿，无花瓣和花盘，雄蕊 2-3，花药 2 室，退化雌蕊无；雌花大于雄花，每苞片一朵雌花，花萼 3 裂，或圆筒状具 3 齿，稀为 2 或 3 花萼，花瓣和花盘无，子房 2-3 室，每室胚珠 1，花柱 3，柱头外卷。蒴果球形，梨形或 3 瓣裂，稀浆果，常为 3 室；种子常有蜡质假种皮，外果皮硬。染色体 2n=44。

分布概况：3/3 种，2 型；分布于东亚和南亚热带，温带地区；中国产南部及西南部。

系统学评述：在 Webster[2]的系统中，该属被置于大戟亚科乌桕族乌桕亚族，并归并于 Sapium 之内。而在 Webster[7]的系统中，作为独立的属被置于大戟亚科乌桕族。分子系统学研究表明该属应归于广义的乌桕族，但该族在狭义概念下显然是个并系群[1,6]。

DNA 条形码研究：BOLD 网站有该属 2 种 9 个条形码数据；GBOWS 网站已有 3 种 51 个条形码数据。

代表种及其用途：乌桕 T. sebifera (Linnaeus) Small、山乌桕 T. cochinchinensis Loureiro 为重要的经济树种，叶可作为黑色染料；假种皮可制肥皂、蜡烛；种子油可制涂料；根皮可治毒蛇咬伤、跌打损伤等。

55. *Trigonostemon* Blume 三宝木属

Trigonostemon Blume (1825: 600), *nom. & orth. cons.*; Li & Gilbert (2008: 272) (Type: *T. serratus* Blume)

特征描述：灌木或小乔木。叶互生，稀对生至近轮生。雌雄同株。雌雄同序或异序，花序总状，聚伞状或圆锥状；雄花：萼片 5，覆瓦状排列，花瓣 5，较萼片长，花盘环状，浅裂或分裂为 5 腺体，雄蕊 3-5，花丝合生成柱或仅上部离生，无不育雌蕊；雌花：花梗常粗于与其连接的花序轴，花盘环状，不裂，子房 3 室，每室有 1 胚珠，花柱 3。蒴果具 3 个分果爿；种子无种阜。花粉粒无萌发孔，穿孔状纹饰。

分布概况：50-60/8 种，5 型；分布于热带亚洲，从印度和斯里兰卡延伸到新几内亚和澳大利亚；中国产长江以南。

系统学评述：在 Webster[2]的系统中，该属被置于巴豆亚科三宝木族 Trigonostemoneae。Webster[7]将其归于变叶木族三宝木亚族 Trigonostemoninae。分子系统学研究表明该属应归于独立的三宝木族[1,6]。

DNA 条形码研究：BOLD 网站有该属 1 种 2 个条形码数据；GBOWS 网站已有 4 种 29 个条形码数据。

56. *Vernicia* Loureiro 油桐属

Vernicia Loureiro (1790: 586); Li & Gilbert (2008: 266) (Type: *V. montana* Loureiro)

特征描述：落叶乔木。叶互生，全缘或 1-4 裂，叶柄顶端有 2 腺体。雌雄同株或异株；伞房状圆锥花序，花萼 2-3 裂，花瓣 5，基部爪状，腺体 5；雄花：雄蕊 8-12，2 轮，外轮花丝离生，内轮花丝较长且基部合生；雌花：花盘不明显或缺；子房密被柔毛，3（-8）室，每室有 1 胚珠，花柱 3-4。果大，核果状，顶端有喙尖，果皮壳质；种子无种阜，种皮木质。

分布概况：3/2 种，14 型；分布于亚洲东部和东南部地区；中国产秦岭以南各省区。

  系统学评述： 在 Webster[2]的系统中，该属被置于巴豆亚科石栗族石栗亚族，而 Webster[7]的系统则将三籽桐属并入油桐属。分子系统学研究表明石栗族为并系群，石栗属和油桐属不再一同归于石栗亚族[1,6]。

  DNA 条形码研究： BOLD 网站有该属 2 种 9 个条形码数据；GBOWS 网站已有 2 种 7 个条形码数据。

  代表种及其用途： 油桐 *V. fordii* (Hemsley) Airy Shaw 种子的油称桐油，为干性油，用于木器、竹器、舟楫等涂料，也为油漆等原料。

主要参考文献

[1] Wurdack KJ, et al. Molecular phylogenetic analysis of uniovulate Euphorbiaceae (Euphorbiaceae *sensu stricto*) using plastid *rbc*L and *trn*L-F DNA sequences[J]. Am J Bot, 2005, 92: 1397-1420.

[2] Webster GL. Synopsis of the genera and suprageneric taxa of Euphorbiaceae[J]. Ann MO Bot Gard, 1994, 81: 33-144.

[3] Chase MW, et al. When in doubt, put it in Flacourtiaceae: a molecular phylogenetic analysis based on plastid *rbc*L DNA sequences[J]. Kew Bull, 2002, 42: 141-181.

[4] Davis CC, et al. Explosive radiation of Malpighiales supports a mid-Cretaceous origin of modern tropical rain forests[J]. Am Nat, 2005, 165: E36-E65.

[5] Wurdack KJ. The molecular systematics and evolution of Euphorbiaceae *sensu lato*[D]. PhD thesis. Chapel Hill, North Carolina: University of North Carolina, 2002.

[6] Tokuoka T. Molecular phylogenetic analysis of Euphorbiaceae *sensu stricto* based on plastid and nuclear DNA sequences and ovule and seed character evolution[J]. J Plant Res, 2007, 120: 511-522.

[7] Webster GL. Euphorbiaceae[M]//Kubitzki K. The families and genera of vascular plants, XI. Berlin: Springer, 2014: 51-216.

[8] Davis CC, et al. Floral gigantism in Rafflesiaceae[J]. Science, 2007, 315: 1812.

[9] Wurdack KJ, Davis CC. Malpighiales phylogenetics: gaining ground on one of the most recalcitrant clades in the angiosperm tree of life[J]. Am J Bot, 2009, 96: 1551-1570.

[10] Xi ZX, et al. Phylogenomics and a posteriori data partitioning resolve the Cretaceous angiosperm radiation Malpighiales[J]. Proc Natl Acad Sci USA, 2012, 109: 17519-17524.

[11] Thin NN. Tông Epiprineae (Muell. Arg.) Hurusawa thuộc họ Euphorbiaceae Việt Nam (trib. Epiprineae (Muell. Arg.) Hurusawa in Viet Nam). Tap Chi Sinh Hoc, 1988, 10: 30-33.

[12] Webster GL. A provisional synopsis of the sections of the genus *Croton* (Euphorbiaceae)[J]. Taxon, 1993, 42: 793-823.

[13] Berry PE, et al. Molecular phylogenetics of the giant genus *Croton* and tribe Crotoneae (Euphorbiaceae *sensu stricto*) using ITS and *trn*L-*trn*F DNA sequence data[J]. Am J Bot, 2005, 92: 1520-1534.

[14] Webster GL, Armbruster WS. A synopsis of the neotropical species of *Dalechampia* (Euphorbiaceae)[J]. Bot J Linn Soc, 1991, 105: 137-177.

[15] Armbruster WS. Cladistic analysis and revision of *Dalechampia* sections *Rhopalostylis* and *Brevicolumnae* (Euphorbiaceae)[J]. Syst Bot, 1996, 21: 209-235.

[16] Steinmann VW, Porter JM. Phylogenetic relationships in Euphorbieae (Euphorbiaceae) based on ITS and *ndh*F sequence data[J]. Ann MO Bot Gard, 2002, 89: 453-490.

[17] Steinmann VW. The submersion of *Pedilanthus* into *Euphorbia* (Euphorbiaceae)[J]. Acta Bot Mexic, 2003, 65: 45-60.

[18] Bruyns PV, et al. A new subgeneric classification for *Euphorbia* (Euphorbiaceae) in southern Africa based on ITS and *psb*A-*trn*H sequence data[J]. Taxon, 2006, 55: 397-420.

[19] Steinmann VW, et al. The systematic position of *Cubanthus* and other shrubby endemic species of *Euphorbia* (Euphorbiaceae) in Cuba[J]. Anales Jard Bot Madrid, 2007, 64: 123-133.

[20] Zimmermann NFA, et al. Further support for the phylogenetic relationships within *Euphorbia* L. (Euphorbiaceae) from nrITS and *trn*L-*trn*F IGS sequence data[J]. Plant Syst Evol, 2010, 286: 39-58.

[21] Horn JW, et al. Phylogenetics and the evolution of major structural characters in the giant genus *Euphorbia* L. (Euphorbiaceae)[J]. Mol Phylogenet Evol, 2012, 63: 305-326.

[22] Yang Y, et al. Molecular phylogenetics and classification of *Euphorbia* subgenus *Chamaesyce* (Euphorbiaceae)[J]. Taxon, 2012, 61: 764-789.

[23] Tokuoka T, Tobe H. Ovules and seeds in Euphorbioideae (Euphorbiaceae): structure and systematic implications[J]. J Plant Res, 2002, 115: 361-374.

[24] Radcliffe-Smith A, Esser HJ. Genera Euphorbiacearum[M]. Richmond: Royal Botanic Gardens, Kew, 2001.

[25] Schatz GE. Generic tree flora of Madagascar[M]. Richmond & Missouri: Royal Botanic Gardens, Kew & Missouri Botanical Garden, 2001.

[26] Kulju KKM, et al. Molecular phylogeny of *Macaranga*, *Mallotus*, and related genera (Euphorbiaceae *s.s.*): insights from plastid and nuclear DNA sequence data[J]. Am J Bot, 2007, 94: 1726-1743.

[27] Sierra SEC, et al. Re-shaping Mallotus[part 1]: expanded circumscription and revision of the genus *Cordemoya* (Euphorbiaceae)[J]. Blumea, 2006, 51: 519-540.

[28] Sierra SEC, et al. The phylogeny of *Mallotus s. str.* (Euphorbiaceae) inferred from DNA sequence and morphological data[J]. Taxon, 2009, 54: 361-366.

[29] Ferry Slik JW, van Welzen PC. A phylogeny of *Mallotus* (Euphorbiaceae) based on morphology: indications for a pioneer origin of *Macaranga*[J]. Syst Bot, 2001, 26: 786-796.

[30] Sierra SEC, et al. Resurrection of *Hancea* and lectotypification of *Adisca* (Euphorbiaceae)[J]. Blumea, 2007, 52: 361-366.

[31] Rogers DJ, Appan SG. *Manihot* and *Manihotoides* (Euphorbiaceae): a computer assisted study[M]. NewYork: Hafner, 1973.

[32] Esser HJ. Systematische studien an den Hippomaneae Adr. Jussieu ex Bartling (Euphorbiaceae) insbesondere den Mabeinae Pax et K. Hoffm[D]. PhD thesis. Hamburg: University of Hamburg, 1994.

[33] Esser HJ. Neoshirakia[J]. Blumea, 1998, 43: 129-130.

[34] Esser HJ. A partial revision of the *Hippomaneae*[J]. Blumea, 1999, 44: 149-215.

Linaceae de Candolle ex Perleb (1818), *nom. cons.* 亚麻科

特征描述：草本或灌木。<u>单叶</u>，<u>全缘</u>，<u>互生或对生</u>，无托叶或具不明显托叶。聚伞花序或总状花序；<u>花两性</u>，4-5 数；萼片覆瓦状排列，<u>宿存</u>，分离；花瓣辐射对称或螺旋状，分离或基部合生；雄蕊与花被同数或为其 2-4 倍，花丝基部扩展，合生成筒或环；子房上位，2-3（5）室，<u>心皮常具假隔膜</u>，每室具 1-2 胚珠，花柱与心皮同数，分离或合生。<u>果实为室背开裂的蒴果或核果</u>；种子具直立胚和胚乳。花粉粒无萌发孔，覆盖层缺失。染色体 *n*=6-43。

分布概况：13 属/约 255 种，世界广布，主要分布于温带；中国 4 属/14 种，南北均产。

系统学评述：亚麻科分为 Hugonioideae 和亚麻亚科 Linoideae。McDill 等[1]基于 *rbc*L 序列和 *mat*K 序列的联合分析表明，这 2 亚科都是单系类群，但是前者得到较低的支持率，后者得到较强的支持率。亚麻亚科的亚麻属 *Linum* 不是个单系，异腺草属 *Anisadenia*、石海椒属 *Reinwardtia* 和青篱柴属 *Tirpitzia* 关系不确定；Hugonioideae 的 *Indorouchera* 和 *Philbornea* 构成姐妹群，与 *Hugonia* sect. *Durandea* 关系最近；*Hebepetalum* 和 *Roucheria* 关系未得到解决[1]。

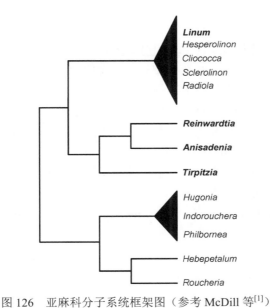

图 126　亚麻科分子系统框架图（参考 McDill 等[1]）

分属检索表

1. 灌木或小乔木
  2. 花黄色，簇生或单生于叶腋或枝顶；蒴果裂为 6-8 个分果瓣 ·················· **3. 石海椒属 *Reinwardtia***
  2. 花白色，花集为腋生或顶生的聚伞花序；蒴果裂为 4-5 果瓣 ·················· **4. 青篱柴属 *Tirpitzia***

1. 草本
    3. 叶狭条形、条状披针形或披针形；花通常蓝色，稀白色或黄色；花柱 5；蒴果裂为 10 果瓣，每室具 1 种子 ··· **2. 亚麻属 Linum**
    3. 叶椭圆形，羽状脉；花红色或稀为白色；花柱 3；蒴果仅具 1 种子 ········· **1. 异腺草属 Anisadenia**

1. *Anisadenia* Wallich ex Meisner 异腺草属

Anisadenia Wallich ex Meisner (1838: 96); Liu & Zhou (2008: 37) (Type: *A. saxatilis* Wallich ex Meisner)

    特征描述：<u>多年生草本</u>。叶互生或近茎顶部轮生，纸质或革质，全缘或有锯齿；<u>托叶背面有凸起叶脉多条</u>。穗状总状花序顶生；萼片 5，披针形，外面 3 片被具腺体的刚毛；花瓣 5，<u>红色稀白色</u>，早凋；雄蕊 5，花丝基部合生成管；有互生线形的退化雄蕊 5；子房 3 室，每室胚珠 2；花柱 3。<u>蒴果膜质，具 1 种子</u>。花粉粒 3 沟或无萌发孔。

    分布概况：2/2 种，**14SH** 型；分布于不丹，印度东北部，马来西亚北部，尼泊尔，泰国北部；中国产云南、贵州和西藏。

    系统学评述：异腺草属是单系类群[1]。

    DNA 条形码研究：BOLD 网站有该属 3 种 6 个条形码数据；GBOWS 网站已有 1 种 12 个条形码数据。

2. *Linum* Linnaeus 亚麻属

Linum Linnaeus (1753: 277); Liu & Zhou (2008: 35) (Lectotype: *L. usitatissimum* Linnaeus)

    特征描述：<u>草本或茎基部木质化</u>。<u>单叶、全缘，无柄</u>，对生、互生或散生，<u>1 或 3-5 脉</u>。聚伞花序或蝎尾状聚伞花序；花 5 数；萼片全缘或边缘具腺睫毛；<u>花瓣长于萼</u>；雄蕊 5，与花瓣互生，花丝下部具睫毛，基部合生；退化雄蕊 5；<u>子房 5 室</u>（或被假隔膜分为 10 室），每室具 2 胚珠，花柱 5。<u>蒴果卵球形或球形，开裂，果瓣 10</u>，常具喙；种子扁平。花粉粒 3 沟，覆盖层缺失。染色体 $2n$=12，16，18，20，24，26，28，30，32，34，36，40，42，52，54，60，62，68，72，84，86。

    分布概况：约 180/9 种，**8-4** 型；主要分布于温带和亚热带山地，地中海地区较为集中；中国产西北、东北、华北和西南。

    系统学评述：亚麻属分成 5 组，即 *Linum* sect. *Cathartolinum*、*L.* sect. *Dasylinum*、*L.* sect. *Linopsis*、*L.* sect. *Linum* 和 *L.* sect. *Syllinum*，是个并系类群[1,2]，但是该属内部的关系还有待进一步研究。

    DNA 条形码研究：BOLD 网站有该属 42 种 97 个条形码数据；GBOWS 网站已有 5 种 39 个条形码数据。

    代表种及其用途：亚麻 *L. usitatissimum* 为重要的纤维、油料和药用植物。野亚麻 *L. stelleroides* Planchon 的茎皮纤维可作人造棉、麻布和造纸原料。

3. *Reinwardtia* Dumortier 石海椒属

Reinwardtia Dumortier (1822: 19); Liu & Zhou (2008: 34) [Type: *R. indica* Dumortier (≡*Linum trigynum*

Roxburgh (1799), non Linnaeus (1753)]

特征描述：灌木。托叶小，早落。花黄色，花序顶生或腋生，或单花腋生；萼片 5，全缘，宿存；花瓣 4-5，旋转排列，早萎；雄蕊 5，花丝基部合生成环，退化雄蕊 5，锥尖，与雄蕊互生；腺体 2-5，与雄蕊环合生；子房 3-4 室，每室有 2 小室，每小室有胚珠 1，花柱 3-4，分离或基部合生。蒴果球形，室背开裂成 6-8 瓣；种子肾形。花粉粒无萌发孔，覆盖层缺失。

分布概况：1/1 种，**14SH 型**；分布于东亚，南亚和东南亚；中国产福建、广东、广西、贵州、湖北、湖南、四川和云南。

系统学评述：石海椒属与异腺草属 *Anisadenia* 和青篱柴属 *Tirpitzia* 组成 1 个分支[1]。

DNA 条形码研究：BOLD 网站有该属 1 种 4 个条形码数据；GBOWS 网站已有 1 种 8 个条形码数据。

代表种及其用途：石海椒 *R. indica* Dumortier 的花黄色，颇大，常栽培供观赏；嫩枝、叶入药，有消炎解毒和清热利尿的功效。

4. *Tirpitzia* Hallier 青篱柴属

Tirpitzia Hallier (1921: 5); Liu & Zhou (2008: 34) [Type: *T. sinensis* (Hemsley) H. G. Hallier (≡*Reinwardtia sinensis* Hemsley)]

特征描述：灌木或小乔木。叶互生；叶全缘。花白色，数朵排成聚伞花序，腋生、顶生或近顶生；萼片 5，狭披针形，宿存；花瓣 5，爪细长，旋转排列成几乎黏合的管状；雄蕊 5，花丝下部稍宽，基部合生成筒状；退化雄蕊 5，锥尖状，与雄蕊互生；子房无毛，4-5 室，每室有胚珠 2，花柱 4-5，花蕾期花柱比雄蕊长，花开展时花柱与雄蕊等长。蒴果长椭圆形，卵状椭圆形或卵形，4-5 瓣裂；种子上部有披针形膜质翅。花粉粒无萌发孔。

分布概况：3/2 种，**7-4 型**；分布于泰国北部，越南；中国产广西、贵州和云南。

系统学评述：分子系统学研究表明该属是单系类群[1]。

DNA 条形码研究：BOLD 网站有该属 2 种 5 个条形码数据；GBOWS 网站已有 1 种 7 个条形码数据。

代表种及其用途：青篱柴 *T. sinensis* (Hemsley) H. G. Hallier 的茎、叶能消肿止痛、接骨。米念芭 *Tirpitzia ovoidea* Chun & How ex Sha 的茎叶活血散瘀，用于治疗风湿，外用治外伤出血、跌打损伤等。

主要参考文献

[1] McDill J, et al. The phylogeny of *Linum* and Linaceae subfamily Linoideae, with implications for their systematics, biogeography, and evolution of heterostyly[J]. Syst Bot, 2009, 34: 386-405.

[2] Esser HJ. A partial revision of the *Hippomaneae*[J]. Blumea, 1999, 44: 149-215.

Ixonanthaceae Planchon ex Miquel (1858), *nom. cons.* 粘木科

特征描述：乔木或灌木。<u>单叶</u>，<u>互生</u>。聚伞花序、总状花序或圆锥花序，顶生或腋生；花常两性，辐射对称；花萼裂片 5，分离或稍合生；花瓣 5，覆瓦状或旋转排列，<u>宿存且常变硬</u>；<u>雄蕊 5、10、15 或 20</u>，<u>轮生</u>，<u>花丝基部合生</u>，花药 2 室，纵裂；子房上位或稍下位，<u>2-5 室</u>，<u>每室有胚珠 1-2</u>，中轴胎座。蒴果室间或室背开裂；种子<u>基部具翅或假种皮</u>。花粉粒 3 孔沟，皱波状至穿孔状纹饰。染色体 2*n*=28。

分布概况：4 属/约 23 种，分布于热带美洲，非洲和亚洲；中国 1 属/1 种，产福建、广东、海南、广西、湖南、云南和贵州。

系统学评述：在传统分类系统中，粘木科植物常被列入亚麻目 Linales[1]，近年的分子系统学研究支持将粘木科归入金虎尾目 Malpighiales[APG III]，与亚麻科 Linaceae 形成姐妹群[2]。但有些研究也认为粘木科与金莲木科 Ochnaceae 为姐妹群[3]。Xi 等[2]的研究表明，*Cyrillopsis* 和 *Ochthocosmos* 构成姐妹群，而粘木属 *Ixonanthes* 位于基部，得到了较高的支持率。*Allantospermum* 的花形态与 *Cyrillopsis* 类似，该属认为是 *Ixonanthes* group 和 *Irvingia* group 的中间态，Forman[4]认为属于前者，而 Nooteboom[5]认为属于后者[APW]。在此，*Allantospermum* 仍置于该科，但位置未定。

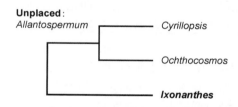

图 127　粘木科分子系统框架图（参考 Xi 等[2]）

1. *Ixonanthes* Jack 粘木属

Ixonanthes Jack (1822: 51); Liu & Bartholomew (2008: 40) (Lectotype: *I. reticulata* Jack)

特征描述：乔木。叶互生。<u>二歧或三歧聚伞花序</u>，腋生；花两性；花萼裂片 5，基部合生，宿存，木质化；花瓣 5，旋转排列，<u>宿存</u>，<u>环绕蒴果的基部</u>；雄蕊 10 或 20，着生于环状或杯状花盘的外缘；子房上位，5 室，每室胚珠 2，中轴胎座；柱头头状或盘状。<u>蒴果</u>，<u>革质或木质</u>，室间开裂，或被假隔膜分开；<u>种子有翅或顶部冠以僧帽状的假种皮</u>。花粉粒 3 孔沟，穿孔状纹饰。

分布概况：3/1 种，（**7a-c**）型；分布于热带亚洲；中国产福建、广东、海南、广西、湖南、云南和贵州。

系统学评述：粘木属有时被归到古柯科 Erythroxylaceae[FOC,FRPS]，或亚麻科中进行描述[6]。该属位于粘木科最基部[2]。

DNA 条形码研究：BOLD 网站有该属 4 种 7 个条形码数据；GBOWS 网站已有 1 种 4 个条形码数据。

代表种及其用途：粘木 *I. chinensis* Champion 的木材适于建房和作家具等。

主要参考文献

[1] Cronquist A. An integrated system of classification of flowering plants[M]. New York: Columbia University Press, 1981.

[2] Xi ZX, et al. Phylogenomics and a posteriori data partitioning resolve the Cretaceous angiosperm radiation Malpighiales[J]. Proc Natl Acad Sci USA, 2012, 109: 17519-17524.

[3] Tokuoka T, Tobe H. Phylogenetic analyses of Malpighiales using plastid and nuclear DNA sequences, with particular reference to the embryology of Euphorbiaceae *sens. str.*[J]. J Plant Res, 2006, 119: 599-616.

[4] Forman LL. A new genus of Ixonanthaceae with notes on the family[J]. Kew Bull, 1965, 19: 517-526.

[5] Nooteboom HP. The taxonomic position of Irvingiodiceae, *Allantospermum Forman* and *Cyrillopsis* Kuhlm[J]. Adansonia, ser, 1967, 2: 161-8.

[6] Kool R. A taxonomic revision of the genus *Ixonanthes* (Linaceae)[J]. Blumea, 1980, 26: 191-204.

Phyllanthaceae Martynov (1820), *nom. cons.* 叶下珠科

特征描述：乔木、灌木或草木，有时具二型枝条或叶状枝；无乳汁，常具毒。毛简单。叶互生，常2列，常单叶，全缘至有锯齿，具羽状脉；常有托叶。有限花序，腋生，稀退化为单花。花单性（雌雄同株或异株），辐射对称，近不显著；萼片常5，分离或稍合生；花瓣常0-5，分离至稍合生，覆瓦状排列，常退化和缺失；柱头3-8；花丝分离至合生；心皮常3，合生；子房上位，常3裂，中轴胎座；花柱常3，每枚常2裂，稀全缘；柱头多样。每室2胚珠。常具蜜腺盘。果实常为分果，裂片从宿存中柱弹性开裂，有时为浆果或核果。种子无假种皮；胚直生或稍弯曲。花粉粒3孔沟或多孔沟至多孔，或无萌发孔。

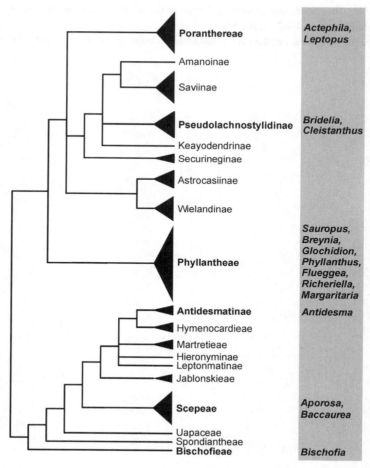

图 128 　叶下珠科分子系统框架图（参考 Hoffmann 等[1]；Kathriarachchi 等[2]；Samuel 等[3]）

分布概况：59 属 1700 余种，热带广布，主产热带亚洲，少数到温带；中国 15 属/128 种，各省区均有，西南尤盛。

系统学评述：长期以来，叶下珠科被认为是由 Webster[4]提出的广义大戟科的 5 亚科之一，包括铁苋菜亚科 Acalyphoideae、巴豆亚科 Crotonoideae、大戟亚科 Euphorbioideae、叶下珠亚科 Phyllanthoideae 和 Oldfieldioideae。随着分子系统学研究的深入，广义大戟科被拆分成了 5 科，即大戟科 Euphorbiaceae（狭义，以下均为狭义大戟科的概念）、小盘木科 Pandaceae、叶下珠科 Phyllanthaceae、假黄杨科 Putranjivaceae 和 Picrodendraceae[5-8]。叶下珠科分五月茶亚科 Antidesmatoideae 和叶下珠亚科 Phyllanthoideae，前者包括 6 族，即秋枫族 Bischofieae、Antidesma、Spondiantheae、Scepeae、五月茶族 Antidesmateae 和 Jablonskieae，后者包括 4 族，即土蜜树族 Bridelieae、叶下珠族 Phyllantheae、Wielandieae 和 Poranthereae[1,9]。Wurdack 等[10]根据分子标记构建的系统发育树将整个叶下珠科分为 Fasciculate 分支和 Tanniniferous 分支；前者主要包括叶下珠亚科的 4 族，这一分支的各个属不具有含单宁的叶上表皮细胞，且都为腋生和簇生花；后者则包括了五月茶亚科的 6 族，这一分支以其具有含单宁的叶上表皮细胞为显著特征，大部分种类为雌雄异株，且花瓣缺失；这一划分与叶下珠科的 2 亚科分类一致。Kathriarachchi 等[2]和 Samuel 等[3]也认可了这一划分。

分属检索表

1. 植物体具有红色或淡红色液汁；无花瓣和花盘；三出复叶；染色体 x=7 ············ **5. 秋枫属 Bischofia**
1. 植物体无白色或红色液汁；有花瓣和花盘，或只有花瓣或花盘；单叶；染色体 x=12 或 13
  2. 花具有花瓣和花盘；雄蕊通常 5，退化雌蕊通常存在
    3. 雄花萼片覆瓦状排列；花瓣比萼片短或近等长；花盘围绕于子房基部或不围绕
      4. 花盘环状，背面不贴生于花瓣上；蒴果直径 1.3-2.5cm，外果皮与内果皮分离；无胚乳 ············ **1. 喜光花属 Actephila**
      4. 花盘分裂为 5 枚扁平的腺体，腺体背面基部贴生于花瓣上，腺体顶端全缘或 2 裂；蒴果直径 5-8mm，外果皮与内果皮不分离；胚乳丰富 ············ **11. 雀舌木属 Leptopus**
    3. 雄花萼片镊合状排列；花瓣鳞片状，远比萼片小；花盘包围子房中部以上或全部包裹子房
      5. 侧脉弯拱上升，不平行；子房和蒴果常 3 室；花柱分离 ············ **8. 闭花木属 Cleistanthus**
      5. 侧脉通常直出，平行或近平行；子房 2 室，蒴果或核果 1-2 室；花柱分离或基部合生 ············ **7. 土蜜树属 Bridelia**
  2. 花无花瓣
    6. 花具有花盘
      7. 雄蕊着生于花盘边缘或凹缺处，或花盘裂片之间；子房 1 室；核果，稀蒴果 ············ **2. 五月茶属 Antidesma**
      7. 雄蕊着生于花盘的内面；子房 3-15 室；果实为蒴果或浆果状或核果状
        8. 雄花具有退化雌蕊
          9. 叶 2 列，叶片全缘或有细齿；花簇生或单生，长 7mm 以下 ······ **9. 白饭树属 Flueggea**
          9. 叶非 2 列，叶片全缘；花组成穗状花序，花序长 2-9cm ······ **14. 龙胆木属 Richeriella**
        8. 雄花无退化雌蕊
          10. 萼片和雄蕊 4；种子蓝色或淡蓝色 ············ **12. 蓝子木属 Margaritaria**
          10. 萼片和雄蕊 2-6；种子非蓝色或淡蓝色 ············ **13. 叶下珠属 Phyllanthus**
    6. 花无花盘

11. 叶片全缘或有疏齿；花丝分离
　12. 叶柄顶端两侧通常各具 1 枚小腺体；穗状花序；雄蕊 2，稀 3 或 5；花柱 2-4，顶端浅 2 裂，通常呈乳头状或流苏状；蒴果核果状，不规则开裂 ⋯⋯⋯⋯⋯ **3. 银柴属 Aporosa**
　12. 叶柄顶端无小腺体；圆锥花序；雄蕊 4-8；花柱 2-5，极短，顶端 2 裂，不呈乳头状或流苏状；蒴果浆果状，外果皮肉质，干后硬壳质，不开裂或迟裂 ⋯⋯⋯⋯⋯⋯ ⋯⋯⋯⋯⋯⋯⋯⋯⋯⋯⋯⋯⋯⋯⋯⋯⋯⋯⋯⋯⋯⋯⋯⋯⋯⋯ **4. 木奶果属 Baccaurea**
11. 叶片全缘；花丝合生
　13. 萼片分离；雄蕊 3-8，花丝和花药全部合生成圆柱状，顶端稍分离，药隔凸起成圆锥状；子房 3-15 室，花柱合生成圆柱状、圆锥状、棍棒状或卵状；果具有多条明显或不明显的纵沟，成熟后开裂为 3-15 个分果爿 ⋯⋯⋯⋯⋯ **10. 算盘子属 Glochidion**
　13. 雄花花萼盘状、壶状、漏斗状或陀螺状，顶端全缘或 6 裂；雄蕊 3，仅花丝合生成圆柱状，药隔不凸起；子房 3 室，花柱 3，分离或基部合生；果不具纵沟
　　14. 雄花有花盘，分成 6-12 裂片；雌花萼片 6 深裂，裂片组成 2 轮，果期时有时增厚；蒴果开裂 ⋯⋯⋯⋯⋯⋯⋯⋯⋯⋯⋯⋯⋯⋯⋯⋯ **15. 守宫木属 Sauropus**
　　14. 雄花无花盘；雌花花萼陀螺状、漏斗状或半球状，果期时常增厚而呈盘状；蒴果浆果状，不开裂 ⋯⋯⋯⋯⋯⋯⋯⋯⋯⋯⋯⋯⋯⋯⋯ **6. 黑面神属 Breynia**

1. *Actephila* Blume 喜光花属

Actephila Blume (1825: 581); Li & Gilbert (2008: 168) (Type: *A. javanica* Miquel)

特征描述：乔木或灌木。单叶互生，全缘，托叶 2。花雌雄同株，稀异株，簇生或单生于叶腋，<u>雄花萼片 4-6，覆瓦状排列</u>；花瓣与萼片同数；<u>雄蕊 5</u>，稀 3-4 或 6，花药内向，纵裂；<u>退化雌蕊顶端 3 裂</u>，雌花萼片和花瓣与雄花相同，<u>花盘环状</u>，<u>围绕于子房的基部</u>，子房 3 室，每室有胚珠 2。蒴果，分裂为 3 个 2 裂的分果爿，<u>外果皮与内果皮分离</u>，<u>中轴宿存</u>；种子无种阜和胚乳。花粉粒 3 孔沟，网状纹饰。

分布概况：31/3（1）种，**5 型**；分布于亚洲和大洋洲热带及亚热带地区；中国产广东、海南、广西和云南。

系统学评述：喜光花属至今仍是个知之甚少的属。Pax 和 Hoffmann[11] 认为虽然花粉不同，但花与 *Amanoa* 相似。Köhler[12] 指出其花粉与 *Andrachne* 的相似，Levin[13] 发现叶片脉序也与 *Andrachne* 相似。Webster[4] 认为喜光花属具有折叠的胚和无胚乳的种子，与 *Andrachne* 并无密切关系，将该属置于 Wielandieae 族。Hoffmann 等[1] 将喜光花属归于 Poranthereae 族，隶属于叶下珠亚科。根据 Kathriarachchi 等[2] 的分子系统学研究，喜光花属位于 Fasciculate 分支。

DNA 条形码研究：BOLD 网站有该属 11 种 15 个条形码数据；GBOWS 网站已有 2 种 14 个条形码数据。

代表种及其用途：喜光花 *A. merrilliana* Chun 产于广东和海南，种子含亚麻酸为主的油脂，叶、花、果含挥发油，叶为海南黎族传统药物，提取物具有抗肿瘤活性。

2. *Antidesma* Linnaeus 五月茶属

Antidesma Linnaeus (1753: 1027); Li & Hoffmann (2008: 209) (Type: *A. alexiteria* Linnaeus)

特征描述：乔木或灌木。单叶互生，全缘；托叶 2。雌雄异株；穗状花序或总状花序；<u>花无花瓣</u>；<u>雄花花萼杯状</u>，<u>常 3-5 裂</u>，<u>花盘环状或垫状</u>，<u>雄蕊 3-5</u>，少数 1-2 或 6，花丝长，<u>基部着生花盘内面或花盘裂片之间</u>，花药 2 室，<u>药隔厚</u>，退化雌蕊小；雌花花萼和花瓣与雄花的相同，<u>子房 1 室</u>，胚珠 2，<u>花柱 2-4</u>，顶端 2 裂。核果，干后有网状小窝孔；种子常 1；种子小。花粉粒 3 孔沟，网状纹饰。染色体 x=11-13。

分布概况：约 100/11（2）种，**4（6）型**；广布东半球热带及亚热带地区；中国产西南、华南及华东。

系统学评述：传统分类中，该属隶属于五月茶族的 Antidesamtinae 亚族。根据最近的分子系统学研究，该属位于五月茶亚科 Antidesmatoideae 及 Tanniniferous 分支中的 T1 分支[1,2,10]。

DNA 条形码研究：BOLD 网站有该属 8 种 15 个条形码数据；GBOWS 网站已有 6 种 40 个条形码数据。

3. *Aporosa* Blume 银柴属

Aporosa Blume (1825: 514); Li & Gilbert (2008: 215) (Type: *A. frutescens* Blume)

特征描述：乔木或灌木。单叶互生，全缘或具疏齿，<u>叶柄顶端常具有小腺体</u>；托叶 2。雌雄异株，稀同株；<u>腋生穗状花序单生或数枝簇生</u>；花梗短；<u>无花瓣及花盘</u>；雄花萼片 3-6，<u>雄蕊 2</u>，<u>稀 3 或 5</u>，<u>花丝分离</u>，退化雌蕊极小或无；雌花萼片 3-6；子房常 2 室，每室胚珠 2，<u>花柱 2（-4）</u>，顶端浅 2 裂，<u>常呈乳头状或流苏状</u>。<u>蒴果核果状</u>，<u>成熟时不规则开裂</u>；种子无种阜。花粉粒 3 孔沟，网状纹饰。染色体 x=13。

分布概况：约 75/4 种，**5 型**；分布于亚洲东南部；中国产华南和西南。

系统学评述：Pax 和 Hoffmann[11]将银柴属分为 *Aporosa* sect. *Euaporosa*（含 3 亚组）和 *A.* sect. *Appendiculatae* 2 组。Hoffmann 的分类系统中，该属隶属于五月茶亚科或 Tanniniferous 分支中五月茶族下的 Martretiinae 亚族[1,2]。

DNA 条形码研究：BOLD 网站有该属 4 种 10 个条形码数据；GBOWS 网站已有 4 种 23 个条形码数据。

4. *Baccaurea* Loureiro 木奶果属

Baccaurea Loureiro (1790: 641); Li & Gilbert (2008: 216) (Lectotype: *B. ramiflora* Loureiro)

特征描述：乔木或灌木。叶互生，叶全缘或有锯齿。花雌雄异株或同株异序；多个总状或穗状花序组成圆锥花序；无花瓣；雄花萼片 4-8；雄蕊 4-8，花药 2 室，<u>花盘分裂成腺体状</u>；<u>退化雌蕊常明显被短柔毛</u>，<u>顶端常扩大</u>，<u>扁平而 2 裂</u>；雌花萼片与雄花的同数；无花盘；子房 2-3 室，稀 4-5 室，每室胚珠 2，花柱 2-5，<u>蒴果浆果状</u>，不开裂，外果皮肉质，后变坚硬；种子常 1，有假种皮。染色体 x=13。

分布概况：约 80/2 种，（**7e**）**型**；分布于印度，缅甸，泰国，越南，老挝，柬埔寨，马来西亚，印度尼西亚，波利尼西亚；中国产云南、广西、海南。

系统学评述：Pax 和 Hoffmann[11]将木奶果属分为 5 组，即 *Baccaurea* sect. *Isandrio*、*B.* sect. *Pierardia*、*B.* sect. *Hedycarpu*、*B.* sect. *Calyptroon* 和 *B.* sect. *Everrttiodendron*。Hoffmann 的分类系统中，该属隶属于五月茶亚科或 Tanniniferous 分支中的 Scepeae[1,2]。

DNA 条形码研究：BOLD 网站有该属 2 种 2 个条形码数据；GBOWS 网站已有 1 种 7 个条形码数据。

5. *Bischofia* Blume 秋枫属

Bischofia Blume (1826: 1168); Li & Gilbert (2008: 217) (Type: *B. javanica* Blume)

特征描述：大乔木，有乳管组织，汁液呈红色或淡红色。三出复叶互生，具长柄。圆锥花序或总状花序腋生；花雌雄异株，稀同株；无花瓣及花盘；萼片 5，离生；雄花萼片镊合状排列，雄蕊 5，与萼片对生，花药大，药室 2，纵裂，退化雌蕊短而宽，有短柄；雌花萼片覆瓦状排列，子房上位，3 室，稀 4 室，每室胚珠 2，花柱 2-4，长而肥厚。果实浆果状，不分裂，外果皮肉质，内果皮坚纸质；种子 3-6，无种阜。花粉粒 3 孔沟，网状纹饰。染色体 *x*=7。

分布概况：2/2 种，**7-1（14）**型；分布于亚洲南部及东南部至澳大利亚和波利尼西亚；中国产西南、华中、华东和华南。

系统学评述：秋枫属包含秋枫 *B. javanica* Blume 和重阳木 *B. polycarpa* (Levler) Airy Shaw 2 个种[FRPS]；Hoffmann、Webster 等认为仅 1 种。秋枫属有具乳管，管内含红色汁液，三出复叶，小叶边缘有细锯齿等特征，为叶下珠科所独有。无论在广义大戟科（叶下珠亚科）还是在叶下珠科中，多数学者都一致认为秋枫属是 1 个孤立的属，与叶下珠科的近邻缺乏形态上的一致。Airy Shaw 认为，如果承认狭义的大戟科，则应承认秋枫科 Bischofiaceae、小盘木科 Pandaceae 等小科，不仅如此，Airy Shaw 甚至认为它更接近于省沽油科 Staphyleaceae[9,14]。Bhatnagar 和 Kapil[15]的胚胎学，Levin[13]的叶结构和 Mennega[16]的木材解剖研究则支持重阳木属仍保留在大戟科内。持广义大戟科观点的 Webster[4]系统历来将秋枫属置于叶下珠亚科。Hoffmann 的分类系统中，该属隶属于五月茶亚科或 Tanniniferous 分支中的 Bischofieae 族[1,2]。

DNA 条形码研究：BOLD 网站有该属 1 种 8 个条形码数据；GBOWS 网站已有 2 种 15 个条形码数据。

代表种及其用途：秋枫树形高大，常作观赏栽培；木材结构细，坚韧耐腐，可作用材；种子含油量 30%-54%，可食；树皮及根可药用。

6. *Breynia* J. R. Forster & G. Forster 黑面神属

Breynia J. R. Forster & G. Forster (1775: 581), *nom. cons.*; Li & Gilbert (2008: 207) (Type: *B. disticha* J. R. Forster & G. Forster)

特征描述：灌木或小乔木。单叶互生，2 列，全缘，干时常变黑色。花雌雄同株，单生或簇生于叶腋；无花瓣和花盘；雄花花萼呈陀螺状、漏斗状或半球状，顶端边缘常 6 浅裂或细齿裂，雄蕊 3，花丝合生成柱状，花药 2 室；雌花花萼半球状、钟状至辐状，

6 裂，结果时常增大而呈盘状，宿存，子房 3 室，每室胚珠 2，花柱 3，顶端常 2 裂。蒴果浆果状，不开裂；种子略呈三棱状，无种阜。花粉粒 5-10 孔沟，网状纹饰。染色体 $x=13$。

分布概况：约 26/5 种，**5 型**；主要分布于亚洲东南部，少数在澳大利亚及太平洋诸岛；中国产西南、华南和东南。

系统学评述：Hoffmann 的分类系统中，黑面神属隶属于叶下珠亚科或 Fasciculate 分支中的叶下珠族[1,2]。Webster[17-19]认为黑面神属与守宫木属 *Sauropus* 和算盘子属 *Glochidion* 都很近缘。Pruesapan 等[20]利用 ITS 和 PHYC 序列研究了叶下珠科下的几个属之间的关系，结果表明应将守宫木属并入黑面神属，合并后的黑面神属仍为单系类群。

DNA 条形码研究：BOLD 网站有该属 18 种 29 个条形码数据；GBOWS 网站已有 3 种 9 个条形码数据。

7. *Bridelia* Willdenow 土蜜树属

Bridelia Willdenow (1806: 978), *nom. & orth. cons.*; Sprengel (1887: 887); Li & Dressler (2008: 174) [Type: *B. scandens* (Roxburgh) Willdenow (≡*Clutia scandens* Roxburgh)]

特征描述：乔木或灌木，稀木质藤本。单叶互生，全缘。花单性同株或异株，多朵集成腋生的花束或团伞花序；花 5 数；萼片镊合状排列，果时宿存；花瓣小，鳞片状；雄花花盘杯状或盘状，花丝基部连合，包围退化雌蕊，药室 2，退化雌蕊圆柱状或倒卵状、圆锥状；雌花花盘圆锥状或坛状，包围子房，子房 2 室，每室有胚珠 2，花柱 2。核果或为具肉质外果皮的蒴果，1-2 室，每室有种子 1-2，具纵沟纹。花粉粒 3 孔沟，网状纹饰。染色体 $x=13$。

分布概况：约 60/7 种，**4 型**；分布于东半球热带及亚热带地区；中国产东南、华南和西南。

系统学评述：Pax 和 Hoffmann 将土蜜树属分为 2 亚属，即 *Bridelia* subgen. *Eubridelia*（含 *B.* sect. *Stipulares* 和 *B.* sect. *Scleronrurae*）和 *B.* subgen. *Gentilia*（含 4 组：*B.* sect. *Cleistanoideae*、*B.* sect. *Micranthae*、*B.* sect. *Neogoetzea* 和 *B.* sect. *Dubiae*）[11]。Hoffmann 的分类系统中，该属位于叶下珠亚科或Fasciculate 分支中土蜜树族下的Pseudolanchnostylidinae亚族[1,2]。

DNA 条形码研究：BOLD 网站有该属 22 种 56 个条形码数据；GBOWS 网站已有 4 种 36 个条形码数据。

8. *Cleistanthus* J. D. Hooker ex Planchon 闭花木属

Cleistanthus J. D. Hooker ex Planchon (1848: 779); Li & Dressler (2008: 172) (Type: *C. polystachyus* J. D. Hooker ex Planchon)

特征描述：乔木或灌木。单叶互生，2 列，全缘。花单性，雌雄同株或异株，团伞花序或穗状花序腋生；雄花萼片 4-6，镊合状排列，花瓣鳞片状，与萼片同数，雄蕊 5，花丝中部以下合生，基部与退化雌蕊合生，药室 2，退化雌蕊顶端 3 裂；雌花萼片和花瓣与雄花的相同，子房 3-4 室，每室胚珠 2，花柱 3，一至二回 2 裂；花盘环状或圆锥状，稀无花盘。蒴果开裂成 2-3 个分果爿，中轴宿存；每分果爿种子 2 或 1。染色体 $x=11$。

分布概况：约 141/7 种，**4** 型；分布于东半球热带及亚热带地区，主产亚洲东南部；中国产广东、海南、广西和云南。

系统学评述：Pax 和 Hoffmann[11]将闭花木属分为 10 组：*Cleistanthus* sect. *Leiopyxis*、*C.* sect. *Stipulati*、*C.* sect. *Ferruginosi*、*C.* sect. *Chartacei*、*C.* sect. *Australes*、*C.* sect. *Nanopetalum*、*C.* sect. *Schistostigma*、*C.* sect. *Pedicellati*、*C.* sect. *Eucleistanthus* 和 *C.* sect. *Lebidieropsis*。Hoffmann 的分类系统中，该属位于叶下珠亚科或 Fasciculate 分支中土蜜树族的 Pseudolanchnostylidinae 亚族[1,2]。

DNA 条形码研究：BOLD 网站有该属 11 种 14 个条形码数据；GBOWS 网站已有 2 种 6 个条形码数据。

9. *Flueggea* Willdenow 白饭树属

Flueggea Willdenow (1806: 637); Li & Gilbert (2008: 177) (Type: *F. leucopyrus* Willdenow)

特征描述：灌木或乔木。单叶互生，常 2 列。雌雄异株，稀同株，花单生、簇生或为聚伞花序，无花瓣；雄花萼片 4-7，覆瓦状排列，雄蕊 4-7，着生在花盘基部，花丝分离，2 室，花盘腺体 4-7，退化雌蕊小，2-3 裂；雌花萼片与雄花的相同，花盘碟状或盘状，子房 3（稀 2 或 4）室，每室有横生胚珠 2，花柱 3，顶端 2 裂或全缘。蒴果 3 爿裂或不裂而呈浆果状，基部有宿存萼片，中轴宿存；种子三棱形，平滑或有疣状凸起。花粉粒 3 孔沟，网状纹饰。

分布概况：约 13/4（1）种，**4** 型；分布于亚洲，美洲，欧洲及非洲的热带至温带地区；中国除西北外，各省区均产。

系统学评述：Hoffmann 的分类系统中，白饭树属隶属于叶下珠亚科或 Fasciculate 分支中的叶下珠族[1,2]。一些研究认为龙胆木属 *Richeriella* Pax & K. Hoffmann 应并入该属[1,2]。

DNA 条形码研究：BOLD 网站有该属 8 种 28 个条形码数据；GBOWS 网站已有 2 种 39 个条形码数据。

10. *Glochidion* J. R. Forster & G. Forster 算盘子属

Glochidion J. R. Forster & G. Forster (1776: 113), *nom. cons.*; Li & Gilbert (2008: 193) (Type: *G. ramiflorum* J. R. Forster & G. Forster)

特征描述：乔木或灌木。单叶互生，2 列，全缘。雌雄同株，稀异株，聚伞花序或簇生成花束；花无花瓣；常无花盘；雄花萼片 5-6，雄蕊 3-8，合生成圆柱状，顶端稍分离，花药 2 室，药隔凸起成圆锥状，无退化雌蕊；雌花萼片与雄花的相同但稍厚，子房圆球形，3-15 室，每室胚珠 2，花柱合生。蒴果具多条纵沟，成熟时开裂为 3-15 个 2 瓣裂的分果爿；种子无种阜。花粉粒 4-6 孔沟，网状纹饰。

分布概况：约 200/28（7）种，**2（5）**型；主要分布于热带亚洲至波利尼西亚，少数在热带美洲和非洲；中国产西南至台湾。

系统学评述：Hoffmann 的分类系统中，算盘子属隶属于叶下珠亚科或 Fasciculate 分支中的叶下珠族[1,2]。Müeller[21]、Bentham 和 Hooker[22]都把这个属并入叶下珠属 *Phyllanthus*，但多数学者仍将两者分开。该属为叶下珠属下 *Phyllanthodendron* 亚属的姐妹群[2]。

DNA 条形码研究：BOLD 网站有该属 14 种 22 个条形码数据；GBOWS 网站已有 6 种 44 个条形码数据。

11. *Leptopus* Decaisne 雀舌木属

Leptopus Decaisne (1836: 155); Li & Vorontsova (2008: 169) (Type: *L. cordifolius* Decaisne).——*Archileptopus* P. T. Li (1991: 38)

特征描述：灌木或草本。单叶互生，全缘。雌雄同株或异株，花单生或簇生于叶腋；<u>雄花萼片 5-6</u>，花瓣鳞片状，与萼片同数，<u>雄蕊 5</u>，<u>花丝中部以下合生</u>，<u>基部与退化雌蕊合生</u>，药室 2；<u>花盘杯状或垫状</u>；雌花萼片和花瓣与雄花的相同，<u>子房 3 室</u>，每室胚珠 2，<u>花柱 3</u>，<u>2 裂</u>；<u>花盘环状或圆锥状</u>，稀无花盘。蒴果成熟时开裂成 3 个 2 裂的分果爿，每爿内种子 2 或 1，中轴宿存；种子无种阜。花粉粒 3 孔沟，网状纹饰。染色体 x=11-13。

分布概况：9/6（3）种，**5 型**；分布于东半球热带及亚热带地区，主产亚洲东南部；中国产广东、海南、广西和云南。

系统学评述：Hoffmann 的分类系统中，雀舌木属隶属于叶下珠亚科的 Poranthereae 族[1,2]。根据 Kathriarachchi 等[2]的分子系统学研究，雀舌木属位于 Fasciculate 分支中。

DNA 条形码研究：BOLD 网站有该属 10 种 22 个条形码数据；GBOWS 网站已有 2 种 19 个条形码数据。

12. *Margaritaria* Linnaeus f. 蓝子木属

Margaritaria Linnaeus f. (1781: 66); Li & Gilbert (2008: 179) (Type: *M. nobilis* Linnaeus f.)

特征描述：乔木或灌木。<u>叶互生</u>，<u>常 2 列</u>，全缘。花单性异株，簇生或单生于叶腋内或短枝上；无花瓣。<u>雄花萼片 4</u>，<u>2 轮</u>，不等大；花盘环状，全缘或浅裂；<u>雄蕊 4</u>，花丝离生，<u>无退化雌蕊</u>；雌花萼片和花瓣与雄花的相同，子房 2-6 室，花柱 2-6，顶端 2 裂，胚珠横生，每室 2。蒴果分裂成 3 个 2 裂的分果爿或多少不规则裂开，外果皮肉质，内果皮木质或骨质；<u>种子每室 2 枚</u>，<u>蓝色或淡蓝色</u>。花粉粒 3 孔沟，网状纹饰。

分布概况：约 14/1 种，约 **2-2 型**；分布于美洲，非洲，大洋洲及亚洲东南部；中国产台湾和广西。

系统学评述：Hoffmann 的分类系统中，蓝子木属隶属于叶下珠亚科或 Fasciculate 分支中的叶下珠族[1,2]。Kathriarachchi 等[2]利用 ITS 和 *mat*K 片段构建的叶下珠族的系统发育树中，蓝子木属和叶下珠属下的种 *Phyllanthus diandrus* Pax & Drude 同为叶下珠属其他种类的姐妹群。

DNA 条形码研究：BOLD 网站有该属 7 种 10 个条形码数据；GBOWS 网站已有 1 种 3 个条形码数据。

13. *Phyllanthus* Linnaeus 叶下珠属

Phyllanthus Linnaeus (1753: 981); Li & Gilbert (2008: 180) (Lectotype: *P. niruri* Linnaeus).——*Phyllantho-dendron* Hemsley (1898: 2563)

特征描述：灌木或草本，稀乔木。单叶互生，常 2 列。雌雄同株或异株；花单生、簇生或组成各式花序；雄花萼片 3-6，花盘 3-6，与萼片互生，雄蕊 2-6，花丝离生或合生，花药 2 室；雌花萼片与雄花的同数或较多，花盘腺体小，离生或合生，围绕子房，子房常 3 室，每室胚珠 2，花柱与子房室同数。蒴果成熟后常开裂为 3 个 2 裂的分果爿，中轴宿存；种子三棱形，无假种皮和种阜。花粉粒具 3 孔沟、多孔沟、散孔，网状纹饰。染色体 $x=13$。

分布概况：750-800/32（13）种，**2** 型；主要分布于热带及亚热带地区，少数到北温带地区；中国主产长江以南。

系统学评述：Hoffmann 的分类系统[1,2]中，叶下珠属隶属于叶下珠亚科或 Fasciculate 分支中的叶下珠族。叶下珠属的属下界定一直备受争议，Müller[21]根据花部性状，建立了 1 个将叶下珠属分为 5 个相当于亚属的"系"和 44 个相当于"组"的属下系统，其中包含算盘子属 *Glochidion*。Bentham 和 Hooker[22]，以及 Pax 和 Hoffmann[11]遵循了 Müller 对于叶下珠属的分类界定，但排除了算盘子属。Webster[17-19]基于花粉形态和植株结构将叶下珠属分为 8 亚属。Holm-Nielsen[23]认为叶下珠属多样化的形态及多样的分布是由于网状进化，因此属下的分类是不明确的。在 Kathriarachchi[2]利用 ITS 和 *mat*K 片段构建叶下珠族的系统发育树中，叶下珠属镶嵌于 *Breynia*、*Glochidion*、*Reverchonia* 和 *Sauropus* 中，因此建议将叶下珠属扩增，包含这 4 属。而作为该属姐妹群的 *P. diandrus* (Pax) Jean F. Brunel 单独分为 1 个分支，建议将该种成立属 *Plagiocladus*。Pruesapan 等[20]的分子系统学研究表明，应将并系的叶下珠属分为若干个小属。

DNA 条形码研究：BOLD 网站有该属 116 种 259 个条形码数据；GBOWS 网站已有 9 种 133 个条形码数据。

14. *Richeriella* Pax & K. Hoffmann 龙胆木属

Richeriella Pax & K. Hoffmann (1921: 30); Li & Gilbert (2008: 179) [Type: *R. gracilis* (Merrill) Pax & K. Hoffmann (≡*Baccaurea gracilis* Merrill)]

特征描述：乔木。单叶互生，全缘。花单性异株，无花瓣；雄花簇生成密集的团伞花序，再排成腋生、不分支或少分支的穗状花序；雌花组成短缩的总状花序；雄花萼片 5，花盘腺体 5，与萼片互生，雄蕊 5，花丝分离；退化雌蕊 2-3 裂；雌花萼片 5，花盘环状；子房 3 室，每室有胚珠 2，花柱 3，分离，顶端浅 2 裂。蒴果成熟时分裂为 3 个 2 瓣裂的分果爿；种子无种阜。花粉粒 3 孔沟，网状纹饰。

分布概况：2/1 种，（**7b**）型；分布于印度，泰国，马来西亚至菲律宾；中国产海南。

系统学评述：Hoffmann 的分类系统中，龙胆木属隶属于叶下珠亚科或 Fasciculate 分支中的叶下珠族[1,2]。龙胆木属因具有伸长的花序轴，雄花近无柄，每室仅 1 胚珠发育等特征而成为 1 个属。Airy Shaw[9,14]、Radcliffe-Smith 和 Esser[24] 及 Webster[25] 都注意到龙胆木属与白饭树属有密切的亲缘关系；这种观点也得到叶形态[26] 和花粉形态[12,27,28] 研究的支持。Kathriarachchi 等基于 ITS 和 *mat*K 的系统发育分析显示，龙胆木属应归并到白饭树属中[2,29]。

DNA 条形码研究：BOLD 网站有该属 1 种 2 个条形码数据；GBOWS 网站已有 1 种 3 个条形码数据。

代表种及其用途：龙胆木 *R. gracilis* (Merrill) Pax & K. Hoffmann，产海南，可作绿化树种。

15. *Sauropus* Blume 守宫木属

Sauropus Blume (1826: 595); Li & Gilbert (2008: 202) (Lectotype: *S. albicans* Blume).——*Synostemon* F. v. Mueller (1858: 32)

特征描述：灌木或草本。单叶互生，全缘。雌雄同株或异株，无花瓣；雄花簇生或单生，腋生或茎花，稀总状花序或聚伞花序；雌花 1-2 朵腋生或与雄花混生。<u>雄花花萼盘状、壶状或陀螺状</u>，<u>全缘或 6 裂</u>，<u>花盘 6-12 裂</u>，裂片与萼片对生，雄蕊 3，与外轮萼片对生，2 室；雌花花萼 6 深裂，裂片覆瓦状排列，2 轮，无花盘，子房 3 室，每室 2 胚珠，花柱 3。蒴果成熟时分裂为 3 个 2 裂的分果爿；种子无种阜。花粉粒 6-12 孔沟，网状纹饰。

分布概况：约 56/15（4）种，**5（7）**型；分布于澳大利亚，马达加斯加，印度，斯里兰卡，马来半岛，印度尼西亚，菲律宾；中国产南部至西南部。

系统学评述：Hoffmann 的分类系统中，守宫木属隶属于叶下珠亚科或 Fasciculate 分支中的叶下珠族[1,2]。Pax 和 Hoffmann[11] 将守宫木属分为 2 亚属，即 *Sauropus* subgen. *Holosauropus*（含 *S.* sect. *Eusauropus*、*S.* sect. *Sphaeranthi*、*S.* sect. *Schizanthi* 和 *S.* sect. *Ceratogynum*）和 *S.* subgen. *Hemisauropus*。Kathriarachchi[2] 利用 ITS 和 *mat*K 构建的系统发育树中，守宫木属与黑面神属聚为一支，但该属中的 *S. elachophyllus* (F. Mueller ex Bentham) Airy Shaw 为这一支的姐妹群，因此作者认同传统分类中将这个种并入 *Synostemon*。Pruesapan 等[20] 利用 ITS 和 *mat*K 等片段的研究表明，守宫木属镶嵌于黑面神属中，因此认为应将守宫木属并入黑面神属。

DNA 条形码研究：BOLD 网站有该属 40 种 75 个条形码数据；GBOWS 网站已有 1 种 4 个条形码数据。

代表种及其用途：守宫木 *S. androgynus* (Linnaeus) Merrill，又名树仔菜，嫩叶可作蔬菜。

主要参考文献

[1] Hoffmann P, et al. A phylogenetic classification of Phyllanthaceae (Malpighiales; Euphorbiaceae *sensu lato*)[J]. Kew Bull, 2006, 61: 37-53.

[2] Kathriarachchi H, et al. Molecular phylogenetics of Phyllanthaceae inferred from five genes (plastid *atp*B, *mat*K, 3′*ndh*F, *rbc*L, and nuclear PHYC)[J]. Mol Phylogenet Evol, 2005, 36: 112-134.

[3] Samuel R, et al. Molecular phylogenetics of Phyllanthaceae: evidence from plastid *mat*K and nuclear

PHYC sequences[J]. Am J Bot, 2005, 92: 132-141.

[4] Webster GL. Synopsis of the genera and suprageneric taxa of Euphorbiaceae[J]. Ann MO Bot Gard, 1994, 81: 33-144.

[5] Chase MW, et al. When in doubt, put it in Flacourtiaceae: a molecular phylogenetic analysis based on plastid *rbc*L DNA sequences[J]. Kew Bull, 2002, 42: 141-181.

[6] Davis CC, et al. Explosive radiation of Malpighiales supports a mid-Cretaceous origin of modern tropical rain forests[J]. Am Nat, 2005, 165: E36-E65.

[7] Wurdack KJ. The molecular systematics and evolution of Euphorbiaceae *sensu lato*[D]. PhD thesis. Chapel Hill, North Carolina: University of North Carolina, 2002.

[8] Wurdack KJ, et al. Molecular phylogenetic analysis of uniovulate Euphorbiaceae (Euphorbiaceae *sensu stricto*) using plastid *rbc*L and *trn*L-F DNA sequences[J]. Am J Bot, 2005, 92: 1397-1420.

[9] Airy Shaw HK. A dictionary of the flowering plants and ferns, ed. 7. Cambridge: Cambridge University Press, 1985.

[10] Wurdack KJ, et al. Molecular phylogenetic analysis of Phyllanthaceae (Phyllanthoideae *pro parte*, Euphorbiaceae *sensu lato*) using plastid *rbc*L DNA sequences[J]. Am J Bot, 2004, 91: 1882-1900.

[11] Pax F, Hoffmann K. Euphorbiaceae. Phyllantheae[M]//Engler A. Das Pflanzenreich, Heft. 81. Lepzig: W. Engelmann, 1922: 1-349.

[12] Köhler E. Die Pollenmorphologie der biovulaten Euphorbiaceae und ihre bedeutung für die taxonomie[J]. Grana Palynol, 1965, 6: 26-120.

[13] Levin GA. Systematic foliar morphology of Phyllanthoideae (Euphorbiaceae). I. Conspectus[J]. Ann MO Bot Gard, 1986, 73: 29-85.

[14] Airy Shaw HK. Diagnoses of new families, new names, etc., for the seventh edition of Willis's 'Dictionary'[J]. Kew Bull, 1965, 18: 249-273.

[15] Bhatnagar AK, Kapil RN. *Bischofia javanica*-its relationship with Euphorbiaceae[J]. Phytomorph, 1974, 23: 264-267.

[16] Mennega AMW. Wood anatomy of the Euphorbiaceae, in particular of the subfamily Phyllanthoideae[J]. Bot J Linn Soc, 1987, 94: 111-126.

[17] Webster GL. A monographic study of the west Indian species of *Phyllanthus*[J]. J Arnold Arbor, 1956, 37: 91-122, 217-268, 340-359.

[18] Webster GL. A monographic study of the west Indian species of *Phyllanthus*[J]. J Arnold Arbor, 1957, 38: 51-80, 170-198, 295-373.

[19] Webster GL. A monographic study of the west Indian species of *Phyllanthus*[J]. J Arnold Arbor, 1958, 39: 49-100, 111-212.

[20] Pruesapan K, et al. Delimitation of *Sauropus* (Phyllanthaceae) based on plastid *mat*K and nuclear ribosomal ITS DNA sequence data[J]. Ann Bot, 2008, 102: 1007-1018.

[21] Müller A. Euphorbiaceae[M]//de Candolle AP. Prodromus systematis naturalis regni vegetabilis, 15. Paris: Victor Masson, 1866: 189-1286.

[22] Bentham G, Hooker JD. Genera plantarum III[M]. London: Lovell Reeve & Co., 1880.

[23] Holm-Nielsen LB. Comments on the distribution and evolution of the genus *Phyllanthus* (Euphorbiaceae)[M]//Larsen K, Holm-Nielsen LB. Tropical Botany. New York: Academic Press, 1979: 277-290.

[24] Radcliffe-Smith A, Esser HJ. Genera Euphorbiacearum[M]. Richmond: Royal Botanic Gardens, Kew, 2001.

[25] Webster GL. A revision of *Flueggea* (Euphorbiaceae)[J]. Allertonia, 1984, 3: 259-312.

[26] Levin GA. Systematic foliar morphology of Phyllanthoideae (Euphorbiaceae). III. Cladistic analysis[J]. Syst Bot, 1986, 11: 515-530.

[27] Punt W. Pollen morphology of the Euphorbiaceae with special reference to taxonomy[J]. Plant Biol, 1962, 7: S1-S116.

[28] Sagun VG, van der Ham RWJM. Pollen morphology of the Flueggeinae (Euphorbiaceae, Phyllanthoideae)[J]. Grana, 2003, 42: 193-219.

[29] Kathriarachchi H, et al. Phylogenetics of tribe Phyllantheae (Phyllanthaceae; Euphorbiaceae *sensu lato*) based on nrITS and plastid *mat*K DNA sequence data[J]. Am J Bot, 2006, 93: 637-655.

Geraniaceae Jussieu (1789), *nom. cons.* 牻牛儿苗科

特征描述： 草本。叶互生或对生，<u>叶片常掌状或羽状分裂</u>；<u>具托叶</u>。聚伞花序，稀花单生；花两性，常辐射对称；萼片 5；花瓣 5；<u>可育雄蕊 5 或 10，2 轮</u>；蜜腺 5；<u>子房上位</u>，心皮 5，每室具 1-2 倒生胚珠，<u>花柱与心皮同数</u>。果为<u>蒴果</u>，<u>顶端具喙</u>，<u>常室间开裂</u>，<u>每果瓣具 1 种子</u>，<u>成熟时果瓣常爆裂</u>。花粉粒 3 孔沟，网状、条网状或条纹状纹饰。

分布概况： 6 属/780 种，广布温带、亚热带和热带山地；中国 2 属/59 种，南北均产。

系统学评述： 基于 *rbc*L 序列分析认为牻牛儿苗科是个单系类群，*Hypseocharis*（常属于酢浆草科 Oxalidaceae）是该科其他属的姐妹群[1]。*Hypseocharis* 在 APG II 中被独立成科，但在 APG III 中将其置于牻牛儿苗科。最新的分子系统学研究同样支持 *Hypseocharis* 是该科其他属的姐妹群，*Monsonia* 和 *Pelargonium* 为牻牛儿苗属 *Erodium*、老鹳草属 *Geranium* 和 *California* 的姐妹群；*California* 和牻牛儿属互为姐妹群[2]。

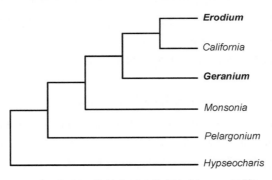

图 129　牻牛儿苗科分子系统框架图（Fiz 等[2]）

分属检索表

1. 可育雄蕊 5；叶片羽状分裂 ···**1. 牻牛儿苗属 Erodium**
1. 可育雄蕊 10（矮老鹳草 *G. pusillum* 为 5）；叶片掌状分裂 ···················· **2. 老鹳草属 Geranium**

1. *Erodium* L'Héritier 牻牛儿苗属

Erodium L'Héritier (1789: 414); Xu & Aedo (2008: 29) (Lectotype: *E. crassifolium* L'Héritier)

特征描述： 草本。茎分枝或无茎，常具膨大的节。叶对生或互生，<u>羽状分裂</u>；托叶淡棕色干膜质。总花梗腋生，常伞形花序；花对称或稍不对称；萼片 5；花瓣 5；蜜腺 5；<u>可育和退化雄蕊各 5</u>；<u>子房 5 裂，5 室，花柱 5</u>。<u>蒴果具长喙</u>，<u>成熟后分裂成 5 果瓣</u>，每

果瓣具 1 种子。种子无胚乳。花粉粒 3 孔沟，网状-条状纹饰。染色体 x=8-10。

分布概况：约 74/4 种，**12-3 型**；分布于欧亚温带，地中海，非洲，澳大利亚和南美洲；中国产东北、华北、西北、四川和西藏。

系统学评述：Guittonneau[3]将该属分成 2 亚属：*Erodium* subgen. *Erodium* 具有借风传播的双悬果，芒的内表面具有长的羽毛状纤维，包括 *E.* sect. *Oxyrrhyncha* 和 *E.* sect. *Erodium*；而 *E.* subgen. *Barbata* 具动物传播的双悬果，芒具有不等长且坚硬的纤维，包括 *E.* sect. *Malacoidea*、*E.* sect. *Absinthioidea* 和 *E.* sect. *Cicutaria*。分子系统学研究表明该属是个单系类群，但是不支持 Guittonneau 对其亚属的划分[2,4]。

DNA 条形码研究：BOLD 网站有该属 67 种 183 个条形码数据；GBOWS 已有 3 种 26 个条形码数据。

代表种及用途：牻牛儿苗 *E. stephanianum* Willdenow 全草供药用，有祛风除湿和清热解毒之功效。

2. *Geranium* Linnaeus 老鹳草属

Geranium Linnaeus (1753: 676); Xu & Aedo (2008: 7) (Lectotype: *G. sylvaticum* Linnaeus)

特征描述：草本。茎具明显的节。叶对生或互生，叶片常掌状分裂，稀二回羽状或仅边缘具齿；具托叶。聚伞状花序或单生；花整齐，花萼和花瓣 5；雄蕊 10，稀 5，两轮；子房 5 室，每室具 2 胚珠，柱头 5 裂。蒴果具长喙，成熟后分裂成 5 果瓣，每果瓣具 1 种子。种子具胚乳或无。花粉粒 3 孔沟，网状纹饰。染色体 x=9，10，11，13，14。

分布概况：约 430/55（18）种，**1 型**；世界广布，主产温带及热带山区；中国南北均产，主产西南。

系统学评述：Yeo[5]根据成熟果实开裂方式将该属分为 3 亚属，即 *Geranium* subgen. *Geranium*（分为 3 组，超过 380 种）、*G.* subgen. *Robertium* (Picard) Rouy（分为 8 组，30 种）和 *G.* subgen. *Erodioidea*（分为 3 组，19 种）。目前没有针对该属的分子系统学研究，但是对牻牛儿苗科的分子系统学研究表明，该属是个单系类群，且聚成 2 支，即来自 *G.* subgen. *Geranium* 和 *G.* subgen. *Erodioidea* 的种类聚为 1 支；*G.* subgen. *Robertium* 的种类聚为 1 支，并在老鹳草属的基部[2]。

DNA 条形码研究：BOLD 网站有该属 65 种 197 个条形码数据；GBOWS 已有 15 种 136 个条形码数据。

代表种及用途：野老鹳草 *G. carolinianum* Linnaeus 全草可入药。五叶老鹳草 *G. delavayi* Franchet 全草供药用，有治疗痢疾、肠炎之功效。

主要参考文献

[1] Price RA, Palmer JD. Phylogenetic relationships of the Geraniaceae and Geraniales from *rbc*L sequence comparisons[J]. Ann MO Bot Gard, 1993, 80: 661-671.

[2] Fiz O, et al. Phylogeny and historical biogeography of Geraniaceae in relation to climate changes and pollination ecology[J]. Syst Bot, 2008, 33: 326-342.

[3] Guittonneau GG. Taxonomy, ecology, and phylogeny of the genus *Erodium* L'Her. in the Mediterranean

region[M]//Vorster P. Proc 1st international Geraniaceae symposium. Stellenbosch, South Africa: Stellenbosch University, 1990: 69-91.

[4] Fiz O, et al. Phylogenetic relationships and evolution in *Erodium* (Geraniaceae) based on *trn*L-*trn*F sequences[J]. Syst Bot, 2006, 31: 739-763.

[5] Yeo P. The classification of Geraniaceae[M]//Vorster P. Proc 1st international Geraniaceae symposium. Stellenbosch, South Africa: Stellenbosch University, 1990: 1-22.

Combretaceae R. Brown (1810), *nom. cons.* 使君子科

特征描述： 乔木或灌木，稀为木质藤本。单叶对生或互生，极少轮生，全缘或少有锯齿；<u>具叶柄</u>；无托叶；<u>叶基、叶柄或叶下缘齿间具腺体</u>。花序头状、穗状、总状或圆锥状；花两性，稀单性，辐射对称；花瓣 4-5 或不存在；花萼裂片 4-5（8），<u>萼管与子房合生</u>，且延伸其外成 1 管；<u>雄蕊与萼片同数，或为后者 2 倍</u>，花丝在芽时内弯，花药"丁"字着；<u>常有花盘</u>；子房下位，1 室，胚珠 2-6，倒生。果革质或核果状，常具翅或 2-5 棱。种子 1 枚，<u>无胚乳</u>。花粉粒 3 孔沟（或沟），稀为 4，多为异沟。染色体 2*n*=24，26，36，38，48，56，104。

分布概况： 14-20 属/约 500 种，产非洲和亚洲的热带和亚热带地区；中国 4 属/23 种，产长江以南。

系统学评述： 使君子科为桃金娘目 Myrtales 的 14 个核心科之一[1]。Conti 等[2]利用 *rbc*L 片段分析发现，使君子科是桃金娘目其余科的姐妹群[APW]。Sytsma 等[3]研究表明使君子科为单系，是桃金娘目其余科的姐妹群，其在桃金娘目可能最早分化[4]。分子系统发育研究表明，*Strephonema* 可能是该科其余所有属的姐妹群；该科被划分为 Strephonematoideae 亚科（仅 *Strephonema*）和风车子亚科 Combretoideae；风车子亚科下的 Laguncularieae 族和风车子族 Combreteae 的单系性均得到支持；风车子族又进一步被划分为榄仁亚族 Terminaliinae 和风车子亚族 Combretinae，在风车子亚族内，单种属 *Guiera* 和 *Calycopteris* 构成 1 支，是该亚族其余属的姐妹群，而榄仁亚族下各属间的系统关系并未得到解决[5]。

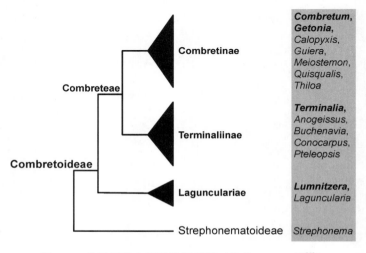

图 130　使君子科分子系统框架图（参考 Maurin 等[5]）

分属检索表

1. 花瓣 5-4；叶常具明显的鳞片状毛被
  2. 萼管无贴生的小苞片；藤本 ·································· **1. 风车子属 *Combretum***
  2. 萼管具贴生的小苞片 2，萼齿宿存；直立灌木或小乔木 ··········· **3. 榄李属 *Lumnitzera***
1. 花瓣不存在；叶两面无明显的鳞片状毛被
  3. 花萼裂片在果时膨大；近攀援灌木，枝下垂 ···················· **2. 萼翅藤属 *Getonia***
  3. 花萼裂片脱落；乔木或灌木 ································· **4. 诃子属 *Terminalia***

1. *Combretum* Loefling 风车子属

Combretum Loefling (1758: 308), *nom. cons.*; Chen & Nicholas (2007: 316) [Type: *C. fruticosum* (Loefling) Stuntz (≡ *Gaura fruticosa* Loefling)]. ——*Quisqualis* Linnaeus (1762: 556)

    特征描述：藤本，或近直立灌木，偶为乔木。叶对生，近对生，稀近轮生，近全缘，常被鳞片，或脉腋具小窝穴或簇毛；具叶柄。花序圆锥状、穗状或总状，密被鳞片或柔毛；花两性或杂性，4-5 数；苞片小，早落；萼管短，于子房之上成杯状、钟状或漏斗状，裂片 4-5，脱落；花瓣小，着生于萼管上或与萼齿互生，雄蕊为花瓣数 2 倍，2 轮；花盘大部分与萼管贴生，上部有时分离，分离部分常具粗毛环。果革质，不裂，具翅或 4-5 棱。花粉粒 3 沟，细网状至皱波状纹饰。染色体 $2n=26$，38，56，104。

    分布概况：250/12 种，**2 型**；除大洋洲外，热带广布；中国产长江以南。

    系统学评述：传统的风车子属是个单系类群。该属隶属于风车子亚科风车子族风车子亚族[5]，为使君子科最大的属，分为 3 亚属，即 *Combretum* subgen. *Combretum*（鳞片着生于叶片下表面，通常具花瓣，约 150 种，可进一步划分为 33 组），*C.* subgen. *Cacoucia*（具腺柄，通常具花瓣，约 104 种，划分为 17 组），*C.* subgen. *Apetalanthum*（具鳞片和腺毛，无花瓣，1 种）[4]。Maurin 等[5]基于 ITS 和叶绿体 *rbc*L+*psa*A-*ycf*3+ *psb*A-*trn*H 联合分析结果认为，*Meiostemon* 应并入 *Combretum* subgen. *Combretum*，*Calopyxis* 和使君子属 *Quisqualis* 应并入 *Combretum* subgen. *Cacoucia*。

    DNA 条形码研究：BOLD 网站有该属 75 种 246 个条形码数据；GBOWS 已有 5 种 26 个条形码数据。

    代表种及其用途：该属植物的根、茎、叶、花和种子均可入药，在非洲和亚洲等地被用于治疗麻风、肝炎、痢疾、呼吸道感染甚至癌症等。

2. *Getonia* Roxburgh 萼翅藤属

Getonia Roxburgh (1798: 61); Chen & Nicholas (2007: 315) (Type: *G. floribunda* Roxburgh). ——*Calycopteris* Lamarck (1793: 357)

    特征描述：常绿蔓生大藤本。茎皮灰白色，枝纤细下垂。叶对生或近对生，全缘，上面主脉及侧脉上被毛，下面密被鳞片及柔毛；叶柄短，密被柔毛。总状花序腋生或集生枝顶形成大型聚伞状花序；花小，绿色，具披针形的苞片，无柄；花萼管具 5 棱，5

裂，宿存并在果时扩大；<u>花瓣缺</u>；<u>雄蕊 10</u>，<u>5 枚着生于萼齿上部</u>，<u>5 枚与萼齿互生</u>；<u>子房 1 室</u>，<u>下位</u>，花柱锥形，单一，胚珠 3。假翅果被柔毛，具 5 棱，宿存萼片 5，增大为翅状。种子单一，为伸长的萼所包，<u>子叶卷曲</u>。花粉粒 3 孔，光滑纹饰。染色体 n=13。

分布概况：1/1 种，**7 型**；分布于中南半岛，印度，马来西亚；中国产云南。

系统学评述：萼翅藤属隶属于风车子亚科风车子族风车子亚族[4,5]。该属是亚洲热带山地特有属，其在中国云南西部分布表明该地区植物区系的热带北缘性。

代表种及其用途：萼翅藤 *G. floribunda* Roxburgh 被列为国家 I 级重点保护野生植物；叶可用作强壮药和去毒药；果用作兴奋剂。

3. *Lumnitzera* Willdenow 榄李属

Lumnitzera Willdenow (1803: 186); Chen & Nicholas (2007: 309-310) (Type: *L. racemosa* Willdenow)

特征描述：<u>灌木或小乔木</u>。叶互生，稍肉质，全缘，有光泽，密集于小枝末端；<u>具极短的柄</u>。总状花序腋生或顶生；<u>花两性</u>；萼管状，延伸于子房之上，近基部具 2 小苞片，裂齿 5；<u>花瓣 5</u>，<u>红色或白色</u>；雄蕊 10 或更少；子房下位，1 室，胚珠 2-5，倒悬。<u>果实木质</u>，长椭圆形，近于平滑或具纵皱纹。种子 1。花粉粒 3 孔沟，穿孔状纹饰。

分布概况：2/2 种，**4 型**；分布于非洲大陆东部至马达加斯加，大洋洲北部，亚洲热带及太平洋地区；中国产台湾、广东和海南。

系统学评述：榄李属被置于风车子亚科 Laguncularieae 族，为单系属[4,5]。

DNA 条形码研究：BOLD 网站有该属 2 种 37 个条形码数据；GBOWS 已有 1 种 10 个条形码数据。

代表种及其用途：该属植物为热带海岸红树林群落构成种。红榄李 *L. littorea* (Jack) Voigt 的木材可作精工木料。榄李 *L. racemosa* Willdeno 树叶熬汁可作药用。

4. *Terminalia* Linnaeus 诃子属

Terminalia Linnaeus (1767: 674), *nom. cons.*; Chen & Nicholas (2007: 310) (Type: *T. catappa* Linnaeus). —— *Anogeissus* (de Candolle) Wallich (1832: 279)

特征描述：乔木，<u>具板根</u>，稀为灌木。叶互生，常成假轮状聚生枝顶，全缘或稍有锯齿；<u>叶柄上或叶基部常具 2 以上腺体</u>。穗状或总状花序腋生或顶生；花小，两性，5 数，稀 4 数，稀花序上部为雄花，下部为两性花；<u>苞片早落</u>；<u>萼管杯状</u>，<u>萼齿 5 或 4</u>；花瓣缺；雄蕊 10 或 8，2 轮，着生于萼管上，<u>花药背着</u>；花盘常被髯毛或长柔毛；子房下位，1 室，<u>胚珠 2</u>，稀 3-4，悬垂。假核果，<u>大小形状悬殊</u>，具棱或 2-5 翅，<u>内果皮具厚壁组织</u>。种子 1，无胚乳，子叶旋卷。花粉粒 3 孔沟，皱波状纹饰。

分布概况：约 200/8 种，**2 型**；热带广布；中国产台湾、广东、广西、四川、云南和西藏。

系统学评述：诃子属隶属于风车子亚科风车子族榄仁亚族[6]。Maurin 等[5]基于 ITS 和叶绿体 *rbc*L+*psa*A-*ycf*3+*psb*A-*trn*H 片段联合分析发现，该属不是单系，包含非洲的种类和大部分亚洲的种类，榄仁亚族中除 *Conocarpus* 外，*Anogeissus*、*Buchenavia* 和 *Pteleopsis* 这 3 个属都应并入广义的诃子属[5]。

DNA 条形码研究：BOLD 网站有该属 30 种 115 个条形码数据；GBOWS 已有 7 种 42 个条形码数据。

代表种及其用途：该属多数种类是良好的用材；部分种类果可食或提供单宁、染料和药用，如 *T. catappa* Linnaeus 等。

主要参考文献

[1] Dahlgren R, Thorne RF. The order Myrtales: circumscription, variation, and relationships[J]. Ann MO Bot Gard, 1984: 633-699.

[2] Conti E, et al. Circumscription of Myrtales and their relationships to other rosids: evidence from *rbc*L sequence data[J]. Am J Bot, 1996: 221-233.

[3] Sytsma K, et al. Clades, clocks, and continents: historical and biogeographical analysis of Myrtaceae, Vochysiaceae, and relatives in the Southern Hemisphere[J]. Int J Plant Sci, 2004, 165: S85-S105.

[4] Stace CA. Combretaceae[M]//Kubitzki K. The families and genera of vascular plants, IX. Berlin: Springer, 2007: 67-82.

[5] Maurin O, et al. Phylogenetic relationships of Combretaceae inferred from nuclear and plastid DNA sequence data: implications for generic classification[J]. Bot J Linn Soc, 2010, 162: 453-476.

[6] Stace CA. The significance of the leaf epidermis in the taxonomy of the Combretaceae: conclusions[J]. Bot J Linn Soc, 1980, 81: 327-339.

Lythraceae Jaume Saint-Hilaire (1805), *nom. cons.* 千屈菜科

特征描述：草本、灌木或乔木。枝通常四棱形，有时具棘状短枝。叶对生，稀轮生或互生，全缘，<u>叶片下面有时具黑色腺点；托叶细小或无托叶</u>。花单生或簇生，或组成顶生或腋生的穗状、总状或圆锥花序；花两性，辐射对称，稀左右对称；<u>花萼筒状或钟状，平滑或有棱，有时有距，与子房分离而包围子房，3-6裂，很少至16裂，镊合状排列；花瓣与萼裂片同数或无花瓣，花瓣着生萼筒边缘，在花芽时成皱褶状；雄蕊通常为花瓣的倍数，着生于萼筒上，但位于花瓣的下方，花丝长短不一</u>，在芽时常内折，花药2室，纵裂；子房上位，2-16室，每室具倒生胚珠多数，着生于中轴胎座上，<u>花柱单生，长短不一，柱头头状，稀2裂</u>。蒴果革质或膜质，2-6室，稀1室，横裂、瓣裂或不规则开裂，稀不裂。种子多数，形状不一，有翅或无翅，无胚乳，子叶平坦，稀折叠。花粉粒多为3（-4）孔沟（孔或沟）。染色体 n=5，8，11等。

分布概况：32属/约602种，广布热带和亚热带；中国11属/45种。

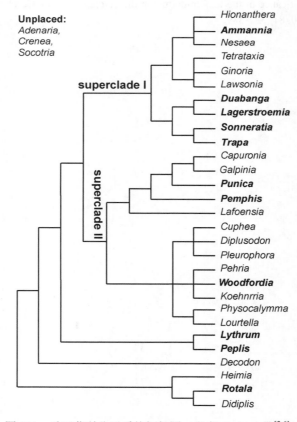

图131　千屈菜科分子系统框架图（参考 Graham 等[2,6]）

系统学评述：分子系统学研究将原本独立的八宝树科 Duabangaceae、石榴科 Punicaceae、海桑科 Sonneratiaceae 和菱科 Trapaceae 与传统的千屈菜科合并，共同构成新的千屈菜科，为 1 个单系，与柳叶菜科 Onagraceae 互为姐妹关系[APW]。其中，*Decodon* 可能是千屈菜科其余属的姐妹分支，千屈菜属 *Lythrum* 与萼艾属 *Peplis* 互为姐妹，但科内大多数类群间的系统关系仍没有得到很好解决[1-5]。

分属检索表

1. 雄蕊全部或部分位于萼筒边缘，通常多数，很少到 12
  2. 萼筒上位，橙红或黄；果期萼筒完全包裹果实，萼片直立宿存；种子肉质 ···· **7. 石榴属 Punica**
  2. 萼筒周位或半上位，绿色；果期萼筒半包裹果实或扁平，萼片展开；种子干
    3. 花 1-3（-5），聚为顶生总状花序；花瓣条形或无；浆果不裂，球形，革质 ···················
    ··· **9. 海桑属 Sonneratia**
    3. 花 5 至多数，多为顶生伞房花序；花瓣长圆形到倒卵形；蒴果开裂，厚壁 ···················
    ··· **2. 八宝树属 Duabanga**
1. 雄蕊全部位于萼筒边缘以下，通常 4-12，很少为多数
  4. 果实有 2-4 突出的硬化刺；叶缘远端粗齿状 ··· **10. 菱属 Trapa**
  4. 果实无刺或角；叶全缘
    5. 花序顶端为花芽 ··· **3. 紫薇属 Lagerstroemia**
    5. 花序顶端为营养芽
      6. 叶具腺点 ·· **11. 虾子花属 Woodfordia**
      6. 叶无腺点
        7. 萼筒圆柱形，长至少两倍于宽，辐射对称或两侧对称 ········· **4. 千屈菜属 Lythrum**
        7. 萼筒钟状到球状或杯状，长略大于宽，辐射对称
          8. 种子规则或略不规则的倒金字塔形；胚内嵌密集的小细胞通气组织 ············
          ··· **5. 水芫花属 Pemphis**
          8. 种子细长到近球形，凹凸或两侧扁平；胚被几层种皮包围，通气组织不存在或浮在种子中缝
            9. 花 4 基数
              10. 蒴果室间开裂，壁在显微镜下呈横向条纹 ······ **8. 节节菜属 Rotala**
              10. 蒴果不规则开裂，壁光滑 ······················· **1. 水苋菜属 Ammannia**
            9. 花 6 基数
              11. 蜜腺不存在；花 0.75-3mm ··························· **6. 萼艾属 Peplis**
              11. 具蜜腺；花 4-14mm ······························ **4. 千屈菜属 Lythrum**

1. *Ammannia* Linnaeus 水苋菜属

Ammannia Linnaeus (1753: 119); Qin & Graham (2007: 275) (Lectotype: *A. latifolia* Linnaeus)

    特征描述：一年生草本。<u>叶对生，有时轮生</u>；近无柄。花单生或组成腋生的聚伞花序或稠密花束；花小，4 数，辐射对称；<u>花萼钟状或壶状，花后常变为球形</u>，4-6 裂，裂片间有时有小附属体；花瓣 4，小或缺；<u>雄蕊 2-8，通常 4</u>，着生于萼管上；子房球形或长圆形，包藏于萼管内，2-4 室，胚珠多数。蒴果球形或长椭圆形，<u>膜质，下半部为宿存萼包围</u>，<u>成熟时横裂或不规则开裂，果壁无平行的横纹</u>。种子多数，细小，有棱。

花粉粒异沟，光滑、皱波状或条纹纹饰。染色体 n=8，12，16 等。

分布概况：约 25/4 种，**1** 型；广布热带和亚热带，非洲和亚洲较多；中国南北均产，以长江以南尤盛。

系统学评述：分子系统学研究表明水苋菜属、*Hionanthera* 和 *Nesaea* 构成 1 个独立分支，其中水苋菜属和 *Hionanthera* 为并系类群[5]。

DNA 条形码研究：BOLD 网站有该属 9 种 25 个条形码数据；GBOWS 已有 2 种 28 个条形码数据。

2. *Duabanga* Buchanan-Hamilton 八宝树属

Duabanga Buchanan-Hamilton (1837: 177); Qin & Graham (2007: 276) (Type: *D. sonneratioides* Buchanan-Hamilton)

特征描述：大乔木，略具板根。树皮灰白色，不裂；树干圆满通直，枝四角形，下垂。叶对生，全缘，长椭圆形，先端尖，基部浅心形；羽状脉，侧脉多数，近平行；叶柄短。大型伞房花序顶生；萼片 5；花瓣 5，倒卵形，白色，有波纹；雄蕊多数；子房半下位，4-8 室，胚珠多数。蒴果球形，略具四棱，4-8 瓣裂，宿萼厚革质。种子小，两端有星状突出物。花粉粒 3 孔，疣状纹饰。染色体 n=12。

分布概况：2-3/2 种，**7** 型；分布于亚洲东南部热带雨林；中国产云南，海南有引种。

系统学评述：传统的海桑科包含八宝树属和海桑属 *Sonneratia*，基于叶绿体片段的分子系统学研究将海桑科划入千屈菜科；八宝树属是个单系类群，与紫薇属 *Lagerstroemia* 形成姐妹群[4]。

DNA 条形码研究：BOLD 网站有该属 2 种 8 个条形码数据；GBOWS 已有 1 种 9 个条形码数据。

3. *Lagerstroemia* Linnaeus 紫薇属

Lagerstroemia Linnaeus (1759: 1076); Qin & Graham (2007: 277) (Type: *L. indica* Linnaeus)

特征描述：灌木或乔木。叶对生或上部的互生，全缘。圆锥花序腋生或顶生；花两性，辐射对称，常艳丽；花萼半球形或陀螺形，常有棱，或棱增宽成翅，5-9 裂；花瓣常 6，或和花萼裂片同数，常具皱，基部有细长的爪；雄蕊 6 至极多数；子房 3-6 室，每室胚珠多数，花柱长，柱头头状。蒴果木质，基部为宿存的花萼包围，多少和花萼黏合，成熟时室背开裂为 3-6 果瓣。种子多数，顶端有翅。花粉粒 3 孔沟，皱波状、网状、小槽状或穿孔状纹饰。

分布概况：约 55/15（8）种，**5** 型；分布于热带、亚热带亚洲和澳大利亚，日本北部；中国主产西南至台湾。

系统学评述：分子系统学研究表明该属和八宝树属具有最近的亲缘关系[4]，但是目前未见属下的系统研究。

DNA 条形码研究：BOLD 网站有该属 7 种 16 个条形码数据；GBOWS 已有 4 种 11 个条形码数据。

代表种及其用途：该属一些种类的木材坚硬，纹理通直，结构细致，是珍贵的室内装修材料；大多数种类有大而美丽的花，常栽培作庭园观赏树；有的种类在石灰岩石山可生长成乔木，而且伐后萌蘖力强，是绿化石灰岩地区的良好用材。

4. *Lythrum* Linnaeus 千屈菜属

Lythrum Linnaeus (1737: 138); Qin & Graham (2007: 281) (Lectotype: *L. hyssopifolia* Linnaeus)

特征描述：一年生或多年生草本，稀灌木。小枝常具 4 棱。叶交互对生或轮生，稀互生，全缘。花单生叶腋或组成穗状、总状或歧伞花序；花辐射对称或稍左右对称；萼筒长圆筒形，稀阔钟形，有 8-12 棱，裂片 4-6，附属体明显，稀不明显；花瓣 4-6，稀8 或缺；雄蕊 4-12，1-2 轮，长短各半，或有长中短三型；子房 2 室，无柄或几无柄，花柱线形，亦有长中短三型。蒴果完全包藏于宿存萼内，通常 2 瓣裂，每瓣或再 2 裂。种子 8 至多数，细小。花粉粒 6 或 8 带状异孔沟，皱波状、条纹或穿孔状纹饰。

分布概况：约 35/2 种，**1** 型；世界广布；中国产西南至华北。

系统学评述：分子系统学研究表明该属和萼艾属具最近的亲缘关系[2]，但是目前未见属下的系统研究。

DNA 条形码研究：BOLD 网站有该属 10 种 42 个条形码数据；GBOWS 已有 1 种22 个条形码数据。

代表种及其用途：该属植物多具有大的花序和紫红色的花，常栽培于花坛；有些种类根含单宁，可提制栲胶或药用作收敛剂。

5. *Pemphis* J. R. Forster & G. Forster 水芫花属

Pemphis J. R. Forster & G. Forster (1775: 34); Qin & Graham (2007: 282) (Type: *P. acidula* J. R. Forster & G. Forster)

特征描述：灌木或小乔木。叶对生，全缘，极厚，肉质。花单生叶腋，花梗基部有2 小苞片；花 6 基数，辐射对称；萼筒钟状或浅杯状，有 12 至多数棱，6 裂，裂片短而直立，三角形，裂片间有 6 短小的角状附属体；花瓣 6，着生于萼筒顶部；雄蕊 12，2轮，着生于萼筒近中部；子房小，基部 3 室，每室胚珠多数，花柱长，柱头头状。蒴果革质，球形或倒卵形，包藏于萼管内或上半部伸出萼外，成不规则的周裂。种子多数，楔状倒卵形，有棱或稍压扁，种皮常扩大成翅。花粉粒 3-4 孔沟，外壁粗糙。

分布概况：1/1 种，**4 型**；分布于东半球热带海岸，马达加斯加；中国产台湾。

系统学评述：分子系统学研究表明该属和石榴属具最近的亲缘关系[2]。

DNA 条形码研究：BOLD 网站有该属 1 种 2 个条形码数据。

代表种及其用途：水芫花 *P. acidula* J. R. Forster & G. Forster 作护岸树种。

6. *Peplis* Linnaeus 萼艾属

Peplis Linnaeus (1753: 332); Qin & Graham (2007: 283) (Type: *P. portula* Linnaeus)

特征描述：一年生柔弱草本，无毛。茎多少有棱。叶对生或互生，无柄。花 3-6 数，辐射对称，单生于叶腋，无梗或具极短的梗；苞片 2 或缺，干膜质；萼草质，阔钟形或半球形，有脉 8-12，裂片与萼筒等长或较短，无或有长的附属体；花瓣缺或 6，小而早落；雄蕊 6（5-4，2）；子房无柄，多少球形，不完全 2 室，花柱极短或无花柱，柱头头状。果实近球形，稍有 2 槽纹，不破裂。种子极小，多数。花粉粒 3 孔沟，条纹状纹饰。

分布概况：约 8/1 种，**8** 型；分布于欧洲；中国产新疆。

系统学评述：分子系统学研究表明该属和千屈菜属具最近的亲缘关系[2]，但是目前未见属下的系统研究。

DNA 条形码研究：BOLD 网站有该属 1 种 2 个条形码数据。

7. *Punica* Linnaeus 石榴属

Punica Linnaeus (1753: 472); Qin & Graham (2007: 283) (Type: *P. granatum* Linnaeus)

特征描述：落叶乔木或灌木。冬芽小，有 2 对鳞片。单叶，常对生或簇生，有时呈螺旋状排列；无托叶。花顶生或近顶生，单生或几花簇生或组成聚伞花序；花两性，辐射对称；萼革质，萼管与子房贴生，且高于子房，近钟形，裂片 5-9，镊合状排列，宿存；花瓣 5-9，多皱褶，覆瓦状排列；雄蕊生萼筒内壁上部，多数，花丝分离，芽中内折，花药背部着生，2 室纵裂；子房下位或半下位，心皮多数，1-3 轮，初呈同心环状排列，后渐成叠生（外轮移至内轮之上），最低 1 轮具中轴胎座，较高的 1-2 轮具侧膜胎座，胚珠多数。浆果球形，顶端有宿存花萼裂片，果皮厚。种子多数，种皮外层肉质，内层骨质，胚直，无胚乳，子叶旋卷。花粉粒 3 孔沟，细疣状或细皱波状纹饰。

分布概况：2/1 种，（**12**）型；产地中海至亚洲西部；中国引种栽培。

系统学评述：分子系统学研究表明该属和水苋花属具最近的亲缘关系[2]。

DNA 条形码研究：BOLD 网站有该属 2 种 37 个条形码数据；GBOWS 已有 1 种 4 个条形码数据。

代表种及其用途：该属植物果实可食用；果皮可入药。

8. *Rotala* Linnaeus 节节菜属

Rotala Linnaeus (1771: 143); Qin & Graham (2007: 283) (Type: *R. verticillaris* Linnaeus)

特征描述：一年生草本，少有多年生。全株无毛或近无毛。叶交互对生或轮生，稀互生；无柄或近无柄。花小，3-6 基数，辐射对称，单生叶腋，或组成顶生或腋生的穗状花序或总状花序，常无花梗；小苞片 2；萼筒钟形至半球形或壶形，干膜质，稀革质，3-6 裂，裂片间无附属体，或有而成刚毛状；花瓣 3-6，细小或无；雄蕊 1-6；子房 2-5 室，花柱短或细长，柱头盘状。蒴果不完全为宿存的萼管包围，室间开裂成 2-5 瓣，软骨质，果壁在放大镜下可见有密的横纹。种子细小。花粉粒 3 孔沟，粗糙至具疣状纹饰。

分布概况：约 46/10（1）种，**2** 型；主产亚洲及非洲热带地区，少数到澳大利亚、欧洲及美洲；中国产华南。

系统学评述：分子系统学研究表明节节菜属和美洲分布的 *Heimia* 和 *Didiplis* 组成千屈菜科 1 个早期分支[5]。

DNA 条形码研究：BOLD 网站有该属 3 种 7 个条形码数据；GBOWS 已有 5 种 46 个条形码数据。

9. *Sonneratia* Linnaeus f. 海桑属

Sonneratia Linnaeus f. (1782: 252); Qin et al. (2007: 286) (Type: *S. acida* Linnaeus f.)

特征描述：乔木或灌木。全部无毛，生于海岸泥滩上，树干基部周围很多与水面垂直而高出水面的呼吸根。花单生或 2-3 花聚生于近下垂的小枝顶部；萼筒倒圆锥形、钟形或杯形，果实成熟时浅碟形，4-6（-8）裂，裂片卵状三角形，内面常有颜色；花瓣与花萼裂片同数或无，与雄蕊常早落；雄蕊极多数，花药肾形；花盘碟状；子房多室，花柱芽时弯曲。浆果扁球形，顶端有宿存的花柱基。种子藏于果肉内，外种皮不延长。花粉粒 3 孔，网状纹饰。

分布概况：约 9/6（1）种，**4 型**；分布于非洲东部热带海岸和邻近岛屿；中国产海南和福建。

系统学评述：传统的海桑科包含八宝树属和海桑属，基于叶绿体片段的研究将海桑科划入千屈菜科；海桑属是单系类群，其中无瓣海桑 *S. apetala* Buchanan-Hamilton、杯萼海桑 *S. alba* Smith、桑海桑 *S. ovate* Backer 和海南海桑 *S. × hainanensis* W. C. Ko, E. Y. Chen & W. Y. Chen 构成 1 个分支，而海桑 *S. caseolaris* (Linnaeus) Engler 和 *S. paracaseolaris* W. C. Ko, E. Y. Chen & W. Y. Chen 则形成另外 1 个分支[4]。

DNA 条形码研究：BOLD 网站有该属 6 种 30 个条形码数据；GBOWS 已有 2 种 7 个条形码数据。

代表种及其用途：该属植物是组成红树林种类之一。

10. *Trapa* Linnaeus 菱属

Trapa Linnaeus; Chen et al. (2007: 290) (Type: *T. natans* Linnaeus)

特征描述：一年生浮水或半挺水草本植物。根和叶均二型。浮水叶菱形，旋叠状，突出水面，边缘有小锯齿；叶柄膨大，海绵质。花小，两性，白色，单生于叶腋；花萼宿存或早落，与子房基部合生，有时具刺；花瓣 4，覆瓦状排列；花盘波状；雄蕊 4，排成 2 轮；子房半下位，胚珠单生，下垂。果革质，有角。花粉粒 3 沟，疣状纹饰。染色体 $n=23$，45 等。

分布概况：2/2 种，**10 型**；分布于欧亚及非洲热带、亚热带和温带地区；中国产长江流域亚热带地区。

系统学评述：菱属原置于柳叶菜科 Onagraceae，但因其子房 2 室，每室有 1 胚珠，且果为坚果状，所以有些学者主张把它分出而自成 1 科。分子系统学研究支持该属与海桑属互为姐妹群，为广义千屈菜科的成员[5]。

DNA 条形码研究：BOLD 网站有该属 2 种 6 个条形码数据；GBOWS 已有 1 种 8 个条形码数据。

代表种及其用途：该属植物果实含丰富的淀粉，可供食用。

11. *Woodfordia* Salisbury 虾子花属

Woodfordia Salisbury (1806: 42); Qin & Graham (2007: 288) (Type: *W. floribunda* Salisbury, *nom. illge.* (= *W. fruticosa* (Linnaeus) Kurz ≡ *Lythrum fructicosum* Linnaeus)

特征描述：灌木或小乔木。<u>茎干不规则分枝</u>，<u>枝条下垂</u>。叶对生，<u>有毛或被绒毛</u>，<u>叶背面有黑色腺点</u>；无柄。短聚伞状圆锥花序腋生，少单花；花略微呈两侧对称；萼长管状，稍弯曲，6（4）齿裂；花瓣 6，着生于萼齿间，小而狭；<u>雄蕊 12</u>，<u>两轮</u>；<u>子房椭圆形</u>，<u>花柱比雄蕊花丝更粗</u>，<u>柱头点状</u>。果皮薄，半透明，不规则开裂。种子细小多数，呈窄的倒金字塔形。花粉粒 3 孔沟，细皱状纹饰。染色体 $n=16$。

分布概况：2/1 种，**6-2 型**；分布于非洲，阿拉伯半岛和东南亚；中国产西南。

系统学评述：由 2 个种组成的虾子花属和马达加斯加分布的 *Koehneri*，以及拉丁美洲分布的 *Lourtella*、*Adenaria* 和 *Pehria* 的系统关系较近；其中亚洲分布的虾子花 *W. fruticosa* (Linnaeus) Kurz 和非洲分布的 *W. uniflora* (A. Richard) Koehne 只存在数量性状上的差异，人工栽培时可以发生杂交[7]。

DNA 条形码研究：BOLD 网站有该属 2 种 6 个条形码数据；GBOWS 已有 1 种 16 个条形码数据。

主要参考文献

[1] Graham SA. Biogeographic patterns of Antillean Lythraceae[J]. Syst Bot, 2003, 28: 410-420.

[2] Graham SA, et al. Phylogenetic analysis of the Lythraceae based on four gene regions and morphology[J]. Int J Plant Sci, 2005, 166: 995-1017.

[3] Graham SA, et al. A phylogenetic study of *Cuphea* (Lythraceae) based on morphology and nuclear rDNA ITS sequences[J]. Syst Bot, 2006, 31: 764-778.

[4] Shi S, et al. Phylogenetic analysis of the Sonneratiaceae and its relationship to Lythraceae based on ITS sequences of nrDNA[J]. J Plant Res, 2000, 113: 253-258.

[5] Huang Y, Shi S. Phylogenetics of Lythraceae *sensu lato*: a preliminary analysis based on chloroplast *rbc*L gene, *psa*A-*ycf*3 spacer, and nuclear rDNA internal transcribed spacer (ITS) sequences[J]. Int J Plant Sci, 2002, 163: 215-225.

[6] Graham SA, et al. Relationships among the confounding genera *Ammannia*, *Hionanthera*, *Nesaea* and *Rotala* (Lythraceae)[J]. Bot J Linn Soc, 2011, 166: 1-19.

[7] Graham SA. Systematics of *Woodfordia* (Lythraceae)[J]. Syst Bot, 1995, 20: 482-502.

Onagraceae Jussieu (1789), *nom. cons.* 柳叶菜科

特征描述：一年生或多年生草本，有时为半灌木或灌木，稀为小乔木，有的为水生草本。花两性，稀单性，（2-）4（-7）基数，单生于叶腋或排成顶生的穗状、总状或圆锥花序；萼片绿色或有色；花瓣几等于萼片数或缺失，色泽多样，覆瓦状、旋卷状或偶尔具爪；花药"丁"字着生，稀基部着生；子房下位，与萼片数相同的心皮和小室，每室有 1 至多数胚珠，中轴或侧膜胎座，花柱 1，柱头头状、棍棒状或具裂片。蒴果，室背开裂、室间开裂或不开裂，少有浆果或坚果。花粉单粒或四分体，花粉粒间以黏丝连接，（2-）3（-6）孔（或为沟和孔沟）。

分布概况：17 属/约 650 种，广布温带与热带，以温带为多，大多数种类产北美西部；中国 6 属/70 种，南北均产，其中 3 属引种并逸生，1 属引种栽培。

系统学评述：传统的分类系统将柳叶菜科分为 7 族，其中 Jussiaeae 族为单系，与其他 6 族的关系较远，但这 6 族之间系统发育关系尚未明确[1]。分子系统发育研究表明，柳叶菜科隶属于桃金娘目 Myrtales，与千屈菜科 Lythraceae 构成姐妹分支，包括 2 亚科，即 Jussiaeoideae 和 Onagroideae[APW]。丁香蓼属 *Ludwigia* 是柳叶菜科其余属的姐妹群[2]，月见草属 *Oenothera* 不是单系，山桃草属 *Gaura* 嵌套于其中[3]。

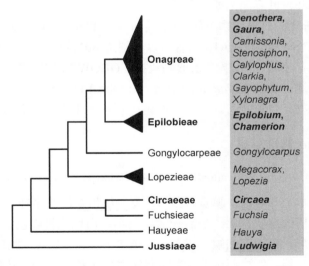

图 132　柳叶菜科分子系统框架图（参考 Levin 等[3]）

分属检索表

1. 萼片、花瓣、雄蕊各 2；子房 1-2 室，每室有 1 胚珠；果实坚果状·················· **2. 露珠草属** *Circaea*

1. 萼片 4-6；花瓣 4-6，稀 0；雄蕊 4 以上；子房 4-5 室；蒴果或浆果

　　2. 叶螺旋形排列或轮生；无花管；花微两侧对称；花瓣全缘；柱头 4 深裂········ **1. 柳兰属** *Chamerion*

　2. 叶至少在花序下部对生；有花管；花辐射对称；柱头 4 裂或不裂

　　　3. 种子有种缨 ·· **3. 柳叶菜属 _Epilobium_**

　　　3. 种子无种缨

　　　　4. 花管不存在；萼片 4 或 5，花后宿存 ······································· **5. 丁香蓼属 _Ludwigia_**

　　　　4. 花管不存在；萼片 4，花后脱落

　　　　　5. 果为开裂，具多数种子的蒴果 ··· **6. 月见草属 _Oenothera_**

　　　　　5. 果坚果状，硬，不裂，具 1-4 种子 ··· **4. 山桃草属 _Gaura_**

1. *Chamerion* Rafinesque ex Holub 柳兰属

Chamerion Rafinesque ex Holub (1972: 85); Chen et al. (2007: 409) [Type: *Epilobium amenum* Rafinesque, *nom. illeg.* (=*Chamerion angustifolium* (Linnaeus) Holub ≡ *Epilobium angustifolium* Linnaeus)]

　　特征描述：草本或亚灌木。叶披针形，螺旋状互生，稀近对生或轮生。顶生的总状花序；<u>花两性</u>，<u>稍两侧对称</u>；萼裂片 4，线形，排成十字形；花瓣 4，全缘；<u>雄蕊 8，不等长</u>，花丝基部宽，弯曲；子房 4 室，下位，花柱基部弯曲，<u>开花时反折</u>，<u>柱头 4 深裂</u>。蒴果圆柱形，具 4 棱。种子多数，纺锤形，<u>顶端有白色簇毛</u>。花粉粒 4-5 孔，多具 3 带状孔，外壁光滑。染色体 2n=18，36，54。

　　分布概况：约 15/4 种，**8 型**；分布于北半球温带与寒带及喜马拉雅；中国产长江以北。

　　系统学评述：通常柳兰属被归入柳叶菜属 *Epilobium*。基于 ITS、*trn*L-F 和 *rps*16 序列的研究表明该属和柳叶菜属为姐妹群[3]。

　　DNA 条形码研究：已报道柳兰属 DNA 条形码（ITS、*trn*L-F 和 *rps*16）信息[3]，其中 ITS+*trn*L-F 或 ITS+*trn*L-F+*rps*16 组合可以鉴别约 80%的物种，可作为柳兰属的鉴定条码。BOLD 网站有该属 3 种 27 个条形码数据；GBOWS 已有 3 种 42 个条形码数据。

　　代表种及其用途：柳兰 *C. angustifolium* (Linnaeus) Holub 花穗长大，花色艳美，是较为理想的夏花植物；全草味苦，无毒，有消肿利水，下乳，润肠等功效。

2. *Circaea* Linnaeus 露珠草属

Circaea Linnaeus (1753: 9); Chen & Boufford (2007: 404) (Lectotype: *C. lutetiana* Linnaeus)

　　特征描述：草本。<u>叶对生</u>，膜质，卵形，<u>有波状齿缺</u>，花序轴上的叶互生并呈苞片状。顶生和侧生具柄的总状花序，最后疏散；花小，白色或粉红色；萼片 2；<u>花瓣 2</u>，倒心形或菱状倒卵形，<u>顶端有凹缺</u>；雄蕊 2；子房下位，1-2 室，胚珠单生或罕为 2 颗上下叠置。<u>蒴果不开裂</u>，<u>外被硬钩毛</u>，有时具明显的木栓质纵棱。花粉粒 3 孔，细皱波状纹饰。染色体 2n=22。

　　分布概况：7/7（1）种，**8 型**；分布于北半球温带；中国产西南、华南至东北。

　　系统学评述：传统上露珠草属被分为 2 大类，单室群和双室群，分别为单系。分子系统学研究认为露珠草属并非都为单系，单室群作为 1 个单系群镶嵌于双室群中[5]。

　　DNA 条形码研究：已报道露珠草属 DNA 条形码（ITS、*trn*L-F、*rpl*16 和 *pet*B-D）

信息[5]，其中 4 个基因片段的组合具有约 80%的物种鉴别率，可作为露珠草属的鉴定条码。BOLD 网站有该属 5 种 43 个条形码数据；GBOWS 已有 5 种 28 个条形码数据。

代表种及其用途：露珠草 *C. cordata* Royle 全草入药，辛、凉，有小毒，清热解毒，生肌，用于治疗疥疮、脓疮、刀伤。

3. *Epilobium* Linnaeus 柳叶菜属

Epilobium Linnaeus (1753: 347); Chen et al. (2007: 411) (Lectotype: *E. hirsutum* Linnaeu)

特征描述：草本或亚灌木，直立或匍匐状。叶狭，状如柳叶，交互对生，茎上部花序上的常互生，边缘有细锯齿、细牙齿或胼胝状齿突，稀全缘。花单生于叶腋内或排成顶生的穗状花序或总状花序；苞片 4；花瓣 4；雄蕊 8，近等长，排成 1 轮（柳兰组 sect. *Chamaenerion*），或排成不等的 2 轮；子房下位，4 室，柱头 4 裂。蒴果长而狭。种子多数，有束毛。花粉粒 3 孔。染色体 2n=24，26，30，32，36，60，72，108。

分布概况：约 165/37（9）种，**8-4 型**；广布寒带、温带与热带高山，世界均产；中国除海南外，南北均产。

系统学评述：传统上将 *Chamaenerion* 处理为柳叶菜属的 1 个组[4]，分子系统学研究表明 *Chamaenerion* 应从柳叶菜属分离而独立成属[3]。

DNA 条形码研究：已报道柳叶菜属 DNA 条形码（5.8S、ITS、*trn*L-F 和 *rps*16）信息[3]，其中 ITS+*trn*L-F 或 ITS+*trn*L-F+*rps*16 组合具有约 80%的物种鉴别率，可作为该属的鉴定条码。BOLD 网站有该属 39 种 153 个条形码数据；GBOWS 已有 9 种 80 个条形码数据。

代表种及其用途：柳叶菜 *E. hirsutum* Linnaeus 嫩苗嫩叶可作色拉凉菜；根或全草入药，可消炎止痛、祛风除湿、跌打损伤，有活血止血、生肌之效。

4. *Gaura* Linnaeus 山桃草属

Gaura Linnaeus (1753: 347); Chen et al. (2007: 427) (Type: *G. biennis* Linnaeus)

特征描述：一年生或多年生草本，有时近基部木质化。叶互生。穗状花序或总状花序；花白色或粉红色；花常 4 数，稀 3 数，两侧对称；花瓣水平地排向一侧，雄蕊与花柱伸向花的另一侧，花常在傍晚开放，开放后一天内就凋谢；雄蕊 8，花丝基部有一鳞片状的附属体；子房下位，1 室，有倒垂胚珠 1，柱头 4 裂，为 1 杯状体所围绕。果坚果状，有棱。花粉粒 3 孔，颗粒状纹饰。染色体 2n=14，28，42，56。

分布概况：21/3 种，**9 型**；产北美墨西哥；中国栽培并逸生，见于北京、山东、南京、浙江、江西和香港。

系统学评述：山桃草属包含 8 组，但该属并非单系[6]，分子系统学研究表明该属与 *Stenosiphon* 形成单系分支[7]。

DNA 条形码研究：已报道山桃草属 DNA 条形码（ITS、ETS 和 *trn*L-F）信息[7]，其中基于 ITS 序列分析显示，大多数分支具有约 90%以上的物种鉴别率，可作为山桃草属的鉴定条码[6]。BOLD 网站有该属 3 种 3 个条形码数据；GBOWS 已有 2 种 14 个条形码数据。

代表种及其用途：小花山桃草 *G. parviflora* Douglas ex Lehmann 全草入药，清热解毒，利尿。

5. *Ludwigia* Linnaeus 丁香蓼属

Ludwigia Linnaeus (1753: 118); Chen et al. (2007: 400) (Lectotype: *L. alternifolia* Linnaeus). —— *Jussiaea* Linnaeus (1753: 388)

特征描述：湿生草本。水生类群的茎常膨胀成海绵状，节上生根，常束生白色海绵质根状浮水器。叶互生或对生。花单生于叶腋或簇生，或为顶生的穗状或头状花序；萼片 4-6；花瓣小，4-6 或缺，黄色，稀白色，先端全缘或微凹；雄蕊与萼片同数；花盘位于花柱基部，隆起成锥状；子房下位，4-5 室，胚珠多数。蒴果长形。花粉粒 3 孔，皱波状纹饰。染色体 2*n*=16，32，48，64，80，96，128。

分布概况：约 80/9（1）种，**2 型**；广布泛热带，多数种类产新世界，少数达温带；中国主产华东、华南与西南热带和亚热带，少数达北方。

系统学评述：传统上丁香蓼属被分为丁香蓼属与水龙属 *Jussiaea*，分子系统学研究支持将后者并入丁香蓼属。丁香蓼属是柳叶菜科中其他类群的姐妹群[8]。

DNA 条形码研究：已报道丁香蓼属 DNA 条形码（ITS 和 *atp*B-*rbc*L）信息[8]，其中基于 ITS 构建的系统树具有约 80% 的物种鉴别率，可作为丁香蓼属的鉴定条码。BOLD 网站有该属 16 种 59 个条形码数据；GBOWS 已有 4 种 50 个条形码数据。

代表种及其用途：丁香蓼 *L. prostrata* Roxburgh 全草入药，苦、凉，具利尿消肿，清热解毒之功效。

6. *Oenothera* Linnaeus 月见草属

Oenothera Linnaeus (1753: 346); Chen et al. (2007: 423) (Lectotype: *O. biennis* Linnaeus)

特征描述：一年生或多年生草本。未成年植株常具基生叶，以后具茎生叶，螺旋状互生，全缘，有齿或分裂。花 4 数，辐射对称，单生或少成束，常傍晚开放，至次日日出时萎凋；萼片 4，反折，脱落；花瓣 4；雄蕊 8；子房下位，4 室，有胚珠极多数，柱头全缘或 4 裂。蒴果常具 4 棱或翅。花粉粒 3 孔，小槽状到皱波状纹饰。染色体 2*n*=14，28，42，56。

分布概况：约 119/10 种，**3 型**；分布于北美温带至亚热带地区；中国各省区引种并归化。

系统学评述：传统上月见草属包含山桃草属和 *Stenosiphon*[1]，分子系统学研究表明该属不是单系，应将山桃草属和 *Stenosiphon* 分离出去[3]。

DNA 条形码研究：已报道月见草属 DNA 条形码（ITS、*trn*L-F 和 *rps*16）信息[3]，其中 ITS+*trn*L-F 或 ITS+*trn*L-F+*rps*16 组合具有约 80% 的物种鉴别率，可作为月见草属的鉴定条码。BOLD 网站有该属 33 种 95 个条形码数据；GBOWS 已有 5 种 42 个条形码数据。

代表种及其用途：中国引种栽培作花卉园艺及药用植物；有些种类的种子油富含植物界罕见的 γ-亚麻酸，对高脂血症、高血压、动脉粥样硬化、脑血栓、糖尿病等有显著疗效；有些种类的花可提芳香油，根可入药，有消炎、降血压之效。

主要参考文献

[1] Conti E, et al. Tribal relationships in Onagraceae: implications from *rbc*L sequence data[J]. Ann MO Bot Gard, 1993, 80: 672-685.

[2] Barber JC, et al. Molecular phylogeny of *Ludwigia* (Onagraceae) reconstructed from multiple nuclear and cpDNA markers[M]//Paper presented at botany 2008, Vancouver, Canada, 2008.

[3] Levin RA, et al. Paraphyly in tribe Onagreae: insights into phylogenetic relationships of Onagraceae based on nuclear and chloroplast sequence data[J]. Syst Bot, 2004, 29: 147-164.

[4] Baum DA, et al. A phylogenetic analysis of *Epilobium* (Onagraceae) based on nuclear ribosomal DNA sequences[J]. Syst Bot, 1994, 19: 363-388.

[5] Xie L, et al. Molecular phylogeny, divergence time estimates, and historical biogeography of *Circaea* (Onagraceae) in the Northern Hemisphere[J]. Mol Phylogenet Evol, 2009, 53: 995-1009.

[6] Carr BL, et al. A cladistic analysis of the genus *Gaura* (Onagraceae)[J]. Syst Bot, 1990, 15: 454-461.

[7] Hoggard GD, et al. The phylogeny of *Gaura* (Onagraceae) based on ITS, ETS, and *trn*L-F sequence data[J]. Am J Bot, 2004, 91: 139-148.

[8] Hung KH, et al. Phylogenetic relationships of diploid and polyploid species in *Ludwigia* sect. *Isnardia* (Onagraceae) based on chloroplast and nuclear DNAs[J]. Taxon, 2009, 58: 1216-1226.

Myrtaceae Jussieu (1789), *nom. cons.* 桃金娘科

特征描述：乔木或灌木，常具有薄片状剥落的树皮。叶全缘，有散生透明斑点；托叶微小或无。有限花序有时退化为单花，有时呈无限花序；花常两性，辐射对称，具有良好发育的花托；萼片常 4 或 5，分离至合生；花瓣常 4 或 5，分离至合生，有时缺失；雄蕊常多数，从花的外部向内部发育，分离或基部合生成 4 或 5 束；心皮常 2-5，合生，子房常下位或近半下位，柱头常头状，胚珠每室 2 至多数，倒生至弯生。浆果或蒴果，稀坚果。种子 1 至多数。花粉粒（2-）3（-4）孔沟。含萜烯类化合物。

分布概况：131 属/4620 种，世界广布，主产热带温暖地区；中国 10 属/121 种，产广东、广西及云南。

系统评述：桃金娘科曾被划分为 2 个亚科，即香桃木亚科 Myrtoideae 和 Leptosper-moideae，其中，*Heteropyxis* 和裸木属 *Psiloxylon* 因其在花芽中直立的两轮雄蕊和周位花的特征有时被从桃金娘科分出，分别独立为 Heteropyxidaceae 和裸木科 Psiloxylaceae[1]。

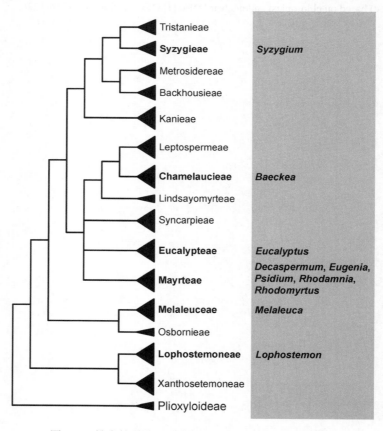

图 133　桃金娘科分子系统框架图（参考 Wilson 等[8]）

依据形态和分子证据，桃金娘科为单系，与蜡烛树科 Vochysiaceae 构成姐妹群，位于桃金娘目 Myrtales，包括 2 亚科，即香桃木亚科 Myrtoideae 和 Psiloxyloideae，香桃木亚科为并系，科下一些分支间的系统发育关系目前尚未得到很好解决[2-8, APW]。

分属检索表

1. 蒴果
  2. 花通常帽状 ·· **3. 桉属 Eucalyptus**
  2. 花绝不帽状
    3. 叶小，通常类似欧石楠属植物叶片 ······························· **1. 岗松属 Baeckea**
    3. 叶非上述特征
      4. 叶脉通常纵向，有时羽状；花序刷子状，无总花梗和花梗 ············ **6. 白千层属 Melaleuca**
      4. 叶脉羽状；二歧聚伞花序，有总花梗和花梗 ··············· **5. 红胶木属 Lophostemon**
1. 浆果或核果
  5. 植株通常无毛，稀具多细胞毛状体；种子通常 1 ·············· **10. 蒲桃属 Syzygium**
  5. 植株至少部分器官具少细胞毛状体；种子通常多数
    6. 叶片 3 脉
      7. 子房 1 室；种子不被假隔膜分隔 ····················· **8. 玫瑰木属 Rhodamnia**
      7. 子房 3（4）室；种子被纵向和假横向隔膜分隔 ········ **9. 桃金娘属 Rhodomyrtus**
    6. 叶脉羽状
      8. 种子 1 ·· **4. 番樱桃属 Eugenia**
      8. 种子几至多数
        9. 每室胚珠多数 ······························· **7. 番石榴属 Psidium**
        9. 每室胚珠 1 或 2（-4） ··················· **2. 子楝树属 Decaspermum**

1. *Baeckea* Linnaeus 岗松属

Baeckea Linnaeus (1753: 358); Chen & Craven (2007: 329) (Type: *B. frutescens* Linnaeus)

    特征描述：乔木或灌木。叶对生，线形或披针形，全缘，有油腺点。花两性，腋生；单花或聚伞花序；小苞片 2，早落；萼管钟形或半球形，常与子房合生；萼齿 5，膜质，宿存；花瓣 5，近圆形；雄蕊 5-10 或 20，花丝短，花药背着；子房下位或半下位，稀上位，2-3 室，每室胚珠多数，花柱短，柱头稍扩大。蒴果 2-3 瓣裂，每室有种子 1-3，稀更多。种子肾形，有角。花粉粒 3 沟，网状纹饰。染色体 $2n=22$，44。

    分布概况：70/1 种，**5 型**；主产澳大利亚；中国产长江以南。

    系统学评述：岗松属的界定分广义和狭义[9]，Lam 等[10]利用叶绿体 *mat*K 和 *atp*B-*rbc*L 构建的系统发育树表明，广义的岗松属并不是单系，因此采用狭义的岗松属。

    DNA 条形码研究：BOLD 网站有该属 16 种 20 个条形码数据；GBOWS 已有 1 种 4 个条形码数据。

    代表种及其用途：岗松 *B. frutescens* Linnaeus 叶和根供药用。

2. *Decaspermum* J. R. Forster & G. Forster 子楝树属

Decaspermum J. R. Forster & G. Forster (1775: 37); Chen & Craven (2007: 332) (Type: *D. fruticosum* J. R.

Forster & G. Forster). ——*Pyrenocarpa* H. T. Chang & R. H. Miao, *nom. illeg* (1975: 62)

特征描述：灌木或乔木。叶对生，<u>羽状脉</u>；具柄；托叶小，<u>丝状</u>，早落。两性花与雄花异株；二歧聚伞、总状、聚伞圆锥或圆锥花序；花 3-5 数，芳香；萼筒球形、坛状或倒圆锥形，萼片宿存，有时不等长；花瓣白色或粉红色，有油点；雄蕊多数，排成多列，分离，花丝线形，花药球形，直裂，背着；<u>子房 3-13 室</u>，<u>胚珠每室 1-2 (-4)</u>，花柱线形，柱头头状或盾状。<u>浆果球形，具纵棱</u>。<u>种子被纵向假隔膜分开</u>，种皮硬骨质，胚马蹄形或圆柱形，胚根长，子叶小。花粉粒 3 孔沟，颗粒状到具疣纹饰。

分布概况：30/8（5）种，**7 型**；分布于东南亚，澳大利亚，太平洋诸岛；中国产广东、广西、云南和贵州。

系统学评述：分子系统学研究支持子楝树属与 *Uromyrtus*、*Archirhodomyrtus*、*Pilidiostigma*、*Rhodamnia* 和 *Rhodomyrtus* 有较近的亲缘关系[7,8]。

DNA 条形码研究：BOLD 网站有该属 3 种 6 个条形码数据；GBOWS 已有 2 种 26 个条形码数据。

3. *Eucalyptus* L'Héritier 桉属

Eucalyptus L'Héritier (1789: 18); Chen & Craven (2007: 321) (Type: *E. obliqua* L'Héritier)

特征描述：乔木或灌木。<u>叶片多型</u>。伞形花序或圆锥花序；花两性；萼管钟形、倒圆锥形或半球形，萼片不明显；<u>花瓣与萼片合生成 1 帽状体或彼此不结合而有 2 层帽状体</u>，花开放时帽状体整个脱落；雄蕊多数，多轮，外轮常不育；<u>子房与萼管合生，2-7 室</u>，胚珠多数，花柱宿存。<u>蒴果</u>全部或下半部藏于扩大的萼管里；花盘发育明显。种子多数，大部分发育不全，发育种子卵形或有角，种皮坚硬，有时扩大成翅。花粉粒（2-）3 孔沟，光滑、粗糙或网状纹饰。染色体 2n=22，44，99。

分布概况：700/25 种，**5 型**；分布于澳大利亚及其附近岛屿；中国热带、亚热带地区引种。

系统学评述：桉属、*Corymbia*、*Angophora* 和近缘属组成的桉属群 *Eucalyptus* group，得到木材解剖学的支持。这个分支的大部分成员具有不同类型的花被帽（帽状体，由花萼和/或花瓣愈合形成的），但 *Angophora* 花瓣是分离的。分支分析表明广义的桉属不是单系，可分为不同的属，如 *Corymbia* 应为 1 个独立的属[11]。

DNA 条形码研究：BOLD 网站有该属 158 种 368 个条形码数据。

代表种及其用途：该属不少种类是极高大的乔木，木材优良，用途广泛；少数种类叶和果实可供药用。

4. *Eugenia* Linnaeus 番樱桃属

Eugenia Linnaeus (1753: 470); Chen & Craven (2007: 331) (Lectotype: *E. uniflora* Linnaeus)

特征描述：乔木或灌木。<u>叶</u>对生，<u>羽状脉</u>，具柄。花序腋生或经常叶下侧生；花两性，单生或数朵簇生；萼管短，萼齿 4；花瓣 4；雄蕊多数，药室平行，纵裂；<u>子房 2-3</u>

室，每室有多数横列胚珠。<u>浆果</u>，顶部有宿存萼片。<u>种子通常 1</u>，胚直，2 子叶完全或部分合生。花粉粒 3（-4）孔沟，光滑、粗糙、颗粒状或网状纹饰。染色体 2n=22，33，44，66。

分布概况：1000/1 种，**2 型**；分布于热带美洲，非洲，南亚，东南亚，澳大利亚，新喀里多尼亚和太平洋诸岛；中国产福建、四川和云南，台湾有栽培。

系统学评述：分子系统学研究将番樱桃属置于桃金娘族 Myrteae[8,12]，是 *Myrcianthes* 的姐妹群。该属是桃金娘科中较大的属，现有的分子系统学研究显示其为单系。

DNA 条形码研究：BOLD 网站有该属 75 种 164 个条形码数据；GBOWS 已有 1 种 4 个条形码数据。

代表种及其用途：红果仔 *E. uniflora* Linnaeus 的果肉可食，并可制软糖；亦可作观果盆景。

5. *Lophostemon* Schott 红胶木属

Lophostemon Schott (1830: 772); Chen & Craven (2007: 329) [Lectotype: *L. confertus* (R. Brown) Peter G. Wilson & J. T. Waterhouse (≡ *Tristania conferta* R. Brown)]

特征描述：乔木。叶互生或假轮生，枝顶簇生，极少对生。<u>二歧聚伞花序腋生</u>；苞片早落或宿存；花两性；萼筒卵形或倒圆锥形，被毛；萼片 5，覆瓦状排列，宿存；花瓣 5，白色或黄色，被毛；雄蕊多数，<u>花丝基部常联合成 5 束与花瓣对生</u>；<u>子房半下位，3 室</u>，胚珠多数，花柱比雄蕊短，柱头轻微扩大。蒴果半球形或杯状，顶端平截，3 裂。种子很少，线形，有时有翼。花粉粒 3 孔沟，光滑纹饰。

分布概况：4/1 种，**5 型**；分布于澳大利亚，新几内亚南部；中国西南引种栽培。

系统学评述：分子系统学研究支持红胶木属与 *Welchiodendron*、*Kjellbergiodendron* 和 *Whiteodendron* 有较近的亲缘关系[7,8]。

DNA 条形码研究：BOLD 网站有该属 2 种 8 个条形码数据。

6. *Melaleuca* Linnaeus 白千层属

Melaleuca Linnaeus (1767: 509), *nom. cons.*; Chen & Craven (2007: 329) [Type: *M. leucadendra* (Linnaeus) Linnaeus, *typ. cons.* (≡ *Myrtus leucadendra* Linnaeus)]

特征描述：乔木或灌木。叶互生或交互对生，革质。花两性或雌性不育，<u>穗状或头状花序假顶生或侧生</u>；萼管近球形或钟形，萼片 5，脱落或宿存；花瓣 5；<u>雄蕊多数</u>，绿白色，<u>花丝基部稍连合成 5 束</u>，与花瓣对生；<u>子房</u>下位或半下位，与萼管稍微合生，先端突出，<u>3 室</u>，胚珠多数，花柱线形，柱头多少扩大。<u>蒴果半球形或球形，顶端开裂</u>。种子倒卵状椭圆形至倒卵形，种皮薄，胚直。花粉粒 3 孔沟，光滑、粗糙或网状纹饰。染色体 2n=22。

分布概况：280/1 种，**5 型**；主要分布于澳大利亚，印度尼西亚，新喀里多尼亚和巴布新几内亚；中国产华南和西南。

系统学评述：基于核基因 5S 和 ITS1 构建的系统发育树不支持该属为单系[13]。

DNA 条形码研究：BOLD 网站有该属 20 种 86 个条形码数据；GBOWS 已有 1 种 4 个条形码数据。

代表种及其用途：白千层 *M. cajuputi* Powell subsp. *cumingiana* (Turczaninow) Barlow 常作行道树；树皮及叶供药用；枝叶含芳香油，供药用及防腐剂。

7. *Psidium* Linnaeus 番石榴属

Psidium Linnaeus (1753: 470); Chen & Craven (2007: 331) (Type: *P. guajava* Linnaeus)

特征描述：灌木或小乔木。叶对生，<u>羽状脉</u>；有柄。花大，通常 1-2 腋生；苞片 2；萼管钟形或壶形，萼片 4-5 裂，裂片不等；花瓣 4-5，白色；雄蕊多数，离生，排成多轮，花药椭圆形，近基部着生，药室平行，纵裂；子房下位，与萼管合生，<u>4-5 室</u>或更多，花柱线形，柱头扩大，胚珠多数。<u>浆果</u>球形或梨形，肉质，顶端有宿存萼片；胎座发达，肉质。<u>种子多数</u>，种皮坚硬，胚弯曲，胚轴长，子叶短。花粉粒 3 孔沟。染色体 $2n$=22，44，77。

分布概况：150/2 种，**3** 型；分布于热带美洲；中国产华南和西南。

系统学评述：分子系统学研究支持该属为单系[14]。因研究涉及样品不多，其属下关系并没有得到解决，但初步分析结果显示各分支与地理分布密切相关。

DNA 条形码研究：BOLD 网站有该属 6 种 30 个条形码数据；GBOWS 已有 1 种 27 个条形码数据。

代表种及其用途：该属国产 2 种果肉均可食用，其中番石榴 *P. guajava* Linnaeus 叶供药用，经煮沸去掉鞣质，晒干亦可作茶饮。

8. *Rhodamnia* Jack 玫瑰木属

Rhodamnia Jack (1822: 48); Chen & Craven (2007: 330) (Type: *R. cinerea* Jack)

特征描述：灌木或小乔木。叶对生，<u>具三出脉或离基三出脉</u>有柄。花小，簇生于叶腋或成聚伞或总状花序；小苞片细小，早落；萼管近球形，与子房合生，萼片 4，宿存；花瓣 4，比萼裂片大；雄蕊多数，分离，排成多轮，在花蕾时卷曲，花药背着，药室纵裂；<u>子房</u>下位，<u>1 室</u>，侧膜胎座 2，花柱线形，柱头盾状，胚珠多数。<u>浆果</u>球形，尖端有宿存萼片。种子球形或压扁，种皮坚硬，胚马蹄形，胚轴长，子叶短。花粉粒 3 孔沟，粗糙、颗粒状或疣状纹饰。

分布概况：20/1 种，**5** 型；分布于热带亚洲，澳大利亚，新喀里多尼亚；中国产海南。

系统学评述：分子系统学研究支持玫瑰木属与 *Archirhodomyrtus*、*Pilidiostigma* 和 *Rhodomyrtus* 有较近的亲缘关系[7,8]。

DNA 条形码研究：BOLD 网站有该属 4 种 13 个条形码数据；GBOWS 已有 2 种 8 个条形码数据。

9. *Rhodomyrtus* (de Candolle) H. G. L. Reichenbach 桃金娘属

Rhodomyrtus (de Candolle) H. G. L. Reichenbach (1841: 177); Chen & Craven (2007: 330) [Type: *R. tomentosa* (W. Aiton) R. Wight (≡*Myrtus tomentosa* W. Aiton)]

特征描述：灌木或乔木。叶对生，离基三出脉；具柄。花 1（-3）腋生；萼管卵形或近球形，萼裂片 4-5，革质，宿存；花瓣 4-5，比萼片大；雄蕊多数，分离，排成多轮，通常比花瓣短，花药背着及近基部着生，纵裂；子房下位，与萼管合生，3（4）室，每室胚珠 2 列，花柱线形，柱头头状或盾状。浆果卵形、壶形或球形。种子多数，压扁，肾形，被纵向或假横向隔膜分开，种皮坚硬，胚弯曲或螺旋状，胚轴长，子叶小。花粉粒 3 孔沟，颗粒状、网状或疣状纹饰。染色体 2*n*=22。

分布概况：18/1 种，**5 型**；分布于热带亚洲，西南太平洋诸岛；中国产福建、广东、广西、贵州、湖南南部、江西、台湾、云南南部和浙江等。

系统学评述：形态学和分子系统学的研究均不支持桃金娘属为单系，基于 ITS 序列构建的系统发育树显示该属的物种分散在 2 个相对较大的分支[15]。桃金娘属的系统发育关系仍需进一步研究。

DNA 条形码研究：BOLD 网站有该属 3 种 7 个条形码数据；GBOWS 已有 1 种 12 个条形码数据。

代表种及其用途：桃金娘 *R. tomentosa* (Aiton) Hasskarl 根含酚类、鞣质等，有治慢性痢疾、风湿、肝炎及降血脂等功效。

10. *Syzygium* P. Browne ex Gaertner 蒲桃属

Syzygium P. Browne ex Gaertner (1788: 166); Chen & Craven (2007: 335) (Type: *S. caryophyllaeum* J. Gaertner). ——*Acmena* de Candolle (1828: 262); *Cleistocalyx* Blume (1850: 84)

特征描述：乔木或灌木。叶对生，少数轮生。聚伞或圆锥花序有花 3 至多数；苞片细小，花后脱落；萼管倒圆锥形，有时棒状，萼片 4-5，稀更多，极少合生成帽状；花瓣 4-5，稀更多，分离或连合成帽状，早落；雄蕊多数，分离，偶有基部稍微连合；子房下位，2 或 3 室，每室胚珠多数，花柱线形。浆果核果状。种子 1-2，种皮多少与果皮黏合，胚直，子叶不黏合。花粉粒 3（-4）孔沟，光滑、粗糙、颗粒状或网状纹饰。

分布概况：1200/80（45）种，**4 型**；分布于热带非洲，热带和亚热带亚洲，澳大利亚，新喀里多尼亚，新西兰，太平洋诸岛；中国产广东、广西和云南。

系统学评述：结合叶解剖特征、形态学性状和分子序列信息，Soh[16]研究了该属的系统发育关系，其中 *Syzygium* subgen. *Perikion*、*S.* subgen. *Sequestratum* 和 *S.* subgen. *Syzygium* 这 3 个亚属得到强烈支持，但 *S.* subgen. *Acmena* 并没有得到支持。

DNA 条形码研究：BOLD 网站有该属 105 种 218 个条形码数据；GBOWS 已有 8 种 49 个条形码数据。

代表种及其用途：洋蒲桃 *S. samarangense* (Blume) Merrill & L. M. Perry 常栽培供观赏。丁子香 *S. aromaticum* (Linnaeus) Merrill & L. M. Perry 花蕾供医药及化学工业用。水

翁蒲桃 *S. nervosum* de Candolle 的花、叶和根可供药用。

主要参考文献

[1] Wilson GP. Myrtaceae [M]//Kubitzki K. The families and genera of vascular plants, X. Berlin: Springer, 2007: 212-271.

[2] Conti E. Phylogenetic relationships of Inagraceae and Myrtales: evidence from *rbc*L sequence data[D]. PhD thesis. Madison, Wisconsin: University of Wisconsin, 1994.

[3] Johnson LAS, Briggs BG. Myrtales and Myrtaceae–a phylogenetic analysis[J]. Ann MO Bot Gard, 1984, 71: 700-756.

[4] Lucas EJ, et al. Phylogenetic patterns in the fleshy-fruited Myrtaceae–preliminary molecular evidence[J]. Plant Syst Evol, 2005, 251: 35-51.

[5] Sytsma KJ, et al. Clades, clocks, and continents: historical and biogeographical analysis of Myrtaceae, Vochysiaceae, and relatives in the Southern Hemisphere[J]. Int J Plant Sci, 2004, 165: S85-S105.

[6] Sytsma KJ, et al. Phylogenetic relationships, morphological evolution, and biogeography in Myrtaceae based on *ndh*F sequence analysis[J]. Am J Bot, 1998, 85: S161.

[7] Wilson PG, et al. Myrtaceae revisited: a reassessment of infrafamilial groups[J]. Am J Bot, 2001, 88: 2013-2025.

[8] Wilson PG, et al. Relationships within Myrtaceae *sensu lato* based on a *mat*K phylogeny[J]. Plant Syst Evol, 2005, 251: 3-19.

[9] Bean AR. A revision of *Baeckea* (Myrtaceae) in Eastern Australia, Malesia and South-East Asia[J]. Telopea, 1997, 7: 245-268.

[10] Lam N, et al. A phylogenetic analysis of the *Chamelaucium alliance* (Myrtaceae)[J]. Aust Syst Bot, 2002, 15: 535-543.

[11] Steane DA, et al. Higher-level relationships among the eucalypts are resolved by ITS-sequence data[J]. Aust Syst Bot, 2002, 15: 49-62.

[12] Lucas EJ, et al. Suprageneric phylogenetics of Myrteae, the generically richest tribe in Myrtaceae (Myrtales)[J]. *Taxon*, 2007, 56: 1105-1128.

[13] Ladiges PY, et al. Phylogeny of *Melaleuca*, *Callistemon*, and related genera of the *Beaufortia* suballiance (Myrtaceae) based on 5S and ITS‐1 spacer regions of nrDNA[J]. Cladistics, 1999, 15: 151-172.

[14] Rivero G, et al. Phylogenetic relations between western venezu ela *Psidium* (Myrtaceae) species from sequences in nuclear (ITS) and plastidial (*trn*H-*psb*A) DNA regions[J]. Interciencia, 2012, 37: 838-844.

[15] Snow N, et al. Morphological and molecular evidence of polyphyly in *Rhodomyrtus* (Myrtaceae: Myrteae)[J]. Syst Bot, 2011, 36: 390-404.

[16] Soh WK, Parnell J. Comparative leaf anatomy and phylogeny of *Syzygium* Gaertn[J]. Plant Syst Evol, 2011, 297: 1-32.

Melastomataceae Jussieu (1789), *nom. cons.* 野牡丹科

特征描述：草本、灌木或小乔木，直立或攀援，陆生或少数附生。单叶，对生或轮生，叶片基部具 3-9 脉。聚伞花序、伞形花序、伞房花序，或由上述花序组成的圆锥花序，或蝎尾状聚伞花序，很少单生；花两性；花萼与子房基部合生；花瓣与萼片互生，通常呈螺旋状排列或覆瓦状排列，常偏斜；雄蕊为花被片的 1 倍或同数，花丝丝状，花药 2 室，常单孔开裂；子房下位或半下位，稀上位，中轴胎座或特立中央胎座，胚珠数或多数。蒴果或浆果，通常顶孔开裂，与宿存萼贴生。种子通常不到 1mm，近马蹄形或楔形，稀倒卵形。花粉粒（2-）3（-6）孔沟（拟孔沟），3（-6）沟或 3 假沟。染色体 $2n$=14-36 或更多。

分布概况：188 属/5055 种，世界广布，主产热带、亚热带；中国 21 属/114 种，产长江以南、西藏至台湾。

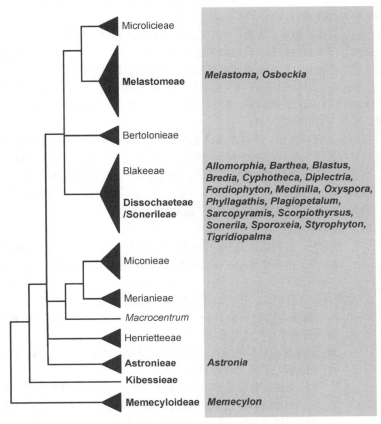

图 134　野牡丹科分子系统框架图（参考 Renner[3]; Renner 和 Meyer[4]）

系统学评述：传统上野牡丹科有广义和狭义之分，在较保守的系统中，广义野牡丹科被划分为谷木亚科 Melastomatoideae 和野牡丹亚科 Memecyloideae[1]。Airy-Shaw 基于 Krasser 系统将广义野牡丹科划分为 3 亚科，包括了褐鳞木亚科 Astronioideae[2]。狭义的野牡丹科有野牡丹亚科和褐鳞木亚科，谷木亚科则独立为谷木科 Memecylaceae。分子系统学研究将谷木科重新归入野牡丹科[APG III]，野牡丹科被划分为 Olisbeoideae 和谷木亚科[APW]。野牡丹科分为 10 个分支，即谷木亚科、翼药化族 Kibessieae、褐鳞木族 Astronieae、Merianieae、Bertolonieae、Blakeeae、蜂斗草族 Sonerileae 分支（Dissochaeteae/Sonerileae）、野牡丹族 Melastomateae、藤牡丹族 Miconieae 和 Microlicieae，各分支间的系统发育关系仍需进一步研究阐明[3,4]。

分属检索表

1. 叶侧脉羽状，通常不超过 10 对，有时不明显；子房 1 室，胚珠约 9，特立中央胎座；种子 1，直径 4mm 以上，胚大 ··· **11. 谷木属 Memecylon**
1. 叶具基出脉，侧脉多数，互相平行，与基出脉近垂直；子房（2-）4-5（-6）室，胚珠多数；种子很多，小，长约 1mm，胚极小
  2. 花药纵裂，长约 1mm；近基底侧膜胎座或中轴胎座 ················ **2. 褐鳞木属 Astronia**
  2. 花药顶端单孔开裂，长 4mm 以上，稀 4mm 以下（如肉穗草属 Sarcopyramis 和蜂斗草属 Sonerila 中的某些种）；中轴胎座
    3. 种子马蹄形（或称半圈形）弯曲；叶片通常密被紧贴的糙伏毛或刚毛
      4. 雄蕊同形，等长或近等长，药隔微下延成短距 ············ **12. 金锦香属 Osbeckia**
      4. 雄蕊异形，不等长，其中长者药隔基部伸长为花药长的 1/2 以上，弯曲 ····················· **10. 野牡丹属 Melastoma**
    3. 种子不弯曲，呈长圆形、倒卵形、楔形或倒三角形；叶片被毛通常较疏或无
      5. 蒴果，顶端开裂或室背开裂
        6. 花序顶生，极少腋生，伞房花序、复伞房花序、聚伞花序或穗状花序；子房顶端无膜质冠，呈圆锥形，具小凸起或小齿；宿存萼通常较果长，近顶端处常缢缩
          7. 雄蕊 4；花序顶生或少数腋生呈簇；叶背及花萼通常被黄色透明腺点 ····················· **4. 柏拉木属 Blastus**
          7. 雄蕊 8；花序顶生；叶背及花萼无腺点
            8. 雄蕊同形，等长
              9. 花无梗，排列成细长的穗状花序；花萼钟形 ········ **20. 长穗花属 Styrophyton**
              9. 花具梗，由多个聚伞花序组成的狭圆锥花序；花萼狭漏斗形或漏斗状钟形 ···················· **1. 异形木属 Allomorphia**
            8. 雄蕊异形，不等长，其中长者花药约为短者的 1 倍
              10. 花药基部具刚毛 ························· **3. 棱果花属 Barthea**
              10. 花药基部无小疣或刚毛
                11. 短雄蕊花药呈曲膝状，药隔中部膨大，弯曲 ······· **6. 药囊花属 Cyphotheca**
                11. 短雄蕊花药不呈曲膝状
                  12. 短雄蕊药隔通常膨大，基部下延成短距；花萼长狭漏斗形，常被星状毛或糠秕状星状毛；圆锥状复伞房花序 ········· **13. 尖子木属 Oxyspora**
                  12. 短雄蕊药隔不膨大，有时基部略隆起成极小的距；花萼钟形，常被腺毛；伞房花序或仅有 1-2 分枝的复伞房花序 ····· **15. 偏瓣花属 Plagiopetalum**

6. 伞形花序、聚伞花序或分枝少的复聚伞花序，或呈蝎尾状聚伞花序顶生，或伞形花序腋生；子房顶端通常具膜质冠，冠缘常具毛；果时宿存萼近顶端不缢缩，冠常伸出宿存萼外

13. 伞形花序腋生或生于无叶茎叶痕上，总梗无或极短·········**19. 八蕊花属 Sporoxeia**

13. 非伞形花序，顶生，若为伞形花序，则具 2cm 以上的总梗

 14. 聚伞花序、圆锥状复聚伞花序或伞形花序

  15. 雄蕊异形，不等长

   16. 长雄蕊花药基部具小疣，药隔通常膨大，下延成短柄，稀柄不明显（野海棠 B. hirsuta）·········**5. 野海棠属 Bredia**

   16. 长雄蕊花药基部无小疣，药隔不膨大，基部无距或微隆起·········**8. 异药花属 Fordiophyton**

  15. 雄蕊同形，等长或近等长

   17. 花药披针形，长 4.5mm 以上，稀 2.5mm，花丝背着·········**14. 锦香草属 Phyllagathis**

   17. 花药倒心形或倒心状椭圆形，长不到 1mm，花丝基着·········**16. 肉穗草属 Sarcopyramis**

 14. 蝎尾状聚伞花序或再组成圆锥花序

  18. 花 3 数，蝎尾状聚伞花序通常少分枝；叶通常非圆形或广椭圆形，宽 5（-7）cm 以下·········**18. 蜂斗草属 Sonerila**

  18. 花 4 或 5 数，由蝎尾状聚伞花序组成圆锥花序；叶通常为圆形或广椭圆形，宽 10cm 以上

   19. 花序腋生；花 5 数；雄蕊不等长，花药线形，长雄蕊药隔下延呈短柄，末端前方具 2 小疣，后方多少呈短距·········**21. 虎颜花属 Tigridiopalma**

   19. 花序顶生；花 4 数；雄蕊等长，花药长圆形，药隔不下延成短柄·········**17. 卷花丹属 Scorpiothyrsus**

5. 浆果不开裂

 20. 雄蕊异形，不等长，短雄蕊不发育，花药常呈薄片状，基部前面具刚毛或片状体，后面具尾状长距·········**7. 藤牡丹属 Diplectria**

 20. 雄蕊同形，等长，花药基部具小疣、短距或刚毛，药隔下延呈明显的短距·········**9. 酸脚杆属 Medinilla**

1. *Allomorphia* Blume 异形木属

Allomorphia Blume (1831: 522); Chen & Renner (2008: 366) [Type: *A. exigua* (Jack) Blume (≡ *Melastoma exigua* Jack)]

 特征描述：灌木或多年生草本。基部木质化，直立，茎圆柱形或四棱形，通常被毛。叶片 3-7 基出脉；具长叶柄。由多个聚伞花序组成的狭圆锥花序，长可达 25cm 以上，宽 3-4cm，具花梗；苞片小，常早落；花萼狭漏斗形或漏斗状钟形，四棱形；花瓣卵形或广卵形或广倒卵形；雄蕊近等长，花药与花丝等长或略长，单孔开裂；子房下位，卵形或卵状球形，4-5 室。蒴果卵形、椭圆形或近球形，顶端开裂，与宿存萼贴生。种子多数，极小，楔形，有棱。花粉粒 3 沟，具异沟，微皱。

 分布概况：不确定/4（1）种，（**7a**）型；广布中南半岛，马来西亚至印度尼西亚；中国产云南、广西和广东。

系统学评述：异形木属位于蜂斗草族。FRPS 采用的 Cogniaux 和 Triana 系统又按花序位置，子房具冠与否将蜂斗草族分为 2 族；该属属于较原始的尖子木族 Oxysporeae。

DNA 条形码研究：BOLD 网站有该属 4 种 28 个条形码数据。

代表种及其用途：该属有的种类可供药用，如异形木 *A. balansae* Cogniaux 全株可作刀伤药。

2. *Astronia* Blume 褐鳞木属

Astronia Blume (1827: 1080); Chen & Renner (2008: 396) (Lectotype: *A. spectabilis* Blume)

特征描述：灌木或小乔木。小枝圆柱形或钝四棱形，被毛或无毛。叶对生，卵形或长圆形，全缘，3 基出脉。聚伞花序组成圆锥花序；花萼钟形；花瓣 4-5，白色或紫色；雄蕊 8-10（-12），同型，等长，花丝短，粗，花药短，长圆形或三角状锥形，纵裂；子房下位，2-5 室，花柱短，柱头头状，侧膜胎座近子房底部。蒴果近球形，为宿存萼所包，宿存萼与果同形，顶端檐部具不整齐的边缘。种子小，线形或线状倒披针形。花粉粒（2）3（孔）沟，具异沟，网状纹饰。

分布概况：60/1（1）种，（**7e**）型；广布印度-马来西亚和西太平洋诸岛，澳大利亚不产；中国产台湾。

系统学评述：分子系统学研究表明褐鳞木属与野牡丹亚科除翼药花属 *Pternandra* 之外的类群形成姐妹关系[3,5]。

DNA 条形码研究：BOLD 网站有该属 16 种 20 个条形码数据。

3. *Barthea* J. D. Hooker 棱果花属

Barthea J. D. Hooker (1867: 731); Chen & Renner (2008: 370) (Type: *B. chinensis* J. D. Hooker, *nom. illeg.* (≡ *Dissochaeta barthei* Hance ex Bentham)

特征描述：灌木。小枝通常四棱形。叶对生，全缘，两面无毛，5 基出脉；具叶柄。聚伞花序，顶生；萼管钟形；花瓣倒卵形，无毛；雄蕊 8，不同形，不等长，基部具 2 刺毛，药隔延长成短距，短者花药长圆形，无喙，基部具 2 刺毛，药隔略膨大，有时呈不明显的距；子房半上位。蒴果长圆形，与宿存萼贴生，宿存萼与果同形，顶端通常冠以宿存萼片，常被细糠粃。种子楔形、小、多数。

分布概况：1/1（1）种，**15** 型；中国产华东、华中南部至华南（除海南）。

系统学评述：棱果花属位于蜂斗草族。FRPS 采用的 Cogniaux 和 Triana 系统又按花序位置，子房具冠与否将蜂斗草族分为 2 族；该属属于较原始的尖子木族。

4. *Blastus* Loureiro 柏拉木属

Blastus Loureiro (1790: 526); Chen & Renner (2008: 371) (Type: *B. cochinchinensis* Loureiro)

特征描述：灌木。茎通常圆柱形，被小腺毛，稀被毛。叶 3-5（-7）基出脉。由聚伞花序组成的圆锥花序顶生，或呈腋生伞形花序或伞状聚伞花序；花萼狭漏斗形至钟状漏斗形，或圆筒形，<u>常被小腺点</u>；花瓣卵形或长圆形；<u>雄蕊 4（-5）等长</u>，花丝丝状，花药单孔开裂；子房下位，卵形，4 室。<u>蒴果椭圆形或倒卵形</u>，<u>纵裂</u>，与宿存萼贴生；宿存萼与果等长或略长，常被小腺点。<u>种子多数</u>，<u>通常为楔形</u>。花粉粒带状孔沟，外壁平滑或微皱。

分布概况：12/9（7）种，（**7a**）**型**；分布于印度东部，琉球群岛；中国产西南至台湾。

系统学评述：传统上柏拉木属位于蜂斗草族，与金锦香属 *Osbeckia* 近缘，得到分子系统学研究支持[5]。根据花序特征和花瓣颜色将该属分为 2 组，即柏拉木组 *Blastus* sect. *Blastus* 和顶花柏拉木组 *B.* sect. *Thyrsoblastus*。

DNA 条形码研究：BOLD 网站有该属 1 种 1 个条形码数据；GBOWS 已有 3 种 11 个条形码数据。

代表种及其用途：该属一些种类可供药用，如柏拉木 *B. cochinchinensis* Loureiro 全株有拔毒生肌的功效，用于治疮疖；根可止血，治产后流血不止；根、茎含鞣料。

5. *Bredia* Blume 野海棠属

Bredia Blume (1849: 24); Chen & Renner (2008: 374) (Type: *B. hirsuta* Blume)

特征描述：草本或亚灌木。茎圆柱形或四棱形。叶具 5-9（-11）基出脉；具叶柄。<u>聚伞花序或由聚伞花序组成的圆锥花序</u>，<u>稀伞形状聚伞花序</u>，<u>顶生</u>；花萼漏斗形、陀螺形或几钟形；花瓣卵形至广卵形；<u>雄蕊异形</u>，<u>不等长</u>，花丝丝状，长者花药通常基部无小瘤，药隔下延呈短柄，无距，短者花药基部通常具小瘤，药隔下延呈短距；子房下位或半下位，4 室，<u>顶端通常具膜质冠</u>。蒴果陀螺形，与宿存萼贴生。种子多数，极小，楔形，密布小凸起。花粉粒 3 沟，具异沟，皱波至疣状纹饰。

分布概况：15/11（10）种，**14 型**；分布于印度至亚洲东部；中国西南至东南均有，海南未见。

系统学评述：野海棠属位于蜂斗草族。FRPS 中该属下分 2 个组，即野海棠组 *Bredia* sect. *Bredia* 和矮野海棠组 *B.* sect. *Sinobredia*。

DNA 条形码研究：GBOWS 有该属 3 种 13 个条形码数据。

代表种及其用途：过路惊 *B. quadrangularis* Cogniaux 全株药用，治小儿夜间惊哭；全株煎水内服有活血通经的作用或煎水洗，可消手脚浮肿。叶底红 *B. fordii* (Hance) Diels 全株供药用，有止痛、止血、祛瘀等功效。

6. *Cyphotheca* Diels 药囊花属

Cyphotheca Diels (1932: 103); Chen & Renner (2008: 369) (Type: *C. montana* Diels)

特征描述：灌木。茎钝四棱形。单叶，对生，5 基出脉；具叶柄。聚伞花序或退化成假伞形花序，或伞房花序，顶生；花萼漏斗状钟形；花瓣广卵形；雄蕊 8，4 长 4 短，<u>短者常内藏</u>，<u>药隔基部不膨大</u>，<u>中部通常膨大</u>，<u>弯曲</u>，长者具短喙，药隔后方微隆起，顶孔开裂；子房坛状，4 室，半下位。<u>蒴果坛形</u>，<u>4 纵裂</u>，为宿存萼所包。

分布概况：1/1（1）种，**15** 型；特产中国云南南部及西南部。

系统学评述：药囊花属位于蜂斗草族。FRPS 采用的 Cogniaux 和 Triana 系统又按花序位置，子房具冠与否将蜂斗草族分为 2 族；该属属于较原始的尖子木族。

DNA 条形码研究：GBOWS 有该属 1 种 5 个条形码数据。

7. *Diplectria* (Blume) Reichenbach 藤牡丹属

Diplectria (Blume) Reichenbach (1841: 174); Chen & Renner (2008: 392) (Type: *non designates*)

特征描述：攀援灌木或藤本。茎被鳞片、无毛或有时被毛。叶对生，3-5 基出脉；常具短柄。花 4 数，由聚伞花序组成的圆锥花序，顶生或腋生；花萼管状钟形或钟形；花瓣卵形或长圆形，无毛；雄蕊 8，异型，4 长 4 短，短者基部前面具 2 片状体或刚毛，后面具尾状长距；子房下位，卵形，顶端通常平截，无冠，花柱线形，柱头点尖。浆果近球形或卵形，不开裂。种子小，楔形，具棱。花粉粒 3 带状孔沟，光滑或微皱纹饰。

分布概况：6-11/1 种，（**7a-c**）型；分布于印度，中南半岛至马来西亚；中国产海南。

系统学评述：传统上藤牡丹属位于藤牡丹族。根据分子系统学研究藤牡丹族不是单系，与蜂斗草族和 Blakeeae 组成 1 支，该属在该分支内的系统位置没有得到解决[3,5]。

DNA 条形码研究：BOLD 网站有该属 1 种 1 个条形码数据。

8. *Fordiophyton* Stapf 异药花属

Fordiophyton Stapf (1892: 314); Chen & Renner (2008: 384) (Lectotype: *F. faberi* Stapf)

特征描述：草本或亚灌木，直立或匍匐状。茎四棱形，分枝或不分枝。叶（3-）5-7（-9）基出脉；具叶柄或几无。单一的伞形花序或由聚伞花序组成的圆锥花序，顶生；花萼倒圆锥形或漏斗形；花瓣长圆形或倒卵形；雄蕊 8，4 长 4 短，花药线形，较花丝长，基部伸长呈羊角状；子房下位，通常为倒圆锥形，近顶部具膜质冠。蒴果倒圆锥形，顶孔 4 裂，宿存萼与果同形。种子长三棱形，长约 1mm，极多，有数行小凸起。花粉粒 3 孔沟，条纹状或条网状纹饰。

分布概况：9/9（8）种，**7-4** 型；分布于越南；中国产四川、云南、贵州、湖南、广西、广东、浙江、江西和福建。

系统学评述：传统上异药花属位于蜂斗草族。根据植株茎和叶片的特征属下分 2 组，即直立组 *Fordiophyton* sect. *Fordiophyton* 和匍匐组 *F.* sect. *Repentia*[FRPS]。

DNA 条形码研究：BOLD 网站有该属 3 种 23 个条形码数据。

代表种及其用途：该属的一些种类枝叶肥嫩，可作猪饲料，如异药花 *F. faberi* Stapf 叶揉搓后擦漆疮或用作猪饲料。

9. *Medinilla* Gaudichaud-Beaupré ex de Candolle 酸脚杆属

Medinilla Gaudichaud-Beaupré ex de Candolle (1828: 167); Chen & Renner (2008: 392) [Type: *M. rosea*

Gaudichaud-Beaupré ex de Candolle, *nom. illeg.* (= *Medinilla medinilliana* (Gaudichaud-Beaupré) F. R. Fosberg et M.-H. Sachet ≡ *Melastoma medinilliana* Gaudichaud-Beaupré)]

特征描述：直立或攀援灌木，或小乔木，陆生或附生。茎常四棱形，有时具翅。叶对生或轮生，通常 3-5 基出脉，稀 9。聚伞花序或由聚伞花序组成的圆锥花序；花萼杯形、漏斗形、钟形或圆柱形；花瓣倒卵形至卵形，或近圆形；<u>雄蕊等长或近等长</u>，<u>常同形</u>，花丝丝状，<u>花药基部具小瘤或线状凸起物</u>，<u>药隔微膨大</u>，<u>下延呈短距</u>；子房下位，花柱丝状，柱头点尖。<u>浆果不开裂</u>。种子小，多数，倒卵形或短楔形。花粉粒粒 3 孔沟，光滑或微皱纹饰。染色体 2*n*=36，40，42。

分布概况：300-400/11（5）种，**4** 型；分布于热带非洲，热带亚洲和太平洋诸岛；中国产云南、西藏、广西、广东和台湾。

系统学评述：传统上酸脚杆属位于藤牡丹族。根据 *rbc*L、*ndh*F 和 *rpl*16 构建的系统发育树显示，该属与蜂斗草族形成姐妹关系[3,5]，但利用更密集取样，基于单基因片段 *ndh*F 分析，其为并系[6]。

DNA 条形码研究：BOLD 网站有该属 2 种 2 个条形码数据；GBOWS 已有 7 种 20 个条形码数据。

代表种及其用途：该属一些种类的种果可食，如酸脚杆 *M. lanceata* (M. P. Nayar) C. Chen 和北酸脚杆 *M. septentrionalis* (W. W. Smith) H. L. Li 的果均可食。

10. *Melastoma* Linnaeus 野牡丹属

Melastoma Linnaeus (1753: 389); Chen & Renner (2008: 363) (Lectotype: *M. malabathricum* Linnaeus)

特征描述：灌木。茎四棱形或近圆形，通常被毛或鳞片状糙伏毛。<u>叶对生</u>，<u>被毛</u>，<u>全缘</u>，<u>5-7 基出脉</u>，稀 9；具叶柄。花单生或组成圆锥花序顶生或生于分枝顶端；花萼坛状球形；花瓣通常为倒卵形，常偏斜；<u>雄蕊 10</u>，<u>5 长 5 短</u>，花药披针形，弯曲，基部无瘤，<u>药隔基部伸长</u>，<u>弯曲</u>；子房半下位，卵形，5 室，胚珠多数，中轴胎座。蒴果卵形，顶孔最先开裂，宿存萼坛状球形。<u>种子小</u>，<u>近马蹄形</u>，常密布小凸起。花粉粒 3 孔沟与 3 假沟相间排列，光滑或微皱纹饰。染色体 2*n*=16，24，56。

分布概况：22/5（1）种，**5**（7）型；分布于印度-马来西亚广布至西太平洋诸岛，澳大利亚 1 种；中国产长江以南。

系统学评述：分子系统学研究表明野牡丹属与耳药花属 *Otanthera* 关系密切，后者嵌入野牡丹属[4]。

DNA 条形码研究：BOLD 网站有该属 6 种 16 个条形码数据；GBOWS 已有 6 种 74 个条形码数据。

代表种及其用途：该属植物多供药用，有的果可食。地菍 *M. dodecandrum* Loureiro 果可食，亦可酿酒；全株供药用，有涩肠止痢，舒筋活血，补血安胎，清热燥湿等作用；捣碎外敷可治疮、痈、疽、疖；根可解木薯中毒。

11. *Memecylon* Linnaeus 谷木属

Memecylon Linnaeus (1753: 349); Chen & Renner (2008: 396) (Type: *M. capitellatum* Linnaeus)

特征描述：灌木或小乔木。小枝圆柱形或四棱形。叶片羽状脉；具短柄或无柄。聚伞花序或伞形花序，生于落叶的叶腋或顶生；花萼杯形、钟形、近漏斗形或半球形；花瓣圆形、长圆形或卵形；雄蕊 8，等长，同形，花丝常较花药略长，花药短，椭圆形，纵裂，药隔膨大，伸长呈圆锥形；子房下位，1 室，胚珠 6-12，特立中央胎座。浆果状核果，常球形，顶端具环状宿存萼檐。种子 1，光滑。花粉粒 3 带状孔沟，具异沟，光滑或微皱纹饰。染色体 2n=14，24。

分布概况：300/11（6）种，4 型；广布热带亚洲，澳大利亚；中国产西藏、云南、广西、广东和福建。

系统学评述：传统上谷木属系统位置备受争议。分子系统学研究将该属置于谷木亚科[5,7, APG III]。

DNA 条形码研究：BOLD 网站有该属 29 种 82 个条形码数据；GBOWS 已有 4 种 14 个条形码数据。

代表种及其用途：该属有的种类果可食，味甜，如天蓝谷木 *M. caeruleum* Jack。

12. *Osbeckia* Linnaeus 金锦香属

Osbeckia Linnaeus (1753: 345); Chen & Renner (2008: 361) (Type: *O. chinensis* Linnaeus)

特征描述：草本、亚灌木或灌木。茎四棱或六棱形，通常被毛。叶对生或 3 轮生，全缘，被毛或具缘毛，3-7 基出脉；具叶柄或几无。头状花序或总状花序，或组成圆锥花序，顶生；萼管坛状或长坛状；花瓣倒卵形至广卵形；雄蕊同型，等长或近等长，花药有长喙或略短，药隔下延，向后方微膨大或成短距；子房半下位，4-5 室，顶端常具 1 圈刚毛。蒴果卵形或长卵形，4-5 纵裂，顶孔最先开裂，宿存萼坛状或长坛状。种子小，马蹄状弯曲，具密小凸起。花粉粒为 3 带状孔沟，具异沟，平滑、微皱或条纹状纹饰。染色体 2n=20，22，24，38，40。

分布概况：约 50/5 种，4 型；分布于东半球热带及亚热带至非洲热带；中国产西藏及长江以南。

系统学评述：金锦香属位于野牡丹亚科野牡丹族内。该属下分 3 组，即五裂组 *Osbeckia* sect. *Asterostoma*、长喙组 *O.* sect. *Ceramicalyx* 和金锦香组 *O.* sect. *Osbeckia*[FRPS]。分子系统学研究将该属置于野牡丹族，与野牡丹属近缘[3-5,7]。

DNA 条形码研究：BOLD 网站有该属 2 种 2 个条形码数据；GBOWS 已有 5 种 59 个条形码数据。

代表种及其用途：该属植物有的种可供药用，如金锦香 *O. chinensis* Linnaeus 全草可入药，能清热解毒、收敛止血，治痢疾止泻，又能治蛇咬伤；鲜草捣碎外敷，治痈疮肿毒及外伤止血。

13. *Oxyspora* de Candolle 尖子木属

Oxyspora de Candolle (1828: 123); Chen & Renner (2008: 367) [Type: *O. paniculata* (D. Don) de Candolle (≡ *Arthrostemma paniculatum* D. Don)]

特征描述：灌木。茎钝四棱形，具槽。单叶对生，5-7 基出脉；具叶柄。由聚伞花序组成的圆锥花序，顶生；花萼狭漏斗形，常被星状毛或糠秕状星状毛；花瓣卵形，顶端通常具凸起小尖头并被微柔毛；雄蕊 8，4 长 4 短，长者药隔不伸长或伸长成短距（我国不产），短者常内藏，药隔通常膨大，基部伸长成短距；子房通常为椭圆形，4 室。蒴果倒卵形或卵形，有时呈钝四棱形，顶端伸出胎座轴，4 孔裂，宿存萼较果略长。种子多数，近三角状披针形，有棱。花粉粒为 3 带状孔沟，具异沟，光滑、微皱或条纹-皱波状纹饰。染色体 2*n*=30，32。

分布概况：不确定/4（1）种，（**7a-c**）型；分布于不丹，印度，柬埔寨，老挝，缅甸，尼泊尔，泰国，越南；中国产西藏、四川至广西。

系统学评述：尖子木属位于蜂斗草族。FRPS 采用的 Cogniaux 和 Triana 系统又按花序位置，子房具冠与否将蜂斗草族分为 2 族；该属属于较原始的尖子木族。Clausing 和 Renner[7]基于 *ndh*F 片段的研究没有解决该属的系统位置。

DNA 条形码研究：GBOWS 有该属 2 种 32 个条形码数据。

代表种及其用途：该属一些种类供药用，如尖子木 *O. paniculata* (D. Don) de Candolle 全株可做要用，可清热止痢，治痢疾、腹泻、疮疖等。

14. *Phyllagathis* Blume 锦香草属

Phyllagathis Blume (1831: 507); Chen & Renner (2008: 377) [Type: *P. rotundifolium* (W. Jack) Blume (≡ *Melastoma rotundifolium* W. Jack)]

特征描述：草本或灌木。直立或具匍匐茎，茎通常四棱形。叶片 5-9 基出脉；具叶柄。伞形花序，或聚伞状伞形花序或聚伞花序组成圆锥花序，具长总梗，顶生；花萼长漏斗形、漏斗形或近钟形；花瓣卵形、倒卵形或广卵形；雄蕊等长或近等长，同型，花丝丝状，花药披针形，花丝背着，基部无附属体或呈小疣或呈盘状，药隔基部有距；子房下位，坛形，4 室，顶端具膜质冠。蒴果杯形或球状坛形，4 纵裂，与宿存萼贴生。种子小，楔形或短楔形。花粉粒为 3 带状孔沟，光滑或微皱纹饰。染色体 2*n*=18，26，28，32-36。

分布概况：56/24（19）种，（**7a**）型；分布于中南半岛至西马来群岛；中国产长江流域及其以南。

系统学评述：锦香草属位于蜂斗草族，与柏拉木属近缘，得到分子系统学研究支持[5]。该属下分 2 组，即锦香草组 *Phyllagathis* sect. *Phyllagathis* 和锥序锦香草组 *P.* sect. *Thyrsophyllagathis*[FRPS]。

DNA 条形码研究：GBOWS 有该属 2 种 19 个条形码数据。

代表种及其用途：锦香草 *P. cavaleriei* (H. Léveillé & Vaniot) Guillaumin 全株烧灰，

治耳朵出脓；亦作猪饲料。

15. *Plagiopetalum* Rehder 偏瓣花属

Plagiopetalum Rehder (1917: 452); Chen & Renner (2008: 368) (Type: *P. quadrangulum* Rehder)

特征描述：灌木。茎幼时四棱形，棱上通常具狭翅，以后近圆形。叶片 3-5 基出脉；具叶柄。由伞形花序组成伞房花序，稀伞形花序；花萼钟形，常被腺毛；花瓣卵形或长卵形，不对称，偏斜；雄蕊 8，4 长 4 短，花药圆柱状披针形或披针形，基部无疣，药隔基部不膨大或微凸起成短距；子房下位，4 室，顶端常具齿，花柱细长，柱头点尖。蒴果球状或卵状坛形，四棱形，顶端常微露出宿存萼。种子长楔形或狭三角形。

分布概况：2/2（1）种，**7-3 型**；1 种缅甸与中国云南西北部、西南部或四川西南部间断分布；1 种分布于越南北部至中国云南、贵州和广西。

系统学评述：偏瓣花属位于蜂斗草族。FRPS 采用的 Cogniaux 和 Triana 系统又按花序位置，子房具冠与否将蜂斗草族分为 2 族；该属属于较原始的尖子木族。

DNA 条形码研究：GBOWS 有该属 1 种 19 个条形码数据。

16. *Sarcopyramis* Wallich 肉穗草属

Sarcopyramis Wallich (1824: 32); Chen & Renner (2008: 387) (Type: *S. napalensis* Wallich)

特征描述：草本。茎直立或匍匐状，四棱形。叶片 3-5 基出脉；具叶柄。聚伞花序，顶生或生于分枝顶端；花梗短；花萼杯状或杯状漏斗形；花瓣 4，常偏斜；雄蕊 8，整齐，同型，花药倒心形或倒心状椭圆形，花丝基着，近顶孔开裂，药隔基部常下延，成钩状短距或成小凸起；子房下位，4 室，顶端具膜质冠，冠檐不整齐。蒴果杯状，具四棱，膜质冠常超出萼外，顶孔开裂。种子小，多数，倒长卵形，背部具密小乳头状凸起。花粉粒 3 带状孔沟，光滑或微皱纹饰。

分布概况：约 2/2（1）种，2 变种，**7-2 型**；分布于不丹，尼泊尔，印度，印度尼西亚，马来西亚，缅甸，菲律宾，泰国；中国产西藏至台湾。

系统学评述：传统上肉穗草属位于蜂斗草族。

DNA 条形码研究：GBOWS 有该属 2 种 12 个条形码数据。

代表种及其用途：该属有的种类全草入药，常用于清热平肝火，如楮头红 *S. napalensis* Wallich 全草入药，有清肝明目的作用，治耳鸣及目雾等症或祛肝火。

17. *Scorpiothyrsus* H. L. Li 卷花丹属

Scorpiothyrsus H. L. Li (1944: 33); Chen & Renner (2008: 389) [Type: *S. xanthostictus* (Merrill & Chun) H. L. Li (≡ *Phyllagathis xanthosticta* Merrill & Chun)]

特征描述：直立亚灌木。茎下部近圆柱形，上部四棱形。叶宽 10cm 以上，5-9 基出脉；具长柄。由蝎尾状聚伞花序组成圆锥花序，顶生；花梗短，常四棱形；花 4 数，花萼漏斗状钟形；花瓣倒卵形、圆形或近卵形；雄蕊 8，同型，等长，花丝短，花药长圆形，基部无瘤或具刺毛，药隔不伸延；子房半下位，卵形，4 室。蒴果近球形，为宿存萼所包，宿存萼陀螺形或半球形，具钝四棱，具 8 条纵肋。种子小，楔形，密布小凸起。

　　分布概况：6/3（3）种，**7-4 型**；分布于越南北部；中国产海南和广西。

　　系统学评述：传统上卷花丹属位于蜂斗草族。

18. *Sonerila* Roxburgh 蜂斗草属

Sonerila Roxburgh (1820: 180); Chen & Renner (2008: 390) (Type: *S. macrantha* Roxburgh)

　　特征描述：草本至小灌木。茎常四棱形。叶宽 5（-7）cm 以下，羽状脉或掌状脉；叶柄常被毛。蝎尾状聚伞花序或几呈伞形花序，顶生或生于分枝顶端，有时腋生，通常总梗在 2cm 以上；花 3 数或 6 数（我国不产）；花萼钟状管形；花瓣长圆状椭圆形；雄蕊 3 或 6（我国不产），等长或不等长，花丝丝状，花药顶孔开裂；子房下位，坛形，顶端具膜质冠。蒴果倒圆锥形或柱状圆锥形，纵裂。种子小，多数，楔形，通常表面光滑或具小凸起。花粉粒为 3 带状孔沟，光滑，微皱或条纹状纹饰。染色体 $2n=18$，22，34。

　　分布概况：约 150/6（3）种，（**7a-c**）型；热带亚洲广布；中国产云南、广西、广东、江西和福建。

　　系统学评述：传统上蜂斗草属位于蜂斗草族。根据 *ndh*F 构建的系统树，蜂斗草属被置于蜂斗草族和藤牡丹族组成的分支中，但在分支内的系统位置和属的单系性未得到解决[6]。

　　DNA 条形码研究：GBOWS 有该属 5 种 44 个条形码数据。

　　代表种及其用途：该属有些种类可供药用，如蜂斗草 *S. cantonensis* Stapf 全株药用，可通经活血，治跌打、瘀膜。

19. *Sporoxeia* W. W. Smith 八蕊花属

Sporoxeia W. W. Smith (1917: 69); Chen & Renner (2008: 373) (Type: *S. sciadophila* W. W. Smith)

　　特征描述：灌木。茎钝四棱形，幼时常被毛。叶片 5（-7）基出脉；具叶柄。伞形花序腋生，总梗极短或几无；花萼钟状漏斗形；花瓣卵形或广卵形；雄蕊 8，同型，等长或近等长，花丝丝状；子房下位，坛形，4 室，具四棱，棱上具隔片，顶端无冠，具钝齿。蒴果近球形或卵状球形，4 裂，为宿存萼所包，宿存萼顶端平截，钟状漏斗形，顶端平截，与果等长。种子多数，楔形，略具三棱，密布小凸起。

　　分布概况：约 7/2（1）种，**7-3 型**；分布于缅甸；中国产云南。

　　系统学评述：八蕊花属位于蜂斗草族。

　　DNA 条形码研究：GBOWS 有该属 1 种 5 个条形码数据。

20. *Styrophyton* S. Y. Hu 长穗花属

Styrophyton S. Y. Hu (1952: 174); Chen & Renner (2008: 365) [Type: *S. caudatum* (Diels) S. Y. Hu (≡

Anerincleistus caudatus Diels)]

特征描述：灌木。直立，茎圆柱形，被毛。叶被毛，5 基出脉；具叶柄。<u>长穗状花序顶生</u>，轴细长，无苞片；<u>花小，无花梗</u>；花萼钟形；花瓣倒卵形或广倒卵形，顶端钝，内凹，略偏斜；<u>雄蕊近等长，同形</u>，无附属体，<u>花药单孔开裂</u>，药隔微膨大，基部无距；子房半下位，卵状球形，4 室。蒴果卵状球形，顶端平截，与宿存萼贴生，宿存萼与蒴果同形。<u>种子多数，极小，楔形，具棱，被糠秕</u>。花粉粒较小，6 异沟，3 孔沟和 3 假沟相间排列。

分布概况：1/1（1）种，**15** 型；特产中国云南、广西沟谷热带雨林。

系统学评述：长穗花属位于蜂斗草族。FRPS 采用的 Cogniaux 和 Triana 系统又按花序位置，子房具冠与否将蜂斗草族分为 2 个族；该属属于较原始的尖子木族。

DNA 条形码研究：GBOWS 有该属 1 种 5 个条形码数据。

代表种及其用途：长穗花 *S. caudatum* (Diels) S. Y. Hu 根可入药，配伍治子宫脱垂、脱肛。

21. *Tigridiopalma* C. Chen 虎颜花属

Tigridiopalma C. Chen (1979: 106); Chen & Renner (2008: 388) (Type: *T. magnifica* C. Chen)

特征描述：草本。茎及叶通常被毛，具匍匐茎，<u>直立茎极短</u>。<u>叶片宽 10cm 以上</u>，基出脉 9；具叶柄。<u>蝎尾状聚伞花序腋生，具长总花梗（即花葶）</u>；<u>花 5</u>；花萼漏斗形；花瓣通常为倒卵形；<u>雄蕊 10，同形，5 长 5 短</u>，花丝丝状，<u>花药线形</u>，单孔开裂，药隔微膨大，<u>长者药隔下延成短柄</u>，<u>末端前方具 2 小瘤，后方微隆起</u>；子房卵形，上位，顶端具膜质冠，特立中央胎座。蒴果漏斗状杯形，宿存萼与果同形。种子小，楔形，密布小凸起。

分布概况：1/1（1）种，**15** 型；特产中国广东南部。

系统学评述：传统上虎颜花属位于蜂斗草族。

主要参考文献

[1] Mabberley DJ. The plant-book: a portable dictionary of the vascular plants[M]. Cambridge: Cambridge University Press, 1997.

[2] Willis JC. A dictionary of the flowering plants and ferns[M]. Cambridge: Cambridge University Press, 1966.

[3] Renner SS. Bayesian analysis of combined chloroplast loci, using multiple calibrations, supports the recent arrival of Melastomataceae in Africa and Madagascar[J]. Am J Bot, 2004, 91: 1427-1435.

[4] Renner SS, Meyer K. Melastomeae come full circle: biogeographic reconstruction and molecular clock dating[J]. Evolution, 2001, 55: 1315-1324.

[5] Clausing G, Renner SS. Molecular phylogenetics of Melastomataceae and Memecylaceae: implications for character evolution[J]. Am J Bot, 2001, 88: 486-498.

[6] Clausing G, Renner SS. Evolution of growth form in epiphytic Dissochaeteae (Melastomataceae)[J]. Org Divers Evol, 2001, 1: 45-60.

[7] Michelangeli FA, et al. Phylogenetic relationships and distribution of New World Melastomeae (Melastomataceae)[J]. Bot J Linn Soc, 2012, 171: 38-60.

Crypteroniaceae A. de Candolle (1868), *nom. cons.*
隐翼科

特征描述：常绿乔木或灌木。小枝四棱形或扁平，富集铝。<u>单叶对生</u>，全缘，羽状脉，二级脉和网状脉明显；叶柄短；托叶细小、退化或缺。圆锥、总状或穗状花序顶生或腋生；小花梗短；花极小，两性或单性，辐射对称，周位；花托宽钟形；萼片 4 或 5，通常宿存，镊合状排列；<u>花瓣多少退化或缺</u>；雄蕊或退化雄蕊为花萼数 2 倍，与萼片互生；子房上位或下位，心皮 2-4（或 5），1-6 室，每室胚珠 1-3 或多数，中轴胎座，花柱 1，柱头 1。<u>蒴果纸质或木质</u>，<u>2-6 室背开裂</u>，<u>先端通常由宿存花柱而联合</u>。种子小，扁平，具膜质翅，胚乳缺，胚直。花粉粒 2 孔沟，近光滑至穴状纹饰。染色体 n=8。

分布概况：3 属/10 种。分布于印度东北部至越南，菲律宾等东南亚热带地区；中国 1 属/1 种，产云南南部。

系统学评述：形态学证据表明隐翼科与桃金娘目 Myrtales 的 4 小科，即 Penaeaceae、Oliniaceae、Rhynchocalycaceae 和 Alzateaceae 具有较近的亲缘关系，并得到叶绿体片段研究的支持。传统的隐翼科仅包括隐翼属 *Crypteronia*，而分子证据表明，隐翼科包括隐翼属、*Axinandra* 和 *Dactylocladus*；其中 *Dactylocladus* 与其余 2 属构成姐妹群，但支持率较低[1,2]。

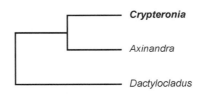

图 135　隐翼科分子系统框架图（参考 Conti 等[1]）

1. *Crypteronia* Blume 隐翼属

Crypteronia Blume (1826: 1151); Qin & Brach (2007: 292) (Type: *C. paniculata* Blume)

特征描述：乔木。叶纸质至革质。圆锥花序通常下垂，小总状花序花极多；<u>花白色或乳白绿色</u>；<u>苞片线形</u>；<u>萼片宿存</u>；花瓣缺如；雄蕊宿存，<u>贴生于萼管内部</u>，花丝丝状，花药二裂，顶端或侧向与药隔贴生；子房上位至半下位，下部贴生于花托上，心皮 2-4 室，胚珠多数，花柱丝状或钻形，多少被毛，柱头点状至头状。<u>蒴果密被柔毛</u>，成熟后上部 2-4 裂，<u>先端由宿存花柱和柱头联合</u>。种子多数。花粉粒 2 孔沟，近光滑至穴状纹饰。

分布概况：约 4/1 种，**7 型**；分布于东南亚热带地区；中国产云南。

系统学评述：属下种间关系未见研究。

DNA 条形码研究：BOLD 网站有该属 4 种 7 个条形码数据；GBOWS 已有 1 种 13 个条形码数据。

主要参考文献

[1] Conti E, et al. Early Tertiary out-of-India dispersal of Crypteroniaceae: evidence from phylogeny and molecular dating[J]. Evolution, 2002, 56: 1931-1942.

[2] Rutschmann F, et al. Did Crypteroniaceae really disperse out of India? Molecular dating evidence from *rbc*L, *ndh*F, and *rpl*16 intron sequences[J]. Int J Plant Sci, 2004, 165: S69-S83.

Staphyleaceae Martynov (1820), *nom. cons.* 省沽油科

特征描述：乔木或灌木。叶对生，<u>奇数羽状复叶</u>、<u>三小叶或稀为单叶</u>，有锯齿。花整齐，两性或杂性，稀雌雄异株，在圆锥花序上花少（有时花极多）；萼片 5，分离或连合，覆瓦状排列；花瓣 5，覆瓦状排列；雄蕊 5，互生，花丝多扁平，花药背着；<u>花盘通常明显</u>，<u>且多少有裂片</u>，有时缺；<u>子房上位</u>，<u>3 室</u>，<u>稀 2 或 4 室</u>，<u>联合或分离</u>，每室有 1 至几数倒生胚珠，花柱各式，分离到完全联合。<u>果实蒴果状</u>，<u>常为多少分离的蓇葖果或不裂的核果或浆果</u>。种子多数，肉质或角质。花粉粒（2-）3 孔沟或 4-12 孔沟，穴状或网状纹饰。染色体 $n=13$。

分布概况：3 属/40-60 种，分布于热带亚洲，美洲及北温带；中国 3 属/20 种，产西南。

系统学评述：省沽油科有广义和狭义之分，广义的省沽油科包括 5 属，即山香圆属 *Turpinia*、省沽油属 *Staphylea*、野鸦椿属 *Euscaphis*、瘿椒树属 *Tapiscia* 和 *Huertea*。前 3 个属隶省沽油亚科 Staphyleoideae，后 2 个属隶瘿椒树亚科 Tapiscioideae[1]。Takhtajan 于 1987 年将这 2 个亚科分别独立成科[2]，此观点得到了许多分类学家的认同[3,4]。分子证据也支持将瘿椒树属和 *Huertea* 从省沽油科中分离出来成立瘿椒树科 Tapisciaceae[5,6]。传统分类将省沽油科置于无患子目 Sapindales[7,8]。APG III 将省沽油科置于燧体木目 Crossosomatales，而将瘿椒树科放在十齿花目 Huerteales[5,9]。

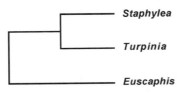

图 136　省沽油科分子系统框架图（参考 Mabberley[3]；吴征镒等[4]; Takhtajan[8]）

分属检索表

1. 果为膜质肿胀的蒴果，果皮薄，沿复缝线开裂；雄蕊与花瓣互生，生于花盘边缘 ······················
 ··· **2. 省沽油属 *Staphylea***
1. 果为浆果、核果或蓇葖果
　2. 心皮 3（2），仅在基部稍合生；雄蕊着生于花盘上；蓇葖果革质；种子黑色，具薄假种皮；花萼宿存 ·· **1. 野鸦椿属 *Euscaphis***
　2. 心皮 3，几完全合生；雄蕊着生于花盘裂齿外面；浆果肉质或革质 ··············· **3. 山香圆属 *Turpinia***

1. *Euscaphis* Siebold & Zuccarini 野鸦椿属

Euscaphis Siebold & Zuccarini (1840: 122); Li et al. (2008: 498) (Type: *E. staphyleoides* Siebold & Zuccarinia, *nom. illeg.* (= *E. japonica* (Thunberg) Kanitz ≡ *Sambucus japonica* Thunberg)

特征描述：落叶灌木或小乔木，平滑无毛，芽具二鳞片。奇数羽状复叶，对生，小叶 2-5 对，有细锯齿。大型圆锥花序顶生；花两性；萼片 5，宿存；花瓣 5，花盘环状，具圆齿；雄蕊 5，着生于花盘基部外缘，花丝基部扩大；子房上位，心皮（2-）3，仅在基部稍合生。蓇葖果（1-）3，沿内面腹缝线开裂，基部宿存的花萼展开，革质。种子1-3，具假种皮，白色，近革质，子叶圆形。花粉粒 3 孔沟，穴状纹饰。

分布概况：1/1 种，**14SJ** 型；分布于亚洲东部；中国产西南。

系统学评述：野鸦椿属位于省沽油科的最基部[9]。

DNA 条形码研究：BOLD 网站有该属 1 种 7 个条形码数据；GBOWS 已有 1 种 24个条形码数据。

代表种及其用途：野鸦椿 *E. japonica* (Thunberg) Kanitz 秋季红果满树，颇为美观，宜植于庭园观赏；种子可榨油制皂；树皮提栲胶；根及干果入药，有祛风除湿之效。

2. *Staphylea* Linnaeus 省沽油属

Staphylea Linnaeus (1753: 270); Li et al. (2008: 499) (Lectotype: *S. pinnata* Linnaeus)

特征描述：落叶灌木或小乔木。叶对生，小叶 3-7 或羽状分裂，边缘有锯齿。圆锥花序或腋生总状花序；花白色，下垂，整齐，两性；花萼 5，等大，脱落，覆瓦状排列；花瓣 5，直立，与花萼近等大，覆瓦状排列；花盘平截，边缘具不相连的裂齿；雄蕊 5，等大，直立；心皮 2 或 3，基部合生。蒴果薄膜质，小泡状膨大，2-3 裂，2-3 室，每室种子 1-4。种子近圆形，无假种皮，胚乳肉质，子叶扁平。花粉粒 3 孔沟，穴状至网状纹饰。

分布概况：13/6（5）种，**8（9）**型；分布于欧洲，亚洲，北美；中国产西南至东北。

系统学评述：Oh 和 Potter[9]、APG III 和 Soltis 等[5]的研究均支持省沽油属与山香圆属 *Turpinia* 为姐妹群。

DNA 条形码研究：BOLD 网站有该属 4 种 10 个条形码数据；GBOWS 已有 2 种 28个条形码数据。

代表种及其用途：该属植物可供观赏，茎皮可作纤维。省沽油 *S. bumalda* de Candolle的种子油可制肥皂及油漆。

3. *Turpinia* Ventenat 山香圆属

Turpinia Ventenat (1807: 3); Li et al. (2008: 500) (Type: *T. paniculata* Ventenat)

特征描述：乔木或灌木。叶对生，奇数羽状复叶或单叶，小叶革质。圆锥花序开展，顶生或腋生，分枝对生；花小，白色，整齐，两性，稀为单性；萼片 5，宿存；花瓣 5，圆形；花盘伸出，具圆齿或裂片；雄蕊 5，着生于花盘裂齿的外面，花丝扁平；子房无柄，3 裂，3 室，花柱 3，合生或分裂，柱头近头形，胚珠在子房室中多数排为 2 列，倒生。果实近圆球形，有疤痕，花柱分离，革质，不裂，3 室，每室有几或多数种子。种子下垂或平行附着，种皮硬膜质或骨质，子叶微隆起。花粉粒 3 孔沟，穴状至细网状纹饰。

分布概况：30-40/13（5）种，**3 型**；分布于热带亚洲和美洲；中国产西南至台湾。

系统学评述：山香圆属与省沽油属为姐妹群[9]。

DNA 条形码研究：BOLD 网站有该属 3 种 11 个条形码数据；GBOWS 已有 5 种 32 个条形码数据。

代表种及其用途：该属植物根或叶可入药。山香圆 *T. montana* (Blume) Kurz 水煎浓缩液对金黄色葡萄球菌有较强的抑菌作用。

主要参考文献

[1] Pax F. Staphyleaceae[M]//Engler A, Prantl K. Die natürlichen pflanzenfamilien, III. Leipzig: W. Engelmann, 1896: 258-262.

[2] Takhtajan AL. Systema Magnoliophytorum[M]. Leningrad: Nauka, 1987.

[3] Mabberley DJ. The plant-book: a portable dictionary of the vascular plants[M]. Cambridge: Cambridge University Press, 1997.

[4] 吴征镒, 等. 中国被子植物科属综论[M]. 北京: 科学出版社, 2003.

[5] Soltis DE, et al. Angiosperm phylogeny: 17 genes, 640 taxa[J]. Am J Bot, 2011, 98: 704-730.

[6] Worberg A, et al. Huerteales sister to Brassicales plus Malvales, and newly circumscribed to include *Dipentodon*, *Gerrardina*, *Huertea*, *Perrottetia*, and *Tapiscia*[J]. Taxon, 2009, 58: 468-478.

[7] Cronquist A. An integrated system of classification of flowering plants[M]. New York: Columbia University Press, 1981.

[8] Takhtajan A. Diversity and classification of flowering plants [M]. New York: Columbia University Press, 1997.

[9] Oh SH, Potter D. Description and phylogenetic position of a new angiosperm family, Guamatelaceae, inferred from chloroplast *rbc*L, *atp*B, and *mat*K Sequences[J]. Syst Bot, 2006, 31: 730-738.

Stachyuraceae J. Agardh (1858), *nom. cons.* 旌节花科

特征描述：落叶或常绿灌木或小乔木，稀藤本，<u>常具极叉开的分枝</u>，<u>小枝具髓</u>。单叶互生，有锯齿；托叶小，早落。花小，两性或杂性，雌雄异株；<u>花序腋生，总状或穗状</u>；小苞片 2，基部连合；萼片 4，<u>花瓣 4，均覆瓦状排列</u>，分离或靠合；雄蕊 8，2 轮，花丝钻形，花药"丁"字着生，纵裂；子房上位，侧膜胎座，4 室，胚珠多数，花柱短，柱头 4 浅裂。浆果，球形，外果皮革质。种子小，多数，<u>具假种皮</u>，胚乳肉质，胚直立。花粉粒 3（拟）孔沟，具蜂巢状至穴状纹饰。染色体 $2n=24$。

分布概况：1 属/约 8 种，为东亚温带地区所特有；中国 1 属/约 7 种，产秦岭以南。

系统学评述：传统分类中，旌节花科曾被置于堇菜目 Violales[1]或山茶目 Theales[2]。根据种子解剖学、胚胎学、木材解剖学、孢粉学等，该科分别被认为与猕猴桃科 Actinidiaceae、桤叶树科 Clethraceae、大风子科 Flacourtiaceae、金楼梅科 Hamamelidaceae、省沽油科 Staphyleaceae、山茶科 Theaceae 或堇菜科 Violaceae 等关系近缘。分子系统学研究显示旌节花科与燧体木科 Crossosomataceae 系统发育关系最近，构成姐妹分支[3-7]。APG II 和 APG III 都将该科列入蔷薇类燧体木目 Crossosomatales。

1. *Stachyurus* Siebold & Zuccarini 旌节花属

Stachyurus Siebold & Zuccarini (1835: 42); Yang & Peter (2007: 138) (Type: *S. praecox* Siebold & Zuccarini)

特征描述：同科描述。

分布概况：约 8/7（4）种，**14** 型；分布于亚洲东部，喜马拉雅；中国产秦岭以南，以云南和四川尤盛。

系统学评述：未见属下系统学研究。

DNA 条形码研究：BOLD 网站有该属 6 种 28 个条形码数据；GBOWS 已有 3 种 74 个条形码数据。

代表种及其用途：柳叶旌节花 *S. salicifolius* Franchet 的枝髓，可入药，被称为"小通草"，有利尿、催乳、清湿热的功能。

主要参考文献

[1] Cronquist A. An integrated system of classification of flowering plants[M]. New York: Columbia University Press, 1981.

[2] Takhtajan A. Diversity and classification of flowering plants[M]. New York: Columbia University Press, 1997.

[3] Nandi OI, et al. A combined cladistic analysis of angiosperms using *rbc*L and non-molecular data sets[J]. Ann MO Bot Gard, 1998, 85: 137-214.

[4] Savolainen V, et al. Phylogenetics of flowering plants based on combined analysis of plastid *atp*B and

*rbc*L gene sequences[J]. Syst Biol, 2000, 49: 306-362.

[5] Zhu YP, et al. Evolutionary relationships and diversification of Stachyuraceae based on sequences of four chloroplast markers and the nuclear ribosomal ITS region[J]. Taxon, 2006, 55: 931-940.

[6] Soltis DE, et al. A 567-taxon data set for angiosperms: the challenges posed by Bayesian analyses of large data sets[J]. Int J Plant Sci, 2007, 168: 137-157.

[7] Soltis DE, et al. Angiosperm phylogeny: 17 genes, 640 taxa[J]. Am J Bot, 2011, 98: 704-730.

Tapisciaceae Takhtajan (1987) 瘿椒树科

特征描述：乔木。叶互生，<u>叶柄束环状</u>；奇数羽状复叶或三出小叶，<u>节处具托叶腺或小托叶</u>。圆锥花序腋生，雄全异株；花小；花瓣 5，辐射对称；<u>花萼管状，5 裂；花盘小或无；花柱中空</u>，顶端分叉，子房上位，1 室，胚珠 1，基生。<u>核果或浆果不裂</u>。种皮薄，胚中大至小，子叶肥厚。花粉粒亚球形或扁长形，3 孔沟或 3 沟，网状纹饰。染色体 2n=26，30。

分布概况：2 属/5 种，分布于南美；中国 1 属/2 种，产长江以南。

系统学评述：传统上将该科的 2 个属作为 1 个亚科列入省沽油科 Staphyleaceae[1,2]，Takhtajan 将瘿椒树科从省沽油科分出，这 2 个科被置于无患子目 Sapindales[3-5]。将瘿椒树科单独分出，置于真蔷薇分支 II，但没有放在任何 1 个目中，APG II 维持原分类。新的分子系统学研究将其列置于十齿花目 Huerteales，与 Dipentodontaceae 近缘[6,APW]。

1. *Tapiscia* Oliver 瘿椒树属

Tapiscia Oliver (1890: 1928); Li et al. (2008: 496) (Type: *T. sinensis* Oliver)

特征描述：落叶乔木。奇数羽状复叶互生，小叶常 3-10 对，具短柄，有锯齿，有小托叶，无托叶。花两性或雌雄异株，极小，黄色，辐射对称；圆锥花序腋生，雄花序由长而纤弱的总状花序组成，花密聚，花单生于苞腋内；<u>萼管状</u>，5 裂；花瓣 5；雄蕊 5，突出；<u>花盘小或缺；子房 1 室</u>，<u>胚珠 1</u>；雄花有退化子房。核果状的浆果或浆果。花粉粒 3 沟，网状纹饰。

分布概况：6/2（2）种，**15** 型；中国产长江以南。

系统学评述：该属由 Oliver 建立时为单种属，仅有瘿椒树 *T. sinensis* Oliver 1 种，后来发现云南瘿椒树 *T. yunnanensis* W. C. Cheng & C. D. Chu。丁士友和于兆英[7]的研究认为上述 2 个种差别很小，建议保留单种属的地位。

DNA 条形码研究：BOLD 网站有该属 1 种 5 个条形码数据；GBOWS 已有 2 种 23 个条形码数据。

主要参考文献

[1] Pax F. Staphyleaceae[M]//Engler A, Prantl K. Die natürlichen pflanzenfamilien, III. Leipzig: W. Engelmann, 1896: 258-262.

[2] Krause J. Staphyleaceae[M]//Harms H. Die natürlichen pflanzenfamilien, 20b. 2nd ed. Leipzig: W. Engelmann, 1942: 255-321.

[3] Takhtajan AL. Systema Magnoliophytorum[M]. Leningrad: Nauka, 1987.

[4] Takhtajan A. Diversity and classification of flowering plants[M]. New York: Columbia University Press, 1997.

[5] Kubitzki K. Salvadoraeae[M]//Kubitzki K. The families and genera of vascular plants, V. Berlin: Springer, 2003: 342-344.

[6] Worberg A, et al. Huerteales sister to Brassicales plus Malvales, and newly circumscribed to include *Dipentodon, Gerrardina, Huertea, Perrottetia*, and *Tapiscia*[J]. Taxon, 2009, 58: 468-478.

[7] 丁士友, 于兆英. 省沽油科叶解剖结构的分类学意义[J]. 植物研究, 1992, 12: 177-184.

Dipentodontaceae Merrill (1941), *nom. cons.* 十齿花科

特征描述：乔木或灌木。<u>单叶互生</u>；<u>有托叶</u>。花序聚伞状，花多排成圆头状伞形花序，被短密柔毛；花小，黄绿色或白色，5-7 数；<u>花盘与花被贴合成杯状</u>；<u>子房不完全3 室</u>，每室胚珠 2，仅 1 室 1 胚珠发育。蒴果或浆果，<u>具宿存花萼和花冠</u>，<u>宿存花柱呈喙状</u>。种子黑色。花粉粒 3 孔沟，网状纹饰。

分布概况：2 属/16 种，主要分布于热带亚洲，美洲，澳大利亚和太平洋诸岛，并延伸到东亚温带地区；中国 2 属/3 种，产广西、云南和贵州。

系统学评述：该科由 Merrill 于 1941 年成立，仅包含十齿花属 *Dipentodon*，并被暂时置于金缕梅目 Hamamelidales 的蔷薇科 Rosaceae 和金缕梅科 Hamamelidaceae 之间[1]。1981 年的 Cronquist 将其置于檀香目 Santales[2]。Zhang 和 Simmons[3]基于分子系统学研究建议将原属于卫矛科 Celastraceae 的核子木属 *Perrottetia* 划入十齿花科，FOC 采纳了此处理。APG III 将十齿花科置于十齿花目 Huerteales，包含十齿花属和核子木属。

分属检索表

1. 花两性，雄蕊 5，着生于花盘上；蒴果 ·· **1. 十齿花属 *Dipentodon***
1. 花杂性异株，雄蕊 4-5，着生于花盘的边缘；小浆果 ···················· **2. 核子木属 *Perrottetia***

1. *Dipentodon* Dunn 十齿花属

Dipentodon Dunn (1911: 312); Ma & Bartholomew (2008: 494) (Type: *D. sinicus* Dunn)

特征描述：半常绿或落叶灌木或小乔木。<u>叶互生</u>；有柄；<u>托叶细少</u>，早落。聚伞花序排列成多花圆头状伞形花序；花序梗及小花梗均较长；花黄绿色，小，5-7 数；<u>萼片与花瓣近同形</u>，<u>等大</u>，<u>花盘较薄</u>；雄蕊 5，着生花盘裂片下的杯状边缘上，花丝明显，花药内向；子房 3 心皮，基部着生花盘上，不完全 3 室，每室基部具 2 直立胚株，只 1室 1 胚珠发育。<u>蒴果</u>，被毛，<u>花柱宿存</u>。种子 1，周围有败育 5 胚珠，<u>无假种皮</u>。花粉粒 3 孔沟，网状纹饰。

分布概况：1/1 种，**7-2（14SH）**型；分布于缅甸北部，印度东北部；中国产广西、云南和贵州。

系统学评述：十齿花属是 Dunn 根据 Henry 于 1898 年采自云南蒙自的标本建立的单型属，根据其花部特征最初将其置于卫矛科。刘建生和诚静容[4]提出将分布在青藏高原东南部的具有长花梗的十齿花居群划分为 1 个新种，即长梗十齿花 *D. longipedicellatus* C. Y. Cheng & J. S. Liu。在 FOC 中，长梗十齿花被处理为十齿花的异名。大多数分类学家均认为十齿花属是个单型属，仅包括十齿花 *D. sinicus* Dunn [5,6]。

DNA 条形码研究：BOLD 网站有该属 1 种 4 个条形码数据；GBOWS 已有 1 种 8 个条形码数据。

代表种及其用途：十齿花为一古老的高级孤立类群，具有分类学和遗传学等研究的特殊价值，亟须保护。

2. *Perrottetia* Kunth 核子木属

Perrottetia Kunth (1824: 73-75); Ma & Bartholomew (2008: 495) (Type: *P. quindiuensis* Kunth)

特征描述：小乔木或灌木。叶互生；托叶小，早落。聚伞花序腋生，总状或穗状；花小，白色，5 或 4 数，两性或有时单性或杂性，同株或异株；花萼基部连合，萼片与花瓣近同形等大；花盘较薄，扁平或杯状；雄蕊 5 或与花萼同数，着生花盘边缘，花药纵裂；子房着生花盘上，通常 2 室，每室有 2 基生直立胚珠，花柱粗短，柱头小，有时微凹。浆果，小球状，果皮薄。种子 2，少为 4，外被薄的假种皮。花粉粒 3 孔沟，网状纹饰。

分布概况：15/2 种，**5 型**；主产中美洲，东南亚至大洋洲等也有；中国产湖北、贵州、四川和台湾。

系统学评述：该属由 Kunth 于 1825 年建立，被暂时置于卫矛科[8]。之后一些学者通过对其木材解剖[8,9]、叶解剖[10]和种子结构[11]的研究不支持该处理。1976 年 Corner[11]基于种子结构特征将该属置于特纳草科 Turneraceae。APG II 将其置于金虎尾目 Malpighiales 西番莲科 Passifloraceae。Zhang 和 Simmons[3]基于分子系统学研究建议将核子木属划入十齿花科，FOC 采纳了此处理。

DNA 条形码研究：BOLD 网站有该属 3 种 5 个条形码数据；GBOWS 已有 1 种 7 个条形码数据。

代表种及其用途：该属一些种类作为药材，可祛风除湿，主治风湿痹痛，如核子木 *P. racemosa* (Oliver) Loesener。

主要参考文献

[1] Merrill ED. Dipentodontaceae. Plants collected by captain F Kindon-Ward on the vernay-cutting expedition, 1938-1939[J]. Brittonia, 1941, 4: 69-73.

[2] Cronquist A. An integrated system of classification of flowering plants[M]. New York: Columbia University Press, 1981.

[3] Zhang LB, Simmons MP. Phylogeny and delimitation of the Celastrales inferred from nuclear and plastid genes[J]. Syst Bot, 2006, 31: 122-137.

[4] 刘建生, 诚静容. 十齿花属分类地位的研究[J]. 武汉植物学研究, 1991, 9: 29-39.

[5] Peng YL, et al. Phylogenetic position of Dipentodon sinicus: evidence from DNA sequences of chloroplast *rbc*L, nuclear ribosomal 18S, and mitochondria *mat*R genes[J]. Bot Bull Acta Sin 2003, 44: 217-222.

[6] Yuan QJ, et al. Chloroplast phylogeography of *Dipentodon* (Dipentodontaceae) in Southwest China and Northern Vietnam[J]. Mol Ecol, 2008, 7: 1054-1065.

[7] von Humboldt FDA, et al. Nova genera et species plantarum, Part 6, 7[M]. Paris: Libraire de Gide Fils, 1825.

[8] Metcalfe CR, et al. Anatomy of the Dicotyledons: leaves, stem, and wood in relation to taxonomy with notes on economic uses[M]. Oxford: Clarendon Press, 1950.

[9] Boole JA. Studies in the anatomy of the family Celastraceae[D]. PhD thesis. Chapel Hill, North Carolina: University of North Carolina, 1955.

[10] den Hartog RM, Baas P. Epidermal characters of the Celastraceae *sensu lato*[J]. Act Bot Neerl, 1978, 27: 355-388.

[11] Corner EJH. The seeds of dicotyledons[M]. Cambridge: Cambridge University Press, 1976.

Biebersteiniaceae Schnizlein (1856) 熏倒牛科

特征描述：<u>多年生草本</u>。<u>根状茎木质，块茎状</u>。茎、叶具黄色腺毛和浓烈气味。叶互生，<u>一至三回羽状全裂</u>；<u>具叶柄和托叶</u>。圆锥状、穗状或假头状花序具 2 小苞片；花两性，5 数，辐射对称；萼片离生，覆瓦状排列，宿存；花瓣具爪，覆瓦状排列；<u>腺体5，与花瓣互生</u>；雄蕊 10，花丝基部合生，花药 4 室，内向；<u>子房上位</u>，深裂，<u>心皮 5</u>，花柱着生子房基部，柱头 5 裂。<u>分果由 5 不裂的干燥分果瓣组成</u>，每分果瓣有种子 1。种子大，种脊圆形，胚稍微弯，有少量胚乳。花粉粒 3 孔沟，条纹状纹饰。染色体 $2n=10$。含香豆素、黄酮、多糖和生物碱。

分布概况：1 属/4 种，分布于希腊至亚洲中部；中国 1 属/2 种，产西北。

系统学评述：熏倒牛属 *Biebersteinia* 的系统位置一直存有争议[1]。Stephan[2]建立该属时认为其介于 *Grielum*（Neuradaceae）和 *Suriana*（Simaroubaceae）之间。Boissier[3]最先将该属置于牻牛儿苗科 Geraniaceae，并得到了广泛的认可。分子系统发育分析支持该属为 1 个独立的科，属于无患子目 Sapindales，构成无患子目其他类群的姐妹群[1,4]。

1. *Biebersteinia* Stephan 熏倒牛属

Biebersteinia Stephan (1806: 126); Xu & Vassiliades (2008: 31) (Type: *B. odora* Stephan ex Fischer)

特征描述：同科描述。

分布概况：4/2（1）种，**12 型**；分布于希腊至亚洲中部；中国产西北和西藏西部。

系统学评述：对该属全部 4 种的系统发育研究显示[4]：熏倒牛属为单系，熏倒牛 *B. heterostemon* Maximowicz 位于最基部，高山熏倒牛 *B. odora* Stephan 随后分化出；*B. orphanidis* Boissier 和 *B. multifida* de Candolle 最晚分化出，并构成姐妹群。

DNA 条形码研究：BOLD 网站有该属 4 种 4 个条形码数据；GBOWS 已有 1 种 16 个条形码数据。

代表种及其用途：该属植物均具有浓烈气味，被当地居民药用。熏倒牛被用作藏药，全草主治热性病，感冒发烧，小儿高烧惊厥，抽搐；果实（狼尾巴蒿）辛，凉，清热镇痉，祛风解毒，用于预防感冒，小儿高热惊厥，腹胀，腹痛。

主要参考文献

[1] Bakker FT, et al. Phylogenetic relationships of *Biebersteinia* Stephan (Geraniaceae) inferred from *rbc*L and *atp*B sequence comparisons[J]. Bot J Linn Soc, 1998, 127: 149-158.
[2] Stephan F. Déscription de deux nouveaux genres de plantes[J]. Mém Soc Nat Mosc, 1806, 1: 125-128.
[3] Boissier E. Biebersteiniae[M]//Boissier PE. Flora Orientalis, Vol 1. Basilee: H. Georg, 1867: 899-900.
[4] Muellner AN, et al. Placing Biebersteiniaceae, a herbaceous clade of Sapindales, in a temporal and geographic context[J]. Plant Syst Evol, 2007, 266: 233-252.

Nitrariaceae Lindley (1835), *nom. cons.* 白刺科

特征描述：一年生或多年生草本，或灌木。叶互生或簇生，全缘或羽状分裂；托叶小或呈叶片状。花单生或排成聚伞状花序；萼片 5，有时 4，覆瓦状或镊合状排列；花瓣 4-5；雄蕊与花瓣同数，或比花瓣多 1-3 倍，通常长短相间；子房 3-5 室，稀 2-12 室。果实为分裂果、核果或浆果。种子有胚乳或无胚乳。花粉粒 3 孔沟，光滑、穿孔状或细条纹纹饰。

分布概况：3 属/16 种，分布于北非到东亚一带，澳大利亚西南部和墨西哥东部的干旱地区；中国 2 属/8 种，产西北。

系统学评述：传统分类中白刺属 *Nitraria* 和骆驼蓬属 *Peganum* 是蒺藜科 Zygophyllaceae 成员[FRPS]。由于白刺属和骆驼蓬属具有许多独立的形态学性状，也有学者支持将白刺属和骆驼蓬属分别独立为白刺科 Nitrariaceae 和骆驼蓬科 Peganaceae[FOC]。分子证据支持白刺属、骆驼蓬属和 *Tetradiclis* 共同构成白刺科，隶属于无患子目，骆驼蓬属与 *Tetradiclis* 聚为 1 支，白刺属是骆驼蓬属+*Tetradiclis* 的姐妹群[1,2, APG III]。

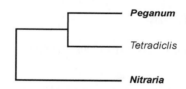

图 137　白刺科分子系统框架图（参考 Savolainen 等[1]；Muellner 等[2]）

分属检索表

1. 灌木；单叶，肉质，全缘或顶端齿裂；全株无特殊气味··· **1. 白刺属 *Nitraria***
1. 多年生草本；叶互生，撕裂状；全株有特殊臭味 ····································· **2. 骆驼蓬属 *Peganum***

1. *Nitraria* Linnaeus 白刺属

Nitraria Linnaeus (1759: 1044); Liu & Zhou (2008: 41) (Type: *N. schoberi* Linnaeus)

特征描述：灌木，高 0.5-2m。叶互生或簇生，有柄至几无柄；单叶，肉质，全缘或顶端齿裂；托叶明显，生于叶柄内，早落或宿存。花单生或排成聚伞花序，花小，具苞片；萼片 5，肉质，覆瓦状排列，宿存；花瓣 5，白色或黄绿色；雄蕊 10-15；子房 2-6 室，柱头卵形。浆果状核果，外果皮薄，中果皮肉质多浆，内果皮骨质。花粉粒 3 孔沟，细条纹状纹饰。染色体 2*n*=24，48，60。

分布概况：11/5（1）种，**12-3 型**；分布于北非，亚洲，澳大利亚和欧洲东南部的干旱和半干旱地区；中国产西北，生于盐渍化沙地。

　　系统学评述：传统分类中白刺属是蒺藜科的成员。分子系统学研究表明，骆驼蓬属和 *Tetradiclis* 关系近缘，白刺属与上述 2 个属构成姐妹群关系[1,2]。

　　DNA 条形码研究：BOLD 网站有该属 6 种 22 个条形码数据；GBOWS 已有 4 种 66 个条形码数据。

　　代表种及其用途：该属植物耐干旱，抗风沙。大白刺 *N. roborowskii* Komarov 果大且酸甜适口，有沙樱桃之称；亦可入药治胃病；猪吃大白刺果有催肥之效。

2. *Peganum* Linnaeus 骆驼蓬属

Peganum Linnaeus (1753: 444); Liu & Zhou (2008: 43) (Lectotype: *P. harmala* Linnaeus)

　　特征描述：多年生草本，高 30-80cm，全株有特殊臭味。根肥大而长。茎下部平卧，上部斜生。叶互生，撕裂状；托叶刺毛状。花单生或聚合成花序；萼片通常 5，稀 4；花瓣 4 或 5，白色；雄蕊 12 或 15，3 轮；子房 2 或 3 室。蒴果或浆果。种子 10-100。花粉粒 3 孔沟，细网状纹饰。

　　分布概况：6/3（1）种，**12-2 型**；分布于北美，亚洲中部及西部，欧洲南部和北美；中国产甘肃、新疆、陕西和山西。

　　系统学评述：传统分类中骆驼蓬属是蒺藜科的成员。分子系统学研究表明，骆驼蓬属与 *Tetradiclis* 关系近缘[1,2]。

　　DNA 条形码研究：BOLD 网站有该属 1 种 3 个条形码数据；GBOWS 已有 3 种 28 个条形码数据。

　　代表种及其用途：该属植物 *P. harmala* Linnaeus 含抗癌成分骆驼蓬碱、去氢骆驼蓬碱、鸭嘴花碱等。

主要参考文献

[1]　Savolainen V, et al. Phylogeny of the eudicots: a nearly complete familial analysis based on *rbc*L gene sequences[J]. Kew Bull, 2000, 55: 257-309.

[2]　Muellner AN, et al. Placing Biebersteiniaceae, a herbaceous clade of Sapindales, in a temporal and geographic context[J]. Plant Syst Evol, 2007, 266: 233-252.

Burseraceae Kunth (1824), *nom. cons.* 橄榄科

特征描述：乔木或灌木，<u>具树脂道</u>，<u>分泌树脂或油质</u>。<u>奇数羽状复叶互生</u>，通常集中于小枝上部。圆锥花序或总状花序；花辐射对称，单性、两性或杂性，雌雄同株或异株；<u>萼片 3-6</u>；<u>花瓣 3-6，与萼片互生</u>；花盘存在，有时与子房合生成"子房盘"；<u>雄蕊在雌花中常退化</u>，<u>1-2 轮</u>，<u>外轮与花瓣对生</u>；子房上位，3-5 室，稀为 1 室，柱头头状，常 2-5 浅裂，稀不裂。核果，外果皮不开裂，稀开裂。种子无胚乳，子叶常为肉质，稀膜质，旋卷折叠。花粉粒 3 沟。染色体 $2n$=22，24，26，44，46，48。富含萜类化合物。

分布概况：19 属/约 700 种，主要分布于热带及亚热带，少数达暖温带；中国 3 属/13 种，产福建、广东、广西、海南、四川、台湾和云南。

系统学评述：依据形态学特征，橄榄科曾被划分为 Bursereae 族、白头树族 Garugeae 和马蹄果族 Protieae[1-3]。但目前仅 Harley 和 Daly[2]界定的马蹄果族得到分子系统学研究的支持[4-6]。Thulin 等[5]结合形态学和分子系统学证据新建立 Beiselieae 族，并对橄榄科 4 个族的范围进行了重新界定，其中 Beiselieae 仅包含 *Beiselia*；Bursereae 包含 *Aucoumea*、*Bursera* 和 *Commiphora* 3 属；马蹄果族包含 *Crepidospermum*、*Tetragastris* 和马蹄果属 *Protium* 3 属；广义的白头树族包含该科其余 12 属。分子系统学研究证实橄榄科为单系类群，位于无患子目 Sapindales，与漆树科 Anacardiaceae 互为姐妹群，*Beiselia* 的系统位置位于橄榄科最基部，是其余下类群的姐妹分支[4-7,APW]。

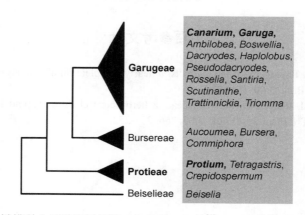

图 138　橄榄科分子系统框架图（参考 Weeks 等[4]; Thulin 等[5]; Becerra 等[6]）

分属检索表

1. 花 3 基数；果具 1 核；常绿乔木；小叶常全缘；小枝髓部有维管束 ⋯⋯⋯⋯⋯⋯ **1. 橄榄属 *Canarium***
1. 花 5-4 基数；果具 1 以上的核；多为落叶乔木；小叶通常具齿；小枝髓部无维管束
　2. 有托叶和小托叶；花通常两性，花托杯状，萼片、花瓣、雄蕊着生在花托边缘；小叶几无柄，柄髓部有维管束 ⋯⋯⋯⋯⋯⋯⋯⋯⋯⋯⋯⋯⋯⋯⋯⋯⋯⋯⋯⋯⋯⋯⋯ **2. 白头树属 *Garuga***

2. 无托叶和小托叶；花通常单性，花托不成杯状，萼片、花瓣及雄蕊不着生在花托边缘；小叶有柄，柄髓部无维管束 ·· **3. 马蹄果属** *Protium*

1. *Canarium* Linnaeus 橄榄属

Canarium Linnaeus (1759: 121); Peng & Thulin (2008: 108) (Type: *C. indicum* Linnaeus)

特征描述：常绿乔木，稀灌木或藤本。树皮通常光滑，灰色。奇数羽状复叶螺旋状排列，常集中于枝顶；托叶常存在，早落；小叶对生或近对生。花序常为聚伞圆锥花序；花 3 数，单性，雌雄异株；萼杯状，常一半以上合生；花瓣 3，分离；雄蕊 6，1 轮，在雌花中不育且不甚发育；花盘 6 浅裂；子房 3 室，每室胚珠 2，柱头微 3 裂。核果，核 3 室，其中 1-2 室常退化，每室种子 1。子叶掌状分裂至 3 小叶。花粉粒 3 沟，光滑、皱波状、条纹或条网状纹饰。染色体 2*n*=26，46，48，78，104。

分布概况：约 120/7 种，**4 型**；分布于热带非洲，亚洲至大洋洲东北部和太平洋诸岛；中国产福建、广东、广西、海南、台湾和云南。

系统学评述：橄榄属隶属于白头树族[5,8]。Weeks 等[4]在对橄榄科系统学的研究中认为该属是单系类群，但其中橄榄属的取样仅包含 5 个种。橄榄属的最新系统学研究增加了 *Canarium* sect. *Canariellum* 中的种类（*C. balansae* Engler 和 *C. oleiferum* Baillon），结果证实目前界定的橄榄属并非单系，*C.* sect. *Canariellum* 与 *Santiria* 和 *Trattinnickia* 的亲缘关系与橄榄属其他种类更近[9]。

DNA 条形码研究：BOLD 网站有该属 24 种 43 个条形码数据；GBOWS 已有 1 种 4 个条形码数据。

代表种及其用途：滇榄 *C. strictum* Roxburgh 果可生食；种子可榨油。

2. *Garuga* Roxburgh 白头树属

Garuga Roxburgh (1811: 5); Peng & Thulin (2008: 107) (Type: *G. pinnata* Roxburgh)

特征描述：落叶乔木或灌木。小枝髓部无维管束。奇数羽状复叶；小叶对生，几无柄，具齿，小托叶常宿存。复合圆锥花序腋生或侧生，常多数集于枝顶附近，先叶出现；花两性，辐射对称，5 数；萼片几分离；花盘与花托合生，球状，有 10 凹槽；雄蕊 10，分离，着生于花盘的凹槽上；子房 4-5 室，每室有 2 下垂胚珠，柱头头状，4-5 浅裂。核果近球形，1-5 核，骨质，有槽。花粉粒 3 沟，光滑或皱波状纹饰。染色体 2*n*=26。

分布概况：约 4/4（1）种，**5 型**；分布于热带亚洲，大洋洲北部及西太平洋诸岛；中国产广东、广西、海南、四川和云南。

系统学评述：白头树属隶属于橄榄科广义的白头树族，为单系类群[5,8]，与 *Boswellia* 形成姐妹群[4-5]。

DNA 条形码研究：BOLD 网站有该属 1 种 6 个条形码数据；GBOWS 已有 2 种 17 个条形码数据。

代表种及其用途：白头树 *G. forrestii* W. W. Smith 为河谷稀树草坡的上层优势树种。

3. *Protium* N. L. Burman 马蹄果属

Protium N. L. Burman (1768: 88); Peng & Thulin (2008: 106) [Type: *P. javanicum* N. L. Burman (≡ *Amyris protium* Linnaeus)]

特征描述：乔木，稀为灌木。小枝髓部无维管束。奇数羽状复叶互生，无托叶；小叶顶端具小尖头。圆锥花序腋生或假顶生；花小，4-5 数，单性、两性或杂性；萼小，4-5 浅裂；花瓣 5；雄蕊为花瓣的 2 倍或更多，分离，在雌花中显著退化；花盘肥厚，具凹槽；子房 4-5 室，每室胚珠 2，柱头 4-5 浅裂。核果，顶端有突尖的花柱残余，有薄壁骨质的核 4-5（稀 1-2），其中常有 1-2 完全退化。花粉粒 3 沟，外壁光滑、皱波状或细条纹纹饰。染色体 2*n*=22。

分布概况：约 90/2（1）种，**2** 型；主产美洲热带，星散见于亚洲热带各地；中国产云南。

系统学评述：马蹄果属隶属于橄榄科马蹄果族[3,8]，目前的分子系统学研究证实马蹄果属为多系类群，*Crepidospermum* 和 *Tetragastris* 的种类嵌套于马蹄果属中[4-5]。

DNA 条形码研究：Elbogen 报道了该属 31 种 DNA 条形码（ITS 和 *rbc*L）信息[10]，其中 ITS 具有 99%的物种鉴别率，可作为马蹄果属的鉴定条码；*rbc*L 仅有 26%的物种鉴别率。BOLD 网站有该属 31 种 64 个条形码数据。

代表种及其用途：马蹄果 *P. serratum* (Wallich ex Colebrooke) Engler 的植株可作紫胶虫寄主树。

主要参考文献

[1] Lam H J. The Burseraceae of the Malay Archipelago and Peninsula[J]. Bull Jard Bot Buitenzorg III, 1932, 12: 281-561.

[2] Harley MM, Daly DC. World pollen and spore flora: Burseraceae[J]. Oslo: Scandinavian University Press, 1995.

[3] Harley MM, et al. Pollen morphology and systematics of Burseraceae[J]. Grana, 2005, 44: 282-299.

[4] Weeks A, et al. The phylogenetic history and biogeography of the frankincense and myrrh family (Burseraceae) based on nuclear and chloroplast sequence data[J]. Mol Phylogenet Evol, 2005, 35: 85-101.

[5] Thulin M, et al. *Ambilobea*, a new genus from Madagascar, the position of *Aucoumea*, and comments on the tribal classification of the frankincense and myrrh family (Burseraceae)[J]. Nord J of Bot, 2008, 26: 218-229.

[6] Becerra JX, et al. The monophyly of *Bursera* and its impact for divergence times of Burseraceae[J]. Taxon, 2012, 61: 333-343.

[7] Clarkson JJ, et al. Phylogenetic relationships in Burseraceae based on plastid *rps*16 intron sequences[J]. Kew Bull, 2002, 57: 183-193.

[8] Daly DC, et al. Burseraceae[M]//Kubitzki K. The families and genera of vascular plants, X. Berlin: Springer, 2011: 76-103.

[9] Weeks A. Evolution of the pili nut genus (*Canarium* L., Burseraceae) and its cultivated species[J]. Genet Resour Crop Evol, 2009, 56: 765-781.

[10] Elbogen E. Identification of Burseraceae trees from Peru: a comparison of the nuclear DNA marker ITS and the plastid DNA marker *rbc*L for DNA barcoding[J]. Berkeley Sci J, 2012, 16: 1-10.

Anacardiaceae R. Brown (1818), *nom. cons.* 漆树科

特征描述：<u>乔木或灌木</u>，稀亚灌木或藤本，<u>常分泌树脂</u>。叶互生，稀对生和轮生；单叶，三小叶或羽状复叶，稀掌状及二回羽状复叶；<u>托叶无或不显</u>。花序顶生或腋生；<u>花小辐射状对称</u>，<u>花梗常具关节</u>，<u>花被常 2 轮</u>，稀 1 轮或无；萼片（3-）4-5，<u>基部常融合</u>，花瓣（3-）4-5（-8），稀无；<u>雌蕊辐射对称</u>，稀两侧对称；雄蕊 1 或 2 轮数量（1-）5-10（->100），稀多轮；<u>子房上位</u>，稀下位。<u>果多为核果和翅果</u>，<u>有的花后花托肉质膨大呈棒状或梨形的假果</u>。种子 1-5（-12），胚乳少或无。花粉粒 3 孔沟。染色体 n=7-30。

分布概况：81 属/800 余种，主要分布于热带与亚热带，少数至温带；中国 17 属/55 种，产长江流域及其以南。

系统学评述：漆树科自 1830 年被提出后，该科的系统位置和范围就一直处于不断变化之中[1]。形态学、解剖学、生物化学等研究认为漆树科与无患子科 Sapindaceae 近缘[2,3]，分子证据支持无患子科与漆树科互为姐妹群[4-7,APG III]，但是基于两者比较明显的性状差异仍然分作 2 个科处理[1]。分子系统发育分析表明以前被承认的九子母科 Podoaceae、Julianiaceae 及黄连木科 Pistaciaceae 应重新并入漆树科[7]。Terrazas[8]利用 *rbc*L 序列结合形态学及解剖学的研究将漆树科划分为漆树亚科 Anacardioideae 和槟榔青亚科 Spondioideae；而 Pell 等[7]和 Mitchell 等[9]进一步对这 2 个亚科的范畴进行界定。

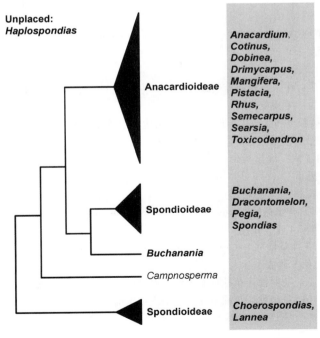

图 139　漆树科分子系统框架图（参考 Weeks 等[10]）

然而，分子证据不支持漆树亚科和槟榔青亚科的单系性[1,10]，这样的亚科划分需要进一步厘清。漆树科的一些属很可能是多源的，传统上的 5 个族，包括腰果族 Anacardieae、九子母族 Dobineeae、漆树族 Rhoideae、肉托果族 Semecarpeae 和槟榔青族 Spondiadeae[FRPS]的划分并不能很好反映其系统演化关系，需要进一步开展分子系统学研究[11-13]。

分属检索表

1. 单叶
  2. 叶缘有锯齿···**5. 九子母属 Dobinea**
  2. 叶全缘或有微齿
    3. 雄蕊不等长
      4. 雄蕊 5；果实在果托上不固定，内果皮紧密···················**10. 杧果属 Mangifera**
      4. 雄蕊 7-10；核果包裹在固定在肉质果托上，中果皮木质，内果皮肾形··········
      ···**1. 腰果属 Anacardium**
    3. 雄蕊等长
      5. 心皮离生，心皮 4-6····································**2. 山様子属 Buchanania**
      5. 心皮合生，心皮 1-3
        6. 通常为低于 5m 的灌木；子房倾斜，扁平，果期不孕花的花梗伸长；核果不超过 1cm····
        ···**4. 黄栌属 Cotinus**
        6. 通常为超过 5m 的乔木；子房对称，不压扁，果期花梗不伸长；核果超过 1cm
          7. 雄蕊 10；果实不埋在膨胀的花托里··········**8. 单叶槟榔青属 Haplospondias**
          7. 雄蕊 5；果实在成熟期埋在膨胀的花托里
            8. 花柱 1；果有残留花被片，不固定在膨大的果托上··········**7. 辛果漆属 Drimycarpus**
            8. 花柱 3；果没有残留的花被片，固定于膨大的肉质果托上·····
            ···**15. 肉托果属 Semecarpus**
1. 复叶
  9. 花被减少至 1 轮或缺乏··································**12. 黄连木属 Pistacia**
  9. 花被 2 轮且明显
    10. 子房一室；雄蕊 5
      11. 花序腋生；中果皮蜡质有条纹·············**17. 漆树属 Toxicodendron**
      11. 花序顶生；中果皮胶质
        12. 果被腺毛和具节柔毛或单毛，外果皮与中果皮相连·············**13. 盐麸木属 Rhus**
        12. 果光滑无毛，外果皮与中果皮分离···········**14. 三叶漆属 Searsia**
    10. 子房（1）4-5 室；雄蕊 8-10
      13. 木质攀援藤本·····································**11. 藤漆属 Pegia**
      13. 乔木或灌木
        14. 子房只有 1 花柱··································**16. 槟榔青属 Spondias**
        14. 子房有 4 或 5 花柱
          15. 花 4 基数·····································**9. 厚皮树属 Lannea**
          15. 花 5 基数
            16. 花两性；花柱顶端一致；内果皮压扁·········**6. 人面子属 Dracontomelon**
            16. 花杂性；花柱多样；内果皮不压扁·········**3. 南酸枣属 Choerospondias**

1. *Anacardium* Linnaeus 腰果属

Anacardium Linnaeus (1753: 383); Min & Barfod (2008: 337) (Type: *A. occidentale* Linnaeus)

特征描述：常绿灌木或乔木。单叶互生，全缘。圆锥花序顶生，多分枝；萼片 5 深裂，顶端裂片杯状；花瓣 5，花期反转；雄蕊 7-10，常 1 或者 2 雄蕊较大，花丝线形基部融合，花药宽椭圆形；花盘无；子房倒卵圆形不对称，胚珠 1 室 1，花柱 1 侧生线形；花期后花梗扩大生长出肉质的果托。果实为坚果状无毛的核果具有骨质的内果皮。花粉粒 3 孔沟，网状或棒状纹饰。染色体 $n=12$，29。

分布概况：约 11/1 种，**3** 型；分布于洪都拉斯南部至巴拉圭，巴西和波利尼西亚；中国引种栽培。

系统学评述：Mitchell 和 Mori[14]从一些独特的形态学特征上推测该属和 *Fegimanra* 为姐妹群，并得到分子证据的支持[7,10,11]，尽管这 2 个属在地理分布上差异较大。

DNA 条形码研究：BOLD 网站有该属 2 种 11 个条形码数据；GBOWS 已有 1 种 4 个条形码数据。

代表种及其用途：腰果 *A. occidentale* Linnaeus 是世界著名的干果，其果托有腰果苹果之称，营养价值很高；其分泌的树脂也是重要的工业原料。

2. *Buchanania* Sprengel 山檨子属

Buchanania Sprengel (1800: 234); Min & Barfod (2008: 336) (Type: *B. lanzan* Sprengel)

特征描述：乔木或灌木。单叶，螺旋状互生，全缘。圆锥花序顶生或腋生；花小，两性，5 数，白色，具芳香，着生于小枝上；萼片小，4-6；花瓣覆瓦状；雄蕊是花瓣的偶数倍，花药尖椭圆形，有时箭头状；花盘雄蕊内，杯状，有沟的小圆齿状；心皮 4-6，分离，常只有一个结实；单子房，胚珠单生，花柱短，柱头头状。核果有厚木质化的内果皮。种子外种皮和内果皮不联生。花粉粒 3 孔沟、合沟，网状、皱波状或条纹状纹饰。染色体 $n=11$。

分布概况：25-30/4（1）种，**5** 型；分布于热带亚洲，从印度至萨摩亚；中国产华南和西南。

系统学评述：山檨子属在早期的分类中大多划入漆树亚科，由于其模糊不清的形态特征，长期以来是一个很难界定的类群[1,7]。最近的分子证据支持其为漆树亚科的姐妹群，建议将其归于槟榔青亚科，但是也认为将来需要扩大取样的研究以便梳理整个科的系统关系[10,15,16]。

DNA 条形码研究：BOLD 网站有该属 4 种 11 个条形码数据；GBOWS 已有 1 种 2 个条形码数据。

代表种及其用途：豆腐果 *B. latifolia* Roxburgh 的种子可食用，云南部分地区用其磨豆腐。该属植物大多种子可食用，还有治疗发烧、皮肤病及外伤等功效。

3. *Choerospondias* B. L. Burtt & A. W. Hill 南酸枣属

Choerospondias B. L. Burtt & A. W. Hill (1937: 254); Min & Barfod (2008: 341) [Type: *C. axillaris* (Roxburgh) B. L. Burtt & A. W. Hill (≡ *Spondias axillaris* Roxburgh)]

特征描述：落叶乔木。奇数羽状复叶；小叶对生，具柄。杂性或雌雄异株；花5数，单性；雄花排成腋生的或近顶生的聚伞圆锥花序；雌花单生；雄蕊10，花药长圆形，背着药；花盘10裂；子房5室，每室1胚珠悬垂于子房室顶，花柱5，柱头头状。核果椭圆形或倒卵形，中果皮肉质，内果皮骨质，顶端有5小孔。种子无胚乳；子叶厚。

分布概况：1/1种，14型；分布于印度东北部至尼泊尔，泰国，越南，日本；中国产长江以南。

系统学评述：分子证据表明该属位于槟榔青亚科，与 *Pleiogynium* 和 *Tapirira* 亲缘关系较近[7,10]。

DNA条形码研究：BOLD网站有该属1种5个条形码数据；GBOWS已有1种16个条形码数据。

代表种及其用途：南酸枣 *C. axillaris* (Roxburgh) B. L. Burtt & A. W. Hill 可作为用材树种；果实可食用。

4. *Cotinus* Miller 黄栌属

Cotinus Miller (1754: 4); Min & Barfod (2008: 343) [Type: *C. coggygria* Scopoli (≡ *Rhus cotinus* Linnaeus 1753)]

特征描述：灌木或小乔木，木材黄色，树汁有刺激性气味。叶互生，无托叶，全缘或略具齿。杂性；聚伞花序或圆锥花序；花梗纤细，被长柔毛；花萼5裂，宿存；花瓣5，长为萼片的2倍；雄蕊5，短于花瓣，花药短于花丝；子房偏斜，压扁，1室，1胚珠，花柱3。核果小，暗红色至棕色，肾形，压扁，无毛或短柔毛。种子肾形，无胚乳；种皮薄；子叶扁平。花粉粒3孔沟，条纹状纹饰。染色体 n=15。

分布概况：5/3（2）种，8（9）型；分布于亚洲，欧洲和北美；中国除东北外，南北均产。

系统学评述：黄栌属隶属漆树亚科，与 *Haplorhus* 和黄连木属 *Pistacia* 近缘[10]。该属很可能为单系，其中的一些种，如 *C. chiangii* (D. A. Young) Rzedowski & Calderón 和 *C. kanaka* (R. N. De) D. Chandra 仍需要进一步研究，以确定其系统位置，这也可能是揭示广义盐麸木属 *Rhus* 界限的关键[7,17]。

DNA条形码研究：BOLD网站有该属3种6个条形码数据；GBOWS已有4种32个条形码数据。

代表种及其用途：黄栌 *C. coggygria* Scopoli 是常用的观叶景观植物，有着悠久的种植历史。

5. *Dobinea* Buchanan-Hamilton ex D. Don 九子母属

Dobinea Buchanan-Hamilton ex D. Don (1825: 249); Min & Barfod (2008: 357) (Type: *D. vulgaris* F. Hamilton ex D. Don)

特征描述：灌木或多年生草本植物。叶互生或对生，具齿。雌雄异株；圆锥花序或总状花序顶生或腋生；花二型；雄花苞片小，线形，具花梗，花萼钟状，4-5 裂，花瓣 4-5，椭圆形或匙形，雄蕊 8-10，存在退化的雌蕊；雌花花梗与苞片中脉的下半部合生，苞片大，膜状，无花萼和花瓣，无不育雄蕊，花盘环状，花柱 1。果凸镜状，为花后扩展的膜质苞片所托。花粉粒 3 带状孔沟，网状纹饰。染色体 *n*=7。

分布概况：2/2（1）种，**14** 型；分布于喜马拉雅；中国产西南。

系统学评述：九子母属与 *Campylopetalum* 曾长期单独归置为九子母科，但是目前更多的分子和形态证据表明该属与 *Campylopetalum* 应当划分至漆树科的漆树亚科[10,18]。

DNA 条形码研究：BOLD 网站有该属 1 种 1 个条形码数据；GBOWS 已有 2 种 12 个条形码数据。

代表种及其用途：羊角天麻 *D. delavayi* (Baillon) Baillon 的根茎含有可药用的天然活性化合物。

6. *Dracontomelon* Blume 人面子属

Dracontomelon Blume (1850: 234); Min & Barfod (2008: 341) (Type: *non designates*)

特征描述：乔木。奇数羽状复叶；叶全缘，稀锯齿。圆锥花序腋生或顶生；花 5 数，两性，具花梗；雄蕊 10，与花瓣等长，花丝线状钻形；花盘碟状，不明显浅裂；子房 5 室，每室 1 胚珠，花柱 5，上部合生。核果近球形，中果皮肉质，内果皮横切面五角形，略扁平，形如人面，有 5 小腔。种子椭圆状三棱形。花粉粒 3-4 孔沟，粗糙、网状或条纹状纹饰。染色体 *n*=18。

分布概况：8/2（1）种，**5** 型；分布于印度至马来西亚和斐济；中国产西南及华南。

系统学评述：分子证据表明人面子属位于槟榔青亚科，与 *Pseudospondias* 近缘[10]。

DNA 条形码研究：BOLD 网站有该属 2 种 6 个条形码数据；GBOWS 已有 1 种 2 个条形码数据。

代表种及其用途：人面子 *D. sinense* Stapf 果核可作工艺品，也是良好木材树种，可供提取天然化合物。

7. *Drimycarpus* J. D. Hooker 辛果漆属

Drimycarpus J. D. Hooker (1862: 424); Min & Barfod (2008: 356) [Type: *D. racemosus* (Roxburgh) J. D. Hooker (≡ *Holigarna racemosa* Roxburgh)]

特征描述：乔木。单叶轮生，常绿，全缘。总状花序，腋生或顶生；花 5 数；雄蕊 花丝钻形，花药卵形至心形，多种形状；花盘环状；子房下位，1 室，1 胚珠，花柱 1。核果横断面椭圆形，1 小腔，松脂状中果皮，内果皮革质。种子具直胚芽。

分布概况：3/2（1）种，**7** 型；分布于印度至加里曼丹；中国产云南。

系统学评述：辛果漆属位于漆树亚科，与 *Melanochyla* 近缘[10]。

代表种及其用途：辛果漆 *D. racemosus* (Roxburgh) J. D. Hooker 含有的天然活性成分可作药物开发。

8. *Haplospondias* Kostermans 单叶槟榔青属

Haplospondias Kostermans (1991); Min & Barfod (2008: 340) (Type: *non designates*)

特征描述：中等乔木。叶具柄；<u>单生轮生</u>，全缘。圆锥花序顶生；花 4 或 5 数，两性；具花梗；<u>花萼为具微小牙状结构的浅杯状</u>；花冠有瓣，<u>成熟时翻转</u>；雄蕊两轮，<u>数量 10</u>；花丝无毛，背着药；花盘无毛浅杯状，<u>有 10 浅裂</u>；心皮 1，柱头长，由花柱延生至 2 裂。

分布概况：1/1 种，分布于缅甸；中国产云南南部。

系统学评述：根据形态学特征，单叶槟榔青属被归于槟榔青亚科，为单型属[1,7]。该属仅来自于一次采集，所以研究资料缺乏，也未开展过分子系统学研究，曾被置于槟榔青属。

9. *Lannea* A. Richard 厚皮树属

Lannea A. Richard (1831: 153), *nom. cons.*; Min & Barfod (2008: 342) (Type: *L. velutina* A. Richard)

特征描述：乔木。<u>奇数羽状复叶</u>；<u>小叶对生</u>，<u>全缘</u>。雌雄异株；圆锥花序或总状花序顶生；<u>花 4 数</u>；雄蕊 8，花药卵圆形，<u>在雌花中雄蕊极短</u>，花药不育；花盘杯状，位于雄蕊群内；子房 4 室，每室 1 胚珠于室顶端下垂，花柱 3 或 4，短，<u>柱头近球形</u>，雄花的子房退化。<u>核果小</u>，似肾形，扁平，中果皮薄，<u>内果皮木质化</u>，<u>壳盖有 1-2 孔</u>。花粉粒条纹状纹饰。染色体 *n*=14，15，20。

分布概况：40/1 种，**6** 型；分布于热带非洲，亚洲南部和东南部；中国产长江以南。

系统学评述：厚皮树属归于槟榔青亚科，分子系统学研究认为与其比较近缘的属为 *Antrocaryon*、*Poupartiopsis*、*Harpephyllum* 和 *Opercullcarya*[10]。该属被认为是有疑问的属之一，无论在形态还是在分子数据上都缺乏足够的样本分析，需要进一步研究[1,7]。

DNA 条形码研究：BOLD 网站有该属 6 种 17 个条形码数据；GBOWS 已有 1 种 4 个条形码数据。

代表种及其用途：厚皮树 *L. coromandelica* (Houttuyn) Merrill 树皮可提制栲胶，或浸出液涂染渔网；茎皮纤维可织粗布；木材可作家具和箱板等；种子可榨油。

10. *Mangifera* Linnaeus 杧果属

Mangifera Linnaeus (1753: 200); Min & Barfod (2008: 338) (Type: *M. indica* Linnaeus)

特征描述：常绿乔木。叶具柄，<u>单叶</u>，<u>全缘</u>。花序为顶生聚伞圆锥花序；花小，4 或 5 瓣，具覆瓦状的花被卷叠式；萼片有时基部合生；花瓣上有 <u>1-5 条显著凹陷的纹理</u>；

雄蕊 5，分离或与花盘合生，常 1（或 2）发育；花盘有 5 独立腺体；子房无毛，1 室，1 胚珠，花柱 1，顶生。核果，中果皮肉质或纤维状，内果皮厚，骨质，扁平；胚 1 至多数。花粉粒 3 孔沟，网状或条纹状纹饰。染色体 n=20 或 30，常为多倍体。

分布概况：大约 69/5（1）种，**7** 型；分布于热带亚洲，马来西亚尤盛；中国产东南至西南。

系统学评述：杧果属与 *Bouea* 互为姐妹群，位于漆树亚科，在形态学上也获得了很好支持[7,10,19]。

DNA 条形码研究：Hidayat 等[20]利用 *mat*K 对该属的 19 种进行测定，发现部分种类能够获得良好的物种辨识。BOLD 网站有该属 2 种 12 个条形码数据；GBOWS 已有 1 种 8 个条形码数据。

代表种及其用途：杧果 *M. indica* Linnaeus 为泛亚热带地区广泛种植的知名水果。

11. *Pegia* Colebrooke 藤漆属

Pegia Colebrooke (1827: 364); Min & Barfod (2008: 342) (Type: *P. nitida* Colebrooke)

特征描述：攀援状木质藤本。奇数羽状复叶；叶对生，有锯齿。圆锥花序顶生或腋生；花瓣 5；雄蕊 10，花药近球形；花盘在雄蕊内有 5 缺口；子房 5 室，仅 1 胚珠能育，花柱 5，合生，柱头 3-5 浅裂。核果卵圆形或斜长椭圆形，中果皮红色，内果皮椭圆形，薄，骨质。种子椭圆形，压扁，胚弯曲或直立。

分布概况：3/2 种，**7** 型；分布于印度至马来西亚；中国产华南和西南。

系统学评述：分子及形态证据认为藤漆属归于槟榔青亚科，与槟榔青属 *Spondias* 和 *Allospondias* 近缘[7,10]。

DNA 条形码研究：BOLD 网站有该属 1 种 1 个条形码数据；GBOWS 已有 1 种 6 个条形码数据。

12. *Pistacia* Linnaeus 黄连木属

Pistacia Linnaeus (1753: 1025); Min & Barfod (2008: 345) (Lectotype: *P. vera* Linnaeus)

特征描述：乔木或灌木。叶为偶数或奇数羽状复叶，罕有 3 小叶或单叶；小叶全缘。雌雄异株；花序为圆锥花序；雄花退化减少 1 或 2 花被，或无花被，雄蕊 3-5，罕为 7，花丝短，与花盘合生，花药大，卵圆形，退化雌蕊小或无；雌花退化减少 2-5 花被，或无花被，退化雄蕊无，花盘小或无，子房上位，1 室 1 胚珠，柱头短，3 裂。核果成熟期为红色，内果皮骨质。种子无胚乳。花粉粒 6-8 沟，网状-皱波状纹饰。风媒传粉。染色体 n=12，14，15。

分布概况：12/2（1）种，**12** 型；分布于地中海至阿富汗，亚洲东部至东南部，美洲中部和南部；中国除内蒙古、黑龙江、吉林及辽宁外，南北均产。

系统学评述：黄连木属曾被处理为独立的黄连木科，但是分子证据表明该属位于漆树亚科[7,10]。Al-Saghir[21]的研究表明该属为单系，可分为 2 组：*Pistacia* sect. *Pistacia* 和 *P.* sect. *Lentiscus*。

DNA 条形码研究：BOLD 网站有该属 11 种 45 个条形码数据；GBOWS 已有 2 种 24 个条形码数据。

代表种及其用途：阿月浑子 *P. vera* Linnaeus 的果实别名开心果，是著名的干果，世界范围内的干旱温暖气候环境下广泛种植。

13. *Rhus* Linnaeus 盐麸木属

Rhus Linnaeus (1753: 265); Min & Barfod (2008: 345) (Lectotype: *R. coriaria* Linnaeus)

特征描述：<u>落叶灌木或乔木</u>。奇数羽状复叶；叶轴具翅或无翅；小叶具柄或无柄，有锯齿或全缘。杂性或雌雄异株；圆锥花序或聚伞圆锥花序顶生，苞片宿存或脱落；花单性或两性，<u>5 瓣</u>；子房 1 室 1 胚珠；花柱 3，<u>基部常合生</u>。核果球形，<u>稍压扁</u>，被腺状短柔毛，<u>成熟时红色</u>，<u>外果皮与中果皮合生</u>，<u>中果皮胶质</u>，红色。花粉粒 3 孔沟，条纹状纹饰。染色体 n=15 或 16，多倍体常见。

分布概况：35/6（4）种，**8（9）**型；广布亚热带和温带；中国除黑龙江、吉林、辽宁、内蒙古、青海和新疆外，南北均产。

系统学评述：分子证据表明盐麸木属位于漆树亚科，是 *Actinocheita* 的姐妹分支[1,22,23]，但是该属内许多种类系统位置没有解决，种间系统发育关系仍然需要深入研究[12,22]，特别是分布于亚洲和美洲的种类[1]。

DNA 条形码研究：BOLD 网站有该属 39 种 77 个条形码数据；GBOWS 已有 3 种 67 个条形码数据。

代表种及其用途：该属许多种类是五倍子的寄主，有的种类嫩尖可作蔬菜食用；果实是天然食用香料；不少种类也是常用的景观植物和蜜源植物。

14. *Searsia* F. A. Barkley 三叶漆属

Searsia F. A. Barkley (1934: 104); Pell *et al.* (2011: 36) [Type: *S. tomentosa* (Linnaeus) F. A. Barkley (≡ *Rhus tomentosa* Linnaeus)]. ——*Terminthia* Bernhardi (1838: 134)

特征描述：半灌木、灌木或乔木。<u>茎有明显的皮孔</u>，<u>刺有时宿存</u>。叶常绿或落叶，轮生，<u>常为掌状 3 小叶</u>；小叶对生或近乎对生。雌雄同株（杂性）；圆锥花序或总状花序顶生或腋生；<u>花在小梗上几无梗</u>，<u>无节</u>；花被（4-）5（-6）深裂；花冠青黄色至白色或红色；单轮雄蕊，花药纵裂，花丝钻形；无退化雌蕊，退化雄蕊减少；花盘杯状，具 5（-10）小圆齿；心皮 3，花柱 3 或 4，柱头头状，胚珠 1（-3）室，基生，下垂。<u>核果球形、卵圆形或横向压扁，1（3）室</u>，<u>中果皮厚</u>，<u>红色胶质</u>，<u>与内果皮连合</u>，<u>内果皮骨质</u>。种子卵圆形或肾脏形，<u>扁平</u>。染色体 n=14-16。

分布概况：120/1 种，**6** 型；分布于地中海，阿拉伯半岛，非洲，印度，尼泊尔，不丹，缅甸；中国产云南。

系统学评述：三叶漆属曾经被并入盐麸木属，Barkley 将其独立出来[24]。根据该属为三出叶，成熟期中果皮与内果皮黏合等特征，Moffett[25]将该属从盐麸木属中提出并进行了整合，Yi 等[22]基于分子证据也证明了这一点，指出盐麸木属很可能是个单系群，与该属的相似性很可能是生境相似导致的形态趋同。在中国该属仅分布有三叶漆 *S. lancea* (Linnaeus f.) F. A. Barkley，Min 和 Barfod 将该属暂且按 *Terminthia* 保留[FOC]。

DNA 条形码研究：BOLD 网站有该属 14 种 44 个条形码数据；GBOWS 已有 1 种 8 个条形码数据。

代表种及其用途：三叶漆 *S. lancea* (Linnaeus f.) F. A. Barkley 具有耐干旱、木材优良、景观效果良好等特点。

15. *Semecarpus* Linnaeus f. 肉托果属

Semecarpus Linnaeus f. (1782: 182); Min & Barfod (2008: 355) (Type: *S. anacardium* Linnaeus f.)

特征描述：灌木或乔木。破损后常有乳汁状分泌物流出，遇空气后变黑。叶常绿或落叶，单叶轮生，全缘，革质，叶形和大小变化大。圆锥花序顶生或腋生；雄蕊花丝线形，花药卵状心形，多种类型；花盘杯状；子房上位或半下位，1 室 1 胚珠，花柱 3，离生或基部合生。核果卵圆状球形，着生于由花萼和花托膨大合生组成的下位果。种子外种皮与内果皮不合生。花粉粒 3 孔沟，网状或条纹状纹饰。染色体 $n=29$，30。

分布概况：70/4 种，**5（7）**型；分布于热带亚洲至大洋洲；中国产云南和台湾。

系统学评述：肉托果属曾经被置于肉托果亚族[14]，分子证据表明该属应当归于漆树亚科，与 *Drimycarpus* 和 *Melanochyla* 近缘[10]。

DNA 条形码研究：BOLD 网站有该属 6 种 11 个条形码数据。

代表种及其用途：该属一些种类是良好的用材树种；果核或果托可食用，还能提取工业原料。

16. *Spondias* Linnaeus 槟榔青属

Spondias Linnaeus (1753: 371); Min & Barfod (2008: 339) (Type: *S. mombin* Linnaeus)

特征描述：完全或部分落叶乔木。叶互生，螺旋状排列，具柄，奇数羽状复叶；小叶边缘有锯齿或全缘。圆锥花序顶生或腋生；花 4 或 5 瓣，两性或单性；雄蕊 8-10，花丝钻形丝状，长度相等；花盘雄蕊内，10 细圆齿状；子房 4 或 5 室，每室 1 胚珠，花柱 4 或 5，离生或合生为 1 个。果为肉质核果，中果皮多汁，内果皮木质或骨质，为网状纤维覆盖；胚伸长，稍弯曲。花粉粒 3 孔沟，细条带状至细网状纹饰。染色体 $n=16$。

分布概况：6/2 种，**3** 型；分布于热带美洲和热带亚洲；中国产云南、广西、广东和福建。

系统学评述：分子证据表明槟榔青属位于槟榔青亚科，与 *Pegla* 互为姐妹群[7,10]。

DNA 条形码研究：BOLD 网站有该属 4 种 8 个条形码数据；GBOWS 已有 2 种 6 个条形码数据。

代表种及其用途：槟榔青 *S. pinnata* (Linnaeus f.) Kurz 是广泛种植的经济植物，果作为调料或者水果食用，也可作药用。

17. *Toxicodendron* Miller 漆树属

Toxicodendron Miller (1754: 4); Min & Barfod (2008: 348) (Lectotype: *T. pubescens* Miller)

　　特征描述：落叶灌木或乔木，罕有木本攀援植物。韧皮部会溢出白色乳汁，与空气接触会变黑。奇数羽状复叶；3 小叶或单叶。杂性或雌雄异株；圆锥花序或总状花序腋生，结果后下垂；花单性或两性，5 瓣；子房 1 室 1 胚珠，花柱 3，常基部合生。核果近球形，或斜三角形，外果皮薄，黄色，成熟后开裂或不裂，中果皮白色蜡状，有棕色的纵向树脂道。花粉粒 3 孔沟，条纹状或网状纹饰。染色体 $n=15$，多倍体常见。

　　分布概况：22/16（6）种，**9** 型；分布于加拿大南部至玻利维亚，不丹至缅甸，以及温带东亚至新几内亚；中国产长江以南。

　　系统学评述：漆树属隶属于漆树亚科，但是许多种的分类地位仍不明确，特别是与盐麸木属的界限很模糊。分子系统学研究表明该属是个明显区别于盐麸木属的分支，与 *Bonetiella*、*Pseudosmodingium*、*Comocladia* 和 *Metopium* 近缘[1,10,23]。

　　DNA 条形码研究：BOLD 网站有该属 8 种 27 个条形码数据；GBOWS 已有 6 种 31 个条形码数据。

　　代表种及其用途：传统用油漆来自于漆树 *T. vernicifluum* (Stokes) F. A. Barkley 分泌的树脂制成。该属许多种类为重要的工业原料来源，也是许多天然活性药物的来源，还可以作为景观植物。

主要参考文献

[1]　Pell SK, et al. Anacardiaceae[M]//Kubitzki K. The families and genera of vascular plants, XI. Berlin: Springer, 2011: 7-50.

[2]　Cronquist A. An integrated system of classification of flowering plants[M]. New York: Columbia University Press, 1981.

[3]　Thorne RF. Classification and geography of the flowering plants[J]. Bot Rev, 1992, 58: 225-327.

[4]　Gadek PA, et al. Sapindales: molecular delimitation and infraordinal groups[J]. Am J Bot, 1996, 83: 802-811.

[5]　Jiménez-Reyes N, Cuevas-Figueroa XM. Morphology of the pollen of *Amphipterygium* Schiede ex Stanley (Julianiaceae)[J]. Boletín del Instituto de Botánica, 2001, 8(1/2): 65-73.

[6]　Savolainen V, et al. Phylogenetics of flowering plants based on combined analysis of plastid *atp*B and *rbc*L gene sequences[J]. Syst Biol, 2000, 49: 306-362.

[7]　Pell SK. Molecular systematics of the cashew family (Anacardiaceae)[D]. PhD thesis. Baton Rouge, Louisiana: Louisiana State University, 2004.

[8]　Terrazas T. Wood anatomy of the Anacardiaceae-ecological and phylogenetic interpretation[D]. PhD thesis. Chapel Hill, North Carolina: University of North Carolina, 1993.

[9]　Mitchell JD, et al. *Poupartiopsis* gen. nov. and its context in Anacardiaceae classification[J]. Syst Bot, 2006, 31: 337-348.

[10]　Weeks A, et al. To move or to evolve: contrasting patterns of intercontinental connectivity and climatic niche evolution in "Terebinthaceae" (Anacardiaceae and Burseraceae)[J]. Front Genet, 2014, 5: 409.

[11]　Miller AJ, et al. Phylogeny and biogeography of *Rhus* (Anacardiaceae) based on ITS sequence data[J]. Int J Plant Sci , 2001, 162: 1401-1407.

[12]　Yi T, et al. Phylogeny of *Rhus* (Anacardiaceae) based on sequences of nuclear Nia-i3 intron and chloroplast *trn*C-*trn*D[J]. Syst Bot, 2007, 32: 379-391.

[13] Pell SK, et al. Phylogenetic split of Malagasy and African taxa of *Protorhus* and *Rhus* (Anacardiaceae) based on cpDNA *trn*L-*trn*F and nrDNA ETS and ITS sequence data[J]. Syst Bot, 2008, 33: 375-383.

[14] Mitchell JD, Mori SA. The cashew and its relatives[J]. Mem New York Bot Gard, 1987, 42: 1-76.

[15] Wannan BS. Analysis of generic relationships in Anacardiaceae[J]. Blumea, 2006, 51: 165-195.

[16] Pell SK, Mitchell JD. Evolutionary trends in Anacardiaceae inferred from nuclear and plastid molecular data and morphological evidence[C]//Plant biology and botany 2007. Program and abstract book. Chicago, 2007: 178-179.

[17] Xie L, et al. Biogeographic history of *Pistacia* (Anacardiaceae), emphasizing the evolution of the Madrean-Tethyan and the eastern Asian-Tethyan disjunctions[J]. Mol Phylogenet Evol, 2014, 77: 136-146.

[18] Pan YZ, et al. Phylogenetic position of the genus *Dobinea*: evidence from nucleotide sequences of the chloroplast gene *rbc*L and the nuclear ribosomal ITS region[J]. J Syst Evol, 2008, 46: 586-594.

[19] Cheng ZQ, et al. A new benzophenone from *Dobinea delavayi*[J]. Chem nat compd, 2013, 49: 46-48.

[20] Hidayat T, et al. Development *mat*K gene as DNA barcode to assess evolutionary relationship of important tropical forest tree genus *Mangifera* (Anacardiaceae) in Indonesia and Thailand[J]. J Teknol, 2012, 59: 17-20.

[21] Al-Saghir MG. Phylogenetic analysis of the genus *Pistacia* (Anacardiaceae)[D]. PhD thesis. Blacksburg, Virginia: Virginia Polytechnic Institute and State University, 2006.

[22] Yi T, et al. Phylogenetic and biogeographic diversification of *Rhus* (Anacardiaceae) in the Northern Hemisphere[J]. Mol Phylogenet Evol, 2004, 33: 861-879.

[23] NIE Z L, et al. Phylogenetic analysis of *Toxicodendron* (Anacardiaceae) and its biogeographic implications on the evolution of north temperate and tropical intercontinental disjunctions[J]. J Syst Evol, 2009, 47: 416-430.

[24] Barkley FA. A key to the genera of the Anacardiaceae[J]. Am Midl Nat, 1942, 28: 465-474.

[25] Moffett RO. Name changes in the Old World *Rhus* and recognition of *Searsia* (Anacardiaceae)[J]. Bothalia, 2007, 37: 165-175.

Sapindaceae Jussieu (1789), *nom. cons.* 无患子科

特征描述：乔木或灌木，稀藤本。<u>复叶</u>，<u>三小叶</u>，<u>稀单叶</u>，<u>轮生或对生</u>；<u>基部小叶常呈假托叶状，木本种类中多数末端小叶退化</u>。聚伞圆锥花序顶生或腋生，或茎花；<u>花常5基数</u>，稀4基数，辐射对称或两侧对称；单性、稀杂性或两性；<u>花瓣常白色或淡黄色，有附属物</u>；雄蕊（3-）5-8（-30）；雌花具不育雄蕊，心皮（1-）3（-8），稀7或8。<u>果实为室背开裂或室轴开裂蒴果</u>，<u>翅状分果</u>，<u>无翼的双悬果</u>，<u>浆果或少有核果</u>；每室具种子1（或2至更多）。<u>常具显著的肉质假种皮</u>。花粉粒（2-）3（-4）孔沟（孔）、合孔沟。染色体 $2n$=20-36。

分布概况：约141属/1900种，主要分布于热带和亚热带，少数达温带；中国25属/158种，南北均产，主产西南和华南。

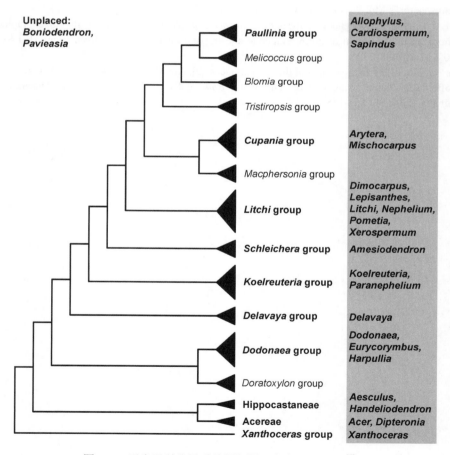

图 140 无患子科分子系统框架图（参考 Buerki 等[7]）

系统学评述：自 Radlkofer[1,2]首次提出对世界狭义无患子科（包括车桑子亚科 Dodonaeoideae 与无患子亚科 Sapindoideae）的处理之后，该科的范畴和各亚科之间的关系就一直处于争论之中[3,4]。在 Gadek 等[5]对无患子目分子系统发育研究的基础上，Harrington 等[3]通过 *rbc*L 和 *mat*K 片段构建了广义无患子科（包括七叶树科 Hippocastanaceae 和槭树科 Aceraceae）的系统发育树，将广义无患子科分为 4 大类群，即单系的文冠果亚科 Xanthoceroideae、七叶树亚科 Hippocastanoideae（包括七叶树科、槭树科和 *Handeliodendron*）、变小的车桑子亚科及无患子亚科（包括栾树属 *Koelreuteria* 和 *Ungnadia*）。Buerki 等[6,7]对广义无患子科加大取样进行了更深入的系统学研究，但其更倾向于将文冠果科、七叶树科和槭树科独立出来，其中文冠果亚科（仅文冠果 *Xanthoceras sorbifolium* Bunge）可能为无患子科其余类群的姐妹群[6,8,9]。APG III 沿用了 Harrington 等[3]的广义无患子科的亚科划分。

分属检索表

1. 叶对生；每小室具 2 胚珠
　2. 花辐射对称，花瓣不具附属物
　　3. 果实仅一侧具长翅；单叶稀复叶，如系复叶仅有 3-7 小叶；冬芽有鳞片 ·············· **1. 枫属 *Acer***
　　3. 果实的周围具圆形的翅；羽状复叶，小叶 7-15；冬芽裸露 ················· **10. 金钱枫属 *Dipteronia***
　2. 花两侧对称，花瓣通常具附属物
　　4. 蒴果不具雌蕊柄；萼片长度的一半至更多的合生 ················· **2. 七叶树属 *Aesculus***
　　4. 蒴果具长雌蕊柄；萼片基部明显分离 ················· **13. 掌叶木属 *Handeliodendron***
1. 叶轮生
　5. 花瓣不具附属物
　　6. 每室 7-8 胚珠；花盘具橙色角状附属物 ················· **24. 文冠果属 *Xanthoceras***
　　6. 每室具（1-）2（-3 或 8）胚珠；花盘具环纹
　　　7. 植株具有胶状黏液；无花瓣 ················· **11. 车桑子属 *Dodonaea***
　　　7. 植株无胶状黏液；花瓣 5 数
　　　　8. 种子无假种皮，密被小绒毛；蒴果球形 ················· **12. 伞花木属 *Eurycorymbus***
　　　　8. 种子有假种皮，种皮有光泽；蒴果常两侧扁 ················· **14. 假山萝属 *Harpullia***
　5. 花瓣通常具附属物
　　9. 攀援藤本；花序具卷须；蒴果囊状；种子有白色（鲜时绿色）心形或半球形种脐 ················· **7. 倒地铃属 *Cardiospermum***
　　9. 乔木或灌木；花序无卷须
　　　10. 果不裂，核果状或浆果状
　　　　11. 偶数羽状复叶无柄，第一对小叶（近基）着生叶轴基部有锯齿，果深裂为 2 分果爿，常仅 1 发育，长 2cm 以上 ················· **22. 番龙眼属 *Pometia***
　　　　11. 叶具柄
　　　　　12. 果皮肉质；种子无假种皮；花瓣有鳞片
　　　　　　13. 掌状复叶，小叶 1-5；果长不及 1cm；萼片和花瓣均 4；花盘 4 全裂 ················· **3. 异木患属 *Allophylus***
　　　　　　13. 羽状复叶；果长 1cm 以上；萼片 5；花盘完整或浅裂 ················· **23. 无患子属 *Sapindus***
　　　　　12. 果皮革质或脆壳质

14. 种子无假种皮；果不裂为分果爿，密被绒毛 ············ **16. 鳞花木属** *Lepisanthes*

14. 种子有假种皮；果深裂为分果爿，但仅 1 或 2 发育，常有小瘤体或刺，无毛或有疏毛

  15. 假种皮与种皮分离；果无刺，常有小瘤体或近平滑

    16. 萼片覆瓦状排列；小叶下面侧脉脉腋内有腺孔，如无腺孔则花序被星状毛 ····························· **9. 龙眼属** *Dimocarpus*

    16. 萼片镊合状排列；小叶下面侧脉脉腋内无腺孔；花序被绒毛 ·············· **17. 荔枝属** *Litchi*

  15. 假种皮与种皮粘连

    17. 花瓣和萼片 4 或 5 ·············· **25. 干果木属** *Xerospermum*

    17. 无花瓣或 5-6；萼 5-6 裂；果有软刺 ·············· **19. 韶子属** *Nephelium*

10. 蒴果，室背开裂

  18. 掌状复叶，小叶 3；果皮革质或近木质；种子无假种皮；花瓣 5，有鳞片 ····························· **8. 茶条木属** *Delavaya*

  18. 羽状复叶

    19. 果膨胀，果皮膜质或纸质，有脉纹

      20. 奇数羽状复叶；萼片镊合状排列，花丝被长柔毛；果无翅 ····························· **15. 栾树属** *Koelreuteria*

      20. 偶数羽状复叶；萼片覆瓦状排列，花丝无毛；果有 3 翅 ····························· **6. 黄梨木属** *Boniodendron*

    19. 果不膨胀，果皮革质或木质

      21. 种子无假种皮

        22. 偶数羽状复叶

          23. 果深裂为分果爿；叶轴圆柱状 ·············· **4. 细子龙属** *Amesiodendron*

          23. 果不裂为果爿；叶轴有三棱角 ·············· **21. 檀栗属** *Pavieasia*

        22. 奇数羽状复叶；果不深裂为分果爿，果被硬刺，1 室 1 种子；花瓣长约 1mm，白色，有鳞片，花盘裂片无附属体；常绿乔木 ····························· **20. 假韶子属** *Paranephelium*

      21. 种子有假种皮

        24. 果深裂为分果爿；小叶下面侧脉脉腋内有圆形小腺孔 ···· **5. 滨木患属** *Arytera*

        24. 果不裂为果爿，果梨状或棒状；雄蕊 8，子房 3 室；小叶侧脉脉腋内有腺孔 ····························· **18. 柄果木属** *Mischocarpus*

1. *Acer* Linnaeus 枫属

Acer Linnaeus (1753: 1054); Xu et al. (2008: 516) (Lectotype: *A. pseudoplatanus* Linnaeus)

特征描述：乔木或灌木。单叶，3 小叶，掌状叶或至少掌状叶脉；常具有长叶柄。伞形花序或者伞房花序，有时总状或大型圆锥花序；萼片与花瓣（4）5，极少 6，稀无花瓣；雄蕊（5-）8（-10，12），花丝等长或不等；子房多为 2 室，每心皮胚珠 2。果实系 2 相连的小坚果，具 1 种子，果实凸起或扁平，侧面有长翅。胚芽具有淀粉或油，胚根伸长。花粉粒 3（拟）孔沟，条纹、网状或皱波状纹饰。染色体 $2n=26$。

分布概况：126/99（61）种，**8** 型；广布亚洲，欧洲，以及北美的热带和亚热带；

中国南北均产。

系统学评述：长期以来，枫属和金钱枫属 *Dipteronia* 被独立成槭树科。分子证据表明应当将该属与金钱枫属归入槭树族 Acereae，与七叶树族 Hippocastaneae 互为姐妹群，共同构成七叶树亚科，归并至广义的无患子科[3,6,10]。但是也有学者基于生态型及分子证据，认为该属应当与金钱枫属重新独立出来恢复槭树科[7]。

DNA 条形码研究：BOLD 网站有该属 150 种 1236 个条形码数据；GBOWS 已有 15 种 142 个条形码数据。

代表种及其用途：该属大多种类为著名的景观植物，如三角槭 *A. buergerianum* Miquel、青窄槭 *A. davidii* Franch、重齿槭 *A. duplicatoserratum* Hayata 等；不少种类的木材是优良的家具材料。茶条槭 *A. tataricum* Linnaeus subsp. *ginnala* Wesmael 的嫩叶还可泡茶。

2. *Aesculus* Linnaeus 七叶树属

Aesculus Linnaeus (1753: 344); Xia et al. (2007: 2) (Lectotype: *A. hippocastanum* Linnaeus)

特征描述：乔木或灌木。掌状复叶对生；常具长叶柄，无托叶。聚伞或总状花序顶生；花两性或雄性，两侧对称；萼片 5；花瓣 4（5），大小不等，基部爪状；无附属物，花盘不对称，4 裂；雄蕊（5）6-8，花丝长度不等；子房（2）3（4）心皮，每室胚珠 2，柱头 3 浅裂。果实仅 1-2 发育良好，平滑或有刺，无种皮，种脐常较宽大。花粉粒 3 带状孔沟，具细条纹饰，有时具疣状凸起。染色体 2n=40。很可能为膜翅目、鳞翅目或者蜂鸟传粉。

分布概况：13/4（1）种，**8（9）型**；分布于东南欧，亚洲及北美；中国黄河以南均产。

系统学评述：基于形态、孢粉等特征，七叶树属及 *Billia*、掌叶木属 *Handeliodendron* 曾被认为是狭义无患子科的姐妹群[10]。基于 *matK* 和 *rbcL* 等片段的分子证据支持将该属划分至七叶树亚科[3,11]。该属与 *Billia* 及掌叶木属关系较近，构成的七叶树族被认为是槭树族的姐妹群[7]。

DNA 条形码研究：石召华[12]对该属 10 余种 *psbA-trnH* 序列的研究获得了较好的鉴定效果。BOLD 网站有该属 25 种 121 个条形码数据；GBOWS 已有 2 种 18 个条形码数据。

代表种及其用途：该属许多种类是著名的景观绿化树种。天师栗 *A. chinensis* Bunge var. *wilsonii* Turland & Xia 的干燥成熟种子是著名药材，其提取的化合物疗效显著，产业规模庞大。

3. *Allophylus* Linnaeus 异木患属

Allophylus Linnaeus (1753: 348); Xia & Gadek (2007: 21) (Type: *A. zeylanicus* Linnaeus)

特征描述：乔木、灌木，稀攀援性灌木。掌状复叶轮生；小叶边缘有锯齿，较少全缘；叶柄细长，无托叶。雌雄同株或异株；总状花序、聚伞花序、圆锥花序腋生；萼片覆瓦状排列，外部明显小于内部；花瓣 4，两侧对称；花盘不对称；雄蕊 8；子房 2-3 室，胚珠单生，花柱 2-3 裂。核果，外果皮肉质，内果皮脆壳质。种子无内种皮，具有薄的外种皮。花粉粒具孔沟（孔），光滑、粗糙、皱波状、条纹或网状纹饰；染色体 $2n=28$。

分布概况：250/11（2）种，**4** 型；分布于热带和亚热带；中国产西南、华南至东南。

系统学评述：异木患属植物种群在不同分布区域之间变异较大，在系统关系上缺乏认识[4]。分子系统学初步研究，将该属划定入 *Paullinia* group 中，但样本量较小，仍需进一步研究[3,11]。

DNA 条形码研究：BOLD 网站有该属 13 种 42 个条形码数据；GBOWS 已有 3 种 14 个条形码数据。

代表种及其用途：异木患 *A. viridis* Radlkofer 具有一定的观赏价值；也发现具抗溃疡的作用。

4. *Amesiodendron* H. H. Hu 细子龙属

Amesiodendron H. H. Hu (1936: 207); Xia & Gadek (2007: 21) [Type: *A. chinense* (Merrill) Hu (≡ *Paranephelium chinense* Merrill)]

特征描述：乔木。偶数羽状复叶轮生；小叶有锯齿或全缘，末端小叶退化。雌雄同株；圆锥花序腋生或多数在小枝近顶丛生；花辐射对称；萼片 5，深裂；花瓣 5，基部具单附属物；花盘环碗状；雄蕊（6）7-8（9）；子房 3 室，花柱具有 2 柱头线。果为室背开裂的蒴果。种子近球状，种皮革质，种脐大。花粉粒 3 合孔沟，皱波状纹饰。

分布概况：1-3/1 种，**7** 型；分布于印度尼西亚，马来西亚，苏门答腊；中国产长江以南。

系统学评述：利用叶绿体和核基因片段分析表明，细子龙属与 *Schleichera* 和假韶子属 *Paranephelium* 关系较近，属于无患子亚科 *Schleichera* group[6]。

DNA 条形码研究：BOLD 网站有该属 1 种 1 个条形码数据；GBOWS 已有 1 种 2 个条形码数据。

代表种及其用途：细子龙 *A. chinense* (Merrill) H. H. Hu 为木材和油料植物。

5. *Arytera* Blume 滨木患属

Arytera Blume (1879: 169); Xia & Gadek (2007: 18) (Lectotype: *A. litoralis* Blume)

特征描述：乔木或灌木。偶数羽状复叶轮生，小叶达 6 对，稀成奇数羽状，末端小叶退化。花序柱有时具翅，聚伞圆锥花序顶生；花单性或两性；花萼 5，略对称，外面 2 轮较小；花瓣（4）5，具爪，1 对附体位于爪上方边缘；花盘环形或半环形；雄蕊 8；子房 3 室，胚珠单生，中轴胎座，具 3 条裂痕。裂果，常 1-3 裂，偶为双悬果，背部具 1 长翅。种子无假种皮，侧面扁平，具薄的外种皮。花粉粒 3 孔沟，皱波状、条纹-皱波状或网状纹饰。

分布概况：12/1 种，**5** 型；分布于印度北部及东南亚，大洋洲，所罗门群岛及太平洋诸岛；中国产广东、广西、云南及海南。

系统学评述：Buerki 等[13]通过对该属一些种类的分子系统学研究表明，该属与 *Cupaniopsis* 在形态及分子系统关系上有许多交叉，难以区分，是个多系起源，它们共同组成的分支和 *Lepiderema* 为姐妹群关系，但是研究样本量不足，仍需进一步研究。

DNA 条形码研究：BOLD 网站有该属 11 种 20 个条形码数据；GBOWS 已有 1 种 8 个条形码数据。

代表种及其用途：滨木患 *A. littoralis* Blume 为优良的用材树种。

6. *Boniodendron* Gagnepain 黄梨木属

Boniodendron Gagnepain (1946: 246); Xia & Gadek (2007: 10) [Type: *B. parviflorum* (Lecomte) Gagnepain (≡ *Harpullia parviflora* Lecomte)]

特征描述：乔木。偶数羽状复叶；小叶有锯齿，末端小叶退化。聚伞圆锥花序顶生；花半辐射对称；萼片 5，分裂；花瓣 5，白色，具爪，边缘具附属物或无；花盘环形；雄蕊 8，膝状弯曲；子房 3 室，每室有叠生胚珠 2-3。蒴果卵状球形或球形，具 3 翅。种子无假种皮。花粉粒 3 孔沟，条纹状纹饰。

分布概况：2/1 种，**7** 型；分布于越南；中国产广西、广东、海南、贵州和云南。

系统学评述：通常将该属划分至无患子亚科的 Melicocceae 中[4]。尚未开展分子系统学研究。

代表种及其用途：黄梨木 *B. minus* (Hemsley) T. C. Chen 为珍贵的用材树种。

7. *Cardiospermum* Linnaeus 倒地铃属

Cardiospermum Linnaeus (1753: 366); Xia & Gadek (2007: 24) (Type: *C. halicacabum* Linnaeus)

特征描述：草质藤本。叶轮生，二回三出复叶；托叶小。雌雄同株；聚伞圆锥花序腋生；最下一对分枝发育成卷须；花小，单性，左右对称；萼片 4-5，不对称，覆瓦状排列；花瓣 4，基部之上有一凹头的鳞片；花盘偏于一侧，2 浅裂；雄蕊 8；子房 3 室，胚珠单生，室裂为 3 果瓣。蒴果囊状。种子黑色，有一个假的心形假种皮包围着珠孔。花粉粒 3 孔沟，穿孔状至网状纹饰。染色体 *n*=10，11。

分布概况：15/1 种，**2**（**3**）型；分布于热带和亚热带；中国产长江以南。

系统学评述：基于形态和分子系统学的研究，该属与 *Paullinia*、*Serjania* 及 *Urvillea* 等亲缘关系近且均为单系，处于无患子亚科的 *Paullinia* group 之中[4,6]。

DNA 条形码研究：BOLD 网站有该属 3 种 7 个条形码数据；GBOWS 已有 1 种 11 个条形码数据。

代表种及其用途：倒地铃 *C. halicacabum* Linnaeus 含有重要的药用化学成分。该属一些种类可作为观赏植物进行栽培。

8. *Delavaya* Franchet 茶条木属

Delavaya Franchet (1886: 462); Xia & Gadek (2007: 8) (Type: *D. toxocarpa* Franchet)

特征描述：乔木或灌木。三出复叶轮生，小叶有锯齿；无托叶。聚伞圆锥花序；花单性；花萼辐射对称，萼片 5，覆瓦状排列，外 2 层较小；花瓣 5，有鳞片；花盘下部短柱状，上部杯状；雄蕊 8；子房 2 或 3 室，每室胚珠 2，钻形。蒴果倒心形，2 或 3裂，裂片倒卵形。种子无假种皮。花粉粒 3 孔沟，条纹状纹饰。染色体 2n=28。

分布概况：1/1 种，**7** 型；分布于越南北部；中国产广西和云南。

系统学评述：分子证据表明该属与狭义无患子科其他类群处于不同的系统位置，单独构成 *Delavaya* group[3,6]。

DNA 条形码研究：BOLD 网站有该属 1 种 1 个条形码数据；GBOWS 已有 1 种 4个条形码数据。

代表种及其用途：茶条木 *D. toxocarpa* Franchet 种子可榨油，并可药用。

9. *Dimocarpus* Loureiro 龙眼属

Dimocarpus Loureiro (1790: 233); Xia & Gadek (2007: 15) (Lectotype: *D. lichi* Loureiro)

特征描述：乔木或灌木。偶数羽状复叶轮生；极少仅单一叶片，末端小叶退化。雌雄同株；聚伞圆锥花序；花辐射对称，单性；花萼 5-6；花瓣 5（6）或无，无鳞片；花盘环状，5 浅裂，被绒毛；雄蕊（6-）8 (-10)；子房 2-3 室，每室胚珠 1。果（1）2 具疣，平滑或有刺的双悬果。种子近球形或椭圆形，具薄而半透明的白色肉质假种皮。花粉粒 3 孔沟，条纹纹饰，有时密覆小瘤体，小瘤体上有成束的绒毛。染色体 2n=30。

分布概况：6/4（1）种，**5（7）**型；分布于南亚，东南亚，澳大利亚；中国产长江以南。

系统学评述：分子系统学研究显示该属与番龙眼属 *Pometia* 亲缘关系很近，与 Müller和 Leenhouts[14]所推测的这 2 个属之间关系相符合，与韶子属 *Nephelium*、荔枝属 *Litchi*等亲缘关系较近，共同构成 *Litchi* group[6]。

DNA 条形码研究：BOLD 网站有该属 3 种 21 个条形码数据；GBOWS 已有 2 种 14个条形码数据。

代表种及其用途：龙眼 *D. longan* Linnaeus 是世界知名水果，也是亚洲热带地区重要的经济果树。

10. *Dipteronia* Oliver 金钱枫属

Dipteronia Oliver (1889: 1898); Xu et al. (2008: 515) (Type: *D. sinensis* Oliver)

特征描述：乔木。奇数羽状复叶对生；小叶 9-17，边缘具锯齿，无托叶。聚伞圆锥花序顶生；花单性，辐射对称；花萼 5；花瓣 5，乳白色或绿色，具爪；花盘环形，浅裂；雄蕊 6-8；子房 2 室，胚珠每室 2，有 2 气孔。果实近似梨果，由 2 近圆形双悬果组成，每果有一完整的翅包裹着种子。花粉粒 3 孔沟，条纹纹饰。

分布概况：2/2（2）种，**15** 型；特产中国甘肃、贵州、河南、湖北、山西、四川及云南。

系统学评述：分子系统学及形态学研究均表明金钱枫属与枫属关系紧密，与枫属独立为槭树科，后来的分子证据显示该属与七叶树族互为姐妹群，共同构成七叶树亚科，归并至广义无患子科[3,6,10]。但是也有学者基于生态型及分子证据，认为该属应当与枫属重新独立出来恢复槭树科[7]。

DNA 条形码研究：BOLD 网站有该属 2 种 15 个条形码数据；GBOWS 已有 2 种 10 个条形码数据。

代表种及其用途：金钱枫 *D. sinensis* Oliver 为著名的观赏植物，以果实形似铜钱而得名。

11. *Dodonaea* Miller 车桑子属

Dodonaea Miller (1754: 28); Xia & Gadek (2007: 7) [Type: *D. viscosa* (Linnaeus) Linnaeus (≡ *Ptelea viscosa* Linnaeus)]

特征描述：乔木或灌木。全株有胶液，腺毛。单叶或羽状复叶轮生，稀互生；无托叶。雌雄同株或异株；花单性或两性，单生叶腋或组成总状伞房或圆锥花序；萼片（3-）5（-7）；无花瓣；无花盘或仅有退化的雄蕊；雄蕊 5-15，花丝极短；子房（2）3-5（6）室，每室胚珠 2，胚珠丝状，柱头分裂。蒴果开裂，2-3（-6）室，室背常延伸为半月形或扩展纵翅。无假种皮，胎座大。花粉粒 3 孔沟，粗糙、网状、颗粒或皱波状纹饰。染色体 $2n=28$，30，32。

分布概况：59/1 种，**2（5）型**；分布于亚洲及附近岛屿；中国产西南、华南至东南。

系统学评述：基于最新的形态和分子证据，车桑子属为单系起源，与 *Diplopeltis*、*Cossinia*、假山萝属 *Harpullia* 等关系较近，归属于车桑子亚科 *Dodonaea* group[15]。此外 Harrington 和 Gadek[16]基于 ITS 和 ETS 序列，结合形态及地理分布等，认为应该将 *Distichostemon* 全部种类并入该属。

DNA 条形码研究：BOLD 网站有该属 64 种 125 个条形码数据；GBOWS 已有 1 种 31 个条形码数据。

代表种及其用途：车桑子 *D. viscosa* Jacquin 耐旱能力强被作为优良的护坡保水植物。该属许多种类含有的天然活性成分药用。

12. *Eurycorymbus* Handel-Mazzetti 伞花木属

Eurycorymbus Handel-Mazzetti (1922: 104); Xia & Gadek (2007: 8) (Type: *E. austrosinensis* Handel-Mazzetti)

特征描述：乔木。偶数羽状复叶轮生；小叶边缘锯齿，末端小叶退化。雌雄异株；聚伞圆锥花序腋生；花单性，辐射对称；萼片 5；花瓣 5，狭匙形，无鳞片；花盘环状；雄蕊 8；子房 3-4 室，3 浅裂，每室胚珠 2。蒴果球形，深 3 裂。种子球形，密被小绒毛，无假种皮。花粉粒 3 孔沟，条状凸起。染色体 $n=26$。

分布概况：1/1（1）种，**15 型**；特产中国福建、广东、广西、贵州、湖南、江西、四川、台湾及云南。

系统学评述：分子系统学研究表明伞花木属位于 *Dodonaea* group，与 *Euphorianthus* 为姐妹群[6]。

DNA 条形码研究：BOLD 网站有该属 1 种 4 个条形码数据；GBOWS 已有 1 种 10 个条形码数据。

代表种及其用途：伞花木 *E.cavaleriei* (H. Léveillé) Rehder & Handel-Mazzetti 的木材质地较好，为优良的用材树种，野生资源较为匮乏。

13. *Handeliodendron* Rehder 掌叶木属

Handeliodendron Rehder (1935: 65); Xia et al. (2007: 1) [Type: *H. bodinierii* (Léveillé) Rehder (≡ *Sideroxylon bodinieri* Léveillé)]

特征描述：乔木。指状复叶对生。花两性；萼片 5，明显，覆瓦状排列；花瓣 4，有时 5，具爪，有 2 鳞片位于爪上方；花盘偏于一侧，不规则分裂；雄蕊（7）8，花丝不等长，药室基部有小腺体；子房具长柄，纺锤形，3 室，每室胚珠 2。蒴果棒状或近梨状，成熟时室背开裂为 3 果瓣，果皮厚革质。种子有 2 重假种皮。花粉粒 3 孔沟，条状纹饰加厚。染色体 $n=40$。

分布概况：1/1（1）种，**15** 型；特产中国广西和贵州。

系统学评述：基于形态和孢粉等证据，掌叶木属被认为是无患子科的 1 个分支，属于广义无患子科的范畴[10]。基于 *mat*K 和 *rbc*L 等的分子证据将该属划分至七叶树亚科[3,11]。该属与 *Billia* 及七叶树属在系统发育上紧密相关，构成的七叶树族被认为与槭树族互为姐妹群关系[7]。

DNA 条形码研究：BOLD 网站有该属 1 种 7 个条形码数据；GBOWS 已有 1 种 7 个条形码数据。

代表种及其用途：掌叶木 *H. bodinieri* (Léveillé) Rehder 的种子富含油脂；也是优良的景观树种。

14. *Harpullia* Roxburgh 假山萝属

Harpullia Roxburgh (1824: 441); Xia & Gadek (2007: 7) (Type: *H. cupanioides* Roxburgh)

特征描述：灌木或乔木，密被星状毛。偶数羽状复叶互生；无托叶，叶柄与叶轴具翅或无。聚伞圆锥花序复总状或总状腋生；花两性或单性，辐射对称；萼片 5，覆瓦状排列；花瓣 5，具爪，内面有 2 个耳状小鳞片；花盘环形；雄蕊 5-8；子房（雌花）两侧扁，2（3-4）室，花柱短或长而旋扭。蒴果常两侧扁，2（-4）室，果皮纸质或脆壳质。种皮薄壳质，有光泽，有白色或橙色肉质假种皮；胚弯拱，子叶厚叠生。花粉粒 3 孔沟，条纹状、条纹-皱波状、皱波状、网状或条网状纹饰。染色体 $2n=30$。

分布概况：26/1 种，**5**（7）型；分布于印度，斯里兰卡，马来西亚，澳大利亚至新喀里多尼亚及汤加；中国产广东、海南及云南。

系统学评述：花粉形态证据表明假山萝属及所处的族位置尚不确定[14]。分子证据显示该属很可能为多源的，需要进一步扩大样本量论证，该属与 *Loxodiscus* 亲缘关系较近，

归属于 *Dodonaea* group 中[6,7]。

DNA 条形码研究：BOLD 网站有该属 11 种 28 个条形码数据。

代表种及其用途：假山萝 *H. cupanioides* Roxburgh 为良好的用材树种和景观树种。*H. pendula* Planchon ex F. Mueller 在澳洲也是广为种植的景观树种。

15. *Koelreuteria* Laxmann 栾树属

Koelreuteria Laxmann (1772: 562); Xia & Gadek (2007: 9) (Type: *K. paniculata* Laxmann)

特征描述：乔木。奇数羽状复叶轮生，小叶缘具齿，末端小叶发育良好。雌雄同株或异株；聚伞圆锥花序顶生，稀腋生；花两侧对称；萼片 5，分裂；花瓣 4，黄色，具爪，瓣片内面基部有 2 深裂的小鳞片；花盘环形，上端常有圆齿；雄蕊常（5-）8；子房 3 室，每室胚珠 2。蒴果膨胀，室背裂为 3 果瓣，果瓣膜质，有网状脉纹；每室 1 种子。无假种皮，种皮脆壳质，黑色。花粉粒 3 孔沟，条状纹饰加厚。染色体 2*n*=22，30，32。

分布概况：4/3（2）种，**14SJ** 型；分布于日本，斐济；中国产大部分省区。

系统学评述：分子证据表明栾树属独立构成 *Koelreuteria* group，位于无患子亚科[3,6]，然而支持率不高，需要进一步研究[4]。

DNA 条形码研究：BOLD 网站有该属 5 种 20 个条形码数据；GBOWS 已有 2 种 21 个条形码数据。

代表种及其用途：复羽叶栾树 *K. bipinnata* Franchet 在亚热带及温带广泛种植，园艺观赏。

16. *Lepisanthes* Blume 鳞花木属

Lepisanthes Blume (1825: 237); Xia & Gadek (2007: 12-15) (Type: *L. montana* Blume). —— *Aphania* Blume (1825: 236); *Erioglossum* Blume (1825: 229); *Otophora* Blume (1849: 142)

特征描述：乔木，直立或攀援性灌木。偶数羽状复叶轮生，有时仅具单一叶片，表面粗糙，稀平滑。雌雄同株；聚伞圆锥花序；花单性，两侧对称；萼片 5，外面 2 明显偏小；花瓣（2-）4（5），内面爪之顶部有鳞片；花盘碟状或半月形，5 浅裂或具齿；雄蕊（雄花）（4-）8（-18）；子房 2-3 室，每室胚珠 1，花柱短，顶端肿胀。果横椭圆形或近球形，2-3 室，室间常有凹槽，果皮革质或稍肉质。种子椭圆形，两侧稍扁，种皮薄革质或脆壳质，无假种皮。花粉粒 3 孔沟，稀为合孔沟，皱状至网状纹饰，少数平滑。染色体 2*n*=26，28，30。

分布概况：24/8（4）种，**4** 型；分布于热带非洲（包括马达加斯加），亚洲南部和东南部；中国产海南、广东及云南。

系统学评述：*Otophora*、*Erioglossum* 和 *Aphania* 被合并至鳞花木属，加上原来的鳞花木属，共同构成 4 亚属[4,17]；分子证据支持该属划分至无患子亚科 *Litchi* group，与 *Pseudima* 和 *Atalaya* 亲缘关系较近。

DNA 条形码研究：BOLD 网站有该属 5 种 16 个条形码数据。

代表种及其用途：赤才 *L. rubiginosa* (Roxburgh) Leenhouts 可作药用；也是良好的用材植物。

17. *Litchi* Sonnerat 荔枝属

Litchi Sonnerat (1782: 255); Xia & Gadek (2007: 16) (Type: *L. chinensis* Sonnerat)

特征描述：乔木。偶数羽状复叶互生；无托叶。聚伞圆锥花序顶生或腋生；花两性或单性，雌雄同株，辐射对称；萼杯状，4 或 5 浅裂；无花瓣；花盘碟状，全缘；雄蕊（6）7（-11）；子房 2 室，每室胚珠 1，花柱着生在子房裂片间，柱头 2 裂。果深裂，果皮革质外面有龟甲状裂纹，散生圆锥状小凸体。假种皮肉质，包裹种子的全部或下半部。花粉粒 3 孔沟，条状纹饰加厚。染色体 2n=28，30。

分布概况：1/1 种，**7** 型；分布于马来半岛，加里曼丹，菲律宾；中国产东南。

系统学评述：分子证据将荔枝属划分至无患子亚科 *Litchi* group，是龙眼属的姐妹群，与韶子属、番龙眼属亲缘关系较近[6,7]。

DNA 条形码研究：BOLD 网站有该属 1 种 6 个条形码数据；GBOWS 已有 1 种 7 个条形码数据。

代表种及其用途：荔枝 *L. chinensis* Sonnerat 是世界知名的水果；也是东南亚地区重要的经济果树被广泛种植。

18. *Mischocarpus* Blume 柄果木属

Mischocarpus Blume (1825: 238), *nom. cons.*; Xia & Gadek (2007: 19) (Type: *M. sundaicus* Blume)

特征描述：乔木或灌木。偶数羽状复叶轮生。雌雄同株或异株；聚伞圆锥花序腋生或近枝顶丛生；花单性，辐射对称；萼杯状，5 裂；花瓣无，或有时仅有发育不全的花瓣内面基部有鳞片或被毛；花盘环状或半环形；雄蕊（5-）8（9）；子房（2）3（4）室，每室胚珠 1，柱头 3 裂。蒴果成熟时室背开裂为 3 果瓣，1-3 室，果皮革质。种子全部被肉质、透明的假种皮包裹。花粉粒 3 合孔沟、合沟，有时为孔沟，光滑、粗糙、皱波状或皱网状纹饰。

分布概况：15/3（1）种，**5** 型；分布于东南亚至澳大利亚；中国产西南至南部。

系统学评述：分子系统学研究将柄果木属划分至无患子亚科 *Cupania* group，与 *Sarcopteryx* 和 *Toechima* 的关系较近[6,7]。

DNA 条形码研究：BOLD 网站有该属 6 种 14 个条形码数据；GBOWS 已有 2 种 16 个条形码数据。

代表种及其用途：柄果木 *M. sundaicus* Blume 为用材树种；也具有一定天然活性成分的开发潜力。

19. *Nephelium* Linnaeus 韶子属

Nephelium Linnaeus (1767: 623); Xia & Gadek (2007: 18) (Type: *N. lappaceum* Linnaeus)

特征描述：乔木，稀为灌木。偶数羽状复叶互生；小叶背面蓝绿色。雌雄同株或异株；聚伞圆锥花序顶生或腋生；花辐射对称；萼杯状，4-6 裂；花瓣无或 4-6，具爪，具等长的两裂片；花盘环状；雄蕊 4-10；子房（1）2（-4）室，每室胚珠 1，柱头 2 裂。果深裂为 2，果皮革质，有软刺。假种皮肉质，包裹种子的全部。花粉粒 3 孔沟，条状或网状纹饰。染色体 2n=22。

分布概况：16/3（1）种，**7 型**；分布于东南亚；中国产云南、广西及广东。

系统学评述：分子系统学研究将韶子属划分至无患子亚科 *Litchi* group，与番龙眼属、荔枝属和龙眼属亲缘关系较近[6,7]。

DNA 条形码研究：BOLD 网站有该属 3 种 7 个条形码数据；GBOWS 已有 2 种 6 个条形码数据。

代表种及其用途：红毛丹 *N. lappaceum* Linnaeus 是著名的热带水果。该属许多种类果实均可食用。

20. *Paranephelium* Miquel 假韶子属

Paranephelium Miquel (1861: 509); Xia & Gadek (2007: 10) (Type: *P. xestophyllum* Miquel)

特征描述：乔木。奇数羽状复叶轮生。雌雄同株或异株；聚伞圆锥花序腋生或顶生；花单性，辐射对称；萼杯状，5 裂，裂片三角状卵形，镊合状排列；花瓣（4）5（-7），具爪，内面有宽大鳞片；花盘环状，5 浅裂；雄蕊 5-9；子房 3 室，每室胚珠 1，柱头浅裂。蒴果近球形，室背裂为 3 果瓣，平滑或木质硬刺。种皮革质，种脐横椭圆形。花粉粒有或无孔沟，皱波状纹饰。

分布概况：4/2（1）种，**7 型**；分布于东南亚；中国产广东、海南及云南。

系统学评述：分子系统学研究将假韶子属划分至无患子亚科 *Schleichera* group，与 *Schleichera* 和 *Amesiodendron* 亲缘关系较近[6,7]。

DNA 条形码研究：BOLD 网站有该属 2 种 8 个条形码数据。

代表种及其用途：海南假韶子 *P. hainanensis* H. S. Lo 的叶片可药用。

21. *Pavieasia* Pierre 檀栗属

Pavieasia Pierre (1895: 317); Xia & Gadek (2007: 20) [Type: *P. anamensis* (Pierre) Pierre (≡ *Sapindus anamensis* Pierre)]

特征描述：乔木或灌木。偶数羽状复叶互生。雌雄异株；聚伞圆锥花序近枝顶腋生；花辐射对称，两性或单性；萼浅杯状，深 5 裂，覆瓦状排列；花瓣 5，内面基部有 1 大型鳞片；花盘深杯状；雄蕊 8；子房 3 室，多毛，每室胚珠 1，柱头不明显 3 裂。蒴果 3 室。种子无假种皮。花粉粒 3 孔沟、合孔沟，条纹状纹饰。

分布概况：2-3/2（1）种，**7 型**；分布于越南北部；中国产广西和云南。

系统学评述：基于形态学研究该属被划分至无患子亚科[4]。目前缺乏分子证据。

22. *Pometia* J. R. Forster & G. Forster 番龙眼属

Pometia J. R. Forster & G. Forster (1775: 55); Xia & Gadek (2007: 17) (Type: *P. pinnata* J. R. Forster & G. Forster)

特征描述：乔木，常有红色液体。偶数羽状复叶互生；小叶常有锯齿，常伴有一对大的圆形腺体在基部。雌雄同株；聚伞圆锥花序顶生或腋生；花单性，辐射对称；萼杯状，深 5 裂；花瓣 5，无鳞片；花盘环状或半环形；雄蕊 5（6）；子房 2（3）室，每室胚珠 1，花柱顶部圆形，微裂。果 1（2）室，果皮厚，中层海绵质，里面平滑。种子完全被假种皮包裹。花粉粒 3 孔，具网状凸起。

分布概况：2/1 种，**7** 型；分布于热带亚洲；中国产云南和台湾。

系统学评述：分子证据表明该属与龙眼属亲缘关系较近，与 Müller 和 Leenhouts[14] 所推测的 2 属之间关系相符合，与韶子属与荔枝属等共同构成 *Litchi* group[6]。

DNA 条形码研究：BOLD 网站有该属 2 种 10 个条形码数据；GBOWS 已有 1 种 7 个条形码数据。

代表种及其用途：番龙眼 *P. pinnata* J. R. Forster & G. Forster 是良好的用材树种。

23. *Sapindus* Linnaeus 无患子属

Sapindus Linnaeus (1753: 367); Xia & Gadek (2007: 11) (Type: *S. saponaria* Linnaeus)

特征描述：乔木。偶数羽状复叶，很少单叶，互生；小叶 2-8 对，常为镰刀状弯曲。雌雄同株；聚伞圆锥花序顶生；花单性，辐射对称或两侧对称；萼片 5，覆瓦状排列，外面 2 较小；花瓣 4 或 5，内面基部有 1 大型鳞片或 1 大横脊；花盘碟状或半月状；雄蕊 8；子房 3 室，每室胚珠 1，花柱顶生。果 1 或 2 室，内侧附着有 1 或 2 半月形的不育果，果皮肉质。种子球状，无假种皮。花粉粒 3 孔沟（孔），光滑、粗糙或皱状纹饰。染色体 n=11，15，18。果皮富含皂素。

分布概况：10/4（1）种，**3** 型；分布于亚热带至亚温带；中国产长江流域及其以南。

系统学评述：分子证据表明无患子属是 *Thouinia* 的姐妹群，隶属于无患子亚科 *Paullinia* group[6]。

DNA 条形码研究：BOLD 网站有该属 7 种 26 个条形码数据；GBOWS 已有 2 种 26 个条形码数据。

代表种及其用途：无患子 *S. saponaria* Linnaeus 作为景观树种广泛栽培；药用。

24. *Xanthoceras* Bunge 文冠果属

Xanthoceras Bunge (1833: 85); Xia & Gadek (2007: 6) (Type: *X. sorbifolium* Bunge)

特征描述：乔木。奇数羽状复叶轮生，有星状绒毛；小叶有锯齿，无托叶。雌雄同株；总状花序顶生；花杂性，辐射对称；萼片 5，明显；花瓣 5，基部紫红色，具爪；花盘 5 裂，裂片有角状附属体；雄蕊 8；子房 3 室，每室胚珠 7-8，柱头乳头状。蒴果有 3 棱角，室背裂为 3 果瓣，果皮厚而硬，含很多纤维束。种皮无假种皮。花粉粒 3 孔沟，稀疏疣状纹饰。染色体 $2n$=30。

分布概况：1/1（1）种，**15** 型；特产中国华北和东北，西至宁夏、甘肃，东北至辽宁，北至内蒙古，南至河南。

系统学评述：文冠果属在无患子科一直是受到争议，在形态及地理分布上与其他种都有较大差异。分子证据表明该属是无患子科其类群的姐妹群，也有学者提出将它独立为 Xanthoceraceae[4,7]。

DNA 条形码研究：BOLD 网站有该属 1 种 5 个条形码数据；GBOWS 已有 1 种 4 个条形码数据。

代表种及其用途：文冠果 *X. sorbifolium* Bunge 是著名观赏类景观树种。

25. *Xerospermum* Blume 干果木属

Xerospermum Blume (1849: 99); Xia & Gadek (2007: 17) [Type: *X. noronhianum* (Blume) Blume (≡ *Euphoria noronhiana* Blume)]

特征描述：乔木。偶数羽状复叶互生；小叶片完整，叶背面端部有圆球形的腺体。雌雄同株或异株；聚伞圆锥花序顶生；花单性，辐射对称；萼片 4 或 5，等长，覆瓦状排列；花瓣 4 或 5，无鳞片；花盘环状或半环形；雄蕊 7-9；子房 2（3）室，每室胚珠 1，花柱浅裂。果实 1-2 室，果皮不裂，革质，外面有小刺。种子具有完整、薄的假种皮。花粉粒 3 孔沟，表面平滑或具不规则的条纹或凸起。染色体 $2n=32$。

分布概况：2/1 种，**7** 型；分布于孟加拉国，印度尼西亚至马来西亚西部；中国产云南南部、东南部和广西南部。

系统学评述：分子证据表明干果木属隶属于无患子亚科 *Litchi* group[13]。

DNA 条形码研究：BOLD 网站有该属 1 种 1 个条形码数据；GBOWS 已有 1 种 3 个条形码数据。

代表种及其用途：该属植物具有可供药物开发的天然活性成分。

主要参考文献

[1] Radlkofer L. Ueber die gliederung der familie der Sapindaceen[J]. Ber Akad Wiss Munchen, 1890, 20: 105-379.

[2] Radlkofer L. Sapindaceae [M]//Engler A. Das pflanzenreich, IV. Leipzig: W. Engelmann, 1933: 165.

[3] Harrington M G, et al. Phylogenetic inference in Sapindaceae *sensu lato* using plastid *mat*K and *rbc*L DNA sequences[J]. Syst Bot, 2005, 30: 366-382.

[4] Acevedo-Rodriguez P, et al. Sapindaceae[M]//Kubitzki K. The families and genera of vascular plants, X. Berlin: Springer, 2011: 357-407.

[5] Gadek PA, et al. Sapindales: molecular delimitation and infraordinal groups[J]. Am J Bot, 1996: 802-811.

[6] Buerki S, et al. Plastid and nuclear DNA markers reveal intricate relationships at subfamilial and tribal levels in the soapberry family (Sapindaceae)[J]. Mol Phylogenet Evol, 2009, 51: 238-258.

[7] Buerki S, et al. Phylogeny and circumscription of Anacardiaceae revisited: molecular sequence data, morphology and biogeography support recognition of a new family, Xanthoceraceae[J]. Plant Ecol Evol, 2010, 143: 148-159.

[8] Savolainen V, et al. Phylogeny of the eudicots: a nearly complete familial analysis based on *rbc*L gene sequences[J]. Kew Bull, 2000, 55: 257-309.

[9] Soltis DE, et al. A 567-taxon data set for angiosperms: the challenges posed by Bayesian analyses of large data sets[J]. Int J Plant Sci, 2007, 168: 137-157.

[10] Judd WS, et al. Angiosperm family pairs: preliminary phylogenetic analyses[J]. Harvard Pap Bot, 1994: 1-51.

[11] Soltis DE, et al. Angiosperm phylogeny inferred from 18S rDNA, *rbc*L, and *atp*B sequences[J]. Bot J Linn Soc, 2000, 133: 381-461.

[12] 石召华. 七叶树属植物资源及品质研究[D]. 武汉: 湖北中医药大学博士学位论文, 2013.

[13] Buerki S, et al. The abrupt climate change at the Eocene-Oligocene boundary and the emergence of South-East Asia triggered the spread of sapindaceous lineages[J]. Ann Bot, 2013, 112: 151-160.

[14] Müller J, Leenhouts PW. A general survey of pollen types in Sapindaceae in relation to taxonomy[M]// Ferguson IK, Müller J. The evolutionary significance of the exine. London: Academic, 1976: 407-445.

[15] Buerki S, et al. Phylogenetic inference of new Caledonian lineages of Sapindaceae: molecular evidence requires a reassessment of generic circumscriptions[J]. Taxon, 2012, 61: 109-119.

[16] Harrington MG, Gadek PA. Corrigendum to: phylogenetics of hopbushes and pepperflowers (*Dodonaea*, *Diplopeltis*-Sapindaceae), based on nuclear ribosomal ITS and partial ETS sequences incorporating secondary-structure models[J]. Aust Syst Bot, 2011, 24: 59-442.

[17] Adema F, et al. Sapindaceae [M]//Kalkman C. Flora Malesiana, Series I, Vol. 11. Leiden: Foundation Flora Malesiana, 1994: 419-768.

Rutaceae Jussieu (1789), *nom. cons.* 芸香科

特征描述：<u>乔木或灌木，稀草本</u>。有时具枝刺。无托叶；<u>叶互生或对生</u>，稀轮生；<u>单叶或复叶</u>；<u>小叶具透明油腺点</u>。有限花序，少数为单花，花两性或单性；<u>萼片 4 或 5，离生至基部稍合生；花瓣 4 或 5</u>，稀 2-3，离生或合生；雄蕊常 8-10，花丝常离生；<u>心皮常 4 或 5 至多数</u>，常合生，子房上位，常为中轴胎座，每室胚珠 1 至多数；<u>具蜜腺盘</u>，生雄蕊内。<u>核果、蒴果、翅果、簇状蓇葖果或浆果</u>。种子 1 至多数，胚直立或弯曲，有或无胚乳。花粉粒 3-6 沟孔，条纹状，少数为小孔穴状，粗网状纹饰，具刺或棒。主要为昆虫传粉，特别是蜂类和蝶类。染色体 n=6，9，10，16，17，19，33，35，39。<u>常含三萜类带苦味的物质</u>、生物碱和酚类化合物。

分布概况：155 属/1600 种，世界广布，主产热带和亚热带，少数至温带；中国 23 属/127 种，南北均产，主产西南和南部。

系统学评述：传统的芸香科下亚科的划分不同学者意见存在分歧，其中被采纳较多是 Engler 系统[1-5]。Engler 系统将芸香科划分为芸香亚科 Rutoideae、飞龙掌血亚科 Toddalioideae、柑橘亚科 Citroideae（Aurantioideae）、巨盘木亚科 Flindersioideae、Dictyolomatoideae，Spathelioideae 和 Rhabdodendroideae 共 7 亚科 12 族，隶属于芸香目 Rutales。Hutchinson 系统仅承认上述 4 亚科，即芸香亚科、飞龙掌血亚科、柑橘亚科和巨盘木亚科，FRPS 也采纳此观点。分子证据表明，传统上放置在其他科的 *Bottegoa*（Sapindaceae）、*Harrisonia*（Simaroubaceae）、*Cedrelopsis*（Meliaceae）、*Cneorum*（Cneoraceae）和 *Ptaeroxylon*（Ptaeroxylaceae）5 个属与传统芸香科的 *Spathelia* 和

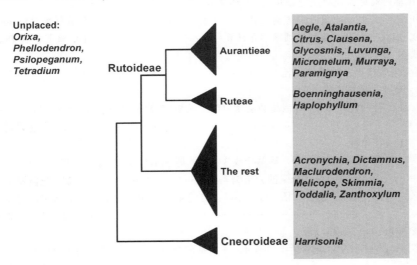

图 141　芸香科分子系统框架图（参考 APW；Groppo 等[5,7]；Appelhans 等[8]；
Salvo 等[9]；Bayer 等[10]；Bayly 等[11]）

Dictyoloma 形成 1 支，并与芸香科剩余类群形成姐妹关系[5-8]，因此，APG 系统将这 5 属与传统的芸香科合并成为广义芸香科。依据分子系统学研究结果，芸香科隶属于无患子目 Sapindales，共包括 4 亚科，即脂檀亚科 Amyridoideae、柑橘亚科、戟叶橄榄亚科 Cneoroideae 和芸香亚科[APW]，苦木科 Simaroubaceae 可能是芸香科的姐妹群[4]。

分属检索表

1. 叶对生
  2. 奇数羽状复叶；花序顶生或顶生兼腋生；花单性
    3. 腋芽外露；雌花子房的心皮在基部合生或靠合；蓇葖果由 1-5 分果瓣组成 ·········· **21. 四数花属 Tetradium**
    3. 腋芽隐藏在叶柄基部；雌花的子房心皮合生；果为浆果状核果 ········ **18. 黄檗属 Phellodendron**
  2. 掌状 3 小叶或单小叶；花序腋生或位于叶基部；花单性或两性
    4. 掌状 3 小叶或单小叶；两性花和雌花的子房心皮基部合生或靠合；蓇葖果由 1-4 基部合生的分果瓣组成 ·········· **13. 蜜茱萸属 Melicope**
    4. 单小叶；两性花或雌花的子房心皮合生或稀室间开裂顶端分离；浆果状核果
      5. 花单性；雄蕊无毛，雌花的雄蕊缺少花粉；雄花雌蕊退化，雌花的雌蕊约与花瓣等长；种皮具有厚的紧密的黑色厚壁组织内层和海绵状外层边界外部具发亮的黑色表膜 ·········· **12. 贡甲属 Maclurodendron**
      5. 两性花；雄蕊花丝被毛；雌蕊约为花瓣一半长；种皮具有厚的紧密的黑色厚壁组织内层和致密暗淡至有光泽薄壁组织的外层 ·········· **1. 山油柑属 Acronychia**
1. 叶互生
  6. 多年生草本植物
    7. 单叶 ·········· **9. 拟芸香属 Haplophyllum**
    7. 复叶
      8. 花两侧对称；花萼及花瓣 5；雄蕊 10；蓇葖果裂为 5 分果瓣，1-2 cm ·········· **7. 白鲜属 Dictamnus**
      8. 花辐射对称；花萼及花瓣 4；雄蕊通常 8
        9. 二至三回三出复叶；蓇葖果裂为 4 分果瓣 ·········· **4. 石椒草属 Boenninghausenia**
        9. 指状三出叶；蓇葖果顶端小孔开裂 ·········· **19. 裸芸香属 Psilopeganum**
  6. 木本植物
    10. 蓇葖果或核果；种子具胚乳
      11. 复叶；植物通常具刺
        12. 花两性；1-3 小叶或奇数羽状复叶；浆果状核果，肉质，具 2-5 小核 ·········· **10. 牛筋果属 Harrisonia**
        12. 花单性
          13. 奇数羽状复叶，稀单叶或 3 小叶；雌蕊 1-5，心皮分离或基部合生；蓇葖果由 1-5 分离或基部合生的分果瓣组成 ·········· **23. 花椒属 Zanthoxylum**
          13. 指状三出叶，稀 1 或 2 小叶；雌蕊 4-7，心皮合生；浆果状核果，有 4-7 分果核 ·········· **22. 飞龙掌血属 Toddalia**
      11. 单叶；植物通常无刺
        14. 花序腋生；花单性；雌蕊 4，子房基部合生；蓇葖果开裂为 4 分果瓣 ·········· **16. 臭常山属 Orixa**
        14. 花序顶生；花单性或两性；雌蕊 2-5，心皮合生；浆果状核果，具 1-5 小核果 ··········

···**20. 茵芋属 Skimmia**

10. 浆果；种子无胚乳

    15. 两性花或两性花兼有单性雄花；雄蕊多于花瓣数 2 倍；雌蕊 2 至多数；每室胚珠 2 至多数；果为具柄或稀无柄汁胞的浆果；奇数羽状复叶 3（5）小叶，掌状 3 小叶

       16. 常绿，稀落叶；外果皮革质（稀柔软），中果皮海绵状；种子嵌在汁胞中；1 小叶，或单叶，稀掌状 3 小叶···**6. 柑橘属 Citrus**

       16. 落叶；果皮硬木质；种子嵌于透明的黏胶质液中；奇数羽状复叶，3（5）小叶·········
··**2. 木橘属 Aegle**

    15. 花两性；雄蕊为花瓣数 2 倍，稀少于 2 倍；雌蕊 2-5；每室 1 或 2 胚珠；果无汁胞或具无柄汁胞；奇数羽状复叶，小叶 3 至多数，或掌状 3 小叶，或 1 小叶

       17. 雌蕊子房室的径向壁弯曲；种子子叶厚纸质，反复折叠·····························
···**14. 小芸木属 Micromelum**

       17. 雌蕊子房室的径向壁不弯曲；种子子叶平凸，不折叠

         18. 顶芽、腋芽及幼嫩的花序被锈色微柔毛；果实花柱宿存···**8. 山小橘属 Glycosmis**

         18. 顶芽、腋芽及幼嫩的花序无锈色柔毛；果实花柱或至少花柱末端部分脱落

           19. 单叶或 1 小叶

              20. 果实无汁胞；雄蕊分离；花序腋生，或单花，或几花簇生；叶柄长 0.4-2.5cm，通常基部膨大呈枕状；木质攀援藤本，具刺······························
···**17. 单叶藤橘属 Paramignya**

              20. 果实通常具汁胞；雄蕊分离或不同程度合生成多束；花顶生或腋生，成簇、总状花序或圆锥花序；叶柄长 0.2-1.3cm，叶柄基部通常不膨大；灌木或小乔木，具刺或无刺·····························**3. 酒饼簕属 Atalantia**

           19. 复叶或大部分为复叶

              21. 叶为掌状三出叶或单叶；木质攀援藤本，具刺·····························
···**11. 三叶藤橘属 Luvunga**

              21. 叶为奇数羽状复叶；灌木或乔木，无刺

                22. 花芽球形，或梨形，稀卵形；雄蕊花丝顶端钻尖，中部呈曲膝状，基部增宽，稀线形；柱头长为子房的 0.5-2.5 倍；花盘柱状，或圆锥状，或钟形，或沙漏形；种子无毛·····························**5. 黄皮属 Clausena**

                22. 花芽椭圆形至倒卵形，或短桶状；雄蕊花丝线状；柱头为子房的 3-7 倍长；花盘环状，或垫状，或柱状；种子无毛或具长柔毛·············
···**15. 九里香属 Murraya**

1. *Acronychia* J. R. Forster & G. Forster 山油柑属

Acronychia J. R. Forster & G. Forster (1775: 27), *nom. cons.*; Zhang et al. (2008: 76) (Type: *A. laevis* J. R. Forster & G. Forster)

    特征描述： 常绿乔木或灌木。叶对生，单小叶或指状三出叶，全缘，具透明油点。聚伞圆锥花序，花单性或两性；具小苞片；萼片 4，基部合生；花瓣 4，覆瓦状排列；雄蕊 8，花丝分离，中部以下被毛；心皮 4，合生，每室胚珠 1-2。核果，具 4 小核，每分核具 1 种子。种皮褐黑色，胚乳肉质，胚直立，子叶扁平。染色体 2*n*=34，36。含多种精油，根、茎含多种生物碱，多为呋喃骈喹啉类和吖啶类。

分布概况：约 48/1 种，**5（7e）型**；分布于热带亚洲和大洋洲，印度-马来群岛，东达新几内亚，澳大利亚至西太平洋诸岛，最南达豪勋爵岛；中国产福建、广东、广西、海南、台湾和云南等。

系统学评述：传统的山油柑属为单系类群，与 *Melicope* 关系较近[12]。*Pitaviaster haplophylla* (F. von Mueller) T. G. Hartley 最早被 Mueller[13]置于 *Euodia*；Engler[14]将其转移至山油柑属。Poon 等[12]基于分子、形态、生物化学对芸香亚科和飞龙掌血亚科的支序分析显示 *P. haplophylla* 与 *Euodia* 的关系较近，支持 Hartley 将其从山油柑属转移出去的观点[15]。

DNA 条形码研究：在已报道的山油柑属 DNA 条形码 ITS2、*psb*A-*trn*H 和 *rbc*L 中，以 ITS2 的鉴定成功率最高（92.7%），具有种间变异大和种内变异小的特点，可作潜在的鉴定条码[16,17]。BOLD 网站有该属 2 种 6 个条形码数据；GBOWS 已有 1 种 11 个条形码数据。

代表种及其用途：该属国产种类山油柑 *A. pedunculata* (Linnaeus) Miquel，其根、叶、果可作中草药；研究表明山油柑提取物具有抗菌作用并对流感病毒（仙台株）有抑制作用。

2. *Aegle* Corrêa 木橘属

Aegle Corrêa (1800: 222), *nom. cons.*; Zhang et al. (2008: 96) [Type: *A. marmelos* (Linnaeus) Corrêa (≡ *Crateva marmelos* Linnaeus)]

特征描述：落叶小乔木，具锐刺。叶互生，指状三出叶，多油点。单花或少花的聚伞花序；花两性，白色，芳香；萼片 5，基部合生；花瓣 5，覆瓦状排列；<u>雄蕊多数</u>，有时连合成筒状，花丝甚短，顶端钻状，花药甚长；花盘细小；花柱短，柱头比花柱略粗，有细纵沟，<u>子房 8-20 室</u>，<u>每室多胚珠</u>。果椭圆形或梨形，<u>果皮硬木质</u>，室壁厚，肉质。种子多数，椭圆形而略扁，<u>种皮有绢质毛</u>。花粉粒 4 孔沟，蜂窝状纹饰。染色体 $2n=18$，36。

分布概况：约 1/1 种，**7-2 型**；分布于亚洲东南部热带地区；中国产云南南部。

系统学评述：长期以来柑橘亚科下族的划分存在问题，被采纳较多是 Swingle 和 Reece[18]的分类系统，木橘属位于柑橘族 Aurantieae。分子系统研究表明 Balsamocitrinae 亚族非单系，应将该亚族中的 *Swinglea*、*Limonia*、*Feroniella* 转移至柑橘亚族 Citrinae，剩下的 4 属，包括木橘属、*Aeglopsis*、*Afraegle* 和 *Balsamocitrus* 组成的 Balsamocitrinae 亚族为单系类群[10]。

DNA 条形码研究：已报道木橘属 DNA 条形码 ITS2 和 *rbc*L，其中 ITS2 的物种鉴别率较高，推荐作为木橘属的鉴定条码，而 *rbc*L 种内不存在变异和种间变异不明显的特点[16]。BOLD 网站有该属 1 种 8 个条形码数据；GBOWS 已有 1 种 3 个条形码数据。

代表种及其用途：木橘 *A. marmelos* (Linnaeus) Corrêa 具有重要的药用价值，其根、树皮、叶、花可作清热剂，果实可治腹泻、咽喉肿痛，嫩叶可治创伤、疮疖、肿痛、脚及口腔疾病，叶捣烂后的汁液可治疗眼疾，食嫩叶可避孕或流产。

3. *Atalantia* Corrêa 酒饼簕属

Atalantia Corrêa (1805: 383), *nom. cons.*; Zhang et al. (2008: 88) (Type: *A. monophylla* de Candolle)

特征描述：小乔木或灌木，具刺，稀无刺。叶互生，单叶或单小叶，全缘，具透明油点。有限花序，两性花；花萼 4 或 5，合生至中部；花瓣 4 或 5，覆瓦状排列；雄蕊 8 或 10，花药椭圆形；花柱与子房等长，柱头头状或稍增大，子房 2-5 室，每室 1 或 2 胚珠。浆果，圆球形或椭圆形，红或蓝黑色，有具柄或无柄汁胞。种子 1-6，种皮膜质，平滑，子叶大，深绿色，平凸。染色体 2n=18。叶富含精油，根、果、种子含香豆素、柠檬苦素和各类生物碱。

分布概况：约 17/7（2）种，**5（7）**型；分布于亚洲南部和东南部，大洋洲；中国产台湾、福建、广东、广西、云南和海南。

系统学评述：传统上酒饼簕属隶属于柑橘族柑橘亚族。Bayer 等[10]对柑橘亚科进行了分子系统学研究，并对柑橘亚科下的族及亚族重新划分，分为包括酒饼簕属类群在内的 4 个类群，酒饼簕属类群包括酒饼簕属和 *Limonia*。Penjor 等[19,20]通过对柑橘属及其近缘属的 *rbc*L 和 *mat*K 序列分析，结果显示传统的酒饼簕属为并系类群，与 *Severinia* 系统关系较近。*Severinia* 的种类最早被放置在酒饼簕属中，Swingle 在 1938 年将其独立出来。

DNA 条形码研究：已报道酒饼簕属 ITS2、*rbc*L、ITS、*psb*H-*pet*B、*mat*K，以及 *mat*K+ITS+*trn*G-S 和 *mat*K+ITS 组合的条形码信息，其中 ITS2 的物种鉴别率最高，可作为酒饼簕属的推荐条码[16,21]。BOLD 网站有该属 6 种 15 个条形码数据；GBOWS 已有 2 种 6 个条形码数据。

代表种及其用途：酒饼簕 *A. buxifolia* (Poiret) Oliver 和广东酒饼簕 *A. kwangtungensis* Merrill 具有重要的药用价值，功效类似，根和叶具有清热解表、化痰止咳和行气止痛的效果；酒饼簕还可作绿篱植物。

4. *Boenninghausenia* H. G. L. Reichenbach ex C. F. Meisner 石椒草属

Boenninghausenia H. G. L. Reichenbach ex C. F. Meisner (1837: 60), *nom. cons.*; Zhang et al. (2008: 73) [Type: *B. albiflora* (W. J. Hooker) C. F. Meisner (≡ *Ruta albiflora* W. J. Hooker)]

特征描述：草本，具浓烈刺激气味。叶互生，二至三回指状三出复叶，小叶全缘，具油点。顶生聚伞圆锥花序，花两性；萼片 4；花瓣 4，覆瓦状排列；雄蕊 8，生于花盘基部四周，长短相间，花丝线状，分离；心皮 4，基部贴生，花柱 4，黏合，每心皮 6-8 胚珠。蓇葖果裂为 4 分果瓣，内、外果皮分离，每分果具种子多数。种子肾形，种皮具细微瘤状体，胚乳肉质，胚弧状。花粉粒 4-5 孔沟，细穿孔状纹饰，少数颗粒状纹饰。染色体 2n=20。

分布概况：约 1/1 种，**7a（14SJ）**型；分布于喜马拉雅向东至日本，南达爪哇和小巽他群岛；中国主产长江北岸以南至五岭，东南至台湾，西南至西藏东南部。

系统学评述：石椒草属仅臭节草 *B. albiflora* (Hooker) Reichenbach ex Meisner 1 种。

传统上石椒草属被放置在芸香族 Ruteae，Salvo 等[9]对芸香族的分子系统学研究显示传统的芸香族为多系类群，石椒草属与 *Thamnosma* 关系较近，形成姐妹关系。

DNA 条形码研究：BOLD 网站有该属 1 种 1 个条形码数据；GBOWS 已有 1 种 35 个条形码数据。

代表种及其用途：臭节草全草可作药，味苦寒，有小毒，治腹胀痛、寒冷胃气疼痛等。

5. *Citrus* Linneaus 柑橘属

Citrus Linneaus (1753: 782); Zhang et al. (2008: 90) (Lectotype: *C. medica* Linneaus). ——*Fortunella* Swingle (1915: 165); *Poncirus* Rafinesque (1838: 143)

特征描述：<u>小乔木</u>，枝具刺，新枝扁而具棱。叶互生，<u>单身复叶</u>，<u>翼叶常明显</u>，稀甚窄至仅具痕迹，仅 1 种具单叶，叶缘具细钝裂齿，稀全缘，密生具芳香气味的透明油点。单花腋生或数花簇生，稀总状花序；花两性或因发育不全趋于单性；花萼杯状，3-5 浅裂；花瓣 5，覆瓦状排列；雄蕊 20-25，少数多达 60；<u>子房 7-15 或更多</u>，<u>每室 4-8 胚珠或更多</u>，柱头大，花盘明显；具蜜腺。柑果，种子多数或无，单胚或多胚。花粉粒 4 (-5) 孔沟，穴状、网状纹饰。染色体 $2n$=18。

分布概况：20-25/11（3）种，（**7a**）**型**；原产亚洲东南部及南部，现热带及亚热带广为栽培；中国长江以南栽培。

系统学评述：柑橘属的界定存在争议，传统上较为广泛接受的是 Swingle 和 Reece 的分类系统[18]，该系统中柑橘属包括了 16 种。Mabberley[22]提出柑橘属除了包括 Swingle 和 Reece[18]分类系统的柑橘属和 *Clymenia*、*Eremocitrus*、*Fortunella*、*Microcitrus* 及 *Poncirus* 外，还应将 *Feroniella* 和 *Oxanthera* 并入柑橘属构成广义柑橘属（*Citrus s.l.*）。Bayer 等[10]对柑橘亚科下属的系统关系的研究表明广义柑橘属为单系类群，包括 2 支，其中一支包括产自新几内亚、澳大利亚、新喀里多尼亚、新爱尔兰的主要野生种类和传统上认为产自印度的香橼 *C. medica* Linneaus 和 *C. indica* Tanaka；另一支则包括了该属大多数具有重要经济价值的种类和栽培种类。Li[23]的研究表明 Swingle 和 Reece 分类系统的真正柑橘果树类为单系类群。Penjor 等[19]对柑橘属及其近缘属基于 *rbc*L 分子片段的分析结果不支持 Swingle 和 Reece 分类系统将 *Clymenia*、*Eremocitrus*、*Fortunella*、*Microcitrus* 和 *Poncirus* 从柑橘属中独立出来的观点。Penjor 等[20]对柑橘属及其近缘属基于 *mat*K 分子片段的分析表明，柑橘属的种类形成枸橼、柚、柑橘 3 支。

DNA 条形码研究：已报道的柑橘属植物 DNA 条形码有 *rpo*C1、*rpo*B、*mat*K、*rbc*L、*psbA-trn*H、*trn*G-S、*psbH-pet*B、*trn*L-F、*atp*F-H、*psb*K-I、ITS、ITS1、ITS2 和 *ycf*5，中国产柑橘属 11 种均有报道，其中 ITS、ITS1 和 ITS2 在柑橘属 Swingle 系统、Tanaka 系统材料鉴定中鉴别率最高，可用于柑橘属及其近缘属植物的 DNA 条形码研究[16,17,21,27,28]。BOLD 网站有该属 89 种 370 个条形码数据；GBOWS 已有 2 种 9 个条形码数据。

代表种及其用途：该属植物具有重要的经济价值，多数种类的果可食，如柚 *C.*

maxima (Burman) Merrill、柑橘 *C. reticulata* Blanco 等；一些种类可入药，如香橼，其果实干片有清香气，理气宽中，消胀降痰。

6. *Clausena* N. L. Burman 黄皮属

Clausena N. L. Burman (1768: 87); Zhang et al. (2008: 83) (Type: *C. excavata* N. L. Burman)

特征描述：乔木或灌木；小枝常兼有丛状短毛。叶互生，奇数羽状复叶，小叶两侧不对称。圆锥花序，花序轴常兼有丛状短毛，花两性；花萼 4 或 5 裂；花瓣 4 或 5；雄蕊 8 或 10，花丝顶端钻尖，下部常增粗；子房 4 或 5 室，每室胚珠 2，稀 1，中轴胎座，花柱短于子房。浆果，种子 1-4。种皮膜质，棕色，子叶深绿，平凸，多油点，胚茎被微柔毛。花粉粒 3 孔沟，细条纹-网状纹饰。染色体 2n=18，36。含多种倍半萜类和单萜类精油及生物碱，又含香豆素等。

分布概况：15-30/10（5）种，**4-1** 型；分布于东半球热带及亚热带地区；中国产长江以南，广东、广西、云南尤盛。

系统学评述：在传统的 Swingle 和 Reece 分类系统[18]中，黄皮属位于柑橘亚科黄皮族 Clauseneae 黄皮亚族 Clauseninae。Bayer 等[10]对柑橘亚科的系统关系进行研究，结果显示传统的黄皮亚族为非单系类群，包括黄皮属、山小橘属 *Glycosmis* 和九里香属 *Murraya* 这 3 个属，黄皮属与 *Bergera* 形成姐妹关系。

DNA 条形码研究：在已报道的黄皮属 ITS2、*psbA-trn*H、*rbc*L 和 *ycf*5 的序列 DNA 条形码中以 ITS2 在物种级水平鉴别率最高，鉴别率可达 92.7%，ITS2 的种间变异与种内变异存在极显著差异，推荐作为黄皮属的鉴定条码[16,17]。BOLD 网站有该属 14 种 24 个条形码数据；GBOWS 已有 3 种 21 个条形码数据。

代表种及其用途：该属部分种类鲜果可食，味道酸甜，其中黄皮 *C. lansium* (Loureiro) Skeels 为南方果品之一，其果除鲜食外还可盐渍或糖渍成凉果；一些种类可作草药，如假黄皮 *C. excavata* N. L. Burman 根、叶可入药，民族药中多有记载。

7. *Dictamnus* Linnaeus 白鲜属

Dictamnus Linnaeus (1753: 383); Zhang et al. (2008: 74) (Type: *D. albus* Linnaeus)

特征描述：草本，具浓烈特殊气味。叶互生，奇数羽状复叶，小叶对生，具透明油点。总状花序，花梗基部具苞片 1，花两性；萼片 5，基部合生；花瓣 5；雄蕊 10，花丝分离；心皮 5，每心皮胚珠 3 或 4，子房被粗硬毛，花柱线形，柱头略增粗。蓇葖果，成熟时裂为 5 分果瓣，分果瓣 2 瓣裂，顶部具尖长的喙，内具种子 2-3，内果皮近角质。种子近球形，胚直立，胚乳肉质，子叶增厚，胚根短。花粉粒 3 孔沟，网状纹饰。染色体 2n=30，36。

分布概况：1-5/1 种，**10** 型；分布于亚洲，欧洲；中国产西北至东北，向南至江西北部。

系统学评述：白鲜属传统上被置于芸香族，芸香族包括白鲜属、拟芸香属 *Haplophyllum* 和石椒草属等 7 属，白鲜属与芸香族其他属形成的单系分支关系较远，与花椒族 Zanthoxyleae 的臭常山属 *Orixa*，以及飞龙掌血族 Toddaliaeae 的茵芋属 *Skimmia* 关系较近[9]。白鲜属的种类不确定，可能是 *D. albus* Linnaeus 多态型的单个种[4]。

DNA 条形码研究： 已报道白鲜属 DNA 条形码 ITS2 和 *psb*A-*trn*H 序列信息，其中 ITS2 序列被用于鉴定药用植物，具有高的 PCR 扩增和测序成功率，其属内鉴别率高，种间变异与种内变异差异显著，可作为白鲜属的鉴定条码[17]。BOLD 网站有该属 4 种 14 个条形码数据；GBOWS 已有 1 种 15 个条形码数据。

代表种及其用途： 白鲜 *D. dasycarpus* Turczaninow 的根皮制干称为白鲜皮，可作中药，祛风除湿，清热解毒，杀虫，止痒，还可治疗风湿性关节炎、外伤出血、荨麻疹等。

8. *Glycosmis* Corrêa 山小橘属

Glycosmis Corrêa (1805: 384); Zhang et al. (2008: 80) [Type: *G. arborea* (Roxburgh) de Candolle (≡ *Limonia arvorea* Roxburgh)]

特征描述： 灌木或小乔木，<u>芽、有时嫩枝密被锈色短柔毛</u>。叶互生，<u>单小叶或小叶 2-7</u>，稀单叶，小叶互生，具油点。有限花序，花两性；萼片 4 或 5，基部合生；<u>花瓣 4 或 5</u>，<u>覆瓦状排列</u>；雄蕊 10，稀 8 或更少，花丝在药隔稍下增宽而扁平，稀线形，药隔顶部常具 1 油点；<u>子房 5 室</u>，稀 3 或 4，<u>每室胚珠 1</u>。浆果，半干质或富水液，含黏胶质液。种子 1-2，稀 3，种皮薄膜质，<u>子叶厚</u>，<u>肉质</u>，<u>平凸</u>，油点多，胚根短。花粉粒 3 孔沟，细条纹纹饰。染色体 2*n*=18，54，72。叶含精油，根及茎皮含多种生物碱。

分布概况： 约 50/11（2）种，**5（7a-e）** 型；分布于亚洲东部、南部及东南部，澳大利亚东北部；中国产南岭以南、云南南部及西藏东南部。

系统学评述： 山小橘属为单系类群，在传统的 Swingle 和 Reece 分类系统[18]中位于芸香科柑橘亚科黄皮族黄皮亚族。Bayer 等[10]对柑橘亚科属间的系统关系进行研究，结果表明黄皮亚族为非单系类群，黄皮亚族包括山小橘属、黄皮属和九里香属这 3 个属，山小橘属和小芸木属 *Micromelum*（小芸木亚族 Micromelinae）虽然被放置在不同的亚族，但这两个属的系统关系较近，形成姐妹关系。

DNA 条形码研究： 目前已报道中国山小橘属 DNA 条形码 ITS2、*psb*A-*trn*H、*rbc*L 和 *ycf*5 序列信息，其中 ITS2 在芸香科药用植物 DNA 条形码种级水平的鉴别率最高，可作为山小橘属的 DNA 鉴别条码，*psb*A-*trn*H 种间变异性次于 ITS2、*rbc*L 和 *ycf*5 序列的种间变异不明显[16,17]。BOLD 网站有该属 10 种 28 个条形码数据。

代表种及其用途： 海南山小橘 *G. montana* Pierre 果可鲜食，味道微甜。该属一些种类可作草药，如小花山小橘 *G. parviflora* (Sims) Little 的根行气消积、化痰止咳，叶可散瘀消肿。

9. *Haplophyllum* A. Jussieu 拟芸香属

Haplophyllum A. Jussieu (1825: 464), *nom. et orth. cons.*; Zhang et al. (2008: 73) [Type: *H. tuberculatum* (Forsskål) A. H. L. Jussieu (≡ *Ruta tuberculata* Forsskål)]

特征描述： 草本或灌木。茎基木质，具油点，分枝多。<u>单叶互生</u>，<u>全缘</u>。<u>聚伞花序</u>

顶生，稀单花顶生，花两性；萼片 5，基部合生；花瓣 5，全缘，覆瓦状排列；雄蕊 8 或 10，花丝中部以下增宽，被疏长毛，药隔顶端有 1 油点；子房 2-5 心皮，常 2-4 室，每室 2 胚珠。蓇葖果，成熟果裂为 2-5 分果瓣，每瓣种子 2。种子肾形或马蹄形，具网状纹，胚乳肉质，胚稍弯曲。花粉粒 3 孔沟，条纹-网状纹饰。染色体 $2n=18$。含精油、香豆素、喹啉类生物碱及多种木聚糖。

分布概况：约 65/3（1）种，**12 型**；分布于非洲北部，亚洲及欧洲南部；中国产西北及东北西部。

系统学评述：拟芸香属为单系类群，曾被 Engler[1] 置于芸香属 *Ruta* 下作为亚属，后提升为属[2]，Salvo 等[9] 的分子系统学研究亦支持拟芸香属作为独立的属，并与 *Cneoridium* 形成姐妹关系。关于拟芸香属的属下划分，普遍接受的是 Vvedensky[29] 根据心皮数目、果实开裂和胚珠数目将拟芸香属划分为 4 组，即 *Haplophyllum* sect. *Pegannoides*、*H.* sect. *Polyoon*、*H.* sect. *Oligoon* 和 *H.* sect. *Achaenococcum*，以及 Townsend[30] 根据植物的习性、花冠的颜色、果实开裂和胚珠数目划分为 3 组，即 *H.* sect. *Pegannoides*、*H.* sect. *Indehiscentes* 和 *H.* sect. *Haplophyllum*。Salvo 等[31] 采用 matK、trnK、*rpl*16 和 *trn*L-F 分子片段，结合形态学、生物地理学对拟芸香属 45 种的研究发现，拟芸香属内的一些种是非单系的，一些种的界定及属内系统关系仍有待进一步研究。

DNA 条形码研究：芸香科植物通用 DNA 条形码研究中报道了拟芸香属 7 种植物 DNA 条形码（ITS2 和 *rpo*C1）信息，其中 ITS2 的物种鉴别率较高，可作为拟芸香属的鉴别条码[16]。BOLD 网站有该属 44 种 110 个条形码数据；GBOWS 已有 1 种 8 个条形码数据。

代表种及其用途：北芸香 *H. dauricum* (Linnaeus) G. Don 作家畜的饲用植物。

10. *Harrisonia* R. Brown ex A. Jussieu 牛筋果属

Harrisonia R. Brown ex A. Jussieu (1825: 517), *nom. cons.*; Zhang et al. (2008: 98) (Type: *H. brownii* A. H. L. Jussieu)

特征描述：灌木，具刺，直立或攀援。1-3 小叶或奇数羽状复叶，叶轴具狭翅。总状花序或聚伞花序，花两性；花萼 4-5 裂；花瓣 4-5；雄蕊 8-10，为花瓣数 2 倍，花丝基部具小鳞片；花盘半球形或杯状；子房 4-5 室，每室 1 胚珠，花柱 4-5，合生，柱头头状，具 4-5 浅槽纹。果为浆果状，肉质，近球形，具小核 2-5。种子球形，单生，具少量胚乳。

分布概况：约 3/1 种，**4 型**；分布于热带非洲，亚洲东南部，印度-马来西亚和澳大利亚北部；中国产福建、广东和海南。

系统学评述：牛筋果属为单系类群，该属曾被置于苦木科[32] 和牛筋果科 Cneoraceae [FOC]，分子系统学研究将牛筋果科并入芸香科[APW]，牛筋果属被置于广义芸香科戟叶橄榄亚科。戟叶橄榄亚科为单系类群，与传统的芸香科（除 *Spathelia* 和 *Dictyoloma* 外）形成姐妹关系[5]。戟叶橄榄亚科分为旧热带属分支和新热带属分支，牛筋果属位于旧热带分支的牛筋果族分支，牛筋果族仅包括牛筋果属[8]。

DNA 条形码研究：BOLD 网站有该属 3 种 9 个条形码数据；GBOWS 已有 1 种 9 个条形码数据。

代表种及其用途：牛筋果 *H. perforate* (Blanco) Merrill 根可入药，清热解毒，具有一定的防治疟疾效果。

11. *Luvunga* R. Wight & Arnott 三叶藤橘属

Luvunga R. Wight & Arnott (1834: 90); Zhang et al. (2008: 88) [Type: *L. scandens* (Roxburgh) R. Wight (≡ *Limonia scandens* Roxburgh)]

特征描述：木质攀援藤本，常具腋生单刺。指状三出叶及单叶，小叶全缘或具细小裂齿。聚伞圆锥花序或总状花序，花两性；萼片 4-5，合生至中部，杯状；花瓣 4-5，具散生油点，覆瓦状排列；雄蕊 8 或 10，花丝分离或部分合生，花药线状或狭披针形；子房 2-4 室，每室 2 胚珠，子房具柄，柱头头状。浆果，圆形或椭圆形，果皮厚，果肉具黏液。种子卵形，皮膜质，具脉络，子叶平凸，等大，肉质，深绿色。花粉粒 4-5 孔沟，细穿孔状或颗粒状纹饰。含吡啉类、呋喃类香豆素及柠檬苦素。

分布概况：约 10/1 种，（**7a-c**）型；分布于亚洲南部及东南部；中国产广东、海南和云南。

系统学评述：分子系统学研究表明三叶藤橘属位于柑橘族分支[5]，在传统的 Swingle 和 Reece 分类系统[18]中位于芸香科柑橘亚科柑橘族 Triphasiinae 亚族，该亚族为非单系类群，包括三叶藤橘属、单叶藤橘属 *Paramignya* 等，三叶藤橘属与 *Pamburus* 形成姐妹关系[10]。

代表种及其用途：该属植物含吡啉类和呋喃类香豆素及柠檬苦素，其中三叶藤橘 *L. scandens* (Roxburgh) R. Wight & Arnott 叶含多种精油及倍半萜类，果含香豆素。

12. *Maclurodendron* T. G. Hartley 贡甲属

Maclurodendron T. G. Hartley (1982: 4); Zhang et al. (2008: 77) [Type: *M. porter* (J. D. Hooker) T. G. Hartley (≡ *Acronychia porter* J. D. Hooker)]

特征描述：常绿乔木。叶对生，单小叶。总状或聚伞圆锥状花序，单性花；萼片 4，基部合生；花瓣 4，覆瓦状排列；雄花雄蕊 8，花丝分离，两轮，外轮与花瓣互生，内轮与花瓣对生，具细小退化的雌蕊；雌花具退化的雄蕊，心皮 4，合生，子房 4 室，每室 2 胚珠。核果，外果皮肉质，内果皮软骨质，具 4 小核，每核 1 种子。种子卵圆形至肾形，胚乳丰富，胚直或稍弯曲，子叶圆至椭圆，子叶扁平。

分布概况：约 6/1 种，（**7ab**）型；分布于亚洲东南部；中国产广东和海南。

系统学评述：贡甲属在 Engler 系统[1]中置于芸香科飞龙掌血亚科飞龙掌血族。贡甲 *M. oligophlebium* (Merrill) T. G. Hartley 最早由 Merrill[33]发表并置于山油柑属，Hartley[34]认为山油柑属具两性花，贡甲属具单性花，并将贡甲从山油柑属转移至贡甲属，FOC 接受了 Hartley 的处理。

DNA 条形码研究：GBOWS 有该属 1 种 4 个条形码数据。

13. *Melicope* J. R. Forster & G. Forster 蜜茱萸属

Melicope J. R. Forster & G. Forster (1775: 28); Zhang et al. (2008: 70) (Type: *M. ternata* J. R. Forster & G. Forster). —— *Euodia* J. R. Forster & G. Forster (1775: 7)

特征描述：灌木或乔木。叶对生或轮生，单身复叶或掌状三出叶，具透明油点。聚伞花序或单花，花单性；萼片 4，基部合生；花瓣 4，镊合状或覆瓦状排列；雄蕊 4-8，在雌花中退化；雌蕊 4 心皮，在雄花中退化或缺失，子房基部合生，每室 1-2 胚珠。蓇葖果 1-4，基部合生，或蒴果，4 室，室背开裂。种皮褐黑或蓝黑，胚乳丰富，胚直或微弯，子叶椭圆，扁平，胚根短。染色体 $2n=12$，18，36。含多种精油、香豆素及生物碱。

分布概况：约 233/8（2）种，**5** 型；分布于亚洲东部、南部及东南部，澳大利亚，马斯克林群岛，马达加斯加和太平洋诸岛；中国产福建、浙江东南部、江西、广东、广西西南部、云南、西藏东南部、海南和台湾。

系统学评述：蜜茱萸属为非单系类群，传统上被置于 Engler 系统[1]芸香科芸香亚科花椒族吴茱萸亚族。Poon 等[12]的研究表明，蜜茱萸属与山油柑属的关系较近。Harbaugh 等[35]的分子系统学研究显示，夏威夷的特有属 *Platydesma* 嵌入蜜茱萸属中并与蜜茱萸属的夏威夷类群形成姐妹关系，Hartley[36]将蜜茱萸属属下划分的组 *Melicope* sect. *Pelea*、*M.* sect. *Lepta* 和 *M.* sect. *Melicope* 为单系类群，将广义吴茱萸属 *Evodia* 中具硬果皮的单叶或三叶的类群移至蜜茱萸属中。

DNA 条形码研究：在芸香科植物通用 DNA 条形码与药用植物条码研究中报道了蜜茱萸属多种植物的 ITS2、*psb*A-*trn*H 和 *rbc*L 序列信息，其中 ITS2 种级水平鉴别率最高，可作为蜜茱萸属的鉴别条码[16,17]。BOLD 网站有该属 8 种 26 个条形码数据；GBOWS 已有 4 种 59 个条形码数据。

代表种及其用途：三桠苦 *M. pteleifolia* (Champion ex Bentham) T. G. Hartley 具有重要的药用价值，根、叶、果均可作药，味苦、性寒，根、茎枝可作消暑清热剂。

14. *Micromelum* Blume 小芸木属

Micromelum Blume (1825: 137), *nom. cons.*; Zhang et al. (2008: 79) (Type: *M. pubescens* Blume)

特征描述：灌木，稀乔木；枝及叶柄常具油点。奇数羽状复叶，互生，小叶不对称，具透明油点。聚伞圆锥花序或伞房状聚伞花序，两性花；萼片 5，下部合生；花瓣 5，镊合状排列；雄蕊 10，花丝分离；子房常被毛，3-5 室，常扭转，每室 2 胚珠，柱头头状。浆果，含黏胶质液，具油点。种子 1-2，种皮膜质，子叶厚纸质，胚根长。花粉粒近长球形，3 孔沟，外壁具细条纹。染色体 $2n=18$。

分布概况：约 10/2 种，**5（7e）** 型；分布于亚洲南部及东南部，澳大利亚，太平洋诸岛；中国产西藏东南部、广东、广西、云南和海南。

系统学评述：小芸木属在 Swingle 和 Reece 分类系统[18]中位于芸香科柑橘亚科黄皮族小芸木亚族 Micromelinae，小芸木亚族仅包括小芸木属。Bayer 等[10]的研究显示小芸木属与山小橘属、黄皮属和 *Bergera* 聚成 1 支，并与山小橘属形成姐妹关系。

DNA 条形码研究：芸香科植物通用 DNA 条码研究中已报道了小芸木属 ITS2 序列信息，ITS2 在单一科属内鉴别率较高，可作为小芸木属的鉴别条码[16]。BOLD 网站有该属 3 种 5 个条形码数据；GBOWS 已有 3 种 15 个条形码数据。

代表种及其用途：该属植物具有重要的药用价值，其中大管 *M. falcatum* (Loureiro) Tanaka 根、叶可作中草药，具行气、散瘀、活血的功效，小芸木（原变种）*M. integerrimum* (Buchanan-Hamilton ex Candolle) Wight & Arnott ex Roemer var. *integerrimum* 的根、根皮具散瘀行气、止痛活血之功效。

15. *Murraya* J. G. Koening ex Linnaeus 九里香属

Murraya J. G. Koening ex Linnaeus (1771: 554), *nom.* et *orth. cons.*; Zhang et al. (2008: 85) (Type: *M. exotica* Linnaeus)

特征描述：灌木或小乔木，无刺。奇数羽状复叶，稀单小叶，小叶互生。伞房状聚伞花序；花萼 5，基部合生；花瓣 5，覆瓦状排列，具油点；雄蕊 8 或 10，花丝分离；花盘明显；子房 2-5 室，每室 2 胚珠，稀 1 胚珠，花柱纤细，柱头头状。浆果，具黏胶质液。种子 1-4，种皮光滑或具绢毛，子叶平凸，深绿色，具油点。花粉粒扁长-球形，3 孔沟，外壁具细条纹，条纹-蜂窝状纹饰。染色体 2n=18。含多种生物碱、香豆素，以及氧甲基取代的黄酮类化合物。

分布概况：约 12/9（5）种，（**7e**）型；分布于亚洲东部、南部及东南部，澳大利亚和太平洋诸岛；中国产西南至台湾。

系统学评述：广义九里香属为非单系类群，Tanaka[37]将其分为 2 组，即大花类群 *Murraya* sect. *Bergera* 和小花类群 *M.* sect. *Murraya*。Bayer 等[10]的研究支持大花类群组应从九里香属中独立出来成为 *Bergera* 保留在黄皮族黄皮亚族，与黄皮属形成姐妹关系，小花类群组作为狭义九里香属 *Murraya s.s.* 与 *Merrillia* 形成姐妹关系，共同置于 Merrilliinae 亚族并转移至柑橘族。FRPS 则保留组的等级。

DNA 条形码研究：在已报道的九里香属植物 ITS2、*psb*A-*trn*H、*rbc*L、*mat*K、*rpo*C1 和 *ycf*5 条码中 ITS2 在种级水平鉴别率最高，可作九里香属鉴别条码[16,17]。此外，*mat*K+ITS+*trn*G-S 组合和 *mat*K+ITS 组合鉴别率也较高，种级水平鉴别率分别可达 83.1% 和 81.4%[21]。BOLD 网站有该属 7 种 48 个条形码数据；GBOWS 已有 3 种 11 个条形码数据。

代表种及其用途：该属一些种类具有重要的药用价值，如千里香 *M. paniculata* (Linnaeus) Jack 根、叶可作药，通经络，行气，活血，散瘀，止痛，镇惊，消肿，解毒。调料九里香 *M. koenigii* (Linnaeus) Sprengl 鲜叶具香气，印度和斯里兰卡居民用其叶作咖啡调料。九里香 *M. exotica* Linnaeus 可作绿篱、园林植物。

16. *Orixa* Thunberg 臭常山属

Orixa Thunberg (1783: 56); Zhang et al. (2008: 66) (Type: *O. japonica* Thunberg)

特征描述：落叶灌木或小乔木，具顶芽。单叶互生，具油点。花单性，雌雄异株；雄花总状花序下垂，具膜质苞片，萼片 4，花瓣 4，覆瓦状排列，雄蕊 4，花丝分离；雌花单生或有限花序，心皮 4，每心皮 1 胚珠。蓇葖果，成熟果裂为 4 分果瓣，外果皮硬壳质，具横向肋纹，内果皮软骨质，具种子 1。种子近圆球形，具肉质胚乳。染色体 2*n*=40。含香豆素及喹啉类生物碱。

分布概况：约 1/1 种，**14JS** 型；分布于东亚；中国产华东经华中至四川。

系统学评述：臭常山属为单系类群，在 Engler 系统[1]中置于芸香亚科，仅臭常山 *O. japonica* Thunberg 1 种。Poon 等[12]利用分子生物学、形态学、生物化学证据对芸香亚科和飞龙掌血亚科的分析结果表明，臭常山属与茵芋属、香肉果属 *Casimiroa* 系统关系较近。

DNA 条形码研究：BOLD 网站有该属 1 种 2 个条形码数据；GBOWS 已有 1 种 3 个条形码数据。

代表种及其用途：臭常山其根、茎可入药，清热利湿、镇痛、催吐，还可治胃气痛、风湿关节痛等。

17. *Paramignya* R. Wight 单叶藤橘属

Paramignya R. Wight (1831: 108); Zhang et al. (2008: 88) (Type: *P. monophylla* R. Wight)

特征描述：木质藤本，具弯钩状刺。单小叶或单叶，全缘，具油点。花单生或数花簇生，花两性；萼片 4-5，合生至中部；花瓣 4-5，覆瓦状排列；雄蕊 8-10，花丝分离，花药长椭圆形；花盘伸长；子房具短柄，3-5 室，每室 1-2 胚珠。浆果，近球形或卵形，果皮厚，密生油点，果有黏胶质液，无汁胞。种子 1-5，两侧压扁，种皮膜质，子叶肉质，平凸。花粉粒近长球形，4-5 孔沟，外壁具细条纹或细皱状纹饰。

分布概况：约 15/1 种，**5（7a-c）**型；分布于亚洲南部及东南部，澳大利亚北部；中国产广东、广西、海南和云南南部。

系统学评述：单叶藤橘属在 Swingle 和 Reece 的分类系统[18]中位于芸香科柑橘亚科柑橘族 Triphasiinae 亚族，该亚族包括三叶藤橘属、单叶藤橘属等 8 属。Bayer 等[10]的研究表明 Triphasiinae 亚族为非单系类群，单叶藤橘分支与 *Luvunga+Pamburus* 分支形成姐妹关系。

DNA 条形码研究：BOLD 网站有该属 2 种 4 个条形码数据；GBOWS 已有 1 种 3 个条形码数据。

18. *Phellodendron* Ruprecht 黄檗属

Phellodendron Ruprecht (1857: 353); Zhang et al. (2008: 75) (Type: *P. amurense* Ruprecht)

特征描述：落叶乔木，树皮纵裂；枝具散生小皮孔。叶对生，奇数羽状复叶，叶缘常具锯齿，齿缝具油点。圆锥状聚伞花序，花单性，雌雄异株；花萼 5，基部合生；花瓣 5，覆瓦状排列；雄蕊 5，花丝基部两侧或腹面常被长柔毛，退化雌蕊短小，5 叉裂；心皮 5，子房 5 室，每室 2 胚珠。核果，具黏胶质液，近球形，具小核 4-10。种子卵状椭圆形，子叶扁平，胚直立。花粉粒长球形，3 孔沟，外壁条纹状。染色体 $2n=76$，78，80。含多种生物碱、柠檬苦素、黄酮类化合物及以月桂烯为主的精油。

分布概况：2-4/2（1）种，**14SJ 型**；分布于亚洲东部及东南部；中国主产东北至西南，东南至台湾。

系统学评述：黄檗属为单系类群，在 Engler 系统[1]中放置在飞龙掌血亚科飞龙掌血族黄檗亚族，Poon 等[12]对芸香亚科和飞龙掌血亚科的分支分析结果显示，黄檗属与四数花属 *Tetradium* 关系较近。

DNA 条形码研究：已报道的中国黄檗属 2 种植物 DNA 条形码（ITS2、*psb*A-*trn*H、*rbc*L、*rpo*C1 和 *ycf*5）信息，ITS2 种级水平鉴别率可达 92.7%，可作为黄檗属鉴别条码，*rbc*L、*rpo*L 和 *ycf*5 种间变异偏小[16,17]。BOLD 网站有该属 3 种 12 个条形码数据；GBOWS 已有 3 种 45 个条形码数据。

代表种及其用途：该属国产种类树皮可入药，还可作黄色染料，如黄檗 *P. amurense* Ruprecht 树皮内层炮制后称为黄檗，可入药，清热解毒，泻火燥湿。

19. *Psilopeganum* Hemsley 裸芸香属

Psilopeganum Hemsley (1886: 103); Zhang et al. (2008: 74) (Type: *P. sinense* Hemsley)

特征描述：草本；枝纤细，绿色。叶互生，指状三出叶，具油点。单花，花两性；萼片 4；花瓣 4 或 5；雄蕊 8 或 10，花丝分离，花药纵裂，背着；心皮 2，近顶部离生，每心皮 4 胚珠，花柱贴合。蓇葖果，顶端小孔开裂，果皮近膜质，每分果瓣具种子 3-4。种子肾形，细小，具细小瘤状凸起，胚乳肉质。

分布概况：约 1/1（1）种，**15 型**；特产中国湖北西部、贵州东北部、四川东部及东南部。

系统学评述：裸芸香属在 Engler 系统[1]中置于芸香科芸香亚科芸香族，芸香族包括石椒草属、裸芸香属、拟芸香属等 7 属，Salvo 等[9]的分子系统学研究显示芸香族为非单系类群。

代表种及其用途：裸芸香 *P. sinense* Hemsley 为中国特有种，可作香料原料植物；果可作草药。

20. *Skimmia* Thunberg 茵芋属

Skimmia Thunberg (1783: 57); Zhang et al. (2008: 77) (Type: *S. japonica* Thunberg)

特征描述：常绿灌木或小乔木；枝的皮层光滑且厚。单叶互生，全缘，具透明油点。有限花序，花单性或杂性；萼片 4-5，基部合生；花瓣 4-5，覆瓦状排列，具油点；雄蕊 4-5，花丝分离；雌花的退化雄蕊比子房短；雄花的退化雌蕊棒状或垫状；杂性花雄蕊具早熟性；子房 2-5 室，每室 1 胚珠。核果，具浆汁液，小核 2-5，稀 1。种子扁卵形，种皮薄革质，胚乳肉质，子叶扁平，胚根短。花粉粒球形至长球形，（3-）4-6（-7）孔沟，外壁条纹状至条纹-网状纹饰。染色体 $2n=30$，32，60。含多种生物碱、精油、香豆素及脂肪油。

分布概况：5-6/5（1）种，**14** 型；分布于亚洲东部、南部及东南部；中国产西南、华南和东南。

系统学评述：茵芋属为单系类群，在 Engler 系统[1]中被置于飞龙掌血亚科飞龙掌血族飞龙掌血亚族 Toddalinae。Poon 等[12]对芸香亚科和飞龙掌血亚科的支序分析结果显示，茵芋属与香肉果属聚成 1 支，Groppo 等[7]对芸香科的分子系统学研究与 Poon 等的结果相似，茵芋属与白鲜属、香肉果属共同形成 1 支。

DNA 条形码研究：芸香科的 DNA 条码研究中报道了茵芋属 *rbc*L 序列信息，种间变异不明显，种级水平鉴别率仅为 40%[16]。BOLD 网站有该属 4 种 7 个条形码数据；GBOWS 已有 2 种 22 个条形码数据。

代表种及其用途：该属一些种类具有重要的药用价值，其中茵芋 *S. reevesiana* (Forttune) Fortune 茎叶有毒，可祛风胜湿，多脉茵芋 *S. multinervia* Huang 可作兽药。

21. *Tetradium* Loureiro 四数花属

Tetradium Loureiro (1790: 92); Zhang et al. (2008: 66) (Type: *T. trichotomum* Loureiro)

特征描述：乔木或灌木。叶对生，奇数羽状复叶。聚伞圆锥状花序，花单性；花萼 4 或 5，基部合生；花瓣 4 或 5，覆瓦状排列；雄的雄蕊 4 或 5，分离，具退化的雌蕊；雌花具退化雄蕊，心皮 4 或 5，子房基部合生，每室 1 或 2 胚珠。蓇葖果，每分果瓣种子 1 或 2。种子圆珠形或卵珠形，胚乳丰富，胚直，子叶椭圆。染色体 $2n$=36，72，76，78，80。含挥发油及生物碱。

分布概况：约 9/7（1）种，**14** 型；分布于亚洲东部、南部及东南部；中国产华中及西南。

系统学评述：分子系统学研究表明四数花属与黄檗属、飞龙掌血属 *Toddalia*、花椒属 *Zanthoxylum* 聚成 1 支，其中与黄檗属形成姐妹关系，而与蜜茱萸属和吴茱萸属关系较远[12]。Hartley[36,38]认为广义吴茱萸属中的种类应分别归于吴茱萸属、四数花属、蜜茱萸属，恢复四数花属并将广义吴茱萸属中羽状复叶产自亚太地区东南部的类群移至四数花属。

DNA 条形码研究：已报道的国产四数花属 DNA 条形码有 ITS2、*psb*A-*trn*H、*rbc*L、*mat*K、*rpo*C1 和 *ycf*5，其中 ITS2 在种级水平鉴别率最高，可作为四数花属鉴别条码，*psb*A-*trn*H 仅次于 ITS2，可作为备选的鉴别条码[16]。BOLD 网站有该属 2 种 8 个条形码数据；GBOWS 已有 6 种 53 个条形码数据。

代表种及其用途：该属一些种类可作中药植物，如吴茱萸 *T. ruticarpum* (A. Jussieu) T. G. Hartley 的嫩果炮制晾干为中药吴茱萸，可作苦味健胃剂和镇痛剂，还可作驱蛔虫药。

22. *Toddalia* Jussieu 飞龙掌血属

Toddalia Jussieu (1789: 371); Zhang et al. (2008: 75) [Type: *T. asiatica* (Linnaeus) Lamarck (≡ *Paullinia asiatica* Linnaeus)]

特征描述：木质攀援藤本；枝干具钩刺。叶互生，指状三出叶，具油点。伞房状聚伞花序或圆锥花序，花单性；萼片 4-5，基部合生；花瓣 4-5，镊合状排列；雄花的雄蕊 4-5，具短棒状退化雌蕊；雌花具短小退化雄蕊，心皮 4-5，合生，子房 4-5室，每室 2 胚珠。核果，近球形，具黏胶质液，具 4-8 分核。种子肾形，种皮脆骨质，胚乳肉质，胚弯曲，子叶线形或长圆形。染色体 $2n=36$，72。含多种生物碱、香豆素及精油。

分布概况：约 1/1 种，**6** 型；分布于非洲，亚洲东部、南部及东南部；中国产秦岭南坡。

系统学评述：飞龙掌血属为单系类群，在 Engler 系统[1]中置于飞龙掌血亚科飞龙掌血族。分子系统学研究表明飞龙掌血属与花椒属互为姐妹群[5,7,12]。关于该属下的种类多认为有 1 种，亦有认为 6-8 种，或 25 种[FRPS]。

DNA 条形码研究：已报道的飞龙掌血属 DNA 条形码有 *rbc*L、*mat*K、*trn*H 和 ITS，虽然 ITS（67.2%）在陆地植物种级水平鉴别率高于 ITS2（54.6%），但是 ITS2 在芸香科植物中鉴别率可达 89.3%，ITS2 比 ITS 更短更易比对，故推荐 ITS2 作为飞龙掌血属的鉴定条码[16,39]。BOLD 网站有该属 3 种 23 个条形码数据；GBOWS 已有 1 种 32 个条形码数据。

代表种及其用途：国产飞龙掌血 *T. asiatica* (Linnaeus) Lamarck 1 种，全株可作草药；更有桂林一带用其茎枝制作烟斗。

23. *Zanthoxylum* Linnaeus 花椒属

Zanthoxylum Linnaeus (1753: 270); Zhang et al. (2008: 53) (Lectotype: *Z. clava-herculis* Linnaeus)

特征描述：乔木，或灌木，或木质藤本；枝具皮刺或无刺。叶互生，奇数羽状复叶，稀单或 3 小叶，小叶全缘或具小裂齿，齿缝常具油点。圆锥或伞房状聚伞花序，花单性；若花被片 1 轮，则 4-8，无萼瓣之分；若花被片 2 轮，外轮花萼 4-5，内轮花瓣 4-5；雄花的雄蕊 4-10，具退化雌蕊；雌花 2-5 心皮，每心皮 2 胚珠，无退化雄蕊。蓇葖果，每分果瓣种子 1，稀 2。种子褐黑色，胚乳肉质，胚直立或弯生，子叶扁平，胚根短。花粉粒 3 孔沟，粗网状、条纹状或条纹-皱状纹饰。染色体 $2n=32$，36，64，66，68，70，72，136。含挥发性油、脂肪油、生物碱及香豆素。

分布概况：200-250/41（25），**2** 型；分布于亚洲，非洲，大洋洲，北美的热带和亚热带，温带较少；中国南北均产。

系统学评述：花椒属在 Engler 系统[1]中被置于芸香科芸香亚科花椒族。Groppo 等[5]的分子系统学研究表明，花椒属位于芸香亚科和飞龙掌血亚科混合支旧世界大洋洲分支，花椒属与飞龙掌血亚科的飞龙掌血属关系较近[5,7,12]。广义花椒属包括花椒亚属 *Zanthoxylum* subgen. *Zanthoxylum* 和崖椒亚属 *Z.* subgen. *Fagara*。花椒亚属和崖椒亚属的系统位置一直是争论的焦点。Linnaeus[40]依据花被片有无萼瓣之分将花椒属划分为崖椒属 *Fagara* 和狭义花椒属，少数学者支持此观点[41,42]，而多数学者认为应当作 2 个亚属处理，共同构成广义花椒属[43-47]。

DNA 条形码研究：已报道的花椒属植物 DNA 条形码有 ITS、ITS1、ITS2、*rbc*L、*psb*A-*trn*H、*mat*K、*rpo*C1 和 *ycf*5，其中 ITS2 在芸香科植物中种级水平鉴别率可达 89.3%，且具有种间变异较大、种内变异较小、较好的 PCR 扩增和测序成功率，可作为花椒属的鉴别条码[16,17,48,49]。BOLD 网站有该属 25 种 73 个条形码数据；GBOWS 已有 22 种 239 个条形码数据。

代表种及其用途：该属植物枝叶及果皮含挥发油，种子含脂肪油，根及茎皮、果及种子含生物碱和香豆素。两面针 *Z. nitidum* (Roxburgh) de Candolle 具有重要药用价值，有微毒，其根、茎、叶可入药，散瘀活络、祛风解毒；叶和果皮可提炼芳香油。花椒 *Z. bungeanum* Maximowicz 及竹叶花椒 *Z. armatum* de Candolle 可作食物调料及芳香性防腐剂。

主要参考文献

[1] Engler A. Die natürlichen pflanzenfamilie, 19a[M]. Leipzig: W. Engelmann, 1931: 187-359.

[2] Da silva MFGF, et al. Chemosystematics of the Rutaceae: suggestions for a more natural taxonomy and evolutionary interpretation of their family[J]. Plant Syst Evol, 1988, 161: 97-134.

[3] Fay MF, et al. Familial relationships of *Rhabdodendron* (Rhabdodendraceae): plastid *rbc*L sequences indicate a caryophyllid placement[J]. Kew Bull, 1997, 52: 923-932.

[4] Kubitzki K, et al. Rutaceae[M]//Kubitzki K. The families and genera of vascular plants, V. Berlin: Springer, 2011: 276-356.

[5] Groppo M, et al. Chilean *Pitavia* more closely related to Oceania and Old World Rutaceae than to Neotropical groups: evidence from two cpDNA non-coding regions, with a new subfamilial classification of the family[J]. PhytoKeys, 2012, 19: 9-29.

[6] Chase MW, et al. Phylogenetic relationships of Rutaceae: a cladistic analysis of the subfamilies using evidence from RBC and ATP sequence variation[J]. Am J Bot, 1999, 86: 1191-1199.

[7] Groppo M, et al. Phylogeny of Rutaceae based on two noncoding regions from cpDNA[J]. Am J Bot, 2008, 95: 985-1005.

[8] Appelhans MS, et al. Phylogeny, evolutionary trends and classification of the *Spathelia-Ptaeroxylon* clade: morphological and molecular insights[J]. Ann Bot, 2011, 107: 1259-1277.

[9] Salvo G, et al. Phylogenetic relationships of Ruteae (Rutaceae): new evidence from the chloroplast genome and comparisons with non-molecular data[J]. Mol Phylogenet Evol, 2008, 49: 736-748.

[10] Bayer RJ, et al. A molecular phylogeny of the orange subfamily (Rutaceae: Aurantioideae) using nine cpDNA sequences[J]. Am J Bot, 2009, 96: 668-685.

[11] Bayly MJ, et al. Major clades of Australasian Rutoideae (Rutaceae) based on *rbc*L and *atp*B sequences[J]. PLoS One, 2013, 8: e72493.

[12] Poon WS, et al. Congruence of molecular, morphological, and biochemical profiles in Rutaceae: a cladistic analysis of the subfamilies Rutoideae and Toddalioideae[J]. Syst Bot, 2007, 32: 837-846.

[13] Mueller FJH von. Fragmenta phytographiæ Australiæ, V[M]. Coloniæ Victoriæ: ex Offcina Joannis Ferres, 1866.

[14] Engler A, Prantl K. Die natürlichen pflanzenfamilien, III[M]. Leipzig: W. Engelmann, 1896.

[15] Hartley TG. Five new rain forest genera of Australasian Rutaceae[J]. Adansonia, 1997, 19: 189-212.

[16] Luo K, et al. Assessment of candidate plant DNA barcodes using the Rutaceae family[J]. Science China Life Sciences, 2010, 53: 701-708.

[17] Chen S, et al. Validation of the ITS2 region as a novel DNA barcode for identifying medicinal plant species[J]. PloS One, 2010, 5: e8613.

[18]   Swingle WT, Reece PC. The botany of *Citrus* and its wild relatives[M]//Reuther W, et al. The *Citrus* industry, Vol. 1. 2nd ed. Berkeley: University of California, 1967: 190-430.

[19]   Penjor T, et al. Phylogenetic relationships of *Citrus* and its relatives based on *rbc*L gene sequences[J]. Tree Genet Genomes, 2010, 6: 931-939.

[20]   Penjor T, et al. Phylogenetic relationships of *Citrus* and its relatives based on *mat*K gene sequences[J]. PLoS One, 2013, 8: e62574.

[21]   于杰. 柑橘及其近缘属植物 DNA 条形码研制及其物种的鉴定研究[D]. 重庆: 西南大学博士学位论文, 2011.

[22]   Mabberley DJ. *Citrus* reunited[J]. Austral Plant, 2000, 21: 52-55.

[23]   李小孟. 柑橘及其近缘属植物的分子进化与栽培柑橘的起源研究[D]. 重庆: 西南大学博士学位论文, 2010.

[24]   Linneaus C. Species plantarum[J]. Stockholm: Laurentius Salvius, 1753.

[25]   Tanaka T. Citologia: semi-centennial commemoration papers on *Citrus* studies[M]. Osaka: Citologia Supporting Foundation, 1961.

[26]   庞晓明. 用分子标记研究柑橘属及其近缘属植物的亲缘关系和枳的遗传多样性[D]. 武汉: 华中农业大学博士学位论文, 2002.

[27]   Kress WJ, Erickson DL. A two-locus global DNA barcode for land plants: the coding *rbc*L gene complements the non-coding *trn*H-*psb*A spacer region[J]. PLoS One, 2007, 2: e508.

[28]   Hollingsworth PM, et al. A DNA barcode for land plants[J]. Proc Natl Acad Sci USA, 2009, 106: 12794-12797.

[29]   Vvedensky A. *Haplophyllum*[M]//Komarov VL. Flora of the U. R. S. S. Moscow and Leningrad: Academiae Scientiarum URSS, 1949: 200-227.

[30]   Townsend CC. Taxonomic revision of the genus *Haplophyllum* (Rutaceae)[M]//Hooker's Icones Plantarum, Vol. XL, Parts I, II and III. Kent: Bentham-Moxon Trustees, 1986.

[31]   Salvo G, et al. Phylogeny, morphology, and biogeography of *Haplophyllum* (Rutaceae), a species-rich genus of the Irano-Turanian floristic region[J]. Taxon, 2011, 60: 513-527.

[32]   Nooteboom HP. Simaroubaceae[M]//van Steenis CGGJ. Flora Malesiana, Series 1, Vol. 6. Groningen: Wolters-Noordhoff Publishing, 1962, 6: 193-226.

[33]   Merrill ED. Diagnoses of Hainan piants, II[J]. Philipp J Sci, 1923, 23: 237-268.

[34]   Hartley TG. *Maclurodendron*: A new genus of Rutaceae from Southeast Asia[J]. Gard Bull Singapore, 1982, 35: 1-19.

[35]   Harbaugh DT, et al. The Hawaiian Archipelago is a stepping stone for dispersal in the Pacific: an example from the plant genus *Melicope* (Rutaceae)[J]. J Biogeogr, 2009, 36: 230-241.

[36]   Hartley TG. On the taxonomy and biogeography of *Euodia* and *Melicope* (Rutaceae)[J]. Allertonia, 2001, 8: 1-341.

[37]   Tanaka T. Rutaceae-Aurantioideae[J]. Blumea, 1936, 11: 101-110.

[38]   Hartley TG. A revision of the genus *Tetradium* (Rutaceae)[J]. Gard Bull Singapore, 1981, 34: 91-131.

[39]   Li DZ, et al. Comparative analysis of a large dataset indicates that internal transcribed spacer (ITS) should be incorporated into the core barcode for seed plants[J]. Proc Natl Acad Sci USA, 2011, 108: 19641-19646.

[40]   Linnaeus CA. Systema Naturae, Vol. 2. 10th ed.[M]. Stockholm: Impensis Laurentii Salvii, 1759.

[41]   Exell A, et al. Rutaceae[M]//Exell AW, Wild H. Flora Zambesiaca, Vol. 2. London: Crown Agents, 1963: 183-190.

[42]   Albuquerque de Byron WP. Contribuizuo an estudo da Nervazao foliar de plantas da flora Amazonica-Genro Fagara (Rutaceae)[J]. Botanica, 1969, 33: 1-74.

[43]   Saunders ER. On carpel morphology IV[J]. Ann Bot, 1934, 48: 643-692.

[44]   Hartley TG. A revision of the Malesian species of *Zanthoxylum* (Rutaceae)[J]. J Arnold Arbor, 1966, 47: 171-221.

[45]   屠治本. 花椒属植物生物碱与其两个亚属合并问题[J]. 植物研究, 1985, 5: 61-69.

[46] Beurton C. Gynoecium and perianth in *Zanthoxylum s.l.* (Rutaceae)[J]. Plant Syst Evol, 1994，189: 165-191.

[47] 曹明, 等. 中国花椒属 (广义) 叶结构研究[J]. 广西植物, 2009, 29: 163-170.

[48] Kress WJ, et al. Plant DNA barcodes and a community phylogeny of a tropical forest dynamics plot in Panama[J]. Proc Natl Acad Sci USA, 2009, 106: 18621-18626.

[49] Sun YL, et al. Ribosomal DNA internal transcribed spacer 1 and internal transcribed spacer 2 regions as targets for molecular identification of medically important *Zanthoxylum schinifolium*[J]. Afr J Biotech, 2010, 9: 4661-4673.

Simaroubaceae de Candolle (1811), *nom. cons.* 苦木科

特征描述：乔木或灌木。<u>树皮通常有苦味</u>。叶互生，羽状复叶或单叶，极少三小叶。花序腋生或顶生，成总状、圆锥状或聚伞花序，或簇生于叶腋；花辐射对称，单性或杂性；萼片 3-5；花瓣 4-5（8），分离；花盘环状或杯状；<u>雄蕊 4-10（18），花丝分离</u>，<u>通常在基部有 1 鳞片</u>；<u>子房 2-5 心皮</u>，<u>分离或基部合生</u>，每室 1 胚珠，<u>花柱 2-5，分离或多少结合</u>，柱头头状。<u>翅果</u>、<u>核果或蒴果</u>，<u>一般不开裂</u>。花粉粒 3 沟、3 带状孔沟，外壁纹饰多为网状、疣状，也具条纹状。染色体 2n=16-26，26，32，64。富含三萜类苦木苦味素。

分布概况：22 属/约 109 种，分布于热带及亚热带；中国 3 属/10 种，产长江以南，少数至华北及东北。

系统学评述：广义的苦木科曾包含 6 亚科[1]，分子系统学研究显示广义的苦木科为多系类群[2-3]，除 *Harrisonia* 外，苦木亚科 Simarouboideae 的其他成员全部聚为 1 支[2]。综合分子系统学和形态学的研究结果，Fernando 和 Quinn[4]将苦木亚科处理成狭义的苦木科 Simaroubaceae *s.s.*。最新分子系统学研究表明狭义的苦木科为单系类群[5-7]，其中苦木属 *Picrasma*、*Holacantha* 和 *Castela* 构成苦木科余下种类的姐妹群；*Leitneria* 与鸦胆子属 *Brucea* 和 *Soulamea* 构成姐妹群。单型属 *Amaroria* 被认为是 *Soulamea* 的

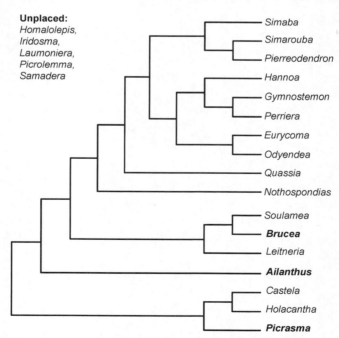

图 142　苦木科分子系统框架图（参考 Clayton 等[5,7]; Clayton[6]）

成员[8]，这也部分得到分子系统学的支持（*Amaroria* 的种类嵌入到 *Soulamea* 中）[5]。Nooteboom[8]界定的广义的 *Quassia* 包含其他 6 个属的成员，但目前分子系统学研究结果不支持广义的 *Quassia*，该属目前仅包含 *Q. amara* Linnaeus 和 *Q. africana* (Baillon) Baillon [5]。

分属检索表

1. 果为翅果，扁平，长椭圆形 ·· **1. 臭椿属** *Ailanthus*
1. 果为核果，卵形、长卵形或卵珠形
  2. 核果无宿存萼片；小叶背面或两面被柔毛 ·············· **2. 鸦胆子属** *Brucea*
  2. 核果具宿存萼片；小叶两面无毛或仅幼时背面脉上有柔毛 ·············· **3. 苦木属** *Picrasma*

1. *Ailanthus* Desfontaines 臭椿属

Ailanthus Desfontaines (1788: 265), *nom. cons.*; Peng & Thomas (2008: 100) (Type: *A. glandulosa* Desfontaines)

特征描述：大乔木。叶互生，奇数或偶数羽状复叶，<u>小叶基部偏斜</u>，<u>有的基部两侧各有 1-2 大锯齿，锯齿尖端的背面有腺体</u>。花杂性或单性，雌雄同株或异株；<u>圆锥花序生于枝顶的叶腋</u>；萼片 5，覆瓦状排列；花瓣 5，镊合状排列；花盘 10 裂；雄蕊 10，着生于花盘基部；2-5 心皮分离或仅基部稍结合，每室有胚珠 1，花柱 2-5，分离或结合。<u>翅果长椭圆形，种子 1 生于翅的中央</u>。花粉粒 3（拟）孔沟、皱状、网状或条纹状纹饰。染色体 $2n=64$。

分布概况：10/6（5）种，**5 型**；分布于亚洲至大洋洲北部；中国除东北外，南北均产。

系统学评述：分子系统学研究显示臭椿属为单系类群[7]，该属曾被认为是苦木科的基部类群[2-3]，但最新的分子系统学研究显示苦木属、*Holacantha* 和 *Castela* 共同构成苦木科的基部类群，这 3 个属与臭椿属具有较近的亲缘关系[5-7]。

DNA 条形码研究：BOLD 网站有该属 7 种 32 个条形码数据；GBOWS 已有 2 种 8 个条形码数据。

代表种及其用途：臭椿 *A. altissima* (Miller) Swingle 可作园林风景树和行道树，世界各地广为栽培。

2. *Brucea* J. F. Miller 鸦胆子属

Brucea J. F. Miller (1779: 25), *nom. cons.*; Peng & Thomas (2008: 103) (Type: *B. antidysenterica* J. F. Miller)

特征描述：灌木或小乔木。<u>根皮及茎皮有苦味</u>。<u>奇数羽状复叶有小叶 3-5，叶背二级脉周围有腺点</u>。花单性，很少两性，雌雄同株或异株；<u>聚伞圆锥花序腋生</u>；萼片 4，基部连合；花瓣 4，分离，覆瓦状排列；花盘肉质，4 裂；雄蕊 4，有短花丝，着生于花盘外缘裂片间；心皮 4，分离，每心皮有胚珠 1。<u>核果坚硬，带肉质</u>。<u>种子无胚乳</u>。花粉粒 3 孔沟，条纹状、网状纹饰。染色体 $2n=24$，50。

分布概况：约 6/2 种，**4** 型；分布于非洲和亚洲热带，大洋洲北部；中国产东南、华南和西南。

系统学评述：Clayton 等[5]的分子系统学研究表明鸦胆子属可能为单系类群，与 *Soulamea*（包含 *Amaroria*）构成姐妹关系。

DNA 条形码研究：BOLD 网站有该属 6 种 27 个条形码数据；GBOWS 已有 1 种 7 个条形码数据。

代表种及其用途：鸦胆子 *B. javanica* (Linnaeus) Merrill 的种子作药用，有清热解毒、止痢疾等功效。

3. *Picrasma* Blume 苦木属

Picrasma Blume (1825: 274); Peng & Thomas (2008: 102) (Type: *P. javanica* Blume)

特征描述：小乔木或灌木。全株有苦味。奇数羽状复叶，小叶柄基部和叶柄基部常膨大成节，小叶无腺点。聚伞圆锥花序腋生；花单性或杂性，雌雄异株或同株；花萼 4（5），分离或仅下半部结合，宿存；花瓣 4（5），镊合状排列；雄蕊 4（5），花丝无附属物；心皮 2-5，分离，花柱基部合生，上部分离，每心皮有胚珠 1。核果，外果皮薄，肉质。花粉粒 3（-4）孔沟，网状纹饰。染色体 $2n=24$。

分布概况：约 9/2（1）种，**3** 型；分布于美洲，亚洲的热带和亚热带；中国产华南、西南、华中和华北。

系统学评述：最新系统学研究表明苦木属与 *Holacantha* 和 *Castela* 构成姐妹群[5-7]。

DNA 条形码研究：BOLD 网站有该属 5 种 16 个条形码数据；GBOWS 已有 2 种 14 个条形码数据。

代表种及其用途：苦树 *P. quassioides* (D. Don) Bennett 根、茎、叶及树皮可药用。

主要参考文献

[1] Engler A. Simarubaceae[M]//Engler A, Prantl K. Die natürlichen planzenfamilien Vol. 19. 2nd ed. Leipzig: W. Engelmann, 1931: 359-405.

[2] Fernando ES, et al. Simaroubaceae, an artificial construct: evidence from *rbc*L sequence variation[J]. Am J Bot, 1995, 82: 92-103.

[3] Gadek PA, et al. Sapindales: molecular delimitation and infraordinal groups[J]. Am J Bot, 1996, 83: 802-811.

[4] Fernando ES, Quinn CJ. Picramniaceae, a new family, and a recircumscription of Simaroubaceae[J]. Taxon, 1995, 44: 177-181.

[5] Clayton JW, et al. Molecular phylogeny of the tree-of-heaven family (Simaroubaceae) based on chloroplast and nuclear markers[J]. Int J Plant Sci, 2007, 168: 1325-1339.

[6] Clayton JW. Evolutionary history of Simaroubaceae (Sapindales): systematics, biogeography and diversification[D]. PhD thesis. Gainesville, Florida: University of Florida, 2008.

[7] Clayton JW, et al. Recent long-distance dispersal overshadows ancient biogeographical patterns in a pantropical angiosperm family (Simaroubaceae, Sapindales)[J]. Syst Biol, 2009, 58: 395-410.

[8] Nooteboom HP. Generic delimitation in Simaroubaceae tribus Simaroubeae and a conspectus of the genus *Quassia* L.[J]. Blumea, 1962, 11: 509-528.

Meliaceae Jussieu (1789), *nom. cons.* 棟科

特征描述：乔木或灌木。叶常互生，通常羽状复叶。<u>花两性或杂性异株</u>，辐射对称，通常组成圆锥花序；常 5 基数；萼小，常浅杯状或短管状，4-5 齿裂；花瓣常 4-5；<u>雄蕊4-10，花丝合生成 1 短于花瓣的管，或分离，花药无柄，内向，着生于管的内面或顶部</u>；花盘生于雄蕊管的内面或缺；<u>子房上位，常 2-5 室，每室有胚珠 1-2 或更多，柱头顶部有槽纹或有小齿 2-4</u>。蒴果、浆果或核果，果皮革质、木质或很少肉质。<u>种子常有假种皮</u>。花粉粒 3、4 或 5 沟，或孔沟。染色体 2*n*=16，26，28，36，40，46，48，50，54，56，60，76，约 150，约 360。含四环三萜类化合物。

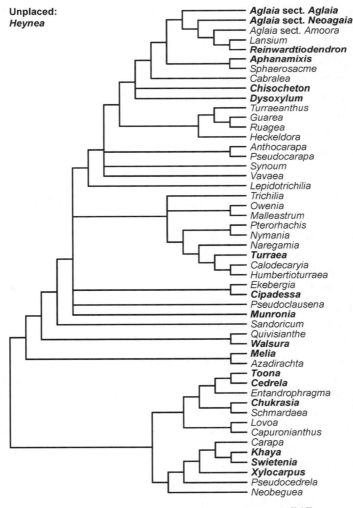

图 143　棟科分子系统框架图（参考 Muellner 等[3,6,7]）

分布概况：50 属/约 575 种，分布于热带和亚热带，少数至温带；中国 17 属/40 种，主产长江以南，少数至长江以北。

系统学评述：Pennington 和 Styles[1]曾将楝科分成 4 亚科，即楝亚科 Melioideae、椿亚科 Cedreloideae、Quivisianthoideae 和 Capuronianthoideae，其中楝亚科包含 7 族，椿亚科包含 3 族，后面 2 亚科分别各含 1 个来自马达加斯加的单型属 *Quivisianthe* 和 *Capuronianthus*。分子系统学研究表明楝科仅包含楝亚科和椿亚科，均为单系[2-3]，*Quivisiantheh* 和 *Capuronianthus* 分别为楝亚科和椿亚科成员[3]。在楝亚科中，仅米仔兰族 Aglaieae、楝族 Melieae 和 Sandoriceae 为单系，楝族是该亚科其他成员的姐妹群[3-6]；在椿亚科中，仅洋椿族 Cedreleae 为单系，其他 2 个族的成员互相嵌套在一起[7]。

<h2 style="text-align:center">分属检索表</h2>

1. 蒴果；种子具翅
  2. 雄蕊花丝全部分离；花盘短柱状，肉质，或长柄状
    3. 花盘短柱状，短于子房；种子两端或仅于上端有翅 ·················· **14. 香椿属 *Toona***
    3. 花盘长柄状，长于子房；种子仅下端有翅 ·················· **3. 洋椿属 *Cedrela***
  2. 雄蕊花丝合生成管；花盘杯状、浅杯状或不发育
    4. 花药着生于雄蕊管顶部的边缘，全部突出 ·················· **5. 麻楝属 *Chukrasia***
    4. 花药着生于雄蕊管内的上部，内藏
      5. 蒴果熟后由基部起胞间开裂；种子上端有长而阔的翅 ·········· **13. 桃花心木属 *Swietenia***
      5. 蒴果熟后由顶端 4-5 瓣裂；种子边缘有圆形膜质的翅 ·········· **9. 非洲楝属 *Khaya***
1. 核果，或浆果，或蒴果；种子无翅
  6. 叶为单叶或至多为 3 小叶
    7. 花盘无 ·················· **1. 米仔兰属 *Aglaia***
    7. 花盘存在
      8. 花盘呈环状或退化，高约 1mm，仅包围子房的基部；植株高 1m 以上 ·················· **15. 杜楝属 *Turraea***
      8. 花盘管状，包围达子房的顶部；矮小亚灌木，植株高通常不超过 50cm ·················· **11. 地黄连属 *Munronia***
  6. 叶为 3 小叶以上组成的羽状复叶
    9. 矮小亚灌木，植株高通常不超过 50cm ·················· **11. 地黄连属 *Munronia***
    9. 乔木或灌木
      10. 雄蕊花丝分离，或中部以下连成 1 管
        11. 花丝仅于基部合生成 1 短管；子房通常 5 室；核果 ·········· **6. 浆果楝属 *Cipadessa***
        11. 花丝下半部合生；子房 2-3 室；浆果或蒴果
          12. 浆果 ·················· **16. 割舌树属 *Walsura***
          12. 蒴果，开裂为 2 果瓣 ·················· **8. 鹧鸪花属 *Heynea***
      10. 雄蕊花丝全部或几乎全部合生成 1 管
        13. 子房每室有 2 列叠生的胚珠 4-8 ·················· **17. 木果楝属 *Xylocarpus***
        13. 子房每室有胚珠 1-2
          14. 雄蕊管圆筒形或圆柱形；花柱延长
            15. 花盘管状，与子房等长或更长 ·················· **7. 樫木属 *Dysoxylum***
            15. 花盘环状或浅杯状或缺

1. *Aglaia* Loureiro 米仔兰属

Aglaia Loureiro (1790: 98, 173); Peng & Pannell (2008: 121) (Type: *A. odorata* Loureiro)

　　特征描述：乔木或灌木。植株幼嫩部分常被鳞片或星状短柔毛。叶常为奇数羽状复叶。花单性，雌雄异株，雄花较雌花小，组成腋生的圆锥花序；花萼（2）3-5 齿；花瓣 3-5；花药无柄，着生于雄蕊管里面的顶部之下；花盘不明显或缺；子房（1）2-3 室，花柱极短或无花柱，柱头通常盘状或棒状。果为室背 3 裂的蒴果，或为 1-2 室不开裂的浆果，每室具种子 1 或无。种子通常为一黏胶状、肉质的假种皮所围绕。花粉粒 3（4）孔或孔沟，平滑或网状纹饰。染色体 2*n*=40，92。

　　分布概况：约 120/8 种，5 型；分布于印度尼西亚至澳大利亚和南太平洋诸岛；中国产西南、华南至东南。

　　系统学评述：分子系统学研究表明米仔兰属隶属于楝亚科米仔兰族，该属为并系类群，至少包含 3 个分支[6,8]：第 1 分支为米仔兰组 *Aglaia* sect. *Aglaia* 的种类；第 2 分支为崖摩组 *A.* sect. *Amoora* 的种类，该分支与 *Lansium* 和 *Reinwardtiodendron* 亲缘关系最近；第 3 分支为 *A.* sect. *Neoaglaia* 的种类。历史上崖摩属 *Amoora* 或从米仔兰属中独立出来成为 1 个属[9-10, FRPS]，或并入到米仔兰属[11-13, FOC]，分子系统学研究表明崖摩属为米仔兰属的 1 个分支[8]。

　　DNA 条形码研究：BOLD 网站有该属 120 种 312 个条形码数据；GBOWS 已有 5 种 27 个条形码数据。

　　代表种及其用途：山楝 *A. elaeagnoidea* (A. Jussieu) Bentham 木材赤色，坚硬，纹理密致美丽，可作建筑、家具等用材。

2. *Aphanamixis* Blume 山楝属

Aphanamixis Blume (1825: 165); Peng & Mabberley (2008: 125) (Type: *A. grandifolia* Blume)

　　特征描述：乔木或灌木。奇数羽状复叶，小叶对生，全缘，基部常偏斜。花杂性异株，无花梗，雄花排成圆锥花序，雌花或两性花排成总状花序；萼片 5，覆瓦状排列；花瓣 3，凹陷；雄蕊管近球形，花药 3-6，内藏；花盘极小或不存在；子房 3 室，每室有胚珠 1-2，花柱缺，柱头大，尖塔状或圆锥状。果为蒴果，室裂为 3 个果爿。种子具假种皮。花粉粒 4 孔沟，网状纹饰，粗糙或平滑。染色体 2n=36，76，约 150。

分布概况：约 3/1 种，**7** 型；分布于热带亚洲和太平洋诸岛；中国产福建、广东、海南、台湾和云南。

系统学评述：分子系统学研究显示山棟属隶属于棟亚科米仔兰族，该属为多系类群[8]。山棟 *A. polystachya* (Wallich) R. N. Parker 和 *A. borneensis* Harms 与 *Sphaerosacme decandra* (Wallich) T. D. Pennington 构成姐妹群。目前 *A. sumatrana* Harms 在米仔兰族中的系统位置尚未确定，需要对米仔兰族乃至棟亚科全面取样研究来确定其系统位置。

DNA 条形码研究：BOLD 网站有该属 4 种 17 个条形码数据。

代表种及其用途：山棟 *A. polystachya* (Wallich) R. Parker 种子的含油量 44%-56%，可供制肥皂及润滑油。

3. *Cedrela* P. Browne 洋椿属

Cedrela P. Browne (1756: 158); Peng & Mabberley (2008: 115) (Lectotpye: *C. odorata* Linnaeus)

特征描述：落叶大乔木。通常为奇数羽状复叶，无托叶，小叶对生或近对生。花小，通常两性，排列成顶生大圆锥花序；花萼 4-5 裂；花瓣 5，分离，但与长柄状花盘合生；雄蕊 5，与花瓣互生，着生于花盘顶端；子房着生于花盘之顶，5 室，每室通常有胚珠 12。蒴果 5 室，开裂为 5 果爿，隔膜遗留于宿存的中轴上。种子扁平，多数，下端具翅。花粉粒 4 孔沟，平滑或网状纹饰。染色体 2n=50，60。

分布概况：约 17/1 种，**3** 型，分布于热带美洲；中国广东引种栽培。

系统学评述：分子系统学研究显示洋椿属为单系类群，隶属于椿亚科洋椿族，与香椿属构成姐妹群[3,7]。

DNA 条形码研究：已报道该属 15 种的 DNA 条形码（ITS、*trn*S-G、*psb*B-T-N、*rpo*C1、*rpo*B 和 *acc*D）信息[14]，仅 ITS 具有较高分辨率，可作为鉴定条码。BOLD 网站有该属 1 种 4 个条形码数据。

代表种及其用途：该属为重要的木材树种，其木材用途广泛，历史上多用于制作雪茄烟盒。

4. *Chisocheton* Blume 溪桫属

Chisocheton Blume (1825: 168); Peng & Mabberley (2008: 130) (Lectotype: *C. divergens* Blume)

特征描述：乔木。大型羽状复叶互生，小叶对生或近对生，全缘。花两性或杂性异株，组成腋生的圆锥花序或近穗状花序；萼杯状或管状，全缘或稍具齿裂；花瓣 4-6，分离；雄蕊管稍短于花瓣，花药着生于雄蕊管内面而与管裂片互生；花盘存在或缺；子房 2-4 室，外面被粗毛，每室有胚珠 1-2，柱头头状或盘状。蒴果 2-5 室，室背开裂。种子厚，盾状。花粉扁球形至球形，3-5 孔沟，网状、皱状、平滑或粗糙纹饰。染色体 2n=46，92。

分布概况：约 53/1 种，**7** 型；分布于热带亚洲和西太平洋；中国产广东、广西和云南。

系统学评述：分子系统学研究显示溪桫属为多系类群，隶属于楝亚科[3,6]，该属与樫木属 *Dysoxylum* 和 *Guarea* 的一些种类嵌套在一起[15]。目前的系统学研究中涉及溪桫属的种类极少，其在楝亚科的系统位置尚未明确[3-4,6]。

DNA 条形码研究：BOLD 网站有该属 8 种 33 个条形码数据；GBOWS 已有 2 种 6 个条形码数据。

5. *Chukrasia* A. Jussieu 麻楝属

Chukrasia A. Jussieu (1830: 239); Peng & Mabberley (2008: 117) (Type: *C. tabularis* A. Jussieu)

特征描述：落叶乔木。偶数羽状复叶，幼叶有奇数羽状复叶和二回羽状复叶。<u>花两性，组成腋生的圆锥花序</u>；花萼 4-5 齿裂；花瓣 4-5，彼此分离；雄蕊管圆筒形，近顶端全缘或有 10 齿裂，花药 10，着生于管口的边缘上；花盘不甚发育或缺；子房 3-5 室，每室胚珠多数，柱头头状。<u>果为木质蒴果，室间开裂为 3-5 果爿，果爿 2 层</u>。<u>种子每室多数，2 行覆瓦状排列于中轴上，顶端有翅</u>，有胚乳，子叶近环形。花粉粒近长球形，扁长-球形，4 孔沟，外壁平滑。染色体 2n=26。

分布概况：约 1/1 种，**7** 型；分布于热带亚洲；中国产福建、广东、广西、海南、西藏和云南。

系统学评述：分子系统学研究显示麻楝属隶属于椿亚科，与 *Schmardaea* 构成姐妹群[7,16]。

DNA 条形码研究：BOLD 网站有该属 1 种 2 个条形码数据；GBOWS 已有 1 种 4 个条形码数据。

代表种及其用途：麻楝 *C. tabularis* A. Jussieu 木材黄褐色或赤褐色，芳香、坚硬、有光泽、易加工、耐腐，为建筑、造船、家具等良好用材。

6. *Cipadessa* Blume 浆果楝属

Cipadessa Blume (1825: 162); Peng & Mabberley (2008: 119) (Type: *C. fruticosa* Blume)

特征描述：灌木或小乔木。<u>小枝有灰白色皮孔</u>。奇数羽状复叶。<u>花杂性，组成腋生的圆锥花序</u>；花萼 5 裂；花瓣 5 (6)，分离；<u>雄蕊 10，花丝线形，基部或下端结合成浅杯状的雄蕊管，上端分离，顶端 2 齿裂，花药着生于花丝顶端 2 齿裂间</u>；花盘短，与雄蕊管基部合生；子房 5 (6) 室，每室有胚珠 1 (2)，花柱短，柱头头状。<u>浆果状核果球形，具 5 棱</u>，5 室，每核内有种子 1-2。花粉粒扁长-球形，4 (5) 孔沟，外壁平滑。染色体 2n=28，56。

分布概况：1/1 种，**6** 型；分布于热带和亚热带亚洲；中国产广东、广西、四川和云南。

系统学评述：分子系统学研究显示浆果楝属隶属于楝亚科，与 *Ekebergia* 构成姐妹群[5-6]。

DNA 条形码研究：BOLD 网站有该属 2 种 23 个条形码数据；GBOWS 已有 1 种 60 个条形码数据。

7. *Dysoxylum* Blume 樫木属

Dysoxylum Blume (1825: 172); Peng & Mabberley (2008: 125) [Lectotype: *D. alliaceum* (Blume) Blume (≡ *Guarea alliacea* Blume)]

特征描述：乔木或灌木。<u>羽状复叶，小叶基部常偏斜。花雌雄异株，偶见两性花，</u>聚伞圆锥花序、总状花序或穗状花序，有时退化成簇生或单生；<u>萼常 3-6 齿裂，或为分离的 3-5 萼片</u>；花瓣 3-6，分离或有时下部与雄蕊管合生；<u>雄蕊管圆筒形，花药 6-16，生于雄蕊管喉部</u>；花盘管状，全缘或具钝齿；子房 2-6 室，每室有胚珠 1-2，柱头盘状或头状。<u>蒴果 2-6 瓣裂</u>，每室有种子 1-2。种子常具假种皮。花粉粒扁球形至球形，3-5 沟，以 4 沟为主，带状孔沟，穿孔、网状、平滑或粗糙纹饰。染色体 $2n=80$。

分布概况：约 80/11（1）种，**7** 型；分布于热带亚洲，热带和亚热带大洋洲及太平洋诸岛；中国产广东、广西、海南、台湾和云南。

系统学评述：分子系统学研究显示樫木属隶属于楝亚科[7]，该属与溪桫属、*Cabralea* 和米仔兰族等具有较近的亲缘关系[6,15]。目前关于该属的分子系统学研究取样尚不足，其是否为单系有待进一步研究。

DNA 条形码研究：BOLD 网站有该属 13 种 42 个条形码数据；GBOWS 已有 1 种 7 个条形码数据。

8. *Heynea* Roxburgh 鹧鸪花属

Heynea Roxburgh (1815: 41); Peng & Mabberley (2008: 120) (Type: *H. trijuga* Roxburgh)

特征描述：乔木。<u>奇数羽状复叶螺旋状着生，小叶对生，全缘。花小，两性，组成</u><u>腋生或顶生、具长梗的圆锥花序</u>；花萼短，4-5 裂，覆瓦状排列；花瓣 4-5，彼此分离；<u>雄蕊管 8-10 深裂，顶端 2 齿裂，花药 8-10，着生 2 齿裂间</u>；花盘环状，肉质；子房 2-3 室，每室有并生胚珠 2，柱头 2-3 裂。蒴果 1 室，2 瓣裂，有种子 1 或 2。花粉粒近球形至长球形，3-4（5）孔沟，外壁平滑，少数具疣状或粗糙。染色体 $2n=28$。

分布概况：2/2 种，**7** 型；分布于亚洲热带和亚热带；中国产广东、广西、贵州、海南和云南。

系统学评述：鹧鸪花属的种类曾被置于 *Trichilia*[FRPS]，最新的研究将 *Trichilia* 的亚洲种类置于鹧鸪花属[13]。目前该属尚未开展分子系统学研究。

DNA 条形码研究：GBOWS 有该属 1 种 22 个条形码数据。

9. *Khaya* A. Jussieu 非洲楝属

Khaya A. Jussieu (1830: 238); Peng & Mabberley (2008: 116) [Type: *K. senegalensis* (Desrousseaux) A. Jussieu (≡ *Swietenia senegalensis* Desrousseaux)]

特征描述：大乔木。偶数羽状复叶，小叶全缘。花单性，雌雄同株，组成大型圆锥花序；花萼 4-5 裂，裂片几达基部，覆瓦状排列；花瓣 4 或 5，分离；雄蕊管坛状或杯状，花药 8-10，着生于雄蕊管内面近顶端；花盘杯状；子房 4-5 室，每室胚珠 12-18，柱头圆盘状，上面具 4 槽。蒴果木质，成熟时顶端 4-5 瓣裂，果壳厚，囊轴不达蒴果顶端，具 4-5 锐利的脊，每室有种子 8-18。种子边缘具膜质翅。花粉粒 4 孔沟，外壁平滑。染色体 2*n*=50。

分布概况：约 5/1 种，**6** 型；分布于热带非洲（包括马达加斯加）；中国广东、广西、福建、海南和台湾等引种栽培。

系统学评述：分子系统学研究显示非洲楝属为单系类群，隶属于椿亚科桃花心木族 Swietenieae，与 *Carapa* 和桃花心木属 *Swietenia* 关系较近[3,5-6]。

DNA 条形码研究：BOLD 网站有该属 2 种 5 个条形码数据。

代表种及其用途：该属植物是重要的用材树种，常作为桃花心木的替代品；一些种类的树皮在原产地具有重要的药用价值。

10. *Melia* Linneaus 楝属

Melia Linneaus (1753: 384); Peng & Mabberley (2008: 130) (Type: *M. azedarach* Linneaus)

特征描述：落叶乔木或灌木。小枝有明显的叶痕和皮孔。二至三回羽状复叶互生。花两性，组成腋生的圆锥花序；花萼 5-6 深裂，覆瓦状排列；花瓣 5-6，分离，旋转排列；雄蕊管圆筒形，管顶有 10-12 齿裂，花药 10-12，着生于雄蕊管上部的裂齿间；花盘环状；子房 4-8 室，每室有叠生的胚珠 2，柱头头状，4-8 浅裂。核果，核骨质，3-8 室，每室有种子 1。花粉粒扁圆-长球形、扁长-球形或近长球形，（3）4 孔沟，外壁近光滑至浅穴状纹饰。染色体 2*n*=28。

分布概况：约 3/1 种，**4** 型；分布于印度半岛至马来群岛，热带非洲；中国产黄河以南。

系统学评述：分子系统学研究显示楝属为单系类群，隶属于楝亚科楝族，与 *Azadirachta* 构成姐妹群[1,6-7]。

DNA 条形码研究：BOLD 网站有该属 4 种 28 个条形码数据；GBOWS 已有 1 种 8 个条形码数据。

代表种及其用途：楝 *M. azedarach* Linneaus 在我国分布广泛，可作药用、材用及提取工业用油脂。

11. *Munronia* Wight 地黄连属

Munronia Wight (1838: 1); Peng & Bartholomew (2008: 118) (Type: *M. pumila* Wight)

特征描述：矮小灌木，茎通常不分枝。叶奇数羽状复叶、3 小叶或单叶，小叶对生。花两性，单生或由少数花排成聚伞圆锥花序；萼 5 深裂，裂片稍微叶状；花瓣 5，中部以下合生成 1 管，上部分离；雄蕊管圆柱状，下部与花冠管合生，上部分离，顶端通常 10 齿裂，花药 10，与管顶裂齿互生；花盘膜质，管状；子房 5 室，每室有叠生胚珠 2，柱头头状，顶端 5 裂。蒴果具 5 棱，室背 5 裂，每室有种子 1-2。花粉粒扁圆-球形或球形，（3）4（5）孔沟，外壁粗糙或皱状。染色体 2n=50。

分布概况：约 4/2 种，**7 型**；分布于亚洲热带；中国产华中、华南和西南。

系统学评述：分子系统学研究显示目前界定的地黄连属为单系类群，隶属于棟亚科[3,5-6]，与浆果棟属、*Ekebergia* 和 *Pseudoclausena* 亲缘关系较近。

DNA 条形码研究：BOLD 网站有该属 3 种 6 个条形码数据；GBOWS 已有 3 种 12 个条形码数据。

代表种及其用途：单叶地黄连 *M. unifoliolata* Oliver 全株可药用。

12. *Reinwardtiodendron* Koorders 雷棟属

Reinwardtiodendron Koorders (1898: 389); Peng & Mabberley (2008: 124) (Type: *R. celebicum* Koorders)

特征描述：乔木。叶羽状复叶或单叶，小叶互生。花两性或雌雄异株，排成腋生的穗状花序或圆锥花序；花萼 5 深裂，覆瓦状排列；花瓣 5，分离，基部与雄蕊管联合；雄蕊管球形或卵形，花药 10，常 2 轮排列；花盘不明显；子房 5 室，每室胚珠 1，花柱极短或几乎缺，柱头 3-5 浅裂。肉质浆果。种子单生或成对，为肉质的假种皮所包围。花粉粒 3-4 孔沟，外壁平滑。

分布概况：约 7/1 种，**7 型**；分布于印度，马来西亚至菲律宾；中国产海南。

系统学评述：分子系统学研究显示雷棟属为单系类群，隶属于棟亚科米仔兰族，与 *Lansium* 构成姐妹群[5-6]。

DNA 条形码研究：BOLD 网站有该属 5 种 8 个条形码数据。

13. *Swietenia* Jacquin 桃花心木属

Swietenia Jacquin (1760: 20); Peng & Mabberley (2008: 116) [Type: *S. mahagoni* (Linnaeus) Jacquin (≡ *Cedrela mahagoni* Linnaeus)]

特征描述：落叶乔木，具红褐色的木材。偶数羽状复叶，小叶全缘。花单性，排成腋生圆锥花序；萼 5 裂，裂片覆瓦状排列；花瓣 5，分离，覆瓦状排列；雄蕊管壶形，顶端 8-10 齿裂，花药 8-10，着生于管口的内缘而与裂齿互生；花盘环状；子房 5 室，每室胚珠 9-16，柱头盘状，顶端 5 浅裂。木质的蒴果，由基部起开裂为 5 果片，每果片具种子 9-16，上端有长而阔的翅。花粉粒 4 孔沟，外壁平滑。染色体 2n=48，54，56。

分布概况：约 3/1 种，**3 型**；分布于热带和亚热带美洲，热带非洲西部；中国福建、台湾、广东、广西、海南和云南等地引种栽培。

系统学评述：分子系统学研究显示桃花心木属为单系类群，隶属于椿亚科桃花心木族，与 *Carapa* 和非洲棟属关系较近[3,5-6]。

DNA 条形码研究：BOLD 网站有该属 3 种 29 个条形码数据；GBOWS 已有 1 种 8 个条形码数据。

代表种及其用途：该属植物为世界上著名用材树种，其色泽美丽，能抗虫蚀，常用于装饰和家具，如桃花心木 *S. mahagoni* (Linnaeus) Jacquin 现已在世界各热区广泛栽培。

14. *Toona* (Endlicher) M. Roemer 香椿属

Toona (Endlicher) M. Roemer (1846: 131); Peng & Edmonds (2008: 112) [Lectotype: *T. ciliata* M. Roemer (≡ *Cedrela toona* Roxburgh)]

特征描述：乔木。树皮粗糙，鳞块状脱落。叶互生，常为偶数羽状复叶，小叶常有透明的小斑点。花单性，雌雄同株，罕见两性花，组成多分支的大型圆锥花序；花萼管状，5 齿裂或分裂为 5 萼片；花瓣 5，分离，覆瓦状排列；雄蕊 5，分离，与花瓣互生，着生于肉质、具 5 棱的花盘上；子房 5 室，每室胚珠 6-10，柱头盘状，放射状 5 浅裂。蒴果 5 室，室轴开裂为 5 果瓣。种子每室多数，有长翅。花粉粒近长球形、扁长-球形，4 孔沟，外壁平滑。染色体 $2n=46$，52，56。

分布概况：约 5/4（1）种，**5 型**；分布于亚洲至大洋洲；中国产华南、西南和华北。

系统学评述：分子系统学研究显示香椿属隶属于椿亚科洋椿族，与洋椿属构成姐妹群[6-7]。

DNA 条形码研究：已报道该属 2 个种的 DNA 条形码（ITS、*trn*S-G、*psb*B-T-N、*rpo*C1 和 *acc*D）信息，仅 ITS 具有较高分辨率，可作为鉴定条码[14]。BOLD 网站有该属 4 种 54 个条形码数据；GBOWS 已有 2 种 42 个条形码数据。

代表种及其用途：红椿 *T. ciliata* M. Roemer 木材赤褐色，纹理通直，质软，耐腐，为著名的家具、雕刻用材。

15. *Turraea* Linnaeus 杜楝属

Turraea Linnaeus (1771: 150); Peng & Mabberley (2008: 117) (Type: *T. virens* Linnaeus)

特征描述：乔木或灌木。单叶，互生，无托叶。花两性，单生，簇生或组成聚伞圆锥花序；花萼杯状，4-5 齿裂；花瓣 4-5，离生，覆瓦状排列；雄蕊管圆柱形，顶端膨大且有裂齿，花药 8-10，着生于雄蕊管口部之内；花盘环状或无；子房 4 至多室，每室有倒生胚珠 2。蒴果 4 至多室，室背开裂，果爿由具翅的中轴上分离。每室有种子 1-2，种子长椭圆形，子叶叶状。花粉粒 3（4）孔沟，外壁疣状、皱状、网状，极少数外壁平滑。染色体 $2n=36$，46，50。

分布概况：约 60/1 种，**4 型**；分布于热带非洲（包括马达加斯加），亚洲和大洋洲；中国产广东、广西和海南。

系统学评述：分子系统学研究显示目前界定的杜楝属为单系类群，隶属于楝亚科，与 *Calodecaryia* 和 *Humbertioturraea* 具有较近的亲缘关系[3,6]。Cheek[17]曾将 *Naregamia* 并入该属，但分子系统学研究支持 *Naregamia* 应为 1 个独立的属[6]。此外，*T. breviflora* Ridley 的归属问题曾长期存在争议，可能为杜楝属或地黄连属成员，也可能为楝科 1 新属[1,18]，分子系统学研究证实该种为地黄连属 1 种[19]。

DNA 条形码研究：BOLD 网站有该属 5 种 10 个条形码数据；GBOWS 已有 1 种 4 个条形码数据。

代表种及其用途：杜楝 *T. pubescens* Hellenius 全株可药用。

16. *Walsura* Roxburgh 割舌树属

Walsura Roxburgh (1832: 236); Peng & Mabberley (2008: 119) (Lectotype: *W. piscidia* Roxburgh)

特征描述： 乔木或灌木。奇数羽状复叶，或为单叶，小叶对生。<u>花两性</u>，<u>组成聚伞圆锥花序</u>；花萼 5 齿裂，覆瓦状排列；花瓣 5，分离；<u>雄蕊 10</u>，<u>花丝中部以下连成 1 管或全部分离</u>，<u>花药着生于花丝的顶端或着生于花丝顶端的 2 裂齿间</u>；花盘杯状；子房 2-4 室，每室胚珠 2，柱头盘状或短锥状，顶端 2-3 裂或不裂。<u>浆果通常 1 室</u>，<u>稀 2 室</u>。种子 1-2。花粉粒长球形至球形，4（5）孔沟，网状纹饰，平滑或粗糙。染色体 $2n=28$。

分布概况： 16/2 种，**7** 型；分布于热带亚洲；中国产广西、海南和云南。

系统学评述： 分子系统学研究显示目前界定的割舌树属为单系类群，隶属棟亚科，可能与 *Quivisianthe* 具有较近的亲缘关系[3,6]。*Pseudoclausena* 是从割舌树属中独立出来的新属[20]，也得到分子系统学研究的支持[6]。

DNA 条形码研究： BOLD 网站有该属 1 种 5 个条形码数据。

17. *Xylocarpus* J. Koenig 木果棟属

Xylocarpus J. Koenig (1784: 2); Peng & Mabberley (2008: 131) (Type: *X. granatum* J. Koenig)

特征描述： <u>半常绿乔木</u>。<u>小枝具皮孔</u>。<u>偶数羽状复叶</u>，<u>小叶 2-4 对</u>，<u>全缘</u>。花单性，组成腋生短缩的聚伞圆锥花序；<u>花萼 4 裂</u>；<u>花瓣 4</u>；<u>雄蕊管壶状</u>，<u>顶端具 8 裂齿</u>，<u>花药 8</u>，着生于雄蕊管的裂齿内；花盘厚，与子房基部合生；<u>子房 4 室</u>，每室有 2 列叠生的胚珠 4-8，柱头盘状。<u>蒴果开裂为 4 果爿</u>，有种子 6-12。种子大而厚，有角，内种皮海绵状，无胚乳。花粉粒 4 孔沟，颗粒状纹饰，粗糙或平滑。染色体 $2n=52$。

分布概况： 3/1 种，**4** 型；分布于热带非洲东部，热带亚洲和西太平洋诸岛；中国产海南。

系统学评述： 分子系统学研究显示木果棟属为单系类群，隶属椿亚科，与 *Carapa*、非洲棟属和桃花心木属构成姐妹群[3,7]。

DNA 条形码研究： BOLD 网站有该属 3 种 4 个条形码数据；GBOWS 已有 1 种 4 个条形码数据。

代表种及其用途： 木果棟 *X. granatum* J. Koenig 树皮含单宁，可药用；木材红色、坚硬，是良好的用材树种。

主要参考文献

[1] Pennington TD, Styles BT. A generic monograph of the Meliaceae[J]. Blumea, 1975, 22: 419-540.
[2] Oon B, et al. Molecular phylogeny of Meliaceae based on chloroplast *trn*L-*trn*F nucleotide sequences[J]. Malays Appl Biol, 2000, 29: 127-132.
[3] Muellner AN, et al. Molecular phylogenetics of Meliaceae (Sapindales) based on nuclear and plastid DNA sequences[J]. Am J Bot, 2003, 90: 471-480.
[4] Muellner AN, et al. The mahogany family "out-of-Africa": divergence time estimation, global biogeographic patterns inferred from plastid *rbc*L DNA sequences, extant, and fossil distribution of diversity[J].

Mol Phylogenet Evol, 2006, 40: 236-250.

[5] Muellner AN, et al. The origin and evolution of Indomalesian, Australasian and Pacific island biotas: insights from Aglaieae (Meliaceae, Sapindales)[J]. J Biogeogr, 2008, 35: 1769-1789.

[6] Muellner AN, et al. An evaluation of tribes and generic relationships in Melioideae (Meliaceae) based on nuclear ITS ribosomal DNA[J]. Taxon, 2008, 57: 98-108.

[7] Muellner AN, et al. Molecular phylogenetics of Neotropical Cedreleae (mahogany family, Meliaceae) based on nuclear and plastid DNA sequences reveal multiple origins of "*Cedrela odorata*"[J]. Mol Phylogenet Evol, 2009, 52: 461-469.

[8] Muellner AN, et al. *Aglaia* (Meliaceae): an evaluation of taxonomic concepts based on DNA data and secondary metabolites[J]. Am J Bot, 2005, 92: 534-543.

[9] de Candolle A, de Candolle C. Monographiae phanerogamarum 1[M]. Paris: Masson, 1878.

[10] Harms H. Meliaceae[M]//Engler A, Prantl K. Die natürlichen pflanzenfamilien, Vol. 19. 2nd ed. Leipzig: W. Engelmann, 1940: 1-172.

[11] Pellegrin F. Sur les genres *Aglaia*, *Amoora* et *Lansium*[J]. Notulae Systematicae (Phanerogamie), 1911, 1: 284-290.

[12] Pannell CM. A taxonomic monograph of the genus *Aglaia* Lour.(Meliaceae)[J]. Kew Bull. Add Ser 16, 1992.

[13] Mabberley DJ. Meliaceae[M]//Kubitzki K. The families and genera of vascular plants, X. Berlin: Springer, 2011: 185-211.

[14] Muellner A, et al. Evaluation of candidate DNA barcoding loci for economically important timber species of the mahogany family (Meliaceae)[J]. Mol Ecol Resour, 2011, 11: 450-460.

[15] Fukuda T, et al. Phylogenetic relationships among species in the genera *Chisocheton* and *Guarea* that have unique indeterminate leaves as inferred from sequences of chloroplast DNA[J]. Int J Plant Sci, 2003, 164: 13-24.

[16] Muellner A, et al. Placing Biebersteiniaceae, a herbaceous clade of Sapindales, in a temporal and geographic context[J]. Plant Syst Evol, 2007, 266: 233-252.

[17] Cheek M. The identity of *Naregamia* Wight & Arn. (Meliaceae)[J]. Kew Bull, 1996, 51: 716.

[18] Mabberley DJ. Meliaceae[M]//Van Steenis CGGJ. Flora Malesiana, Ser. I, Vol. 12, Part 1. Leiden: Martinus Nijhoff, 1995: 24-34.

[19] Muellner A, Mabberley D. Phylogenetic position and taxonomic disposition of *Turraea breviflora* (Meliaceae), a hitherto enigmatic species[J]. Blumea, 2008, 53: 607-616.

Malvaceae Jussieu (1789), *nom. cons.* 锦葵科

特征描述：乔木、灌木、藤本或草本；具黏液道。单叶互生，常掌状裂或掌状复叶，掌状脉或羽状脉；具托叶。聚伞状至圆锥状花序腋生或顶生，稀单花；花两性或单性，辐射对称；常与苞片联合成副萼；花萼 5，离生至合生；花瓣常 5，分离，稀缺失；雄蕊 5 至多数，有时着生在雌、雄蕊柄上，花丝离生或合生成柱；花药 1 或 2 室，纵裂。子房上位，常为果轴胎座，2 至多室，每室 1 至多胚珠；花柱上部分枝或棒状，柱头头状或浅裂。室背开裂的蒴果、分果、坚果、不开裂荚果、聚合蓇葖果、核果或浆果。种子常 1，肾形或倒卵形，被毛或光滑，偶具假种皮或翅。花粉粒 3 孔至多孔或具孔沟，具刺。昆虫、蝙蝠或鸟类传粉。种子由风等散布或鸟类、哺乳动物传播。含环丙烯脂肪酸。

分布概况：约 243 属/4300 种，主要分布于热带和温带；中国 51 属/246 种，南北均产，热带和亚热带多样性较高。

系统学评述：锦葵科是个中等偏大科，在各大系统中，一直处于锦葵目 Malvales 核心地位，但与同目各科迄今仍界限不清。科内的各属划分也意见不一[1]。分子系统学研究显示，木锦科 Bombacaceae、传统锦葵科、梧桐科 Sterculiaceae 和椴树科 Tiliaceae 的成员形成单系类群，并分为 10 个高度支持的单系分支，但这些单系分支之间的关系尚不清晰，仅 2 个分支与传统的木棉科和锦葵科范围吻合，余下的类群要么仍归属于原来的梧桐科和椴树科，要么穿插于两科的传统界定之间。以 Bayer 和 Kubitzki 为代表的大多数学者支持把所有的类群放在广义的锦葵科，并且把科内不同的分支分别作为亚科[2]；而另一种观点认为将这些分支分别处理为 10 个不同的科，即木棉科 Bombacaceae（Bombacoideae）、杯萼科 Brownlowiaceae（Brownlowioideae）、刺果藤科 Byttneriaceae（Byttnerioideae）、榴莲科 Durionaceae（Durionoideae）、山芝麻科 Helicteraceae（Helicteroideae）、锦葵科 Malvaceae（Malvoideae）、Pentapetaceae（Dombeyoideae）、Sparrmanniaceae（Grewioideae）、梧桐科 Sterculiaceae（Sterculioideae）及椴树科 Tiliaceae（Tilioideae）[3]。分子系统学研究认为文定果科 Muntingiaceae、Cytinaceae 和龙脑香科 Dipterocarpaceae 为广义锦葵科（包含原椴树科，而且原椴树科内的扁担杆族 Grewieae 为现在广义锦葵科的基部类群）的近缘类群；吴征镒等[1]认为文定果属 *Muntingia* 为椴树科内 1 属，且典型龙脑香科也被认为是锦葵亚纲成员，由古老的椴树科演化而来。由此看来，就广义锦葵科的近缘类群而言，分子系统学与传统分类的认识实质上并无分歧。

目前广义锦葵科内系统关系，详见 Alverson 等、Bayer 等、Nyffeler 等与 Koopman 和 Baum[APW,4-7]。扁担杆亚科和刺果藤亚科（Grewioideae+Byttnerioideae）分支是锦葵科内其他类群的姐妹群[8]，而苹婆亚科 Sterculioideae 是高度支持的锦葵亚科与木棉亚科分支（Malvoideae+Bombacoideae）的姐妹群，余下其他亚科间的关系尚不确定[2,7]。非洲芙蓉

亚科 Dombeyoideae 与椴树亚科 Tilioideae 近缘[4]，但支持较弱；其亦可能为除扁担杆亚科和刺果藤亚科分支外其他类群的姐妹群[6]。

锦葵亚科内的系统发育关系参考 La Duke 和 Doebley、Judd 等、Pfeil 等、Koopman 和 Baum 的系统学研究[9-15]。在锦葵亚科内，Tate 等[11]用核糖体片段 ITS 重建系统发育关系时识别的 2 大支与花副萼的出现与否相对应，而后来 García 等[12]利用核糖体片段 ITS 与 4 个叶绿体片段联合分析发现锦葵属 *Malva* 并不是单系。关于木槿族内的系统关系参考 Pfeil 等、Pfeil 和 Crisp、Koopman 和 Baum 的研究[7,13,14]。鉴于杂交的原因，棉花族的系统关系更复杂[15]。苹婆亚科内的系统关系参见 Wilkie 等[16]的研究，在该研究中指出具革质开裂果瓣的蓇葖果可能是该类群基本的果实类型。尽管 Baum 等[17]指出 Fremontodendron-Chiranthodendron 分支可能是锦葵亚科木棉亚分支内其他类群的姐妹群，但是尚无可靠证据支持。在山芝麻亚科内，原梧桐科山芝麻族 Helictereae 与原木棉科的榴莲族 Durioneae 是姐妹关系[2,18]；另外，鉴于中国分布的榴莲属 *Durio* 类群皆为栽培，在 FOC 并未记录，故此处暂不收录。扁担杆亚科的系统学研究参考 Whitlock 等[19]的工作。到目前为止，广义锦葵科内在亚科间及其下的属间的系统位置以及范围的界定，有待于进一步澄清并得到形态共衍征的支持。

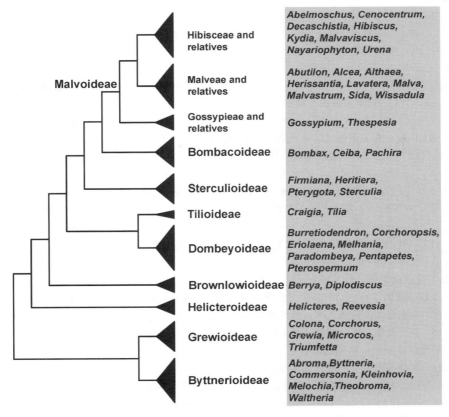

图 144 锦葵科分子系统框架图（参考 APW；Alverson 等[4]；Bayer 等[5]；Nyffeler 等[6]；Koopman 和 Baum[7]）

分属检索表

1. 心皮离生；花瓣、退化雄蕊及副萼常缺失；具雌雄蕊柄；花常单性（苹婆亚科 Sterculioideae）
  2. 果皮薄，膜质 ·· **20. 梧桐属 *Firmiana***
  2. 果皮厚，革质至木质
    3. 果实不开裂 ·· **25. 银叶树属 *Heritiera***
    3. 果实开裂
      4. 种子具翅 ·· **41. 翅苹婆属 *Pterygota***
      4. 种子无翅 ·· **44. 苹婆属 *Sterculia***
1. 心皮合生（如否，则具花瓣）；具花瓣、退化雄蕊及副萼，稀缺失；花常两性
  5. 雄蕊分离，或近分离，偶为趾骨状
    6. 花萼钟状；花药基部膨大，顶端具药隔；心皮有时离生（杯萼亚科 Brownlowioideae）
      7. 退化雄蕊 5；子房 5 室，每室 5 胚珠；蒴果具凸起 5 棱，背裂为 5 无翅果爿 ·············
         ··· **18. 海南椴属 *Diplodiscus***
      7. 无退化雄蕊；子房 3-5 室，每室 2-6 胚珠；蒴果无棱，背裂为 3 具翅果爿 ·············
         ·· **6. 六翅木属 *Berrya***
    6. 花萼裂片分离或近分离；花药瘦长，具平行药隔或无；心皮通常合生
      8. 具雌雄蕊柄；有时花瓣上或雌雄蕊柄上具蜜腺；花粉常扁长（扁担杆亚科 Grewioideae）
        9. 花瓣基部具蜜腺；裂片基部无附属物或兜状；果实不裂或裂为分果爿
          10. 果实具翅 ·· **12. 一担柴属 *Colona***
          10. 果实无翅
            11. 花常单生或簇生；子房 2-4 室；核果有沟槽，裂为 2-4 分核 ·············
               ·· **22. 扁担杆属 *Grewia***
            11. 花常为顶生圆锥花序；子房常 3 室；核果无沟槽，不分核 ·············
               ·· **35. 破布叶属 *Microcos***
        9. 花瓣基部无蜜腺或雌雄蕊柄上具蜜腺；裂片背部有附属物或近顶端兜状；果实 2-6 瓣裂
          12. 果实球形，密被钩刺；托叶多为大 ················· **48. 刺蒴麻属 *Triumfetta***
          12. 果实长角果状，光滑或多刺；托叶针状或线形 ········· **15. 黄麻属 *Corchorus***
      8. 不具雌雄蕊柄；有时萼片具蜜腺；花粉扁圆形（椴树亚科 Tilioideae）
        13. 花序柄下半部常与长舌状的苞片合生；具花瓣；果实核果状，稀为浆果状，不开裂 ······
           ·· **47. 椴树属 *Tilia***
        13. 花序柄下半部不具苞片，但有节；无花瓣；果实为翅果，具 5 有脉纹的膜质薄翅 ·········
           ·· **16. 滇桐属 *Craigia***
  5. 雄蕊常合生成管状，偶为趾骨状
    14. 具雌雄蕊柄；心皮有时离生（山芝麻亚科 Helicteroideae 山芝麻族 Helictereae）
      15. 心皮合生；圆锥花序；蒴果室背开裂；种子具膜质翅 ·············· **42. 梭罗树属 *Reevesia***
      15. 心皮离生；聚伞花序；蒴果侧裂；种子多数瘤状凸起 ·············· **23. 山芝麻属 *Helicteres***
    14. 不具雌雄蕊柄；心皮通常合生
      16. 花药不为单室；常具退化雄蕊；裂片 1/3 以下合生
        17. 花单生或腋生聚伞花序；具副萼；花瓣宿存，扁平，不为兜状或无附属物；子叶二裂；
            花粉球状，具刺（非洲芙蓉亚科 Dombeyoideae）
          18. 种子具翅
            19. 具单体雄蕊，退化雄蕊无；花瓣具爪 ·············· **19. 火绳树属 *Eriolaena***
            19. 具雌雄蕊柄，常具退化雄蕊；花瓣无爪 ·············· **40. 翅子树属 *Pterospermum***

18. 种子无翅

  20. 子房每室 1-2 胚珠

    21. 小灌木或草本；雄蕊 5 ⸻⸻⸻**33. 梅蓝属 *Melhania***

    21. 乔木或小乔木；雄蕊 10 或更多

      22. 花单性；退化雄蕊无；果实具翅 ⸻**8. 柄翅果属 *Burretiodendron***

      22. 花两性；具退化雄蕊；果实无翅 ⸻**38. 平当树属 *Paradombeya***

  20. 子房每室 3 至多胚珠。

    23. 花常红色；雄蕊 20；子房 3-4 室 ⸻**39. 午时花属 *Pentapetes***

    23. 花常黄色；雄蕊 15；子房 5 室 ⸻**14. 田麻属 *Corchoropsis***

17. 花序多样，有限花序；通常无副萼（或对应的苞片包埋在花的叶腋内）；花瓣通常早落，偶为兜状或具附属物；子叶偶二裂；花粉无刺（**刺果藤亚科 Byttnerioideae**）

  24. 雄蕊数多于萼片数

    25. 圆锥花序；花两侧对称；雌雄蕊柄明显 ⸻**27. 鹧鸪麻属 *Kleinhovia***

    25. 非圆锥花序；花辐射对称；雌雄蕊柄缺失或极短

      26. 花瓣无附属物；核果肉质，无毛 ⸻**45. 可可属 *Theobroma***

      26. 花瓣顶端明显具附属物；蒴果膜质，具绒毛⸻**5. 昂天莲属 *Abroma***

  24. 雄蕊数等于萼片数

    27. 退化雄蕊无或不完全退化；花萼非花瓣状；花瓣扭曲，平展，比花萼长；种子不具种阜

      28. 子房 5 室⸻**34. 马松子属 *Melochia***

      28. 子房 1 室⸻**50. 蛇婆子属 *Waltheria***

    27. 具退化雄蕊；花萼花瓣状；花瓣不扭曲，兜状，比花萼短，甚至缺失；种子常具种阜

      29. 花瓣明显，具爪；花序通常不与叶对生⸻**9. 刺果藤属 *Byttneria***

      29. 花瓣不明显或无，不具爪；花序常与叶对生⸻

        ⸻**13. 山麻树属 *Commersonia***

16. 花药通常单室，稀 2 室；常具退化雄蕊；裂片 1/3 以上合生

  30. 乔木，稀灌木；心皮 2-5；蒴果，通常开裂；内果皮具毛（密布绵毛或稀疏柔毛）；种子光滑；花粉通常无刺，偶具小凸起（**木棉亚科 Bombacoideae**）

    31. 树干膨胀，具板根；雄蕊 5-15⸻**10. 吉贝属 *Ceiba***

    31. 树干膨胀不明显，不具板根；雄蕊多数

      32. 具粗刺；5-9 掌状复叶；花萼早落；多分布旧热带 ⸻ **7. 木棉属 *Bombax***

      32. 不具刺；3-9 掌状复叶；花萼宿存；多分布新热带 ⸻**37. 瓜栗属 *Pachira***

  30. 灌木或草本，稀乔木；心皮 3（5）至多数；分果，偶为蒴果，稀浆果；内果皮光滑；种子有时被毛；花粉通常有刺（**锦葵亚科 Malvoideae**）

    33. 果为蒴果；子房由 3-5（10）合生心皮组成；花柱分枝与子房室同数；雄蕊柱常在顶部以下着生花药，柱顶 5 齿或平截，极少着生花药

      34. 子房与蒴果 6-10 室

        35. 副萼 10-11 裂，线形；花柱分枝 6-10；蒴果室背或室间开裂，成熟时从上落下；种子每室 1⸻**17. 十裂葵属 *Decaschistia***

        35. 副萼 4 裂，叶状；花柱分枝 10；蒴果仅室背开裂，宿存；种子每室多数⸻**11. 大萼葵属 *Cenocentrum***

      34. 子房与蒴果 3-5 室

        36. 花柱分枝；副萼 5-12（20）裂，稀缺失；种子肾形，稀球状

37. 花萼佛焰苞状，早落；蒴果长锥状，具棱；种子光滑无毛 ································· ·· **1. 秋葵属 *Abelmoschus***

37. 花萼呈对称的钟状或杯状，宿存；蒴果卵球形或椭球形，稀具翅；种 子被毛或具瘤突 ································· **26. 木槿属 *Hibiscus***

36. 花柱不分枝；副萼 3-5 裂；种子倒卵球形或具棱角

38. 灌木或乔木；副萼小，无腺点，早落；种子倒卵球形，无毛或被绒毛 ································· **46. 桐棉属 *Thespesia***

38. 草本或灌木；副萼大，为叶状、心形至卵形，具腺点，宿存；种子球 形，密被长绵毛，不易剥离，或无毛 ················· **21. 棉属 *Gossypium***

33. 果为分果，稀浆果状；子房由离生心皮组成；雄蕊柱外部着生花药或至顶端

39. 雄蕊柱外部着生花药，顶端 5 齿或截形；花柱分枝数约为心皮的 2 倍

40. 副萼 5 裂；花小，花瓣开展，粉红色或白色；成熟蒴果的分果爿具倒钩 刺 ································· **49. 梵天花属 *Urena***

40. 副萼 5-9 裂；花较大，花瓣永不开展，深红色；成熟果实浆果状，干燥 后分裂 ································· **32. 悬铃花属 *Malvaviscus***

39. 雄蕊柱花药着生至顶端；花柱分枝数同心皮数

41. 副萼缺失；花常黄、橙或红色

42. 心皮 5，收缩，内部有假横隔膜，先端具喙 ································· ································· **51. 隔蒴苘属 *Wissadula***

42. 心皮（5-）7-20，不收缩，内部无假横隔膜，先端钝、锐尖或具 2 芒

43. 子房每室 1 胚珠；胚珠倒垂；分果爿常不裂 ································· ································· **43. 黄花稔属 *Sida***

43. 子房每室胚珠 2 至多数；胚珠不倒垂；分果爿开裂

44. 成熟分果爿不膨大，呈磨盘状，顶端圆钝、锐尖或具 2 芒， 壁厚革质；花瓣通常大于 1cm ················· **2. 苘麻属 *Abutilon***

44. 成熟分果爿膨胀，呈灯笼状，先端圆形，不具喙，壁薄膜质； 花瓣通常 1cm 以下 ················· **24. 泡果苘属 *Herissantia***

41. 副萼存在，3-9 裂；花通常不为黄色

45. 果通常不裂；副萼宿存，裂片开展；心皮 2-3；乔木或灌木，5-20m

46. 圆锥花序花多数；花单性；花瓣带红色或浅紫色；花柱分枝 3； 果不为花萼包埋，室背开裂；种子有槽 ········ **28. 翅果麻属 *Kydia***

46. 圆锥花序 2-5 花；花两性；花瓣白色或黄色；花柱分枝 2；果为 增大的花萼包埋，干后不裂；种子光滑 ································· ································· **36. 枣叶槿属 *Nayariophyton***

45. 果成熟时开裂；副萼裂片不开展；心皮（5-）8-25；草本或亚灌木， 0.25-3m

47. 副萼 5-11

48. 副萼 5-11 裂；子房 15 至多数，远端 1 室不育；花大，花瓣 倒卵状楔形，爪被髯毛；花药黄色 ················· **3. 蜀葵属 *Alcea***

48. 副萼 9 裂；心皮 1 室；花小，花瓣卵圆形，无爪；花药紫 褐色 ································· **4. 药葵属 *Althaea***

47. 副萼 3 裂

49. 花黄色或橘色；心皮具短芒 ············· **31. 赛葵属 *Malvastrum***

49. 花各色，稀黄色；心皮无短芒

50. 花萼果期不增大；花大，花后外弯，具爪；果轴伞状而
突出心皮外 ·······························**29. 花葵属 *Lavatera***
50. 花萼果期增大；花较小，顶部凹入，无爪；果轴圆筒状
·······························**30. 锦葵属 *Malva***

1. *Abelmoschus* Medikus 秋葵属

Abelmoschus Medikus (1787: 45); Tang et al. (2007: 283) [Lectotype: *A. moschatus* Medikus (≡ *Hibiscus abelmoschus* Linnaeus)]

特征描述：<u>一年生或多年生草本或灌木</u>，<u>具刚毛或绒毛</u>。叶全缘或掌状分裂。<u>单花</u><u>腋生</u>；副萼 4-16，线形，稀披针形，<u>宿存</u>；<u>花萼佛焰苞状</u>，<u>一侧开裂</u>，先端具 5 齿，早落；<u>花大</u>，<u>黄色或红色</u>，<u>中心暗红色</u>，漏斗形，花瓣 5；雄蕊柱不超出花冠，基部具花药；<u>子房 5 室</u>，每室多胚珠；花柱 5 裂。<u>蒴果长尖</u>，室背开裂，<u>密被长硬毛</u>。<u>种子常球形</u>，多数，<u>光滑无毛</u>。花粉粒散孔，常 3 孔沟，具长刺。染色体 2*n*=58，66，72，130，132。

分布概况：15/6（1）种，**4 型**；分布于东半球的热带和亚热带；中国产西南至台湾。

系统学评述：秋葵属和木槿属 *Hibiscus* 很相近，Pfeil 等根据分子系统学研究将该属归并到木槿属[13,14]，并且得到了 Koopman 和 Baum[7]研究的支持。两者形态上的主要区别点为该属花萼佛焰苞状，一侧开裂，且呈环状脱落。

DNA 条形码研究：BOLD 网站上有该属 4 种 9 个条形码数据；GBOWS 已有 3 种 26 个条形码数据。

代表种及其用途：黄葵 *A. moschatus* Medikus 的根黏液为制纸糊料；种子含芳香油，有麝香味，可为香料。秋葵 *A. esculentus* Moench 嫩果可作蔬菜食用；种子有时还作为咖啡的替代品。

2. *Abutilon* Miller 苘麻属

Abutilon Miller (1754: 23); Tang et al. (2007: 275) [Neotype: *A. theophrasti* Medikus (≡ *Sida abutilon* Linnaeus)]

特征描述：<u>草本或灌木</u>，偶具腺毛。叶互生，基部心形，叶脉掌状。花顶生或腋生，单生或排成总状花序；<u>花黄色或橘色</u>，稀其他，钟形或轮形；<u>无副萼</u>；花萼 5 裂，裂片披针形或卵形；花瓣 5，基部联合，与雄蕊柱合生；<u>雄蕊柱顶端具多数花丝</u>；<u>心皮 8 至多数</u>，<u>成熟时与果轴分离</u>，<u>每室 2-9 胚珠</u>，<u>有芒或无</u>；<u>花柱分枝与心皮同数</u>。<u>蒴果近球形</u>，陀螺状、磨盘状或灯笼状，<u>分果爿 8-20</u>。种子肾形，<u>被星状毛或具乳头状凸起</u>。花粉粒球形，具刺状纹饰和散萌发孔。鸟媒和虫媒。染色体 2*n*=14，16；大部分为多倍体。

分布概况：150-200/9（3）种，**2 型**；分布于热带和亚热带；中国南北均产。

系统学评述：分子系统学的研究表明该属与黄花稔属 *Sida* 构成复合群，有待于扩大取样来进一步研究该属的系统位置[11,20]。

DNA 条形码研究：BOLD 网站有该属 18 种 40 个条形码数据；GBOWS 上已有 3 种 53 个条形码数据。

代表种及其用途：该属有些种类的茎皮富含纤维，常栽培以供编织用，如苘麻 *A. avicennae* Miller；有些种类的花大，花色艳，可供园林观赏，如金铃花 *A. pictum* (Gillies ex Hooker) Walpers、红花苘麻 *A. roseum* Handel-Mazzetti 等；还有些种类可作药用，如磨盘草 *A. indicum* (Linnaeus) Sweet 等。

3. *Alcea* Linnaeus 蜀葵属

Alcea Linnaeus (1753: 687); Tang et al. (2007: 267) (Lectotype: *A. rosea* Linnaeus)

特征描述：一年生至多年生草本。叶近圆形；托叶先端三裂。花单生或排列成总状生于枝端；花大，漏斗形；副萼 5-11 裂，基部合生，密被绵毛和刺；花萼钟形，5 裂，基部合生；花瓣倒卵状楔形，爪被髯毛；雄蕊柱光滑，顶端着生花药，花药黄色，密集；子房 15 至多室，每室 1 胚珠，花柱与子房同数。蒴果盘状，分果片多数，成熟时与中轴分离。种子光滑或具毛。花粉粒散孔，具刺，皱状至疣状、细网状-点状纹饰。染色体 2*n*=42。

分布概况：60/2（1）种，**12** 型；主要分布于亚洲中部和西南部，欧洲东部和南部；中国产新疆和西南。

系统学评述：Tate 等[11]利用 ITS 片段的分子系统学研究表明，该属与 *Kitaibela* 构成姐妹关系，隶属于锦葵属的近缘类群 *Malva* Alliance。而后来 García 等[12]利用 ITS 与 4 个叶绿体片段联合分析表明，该属与 *Kitaibela* Willdenow 和药葵属多年生的种类聚为支持率很高的蜀葵分支 *Alcea* clade，并与核心锦葵属的近缘类群成姐妹关系，该研究认为从副萼分离的祖先状态来看，副萼基部合生的蜀葵支属于早期发生分化转变的类群。

DNA 条形码研究：BOLD 网站有该属 2 种 5 个条形码数据；GBOWS 已有 1 种 14 个条形码数据。

代表种及其用途：该属植物的花大，色彩鲜艳，可供园林观赏用；茎皮富含纤维，可供纺织；根入药用。

4. *Althaea* Linnaeus 药葵属

Althaea Linnaeus (1753: 686); Tang et al. (2007: 268) (Lectotype: *A. officinalis* Linnaeus)

特征描述：一年生或多年生直立草本，密被星状长糙毛。叶卵状三角形，3-5 裂或不分裂；托叶锥形。花腋生，单生或簇生或呈总状排列于茎顶；花淡紫色或粉色，漏斗状；具柄；副萼常 9 裂，基部合生，具星状毛；花萼 5 裂；花瓣卵圆形，顶端锯齿状；雄蕊柱圆柱状，具柔毛；花药聚生顶端，紫褐色；子房 1 室，每室 1 胚珠，直立；花柱与心皮同数，柱头下延，线形。蒴果扁球或盘状，分果片 8-25，半圆形，背面有凹槽，成熟时与果轴分离，每室 1 种子。花粉粒散孔，具长刺。染色体 2*n*=28，42，50，70，84。

分布概况：12/1 种，**10-3** 型；分布于欧洲西部至西伯利亚东南部；中国产新疆塔城县。

系统学评述：García 等[12]利用 ITS 与 4 个叶绿体片段（*trn*K、*ndh*F、*trn*L-F 及 *psb*A-*trn*H）联合分析中，该属并不是单系，一年生的类群与多年生的类群完全分开，分别聚在不同的分支上，而一年生药葵类群与锦葵属的 *Malva cretica* Cavanilles 更近缘。虽然该建议将一年生类群从该属分出，但其目前数据不支持做进一步的分类学处理。

DNA 条形码研究：BOLD 网站有该属 6 种 13 个条形码数据；GBOWS 已有 1 种 8 个条形码数据。

代表种及其用途：药葵 *A. officinalis* Linnaeus 在北京、南京、昆明、西安等地各植物园已引种栽培；其根入药。

5. *Ambroma* Linnaeus f. 昂天莲属

Ambroma Linnaeus f. (1782: 341); Tang et al. (2007: 322) [Type: *A. augustum* (Linnaeus) Linnaeus f. (≡ *Theobroma augustum* Linnaeus)]

特征描述：灌木或乔木，被星状柔毛。叶心形或卵状椭圆形。花序与叶对生或顶生，红紫色；花部 5 数，花瓣柄基部扩大，凹陷；雄蕊花丝合生成筒状包围雌蕊；退化雄蕊 5，片状，顶端钝，边缘具纤毛；花药 15，每 3 一束，着生在雄蕊柱外侧，与退化雄蕊的基部互生；子房无柄，具沟槽，5 室，每室胚珠多数；花柱 5 裂。蒴果膜质，顶部平截，五角形，角具纵翅，边缘有长绒毛，顶裂，隔膜具长纤毛。种子多数，具胚乳；子叶扁平，心形。花粉粒扁球形，3 孔，网状纹饰。染色体 2*n*=20，22，24。

分布概况：1-2/1 种，**5** 型；主要分布于亚洲热带至澳大利亚；中国长江以南亦产。

系统学评述：分子系统学研究认为该属位于刺果藤亚科 Byttnerioideae 的基部，与鹧鸪麻属 *Kleinhovia* 近缘[21-23]。该属很可能仅有昂天莲 *A. augusta* (Linnaeus) Linnaeus f. 且形态变异很大。

DNA 条形码研究：GBOWS 已有 1 种 25 个条形码数据。

代表种及其用途：昂天莲的皮部纤维可编绳和制纸的原料；可庭园栽培供观赏；其根供药用。

6. *Berrya* Roxburgh 六翅木属

Berrya Roxburgh (1820: 60), *nom. et orth. cons.*; Tang et al. (2007: 261) (Type: *B. ammonilla* Roxburgh)

特征描述：乔木。叶心形，5-7 基出脉，全缘。花多数，圆锥花序；花萼钟形，3-5 裂；花瓣 5，匙形；雄蕊全发育，多数，分离，花药近球形；子房 3-5 室，每室 2-6 胚珠，悬垂；花柱钻形，柱头 2-5 裂。蒴果球形，室背开裂为 3 果瓣，每果瓣具 2 倒卵形直翅；每室 1-2 种子。种子被刚毛；胚乳肉质；子叶叶状。花粉粒 3 孔沟，皱网状纹饰。染色体 2*n*=40。

分布概况：6/1 种，（**7e**）型；分布于印度，马来西亚和波利尼西亚；中国台湾亦产。

系统学评述：分子系统学证据表明该属位于六翅木族 Berryeae，与杯萼属 *Brownlowia* Roxburgh 较近缘[6]。

DNA 条形码研究：BOLD 网站有该属 1 种 2 个条形码数据。

代表种及其用途：六翅木 *B. cordifolia* (Willdenow) Burret 为名贵木材。

7. *Bombax* Linnaeus 木棉属

Bombax Linnaeus (1753: 511), *nom. cons.*; Tang et al. (2007: 200) (Type: *B. ceiba* Linnaeus, *typ. cons.*)

特征描述：落叶乔木；具圆锥形的粗刺。掌状复叶 5-9。花大，先叶开放，单生或簇生于叶腋；无苞片；花萼肉质，不规则分裂，早落；花瓣 5，常红色；雄蕊多数，合生成管；花丝若干轮，最外轮排为 5 束，各束与花瓣对生；花药 1 室，肾形，盾状着生；子房 5 室，每室胚珠多数；花柱细棒状，柱头星状 5 裂。蒴果木质，室背开裂，分果爿 5，革质，内布丝状绵毛。种子小，黑色，藏于绵毛内。花粉粒 3-6 孔或 3 沟孔。蝙蝠和鸟类传粉。染色体 2n=72，92，96。

分布概况：50/3 种，**6** 型；主要分布于美洲热带，在亚洲和非洲及澳大利亚的热带也产；中国产云南和广东。

系统学评述：在 Baum 等与 Nyffeler 等的分子系统学研究中，均支持该属为吉贝属 *Ceiba* Miller 与瓜栗属 *Pachira* Aublet 的姐妹群[6,17]，而 Duarte 等[24]则认为该属与 *Spirotheca* Ulbrich 及瓜栗属的 *P. quinata* (Jacquin) W. S. Alverson 关系密切。

DNA 条形码研究：BOLD 网站有该属 4 种 11 个条形码数据；GBOWS 已有 1 种 10 个条形码数据。

代表种及其用途：木棉 *B. ceiba* Linnaeus 为观赏树；种子绵毛可作垫褥和枕头的填充物或船上的救生器；树皮和黄葵 *Abelmoschus moschatus* Medikus 的根煎胶为制灯纸的糊料。

8. *Burretiodendron* Rehder 柄翅果属

Burretiodendron Rehder (1936: 47); Tang et al. (2007: 261) [Type: *B. esquirolii* (Léveillé) Rehder (≡ *Pentace esquirolii* Léveillé)]. ——*Excentrodendron* H. T. Chang & R. H. Miao (1978: 21)

特征描述：乔木，常具腺毛。叶简单或稍浅裂，有时具小齿。花腋生、单生或二歧聚伞；总苞苞片 3 或形成 1 均匀紧密围绕花芽的包膜；花功能上为单性；萼片离生或近离生，腹侧基部蜜腺有时突出；花瓣窄；雄蕊多数，与花瓣互生，有时具内部退化雄蕊；子房具柄或无，5 室，每室 2 胚珠，花柱短，棒状。蒴果长圆形，具薄翅 5，室间裂开，每室 1 种子。种子长倒卵形；胚乳薄；子叶褶合，微 2 裂。花粉粒 6-8 孔，具刺。染色体 2n=120。

分布概况：4/4（2）种，**7-3（7-4）**型；分布于越南，泰国，缅甸；中国产西南。

系统学评述：许多学者并不赞同将蚬木属 *Excentrodendron* H. T. Chang et R. H. Miao 从该属中分离[2,25,26]，并认为柄翅果属包含了蚬木属，与火绳树属 *Eriolaena*、翅子树属 *Pterospermum* 等类群共同构成非洲芙蓉亚科 Dombeyoideae。但 Tang 等分别从木材解剖、花粉形态、胚胎学特征分析结果支持蚬木属从该属分离，建立独立的属[27-29]，分子系统学研究也发现蚬木属和柄翅果属为姐妹群[30]。

DNA 条形码研究：BOLD 网站有该属 1 种 2 个条形码数据；GBOWS 已有 2 种 28 个条形码数据。

代表种及其用途：柄翅果 *B. esquirolii* (H. Léveillé) Rehder 被列为国家 II 级重点保护野生植物。

9. *Byttneria* Loefling 刺果藤属

Byttneria Loefling (1758: 313), *nom. cons.*; Tang et al. (2007: 322) (Type: *B. scabra* Linnaeus)

特征描述：藤本、灌木，稀为小乔木；常具刺。叶圆形至卵圆形；中脉基部有腺点。花小，排成聚伞花序腋生或顶生；萼片 5，基部连合；花瓣 5，具爪，上部凹陷似盔状，顶端有长带状附属体；雄蕊的花丝合生成筒状，退化雄蕊 5，片状，与花萼对生，具药雄蕊 5，与花瓣对生，花药 2 室，外向；子房无柄，5 室，每室 2 胚珠。蒴果圆球形，木质，有刺，分果爿 5，成熟时与果轴分离，室背裂或不裂。种子每室 1 枚，无胚乳；子叶褶合，2 裂。花粉粒球形，3 孔，网状纹饰。染色体 $2n$=26，28，30，52，56，78。

分布概况：130/3 种，**2** 型；主要分布于美洲热带，非洲大陆，马达加斯加和东南亚；中国产华南至西南。

系统学评述：分子系统学研究发现 *Ayenia* 的类群嵌入该属，该属不为单系，该类群的地理分化与其生活型的转变有关[23]。

DNA 条形码研究：BOLD 网站有该属 27 种 34 个条形码数据；GBOWS 已有 3 种 24 个条形码数据。

代表种及其用途：刺果藤 *B. aspera* Colebrooke ex Wallich 的茎皮纤维可制绳索。

10. *Ceiba* Miller 吉贝属

Ceiba Miller (1754: 287); Tang et al. (2007: 301) [Lectotype: *Ceiba pentandra* (Linnaeus) Gaertner (≡ *Bombax pentandrum* Linnaeus)]

特征描述：落叶乔木，高达 30m，树干膨胀，基部具板根，树干和枝通常具刺。掌状复叶，小叶 3-9。花白色或玫瑰红色，先叶开放，单生或 2-15 花簇生成束，下垂；花萼不规则 3-5（-12）裂，厚肉质，宿存；花瓣 5，基部合生并贴生于雄蕊柱，外面密被白色绒毛；雄蕊柱短，花丝 3-15，分离或成 5 束，每束花丝顶端有 1 室、扭旋的花药 1-3；子房 5 室，每室多胚珠；花柱线形，柱头头状到具小裂片。蒴果长圆形或近倒卵形，木质或革质，下垂，室背开裂；分果爿 5，内壁密被绵毛。种子多数，藏于绵毛内，具假种皮；胚乳少。花粉粒超扁球形至近扁球形，3-6 孔或 3 沟孔。主要靠蝙蝠传粉，偶尔为蝴蝶。染色体 $2n$=72，74，75，76，80，84，86，88，92。

分布概况：17/1 种，（**2**）型；分布于热带美洲，亦扩伸至非洲西部和亚洲；中国海南引种 1 种。

系统学评述：Duarte 等[24]分子系统学研究支持该属的单系性，且单型属 *Neobuchia* 为该属的姐妹群，然后与假木棉属 *Pseudobombax* 一起构成核心木棉亚科内的 1 支，与 Baum 等[17]和 Nyffeler 等[6]的观点不同。

DNA 条形码研究：BOLD 网站有该属 7 种 13 个条形码数据；GBOWS 已有 1 种 4 个条形码数据。

代表种及其用途：吉贝 *C. pentandra* Miller 可作行道树；其种子的绵毛是救生衣等优良填充材料，以及飞机上隔音、绝缘材料，亦可供纺织或用作防水材料。

11. *Cenocentrum* Gagnepain 大萼葵属

Cenocentrum Gagnepain (1909: 78); Tang et al. (2007: 295) (Type: *C. tonkinense* Gagnepain)

特征描述：灌木或亚灌木，全株被黄色星状刺毛。叶近圆形，有 5-9 掌状裂片；托叶卵形。花腋生、单生或在顶端聚成伞房花序；花大，黄色；副萼 4，较大，阔三角形；花萼钟形，5 裂；花瓣 5，倒卵形；雄蕊柱具着生到顶的花药，花药螺丝状；子房 10 室，被毛；花柱枝被毛，柱头 10。蒴果中心凹陷，10 室，室背开裂。种子肾形，平滑，具细点；子叶平行，褶合。花粉粒 3 孔沟或 3 孔，具散孔。

分布概况：单种属，**7-4 型**；分布于越南，老挝，泰国；中国产长江以南。

系统学评述：该属和木槿属 *Hibiscus* 很相近，Pfeil 和 Crisp[14]根据目前分子系统学研究认为该属不为单系，将该属归并到木槿属内，并且得到了 Koopman 和 Baum 研究的支持[7]。

DNA 条形码研究：GBOWS 上有 1 种 4 个条形码数据。

代表种及其用途：大萼葵 *C. tonkinense* Gagnepain 花大而美，作园林观赏。

12. *Colona* Cavanilles 一担柴属

Colona Cavanilles (1798: 47); Tang et al. (2007: 250) (Type: *C. serratifolia* Cavanilles)

特征描述：乔木或灌木，通常被星状毛。单叶互生，卵形，常偏斜，有时 3-5 浅裂，5-7 基出脉，全缘或有小锯齿；具长叶柄。花簇生或排成顶生的圆锥花序；花两性；具副萼，2 裂；花萼 5，离生；花瓣 5，基部有腺体；雌雄蕊柄极短；雄蕊多数，离生，着生于隆起的花盘上；子房 3-5 室，每室 2-4 胚珠；柱头尖细，不裂。蒴果近球形，有 3-5 直翅，室间开裂。花粉粒 3 孔沟，粗网状纹饰。

分布概况：20/2 种，**7 型**；分布于热带亚洲；中国产云南。

系统学评述：该属为单系。形态学与分子系统学的研究均支持该属与 *Goethalsia* 为近缘类群，两者具有相似的花、果实性状[31,32]。

DNA 条形码研究：BOLD 网站有该属 1 种 1 个条形码数据；GBOWS 已有 1 种 11 个条形码数据。

13. *Commersonia* J. R. Forster & G. Forster 山麻树属

Commersonia J. R. Forster & G. Forster (1775: 22); Tang et al. (2007: 323) (Type: *C. echinata* J. R. Forster & G. Forster)

特征描述：乔木或灌木。叶卵圆形，微歪斜，有锯齿。花排成顶生或腋生或与叶对生的聚伞花序；花小；花萼 5 裂；花瓣 5，基部扩大且凹入，顶端延长成带状的附属体；退化雄蕊 5，披针形，与萼片对生，发育雄蕊 5，与花瓣对生；花药近球形，分为不均等 2 室；子房无柄，5 室合生，每室 2-6 胚珠。蒴果圆球形，具刚毛，5 室，室背开裂，每室 1-2 种子。种子无翅；具胚乳；子叶扁平。花粉粒球形，3-5 沟孔，网状纹饰。

分布概况：9/1 种，**5 型**；分布于热带亚洲和澳大利亚；中国海南亦产。

系统学评述：通常的分类处理认为该属与澳大利亚的 *Rulingia* 是 2 个截然不同的类群，可以根据退化雄蕊的数目区分。形态学和分子系统学研究表明，这 2 个属都不是单系[21,33]。Whitlock 等[22]增加取样后，对上述 2 属进行了重新界定，并认为与花萼对生的退化雄蕊数目是区分它们的关键性状。

DNA 条形码研究：BOLD 网站有该属 1 种 7 个条形码数据，GBOWS 已有 1 种 3 个条形码数据。

代表种及其用途：山麻树 *C. bartramia* (Linnaeus) Merrill 韧皮纤维可为制纸的原料。

14. *Corchoropsis* Siebold & Zuccarini 田麻属

Corchoropsis Siebold & Zuccarini (1843: 737); Tang (1994: 251); Tang et al. (2007: 326) (Type: *C. crenata* Siebold & Zuccarini)

特征描述：一年生草本；茎被星状柔毛或平展柔毛。叶互生，3 基出脉，具钝齿，被星状柔毛。花黄色，单生于叶腋；花萼 5，狭窄披针形；花瓣 5，倒卵形；雄蕊 20，5 败育，匙状条形，与花萼对生，余下每 3 雄蕊一束；子房被短绒毛或无毛，3-4 室，每室胚珠多数；花柱近棒状，顶端截平，3 齿裂。蒴果角状长圆筒形，分果片 3，室背裂开，种子 3 至多数；星芒状柔毛。花粉粒 3 孔，具刺。染色体 $2n=20$。

分布概况：1/1 种，**14SJ 型**；主要分布于日本，韩国；中国南北均产。

系统学评述：该属曾被置于梧桐科内。Won[34]利用 3 个叶绿体片段 *rbc*L、*atp*B 及 *ndh*F 的分子系统学研究将该属识别为非洲芙蓉亚科 Dombeyoideae 内的成员，系 *Dombey-Ruizia* 分支的姐妹群。

DNA 条形码研究：BOLD 网站有该属 2 种 5 个条形码数据；GBOWS 已有 2 种 54 个条形码数据。

代表种及其用途：田麻 *C. tomentosa* (Thunberg) Makino 茎皮纤维可代麻，编制绳索或麻袋；全草亦可入药。

15. *Corchorus* Linnaeus 黄麻属

Corchorus Linnaeus (1753: 529); Tang et al. (2007: 249) (Lectotype: *C. olitorius* Linnaeus)

特征描述：一年生草本或亚灌木。叶纸质，3 基出脉，两侧有线状小裂片，有锯齿。花单生或数朵排成短的聚伞花序；花小，黄色，两性；花瓣 4-5，无腺体；雄蕊多数，着生于雌雄蕊柄上，分离，无退化雄蕊；子房 2-5 室，每室胚珠多数；花柱短，柱头盾状。蒴果长筒形或球形，有棱或短角，室背开裂为 2-5 果爿。种子多数，有胚乳。花粉粒椭球形，3 孔沟，网状纹饰。染色体 2n=14，26，28，42。

分布概况：40-100/4 种，**2** 型；热带广布。

系统学评述：分子系统学研究表明该属不为单系，高度支持将 *Oceanopapaver* 移置该属内，尽管没有找到合适的形态共衍征，但其地理分布是重叠的[19]。

DNA 条形码研究：BOLD 网站有该属 23 种 30 个条形码数据；GBOWS 已有 3 种 32 个条形码数据。

代表种及其用途：黄麻 *C. capsularis* Linnaeus 广为栽植，为中国重要的纤维作物之一；种子内含黄麻碱，有毒。

16. *Craigia* W. W. Smith & W. E. Evans 滇桐属

Craigia W. W. Smith & W. E. Evans (1921: 69); Tang et al. (2007: 248) (Type: *C. yunnanensis* W. W. Smith & W. E. Evans)

特征描述：落叶乔木或灌木，顶芽具鳞苞。叶革质，椭圆形或长圆形，3 基出脉。短圆锥花序腋生；花两性；花柄具节；花萼片 5，肉质，外被锈色短星状毛，分离，镊合状排列；无花瓣；无雌雄蕊柄；雄蕊多数，退化雄蕊 10，成对着生，每对包藏 4 能育雄蕊；花丝基部略连生，花药 2 室；子房上位，无柄，5 室，每室 6 胚珠；花柱 5。翅果椭球形，具脉纹膜质翅 5，室间开裂，每室 1-4 种子。种子长圆形，外种皮光滑，黑或褐色。花粉粒扁球形，3 沟孔。染色体 2n=160。

分布概况：2/2（1）种，**7-4** 型；分布于中国和越南邻接地域；中国产云南和广西。

系统学评述：滇桐属曾置于梧桐科内[1]。分子系统学研究表明该属与椴树属 *Tilia* 及产中美洲的 *Mortoniodendron* 关系密切[4,6]。

DNA 条形码研究：BOLD 网站有该属 2 种 3 个条形码数据；GBOWS 已有 1 种 16 个条形码数据。

代表种及其用途：该属仅有的 2 种均被列入《世界自然保护联盟濒危物种红色名录》，其中桂滇桐 *C. kwangsiensis* H. H. Hsue 可能已经灭绝。

17. *Decaschistia* Wight & Arnott 十裂葵属

Decaschistia Wight & Arnott (1834: 52); Tang et al. (2007: 294) (Type: *D. crotonifolia* Wight & Arnott)

特征描述：多年生草本或灌木，具绒毛。叶全缘或分裂；具叶柄和托叶。花具短柄，聚生于上部叶腋内或枝顶，副萼 10，线形或披针形；花萼 5 裂；花瓣 5，着生于雄蕊柱基部；雄蕊柱在顶部以下具多数花药；子房 6-10 室，每室 1 胚珠；花柱的分枝与子房室同数。蒴果扁球形，为宿萼所包，分果爿 10，成熟时与果轴分离。种子肾形，光滑。花粉粒 3 孔沟或 3 孔，具散孔。

分布概况：10/1 种，**5（7）**型；分布于热带亚洲；中国产海南。

系统学评述：根据 Pfeil 等[13]的分子系统学研究该属类群落在木槿分支内，形成单系，之后 Pfeil 和 Crisp[14]将该属归并到广义的木槿属，并得到了 Koopman 和 Baum[7]研究的支持。但上述研究的取样并不具有亚洲种类的代表性。

18. *Diplodiscus* Turczaninow 海南椴属

Diplodiscus Turczaninow (1858: 235); Tang et al. (2007: 260) (Type: *D. paniculatus* Turczaninow). —— *Hainania* Merrill (1935: 35)

特征描述：乔木或灌木。叶卵圆形，具基出脉 5-7，全缘，背面密被星状毛；具长柄。圆锥花序；花小，两性；花萼钟状，不规则 2-5 裂；花瓣 5，倒卵形；雄蕊 20-30，分离或合生成 5 束；花丝伸长，花药细小，药室不连合；退化雄蕊 5，披针形，与花瓣对生；子房上位，5 室，每室 5 胚珠；花柱细长，柱头尖锐。蒴果倒卵形，凸起 5 棱，背开裂为 5 片，每室 1-3 种子。种子密生长绒毛。花粉粒 3 孔沟，皱网状纹饰。

分布概况：9-10/1（1）种，7-4（15）型；主要分布于加里曼丹，马来西亚，菲律宾，斯里兰卡；中国产海南和广西。

系统学评述：从形态上看，该属与 *Hainania* 和 *Pityranthe* 很难区分，而且三者曾以不同的形式组合为相互的异名。Merrill 曾以 *Pityranthe* 仅产斯里兰卡，而 *Hainania* 具多数胚珠及种子有毛来区分两者；而该属以果实仅具 1-2 光滑种子而与 *Hainania* 和 *Pityranthe* 相区别[2]。一些学者依据命名上的优先权将 *Pityranthe* 降级为海南椴属 *Diplodiscus* 的异名[35,36]。Bayer 和 Kubitzki[2]将 *Hainania* 作为 *Pityranthe* 的异名，因此也认为其是 *Diplodiscus* 的异名。

DNA 条形码研究：BOLD 网站有该属 1 种 2 个条形码数据，GBOWS 已有 1 种 11 个条形码数据。

代表种及其用途：海南椴 *D. trichospermus* (Merrill) Y. Tang, M. G. Gilbert et Dorr 被列为国家 II 级重点保护野生植物。

19. *Eriolaena* de Candolle 火绳树属

Eriolaena de Candolle (1823: 102); Tang et al. (2007: 323) (Type: *E. wallichii* de Candolle)

特征描述：乔木或灌木。叶心形，掌状裂，边缘具齿，被星状毛。花黄或白色，单生或数花聚生；副萼 3-5，锯齿或条裂；花萼幼时佛焰苞状，花时 5 深裂，条形，镊合状排列，被短柔毛；花瓣 5，下部收缩成扁平爪，具绒毛；雄蕊多数，连合为单体雄蕊，花丝顶端分离；花药多数，线状矩圆形，2 室；子房无柄，5-10 室，被柔毛，每室胚珠多数；花柱线形，柱头 5-10 裂。蒴果木质，卵形或长卵形，室背开裂。种子具翅，膜质，翅为全种子长的一半；胚乳薄；子叶褶合。花粉粒球形，5-8 孔，具小刺。染色体 $2n=120$。

分布概况：17/6（1）种，（7a）型；分布于不丹，印度，缅甸，泰国，老挝，越南；中国产云南、贵州、四川和广西。

系统学评述：Skema[37]基于形态与分子系统学的综合研究表明该属与 *Helmio psiella* 为姐妹关系，与其他的分子和形态的研究结论吻合[2,34,37]，尽管这种近缘关系的支持率较低，但得到形态共衍征（蒴果形状，种子具翅、有纹脉）的支持。该研究还发现该属与非洲芙蓉属 *Dombeya* 的 *D. superba* Arènes 关系密切且形态上颇相似[37]。

DNA 条形码研究：BOLD 网站有该属 1 种 1 个条形码数据；GBOWS 已有 2 种 8 个条形码数据。

代表种及其用途：火绳树 *E. spectabilis* (de Candolle) Planchon ex Hooker 为紫胶虫的主要寄主；其树皮的纤维可编绳。

20. *Firmiana* Marsili 梧桐属

Firmiana Marsili (1786: 114-116); Tang et al. (2007: 310) [Type: *F. platanifolia* (Linnaeus) H. W. Schott & Endlicher (≡ *Sterculia platanifolia* Linnaeus)]. ——*Erythropsis* Lindley (1832: 33)

特征描述：乔木，稀灌木，树皮淡绿色。单叶，掌状 3-5 裂，或全缘。花通常顶生圆锥花序；花单性或杂性；花萼 5，深裂，萼片向外卷曲，稀 4 裂；无花瓣；雄蕊合生成柱，柱顶有花药 10-15，聚成头状，花药 2 室，弯曲；具退化雌蕊；子房圆球形，基部围绕着不育花药，5 室，每室 2 至多胚珠；花柱基部连合，柱头与心皮同数而分离。蓇葖果；具柄；果瓣膜质，在成熟前裂成叶状，每果瓣具 1 至多种子，生于果瓣的内缘。种子圆球形；胚乳扁平或褶合；子叶扁平。花粉粒球形，3 沟孔。染色体 2n=32 或 40。

分布概况：16/7（5）种，**14SJ** 型；分布于亚洲的热带、亚热带及温带；中国南北均有栽培。

系统学评述：由于取样的局限性，该属与 *Hildegardia* 的系统关系目前尚未得到解决[16]。Kostermans 曾根据蓇葖果开裂与否认为可将上述两者分开[38]，但分子证据并不支持分开，而梧桐属 *Firmiana* 是两者中最早发表的名称因而保留。

DNA 条形码研究：BOLD 网站有该属 3 种 4 个条形码数据；GBOWS 已有 5 种 38 个条形码数据。

代表种及其用途：梧桐 *F. simplex* (Linnaeus) W. Wight 为常见行道树及观赏树。该属植物木材优良适于制乐器和家具等；种子炒熟可食；树皮纤维可制纸或编绳。

21. *Gossypium* Linnaeus 棉属

Gossypium Linnaeus (1753: 693); Tang et al. (2007: 296) (Lectotype: *G. arboreum* Linnaeus)

特征描述：一年生或多年生亚灌木，有时乔木状。叶卵圆形，掌状分裂，常有紫色斑点。花大，两性，单生于叶腋内，白色、黄色或淡紫色，但凋萎时常变色；副萼 3-7，有腺点；花萼浅碟状，边全缘或 5 齿裂；花瓣 5，芽时旋转排列；雄蕊柱有多数具花药的花丝，顶部平截；子房上位，3-5 室，每室有 2 至多胚珠。蒴果室背开裂。种子球形，密被长绵毛，或混生贴着种皮的短纤毛，或光滑。花粉粒为短沟孔型，具刺状纹饰和散萌发孔。染色体 2n=26 或 52。

分布概况：20/4 种，（**2**）型；分布于热带和亚热带；中国 4 种均由外地引种栽培。

系统学评述：Seelanan 等[15]基于 ITS 及叶绿体片段对棉族 Gossypieae 的系统发育关系研究，确立了该属的单系性，且与 *Kokia* 和 *Gossypioides* 的近缘关系，但是该属内的系统发育关系比较复杂，与其经历的网状进化事件有关[15,39]。

DNA 条形码研究：对棉花种的鉴别能力参见 Ashfaq 等[40]的研究。BOLD 上有该属

33 种 747 个条形码数据；GBOWS 上有 3 种 12 个条形码数据。

代表种及其用途：棉花 *G. hirsutum* Linnaeus 种子的绵毛为世界纺织工业最主要的原料；其种子榨出的油供灯燃烧照明或食用，也可为肥料或牲畜饲料。

22. *Grewia* Linnaeus 扁担杆属

Grewia Linnaeus (1753: 964); Tang et al. (2007: 251) (Lectotype: *G. occidentalis* Linnaeus)

特征描述：灌木或乔木，直立或攀援状，多少被星状柔毛。叶互生，具基出脉，叶基微歪斜，浅裂或有锯齿。花腋生、簇生或排成伞形花序，有时花序与叶对生；花序柄及花柄通常被毛；花两性或单性异株；花萼 5，分离；花瓣 5，短于萼片，基部常有鳞片状腺体；具雌雄蕊柄，雄蕊多数，生于短的花托上；子房 2-4 室，每室 2-8 胚珠；花柱顶端扩大，柱头盾形，全缘或分裂。核果肉质，常有沟槽，裂为 2-4 分核。种子间具假隔膜；胚乳丰富；子叶扁平。花粉粒长球形，3 孔沟，网状纹饰。虫媒。染色体 2*n*=18，26。

分布概况：90/27（13）种，**4 型**；分布于东半球热带地区；中国产西南、西北、华东至东北，西南尤盛。

系统学评述：该属与破布叶属 *Microcos* 通常被认为极相似，甚至为同属。但分子系统学与形态性状综合分析认为两者为不同的类群，且该属与 *Desplatsia* 关系更密切[31]。该属属下划分尚不明确。

DNA 条形码研究：BOLD 网站有该属 21 种 55 个条形码数据；GBOWS 已有 8 种 66 个条形码数据。

代表种及其用途：扁担杆 *G. biloba* G. Don 果实橙红艳丽，为观果树种；枝叶可药用；茎皮纤维可作人造棉，宜混纺或单纺；去皮茎秆可作编织用。

23. *Helicteres* Linnaeus 山芝麻属

Helicteres Linnaeus (1753: 963); Cristóbal (2000: 1); Tang et al. (2007: 318) (Lectotype: *H. isora* Linnaeus)

特征描述：灌木或小乔木，被星状柔毛。单叶互生。花腋生、簇生或排成聚伞花序；花两性；副萼细小；花萼管状，5 裂，二唇状；花瓣 5，具柄，柄常有耳；雄蕊 10，位于伸长而合生的雌雄蕊柄顶端，顶端 5 齿裂，花药成群生于裂齿间；花丝多少合生，围绕雌蕊；退化雄蕊 5，位于发育雄蕊之内；子房生于柱顶，具 5 棱，5 室，每室胚珠多数；花柱 5，线形。蒴果长椭圆形或螺旋状扭曲，侧裂，被毛。种子具瘤状凸起；胚乳薄；子叶褶合。花粉粒扁球形，3 孔，具穴状纹饰。蝙蝠或鸟类传粉。染色体 2*n*=18。

分布概况：60/10（1）种，**2-1（3）型**；分布于亚洲和美洲热带；中国产长江以南。

系统学评述：Nyffeler 等[6]的分子系统学研究表明该属与 *Triplochiton* 的关系要比与梭罗树属 *Reevesia* 更近缘。

DNA 条形码研究：BOLD 网站有该属 5 种 15 个条形码数据，GBOWS 已有 6 种 23 个条形码数据。

代表种及其用途：山芝麻 *H. angustifolia* Linnaeus 茎皮纤维供编织和制纸用；根或

全株可入药。

24. *Herissantia* Medikus 泡果苘属

Herissantia Medikus (1788: 244); Tang et al. (2007: 279) [Type: *H. crispa* (Linnaeus) Brizicky (≡ *Sida crispa* Linnaeus)]

特征描述：草本。茎直立或披散，有时匍匐；枝被粘毛。叶基部常心形，边缘有锯齿；托叶线状镰刀形，被柔毛。花单生于叶腋内；花梗纤细，中部有关节，无副萼；花萼杯状，5 深裂，裂片长圆状披针形；花瓣 5，倒卵形；雄蕊柱上部有很多花药；子房 10-14 室，每室有 2-3 胚珠；花柱的分枝与子房室同数。蒴果圆球状或扁球形，膨胀，呈灯笼状，疏被粗毛，顶端无芒，室背开裂；分果爿 10-14，每室种子 1-3。种子肾形，粗糙，黑色。花粉粒 3 孔沟或 3 孔，具散孔。染色体 2n=12，14。

分布概况：6/1 种，**3 型**；主要分布于新热带，仅 1 种产旧热带；中国海南有栽培。

系统学评述：该属系苘麻属 *Abutilon* 的近缘类群。Fryxell[41]曾建议将该属的部分类群移出另立新属，但尚未见分子系统学研究报道。

DNA 条形码研究：BOLD 网站有该属 2 种 5 个条形码数据；GBOWS 已有 1 种 8 个条形码数据。

25. *Heritiera* Aiton 银叶树属

Heritiera W. Aiton (1789: 546); Tang et al. (2007: 312) (Type: *H. littoralis* W. Aiton)

特征描述：乔木，干基常板状。叶互生，单叶或掌状复叶，革质，背面密被银灰色的鳞片。花单性，排成腋生的圆锥花序，被柔毛或鳞片；花萼钟状，4-6 浅裂；无花瓣；雄蕊花药 4-15，环状排列在雌雄蕊柄顶端，具不育雌蕊；心皮 3-5 室，相互黏合，不育花药贴生于子房基部，每室 1 胚珠。蓇葖果木质或革质，不裂，有龙骨状凸起或翅。种子光滑；无胚乳。花粉粒球形，3 沟孔。染色体 2n=40，32，30，28。

分布概况：35/3 种，**4 型**；分布于热带非洲、亚洲及澳大利亚；中国产长江以南。

系统学评述：该属的单系性得到分子证据的支持[16]，但并不赞同 Bayer 和 Kubitzki[2]将 *Argyrodendron* 并入该属的观点，而是认为两者彼此独立，并不近缘。

DNA 条形码研究：BOLD 网站有该属 3 种 10 个条形码数据；GBOWS 已有 1 种 17 个条形码数据。

代表种及其用途：银叶树 *H. littoralis* W. Aiton 为红树林树种之一，为海岸防风树种及庭院树；木材可供建筑、家具与造船等使用；种子及树皮可入药。

26. *Hibiscus* Linnaeus 木槿属

Hibiscus Linnaeus (1753: 693), *nom. cons.*; Tang et al. (2007: 286) (Type: *H. syriacus* Linnaeus, *typ. cons.*)

特征描述：亚灌木、灌木或乔木，稀草本，偶具刺。叶互生，不分裂或多少掌状裂，有托叶。花大，单生或排成总状花序；副萼 5 或多数，分离或于基部合生；花萼 5，浅裂或深裂；花瓣 5，<u>基部与雄蕊柱合生</u>；<u>雄蕊柱顶端截平或 5 齿裂</u>；花药多数，<u>生于柱顶</u>；<u>子房 5 室</u>，<u>每室 3 至多胚珠</u>；花柱 5 裂，柱头头状。蒴果卵球形或椭球形，<u>室背开裂</u>。种子肾形，<u>具瘤突或被毛</u>。花粉粒球形，具刺状纹饰和散萌发孔。虫媒及鸟媒传粉，有的种类自花授粉。染色体数目变化较大。

分布概况：200/25（12）种，**2 型**；分布于热带和亚热带；中国引种 4 种。

系统学评述：根据 Pfeil 等[13]的分子系统学研究认为木槿属类群是 1 个并系，中国的一些属（秋葵属 *Abelmoschus*、悬铃花属 *Malvaviscus* 及梵天花属 *Urena*）也落入木槿的分支之内，形成单系。之后 Pfeil 和 Crisp[14]将落入木槿分支的一些小属归并到广义的木槿属内，并得到了 Koopman 和 Baum[7]研究的支持。

DNA 条形码研究：BOLD 网站有该属 45 种 113 个条形码数据；GBOWS 已有 8 种 75 个条形码数据。

代表种及其用途：该属大部分种类供观赏用；但其中大麻槿 *H. cannabinus* Linnaeus、木槿 *H. syriacus* Linnaeus 和黄槿 *H. tiliaceus* Linnaeus 等为很好的纤维植物；玫瑰茄 *H. sabdariffa* Linnaeus 的萼可制果酱，纤维亦可用。

27. *Kleinhovia* Linnaeus 鹧鸪麻属

Kleinhovia Linnaeus (1763: 1365); Tang et al. (2007: 320) (Type: *K. hospita* Linnaeus)

特征描述：<u>乔木</u>。叶互生，<u>阔卵状心形</u>，掌状脉 3-7。花小，<u>两性</u>，多数排成顶生、疏散的大圆锥花序；副萼细小，披针形；花萼 5，分离；<u>花瓣 5</u>，<u>互不等</u>；<u>雄蕊柱顶部 5 裂</u>，每裂片具 3 花药；退化雄蕊尖齿状，<u>与具药花丝束互生</u>；子房着生在雌雄蕊柄顶端，5 室，5 裂，<u>每室 3-4 胚珠</u>；花柱纤细，柱头 5 裂。<u>蒴果倒卵形</u>，<u>膜质</u>，<u>膨胀</u>，5 片裂，室背开裂，<u>每室种子 1-2</u>。种子圆球形，有瘤状小凸起；胚乳薄；子叶弯曲，扭折。花粉粒扁球形，3 孔，拟网纹饰。染色体 2*n*=20。

分布概况：单种属，**4 型**；分布于热带非洲，亚洲和澳大利亚；中国海南和台湾盛产。

系统学评述：分子证据表明该属是刺果藤亚科 Byttneriodeae 的基部类群，为 *Byttneria*+*Ayenia*+*Rayleya* 的姐妹群[21]。

DNA 条形码研究：BOLD 网站有该属 1 种 7 个条形码数据；GBOWS 已有 1 种 7 个条形码数据。

代表种及其用途：鹧鸪麻 *K. hospita* Linnaeus 树皮纤维可制绳索，织麻袋；全草可入药。

28. *Kydia* Roxburgh 翅果麻属

Kydia Roxburgh (1814: 50; 1819: 11); Tang et al. (2007: 279) (Type: *K. calycina* Roxburgh)

特征描述：<u>乔木</u>，<u>雌雄异株</u>。叶掌脉，<u>中脉腺点显著</u>。圆锥花序；花白色；<u>副萼 4-6</u>，<u>叶状</u>，<u>基部合生</u>，果时扩大而成广展的翅；萼片 5，<u>下部合生</u>；花瓣 5；雄花雄蕊柱 5 裂，每裂 3-5 花药，无柄、肾形，<u>不发育子房圆球形</u>，<u>不育花柱内藏</u>；<u>雌花子房 2-3 室</u>，每室 2 胚珠，花柱 3 裂，柱头盾状，不育花药 5，生于短雄蕊柱上。蒴果扁球形，室背开裂，分果爿 3；密被柔毛。种子肾形，有槽。花粉粒球形，具刺状纹饰和散萌发孔。染色体 2n=98。

分布概况：2/2 种，**7-2** 型；分布于印度，不丹，缅甸，柬埔寨，越南；中国产云南。

系统学评述：根据 Pfeil 等的分子系统学研究，Pfeil 和 Crisp 将该属归并到广义的木槿属内[13,14]，并得到了 Koopman 和 Baum[7]研究的支持。

DNA 条形码研究：BOLD 网站有该属 1 种 1 个条形码数据；GBOWS 有 2 种 10 个条形码数据。

代表种及其用途：翅果麻 *K. calycina* Roxburg 的叶、皮入药；皮层纤维可供制绳索；还是放养紫胶虫的寄主树。

29. *Lavatera* Linnaeus 花葵属

Lavatera Linnaeus (1753: 690); Tang et al. (2007: 267) (Lectotype: *L. trimestris* Linnaeus)

特征描述：草本或灌木。叶有棱角或分裂。花各色，稀黄色，花冠漏斗形，1-4 花腋生或总状花序顶生；副萼 3，合生或分离；花萼钟形，5 裂；花瓣 5，花后外弯，有爪；雄蕊柱顶部裂为多数具药花丝；心皮 7-25，环绕果轴合生，果轴顶部伞状而突出心皮外，每室 1 胚珠；花柱基部扩大，柱头丝状。蒴果盘状，分果爿 7-25，侧面观 "C" 形，不完全包裹种子。种子肾形，平滑无毛。花粉粒 3 孔沟或 3 孔，具散孔，具长刺。染色体 2n=28，42，84，112。

分布概况：25/1 种，**12-5** 型；主要分布于美洲，亚洲，欧洲和澳大利亚；中国新疆亦产。

系统学评述：该属与 *Malope*、*Navaea* 及锦葵属 *Malva* 关系密切。分子系统学研究一致认为该属与锦葵属都不是单系类群[11,12,42]，彼此的分支有各自的类群嵌入，可能与传统的分类性状非同源（如副萼）及类群间的网状进化有关[12]。该属与其近缘属间的关系有待进一步澄清[12]。

DNA 条形码研究：BOLD 网站有该属 16 种 19 个条形码数据；GBOWS 已有 1 种 8 个条形码数据。

代表种及其用途：花葵 *L. trimestris* Linnaeus 植株高大舒展，观赏效果颇佳，可丛植或作花境，亦可作盆栽观赏。

30. *Malva* Linnaeus 锦葵属

Malva Linnaeus (1753: 687); Tang et al. (2007: 265) (Lectotype: *M. sylvestris* Linnaeus)

特征描述：一年生或多年生草本。叶卵圆形，有角或 5-7 分裂。花白色或玫瑰红，单生或簇生于叶腋，或在顶端成束；副萼 3，分离；花萼 5 裂，果期增大；花瓣 5，顶部凹入；雄蕊柱顶部具花药；子房 6-15 室，每室 1 胚珠；柱头与心皮同数。蒴果扁球形，分果爿 6-15，每室 1 种子，成熟时各心皮彼此分离且与果轴脱离；具毛或光滑。花粉粒球形，具散萌发孔，外壁具长刺。染色体 2n=42，76，84，112。

分布概况：30/3 种，**10** 型；分布于非洲北部，亚洲及欧洲；中国南北均产，引种 1 种。

系统学评述：该属与花葵属 *Lavatera*、蜀葵属 *Alcea* 及药葵属 *Althaea* 关系密切。Ray[42]曾将花葵属部分类群移入该属，García 等[12]还发现药葵属的一年生种类也聚在该属内，且诸多分子系统学研究一致认为该属与花葵属皆非单系类群[11,12,42]，彼此类群相互嵌入，可能与传统的分类性状非同源（如副萼）及类群间存在网状进化事件[12]。

DNA 条形码研究：BOLD 网站有该属 22 种 86 个条形码数据；GBOWS 已有 6 种 64 个条形码数据。

代表种及其用途：锦葵 *M. sylvestris* Linnaeus 常栽植为花卉。冬葵（葵菜）*M. verticillata* Linnaeus 亦有栽培；嫩叶供蔬食。

31. *Malvastrum* A. Gray 赛葵属

Malvastrum A. Gray (1849: 21), *nom. cons.*; Tang et al. (2007: 269) (Type: *M. wrightii* A. Gray)

特征描述：直立草本或亚灌木。叶卵形，掌状分裂或有齿缺。花单生于叶腋或排成顶生的总状花序；花黄色或橘色；副萼 3，钻形或线形，分离；花萼杯状，5 裂，果时成叶状；花瓣与萼片同数，长于萼片；雄蕊柱顶部无齿；花丝纤细；子房 5 至多室，每室 1 胚珠；花柱与心皮同数。蒴果扁球形，不开裂；分果爿成熟心皮由果轴上分离，5 至多数，马蹄形，具凹槽，有刚毛或柔毛；每室 1 种子，成熟心皮具短芒 3 条。种子光滑无毛。花粉粒 3 孔沟或 3 孔，具散孔，外壁具刺。染色体 2n=12，24，36，48。

分布概况：14/2 种，**3** 型；分布于美洲的北部、中部及南部；中国均为引种，东南和华南亦有分布。

系统学评述：该属在锦葵族内的系统位置比较孤立，属内所有类群的染色体 x=6，其与 *Sidalcea*、*Modiola*、*Modiolastrum* 及 *Monteiroa* 的关系密切[11]。

DNA 条形码研究：BOLD 网站有该属 3 种 6 个条形码数据；GBOWS 已有 1 种 31 个条形码数据。

代表种及其用途：赛葵 *M. coromandelianum* Gray 全草入药。

32. *Malvaviscus* Fabricius 悬铃花属

Malvaviscus Fabricius (1759: 155); Tang et al. (2007: 282) [Type: *M. arboreus* Cavanilles (≡ *Hibiscus malvaviscus* Linnaeus)]

特征描述：灌木或亚灌木，稀攀援；柔毛或光滑。叶卵圆或椭圆形，3-5 裂或不分裂。聚伞状花序，下垂；花大，红色，花冠管状；副萼 5-9；花萼钟状，5 裂，花瓣永不开展，基部耳钩直立；雄蕊柱突出于花冠外，顶端 5 齿，近顶端具药；子房 5 室，每室 1 胚珠；花柱分枝 10，柱头呈头状。果实扁球形，肉质浆果状，红色，干后分裂；分果爿 5，每室 1 种子。花粉粒 3 孔沟或 3 孔，具刺，具散孔。鸟类传粉。染色体 2n=28，56，86。

分布概况：5/2 种，（**3**）型；原产美洲热带；中国引种栽培。

系统学评述：该属植物形态变异很大，因此对于该属种或者亚种的数目颇有争议。根据 Pfeil 等的分子系统学研究，该属已被归并到广义的木槿属[13,14]，并得到了 Koopman 和 Baum[7]研究的支持。

DNA 条形码研究：BOLD 网站有该属 1 种 1 个条形码数据。

代表种及其用途：悬铃花 *M. arboreus* Fabricius 能够吸收有害气体，可观赏。

33. *Melhania* Forsskål 梅蓝属

Melhania Forsskål (1775: 64); Tang et al. (2007: 330) (Type: *M. velutina* Forsskål)

特征描述：<u>小灌木或草本</u>。单叶，有毛，边缘有锯齿。<u>花单生于叶腋</u>；<u>副萼 3，心形或肾形，常比萼片长</u>，宿存；花萼 5 深裂；花瓣 5，围着子房，宿存；<u>雄蕊柄杯状，短，顶生 5 舌状退化雄蕊</u>，<u>5 具药雄蕊</u>，<u>与彼此间隔</u>；<u>子房无柄</u>，5 室，<u>每室 1-12 胚珠</u>；柱头 5 裂。<u>蒴果具柔毛</u>，5 室，室背开裂，<u>隔膜具柔毛</u>，种子 1 至多数。种子具胚乳；子叶褶合，2 裂。花粉粒球形，3 孔，网状或皱网状纹饰，具刺。染色体 2*n*=60。

分布概况：60/1 种，**6（4）型**；主要分布于非洲大陆，马达加斯加，中亚及澳大利亚；中国产云南南部。

系统学评述：依据该属的外部形态、解剖、染色体和花粉形态的综合分析表明，该属归属于原梧桐科非洲芙蓉族 Dombeyae，即目前广义锦葵科的非洲芙蓉亚科 Dombeyoideae 成员[43]。

34. *Melochia* Linnaeus 马松子属

Melochia Linnaeus (1753: 674), *nom. cons.*; Tang et al. (2007: 320) (Type: *M. corchorifolia* Linnaeus, *typ. cons.*)

特征描述：<u>草本、亚灌木</u>。叶卵形或广心形。花排成腋生的头状花序或聚伞花序；<u>花两性</u>；花萼 5；<u>花瓣 5，匙形或长圆形，宿存</u>；<u>雄蕊 5，与花瓣对生，基部连合成管状</u>；<u>无退化雄蕊</u>；<u>子房无柄或短柄</u>，5 室，每室 1-2 胚珠；<u>花柱 5，分离或在基部合生</u>。蒴果扁球形或锥状球形，具柔毛，<u>室背开裂为 5 片</u>，每室 1 种子。种子倒卵形，<u>偶具翅</u>。花粉粒 3（4）孔沟，网状纹饰。染色体 2*n*=18，14，20，35，36，46，54，60。

分布概况：50-60/1 种，**2 型**；主要分布于马来西亚，太平洋诸岛，中美洲，南美洲，以及少数种类扩展至泛热带地区；中国东南和华南亦产。

系统学评述：分子系统学研究表明该属不为单系，需要结合蛇婆子属 *Waltheria* 和 *Hermannia* 增加取样进一步研究其范围及系统关系[21]。

DNA 条形码研究：BOLD 网站有该属 3 种 7 个条形码数据；GBOWS 已有 1 种 28 个条形码数据。

代表种及其用途：马松子 *M. corchorifolia* Linnaeus 皮部的纤维可供编织用；根与叶可入药。

35. *Microcos* Linnaeus 破布叶属

Microcos Linnaeus (1753: 514); Tang et al. (2007: 251) (Lectotype: *M. paniculata* Linnaeus)

特征描述：<u>灌木或小乔木</u>。叶革质，互生，卵形或长卵形，3 <u>基出脉</u>，全缘或先端有浅裂。花小，<u>两性</u>，具柄，常 3 花排成聚伞花序再组成顶生圆锥花序；副萼，3 裂，有锯齿或无；花萼 5；<u>花瓣 5 或无</u>，<u>内面基部有腺体</u>；雄蕊多数，<u>着生于短的雌雄蕊柄上</u>；子房上位，<u>常 3 室</u>，每室 4-6 胚珠；花柱锥尖或分裂。<u>核果球形或梨形</u>，<u>果皮肉质</u>，<u>无沟槽</u>，<u>不具分核</u>。花粉粒 3 孔沟，皱网状纹饰。染色体资料不详。

分布概况：60/3 种，（**7e**）**型**；分布于非洲，印度，马来半岛；中国产东南和华南。

系统学评述：该属和扁担杆属 *Grewia* 很相近，甚至把该属归入扁担杆属。但分子系统学认为两者为截然不同的类群，且该属也不与扁担杆属近缘，而与一担柴属 *Colona* 构成姐妹群[31]。该属与扁担杆属除了花序、花柱及果核特征不同外，Burret 认为两者的生境也截然不同，该属喜潮湿的林地，而扁担杆属的类群主要在半干旱地区分布[2,32]。

DNA 条形码研究：BOLD 网站有该属 5 种 21 个条形码数据；GBOWS 已有 3 种 19 个条形码数据。

代表种及其用途：布渣叶 *M. paniculata* Linnaeus 的韧皮纤维可编绳；叶入药。

36. *Nayariophyton* T. K. Paul 枣叶槿属

Nayariophyton T. K. Paul (1988: 43); Tang et al. (2007: 280) [Type: *N. jujubifolium* (W. Griffith) T. K. Paul (≡ *Kydia jujubifolia* W. Griffith)]

特征描述：<u>灌木或乔木</u>，<u>被星状绒毛</u>。叶片卵形或近圆形，<u>掌状脉</u>。<u>单花腋生或 2-5 花排成短的圆锥花序</u>；花两性；<u>副萼 4-6</u>，<u>长圆状披针形</u>，<u>基部近合生</u>，果期增大；花萼 5 浅裂，裂片宽三角形，<u>远短于副萼</u>；花瓣 5，长圆形，<u>多少具流苏状腺体</u>；雄蕊柱多分枝，顶端具 2 花药；子房球状，2 室，<u>每室 2 至多数胚珠</u>；花柱顶部 2 裂，<u>外突</u>，<u>具短柔毛</u>；柱头皱缩，<u>头状</u>。果实近球形，<u>为增大的花萼包埋</u>，<u>干后不裂</u>。每室 1 种子，肾形，光滑。

分布概况：1/1 种，**14SH 型**；主要分布于不丹，印度，泰国；中国产长江以南。

系统学评述：Pfeil 和 Crisp 依据分子系统学研究，将该属归并到广义的木槿属内[13,14]。

DNA 条形码研究：BOLD 网站有该属 1 种 1 个条形码数据。

37. *Pachira* Aublet 瓜栗属

Pachira Aublet (1775: 725); Tang et al. (2007: 299) (Type: *P. aquatica* Aublet)

特征描述：<u>乔木</u>。叶互生，<u>掌状复叶</u>，小叶 3-9。花白色或淡红色，单生叶腋或 2-3 花簇生；具梗；副萼 2-3；<u>花萼杯状</u>，上部截平或浅裂；<u>花瓣长圆形或线形</u>，<u>开放后常扭转</u>，外被绒毛；<u>雄蕊柱基部合生或裂为 5 至多束</u>，<u>每束花丝多数</u>；花药 1 室，肾形；

子房 5 室，每室胚珠多数；花柱顶部棍棒状，柱头浅 5 裂。蒴果近长圆形，木质或革质，室背开裂；分果爿 5，内面具绵毛。种子多数，近梯状楔形，种皮脆壳质，平滑；子叶肉质，内卷。花粉粒 3 孔沟。主要为蝙蝠传粉，偶为天蛾。染色体 2n=72，88，92（新热带种类），144，约 150（旧热带种类）。

分布概况：50/1 种，（**3**）型；分布于美洲热带；中国从墨西哥引种。

系统学评述：分子系统学研究不支持该属的单系性[24]，并认为吉贝属 *Ceiba* 为该属的近缘类群[6,17]。

DNA 条形码研究：BOLD 网站有该属 11 种 16 个条形码数据；GBOWS 已有 1 种 4 个条形码数据。

代表种及其用途：瓜栗 *P. macrocarpa* Aublet 株形美观，茎干叶片青翠，可作室内观叶植物，亦可作桩景和盆景；果皮未熟时可食；种子可炒食。

38. *Paradombeya* Stapf 平当树属

Paradombeya Stapf (1902: 8); Tang et al. (2007: 330) (Type: *P. burmanica* Stapf)

特征描述：灌木或小乔木。叶互生，具小锯齿；托叶线形。花两性，白或黄色，簇生于叶腋，花梗具节；副萼 2-3；花萼 5 裂，镊合状排列；花瓣 5，不等，顶端截形，宿存；雄蕊 15，每 3 成组并与舌状的退化雄蕊互生，基部连合成环；花药卵形或椭圆形；子房无柄，被星状毛，2-5 室，每室 2 胚珠；花柱延长，有槽。蒴果近圆球形，被星状短柔毛；室背开裂，分果爿长卵形，每室 1 种子。种子矩圆状卵形，深褐色；具胚乳；子叶褶合，2 裂。花粉粒球形，3 孔，具刺状纹饰。染色体 2n=20。

分布概况：2/1（1）种，**7-3** 型；分布于缅甸，泰国；中国产西南。

系统学评述：分子系统学研究认为该属和亚洲的田麻属 *Corchoropsis*、火绳树属 *Eriolaena*、午时花属 *Pentapetes* 与马达加斯加产的非洲芙蓉属 *Dombeya* 的类群关系密切[2]。

DNA 条形码研究：GBOWS 已有该属 1 种 3 个条形码数据。

代表种及其用途：平当树 *P. sinensis* Dunn 被列为国家 II 级重点保护野生植物。

39. *Pentapetes* Linnaeus 午时花属

Pentapetes Linnaeus (1753: 698); Tang et al. (2007: 326) (Lectotype: *P. phoenicea* Linnaeus)

特征描述：一年生草本。叶条状披针形或戟状，有钝齿。花红色，单生或 2 花聚生于叶腋；副萼 3，锥尖状，早落；花萼 5，披针形；花瓣 5；雄蕊 15，基部合生成筒状，每 3 成束并与退化雄蕊互生；退化雄蕊 5，舌状，与花瓣近等长；花药 2 室，外向；子房无柄，5 室，每室胚珠多数；花柱伸长，先端棒状。蒴果卵状圆球形，具星状毛和刚毛；室背开裂为 5 果爿，每室 8-12 种子，排成 2 列。种子椭圆形；有胚乳；子叶 2 深裂，褶扇状。花粉粒球形，3 孔，具刺状纹饰。染色体 2n=76。

分布概况：1/1 种，**7** 型；分布于印度和马来西亚一带；中国引种栽培。

系统学评述：分子系统学研究认为该属和亚洲的田麻属 *Corchoropsis*、火绳树属

Eriolaena、平当树属 *Paradombeya* 与马达加斯加产的非洲芙蓉属 *Dombeya* Cavanilles 的类群关系密切[2,37]。

DNA 条形码研究：GBOWS 已有 1 种 4 个条形码数据。

代表种及其用途：午时花 *P. phoenicea* Linnaeus 供栽培观赏用。

40. *Pterospermum* Schreber 翅子树属

Pterospermum Schreber (1791: 461), *nom. cons.*; Tang et al. (2007: 327) [Type: *P. suberifolium* (Linnaeus) Willdenow (≡ *Pentapetes suberifolia* Linnaeus)]

特征描述：<u>乔木或灌木</u>，<u>被星状绒毛或鳞秕</u>。叶大，互生，<u>常偏斜</u>。<u>花大</u>，单花顶生或聚伞花序；副萼常 3；花萼 5，偶裂；花瓣 5；<u>雌雄蕊柄无毛</u>，较雄蕊短；<u>雄蕊 15</u>，<u>每 3 成束</u>；花药 2 室，药隔有凸尖；<u>退化雄蕊 5</u>，<u>线状</u>，<u>比花丝长且粗</u>，<u>与雄蕊群互生</u>；子房 5 室，每室 4-22 倒生胚珠，果轴胎座；花柱棒状，柱头 5 纵沟。<u>蒴果木质或革质</u>，<u>圆筒形或卵形</u>，<u>有或无棱角</u>，室背开裂为 5 果爿，<u>每室 2 至多数种子</u>。种子顶端有矩圆形膜翅；子叶叶状，褶合。花粉粒球形，3 孔，具刺状纹饰。染色体 2n=38。

分布概况：18-40/9（5）种，（**7a**）型；分布于亚洲热带和亚热带；中国产西南至台湾。

系统学评述：分子系统学研究将该属识别为非洲芙蓉亚科 Dombeyoideae 的成员，与 *Schoutenia* 关系密切[6]。

DNA 条形码研究：BOLD 网站有该属 7 种 17 个条形码数据；GBOWS 已有 5 种 31 个条形码数据。

代表种及其用途：翅子树 *P. acerifolium* Willdenow 叶、树皮、花有药用价值。景东翅子树 *P. kingtungense* C. Y. Wu ex H. H. Hsue 被列为国家 II 级重点保护野生植物，是热带石灰岩山季雨林特有树种。

41. *Pterygota* Schott & Endlicher 翅苹婆属

Pterygota Schott & Endlicher (1832: 32); Tang et al. (2007: 303) [Type: *P. roxburghii* Schott et Endlicher, *nom. illeg.* (= *P. alata* (Roxburgh) R. Brown ≡ *Sterculia alata* Roxburgh)]

特征描述：<u>乔木</u>。叶心形，全缘，但幼苗期常浅裂，<u>基生脉指状</u>。<u>花单性</u>，排成腋生的总状或圆锥花序；花萼钟状，<u>5 深裂</u>，<u>几至基部</u>；<u>无花瓣</u>；雄花雄蕊柱圆柱形，顶端杯状，花药无柄，集成 5 束，<u>常有退化雄蕊</u>；雌花雌雄蕊柄很短，<u>有 5 束不发育的雄蕊</u>，心皮 4-5，近分离，<u>每室多胚珠</u>，柱头膨大，辐射状。<u>蓇葖果木质或革质</u>，<u>近圆球形</u>，<u>内有多数种子</u>。种子顶端具长而阔的翅，<u>光滑</u>；具胚乳。花粉粒球形，3 沟孔。染色体 2n=36，40。

分布概况：20/1 种，**2** 型；分布于热带亚洲和热带非洲；中国产海南。

系统学评述：Wilkie 等[16]利用叶绿体片段 *ndh*F 的分子系统学研究将该属识别为苹婆亚科 Sterculioideae 内 *Cola* 分支（*Cola* clade）上的成员，与 *Cola* 和 *Octolobus* 关系密切。

DNA 条形码研究：BOLD 网站有该属 1 种 2 个条形码数据。

代表种及其用途：翅苹婆 *P. alata* (Roxburgh) R. Brown 材质优良，可为家具板材。

42. *Reevesia* Lindley 梭罗树属

Reevesia Lindley (1827: 112); Tang et al. (2007: 313) (Type: *R. thyrsoidea* Lindley)

特征描述：<u>乔木</u>，稀灌木。单叶，光滑或被星状毛。<u>花两性</u>，密集，伞房花序或圆锥花序；花萼钟状或漏斗状，不规则 3-5 裂；<u>花瓣 5</u>，<u>具爪</u>；<u>雄蕊的花丝合生成管状，并与雌蕊柄贴生而形成雌雄蕊柄，雄蕊柱 5 裂，每一裂片顶端外生花药 3</u>，2 室，药室分歧；子房具柄，包藏于雄蕊柱内，5 室，5 纵沟，每室 2 倒生胚珠；柱头 5 裂。<u>蒴果木质</u>，成熟后分裂为 5 果爿，<u>室背开裂</u>，<u>每室 1-2 种子</u>。种子具膜质翅，翅向果柄；胚乳薄。花粉粒扁球形和球形，3-5 孔沟，具网状纹饰。染色体 2*n*=76。

分布概况：25/15（12）种，**7-1（→14SH）型**；主要分布于亚洲南部，中美洲（墨西哥至尼加拉瓜），喜马拉雅；中国产西南至台湾。

系统学评述：分子系统学研究表明该属与山芝麻属 *Helicteres* 及 *Triplochiton* 的关系密切[6]，但 Nyffeler 和 Baum[18]认为 *Ungeria* 与该属更近缘。

DNA 条形码研究：BOLD 网站有该属 4 种 7 个条形码数据；GBOWS 已有 2 种 7 个条形码数据。

代表种及其用途：梭罗树 *R. pubescens* Masters 花香怡人，是优良的观赏花木。

43. *Sida* Linnaeus 黄花稔属

Sida Linnaeus (1753: 683); Tang et al. (2007: 270) (Lectotype: *S. rhombifolia* Linnaeus)

特征描述：<u>多年生草本或亚灌木</u>；<u>具星状毛</u>，偶为腺毛。单叶，稍裂。花单生于叶腋或排成顶生的总状花序；花各色，有时中心暗色；<u>无副萼</u>；花萼钟状或杯状，5 浅裂；花瓣 5，离生，基部合生；<u>雄蕊柱顶端具多数花药</u>；<u>子房 5-14</u>，<u>每室 1 倒垂胚珠</u>；<u>花柱分枝与心皮同数</u>，<u>柱头头状</u>。蒴果盘状或球形；分果爿 5-14，每室 1 种子，<u>成熟时与果轴分离</u>，<u>顶有芒</u>。种子平滑，<u>种脐处偶具绒毛</u>。花粉粒球形，具刺状纹饰和散萌发孔。虫媒。染色体 2*n*=14，28 或 16，32。

分布概况：100-150/14（6）种，**2 型**；广布非洲，亚洲，美洲北部和南部，澳大利亚，太平洋诸岛；中国产西南至华东。

系统学评述：该属与苘麻属 *Abutilon* 都不为单系，其系统位置有待进一步研究[11,20]。

DNA 条形码研究：BOLD 网站有该属 36 种 53 个条形码数据；GBOWS 上已有 6 种 94 个条形码数据。

代表种及其用途：该属的大部分植物都富含纤维，加工成人造棉，供纺织用。白背黄花稔 *S. rhombifolia* Linnaeus 的韧皮纤维可编绳或混以黄麻来编织麻袋。个别种类可药用。

44. *Sterculia* Linnaeus 苹婆属

Sterculia Linnaeus (1753: 1007); Tang et al. (2007: 303) (Lectotype: *S. foetida* Linnaeus)

特征描述：乔木或灌木。单叶，全缘、具齿或掌状裂，稀掌状复叶。花通常排成腋生圆锥花序，稀为总状花序；花单性或杂性；花萼管状，5 裂；无花瓣；雄蕊柱与子房柄合生，顶部着生 15（稀 10）花药，聚合成头状体；心皮 5，黏合，每心皮 2 至多数胚珠；花柱基部合生，柱头与心皮同数而分离。蓇葖果革质或木质，肿胀，成熟时始开裂，内有 1 至多数种子。种子光滑，无翅；具胚乳。花粉粒球形，3 沟孔。染色体 2*n*=40，36；较少为 30，32，42，60。

分布概况：100-150/26（14）种，**2** 型；主要分布于亚洲热带，在全球热带与亚热带均有；中国产西南和华南。

系统学评述：分子系统学研究表明该属与 *Acropogon* 不同，可在心皮、种子、子叶等方面相区别[16]。

DNA 条形码研究：BOLD 网站有该属 21 种 63 个条形码数据；GBOWS 已有 7 种 38 个条形码数据。

代表种及其用途：苹婆 *S. nobilis* Smith 南方常见栽培；取其种子供食用，味如栗子。

45. *Theobroma* Linnaeus 可可属

Theobroma Linnaeus (1753: 782); Tang et al. (2007: 321) (Lectotype: *T. cacao* Linnaeus)

特征描述：乔木。叶互生，大而全缘。花单生或簇生在树干上或在粗枝上排成聚伞花序；花两性，小而整齐；花萼 5，深裂而近分离；花瓣 5，上部匙形，中部变窄，下部凹陷成盔状；退化雄蕊 5，伸长；可育雄蕊 1-3 聚成 1 组，与退化雄蕊互生，花丝的基部合生成筒状；子房无柄，5 室，每室胚珠多数；柱头 5 裂。核果大，种子多数，埋藏于果肉中。种子无胚乳；子叶肉质。花粉粒扁球形，3-5 沟孔，网状纹饰。双翅目蚊类传粉。染色体 2*n*=20。

分布概况：22/1 种，（**3**）型；分布于热带美洲；中国海南、云南南部栽培。

系统学评述：分子系统学证据支持该属与 *Herrania* 相近缘，但两者各为单系且具独立的共衍征，而该属内的系统关系仍需增加取样研究[21,44]。

DNA 条形码研究：BOLD 网站有该属 4 种 38 个条形码数据；GBOWS 已有 1 种 3 个条形码数据。

代表种及其用途：可可 *T. cacao* Linnaeus 种子为制可可粉和巧克力的主要原料。

46. *Thespesia* Solander ex Corrêa 桐棉属

Thespesia Solander ex Corrêa (1807: 290), *nom. cons.*; Tang et al. (2007: 295) [Type: *T. populnea* (Linnaeus) Solander ex Corrêa (≡ *Hibiscus populneus* Linnaeus)]

特征描述：灌木或乔木；具鳞片或星状毛。叶卵形，全缘或分裂，叶背通常具腺点。

花单生于叶腋或排成聚伞花序；花大，常黄色，中心基部有紫斑；副萼 3-5，花后脱落；花萼平截或 5 齿裂；花瓣 5；雄蕊柱顶部有多数具药花丝；子房 3-5 室，每室胚珠多数；花柱棒状，具 5 齿，柱头粗而黏合。蒴果扁球形，木质或稍肉质，开裂或不裂。种子倒卵球形，无毛或被绒毛。花粉粒 3 孔沟或 3 孔，具散孔。染色体 2n=24，26，28。

分布概况：17/2 种，**2** 型；分布于热带亚洲，非洲，美洲及澳大利亚；中国产台湾、广东、广西、海南和云南。

系统学评述：该属和 *Hibiscus* 很相近，且有些学者把该属归并于该属，其唯一的分别点为柱头黏合成 1 棒状体，非扩展。依据 Seelanan 等[15]的分子系统学研究认为 *Azanza* 应归为桐棉属，而且该研究认为该属不是单系。此结论与 Fryxell[45]早先基于形态学的观察相吻合，认为该属内的 2 个组（*Thespesia* sect. *Thespesia* 与 *T.* sect. *Lampas*）间存在明显的间断。该属系统位置有待于属内类群密集的、有代表性的取样来重新评估。

DNA 条形码研究：BOLD 网站有该属 5 种 19 个条形码数据。

代表种及其用途：桐棉 *T. populnea* (Linnaeus) Solander ex Corrêa、长梗桐棉 *T. howii* S. Y. Hu 和白脚桐棉 *T. lampas* (Cavanilles) Dalzell & A. Gibson 花和嫩叶可食；纤维可编绳。

47. *Tilia* Linnaeus 椴树属

Tilia Linnaeus (1753: 514); Tang et al. (2007: 240) (Lectotype: *T. europaea* Linnaeus)

特征描述：落叶乔木。单叶互生，具长柄；基部常为斜心形，有锯齿或全缘。聚伞花序，腋生，下垂；花序柄下半部常与长舌状的苞片合生；花两性，白色或黄色；花萼 5；花瓣 5，覆瓦状排列，基部常具小鳞片；雄蕊多数，离生或合生成 5 束，退化雄蕊花瓣状，与花瓣对生；花药 2 室，背着；子房 5 室，每室 2 胚珠；花柱光滑，柱头 5 裂；果实圆球形或椭球形，核果状，不裂，稀干后裂；内果皮含油，种子 1-3。种子具胚乳。花粉粒多为扁球形，3 孔沟，也有 2、4、6 孔沟。虫媒或风媒。染色体 2n=82，164，328（1 种）。

分布概况：23-40/19（15）种，**8** 型；主要分布于北温带和亚热带；中国南北均产，主产黄河以南。

系统学评述：分子系统学研究表明该属与滇桐属 *Craigia* W. W. Smith & W. E. Evans 关系密切且聚为高度支持的 1 支，可将两者独立作为科或者亚科等级，产中美洲的 *Mortoniodendron* Standley & Steyermark 也可能包括在内[4,6]。

DNA 条形码研究：BOLD 网站有该属 11 种 37 个条形码数据；GBOWS 已有 9 种 68 个条形码数据。

代表种及其用途：椴树 *T. tuan* Szyszyłowicz 优良用材树种；茎皮供纤维原料；根入药。

48. *Triumfetta* Linnaeus 刺蒴麻属

Triumfetta Linnaeus (1753: 444); Tang et al. (2007: 258) (Type: *T. lappula* Linnaeus)

特征描述：草本或亚灌木；多少被星状柔毛。单叶有齿缺或掌状 3-5 裂，有基出脉，边缘有锯齿。花单生或数花排成腋生或腋外生的聚伞花序；花黄色，两性；萼片 5，离生，顶端常突尖；花瓣 5，离生，内侧基部有增厚的腺体；雄蕊 5 至多数，离生，着生于肉质具裂片的雌雄蕊柄上；子房 2-5 室，每室 2 胚珠。蒴果近球形，3-5 爿裂开，或不开裂，常有先端尖细或倒钩的刺。种子光滑；胚芽直立，胚乳薄。花粉粒 3 孔沟，网状纹饰。染色体 2*n*=16，20，32，48，64。

分布概况：100-160/7 种，**2 型**；主要分布于热带和亚热带；中国产西南至台湾。

系统学评述：分子系统学与形态性状联合分析表明，该属与 *Heliocarpus*、黄麻属 *Corchorus* 及 *Glyphaea* 聚为 1 支，共衍征为雌雄蕊柄具蜜腺；该属与 *Heliocarpus* 关系更密切[31]。

DNA 条形码研究：BOLD 网站有该属 3 种 4 个条形码数据；GBOWS 已有 4 种 119 个条形码数据。

代表种及其用途：刺蒴麻 *T. rhomboidea* Jacquin 全株入药。该属个别种皮部纤维可供编织。

49. *Urena* Linnaeus 梵天花属

Urena Linnaeus (1753: 692); Tang et al. (2007: 280) (Lectotype: *U. lobata* Linnaeus)

特征描述：多年生草本或亚灌木，被星状柔毛。叶互生，卵形或圆形，浅裂，掌状或深波状，通常中脉的近基部具腺体。花单生或簇生于叶腋，或聚于小枝顶端成总状花序；副萼 5 裂，基部合生；花萼 5 裂；花瓣 5，粉红色，外被星状柔毛；雄蕊柱与花瓣等长，截平或微齿裂；花丝短；花药多数；子房 5 室，每室 1 胚珠；花柱分枝 10，柱头盘状，顶端具睫毛。蒴果近球形，分果爿具倒钩刺，不裂，但与果轴分离。种子倒卵状三棱形或肾形，光滑。花粉粒 3 孔沟或 3 孔，具散孔。虫媒。染色体 2*n*=28，56。

分布概况：6/3（1）种，**2 型**；主要分布于热带和亚热带；中国产长江以南。

系统学评述：虽然 Pfeil 等[13]的分子系统学研究认为该属落入木槿的分支之内，形成单系，但之后 Pfeil 和 Crisp[14]将该属归并到广义的木槿属内。

DNA 条形码研究：BOLD 网站有该属 1 种 14 个条形码数据；GBOWS 已有 3 种 51 个条形码数据。

代表种及其用途：该属植物的纤维可用来编绳或织物。梵天花 *U. procumbens* Linnaeus 可作药用植物栽培，其根入药。

50. *Waltheria* Linnaeus 蛇婆子属

Waltheria Linnaeus (1753: 673); Tang et al. (2007: 321) (Lectotype: *W. americana* Linnaeus)

特征描述：草本或亚灌木，被星状柔毛。花两性，常密集地排成顶生或腋生的聚伞花序或团伞花序；花萼 5；花瓣 5，长椭圆状匙形，宿存；雄蕊 5，基部合生，与花瓣对生；子房无柄，1 室，有 2 胚珠；花柱顶端棒状或流苏状。蒴果小，2 爿裂，种子 1。花粉粒（4）5 带状孔沟，棒状或网状纹饰。染色体 2*n*=10，12，14，24，26，40。

分布概况：50/1 种，**2-2 型**；大部分布于热带美洲；中国东南至华南亦产。

系统学评述：分子系统学研究表明该属与马松子属 *Melochia* 和 *Hermannia* 三者关系密切，增加取样来明确其各自范围及相互间关系[21]。

DNA 条形码研究：BOLD 网站有该属 2 种 4 个条形码数据；GBOWS 已有 1 种 4 个条形码数据。

代表种及其用途：蛇婆子 *W. Indica* Linnaeus 茎皮纤维可织麻袋；其根、茎还可入药。

51. *Wissadula* Medikus 隔蒴苘属

Wissadula Medikus (1787: 24); Tang et al. (2007: 275) [Type: *W. zeylanica* Medikus, *nom. illeg.* (= *W. periplocifolia* (Linnaeus) Thwaites ≡ *Sida periplocifolia* Linnaeus)]

特征描述：草本或亚灌木，直立。叶卵形到三角形，掌状脉。花单生于叶腋或排成圆锥花序；花黄色；副萼缺失；花萼 5 裂；花瓣 5，下部合生，且与雄蕊柱粘贴；雄蕊柱顶部分裂为多具药花丝；子房 5 室，每室 1-3 胚珠；花柱与子房室同数，花柱 5 分枝，丝形。蒴果倒圆锥形，分果爿 5，顶端有喙，开裂，有假横隔膜，种子多数。种子具散生腺点或粗糙，稀被毛。花粉粒 3 孔沟或 3 孔，具散孔。染色体 $2n$=14。

分布概况：25-30/1 种，**2 型**；主要分布于美洲热带，少数产亚洲和非洲热带；中国云南和海南岛亦产。

系统学评述：Tate 等[11]基于 ITS 片段的研究表明，该属不为单系，与 *Tetrasida* 的部分类群分不开。

DNA 条形码研究：BOLD 网站有该属 3 种 3 个条形码数据。

主要参考文献

[1] 吴征镒, 等. 中国被子植物科属综论[M]. 北京: 科学出版社, 2003.

[2] Bayer C, Kubitzki K. Malvaceae[M]//Kubitzki K. The families and genera of vascular plants, V. Berlin: Springer, 2003: 225-311.

[3] Heywood VH, et al. World flowering plant families of the world[M]. London: Kew, 2007.

[4] Alverson WS, et al. Phylogeny of the core Malvales: evidence from *ndh*F sequence data[J]. Am J Bot, 1999, 86: 1474-1486.

[5] Bayer C. The bicolor unit–homology and transformation of an inflorescence structure unique to core Malvales[J]. Plant Syst Evol, 1999, 214: 187-198.

[6] Nyffeler R, et al. Phylogenetic analysis of the Malvadendrina clade (Malvaceae *s.l.*) based on plastid DNA sequences[J]. Organ Divers Evol, 2005, 5: 109-123.

[7] Koopman MM, Baum DA. Phylogeny and biogeography of tribe Hibisceae (Malvaceae) on Madagascar[J]. Syst Bot, 2008, 33: 364-374.

[8] Soltis DE, et al. A 567-taxon data set for angiosperms: the challenges posed by Bayesian analyses of large data sets[J]. Int J Plant Sci, 2007, 168: 137-157.

[9] La Duke JC, Doebley J. A chloroplast DNA based phylogeny of the Malvaceae. Syst Bot, 1995, 20: 259-271.

[10] Judd WS, et al. Plant systematics: a phylogenetic approach. 2nd ed.[M]. Sunderland: Sinauer, 2002.

[11] Tate JA, et al. Phylogenetic relationships within the tribe Malveae (Malvaceae, subfamily Malvoideae) as inferred from ITS sequence data[J]. Am J Bot, 2005, 92: 584-602.

[12] García PE, et al. Five molecular markers reveal extensive morphological homoplasy and reticulate evolution in the *Malva* alliance (Malvaceae)[J]. Mol Phylogenet Evol, 2009, 50: 226-239.

[13] Pfeil B, et al. Phylogeny of *Hibiscus* and the tribe Hibisceae (Malvaceae) using chloroplast DNA sequences of *ndh*F and the *rpl*16 intron[J]. Syst Bot, 2002, 27: 333-350.

[14] Pfeil B, Crisp M. What to do with *Hibiscus*? A proposed nomenclatural resolution for a large and well known genus of Malvaceae and comments on paraphyly[J]. Austr Syst Bot, 2005, 18: 49-60.

[15] Seelanan T, et al. Congruence and consensus in the cotton tribe (Malvaceae)[J]. Syst Bot, 1997, 22: 259-290.

[16] Wilkie P, et al. Phylogenetic relationships within the subfamily Sterculioideae (Malvaceae/Sterculiaceae-Sterculieae) using the chloroplast gene *ndh*F[J]. Syst Bot, 2006, 31: 160-170.

[17] Baum DA, et al. Phylogenetic relationships of *Malvatheca* (Bombacoideae and Malvoideae; Malvaceae *sensu lato*) as inferred from plastid DNA sequences[J]. Am J Bot, 2004, 91: 1863-1871.

[18] Nyffeler R, Baum D. Phylogenetic relationships of the Durians (Bombacaceae-Durioneae or/Malvaceae/Helicteroideae/Durioneae) based on chloroplast and nuclear ribosomal DNA sequences. Plant Syst Evol, 2000, 224: 55-82.

[19] Whitlock BA, et al. Chloroplast DNA sequences confirm the placement of the enigmatic Oceanopapaver within *Corchorus* (Grewioideae: Malvaceae *s.l.*, formerly Tiliaceae)[J]. Int J Plant Sci, 2003, 164: 35-41.

[20] Aguilar JF, et al. Phylogenetic relationships and classification of the *Sida* generic alliance (Malvaceae) based on nrDNA ITS evidence[J]. Syst Bot, 2003, 28: 352-364.

[21] Whitlock BA, et al. Phylogenetic relationships and floral evolution of the Byttnerioideae ("Sterculiaceae" or Malvaceae sl) based on sequences of the chloroplast gene, *ndh*F[J]. Syst Bot, 2001, 26: 420-437.

[22] Whitlock BA, et al. Polyphyly of *Rulingia* and *Commersonia* (Lasiopetaleae, Malvaceae *s.l.*)[J]. Austr Syst Bot, 2011, 24: 215-225.

[23] Whitlock BA, Hale AM. The phylogeny of *Ayenia*, *Byttneria*, and *Rayleya* (Malvaceae *s.l.*) and its implications for the evolution of growth forms[J]. Syst Bot, 2011, 36: 129-136.

[24] Duarte MC, et al. Phylogenetic analyses of *Eriotheca* and related genera (Bombacoideae, Malvaceae)[J]. Syst Bot, 2011, 36: 690-701.

[25] 吴征镒. 中国种子植物属的分布区类型[J]. 云南植物研究, 1991, 13: 1-139.

[26] Brummitt RK. Vascular plant families and genera[M]. London: Kew, 1992.

[27] 唐亚, 等. 锦葵目蚬木属和柄翅果属的木材解剖学研究及其系统学意义[J]. 云南植物研究, 2005, 27: 235-246.

[28] Tang Y, Gao X. Pollen morphology of *Burretiodendron sensu lato* (Tiliaceae) and its systematic significance[J]. Cathaya, 1993, 5: 81-88.

[29] 高辉, 等. 蚬木的大孢子发生与胚囊发育兼论蚬木属的系统亲缘[J]. 植物分类学报, 2006, 44: 538-550.

[30] Li JH, et al. Sequences of nrDNA support *Excentrodendron* and *Burretiodendron* (Malvaceae)[J]. Harvard Pap Bot, 2004, 9: 83-88.

[31] Brunken U, Muellner AN. A new tribal classification of Grewioideae (Malvaceae) based on morphological and molecular phylogenetic evidence. Syst Bot, 2012, 37: 699-711.

[32] Burret M. Beitrage zur kenntnis der Tiliaceen[J]. Notizblatt des Botanischen Gartens und Museums zu Berlin-Dahlem, 1926, 9: 592-880.

[33] Wilkins CF. A systematic study of Lasiopetaleae (Malvaceae *s.l.* or Sterculiaceae *s.s.*)[D]. PhD thesis. Perth, Australia: University of Western Australia, 2002.

[34] Won H. Phylogenetic position of *Corchoropsis* Siebold & Zucc.(Malvaceae *s.l.*) inferred from plastid DNA sequences[J]. J Plant Biol, 2009, 52: 411-416.

[35] Kostermans AJGH. *Diplodiscus*[J]. Reinwardtia, 1961, 5: 372.

[36] Meijer W, Robyns W. Tiliaceae[M]//Dassanayake MD, Fosberg, FR. A revised handbook to the Flora of

Ceylon, Vol. 7. New Delhi: Oxford & IBH Publishing, 1991, 428-430.

[37] Skema C. Toward a new circumscription of *Dombeya* (Malvales: Dombeyaceae): a molecular phylo-genetic and morphological study of *Dombeya* of Madagascar and a new segregate genus, *Andringitra*[J]. Taxon, 2012, 61: 612-628.

[38] Kostermans AJGH. The genus *Firmiana* Marsili (Sterculiaceae)[J]. Reinwardtia, 1957, 4: 281-310.

[39] Wendel JF, et al. The origin and evolution of *Gossypium*[M]//Stewart JM, et al. Physiology of cotton. Netherlands: Springer, 2010: 1-18.

[40] Ashfaq M, et al. Evaluating the capacity of plant DNA barcodes to discriminate species of cotton (*Gossypium*: Malvaceae)[J]. Mol Ecol Resour, 2013, 13: 573-582.

[41] Fryxell PA. The American genera of Malvaceae, II[J]. Brittonia, 1997, 49: 204-269.

[42] Ray MF. Systematics of *Lavatera* and *Malva* (Malvaceae, Malveae)—a new perspective[J]. Plant Syst Evol, 1995, 198: 29-53.

[43] 唐亚. 梧桐科梅蓝的研究兼论属的系统位置[J]. 云南植物研究, 1992, 14: 13-20.

[44] Whitlock BA, Baum DA. Phylogenetic relationships of *Theobroma* and *Herrania* (Sterculiaceae) based on sequences of the nuclear gene *Vicilin*[J]. Syst Bot, 1999, 24: 128-138.

[45] Fryxell PA. The natural history of the cotton tribe[M]. Texas: Texas A & M University Press, College Station, 1979.

Thymelaeaceae Jussieu (1789), *nom. cons.* 瑞香科

特征描述：乔木、灌木或藤本，稀为草本；常有毒。茎常具韧皮纤维。单叶互生或对生，叶全缘；无托叶。花序各式，常具总苞；花辐射对称；花萼（3-）4-5（-6），常花冠状，连合成萼筒；花瓣缺，或鳞片状，或发育完全，有时基部联合成环，嵌在萼筒或花托上；雄蕊 2 轮，外轮与花萼对生，或 1 轮，或多轮，稀退化为 2 或 1；花盘各式，稀无；子房上位，1-12 室，每室有倒生胚珠 1。浆果、核果或坚果，稀为 2 瓣开裂的蒴果。花粉粒多孔，或 3-4 孔，网状-巴豆型纹饰。

分布概况：约 51 属/约 892 种，广布热带至温带，以非洲和大洋洲最多；中国 9 属/115 种，南北均产。

系统学评述：有些学者将 Tepuianthaceae 这一特产于南美洲北部的单属科（仅含 *Tepuianthus*）归入广义的瑞香科，作为后者的 1 个亚科。分子证据表明，*Tepuianthus* 与狭义的瑞香科互为姐妹群[1]。狭义的瑞香科常分为 Octolepidoideae 和欧瑞香亚科 Thymelaeoideae。而 Octolepidoideae 下分为 *Octolepis* group 和 *Gonystylus* group；欧瑞香亚科下分为 Synandrodaphneae、沉香族 Aquilarieae 和瑞香族 Daphneae 3 族（这 3 族亦常被处理为 3 亚科）；瑞香族下再分为 4 个群，即 *Linostoma* group、*Daphne* group、*Phaleria*

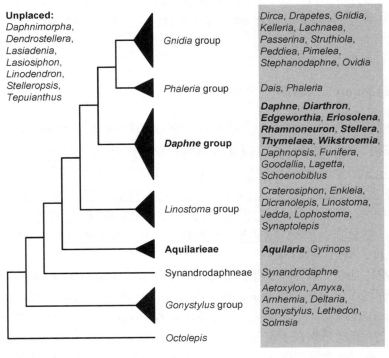

图 145　瑞香科分子系统框架图（参考 APW；Bank 等[2]；Rautenbach[3]）

group 和 *Gnidia* group。分子系统学研究显示，*Octolepis* 是瑞香科的基部类群；Octole-
pidoideae 并非单系，分为 2 亚科（一个仅包含 *Octolepis*，另一个包含其他成员）或许更
为合适；欧瑞香亚科下的 3 族均为单系类群，除几个属系统位置有待商榷外，瑞香族下
的 4 个群亦为单系[2,3]。

分属检索表

1. 萼筒喉部有花瓣状附属物；子房 2 室；蒴果室背开裂 ···················· **1. 沉香属 Aquilaria**
1. 萼筒喉部无花瓣状附属物；子房 1 室；浆果、核果或坚果，不开裂
  2. 萼筒在子房以上具关节，果时周裂
    3. 花 4 数；花序在果时伸长，无总苞 ·························· **3. 草瑞香属 Diarthron**
    3. 花 5 数；花序在果时不伸长，具总苞 ·························· **7. 狼毒属 Stellera**
  2. 萼筒不具关节，宿存或早落
    4. 子房下面无花盘或退化 ································ **8. 欧瑞香属 Thymelaea**
    4. 子房下面具花盘
      5. 花柱长，柱头棒状 ······························ **4. 结香属 Edgeworthia**
      5. 花柱短或不明显，柱头头状
        6. 花芽被萼状总苞包被；萼裂片在开花时直立
          7. 头状花序腋生，具 5-10 花；花萼内面白色 ·········· **5. 毛花瑞香属 Eriosolena**
          7. 圆锥花序顶生，由许多具 4（稀 3-7）花的头状花序组成；花萼内面红色
           ··· **6. 鼠皮树属 Rhamnoneuron**
        6. 花芽无总苞包被；萼裂片在开花时开展
          8. 叶互生，稀对生；花序头状或簇生，稀穗状或总状；花盘环状偏斜或杯状，边缘全缘
            或浅裂至深裂，或一侧发达呈鳞片状 ··························· **2. 瑞香属 Daphne**
          8. 叶对生，稀互生；花序总状、圆锥状或穗状，稀头状；花盘鳞片状，1-4 ···········
           ·· **9. 荛花属 Wikstroemia**

1. *Aquilaria* Lamarck 沉香属

Aquilaria Lamarck (1783: 49), *nom. cons.*; Wang et al. (2007: 214) (Type: *A. malaccensis* Lamarck)

    特征描述：乔木或灌木。茎具木间韧皮部。单叶互生，<u>叶缘与叶脉重合，侧脉近平
行</u>。<u>腋生或顶生的伞形或头状花序，常无苞片</u>；花两性；花萼筒钟状或漏斗状，宿存；
<u>花萼（4-）5（-6）</u>；<u>花瓣（8-）10（-12），退化呈鳞片状</u>；<u>雄蕊（8-）10（-12），2 轮</u>，
外轮与花萼对生；花药基着；<u>子房 2 室</u>，柱头球形或金字塔形；<u>无花盘</u>。<u>蒴果室背开裂</u>。
种子（1）2，<u>常悬垂于开裂的果实外</u>，<u>稀疏被毛</u>，<u>具 1 尾状附属物</u>。花粉粒 12 孔，网
状-巴豆型纹饰。染色体 $2n=16$。

    分布概况：20/2（2）种，**7** 型；分布于热带亚洲；中国产华南至西南。

    系统学评述：沉香属隶属于沉香族。沉香族有时被处理成沉香亚科 Aquilarioideae
或沉香科 Aquilariaceae。沉香族仅包含沉香属和 *Gyrinops*，后者的成员曾全部被置于沉
香属下，与沉香属的区别在于雄蕊 1 轮。Compton 和 Zich[4]报道 *G. ledermannii* Domke
也能产沉香，并因此指出需进一步澄清这 2 个属的界定。分子系统学研究证实了这 2 个

属亲缘关系较近[3]，但由于取样有限（2 属各 1 种），其单系性及界定等问题还有待更为全面取样研究。

DNA 条形码研究：BOLD 网站有该属 7 种 24 个条形码数据；GBOWS 已有 1 种 24 个条形码数据。

代表种及其用途：沉香 *A. malaccensis* Lamarck、土沉香 *A. sinensis* (Loureiro) Sprengel 等的老茎受伤而被真菌感染后可分泌树脂，俗称沉香，为著名香料。

2. *Daphne* Linnaeus 瑞香属

Daphne Linnaeus (1753: 356); Wang et al. (2007: 230) (Lectotype: *D. laureola* Linnaeus)

特征描述：灌木。<u>单叶互生</u>，稀对生；常无柄。<u>总状、伞形或头状花序</u>，<u>顶生或腋生</u>，<u>有时为茎生</u>，通常具苞片；花两性，极少为单性；花萼筒漏斗形，早落，稀宿存；<u>花萼 4（5）</u>，覆瓦状排列，开展，稀直立，较萼筒短；<u>花瓣缺</u>；<u>雄蕊 8（10）</u>，<u>2 轮</u>，外轮与花萼对生；<u>子房 1 室</u>，柱头头状或圆饼状；<u>花盘环状偏斜或杯状</u>，<u>边缘全缘，或浅裂至深裂</u>，<u>或一侧发达呈鳞片状</u>。果实肉质或干燥。种皮坚硬。花粉粒 12-22 孔，疣状或网状-巴豆型纹饰。染色体 $2n=18$，27，28，30，36。

分布概况：95/52（41）种，**10** 型；分布于亚洲至地中海；中国南北均产，主产西南和西北。

系统学评述：瑞香属隶属于瑞香族 *Daphne* group。长期以来该属和荛花属 *Wikstroemia* 的界定及划分就存在问题。分子系统学研究表明该属可能与草瑞香属 *Diarthron* 和欧瑞香属 *Thymelaea* 近缘[2]，并可能是欧瑞香属的姐妹群[3]。草瑞香属+（瑞香属+欧瑞香属）分支可能是荛花属（包括狼毒属 *Stellera*）的姐妹群[2,3]。由于目前的研究在 *Daphne* group 内的取样有限（荛花属 1-2 种，其余 5 属均各 1 种）[2,3]，因此需要根据全面取样的分子系统学研究来重新审视瑞香科内（尤其是 *Daphne* group 内）各属的界定。Halda[5]提出了瑞香属最新的属下分类系统，将毛花瑞香属 *Eriosolena*、鼠皮树属 *Rhamnoneuron* 和荛花属都归入该属，但目前缺乏分子系统学研究来验证。

DNA 条形码研究：BOLD 网站有该属 7 种 22 个条形码数据；GBOWS 已有 11 种 75 个条形码数据。

代表种及其用途：该属植物韧皮纤维发达，可造纸和人造棉。一些种类引种庭院栽培供观赏，如瑞香 *D. odora* Thunberg。

3. *Diarthron* Turczaninow 草瑞香属

Diarthron Turczaninow (1832: 204); Wang & Gilbert (2007: 248) (Type: *D. linifolium* Turczaninow). ——
Stelleropsis Pobedimova (1950: 148)

特征描述：一年生或多年生草本，或亚灌木。单叶互生；具短柄。<u>总状或穗状花序顶生</u>，<u>花期伸长</u>，<u>无总苞片</u>；花两性；<u>花萼筒壶状</u>，<u>在子房上部收缩</u>，<u>成熟后环裂</u>，<u>上部脱落</u>，<u>下部宿存</u>；<u>花萼 4</u>，覆瓦状排列，开展或直立，较萼筒短；<u>无花瓣</u>；<u>雄蕊 4</u>，<u>1 轮</u>，<u>或 8</u>，<u>2 轮</u>，外轮与花萼对生，花丝极短，花药长圆形；<u>子房 1 室</u>，几无柄，花柱顶生；花盘杯状，边缘有时偏斜。坚果干燥；果皮膜质。种皮革质或坚硬。花粉粒 10-24 孔，网状-巴豆型纹饰。染色体 2n=18。

分布概况： 19/4 种，**11** 型；分布于亚洲北部；中国产西北至东北。

系统学评述： 草瑞香属隶属于瑞香族 *Daphne* group。Tan[6]将 *Dendrostellera* 和假狼毒属 *Stelleropsis* 并入草瑞香属，并把它们降级为后者的亚属 *Thespesia* subgen. *Dendrostellera* 和 *T.* subgen. *Stelleropsis*，同时还将 1 个系改为组 sect. *Turcomanica*。中国产 4 种中，有 2 种（FRPS 中置于假狼毒属）隶属于 *T.* subgen. *Stelleropsis*，另 2 种隶属于 *T.* subgen. *Diarthron*。分子系统学研究表明该属可能与瑞香属和欧瑞香属近缘[2]，并可能是瑞香属+欧瑞香属分支的姐妹群[3]。但由于取样限制（3 属各 1 种）[2,3]，它们各自的系统位置及两者之间的关系还有待进一步研究验证。

DNA 条形码研究： BOLD 网站有该属 2 种 3 个条形码数据；GBOWS 已有 1 种 8 个条形码数据。

4. *Edgeworthia* Meisner 结香属

Edgeworthia Meisner (1841: 330); Wang & Gilbert (2007: 247) [Type: *E. gardneri* (Wallich) C. F. Meisner (≡ *Daphne gardneri* Wallich)]

特征描述： 灌木。单叶互生，常簇生于枝顶；无柄或具短柄。头状花序顶生或腋生，苞片多数组成 1 总苞，小苞片早落；花两性；花梗基部具关节；花萼筒漏斗形，内面无毛，外面密被银色长柔毛，基部宿存；花萼 4，覆瓦状排列，开展，较萼筒短；无花瓣；雄蕊 8，2 轮，外轮与花萼对生，花药长圆形，外轮稍伸出；子房 1 室，无柄，顶部或全部被毛，柱头棒状，具乳突；花盘杯状，浅裂。果干燥或稍肉质。种皮坚硬。花粉粒 6-10 孔，网状-巴豆型纹饰。染色体 2n=18，36，72。

分布概况： 5/4（3）种，**14** 型；分布于亚洲；中国产长江以南。

系统学评述： 结香属属于瑞香族 *Daphne* group。分子系统学研究表明该属可能为 *Daphne* group 的基部类群，是荛花属（包括狼毒属 *Stellera*）+（草瑞香属+瑞香属+欧瑞香属）分支的姐妹群[2,3]。

DNA 条形码研究： BOLD 网站有该属 1 种 3 个条形码数据；GBOWS 已有 2 种 11 个条形码数据。

代表种及其用途： 该属植物韧皮纤维坚韧，可造纸和人造棉。结香 *E. chrysantha* Lindley 常栽培供观赏。

5. *Eriosolena* Blume 毛花瑞香属

Eriosolena Blume (1826: 651); Wang & Gilbert (2007: 246) (Type: *E. montana* Blume)

特征描述： 灌木。单叶互生；具短柄。头状花序腋生，总苞片 2-4，包被着花芽，早落；花两性，无梗；花萼筒漏斗形，外面被毛，花萼 4，覆瓦状排列，较萼筒短；无花瓣；雄蕊 8，2 轮，外轮与花萼对生，花丝极短，花药基着，外轮稍伸出；子房 1 室，顶部被毛，胚珠 1，花柱短，柱头头状，无毛；花盘鳞片膜质，杯状，一侧较长。浆果。

种皮坚硬，胚乳少，子叶厚。花粉粒 4-8 孔，网状-巴豆型纹饰。

分布概况：1/1 种，**7** 型；分布于热带亚洲；中国产云南。

系统学评述：毛花瑞香属属于瑞香族 *Daphne* group，有时也被归入瑞香属[5]。有些学者认为该属有 2 种，另外 1 种为 *E. involucrata* (Wallich) Tieghem，产印度锡金；也有学者认为只有毛花瑞香 *E. composita* (Linnaeus f.) Tieghem 1 种，*E. involucrata* 是其异名。

6. *Rhamnoneuron* Gilg 鼠皮树属

Rhamnoneuron Gilg (1894: 245); Wang & Gilbert (2007: 246) [Type: *R. balansae* (Drake) Gilg (≡ *Wikstroemia balansae* Drake)]

特征描述：灌木或小乔木。单叶互生；具柄；叶缘与叶脉重合，侧脉近平行。花序为顶生的聚伞状圆锥花序，苞片早落，每苞片包被 3-4 花；花两性；无梗；花萼筒漏斗形，内面无毛，外面被毛，宿存，花萼 4，覆瓦状排列，直立，较萼筒短；无花瓣；雄蕊 8，2 轮，外轮与花萼对生，花丝短，花药纵裂；子房 1 室，被毛，倒生胚珠 1，花柱较子房短，柱头头状；花盘膜质，杯状，紧贴子房基部，边缘多少成波状。果实纺锤形，被毛。种皮坚硬。花粉粒 16 孔，网状-巴豆型纹饰。

分布概况：1/1 种，**7** 型；分布于越南；中国产云南。

系统学评述：鼠皮树属属于瑞香族 *Daphne* group，有时也被归入瑞香属[5]。黄蜀琼[7]曾发表产自云南的新种红花鼠皮树 *R. rubriflorum* C. Y. Wu ex S. C. Huang，但目前一般认为其是鼠皮树 *R. balansae* (Drake) Gilg 的异名。

DNA 条形码研究：GBOWS 有该属 1 种 3 个条形码数据。

代表种及其用途：鼠皮树树皮柔韧，可造纸。

7. *Stellera* Linnaeus 狼毒属

Stellera Linnaeus (1753: 559); Wang & Gilbert (2007: 250) (Lectotype: *S. chamaejasme* Linnaeus)

特征描述：多年生草本，具木质的根茎。单叶互生；具短柄。头状花序顶生，具绿色叶状总苞片；花两性；有短梗；花萼筒筒状，无毛，基部宿存，花萼（4）5，覆瓦状排列，开展，较萼筒短；无花瓣；雄蕊（8）10，2 轮，外轮与花萼对生，花丝极短；子房 1 室，几无柄，顶部被毛，花柱较子房短，柱头头状，顶端被毛；花盘生于一侧，线形，鳞片状。小坚果干燥，果皮膜质。子叶厚。花粉粒 8-14 孔，网状-巴豆型纹饰，具棒状基柱。染色体 $2n=18$。

分布概况：1/1 种，**11** 型；分布于温带亚洲；中国产西北、华北、东北和西南。

系统学评述：狼毒属属于瑞香族 *Daphne* group。分子系统学研究表明该属与荛花属近缘[2]，并可能嵌在荛花属内[3]，其系统位置需进一步研究明确。

DNA 条形码研究：BOLD 网站有该属 1 种 2 个条形码数据；GBOWS 已有 1 种 29 个条形码数据。

代表种及其用途：狼毒 *S. chamaejasme* Linnaeus 牲畜食用后会中毒，是草场退化的标志植物；可杀虫，用其根茎制作的纸可防虫蛀；根亦可入药。

8. *Thymelaea* Miller 欧瑞香属

Thymelaea Miller (1754), *nom. cons.*; Wang et al. (2007: 248) (Type: *T. sanamunda* Allioni, *typ. cons.*(≡ *Daphne thymelaea* Linnaeus)

特征描述：一年生草本、多年生亚灌木或小灌木。单叶互生；无柄或具短柄。花序腋生、顶生或簇生，极少为单花，常具苞片；花单性，较少为两性；无梗或具短梗；花萼筒漏斗状或筒状，宿存，稀脱落；花萼 4，覆瓦状排列，较萼筒短；无花瓣；雄蕊 8，2 轮，外轮与花萼对生；子房 1 室，花柱侧生，稀顶生，较子房短，柱头头状或扁圆形，微具乳头状凸起；花盘杯状或无；有时具退化雄蕊。果实不开裂，果皮膜质。种皮坚硬。花粉粒多孔，网状-巴豆型纹饰。染色体 2n=18，27，36。

分布概况：33/1 种，**12 型**；主要分布于地中海，少数到亚洲西南部至中部；中国产新疆。

系统学评述：欧瑞香属属于瑞香族 *Aphne* group。Tan[8]修订了欧瑞香属，并建立了 5 个新亚组，即 *Thymelaea* subsect. *Antiatlanticae*、*T.* subsect. *Argentatae*、*T.* subsect. *Coridifoliae*、*T.* subsect. *Hirsutae* 和 *T.* subsect. *Sempervirentes*。但目前此分类系统缺乏分子系统学研究。分子系统学研究表明该属可能与瑞香属和草瑞香属近缘[2]，并可能是瑞香属的姐妹群[3]。但由于取样限制（3 属各 1 种）[2,3]，它们各自的系统位置以两者之间的关系还有待进一步研究。

DNA 条形码研究：BOLD 网站有该属 37 种 49 个条形码数据。

9. *Wikstroemia* Endlicher 荛花属

Wikstroemia Endlicher (1833: 47), *nom. et orth. cons.*; Wang & Gilbert (2007: 215) (Type: *W. australis* Endlicher)

特征描述：灌木或乔木。单叶对生，稀互生；具柄，稀无柄。花序短总状、穗状或头状，顶生，极少为腋生，无苞片；花两性，极少为单性；花萼筒筒状或漏斗状，早落或花后破裂，花萼 4-5（-6），覆瓦状排列，常开展，较萼筒短；无花瓣；雄蕊 8-10（-12），2 轮，外轮与花萼对生；子房 1 室，柱头头状或圆饼状；花盘膜质，鳞片状，1-4；具退化雄蕊。浆果。花粉粒 4-16 孔，网状-巴豆型纹饰。染色体 2n=18，20，27，28，36，52，72，88，89。

分布概况：98/49（43）种，**5 型**；分布于亚洲，大洋洲至夏威夷；中国产长江流域及其以南。

系统学评述：荛花属属于瑞香族 *Daphne* group。长期以来该属与瑞香属界限不清，有时被并入瑞香属[5]。黄蜀琼[7]较系统地研究了主产中国的荛花属种类，根据花的毛被特征将该属分为 2 组，即荛花组 *Wikstroemia* sect. *Wikstroemia* 和毛花组 *W.* sect. *Diplomorpha*，并根据花序特征将此 2 组分别分为系，即短穗系 *Wikstroemia* ser. *Brachystachyae* 和锥花系 *W.* ser. *Micranthae* 与顶序系 *Wikstroemia* *W.* ser. *Lichiangense*、粗轴系 *W.* ser. *Scytophyllae*、腋序系 *W.* ser. *Parviflorae*、和锥序系 *W.* ser. *Haoianae*，但目前此分

类系统缺乏分子系统学研究验证。

分子系统学研究表明该属可能与狼毒属近缘[2]，后者可能嵌在该属[3]。荛花属（包括狼毒属）可能是草瑞香属+（瑞香属+欧瑞香属）分支的姐妹群[2,3]。但由于取样有限（荛花属 1-2 种，其余各属均各 1 种）[2,3]，它们各自的系统位置及两者之间的关系还有待研究。

DNA 条形码研究：BOLD 网站有该属 4 种 7 个条形码数据；GBOWS 已有 9 种 52 个条形码数据。

代表种及其用途：该属植物茎皮纤维可造纸和人造棉。一些种类还可入药，如了哥王 *W. indica* (Linnaeus) C. A. Meyer。

主要参考文献

[1] Wurdack KJ, Horn JW. A reevaluation of the affinities of the Tepuianthaceae: molecular and morphological evidence for placement in the Malvales[M]//Botany. Plants and people, abstracts. Columbus. Ohio: Botanical Society of America, 2001: 151.

[2] Van der Bank M, et al. Molecular phylogenetics of Thymelaeaceae with particular reference to African and Australian genera[J]. Taxon, 2002, 51: 329-339.

[3] Rautenbach M. *Gnidia* L. (Thymelaeaceae) is not monophyletic: taxonomic implications for *Gnidia* and its relatives in Thymelaeoideae[D]. Master thesis. Johannesburg, South Africa: University of Johannesburg, 2006.

[4] Compton J, Zich F. *Gyrinops ledermannii* (Thymelaeaceae), being an agarwood-producing species prompts call for further examination of taxonomic implications in the generic delimitation between *Aquilaria* and *Gyrinops*[J]. Flora Malesiana Bulletin, 2002, 13: 61-65.

[5] Halda J. Some nomenclatoric changes and new descriptions in the genus *Daphne* L. 4[J]. Acta Mus Richnov Sect Nat, 2001, 8: 112-116.

[6] Tan K. Studies in the Thymelaeaceae III: the status of *Diarthron*, *Dendrostellera*, *Stelleropsis* and *Stellera*[J]. Notes R Bot Gard Edinb, 1982, 40: 213-221.

[7] 黄蜀琼. 中国瑞香科新分类群[J]. 云南植物研究, 1985, 7: 277-291.

[8] Tan K. Studies in the Thymelaeaceae II: a revision of the genus *Thymelaea*[J]. Notes R Bot Gard Edinb, 1980, 38: 189-246.

Bixaceae Kunth (1822), *nom. cons.* 红木科

特征描述：灌木或小乔木。单叶，互生，具掌状脉；托叶小，早落。圆锥花序；花两性，辐射对称；<u>萼片 5</u>，<u>分离</u>，<u>覆瓦状排列</u>，<u>脱落</u>；<u>花瓣 5</u>，<u>大而显著</u>，<u>覆瓦状排列</u>；雄蕊多数，分离或基部稍联合，花药顶裂；子房上位，1 室，侧膜胎座，胚珠多数，<u>花柱细弱</u>，<u>柱头 2 浅裂</u>。果为蒴果，<u>外被软刺</u>，2 瓣裂。种子多数，种皮稍肉质，红色；胚乳丰富，胚大；子叶宽阔，顶端内曲。花粉粒 3 孔沟，微皱纹饰。染色体 *n*=6。

分布概况：4 属/21 种，分布于热带美洲；中国 1 属/1 种，引种栽培。

系统学评述：传统的红木科仅包括红木属 *Bixa*。分子证据表明地果莲木属 *Diegodendron* 与红木属具有较近的亲缘关系，如果将地果莲木属划入红木科，则与之构成单系类群的弯子木科 Cochlospermaceae 部分属（*Cochlospermum* 和 *Amoreuxia*）也应当包含其中[1]。

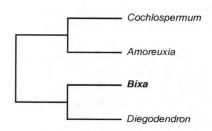

图 146　红木科分子系统框架图（参考 Fay 等[1]）

1. *Bixa* Linnaeus 红木属

Bixa Linnaeus (1753: 512); Yang & Gilbert (2007: 71) (Type: *B. orellana* Linnaeus)

特征描述：灌木或小乔木。<u>叶心状卵形</u>，<u>互生</u>。花集生为顶生的圆锥花序；花白色或粉红色；<u>萼片 4-5</u>，<u>分离</u>，<u>覆瓦状排列</u>；<u>花瓣 4-5</u>；<u>雄蕊多数</u>；子房上位，1 室或由于侧膜胎座突入中部而分隔成假数室，胚珠多数。<u>蒴果被软刺</u>，<u>2 瓣裂</u>。花粉粒 3 孔沟，微皱纹饰。

分布概况：1/1 种，（**3**）型；原产热带美洲；中国引种栽培。

系统学评述：红木属长期被认为是红木科的唯一成员，尽管分子证据表明该属与地果莲木属及弯子木科的 2 个属的亲缘关系较近，但是属间的系统关系仍需进一步研究[1]。

DNA 条形码研究：BOLD 网站有该属 1 种 10 个条形码数据；GBOWS 已有 1 种 4 个条形码数据。

代表种及其用途：红木 *B. orellana* Linnaeus 种子外皮可做红色染料；种子供药用，

为收敛退热剂。

主要参考文献

[1] Fay MF, et al. Plastid *rbc*L sequence data indicate a close affinity between *Digodendron* and *Bixa*[J]. Taxon, 1998, 47: 43-50.

Cistaceae Jussieu (1789), *nom. cons.* 半日花科

特征描述：草本、灌木或半灌木。<u>单叶</u>，<u>常对生</u>，稀互生；具托叶或无。花单生，或总状或圆锥状聚伞花序；花两性，整齐；<u>萼片 5</u>；<u>花瓣 5</u>（稀 3），<u>早落</u>；雄蕊多数，花丝分离，<u>生于花托</u>，花药 2 室，纵裂；雌蕊由 3-5 或 10 心皮构成，<u>子房上位</u>，1 室或不完全的 3-5 室，侧膜胎座，胚珠 2 至多数，直生，稀倒生，长在珠柄上，<u>花柱 1</u>，<u>具 3 柱头</u>。<u>蒴果革质或木质</u>，<u>室背开裂</u>。种子小，具角棱，常表面粗糙。花粉粒 3（拟）孔沟（孔），穿孔状、网状到条网纹饰。染色体 n=5，7，9-12，16，18，20，24。

分布概况：8 属/170 种，分布于东非，亚洲西南部和欧洲，主产地中海，亚洲中部，美洲亦有；中国 1 属/1 种，产新疆、甘肃和内蒙古。

系统学评述：分子证据表明龙脑香科 Dipterocarpaceae 和苞杯花科 Sarcolaenaceae 可能是半日花科的姐妹群，但是它们之间的关系仍不清楚[1,APW]。半日花科为单系类群，主要分为 5 大支，即 *Fumana*、新世界的 *Lechea*、广义的半日花属 *Helianthemum s.l.*（包括 *Crocanthemum* 和 *Hudsonia*）、*Tuberaria*、*Halimium* 和岩蔷薇属 *Cistus* 种类的复合群。其中 *Fumana* 最早分化，是其余分支的姐妹群[1,APW]。

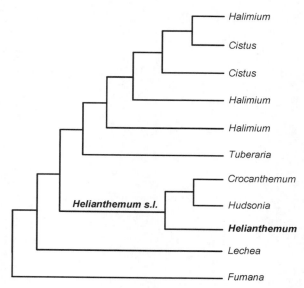

图 147 半日花科分子系统框架图（参考 Guzmán 和 Vargas[1]）

1. *Helianthemum* Miller 半日花属

Helianthemum Miller (1754: 28); Yang & Gilbert (2007: 70) [Lectotype: *H. nummularium* (Linnaeus) Miller (≡ *Cistus nummularius* Linnaeus)]

　　特征描述：灌木、半灌木，稀草本。<u>叶对生或上部互生</u>；具托叶或无。<u>花单生或蝎尾状聚伞花序</u>；萼片 5，外面 2 短小，比内面 3 短一半，<u>具 3-6 棱脉</u>，<u>结果时扩大</u>；花瓣 5，淡黄色、橙黄色或粉红色；雄蕊多数；<u>雌蕊花柱丝状</u>，柱头大，头状。<u>蒴果具三棱</u>，<u>3 瓣裂</u>，1 室或不完全 3 室。种子多数。花粉粒具 3 孔沟，条纹状-网状纹饰。染色体 n=5，10，11，12，20。

　　分布概况：110/1 种，**12 或 12-2** 型；分布于北非，亚洲西南部和欧洲，主产地中海，延伸至亚洲中部，南北美也有；中国产甘肃、新疆、内蒙古。

　　系统学评述：根据 Grosser 系统[2]，半日花属可分为 2 亚属，即 *Helianthemum* subgen. *Ortholobum* 和 *H.* subgen. *Plectolobum*。其中，前者分为 2 个分支，分支 A 下包括 *H.* sect. *Polystachyum*、*H.* sect. *Euhelianthemum* 和 *H.* sect. *Pseudomacularia*；分支 B 分为 *H.* sect. *Eriocarpum* 和 *H.* sect. *Brachypetalum*；后者分为 *H.* sect. *Chamaecistus* 和 *H.* sect. *Macularia*。分子和形态学证据表明半日花属为多系类群[3]。广义的半日花属包括 2 个姐妹群，1 支包括新世界种类 *Crocanthemum* 和 *Hudsonia*，其余旧世界种类聚为 1 支（狭义半日花属）[1]。Sorrie[4]建议所有新世界种类最好放入 *Crocanthemum*。

　　DNA 条形码研究：BOLD 网站有该属 24 种 44 个条形码数据；GBOWS 已有 1 种 3 个条形码数据。

　　代表种及用途：半日花 *H. songaricum* Schrenk 园艺栽培，花期长，从春至夏。该属有许多杂交种和品种，常用于装饰假山。品种花色繁多，从艳鲑粉色到深红色。

主要参考文献

[1] Guzmán B, Vargas P. Historical biogeography and character evolution of Cistaceae (Malvales) based on analysis of plastid *rbc*L and *trn*L-*trn*F sequences[J]. Organ Divers Evol, 2009, 9: 83-99.

[2] Grosser W. Cistaceae[M]//Engler A. Das pflanzenreich IV. Leipzig: W. Engelmann, 1903: 161.

[3] Arrington JM. Systematics of the Cistaceae[D]. PhD thesis. Durham, North Carolina: Duke University, 2004.

[4] Sorrie BA. Transfer of North American *Helianthemum* to *Crocanthemum* (Cistaceae): new combinations[J]. Phytologia, 2011, 93: 270-271.

Dipterocarpaceae Blume (1825), *nom. cons.* 龙脑香科

特征描述：乔木，常有虫菌穴。单叶互生，常两列，全缘，具羽状脉；具托叶。有限或无限花序，常腋生；花两性，辐射对称；萼片 5，合生，覆瓦状排列；花瓣 5，离生，覆瓦状或旋卷状；雄蕊（5）10 至多数，花丝基部常扩大，花药 2 室，药隔附属体芒状或钝；心皮 2-4（5），合生，子房上位，中轴胎座。坚果，无萼宿存，2-5 延伸并常形成翅状。种子无胚乳。通常在髓部、木材和树皮中具分枝状的树脂道。花粉粒 3 沟，或 3 孔沟。昆虫传粉。含丹宁、三萜类和倍半萜。

分布概况：17 属/680 种，分布于亚洲及非洲热带；中国 5 属/13 种，产云南、广西、海南及西藏（墨脱）。

系统学评述：传统上龙脑香科包括龙脑香亚科 Dipterocarpoideae、Monotoideae 和 Pakaraimoideae[1]，龙脑香亚科被划分为龙脑香族 Dipterocarpeae 和娑罗双族 Shoreae[2]，该划分得到分子系统学研究的支持[3-5]。龙脑香科曾被置于茶目 Theales[6]或锦葵目 Malvales[7,8]。分子系统学研究将该科置于锦葵目[3]。

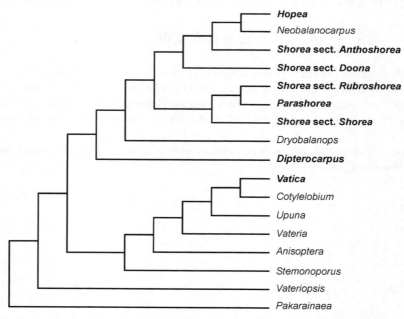

图 148　龙脑香科分子系统框架图（参考 Dayanandan 等[3]；Gamage 等[4]）

分属检索表

1. 萼片基部合生呈杯状、罐状，包住子房，与子房分离；雄蕊多数 ············· **1. 龙脑香属 Dipterocarpus**
1. 萼片自基部分离，或仅基部稍合生；雄蕊通常 15，有时无定数

2. 萼片镊合状排列；药隔附属体短而钝；雄蕊（10）15······**5. 青梅属 *Vatica***
2. 萼片覆瓦状排列；药隔附属体芒状、丝状或钝
   3. 萼片 2，发育成翅状，或均不发育成翅状；具明显的花柱基······**2. 坡垒属 *Hopea***
   3. 萼片发育成 3 长 2 短的翅或相等的翅；无花柱基
      4. 果翅 3 长 2 短，基部扩大包围果实；雄蕊（12-）15 或 20-100 ······**4. 婆罗双属 *Shorea***
      4. 果翅近相等长，或其中 3 稍大，基部狭窄不包围果实；雄蕊（12-）15······
      ······**3. 柳安属 *Parashorea***

1. *Dipterocarpus* C. F. Gaertner 龙脑香属

Dipterocarpus C. F. Gaertner (1805: 50); Li et al. (2007: 48) (Lectotype: *D. costatus* C. F. Gaertner)

    特征描述：<u>大乔木</u>。叶革质，全缘或具波状圆齿；托叶大，包藏顶芽，<u>脱落后留下环状托叶痕</u>。总状花序；<u>花大</u>，白色或粉色，芳香；<u>萼片呈罐状或杯状，仅基部合生</u>；<u>花瓣通常旋转状排列</u>，被短柔毛或星状毛，特别是外面边缘毛最多；<u>雄蕊多数</u>，花药线形，<u>药隔附属体芒状或丝状</u>；心皮 3，每心皮胚珠 2，<u>柱头稍膨大</u>。坚果具种子 1，包藏于宿存的萼管内，<u>萼裂片中有 2 增大成翅状</u>。种子与果皮的基部连合。树脂道散布。花粉粒 3 孔沟，粗糙到网状纹饰。染色体 *n*=11。

    分布概况：69/3 种，（**7a**）**型**；分布于东南亚；中国产云南东南部至西部、西藏东南（墨脱）。

    系统学评述：分子系统学将龙脑香属置于龙脑香亚科龙脑香族，是个单系类群。Gamage 等[4]基于 3 个叶绿体片段的系统发育分析发现，该属形成 1 个单独的分支，在龙脑香亚科中较早分化。

    DNA 条形码研究：BOLD 网站有该属 16 种 40 个条形码数据；GBOWS 已有 3 种 9 个条形码数据。

    代表种及其用途：该属植物具有芳香树脂，可从中提取树脂油，如羯布罗香 *D. turbinatus* C. F. Gaertner 可从树脂中提取羯布罗香油，用作调香剂和定香剂，树脂可作药用，种子可榨油。东京龙脑香 *D. retusus* Blume 常用于房屋建筑，经防腐处理之后可作枕木、桥梁等；树脂含量丰富，可工业用及药用；与麻纤维混合后可以填塞船缝。

2. *Hopea* Roxburgh 坡垒属

Hopea Roxburgh (1811: 7), *nom. cons.*; Li et al. (2007: 49) (Type: *H. odorata* Roxburgh)

    特征描述：乔木，有树脂。叶全缘，侧脉羽状；托叶小，早落。圆锥花序或圆锥状总状花序；花无柄或具短柄，偏生于花序分枝的一侧；萼管极短，裂片 5，覆瓦状排列；花瓣 5，常在蕾时裸露部分被毛，旋转排列；<u>雄蕊 15，至 10</u>，花药卵形，药隔附属体芒状或丝状；心皮 3，每心皮有胚珠 2，花柱短，<u>具明显的花柱基</u>。果实卵圆形或球形，壳一般较薄，外面常被蜡质，<u>2 花萼裂片增大为翅状或均不为翅状</u>。种子 1。花粉粒 3 孔沟、带状孔沟或 5 沟，粗糙到网状纹饰。染色体 *n*=7。

    分布概况：104/5 种，（**7a-c**）**型**；分布于东南亚；中国产海南、广西和云南。

系统学评述：坡垒属被置于龙脑树科娑罗双族。其中 *H. brevipetiolaris* (Thwaites) S. Ashton 的系统位置颇具争议，或置于 *Balanocarpus*[9]，或置于坡垒属[10]。分子系统学研究表明该属与婆罗双属的 *Shorea* sect. *Anthoshorea* 互为姐妹关系，支持将 *H. brevipetiolaris* 置于该属[3]。

DNA 条形码研究：BOLD 网站有该属 12 种 19 个条形码数据；GBOWS 已有 3 种 23 个条形码数据。

代表种及其用途：该属植物所产的树脂，类似达玛脂，为制漆工业的主要原料；木材纹理细致，坚硬耐用，可作桥梁、造船、家具等。

3. *Parashorea* Kurz 柳安属

Parashorea Kurz (1870: 65); Li et al. (2007: 51) (Type: *non designates*)

特征描述：大乔木。通常具板状根。具树脂；树皮常不规则的开裂或鳞片状开裂，具不规则的皮孔。叶互生，具羽状脉；托叶早落。总状或圆锥花序；花及花序下具宿存苞片；萼片 5，覆瓦状排列，基部合生；花瓣 5；雄蕊 12-15；花药线形或披针形，药室顶端具短尖头，药隔附属体短，锥状；子房被毛，心皮 3，离生，每心皮具 2 倒悬胚珠，花柱细柱状，柱头全缘或具齿缺。果时花萼裂片全部增大成相等的或 3 长 2 短的翅，且基部狭窄不包围果实。花粉粒 3（孔）沟，细网状纹饰。染色体 n=7。

分布概况：15/1 种，**7** 型；分布于东南亚；中国产云南和广西。

系统学评述：Parameswaran 和 Gottwald[11]根据木质部解剖特征和叶片特征，认为柳安属与娑罗双属的 *Shorea* sect. *Pentacme* 近缘。Harnelly[5]基于叶绿体序列的系统发育分析显示，柳安属与坡垒属和婆罗双属聚在 1 个分支。

DNA 条形码研究：BOLD 网站有该属 3 种 5 个条形码数据；GBOWS 已有 1 种 14 个条形码数据。

代表种及其用途：该属木材坚硬耐用，花纹美观，易于加工，为制造各种家具的高级用材，如望天树 *P. chinensis* H. Wang。

4. *Shorea* Roxburgh ex C. F. Gaertner 娑罗双属

Shorea Roxburgh ex C. F. Gaertner (1805: 47); Li et al. (2007: 52) (Type: *S. robusta* C. F. Gaertner)

特征描述：乔木。具芳香树脂。叶革质或近革质，全缘，侧脉羽状，网脉近于平行；托叶落。圆锥花序；小苞片每花 2，早落；花萼裂片 5，覆瓦状排列，常具毛；花瓣 5，外面常具毛；雄蕊（12-）15 或 20-100，花药卵形或长圆形，稀线形，药隔附属体芒状或丝状，有时短而缺；心皮 3，每心皮胚珠 2，花柱锥状或柱状，柱头全缘或具齿缺。花后增大的花萼裂片 3 长 2 短或近等长，基部变宽包围果实。种子 1。花粉粒 3（孔）沟或 4 孔，粗糙到细网状纹饰。染色体 n=7。

分布概况：194/1 种，（**7ab**）型；分布于东南亚；中国产云南西部和西藏东南部。

系统学评述：娑罗双属是娑罗双科中极具争议的属。Symington 根据木色将其划分为 4 个类群，即 *Balau*、White *Meranti*、Yellow *Meranti* 和 Red *Meranti*，将 *Pentacme*

作为单独的属[12]。Ashton[1]根据果实基部、雄蕊和树皮特征进一步将该属处理为 11 组，将 *Doona* 和 *Pentacme* 处理为属下的组。分子系统学的研究支持 Symington 的观点，将该属划分为 4 个主要分支，其中 Yellow *Meranti* 的单系性得到了很好的支持[4,5,13,14]，赞成将 *Doona* 作为该属内的组[4]。

DNA 条形码研究：BOLD 网站有该属 41 种 68 个条形码数据。

5. *Vatica* Linnaeus 青梅属

Vatica Linnaeus (1777: 152); Li et al. (2007: 52) (Type: *V. chinensis* Linnaeus)

特征描述：乔木。具树脂。叶革质或近革质，全缘，羽状脉，网脉明显；托叶早落。圆锥花序，常被星状毛和绒毛；萼管短小，与子房基部合生，花萼裂片 5，镊合状排列；花瓣 5，镊合状排列，长为花萼的 2-3 倍；雄蕊（10-）15，花丝不等长，药隔附属体短而钝；心皮 3，每心皮胚珠 2，花柱短，柱头全缘或齿裂。果实圆形或椭圆形，花萼裂片或等长而短于果，或不等长而短于果，如属后者时则其中 2 常扩大形成狭长的翅。种子 1-2。花粉粒 3 沟，网状纹饰。染色体 *n*=11。

分布概况：65/3 种，（**7a**）型；分布于东南亚；中国产海南、广西和云南。

系统学评述：分子系统学研究表明青梅属与 *Cotylelobium* 互为姐妹关系，被置于龙脑香族[4]。

DNA 条形码研究：BOLD 网站有该属 10 种 15 个条形码数据；GBOWS 已有 2 种 8 个条形码数据。

代表种及其用途：该属植物材色美观，材质致密硬重，多用于建筑、造船、车厢及各种高级家具的优良用材。

主要参考文献

[1] Ashton PS. Dipterocarpaceae[M]//van Steenis CGGJ. Flora Malesiana Ser. 1, Vol. 9. The Hague: Nijhoff and Junk, 1982: 237-552.

[2] Brandis D. 1895. An enumeration of the Dipterocarpaceæ, based chiefly upon the specimens preserved at the Royal Herbarium and Museum, Kew, and the British Museum; with remarks on the genera and species[J]. Bot J Linn Soc, 31: 1-148.

[3] Dayanandan S, et al. Phylogeny of the tropical tree family Dipterocarpaceae based on nucleotide sequences of the chloroplast *rbc*L gene[J]. Am J Bot, 1999, 86: 1182-1190.

[4] Gamage DT, et al. Comprehensive molecular phylogeny of the sub-family Dipterocarpoideae (Dipterocarpaceae) based on chloroplast DNA sequences[J]. Genes Genet Syst, 2006, 81: 1-12.

[5] Harnelly E. DNA sequence-based identification and molecular phylogeny within subfamily Dipterocarpoideae (Dipterocarpaceae)[D]. PhD thesis. Hausmann, Goettingen: Georg-August-Universität, 2013.

[6] Cronquist A. The evolution and classification of flowering plants[M]. New York: Columbia University Press, 1988.

[7] Dahlgren R. General aspects of angiosperm evolution and macrosystematics[J]. Nordic J Bot, 1983, 3: 119-149.

[8] Thorne RF. An updated phylogenetic classification of the flowering plants[J]. Aliso, 1992, 13: 365-389.

[9] Kostermans JGH. A handbook of the Dipterocarpaceae of Sri Lanka[M]. Colombo, Sri Lanka: Wildlife Heritage Trust of Sri Lanka, 1992.

[10] Ashton, P.S. Taxonomic note on Bornean Dipterocarpaceae[J]. Gard Bull Singapore, 1963, 20: 229-284.

[11] Parameswaran N, Gottwald H. Problematic taxa in Dipterocarpaceae. Their anatomy and taxonomy[M]//Maury-Lechon G. Dipterocarpaceae: taxonomie-phylogenies-ecologie, 14-17. June 1977. Paris First International Round Table on Dipterocarpaceae. Memoires du Museum National d'Histoire Naturelle, Serie B. Botanique, 1979: 69-75.

[12] Symington CF. Foresters, manual of Dipterocarps. Malayan Forester Records No. 16[M]. Kuala Lumpur, Malaysia: Penerbit Universiti Malaysia, 1943.

[13] Kamiya K, et al. Phylogeny of *PgiC* gene in *Shorea* and its closely related genera (Dipterocarpaceae), the dominant trees in southeast Asian tropical rain forests[J]. Am J Bot, 2005, 92: 775-788.

[14] Yulita KS, et al. Molecular phylogenetic study of *Hopea* and *Shorea* (Dipterocarpaceae): evidence from the *trn*L-*trn*F and internal transcribed spacer regions[J]. Plant Spec Biol, 2005, 20: 167-182.

Akaniaceae Stapf (1912), *nom. cons.* 叠珠树科

特征描述：落叶或常绿乔木；表皮开裂。<u>奇数羽状复叶</u>，互生；小叶边缘锯齿状或全缘；托叶小或无。花序腋生或顶生，总状或圆锥状；花两性，辐射对称或两侧对称；花被片 5 基数；花托杯状；<u>雄蕊 8-10</u>，花丝基部被毛，花药 4 室，背生或亚基生；子房无柄，心皮合生，3-5 室，中轴胎座，<u>每室 2 胚珠</u>，弯生，柱头三裂。蒴果室背开裂。花粉粒 3 沟，网状纹饰。染色体 2*n*=18。

分布概况：2 属/2 种，分布于越南和澳大利亚东部；中国 1 属/1 种，产长江以南。

系统学评述：传统分类将叠珠树科列在无患子目 Sapindales 中[1]，根据 APG 系统，认为其应该属于十字花目，可以选择性地和钟萼木科 Bretschneideraceae 合并。APG II 维持该观点。APG III 则根据形态相似性，将其与钟萼木科直接合并为 1 个科。

1. *Bretschneidera* Hemsley 伯乐树属

Bretschneidera Hemsley (1901: 2708); Lu & Boufford (2005: 197) (Type: *B. sinensis* Hemsley)

特征描述：乔木。奇数羽状复叶，互生；<u>小叶全缘</u>，羽状脉；无托叶。<u>顶生</u>、<u>直立的总状花序</u>；花大，<u>两侧对称</u>；花萼阔钟状，5 浅裂；花瓣 5，覆瓦状排列后面的 2 较小，着生在花萼上部；雄蕊 8，基部连合；子房无柄，上位，3-5 室，中轴胎座，每室有悬垂的胚珠 2，花柱较雄蕊稍长，柱头头状。蒴果，3-5 瓣裂，果瓣厚，木质。种子大。花粉粒 3 沟，网状纹饰。

分布概况：1/1 种，**7-2（15）**型；分布于越南；中国产西南、华南、华东。

系统学评述：伯乐树属曾被单独作为 1 个科，与山柑科 Capparaceae 和辣木科 Moringaceae 近缘[2]。分子和形态证据都支持将该属并入叠珠树科[3-5]。

DNA 条形码研究：BOLD 网站有该属 1 种 3 个条形码数据；GBOWS 已有 1 种 12 个条形码数据。

代表种及其用途：伯乐树 *B. sinensis* 树皮可药用，祛风活血，用于筋骨痛。

主要参考文献

[1] Cronquist A. An integrated system of classification of flowering plants[M]. New York: Columbia University Press, 1981.

[2] Radlkofer L. Sapindaceae[M]//Engler A, Prantl K. Die natürlichen pflanzenfamilien. Nachtr, 3-III, 5. Leipzig: W. Engelmann, 1908: 202-209.

[3] Gadek PA, et al. Affinities of the Australian endemic Akaniaceae: new evidence from *rbc*L sequences[J]. Austr Syst Bot, 1992, 5: 717-724.

[4] Rodman JE. A taxonomic analysis of glucosinolate-producing plants, Part 2: cladistics[J]. Syst Bot, 1991, 619-629.

[5] Kubitzki K. Salvadoraceae[M]//Kubitzki K. The families and genera of vascular plants, V. Berlin: Springer, 2003: 342-344.

Tropaeolaceae Jussieu ex de Candolle (1824), *nom. cons.*
旱金莲科

特征描述：<u>一年生或多年生草本</u>；茎多汁。<u>叶互生</u>，<u>盾状</u>；叶柄细长。<u>花两性</u>，两侧对称，具细长花梗；<u>花萼 5</u>，二唇状，<u>基部合生</u>，<u>具生蜜花距</u>；<u>花瓣 5</u>，常具爪；<u>雄蕊 8</u>，2 轮；<u>子房上位</u>，3 心皮，3 室，每室胚珠 1，<u>花柱 1</u>，<u>柱头 3 裂</u>。瘦果 3 裂，每爿含 1 种子。<u>种子无胚乳</u>，<u>胚直立</u>。花粉粒常 3 孔沟，网状纹饰，有时具条纹。染色体 x=12-15。

分布状况：1 属/105 种，分布于中美洲到南美洲；中国引种 1 属/1 种。

系统学评述：一直以来，旱金莲科因其具有花距且和牻牛儿苗科 Geraniaceae 天竺葵属 *Pelargonium* 形态相似，而被置于牻牛儿苗目[1-3,FRPS]。但近年来，更多的形态学和分子证据显示其与叠珠树科 Akaniaceae 近缘而被置入无患子目[4]，或是十字花目[5,6]。APG III 系统将其归入十字花目。

1. *Tropaeolum* Linnaeus 旱金莲属

Tropaeolum Linnaeus (1753: 345); Liu & Zhou, (2010: 33) (Lectotype: *T. majus* Linnaeus)

特征描述：<u>一年生或多年生草本</u>；具乳汁。<u>叶互生</u>，<u>盾状</u>；<u>叶柄细长</u>；托叶小，早落。<u>花序不定</u>，常呈头状或伞形；<u>花两性</u>，两侧对称，具细长花梗；<u>花萼 5</u>，二唇状，<u>基部合生</u>，<u>具生蜜花距</u>；<u>花瓣 5</u>，稀 2，常具爪；<u>雄蕊 8</u>，2 轮，<u>花药 2 室</u>，内向纵裂；<u>子房上位</u>，3 心皮，3 室，每室含 1 胚珠，<u>花柱 1</u>，<u>柱头 3 裂</u>。<u>瘦果 3 裂</u>，每爿含 1 种子。<u>种子无胚乳</u>，<u>胚直立</u>。花粉粒 3 孔沟，稀 2 孔沟，网状纹饰，有时具条纹。染色体 $2n$=24，26，28，30。

分布状况：90/1 种，（**3b**）型；分布于中美洲到南美洲；中国引种栽培。

系统学评述：Sparre 和 Andersson[7]根据形态学证据曾将旱金莲科分为 3 属，即旱金莲属、*Magallana* 和 *Trophaeastrum*，并将旱金莲属分为 10 组。然而分子证据和形态特征却支持将后两者归入旱金莲属，并将该属分为 2 组，即旱金莲组 *Tropaeolum* sect. *Tropaeolum* 和 *T.* sect. *Chilensia*，其中旱金莲组包括 *Bicolora*、*Dipetala*、*Mucoronata*、*Schizotrophaeum*、*Serratociliata*、*Tropaeolum*、*Huynhia* 和 *Umbellata*；*T.* sect. *Chilensia* 则包括 *Magallana* 和 *Trophaeastrum* 及 *Chymocarpus*[8]。Hershkovitz[9]通过 ITS 片段分析证实网状进化在 *T.* sect. *Chilensia* 的物种分化中扮演着重要的角色。

DNA 条形码研究：BOLD 网站有该属 31 种 72 个条形码数据；GBOWS 已有 1 种 4 个条形码数据。

代表种及其用途：旱金莲 *T. majus* Linnaeus 可药用，清热解毒；花可泡茶；茎可食用；在园艺上可用于盆栽或园林造景。

主要参考文献

[1] Farenholtz, H. Tropaeolaceae[M]//Engler A, Prantl K. Die natiirlichen pflanzenfamilien, Vol. 19a. 2nd ed. Leipzig: W. Engelmann, 1931: 67-82.

[2] Hutchinson J. The families of flowering plants arranged according to a new system based on their probable phylogeny. 3rd ed.[M]. Oxford: Clarendon Press, 1973.

[3] Cronquist A. The evolution and classification of flowering plants. 2nd ed.[M]. New York: New York Botanical Garden, 1988.

[4] Decraene LPR, Smets EF. Floral developmental evidence for the systematic relationships of *Tropaeolum* (Tropaeolaceae)[J]. Ann Bot, 2001, 88: 879-892.

[5] Rodman J, et al. Parallel evolution of glucosinolate biosynthesis inferred from congruent nuclear and plastid gene phylogenies[J]. Am J Bot, 1998, 85: 997-1006.

[6] Savolainen V, et al. Phylogenetics of flowering plants based on combined analysis of plastid *atp*B and *rbc*L gene sequences. Syst Biol, 2000, 49: 306-362.

[7] Sparre B, Andersson L. A taxonomic revision of the Tropaeolaceae[J]. Opera Bot, 1991, 108: 1-139.

[8] Andersson L, Andersson S. A molecular phylogeny of Tropaeolaceae and its systematic implications[J]. Taxon, 2000, 49: 721-736.

[9] Hershkovitz MA, et al. Ribosomal DNA evidence for the diversification of *Tropaeolum* sect. *Chilensia* (Tropaeolaceae)[J]. Plant Syst Evol, 2006, 260: 1-24.

Moringaceae Martinov (1820), *nom. cons.* 辣木科

特征描述：落叶乔木、灌木或草本。<u>幼时具块状茎</u>。叶互生，<u>一至三回奇数羽状复叶</u>；托叶缺或退化为腺体状。花两性，聚生成圆锥花序；<u>花被 5 基数</u>；<u>雄蕊 2 轮，5 发育完全，5 退化</u>；子房上位，具柄，1 室，<u>侧膜胎座</u>。蒴果，<u>具 3-12 棱</u>。种子多数，无胚乳。花粉粒 3 孔沟，光滑、穿孔状或穴状纹饰。染色体 $2n=28$。

分布概况：约 1 属/13 种，分布于非洲大陆东北部和西南部，马达加斯加，亚洲西南部及印度；中国 1 属/1 种，引种栽培于广东、台湾和云南。

系统学评述：在十字花目中，辣木科和番木瓜科 Caricaceae 构成姐妹群[1-5,APW]。

1. *Moringa* Adanson 辣木属

Moringa Adanson (1763: 318); Lu & Olson (196: 2001) [Type: *M. oleifera* Lamarck (≡ *Guilandina moringa* Linnaeus)]

特征描述：同科描述。

分布概况：约 1/13 种，**6 型**；分布于非洲大陆东北部和西南部，亚洲西南部，印度，马达加斯加；中国引种栽培于广东、台湾和云南。

系统学评述：由于辣木属物种间形态变异很大，不同学者分类所依据的性状不同，因此属下分类一直存在较大的争议，如 Engler[6]依据 *Moringa longituba* Engler 花的独特性，建立了 *Moringa* sect. *Dysmoringa*；而将其余的 7 种（当时仅 8 种）置于 *M.* sect. *Moringa*。Verdcourt[7]依据花的形态特征将辣木属分为 3 组，即 *M.* sect. *Donaldsonia*、*M.* sect. *Moringa* 和 *M.* sect. *Dysmoringa*，并讨论了属内系统发育关系。Olson 和 Carlquist[8]则依据生活型将该属分为 4 类，即 Bottle trees（等同于 *M.* sect. *Donaldsonia*）、Slender trees、Sarcorhizal trees 和 Tuberous shrubs；依据木质部的特征将该属分为 4 类。

为了澄清辣木科内部的系统发育关系，Olson[1]综合分子证据（2 个核基因 *PEPC* 和 ITS，1 个叶绿体基因 *trn*G）和形态学对该科的所有 13 种进行了系统发育分析，结果显示 Bottle trees 的 4 种是辣木科基部类群，形成 1 个并系组合；单系的 Slender trees（局限于亚洲）与单系的 Tuberous shrubs（局限分布于非洲之角）为姐妹群。由于基部的类群并不是个单系的分支，因此先前的名称 Bottle trees clade、Slender trees clade 和 Tuberous shrubs clade 也需要由新的名称来代替。此外，Olson[1]的分子系统学研究结果与 Olson 和 Carlquist[8]依据木质部特征的分类基本一致（基部类群除外）。

DNA 条形码研究：BOLD 网站有该属 8 种 30 个条形码数据。

代表种及其用途：辣木 *M. oleifera* Lamarck 常栽培供观赏；根、叶和嫩果可食用；种子可榨油，为清澈透明的高级钟表润滑油，且其对于气味有强度的吸收性和稳定性，故可用作定香剂。

主要参考文献

[1]   Olson ME. Combining data from DNA sequences and morphology for a phylogeny of Moringaceae (Brassicales)[J]. Syst Bot, 2002, 27: 55-73.

[2]   Olson ME. Intergeneric relationships within the Caricaceae-Moringaceae clade (Brassicales) and potential morphological synapomorphies of the clade and its families[J]. Int J Plant Sci, 2002, 163: 51-65.

[3]   Hall JC, et al. Molecular phylogenetics of core Brassicales, placement of orphan genera *Emblingia*, *Forchhammeria*, *Tirania*, and character evolution[J]. Syst Bot, 29: 654-669.

[4]   Carvalho FA, Renner SS. A dated phylogeny of the papaya family (Caricaceae) reveals the crop's closest relatives and the family's biogeographic history[J]. Mol Phylogenet Evol, 2012, 65: 46-53.

[5]   Edger PP, et al. The butterfly plant arms-race escalated by gene and genome duplications[J]. Proc Natl Acad Sci, 2015, 112: 8362-8366.

[6]   Engler A. Contribuzioni alla conoscenza della flora dell'Africa orientale[J]. Annuario Reale Ist Bot Roma, 1902, 9: 241-256.

[7]   Verdcourt B. *Moringa*: a correction[J]. Kew Bull, 1958, 13: 385.

[8]   Olson M, Carlquist S. Stem and root anatomical correlations with life form diversity, ecology, and systematics in *Moringa* (Moringaceae) [J]. Bot J Linn Soc, 2001, 135: 315-348.

Caricaceae Dumortier (1829), *nom. cons.* 番木瓜科

特征描述：小乔木或灌木。<u>茎具乳汁</u>。叶互生，<u>常聚生于茎顶</u>，掌状分裂。<u>花单性或两性</u>，雌雄同株、雌雄异株、雄全同株或雌全同株。花被 5 基数；雄花常组成总状或圆锥花序，雌花单生或为聚伞花序；<u>雄花雄蕊 10，2 轮</u>；雌花子房上位，<u>1 室或由假隔膜分成 5 室</u>，侧膜胎座；两性花雄蕊 5 或 10。<u>浆果</u>，肉质。种子被黏液。花粉粒 3 孔沟，网状纹饰。染色体 2*n*=14，16，18。

分布概况：6 属/34 种，分布于中美洲，南美洲和非洲中部；中国 1 属/1 种，引种栽培。

系统学评述：分子系统学研究表明，番木瓜科与辣木科 Moringaceae 形成姐妹关系，两者在 6500 万年前左右的早古新世分开[1-3,APW]。

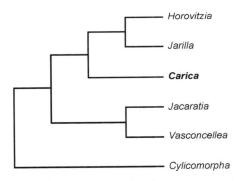

图 149　番木瓜科分子系统框架图（参考 Olson[1]；Carvalho 和 Renner[3]）

1. *Carica* Linnaeus 番木瓜属

Carica Linnaeus (1753: 1036); Wang & Turland (2007: 150) (Lectotype: *C. papaya* Linnaeus)

特征描述：小乔木或灌木。<u>茎含乳汁</u>。叶互生，<u>聚生于茎顶</u>，<u>掌状分裂</u>。<u>总状花序腋生</u>；<u>花单性或两性</u>；雄花花萼 5 裂，花冠管细长，雄蕊 10；雌花花瓣 5，无退化雄蕊，<u>子房 1 室或 5 室</u>，<u>具假隔膜</u>，侧膜胎座，柱头 5。<u>浆果</u>，肉质，种子<u>具肉质假种皮</u>。花粉粒 3 孔沟，细网状纹饰。染色体 2*n*=18。

分布概况：约 1/1 种，**（3d）型**；分布于美洲热带和亚热带；中国栽培于长江以南。

系统学评述：分子系统学研究表明，该属是个单系类群，与美洲的 *Jarilla* 和 *Horovitzia* 组成的姐妹群近缘[3,4]。由于番木瓜在世界上广泛种植，其起源中心也曾引起很多争论，目前普遍认为番木瓜的起源地为墨西哥南部和中美洲[5]。

DNA 条形码研究：BOLD 网站有该属 1 种 21 个条形码数据；GBOWS 已有 1 种 4 个条形码数据。

代表种及其用途：番木瓜 *C. papaya* Linnaeus 是著名的热带水果，也可作蔬菜食用；入药有助消化、通乳作用；未熟果实含丰富的木瓜蛋白酶，可制嫩肉粉；叶有强心、消肿作用，捣碎可洗去衣物上的血渍；种子含油 18%-23%，可榨油。

主要参考文献

[1] Olson ME. Combining data from DNA sequences and morphology for a phylogeny of Moringaceae (Brassicales)[J]. Syst Bot, 2002, 27: 55-73.

[2] Hall JC, et al. Molecular phylogenetics of core Brassicales, placement of orphan genera *Emblingia*, *Forchhammeria*, *Tirania*, and character evolution[J]. Syst Bot, 2004, 29: 654-669.

[3] Carvalho FA, Renner SS. A dated phylogeny of the papaya family (Caricaceae) reveals the crop's closest relatives and the family's biogeographic history[J]. Mol Phylogenet Evol, 2012, 65, 46-53.

[4] Carvalho FA, Renner SS. The phylogeny of the Caricaceae[M]//Ming R, Moore PH. Genetics and genomics of Papaya. New York: Springer, 2014: 81-92.

[5] Fuentes G, Santamaría JM. Chapter 1. Papaya (*Carica papaya* L.): origin, domestication and production[M]//Ming R, Moore PH. Genetics and genomics of Papaya. New York: Springer, 2014: 3-16.

Salvadoraceae Lindley (1836), *nom. cons.* 刺茉莉科

特征描述：乔木或灌木，无刺或具腋生刺。<u>托叶退化，呈极小的刚毛状</u>；<u>单叶对生</u>，全缘。总状或圆锥花序；花单性或两性；辐射对称，<u>花瓣 4</u>；雄蕊 4，与花瓣互生；<u>无花盘，具 4 鳞片状腺体</u>；<u>子房上位</u>，2 心皮，1-2 室，每室 1-2 胚珠，胚珠直立、倒生；花柱短，柱头全缘或 2 浅裂。<u>果为浆果或核果</u>，不开裂。<u>常种子 1</u>，种皮薄或软骨质。花粉粒 3（拟）孔沟或 6 孔沟，皱波状纹饰。染色体 $2n=22$, 24。

分布概况：3 属/9 种，分布于热带亚洲和非洲；中国 1 属/1 种，产海南。

系统学评述：传统分类将刺茉莉科列在卫矛目 Celastrales[1,2]或木樨目 Oleales[3,4]。Dahlgren[5]将该科置于白花菜目 Capparales，后又将其移到 Salvadorales[6,7]。分子系统学研究表明该科与其他含芥子油的科关系较近[8-11]。根据分子证据将其移到十字花目，与藜木科 Bataceae 近缘[7,12]。花器官发育和解剖学研究也支持该科与藜木科近缘[13]。

1. *Azima* **Lamarck** 刺茉莉属

Azima Lamarck (1783: 343); Peng & Gilbert (2008: 497) (Lectotype: *A. tetracantha* Lamarck)

特征描述：<u>直立或攀援灌木，揉之有腐败的气味，具腋生的刺</u>。托叶细小；单叶对生，全缘。顶生和腋生的总状花序、圆锥花序或密伞花序；花常单性；花萼 4 浅裂或在雌花中 2-4 深裂；花瓣 4，分离；无花盘；雄花雄蕊 4，无退化子房；雌花退化雄蕊 4，花药不育，<u>子房上位</u>，<u>2 室</u>，每室具 1-2 直立胚珠；两性花与雌花相似，但具 4 发育雄蕊。浆果有种子 1-3。种皮厚，革质。

分布概况：3-4/1 种，**6（7）型**；分布于非洲南部至热带亚洲；中国产海南。

系统学评述：属下未见分子系统学研究。

DNA 条形码研究：BOLD 网站有该属 1 种 5 个条形码数据。

主要参考文献

[1] Cronquist A. An integrated system of classification of flowering plants[M]. New York: Columbia University Press, 1981.

[2] Takhtajan A. Diversity and classification of flowering plants[M]. New York: Columbia University Press, 1997.

[3] Goldberg A. Classification, evolution and phylogeny of the families of dicotyledons[M]. Washington, DC: Smithsonian Institution Press, 1986.

[4] Melchior H. Engler's syllabus der pflanzenfamilien, II Band. Angiospermen[M]. Berlin-Nikolassee: Gebruder Borntraeger, 1964.

[5] Dahlgren R. A system of classification of the angiosperms to be used to demonstrate the distribution of characters[J]. Bot Noti Ser, 1975, 128: 119-147.

[6] Dahlgren G. The last Dahlgrenogram. System of classification of the dicotyledons[M]//Tan K. The Davis

and Hedge Festschrift. Plant taxonomy, phytogeography and related subjects. Edinburgh: Edinburgh University Press, 1989: 249-261.

[7] Kubitzki K. Salvadoraceae[M]//Kubitzki K. The families and genera of vascular plants, V. Berlin: Springer, 2003: 342-344.

[8] Rodman JE, et al. 1993. Nucleotide sequences of the *rbc*L gene indicate monophyly of mustard oil plants[J]. Ann MO Bot Gard, 80: 686-699.

[9] Rodman JE, et al. Nucleotide sequences of *rbc*L confirm the capparalean affinity of the Australian endemis Gyrostemonaceae[J]. Austr Syst Bot, 1994, 7: 57-69.

[10] Rodman JE, et al. Molecules, morphology, and Dahlgren's expanded order Capparales[J]. Syst Bot, 1996, 21: 289-307.

[11] Rodman J, et al. Parallel evolution of glucosinolate biosynthesis inferred from congruent nuclear and plastid gene phylogenies. Am J Bot, 1998, 85: 997-997.

[12] Ronse De Craene LP, Haston E. The systematic relationships of glucosinolate-producing plants and related families: a cladistic investigation based on morphological and molecular characters[J]. Bot J Linn Soc, 2006, 151: 453-494.

[13] Ronse De Craene L, Wanntorp L. Floral development and anatomy of Salvadoraceae[J]. Ann Bot, 2009, 104: 913-923.

Resedaceae Martinov (1820), *nom. cons.* 木犀草科

特征描述：一年生或多年生草本，稀为木本。单叶互生；托叶小，腺状。总状或穗状花序；花常两性；<u>花萼宿存</u>，常 4-7 裂；花瓣常 4-7 或无，分离或稍联合；雄蕊 3-40，花药 2 室；子房上位，<u>心皮 2-6</u>，<u>分离或合生</u>，胚珠多数，<u>侧膜胎座或基生胎座</u>。蒴果或浆果。种子多数，肾形或近圆形，<u>无胚乳</u>，胚弯曲。花粉粒 3 沟（或拟孔沟）。染色体 $2n$=10-30。

分布概况：约 6 属/80 种，分布于非洲，亚洲中部和西南部，大西洋岛屿，欧洲南部，北美西南部；中国 2 属/4 种，产上海、台湾、四川和辽宁。

系统学评述：传统分类主要依据子房和胎座的类型，将木犀草科分成 3 个族，即 Resedeae、Cayluseae 和 Astrocarpeae，其中 Cayluseae 族仅包括 *Caylusea*；Astrocarpeae 族只有 *Sesamoides*；Resedeae 族包括 4 属，即木犀草属 *Reseda*、川犀草属 *Oligomeris*、*Ochradenus* 和 *Randonia*[1-4]；依据萼片、花瓣和雄蕊的特征，Resedeae 被分为 2 亚族，即 Randoninae 和 Resedinae[1-3]。Martín-Bravo 等[5]使用 ITS 和 *trn*L-F 分子片段对木犀草科 6 属 66 种进行了系统发育分析，支持传统分类 3 个族的单系性，*Caylusea* 和 *Sesamoides* 依次为其余类群的姐妹群；但是木犀草属的单系性没有得到恢复，川犀草属、*Ochradenus* 和 *Randonia* 均嵌入了木犀草属中，它们共同组成了 1 个单系的大分支（core *Reseda*）。

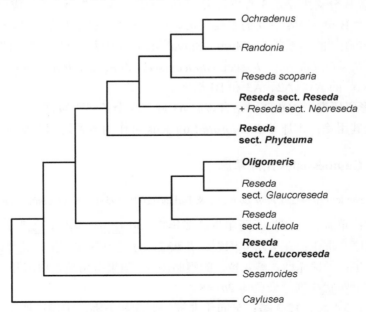

图 150　木犀草科分子系统框架图（参考 Martín-Bravo 等[5]）

分属检索表

1. *Reseda* Linnaeus 木犀草属

Reseda Linnaeus (1753: 448); Lu & Turland (2001: 194) (Lectotype: *R. luteola* Linnaeus). ——*Phyteuma* Linnaeus (1753: 170)

特征描述：草本，稀灌木。叶全缘至羽状裂；托叶小，腺状。花两性；总状花序；花萼 4-7 裂；花瓣 4-7，常具瓣爪；雄蕊 7-40，着生于花盘上；子房心皮 3-6，基部合生，胎座 3-6。蒴 1 室，果顶部开裂。种子多数。花粉粒 3 孔沟，网状、皱网状或穴状等纹饰。染色体 2n=20，24，28。

分布概况：约 60/3 种，**12** 型；分布于非洲东部及北部，亚洲中部及西南部，北大西洋岛屿，欧洲南部；中国产上海和台湾。

系统学评述：木犀草属的属下分类一直存在争议，Argoviensis[1,2]将该属分 4 组，而 Abdallah 和 de Wit[3]依据花、雌蕊和胎座的特征认为该属有 4 亚属 3 组，或者不设亚属而直接将其分为 6 组。Martín-Bravo[5]的分子系统学研究显示木犀草属不是单系类群，川犀草属、*Ochradenus* 和 *Randonia* 均嵌入了木犀草属中，它们共同组成了 1 个单系的大分支（core *Reseda*）。Core *Reseda* 被分为 2 个分支（A 分支和 B 分支），A 分支主要是 4 心皮种类，而 B 分支主要是 3 心皮种类；川犀草属为 A 分支 A4 亚支成员，*Ochradenus* 和 *Randonia* 为 B 分支 B4 亚支的主要成员。尽管木犀草属不是单系类群，但是先前属下分类中 4 个组[4]的单系性在 Martín-Bravo[5]的研究中却得到支持，即 *Reseda* sect. *Leucoreseda*、*R.* sect. *Luteola*、*R.* sect. *Glaucoreseda* 和 *R.* sect. *Phyteuma*，它们分别对应于 Martín-Bravo[5]的 A1、A2、A3 和 B1 分支。

DNA 条形码研究：BOLD 网站有该属 63 种 229 个条形码数据。

代表种及其用途：木犀草 *R. odorata* Linnaeus 可作为芳香的园艺植物。

2. *Oligomeris* Cambessèdes 川犀草属

Oligomeris Cambessèdes (1839: 23), *nom. cons.*; Lu & Turland (2001: 195) (Type: *O. glaucescens* Cambessèdes)

特征描述：草本，一年生、两年生或多年生。叶互生或簇生，线形，全缘。花小，疏花；穗状花序，顶生；花萼常 4 深裂；花瓣 2，分离或基部合生，花盘缺；雄蕊 3-8，分离或基部合生；子房无柄，具 4 棱，侧膜胎座 4。蒴果有角棱，顶部开裂。种子多数。花粉粒 3 孔沟，网状纹饰。染色体 2n=48。

分布概况：3/1 种，**12-3** 型；分布于非洲，亚洲和美洲；中国产四川。

系统学评述：Martín-Bravo[5]使用 ITS 和 *trn*L-F 对木犀草科的分析显示，川犀草属和 *Ochradenus*、*Randonia* 均嵌入木犀草属，它们共同组成了 1 个单系的大分支（core

Reseda），川犀草属的 3 个种聚成 1 个单系的支，成为 core *Reseda* 的 A 分支 A4 亚支。

DNA 条形码研究：BOLD 网站有该属 3 种 44 个条形码数据。

主要参考文献

[1] Müller Argoviensis J. Monographie de la famille des Résédacées[M]. Zürcher: Zürcher and Furrer, 1857.

[2] Müller Argoviensis J. Resedaceae[M]//de Candolle. Prodromus systematis naturalis regni vegetabilis, 16. Paris: Victor Masson, 1864: 548-589.

[3] Abdallah MS, de Wit HCD. The Resedaceae: a taxonomical revision of the family (final instalment)[M]. Wageningen: Landbouwhoogeschool Wageningen, 1978.

[4] Takhtajan AL. Diversity and classification of flowering plants[M]. New York: Columbia University Press, 1997.

[5] Martín-Bravo S, et al. Molecular systematics and biogeography of Resedaceae based on ITS and *trn*L-F sequences[J]. Mol Phylogenet Evol, 2007, 44: 1105-1120.

Capparaceae Jussieu (1789), *nom. cons.* 山柑科

特征描述：灌木、乔木或木质藤本。叶互生稀对生，单叶或掌状复叶；托叶刺状或无。花两性或单性；单生或聚成总状等花序；花萼 4（-8）；花冠（0-）4（-8），花托常延伸成雌雄蕊柄，具蜜腺；雄蕊（4-）6 至多数；心皮 2（-8），1 室，侧膜胎座，具雌蕊柄，柱头头状或不明显。浆果或蒴果。种子胚弯曲。花粉粒 3 沟或为孔沟和拟孔沟。染色体 $2n$=（14-）20（-30+）。

分布概况：约 28 属/650 种，广布热带和亚热带，少数到温带；中国 2 属/42 种，产西南和华南。

系统学评述：山柑科是个极为异质的科，传统上被分为 8 亚科[1]，目前分子系统学研究已经将白花菜亚科 Cleomoideae 及其他亚科的 11 属从该科排除，提升为科级水平或者被置于其他目[2-11]，斑果藤族 Stixeae 也从山柑科移除，但其系统位置及分类等级仍未得到解决[8-11,APG III]。目前，山柑科仅包括山柑亚科 Capparoideae 的成员（斑果藤族除外）[APG III]。Hall[12]使用叶绿体 *ndh*F 和 *mat*K 将山柑科分为 5 个分支：*Crateva* clade、*Buchholzia*、AF capproids、NW capproids 和 *Capparis* clade，除了识别 *Crateva* clade 为基部类群之外，其他各分支关系均未解决。山柑属是并系类群，旧世界和新世界种分别在 *Capparis* clade 和 NW capproids 分支上。

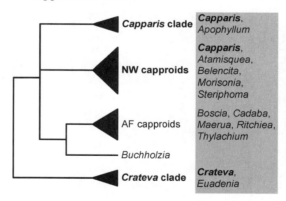

图 151　山柑科分子系统框架图（参考 Hall[12]）

分属检索表

1. 单叶；无雌雄蕊柄或具假雌雄蕊柄；胎座 2-6（-8）··· **1. 山柑属 *Capparis***
1. 复叶；具雌雄蕊柄；胎座 2 ··· **2. 鱼木属 *Crateva***

1. *Capparis* Linnaeus 山柑属

Capparis Linnaeus (1753: 503); Zhang & Tucker (2008: 436) (Lectotype: *C. spinosa* Linnaeus)

特征描述：灌木、乔木或藤本。单叶互生，螺旋排列或形成假两列；托叶无或刺状。花序总状、伞房状、亚伞形、圆锥状，或（1-）2-10 花沿花枝向上排成 1 短纵列；花萼4，排成 2 轮；花冠4，常形成稍不对称的 2 对，基部包着花盘；雄蕊 7-120；子房 1 室，胎座 2-6（-8）。浆果。种子 1 至多数，胚弯曲。花粉粒 3 孔沟或为孔和带状拟孔沟，粗糙、网状或穴状纹饰。染色体 $2n$=18，20，24，36（-160）。

分布概况：约 250（-400）/37（10）种，**2** 型；分布于热带和亚热带；中国产西南至台湾。

系统学评述：山柑属位于山柑亚科 Capparidoideae 山柑族 Capparideae，该族还包括 *Atamisquea*、*Belencita*、*Boscia*、*Cadaba* 和 *Crateva* 等 15 个属[1]，分子系统学研究显示山柑族不是单系类群[8-12]。山柑属旧世界和新世界分布的种类是否为同属成员一直存在疑问[13,14]，它们也常被划分在不同的组，如 de Candolle[15]将山柑属分为 5 组（1 个旧世界组、4 个新世界组）；Pax 和 Hoffmann[1]将该属分为 14 组，其中包括 5 个旧世界组；分子系统学研究仅支持 Pax 和 Hoffmann 的 *Capparis* sect. *Cynophalla* 为单系类群[12]。Hall[12]使用 *ndh*F 和 *mat*K 开展分子系统学研究显示山柑属是并系类群，该属被划分为山柑科 2 个独立的分支。其中一个分支包括了旧世界的物种与 *Apophyllum*，由于该分支包括了模式种，因此建议保留 *Capparis* 作为其属名；另一个分支包括了新世界的物种及新世界的 4 属（*Atamisquea*、*Belencita*、*Morisonia* 和 *Steriphoma*），这也得到分子证据[9]和形态学[16]的支持；该属内部关系多数没有解决，因此其系统发育关系及分类地位还需要进一步研究。

DNA 条形码研究：BOLD 网站有该属 35 种 51 个条形码数据；GBOWS 已有 6 种 31 个条形码数据。

代表种及其用途：该属许多种类被栽培作园林观赏。独行千里 *C. acutifolia* Sweet 可入药，具消炎解毒、镇痛、疗肺止咳之功效。爪瓣山柑 *C. himalayensis* Jafri 是优良的固沙植物；种子可榨油。刺山柑 *C. spinosa* Linnaeus 的花芽和果实盐渍后可以食用。

2. *Crateva* Linnaeus 鱼木属

Crateva Linnaeus (1753: 444); Zhang & Tucker (2008: 434) (Lectotype: *C. tapia* Linnaeus)

特征描述：乔木或灌木。掌状复叶互生，3 小叶，侧生小叶偏斜。总状或伞房状花序；花多为两性，花托内凹，具蜜腺；花萼 4，绿色，明显较花瓣小；花冠 4，有爪；雄蕊（8-）15-20，花丝基部联合成雌雄蕊柄；雌蕊柄在雄花中退化，子房 1 室，侧膜胎座 2。浆果。种子多数，胚弯曲，较长的子叶包着另外 1 枚。花粉粒 3 孔沟，细网状纹饰。染色体 $2n$=26。

分布概况：8/5 种，**2**（**3**）型；广布热带和亚热带；中国产西南、华南至台湾。

系统学评述：传统上鱼木属曾被置于山柑亚科 Capparideae 族[1,17]或 Cappareae 族[18,19]。Hall[12]的分子系统学研究显示鱼木属不是单系类群，*Euadenia* 嵌入了鱼木属与之共同形成 *Crateva* clade，该分支为山柑科基部类群。Jacobs[20]对鱼木属进行了修订，将该属分为 8 种 4 亚种，并且根据花期叶是否发育完全、花和果实的颜色等特征将它们分为 2 组。Jacobs 的修订中保留有 4 个存疑种[*C. falcate* (Loureiro) de Candolle、*C. magna* (Loureiro) de Candolle、*C. roxburghii* Brown、*C. suaresensis* Baillon]。目前，尚未见对鱼木属开展分子系统学研究，仅 Hall 等对十字花目的研究中包括了鱼木属 3 种（*C. palmeri* Rose、*C. tapia* Linnaeus、*C. religiosa* Ainslie）[9,12]。

DNA 条形码研究：BOLD 网站有该属 6 种 13 个条形码数据；GBOWS 已有 1 种 4 个条形码数据。

代表种及其用途：树头菜 *C. unilocularis* Buchanan-Hamilton 的嫩叶盐渍后可食用；材质轻而略坚，易做模型、乐器、细工之用；果含生物碱，果皮可作染料；叶为健胃剂。

主要参考文献

[1] Pax F, Hoffmann K. Capparidaceae[M]//Engler A, Prantl K. Die natürlichen pflanzenfamilien, 17b. Leipzig: W. Engelmann, 1936: 146-233.

[2] Applequist WL, Wallace RS. Phylogeny of the Madagascan endemic family Didiereaceae[J]. Plant Syst Evol, 2000, 221: 157-166.

[3] Morton CM, et al. Taxonomic affinities of *Physena* (Physenaceae) and *Asteropeia* (Theaceae)[J]. Bot Rev, 1997, 63: 231-239.

[4] Rodman JE, et al. Molecules, morphology, and Dahlgren's expanded order Capparales[J]. Syst Bot, 1996, 21: 289-307.

[5] Rodman J, et al. Nucleotide sequences of the *rbc*L gene indicate monophyly of mustard oil plants[J]. Ann MO Bot Gard, 1993, 80: 686-699.

[6] Karol KG, et al. Nucleotide sequence of *rbc*L and phylogenetic relationships of *Setchellanthus caeruleus* (Setchellanthaceae)[J]. Taxon, 1999, 48: 303-315.

[7] Chandler GT, Bayer RJ. Phylogenetic placement of the enigmatic Western Australian genus *Emblingia* based on *rbc*L sequences[J]. Plant Spec Biol, 2000, 15: 67-72.

[8] Hall JC, et al. Molecular phylogenetics of core Brassicales, placement of Orphan genera *Emblingia*, *Forchhammeria*, *Tirania*, and character evolution[J]. Syst Bot, 2004, 29: 654-669.

[9] Hall JC, et al. Phylogeny of Capparaceae and Brassicaceae based on chloroplast sequence data[J]. Am J Bot, 2002, 89: 1826-1842.

[10] Su JX, et al. Phylogenetic placement of two enigmatic genera, *Borthwickia* and *Stixis*, based on molecular and pollen data, and the description of a new family of Brassicales, Borthwickiaceae[J]. Taxon, 2012, 61: 601-611.

[11] 苏俊霞. 蔷薇分支的分子系统学研究[D]. 北京: 中国科学院植物研究所博士学位论文, 2012.

[12] Hall JC. Systematics of Capparaceae and Cleomaceae: an evaluation of the generic delimitations of *Capparis* and *Cleome* using plastid DNA sequence data[J]. Botany, 2008, 86: 682-696.

[13] Jacobs M. Capparaceae[M]//van Steens CGGJ. Flora Malesiana, Vol. 6. Goningen, Netherlands: Wolters-Noordhoff Publishing, 1960: 61-105.

[14] DeWolf GP. Notes on African Capparidaceae: III[J]. Kew Bull, 1962, 16: 75-83.

[15] de Candolle AP. Capparideae[M]//de Candolle. Prodromus systematis naturalis regni vegetabilis, 16. Paris: Victor Masson, 1824: 237-255.

[16] Kers LE. Capparaceae[M]//Kubitzki K. The families and genera of vascular plants, V. Berlin: Springer, 2003: 36-56.

[17] Hutchinson J. The genera of flowering plants (Angiospermae), Vol. 2[M]. London: Clarendon Press, 1967.

[18] Takhtajan AL. Diversity and classification of flowering plants[M]. New York: Columbia University Press, 1997.

[19] 吴征镒, 等. 中国被子植物科属综论[M]. 北京: 科学出版社, 2003.

[20] Jacobs M. The genus *Crateva* (Capparaceae)[J]. Blumea, 1964, 12: 177-208.

Borthwickiaceae J. X. Su, W. Wang, L. B. Zhang & Z. D. Chen (2012) 节荶木科

特征描述：灌木或小乔木。幼枝四棱形。叶对生，三出掌状复叶。总状花序；花萼5-8，完全合生成帽状包于其他花部外面，开花时多撕裂为2片；花冠5-8，分离；雄蕊60-70；蜜腺圆锥形，包围在雌雄蕊柄外面；子房线柱形，表面具4-6棱，4-6室，中轴胎座。蒴果，种子在果实表面凸起呈念珠形。种子肾形，胚弯曲。花粉粒3孔沟，穴状纹饰。

分布概况：1属/1种，中南半岛北部特有，主要分布于缅甸东部至北部；中国1属/1种，产云南南部至东南部。

系统学评述：节荶木科为单型科，仅包括节荶木属 *Borthwickia*，传统上其一直被置于山柑科 Capparaceae 族，但是其科内位置存在争议[1-4]。Kers[5]依据形态学研究将节荶木属从山柑科排除，但是具体位置不明确。Su 等[6]和苏俊霞[7]依据分子系统学研究和花粉证据将节荶木属从山柑科排除，并将其提升为节荶木科。该科与十字花目 *Forchhammeria-Resedaceae-Stixis-Tirania* 亚支形成姐妹群。

1. *Borthwickia* W. W. Smith 节荶木属

Borthwickia W. W. Smith (1912: 175); Zhang & Tucker (2008: 433) (Type: *B. trifoliata* W. W. Smith)

特征描述：同科描述。

分布概况：1/1 种，**7-3 型**；中南半岛北部特有，分布于缅甸东部至北部；中国产云南南部至东南部。

系统学评述：同科评述。

DNA 条形码研究：BOLD 网站有该属 1 种 6 个条形码数据；GBOWS 已有 1 种 3 个条形码数据。

代表种及其用途：节荶木 *B. trifoliata* Smith 幼果可以食用。

主要参考文献

[1] Pax F, Hoffmann K. Capparidaceae[M]//Engler A, Prantl K. Die natürlichen pflanzenfamilien, 17b. Leipzig: W. Engelmann, 1936: 146-233.
[2] Jacobs M. *Borthwickia* (Capparaceae) from Yunnan and in fruit[J]. Blumea, 1968, 16: 360.
[3] Brummitt RK. Vascular plant families and genera[M]. Richmond: Royal Botanic Gardens, Kew, 1992.
[4] 吴征镒, 等. 中国被子植物科属综论[M]. 北京: 科学出版社, 2003.
[5] Kers LE. Capparaceae[M]//Kubitzki K, Bayer C. The families and genera of vascular plants, V. Berlin: Springer, 2003: 36-56.

[6] Su JX, et al. Phylogenetic placement of two enigmatic genera, *Borthwickia* and *Stixis*, based on molecular and pollen data, and the description of a new family of Brassicales, Borthwickiaceae[J]. Taxon, 2012, 61: 601-611.

[7] 苏俊霞. 蔷薇分支的分子系统学研究[D]. 北京: 中国科学院植物研究所博士学位论文, 2012.

Stixaceae Doweld (2008) 斑果藤科

特征描述：灌木、乔木或木质藤本。单叶或三出复叶，互生；托叶刺有或无。花两性或单性；单生或聚成总状或圆锥状；花萼（4-）6（-8），基部合生；花冠0-6，分离；雄蕊3至多数；心皮2（-4），子房2至多室，中轴胎座，柱头发育完全，花柱常分枝。核果或浆果。花粉粒3孔沟，网状纹饰。

分布概况：4属/19种，分布于东南亚，墨西哥，西印度群岛及中美洲；中国1属/3种，产云南南部、海南、广东和广西西部。

系统学评述：斑果藤科是极为异质的科，传统上曾被置于山柑科斑果藤族[1]。Kers[2]依据斑果藤族不同于山柑科的形态特征（子房2至多室、中轴胎座、花被3-5基数、发育很好的柱头及花柱常分枝），将它们从山柑科排除，但是并未明确它们的系统位置。分子系统学研究也支持 *Forchhammeria*、*Stixis* 和 *Tirania* 从山柑科分离出来，斑果藤族的单系性并没有得到恢复，仅高度支持 *Stixis* 和 *Tirania* 为姐妹群[3-5]。Doweld 和 Reveal[6]将斑果藤族提升为斑果藤科，但是该科并没有被 APG III所接受，因此斑果藤族4个属的系统位置和分类地位尚待明确。

1. *Stixis* Loureiro 斑果藤属

Stixis Loureiro (1790: 295). Zhang & Tucker (2008: 449) (Type: *S. scandens* Loureiro)

特征描述：木质藤本或攀援灌木。单叶互生，中脉上有水泡状小凸起，有时具透明点；叶柄顶端增粗，膝曲；无托叶刺。两性花；总状花序或圆锥花序；花萼（5）6；花冠无；雄蕊（15-）20-50（-100）；子房3（4）室，中轴胎座，花柱单一，线形或有时分裂为3（4）钻形柱头，有时无花柱，雌蕊柄与花丝等长。核果，表面具皮孔。种子1；子叶不等大，肉质，大的包着小的。花粉粒3孔沟，网状纹饰。

分布概况：7/3种，（**7ab**）型；分布于东南亚；中国产广东、海南及云南南部和东南部。

系统学评述：传统上斑果藤属是单系类群，曾被置于山柑科、斑果藤族[1,7,8]或 Cadabeae 族[9]。分子系统学研究已经将斑果藤属及同族的其他成员 *Forchhammeria* 和 *Tirania* 从山柑科分离出来[3-5]，Su 等[5]和苏俊霞[10]使用4个叶绿体片段分析发现该属嵌入 *Forchhammeria*-Resedaceae-*Stixis*-*Tirania* 分支并与 *Tirania* 为姐妹群，但是斑果藤属的分类地位尚未明确。Jacobs[11]根据雌蕊柄及花柱的特征将斑果藤属分为7种1亚种，没有划分属内分类单元。分子系统学研究仅见 Su 等[5]和苏俊霞[10]包括了斑果藤属3种。

DNA条形码研究：BOLD 网站有该属3种21个条形码数据；GBOWS 已有1种3个条形码数据。

代表种及其用途：该属植物花可供栽培观赏，嫩叶可做茶的代用品，果可食用，如

斑果藤 *S. sauveolens* (Roxburgh) Pierre。

主要参考文献

[1] Pax F, Hoffmann K. Capparidaceae[M]//Engler A, Prantl K. Die natürlichen pflanzenfamilien, 17b. Leipzig: W. Engelmann, 1936: 146-233.

[2] Kers LE. Capparaceae[M]//Kubitzki K. The families and genera of vascular plants, V. Berlin: Springer, 2003: 36-56.

[3] Hall JC, et al. Phylogeny of Capparaceae and Brassicaceae based on chloroplast sequence data[J]. Am J Bot, 2002, 89: 1826-1842.

[4] Hall JC, et al. Molecular phylogenetics of core Brassicales, placement of orphan genera *Emblingia*, *Forchhammeria*, *Tirania*, and character evolution[J]. Syst Bot, 2004, 29: 654-669.

[5] Su JX, et al. Phylogenetic placement of two enigmatic genera, *Borthwickia* and *Stixis*, based on molecular and pollen data, and the description of a new family of Brassicales, Borthwickiaceae[J]. Taxon, 2012, 61: 601-611.

[6] Doweld A, Reveal JL. New superageneric names for vascular plants[J]. Phytologia, 2008, 90: 416-417.

[7] Takhtajan AL. Diversity and classification of flowering plants[M]. New York: Columbia University Press, 1997

[8] 吴征镒, 等. 中国被子植物科属综论[M]. 北京: 科学出版社, 2003.

[9] Hutchinson J. The genera of flowering plants (Angiospermae), Vol. 2[M]. London: Clarendon Press, 1967.

[10] 苏俊霞. 蔷薇分支的分子系统学研究[D]. 北京: 中国科学院植物研究所博士学位论文, 2012.

[11] Jacobs M. The genus *Stixis* (Capparaceae). A census[J]. Blumea, 1963, 12: 5-12.

Cleomaceae Berchtold & J. Presl (1825) 白花菜科

特征描述：草本，稀灌木。茎直立，植株光滑或具腺毛。叶互生，掌状复叶，小叶（1）3-7（-11）。花两性或单性；单生或聚生成总状、伞形花序；<u>花萼4</u>，分离或基部联合；<u>花冠4</u>，离生；<u>花盘常存在，有蜜腺</u>；雄蕊6（-32）；子房上位，<u>2心皮</u>，<u>侧膜胎座</u>，花柱1，柱头头状。蒴果。<u>种子具细疣状或瘤状凸起</u>；<u>有时具外胚乳</u>。花粉粒3孔沟，刺状纹饰。

分布概况：约18属/150-200种，广布热带及温带；中国5属/5种，其中引种3种。

系统学评述：白花菜科曾一度被置于广义的山柑科，包括 Cleomoideae、Dipterygioideae 和 Podandrogynoideae 3亚科及2个位置未确定的属（*Buhsia* 和 *Puccionia*），分子系统学研究显示白花菜科与十字花科 Brassicaceae 为姐妹群，白花菜科应该从山柑科排除且独立为科[1-5]，APG III 也接受此观点。近年来，分子系统学研究显示传统分类中白花菜科各亚科及 6 属（广义白花菜属 *Cleome*[1,3-8]、*Cleomella* 和 *Peritoma*[1,9]、*Corynandra*[10]、*Hemiscola* 和 *Tarenaya*[1]）的单系性没有得到确认。上述研究取样多偏重新世界种类[6,7,9]，而 Feodorova 等[8]和 Patchell 等[1]的研究则全面取样，识别了 15 个高度支持的分支，许多分支间关系在 Patchell 等[1]的研究中得到很好解决。

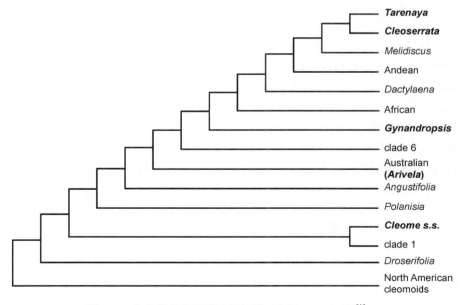

图 152　白花菜科分子系统框架图（参照 Patchell 等[1]）

分属检索表

1. 苞片为单叶，生于花梗基部；花冠1.5-4.5cm；花丝3-8.5cm；花药6-10mm；种子1.9-3.5mm

2. 雌雄蕊柄 5-10mm，雌蕊柄 2-6cm；节部具刺 ·················· **3. 西洋白花菜属 Cleoserrata**

2. 无雌雄蕊柄，雌蕊柄 4.5-8cm；节部无刺 ······················ **4. 醉蝶花属 Tarenaya**

1. 苞片具 3 小叶，生于花梗基部，或单叶生于花梗最顶端；花冠 0.7-1.4cm；花丝 0.5-3cm，花药 1-3mm；种子 1-1.6mm

   3. 雌雄蕊柄 3-7mm ···························· **5. 羊角菜属 Gynandropsis**

   3. 无雌雄蕊柄

      4. 雄蕊 6；花萼从长度的 1/4-1/2 及以下合生；小叶 3；雌蕊柄 3-12mm ········ **2. 白花菜属 Cleome**

      4. 雄蕊 14-25；花萼离生；小叶 3 或 5；无雌蕊柄 ···················· **1. 黄花草属 Arivela**

1. *Arivela* Rafinesque 黄花草属

Arivela Rafinesque (1838: 110); Zhang & Tucker (2008: 431) [Type: *A. viscosa* (Linnaeus) Rafinesque (≡ *Cleome viscosa* Linnaeus)]

    特征描述： 一年生草本，全株被腺毛或光滑。叶互生，掌状复叶，具 3 或 5 小叶；叶柄基部合生成叶枕状盘；无托叶。总状花序，有时先端平截或伸长，顶生或生于茎上部叶的叶腋内；花萼 4，离生；花冠 4，离生；雄蕊 14-25（-35）；雌蕊无柄，花柱短而粗壮，柱头 1，头状。蒴果，部分开裂，具宿存果瓣。种子球状，无假种皮。染色体 $2n=20$，34，60。

    分布概况： 约 10/1 种，**6** 型；分布于非洲和亚洲；中国产长江以南。

    系统学评述： 该属的模式种黄花草 *A. viscose* (Linnaeus) Rafinesque 在传统分类中，被置于白花菜属的 *Cleome* subgen. *Eucleome* 的 *C.* sect. *Ranmanissa*[11]；而 Hall[5]的分子系统学研究中，黄花草被低度支持为 *Polanisia* 分支其余类群的姐妹群（不包括 *Polanisia* Rafinesque）；Feodorova 等[8]和 Patchell 等[1]的研究则显示黄花草嵌入 Australian 分支，与 *Cleome cleomoides* (F. Mueller) Iltis、*C. microaustralica* Iltis、*C. oxalidea* F. Mueller、*C. tetranda* Banks ex de Candolle 和 *C. uncifera* Kers 关系密切。上述研究仅包括了黄花草，目前尚未开展黄花草属的分子系统学研究，因此白花菜科的系统位置、属的单系性及属内系统发育关系需要进一步研究。

    DNA 条形码研究： GBOWS 已有 1 种 12 个条形码数据。

    代表种及其用途： 黄花草 *A. viscosa* (Linnaeus) Rafinesque 种子含油 36%，又含黏液酸与甲氧基-三羟基黄酮，可供药用；广东、海南有用鲜叶捣汁加水以治眼病。

2. *Cleome* Linnaeus 白花菜属

Cleome Linnaeus (1753: 671); Zhang & Tucker (2008: 429) (Lectotype: *C. ornithopodioides* Linnaeus)

    特征描述： 一年生草本，光滑或被腺毛，无刺。叶互生，羽状复叶，小叶（1）3-7（-11），小叶柄基部具叶枕状盘；无托叶或具鳞片状托叶，早落。总状花序；花萼 4，从长度 1/2 以下合生，每个萼片基部具 1 蜜腺；花冠 4，离生；雄蕊 4（-6），离生；心皮 1，花柱短，柱头 1，头状，雌蕊柄在果期伸长或向外弯曲，有时退化。蒴果。花粉粒 3 孔沟，小刺状、疣状或细网状纹饰。染色体 $2n=18-60$。

分布概况：约 20/1 种，**2 型**；分布于旧世界热带，暖温带；中国引种 1 种，主产安徽、广西、海南、台湾和云南。

系统学评述：狭义白花菜属 *Cleome s.s.* 由于包括了白花菜属的模式种 *C. ornithopodioides* Linnaeus，因此 Hall[5]、Feodorova 等[8]、Iltis[12]建议将包含 *C. ornithopodioides* 的分支保留白花菜属 *Cleome* 这个名称。Feodorova 等[8]使用 ITS 片段对白花菜科进行了分析，包括了白花菜属 15 种；研究显示该属的单系性得到高度支持，*Cleome s.s.* 属内分为 2 个大支，但内部关系仍需要进一步取样进行解决。Patchell 等[1]使用 5 个 DNA 片段的系统发育分析高度支持 *Cleome s.s.* 与 clade 1 为姐妹群，并提出 *Cleome s.s.* 可以扩大包括 clade 1。

DNA 条形码研究：BOLD 网站有该属 72 种 128 个条形码数据；GBOWS 已有 1 种 4 个条形码数据。

代表种及其用途：皱子白花菜 *C. rutidosperma* de Candolle 具有很高的药用价值，如驱虫、利尿、通便、止痛和降血压等。

3. *Cleoserrata* Iltis 西洋白花菜属

Cleoserrata Iltis (2007: 447); Zhang & Tucker (2008: 429) [Type: *C. serrata* (Jacquin) Iltis (≡ *Cleome serrata* Jacquin)]

特征描述：一年生草本，无毛。叶互生，掌状复叶；叶柄基部具叶枕，小叶柄基部合生成叶枕状盘；无托叶，或具鳞片状托叶，早落，叶柄有时具刺。总状花序；花萼 4，每萼片基部具 1 蜜腺；花冠 4，离生；雄蕊 6，花丝与雌蕊柄基部贴生成雌雄蕊柄；心皮 1，雌蕊柄细长，在果期伸长或向外弯曲。蒴果，开裂，无假种皮。染色体 $2n=24$，48。

分布概况：5/1 种，（**3d**）**型**；分布于热带美洲，北美南部和南美洲；中国引种 1 种，主产广东、台湾和云南。

系统学评述：在 Iltis[11]的分类中，西洋白花菜属成员被置于白花菜属的 *Cleome* sect. *Tarenaya*，而 Iltis 和 Cochrane[12]依据染色体数目将这些成员从白花菜属及 *Tarenaya* 中排除，并将其提升为属的分类等级。Feodorova 等[8]的分子系统学研究高度支持西洋白花菜属（14 分支）、*Melidiscus*（13 分支）和 *Tarenaya+Hemiscola*（15 分支）聚为 1 个大支；Patchell 等[1]使用 5 个 DNA 片段的分子系统学分析进一步证实了西洋白花菜属和 *Tarenaya* 分支的姐妹群关系。

DNA 条形码研究：BOLD 网站有该属 1 种 2 个条形码数据。

代表种及其用途：西洋白花菜 *C. speciosa* (Rafinesque) Iltis 在中国南方及暖温带地区栽培供观赏。

4. *Tarenaya* Rafinesque 醉蝶花属

Tarenaya Rafinesque (1838: 111). Zhang & Tucker (2008: 430) [Type: *T. spinosa* (Jacquin) Rafinesque (≡ *Cleome spinosa* Jacquin)]

特征描述：一年生或多年生草本或灌木。叶互生，掌状复叶，叶柄具刺，基部具叶枕，小叶（1）3-7（-11），小叶柄基部合生成叶枕状盘。总状花序；花萼 4，每萼片基部具 1 蜜腺；花冠4，离生；雄蕊 6，花丝着生于雌雄蕊柄上；心皮 1。蒴果，开裂，无假种皮。花粉粒 3 孔沟，具刺。染色体 2n=20，30，40。

分布概况：33/1 种，（16）型；分布于非洲西部和南美洲；中国引种栽培于广东、海南、江苏、四川和浙江。

系统学评述：醉蝶花属和 *Hemiscola* 的成员在传统分类中均被置于白花菜属的 *Cleome* sect. *Tarenaya*，组下又被划分为 8 个亚组[11]。分子系统学研究支持 *C.* sect. *Tarenaya* 的单系性，但是因 *Hemiscola* 嵌入了醉蝶花属，因此醉蝶花属的单系性并没得到支持[1,8]，Feodorova 等[8]建议将 *Hemiscola* 并入醉蝶花属或者将 *Tarenaya* 划分为几个属，Patchell 等[1]更倾向于将 *Hemiscola* 并入醉蝶花属。醉蝶花属的属下分类在上述分子系统学研究中没有得到解决，传统的 *C.* sect. *Tarenaya* 的 8 个亚组的单系性多数没有得到支持。因此，醉蝶花属的界定及属下分类需要进一步研究来明确。

DNA 条形码研究：BOLD 网站有该属 1 种 6 个条形码数据；GBOWS 已有 1 种 12 个条形码数据。

代表种及其用途：醉蝶花 *T. hassleriana* (Chodat) Iltis 具有极高的观赏价值，广为栽培。

5. *Gynandropsis* de Candolle 羊角菜属

Gynandropsis de Candolle (1824: 237), *nom. cons.*; Zhang & Tucker (2008: 432) [Type: *G. pentaphylla* de Candolle, *nom. illeg.* (≡ *Cleome pentaphylla* Linnaeus, *nom. illeg.* ≡ *C. gynandra* Linnaeus = *Gynandropsis gynandra* (Linnaeus) Briquet]. ——*Pedicellaria* Schrank (1790: 10), *nom. rej.*

特征描述：多为一年生草本。叶螺旋排列，互生；叶柄基部或顶端膨大为叶枕；掌状复叶，小叶 3 或 5，小叶柄基部合生成枕状盘。总状花序；花萼 4，每萼片基部具 1 蜜腺；花冠 4；雄蕊 6，花丝与雌雄蕊柄下部合生为明显的雌雄蕊柄。蒴果，无假种皮；雌雄蕊柄上残留花丝和萼片脱落后的痕迹。花粉粒 3 孔沟，条纹网状纹饰。

分布概况：2/1 种，**2** 型；分布于泛热带和暖温带；中国 1 种，产华东、华南、西南和华中等。

系统学评述：羊角菜属成员在传统分类中被置于 *Gynandropsis* subgen. *Eucleome* sect. *Gymnonia*[11]，尽管该属有许多分子系统学研究[1,5-8,10]，但是系统位置一直没有得到解决。Feodorova 等[8]、Patchell 等[1]的分子系统学研究显示羊角菜属和旧世界的类群聚在一起，Patchell 等[1]的研究发现羊角菜属与 1 个包括 6 个分支（African、*Dactylaena*、Andean、*Melidiscus*、*Cleoserrata* 和 *Tarenaya*）的大支聚在一起，但是支持率均较低。

DNA 条形码研究：BOLD 网站有该属 1 种 5 个条形码数据。

代表种及其用途：羊角菜 *G. gynandra* (Linnaeus) Briquet 可供观赏、食用和药用。

主要参考文献

[1] Patchell MJ, et al. Resolved phylogeny of Cleomaceae based on all three genomes[J]. Taxon, 2014, 63: 315-328.

[2] Pax F, Hoffmann K. Capparidaceae[M]//Engler A, Prantl K. Die natürlichen pflanzenfamilien, 17b.

Leipzig: W. Engelmann, 1936: 146-233.

[3] Hall JC, et al. Phylogeny of Capparaceae and Brassicaceae based on chloroplast sequence data[J]. Am J Bot, 2002, 89: 1826-1842.

[4] Hall JC, et al. Molecular phylogenetics of core Brassicales, placement of orphan genera *Emblingia*, *Forchhammeria*, *Tirania*, and character evolution[J]. Syst Bot, 2004, 29: 654-669.

[5] Hall JC. Systematics of Capparaceae and Cleomaceae: an evaluation of the generic delimitations of *Capparis* and *Cleome* using plastid DNA sequence data[J]. Botany, 2008, 86: 682-696.

[6] Sánchez-Acebo L. A phylogenetic study of the New World *Cleome* (Brassicaceae, Cleomoideae)[J]. Ann MO Bot Gard, 2005, 92: 179-201.

[7] Inda LA, et al. Phylogeny of *Cleome* L. and its close relatives *Podandrogyne* Ducke and *Polanisia* Raf. (Cleomoideae, Cleomaceae) based on analysis of nuclear ITS sequences and morphology[J]. Plant Syst Evol, 2008, 274: 111-126.

[8] Feodorova TA, et al. Biogeographic patterns of diversification and the origins of C4 in *Cleome* (Cleomaceae)[J]. Syst Bot, 2010, 35: 811-826.

[9] Riser JP, et al. Phylogenetic relationships among the North American cleomoids (Cleomaceae): a test of Iltis's reduction series[J]. Am J Bot, 2013, 100: 2102-2111.

[10] Tamboli AS, et al. Phylogenetic analysis, genetic diversity and relationships between the recently segregated species of *Corynandra* and *Cleoserrata* from the genus *Cleome* using DNA barcoding and molecular markers[J]. C R Biol, 2016, 339: 123-132.

[11] Iltis HH. A revision of the New World species of *Cleome*[D]. PhD thesis. Washington, DC: Washington University, 1952.

[12] Iltis HH, Cochrane TS. Studies in the Cleomaceae V: a new genus and ten new combinations for the flora of North America[J]. Novon, 2007, 17: 447-451.

Brassicaceae Burnett (1835) 十字花科

特征描述：草本，少为亚灌木；<u>植株具各式毛</u>。茎直立或铺散。<u>基生叶呈旋叠状或</u><u>莲座状</u>；茎生叶互生，单叶全缘、有齿或分裂。花两性；<u>总状花序</u>，顶生或腋生；萼片 4；花瓣 4，<u>十字形排列</u>，花瓣白色、黄色、粉红色、淡紫色、淡紫红色或紫色；<u>雄蕊 6</u>，

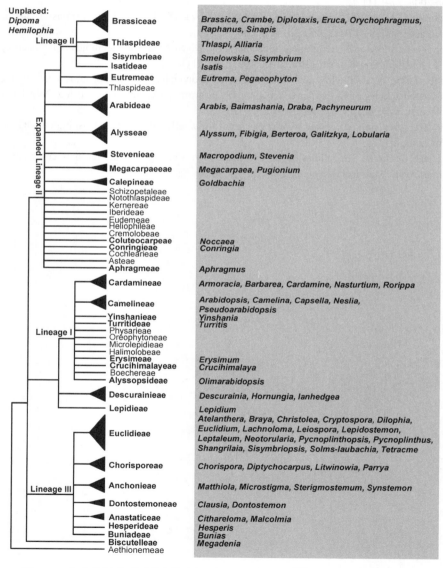

图 153 十字花科分子系统框架图（参考 Al-Shehbaz[11]；Beilstein 等[12,14]；
Bailey 等[13]；Couvreur 等[15]；Franzke 等[16]；Koch 等[17]）

四强雄蕊；雌蕊 1，<u>子房上位</u>，2 室，胚珠 1 至多个。<u>长角果或短角果</u>，开裂。种子边缘有翅或无翅；<u>子叶缘倚胚根</u>，<u>或背倚胚根或子叶对折</u>。花粉粒多为 3 沟，网状纹饰。染色体 x=4-19。

分布概况：321 属/3660 种，世界广布（除南极洲），主产温带；中国 84 属/约 400 种，南北均产。

系统学评述：在十字花目 Brassicales 中，十字花科与白花菜科 Cleomaceae 亲缘关系最近[1]，根据 At-β 全基因组复制事件推测两者分化于 7000 万年前[2-5]。近年来，结合形态学特征及分子证据的研究已解决了十字花科绝大部分的分类问题，单系族从最初的 25 个[6]到现在的 44 个[7-10]，至 2012 年，Al-Shehbaz[11]已确认十字花科包含 49 族 321 属 3660 种，其中有 20 属及 34 种尚未分类界定。Beilstein 等[12]结合形态特征及分子证据，提出十字花科始于岩芥菜族 Aethionemeae（仅包括岩芥菜属 *Aethionema*）这一基部类群，核心十字花科可分为 3 大分支。这也得到了之后广泛的分子证据的支持[13-17]，中国 84 属分属于 Alysseae 等 31 族，其中 *Dipoma* 与 *Hemilophia* 这 2 个属的族未定。

分属检索表

1. 短角果（长宽比小于 3）
  2. 果实明显宽大于长，具 2-16 刺，翅状附属物具明显的 3 -20 脉且长于种子··················
  ···**67. 沙芥属 *Pugionium***
  2. 果实长大于宽或等于宽，无刺，无翅状附属物或具无脉且短于种子的翅状附属物
    3. 果实垂直于隔膜方向压扁（果实隔膜窄）
      4. 部分毛被分叉
        5. 茎生叶无柄，基部耳状或箭头状；果实倒三角形或倒心状三角形 ·········**15. 荠属 *Capsella***
        5. 茎生叶具柄，基部楔形或叶柄状；果实长圆形、椭圆形、倒卵形或近圆形
          6. 果梗强烈下弯，常形成 1 个环；种子 1 或 2，通常一边败育；多年生················
          ···**28. 蛇头荠属 *Dipoma***
          6. 果梗直立，上升或分叉；种子数大于 5；一年生或二年生草本，稀多生················
          ···**41. 薄果荠属 *Hornungia***
      4. 无毛或具单毛
        7. 果实含种子（或胚珠）4-24
          8. 基生莲座丛中单生花梗 ·····························**65. 单花荠属 *Pegaeophyton***
          8. 总状花序、圆锥花序或伞房花序
            9. 茎生叶无柄，耳状、箭状或抱茎；根非肉质，圆筒状；果实通常顶部具翅··········
            ···**82. 菥蓂属 *Thlaspi***
            9. 茎生叶具柄或无柄，但非耳形、箭形或抱茎；根肉质，纺锤形或圆锥状；果实无翅或顶部鸡冠状
              10. 穗状花序；花序无苞片 ··························**6. 辣根属 *Armoracia***
              10. 总状花序或伞房花序；花序常具苞片
                11. 小总状花序或伞房花序；假隔膜宽，至少基部扁平·······
                ···**26. 双脊荠属 *Dilophia***
                11. 总状花序，果期拉长；假隔膜窄，绕行 ·············**60. 山菥蓂属 *Noccaea***
        7. 果实含种子（或胚珠）1 或 2
          12. 果实两室，成熟时分离，每室种子 1

       13. 果实具宽翅，翅宽 8-40mm；根肉质，直径 1-15cm ···
       ··· **54. 高河菜属 Megacarpaea**
       13. 果实不具翅，翅宽 1-2mm；根非肉质，细长 ·············· **55. 双果荠属 Megadenia**
    12. 果实非两室，开裂或不开裂，种子易释放
       14. 果实具中央种子 1，不明显分化成两果瓣，无隔膜，不开裂；果梗反折 ·········
       ·· **43. 菘蓝属 Isatis**
       14. 果实具种子 2，分化成两果瓣，具发育良好的隔膜，开裂或稀不开裂，中央不加
         厚；果梗不反折；花瓣黄色 ································· **46. 独行菜属 Lepidium**
3. 果实平行于隔膜方向压扁（果实隔膜宽），圆柱状或倾斜
  15. 基生莲座丛中单生花葶
    16. 植株无毛或具单毛；叶全缘，稀具齿或羽状浅裂
      17. 果实易脱落；果瓣边缘具凸起的脉，先端与假隔膜相连；假隔膜不压扁；花瓣紫
        色或蓝色，具刺 ····································· **77. 丛菔属 Solms-laubachia**
      17. 果实不脱落；果瓣边缘的脉不明显或无，开裂时先端易与假隔膜分离；假隔膜扁
        平；花瓣白色
        18. 萼片基部呈囊状；种子两行 ················· **65. 单花荠属 Pegaeophyton**
        18. 萼片基部不呈囊状；种子单列 ············· **72. 香格里拉荠属 Shangrilaia**
    16. 植株具分叉毛；上部叶具齿 ················ **68. 假簇芥属 Pycnoplinthopsis**
  15. 总状花序
    19. 植株无毛或具单毛
      20. 果实不裂，具木质或木栓质壁，有时横向开裂成数节
        21. 花柱纤细，1.5-3.5mm，易从基部的一节脱落；假隔膜横向扩大明显 ·········
        ··· **49. 脱喙荠属 Litwinowia**
        21. 花柱退化，花柱状喙无基部节，或果实渐狭成圆锥状，宿存；假隔膜横向
          不扩大
          22. 植株高 0.5-2.5m；茎生叶具叶柄；果实先端圆，明显分化成一个基部含不
            成熟胚珠的节和一个上部有 1 种子的较大的节 ······ **22. 两节荠属 Crambe**
          22. 植株高稀达 0.5m；茎生叶无柄，基部耳状抱茎；果实先端渐狭，不分节
            23. 果梗分叉，基部无节；果具种子 2，中部不缢缩；子叶旋转；花瓣白色
              ··· **13. 匙荠属 Bunias**
            23. 果梗反折，基部有节；果具种子 1-3，种子间缢缩；子叶弯垂；花瓣略
              带紫色或粉红色 ······························ **38. 四棱荠属 Goldbachia**
      20. 果实开裂，具纸质或膜质壁
        24. 部分叶具齿，浅裂，或均有
          25. 部分或全部茎生叶基部耳形或箭头形；每果种子多于 50；花瓣黄色 ·········
          ··· **71. 蔊菜属 Rorippa**
          25. 茎生叶基部非耳形或箭头形；每果种子少于 25；花瓣白色、粉红色、蓝色
            或紫色 ······································· **84. 阴山荠属 Yinshania**
        24. 叶全缘
          26. 总状花序具苞片；种子 1 或 2；果瓣具 3 排脊；中间雄蕊花丝具附属物 ····
          ·· **39. 半脊荠属 Hemilophia**
          26. 总状花序无苞片；种子数大于 2；果瓣无脊；中间雄蕊花丝无附属物
           27. 果实宽（0.8-）1-1.7cm；果瓣具突出的中脉、侧脉及边缘脉，分裂时
             顶端与假隔膜相连 ···························· **77. 丛菔属 Solms-laubachia**

27. 果实极少达 0.3cm 宽；果瓣脉不明显或仅具 1 突出中脉，分裂时顶端易与假隔膜分离
  28. 果稍四棱形，具短柄；茎具叶；下部叶心形至卵形，常为掌状脉 ·········· **35. 山萮菜属 *Eutrema***
  28. 果圆柱状，无柄；茎无叶；下部叶线形或长圆形，羽状脉 ·········· **12. 肉叶荠属 *Braya***
19. 植株至少具一些分叉毛
  29. 果不裂，常坚果状，具木质或木栓质壁
    30. 植株具腺毛，如无腺毛则果实强烈反折
      31. 果梗向上叉开；植株具单毛与分叉状表皮毛；种子无翅，1 或 2；子叶螺卷；花瓣鲜黄色 ·········· **13. 匙荠属 *Bunias***
      31. 果梗强烈反折；植株具树突状表皮毛；种子具翅，常多于 2；子叶缘倚胚根；花瓣淡黄或白色 ·········· **56. 小柱芥属 *Microstigma***
    30. 植物无腺毛，果实直立至分叉
      32. 茎生叶无柄，基部耳形或箭形；花柱短于 1mm；柱头全缘；果易脱离分叉的花梗；花瓣黄色 ·········· **59. 球果荠属 *Neslia***
      32. 茎生叶具柄，基部非耳形或箭头形；花柱 1-7mm；柱头 2 深裂；果不易脱离直立上升的花梗；花瓣白色或粉红色
        33. 果密被丝状表皮毛 5-8mm；花柱（2.5-）4-7mm；花瓣粉红色 ·········· **44. 绵果荠属 *Lachnoloma***
        33. 果粗糙，具不超过 1mm 的微小表皮毛；花柱短于 2mm；花瓣白色 ·········· **34. 鸟头荠属 *Euclidium***
  29. 果开裂，具纸质壁
    34. 整个或至少近端一半花序具苞片
      35. 每果 1 或 2 种子
        36. 果瓣具三列脊；果梗直或稍弯曲，不成环；叶全缘；中位雄蕊花丝具附属物 ·········· **39. 半脊荠属 *Hemilophia***
        36. 果瓣不具脊；果梗常成环；部分叶具齿或先端浅裂；中位雄蕊花丝无附属物 ·········· **28. 蛇头荠属 *Dipoma***
      35. 每果多于 4 种子 ·········· **31. 葶苈属 *Draba***
    34. 花序无苞片
      37. 叶一回或二回羽裂，或具 3-5 小叶
        38. 植株具分叉状表皮毛；圆锥花序，末级花轴曲折 ·········· **84. 阴山荠属 *Yinshania***
        38. 植株具树突状表皮毛；总状花序，花轴不曲折，若具分枝则每果多于 10 种子 ·········· **76. 芹叶荠属 *Smelowskia***
      37. 叶全缘，极少具齿
        39. 茎生叶基部耳形或箭形；果倒梨形
          40. 一年或两年生；无假隔膜；种子背倚胚根 ·········· **14. 亚麻荠属 *Camelina***
          40. 多年生；具假隔膜；种子缘倚胚根 ·········· **36. 单盾荠属 *Fibigia***
        39. 茎生叶基部非耳形或箭形；果实形状多样但不为倒梨形
          41. 植株具二叉状表皮毛
            42. 每果 1 或 2 种子；种子圆形；植株无单毛 ·········· **50. 香雪球属 *Lobularia***

42. 每果多于 4 种子；种子长圆形或卵形；植株具单毛 ……………
……………………………………………… **63. 厚脉荠属 Pachyneurum**

41. 植株具星状或分叉状表皮毛

43. 植株表皮毛星状，无柄，贴服

44. 种子具宽翅（翅宽至 1mm）；花瓣 2 深裂；花丝无齿或具
翅 ……………………………………… **37. 翅籽荠属 Galitzkya**

44. 种子无翅或具狭边（边宽至 0.1mm）；花瓣先端钝或微缺；
花丝常具齿或翅 ……………………… **2. 庭荠属 Alyssum**

43. 植株表皮毛为单毛，分叉，具柄，不贴服

45. 果实念珠状；子叶背倚胚根 ………… **12. 肉叶荠属 Braya**

45. 果实不呈念珠状，光滑；子叶缘倚胚根

46. 一年生或两年生；花瓣 2 深裂；种子具狭边缘 …………
…………………………………………… **10. 团扇荠属 Berteroa**

46. 多年生或一年生花柱退化；花瓣先端钝或少数有凹；
种子无边缘 …………………………… **31. 葶苈属 Draba**

1. 长角果（长宽比大于 3）

47. 果实在起源于莲座丛的花梗

48. 植株具腺毛；果实荚状，缢裂成含 1 种子的小室 ………… **17. 离子芥属 Chorispora**

48. 植株无腺毛；果实开裂，不成小室

49. 柱头圆锥形，多数 2 裂，裂片下延；种子常具宽翅 ………… **45. 光籽芥属 Leiospora**

49. 柱头头状，全缘或浅 2 裂，裂片不下延；种子无翅

50. 植株具分枝状表皮毛

51. 叶全缘；植株高约 2cm ……………… **8. 白马芥属 Baimashania**

51. 部分叶片具粗齿；植株稍高 ………… **68. 假簇芥属 Pycnoplinthopsis**

50. 植株无毛或仅具简单表皮毛

52. 假隔膜扁平；果梗宿存至翌年，被一列微柔毛 ……… **65. 单花荠属 Pegaeophyton**

52. 假隔膜圆柱形；果梗不宿存，不被微柔毛

53. 花柱退化；果瓣尖端与假隔膜持续合生；子叶缘倚胚根 …………
…………………………………………… **77. 丛菔属 Solms-laubachia**

53. 花柱明显，至 1mm；果瓣尖端容易在分裂时从假隔膜脱离；子叶背倚胚
根 ……………………………………… **69. 簇芥属 Pycnoplinthus**

47. 果实在总状花序、伞状花序或圆锥花序

54. 植株具腺毛

55. 植株具表皮毛 ……………………………………… **56. 小柱芥属 Microstigma**

55. 植株无表皮毛

56. 柱头浅裂，裂片不下延也不靠合；中位花丝成对合生或极扁平；侧生萼片不呈囊状
…………………………………………… **30. 花旗杆属 Dontostemon**

56. 柱头深裂，裂片下延、靠合；中位花丝不合生，不扁平；侧生萼片呈囊状

57. 果实圆柱形；种子无翅

58. 果实横向缢裂成含 1 种子的小室；花柱 1-9mm；子叶缘倚胚根 …………
…………………………………………… **17. 离子芥属 Chorispora**

58. 果实开裂，不横向缢裂成小室；花柱退化；子叶背倚胚根 …………
…………………………………………… **40. 香花芥属 Hesperis**

57. 果实（至少远端的果实）扁平；种子具翅

59. 果实 2 型，下部不开裂，具棱且圆柱形，上部开裂且扁平；假隔膜环形······
······ **29. 异果芥属** *Diptychocarpus*

59. 果实 1 型，开裂，扁平，圆柱形；假隔膜扁平

  60. 茎生叶无或极少；果宽（2-）2.5-7mm；种子具宽翅，翅宽 0.5-3mm ······
······ **64. 条果芥属** *Parrya*

  60.茎生叶少数；果宽 1.5-2mm；种子具窄翅，翅宽 0.1-0.4mm······
······ **20. 香芥属** *Clausia*

54. 植株无腺毛

  61. 植株无毛或单毛

    62. 果不开裂；种子间横向缢裂成含 1 种子的小室

      63. 茎生叶基部耳状或抱茎；花柱退化或极少，长至 2mm；侧生萼片不呈囊状

        64. 翼果，具 1 种子的狭隔；花瓣黄色 ······ **43. 菘蓝属** *Isatis*

        64. 坚果状，圆柱形或三角形，1-3 种子，如果具有 2-3 种子，种子间横向缢裂成含 1 种子的小室；花瓣紫色或粉色 ······ **38. 四棱荠属** *Goldbachia*

      63. 茎生叶基部不呈耳状或抱茎；花柱显明，长 5-50mm；侧生萼片呈囊状

        65. 柱头头状，全缘或稍浅裂；子叶对折；一年生或两年生；花瓣脉色深于花瓣其他部位 ······ **70. 萝卜属** *Raphanus*

        65. 柱头锥状，明显下延且靠合；子叶缘倚胚根；多年生；花瓣色匀······
······ **17. 离子芥属** *Chorispora*

    62. 果开裂

      66. 总状花序有苞片或仅下半部有苞片

        67. 茎生叶掌状脉

          68. 果实扁平，瓣膜开裂时卷起······ **16. 碎米荠属** *Cardamine*

          68. 果实圆柱形或四棱形，瓣膜开裂时不卷起········ **35. 山萮菜属** *Eutrema*

        67. 茎生叶羽状脉

          69. 果实含 90-200 种子；一年生······ **71. 蔊菜属** *Rorippa*

          69. 果实含 4-30 种子；两年生或具茎、根状茎、肉质根多年生 ······
······ **47. 鳞蕊芥属** *Lepidostemon*

      66. 总状花序无苞片

        70. 果实具狭隔膜······ **82. 菥蓂属** *Thlaspi*

        70. 果实具宽隔膜，圆柱形或具角

          71. 柱头锥形或圆柱形，具突出的下延裂片

            72. 果实具宽隔膜；种子具宽翅；茎生叶无或很少

              73. 花柱明显，长 0.5-6mm；果瓣顶端开裂时易从假隔膜分离········
······ **64. 条果芥属** *Parrya*

              73. 花柱无；果瓣顶端与假隔膜持续合生·····**45. 光籽芥属** *Leiospora*

            72. 果实圆柱形或四棱形；种子无翅；基生叶很少

              74. 果实非念珠状，分节，末节似花柱状，剑形，具 5 脉······
······ **32. 芝麻菜属** *Eruca*

              74. 果实念珠状，不分节，末端花柱明显，长 1-3mm

                75. 叶篦状半裂，顶端裂片与侧端裂片一样大；子叶缘倚胚根
······ **30. 花旗杆属** *Dontostemon*

                75. 单叶或羽状全裂叶，顶端裂片比侧端裂片大；子叶对折·····
······ **62. 诸葛菜属** *Orychophragmus*

71. 柱头头状，全缘或者具裂，裂片不下延
   76. 子叶对折；果常有节，通常具喙状末端节；种子球形，少数卵圆形、椭圆形或长圆形
      77. 果实扁平；种子双列 ·················· **27. 二行芥属 _Diplotaxis_**
      77. 果实圆柱形或四棱形；种子单列
         78. 果瓣大多 3-7 脉 ····················· **73. 白芥属 _Sinapis_**
         78. 果瓣具不明显脉或只具有明显中脉
            79. 柱头全缘；种子球形；果通常分节；无花柱或具花柱状喙；花瓣黄色 ················· **11. 芸苔属 _Brassica_**
            79. 柱头明显 2 裂，裂片稍下延；种子椭圆形；果不分节；花柱明显；花瓣紫色、淡紫色或白色 ··········
               ················· **62. 诸葛菜属 _Orychophragmus_**
   76. 子叶缘倚或背倚胚根；果不分节，顶端不呈喙状；种子多种形状但无球形
      80. 果瓣不具中脉，通常在开裂时卷起；假隔膜扁平或具翅·········
         ····················· **16. 碎米荠属 _Cardamine_**
      80. 果瓣具明显中脉或有时具不明显脉，开裂时或开裂后从不卷起；假隔膜圆柱形或少数略扁平（花旗杆属 _Dontostemon_ 中少数可见）
         81. 叶具掌状脉，不裂，肾形、心形、三角形或宽卵形
            82. 叶缘具明显的尖硬的末端终脉；果瓣具不明显脉·········
               ····························· **35. 山萮菜属 _Eutrema_**
            82. 叶缘不尖硬；果瓣具明显脉 ··········· **1. 葱芥属 _Alliaria_**
         81. 叶具羽状脉，羽状分裂，如不分裂则与上述形状不同
            83. 叶羽状半裂、羽状全裂或羽状复叶，生茎下部
               84. 果瓣无脉或具不明显脉，如有明显中脉则种子双列、圆头状
                  85. 叶羽状全裂或大头羽裂；茎实心，下部节点不生根；种子有凹或圆头状；花瓣黄色·········
                     ····················· **71. 蔊菜属 _Rorippa_**
                  85. 羽状复叶；茎中空，下部节点生根；种皮粗网状；花瓣白色 ········· **57. 豆瓣菜属 _Nasturtium_**
               84. 果瓣具明显中脉和边缘脉
                  86. 上部茎生叶基部耳形；茎具明显棱·············
                     ····························· **9. 山芥属 _Barbarea_**
                  86. 上部茎生叶基部非耳形；茎通常圆柱形
                     87. 果实扁平；柱头全缘；子叶缘倚胚根；花瓣白色或粉色 ······**74. 假蒜芥属 _Sisymbriopsis_**
                     87. 果实圆柱形；柱头 2 裂；子叶背倚胚根；花瓣黄色 ···········**75. 大蒜芥属 _Sisymbrium_**
            83. 叶全缘或具齿
               88. 无茎生叶 ··························· **12. 肉叶荠属 _Braya_**
               88. 有茎生叶
                  89. 种皮蜂窝状或圆头状，每果 60-100 种子；花瓣黄色；子叶缘倚胚根 ········ **71. 蔊菜属 _Rorippa_**

89. 种皮网状,每果种子较少(小盐芥 *Thellungie-lla salsuginea* 可达 96 粒);花瓣白色、淡紫色或紫色(高原芥属 *Christolea* 为黄色);子叶背倚胚根(花旗杆属 *Dontostemon* 子叶缘倚胚根)

  90. 一年生

    91. 花序轴具小的弯曲毛;植株不被白霜;茎生叶基部非耳形或抱茎;雄蕊花丝成对合生 …… **30. 花旗杆属 *Dontostemon***

    91. 花序轴光滑无毛;植株被白霜;茎生叶基部耳状或抱茎(盐芥 *Thellungiella parvula* 除外);中位雄蕊花丝离生 ……………………… **21. 线果芥属 *Conringia***

  90. 多年生

    92. 中下部茎生叶具叶柄,叶缘具齿;种子横向分布于果实中;花瓣黄色………………………… **18. 高原芥属 *Christolea***

    92. 叶不具齿;种子纵向分布于果实中;花瓣白色或紫色

      93. 每果 20-60 种子;果实圆柱状,具宽隔膜;中位雄蕊花丝成对合生 ………… **30. 花旗杆属 *Dontostemon***

      93. 每果 2-10 种子;果稍四棱形;中位雄蕊花丝离生 ………………… **35. 山萮菜属 *Eutrema***

61. 植株具分枝状表皮毛

  94. 茎生叶一回、二回或三回羽状分裂

    95. 果实具宽隔膜;中位雄蕊花丝成对合生

      96. 果实迟裂,不呈念珠状;叶丝状;柱头锥状;种子无翅………………………… **48. 丝叶芥属 *Leptaleum***

      96. 果实易裂,近念珠状;末回叶长圆形;柱头头状;种子上部具狭翅………… **80. 连蕊芥属 *Synstemon***

    95. 果实圆柱形或稍四棱形;中位雄蕊花丝离生

      97. 果序轴弯曲;上部叶狭裂 ………… **42. 葶芥属 *Ianhedgea***

      97. 果序轴直;顶部叶羽状全裂,极少羽状半裂

        98. 多年生垫状植物;花瓣白色或极少淡黄色;花柱长 0.5-1.5mm;种子湿时不发黏 ……………… **76. 芹叶芥属 *Smelowskia***

        98. 一年生或二年生;花瓣黄色;花柱退化或极少,长至 0.5mm;种子湿时发黏 …………… **25. 播娘蒿属 *Descurainia***

  94. 茎生叶不裂、大头羽裂或极少羽状半裂

    99. 果实顶端有 4 凸出角状物……………………… **81. 四齿芥属 *Tetracme***

    99. 果实不具角状物

      100. 柱头锥状,分裂,裂片靠合或合生

        101. 果实具宽隔膜;种子具宽翅;植株表皮毛星状或树突状;子叶缘倚胚根

102. 多年生；果实 6-11cm × 1.5-2.7mm；花瓣线形，环状内卷 ········ ·· **53. 紫罗兰属 Matthiola**

102. 一年生；果实 3-5cm × 3-6mm；花瓣长圆状倒卵形或狭长圆形 ··· **19. 对枝菜属 Cithareloma**

101. 果实圆柱形或稍四棱形（刚毛涩芥 *M. hispida* 和短梗涩芥 *M. karelinii* 具宽隔膜）；种子无翅；植株具单毛或分叉状表皮毛；子叶背倚胚根

103. 一年生；侧生萼片不呈囊状 ············ **52. 涩芥属 Malcolmia**

103. 多年或两年生；侧生萼片呈囊状············ **40. 香花芥属 Hesperis**

100. 柱头头状、全缘或稍浅裂，极少具裂片

104. 果实、花梗和茎末端特有或以二叉表皮毛为主，不具单毛

105. 果实不裂，种子间横向缢裂；无隔膜；植株基部茎具有柄表皮毛 ·· **24. 隐子芥属 Cryptospora**

105. 果实开裂；具隔膜；全株具无柄贴服表皮毛

106. 子叶缘倚胚根；花瓣由白色渐变为紫色；中位雄蕊花药 1 裂 ······································· **7. 异药芥属 Atelanthera**

106. 子叶背倚胚根；花瓣黄色或橙色；中位雄蕊花药 2 裂······ ·· **33. 糖芥属 Erysimum**

104. 植物末端无二叉表皮毛

107. 果实宽（3-）3.5-7（-10）mm

108. 果柄下弯，长 3-5mm；雄蕊外露，长 7-10mm············ ·· **51. 长柄芥属 Macropodium**

108. 果柄无；雄蕊内包或微露，短于 7mm

109. 果梗强烈反折，果实四棱形，不裂；种子具翅 ······· ·· **56. 小柱芥属 Microstigma**

109. 果梗直立到分叉，果实具宽隔膜，开裂；种子无翅 ·· **47. 鳞蕊芥属 Lepidostemon**

107. 果实宽 2（-2.5）mm

110. 果实不裂，种子间横向缢裂；中位雄蕊花丝合生至中部或 几至先端·············· **78. 棒果芥属 Sterigmostemum**

110. 果实开裂；中位雄蕊花丝离生，极少数仅在基部合生（连 蕊芥 *Synstemon petrovii*）

111. 种子上部具翅

112. 子叶背倚胚根；中位雄蕊花丝基部合生；花瓣 爪具柔毛·················· **80. 连蕊芥属 Synstemon**

112. 子叶缘倚胚根；中位雄蕊花丝离生；花瓣爪 无毛

113. 茎生叶基部耳形；果瓣脉不明显或仅中脉 明显；果实横截面椭圆形至线形············ ·· **5. 南芥属 Arabis**

113. 茎生叶具柄；果瓣具明显中脉和 2 边脉及 侧脉；果实横截面矩形············ ·· **74. 假蒜芥属 Sisymbriopsis**

111. 种子不具翅

114. 果实具隔膜

115. 果茎无叶

  116. 种子双列；花瓣黄色 ·····················
      ···························**31. 葶苈属 Draba**

  116. 种子单列；花瓣白色或粉色·············
      ············· **8. 白马芥属 Baimashania**

115. 果茎有叶

  117. 花序具苞片··························
      ·············**3. 寒原荠属 Aphragmus**

  117. 花序不具苞片

    118. 植株仅有星状贴服表皮毛；侧
        萼片近囊状；假隔膜在每种子
        间收缩；每果 6-12 种子·········
        ············ **79. 曙南芥属 Stevenia**

    118. 植株具一种以上表皮毛；侧萼
        片通常不近囊状；假隔膜在每
        种子间不收缩；每果（16-）
        20-80 种子

      119. 茎生叶基部无柄，耳形、
         箭形或基部抱茎；植株至
         少具一些星状表皮毛······
         ············ **5. 南芥属 Arabis**

      119. 茎生叶具柄，基部非耳
         形；植株具单毛或分叉状
         表皮毛··················
         4. 鼠耳芥属 Arabidopsis

114. 果实圆柱形或稍四棱形

  120. 茎生叶无柄，基部耳形、箭形或抱茎

    121. 果实近四棱形，贴服于果轴；植株上
        部被白霜；子叶缘倚胚根············
        ·····················**83. 旗杆芥属 Turritis**

    121. 果实圆柱形，位于果轴不同位置，若
        贴服于轴则花序具柄或果被短柔毛；
        植株上部不被白霜；子叶背倚胚根

      122. 星状表皮毛无柄······················
        66. 假鼠耳芥属 Pseudoarabi-
        dopsis

      122. 表皮毛分叉状、二叉状、树突
         状或星状，常具不止一种表皮
         毛

        123. 植株具二叉表皮毛；花瓣
          黄色或极少呈奶白色；花
          序无苞片··············
          61. 无苞芥属 Olimara-
          bidopsis

1. *Alliaria* Heister ex Fabricius 葱芥属

Alliaria Heister ex Fabricius (1759: 161); Zhou et al. (2001: 171) [Type: *A. officinalis* Andrzejowski ex Marschall von Bieberstein (≡ *Erysimum alliaria* Linnaeus)]

特征描述：一或两年生草本，无毛或具少数单毛。多细胞腺体无。基生叶莲座状，单叶，具柄，波状或齿状。萼片直立展开，基部不呈囊状；花瓣白色，卵圆形，具爪；雄蕊 6，花丝分离；侧蜜腺汇合成环状，中蜜腺宽圆锥形，两者汇合。长角果四棱形，2 室，开裂；果瓣具 3 脉，隔膜白色，膜质，蜂窝状。种子每室 1 行，长圆形，有纵沟纹，黑色，子叶背倚胚根。花粉粒 3 沟，网状纹饰。染色体 $2n=36$，42。

分布概况：1/1 种，**10** 型；分布于亚洲西南部和欧洲；中国产安徽、浙江、西藏和新疆。

系统学评述：传统分类中，葱芥属隶属于大蒜芥族 Sisymbrieae。Al-Shehbaz 系统[11] 认为该属应属于荠菜族 Thlaspideae，所在的荠菜族位于分支 II[1]。Khosravi 等[18]根据 ITS 序列的分析结果将该属归入荠菜族。German 等[19] 依据 ITS 核基因构建的系统发育树中，葱芥属与荠菜属 Thlaspi 聚在荠菜族支上，支持将该属归入荠菜族。

DNA 条形码研究：BOLD 网站有该属 1 种 35 个条形码数据。

2. *Alyssum* Linnaeus 庭荠属

Alyssum Linnaeus (1753: 650); Zhou et al. (2001: 59) (Lectotype: *A. montanum* Linnaeus). ——*Ptilotrichum* C. A. Meyer (2001: 59)

特征描述：一至多年生草本，稀半灌木状，<u>植株被星状毛</u>，<u>有时杂有单毛</u>，<u>毛小、稠密、伏帖</u>。萼片直立或展开，基部不呈囊状；<u>花瓣黄色或淡黄色</u>，顶端全缘或微缺，向下渐窄成爪；花丝分离；侧蜜腺不愈合，位于短雄蕊两侧；子房无柄，花柱宿存，头状或微缺。<u>短角果为双凸透镜形、宽卵形、圆形或椭圆形</u>；<u>果瓣上有不清楚的网状脉</u>。<u>每室 1-4 种子</u>；<u>子叶扁平</u>，<u>背倚胚根</u>。花粉粒 3 沟，粗网状纹饰。染色体 $2n=16$, 32。

分布概况：约 195/10 种，**10（12）**型；分布于亚洲西南部和欧洲东南部；中国产新疆、内蒙古和黑龙江。

系统学评述：传统分类及 Al-Shhebaz 系统中，庭荠属隶属于庭荠族 Alysseae[6]，并位于十字花科的分支 II[1]。Rešetnik 等[20]利用 ITS 和 *ndh*F、*trn*L-F 构建的系统发育树中，庭荠属分为分别由 *Alyssum* sect. *Alyssum*、*A.* sect. *Psilonema*、*A.* sect. *Gamosepalum* 和 *A.* sect. *Odontarrhena*、*A.* sect. *Meniocus* 构成的 2 大分支；该属中的 *A. homalocarpum* Boissier 系统位置尚不明确，可能为 *Aurinia* 的姐妹群。German 等[19]构建的 ITS 基因系统发育树中，庭荠属的 7 个种聚为 3 大支，其中 *Alyssum klimesii* Al-Shehbaz 与 *Crucihimalaya rupicola* (Krylov) A. L. Ebel & D. A. German 聚在一起，该结果也支持了 Warwick 等[10]将 *Alyssum klimesii* 移出庭荠属而归入涩芥族 Malcolmieae；*A.* sect. *Alyssum* 的 2 个种与 *A.* sect. *Psilonema* 的 1 个种聚为独行菜族 Lepidieae 的 1 支；*A.* sect. *Odontarrhena* 的 2 个种与 *A.* sect. *Meniocus* 的 1 个种聚为独行菜的另外 1 支。

DNA 条形码研究：BOLD 网站有该属 75 种 147 个条形码数据；GBOWS 已有 5 种 48 个条形码数据。

3. *Aphragmus* Andrzejowski ex de Candolle 寒原荠属

Aphragmus Andrzejowski ex de Candolle (1824: 209)；Zhou et al. (2001: 181) (Type: *A. eschschotzianus* Andrzejowski ex de Candolle). ——*Lignariella* Baehni (1956: 57); *Staintoniella* H. Hara (2001: 181)

特征描述：多年生矮小草本，<u>无毛或有单毛与分枝毛</u>。单叶不裂，肉质。花小，生于花葶上，<u>仅在花序下部有苞叶</u>；萼片早落，基部不呈囊状，有窄的白色膜质边缘；<u>花瓣白色或淡紫色</u>，有毛状小齿；雄蕊 6，花丝无齿，花药短心形；雄蕊子房近无柄，花柱短，柱头扁头状。<u>短角果椭圆形或长圆形</u>，果瓣中脉与两侧网状脉可见。<u>种子每室 2</u>

行，卵形或近球形；子叶椭圆形，厚，缘倚胚根。染色体 x=7，8。

分布概况：11/4 种，**9（13，14SH）**型；分布于亚洲和北美；中国产新疆、西藏、青海、四川、云南。

系统学评述：寒原荠属隶属于大蒜芥族[FRPS]。Al-Shehbaz[21,22]将弯梗芥属 *Lignariella*、无隔芥属 *Staitoniella* 合并入寒原荠属，成立单属族寒原荠族 Aphragmeae。该属所在的寒原芥族位于十字花科扩展的分支 II[1]。

DNA 条形码研究：BOLD 网站有该属 5 种 5 个条形码数据；GBOWS 已 1 种 4 个条形码数据。

4. *Arabidopsis* (de Candolle) Heynhold 鼠耳芥属

Arabidopsis (de Candolle) Heynhold (1842: 538), *nom. cons.*; Zhou et al. (2001: 120) [Type: *A. thaliana* (Linnaeus) Heynhold, *typ. cons.* (≡ *Arabis thaliana* Linnaeus)]

特征描述：一年、二年生草本或多年生具匍匐茎或木质茎，单毛或 1-3（或 4）叉毛。多细胞腺体无。基生叶莲座状，单叶，全缘或齿状。萼片斜向上展开，近相等；花瓣白色，淡紫色或淡黄色；雄蕊 6，花丝无齿，花药长圆形或卵形；子房无柄，花柱短而粗，柱头扁头状，很少近 2 裂。长角果近圆筒状，开裂；果瓣有 1 中脉与网状侧脉，隔膜有光泽。种子每室 1 行或 2 行，种子卵状，近光滑，棕色，遇水有胶黏物质；子叶宽长圆形，背倚胚根。花粉粒 3 或 4 沟，细网状至中网状纹饰。染色体 $2n$=10，16。

分布概况：10/3 种，**8** 型；分布于东亚和北亚，欧洲，北美；中国南北均产。

系统学评述：拟南芥 *Arabidopsis thaliana* (Linnaeus) Heynhold 最初被 Linnaeus 于 1753 年放在南芥属 *Arabis* 中，1812 年 Mey 和 Monnard 将其重组到大蒜芥属 *Sisymbrium*，至 1842 年 Heynh 开始以其为模式种建立拟南芥属。Al-Shehbaz 系统中，该属隶属于独行菜族[11]，并位于十字花科的分支 I[1]。叶绿体 DNA 序列和限制性位点分析表明，鼠耳芥属是个并系，可分成 3 个独立的系。分子序列的比较表明，包括拟南芥的分支含有果实类型多样性的类群，包括一些先前被放到庭荠族、南芥族 Arabideae、独行菜族、Anchonieae、大蒜芥族中的属[23]。Yang 等[24]依据的 ITS 研究支持拟南芥属和独行菜族的独行菜属、荠属 *Capsella* 在同一群中。Koch 等[25,26]研究了鼠耳芥属和南芥属的分子系统关系，南芥属和鼠耳芥属都是并系，包括几个独立的系；属于独行菜族的荠属与拟南芥属和南芥属有密切关系。Miyashita 等对 Adh 序列的分析结果认为，鼠耳芥属不是单系，提出将其划分成几个属，而且该结果已被 ITS 证据所证实，但 O'Kane 和 Al-Shehbaz[27]根据形态作了处理，在该属中仅保留了 9 种。在此基础上，Al-Shehbaz 等[28]将原来曾属于鼠耳芥属的 59 个种划分到 14 个属中，并提供了检索表，这可以看出与该属形态相近的类群很多。对于该属的种类，周太炎等认为中国有 11 种[FOC]，但按照 Al-Shehbaz 等[11]的划分，则仅剩下拟南芥 1 种，其他分别被归到 *Arabis*、*Neotorularia*、*Pseudoarabidopsis*、*Olimarabidopsis* 等属中。

DNA 条形码研究：BOLD 网站有该属 12 种 85 个条形码数据；GBOWS 已有 1 种 19 个条形码数据。

代表种及其用途：拟南芥是重要的模式植物。

5. *Arabis* Linnaeus 南芥属

Arabis Linnaeus (1853: 664); Zhou et al. (2001: 113) (Lectotype: *A. alpina* Linnaeus). ——*Parryodes* Jafri (2001: 113)

特征描述：一年生、二年生或多年生草本。茎直立或匍匐，有单毛、2-3 叉毛、星状毛或分枝毛。基生叶簇生，叶全缘、有齿牙或疏齿；茎生叶基部楔形，有时呈钝形或箭形的叶耳抱茎。总状花序；萼片内轮基部呈囊状，边缘白色膜质；花瓣白色，少为紫色、蓝紫色或淡红色，基部呈爪状；花药顶端常反曲。长角果线形；果瓣扁平，开裂。种子每室 1-2 行；子叶缘倚胚根。花粉粒 3 沟，细网状纹饰。染色体 2*n*=16，32。

分布概况：60/14（1）种，**8 型**；分布于亚洲温带，欧洲和北美；中国南北均产。

系统学评述：Al-Shehbaz 系统中该属隶属于南芥族[6,11]，并位于十字花科扩展的分支 II[1]。南芥属曾经被认为是 1 个明确的属[29]，Price[30]进行了 *rbc*L 和 *ndh*F 的序列分析后，认为南芥属至少包括 4 个不同的系，产于北美的该属植物应放进 *Boechera*。Koch 等[31]的 ITS 序列分析也表明，南芥属是 1 个多系，包括 4 个独立的系：①欧洲 *n*=8 系，②北美 *n*=7 系，③*n*=6 系，④单种系 *Arabis pauciflora* (Grimm) Garcke，其中系④应该作为单型属 *Fourraea*，系②应放进 *Boechera* 中。盐芥属 *Thellungiella* 是 Schulz 从大蒜芥属 *Sisymbrium* 中移出重新组合的，在此之前，Busch 将盐芥 *Thellungiella salsuginea* (Pall.) O. E. Schulz 从大蒜芥属中移出，归到拟南芥属中，Al-Shelhaz 和 Rollins 等的处理均将盐芥属作为拟南芥属的异名[32,33]，然而 Busch 及 Al-Shelhaz 和 O'Kane 又承认盐芥属的存在[27,34-37]。Al-Shelhaz 和 O'Kane 并把拟南芥属的 *Arabidopsis parvul* (Schrenk) O. E. Schulz 重组合到盐芥属，还指出这 2 个属的区别在于盐芥属植物体光滑无毛，属盐生植物，而拟南芥属植物体被单毛或分叉毛，为非盐生植物[25,27,34]。

DNA 条形码研究：BOLD 网站有该属 58 种 159 个条形码数据；GBOWS 已有 4 种 60 个条形码数据。

6. *Armoracia* G. Gaertner, B. Meyer & Scherbius 辣根属

Armoracia G. Gaertner, B. Meyer & Scherbius (1800: 426); Zhou et al. (2001: 86) [Type: *A. rusticana* G. Gaertner, B. Meyer & Scherbius (≡ *Cochlearia armoracia* Linnaeus)]

特征描述：多年生草本，光滑无毛。根肉质，肥大，分枝。茎直立，粗壮，多分枝。叶有基生与茎生；叶柄长；叶大，全缘或具圆齿或羽状浅裂。圆锥花序；花多数，花梗细；萼片直立，基部不呈囊状；花瓣白色，有短爪；雄蕊 6，分离，在短雄蕊基部有 1 蜜腺，呈半环状；子房无柄，花柱短，柱头扁头状。短角果。每室种子 2 行。花粉粒 3 沟，网状纹饰。染色体 2*n*=32。

分布概况：3/1 种，**10 型**；分布于欧洲中部和南部，俄罗斯；中国产河北、黑龙江、吉林、江苏和辽宁。

系统学评述：辣根属位于葶苈族 Drabeae 中[FRPS]，但在 Takhtajan 系统[38]中，辣根

属被放在了南芥族。Al-Shehbaz 系统中，该属隶属于碎米荠族 Cardamineae[11]，位于十字花科的分支 I[1]。Heenan 等利用 ITS 序列所构建的系统发育树中辣根属与碎米荠属 *Cardamine*、豆瓣菜属 *Nasturtium*、蔊菜属 *Rorippa* 等比较靠近，但并未对各属属间关系进行深入探讨[39]。Al-Shehbaz 等[6]主要依据叶绿体基因序列及对形态上的重新认识，对十字花科植物进行了修订，将十字花科划分为 25 族，其中碎米荠属、豆瓣菜属、蔊菜属、山芥属 *Barbarea*、辣根属等 10 属归于碎米荠族。Bailey 等[13]利用 ITS 序列对上述 25 族进行了评价，并基于贝叶斯法构建了系统发育树，碎米荠属、豆瓣菜属、山芥属、辣根属与蔊菜属植物聚成 1 大支，支持率为 100%，表明其为 1 个单系类群，其中豆瓣菜属植物与碎米荠属最先相聚。从以上分子系统学研究可以看出，辣根属与碎米荠属等具有较近的亲缘关系。

DNA 条形码研究：BOLD 网站有该属 1 种 10 个条形码数据。

代表种及其用途：辣根 *A. rusticana* G. Gaertner, B. Meyer & J. Scherbius 的根为辛香料，并可药用。

7. *Atelanthera* J. D. Hooker & Thomson 异药芥属

Atelanthera J. D. Hooker & Thomson (1861: 129); Zhou et al. (2001: 158) (Type: *A. perpusilla* J. D. Hooker & Thomson)

特征描述：一年生矮小草本。茎单一，直立，丝状但坚硬，具贴生 2 节粗毛。无基生叶；茎生叶近对生至互生，无柄，叶片全缘。总状花序疏松；花小，白色；萼片基部不呈囊状；雄蕊 2 型，2 短雄蕊具 2 室花药，4 长雄蕊具 1 室花药；子房有 14-24 胚珠。长角果线形，2 室，开裂，裂时常逆转；果瓣具贴生毛。种子每室 1 行，无翅；子叶宿存，对生，背倚胚根。花粉粒 6 沟，网状至颗粒状纹饰。

分布概况：1/1 种，**13-2** 型；分布于巴基斯坦，阿富汗，克什米尔，塔吉克斯坦；中国产西藏。

系统学评述：传统分类中，该属隶属于香花芥族 Hesperideae。Al-Shehbaz 系统中[11]，该属隶属于鸟头荠族 Euclidieae，并位于十字花科的分支 III[1]。German 等[19]构建的 ITS 系统发育树中，异药芥属的种类首先与肉叶荠属 *Braya* 聚为 1 支，这 2 个属间的亲缘关系最近，并且与其他支聚为鸟头荠族 1 支，支持了 Al-Shehbaz 系统中对异药芥属的划分。

DNA 条形码研究：BOLD 网站有该属 1 种 1 个条形码数据。

8. *Baimashania* Al-Shehbaz 白马芥属

Baimashania Al-Shehbaz (2000: 321); Zhou et al. (2001: 170) (Type: *B. pulvinata* Al-Shehbaz)

特征描述：多年生草本；具花葶，垫状。无茎。叶具单毛或 2 叉毛。多细胞腺体无。基生叶莲座状，具柄，单叶，全缘，宿存。总状花序，短花梗上的花或单生起源于莲座丛叶的腋；果期花梗细长；侧生萼片基部不呈囊状，边缘膜质；花瓣粉红色；四强雄蕊，蜜腺与雄蕊基部汇合，中蜜腺宿存；花柱细长；柱头头状。长角果线形，无梗；果瓣具不明显中脉，纵向具条纹；假隔膜绕行，隔膜完全，膜质，具一离生中脉。<u>单列种子</u>，无翅；<u>子叶缘倚胚根</u>。

分布概况：约 2/2 种，**15** 型；中国产云南和青海。

系统学评述：隶属于南芥族[6]，位于十字花科扩展的分支 II[1]。白马芥属是 Al-Shehbaz 在 2000 年增加的新属[FOC]。这个属只有 2 个种。之前认为一个种为 *Solms- laubachia ciliaris* (Bureau & Franchet) Botschantzev，隶属于丛菔属 *Solms-laubachia*；另一个种为 *Leiospora pamirica* (Botschantzev & Vvedensky) Botschantzev & Pachomova，隶属于光籽芥属 *Leiospora*。Al-Shehbaz 根据这 2 个种的特殊形态特征，建立了新属。目前 2 个种更名为 *Baimashania pulvinata* Al-Shehbaz 和 *B. wangii* Al-Shehbaz[21]。

DNA 条形码研究：BOLD 网站有该属 2 种 3 个条形码数据。

9. *Barbarea* W. T. Aiton 山芥属

Barbarea W. T. Aiton (1812: 109), *nom. cons.*; Zhou et al. (2001: 110) [Type: *B. vulgaris* W. T. Aiton (≡ *Erysimum barbarea* Linnaeus)]

特征描述：二年生或多年生直立草本。<u>茎具纵棱</u>，分枝。<u>萼片近直立，内轮 2 常在顶端隆起成兜状</u>；花瓣黄色，多数呈倒卵形，具爪；<u>雄蕊 6，分离</u>，花丝线形；子房圆柱形，花柱短，柱头 2 裂或头状。<u>长角果近圆柱状四棱形</u>，果瓣具明显中脉及网状侧脉。<u>种子每室 1 行</u>，无膜质边缘。花粉粒 3 沟，网状-皱状纹饰。染色体 $2n=16$。

分布概况：22/5（2）种，**8-4（10）**型；分布于亚洲西南部，澳大利亚，欧洲和北美；中国产黑龙江、吉林、辽宁、江苏、甘肃、内蒙古、新疆北部、西藏和台湾。

系统学评述：Schulz[29]将山芥属归于南芥族，Al-Shehbaz[6]将该属与碎米荠属 *Cardamine* 等一起划入碎米荠族，位于十字花科的分支 I[1]。Zhao 等[40]利用 *Chs* 序列构建的系统发育树中，山芥属首先与蔊菜属 *Rorippa* 聚为 1 支，并与其他支聚为碎米荠族 1 支，结果支持了 Al-Shehbaz 的划分，并说明了山芥属与蔊菜属具最近的亲缘关系。

DNA 条形码研究：BOLD 网站有该属 5 种 43 个条形码数据；GBOWS 已有 5 种 20 个条形码数据。

10. *Berteroa* de Candolle 团扇荠属

Berteroa de Candolle (1821: 232); Zhou et al. (2001: 65) [Lectotype: *B. incana* (Linnaeus) de Candolle (≡ *Alyssum incanum* Linnaeus)]

特征描述：一、二年生或多年生草本，<u>被分枝毛</u>。茎分枝。叶不裂。萼片基部不呈囊状；花瓣白色，顶端 2 深裂；<u>雄蕊花丝具齿</u>；子房无柄，花柱长，柱头 2 深裂。<u>短角果椭圆形或圆形</u>；果瓣扁平或稍膨胀，隔膜柔软，透明，无脉。<u>种子每室多数</u>，扁平，有边；子叶扁平，<u>缘倚胚根</u>。花粉粒 3 沟，网状-皱状纹饰。染色体 $2n=16$。

分布概况：5/1 种，**10** 型；分布于亚洲，欧洲和北美；中国产西北。

系统学评述：团扇荠属隶属于庭荠族[FRPS]。Al-Shehbaz 系统中，该属也隶属于庭荠族[6]，并位于十字花科扩展的分支 II[1]。Warwickd 等[41]采用 ITS 片段，将庭荠族分为 6

个分支，其中，团扇芥属与 *Aurinia*、翅籽芥属 *Galitzkya* 聚为 1 支，三者亲缘关系较近。Rešetnik 等[20]根据 ITS 和 *ndh*F 基因、*trn*L-F 基因间隔区序列分析得出同样的结论，并且认为团扇芥属为单系群，所有种类的亲缘关系都紧密。

DNA 条形码研究：BOLD 网站有该属 4 种 13 个条形码数据；GBOWS 已有 1 种 4 个条形码数据。

11. *Brassica* Linnaeus 芸苔属

Brassica Linnaeus (1753: 666); Zhou et al. (2001: 16) (Lectotype: *B. oleracea* Linnaeus)

特征描述：一、二年或多年生草本，无毛或有单毛。根细或呈块状。基生叶常呈莲座状；茎生叶有柄或抱茎。总状花序伞房状；花黄色，少数白色；萼片内轮基部囊状。长角果线形或长圆形，圆筒状，喙多为锥状，喙部有 1-3 种子或无种子；果瓣无毛，有 1 明显中脉。种子每室 1 行，球形或少数卵形，棕色，网孔状。花粉粒 3 沟，网状纹饰。染色体 2n=18，20，32，36。

分布概况：38/6 种，**10（12）**型；分布于地中海，主产欧洲西南部和非洲西北部；中国南北均产。

系统学评述：隶属于芸薹族 Brassiceae，位于十字花科的分支 II[1]。根据形态学分类，芸苔属与白芥属 *Sinapis*、萝卜属 *Raphanus* 同隶属于芸薹族。18S-25S 核糖体 DNA 序列分析结果也表明，芸苔属与白芥属、萝卜属亲缘关系最近[42]。Warwick 等[43]应用 ITS 和叶绿体 DNA 序列分析得出芸苔属的种分为 2 个进化分支，nigra 分支和 rapa/oleracea 分支；nigra 分支的植物与 *Sinapis* 的 *S. arvensis* Linnaeus 和 *S. alba* Linnaeus 亲缘关系最近，*Brassica rapa* Linnaeus 和 *B. oleracea* Linnaeus 聚为明显的 2 支；而染色体 n=7 的种类分散在 2 个分支中[47]。Yang 等[42]根据分子证据提出萝卜属为 2 个分支的杂交，并且 rapa/oleracea 分支为母本。

DNA 条形码研究：BOLD 网站有该属 38 种 204 个条形码数据；GBOWS 已有 3 种 19 个条形码数据。

代表种及其用途：该属植物为重要蔬菜，少数种类的种子可榨油；为蜜源植物；某些种类可供药用，如芜菁 *B. rapa* Linnaeus.

12. *Braya* Sternberg & Hoppe 肉叶荠属

Braya Sternberg & Hoppe (1815: 65); Zhou et al. (2001: 186) (Type: *B. alpina* Sternberg & Hoppe)

特征描述：多年生矮小草本，被分枝毛与单毛。单叶，全缘或具疏齿，稍肉质。萼片基部不呈囊状；花瓣白色或淡黄色，常于干后变为紫红色；雄蕊无齿；子房无柄，常有毛，柱头扁头状或稍 2 裂。短角果长圆形或宽椭圆形，少数为条形长角果；果瓣顶端钝，基部钝圆，有明显的中脉与网状侧脉。种子每室 2 行，种柄丝状，种子表面光滑；子叶长圆形，背倚胚根；胚根粗短。花粉粒 3 沟，网状纹饰。染色体 2n=32，42，56，64。

分布概况：25/3 种，**8-2** 型；分布于阿尔卑斯山，近北极地区，亚洲温带，欧洲和北美；中国产西藏。

系统学评述： 肉叶荠属隶属于大蒜芥族肉叶荠亚族 Brayinae[FRPS]。Al-Shehbaz[6,11] 根据分子证据将肉叶荠属归属于包含了鸟头荠属 *Euclidium*，丛菔属 *Solms-laubachia* 等 25 个属的鸟头荠族中。该属所在的鸟头荠族位于十字花科的分支 III[1]。Warwick 等[44] 利用 ITS 和 *trn*L 片段分析肉叶荠属与其相关的属间的亲缘关系，结果显示 *Neotorularia brachycarpa* (Vassilcz) Hedge & J. Léonard、*N. gamosepala* (Hedge) O'Kane & Al-Shehbaz 和 *N. humilis* (C. A. Meyer) 聚在肉叶荠属 1 支，因此认为应将这 3 个种归入肉叶荠属。在构建的系统发育树中，*Braya forrestii* 为肉叶荠属其他种的姐妹群[44]。

DNA 条形码研究： BOLD 网站有该属 14 种 88 个条形码数据；GBOWS 已有 3 种 16 个条形码数据。

13. *Bunias* Linnaues 匙荠属

Bunias Linnaeus (1753: 669); Zhou et al. (2001: 58) (Lectotype: *B. erucago* Linnaeus)

特征描述： 一年生、二年生或多年生草本，具块根。单毛与分枝毛。基生叶非莲座状，无柄或近无柄，羽状半裂或大头羽裂。萼片直立，基部略呈囊状；花瓣白色或黄色；雄蕊分离，花丝无翅或齿；侧蜜腺环状，外侧 3 浅裂，围绕短雄蕊；中蜜腺三角形，位于长雄蕊外侧，常与侧蜜腺汇合成封闭的环；子房无柄，花柱圆锥形，柱头 2 浅裂。短角果卵形，小坚果状，不开裂；果皮草质，2 室，每室有 1 种子；子叶螺旋状，背倚胚根。花粉粒 3 沟，网状纹饰。染色体 $x=7$。

分布概况： 2/2 种，**10（12）**型；分布于非洲北部，亚洲东部和西南部，欧洲；中国产华北及东北。

系统学评述： 匙荠属隶属于鸟头荠族[FRPS]。de Candolle[45] 将匙荠属置于匙荠族 Buniadeae 中，Hayek[46] 则将该属归于南芥族中的匙荠亚族。Beilstein 等[12] 在研究匙荠属中的 *Bunias orientalis* Linnaeus 时，这个种形成了多个分支，分别归属于鸟头荠族，香花芥族和离子芥族 Chorisporeae 中。因为匙荠属植物中具有与其他族不同的多细胞腺体，因此 Al-Shehbaz 将该属提升到族的水平[11]。匙荠族位于十字花科的分支 III[1]。German 等[8] 将 *B. cochlearioides* Murray 归入 Calepineae 中。German 等[19] 构建的 ITS 系统发育树中，匙荠属的 1 个种 *B. cochlearioides* 聚在 Calepineae 了 1 支，而该属的其他种则聚为匙荠族 1 支。

DNA 条形码研究： BOLD 网站有该属 2 种 7 个条形码数据。

14. *Camelina* Crantz 亚麻荠属

Camelina Crantz (1762: 17); Zhou et al. (2001: 189) [Type: *C. sativa* (Linnaeus) Crantz (≡ *Myagrum sativum* Linnaeus)]

特征描述： 一年或二年生草本，常具单毛与分枝毛。茎生叶基部心形，无柄。花小；萼片直立，内轮的基部不呈囊状，近相等；花瓣黄色，爪不明显；雄蕊分离，花丝扁，无齿；雌蕊花柱长，柱头钝圆。短角果倒卵形，2 室；果瓣极膨胀，中脉多明显，隔膜膜质，透明。<u>种子每室 2 行</u>，多数，卵形，遇水有胶黏物质；<u>子叶背倚胚根</u>。花粉粒 3 沟，网状纹饰。染色体 2n=26，32，40。

分布概况：8/2 种，10（12）型；分布于亚洲西南部和欧洲南部；中国产西北。

系统学评述：亚麻荠属隶属于大蒜芥族[FRPS]。de Candolle[45]将亚麻荠属归于亚麻荠族 Camelineae。Al-Shehbaz[6,11]将该属与荠属 *Capsella*、球果荠属 *Neslia* 等一起归入亚麻荠族。该属所在的亚麻荠族位于分支 I[1]。孙稚颖等[47]利用叶绿体 DNA 的 *trn*L 内含子和 *trn*L-F 基因间隔区序列分析表明，亚麻荠属与南芥族的 3 个属聚在 1 支，认为应将亚麻荠属从大蒜芥族中移出，划入南芥族中。在 Liu 等[48]和 Zhao 等[40]根据 ITS 和 *Chs* 构建的系统树中，亚麻荠属首先与鼠耳芥属及荠属聚为 1 支，构成亚麻荠族 1 支，说明三者的亲缘关系最近，并支持了 Al-Shehbaz 的划分。

DNA 条形码研究：BOLD 网站有该属 5 种 18 个条形码数据；GBOWS 已有 2 种 12 个条形码数据。

15. *Capsella* Medikus 荠属

Capsella Medikus (1792: 85), *nom. cons.*; Zhou et al. (2001: 43) [Type: *C. bursa-pastoris* (Linnaeus) Medikus, *typ. cons.* (≡ *Thlaspi bursa-pastoris* Linnaeus)]

特征描述：一年或二年生草本。茎直立或近直立。<u>总状花序伞房状</u>；花疏生；花梗丝状，果期上升；萼片近直立，长圆形，基部不呈囊状；<u>花瓣白色或带粉红色</u>，匙形；蜜腺成对，半月形；常有 1 外生附属物；子房 2 室，有 12-24 胚珠，花柱极短。<u>短角果倒三角形或倒心状三角形</u>，扁平，开裂，无翅，无毛。种子每室 6-12，椭圆形，棕色。花粉粒 3 沟，网状纹饰。染色体 2n=16，32。

分布概况：5/1 种，1 型；原产亚洲西南部和欧洲，现为世界性杂草；中国南北均产。

系统学评述：Schulz[29]将荠属划入独行菜族。Koch 等[26]根据分子证据提出荠属、鼠耳芥属、球果荠属 *Neslia* 及南芥属亲缘关系近缘，应归入同 1 个族中。且荠属与鼠耳芥属的亲缘关系较独行菜属 *Lepidium* 近。孙稚颖等[47]利用 *trn*L 内含子和 *trn*L-F 基因间隔区序列测定的结果表明，荠属与南芥族的 3 个属聚在 1 支，认为应将荠属从独行菜族中移出，划入南芥族中。Al-Shehbaz[6,11]将该属与亚麻荠属、球果荠属等一起归入亚麻荠族，而该属所在的亚麻荠族位于分支 I[1]。在 Liu 和 Zhao [40,48]根据 ITS 和 *Chs* 构建的系统树中，荠属首先与鼠耳芥属及亚麻荠属聚为 1 支，构成亚麻荠族 1 支，说明三者的亲缘关系最近，并支持了 Al-Shehbaz 的划分。

DNA 条形码研究：BOLD 网站有该属 5 种 70 个条形码数据；GBOWS 已有 1 种 33 个条形码数据。

代表种及其用途：该属某些种类为重要蔬菜，亦可供药用，如荠 *C. bursa-pastoris* (Linnaeus) Medikus。

16. *Cardamine* Linnaeus 碎米荠属

Cardamine Linnaeus (1753: 654); Zhou et al. (2001: 86) [Lectotype: *C. pratensis* Linnaeus]. ——*Loxostemon* J. D. Hooker & Thomson (2001: 86)

特征描述：一、二年生或多年生草本。地下根状茎直生或匍匐延伸，肉质，具鳞片，偶有球状块茎；无毛或单毛。基生叶莲座状，具柄；茎生叶互生。总状花序，常无苞片，花初开时排列成伞房状；花瓣白色、粉色、淡紫色或紫色；雄蕊柱状。长角果线形，果瓣成熟时常自下而上开裂或弹裂卷起；果皮纸质，无脉或近端具隐脉。种子每室 1 行，4-80；子叶扁平，通常缘倚胚根。花粉粒 3 沟，细网状纹饰。染色体 $x=7$，8。

分布概况：200/48（24）种，**1 型**；世界广布；中国南北均产。

系统学评述：传统分类中，碎米荠属隶属于南芥族。Al-Shehbaz[11]将碎米荠属归于碎米荠族，该属所在的碎米荠族位于十字花科的分支 I[1]。Franzke 等[49]和 Bleeker 等[50]的研究表明，碎米荠属与豆瓣菜属 *Nasturtium* 亲缘关系最近。Schulz[51]将 *Dentaria* 作为碎米荠属的一个部分，并将碎米荠属分为 13 个组。Akeroyd[52]将 *Dentaria* 作为碎米荠属的 1 个亚属。Franzke 等[53]利用 ITS 和 cpDNA 序列对碎米荠属及其相关属进行了系统学分析表明，碎米荠属分为 3 个类群，1 个北半球类群和 2 个南半球类群。*Dentaria* 的 *D. bulbifera* Linnaeus 和 *D. pentaphyllos* Linnaeus 分别与碎米荠属的北半球类群和南半球类群聚为 1 支，这为 *D. bulbifera* 来自碎米荠属与 *Dentaria* 的杂交提供了一定的理论依据[53]。

DNA 条形码研究：BOLD 网站有该属 70 种 515 个条形码数据；GBOWS 已有 8 种 83 个条形码数据。

代表种及其用途：该属中有些种类可供药用，或观赏；有些种类作野菜食用，种子可以榨油，如唐古碎米荠 *C. tangutorum* O. E. Schulz。

17. *Chorispora* R. Brown ex de Candolle 离子芥属

Chorispora R. Brown ex de Candolle (1821: 237), *nom. cons.*; Zhou et al. (2001: 147) [Type: *C. tenella* (Pallas) de Candolle (≡ *Raphanus tenellus* Pallas)]

特征描述：一年生至多年生草本。茎直立至开展。叶片羽状深裂或具浅齿，具柄，茎上部的叶近无柄，多数在基部簇生。总状花序在果轴上疏展或为具单花的花葶；萼片直立，内轮 2 轮基部呈囊状；花瓣紫色、紫红色或黄色，有时带白色；雄蕊 6，花丝无附属物。长角果近圆柱形，种子间收缩呈念珠状或具横节。种子每室 1 行，种子椭圆形，无膜质边缘；子叶缘倚胚根。花粉粒 3 沟，网状纹饰。染色体 $2n=14$。

分布概况：11/8（1）种，**12（13）型**；分布于亚洲中部和西南部；中国产华北。

系统学评述：离子芥属隶属于紫罗兰族 Matthioleae[FRPS]。de Candolle[45,54]将离子芥属归于 *Cakileae* 之中。Al-Shehbaz[6]根据 ITS 和 *trn*L-F 序列分析结果，将离子芥属归于离子芥族。该属位于十字花科的分支 III[1]。Warwick 等[55]利用 ITS 构建的系统树表明，离子芥属首先聚为 1 支，再与 *Diptychocarpus*、*Parrya* 聚为离子芥族的 1 支，支持了 Al-Shehbaz 对离子芥属的划分，并认为该属为单系群。Khosravi 等[18]根据 ITS 片段分析构建的系统树显示离子芥属为 1 个复系群，离子芥属的 1 个种首先与 *Diptychocarpus* 的 1 个种聚为 1 支后，再与 *Parrya* 的种聚为 1 支，最后才与离子芥属的其他种聚在离子芥族的大支上。因此 Khosravi 等[18]认为离子芥属只有在并入 *Diptychocarpus*、*Parrya* 的情况下，才能成为真正的单系群。

DNA 条形码研究：BOLD 网站有该属 8 种 17 个条形码数据；GBOWS 已有 2 种 15 个条形码数据。

18. *Christolea* Cambessèdes ex Jacquem 高原芥属

Christolea Cambessèdes ex Jacquem (1835: 17); Zhou et al. (2001: 127) (Type: *C. crassifolia* Cambessèdes)

特征描述：多年生草本，具木质茎或基部。被单毛或叉状白色毛，很少无毛。基生叶无；茎生叶单叶，匙形、菱形或卵状长圆形。萼片近直立，长圆形，顶端钝；花瓣卵状长圆形或篦形，常紫色，稀白色或黄色，或在基部近紫色；雄蕊 6；雌蕊常条形，柱头呈压扁头状。长角果条形、披针形或倒披针形，开裂；果皮纸质，中脉明显，侧脉不明显。种子每室 1-2 行；子叶背倚胚根。花粉粒 3 沟，粗网状纹饰。染色体 2n=14。

分布概况：2/2（1）种，**13-2** 型；分布于阿富汗，克什米尔，尼泊尔，巴基斯坦和塔吉克斯坦；中国产西藏、新疆和青海。

系统学评述：Schulz[29]将该属分为高原芥属及 *Ermania*，并根据种子的子叶褶叠状而分别列入大蒜芥族与南芥族中。因为该属的多数种类与丛菔属 *Solms-Laubachia* 和条果芥属 *Parrya* 相近，易于混淆，该属与南芥属的特征相近，所以把它从大蒜芥族移入南芥族[FRPS]。Al-Shehbaz 系统中，该属隶属于鸟头荠族[11]，位于十字花科的分支 III[1]。

DNA 条形码研究：BOLD 网站有该属 1 种 2 个条形码数据；GBOWS 已有 1 种 20 个条形码数据。

19. *Cithareloma* Bunge 对枝菜属

Cithareloma Bunge (1843: 6); Zhou et al. (2001: 152) (Type: *C. lehmannii* Bunge)

特征描述：一年生草本；具分叉毛。茎直立，子叶叶腋常有两相反的基底分枝，其他分枝交替。基生叶非莲座状。总状花序，无苞片，果期时延长；萼片狭长圆形，侧对的基部强烈呈囊状；花瓣紫色，粉红色或者白色；雄蕊 6，四强雄蕊；花蜜腺体 2，位于雄蕊内。果实为开裂长角果或短角果。种子单列，具宽翅；子叶缘倚胚根。花粉粒 3 沟，网状纹饰。染色体 2n=26。

分布概况：2/1 种，**13（→12）**型；分布于亚洲中部和西南部；中国产甘肃和新疆。

系统学评述：Al-Shehbaz 系统中对枝菜属隶属于 Anastaticeae 族[11]，位于十字花科的分支 III[1]。Al-Shehbaz[6]根据对枝菜属的形态特征将该属划入鸟头荠族，但这个划分仍需分子证据的验证。Warwick 等[55]研究了鸟头荠族 25 属中的 22 属，根据 ITS 序列分析表明，整个族聚为 2 大支，其中枝菜属所在的 1 支应为另外 1 个族，根据研究结果提出涩荠族，即对枝菜属隶属于涩荠族 Anastaticeae。German 等[19]构建的 ITS 基因系统树中，对枝菜属植物与涩芥属 *Malcolmia* 聚成涩荠族 1 支。

DNA 条形码研究：BOLD 网站有该属 2 种 2 个条形码数据。

20. *Clausia* Kornuch-Trotzky 香芥属

Clausia Kornuch ex A. von Hayek (1911: 223); Zhou et al. (2001: 157) [Type: *non designatus*]

特征描述：一年生至多年生草本；具单毛及有柄腺毛或无毛。萼片直立，内轮基部呈囊状；花瓣紫色、堇色或白色，有长爪；侧蜜腺近环状，无中蜜腺；花柱短，柱头2裂，裂片直立，离生。长角果圆柱状或侧扁，迟裂；果瓣具明显中脉及侧脉。种子每室1行；子叶缘倚胚根。染色体 2*n*=14, 28。

分布概况：4/2 种，**12-1** 型；分布于亚洲中部和东部，欧洲东南部；中国产新疆和华北。

系统学评述：传统分类中香芥属隶属于香花芥族。Al-Shehbaz 系统中，该属隶属于花旗杆族 Dontostemoneae[11]，并位于十字花科的分支 III[1]。Al-Shehbaz[32]曾将香芥属划入 Anchonieae，而香花芥族为只有香花芥属的单属类群，并且他认为 *Pseuoclausia* 中的一些种也应归入香芥属中，但这一划分无分子证据[6]。Warwick 应用 ITS 序列分析了 Anchonieae，结果表明，Anchonieae 聚为 2 大支，其中一支含有 *Anchonium* 等，而另一支包括了花旗杆属 *Dontostemon* 和香芥属，它们亲缘关系较远，因此 Warwick[55]提出重新建立 1 个包含花旗杆属和香芥属的花旗杆族。

DNA 条形码研究：BOLD 网站有该属 4 种 35 个条形码数据；GBOWS 已有 1 种 4 个条形码数据。

21. *Conringia* Heister ex Fabricius 线果芥属

Conringia Heister ex Fabricius (1759: 160); Zhou et al. (2001: 27) [Lectotype: *C. orientalis* (Linnaeus) Dumortier (≡ *Brassica orientalis* Linnaeus)]

特征描述：一年生，少数二年生草本。叶卵形或卵状椭圆形，全缘，上部叶常心形，抱茎。总状花序疏松；萼片直立，内轮基部呈囊状；花瓣白色或带黄色，倒卵状长圆形，基部具爪；子房有 12-50 胚珠。长角果线形；果瓣具 1 或 3 脉，或近无脉，具 4 棱或扁压，2 室，开裂，有扁平喙或无，隔膜无脉。种子 1 行；子叶背倚胚根，少有缘倚胚根。花粉粒 3 沟，网状-皱状纹饰。染色体 2*n*=14, 28。

分布概况：6/1 种，**12** 型；分布于亚洲中部和西南部，高加索地区，欧洲；中国产新疆和西藏。

系统学评述：传统分类中，线果芥属隶属于芸薹族。Al-Shehbaz 系统中，线果芥属隶属于线果芥族[11]，并位于十字花科扩展的分支 II[1]。Beilstein 等[12]应用 *ndh*F 对芸薹族进行系统树构建，线果芥属与独行菜族的种聚为 1 支，而与芸薹族的其他种类亲缘关系很远，因此建议将线果芥属移出芸薹族，而归入其他族。German 等[8]提出线果芥族，该族包括线果芥属和 *Zuvanda*。

DNA 条形码研究：BOLD 网站有该属 4 种 4 个条形码数据；GBOWS 已有 1 种 3 个条形码数据。

22. *Crambe* Linnaeus 两节荠属

Crambe Linnaeus (1753: 671); Zhou et al. (2001: 26) (Lectotype: *C. maritima* Linnaeus)

特征描述：一年或多年生草本。<u>根纺锤形</u>，<u>粗长</u>。茎高，多分枝。<u>下部叶大</u>，<u>羽状深裂</u>；<u>基生叶微小</u>。<u>圆锥花序</u>；花<u>白色或浅黄色</u>，<u>芳香</u>；萼片直立开展；花瓣倒卵形，基部楔形或成短爪；内轮雄蕊具齿；<u>子房 2 室</u>，<u>成 2 节</u>，<u>上节瓶状或球形</u>，<u>1 可孕胚珠</u>，<u>下节极短</u>，<u>1 不成熟胚珠</u>；子房柄发达。<u>短角果不裂</u>。花粉粒 3 沟，网状纹饰。染色体 $2n$=30，60，120，150。

分布概况：35/1 种，**12** 型；分布于非洲，亚洲和欧洲；中国产新疆和西藏。

系统学评述：Al-Shehbaz 系统中两节荠属隶属于芸薹族[11]，位于十字花科的分支 II[1]。根据地理分布，两节荠属被划分为 3 个类群，第 1 个为地中海分布的类群，有 3 种，即 *C. glabrata* de Candolle、*C. kralikii* Cosson 和 *C. filiformis* Jacquin；第 2 个类群有 3 种，即 *C. abyssinica* Hochstetter、*C. kilimandscharica* O. E. Schulz、和 *C. sinuato- dentata* Hochstetter，其他的种划分为第 3 个类群。Gomez-Campo[56]认为两节荠属的形态特征与芸薹族其他种类极为不同，建议将两节荠属提高到亚族的水平。Warwick 等[57]将两节荠属划入 Raphaninae 亚族。Francisco-Ortega 等[58]应用 ITS 对两节荠属的系统发育的研究表明两节荠属分为 3 个分支：第 1 个分支为 Macaronesian 群岛分布的种类，第 2 个分支为地中海分布的种类，第 3 个分支为欧洲西伯利亚 - 亚洲分布的种类和 *C. kilimandscharica*。结果同样表明，两芥荠属与亚族 Raphaninae 和芸薹族的亲缘关系并不清晰。

DNA 条形码研究：BOLD 网站有该属 21 种 58 个条形码数据。

23. *Crucihimalaya* Al-Shehbaz, O'Kane & R. A. Price 须弥芥属

Crucihimalaya Al-Shehbaz, O'Kane & R. A. Price (1999: 298); Zhou et al. (2001: 121) [Type: *C. himalaica* (M. P. Edgeworth) Al-Shehbaz, O'Kane & R. A. Price (≡ *Arabis himalaica* M. P. Edgeworth)]

特征描述：一、二年生草本，少有多年生木本。<u>毛单一</u>，<u>茎上毛 1 或 2 分叉</u>，<u>有时为星状</u>。茎生叶无柄或近无柄。<u>总状花序数到多花</u>；萼片椭圆形，直立，被柔毛，基部呈囊状；<u>花瓣白色</u>、<u>粉红色或者紫色</u>；匙状，圆形；<u>雄蕊 6</u>，<u>四强雄蕊</u>。开裂长角果，鲜无柄或近无柄角果。<u>种子单列</u>，<u>无翅</u>；种皮网状，湿时黏；<u>子叶倚靠胚根</u>。花粉粒 3 沟，细网状纹饰。染色体 $2n$=14，16。

分布概况：11/6 种，**11**（→**14SH**）型；分布于亚洲；中国产甘肃、四川、云南、新疆和西藏。

系统学评述：Al-Shehbaz[28]提出新属须弥芥属，并将鼠耳芥属 *Arabidopsis* 的 6 个种归入该属，将须弥芥属归入独行菜族。2012 年 Al-Shehbaz 的十字花科系统中须弥芥属隶属于须弥芥族 Crucihimalayeae[11]。Al-Shehbaz 将 *Arabis tenuisiliqua* Rechinger f. & Köie 和 *A. tibetica* J. D. Hooker & Thomson 归入须弥芥属，并更名为 *Crucihimalaya tenuisiliqua* (K. H. Rechinger & Köie) Al-Shehbaz, D. A. German & M. Koch 和 *C. tibetica* (J. D. Hooker

& Thomson) Al-Shehbaz, D. A. German & M. Koch[59]。German 等[60]将 *Arabis rupicola* Krylov 和 *Transberingia bursifolia* (de Candolle) Al-Shehbaz and O'Kane 归入须弥芥属。German 等通过 ITS 序列分析结果认为须弥芥属应从独行菜族中剔除[19]。

DNA 条形码研究：BOLD 网站有该属 6 种 12 个条形码数据；GBOWS 已有 2 种 8 个条形码数据。

24. *Cryptospora* Karelin & Kirilov 隐子芥属

Cryptospora Karelin & Kirilov (1842: 161); Zhou et al. (2001: 159) (Type: *C. falcata* Karelin & Kirilov)

特征描述：一年生草本。茎直立，多从基部分枝。叶披针形，边缘有锯齿，无柄。总状花序短，果期延长；花微小，花梗极短；萼片近直立，内轮不呈囊状；花瓣倒卵形，顶部明显微缺，有脉纹；子房有 3-7 胚珠。长角果圆柱形，较短，渐尖，向外弯，不裂，具 3-6 种子，在种子间断裂。种子每室 1 行，种子大，长圆形；子叶背倚胚根。染色体 $2n=14$。

分布概况：4/1 种，**13（→12）型**；分布于亚洲中部和西南部；中国产新疆西部。

系统学评述：传统分类中，隐子芥属隶属于香花芥族[61]。Al-Shehbaz[11]将其归入鸟头荠族。该属所在的鸟头荠族位于十字花科的分支 III[1]。Khosravi 等[18]基于 ITS 片段构建的系统树中，隐子芥属与 *Tetracme* 的种类聚在鸟头荠族 1 支上，支持 Al-Shehbaz 对隐子芥属的划分。

DNA 条形码研究：BOLD 网站有该属 1 种 2 个条形码数据。

25. *Descurainia* Webb & Berthelot 播娘蒿属

Descurainia Webb & Berthelot (1836: 72), *nom. cons.*; Zhou et al. (2001: 190) [Type: *D. sophia* (Linnaeus) Prantl, *typ. cons.* (≡ *Sisymbrium sophia* Linnaeus)]

特征描述：一年或二年生草本。叶二至三回羽状分裂，下部叶有柄，上部叶近无柄。花序伞房状，无苞片；萼片近直立，早落；花瓣黄色，卵形，具爪；雄蕊 6，花丝基部宽，无齿；侧蜜腺环状或向内开口的半环状，中蜜腺"山"字形，两者连接成封闭的环；花柱短。长角果长圆筒状；果瓣有 1-3 脉，隔膜透明。种子每室 1-2 行，无翅；子叶背倚胚根。花粉粒 3 沟，网状-皱状纹饰。染色体 $2n=14$，21。

分布概况：35/1 种，**8-4 型**；分布于美洲，马卡罗尼西亚，1 种为世界广布种；中国除广东、广西、海南和台湾外，南北均产。

系统学评述：播娘蒿族 Descurainieae 最早被认为是大蒜芥族的 1 个亚族[29]，但分子证据都表明 2 个族的物种系统发育关系较远。Al-Shhebaz[6]认为播娘蒿属植物具有的单细胞腺体乳突，是十字花科其他植物所没有的，因此将其和几个小属组成播娘蒿族，播娘蒿属作为播娘蒿族的模式属。播娘蒿属所在的播娘蒿族位于十字花科的分支 I[1]。在 Khosravi 等[18]和 German 等[19]分别构建的 ITS 系统发育树中，播娘蒿属与 *Ianhedgea* 的植物聚在播娘蒿族的 1 支上，说明两者亲缘关系最近，也支持了 Al-Shhebaz 对播娘蒿属的划分。

DNA 条形码研究：BOLD 网站有该属 51 种 173 个条形码数据；GBOWS 已有 2 种 32 个条形码数据。

26. *Dilophia* Thomson 双脊荠属

Dilophia Thomson (1853: 19); Zhou et al. (2001: 47) (Type: *D. salsa* Thomson)

特征描述：多年生草本。根肉质，圆锥状，顶部具鳞片。茎多数，多从基部分枝。基生叶莲座状，无柄，肉质，渐狭成叶柄。总状花序密集，花多数，近头状或伞房状；萼片常宿存，有膜质边缘，基部不呈囊状；花瓣白色、紫色；柱头截平或近 2 裂，无花柱。短角果近倒心形，2 室，开裂；果瓣背部浅囊状，常有 2 脊，无毛，隔膜常不完全。种子小，2 行，无翅，长圆形，棕色；子叶背倚胚根。

分布概况：2/2（1）种，**13-2 型**；分布于不丹，印度，克什米尔，吉尔吉斯斯坦，尼泊尔，塔吉克斯坦；中国产青海、新疆、西藏和甘肃。

系统学评述：传统分类中，双脊荠属隶属于独行菜族。Al-Shehbaz[6,11]将该属并入鸟头荠族，该属位于十字花科的分支 III[1]。German 等构建的 ITS 系统发育树中，双脊荠属植物首先与鸟头荠属 *Euclidium* 聚为 1 支，再与其他属的聚为鸟头荠族 1 支。这为 Al-Shehbaz 系统中对双脊荠属的划分提供了分子证据，也说明双脊荠属与鸟头荠属的亲缘关系较近[19]。

DNA 条形码研究：BOLD 网站有该属 1 种 2 个条形码数据；GBOWS 已有 2 种 7 个条形码数据。

27. *Diplotaxis* de Candolle 二行芥属

Diplotaxis de Candolle (1821: 243); Zhou et al. (2001: 23) [Lectotype: *D. tenuifolia* (Linnaeus) de Candolle (≡ *Sisymbrium tenuifolium* Linnaeus)]

特征描述：一年、二年或多年生草本。茎直立，下部分枝，常具单毛。叶羽状深裂或浅裂，具齿或全缘。总状花序伞房状，果期疏松；萼片伸展，内轮不呈或稍呈囊状；花瓣黄色、乳黄色或紫色，基部有爪，子房柄短或无。长角果长圆形或线形，开裂，有短喙。种子多数，2 行，卵形或椭圆形，浅棕色；子叶对折。花粉粒 3 沟，网状-皱状纹饰。染色体 $2n$=16，18，22。

分布概况：25/1 种，**10 型**；分布于非洲西北部，伊比利亚半岛，马卡罗尼西亚，亚洲中部；中国产辽宁。

系统学评述：Al-Shehbaz 系统中，二行芥属隶属于芸薹族，并位于十字花科的分支 II[1]。Warwick 等[62]利用 ITS 序列研究芸薹族的分子系统发育，根据结果认为二行芥属应并入芸苔属 *Brassica*，而 Al-Shehbaz[6]也赞成这个观点。Martín 等[63]利用 ISSR 分子标记研究了二行芥属内 10 个种的遗传多样性，结果显示这 10 种分为 2 个分类群，也间接证明了之前研究中提出的二行芥属有两系起源的假设。

DNA 条形码研究：BOLD 网站有该属 28 种 74 个条形码数据。

28. *Dipoma* Franchet 蛇头荠属

Dipoma Franchet (1887: 404); Zhou et al. (2001: 46) (Type: *D. iberideum* Franchet)

特征描述：多年生草本。<u>根茎细</u>，<u>匍匐有分枝</u>。茎多数，具单毛。基生叶莲座状，匙状卵形，全缘或上部有数个粗锯齿，具叶柄。<u>总状花序花疏生</u>，果期延长；花大，花梗短，有糙硬毛；萼片直立，具膜质边缘；<u>花瓣白色</u>，<u>具紫色细纹</u>；子房具 4-6 垂生胚珠。<u>短角果短卵形</u>，压扁，开裂；<u>果瓣膜质</u>，<u>凸出</u>，<u>有龙骨凸起及细脉</u>。种子大，卵形，压扁，无边缘；<u>子叶缘倚胚根</u>。

分布概况：1/1（1）种，**15 型**；特产中国四川和云南。

系统学评述：蛇头荠属隶属于独行菜族[FRPS]。Al-Shehbaz[11]认为，该属的分类地位仍待讨论，并不能确定该属的系统位置。

DNA 条形码研究：BOLD 网站有该属 1 种 1 个条形码数据；GBOWS 已有 1 种 8 个条形码数据。

29. *Diptychocarpus* Trautvetter 异果芥属

Diptychocarpus Trautvetter (1860: 108); Zhou et al. (2001: 149) [Type: *D. strictus* (de Candolle) Trautvetter (≡ *Chorispora stricta* de Candolle)]

特征描述：一年生草本，具单毛。基生叶非莲座状，单叶，倒披针至近匙形，边缘羽状浅裂或呈微波状具齿，具叶柄；茎生叶条形，全缘。<u>总状花序疏散</u>，少花，花梗短，果期增粗；萼片直立，内轮萼片基部呈囊状；<u>花瓣白色或淡红紫色</u>，条形至长圆形，具爪；子房条形，有多数胚珠。<u>果瓣有明显中脉</u>。种子单列，具宽翅，近圆形，扁平；子叶缘倚胚根。花粉粒 3 沟，网状-皱状纹饰。染色体 $2n=14$。

分布概况：1/1 种，**12 型**；分布于亚洲中部和西南部，欧洲东南部；中国产新疆。

系统学评述：Al-Shhebaz[6,11]将异果芥属归入离子芥族，并将 *Alloceratium* 和 *Orthorrhiza* 并入异果芥属，这个划分也得到了分子证据的支持[19]。该属所在的离子芥族位于十字花科的分支 III[1]。Khosravi 等[18] 利用 ITS 构建的系统树中 *Diptychocarpus strictus* (Fischer ex Marschall von Bieberstein) Trautvetter 首先与离子芥属的 1 个种聚为 1 支，再与离子芥属的其他种聚为离子芥族大支，这个结果表明多源群离子芥属与异果芥属的亲缘关系近，且也支持了 Al-Shhebaz 系统中的划分。

DNA 条形码研究：BOLD 网站有该属 1 种 5 个条形码数据。

30. *Dontostemon* Andrzejowski ex C. A. Meyer 花旗杆属

Dontostemon Andrzejowski ex C. A. Meyer (1831: 4), *nom. cons.*; Zhou et al. (2001: 137) [Type: *D. Integrifolius* (Linnaeus) C. A. Meyer (≡ *Sisymbrium integrifolium* Linnaeus)]. ——*Dimorphostemon* Kitagawa (2001: 137)

特征描述：一、二年生或多年生草本，<u>植株具单毛</u>，<u>腺毛</u>、<u>稀无毛</u>。茎分枝或单一。叶多数，全缘或具齿，<u>草质或肉质</u>。总状花序顶生或侧生；萼片直立，扁平，或内轮

2 基部略呈囊状；花淡紫色、紫色或白色，基部具爪；长雄蕊花丝成对联合。长角果圆柱形至长线形，或果瓣与假隔膜呈平行方向压扁成带状。种子 1 行，褐色而小小，卵形或长椭圆形，具膜质边缘或无边缘；子叶背倚、缘倚或斜倚胚根。染色体 2n=14，28。

分布概况：11/11（1）种，**11 型**；分布于东亚；中国南北均产。

系统学评述：该属在 Shculz 系统[29]中位于南芥族。 Al-Shhebaz 系统[11]中，花旗杆属隶属于花旗杆族，并位于十字花科的分支 III[1]。该属的系统位置一直在变动。Al-Shhebaz 曾将该属与紫罗兰属 *Matthiola*、香芥属、匙芥属、条果芥属 *Parrya* 及 *Anchnouim* 等 12 属组成 Anchnoeiae 族，认为这个族的植物均具有多细胞且多列的腺体，而且多子叶缘倚，染色体基数一般为 7[6]。在基于 ITS 序列构建的系统发育树中，花旗杆属 3 个种构成 1 支，与鸟头荠属、涩芥属 *Malcolmia*、*Torularia* 及肉叶荠属 *Braya* 构成的 1 支，还有紫罗兰属 1 支形成姐妹支[47]。Warwick 等[55]应用 ITS 序列分析了 Anchonieae 族，结果表明，该族聚为 2 大支，其中一支含有 *Anchonium* 等，而另一支包括了花旗杆属和香芥属，亲缘关系较远，因此 Warwick 提出重新建立 1 个包含花旗杆属和香芥属的花旗杆族。

DNA 条形码研究：BOLD 网站有该属 13 种 31 个条形码数据；GBOWS 已有 7 种 72 个条形码数据。

31. *Draba* Linnaeus 葶苈属

Draba Linnaeus (1753:642); Zhou et al. (2001:66) (Lectotype: *D. incana* Linnaeus). ——*Coelonema* Maximowicz (1880: 423); *Drabopsis* K. Koch (1841: 253)

特征描述：草本，植株矮小，茎和叶通常有毛。叶为单叶。总状花序；内轮萼片较宽，基部不呈或略呈囊状；花瓣黄色或白色，稀玫瑰色或紫色，倒卵楔形，顶端常微凹，基部大多成狭爪；雄蕊 6（偶有 4）；雌蕊瓶状，罕有圆柱形，无柄。果实为短角果；果瓣 2，扁平或稍隆起，熟时开裂。种子小，2 行，每室数至多数，卵形或椭圆形。花粉粒 3 沟，粗网状纹饰。染色体 2n=16，32，48。

分布概况：390/50（16）种，**8-5 型**；分布于北半球北部高山地区；中国南北均产，主产西南和西北。

系统学评述：葶苈属在 Shculz 系统[30]中隶属于葶苈族，Al-Shhebaz 系统[11]中，将包括穴丝荠属、假葶苈属等 14 个属并入隶属于南芥族的葶苈属，该族位于十字花科扩展的分支 II[1]。Thaden 利用 ITS 和 *trn*L-F 葶苈属进行了系统发育的研究，构建的系统树显示，核心葶苈属分为 3 个部分，非核心葶苈属的部分与 *Heterodraba unilateralis* (M. E. Jones) Greene 和 *Athysanus pusillus* (Hooker) Greene 聚为 1 支，并为单系群，因此将这部分的 7 个种分离出葶苈属，分别归入 *Abdra* 和 *Tomostima*，并指出 *Arabis rimarum* Rechinger 与 *Draba aucheri* Boissier 为同种植物[64]。

DNA 条形码研究：BOLD 网站有该属 65 种 228 个条形码数据；GBOWS 已有 10 种 79 个条形码数据。

32. *Eruca* Miller 芝麻菜属

Eruca Miller (1754:4); Zhou et al. (2001: 24) [Lectotype: *E. sativa* P. Miller (≡ *Brassica eruca* Linnaeus)]

特征描述：草本；具白色硬单毛，少数无毛。叶羽状浅裂。花黄色，有棕色或紫色纹，呈总状花序；萼片稍直立，内轮基部稍呈囊状；花瓣短倒卵形，有长爪；外轮雄蕊比内轮的短；侧蜜腺凹陷，棱柱状，中蜜腺半球形或近长圆形。长角果长圆形或近椭圆形，有 4 棱，具扁平喙；果瓣有 1 脉。种子近 2 行，子叶对折。花粉粒 3 带状沟，网状纹饰。染色体 2n=22。

分布概况：1/1 种，**12** 型；分布于非洲西北部，亚洲和欧洲；中国南北均产。

系统学评述：Al-Shehbaz 系统中，芝麻菜属隶属于芸薹族[11]，位于十字花科的分支 II[1]。German 等构建的系统树中，芝麻菜属植物与首先聚为 1 支的芸苔属和两节荠属聚为芸薹族 1 支。这也为 Al-Shehbaz 系统对该属的划分提供了分子证据[19]。

DNA 条形码研究：BOLD 网站有该属 3 种 9 个条形码数据；GBOWS 已有 1 种 8 个条形码数据。

代表种及其用途：该属植物茎叶作蔬菜食用，亦可作饲料；种子可榨油，供食用及医药用，代表种为芝麻菜 *Eruca sativa* Miller。

33. *Erysimum* Linnaeus 糖芥属

Erysimum Linnaeus (1753: 660); Zhou et al. (2001: 163) (Lectotype: *E. cheiranthoides* Linnaeus). —— *Cheiranthus* Linnaeus (2001: 163); *Syrenia* Andrzejowski ex Besser (2001: 163)

特征描述：一年生至多年生草本，有时呈灌木状，全株有 2-4 叉状毛，少数具腺毛。叶宽线形至椭圆形，全缘、有齿至羽状浅裂。总状花序伞房状；花中等大，黄色或橘黄色，少数白色或紫色；萼片直立，内轮基部稍呈囊状；花瓣具长爪；花丝基部的中央和侧面有蜜腺。长角果稍具四棱或圆筒状；果瓣有 1 明显中脉。种子 1 行，长圆形，常有棱角；子叶背倚胚根。花粉粒 3 沟（4-8 沟），粗网状、网状-皱状纹饰。染色体 2n=12-36。

分布概况：200/17（5）种，**10**（→**12**）型；分布于亚洲，欧洲，美洲北部和中部，非洲北部；中国南北均产。

系统学评述：糖芥属一直被归于亚麻芥族 Camelineae，但这个属拥有金虎尾科类的毛状体和无柄的星状毛状体，因此与亚麻芥族的其他属不同。Al-Shehbaz 系统中，该属被定义为 1 个新族，因此，糖芥属隶属于糖芥族 Erysimeae[6]。在 *trn*S-G 和 PI 内含子分析中，糖芥属与亚麻芥族的其他属区别开来，这个结果支持了将该属定义为 1 个新族。这个新族与独行菜族、芹叶荠族 Smelowskieae、碎米荠族和播娘蒿族亲缘关系最近[12,14]。German 等[19] 利用 ITS 构建的系统树中，糖芥属的 3 个种以 100%的自展率聚为 1 支，因此此处也支持将该属归入糖芥族。

DNA 条形码研究：BOLD 网站有该属 16 种 42 个条形码数据；GBOWS 已有 9 种 91 个条形码数据。

34. *Euclidium* W. T. Aiton 鸟头荠属

Euclidium W. T. Aiton (1812: 74), *nom. cons.*; Zhou et al. (2001:57) [Type: *E. syriacum* (Linnaeus) W. T. Aiton (≡ *Anastatica syriaca* Linnaeus)]

特征描述：一年生草本，被 2 叉毛。基生叶具柄，非莲座状，全缘具齿；茎生叶稍小。总状花序，无苞片；花瓣淡黄色或白色；雄蕊分离，花丝无齿；子房无柄，花柱圆锥形，2 裂，向外弯曲。短角果小，卵形，呈坚果状，2 室，果皮与隔膜均木质化，无脉，被短粗毛；果梗粗短，几乎与茎相贴。种子每室 1 粒，无翅，长圆形；子叶扁平，缘倚胚根。花粉粒 3 沟，网状纹饰。染色体 $2n=14$。

分布概况：1/1 种，**12** 型；分布于亚洲中部和西南部，欧洲东部；中国产新疆。

系统学评述：Al-Shehbaz 系统中，该属隶属于鸟头荠族[6]，位于十字花科的分支 III[1]。在 German 等[19]利用 ITS 构建的系统发育树中，鸟头荠属首先与 *Dilophia* 聚为 1 支，再与其他植物聚在鸟头荠族的 1 支上。这为 Al-Shehbaz 系统中对鸟头荠属的划分提供了分子证据，也表明了鸟头荠属与 *Dilophia* 的亲缘关系较近[19]。

DNA 条形码研究：BOLD 网站有该属 1 种 2 个条形码数据；GBOWS 已有 1 种 8 个条形码数据。

35. *Eutrema* R. Brown 山萮菜属

Eutrema R. Brown (1823: 9); Zhou et al. (2001: 174) (Type: *E. edwardsii* R. Brown). —— *Neomartinella* Pilger (1906: 134); *Platycraspedum* O. E. Schulz (1922: 386); *Taphrospermum* C. A. Meyer (1831: 172); *Thellungiella* O. E. Schulz (1924: 251)

特征描述：一年生、二年生或多年生草本。根肉质，纺锤形。不具毛或具单毛。基生叶卵形或心形，具鞘状叶柄；茎生叶无或有柄。总状花序；萼片直立，外轮宽长圆形或卵形，内轮宽卵形；花瓣白色，少数玫瑰红色，倒卵形，具短爪；雄蕊花丝基部变宽；花柱短，柱头凹陷，稍 2 裂。长角果线形、披针形、棒状或圆筒状，开裂。种子单列或 2 列，无翅，长圆形或卵形，大，椭圆形；子叶背倚或斜缘倚胚根。染色体 $2n=18$，28，42，56。

分布概况：26/21（4）种，**8-2（9）**型；分布于亚洲，1 种延伸到北美；中国产西南和西北。

系统学评述：该属在 Schulz 系统[29]中属于大蒜芥族葱芥亚族 Alliariinae，Al-Shhebaz 系统中，山萮菜属隶属于山萮菜族 Eutremeae，将 *Esquiroliella*、*Glaribraya*、*Martinella*、堇叶芥属 *Neomartinella*、宽框荠属 *Platycraspedum*、沟子荠属 *Taphrospermum*、盐芥属 *Thellungiella* 和 *Wasabia* 并入山萮菜属[11]，并位于十字花科的分支 II[1]。吴征镒等[65]认为沟子荠属 *Taphrospermum* 是由山萮菜属的一小干演化而来的，表明两者关系密切。Al-Shhebaz 和 Warwick 认为，应该将盐芥属 *Thellungiella* 并入到山萮菜属中[6]。German 等[19] 依据 ITS 构建的系统树中，山萮菜属以 100%的自展率聚为山萮菜族的 1 支，而 *E. parvulum* (Schrenk) Al-Shehbaz & Warwick 却与诸葛菜属 *Orychophragmus* 的 1 个种

Orychophragmus violaceus (Linnaeus) O. E. Schulz 聚为 1 支，但认为很难断定这 1 支属于芸薹族还是属于山菥菜族。因此，表明山菥菜属为并系群，其中的一些种类的分类地位仍需进一步探讨。

DNA 条形码研究：BOLD 网站有该属 18 种 69 个条形码数据；GBOWS 已有 5 种 24 个条形码数据。

36. *Fibigia* Medikus 单盾荠属

Fibigia Medikus (1792: 90) [Type: *F. clypeata* (Linnaeus) Medikus (≡ *Alyssum clypeatum* Linnaeus)]

特征描述：多年生被柔毛草本，很少半灌木。茎生叶无柄，全缘或具齿。总状花序，常无苞片；萼片直立，常靠合；花瓣黄色或紫色；雄蕊有时外露，四强，花药长圆形，侧丝往往附着，中间花药常具翅；胚珠 4-20。果实倒卵形或长圆形至圆形，角果；隔膜完全或很少缺乏。种子双列，具翅；子叶缘倚胚根。花粉粒 3 沟，网状纹饰。染色体 $2n=16$。

分布概况：14/1 种，（**12**）型；分布于欧洲，中东，北非邻近区域；中国产新疆。

系统学评述：Warwick 等[41]根据 ITS 序列证据将单盾荠属归于庭荠族，该族在十字花科中位于扩展的分支 II 中[1]。我国发现的 *Fibigia spathulata* (Karelin & Kirilov) B. Fedtschenko，在分类处理上存疑[66]。该种最先被认为应归于一个相关的但可明显区分的单系属 *Pterygostemon*[67,68]，此外，无论是显著不同的分布范围和一些形态特征都认为该种与 *Fibigia* 其他种有区别。这也得到了分子证据的支持，基于 ITS 序列构建的系统树显示该属是个多系属[18,19,41]。但分子证据也显示，*F. spathulata* 与该属其他种，特别是该属模式种 *F. clypeata* (Linnaeus) Medikius 亲缘关系很近[19]。因此 *F. spathulata* 的分类处理还有待进一步研究。目前一般遵循 Appel 等[69]和 Warwick 等[70]的处理，仍将该种归于单盾荠属下。

DNA 条形码研究：BOLD 网站有该属 8 种 12 个条形码数据。

37. *Galitzkya* V. V. Botschantz 翅籽荠属

Galitzkya V. V. Botschantz (1979: 1440); Zhou et al. (2001: 63) [Type: *G. spathulata* (Stephan ex Willdenow) V. V. Botschantzeva (≡ *Alyssum spathulatum* Stephan ex Willdenow)]

特征描述：多年生草本。茎直立，茎常多分枝，具宿存叶柄；被星状毛，1-3 分叉。基生叶多数，具叶柄，单叶，全缘，宿存；茎生叶很少，无柄，非耳形，全缘。总状花序数花，无苞片；花瓣黄色或白色；雄蕊 6，花丝在基部稍膨大，花药狭长圆形，先端钝。短角果，具强烈宽隔膜。种子 2 列，具宽翅，圆形、卵形或椭圆形；子叶斜倚胚根。染色体 $2n=16$。

分布概况：3/2 种，**13-1** 型；分布于哈萨克斯坦，蒙古国；中国产甘肃、内蒙古和新疆。

系统学评述：Al-Shhebaz 系统中，翅籽荠属隶属于庭荠族[11]，并位于十字花科扩展的分支 II[1]。Rešetnik 等[20]利用 ITS、*ndh*F、*trn*L-F 对庭荠族的系统发育的研究，*Berteroa-Aurinia-Galitzkya* 聚为 1 支，因此翅籽荠属与团扇荠属，*Aurinia* 的亲缘关系最近。German 等[19]利用 ITS 构建的系统发育树中，翅籽荠属的 2 个种聚为 1 支，再与团扇荠属，*Aurinia* 聚为 1 支，也表明了 3 个属间的亲缘关系最近，都聚在庭荠族 1 支上。

DNA 条形码研究：BOLD 网站有该属 3 种 8 个条形码数据。

38. *Goldbachia* de Candolle 四棱荠属

Goldbachia de Candolle (1821: 242), *nom. cons.*; Zhou et al. (2001: 161) [Type: *G. laevigata* (Marschall von Bieberstein) de Candolle (≡ *Raphanus laevigatus* Marschall von Bieberstein)]. —— *Spirorhynchus* Karelin & Kirilov (1842: 159)

特征描述：一年或二年生草本植物。茎分枝。叶倒披针形或长圆状椭圆形；<u>基生叶下部渐狭，上部叶无柄，基部楔形至耳状抱茎</u>。总状花序；<u>花瓣白色或浅粉红色</u>。<u>短角果四棱状椭圆形或长圆状椭圆形，在中部常变细且稍弯曲，常横裂成 2 瓣，或在种子间横裂；裂瓣革质，增厚</u>。种子 2-3，<u>常每室仅 1 种子成熟</u>；<u>子叶背倚胚根</u>。花粉粒 3 沟，中网状纹饰。染色体 2*n*=14，28。

分布概况：7/4 种，**10** 型；分布于亚洲中部和西南部，欧洲东部；中国产西北。

系统学评述：Schulz 系统[29]中四棱荠属隶属于香花芥族。Al-Shehbaz 系统中，该属被归入 Calepineae 族中[11]，位于十字花科扩展的分支 II[1]。四棱荠属的系统位置一直备受争议。German 等[19] 利用 ITS 序列构建的系统发育树中，四棱荠属与 *Spirorhynchus* 聚为 1 支，再与 *Calepina* 聚在 Calepineae 1 支上，因此认为该属应归入 Calepineae 中。这为 Al-Shehbaz 系统对该属的划分提供了分子证据。刘磊[71]根据分子证据，认为四棱荠属和葶苈族及山嵛菜族的亲缘关系较远。Khosravi 等[18]根据 ITS 构建的系统树，认为四棱荠属为复系群，其中 *Anguillicarpus* 的 1 个种镶嵌在四棱荠属的 2 个种之间。

DNA 条形码研究：BOLD 网站有该属 2 种 4 个条形码数据；GBOWS 已有 1 种 7 个条形码数据。

39. *Hemilophia* Franchet 半脊荠属

Hemilophia Franchet (1889: 65); Zhou et al. (2001: 45) (Type: *H. pulchella* Franchet)

特征描述：多年生草本，<u>具单毛</u>。茎多数，平卧或上升。叶小，卵形或长椭圆形，全缘；有短柄。<u>总状花序有苞片</u>；萼片开展，宽卵形；<u>花瓣蓝紫色、淡黄色或白色</u>，倒卵形，有短爪；长雄蕊外侧加厚，有 1 钝齿。<u>短角果卵形，侧扁，开裂；果瓣舟形，有脊，边缘及脊上具齿状凸起</u>。<u>种子大，1-2</u>，卵形，扁平，无边缘；<u>子叶缘倚胚根</u>。

分布概况：5/4 种，**15** 型；中国西南特有。

系统学评述：传统分类中，该属隶属于独行菜族。Al-Shehbaz[11]认为该属的系统学地位仍需探讨，未将其归入一个特定的族。该属成立之初，有 2 个种：半脊荠 *H. pulchella* Franchet 和 *H. rockii* O. E. Schulz。1999 年，Al-Shehbaz[72]增添了新种无柄叶半脊荠 *H. sessilifolia* Al-Shehbaz, Arai & H. Ohba。2002 年，Al-Shehbaz[73]将 *Draba serpens* O. E. Schulz 从庭荠属 *Draba* 中剔除，归入半脊荠属。

DNA 条形码研究：GBOWS 已有 1 种 8 个条形码数据。

40. *Hesperis* Linnaeus 香花芥属

Hesperis Linnaeus (1753: 663); Zhou et al. (2001: 156) (Lectotype: *H. matronalis* Linnaeus)

特征描述：二年或多年生草本植物，常有长单毛及分叉毛。叶为全缘有深锯齿至羽状分裂，下部叶具有柄。总状花序；花大，美丽，白色、粉红色、紫色或带黄色；花瓣多有深脉纹，具长爪；子房有多数胚珠，柱头2裂，常直立，近无花柱。长角果线状长圆形，圆柱状，常稍扭曲，2室，不易开裂；果瓣稍坚硬，具1明显中脉。种子大，长圆形；子叶背倚胚根。花粉粒3沟，中网状纹饰。染色体 $2n$=12，14，24，28。

分布概况：34/2 种，**10-1 型**；分布于亚洲中部和西南部，欧洲东南部；中国产华北和新疆。

系统学评述：de Candolle 将香花芥属归入大蒜芥族。Al-Shhebaz[6,11]将香花芥属独立成 Hesperideae 族，该属所在的族位于十字花科的分支 III[1]。在 Beilstein 等[12]构建的系统发育树中，香花芥属的2个种聚为1支，在 Khosravi 等[18] 利用 ITS 构建的系统树中，香花芥属的3个种也聚为1支。Dvokbk[74]认为应该将该属分为5个亚属。

DNA 条形码研究：BOLD 网站有该属 6 种 15 个条形码数据。

41. *Hornungia* Reichenbach 薄果荠属

Hornungia Reichenbach (1837: 33); Zhou et al. (2001: 44) [Type: *H. petraea* (Linnaeus) H. G. L. Reichenbach (≡ *Lepidium petraea* Linnaeus)]. ——*Hymenolobus* Nuttall ex Torrey & A. Gray (2001: 44).

特征描述：一年生小草本植物。少有直立或近直立，无毛，少数有疏生2叉分叉毛。叶远离，匙形、椭圆形或倒披针形，羽状半裂至全缘，常无毛。总状花序有数花至多花；花极小，白色；萼片微小，具白色边缘，基部不呈囊状；子房2室，有多数胚珠，柱头短，头状。短角果椭圆形；果瓣有1显明中脉，隔膜窄椭圆形，膜质。种子多数，微小，浅棕色；子叶背倚胚根。染色体 $2n$=12。

分布概况：3/1 种，**12-5 型**；分布于欧洲，1种延伸到亚洲和北美；中国产新疆。

系统学评述：Al-Shehbaz 系统中，该属隶属于播娘蒿族[11]，并位于十字花科的分支 I[1]。Appel 等[75]将 *Pritzelago*（=*Hutchinsia*）和 *Hymenolobus* 并入薄果荠属中。Khosravi 等[18]构建的系统树中，薄果荠属与播娘蒿属、葶芥属 *Ianhedgea* 等聚在播娘蒿族1支上，但薄果荠属与这些属的亲缘关系较远，是最后结合到这1支上。在 German 等[19]构建的系统树中，情况也同样如此。

DNA 条形码研究：BOLD 网站有该属 3 种 13 个条形码数据。

42. *Ianhedgea* Al-Shehbaz & O'Kane 葶芥属

Ianhedgea Al-Shehbaz & O'Kane (1999: 322); Zhou et al. (2001: 181) [Type: *I. minutiflora* (J. D. Hooker & Thomson) Al-Shehbaz & O'Kane (≡ *Sisymbrium minutiflorum* J. D. Hooker & Thomson)]

特征描述：一年生草本；表皮毛分叉，树状。茎直立，纤细。总状花序有少数至数花，无苞片；花轴强烈或轻微弯曲；萼片椭圆形，直立，基部不成囊状；花瓣白色或粉红色，倒披针形，顶端钝；雄蕊 6，四强雄蕊，花丝丝状，花药卵圆形，顶端钝；每室（6-）10-20 胚珠。开裂长角果，线形，念珠状，分叉或紧贴花轴，无柄。种子单列，无翅，椭圆形；子叶倚靠胚根。染色体 2n=28。

分布概况：1/1 种，**13（→12）型**；分布于亚洲中部和西南部；中国产西藏。

系统学评述：Al-Shehbaz 系统中，葶芥属隶属于播娘蒿族[11]，位于十字花科分支 I[1]。Al-Shehbaz 提出单种属葶芥属，并将 *Microsisymbrium* 中的 1 个种 *M. minutiflorum* (J. D. Hooker & Thomson) O. E. Schulz 归入葶芥属中。并将该属归入播娘蒿族[76]。在 German 等[19]构建的系统树中，葶芥属与播娘蒿属 *Descurainia* 聚为 1 支，再与其他属聚在播娘蒿族 1 支上，Khosravi 等[18]构建的系统树中，情况也如此，这说明播娘蒿族中葶芥属与播娘蒿属的亲缘关系最近，也为 Al-Shehbaz 系统对葶芥属的划分提供了分子证据。

DNA 条形码研究：BOLD 网站有该属 1 种 3 个条形码数据。

43. *Isatis* Linnaeus 菘蓝属

Isatis Linnaeus (1753: 670); Zhou et al. (2001: 35) (Lectotype: *I. tinctoria* Linnaeus). ——*Pachypterygium* Bunge (1845: 155); *Tauscheria* Fischer ex de Candolle (1821: 563)

特征描述：一年生至多年生草本。茎生叶全缘，基部箭形抱茎。总状花序排成圆锥状花序；萼片近直立；花瓣黄色或白色，长圆状倒卵形或倒披针形。短角果长圆形或近圆形，侧扁，1 室，不裂，至少在上部有翅。种子 1，长圆形；子叶背倚胚根。花粉粒 3 沟，粗网状或网状-皱状纹饰。染色体 2n=14, 28。

分布概况：86/7 种，**10（→12）型**；分布于亚洲中部和西南部；中国产东北和西北，其中 2 种各地栽培。

系统学评述：菘蓝属隶属于独行菜族[FRPS]。在 Al-Shehbaz 系统中，菘蓝属隶属于新族——菘蓝族 Isatideae[11]，位于十字花科分支 II[1]。在 Zhao 等[40]依据 *Chs* 构建的系统树中，菘蓝属首先与厚翅荠属 *Pachypterygium* 聚为 1 支后，再分别与线果芥属及舟果荠属 *Tauscheria* 聚为 1 支，认为这 1 大支即为菘蓝族 1 支，也同样为芸薹族和大蒜芥族的姐妹群。但 Al-Shehbaz 系统中，厚翅荠属、线果芥属和舟果荠属并没有被归入菘蓝族。Beilstein 等[12]构建的 *ndh*F 系统树中，菘蓝属的 1 个种与 *Myagrum* 的 1 个种聚为菘蓝族 1 支，并且该支与芸薹族、Schizopetaleae 及大蒜芥族为姐妹群。Moazzeni[77]基于 ITS 片段构建的系统树中，菘蓝属与厚翅荠属、舟果荠属、*Boreava* 和 *Sameraria* 嵌套在了一起。

DNA 条形码研究：BOLD 网站有该属 10 种 22 个条形码数据；GBOWS 已有 4 种 28 个条形码数据。

代表种及其用途：菘蓝 *I. tinctoria* Linnaeus 及其变种靛青 *I. tinctoria* var. *indigotica* (Fortune) Cheo & Kuan 栽培供药用，也作蓝色染料。

44. *Lachnoloma* Bunge 绵果荠属

Lachnoloma Bunge (1843: 8); Zhou et al. (2001: 55) (Type: *L. lehmannii* Bunge)

　　特征描述：一年生草本，<u>有单毛及分叉毛</u>。茎直立，分枝或不分枝。<u>总状花序稀疏</u>；<u>花中等大</u>，<u>浅红色</u>；萼片直立，有长柔毛，基部呈囊状；花瓣长圆形或宽卵形，有长爪；内雄蕊花药比外雄蕊花药大；子房有 2 胚珠，<u>花柱长</u>，<u>有很厚的脱落性长单毛或分叉绵毛几达顶端</u>，柱头深裂，具极叉开的分枝。<u>短角果坚果状</u>，卵形，稍侧扁，4 棱，<u>未成熟时密生黄色绵毛</u>。种子倒卵形，<u>子叶背倚胚根</u>。染色体 $2n=14$。

　　分布概况：1/1 种，**13（→12）型**；分布于亚洲中部和西南部；中国产新疆。

　　系统学评述：Al-Shehbaz 系统中，绵果荠属隶属于鸟头荠族[11]，位于十字花科分支 III[1]。Khosravi 等[18]利用 ITS 序列研究了十字花科的系统发育，结果表明，绵果荠属结合在 Anchonieae 族 1 支，但绵果荠属与该族其他属的亲缘关系是最远的。在 Zhao 等[40]依据 *Chs* 构建的系统树中，绵果荠属与光籽芥属 *Leiospora* 聚成 1 支，再与其他属聚为鸟头荠族 1 支，Anchonieae 族为该支的姐妹群。通过引入光籽芥属，就能将绵果荠属与 Anchonieae 族的属分开。

　　DNA 条形码研究：BOLD 网站有该属 1 种 1 个条形码数据。

45. *Leiospora* (C. A. Mey.) F. Dvořák 光籽芥属

Leiospora (C. A. Meyer) F. Dvořák (1968: 356); Zhou et al. (2001: 152) [Type: *L. exscapa* (C. A. Meyer) F. Dvořák (≡ *Parrya exscapa* C. A. Meyer)]

　　特征描述：多年生草本，具花葶。<u>根状茎或茎上留有上一年的叶柄</u>。总状花序无苞片，果期不延长，或莲座状基部中心衍生的花单生；<u>花瓣粉红或紫色</u>，倒卵形，顶端钝，花爪强烈分化；雄蕊 6，四强雄蕊。<u>开裂长角果</u>，无柄，与花梗分离。<u>种子单列或 2 列</u>，具宽翅，或无翅，扁平；<u>子叶斜靠胚根</u>。染色体 $2n=14$。

　　分布概况：6/4 种，**12 型**；分布于印度，克什米尔，哈萨克斯坦，吉尔吉斯斯坦，俄罗斯，塔吉克斯坦；中国产内蒙古、新疆和西藏。

　　系统学评述：Al-Shehbaz 系统中，光籽芥属隶属于鸟头荠族[11]，位于十字花科分支 III[1]。无茎光籽芥 *Leiospora exscapa* (C. A. Meyer) Dvorak 在 FRPS 中隶属于条果芥属 *Parrya*，名称为无茎条果芥 *Parrya exscapa* C. A. Meyer，而 FOC 将其归入光籽芥属。根据分子证据表明，光籽芥属与条果芥属不仅归于不同的族，两者的亲缘关系也较远[19,40]。在 Zhao 等[40]依据 *Chs* 构建的系统树中，光籽芥属首先与绵果荠属 *Lachnoloma* 聚成 1 支，再与其他属聚为鸟头荠族 1 支，说明了在鸟头荠族中，光籽芥属与绵果荠属的亲缘较近。无论是 Zhao 等[40]构建的系统树，还是 German 等[19]构建的系统树中，光籽芥属的种类都能最先聚在一起，这也间接地证明了光籽芥属可能是 1 个单系群，但还需进一步探讨。

　　DNA 条形码研究：BOLD 网站有该属 3 种 8 个条形码数据。

46. *Lepidium* Linnaeus 独行菜属

Lepidium Linnaeus (1753: 643); Zhou et al. (2001: 28) (Lectotype: *L. latifolium* Linnaeus). ——*Cardaria* Desvaux (1815: 163); *Coronopus* Zinn (1757: 325); *Stroganowia* Karelin & Kirilov (1841: 386)

特征描述：一年生至多年生草本或半灌木；常具单毛。叶楔状钻形至宽椭圆形，全缘或具锯齿至羽状深裂，有叶柄或深心形抱茎。<u>花微小，排成总状花序</u>；萼片长圆形，基部不呈囊状；<u>花瓣白色，少数带粉红色，有时退化或无；雄蕊 6，常退化成 2 或 4</u>，有窄隔膜，顶端有翅或无翅。种子卵形或椭圆形，无翅或有翅。<u>子叶背倚胚根</u>。花粉粒 3 沟，粗网状到网状-皱状纹饰。染色体 2n=16，24，32。

分布概况：250/21（2）种，**1** 型；除南极外，世界均有分布；中国南北均产。

系统学评述：独行菜属隶属于独行菜族，为该族的代表属[11]，并位于十字花科的 Lineage I[1]。Latowski 等[78]将独行菜属分为 3 个亚属，即 *Lepidium* subgen. *Cardaria*、*L.* subgen. *Lepia* 和 *L.* subgen. *Lepidium*。Zunk 等[79]基于叶绿体 DNA 的限制性位点的变异研究，Mummenhoff 等[80]基于叶绿体 *trn*L 内含子序列，都认为独行菜属应该包括群心菜属和臭荠属；FOC 中三者被分别作为独立的属处理。Al-Shehbaz 系统中，独行菜属的范围大大扩展了，*Cardaria*、*Cardiolepis*、*Coronopus*、*Cotyliscus* 和 *Cynocardamum* 等 25 个属并入独行菜属[11,81]。

DNA 条形码研究：BOLD 网站有该属 87 种 231 个条形码数据；GBOWS 已有 7 种 154 个条形码数据。

47. *Lepidostemon* J. D. Hooker & Thomson 鳞蕊芥属

Lepidostemon J. D. Hooker. & Thomson (1862: 315), *nom. cons.*; Zhou et al. (2001: 136) (Type: *L. Pedunculosus* Lemaire, *typ. cons.*)

特征描述：一年生或多年生丛生草本。<u>树突状、分枝状或简单表皮毛</u>。莲座具叶或无。<u>基生叶具叶柄，单叶全缘或具齿；茎生叶似基生，有时羽状分裂。总状花序，无苞片，少具苞片</u>；萼片长圆形，边缘膜质；<u>花瓣黄色、白色、淡紫色或紫色；雄蕊 6，四强雄蕊，花丝具翅，少无翅</u>，花药肾形，少长圆形，先端钝；每子房 8-28 胚珠。<u>开裂长角果</u>。种子单列，无翅，长圆形或卵形。

分布概况：6/3（2）种，**14SH** 型；分布于不丹，尼泊尔，印度（锡金）；中国产西藏。

系统学评述：Al-Shehbaz 系统中，鳞蕊芥属隶属于鸟头荠族[11]，位于十字花科的 Lineage III[1]。Hooker 和 Thomson 将 *L. pedunculosus* J. D. Hooker & Thomson 作为鳞蕊芥属的模式种，并认为该属为单系群。2000 年 Al-Shehbaz[82]将原隶属于 *Chrysobraya* 的 1 个种 *C. glaricola* H. Hara，及原隶属于 *Chritolea* 的 1 个种 *C. rosularis* K. C. Kuan & Z. X. An 归入鳞蕊芥属中，并将 *Chrysobraya* 并入鳞蕊芥属。2002 年，Al-Shehbaz[73]又将原隶属于葶苈属的种 *Draba williamsii* H. Hara 归入鳞蕊芥属中。

DNA 条形码研究：BOLD 网站有该属 1 种 1 个条形码数据；GBOWS 已有 1 种 4 个条形码数据。

48. *Leptaleum* de Candolle 丝叶芥属

Leptaleum de Candolle (1821: 239); Zhou et al. (2001: 154) [Lectotype: *L. filifolium* (Willdenow) de Candolle (≡ *Sisymbrium filifolium* Willdenow)]

特征描述：一年生小草本。茎直立至伸展，从基部分枝。叶丝状，多裂至全缘。花单生或成短总状花序；萼片直立，基部不呈囊状；花瓣白色或粉红色；雄蕊 6，四强雄蕊，花药有时退化或仅具 1 室；子房 2 裂。长角果线形，稍压扁，2 室，稍开裂；果瓣无毛或稍有毛，亚革质，具 1 脉，隔膜近海绵质，完全。种子每室 2 行，无翅；子叶背倚胚根。花粉粒 3 沟，网状纹饰。染色体 2n=14。

分布概况：1/1 种，13（→12）型；分布于中亚与西南亚；中国产新疆。

系统学评述：传统分类丝叶芥属隶属于香花芥族。Al-Shehbaz[11]将该属归于鸟头荠族，该属所在的鸟头荠族位于十字花科的分支 III[1]。Zhao 等[40]应用 *Chs* 序列对十字花科的系统学研究表明丝叶芥属与光籽芥属、绵果荠属等聚在鸟头荠族 1 支。在 German 等[19]基于 ITS 片段构建的系统树中，丝叶芥属聚在鸟头荠族 1 支，但丝叶芥属与核心鸟头荠族的部分种类亲缘关系最远。

DNA 条形码研究：BOLD 网站有该属 1 种 3 个条形码数据；GBOWS 已有 1 种 8 个条形码数据。

49. *Litwinowia* Woronow 脱喙荠属

Litwinowia Woronow (1931 :452); Zhou et al. (2001:57) [Type: *L. tatarica* (Willdenow) Woronow (≡ *Bunias tatarica* Willdenow)]

特征描述：一年生草本，被单毛。萼片直立，基部略呈囊状；花瓣白色或紫色；花柱短于子房，圆柱状，基部缢缩，微具毛。短角果球状，不开裂，2 室，花柱细，长于果实，短角果成熟时极易掉落。种子 2，每室 1；子叶缘倚胚根。染色体 2n=14。

分布概况：1/1 种，13（→12）型；分布于中亚与西南亚；中国产新疆北部。

系统学评述：Al-Shehbaz 系统中，该属隶属于离子芥族[11]，位于十字花科的分支 III[1]。传统分类中脱喙荠属隶属于鸟头荠族。German 等[19]利用 ITS 对十字花科系统学的研究认为应将单种属脱喙荠属划入离子芥族。但脱喙荠属的形态特征与离子芥族的其他属区别较大。German 等[83]利用 ITS 和 *trn*L-F 序列分别对离子芥族进行系统学研究，脱喙荠 *Litwinowia tenuissima* (Pallas) Wornow ex Pavlov 在不同的分析方法中与不同的属聚为 1 支，因此其系统位置仍需进一步研究。

DNA 条形码研究：BOLD 网站有该属 1 种 2 个条形码数据。

50. *Lobularia* Desvaux 香雪球属

Lobularia Desvaux (1815: 162), *nom. cons.*; Zhou et al. (2001: 64) [Type: *L. maritima* (Linnaeus) Desvaux (≡ *Clypeola maritima* Linnaeus)]

特征描述：多年生草本或半灌木，被"丁"字毛。叶全缘。萼片基部不呈囊状；花瓣白色，具爪；雄蕊花丝分离，无齿；侧蜜腺丝状，位于短雄蕊两侧，中蜜腺分裂为 2 个，位于长雄蕊两内侧，与侧蜜腺汇合；子房无柄，花柱短，柱头 2 浅裂。短角果压扁，椭圆形。种子每室 1，有边。花粉粒 3 带状沟，外壁具基柱。染色体 2n=22，36，42，46，94。

分布概况：4/1 种，（12）型；分布于地中海沿岸；中国南北均产。

系统学评述：传统分类中，香雪球属隶属于庭荠族；Al-Shehbaz[11]将其归入 Anastaticeae 族，并位于十字花科的分支 III[1]。Rešetnik 等[20]利用 *ndh*F 和 *trn*L-F 及 ITS 序列对庭荠族进行了系统学研究，结果也表明香雪球属被排除在庭荠族的 4 个分支之外。Warwick 等[84]利用 ITS 对庭荠族进行系统学研究认为，不能归入庭荠族，而将该属归入涩芥族。German 等[19]利用 ITS 片段对十字花科系统学研究，也支持 Warwick 的这种划分。Khosravi 等[18]基于 ITS 片段构建的系统树中，香雪球属的 1 个种与亲缘关系最近的种 *Farsetia heliophila* Bunge ex Cosson 也被划分在涩芥族 1 支上。Zhao 等[40]根据构建的系统树中，将香雪球属 1 个种划分为族 Anastaticeae 1 支。在 Al-Shehbaz 系统中，将涩芥族并入 Anastaticeae[11]。

DNA 条形码研究：BOLD 网站有该属 10 种 38 个条形码数据。

代表种及其用途：该属一些种类供观赏，如香雪球 *L. maritima* (Linnaeus) Desvaux 等。

51. *Macropodium* W. T. Aiton 长柄芥属

Macropodium W. T. Aiton (1812: 108); Zhou et al. (2001: 16) [Type: *M. nivale* (Pallas) W. T. Aiton (≡ *Cardamine nivalis* Pallas)]

特征描述：多年生草本，沿叶边缘及花序轴有短卷曲叉状毛。总状花序或近穗状花序；花中等大白色；萼片直立，基部不呈囊状；花瓣线状匙形，基部成窄爪；雄蕊比花瓣长；子房基部具单毛及具柄 2 叉毛，有 6-14 胚珠。长角果垂生，宽线形，扁平，具显明线状长雌蕊柄。种子 1 行，近圆形，压扁，边缘有翅；子叶缘倚胚根。染色体 2n=30。

分布概况：2/1 种，**11** 型；分布于日本，哈萨克斯坦，蒙古国，俄罗斯；中国产新疆。

系统学评述：长柄芥属一直被归入南芥族。因其具柄的长角果及突出的雄蕊，也曾被归于 Schizopetaleae（Thelypodieae）[85]。但 Al-Shehbaz 等[6]认为这些形态在 2 个分类群中是独立进化的，因此将长柄芥属归于南芥族。German 等[19]基于 ITS 片段构建的系统树中，长柄芥属与 *Pseudoturritis*、*Stevenia* 的种聚为 1 支，认为应将长柄芥属在内的这 3 个属移除南芥族。Al-Shehbaz 系统中，这 3 个属都归入 Stevenieae[11]。

DNA 条形码研究：BOLD 网站有该属 1 种 1 个条形码数据。

52. *Malcolmia* W. T. Aiton 涩芥属

Malcolmia W. T. Aiton (1812: 121), *nom. et orth. cons.*; Zhou et al. (2001: 154) [Type: *M. maritima* (Linnaeus) W. T. Aiton (≡ *Cheiranthus maritimus* Linnaeus)]

特征描述：一年生，少数二年生草本。茎直立或开展。叶倒披针形或椭圆形，羽状深裂至近全缘。总状花序；花梗短，果期增粗；萼片直立，内轮基部囊状；花瓣白色、粉红色至紫色，线形至倒披针形；雄蕊全部离生或内轮成对合生；子房有多数胚珠，近无花柱。长角果圆筒状或近圆筒状，2 室。种子每室 1-2 行，长圆形；子叶背倚胚根。花粉粒 3 沟，细至粗网状、网状-皱状纹饰。染色体 2n=14，28，32。

分布概况：11/4 种，**12** 型；分布于中亚，西南亚及地中海；中国产西北和华北。

系统学评述：传统分类中，涩芥属隶属于香花芥族。Al-Shehbaz 等[6]曾将涩芥属归入鸟头荠族，Warwick 等[84]根据 ITS 构建的系统树，将鸟头荠族分 2 大支，并将 Euclideae II 更名为涩芥族，因此聚在 Euclideae II 支的涩芥属被归入涩芥族。Al-Shehbaz[11]又将涩芥族并入 Anastaticeae 族，因此涩芥属被归入 Anastaticeae。Ball 等[86]根据涩芥属的形态将该属划分为 4 个群，即 *Malcolmia liuorea* group、*M. maritima* group、*M. ramassisima* group、*M. africana* group。在 Khosravi 等[18]构建的 ITS 系统树中，*M. africana* (Linnaeus) R. Brown、*M. karelinii* Lipsky 和 *M. brevipes* (Bunge) Botschantzev 聚为鸟头荠族 1 支，*M. maritima* 和 *M. orsiniana* 聚为糖芥族 1 支（Erysimeae），并为糖芥属的姐妹群。*M. littorea* (Linnaeus) R. Brown 和 *M. triloba* (Linnaeus) Sprenger 聚为涩芥族 1 支。

DNA 条形码研究：BOLD 网站有该属 7 种 11 个条形码数据；GBOWS 已有 3 种 46 个条形码数据。

53. *Matthiola* W. T. Aiton 紫罗兰属

Matthiola W. T. Aiton (1812: 119)，*nom. et orth. cons.*; Zhou et al. (2001: 145) [Type: *M. incana* (Linnaeus) W. T. Aiton, *typ. cons.* (≡ *Cheiranthus incanus* Linnaeus)]

特征描述：草本，有时呈亚灌木状，密被灰白色具柄的分枝毛。叶全缘或羽状分裂。总状花序；花紫色、白色、淡红色或带黄色；萼片直立，内轮的基部呈囊状；花瓣开展，具长爪；柱头显著 2 裂，裂片背面常有 1 膨胀处或角状突出物，无花柱。长角果狭条形而扁或为圆筒形，果瓣有明显中脉。种子每室 1 行，具有薄膜质的翅；子叶缘倚胚根。花粉粒 3 沟，粗网状纹饰。染色体 $2n=28$，32。

分布概况：50/1 种，**10** 型；分布于东非，欧洲，亚洲；中国产新疆。

系统学评述：该属在 Schulz 系统[29]中属于紫罗兰族，Takhtajan[38]将其归入香花芥族。Al-Shehbaz 系统中，该属隶属于 Anchonieae 族[11]，并位于十字花科的分支 III[1]。在 Khosravi 等[18]依据 ITS 序列构建的系统树中，紫罗兰属的 2 个种虽然都聚在 Anchoniaee 的 1 支上，但 *Matthiola alyssifolia* Bornmüller 首先与 *Iskandera alaica* Botschantzev& Vvedensky 聚为 1 支，而 *Matthiola flavida* Boissier 则首先与 *Microstigma brachycarpum* Botschantzev 聚为 1 支。在孙稚颖和李法曾[47]基于 ITS 构建的系统树中，紫罗兰属的植物与鸟头荠属 *Euclidium* 聚为 1 支，而在 *trn*L-F 序列构建的系统树中，该属种又与香花芥属 *Hesperis* 聚为 1 支。German 等[19]的研究表明，*Matthiola incana* (Linnaeus) W. T. Aiton 与 *M. lunata* de Candolle 首先聚在一起，并为 *Microstigma* 的姐妹群，都聚为 Anchoniaee 支上。由此可见，多源群紫罗兰属下种类的系统位置仍需进一步探讨。

DNA 条形码研究：BOLD 网站有该属 12 种 26 个条形码数据；GBOWS 已有 1 种 4 个条形码数据。

代表种及其用途：该属一些种类供观赏，如紫罗兰 *M. incana* (Linnaeus) R. Brown 等。

54. *Megacarpaea* de Candolle 高河菜属

Megacarpaea de Candolle (1821: 230); Zhou et al. (2001: 39) [Type: *M. laciniata* de Candolle, *nom. illeg.* (*M. megalocarpa* (Fischer ex de Candolle) Fedchenko ≡ *Biscutella megalocarpa* Fischer ex de Candolle)]

特征描述：多年生粗壮草本。常有很粗的根。茎直立，下部稍有单毛。基生叶羽状全裂，全缘或有锯齿。总状花序；花两性或单性，雌雄同株（上部为雄花，下部为雌花），或无花被，白色、带黄色或紫色；雄蕊 6-16；子房 2 室，每室有 1 胚珠。短角果；每果瓣包裹 1 种子，有翅无毛。种子大，近圆形，棕色或黑色；子叶缘倚胚根。染色体 2*n*=18。

分布概况：9/3 种，**13-2 型**；分布于中亚，南亚；中国产西南和西北。

系统学评述：传统分类中，高河菜属隶属于荠菜族或独行菜族，但 Kamelin[87]认为根据该属短角果的形态特征，应该将该属提升为新的高河菜族 Megacarpaeeae，该族只包括高河菜属。German 等利用 ITS 构建的系统树显示沙芥属 *Pugionium* 与高河菜属聚为 1 支，因此 German 等[19,88]将该支的 2 个属成立高河菜族。Al-Shehbaz 系统也遵循了 German 等对高河菜属划分结果[11]。

DNA 条形码研究：BOLD 网站有该属 2 种 2 个条形码数据；GBOWS 已有 2 种 20 个条形码数据。

代表种及其用途：高河菜 *M. delavayi* Franchet 可全草入药，有清热作用；也可腌作咸菜食用。

55. *Megadenia* Maximowicz 双果荠属

Megadenia Maximowicz (1889: 76); Zhou et al. (2001: 40) (Type: *M. pygmaea* Maximowicz)

特征描述：一年生矮小草本，全株无毛。叶基生，呈紧密莲座状，心状圆形，除具 3-7 角外，全缘。花单生叶腋或成顶生或腋生具少数花的总状花序；花小；萼片宽卵形，开展，具 3 脉；花瓣白色，匙状倒卵形，具爪；在短雄蕊基部有 2 四角形蜜腺；子房横长，压扁，有 2 矩形室，每室有 1 胚珠。短角果横卵形，不裂，侧壁加厚。种子球形，坚硬；子叶缘倚胚根。染色体 2*n*=20。

分布概况：1/1 种，**11 型**；分布于俄罗斯；中国产甘肃、青海、四川和西藏。

系统学评述：传统分类中，双果荠属隶属于独行菜族。Kamelin[87]将双果荠属归入高河菜族。German 等[19]利用 ITS 构建的系统树中，双果荠属与 *Biscutella* 聚为 1 支，因此将双果荠属归入原单属族的 Biscutelleae 中。Al-Shehbaz 系统也遵循了 German 等对双果荠属的划分结果[11]。双果荠属所在的 Biscutelleae 不包含在十字花科的世系中[1]。

DNA 条形码研究：BOLD 网站有该属 1 种 10 个条形码数据。

56. *Microstigma* Trautvetter 小柱芥属

Microstigma Trautvetter (1845: 36); Zhou et al. (2001: 146) [Type: *M. bungei* Trautvetter, *nom. illeg.* (≡ *Matthiola deflexa* A. Bunge)]

特征描述：一年生或多年生草本。茎直立。叶全缘，生有分枝毛及腺毛。总状花序顶生，花多数；萼片长圆形，直立，内轮萼片基部囊状；花瓣白色，线形；花柱短，柱头背部不增厚。长角果短，下垂弯曲；果瓣扁平，果实的上部有分隔，下面开裂。种子大，圆形，扁平，有窄翅；子叶缘倚胚根。染色体 2n=12。

分布概况：3/1 种，**13-1** 型；分布于蒙古国，俄罗斯；中国产甘肃。

系统学评述：Schulz 系统[29]中，小柱芥属隶属于紫罗兰族。Al-Shehbaz 系统中，该属隶属于已并入紫罗兰族的 Anchonieae[11]。German 等[19] 依据 ITS 构建的系统树表明，小柱芥属的 *Microstigma brachycarpum* Botschantzev 和 *M. deflexum* (Bunge) Juzepczuk 首先聚在一起后，聚在 Anchonieae 支上。Khosravi 等[18] 基于 ITS 构建的系统树中，小柱芥属的植物 *M. brachycarpum* 与 *Matthiola flavida* Boissier 聚为 1 支，并与其他属聚在 Anchonieae 支上。这些结果表明，小柱芥属为单系群，该属与紫罗兰属 *Matthiola* 的亲缘关系较近。

DNA 条形码研究：BOLD 网站有该属 2 种 2 个条形码数据。

57. *Nasturtium* W. T. Aiton 豆瓣菜属

Nasturtium W. T. Aiton (1812: 109), *nom. cons.*; Zhou et al. (2001: 136) [Type: *N. officinale* W. T. Aiton, *typ. cons.* (≡ *Sisymbrium nasturtium-aquaticum* Linnaeus)]

特征描述：一年生或多年生草本，具多数分枝，水生或陆生，植株光滑无毛或具糙毛。羽状复叶或为单叶，叶片篦齿状深裂或为全缘。总状花序顶生；花白色或白带紫色。长角果近圆柱形或稍与假隔膜呈平行方向压扁。种子每室 1-2 行，多数；子叶缘倚胚根。花粉粒 3 沟，粗网状纹饰。染色体 2n=64。

分布概况：5/1 种，**1**（←**8**）型；分布于非洲西南部（摩洛哥），亚洲，欧洲，北美（墨西哥北部与美国）；中国引种各地。

系统学评述：豆瓣菜属在 Shculz 系统[29]中属于南芥族。Rollins[33]将豆瓣菜属作为蔊菜属 *Rorippa* 的异名处理。叶绿体、线粒体及核基因片段分析结果支持将其作为 1 个独立属，并指出其与碎米荠属亲缘关系最近，因此 Liu 等[48]认为不能将豆瓣菜属作为蔊菜属的异名处理。German 等[19] 依据 ITS 构建的系统树中豆瓣菜属首先与碎米荠属的植物聚为 1 支。因此，Al-Shhebaz[11]将该属归入碎米荠族，位于十字花科的分支 I[1]。

DNA 条形码研究：BOLD 网站有该属 2 种 23 个条形码数据；GBOWS 已有 1 种 23 个条形码数据。

代表种及其用途：豆瓣菜 *N. officinale* W. T. Aiton 常栽培作蔬菜；全草也可药用，有解热、利尿的效能。

58. *Neotorularia* Hedge & J. Léonard 念珠芥属

Neotorularia Hedge & J. Léonard (1986: 393); Zhou et al. (2001: 182) [Type: *N. torulosa* (Desfontaines) O. E. Schulz (≡ *Sisymbrium torulosum* Desfontaines)]. ——*Torularia* (Cosson) O. E. Schulz (2001: 182)

特征描述：草本，具分枝毛或单毛。叶长圆形，具齿。花序中有苞片或否；萼片近直立，展开，基部不呈囊状；花瓣白色、黄色或淡蓝色；雄蕊花丝细，分离，无齿；雌蕊子房无柄，花柱短或近无。长角果柱状，在种子间缢缩成念珠状，直或略弯曲，或扭曲如"之"字状，2 室；果瓣中脉清楚。种子每室种子 1 行，子叶背倚或斜背倚胚根。花粉粒 3 沟，细、中网状纹饰。染色体 2n=14，28，42。

　　分布概况：6/6（1）种，**8（→12）型**；分布于中亚与西南亚，一种延伸到北美，另一种延伸至非洲北部和欧洲；中国产西北。

　　系统学评述：在 Shculz 系统[29]中念珠芥属 *Neotorularia* 隶属于大蒜芥族，Al-Shehbaz 系统中，该属隶属于鸟头荠族[11]，位于十字花科的分支 III[44]。Wawrcik[44]利用 ITS 和 *trn*L 序列分析研究了念珠芥属的系统关系，认为念珠芥属不是 1 个单系，包括 3-4 个分支，故应缩小其属范围，即该属仅包括念珠芥 *N. torulosa* (Desfontaines) Hedge & J. Léonard、甘新念珠芥 *N. korolkovii* (Regal & Schmalhausen) Hedge & J. Leonard、*N. contortuplicata* (Stephan) Hedge & J. Léonard 和 *N. detata* (Freyn & Sintenis) Hedge & J. Léonard 等。在孙稚颖和李法曾[47] 依据 ITS 构建的系统树中，念珠芥属短果念珠芥 *N. brachycarpa* Vassilczenko 已经插入到肉叶荠属 *Braya* 中，而念珠芥属植物彼此并不聚在一起，说明该属不是单系类群，因此支持 Warwick 的观点。

　　DNA 条形码研究：BOLD 网站有该属 6 种 14 个条形码数据；GBOWS 已有 2 种 22 个条形码数据。

59. *Neslia* Desvaux 球果荠属

Neslia Desvaux (1815: 162), *nom. cons.*; Zhou et al. (2001: 58) [Type: *N. paniculata* (Linnaeus) Desvaux (≡ *Myagrum paniculatum* Linnaeus)]

　　特征描述：一年生草本，被 2 叉或 3 叉毛。基生叶有柄，茎生叶无柄，叶基部箭头形。萼片直立，基部不呈囊状；花瓣黄色，具爪；雄蕊分离，花丝无齿；子房无柄，花柱长，子房以隔膜完整与否而成 1 室或 2 室。短角果呈小坚果状，不开裂，表面因具网状脉纹而成蜂窝状。种子 1，偶为 2；子叶扁平，背倚胚根。花粉粒 3 沟，中网状纹饰。染色体 2n=14，42。

　　分布概况：2/1 种，**10（12）型**；分布于非洲，亚洲和欧洲，后引种北美；中国产辽宁、内蒙古和新疆。

　　系统学评述：Khosravi 等[18] 依据 ITS 构建的系统树中，球果荠属与亚麻荠属聚在亚麻荠族的 1 支上，因此 Al-Shehbaz 系统中，将该属归入亚麻荠族[11]，位于十字花科分支 I[1]。

　　DNA 条形码研究：BOLD 网站有该属 2 种 6 个条形码数据。

60. *Noccaea* Moench 山萮菜属

Noccaea Moench (1802: 89) [Type: *N. rotundifolia* (Linnaeus) Moench (≡ *Iberis rotundifolia* Linnaeus)]. —— *Microthlaspi* F. K. Meyer (1973: 452)

　　特征描述：二年生或多年生植物。匍匐茎或茎基单一茎数个，不具花葶，常被白霜。基生叶莲座状，具叶柄，全缘，具小齿或齿状；茎生叶全缘或具齿。总状花序；花瓣白色、粉红色或紫色；稍四强雄蕊，花丝基部不膨大。果无柄，光滑，具狭隔；假隔膜绕行。种子不具翅，卵形，湿时不黏；子叶缘倚。染色体 2*n*=14，42。

分布概况：85/4 种，**10 型**；分布于欧亚大陆和非洲；中国产黑龙江、吉林、辽宁、内蒙古、河北、甘肃和西藏。

系统学评述：根据 ITS 及 *trn*L-F 等[89,90]等分子证据，Al-Shehbaz 等[6]认为可将山菥蓂属与菥蓂属明显区分，因此成立新的山菥蓂族 Noccaeeae，将山菥蓂属归于该族。这也得到了基于 ITS 构建的系统树的支持[10]，Franzke 等[1]将 Noccaeeae 的族名变更为 Coluteocarpeae，并将该族归为扩展的分支 II 中。Coluteocarpeae 为此后 Al-Shehbaz[11]所沿用。该属的属下分类处理一直存疑。虽然该属在两个世纪前就已建立，但它一直作为菥蓂属的异名存在，直到 Meyer[91,92]根据种皮解剖学特征将菥蓂属分为 12 个不同的类群。此后，Al-Shehbaz 等[6]将山菥蓂属与菥蓂属首次归于不同的族，这也得到了 Warwick 等[10]的分子证据支持。然而，根据整体的习性，叶、花、果的形态，菥蓂属 12 个类群无法与山菥蓂属区分开，除了在种皮细胞上存在一些差异。但由于任何其他形态特征均一致的情况下，种皮细胞的形态特征可能被认为是广泛的异源同形。此外，如果仅根据细微的差别，如种皮解剖进行分类是不切实际的。实际上，如 Meyer[93]对于所有菥蓂属12 个类群和近缘属的区分根本不可行，因为它在很大程度上依赖于存疑的分类学特征。分子系统学研究部分解决了山菥蓂族（即 Coluteocarpeae）成员之间的一些问题[18]，但这项研究主要集中在族内，并没有包括来自该族所属的扩展的分支 II 中的其他 22 个族作为外类群。因此，需要进行更广泛的针对该属及属下的分子系统学研究，并结合对其形态学特征对该属进行分类界定。Meyer[94]认为该属包含 67 种，分布于欧洲、北非及亚洲东北部。而 Warwick 等[70]认为该属包含 77 种。根据前人研究结果，该属可能将最终收录 120 种之多[18,95,96]。

DNA 条形码研究：BOLD 网站有该属 6 种 7 个条形码数据。

代表种及其用途：天蓝遏蓝菜 *N. caerulescens* 是重金属超累积植物，可用于土壤重金属污染的治理。

61. *Olimarabidopsis* Al-Shehbaz, O'Kane & R. A. Price 无苞芥属

Olimarabidopsis Al-Shehbaz, O'Kane & R. A. Price (1999: 302); Zhou et al. (2001: 124) [Type: *O. pumila* (Stephan) Al-Shehbaz, O'Kane & R. A. Price (≡ *Sisymbrium pumilum* Stephan)]

特征描述：一年生草本。茎直立或上升。基生叶具叶柄，全缘；茎生叶无柄，耳形，具齿状。总状花序，无苞片；萼片长圆形，无毛或被短柔毛；花瓣黄色或淡黄白色，无瓣爪；雄蕊 6，花丝在基部不膨大；每子房胚珠 18-60，花柱仅 1mm；柱头头状，全缘。果开裂，长角果，线形，无梗；假隔膜绕行。种子单列，无翅，长圆形，饱满；网状种皮，稍黏或不黏湿；子叶背倚胚根。花粉粒 3 沟，细网状纹饰。染色体 2*n*=32，48。

分布概况：3/2 种，**12 型**；分布于中亚，西南亚，东欧；中国产新疆。

系统学评述：Al-Shehbaz 系统中，无苞芥属隶属于 Alyssopsideae[11]，位于十字花科

的分支 I[1]。German 等[19]基于 ITS 片段构建的系统树中，无苞芥属与拟南芥 *Arabidopsis thaliana* (Linnaeus) Heynhold 等聚在亚麻荠族的 1 支，因此 German 等认为该属应归入亚麻荠族；且无苞芥属不仅在形态上与 *Calymmatium* 十分相似，分子证据也显示两者的亲缘关系非常近，German 等认为无苞芥属和 *Calymmatium* 是 1 个属，应合并；Khosravi 等[18]认为 *Alyssopsis* 也应归入 2 个亲缘关系近的类群中。

DNA 条形码研究：BOLD 网站有该属 2 种 8 个条形码数据；GBOWS 已有 1 种 3 个条形码数据。

62. *Orychophragmus* Bunge 诸葛菜属

Orychophragmus Bunge (1833: 7); Zhou et al. (2001: 26) (Type: *O. sonchifolius* Bunge)

特征描述：一年或二年生草本。基生叶及下部茎生叶大头羽状分裂，有长柄；上部茎生叶基部耳状，抱茎。花大，紫色或淡红色，具长花梗；成疏松总状花序；花萼合生；花瓣宽倒卵形，基部成窄长爪；雄蕊全部离生，或长雄蕊花丝成对地合生达顶端；花柱短，柱头 2 裂。长角果线形，4 棱或压扁，熟时 2 瓣裂。种子 1 行，扁平；子叶对折。花粉粒 3 沟，网状纹饰。染色体 2*n*=22，24。

分布概况：2/2（1）种，**11（14SJ）**型；分布于韩国；中国南北均产。

系统学评述：Warwick 等[43]认为诸葛菜属应该位于芸薹族中，但根据 German 等[19]基于 ITS 片段的研究认为该属应该从芸薹族中移出。孙稚颖和李法曾[47]认为，诸葛菜复合体的物种在 1 个单系分支中，虽然和芸薹族的物种系统发育关系较近但没有位于其中，所以支持将诸葛菜属移出芸薹族作为 1 个单独的分支存在。Khosravi 等[18]根据 *Conringia planisiliqua* Fischer & Meyer 与诸葛菜属聚为 1 支，认为可以将两者归入 1 个新族。Al-Shehbaz 系统中，诸葛菜属隶属于芸薹族[11]，位于十字花科的分支 II[1]。

DNA 条形码研究：BOLD 网站有该属 1 种 18 个条形码数据；GBOWS 已有 1 种 24 个条形码数据。

63. *Pachyneurum* Bunge 厚脉荠属

Pachyneurum Bunge (1839: 8) [Type: *P. grandiflorum* (C. A. Meyer) Bunge (≡ *Draba grandiflora* C. A. Meyer)]

特征描述：多年生，草本被柔毛。基生叶莲座状，全缘，具叶柄；茎生叶近无柄，全缘。总状花序，无苞片；萼片上升，横向对囊状；花瓣白色，倒卵形，花药长圆形，具细尖；胚珠 16-24。角果线形到长圆状线形，不近念珠状，具短柄；阀门脉不明显，室间隔完整。种子单列，湿时不黏；子叶缘倚胚根。

分布概况：1/1 种，**11** 型；分布于俄罗斯，蒙古国；中国产阿尔泰山和萨彦岭地区。

系统学评述：Al-Shehbaz 等[6]将该属归入南芥族，这一处理为 Al-Shehbaz[11]所沿用。南芥族属于十字花科扩展的分支 II[1]。

DNA 条形码研究：BOLD 网站有该属 1 种 2 个条形码数据。

64. *Parrya* R. Brown 条果芥属

Parrya R. Brown (1823: 10); Zhou et al. (2001: 150) (Lectotype: *P. arctica* R. Brown). ——*Pseudoclausia* Popov (1955: 18)

特征描述：多年生草本，稍呈丛生状，无毛或有单毛、分叉毛或腺毛。具有木质化根状茎。基生叶呈莲座状，全缘或羽状分裂。无茎，花葶无叶或很少有 1 叶；花瓣粉红色、紫色或白色；子房线形，胚珠多数，花柱短。长角果 2 室，开裂；隔膜膜质，有纤维状线条。种子每室 2 或 1 行，种子扁压状卵形、圆形或长圆形，边缘有膜质翅或无翅；子叶缘倚胚根。染色体 2*n*=14，28。

分布概况：50/5 种，**9（14SH）**型；分布于亚洲，北美；中国产甘肃和新疆。

系统学评述：在叶绿体 *trn*L 和 *trn*L-F 片段所构建的系统树中，离子芥属与条果芥属植物聚成 1 支[47]。Khosravi[18]的研究显示条果芥属也与离子芥属聚为 1 支。Al-Shhebaz 系统中，条果芥属隶属于离子芥族，*Achoriphragma*、*Pseudoclausia* 和 *Neuroloma* 并入条果芥属[11]，位于十字花科的分支 III[1]。该属的界定一直处于争议中。Botschantzev[97]认为条果芥属为单种属，只包含 1 个种 *Parrya* arctica R. Brown，将其他的种都归入 *Neuroloma*。这种划分也得到了一些学者的认同。条果芥属中的种类都曾被不同的学者划入不同的属中[98,99]，但这个属的界定仍待讨论。German 等[83]利用 ITS 对离子芥族进行系统学分析，结果显示条果芥属聚为 2 大支，*Neuroloma kunawarense* (Royle ex Regel) Botschantzev 和 *N. botschantzevii* Pachomova 分别与这 2 大支的条果芥属种类结合，*Clausia podlechii* Dvorak 也首先与条果芥属聚为 1 支。*Pseudoclausia* 的 3 个种嵌入在 2 大支之间。因此认为 *Neuroloma*、*Pseudoclausia* 和 *Clausia podlechii* 应并入条果芥属；将 2 大支外的条果芥属的 *P. saposhnikovii* A. N. Vassiljeva 和 *P. beketovii* Krassnov 并入鸟头荠族的 *Leiospora* (C. A. Meyer) F. Dvořák。

DNA 条形码研究：BOLD 网站有该属 29 种 106 个条形码数据。

65. *Pegaeophyton* Hayek & Handel-Mazzetti 单花荠属

Pegaeophyton Hayek & Handel-Mazzetti (1922: 246); Zhou et al. (2001: 106) [Type: *P. sinense* (Hemsley) Hayek & Handel-Mazzetti (≡ *Braya sinensis* Hemsley)]

特征描述：多年生草本。茎短缩，根多粗壮。叶多数，线状披针形或长匙形，全缘或具疏齿，光滑无毛，少有具白色扁刺毛。花大，多数，单生；萼片宽椭圆形，内轮 2，无毛或具白色扁刺毛；花瓣白色或淡蓝色，顶端全缘或微凹，基部具短爪；雄蕊 6，花丝分离。短角果宽卵形或椭圆形，扁压，肉质，1 室，不开裂，具狭翅状边缘。种子 2 行；子叶缘倚胚根。

分布概况：7/4（1）种，**14SH（→13-2）**型；分布于不丹，印度，克什米尔，缅甸，尼泊尔，巴基斯坦；中国产西南、西北。

系统学评述：Al-Shehbaz 系统中，该属隶属于鸟头荠族[11]，位于十字花科分支 III[1]。1998 年 Al-Shehbaz 提出新种 *Pegaeophyton nepalense* Al-Shehbaz, Arai & H. Ohba[100]。1999 年他又提出 3 个种，即 *P. angustiseptatum* Al-Shehbaz, T. Y. Cheo, L. L. Lu & G. Yang

（China）、*P. watsonii* Al-Shehbaz（India, Sikkim）、*P. sulphureum* Al-Shehbaz（Bhutan），并将属中的 1 个变种 *P. scapiflorum* (J. D. Hooker & Thomson) Marquand & Shaw var. *robustum* (O. E. Schulz) R. L. Guo & T. Y. Cheo 做为亚种[101]。

DNA 条形码研究：BOLD 网站有该属 1 种 1 个条形码数据。

代表种及其用途：单花荠 *P. scapiflorum* (J. D. Hooker & Thomson) C. Marquand & Airy Shaw 民间用全草内服退热、治肺咯血，并解食物中毒；外用治刀伤。

66. *Pseudoarabidopsis* Al-Shehbaz, O'Kane & R. A. Price 假鼠耳芥属

Pseudoarabidopsis Al-Shehbaz, O'Kane & R. A. Price (1999: 304); Zhou et al. (2001: 125) [Type: *P. toxophylla* (Marschall von Bieberstein) I. A. Al-Shehbaz, S. L. O'Kane & R. A. Price (≡ *Arabis toxophylla* Marschall von Bieberstein)]

特征描述：二年生或多年生草本，具无柄毛状体。基生叶具叶柄，莲座状，全缘或具齿；茎生叶无柄。总状花序；花瓣白色或粉红色，瓣爪无；雄蕊 6，四强雄蕊，花丝在基部不膨大，花药长圆形；每子房胚珠 60-100。长角果，线形，具柄。每子房种子60-100，双列，无翅，长圆形或卵球形，饱满，种皮网状；子叶背倚胚根。染色体 2*n*=12。

分布概况：1/1 种，**13-1** 型；分布于阿富汗，哈萨克斯坦，俄罗斯；中国产新疆和西藏。

系统学评述：Al-Shehbaz 根据 ITS 和 rDNA 构建的系统树显示鼠耳芥属 *Arabidopsis* 为多系群，将鼠耳芥属中的 1 个种从鼠耳芥属中移出，成立新属假鼠耳芥属[28]，并将该属归入独行菜族[11]。在十字花科中位于分支 I[1]。German 等构建的 ITS 系统树中，*Pseudoarabidopsis toxophylla* (Marschall von Bieberstein) Al-Shehbaz, O'Kane & R. A. Price 与独行菜属的 *Camelina microcarpa* Andrzejowski ex A. P. de Candolle 聚为 1 支，这个结果也支持了 Al-Shehbaz 对该属的划分[19]。

67. *Pugionium* Gaertner 沙芥属

Pugionium Gaertner (1791: 291); Zhou et al. (2001: 38) [Type: *P. cornutum* (Linnaeus) J. Gaertner (≡ *Bunias cornuta* Linnaeus)]

特征描述：一年或二年生草本，全株无毛。叶肉质，茎下部叶羽状分裂，上部叶线形，全缘。总状花序具少数疏生花；萼片膜质；花瓣玫瑰红色或白色，窄匙形；一个长雄蕊和邻近短雄蕊等长，并合生达顶端，其他雄蕊离生；侧蜜腺明显，碗状；子房 2 室，每室有 1 胚珠，无花柱。短角果 2 子房室，压扁，不开裂，有明显网脉，每侧有 1 个翅状附属物，每半还有 2 个向下生长的刺及几个短的侧生刺。种子 1，水平生长，大，卵形，压扁；子叶背倚胚根。

分布概况：2/2（1）种，**13-1** 型；分布于蒙古国，俄罗斯；中国产西北。

系统学评述：Al-Shehbaz 系统中沙芥属隶属于高河菜族[11]。该属位于十字花科扩展的分支 II[1]。刘磊[71]根据非编码叶绿体、线粒体及核 DNA 序列构建的系统树中，沙芥属的种 *Pugionium cornutum* (Linnaeus) Gaertner 与香雪球属的 1 个种 *Lobularia* *maritima* (Linnaeus) Desvaux 聚为 1 支，并聚在独行菜族 1 支上，位于十字花科 3 大分支之外。German 等[19]依据 ITS 构建的系统树中，*Pugionium pterocarpum* Komarov 与 *Megacarpaea megalocarpa* (Fischer ex de Candolle) Schischkin ex B. Fedtschenko 聚在高河菜族 1 支。两者构建的系统树中，包含的属和种都不同，因此很难解释沙芥属、香雪球属及高河菜属三者之间的关系。沙芥属是 Gaertner 于 1791 年从匙芥属 *Bunias* 分出来而建立的属。该属的模式种为沙芥 *Pugionium cornutum* (Linnaeus) Gaertner。1880 年 Maximowicz 又为该属增加了斧翅沙芥 *P. dolabratum* Maximowicz。1932 年 Komarov 又发表了距果沙芥 *P. calcaratum* Komarov、鸡冠沙芥 *P. cristatum* Komarov 和翅果沙芥 *P. pterocarpum* Komarov。1981 年杨喜林[102]发表了宽翅沙芥 *P. dolabratum* Maxim. var. *platypterum* H. L.Yang。张秀伏[103]认为此变种与 *P. pterocarpum* 同种。这样，该属的全部种类在内蒙古均产。马毓泉[104]将 *P. cristatum* 和 *P. dolabratum* var. *platypterum* 并入 *P. dolabratum*，实际上这也把 *P. pterocarpum* 并入其中。因此，虽然马毓泉原认为该属有 4 种，实际上只有 3 种。

DNA 条形码研究：BOLD 网站有该属 3 种 48 个条形码数据；GBOWS 已有 2 种 40 个条形码数据。

代表种及其用途：沙芥 *P. cornutum* 嫩叶作蔬菜或饲料；全草供药用，有止痛、消食、解毒作用。

68. *Pycnoplinthopsis* Jafri 假簇芥属

Pycnoplinthopsis Jafri (1972: 73); Zhou et al. (2001: 169) [Type: *P. bhutanica* Jafri]

特征描述：多年生草本，<u>丛生</u>。毛状体树突状或分叉状。基生叶具柄，莲座状；茎生叶无。花单生于花梗上，果梗细长，强烈反折；<u>花瓣白色</u>；雄蕊 6，<u>四强雄蕊</u>，花药黑色，长圆形，先端细尖；<u>每子房 8-20 胚珠</u>。果开裂，<u>长角果</u>，线形或长圆形，圆柱状。<u>种子单列</u>，<u>无翅</u>，长圆形，饱满，种皮隐晦网纹状，<u>不湿黏</u>；<u>子叶背倚胚根</u>。

分布概况：1/1 种，**14SH** 型；分布于不丹，印度，尼泊尔；中国产西藏。

系统学评述：1972 年 Jafri[105]提出包含了 *Pycnoplinthopsis minor* Jafri、*P. bhutanica* Jafri 的新属假簇芥属。FOC 将这 2 种并入 1 种，都为 *P. bhutanica*。Al-Shehbaz 系统中假簇芥属隶属于鸟头荠族[11]。该属所在的鸟头荠族位于十字花科的分支 III[1]。

DNA 条形码研究：BOLD 网站有该属 1 种 1 个条形码数据。

69. *Pycnoplinthus* O. E. Schulz 簇芥属

Pycnoplinthus O. E. Schulz (1924: 198); Zhou et al. (2001: 170) [Type: *P. uniflora* (J. D. Hooker & T. Thomson) O. E. Schulz (≡ *Braya uniflora* J. D. Hooker & T. Thomson)]

特征描述：多年生草本，密丛生，<u>无毛</u>。<u>根状茎粗</u>，<u>无茎</u>。基生叶莲座状，线形，<u>近肉质</u>，<u>无毛</u>，顶端急尖，常全缘，无柄。花葶多数，具单花；萼片近直立，内轮基部囊状；<u>花瓣白色</u>，倒卵形，基部楔形或具短爪；子房长圆形，约有 12 胚珠，具扁压近 2 裂柱头。<u>长角果短</u>，近窄圆柱形，上部常弯曲，近念珠状，2 室，开裂。<u>种子 1 行</u>，<u>卵</u>

形；子叶背倚胚根。

分布概况：1/1 种，**14SH** 型；分布于克什米尔；中国产甘肃、青海、新疆和西藏。

系统学评述：Schulz[29]将该属归为香花芥族，Al-Shehbaz 等[6]未确定其归属，Warwick 等[10]根据 ITS 所构建的系统树将其归为鸟头荠族（支持率 73%），Al-Shehbaz[11]沿用了这一分类处理。Franzke 等[1]将鸟头荠族归于十字花科分支 III。

DNA 条形码研究：BOLD 网站有该属 1 种 1 个条形码数据；GBOWS 已有 1 种 4 个条形码数据。

70. *Raphanus* Linnaeus 萝卜属

Raphanus Linnaeus (1753: 669); Zhou et al. (2001: 25) (Lectotype: *R. sativus* Linnaeus)

特征描述：一年或多年生草本，有时具肉质根。茎直立。叶大头羽状半裂，上部多具单齿。总状花序伞房状；花大，白色或紫色；萼片直立，长圆形；花瓣倒卵形；子房钻状，2 节，具 2-21 胚珠，柱头头状。长角果圆筒形，下节极短且无种子，上节伸长，在相当种子间处稍缢缩，顶端成 1 细喙。种子 1 行，球形或卵形，棕色；子叶对折。花粉粒 3 沟，网状纹饰。染色体 2n=18。

分布概况：3/2 种，**10** 型；分布于地中海；中国南北均产。

系统学评述：Al-Shehbaz 系统中萝卜属隶属于芸薹族[11]，萝卜属所在的芸薹族位于十字花科的分支 II[1]。该属最早被认为来自于白菜 rapa/oleracea 分支和黑芥分支的杂交，白菜 rapa/oleracea 分支为其母本[42]。Zhao 等[40] 依据 ITS 构建的系统树中，萝卜属位于芸苔属 *Brassica* 的 2 个世系之间。孙稚颖[47]利用 ITS 和 *trn*L-F 构建的系统树表明，芸苔属、萝卜属、芝麻菜属 *Eruca*、二行荠属 *Diplotaxis*、诸葛菜属 *Orychophragmus* 和白芥属 *Sinapis* 确实具有较近的亲缘关系，它们构成了单系类群，同时还可以看出，萝卜属与芸苔属的关系最近。Al-Shehbaz[6]认为上述 6 属，除两节荠属、诸葛菜属外，其余 4 属应合并。

DNA 条形码研究：BOLD 网站有该属 8 种 68 个条形码数据；GBOWS 已有 1 种 4 个条形码数据。

代表种及其用途：萝卜 *R. sativus* Linnaeus 根作蔬菜食用；种子、鲜根、枯根、叶皆入药：种子消食化痰；鲜根止渴、助消化，枯根利二便；叶治初痢，并预防痢疾；种子榨油工业用及食用。

71. *Rorippa* Scopoli 蔊菜属

Rorippa Scopoli (1760: 520); Zhou et al. (2001: 132) [Type: *R. sylvestris* (Linnaeus) Besser (≡ *Sisymbrium sylvestre* Linnaeus)]

特征描述：一、二年生或多年生草本，植株无毛或具单毛。茎直立或呈铺散状，多数有分枝。叶全缘，浅裂或羽状分裂。花小，多数，黄色，总状花序，有时每花生于叶状苞片腋部；萼片 4，长圆形或宽披针形；花瓣 4 或有时缺；雄蕊 6 或较少。长角果多数呈细圆柱形，也有短角果呈椭圆形或球形的。种子细小，多数，每室 1 行或 2 行；子叶缘倚胚根。花粉粒 3 沟，中网状纹饰。染色体 2*n*=16，32。

分布概况：86/9 种，**1（8-4）**型；世界广布；中国南北均产。

系统学评述：Al-Shehbaz 等[6]将该属归为 Cardamineae 族，这一处理为 Al-Shehbaz[11]所沿用。Cardamineae 族属于十字花科分支 I[1]。Schulz[29]曾将豆瓣菜属 *Nasturtium* 作为该属的异名处理，但经 Al-Shehbaz 等[6]从形态学特征比较，Franzke 等[53]与 Bleeker 等[106,107]的分子片段分析发现，两者是截然不同的 2 个属，豆瓣菜属与碎米荠属 *Cardamine* 亲缘关系较近，而蔊菜属与山芥属 *Barbarea* 亲缘关系较近。对蔊菜属属下分类界定比较清楚，未见或很少有报道。该属世界广布，目前已有 Bleeker 等[107]根据 *trn*L 及 *trn*L-F 的序列信息，对世界范围内的蔊菜属 25 种进行了生物地理学研究。

DNA 条形码研究：BOLD 网站有该属 13 种 58 个条形码数据；GBOWS 已有 7 种 134 个条形码数据。

代表种及其用途：蔊菜 *R. indica* (Linnaeus) Hiern 全草入药，内服有解表健胃、止咳化痰、平喘、清热解毒、散热消肿等效；外用治痈肿疮毒及烫火伤。

72. *Shangrilaia* Al-Shehbaz 香格里拉芥属

Shangrilaia Al-Shehbaz (2004: 271) (Type: *S. nana* Al-Shehbaz, J. P. Yue & H. Sun)

特征描述：矮小，多年生，具花葶的垫状草本植物。具简单或少量分枝茎。叶针状线形，厚，具缘毛，有扁平的三角形基部。花单生；萼片卵形，基部不呈囊状；花瓣白色，匙形；雄蕊 6，四强雄蕊；花药卵形，先端不具细尖；每子房具胚珠 6-12，花柱细长，柱头头状，全缘。果实开裂，卵圆形，圆柱状，具短柄，基部被短柔毛；假隔膜扁平；中隔穿孔，无脉。种子单列，无翅，卵形，不湿黏；子叶背倚胚根。

分布概况：1/1 种，**15** 型；中国云南特有。

系统学评述：Al-Shehbaz 等[6]将该属归为鸟头荠族，这一处理为 Al-Shehbaz[11]所沿用。鸟头荠族属于十字花科分支 III[1,12,14]。

DNA 条形码研究：BOLD 网站有该属 1 种 1 个条形码数据。

73. *Sinapis* Linnaeus 白芥属

Sinapis Linnaeus (1753: 668); Zhou et al. (2001: 22) (Lectotype: *S. alba* Linnaeus)

特征描述：一年生草本，具单毛。茎直立，有分枝。叶羽状半裂或深裂，下部叶有短柄，上部叶近无柄或无柄。总状花序具多数花，果期延长，无苞片或下部花有苞片；花瓣黄色，倒卵形；子房圆柱形，具 4-17 胚珠，柱头近 2 裂。长角果短，近圆柱形或线状圆柱形，喙长，有 0-9 种子；隔膜近膜质，有厚壁。种子 1 行，球形，棕色；子叶对折。花粉粒 3 沟，网状纹饰。染色体 2*n*=24。

分布概况：5/2 种，**12** 型；主产地中海；中国产华东、华北、西北和西南。

系统学评述：Al-Shehbaz 等[6]将该属归为芸薹族，这一处理为 Al-Shehbaz[11]所沿用。芸薹族属于十字花科分支 II[1]。FOC 记载该属有 7 种，但 Warwick 等[22]认为该属仅包含 5 种。Al-Shehbaz 等[6]建议将包括白芥属 *Sinapis* 在内的 10 个属取消，并入芸薹族依传统意义划分的黑芥与芜菁 2 大分支中。

DNA 条形码研究：BOLD 网站有该属 5 种 34 个条形码数据。

代表种及其用途：白芥 *S. alba* Linnaeus 种子供药用，有祛痰、散寒、消肿止痛作用；全草可作饲料。

74. *Sisymbriopsis* Botschantzev & Tzvelev 假蒜芥属

Sisymbriopsis Botschantzev & Tzvelev (1961: 143); Zhou et al. (2001: 118) (Type: *S. shugnana* Botschantzev & Tzvelev)

特征描述：草本，具简单毛状体。基生叶具柄，羽状浅裂或具粗齿；茎生叶具柄或近无柄，全缘，齿状或羽状分裂。总状花序；萼片长圆形，直立，无毛或短柔毛；花瓣白色或粉红色；雄蕊 6，稍四强雄蕊，花药卵形或长圆形；每子房 15-50 胚珠。果开裂，长角果，线形，无柄。种子单列，无翅，长圆形，稍扁，种皮细网状，不黏湿；子叶缘倚胚根。

分布概况：5/4（3）种，**13** 型；分布于吉尔吉斯斯坦，塔吉克斯坦；中国产西北。

系统学评述：Al-Shehbaz 等[6]将该属归为乌头荠族，这一处理为 Al-Shehbaz[11]所沿用。乌头荠族属于十字花科分支 III[1]。Warwick 等[44]认为该属是多系，其中一些种需要重新进行分类界定。这也得到了部分形态特征的支持，如 *Sisymbriopsis yechengnica* (C. H. An) Al-Shehbaz, Z. X. An & G. Yang 具树突状毛，而 *S. mollipila* (Maximowicz) Botschantzev 具简单毛[12]。

DNA 条形码研究：BOLD 网站有该属 2 种 3 个条形码数据；GBOWS 已有 2 种 12 个条形码数据。

75. *Sisymbrium* Linnaeus 大蒜芥属

Sisymbrium Linnaeus (1753: 657); Zhou et al. (2001: 177) (Lectotype: *S. altissimum* Linnaeus)

特征描述：草本，无毛或有单毛。叶为大头羽状裂或不裂。萼片基部不呈囊状；花瓣黄色、白色或玫瑰红色，具爪；雄蕊花丝分离，无翅或齿；子房无柄，柱头钝，不裂或 2 裂。长角果圆筒状或略压扁，开裂；果瓣具 3 脉，中脉明显（并较粗）。种子每室 1 行，多数，种柄丝状，长圆形或短椭圆形，无翅状附属物；子叶背倚胚根。花粉粒 3 沟，网状纹饰。染色体 $2n=14$。

分布概况：41/10（1）种，**1（8-4）型**；主要分布于非洲，亚洲，欧洲和美洲；中国产东北、西北、华东。

系统学评述：Al-Shehbaz 等[6]将该属归为大蒜芥族，这一处理为 Al-Shehbaz[11]所沿用。大蒜芥族属于十字花科分支 II[1]。Schulz[29]将大蒜芥属分为 14 组，Al-Shehbaz[108]认为 Schulz 的有些组的划分是有争议的，因而不接受 Schulz 的组级划分。Warwick 等[109]对大蒜芥属的 ITS 片段分析后，也对 Schulz 传统的组级划分提出了质疑，认为 Schulz 的许多组都不是单系。中国大蒜芥属植物共有 10 种，分属于其中的 5 组，但从对中国大蒜芥属叶表皮形态研究看，与以上 5 组的划分并不吻合[47]。大蒜芥属曾被认为包含 90 种，分布于新旧世界[110]。但分子系统学研究显示该属应仅包含 40 余种，除 1 种外，其他均仅分布于旧世界[109,111]。其他原属于新世界的 46 种应归于其他族（Schizopetaleae/ Thelypodieae），还有待进一步对新世界大蒜芥属的种类进行属的重新认定[112]。基于此，Warwick 等[70]仍将约 90 种收录入大蒜芥属。

DNA 条形码研究：BOLD 网站有该属 27 种 101 个条形码数据；GBOWS 已有 7 种 66 个条形码数据。

76. *Smelowskia* C. A. Meyer 芹叶荠属

Smelowskia C. A. Meyer (1830: 17); Zhou et al. (2001: 191) [Type: *S. cinerea* Ledebour, *nom. illeg.* (= *Smelowskia alba* (Pallas) B. A. Fedtschenko ≡ *Sisymbrium album* Pallas)]. ——*Hedinia* Ostenfeld (1922: 76); *Sinosophiopsis* Al-Shehbaz (2000: 340); *Sophiopsis* O. E. Schulz (1924: 346)

特征描述：多年生矮小草本，被单毛或杂有少数分枝毛。花梗丝状，细；萼片直立，基部相等，长圆形，内轮的略比外轮的宽，顶端有宽膜质边缘；花瓣白色或红色，长圆形，顶端钝；侧蜜腺环状，内侧开口或略具缺刻，中蜜腺位于长雄蕊外侧，两者汇合；子房无柄，柱头呈扁压头状或近 2 浅裂。短角果，开裂；隔膜极透明或厚，有时穿孔；种子每室 1 行，长圆形或椭圆形，遇水无胶黏物质，种柄丝状；子叶背倚胚根。染色体 $2n=12$。

分布概况：25/7 种，**9** 型；分布于中亚，东亚，北美；中国产新疆和黑龙江。

系统学评述：Al-Shehbaz 等[6]将该属归为芹叶荠族，这一处理为 Al-Shehbaz[11]所沿用。芹叶荠族属于十字花科分支 I[1]。基于 ITS 和 *trn*L 分子片段分析支持将藏荠属（4 种）、羽裂叶荠属 *Sophiopsis*（4 种）、华羽芥属 *Sinosophiopsis*（3 种）、单系的 *Redowskia* 和 *Gorodkovia* 并入芹叶荠属[113]，Al-Shehbaz 等[112]也据此对该属进行了修订，认为芹叶荠属包含 25 种，这也得到了 Warwick 等[70]的认同。

DNA 条形码研究：BOLD 网站有该属 22 种 100 个条形码数据；GBOWS 已有 1 种 7 个条形码数据。

77. *Solms-laubachia* Muschler 丛菔属

Solms-laubachia Muschler (1912: 205); Zhou et al. (2001: 142) (Type: *S. pulcherrima* Muschler). ——*Desideria* Pampanini (1926: 111); *Eurycarpus* Botschantzev (1955: 172); *Phaeonychium* O. E. Schulz (1927: 1092).

特征描述：多年生草本，有时垫状。根粗壮。茎多分枝，革质或草质；无毛或具单毛。基生叶莲座状，具叶柄，全缘，两面被毛或近无毛。总状花序，花葶 2 至多数，各具 1 花，罕为总状花序；萼片背面被柔毛；花蓝紫色、白色、紫红色或淡黄色；雄蕊 6，稀为 2 或 4；子房具胚珠 2-10。长角果狭卵状披针形，具脉，被毛，果皮纸质。种子每室 1-2 行，排列于胎座框两侧，近圆形，无翅，表面具附属物或平滑；子叶缘倚胚根。染色体 $2n=14$。

分布概况：33/25（14）种，**14SH（←15）**型；分布于不丹，印度（锡金）；中国产西南。

系统学评述：Al-Shehba 等[6]将该属归为乌头荠族，这一处理为 Al-Shehbaz[11]所沿用。乌头荠族属于十字花科分支 III[1]。Al-Shehbaz 等[6]与 Warwick 等[113]认为该属包含 9 种，Yue 等[114]基于 ITS 与 trnL-F 序列的分析及形态特征，将扇叶芥属 *Desideria* 及藏芥属 *Phaeonychium* 归入丛菔属，提出 1 个包含 26 种的扩大的丛菔属的分类建议，并认为该属可进一步分为 12 个新组。

DNA 条形码研究：BOLD 网站有该属 14 种 19 个条形码数据；GBOWS 已有 3 种 24 个条形码数据。

78. *Sterigmostemum* Marschall von Bieberstein 棒果芥属

Sterigmostemum Marschall von Bieberstein (1819: 444); Zhou et al. (2001: 159) [Lectotype: *M. incanum* M. Bieberstein (≡ *Cheiranthus torulosus* Marschall von Bieberstein 1808, non Thunberg 1800)]. —— *Oreoloma* Botschantzev (1980: 425)

特征描述：草本，密生单毛或分叉毛。叶片长圆形或披针形，羽状深裂至疏生齿，或近全缘。总状花序具多数花，果期延长；花小或中等大，黄色，少数白色或浅紫色；萼片近直立，基部不成囊状；长雄蕊成对合生；子房有柔毛，胚珠多数，每室排成 1 行。长角果近圆柱状、念珠状或节荚状，常有毛，2 室，不裂或不易开裂。种子小，长圆形，近扁压；子叶背倚胚根。染色体 2n=14。

分布概况：11/4（2）种，13（→12）型；分布于中亚与西南亚；中国产新疆。

系统学评述：Al-Shehbaz 等[6]将该属归为 Anchonieae 族，这一处理为 Al-Shehbaz[11]所沿用。Anchonieae 族属于十字花科分支 III[1]。FOC 认为该属包含 7 种，Al-Shehbaz 等[6]及 Warwick 等[70]均认同，属下分类处理无争议。

DNA 条形码研究：BOLD 网站有该属 9 种 16 个条形码数据；GBOWS 已有 1 种 3 个条形码数据。

79. *Stevenia* Adams ex Fischer 曙南芥属

Stevenia Adams ex Fischer (1817: 84); Zhou et al. (2001: 126) (Type: *S. alyssoides* Adams ex Fischer). —— *Berteroella* O. E. Schulz (1919: 127)

特征描述：二年生或多年生草本，被星状毛及分枝毛。基生叶莲座状；茎生叶线形或长椭圆形，全缘，无柄。总状花序顶生；花萼渐尖，直立至伸展，基部呈囊状；花瓣白色、淡红色或淡紫色，基部呈爪状；花丝分离，花药长圆形；雌蕊狭线形，具 2-24 胚珠。长角果长椭圆形，果瓣扁平，近念珠状，无中脉。种子每室 1 行，长椭圆形，无翅；子叶缘倚胚根。染色体 2n=32。

分布概况：8/2 种，11 型；分布于蒙古国，俄罗斯；中国产内蒙古。

系统学评述：Al-Shehbaz 等[6]将该属归为南芥族，而 Al-Shehbaz 等[59]基于广泛的分子学证据及形态特征分析，以该属为模式属成立新族 Stevenieae，这一处理为 Al-Shehbaz 等[11]所沿用。南芥族属于十字花科扩展的分支 II[1]，Stevenieae 的系统位置尚无报道。在 FOC 中该属包含 4 种，Al-Shehbaz 等[6]与 Warwick 等[70]认同并沿用该处理。

DNA 条形码研究：BOLD 网站有该属 5 种 5 个条形码数据。

80. *Synstemon* Botschantzev 连蕊芥属

Synstemon Botschantzev (1959: 1487); Zhou et al. (2001: 185) (Type: *S. petrovii* Botschantzev)

特征描述：一年生草本。茎生叶条形，下部的全缘或有窄裂片，上部的全缘。花序无苞片；萼片直立，卵圆形，有白色边缘；花瓣淡蓝色，倒卵形，先端钝圆，爪短，基部有长单毛；雄蕊 6。长角果线形，2 室，种子间略缢缩，呈念珠状，开裂；果瓣膜质，有 1 中脉。种子每室 1 行，多数，顶端有边；子叶背倚胚根。

分布概况：2/2 种，**15** 型；中国产甘肃和内蒙古。

系统学评述：Warwick 等[55]基于 ITS 片段分析，将该属归入 Anchonieae 族中，这一处理为 Al-Shehbaz[11]所沿用。Anchonieae 族属于十字花科分支 III[1]。

DNA 条形码研究：BOLD 网站有该属 1 种 1 个条形码数据；GBOWS 已有 29 种 44 个条形码数据。

81. *Tetracme* Bunge 四齿芥属

Tetracme Bunge (1836: 7); Zhou et al. (2001: 144) [Type: *T. quadricornis* (Willdenow) Bunge (≡ *Erysimum quadricorne* Willdenow)]

特征描述：一年生分枝草本，被星状毛、分枝毛及单毛。叶片长披针形或宽线形，全缘或羽状浅裂。花序总状，密集或在结果时延伸；花微小；萼片直立，基部不呈囊状；花瓣白色或淡黄色，倒卵形或楔形，基部具短爪；雄蕊 6，分离，花丝基部有时加宽。长角果近四棱形，果瓣具 3 脉，果实顶端具 4 枚角状附属物。种子每室 1 行，种子卵形，无膜质边缘；子叶背倚胚根。染色体 2n=14，28。

分布概况：9/2 种，**13** 型；分布于中亚；中国产新疆。

系统学评述：Al-Shehbaz 等[6]将该属归为乌头荠族，Al-Shehbaz 等[11]沿用了该分类处理。菘蓝族属于十字花科分支 III[1]。FOC 认为该属包括 8 种，但 Warwick 等[70]认为该属包括 10 种。

DNA 条形码研究：BOLD 网站有该属 3 种 6 个条形码数据；GBOWS 已有 1 种 16 个条形码数据。

82. *Thlaspi* Linnaeus 菥蓂属

Thlaspi Linnaeus (1753: 645); Zhou et al. (2001: 41) (Lectotype: *T. arvense* Linnaeus)

特征描述：草本，无毛，少数有单毛，常有灰白色粉霜。基生叶莲座状，有短叶柄；茎生基部心形，抱茎，全缘或有齿。总状花序伞房状；萼片基部不成囊状；花瓣白色、粉红色或带黄色；子房 2 室，有 2-16 胚珠，柱头头状，近 2 裂。短角果倒卵状长圆形或近圆形，压扁，微有翅或有宽翅，开裂；隔膜膜质，无脉。种子椭圆形；子叶缘倚胚根。花粉粒 3 沟，网状纹饰。染色体 2n=14。

分布概况：6/6（2）种，**8-4（10）**型；分布于欧亚大陆温带；中国南北均产。

系统学评述：Schulz[29]根据果实形态将菥蓂属与许多不相关的属归入独行菜族，但这一特征在十字花科中为多次起源演化的，不能作为族的分类依据。后续的分子系统学研究支持以薪蓂属为模式属建立薪蓂族[12,14,115-118]，该分类处理得到了 Al-Shehbaz 等[6,11]的认同并沿用。该族属于十字花科分支 II[1]。早期研究认为薪蓂属是包含多余 80 种的大属，而 Meyer[91,92]基于种皮解剖特征对该属划分的 12 个类群并不被 Hedge[119]和 Al-Shehbaz[120]所认可。在后者的系统中，该属的界定仅基于 angustiseptate fruits 这一形态特征。然而，分子证据[115-118]强烈支持对 Meyer 提出的一些类群的认同，如 *Callothlaspi*、*Microthlasp*、*Noccaea*、*Noccidium* 和 *Vania*。这些数据也显示出该属中果实形态的相似性可能是趋同进化的结果。根据 Meyer[93]的划分，薪蓂属仅包括 6 种，且与葱芥属 *Alliaria* 亲缘关系最近，而 Warwick 等[70]认为该属包括 55 种，FOC 则认为该属包含约 75 种。目前该属的分类界定尚存疑，需要广泛收集材料开展分子系统学与形态学整合研究。

DNA 条形码研究：BOLD 网站有该属 3 种 25 个条形码数据；GBOWS 已有 3 种 56 个条形码数据。

代表种及其用途：薪蓂 *T. arvense* Linnaeus 种子油供制肥皂，也作润滑油，还可食用；全草、嫩苗和种子均入药，全草清热解毒、消肿排脓；种子利肝明目；嫩苗和中益气、利肝明目；嫩苗用水炸后，浸去酸辣味，加油盐调食。

83. *Turritis* Linnaeus 旗杆芥属

Turritis Linnaeus (1753: 999); Zhou et al. (2001: 131) (Lectotype: *T. glabra* Linnaeus)

特征描述：二年生草本。茎直立，基部具较密的单毛及分叉毛，上部光滑无毛，具白粉。基生叶簇生，具叶柄，密被毛；茎生叶互生，无毛，抱茎。萼片直立，基部略呈囊状；花瓣淡黄色或草黄色；花丝线形。长角果狭圆柱形或略呈四棱形；果瓣扁平，中脉显著。种子每室 2 行，褐色，卵圆形，扁压，无膜质边缘；子叶缘倚胚根。染色体 2*n*=12。

分布概况：2/1 种，**8** 型；分布于北非，亚洲，欧洲和北美；中国产江苏、辽宁、山东、新疆和浙江。

系统学评述：Linnaeus 于 1753 年建立该属，大多数研究常将该属与南芥属 *Arabis* 合并[33,121-123]。但 Koch[89]、Beilstein 等[12,14]根据分子证据认为该属应归于亚麻荠族，而与南芥属亲缘关系较远，这一分类处理也得到了 Al-Shehbaz 等[6,11]的认可。亚麻荠族属于十字花科分支 I[1]。

DNA 条形码研究：BOLD 网站有该属 1 种 7 个条形码数据；GBOWS 已有 1 种 4 个条形码数据。

84. *Yinshania* Y. C. Ma & Y. Z. Zhao 阴山荠属

Yinshania Y. C. Ma & Y. Z. Zhao (1979: 113); Zhou et al. (2001: 48) (Type: *Y. albiflora* Y. C. Ma & Y. Z. Zhao)

特征描述：一年生草本或多年生具细长或根状茎草本，被单毛或无毛。茎直立，上部分枝多。基生叶具叶柄，单叶，叶羽状全裂或深裂；茎生叶具柄。萼片展开，基部不成囊状；<u>花瓣白色</u>，稀粉红色，倒卵状楔形；雄蕊离生；侧蜜腺三角状卵形，外侧汇合成半环形，向内开口，另一端延伸成小凸起，中蜜腺无。<u>短角果披针状椭圆形</u>，开裂；<u>果瓣舟状，果皮纸质，无脉或脉不明显</u>。种子单列或 2 列，无翅卵形，表面具细网纹，<u>遇水有胶黏物质</u>；<u>子叶背倚胚根或稀缘倚胚根</u>。染色体 $x=6$，7，21。

　　分布概况：13/13（12）种，**15（7-4）型**；分布于越南北部；中国产东南。

　　系统学评述：对于 Schulz[29]建立的棒毛荠属 *Cochleariella* 泡果荠组 sect. *Hilliella* 的分类处理一直有争议。该属有从 1-4 属、10-25 种不同的处理。张渝华[124-134]、张渝华和蔡继炯[135]的研究认为该复合体包含 25 种 5 变种，分别属于岩荠属 *Cochlearia*（1 种）、泡果荠属 *Hilliella*（16 种）、阴山荠属 *Yinshania*（9 种），而应俊生和张玉龙[136]提出应为棒毛荠属（1 种）、泡果荠属（13 种）和阴山荠属（9 种）的处理，但随后 Kuan 认为岩荠属有 13 种[FRPS]，陆莲立[137]认为棒毛荠属有 9 种，赵一之[138]认为阴山荠属有 14 种、岩荠属有 1 种。Al-Shehbaz 等[139]将之前的岩荠属、泡果荠属、棒毛荠属和阴山荠属 4 属归并为 1 属，即阴山荠属，该处理也得到了 *trn*L 与 ITS 分子序列分析结果的支持[140]，在 Warwick 等[70]中收录阴山荠属 13 种。Warwick 等[10]根据 ITS 分析，将该属单独成族阴山荠族 Yinshanieae，并对该族的形态特征与分布概况进行了描述。Franzke 等[1]将阴山荠族归入十字花科分支 I 中。

　　DNA 条形码研究：GBOWS 已有 1 种 4 个条形码数据。

主要参考文献

[1] Franzke A, et al. Cabbage family affairs: the evolutionary history of Brassicaceae[J]. Trends Plant Sci, 2011, 16: 108-116.

[2] Bell CD, et al. The age and diversification of the angiosperms re-revisited[J]. Am J Bot, 2010, 97: 1296-1303.

[3] Ming R, et al. The draft genome of the transgenic tropical fruit tree papaya (*Carica papaya* Linnaeus)[J]. Nature, 2008, 452: 991-996.

[4] Tang H, et al. Synteny and collinearity in plant genomes[J]. Science, 2008, 320: 486-488.

[5] Wikström N, et al. Evolution of the angiosperms: calibrating the family tree[J]. Proc R Soc Lond Ser B, 2001, 268: 2211-2220.

[6] Al-Shehbaz IA, et al. Systematics and phylogeny of the Brassicaceae (Cruciferae): an overview[J]. Plant Syst Evol, 2006, 259: 89-120.

[7] Al-Shehbaz IA, Warwick SI. Two new tribes (Dontostemoneae and Malcolmieae) in the Brassicaceae (Cruciferae)[J]. Harvard Pap Bot, 2007, 12: 429-433.

[8] German DA, Al-Shehbaz IA. Five additional tribes (Aphragmeae, Biscutelleae, Calepineae, Conringieae, and Erysimeae) in the Brassicaceae (Cruciferae)[J]. Harvard Pap Bot, 2008, 13: 165-170.

[9] Warwick SI, et al. Phylogenetic relationships in the tribes Schizopetaleae and Thelypodieae (Brassicaceae) based on nuclear ribosomal ITS region and plastid *ndh*F DNA sequences[J]. Botany, 2009, 87: 961-985.

[10] Warwick SI, et al. Closing the gaps: phylogenetic relationships in the Brassicaceae based on DNA sequence data of nuclear ribosomal ITS region[J]. Plant Syst Evol, 2010, 285: 209-232.

[11] Al-Shehbaz IA. A generic and tribal synopsis of the Brassicaceae (Cruciferae)[J]. Taxon, 2012, 61: 931-954.

[12] Beilstein MA, et al. Brassicaceae phylogeny and trichome evolution[J]. Am J Bot, 2006, 93: 607-619.

[13] Bailey CD, et al. Toward a global phylogeny of the Brassicaceae[J]. Mol Biolo Evol, 2006, 23: 2142-

2160.

[14] Beilstein MA, et al. Brassicaceae phylogeny inferred from phytochrome A and *ndh*F sequence data: tribes and trichomes revisited[J]. Am J Bot, 2008, 95: 1307-1327.

[15] Couvreur TL, et al. Molecular phylogenetics, temporal diversification, and principles of evolution in the mustard family (Brassicaceae)[J]. Mol Biol Evol, 2009, 27: 55-71.

[16] Franzke A, et al. *Arabidopsis* family ties: molecular phylogeny and age estimates in Brassicaceae[J]. Taxon, 2009, 58: 425-437.

[17] Koch MA, et al. Supernetwork identifies multiple events of plastid *trn*F (GAA) pseudogene evolution in the Brassicaceae[J]. Mol Biol Evol, 2006, 24: 63-73.

[18] Khosravi AR, et al. Phylogenetic relationships of Old World Brassicaceae from Iran based on nuclear ribosomal DNA sequences[J]. Bio Syst Ecol, 2009, 37: 106-115.

[19] German DA, et al. Contribution to ITS phylogeny of the Brassicaceae, with special reference to some Asian taxa[J]. Plant Syst Evol, 2009, 283: 33-56.

[20] Rešetnik I, et al. Phylogenetic relationships in Brassicaceae tribe Alysseae inferred from nuclear ribosomal and chloroplast DNA sequence data[J]. Mol Phylogenet Evol, 2013, 69: 772-786.

[21] Al-Shehbaz IA. Staintoniella is reduced to synonymy of *Aphragmus* (Brassicaceae)[J]. Harvard Pap Bot, 2000, 5: 109-112.

[22] Warwick S, et al. Brassicaceae: species checklist and database on CD-Rom[J]. Plant Syst Evol, 2006, 259: 249-258.

[23] Al-Shehbaz IA. The tribes of Cruciferae (Brassicaceae) in the Southeastern United States[J]. J Arnold Arbor, 1984, 65: 343-373.

[24] Yang YW, et al. Phylogenetic position of *Raphanus* in relation to Brassica species based on 5S rRNA spacer sequence data[J]. Bot Bull Acad Sin, 1998, 39: 153-160.

[25] Koch M, et al. Molecular systematics and evolution of *Arabidopsis* and *Arabis*[J]. Plant Biol, 1999, 1: 529-537.

[26] Koch M, et al. Molecular systematics of the Brassicaceae: evidence from coding plastidic *mat*K and nuclear *Chs* sequences[J]. Am J Bot, 2001, 88: 534-544.

[27] O'Kane Jr SL, Al-Shehbaz IA. A synopsis of *Arabidopsis* (Brassicaceae)[J]. Novon, 1997, 7: 323-327.

[28] Al-Shehbaz IA, et al. Generic placement of species excluded from *Arabidopsis* (Brassicaceae)[J]. Novon, 1999, 9: 296-307.

[29] Schulz OE. Cruciferae[M]//Engler A, Harms H. Die natürlichen pflanzenfamilien, 17b. Leipzig: W. Engelmann, 1936: 227-658.

[30] Price R. Multiple origins of the genus *Arabis* (Brassicaceae)[J]. Am J Bot, 1997, 84: 224.

[31] Koch MA, et al. Multiple hybrid formation in natural populations: concerted evolution of the internal transcribed spacer of nuclear ribosomal DNA (ITS) in North American *Arabis divaricarpa* (Brassicaceae)[J]. Mol Biol Evol, 2003, 20: 338-350.

[32] Al-Shehbaz IA. The genera of Arabideae (Cruciferae; Brassicaceae) in the southeastern United States[J]. J Arnold Arbor, 1988, 69: 85-166.

[33] Rollins RC. The Cruciferae of continental North America[M]. Stanford, California: Stanford University Press, 1993.

[34] Al Shehbaz IA, O'Kane SL. Placement of *Arabidopsis parvula* in *Thellungiella* (Brassicaceae)[J]. Novon, 1995, 5: 309-310.

[35] Busch N. Flora Sibiriae et Orientis Extremi[M]. Leningrad: Nehnhtpar, 1913.

[36] Busch N. Flora Sibiriae et Orientis Extremi[M]. Leningrad: Nehnhtpar, 1926.

[37] Busch N. *Thellungiella* and *Arabidopsis*[M]//Komarov VL. Flora of the URSS, Vol. 8. Leningrad: Academiae Scientiarum URSS, 1939: 75-80.

[38] Takhtajan A. Diversity and classification of flowering plants[M]. New York: Columbia University Press, 1997.

[39] Heenan P, et al. Molecular systematics of the New Zealand *Pachycladon* (Brassicaceae) complex: generic circumscription and relationships to *Arabidopsis* sens. lat. and *Arabis* sens. Lat.[J]. New Zealand J

Bot, 2002, 40: 543-562.

[40] Zhao B, et al. Analysis of phylogenetic relationships of Brassicaceae species based on *Chs* sequences[J]. Biochem Syst Ecol, 2010, 38: 731-739.

[41] Warwick SI, et al. Phylogenetic relationships in the tribe Alysseae (Brassicaceae) based on nuclear ribosomal ITS DNA sequences[J[. Botany, 2008, 86: 315-336.

[42] Yang YW, et al. Molecular phylogenetic studies of *Brassica*, *Rorippa*, *Arabidopsis* and allied genera based on the internal transcribed spacer region of 18S-25S rDNA[J]. Mol Phylogenet Evol, 1999, 13: 455-462.

[43] Warwick SI, Sauder CA. Phylogeny of tribe Brassiceae (Brassicaceae) based on chloroplast restriction site polymorphisms and nuclear ribosomal internal transcribed spacer and chloroplast *trn*L intron sequences[J]. Can J Bot, 2005, 83: 467-483.

[44] Warwick SI, et al. Phylogeny of *Braya* and *Neotorularia* (Brassicaceae) based on nuclear ribosomal internal transcribed spacer and chloroplast *trn*L intron sequences[J]. Can J Bot, 2004, 82: 376-392.

[45] de Candolle AP. Memoire sur la famille des Cruciferes[J]. Mem Mus Hist Nat, 1821, 7: 169-252.

[46] von Hayek A. Entwurf eines Cruciferen-systems auf phylogenetischer grundlage[J]. Beih Bot Centralbl, 1911, 27: 127-335.

[47] 孙稚颖, 李法曾. 中国独行菜族(十字花科)部分属种的分子系统学研究[J]. 西北植物学报, 2007, 27: 1674-1678.

[48] Liu L, et al. Phylogenetic relationships of Brassicaceae in China: insights from a non-coding chloroplast, mitochondrial, and nuclear DNA data set[J]. Biochem Syst Ecol, 2011, 39: 600-608.

[49] Franzke A, Hurka H. Molecular systematics and biogeography of the *Cardamine pratensis* complex (Brassicaceae)[J]. Plant Syst Evol, 2000, 224: 213-234.

[50] Bleeker W, et al. Phylogeny and biogeography of southern hemisphere high-mountain *Cardamine* species[J]. Austr Syst Bot, 2002, 15: 575-581.

[51] Schulz OE. Monographie der gattung *Cardamine*[J]. Bor Jahrb, 1903, 32: 281-623.

[52] Akeroyd JR. *Cardamine* L.[M]//Tutin TG. Flora Europaea, Vol. 1. Cambridge: Cambridge University Press, 1993: 346-351.

[53] Franzke A, et al. Molecular systematics of *Cardamine* and allied genera (Brassicaceae): ITS and non-coding chloroplast DNA. Folia Geobotanica, 1998, 33: 225-240.

[54] de Candolle, AP. Regni vegetabilis systema naturalle, sive ordines, genera et species plantarum secundum methodi naturalis normas digestarum et descriptarum, 2[M]. Paris: Treuttel and Würtz, 1821.

[55] Warwick SI, et al. Phylogenetic relationships in the tribes Anchonieae, Chorispoppeae, Euclidieae, and Hesperideae (Brassicaceae) based on nuclear ribosomal ITS DNA sequences[J]. Ann MO Bot Gard, 2007, 94: 56-78.

[56] Gomez-Campo C. Morphology and morpho-taxonamy of the tribe Brassiceae[M]//Tsunoda SK, et al. Brassica crops and wild Allies: biology and breeding. Tokyo: Japan Scientific Societies Press, 1980: 3-30.

[57] Warwick S, Black L. Phylogenetic implications of chloroplast DNA restriction site variation in subtribes Raphaninae and Cakilinae (Brassicaceae, tribe Brassiceae)[J]. Can J Bot, 1997, 75: 960-973.

[58] Francisco-Ortega J, et al. Internal transcribed spacer sequence phylogeny of *Crambe* L.(Brassicaceae): molecular data reveal two Old World disjunctions[J]. Mol Phylogenet Evol, 1999, 11: 361-380.

[59] Al-Shehbaz IA, et al. Nomenclatural adjustments in the tribe Arabideae (Brassicaceae)[J]. Plant Diver Evo, 2011, 129: 71-76.

[60] German DA. Contribution to the taxonomy of *Arabidopsis* sl (Cruciferae): the status of *Transberingia* and two new combinations in *Crucihimalaya*[J]. Turczaninowia, 2005, 8: 5-15.

[61] Boczantzeva VV. Generis *Crypotsporae* Kar. et Kir[J]. Mater Gerb Bot Inst Komarova Akad Nauk SSSR, 1963, 22: 144-149.

[62] Warwick SI, Black LD. Molecular systematics of *Brassica* and allied genera (subtribe Brassicinae, Brassiceae)–chloroplast genome and cytodeme congruence[J]. Theor Appl Genet, 1991, 82: 81-92.

[63] Martín J, Sánchez-Yélamo M. Genetic relationships among species of the genus *Diplotaxis* (Brassi-

caceae) using inter-simple sequence repeat markers[J]. Theor Appl Genet, 2000, 101: 1234-1241.

[64] Jordon-Thaden I, et al. Molecular phylogeny and systematics of the genus *Draba* (Brassicaceae) and identification of its most closely related genera[J]. Mol Phylogenet Evol, 2010, 55: 524-540.

[65] 吴征镒, 等. 中国被子植物科属综论[M]. 北京: 科学出版社, 2003.

[66] German DA, et al. Plant genera and species new to China recently found in Northwest Xinjiang[J]. Nordic J Bot, 2012, 30: 61-69.

[67] Boczantzeva VV. New genus *Asterotricha* V. Bocz. (Cruciferae) from Kazakhstan[J]. Bot Zhurn, 1976, 61: 930-931.

[68] Boczantzeva VV. Chromosome numbers of two species from the family Cruciferae[J]. Bot Zhurn, 1977, 62: 1504-1505.

[69] Appel O, Al-Shehbaz IA. Cruciferae[M]//Kubitzki K. Families and genera of vascular plants, V. Berlin: Springer, 2002: 75-174.

[70] Warwick SI, et al. Brassicaceae: Species checklist and database on CD-Rom[J]. Plant Syst Evol, 2006, 259: 249-258.

[71] 刘磊. 基于不同基因组序列的十字花科分子系统发育研究[D]. 武汉: 武汉大学博士学位论文, 2012.

[72] Al-Shehbaz IA, et al. A new species of *Hemilophia* (Brassicaceae) from China[J]. Novon, 1999, 9: 8-10.

[73] Al-Shehbaz IA. New combinations in Brassicaceae (Cruciferae): *Draba serpens* is a *Hemilophia* and *D. williamsii* is a *Lepidostemon*[J]. Edinb J Bot, 2002, 59: 443-450.

[74] Dvořák F. Infrageneric classification of *Hesperis* L.[J]. Feddes Repert, 2008, 84: 259-272.

[75] Appel O, Al-Shehbaz IA. Generic limits and taxonomy of *Hornungia*, *Pritzelago*, and *Hymenolobus* (Brassicaceae)[J]. Novon, 1997, 7: 338-340.

[76] Al-Shehbaz IA, O'Kane Jr SL. *Ianhedgea*, a new generic name replacing the illegitimate *Microsisymbrium* O. E. Schulz (Brassicaceae)[J]. Edinb J Bot, 1999, 56: 321-327.

[77] Moazzeni H, et al. Phylogeny of *Isatis* (Brassicaceae) and allied genera based on ITS sequences of nuclear ribosomal DNA and morphological characters[J]. Flora, 2010, 205: 337-343.

[78] Latowski K. Taksonomiczne studium karpologiczne eurazjatyckich Gatunkow Rodzaju *Lepidium* L.[M]. Poznan, Poland: Uniwersytet Adama Mickiewicza Poznaniu, 1982.

[79] Zunk K, et al. Phylogenetic relationships in tribe Lepidieae (Brassicaceae) based on chloroplast DNA restriction site variation[J]. Can J Bot, 2000, 77: 1504-1512.

[80] Mummenhoff K, et al. Chloroplast DNA phylogeny and biogeography of *Lepidium* (Brassicaceae)[J]. Am J Bot, 2001, 88: 2051-2063.

[81] Al-Shehbaz IA, et al. *Cardaria*, *Coronopus*, and *Stroganowia* are united with *Lepidium* (Brassicaceae)[J]. Novon, 2002, 12: 5-11.

[82] Al-Shehbaz IA. *Lepidostemon* (Brassicaceae) is no longer monotypic[J]. Novon, 2000, 10: 329-333.

[83] German DA, et al. Molecular phylogeny and systematics of the tribe Chorisporeae (Brassicaceae)[J]. Plant Syst Evol, 2011, 294: 65-86.

[84] Warwick SI, et al. Phylogenetic relationships in the tribe Alysseae (Brassicaceae) based on nuclear ribosomal ITS DNA sequences[J]. Botany, 2008, 86: 315-336.

[85] Avetisyan V. A review of the system of Brassicaceae of flora of Caucasus[J]. Bot Zhurn, 1990, 75: 1029-1032.

[86] Ball PW. A review of *Malcolmia maritima* and allied species[J]. Feddes Repert, 1963, 68: 179-186.

[87] Kamelin RV. The Cruciferae (brief survey of the system)[M]. Barnaul: Altai University Press, 2002.

[88] German DA. A check-list and the system of the Cruciferae of Altai[J]. Komarovia, 2009, 6: 83-92.

[89] Koch M. Molecular phylogenetics, evolution and population biology in the Brassicaceae[M]//Sharma AK, Sharma A. Plant genome: biodiversity and evolution 1: phanerograms. Enfield: Science Publishers, 2003: 1-35.

[90] Koch M, Al-Shehbaz IA. Taxonomic and phylogenetic evaluation of the American "*Thlaspi*" species: identity and relationship to the Eurasian genus *Noccaea* (Brassicaceae)[J]. Syst Bot, 2004, 29: 375-384.

[91] Meyer FK. Conspectus der "*Thlaspi*"-Arten Europas, Afrikas und Vorderasiens[J]. Feddes Repert, 1973, 84: 449-469.

[92] Meyer FK. Kritische Revision der *Thlaspi*-Arten Europas, Afrikas und Vorderasiens I. Geschichte, Morphologie und Chorologie[J]. Feddes Repert, 1979, 90: 129-154.

[93] Meyer FK. Kritische Revision der "*Thlaspi*"-Arten Europas, Afrikas und Vorderasiens, Spezieller Tiel, I. *Thlaspi* L.[J]. Haussknechtia, 2001, 8: 3042.

[94] Meyer FK. Kritische Revision der "*Thlaspi*"-Arten Europas, Afrikas un Vorderasiens. Spezieller Teil. IX . *Noccaea* Moench.[J]. Haussknechtia, 2006, 12: 1-341.

[95] Reza Khosravi A, et al. Phylogenetic position of *Brossardia papyracea* (Brassicaceae) based on sequences of nuclear ribosomal DNA[J]. Feddes Repert, 2008, 119: 13-23.

[96] Meyer F. Anmerkungen zu einigen Noccaea-Arten Nordasiens[J]. Haussknechtia, 2010, 12: 5-18.

[97] Botschantzev VP. On Parrya R. Br., *Neuroloma* Andrz. and some other genera (Cruciferae)[J]. Bot J (Moscow & Leningrad), 1972, 57: 664-673.

[98] German DA, Al-Shehbaz IA. Nomenclatural novelties in miscellaneous Asian Brassicaceae (Cruciferae)[J]. Nordic J Bot, 2010, 28: 646-651.

[99] Yue JP, et al. Support for an expanded *Solms-Laubachia* (Brassicaceae): evidence from sequences of chloroplast and nuclear genes 1, 2[J]. Ann MO Bot Gard, 2006, 93: 402-411.

[100] Al-Shehbaz I, et al. A new *Pegaeophyton* (Brassicaceae) from Nepal[J]. Novon, 1998, 8: 327-329.

[101] Al-Shehbaz I. A revision of *Pegaeophyton* (Brassicaceae)[J]. Edin J Bot, 2000, 57: 157-170.

[102] 杨喜林. 中国荒漠十字花科几种植物的研究[J]. 植物分类学报, 1981, 19: 238-240.

[103] 张秀伏. 宽翅沙芥的订正[J]. 植物分类学报, 1995, 33: 502.

[104] 马毓泉. 内蒙古植物志, 第 2 卷[M]. 呼和浩特: 内蒙古人民出版社, 1990.

[105] Jafri S. *Pycnoplinthopsis* Jafri, a new genus of Cruciferae, with two new species, from Bhutan[J]. Pak J Bot, 1972, 4: 73-78.

[106] Bleeker W, et al. Evolution of hybrid taxa in *Nasturtium* R. Br. (Brassicaceae)[J]. Folia Geobot, 1999, 34: 421-433.

[107] Bleeker W, et al. Chloroplast DNA variation and biogeography in the genus *Rorippa* Scop. (Brassicaceae)[J]. Plant Biol, 2002, 4: 104-111.

[108] Al-Shehbaz IA. The genera of Sisymbrieae (Cruciferae, Brassicaceae) in the Southeastern United States[J]. J Arnold Arbor, 1988, 69: 213-237.

[109] Warwick SI, et al. Phylogeny of *Sisymbrium* (Brassicaceae) based on ITS sequences of nuclear ribosomal DNA[J]. Can J Bot, 2002, 80: 1002-1017.

[110] Al-Shehbaz IA. The genera of Anchonieae (Hesperideae) (Cruciferae; Brassicaceae) in the Southeastern United States[J]. J Arnold Arbor, 1988, 69: 193-212.

[111] Warwick SI, et al. Phylogeny and cytological diversity of *Sisymbrium* (Brassicaceae)[M]//Sharma AK, Sharma A. Plant genome: biodiversity and evolution 1: phanerograms. Enfield: Science Publishers, 2005: 219-250.

[112] Al-Shehbaz IA, Warwick SI. A synopsis of *Smelowskia* (Brassicaceae)[J]. Harvard Pap Bot, 2006, 11: 91-99.

[113] Warwick SI, et al. Phylogeny of *Smelowskia* and related genera (Brassicaceae) based on nuclear ITS DNA and chloroplast *trnL* intron DNA sequences[J]. Ann MO Bot Gard, 2004. 91: 99-123.

[114] Yue JP, et al. A synopsis of an expanded *Solms-Laubachia* (Brassicaceae), and the description of four new species from Western China[J]. Ann MO Bot Gard, 2008, 95: 520-538.

[115] Koch M, Mummenhoff K. *Thlaspi* s. str.(Brassicaceae) versus *Thlaspi* sl: morphological and anatomical characters in the light of ITS nrDNA sequence data[J]. Plant Syst Evol, 2001, 227: 209-225.

[116] Mummenhoff K, et al. Molecular data reveal convergence in fruit characters used in the classification of *Thlaspi* sl (Brassicaceae)[J]. Bot J Linn Soc, 1997, 125: 183-199.

[117] Mummenhoff K, et al. Molecular phylogenetics of *Thlaspi* sl (Brassicaceae) based on chloroplast DNA restriction site variation and sequences of the internal transcribed spacers of nuclear ribosomal

DNA[J]. Can J Bot, 1997, 75: 469-482.

[118] Mummenhoff K, et al. *Pachyphragma* and *Gagria* (Brassicaceae) revisited: molecular data indicate close relationship to *Thlaspi* S. Str.[J]. Folia Geobota, 2001, 36: 293-302.

[119] Hedge IC. A systematic and geographical survey of the Old World Cruciferae[M]//MacLeod AJ, Jones BMG. The biology and chemistry of the Cruciferae. London, New York, and San Francisco: Academic Press, 1976: 1-45.

[120] Al-Shehbaz IA. The genera of Lepidieae (Cruciferae; Brassicaceae) in the Southeastern United States[J]. J Arnold Arbor, 1986, 67: 265-311.

[121] Akeroyd JR. *Arabis*[M]//Tutin TG et al. Flora Europaea, I. Cambridge: Cambridge University Press, 1993: 352-356.

[122] Mulligan GA. Synopsis of the genus *Arabis* (Brassicaceae) in Canada, Alaska and Greenland[J]. Rhodora, 1995, 97: 109-163.

[123] Tan K. *Arabis* L.[M]//Strid A, Tan K. Flora Helenica, Vol. 2. Konigstein: Koeltz Scientific Books, 2002: 184-192.

[124] 张渝华. 棒毛荠属——中国十字花科一新属[J]. 云南植物研究, 1985, 7: 143-145.

[125] 张渝华. 十字花科一新属——泡果荠属[J]. 云南植物研究, 1986, 8: 397-406.

[126] 张渝华. 泡果荠属(十字花科)五新种[J]. 云南植物研究, 1987, 9: 153-161.

[127] 张渝华. 阴山荠属的校订[J]. 植物分类学报, 1987, 25: 204-219.

[128] 张渝华. 归并阴山荠变种的说明[J]. 植物分类学报, 1990, 28: 74-75.

[129] 张渝华. 阴山荠属——新种兼论该属的演化和地理起源问题[J]. 云南植物研究, 1993, 15: 364-368.

[130] 张渝华. 关于浙江泡果荠和棒毛荠的分类问题[J]. 植物分类学报, 1995, 33: 175-178.

[131] 张渝华. 安徽泡果荠属(十字花科)一新种[J]. 植物分类学报, 1995, 33: 94-96.

[132] 张渝华. 关于察隅阴山荠和云南亚麻荠的考证[J]. 植物分类学报, 1996, 34: 86.

[133] 张渝华. 阴山荠属的研究[J]. 植物研究, 1996, 16: 445-454.

[134] 张渝华. 湖南广西泡果荠属一新种[J]. 云南植物研究. 1997, 19: 139-140.

[135] 张渝华, 蔡继炯. 阴山荠属, 泡果荠属, 棒毛荠属和岩荠属的扫描电镜观察[J]. 西北植物学报, 1989, 9: 224-232.

[136] 应俊生, 张玉龙. 中国种子植物特有属[M]. 北京: 科学出版社, 1993.

[137] 陆莲立. 棒毛荠属名模式的考证与订正[J]. 植物分类学报, 1993, 31: 286-287.

[138] 赵一之. 关于中国岩荠属、阴山荠属、泡果荠属和棒毛荠属的分类校订[J]. 内蒙古大学学报, 1992, 23: 561-573.

[139] Al-Shehbaz IA, et al. Delimitation of the Chinese genera *Yinshania*, *Hilliella*, and *Cochleariella* (Brassicaceae)[J]. Harvard Pap Bot, 1998, 3: 79-94.

[140] Koch M, Al-Shehbaz A. Systematics of Chinese genera *Yinshania*, *Hilliella*, and *Cochleariella* (Brassicaceae): evidence from plastid *trn*L intron and nuclear ITS DNA sequence data[J]. Ann MO Bot Gard, 2000, 87: 246-272.

Olacaceae R. Brown (1818), *nom. cons.*
铁青树科

特征描述：乔木、灌木或藤本。<u>单叶常互生</u>，<u>稀对生</u>，<u>全缘</u>，<u>稀退化为鳞片状</u>。花常两性，辐射对称，排成各式花序，稀单生；花萼筒顶端具（3）4-5（6）小裂齿，或截平；花瓣（3）4-5（6）；花盘环状；<u>雄蕊为花瓣数的 2-3 倍或与花瓣同数并与其对生</u>，<u>退化雄蕊存在或无</u>；子房上位或半下位，1-5 室，或基部 2-5 室上部 1 室，每室具胚珠 1-4。<u>核果或坚果</u>，<u>成熟种子 1</u>；胚小而直，胚乳丰富。花粉粒 3 沟。染色体 $2n$=24，26，32，40，48。

分布概况：29 属/179 种，泛热带分布；中国 4 属/6 种，产广东、广西、海南、台湾和云南。

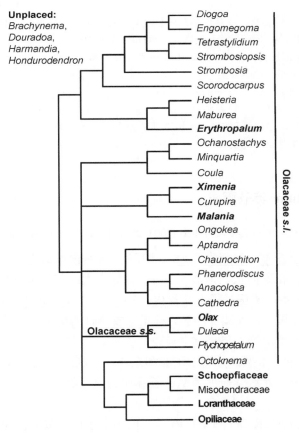

图 154　铁青树科分子系统框架图（参考 Malécot 和 Nickrent[7]）

系统学评述：广义铁青树科 Olacaceae *s.l.*包含 3 亚科（海檀木亚科 Anacolosoideae、铁青树亚科 Olacoideae 和青皮木亚科 Schoepfioideae），6 族（Couleae、Heisterieae、Anacoloseae、Aptandreae、海檀木族 Ximenieae 和铁青树族 Olaceae），以及 2 个系统位置有争议的属（赤苍藤属 *Erythropalum* 和 *Octoknema*）[1-3]。广义铁青树科的各个属在营养方式、形态结构和花粉形态上具有高度异质性，许多学者因此认为广义铁青树科为多系类群，该科应分成多个独立的科[4-6]。分子系统学[7-10]和形态性状聚类分析[11]都证实了广义铁青树科为多系类群，且不支持科下等级（亚科和族）的划分。分子系统学表明青皮木属 *Schoepfia* 与檀香科 Santalaceae 的 *Arjona* 和 *Quinchamalium* 的关系近于广义铁青树科的其他类群[7,12]，支持 Van Tieghem[13] 和 Judd 等[14]将该属独立成科。最新分子系统学研究表明除青皮木属外，广义铁青树科的其他类群被置于另外 7 个分支中[7]。尽管 APW 将每个分支处理为单独的科，但该处理目前尚未得到具体研究结果的支持。因此，此处仍采用 APG III 系统中铁青树科的概念。

分属检索表

1. 子房 1 室，顶生胎座；木质藤本，有腋生卷须；果实成熟时全部为增大成壶状的花萼筒所包围⋯⋯⋯⋯⋯⋯⋯⋯⋯⋯⋯⋯⋯⋯⋯⋯⋯⋯⋯⋯⋯⋯⋯⋯⋯⋯⋯⋯⋯**1. 赤苍藤属 *Erythropalum***
1. 子房 2-4（-5）室，中轴胎座，或基部 2-3 室上部 1 室的特立中央胎座；乔木，灌木，有时攀援状，但无卷须；果实成熟时花萼筒不增大或增大、承托或包围果实
  2. 雄蕊 8（-10），全部发育；子房 4 室，中轴胎座，或下部 2 室的顶端 1 室特立中央胎座；果实成熟时花萼筒不增大亦不包围果实
    3. 子房 4 室；枝有刺⋯⋯⋯⋯⋯⋯⋯⋯⋯⋯⋯⋯⋯⋯⋯⋯⋯⋯⋯⋯**2. 海檀木属 *Ximenia***
    3. 子房下部 2 室顶端 1 室；枝无刺⋯⋯⋯⋯⋯⋯⋯⋯⋯⋯⋯⋯⋯⋯**4. 蒜头果属 *Malania***
  2. 发育雄蕊 3-4（-5），退化雄蕊 5-6；子房下部 3 室上部 1 室的特立中央胎座；果实成熟时下部或大部分为增大的花萼筒所包围⋯⋯⋯⋯⋯⋯⋯⋯⋯⋯⋯⋯⋯⋯⋯⋯⋯**3. 铁青树属 *Olax***

1. *Erythropalum* Blume 赤苍藤属

Erythropalum Blume (1820: 921); Qiu & Gilbert (2003: 202) (Type: *E. scandens* Blume)

特征描述：木质藤本，有腋生卷须。叶互生，3 基出脉或近于 5 基出脉。花排成疏散的二歧聚伞花序；花萼筒状，顶端 4-5 齿，花后增大；花冠宽钟形，具 5 深裂齿；雄蕊 5，与花冠裂片对生；子房半埋于花盘内，3 心皮、1 室，顶生胎座，胚珠 2-3，悬垂于子房室顶端；花柱极短，顶端 3 浅裂。核果，成熟时为增大的花萼筒所包围。种子 1。花粉粒 3 孔沟，小穴状纹饰。染色体 $2n=32$。

分布概况：1/1 种，**7 型**；分布于南亚和东亚；中国产华南和西南。

系统学评述：分子系统学研究表明赤苍藤属为单系类群，与 *Heisteria* 和 *Maburea* 构成姐妹群[7]。

DNA 条形码研究：BOLD 网站有该属 1 种 2 个条形码数据；GBOWS 已有 1 种 11 个条形码数据。

代表种及其用途：赤苍藤 *E. scandens* Blume 茎入药，利尿，治黄疸，也治风湿骨痛。

2. *Malania* Chun & S. K. Lee 蒜头果属

Malania Chun & S. K. Lee (1980: 67); Qiu & Gilbert (2003: 201) (Type: *M. oleifera* Chun & S. K. Lee)

特征描述：乔木。叶互生，叶脉羽状。<u>花两性</u>；<u>蝎尾状聚伞花序</u>；花萼筒杯状，顶端 4（5）裂齿；花瓣 4（5），内面下部有毛；雄蕊为花瓣数的 2 倍，花丝丝状；<u>子房上位</u>，<u>下部 2 室顶端 1 室</u>，<u>特立中央胎座</u>，<u>每室有胚珠 1</u>，<u>悬垂于胎座顶端</u>，<u>花柱粗短</u>，<u>柱头微 2 裂</u>。浆果状核果，内果皮木质。成熟种子 1，球形或扁球形；胚乳丰富。染色体 $2n=26$。

分布概况：1/1（1）种，**15** 型；中国广西西部和西南部、云南东南部特有。

系统学评述：分子系统学研究表明蒜头果属隶属为单系类群，与海檀木属 *Ximenia* 和 *Curupira* 构成姐妹群[7]。

DNA 条形码研究：BOLD 网站有该属 1 种 2 个条形码数据；GBOWS 已有 1 种 4 个条形码数据。

代表种及其用途：蒜头果 *M. oleifera* Chun & S. K. Lee 种子含油脂，为良好的木本油料植物，可作润滑油和制皂的原料；木材纹理直，结构细，材质中等，可做家具、船舶、雕刻及建筑用。

3. *Olax* Linnaeus 铁青树属

Olax Linnaeus (1753: 34); Qiu & Gilbert (2003: 201) (Type: *O. zeylanica* Linnaeus)

特征描述：乔木、灌木或藤本。单叶互生，稀对生，全缘，稀叶退化为鳞片状。花常两性，辐射对称，排成各式花序，稀单生，<u>筒顶端截平或具不明显的齿</u>，<u>果期增大</u>；花盘极薄，环绕于子房基部；<u>能育雄蕊 3</u>，<u>退化雄蕊 5-6</u>，<u>较能育雄蕊长</u>；<u>子房上位</u>，<u>基部 3 室上部 1 室</u>，<u>胚珠 3</u>，<u>悬垂于特立中央胎座顶端</u>，<u>花柱顶端 3 裂</u>。<u>核果</u>，<u>部分埋于增大花萼筒内</u>。种子 1，胚乳丰富。花粉粒 3 孔，光滑或网状纹饰。染色体 $2n=24$，48。

分布概况：约 40/3（1）种，**4** 型；主要分布于非洲，亚洲和大洋洲热带，少数到亚洲亚热带南部；中国产广东、广西、台湾和云南。

系统学评述：分子系统学研究表明铁青树属可能为并系类群，该属与 *Dulacia* 具有最近的亲缘关系[7]。

DNA 条形码研究：BOLD 网站有该属 4 种 7 个条形码数据；GBOWS 已有 1 种 4 个条形码数据。

代表种及其用途：铁青树 *O. imbricata* Roxburgh 在我国仅见于海南、台湾，生于海拔 200m 以下的密林或次生林中。

4. *Ximenia* Linnaeus 海檀木属

Ximenia Linnaeus (1753:1193); Qiu & Gilbert (2003: 200) (Lectotype: *X. americana* Linnaeus)

特征描述：<u>灌木或小乔木</u>，<u>具短枝及枝刺</u>。<u>叶互生</u>，<u>短枝上的叶呈簇生状</u>。花小，排成腋生的蝎尾状聚伞花序，稀单生；花萼筒杯状，上端具 4-5 裂齿；花瓣 4-5，离生或 2-3 合生，外卷，内面被长毛；雄蕊为花瓣的 2 倍，着生在花瓣基部；<u>子房上位</u>，<u>4室</u>，<u>中轴胎座</u>，<u>每室有 1 胚珠</u>，<u>自室顶端向下悬垂</u>，柱头不分裂。核果卵球形或球形。成熟种子 1，胚乳丰富。花粉粒 3 沟，网状纹饰。染色体 $2n$=24，26，48，52。

分布概况：约 8/1 种，**2** 型；分布于热带；中国产海南。

系统学评述：分子系统学研究表明海檀木属为单系类群，与蒜头果属 *Malania* 和 *Curupira* 具有较近的亲缘关系[4]。

DNA 条形码研究：BOLD 网站有该属 2 种 15 个条形码数据。

代表种及其用途：海檀木 *X. americana* Linnaeus 在我国仅见于海南三亚附近，生于海边沙地上，偶见于海边低山上。

主要参考文献

[1] Breteler F, et al. 1996. *Engomegoma gordonii* (Olacaceae) a new monotypic genus from Gabon[J]. Bot Jahrb Syst, 118: 113-132.

[2] Engler A. Olacaceae[M]//Engler A, Prantl K. Die natürlichen pflanzenfamilien, 3. Leipzig: W. Engelmann, 1894: 231-242.

[3] Sleumer HO. Olacaceae[M]//Van Steenis CGGJ. Flora Malesiana, Vol. 10. The hague: *Martinus* Nijhoff, 1984: 1-29.

[4] Fagerlind F. Beitrage zur kenntnis der gynaceum morphologie und phylogenie der Santalales-familien[J]. Svensk Bot Tidskr, 1948, 42: 195-229.

[5] Kuijt J. Mutual affinities of Santalalean families[J]. Brittonia 1968, 20: 136-147.

[6] Reed CF. The comparative morphology of the Olacaceae, Opiliaceae and Octoknemaceae[J]. Mem Soc Brot, 1955, 10: 29-79.

[7] Malécot V, Nickrent DL. Molecular phylogenetic relationships of Olacaceae and related Santalales[J]. Syst Bot, 2008, 33: 97-106.

[8] Nickrent DL, Malécot V. A molecular phylogeny of Santalales[M]//Fer A, et al. Proceedings of the 7th International Parasitic Weed Symposium. Nantes: Université de Nantes, 2001.

[9] Nickrent DL, Duff RJ. Molecular studies of parasitic plants using ribosomal RNA[M]//Moreno MT, et al. Advances in parasitic plant research. Cordoba: Dirección General de Investigación Agraria, 1996: 28-52.

[10] Nickrent DL, et al. Molecular phylogenetic and evolutionary studies of parasitic plants[M]//Soltis DE, et al. Molecular systematics of plants II DNA sequencing. Boston: Kluwer Academic Publishers, 1998: 211-241.

[11] Malécot V, et al. A morphological cladistic analysis of Olacaceae[J]. Syst Bot, 2004, 29: 569-586.

[12] Der JP, Nickrent DL. A molecular phylogeny of Santalaceae (Santalales)[J]. Syst Bot, 2008, 33: 107-116.

[13] Van Tieghem MP. Sur les phanérogames a ovule sans nucelle, formant le groupe des innucellées ou santalinées[J]. Bull Soc Bot France, 1896, 43: 543-577.

[14] Judd WS, et al. Plant systematics: a phylogenetic approach[M]. Sunderland: Sinauer, 2002.

Opiliaceae Valeton (1886), *nom. cons.* 山柚子科

特征描述：常绿小乔木、灌木或木质藤本。单叶互生，全缘；无托叶。花小，辐射对称；组成穗状花序、总状花序或圆锥状的聚伞花序；单花被或具花萼和花瓣，花被片4-5，花蕾时镊合状排列；雄蕊与花被片或花瓣同数、对生，花丝离生或基部与花瓣合生，花药2室，纵裂；花盘位于雄蕊内，环状或杯状，或为分离的腺体；子房上位或半下位，1室，倒生胚珠1，无珠被，花柱短或无，柱头全缘或浅裂。核果。染色体2n=20。

分布概况：11属/32-36种，分布于亚洲和非洲热带，少数产大洋洲东北部及美洲热带；中国5属/5种，产云南、广西、广东及台湾。

系统学评述：传统分类将山柚子科放在檀香目[1-3]。分子系统学研究支持山柚子科与檀香科、桑寄生科等有较近的亲缘关系，并将其归入檀香目[4-8, APW]。最近的分子证据均支持原隶属于檀香科 Santalaceae 的 *Anthobolus* 应归于山柚子科[5,7]，然而 Kuijt[8]仍基于形态未采纳这一处理。

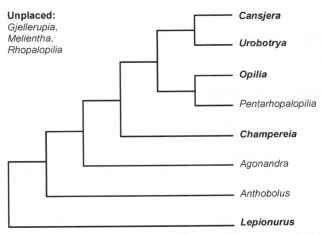

图 155 山柚子科分子系统框架图（参考 Der 和 Nickrent[5]）

分属检索表

1. 穗状花序；花两性，花被合生成坛状，裂片4，短于花被管，花柱圆柱状；攀援灌木 ·················· **1. 山柑藤属 Cansjera**

1. 总状花序、总状花序式聚伞花序或圆锥花序状聚伞花序；花两性或杂性，花被片或花瓣4-5，离生或仅基部合生，花柱缺或极短
  2. 攀援灌木或小乔木；总状花序式聚伞花序，花序轴密被淡红褐色短柔毛，花萼细小，花瓣5，离生，花柱极短 ·················· **4. 山柚子属 Opilia**
  2. 灌木或小乔木；花序轴无毛或被微柔毛，单花被，花被片4-5，花柱缺
    3. 圆锥花序状聚伞花序；花杂性，苞片小，早落，花被片5，离生 ······· **2. 台湾山柚属 Champereia**

3. 总状花序；花两性，苞片阔卵形至圆形，宽 4-7mm，花被片 4
　　4. 花被基部合生，裂片开展；雄蕊短于花被；花盘杯状，具不整齐裂缺·······················
　　·· **3. 鳞尾木属 Lepionurus**
　　4. 花被片离生；雄蕊明显地长于花被片；花盘环状·············· **5. 尾球木属 Urobotrya**

1. *Cansjera* Jussieu 山柑藤属

Cansjera Jussieu (1789: 448), *nom. cons.*; Qiu & Hiepko (2003: 205) (Type: *C. rheedei* J. F. Gmelin)

特征描述：直立或攀援灌木，有时具刺。叶互生；具短柄。花两性，排成稠密的腋生穗状花序，每花具 1 苞片；单花被，具柔毛，下部合生，上部 4-5 裂，裂片镊合状排列；雄蕊 4-5，与花被裂片对生，花丝无毛，花药长圆形，药室纵裂；腺体 4-5，卵状或近三角形，肉质；子房上位，卵球形或圆筒状，1 室，柱头头状，4 浅裂。核果椭圆状，中果皮肉质。种子 1，胚小，子叶 3-4。

分布概况：3/1 种，**5** 型；分布于亚洲和澳大利亚的热带；中国产云南、广西和广东。

系统学评述：该属与尾球木属 *Urobotrya* 为姐妹群[5,6]。

DNA 条形码研究：BOLD 网站有该属 2 种 3 个条形码数据；GBOWS 已有 1 种 4 个条形码数据。

代表种及其用途：山柑藤 *C. rheedei* J. F. Gmelin 具根寄生习性，是低海拔疏林或灌木林的重要组成成分。

2. *Champereia* Griffith 台湾山柚属

Champereia Griffith (1843: 237); Qiu & Hiepko (2003: 206) (Lectotype: *C. perottetiana* Baillon)

特征描述：直立灌木或小乔木。叶互生，全缘。花小，杂性、两性花或雌花均排成圆锥花序状聚伞花序，苞片小，早落；单花被，花被片 5，镊合状排列；雄蕊 5，约与花被片等长，花丝丝状，药室平行；花盘环状，具 5 浅裂；子房上位，圆锥状，半埋在花盘中，花柱无，柱头垫状；雌花具不育雄蕊，花盘分裂。核果椭圆状，外果皮壳质，中果皮肉质。胚近圆柱状，胚根小；子叶长，3。

分布概况：1/1 种，（**7a-d**）型；分布于亚洲南部和东南部热带；中国产台湾。

系统学评述：该属为单型属。

DNA 条形码研究：BOLD 网站有该属 1 种 2 个条形码数据。

代表种及其用途：台湾山柚 *Ch. manillana* (Blume) Merrill 木材黄白色，致密坚韧，常用以雕印，兼做农具，亦为良好的薪炭材。

3. *Lepionurus* Blume 鳞尾木属

Lepionurus Blume (1826: 1148); Qiu & Hiepko (2003: 206) (Type: *L. sylvestris* Blume)

特征描述：灌木。叶薄革质，无毛。花两性，排成腋生的总状花序，每苞片内 3 花，花序轴纤细，<u>无毛</u>；苞片阔，鳞片状，具短缘毛，密集覆瓦状，开花前脱落；<u>花（3-）4（-5）数，花被合生，深裂</u>；雄蕊短于花被，花丝扁平；<u>花盘杯状，边缘裂缺</u>；子房卵球状圆锥形，花柱常缺，柱头不裂或 4 浅裂。核果椭圆状，中果皮肉质，内果皮壳质。胚几与种子等长，胚根小；子叶线形，3-4。

分布概况：1/1 种，**（7a-d）型**；分布于尼泊尔，印度，马来西亚；中国产云南。

系统学评述：该属为单型属，为山柚子科的基部类群[5,6]。

DNA 条形码研究：BOLD 网站有该属 1 种 2 个条形码数据；GBOWS 已有 1 种 4 个条形码数据。

代表种及其用途：鳞尾木 *L. sylvestris* Blume 是重要的林下植物资源，也是独具特色的森林蔬菜。

4. *Opilia* Roxburgh 山柚子属

Opilia Roxburgh (1802: 31); Qiu & Hiepko (2003: 205) (Type: *O. amentacea* Roxburgh)

特征描述：攀援灌木或小乔木。<u>叶革质</u>，<u>互生</u>，<u>二列</u>，<u>全缘</u>，<u>中脉凸起</u>；<u>叶柄短</u>。花两性，排成腋生的总状花序式聚伞花序，苞片早落；花萼细小，环状，或具不明显的齿；<u>花瓣 5，稀 4 或 6，离生，长圆形，顶端伸展外弯</u>；雄蕊 5，离生，与花瓣对生，花药 2 室；腺体 5，肉质，与花瓣互生；子房上位，椭圆状，1 室，胚珠 1，下垂，花柱极短，柱头小，盘状，中央下凹。<u>核果，中果皮肉质，内果皮脆壳质</u>。花粉粒 3 孔沟，小穴状纹饰。

分布概况：2/1 种，**4 型**；分布于非洲，亚洲热带和澳大利亚东北部；中国产云南。

系统学评述：该属与 Pentarhopalopilia 为姐妹群[5,6]。

DNA 条形码研究：BOLD 网站有该属 2 种 4 个条形码数据。

代表种及其用途：山柚子 *O. amentacea* Roxburgh，凉血止血，清热解毒，治疗主胃、十二指肠溃疡出血、外伤出血、疮疖肿痛、湿疹。

5. *Urobotrya* Stapf 尾球木属

Urobotrya Stapf (1905: 89); Qiu & Hiepko (2003: 206) (Type: *non designates*)

特征描述：灌木或小乔木。叶<u>互生</u>，薄革质，全缘，无毛或仅中脉有毛；叶柄短。<u>花两性，排成总状花序，每苞片内常 3 花，花序轴纤细</u>；苞片阔，具缘毛，密集覆瓦状，开花前脱落，花序基部苞片宿存；<u>花（3-）4（-5）数，单花被，花被片离生，镊合状排列</u>；<u>雄蕊与花被片同数对生，长于花被片</u>；<u>花盘环状，肉质</u>；子房圆锥状至圆筒状，花柱缺，柱头不分裂或 4 浅裂。核果椭圆状，中果皮肉质。子叶 33。

分布概况：7/1 种，**6 型**；分布于非洲热带和亚洲东南部；中国产云南和广西。

系统学评述：该属与山柑藤属为姐妹群[5,6]。

DNA 条形码研究：BOLD 网站有该属 1 种 2 个条形码数据；GBOWS 已有 1 种 7 个条形码数据。

代表种及其用途：尾球木 *U. latisquama* (Gagnepain) Hiepko 果供观赏，在云南西双

版纳勐腊用幼嫩花序和花供蔬菜。

<h1 style="text-align:center">主要参考文献</h1>

[1] Mabberley DJ. The plant-book: a portable dictionary of the vascular plants[M]. Cambridge: Cambridge University Press, 1997.

[2] Takhtajan A. Diversity and classification of flowering plants[M]. New York: Columbia University Press, 1997.

[3] 吴征镒, 等. 中国被子植物科属综论[M]. 北京: 科学出版社, 2003.

[4] Soltis DE, et al. Angiosperm phylogeny: 17 genes, 640 taxa[J]. Am J Bot, 2011, 98: 704-730.

[5] Der JP, Nickrent DL. A molecular phylogeny of Santalaceae (Santalales)[J]. Syst Bot, 2008, 33: 107-116.

[6] Malécot V, Nickrent DL. Molecular phylogenetic relationships of Olacaceae and related Santalales[J]. Syst Bot, 2008, 33: 97-106.

[7] Nickrent DL, et al. A revised classification of Santalales[J]. Taxon, 2010, 59: 538-558.

[8] Kuijt J. Santalales[M]//Kubitzki K. The families and genera of vascular plants, XII. Berlin: Springer, 2015: 1-189.

Balanophoraceae Richard (1822), *nom. cons.* 蛇菰科

特征描述：肉质寄生草本。花茎不分枝。叶存在时为鳞片状。花序肉穗状或头状，顶生；花单性，雌雄同株（序）或异株（序）；雌雄花同序时，雄花常混杂于雌花丛中或着生于花序不同部位，花被存在时 3 至多裂，1 轮；雄蕊在无花被花中 1-2，花药 2 至多室；雌花花被片缺失或退化成裂片，子房 1-3 室，每室具胚珠 1，花柱 1-2。坚果。种子球形，常与果皮贴生。花粉粒无萌发孔、3 孔沟（或为沟和孔）至散孔型。染色体 2n=16，18，36，56，94-112。

分布概况：16 属/42 种，分布于亚洲，非洲和大洋洲温带至热带；中国 2 属/13 种，产西南、华南至华东。

系统学评述：虽然蛇菰科与檀香目 Santales 亲缘关系紧密[1]，并且也被证实隶属檀香目[APG II]。但目前该科在檀香目内的系统位置尚未得到很好解决[2]。Su 等[3]的研究认为其进化速率要比半寄生的檀香目其他类群快。

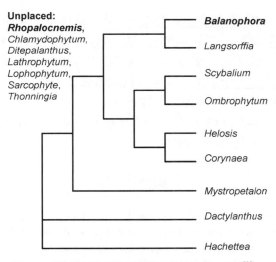

图 156　蛇菰科分子系统框架图（参考 Su 等[3]）

分属检索表

1. 花柱 1；叶明显存在；花序不被鳞片包裹；根茎含蜡质（蛇菰素）...............**1. 蛇菰属 Balanophora**
1. 花柱 2；叶缺失、不明显或仅为鳞片状；花序常被鳞片包裹；根茎含丰富的淀粉 ....
....**2. 盾片蛇菰属 Rhopalocnemis**

1. *Balanophora* J. R. Forster & G. Forster 蛇菰属

Balanophora J. R. Forster & G. Forster (1775: 50); Huang & Murata (2003: 272) (Type: *B. fungosa* J. R.

Forster & G. Forster)

特征描述：肉质草本。<u>根茎含蜡质（蛇菰素）</u>。<u>叶肉质或鳞片状</u>。肉穗花序；<u>雌雄同株或异株</u>；雌雄花同株（序）时，雌雄花混生且雄花常位于花序轴基部；雄花下部常有"U"形苞片；花被裂片 3-6；雄蕊常聚生成聚药雄蕊；<u>雌花无花被</u>，子房 1 室，<u>花柱 1</u>，宿存。坚果，外果皮脆骨质。花粉粒无萌发孔、3 孔或散孔，具小刺。蟓蛾可能是传粉者。染色体 2n=56，94，112。

分布概况：约 19/12（1）种，**5（7e）型**；分布于非洲和大洋洲热带，亚洲热带至温带和太平洋诸岛；中国产西南、华南和华东。

系统学评述：属下未见系统学研究。

DNA 条形码研究：BOLD 网站有该属 4 种 18 个条形码数据；GBOWS 已有 1 种 1 个条形码数据。

代表种及其用途：蛇菰属植物具有凉血、止血、清热解毒等功能，有解酒毒的作用，如印度蛇菰 *B. indica* (Arnott) Griffith 和穗花蛇菰 *B. laxiflora* Hemsley 等。

2. *Rhopalocnemis* Junghuhn 盾片蛇菰属

Rhopalocnemis Junghuhn (1841: 213); Huang & Murata (2003: 272) (Type: *R. phalloides* Junghuhn)

特征描述：肉质草本。<u>根茎含丰富的淀粉</u>。<u>叶在雄株中呈鳞片状</u>，<u>但在雌株中缺失</u>。穗状花序，<u>初期被多数粗厚、多角、盾状的鳞片包裹</u>；<u>雌雄同株或异株</u>；雄花花被顶端呈不规则齿牙状或撕裂成 4 裂，雄蕊 3，花丝合生呈细长的柱状贴生于花被管上，花药基部合生；雌花<u>花被片贴生于子房</u>，在子房顶端形成 2 条脊突，子房椭球形，1 室，胚珠倒生，<u>花柱 2</u>，细长。坚果狭长圆形。种子球形。

分布概况：1/1 种，**6-2（14SH）型**；分布于亚洲南部至东南部；中国产广西和云南。

系统学评述：属下未见系统学研究。

主要参考文献

[1] Barkman TJ, et al. Mitochondrial DNA suggests at least 11 origins of parasitism in angiosperms and reveals genomic chimerism in parasitic plants[J]. BMC Evol Biol, 2007, 7: 248.

[2] Su HJ, Hu JM. Rate heterogeneity in six protein-coding genes from the holoparasite *Balanophora* (Balanophoraceae) and other taxa of Santalales[J]. Ann Bot, 2012, 110: 1137-1147.

[3] Su HJ, et al. Morphology and phylogenetics of two holoparasitic plants, *Balanophora japonica* and *Balanophora yakushimensis* (Balanophoraceae), and their hosts in Taiwan and Japan[J]. J Plant Res, 2012, 125: 317-326.

Santalaceae R. Brown (1810), *nom. cons.* 檀香科

特征描述：乔木、灌木或草本，有时寄生于其他树上或根上。叶互生或对生，全缘，有时退化为鳞片。花单生或排成各式花序；花常淡绿色，两性或单性，辐射对称；萼花瓣状，常肉质，裂片 3-6；无花瓣；有花盘；雄蕊 3-6，与萼片对生；子房下位或半下位，1 室，胚珠 1-3。核果或坚果。种子 1，具胚乳。染色体 x=5-7，12，13。

分布概况：（34-）39-44 属/450-990 种，分布于热带和温带；中国 10 属/51 种，南北均产。

系统学评述：传统分类和分子证据均支持将檀香科放入檀香目[1-4]。但檀香科的范围在不同分类系统中略有不同，如 FRPS 将油杉寄生属 *Arceuthobium*、栗寄生属 *Korthalsella* 和槲寄生属 *Viscum* 放在广义桑寄生科 Loranthaceae 中的槲寄生亚科 Viscoideae；FOC 将这 3 属处理为槲寄生科 Viscaceae。Der 和 Nickrent[5]对檀香科的分子系统学研究发现支持率较高的 7 大分支，即 *Viscum* clade、*Amphorogyne* clade、*Santalum* clade、*Nanodea* clade、*Cervantesia* clade、*Thesium* clade 和 *Comandra* clade，这 7 大支组成了目前 APG III 所定义的檀香科。Nickrent 等[6]也主张将这 7 大支各自分成独立的科。

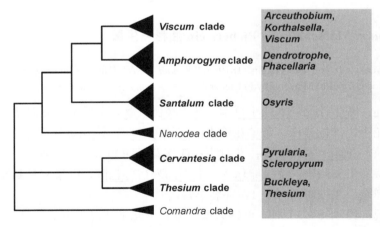

图 157　檀香科分子系统框架图（参考 Der 和 Nickrent[5]；Nickrent 等[6]）

分属检索表

1. 每室具胚珠 2-3
  2. 草本植物；通常有叶，叶线形，稀退化为鳞片；花两性，花被裂片内面有丛毛；子房下位；坚果具干燥的外果皮 ·· **9. 百蕊草属 *Thesium***
  2. 木本植物；核果，外果皮常多少肉质
    3. 花药室平行纵裂
      4. 叶对生；果实顶端有叶状苞片 4（5）；花盘边缘弯缺；花单性，单生或集成伞形花序，雌雄异株·· **2. 米面蓊属 *Buckleya***

    4. 叶互生

        5. 花 5（-6）数；花盘通常分裂；果直径 2-3cm；叶膜质或纸质；枝圆柱状··············
··· **7. 檀梨属** *Pyrularia*

        5. 花 3（-4）数；花盘边缘弯缺；果直径 8-10mm；叶薄革质；枝常呈三棱形
··· **5. 沙针属** *Osyris*

   3. 花药室叉开

      6. 无叶片；花通常雌雄同株；核果具脆骨质内果皮，内面的上部 5-6 室、下部 1 室··············
··· **6. 重寄生属** *Phacellaria*

      6. 有叶；茎（或树干）明显

        7. 木质藤本，无刺；花单生，簇生或集成聚伞花序或伞形花序；叶脉基出，3-9（11）条，
弧形；半寄生植物·· **3. 寄生藤属** *Dendrotrophe*

        7. 乔木或灌木，通常有刺（有 1 变种无刺）；花集成穗状花序；叶脉羽状；早期寄生植物
··· **8. 硬核属** *Scleropyrum*

1. 无胚珠，仅具胚囊细胞

  8. 花药 2 室或 1 室；叶退化呈鳞片状，对生，多少成对地合生

    9. 小枝圆柱状；雌雄异株，花通常单朵腋生或一至数花顶生；花药 1 室，横裂··············
··· **1. 油杉寄生属** *Arceuthobium*

    9. 小枝扁平；雌雄同株，聚伞花序，簇生于叶腋，花的基部有毛围绕；花药 2 室，纵裂，合生为
聚药雄蕊（国产属）··· **4. 栗寄生属** *Korthalsella*

  8. 花药多室，孔裂；叶对生，具叶片或退化呈鳞片状；雌雄同株或异株，聚伞式花序，腋生或顶生
··· **10. 槲寄生属** *Viscum*

1. *Arceuthobium* Marschall von Bieberstein 油杉寄生属

Arceuthobium Marschall von Bieberstein (1819: 629), *nom. cons.*; Qiu & Gilbert (2003: 241) [Type: *A. oxycedri* (de Candolle) Marschall von Bieberstein (≡ *Viscum oxycedri* de Candolle)]

    特征描述：寄生性亚灌木或小草本。茎、枝圆柱状，节明显。叶对生，鳞片状，合生呈鞘状。花小，单性异株，常单花腋生；花被萼片状；雄花萼片常 3-4，雄蕊与萼片等数，花丝缺，花药 1 室，横裂；花盘小；雌花花托陀螺状，花萼管短，顶部 2 浅裂，子房 1 室，特立中央胎座。浆果卵球形，上半部为宿萼包围，中果皮具黏胶质，成熟时在基部环状弹裂；果梗短。种子 1，胚乳丰富。

    分布概况：约 45/5（3）种，**8**（9）型；分布于北半球温带至亚热带；中国产四川、云南和西藏。

    系统学评述：传统分类将油杉寄生属置于槲寄生科 Viscaceae 或广义桑寄生科 Loranthaceae 中的槲寄生亚科 Viscoideae[FOC,FRPS]。该属是个单系类群。Der 和 Nickrent[5]支持该属位于檀香科 *Viscum* clade。Nickrent 等[7]利用 *trn*T-L-F 和 nrITS 序列对该属 42 种进行了系统学研究和分类学修订。

    DNA 条形码研究：BOLD 网站有该属 16 种 32 个条形码数据；GBOWS 已有 1 种 3 个条形码数据。

    代表种及其用途：该属植物仅寄生于松科或柏科植物上，对针叶林有严重危害性。

2. *Buckleya* Torrey 米面蓊属

Buckleya Torrey (1843: 170); Xia & Gilbert (2003: 208) [Type: *B. distichophylla* (Nuttall) Torrey (≡ *Borya distichophylla* Nuttall)]

特征描述：半寄生落叶灌木。芽顶端锐尖，鳞片 2-5 对。叶对生，羽状脉并有网脉。花单性，雌雄异株；雄花小，钟形，集成聚伞或伞形花序，花被 4（-5）裂，雄蕊短，4（-5）枚，花药纵裂，花盘上位，贴生于花被管内壁；雌花单生，4（-5）数，叶状苞片 4（-5），花被管与子房合生，花被裂片 4，子房下位 8 棱，柱头 2-4 裂，胚珠 3-4。核果顶端有苞片，苞片常 4，星芒状开展。

分布概况：4/2（2）种，**9** 型；分布于北美和东亚；中国产华中和西北。

系统学评述：Der 和 Nickrent[5]对檀香科的分子系统学研究发现，米面蓊属与百蕊草属近缘，将其与其他近缘属一起放在 *Thesium* clade。

DNA 条形码研究：BOLD 网站有该属 1 种 1 个条形码数据；GBOWS 已有 2 种 8 个条形码数据。

代表种及其用途：该属果实含淀粉，可盐渍食用并酿酒、榨油。秦岭米面蓊 *B. graebneriana* Diels 嫩叶可作蔬菜。米面蓊 *B. henryi* Diels 鲜叶有毒，外用治皮肤瘙痒；树皮碎片对人体皮肤有刺激作用。

3. *Dendrotrophe* Miquel 寄生藤属

Dendrotrophe Miquel (1856: 776, 779); Xia & Gilbert (2003: 215) [Lectotype: *D. umbellata* (Blume) Miquel (≡ *Viscum umbellatum* Blume)]

特征描述：半寄生木质藤本。叶革质，互生，全缘，叶脉基出。花小，腋生。雄花单生，或集成聚伞或伞形花序；花被 5-6 裂，与花盘离生，内面在雄蕊后面有疏毛 1 撮或有舌状物 1，雄蕊 5-6；花盘上位。雌花稍大于雄花，花被管与子房贴生，具退化雄蕊，花盘覆盖子房，子房下位，胚珠 2-3。核果顶端冠以宿存花被裂片，粗糙或有疣瘤，较大的疣瘤常形成约 10 纵列。种子有纵向的槽。

分布概况：10/6 种，**5**（7）型；分布于东南亚至澳大利亚南部；中国产东南、华南和西南。

系统学评述：Der 和 Nickrent [5]的分子系统学研究表明寄生藤属位于檀香科 *Amphorogyne* clade。

DNA 条形码研究：BOLD 网站有该属 1 种 3 个条形码数据；GBOWS 已有 1 种 4 个条形码数据。

代表种及其用途：寄生藤 *D. varians* (Blume) Miquel 有疏风解热，除湿之功效，主治流行性感冒，跌打损伤。

4. *Korthalsella* Tieghem 栗寄生属

Korthalsella Tieghem (1896: 83); Qiu & Gilbert (2003: 240) (Type: *K. remyana* Tieghem)

特征描述：寄生小灌木。茎常扁平，相邻节间排在同一平面；枝对生或二歧分枝。叶对生，鳞片状。聚伞花序腋生，初具 1 花，后成团伞花序；花小，单性，雌雄同株，无苞片，基部有毛，花被萼片状；雄花花托辐射状，萼片 3，聚药雄蕊球形，无花丝，花药 2 室，药室内向，纵裂；雌花花托卵球形，萼片 3，子房 1 室，特立中央胎座，花柱缺，柱头乳头状。浆果具宿萼，外果皮平滑，中果皮具黏胶质。种子 1。

分布概况：25/1 种，**2（3）**型；分布于非洲东部，亚洲南部和东南部，大洋洲热带，古巴；中国东南至西南均产。

系统学评述：传统分类将栗寄生属置于槲寄生科 Viscaceae，或广义桑寄生科 Loranthaceae 中的槲寄生亚科 Viscoideae [FOC,FRPS]。Der 和 Nickrent [5]支持该属位于檀香科 *Viscum* clade。Molvray 等[8]利用 *trn*L-F 和 nrITS 序列对该属的分子系统学研究，支持其的单系性。

DNA 条形码研究：BOLD 网站有该属 6 种 6 个条形码数据。

代表种及其用途：栗寄生 *K. japonica* (Thunberg) Engler 常寄生于海拔 150-2500m 常绿阔叶林内的优势树种上。

5. *Osyris* Linnaeus 沙针属

Osyris Linnaeus (1753: 1022); Xia & Gilbert (2003: 211) (Type: *O. alba* Linnaeus)

特征描述：灌木或小乔木。枝常三棱形。叶互生，颇密集，薄革质，具羽状脉。花腋生，雄花集成聚伞花序，两性花或雌花单生；两性花花被管大部与子房贴生，离生部分 3 (-4) 裂，花被裂片内有一撮疏毛，雄蕊 3 (-4)，花药药室离生，平行纵裂，花盘近平坦，边缘弯缺，子房下位，1 室，柱头 3 (-4) 裂，胚珠 2-4；雄花雄蕊略长，子房退化。核果顶端常冠以花被残痕或仅留花盘的痕迹。种子球形。花粉粒 3 孔沟，穴状纹饰。

分布概况：6-7/1 种，**12-3** 型；分布于地中海，非洲，亚洲南部和东南部；中国产四川、云南和广西。

系统学评述：Der 和 Nickrent [5]的分子系统学研究表明沙针属位于檀香科 *Santalum* 分支。

DNA 条形码研究：BOLD 网站有该属 4 种 11 个条形码数据；GBOWS 已有 1 种 24 个条形码数据。

代表种及其用途：该属根和心材含类似檀香油的成分，可代檀香；根、叶治咳嗽，胃痛，胎动不安，外伤出血等。

6. *Phacellaria* Bentham 重寄生属

Phacellaria Bentham (1880: 219, 229); Xia & Gilbert (2003: 218) (Lectotype: *P. rigidula* Bentham)

特征描述：寄生植物。"无茎"。无叶。花序木质化，常簇生，具纵沟或纵条纹；花生于苞片腋部，常雌雄同株；小苞片常集成总苞；雄花花被管短筒状，实心，花被裂片 4-6（-8），镊合状排列，雄蕊 4-6（-8），花盘平坦，边缘弯缺；雌花花被管圆锥状或杯状，花被裂片（3-）4-8，子房下位，胚珠 3-5；两性花雄蕊可育。核果，顶端具宿存花被裂片和花盘残痕。种子具 5 条纵沟槽。

分布概况：约 8/6（2）种，**7-2 型**；分布于亚洲东南部热带和亚热带；中国产西南和华南。

系统学评述：Der 和 Nickrent[5]的分子系统学研究表明重寄生属位于檀香科 *Amphorogyne* 分支。

DNA 条形码研究：BOLD 网站有该属 2 种 2 个条形码数据；GBOWS 已有 2 种 8 个条形码数据。

代表种及其用途：该属常寄生于桑寄生科 Loranthaceae 的一些属植物上，甚至该科的寄生藤上。

7. *Pyrularia* Michaux 檀梨属

Pyrularia Michxaux (1803: 231); Xia & Gilbert (2003: 209) (Type: *P. pubera* Michxaux)

特征描述：落叶灌木或小乔木。叶互生，具羽状脉。花集成总状、穗状或聚伞花序，稀单生；花被管陀螺形，花被裂片 5（-6），开展，外面被微毛，内面在雄蕊后面有疏毛；雄蕊 5，花丝短，花药卵形，药室平行纵裂；花盘垫状环形，常分裂，裂片呈鳞片状；子房下位，柱头扁头状；胚珠 2-3；雄花花被管短。核果大，顶端常冠以环状的花被残痕；外果皮厚肉质，内果皮脆骨质。种子球形或近球形。

分布概况：2/1 种，**9 型**；分布于北美，印度，不丹，尼泊尔，缅甸；中国产西南和华南。

系统学评述：Der 和 Nickrent[5]支持檀梨属置于檀香科 *Cervantesia* 分支。

DNA 条形码研究：BOLD 网站有该属 1 种 1 个条形码数据；GBOWS 已有 1 种 11 个条形码数据。

代表种及其用途：该属果成熟时味甜可食；种子含油量高，加工后可食用，亦可用于制皂和入药（治烧伤、烫伤等症）；茎皮入药治跌打。

8. *Scleropyrum* Arnott 硬核属

Scleropyrum Arnott (1838: 549); Xia & Gilbert (2003: 210) [Type: *S. wallichianum* (Wight & Arnott) Arnott (≡ *Sphaerocarya wallichiana* Wight & Arnott)]

特征描述：根寄生的乔木或灌木，节上常有短刺。叶互生，具短柄，革质，全缘，叶脉羽状。花两性或单性，排成稍疏散的短穗状花序；花萼在雄花中的实心，在两性花中卵状，5 裂；雄蕊 4，着生于裂片的基部，花丝短，2 裂，花药叉开；花盘环状；子房下位，1 室。核果倒卵状梨形，外果皮肉质，内果皮坚硬而薄。种子近球形，有胚乳。

分布概况：6/1 种，**（7a）型**；分布于印度，马来西亚；中国产云南和海南。

系统学评述：Der 和 Nickrent[5]支持硬核属在檀香科 *Cervantesia* 分支。

DNA 条形码研究：GBOWS 已有 1 种 4 个条形码数据。

代表种及其用途：硬核 *S. wallichianum* 为海拔 800-1200m 龙脑香或其他雨林、季雨林林下常见固有成分；其种子含油几达 70%，有"油葫芦"之称，宜工业用，果可少量食用。

9. *Thesium* Linnaeus 百蕊草属

Thesium Linnaeus (1753: 207); Xia & Gilbert (2003: 211) (Lectotype: *T. alpinum* Linnaeus)

特征描述：纤细草本。叶互生，狭长或鳞片状，具 1-3 脉。花小，两性，单生叶腋或排成二歧聚伞花序；花被与子房合生，花被管延伸于子房之上呈钟状、圆筒状、漏斗状或管状，常深裂，裂片（4-）5，镊合状排列，内面或在雄蕊之后常具丛毛一撮；雄蕊（4-）5；花盘上位，不明显或与花被管基部连生；子房下位，柱头头状或不明显 3 裂，胚珠 2-3，自胎座顶端悬垂。种子的胚圆柱状，位于肉质胚乳中央。

分布概况：约 245/16（9）种，**4-1 型**；分布于热带和温带；中国南北均产。

系统学评述：百蕊草属隶于檀香科百蕊草族 Thesieae[4,5]。该属世界范围内约有 300 种，其属下分类因系统而异。Moore 等[9]利用 *trn*L-F 和 nrITS 对该属 72 种开展了分子系统学研究。

DNA 条形码研究：BOLD 网站有该属 62 种 95 个条形码数据；GBOWS 已有 3 种 30 个条形码数据。

代表种及其用途：百蕊草 *T. chinense* Turczaninow 和其变种长梗百蕊草 *T. chinense* var. *longipedunculatum* Y. C. Chu 全草入药。长叶百蕊草 *T. longifolium* Turczaninow 为藏药，全草治肺热病、心脏病、肺脓疡。

10. *Viscum* Linnaeus 槲寄生属

Viscum Linnaeus (1753: 1023); Qiu & Gilbert (2003: 242) (Lectotype: *V. album* Linnaeus)

特征描述：寄生性灌木或亚灌木。茎、枝圆柱状或扁平，节明显。叶对生，具基出脉或退化呈鳞片状。聚伞花序，常具 2 苞片组成的舟形总苞；花小，单性；花被萼片状；雄花花托辐射状，萼片 4，雄蕊贴生于萼片上，花药多室，孔裂；雌花花托卵球形，萼片 4，花后凋落，子房 1 室，基生胎座，柱头乳头状或垫状。浆果具宿存花柱，外果皮平滑或具小瘤体，中果皮具黏胶质。种子 1，胚乳肉质，胚 1-3。花粉粒 3 孔沟，光滑、颗粒、刺状、网状或棒状纹饰。

分布概况：约 70/12（4）种，**4（5，6）型**；分布于东半球，主产热带和亚热带，少数至温带；中国除新疆外，南北均产。

系统学评述：传统分类将该属置于槲寄生科 Viscaceae，或广义桑寄生科 Loranthaceae 中的槲寄生亚科 Viscoideae[FOC,FRPS]。Der 和 Nickrent[5]支持该属位于檀香科 *Viscum* 分支。

DNA 条形码研究：BOLD 网站有该属 7 种 17 个条形码数据；GBOWS 已有 1 种 5

个条形码数据。

　　代表种及其用途：槲寄生 *V. colortum* (Komarov) Nakai 全株入药，有治风湿痹痛，腰膝酸软，胎动、胎漏及降低血压等功效。

主要参考文献

[1]　Mabberley DJ. The plant-book: a portable dictionary of the vascular plants[M]. Cambridge: Cambridge University Press, 1997.

[2]　Soltis DE, et al. Angiosperm phylogeny: 17 genes, 640 taxa[J]. Am J Bot, 2011, 98: 704-730.

[3]　Takhtajan A. Diversity and classification of flowering plants[M]. New York: Columbia University Press, 1997.

[4]　吴征镒, 等. 中国被子植物科属综论[M]. 北京: 科学出版社, 2003.

[5]　Der JP, Nickrent DL. A molecular phylogeny of Santalaceae (Santalales)[J]. Syst Bot, 2008, 33(1): 107-116.

[6]　Nickrent DL, et al. A revised classification of Santalales[J]. Taxon, 2010, 59: 538-558.

[7]　Nickrent DL, et al. A phylogeny of all species of *Arceuthobium* (Viscaceae) using nuclear and chloroplast DNA sequences[J]. Am J Bot, 2004, 91: 125-138.

[8]　Molvray M, et al. Phylogenetic relationships within *Korthalsella* (Viscaceae) based on nuclear ITS and plastid *trn*L-F sequence data[J]. Am J Bot, 1999, 86: 249-260.

[9]　Moore TE, et al. Phylogenetics and biogeography of the parasitic genus *Thesium* L. (Santalaceae), with an emphasis on the Cape of South Africa[J]. Bot J Linn Soc, 2010, 162: 435-452.

Schoepfiaceae Blume (1850) 青皮木科

特征描述：乔木、灌木或草本。叶互生。花两性，常排成聚伞花序或伞形花序；花萼筒状，具（4）5（6）齿或截平；副萼联合成杯状，或无副萼而花基部有膨大的"基座"；花冠管状，冠檐（4）5（6）裂；雄蕊与花冠裂片同数；子房半下位或下位，半埋在肉质隆起的花盘中，下部3室，上部1室，柱头头状或浅裂。坚果，成熟时几乎全部被增大成壶状的花萼筒所包围。花粉粒4沟。染色体2n=12，24，28。

分布概况：3属/55种，主要分布于热带中南美洲，少数到热带和亚热带亚洲；中国1属/4种，主产华南和西南，少数到西北。

系统学评述：青皮木属 *Schoepfia* 长期以来被置于铁青树科 Olacaceae，分子系统学研究表明该属与 Misodendraceae 的系统关系更近缘[1-3]，支持 van Tieghem[4]和 Judd 等[5]将其独立成科的结论。最新分子系统学研究表明，原檀香科的 *Quinchamalium* 和 *Arjona* 与青皮木属聚成1支，且支持率较高[6]。

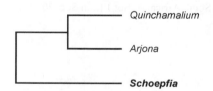

Quinchamalium

Arjona

Schoepfia

图 158　青皮木科分子系统框架图（参考 Der 和 Nickrent[6]）

1. *Schoepfia* Schreber 青皮木属

Schoepfia Schreber (1789: 129-130); Qiu & Gilbert (2003: 202) (Type: *S. schreberi* J. F. Gmelin)

特征描述：乔木或灌木。叶互生，羽状脉。花两性，常排成聚伞花序；花萼筒状，具（4）5（6）齿或截平；副萼联合成杯状，或无副萼而花基部有膨大的"基座"；花冠管状，冠檐具（4）5（6）裂片；雄蕊与花冠裂片同数，着生于花冠管上；子房下位，半埋在肉质隆起的花盘中，下部3室，上部1室，柱头3浅裂。坚果，成熟时几全部被增大成壶状的花萼筒所包围。花粉粒4孔，光滑纹饰。染色体2n=12。

分布概况：约 28/4（1）种，**2** 型；分布于热带、亚热带美洲和亚洲；中国产华南和西南，少数到西北。

系统学评述：分子系统学研究表明青皮木属为单系类群，与 *Quinchamalium* 和 *Arjona* 共同构成单系分支[6,7]。

DNA 条形码研究：BOLD 网站有该属6种17个条形码数据；GBOWS 已有2种27个条形码数据。

代表种及其用途：香芙木 *S. fragrans* Wallich 根入药，可治骨折。

主要参考文献

[1] Nickrent DL, Duff RJ. Advances in parasitic plant research[M]//Moreno MT, et al. Dirección general de investigación agraria. Cordoba: Junta de Andalucia, 1996: 28-52.

[2] Nickrent DL, et al. Molecular phylogenetic and evolutionary studies of parasitic plants [M]//Soltis DE, et al. Molecular systematics of plants II DNA sequencing. Boston: Kluwer Academic, 1998: 211-241.

[3] Malécot V, Nickrent DL. Molecular phylogenetic relationships of Olacaceae and related Santalales[J]. Syst Bot, 2008, 33: 97-106.

[4] Van Tieghem P. Sur Les phanérogames a ovule sans nucelle, formant le groupe des innucellées ou Santalinées[J]. Bull Soc Bot France, 1896, 43: 543-577.

[5] Judd WS, et al. Plant systematics: a phylogenetic approach[M]. Sunderland: Sinauer Associates, 2002.

[6] Der JP, Nickrent DL. A molecular phylogeny of Santalaceae (Santalales)[J]. Syst Bot, 2008, 33: 107-116.

[7] Vidal-Russell R, Nickrent DL. A molecular phylogeny of the feathery mistletoe *Misodendrum*[J] Syst Bot, 2007, 32: 560-568.

Loranthaceae Jussieu (1808), *nom. cons.* 桑寄生科

特征描述：兼性半寄生灌木，多寄生于种子植物的茎或枝，少数寄生于根，寄生部位形成"吸器"。单叶，全缘，对生或互生。花两性，稀单性，4-6 数；副萼壳斗状，或无；花瓣离生或合生成冠管；雄蕊与花瓣等数；子房下位，无胚珠。多为浆果，中果皮具黏胶质。种子 1。花粉粒多为 3 合沟（或沟）。多鸟类传粉，少数虫媒或风媒。染色体 $x=8$，9，10，11，12；稀 $2n=16$。种子主要由鸟类传播。

分布概况：60-73 属/700 余种，分布于热带和亚热带；中国 8 属/51 种，产热带和亚热带至暖温带。

系统学评述：广义桑寄生科曾包含现在的桑寄生科（即狭义桑寄生科）和槲寄生科 Viscaceae 2 个类群，但形态[1]、胚胎[2]、染色体[3]及分子[4-8]证据都强烈支持狭义桑

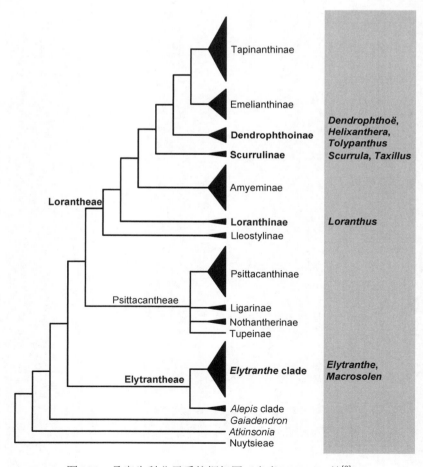

图 159　桑寄生科分子系统框架图（参考 Nickrent 等[9]）

寄生科的单系性。分子证据表明桑寄生科基部为具有根寄生习性的单种属 *Nuytsia*，它是该科其余所有成员的姐妹群。另外 2 个具根寄生习性的属 *Atkinsonia* 和 *Gaiadendron* 的系统位置仍有争议[6,8]。所有具茎寄生习性的类群可分为桑寄生族 Lorantheae、鞘花族 Elytrantheae 和 Psittacantheae 3 大支。桑寄生族内部，梨果寄生亚族 Scurrulinae、桑寄生亚族 Loranthinae、Emelianthinae 和 Ileostylinae 4 个亚族的单系性得到较强的支持；鞘花族内，*Alepis* 和 *Peraxilla* 2 属聚为 1 支，与该族其他属聚成的 1 支构成姐妹群；Psittacantheae 族内，Psittacanthinae 亚族的单系性得到强支持。

分属检索表

1. 每花具 1 苞片和 2 小苞片；花 6 数，花瓣合生为花冠管；子房为不完全 3 室
  2. 花序轴在花着生处不具凹穴；苞片无脊·····**5. 鞘花属 Macrosolen**
  2. 花序轴在花着生处具凹穴；苞片具脊，苞片与小苞片包围花托及花冠管基部·····
  ·····**2. 大苞鞘花属 Elytranthe**
1. 每花具 1 苞片；花 4-6 数，6 数时花瓣离生；子房 1 室
  3. 花瓣离生
   4. 花 5 数或 6 数；花冠长不及 1cm，白色至绿色；花药近球形或近双球形·····
   ·····**4. 桑寄生属 Loranthus**
   4. 花 4-6 数；花冠长（3-）5-12mm，黄色至红色；花药椭圆形·····**3. 离瓣寄生属 Helixanthera**
  3. 花瓣合生成花冠管
   5. 花 5 数，辐射对称
    6. 苞片大，12-27mm，呈总苞状·····**8. 大苞寄生属 Tolypanthus**
    6. 苞片小，1-1.5mm，不呈总苞状·····**1. 五蕊寄生属 Dendrophthoë**
   5. 花 4 数，两侧对称
    7. 花托梨形或陀螺状，基部渐狭；浆果基部渐狭或骤狭呈柄状·····**6. 梨果寄生属 Scurrula**
    7. 花托椭圆状或卵球形，基部圆钝；浆果基部圆钝·····**7. 钝果寄生属 Taxillus**

1. *Dendrophthoë* C. F. P. Martius 五蕊寄生属

Dendrophthoë C. F. P. Martius (1830: 109); Qiu et al. (2003: 227) [Lectotype: *D. farinosa* (L. A. J. Desrousseaux) C. F. P. Martius (≡ *Loranthus farinosus* L. A. J. Desrousseaux)]

特征描述：灌木。嫩枝叶和花常被毛。叶互生或近对生。花序总状或穗状（中国不产）；花具苞片 1；两性，5 数；花瓣合生为管状花冠，开花时顶部 5 裂，裂片反折或稍扭卷；雄蕊着生于裂片基部；花柱线状，具 5 棱；子房 1 室，基生胎座。浆果卵球形。花粉粒 3 合沟，颗粒状或疣状纹饰。染色体 $x=9$。

分布概况：30-35/1 种，**4-1 型**；分布于亚洲和大洋洲热带；中国产广西、广东和云南南部。

系统学评述：五蕊寄生属隶属桑寄生族 Dendrophthoinae 亚族。该亚族还包括离瓣寄生属、大苞寄生属和 *Trithecanthera*，但支持率较低[6]。该属的系统位置及属内的系统关系尚待研究。

DNA 条形码研究：GBOWS 已有 1 种 4 个条形码数据。

代表种及其用途：五蕊寄生 *D. pentandra* (Linnaeus) Miquel 在民间可入药，寄生于

不同寄主植物上的植株亦有不同的功效。

2. *Elytranthe* (Blume) Blume 大苞鞘花属

Elytranthe (Blume) Blume (1730: 1611); Qiu et al. (2003: 222) (Type: *non designates*)

特征描述：灌木。全株无毛。叶对生，羽状脉。花序穗状，花序轴短，在花着生处凹陷；花具苞片 1，小苞片 2，苞片具脊；两性，6 数；花瓣合生为管状花冠，中部具 6 棱，开花时顶部 6 裂；雄蕊 6，花药基着；花柱线状，基部具关节；子房为不完全 3 室，特立中央胎座。浆果顶端具宿存副萼及花柱基。花粉粒 3 合沟，细条状或刺状纹饰。染色体 *x*=12。

分布概况：10/2 种，（**7a**）型；分布于亚洲南部和西南部热带地区；中国产云南和西藏。

系统学评述：大苞鞘花属隶属鞘花族。该族包含 14 属，分 2 支：一支由 8 属组成；另一支仅 2 属，且仅分布于新西兰；包括大苞鞘花属在内的另外 4 属尚无取样。上述 2 支的单系性均得到强支持[6]，Nickrent 等[9]建议将其处理为亚族。根据形态学特征，大苞鞘花属被置于鞘花属所在的一支[9]，但其与该支其他属的关系及大苞鞘花属内部的系统关系仍未得到解决。中国的 2 种归 2 组[10]。

3. *Helixanthera* Loureiro 离瓣寄生属

Helixanthera Loureiro (1790: 142); Qiu et al. (2003: 224) (Type: *H. parasitica* Loureiro)

特征描述：灌木。嫩枝和叶无毛或被毛。叶对生或互生，稀近轮生。花序总状或穗状；花具苞片 1；两性，4-6 数，辐射对称；花瓣离生；雄蕊着生于花瓣中部，花药椭圆形；花柱柱状，具 4-6 棱，常在中部具缢痕；子房 1 室，基生胎座。浆果卵球状或椭圆状，外果皮平滑或被毛。花粉粒 3 沟，或异极花粉一面为 3、4 或 5 沟，另一面仅在角的顶端有 3 短沟，颗粒状纹饰。染色体 *x*=9。

分布概况：约 50/7（2）种，**6** 型；分布于亚洲和非洲热带和亚热带；中国产福建至云南及西藏东南（墨脱）。

系统学评述：离瓣寄生属隶属于桑寄生族 Dendrophthoinae 亚族。分子系统学研究显示，景洪离瓣寄生 *Helixanthera coccinea* (Jack) Danser 与五蕊寄生属和大苞寄生属聚成 1 支，而 *H. cylindrical* Danser 与桑寄生族的另外 2 个亚族，即梨果寄生亚族和 *Amyemina* 亚族关系密切[6]；同时，也有研究显示离瓣寄生属与梨果寄生属互为姐妹群[8]。由于现有的系统学研究对离瓣寄生属的取样极少，该属的界限、在族内的系统位置及属内的系统关系仍不能确定。

DNA 条形码研究：BOLD 网站有该属 4 种 10 个条形码数据；GBOWS 已有 2 种 11 个条形码数据。

代表种及其用途：离瓣寄生 *H. parasitica* Loureiro、油茶离瓣寄生 *H. sampsonii* (Hance) Danser 在民间可入药。

4. *Loranthus* N. J. Jacquin 桑寄生属

Loranthus N. J. Jacquin (1762: 230), *nom. cons.*; Qiu et al. (2003: 223) (Type: *L. europaeus* N. J. Jacquin)

特征描述：灌木。全株无毛。叶对生或近对生。花序穗状，花序轴在花着生处常凹陷；花具苞片 1；两性或单性（雌雄异株），5-6 数，辐射对称，无花梗；花瓣离生，花冠长不及 1cm，白色至黄绿色；雄蕊着生于花瓣，花药近球形或近双球形；花柱柱状；子房 1 室，基生胎座。浆果卵球状或近球状，外果皮平滑。花粉粒萌发孔存在两种类型，等极花粉为 3 沟（或合沟）或两套合半沟，异极花粉为一面为 3 副合半沟或 4 合沟，光滑到颗粒状纹饰。染色体 $x=9$。

分布概况：8-10/6（3）种，**10** 型；分布于欧洲至亚洲南部的温带至热带；中国产暖温带至热带。

系统学评述：广义桑寄生属在林奈时代几乎包含现在桑寄生科的大部分类群。Tieghem、Danser 及 Barlow 等许多早期的分类学家都曾将该属进行重新界定，他们对种的划分和归并有较大争议。现在的桑寄生属（即狭义桑寄生属）隶属于桑寄生族桑寄生亚族。该属与单种属 *Cecarria* 聚为 1 支，得到强烈支持[6]，但桑寄生属内部的系统关系仍未得到解决。

DNA 条形码研究：BOLD 网站有该属 4 种 6 个条形码数据；GBOWS 已有 1 种 2 个条形码数据。

代表种及其用途：北桑寄生 *L. tanakae* Franchet & Savatier 和椆树桑寄生的茎和枝叶在民间均可入药。

5. *Macrosolen* (Blume) H. G. L. Reichenbach 鞘花属

Macrosolen (Blume) H. G. L. Reichenbach (1841: 73); Qiu et al. (2003: 220) (Type: *non designates*)

特征描述：灌木。全株无毛。叶对生，侧脉羽状，偶具基出脉。花序总状、伞形或穗状；花具苞片 1，短于萼片；小苞片 2，常合生；两性，6 数；花瓣合生为管状花冠，中部具 6 棱，喉部收缩；花丝短，花药基着；花柱线状，基部具关节；子房为不完全 3 室，特立中央胎座。浆果顶端具宿存副萼或花柱基。花粉粒 3 合沟，刺状或短条纹状纹饰。染色体 $x=12$。

分布概况：25-40/5 种，（**7d**）型；分布于亚洲南部和东南部至新几内亚；中国产热带、亚热带，少数到青藏高原。

系统学评述：鞘花属隶属鞘花族。该族包含 14 属，分为 2 支：一支由包括鞘花属在内的 8 属组成；另一支仅 2 属，且仅分布于新西兰；另有 4 属尚无取样。2 支的单系性均得到强的支持[6]，Nickrent 等建议将其处理为亚族[9]。但这 2 支内部及鞘花属内部的系统关系仍未得到解决，鞘花属所包含的种的数目也存在较大争议[9,FOC]。

DNA 条形码研究：BOLD 网站有该属 4 种 10 个条形码数据；GBOWS 已有 2 种 7 个条形码数据。

代表种及其用途：鞘花和双花鞘花 *M. bibracteolatus* (Hance) Danser 作中药，全株入药，尤以特定寄主，如杉树上的寄生植株为佳。

6. *Scurrula* Linnaeus 梨果寄生属

Scurrula Linnaeus (1753: 110); Qiu et al. (2003: 227) (Type: *S. parasitica* Linnaeus)

特征描述：灌木。嫩枝叶和花被毛。叶对生或近对生。花序总状或伞形；花具苞片 1；两性，4 数；花托梨形或陀螺状，基部渐狭；花瓣合生为管状花冠，开花时顶部 4 裂，一裂深，裂片反折；雄蕊着生于裂片基部；花柱线状，具 4 棱；子房 1 室，基生胎座。浆果梨形、棒状或陀螺状，基部渐狭或骤狭呈柄状。花粉粒 3 合沟，颗粒状纹饰。染色体 *x*=9。

分布概况：约 50/10（2）种，（**7ab**）型；分布于亚洲南部和东南部；中国产西南、东南和华南。

系统学评述：梨果寄生属隶属于桑寄生族梨果寄生亚族，与钝果寄生属互为姐妹群。该亚族的单系性得到较强的支持[6]，但梨果寄生属内部的系统关系仍未得到解决。

DNA 条形码研究：BOLD 网站有该属 7 种 15 个条形码数据；GBOWS 已有 3 种 10 个条形码数据。

代表种及其用途：梨果寄生 *S. atropurpurea* (Blume) Danser、卵叶梨果寄生 *S. chingii* (W. C. Cheng) H. S. Kiu、滇藏梨果寄生 *S. buddleioides* (Desrousseaux) G. Don 等均可入药。

7. *Taxillus* Tieghem 钝果寄生属

Taxillus Tieghem (1895: 256); Qiu et al. (2003: 231) (Type: *non designates*)

特征描述：灌木。嫩枝叶和花常被毛。叶对生或互生。花序伞形或总状；花具苞片 1；两性，4-5 数；花托椭圆状或卵球形，基部圆钝；花瓣合生为管状花冠，开花时顶部 4-5 裂，一裂深，裂片反折；雄蕊着生于裂片基部；花柱线状，具 4-5 棱；子房 1 室，基生胎座。浆果基部圆钝，外果皮常具疣状或颗粒状凸起。花粉粒 3 合沟，颗粒状纹饰。染色体 *x*=9。

分布概况：25-35/18（9）种，（**7a/b**）型；分布于亚洲南部和东南部，非洲产 1 种；中国产西南和秦岭以南。

系统学评述：钝果寄生属隶属于桑寄生族梨果寄生亚族，与梨果寄生属互为姐妹群。该亚族的单系性得到强支持[6]，但钝果寄生属内部的系统关系仍未得到解决，属下种的数目也存在较大争议[9,11,FOC]。中国 18 种 4 组[10]。

DNA 条形码研究：BOLD 网站有该属 7 种 25 个条形码数据；GBOWS 已有 4 种 17 个条形码数据。

代表种及其用途：该属有许多种都可入药，如桑寄生 *T. sutchuenensis* (Lecomte) Danser、广寄生 *T. chinensis* (de Candolle) Danser、柳叶钝果寄生 *T. delavayi* (Tieghem) Danser 等。

8. *Tolypanthus* (Blume) H. G. L. Reichenbach 大苞寄生属

Tolypanthus (Blume) H. G. L. Reichenbach (1841: 73); Qiu et al. (2003: 239) (Type: *non designates*)

特征描述：灌木。嫩枝叶被毛。叶互生或对生，具叶柄。<u>密簇聚伞花序</u>；<u>花具叶状苞片 1</u>，<u>显著宽于花</u>，<u>离生或合生成钟状总苞</u>；<u>两性</u>，<u>5 数</u>，辐射对称；<u>花瓣合生为管状花冠</u>，开花时顶部 5 裂，裂片反折；雄蕊着生于裂片基部；花柱线状，具 5 棱；<u>子房1 室</u>，基生胎座。浆果椭圆状，外果皮被毛。花粉粒 3 合沟，颗粒状纹饰。染色体 x=9。

分布概况：5-7/2（2）种，**7-2 型**；分布于亚洲南部至东部；中国产贵州、湖南、广西、广东、江西和福建。

系统学评述：大苞寄生属隶属于桑寄生族 Dendrophthoinae 亚族。该属的系统位置及属内的系统关系尚待研究。

DNA 条形码研究：BOLD 网站有该属 2 种 3 个条形码数据。

代表种及其用途：大苞寄生 *T. maclurei* (Merrill) Danser、黔桂大苞寄生 *T. esquirolii* (H. Léveillé) Lauener 在民间均可入药。

主要参考文献

[1] Dixit SN. Rank of the subfamilies Loranthoideae and Viscoideae[J]. Bull Bot Soc India, 1962, 4: 49-55.

[2] Barlow BA. Classification of the Loranthaceae and Viscaceae[J]. Proc Linn Soc NSW, 1964, 89: 268-272.

[3] Wiens D, Barlow BA. The cytogeography and relationships of the viscaceous and eremolepidaceous mistletoes[J]. Taxon, 1971, 20: 313-332.

[4] Nickrent DL, et al. Molecular phylogenetic and evolutionary studies of parasitic plants [M]//Soltis DE, et al. Molecular systematics of plants II. Boston: Kluwer Academic, 1998: 211-241.

[5] Nickrent DL, Malécot V. A molecular phylogeny of Santalales[C]//Fer A. Proceedings of the 7th International Parasitic Weed Symposium. Nantes: Université de Nantes, 2001: 69-74.

[6] Vidal-Russell R, Nickrent DL. Evolutionary relationships in the showy mistletoe family (Loranthaceae)[J]. Am J Bot, 2008, 95: 1015-1029.

[7] Vidal-Russell R, Nickrent DL. The first mistletoes: origins of aerial parasitism in Santalales[J]. Mol Phylogenet Evol, 2008, 47: 523-537.

[8] Wilson CA, Calvin CL. An origin of aerial branch parasitism in the mistletoe family, Loranthaceae[J]. Am J Bot, 2006, 93: 787-796.

[9] Nickrent DL, et al. A revised classification of Santalales[J]. Taxon, 2010, 59: 538-558.

[10] 吴征镒, 等. 中国被子植物科属综论[M]. 北京: 科学出版社, 2003.

[11] Chiu ST. Notes on the genus *Taxillus* van Tieghem (Loranthaceae) in Taiwan[J]. Taiwania, 1996, 41: 154-167.

Frankeniaceae Desvaux (1817), *nom. cons.* 瓣鳞花科

特征描述：草本或半灌木。茎节上具关节。单叶，对生或轮生。花两性，辐射对称，单生或集成聚伞花序；花萼筒状，具 4-7 齿，齿镊合状排列；花瓣与萼齿同数，有瓣片与长爪，瓣片向外张开，覆瓦状排列，爪内侧有鳞片状附属物；雄蕊 4-6，或多数，花丝分离或基部微合生；雌蕊 1，子房上位，花柱单生，柱头与心皮同数。蒴果包藏在宿存的萼筒内，室背开裂。种子多数，有薄壳质种皮。花粉粒 2-6 沟，小穴纹饰。染色体 n=10，15 等。

分布概况：1 属/约 70 种，分布于热带和温带；中国 1 属/1 种，分布于新疆、内蒙古和甘肃。

系统学评述：瓣鳞花科隶属于石竹目 Caryophyllales。传统的瓣鳞花科界定与分子系统研究结果没有分歧。分子系统研究表明，在石竹目下瓣鳞花科和柽柳科 Tamaricaceae 具有最近的亲缘关系[1]。

1. *Frankenia* Linnaeus 瓣鳞花属

Frankenia Linnaeus (1753: 331); Yang & Whalen (2007: 57) (Lectotype: *F. laevis* Linnaeus)

特征描述：同科描述。

分布概况：约 70/1 种，**12-5 型**；主要分布在温带和亚热带荒漠的海滨、河滩和湖滩；中国分布于新疆、内蒙古和甘肃。

系统学评述：该属目前尚无分子系统学研究报道。

DNA 条形码研究：BOLD 网站有该属 5 种 19 个条形码数据；GBOWS 已有 29 种 44 个条形码数据。

代表种及其用途：瓣鳞花 *F. pulverulenta* Linnaeus 可用于改良盐碱地，或作为牧场的饲草。

主要参考文献

[1] Gaskin JF, et al. A systematic overview of Frankeniaceae and Tamaricaceae from nuclear rDNA and plastid sequence data[J]. Ann MO Bot Gard, 2004, 91: 401-409.

Tamaricaceae Link (1821), *nom. cons.* 柽柳科

特征描述：灌木或乔木。叶小，多呈鳞片状，互生。花常集成<u>总状花序或圆锥花序</u>；花萼 4-5 深裂；花瓣 4-5，分离；<u>雄蕊 4</u>、<u>5 或多数</u>，<u>常分离</u>，着生在花盘上，稀基部结合成束，或连合到中部成筒，花药 2 室，纵裂；<u>雌蕊 1</u>，<u>2-5 心皮</u>，<u>子房上位</u>，<u>1 室</u>，<u>侧膜胎座或基底胎座</u>。蒴果，圆锥形，室背开裂。<u>种子多数</u>，<u>全面被毛或在顶端具芒柱</u>，<u>芒柱从基部或从一半开始被柔毛</u>；有或无内胚乳，胚直生。花粉粒 3 沟。种子多由风散布。

分布概况：3 属/56-110 种，主要分布于旧世界草原和荒漠；中国 3 属/32 种，主产新疆、甘肃、宁夏、内蒙古、青海等，个别种至华北和台湾。

系统学评述：柽柳科与瓣鳞花科 Frankeniaceae 单系构成姐妹群[1-3]。该科内部系统学关系较为复杂，不同学者认为该科分为 3-5 属不等，*Holonachna* 成立与否及其与红砂属 *Reaumuria* 的关系，以及山柽柳属 *Myrtama* 的成立与否及其系统位置，长期以来存在争论[1,4-11]。此处将柽柳科划分为 3 属，即红砂属、柽柳属和水柏枝属。

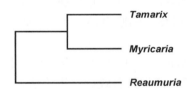

图 160　柽柳科分子系统框架图（参考 Zhang 等[4]）

分属检索表

1. 矮小灌木或半灌木；花单生在主枝上或缩短的侧枝顶端，花瓣内侧具 2 附属物；种子全面被毛，顶端无芒柱，有内胚乳 ··· **2. 红砂属 Reaumuria**
1. 较大型灌木或乔木；花集生成总状或成穗状花序，花瓣内侧无附属物；种子顶端具被毛的芒柱，无内胚乳
　2. 雄蕊 4-5，与花瓣同数，等长，花丝分离；雌蕊具短花柱（花柱 3-4）；种子顶端的芒柱较短，芒柱自基部被柔毛；叶鳞片状，甚小，长 1-7mm ·········· **3. 柽柳属 Tamarix**
　2. 雄蕊 10，长为花瓣的两倍，不等长，花丝基部或下半部结合成筒；雌蕊无花柱；种子顶端的芒柱仅上半部有柔毛，下部常秃裸；叶扁平，长圆形或线形，长达 15mm ··· **1. 水柏枝属 Myricaria**

1. *Myricaria* Desvaux 水柏枝属

Myricaria Desvaux (1825: 34); Yang & Gaskin (2007: 66) [Lectotype: *M. germanica* (Linnaeus) Desvaux (≡ *Tamarix germanica* Linnaeus)]. ——*Tamaricaria* Qaiser & S. I. Ali (1978: 153)

特征描述：落叶（半）灌木，直立或匍匐。<u>单叶</u>、<u>互生</u>，<u>无柄</u>。<u>花两性，总状花序或圆锥花序</u>；苞片具膜质边缘；花有短梗；花萼深 5 裂，具膜质边缘；<u>花瓣 5</u>，<u>宿存</u>；<u>雄蕊 10</u>，<u>5 长 5 短相间排列</u>，<u>花丝下部联合达其长度的 1/2 或 2/3 左右</u>，稀下部几分离；雌蕊 3 心皮，基底胎座，胚珠多数，柱头头状，3 浅裂。蒴果 1 室，3 瓣裂。<u>种子多数</u>，<u>顶端具芒柱</u>，<u>全部或一半以上被白色长柔毛</u>，无胚乳。花粉粒 3 沟（稀为拟孔沟），光滑到小穴状纹饰。染色体 $2n=24$。

分布概况：13/10（4）种，**10** 型；分布于亚洲和欧洲；中国主产西藏、新疆，少数至内蒙古、青海、云南和陕西。

系统学评述：该属的主要系统学争论在于山柽柳属的成立与否及其系统位置。秀丽水柏枝 *Myricaria elegans* Royle 同时具有水柏枝属和柽柳属的形态特征。该种自 1835 年 Royle 命名秀丽水柏枝后[12]，Baum[13]于 1978 年将该种移入柽柳属内并更名为拉达克柽柳 *Tamaricaria ladachensis* Baum，Ovczinnikov 和 Kinzikaeva[14]将其建立 1 个新属，即山柽柳属 *Myrtama*，Qaiser 和 Ali[15]也基于该种建立 1 个新属 *Tamaricaria*，而 *Tamaricaria* 实为 *Myrtama* 的异名。吴征镒等[5]认为该属由柽柳属和水柏枝属杂交形成，所建立的属为杂交属（×*Myrtama*＝×*Tamaricaria*，称为"水柏柽"）。张元明等[6]根据种子及花粉形态特征支持成立山柽柳属。Zhang 等基于 ITS 序列支持处理山柽柳属[4]。Gaskin[1]基于 18S、*rbc*L 和 tRNA Ser/Gly 间隔区分子序列分析，支持 Zhang 的意见。其他学者从形态学、孢粉学角度仍赞同将秀丽水柏枝置于水柏枝属内，但认为该种的确存在不少中间性状，可能是柽柳属和水柏枝属进化上的联系环节[16,17]。基于 FRPS 视该种为秀丽水柏枝，并入水柏枝属。

DNA 条形码研究：GBOWS 已有 4 种 44 个条形码数据。

代表种及其用途：该属部分植物具有较高药用价值，嫩枝可入蒙药，清热解毒、能发表透疹，治毒热、肉毒症等。

2. *Reaumuria* Linnaeus 红砂属

Reaumuria Linnaeus(1759:1081) Yang & Gaskin (2007: 66) (Type: *R. vermiculata* Linnaeus).——*Hololachna* Ehrenberg (1827: 273)

特征描述：半灌木或灌木，有多数曲拐的小枝。叶细小，鳞片状，有泌盐腺体。<u>花单生或集成稀疏的总状花序状</u>；花两性，5 数；花萼近钟形，宿存；花瓣脱落或宿存；<u>雄蕊 5 至多数</u>，分离或花丝基部合生成 5 束，<u>与花瓣对生</u>；雌蕊 1，花柱 3-5。蒴果，<u>3-5 瓣裂</u>。<u>种子被褐色长毛</u>。<u>花粉粒 3 沟</u>，细网状纹饰。

分布概况：12/4（1）种，**12** 型；分布于亚洲大陆，南欧和北非；中国产新疆、甘肃、宁夏、内蒙古和青海等干旱区。

系统学评述：长期以来，红砂属下分类存在问题。1827 年 Ehrenberg 描述了柽柳科中花单生的植物 *Hololachna songarica* Ehrenberg，认为该种具有特殊的 2-4 心皮的子房，2-4 花柱，8-10 雄蕊，不同于琵琶柴属其他植物 5 心皮的子房，5 花柱，花 5 至多数雄蕊的类型，因而单独成立 1 个新属[7]。Takhtajan[8]同意该分类系统。Gaskin[1]基于 18S、*rbc*L 和 tRNA Ser/Gly 间隔区分子序列分析，支持红砂属为 1 个独立分类学属。而更多学者将红砂属归并为琵琶柴属[5,9-11]。此处基于 FRPS 将 *Hololachna* 并入 *Reaumuria*，并命名为红砂属。

DNA 条形码研究：GBOWS 已有 2 种 35 个条形码数据。

代表种及其用途：红砂 *R. songarica* (Pallas) Maximowicz 为超旱生小灌木，是中国干旱荒漠区分布最广的种类之一，其青绿时粗蛋白质和粗脂肪含量较高，是中等的饲用植物；以红砂为建群种的草地类型，是草原化荒漠和典型荒漠地区家畜的主要放牧地。

3. *Tamarix* Linnaeus 柽柳属

Tamarix Linnaeus (1753: 270); Yang & Gaskin (2007: 66) (Lectotype: *T. gallica* Linnaeus)

特征描述：灌木或乔木。叶小，鳞片状，互生，抱茎或呈鞘状，具泌盐腺体。总状花序或圆锥花序；花 4-5（-6）数；花萼草质或肉质，4-5 深裂，宿存；花瓣与花萼裂片同数；花盘有多种形状，多为 4-5 裂；雄蕊 4-5，单轮，花丝分离；雌蕊 1，3-4 心皮构成，子房上位，1 室，胚珠多数，基底-侧膜胎座，花柱 3-4。蒴果圆锥形，室背三瓣裂。种子多数，细小，顶端具芒柱，被毛。种子随风传播。花粉粒 3 沟，网状纹饰。染色体 $2n=24$。

分布概况：54/18（5）种，**10 型**；分布于亚洲大陆和北非，部分至欧洲的干旱和半干旱区域，间断分布于南非西海岸；中国产新疆、甘肃、宁夏、青海等干旱区及内蒙古和华北。

系统学评述：柽柳属与水柏枝属 *Myricaria* 构成姐妹群[1,4]。

DNA 条形码研究：BOLD 网站有该属 13 种 41 个条形码数据；GBOWS 已有 6 种 42 个条形码数据。

代表种及其用途：该属植物抗旱、抗盐，主要生长在干旱、半干旱地区的冲积、淤积盐碱化平原和滩地上，是良好的防风固沙材料。

主要参考文献

[1] Gaskin JF, et al. A systematic overview of Frankeniaceae and Tamaricaceae from nuclear rDNA and plastid sequence data[J]. Ann MO Bot Gard, 2004, 91: 401-409.

[2] Brockington SF, et al. Phylogeny of the Caryophyllales *sensu lato*: revisiting hypotheses on pollination biology and perianth differentiation in the core Caryophyllales[J]. Int J Plant Sci, 2009, 170: 627-643.

[3] Schäferhoff B, et al. Caryophyllales phylogenetics: disentangling Phytolaccaceae and Molluginaceae and description of Microteaceae as a new isolated family[J]. Willdenowia, 2009, 39: 209-228.

[4] Zhang DY, et al. Systematic position of *Myrtama* Ovcz. & Kinz. based on morphological and nrDNA ITS sequence evidence[J]. Chi Sci Bull, 2006, 51: 117-123.

[5] 吴征镒, 等. 中国被子植物科属综论[M]. 北京: 科学出版社, 2003.

[6] 张元明, 等. 中国柽柳科(Tamaricaceae)花粉形态研究及其分类意义的探讨[J]. 西北植物学报, 2001, 21: 857-864.

[7] Ehrenberg CG. Ueber die Manna-Tamariske[J]. Linnaea, 1827, 2: 273.

[8] Takhtajan A. Diversity and classification of flowering plants[M]. New York: Columbia University Press, 1997.

[9] Schiman-Czeika H. Tamaricaceae[M]//Rechinger KH. Flora Iranica, No. 4. Graz: Akademische Druck

und Verlagsanstait, 1964: 1-4.

[10] Mabberley DJ. The plant-book: a portable dictionary of the vascular plants[M]. Cambridge: Cambridge University Press, 1993.

[11] Gaskin JF. Tamaricaceae[M]//Kubitzki K. The families and genera of vascular plants, V. Heidelberg: Springer, 2003: 363-368.

[12] Royle JF. Illustrations of the botany and other branches of the natural history of the Himalayan Mountains and of the flora of Cashmere[M]. London: Wm. H. Allen and Company, 1835.

[13] Baum BR. The genus *Tamarix*[M]. Jerusalem: Israel Academy of Sciences and Humanities, 1978.

[14] Ovczinnikov PN, Kinzikaeva GK. *Myrtama* Ovez. et Kinz. gen. nov.: the new genus from the family Tamaricaceae Lin[J]. Dolk Akad Nauk Tadiksk SSR. 1977, 20: 54-57.

[15] Qaiser M, Ali SZ. Tamaricaria, a new genus of Tamaricaceae[J]. Blumea, 1978, 24: 150-155.

[16] 汤彦承. 柽柳科[M]//吴征镒. 西藏植物志, 第三卷. 北京: 科学出版社, 1986.

[17] 席以珍. 中国柽柳科植物花粉形态的研究[J]. 植物研究, 1988, 8: 23-42.

Plumbaginaceae Jussieu (1789), *nom. cons.* 白花丹科

特征描述：草本、小灌木或攀援植物。茎直立或垫状。单叶互生或基生，全缘。花两性，辐射对称：聚伞花序、穗状花序或圆锥花序；萼基部具小苞片，萼漏斗状或管状，5 脉，5 齿裂；花冠常合瓣，管状，或仅基部合生，裂片 5；雄蕊 5，与花瓣对生，下位，或生于花冠基部；子房上位，1 室，胚珠 1；花柱 5，分离或合生。蒴果包藏于萼内。种子具薄层粉质胚乳。花粉粒 3 沟或散沟。由蜂类、小型甲虫类等传粉。染色体 x=6-9。含白花丹素、单宁等次生代谢物。

分布概况：27 属/836 种，世界广布，主要分布于地中海和亚洲中部；中国 7 属/46 种，分布于西南、西北、河南、华北、东北和临海各省区，主产新疆。

系统学评述：白花丹科的系统位置颇存争议，传统上，曾被单独处理为白花丹目 Plumbaginales，或是与蓼科 Polygonaceae 一起处理为白花丹目，或是被置于报春花目 Primulales 中。分子证据支持白花丹科隶属于石竹目 Caryophyllales[1,APG III]。白花丹科通常依据叶、花柱、果实等特征被分为白花丹族 Plumbagineae 和补血草族 Staticeae，或白花丹亚科 Plumbaginoideae 和补血草亚科 Staticoideae[2,FRPS]，这一划分也得到了植物化学研究的支持[3]。分子证据表明白花丹科及其包含的 2 个亚科均为单系群，白花丹科与蓼科构成支持率很高的姐妹群关系[1,4,5]。

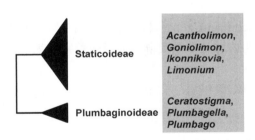

图 161　白花丹科分子系统框架图（参考 Lledó 等[4,5]）

分属检索表

1. 花柱合生，具 5 分枝；柱头在花柱分枝的内表面；花萼在脉间草质或膜质，从不干膜质，萼筒向上渐细，无外展的萼檐；花冠具长的花冠筒
　　2. 萼上有具柄的腺体
　　　　3. 花萼长 7.5-13mm；花萼的筒部和裂片上都有腺体；花冠高脚碟状，裂片旋转 ··· **7. 白花丹属 *Plumbago***
　　　　3. 花萼长 4-4.5mm；花萼只裂片上具腺；花冠狭钟形，裂片直立 ········· **6. 鸡娃草属 *Plumbagella***
　　2. 萼无腺 ··· **2. 蓝雪花属 *Ceratostigma***
1. 花柱 5，分离；柱头在花柱末端，柱头扁头状或圆柱状；萼裂片干膜质，萼筒上部显然扩大，有外展或狭钟状萼檐；花冠仅基部合生

4. 垫状灌木，常多刺；叶互生而密集，线形，有时具刺，老枝上枯叶宿存 ··································
·· **1. 彩花属 Acantholimon**
4. 草本，或为不具刺的灌木；叶呈莲座状或在茎顶端呈玫瑰形，稀互生，常脱落
  5. 柱头圆柱形或丝状 ·· **5. 补血草属 Limonium**
  5. 柱头头状
    6. 花柱基部稍具疣状凸起；花萼近管状，有狭钟状萼檐；子房顶端渐狭细；叶缘上下起伏的
      波状皱 ·· **4. 伊犁花属 Ikonnikovia**
    6. 花柱基部具长乳突；花萼漏斗状，萼檐外展；子房顶端骤缩细；叶缘平或有微小细密的
      波皱 ·· **3. 驼舌草属 Goniolimon**

1. *Acantholimon* Boissier 彩花属

Acantholimon Boissier (1846: 69), *nom. cons.*; Peng & Kamelin (1996: 193) [Type: *A. glumaceum* (Jaubert & Spach) Boissier (≡ *Statice glumacea* Jaubert & Spach)]

特征描述：<u>垫状灌木</u>。<u>多刺</u>，多分枝，<u>老枝上枯叶宿存</u>。叶互生，密集，纤细，有时针刺状。花序具梗，2-8 穗成两列，成穗状花序；<u>萼漏斗状</u>，干膜质，<u>具 5 棱</u>，萼檐紫红色、粉红色或白色，<u>裂片 5 或 10</u>；<u>花冠稍长于萼</u>，花瓣 5 基部联合；雄蕊着生于花冠基部；子房线状圆柱形，上端渐细过渡至花柱；<u>花柱 5</u>，<u>分离</u>，<u>柱头扁头状</u>。<u>蒴果长圆状线形</u>。花粉粒 3 沟。染色体 $x=8$。

分布概况：190/11 种，**12 型**；分布于亚洲西南部和中部，欧洲；中国产新疆。

系统学评述：传统上彩花属被置于补血草亚科。分子证据表明该属与 *Cephalorhizum*、*Dictyolimon* 等系统发育关系较近缘[4-6]。不同学者对彩花属提出多种不同的组级水平划分观点。Rechinger 和 Schiman-Czeika[7]将其划分为 15 组，而 Dogan 等[8]则将其分为 3 组。分子系统学研究表明该属是单系类群，但组间关系较为复杂，部分组的单系性未能获得支持[9]。

DNA 条形码研究：BOLD 网站有该属 2 种 2 个条形码数据；GBOWS 已有 2 种 8 个条形码数据。

2. *Ceratostigma* Bunge 蓝雪花属

Ceratostigma Bunge (1833: 55); Peng & Kamelin (1996: 192) (Type: *C. plumbaginoides* Bunge)

特征描述：<u>草本或灌木</u>。<u>茎直立</u>，<u>开散</u>，分枝。叶互生，边缘有伏生长硬毛。花常排成稠密、顶生、有苞片的花束或头状花序；<u>萼管状</u>，<u>5 深裂</u>，<u>具 5 脉</u>；<u>花冠高脚碟状</u>，筒部细长，<u>裂片 5</u>；<u>雄蕊下位</u>，<u>生于花冠筒上</u>；子房长圆状卵形至椭圆形，略有 5 棱或 5 沟槽，先端圆锥状渐细成花柱；<u>花柱 1</u>，<u>柱头 5</u>，伸长，指状，内侧具钉状或头状腺质凸起。<u>蒴果小</u>，<u>盖裂</u>。花粉粒 3 沟，粗棒状纹饰。染色体 $x=8, 9$。

分布概况：8/5 种，**6 型**；分布于亚洲至非洲东部；中国产西藏至西南，1 种见于大别山东至舟山群岛，北沿伏牛山、太行山至北京山区。

系统学评述：传统上蓝雪花属被置于白花丹亚科。分子证据支持这一观点，且表明

该属与白花丹属 *Plumbago*、*Dyerophyton* 系统发育关系较近缘[4, 5]。

　　DNA 条形码研究：BOLD 网站有该属 1 种 2 个条形码数据；GBOWS 已有 4 种 43 个条形码数据。

　　代表种及其用途：该属植物含白花丹素，中国分布的几个灌木种民间多作药用，如小蓝雪花 *C. minus* Stapf ex Prain、岷江蓝雪花 *C. willmottianum* Stapf 等，可治疗风湿跌打、腰腿疼痛、月经不调、老年慢性气管炎等症。另外，多数种类是很好的绿化植物。

3. *Goniolimon* Boissier 驼舌草属

Goniolimon Boissier (1848: 632); Peng & Kamelin (1996: 196) (Type: *non designates*)

　　特征描述：多年生草本。根端具肥大的茎基。叶基生，呈莲座状。小穗含 2-5 花，2 至多小穗组成穗状花序；萼漏斗状或狭漏斗状，基部直或显然偏斜，干膜质，具 5 脉，沿脉被毛，5 裂；花冠淡紫红色，5 基部联合；雄蕊着生于花冠基部；子房长圆形或卵状长圆形，上端骤细；花柱 5，分离，下半部具乳头状凸起；柱头扁头状。蒴果长圆形或卵状长圆形。花粉粒 3 沟，粗网状到颗粒纹饰。染色体 $x=8$。

　　分布概况：20/4 种，**12** 型；分布于北非，亚洲，欧洲；中国主产新疆，1 种见于黑龙江。

　　系统学评述：传统上驼舌草属被置于补血草亚科。分子证据表明该属与 *Muellero-limon* 系统发育关系近缘[6]。

　　DNA 条形码研究：BOLD 网站有该属 3 种 3 个条形码数据；GBOWS 已有 2 种 6 个条形码数据。

4. *Ikonnikovia* Linczevski 伊犁花属

Ikonnikovia Linczevski (1952: 745); Peng & Kamelin (1996: 196) [Type: *I. kaufmanniana* (Regel) Linczevski (≡ *Statice kaufmanniana* Regel)]

　　特征描述：矮小灌木，分枝粗短。叶集生枝端呈莲座状，革质，边缘波状。小穗含 3（2-4）花，成圆锥花序；萼管状，膜质，基部直，具 5 脉，萼檐狭钟状，先端有 5 裂片；花冠紫红色，由 5 基部联合而下部以内曲边缘接合的花瓣组成，上端分离而外展；雄蕊略与花冠基部联合；子房线状圆柱形，上端渐细过渡至花柱；花柱 5，分离，下半部具疣状凸起；柱头扁头状。蒴果长圆状线形。花粉粒 3 沟。染色体 $2n=18, 20$。

　　分布概况：1/1 种，**13** 型；分布于哈萨克斯坦；中国产新疆。

　　系统学评述：传统上伊犁花属被置于补血草亚科，是由驼舌草属 *Goniolimon* 划分出来的单种属，其子房上端渐细、花柱下部具疣状凸起、花萼近管状而具狭钟状萼檐、花序轴除具侧生穗状花序外不分枝等特征与驼舌草属区别明显。目前该属的分子系统学研究还未涉及。

　　DNA 条形码研究：GBOWS 已有 1 种 6 个条形码数据。

5. *Limonium* Miller 补血草属

Limonium Miller (1754: 4), *nom. cons.*; Peng & Kamelin (1996: 198) (Type: *L. vulgare* Miller, *typ. cons.*)

特征描述：多年生草本、半灌木或小灌木。叶基生，少有互生或集生枝端，常宽阔。花承托以鳞片状的苞片，排成聚伞花序、穗状花序或圆锥花序；萼漏斗状、倒圆锥状或管状，干膜质，具 5 脉，萼筒基部直或偏斜；裂片 5；花冠由 5 花瓣基部联合而成；雄蕊着生于花冠基部；子房倒卵圆形，上端骤缩细；花柱 5，分离，光滑，柱头丝状圆柱形或圆柱形。蒴果倒卵圆形。花粉粒 3 沟，粗网状纹饰。染色体 x=6-9。含黄酮类化合物等次生代谢物。

分布概况：300/22 种，**1** 型；世界广布，主产地中海沿岸；中国大多数省区均产，主产新疆。

系统学评述：传统上补血草属被置于补血草亚科，这一观点得到分子证据的支持[4-6]。Boissier[10]、Lledó 等[6]对该属进行过比较系统的研究。根据花的特征，Boissier[10]最早划分为 12 组，并认为这些组可分为花瓣离生与合生 2 大类。之后该属又有部分新组被描述。在后面的分类处理中，花瓣合生类群的部分组被提升到属的水平，并得到了分子证据的支持[6]。在花瓣离生类群中，*Limonium* sect. *Circinaria* 也被提升到属的水平，即 *Afrolimon*，但分子证据表明该属依然聚在花瓣离生类群中，其在属水平上的地位未获得支持[6]。在广泛取样的基础上，Lledó 等[6]的研究支持将其分为 *Limonium* subgen. *Pteroclados* 和 *L.* subgen. *Limonium* 2 亚属，将 *Afrolimon* 归入其中的补血草属为单系群，且该类群隶属于 *Limonium* subgen. *Limonium*[6]，与 Boissier[10]根据花冠类型所描述的 2 大类群不一致。

DNA 条形码研究：BOLD 网站有该属 84 种 145 个条形码数据；GBOWS 已有 9 种 64 个条形码数据。

代表种及其用途：补血草. *sinense* (Girard) Kuntze、二色补血草 *L. bcolor* (Bunge) Kuntze 等药用，有清热祛湿、止血散瘀、抗菌消炎、抗氧化、保肝等功效。大叶补血草 *L. gmelinii* (willdenow) Kuntze 根部肥大的草本可作鞣料。

6. *Plumbagella* Spach 鸡娃草属

Plumbagella Spach (1841: 333); Peng & Kamelin (1996: 191) [Type: *P. micrantha* (Ledebour) Spach (≡ *Plumbago micrantha* Ledebour)]

特征描述：一年生草本。叶茎直立，分枝；叶近无柄，互生，基部半抱茎且下延。花序生于茎枝顶端，初时近头状，渐延伸成短穗状；花小，具梗；萼管状圆锥形，略具 5 棱，裂片 5，边缘着生具柄的腺，萼筒无腺而于结时自棱上形成 1-2 鸡冠状凸起；花冠狭钟状，伸于萼外，裂片 5，近直立；雄蕊下位，或与花冠筒之基部略接合，花药长卵形；子房卵形；花柱 1，柱头 5。蒴果尖长卵形。种子长卵形。染色体 x=6。

分布概况：1/1 种，**13** 型；分布于哈萨克斯坦，吉尔吉斯斯坦，蒙古国，俄罗斯；中国产甘肃西部和西南部、宁夏、青海、新疆和西藏。

系统学评述：传统上鸡娃花属被置于白花丹亚科。鸡娃花 *P. micrantha* (Ledebour) Spach 最初发表在白花丹属 *Plumbago*，但该种为一年生草本、花小、花萼仅裂片上具腺，与白花丹属其他种区别明显，因此被独立为属。目前该属还未见分子系统学研究。

DNA 条形码研究：GBOWS 已有该属 1 种 28 个条形码数据。

代表种及其用途：鸡娃花的叶可治疗癣疾。

7. *Plumbago* Linnaeus 白花丹属

Plumbago Linnaeus (1753: 151); Peng & Kamelin (1996: 190) (Lectotype: *P. europaea* Linnaeus)

特征描述：灌木、半灌木或多年生草本，有时藤本。叶互生，叶片宽阔，基部耳形或半抱茎。花序排成顶生的穗状花序；萼管状，有腺体，具 5 棱，棱间膜质；花冠高脚碟状，冠筒细，远较萼长，裂片 5；雄蕊 5，下位，花丝基部扩张而内凹，花药线形；子房椭圆形、卵形至梨形；花柱 1，柱头 5，内侧具钉状或头状腺质凸起。蒴果基部周裂，先端常有花柱基部残留而成的短尖。种子椭圆形至卵形。花粉粒 3 沟，粗棒状纹饰。由蝇类、蝶类等传粉。染色体 x=7，8。含白花丹素。

分布概况：17/2 种，**1** 型；主要分布于热带；中国产华南和西南南部，另有引种 1 种蓝花丹 *P. auriculata* Lamarck，多个地区有栽培。

系统学评述：传统上白花丹属被置于白花丹亚科，这一观点得到了分子证据的支持[4,5]，且分子证据表明该属与 *Dyerophyton*、蓝雪花属 *Ceratostigma* 系统发育关系较近缘[4,5,11]。Lledó 等[4]基于 *rbc*L 序列的系统发育研究表明，该属 *Plumbago zeylanica* Linnaeus、*P. capensis* Thunberg 和 *P. europaea* Linnaeus 聚为 1 个单系，但支持率较低。Lledó 等[5]依据 *rbc*L、*trn*L 和 *trn*L-F 片段分析表明，*P. zeylanica* 和 *P. europaea* 由于 *Dyerophyton* 的 1 种混入而为并系。

DNA 条形码研究：BOLD 网站有该属 5 种 32 个条形码数据；GBOWS 已有 1 种 7 个条形码数据。

代表种及其用途：白花丹 *P. zeylanica* Linnaeus，可用以治疗风湿跌打、筋骨疼痛、癣疥恶疮和蛇咬伤，并用驱蝇蛆等。紫花丹 *P. indica* Linnaeus 花美丽且花期长，是很好的观赏植物，其根供药用，与白花丹相似。

主要参考文献

[1] Brockington SF, et al. Phylogeny of the Caryophyllales *sensu lato*: revisiting hypotheses on pollination biology and perianth differentiation in the core Caryophyllales[J]. Int J Plant Sci, 2009, 170: 627-643.

[2] Bittrich V. Plumbaginaceae[M]//Kubitzki K, et al. The families and genera of vascular plants, II. Berlin: Springer, 1993: 523-530.

[3] Harborne JB. Comparative biochemistry of the flavonoids[J]. Phytochemitry, 1967, 6: 1415-1428.

[4] Lledó MD, et al. Systematics of Plumbaginaceae based upon cladistic analysis of *rbc*L sequence data[J]. Syst Bot, 1998, 23: 21-29.

[5] Lledó MD, et al. Phylogenetic position and taxonomic status of the genus *Aegialitis* and subfamilies Staticoideae and Plumbaginoideae (Plumbaginaceae): evidence from plastid DNA sequences and morphology[J]. Plant Syst Evol, 2001, 229: 107-124.

[6] Lledó MD, et al. Molecular phylogenetics of *Limonium* and related genera (Plumbaginaceae): biogeographical and systematic implications[J]. Am J Bot, 2005, 92: 1189-1198.

[7] Rechinger KH, Schiman-Czeika H. Plumbaginaceae[M]//Rechinger KH. Flora Iranica, No. 108. Graz: Akademische Druckund Verlagsanstalt, 1974.

[8] Dogan M, et al. Infrageneric grouping of Turkish *Acantholimon* Boiss. (Plumbaginaceae) assessed by numerical taxonomy[J]. Adv Biol Res, 2007, 1: 85-91.

[9] Moharrek F, et al. Molecular phylogeny of Plumbaginaceae with emphasis on *Acantholimon* Boiss. based on nuclear and plastid DNA sequences in Iran *Biochem*[J]. Syst Ecol, 2014, 57: 117-127.

[10] Boissier E. Plumbaginales [M]//de Candolle. Prodromus systematis naturalis regni vegetabilis 12. Paris: Victor Masson, 1848: 617-696.

[11] Ding G, et al. Phylogenetic relationship among related genera of Plumbaginaceae and preliminary genetic diversity of *Limonium sinense* in China[J]. Gene, 2012, 506: 400-403.

Polygonaceae Jussieu (1789), *nom. cons.* 蓼科

特征描述：草本稀灌木或小乔木。<u>茎具膨大的节</u>，具沟槽或条棱。<u>单叶</u>，互生，全缘；<u>具膜质托叶鞘</u>。花序顶生或腋生；花两性，辐射对称；花梗具关节；花被 3-5 深裂，覆瓦状，或花被片 6 成 2 轮；雄蕊 6-9，花药背着，2 室，纵裂；花盘环状，腺状；子房上位，1 室，心皮 3，合生，花柱 2-3，离生或下部合生，柱头头状、盾状或画笔状，胚珠 1，直生。<u>瘦果卵形或椭圆形</u>，<u>具 3 棱或双凸镜状</u>；胚直立或弯曲，胚乳丰富，粉末状。花粉粒多为孔沟，稀为散孔或散沟。

分布概况：50 属/1150 种，广布北温带，少数到热带；中国 12 属/236 种，南北均产。

系统学评述：蓼科传统上根据形态特征分为蓼族 Polygoneae、木蓼族 Atraphaxideae 和酸模族 Rumiceae[FOC]。分子系统发育研究表明蓼族和木蓼族均不是单系群，广义蓼属是个典型复系群[1-3]。目前所界定的蓼科被分为 3 亚科，即 Eriogonoideae、蓼亚科 Polygonoideae 和 Symmerioideae，以及 1 个系统位置待定的属 *Afrobrunnichia*[APW]。中国所产类群隶属于蓼亚科，该亚科包括 5 个单系分支[3]，可分为酸模族（包括大黄属 *Rheum*、酸模属 *Rumex* 和山蓼属 *Oxyria* 等）、蓼族（包括首乌属 *Fallopia*、虎杖属 *Reynoutria*、木蓼属 *Atraphaxis* 和部分蓼属 *Polygonum* 等）、沙拐枣族 Calligoneae（包括沙拐枣属

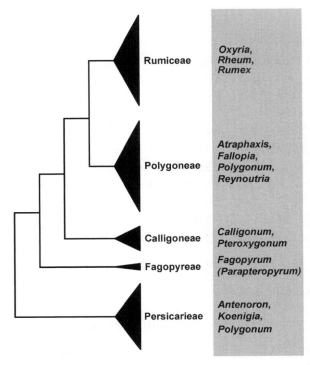

图 162　蓼科分子系统框架图（参考 Sanchez 等[2]；Schuster 等[3]；Sun 和 Zhang[4]）

Calligonum 与红药子属 *Pteroxygonum* 等）、荞麦族 Fagopyreae（仅包括重新定义的广义荞麦属 *Fagopyrum*）和 Persicarieae（包括冰岛蓼属 *Koenigia*、金线草属 *Antenoron* 和部分蓼属物种等，为 1 个单系分支）5 族[3]。

分属检索表

1. 灌木稀为半灌木
  2. 叶退化，鳞片状；雄蕊 12-18；花柱 4 ································· **3. 沙拐枣属 *Calligonum***
  2. 叶发育正常，不为鳞片状；雄蕊 6-8；花柱 2-3
    3. 花被片 6；柱头画笔状 ···································· **12. 酸模属 *Rumex***
    3. 花被片 5 稀 4；柱头头状
      4. 瘦果具翅 ··· **4. 荞麦属 *Fagopyrum***
      4. 瘦果无翅
        5. 茎缠绕 ·· **5. 首乌属 *Fallopia***
        5. 茎直立
          6. 花被片内面 3，果时增大，草质 ··················· **2. 木蓼属 *Atraphaxis***
          6. 花被片果时不增大，稀增大呈肉质 ··············· **8. 蓼属 *Polygonum***
1. 一年生或多年生草本
  7. 瘦果具翅
    8. 花被片 4；瘦果双凸镜状，边缘具翅 ················ **7. 山蓼属 *Oxyria***
    8. 花被片 5-6；瘦果具 3 棱，沿棱生翅
      9. 花被片 5；瘦果基部具角状附属物；草质藤本 ··· **9. 红药子属 *Pteroxygonum***
      9. 花被片 6；瘦果基部无角状附属物；直立草本 ··· **11. 大黄属 *Rheum***
  7. 瘦果无翅
    10. 花被片 3 ······································· **6. 冰岛蓼属 *Koenigia***
    10. 花被片 5-6，稀 4
      11. 花被片 6；柱头画笔状 ························· **12. 酸模属 *Rumex***
      11. 花被片 5，稀 4；柱头头状
        12. 花柱 2，果时伸长，硬化，顶端成钩状，宿存 ······· **1. 金线草属 *Antenoron***
        12. 花柱 3，稀 2，果时不伸长不硬化
          13. 茎缠绕或直立；花被片外面 3，果时增大，背部具翅或龙骨状凸起，稀不增大，无翅无龙骨状凸起
            14. 茎缠绕；花两性；柱头头状 ············· **5. 首乌属 *Fallopia***
            14. 茎直立；花单性，雌雄异株；柱头流苏状 ··········· **10. 虎杖属 *Reynoutria***
          13. 茎直立；花被片果时不增大，稀增大呈肉质
            15. 瘦果具 3 棱，明显比宿存花被长，稀近等长 ··········· **4. 荞麦属 *Fagopyrum***
            15. 瘦果具 3 棱或双凸镜状，比宿存花被短，稀较长 ··········· **8. 蓼属 *Polygonum***

1. *Antenoron* Rafinesque 金线草属

Antenoron Rafinesque (1817: 28); Li & Park (2003: 319) (Type: *A. racemosum* Rafinesque)

特征描述：<u>多年生草本</u>。根状茎粗壮。茎直立，不分枝或上部分枝。叶互生，叶片椭圆形或倒卵形；<u>托叶鞘膜质</u>。总状花序呈穗状，顶生或腋生；花两性；花被 4 深裂；

雄蕊 5；<u>花柱 2，果时伸长，硬化，顶端呈钩状，宿存</u>。瘦果卵形，双凸镜状。花粉粒 12-30 个散沟，细网状纹饰。

分布概况：3/1 种，**9** 型；分布于东亚和北美；中国产秦岭、河南、山东及长江以南。

系统学评述：传统上金线草属被置于蓼族。Sanchez 等利用 3 个叶绿体片段（*trn*L-F、*mat*K 和 *ndh*F）和 ITS 的分子系统发育分析结果将金线草属置于 Persicarieae 中[1]。该属的单系性仍需进一步的研究澄清。

DNA 条形码研究：BOLD 网站有该属 1 种 9 个条形码数据；GBOWS 已有 4 种 25 个条形码数据。

代表种及其用途：金线草 *A. filiforme* (Thunberg) Roberty & Vautier 根或全草可入药，凉血止血，祛瘀止痛。

2. *Atraphaxis* Linnaeus 木蓼属

Atraphaxis Linnaeus (1573: 333); Bao & Grabovskaya-Borodina (2003: 328) (Lectotype: *A. spinosa* Linnaeus)

特征描述：<u>灌木</u>。叶互生，具叶褥；<u>托叶鞘基部褐色</u>，具 2 脉，顶端膜质，2 裂。总状花序；花梗具关节，果时下垂；花两性；<u>花被片 4-5，成两轮，内轮花被片 2-3，果时增大</u>，包被果实；雄蕊 6 或 8，着生花被片基部；子房卵形，双凸镜状或具 3 棱，基部具直生胚珠，花柱 2 或 3，近分离，顶端各具 1 头状柱头。瘦果卵形，双凸镜状或具 3 棱。种皮薄膜质；胚位于种子侧方；子叶线形。花粉粒 3 孔沟，条纹-网状纹饰。

分布概况：25/11（2）种，**10-1** 型；分布于北非，欧洲西南部至喜马拉雅，俄罗斯东部；中国产新疆、辽宁、内蒙古、宁夏、青海、甘肃、陕西和河北。

系统学评述：传统上木蓼属被置于木蓼族。基于叶绿体 DNA 片段（*trn*L-F、*mat*K 和 *ndh*F）和 ITS 序列研究表明，木蓼属为单系群，与首乌属、虎杖属及部分蓼属物种等共同置于重新定义的蓼族中[3]。传统上，产中国的木蓼属种类被划分为刺木蓼组 *Atraphaxis* sect. *Atraphaxis* 和木蓼组 *A.* sect. *Tragopyrum*，这 2 个组的划分基本得到分子系统发育研究的支持，但是，额河木蓼 *A. jrtryschensis* C. Y. Yang & Y. L. Han 代表 1 个独立分支，似乎应独立为组[3]。

DNA 条形码研究：BOLD 网站有该属 17 种 29 个条形码数据；GBOWS 已有 5 种 20 个条形码数据。

代表种及其用途：该属植物均能固沙，也是沙漠、荒漠地区重要的牧草资源。

3. *Calligonum* Linnaeus 沙拐枣属

Calligonum Linnaeus (1753: 530); Bao & Grabovskaya-Borodina (2003: 324) (Type: *C. polygonoides* Linnaeus)

特征描述：<u>灌木或半灌木</u>。木质老枝扭曲；当年生幼枝较细，有关节。<u>叶退化呈线形或鳞片状</u>，对生，基部合生；<u>托叶鞘膜质，极小</u>。单被花，两性，单生或 2-4 生叶腋；花梗细，具关节；<u>花被片 5 深裂；雄蕊 12-18，花丝基部连合</u>；子房上位，具 4 肋，花柱较短，<u>柱头 4</u>，头状。瘦果，椭圆形或长卵形；果皮木质，具 4 条果肋和肋间沟槽；肋上生翅或刺。胚直立，胚乳白色。花粉粒 3 孔沟，细网状或穴状纹饰。

分布概况：35/23（11）种，**12** 型；分布于亚洲，欧洲南部和非洲北部；中国产内蒙古、新疆、甘肃、宁夏和青海。

系统学评述：传统上沙拐枣属被置于木蓼族。分子系统发育研究表明沙拐枣属为并系，与红药子属共同构成单系分支，即重新定义的沙拐枣族[3-6]。根据形态学证据，沙拐枣属被划分为泡果组 *Calligonum* sect. *Calliphysa*、翅果组 *C.* sect. *Pterococcus*、基翅组 *C.* sect. *Calligonum* 和刺果组 *C.* sect. *Medusa*；但是，这些划分并未得到基于根据叶绿体 DNA 片段和 ITS 序列的系统发育分析结果的支持，分子证据表明该属所有研究物种一起组成辐射状的平行分支[3]，可能暗示随着中亚干旱化，物种发生了快速辐射分化。

DNA 条形码研究：BOLD 网站有该属 28 种 170 个条形码数据；GBOWS 已有 14 种 80 个条形码数据。

代表种及其用途：该属植物均为良好的固沙植物，幼枝为荒漠地区牲畜的重要饲料。

4. *Fagopyrum* Miller 荞麦属

Fagopyrum Miller (1754: 28), *nom. cons.*; Li & Hong (2003: 320); Tian et al. (2011: 515) (Type: *F. esculentum* Moench, *typ. cons.*). ——*Parapteropyrum* A. J. Li (1981: 330)

特征描述：<u>一年生、多年生草本</u>，<u>稀为灌木</u>。茎直立，无毛或具短柔毛。叶变化大；<u>托叶鞘膜质</u>，<u>偏斜</u>，顶端急尖或截形。<u>花两性</u>；<u>花序总状或伞房状</u>；花被 5 深裂，果时不增大；雄蕊排成 2 轮，外轮 5，内轮 3；花柱 3，柱头头状，<u>花盘腺体状</u>。瘦果具 3 棱，比宿存花被长。花粉粒 3 孔沟，细网状纹饰。染色体 $x=8$。

分布概况：16/11（8）种，**10（14）**型；广布亚洲和欧洲；中国南北均产。

系统学评述：分证据表明，青藏高原特有单型属翅果蓼属 *Parapteropyrum* 应置于荞麦属中[1,5]。重新定义的广义荞麦属为单系分支，应单独成立为荞麦族[1]，不支持以前依据形态学特征将其置于蓼族中的分类处理。分子系统发育分析表明，广义荞麦属被划分为 3 个单系支，在分类上可以作为 3 组处理[5,7,8]。对于该属属下划分，需要进一步在居群水平上进行全面的遗传标记和形态性状变异分析，明确物种界定，建立属下分类系统。

DNA 条形码研究：BOLD 网站有该属 30 种 127 个条形码数据；GBOWS 已有 6 种 114 个条形码数据。

代表种及其用途：荞麦 *F. esculentum* Moench、苦荞 *F. tataricum* (Linnaeus) Gaertner 是该属最重要的两个代表种，都是重要的粮食作物。金荞麦 *F. dibotrys* (D. Don) H. Hara 的块状根可供药用，清热解毒，排脓祛瘀。翅果荞麦 *F. tibeticum* A. J. Li 是重要的多年生荞麦资源。

5. *Fallopia* Adanson 首乌属

Fallopia Adanson (1763: 277); Li & Park (2003: 315) [Type: *F. scandens* (Linnaeus) Holub (≡*Polygonum scandens* Linnaeus)]

特征描述：一年生或多年生草本，稀半灌木。茎缠绕。叶互生、卵形或心形，具叶柄；托叶鞘筒状，顶端截形或偏斜。花序总状或圆锥状，顶生或腋生；花两性；花被5深裂，外面3具翅或龙骨状凸起，果时增大，稀无翅无龙骨状凸起；雄蕊8，花丝丝状，花药卵形；子房药卵形，具3棱，花柱3，较短，柱头头状。瘦果卵形，具3棱，包于宿存花被内。花粉粒3孔沟，细网状纹饰。

分布概况：20/7（3）种，**8（14）型**；分布于北温带；中国东北至西北、西南各地均产。

系统学评述：形态特征及分子系统发育研究表明首乌属为单系，应被置于蓼族中[1,3]，但属下种间关系目前仍不清楚。

DNA 条形码研究：BOLD 网站有该属20种149个条形码数据；GBOWS 已有6种80个条形码数据。

代表种及其用途：何首乌 *F. multiflora* (Thunberg) Haraldson 的干燥块根药用，具有补肝肾、益精血、乌须发、强筋骨的功效，临床应用广泛。

6. *Koenigia* Linnaeus 冰岛蓼属

Koenigia Linnaeus (1767: 35); Li & Grabovskaya-Borodina (2003: 278) (Type: *K. islandica* Linnaeus)

特征描述：一年生草本。茎细弱，分枝。叶互生；具叶柄，托叶鞘短，2裂。花两性；花被3，深裂；雄蕊3，与花被片互生；花柱2，极短，柱头头状。瘦果卵形，双凸镜状。花粉粒具散孔，孔数12或15，具长刺状纹饰。

分布概况：1/1 种，**8-2**（*s.s.*）、**8-4**（*s.s.*）型；分布于北极，亚北极及欧亚高山地区，南至喜马拉雅山区；中国产西北至西南。

系统学评述：传统上冰岛蓼属被置于蓼族；分子系统发育研究表明冰岛蓼属应置于 Persicarieae 中[3]。

DNA 条形码研究：BOLD 网站有该属5种15个条形码数据；GBOWS 已有1种14个条形码数据。

代表种及其用途：冰岛蓼 *K.islandica* 是高山生态系统的关键物种。

7. *Oxyria* Hill 山蓼属

Oxyria Hill (1765: 24); Li & Grabovskaya-Borodina (2003: 332) [Type: *O. digyna* (Linnaeus) Hill (≡ *Rumex digynus* Linnaeus)]

特征描述：多年生草本。根状茎粗壮。茎直立，少分枝。叶肾形或圆肾形；叶柄较长；托叶鞘筒状。花序圆锥状；花两性或单性，雌雄异株；花被片4，果时内轮2增大，外轮2反折；雄蕊6，比花被片短，花药长圆形；子房扁平，花柱2，柱头画笔状。瘦果卵形，双凸镜状，两侧边缘具翅。花粉粒3沟。

分布概况：2/2（1）种，**8-2 型**；分布于欧洲，亚洲及美洲北部的高山地区；中国产西北和西南。

系统学评述：形态性状和分子系统发育研究均支持山蓼属为单系，与大黄属及酸模属共同隶属于酸模族[1-3,9]。

DNA 条形码研究：BOLD 网站有该属 2 种 54 个条形码数据；GBOWS 已有 2 种 53 个条形码数据。

代表种及其用途：山蓼 *O. digyna* (Linnaeus) Hill 是高山和极地的标识物种。中华山蓼 *O. sinensis* Hemsley 在云南干旱河谷区作为重要的水土维持物种。

8. *Polygonum* Linnaeus 蓼属

Polygonum Linnaeus (1753: 359), *nom. cons.*; Li et al. (2003: 278) (Type: *P. aviculare* Linnaeus, *typ. cons.*)

特征描述：草本，稀灌木。茎直立、平卧或上升，常节部膨大。叶互生，全缘，稀具裂片；托叶鞘膜质或草质，筒状，顶端截形或偏斜。花序穗状、总状、头状或圆锥状；花两性，簇生；苞片膜质；花梗具关节；花被5，稀4，宿存；花盘腺状、环状；雄蕊8，稀4-7；子房卵形，花柱2-3，离生或中下部合生，柱头头状。瘦果卵形，无翅，具3棱或双凸镜状，比宿存花被短。花粉粒3沟，或3孔沟，或散沟及散孔等。

分布概况：230/113（26）种，**8-4** 型；分布于北温带；中国南北均产。

系统学评述：传统上蓼属被置于蓼族。分子系统研究表明蓼属是个并系或多系群，应划分为多个属，分别置于蓼族和 Persicarieae 中[1-3]。根据形态特征，蓼属属下可划分为多个组。

DNA 条形码研究：BOLD 网站有该属 105 种 347 个条形码数据；GBOWS 已有 45 种 704 个条形码数据。

代表种及其用途：酸模叶蓼 *P. lapathifolium* Linnaeus 全草入药，有利湿解毒、散瘀消肿、止痒功效。

9. *Pteroxygonum* Dammer & Diels 红药子属

Pteroxygonum Dammer & Diels (1905: 36); Ronse et al. (1988: 321); Li & Grabovskaya-Borodina (2003: 323) (Type: *P. giraldii* Dammer & Diels)

特征描述：多年生草本。茎攀援，不分枝。叶三角状卵形或三角形，全缘；具叶柄；托叶鞘膜质，宽卵形，顶端急尖。花序总状；花两性，密集；花被5深裂，白色；雄蕊8；子房卵形，具3棱，花柱3，中下部合生，柱头实状。瘦果卵形，具3棱，沿棱生膜质翅，基部具3角状附属物；果梗具3狭翅。花粉粒3孔沟，细网状纹饰。染色体 $x=20$。

分布概况：1/1（1）种，**15** 型；中国秦岭及其东缘特有。

系统学评述：该属为单种属。传统上红药子属被置于木蓼族。分子系统发育研究表明红药子属与沙拐枣属构成单系分支[2]，同被置于沙拐枣族中[3]。

DNA 条形码研究：BOLD 网站有该属 1 种 3 个条形码数据。

代表种及其用途：翼蓼 *P. giraldii* Dammer & Diels 块根入药，能凉血、止血、祛湿解毒。

10. *Reynoutria* Houttuyn 虎杖属

Reynoutria Houttuyn (1777: 639); Li & Park (2003: 319); Bailey & Stace (1992: 29) (Type: *R. japonica* Houttuyn)

特征描述：多年生草本。根状茎横走，茎直立，中空。叶互生，卵形或卵状椭圆形，全缘；具叶柄；托叶鞘膜质，偏斜，早落。花序圆锥状，腋生；花单性，雌雄异株；花被 5 深裂；雄蕊 6-8；花柱 3，柱头流苏状；雌花花被片外面 3 果时增大，背部具翅。瘦果卵形，具 3 棱。花粉粒 3 孔沟，细网状纹饰。

分布概况：3/1 种，**11** 型；分布于东亚；中国产陕西南部、甘肃南部、华东、华中、华南至西南地区。

系统学评述：形态和分子证据均表明，虎杖属为单系，隶属于蓼族[1]。

DNA 条形码研究：GBOWS 已有该属 1 种 15 个条形码数据。

代表种及其用途：虎杖 *R. japonica* Houttuyn 根状茎供药用，有活血、散瘀、通经、镇咳等功效。

11. *Rheum* Linnaeus 大黄属

Rheum Linnaeus (1753: 371); Li & Grabovskaya-Borodina (2003: 341) (Lectotype: *R. rhaponticum* Linnaeus)

特征描述：多年生草本。根粗壮。茎呈花葶状，中空，具细纵棱，节明显膨大。基生叶莲座状，茎生叶互生；托叶鞘发达；叶片多宽大，主脉掌状或掌羽状。圆锥花序或稀为穗状及圆头状；花被片 6，排成 2 轮；雄蕊 9，花药背着，内向；雌蕊 3 心皮，1 室，1 基生的直生胚珠，花柱 3，短。瘦果三棱状，棱缘具翅，翅上具 1 条明显纵脉，花被宿存。胚乳丰富。花粉粒 3 孔沟，内孔横椭圆形，孔宽于沟，细颗粒-细网纹状纹饰。

分布概况：60/39（9）种，**10** 型；分布于亚洲温带和亚热带的高寒山区；中国西北、西南和华北地区均产，东北较少。

系统学评述：形态学和分子系统发育研究均支持大黄属为单系，与山蓼属构成姐妹关系，两者与酸模属共同组成酸模族[3]。传统上依据形态学性状将国产大黄属划分为掌叶组 *Rheum* sect. *Palmata*、波叶组 *R.* sect. *Rheum*、心叶组 *R.* sect. *Acuminata*、砂生组 *R.* sect. *Deserticola*、穗序组 *R.* sect. *Spiciformia*、圆叶组 *R.* sect. *Orbicularia*、塔黄组 *R.* sect. *Nobilia* 和头序组 *R.* sect. *Globulosa*。然而这一划分并未得到基于叶绿体片段的系统发育分析结果的支持。研究表明该属物种在相对较短的时间内发生了快速辐射分化，一些具有明显生态适应意义的形态特征经历过趋同进化或平行进化[9-11]。

DNA 条形码研究：BOLD 网站有该属 39 种 170 个条形码数据；GBOWS 已有 11 种 64 个条形码数据。

代表种及其用途：鸡爪大黄 *R. tanguticum* (Maximowicz & Regel) Maximowicz & Balfour、掌叶大黄 *R. palmatum* Linnaeus 和药用大黄 *R. officinale* Baillon 是该属常见种，也是中药大黄的正品来源。所有物种的根都可以作为药材"大黄"使用，"大黄"是中国特产的重要药材之一，能泻肠胃积热、下瘀血，外用可消痛肿。

12. *Rumex* Linnaeus 酸模属

Rumex Linnaeus (1753: 333); Li et al. (2003: 333) (Lectotype: *R. patientia* Linnaeus)

特征描述：草本，稀灌木。根粗壮，有时具根状茎。<u>茎直立</u>，<u>具沟槽</u>。茎生叶互生；托叶鞘膜质。花序圆锥状；<u>花两性</u>，<u>雌雄异株</u>；花梗具关节；<u>花被片 6</u>，<u>2 轮</u>，宿存，<u>外轮 3 果时不增大</u>，<u>内轮 3 果时增大</u>，具齿或针刺；雄蕊 6；子房卵形，具 3 棱，1 室，含 1 胚珠，花柱 3，<u>柱头画笔状</u>。瘦果无翅，卵形或椭圆形，具 3 锐棱，包于增大的内花被片内。花粉粒 3 孔沟、4 斜孔沟、散孔沟、散沟等，皱波状纹饰。

分布概况：150/26（1）种，**1 型**；分布于北温带；中国南北均产。

系统学评述：形态和分子证据均支持酸模属为单系，与大黄属及山蓼属的系统发育关系最近缘[3]。根据形态学特征，该属常被分为酸模亚属 *Rumex* subgen. *Acetosa*、小酸模亚属 *R.* subgen. *Acetosella* 和巴天酸亚属 *R.* subgen. *Rumex*[FOC]，分子系统发育研究分别支持了 3 个亚属的单系性[12]。

DNA 条形码研究：BOLD 网站有该属 47 种 244 个条形码数据；GBOWS 已有 2 种 114 个条形码数据。

代表种及其用途：酸模 *R. acetosa* Linnaeus 及该属其他物种均可药用，有凉血、解毒之效；多数物种的幼株、幼叶可食用。

主要参考文献

[1] Sanchez A, et al. Taxonomy of Polygonoideae (Polygonaceae): a new tribal classification[J]. Taxon, 2011, 60: 151-160.

[2] Sanchez A, et al. A Large–scale phylogeny of Polygonaceae based on molecular data[J]. Int J Plant Sci, 2009, 170: 1044-1055.

[3] Schuster TM, et al. Age estimates for the buckwheat family Polygonaceae based on sequence data calibrated by fossils and with a focus on the amphi-pacific *Muehlenbeckia*[J]. PLoS One, 2013, 8: e61261.

[4] Sun Y, Zhang M. Molecular phylogeny of tribe Atraphaxideae (Polygonaceae) evidenced from five cpDNA genes[J]. J Arid Land, 2012, 4: 180-190.

[5] Tian X, et al. On the origin of the woody buckwheat *Fagopyrum tibeticum* (=*Parapteropyrum tibeticum*) in the Qinghai-Tibetan Plateau[J]. Mol Phylogenet Evol, 2011, 61: 515-520.

[6] Tavakkoli S, et al. The phylogeny of *Calligonum* and *Pteropyrum* (Polygonaceae) based on nuclear ribosomal DNA ITS and chloroplast *trn*L-F sequences[J]. Iranian J Biotech, 2010, 8: 7-15.

[7] Ohsako T, Ohnishi O. Intra- and interspecific phylogeny of wild *Fagopyrum* (Polygonaceae) species based on nucleotide sequences of noncoding regions in chloroplast DNA[J]. Am J Bot, 2000, 87: 573-582.

[8] Yasui Y, Ohnishi O. Interspecific relationships in *Fagopyrum* (Polygonaceae) revealed by the nucleotide sequences of the *rbc*L and *acc*D genes and their intergenic region[J]. Am J Bot, 1998, 85: 1134-1134.

[9] Sun Y, et al. Rapid radiation of *Rheum* (Polygonaceae) and parallel evolution of morphological traits[J]. Mol Phylogenet Evol, 2012, 63: 150-158.

[10] Wang A, et al. Molecular phylogeny, recent radiation and evolution of gross morphology of the rhubarb

genus *Rheum* (Polygonaceae) inferred from chloroplast DNA *trn*L-F sequences[J]. Ann Bot, 2005, 96: 489-498.

[11] Yang M, et al. A molecular marker that is specific to medicinal rhubarb based on chloroplast *trn*L/*trn*F sequences[J]. Planta Med, 2001, 67: 784-786.

[12] Navajas-Pérez R, et al. The evolution of reproductive systems and sex-determining mechanisms within *Rumex* (Polygonaceae) inferred from nuclear and chloroplastidial sequence data[J]. Mol Biol Evol, 2005, 22: 1929-1939.

Droseraceae Salisbury (1808), *nom. cons.* 茅膏菜科

特征描述：<u>食虫植物</u>。多年生或一年生草本，<u>陆生或水生</u>。<u>叶互生</u>，<u>常莲座状密集</u>，稀轮生，<u>常被头状粘腺毛</u>。有限花序；花两性；萼 5 裂；花瓣 5，分离，旋转式排列；雄蕊 5，花丝分离；<u>子房上位</u>，<u>侧膜或基生胎座</u>，心皮 2-5，合生，胚珠 3 至多数。<u>果实为室背开裂蒴果</u>，稀不裂。花粉粒<u>四合花粉</u>，3 孔或多孔。染色体 x=5-24。含萘醌、多元酚和氰化物等化学成分。

分布概况：3 属/115 种，主要分布于热带，亚热带和温带，少数到寒带；中国 2 属/7 种，主产长江以南，少数到东北地区。

系统学评述：长期以来，露松属 *Drosophyllum* 被置于茅膏菜科，但是近期的形态[1,2]和分子证据[3,4]研究均表明该属应独立成科且与茅膏菜科系统发育关系较远，而与双钩叶科 Dioncophyllaceae 和钩枝藤科 Ancistrocladaceae 系统发育关系较近。在近年分子系统学研究中，茅膏菜科的系统位置颇存争议，多个不同的科（如露松科 Drosophyllaceae 和猪笼草科 Nepenthaceae）或分支（如猪笼草科-露松科-钩枝藤科-双钩叶科分支、露松科-钩枝藤科-双钩叶科分支）均被认为是其姐妹群，但支持率均较低[5-10]。该科含 3 属，除茅膏菜属 *Drosera* 外，其他 2 属均为单种属，其中，貉藻属 *Aldrovanda* 与捕蝇草属 *Dionaea* 互为姐妹群[4]。

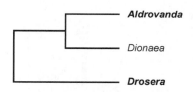

图 163　茅膏菜科分子系统框架图（Cameron 等[4]）

分属检索表

1. 浮水植物；叶轮生，每轮 6-9；心皮 5；果实不开裂 ⋯⋯⋯⋯⋯⋯⋯⋯⋯⋯⋯⋯⋯**1. 貉藻属 *Aldrovanda***
1. 陆生植物；叶基生或互生；心皮 2-5；果实开裂 ⋯⋯⋯⋯⋯⋯⋯⋯⋯⋯⋯⋯⋯**2. 茅膏菜属 *Drosera***

1. *Aldrovanda* Linnaeus 貉藻属

Aldrovanda Linnaeus (1753: 281); Lu & Kondo (2001: 201) (Type: *A. vesiculosa* Linnaeus)

特征描述：<u>浮水或沉水草本</u>。<u>无根</u>。茎单一或分叉。叶轮生，基部合生。花单生叶腋；萼片 5，基部合生；花瓣 5，白色或绿色；雄蕊 5，花丝钻形，花药纵裂；子房近球形，<u>花柱 5</u>，顶部扩大，多裂。<u>果实球形</u>，<u>不开裂</u>。<u>种子由果皮腐烂而出</u>，5-8 或更少，短卵球形。四合花粉，3 孔沟，刺状纹饰。染色体 x=19，24。

分布概况：1/1 种，**10-3 型**；分布于欧洲中部和南部、亚洲北部和东南部，大洋洲北部；中国产黑龙江。

系统学评述：貉藻属与捕蝇草属构成姐妹群[4]。

DNA 条形码研究：BOLD 网站有该属 1 种 3 个条形码数据。

2. *Drosera* Linnaeus 茅膏菜属

Drosera Linnaeus (1753: 281); Lu & Kondo (2001: 199) (Lectotype: *D. rotundifolia* Linnaeus)

特征描述：草本，常多年生。具根状茎。叶互生或基生，常莲座状密集，被头状粘腺毛。聚伞花序；花萼常 5 裂；花瓣 5，分离，宿存；雄蕊 5，与花瓣互生；子房上位，1 室，侧膜胎座 2-5，胚珠常多数，花柱常 3-5，宿存。蒴果，室背开裂。种子小，多数，外种皮具网状脉纹。四合花粉，多孔（10-30），刺状纹饰。染色体数目变异较大，染色体 n=10。

分布概况：约 100/6（1）种，**1 型**；主要分布于大洋洲，各大洲均产；中国产长江以南，少数到东北地区。

系统学评述：传统上该属分为茅膏菜亚属 *Drosera* subgen. *Drosera*、有球茎亚属 *D.* subgen. *Ergaleium* 和无球茎亚属 *D.* subgen. *Regiae*，其中，无球茎亚属仅包括 *D. regia* Stephens，该种曾因具有与茅膏菜属其他类群一系列不同的形态特征而被独立为 *Freatulina*。基于 *rbc*L 分子序列分析结果表明茅膏菜属为并系类群，其中茅膏菜亚属为多系，有球茎亚属为单系，两者共同构成单系分支，而无球茎亚属则与貉藻属构成支持率很低的姐妹群关系[11,12]。而基于 *rbc*L 与 18S 联合序列分析所构建的茅膏菜科系统关系中，茅膏菜属被认为是单系，但支持率较低，其中无球茎亚属位于茅膏菜属最基部位置[11]。基于 ITS、PY-IGS、*atp*B、*pet*B、*mat*K、PTR1、*rbc*L 和 *trn*K 等分子序列的联合分析中，无球茎亚属同样被支持位于茅膏菜属最基部位置，且支持率较高[13]。

DNA 条形码研究：BOLD 网站有该属 67 种 101 个条形码数据；GBOWS 已有 2 种 23 个条形码数据。

代表种及其用途：茅膏菜 *D. peltata* Smith 球茎，生食会麻口，过量服食有毒；据载可治跌打损伤。

主要参考文献

[1] Metcalfe RC. The anatomical structure of the Dioncophyllaceae in relation to the taxonomic affinities of the family[J]. Kew Bull, 1951: 351-368.

[2] Takahashi H, Sohma K. Pollen morphology of the Droseraceae and its related taxa[J]. Sci Rep Tohoku Univ IV Biol, 1982, 38: 81-156.

[3] Meimberg H, et al. Molecular phylogeny of Caryophyllidae *s.l.* based on *mat*K sequences with special emphasis on carnivorous taxa[J]. Plant Biol, 2000, 2: 218-228.

[4] Cameron KM, et al. Molecular evidence for the common origin of snap-traps among carnivorous plants[J]. Am J Bot, 2002, 89: 1503-1509.

[5] Brockington SF, et al. Phylogeny of the Caryophyllales *sensu lato*: revisiting hypotheses on pollination biology and perianth differentiation in the core Caryophyllales[J]. Int J Plant Sci, 2009, 170: 627-643.

[6] Brockington SF, et al. Complex pigment evolution in the Caryophyllales[J]. New Phytol, 2011, 190: 854-864.

[7] Crawley SS, Hilu KW. Caryophyllales: evaluating phylogenetic signal in *trn*K intron versus *mat*K[J]. J Syst Evol, 2012, 50: 387-410.

[8] Meimberg H, et al. Comparative analysis of a translocated copy of the *trn*K intron in carnivorous family Nepenthaceae[J]. Mol Phylogenet Evol, 2006, 39: 478-490.

[9] Schäferhoff B, et al. Caryophyllales phylogenetics: disentangling Phytolaccaceae and Molluginaceae and description of Microteaceae as a new isolated family[J]. Willdenowia, 2009, 39(2): 209-228.

[10] Soltis DE, et al. Angiosperm phylogeny: 17 genes, 640 taxa[J]. Am J Bot, 2011, 98: 704-730.

[11] Rivadavia F, et al. Phylogeny of the sundews, *Drosera* (Droseraceae), based on chloroplast *rbc*L and nuclear 18S ribosomal DNA sequences[J]. Am J Bot, 2003, 90: 123-130.

[12] Rivadavia F, et al. Is *Drosera meristocaulis* a pygmy sundew? Evidence of a long-distance dispersal between Western Australia and Northern South America[J]. Ann Bot, 2012, 110: 11-21.

[13] Renner T, Specht CD. A sticky situation: assessing adaptations for plant carnivory in the Caryophyllales by means of stochastic character mapping[J]. Int J Plant Sci, 2011, 172: 889-901.

Nepenthaceae Dumortier (1829), *nom. cons.* 猪笼草科

特征描述：草本或灌木，食肉植物。<u>叶互生</u>，<u>中脉常延长成卷须、卷须上部扩大反卷而成的囊状体和卷须末端扩大而成的囊盖</u>。花序顶生；<u>花单性</u>，<u>（3-）4 基数</u>，<u>雌雄异株</u>；花被片 1 轮，<u>近轴面具蜜腺</u>；雄花具雄蕊 4-24，<u>花丝合生成柱</u>，<u>花药聚生成头状</u>，2 室；雌花具 1 雌蕊，子房（3-）4 室，胚珠多数。蒴果，室背开裂。花粉四合体，无萌发孔，刺状纹饰。夜间有螟蛾、丽蝇传粉。染色体 $2n=80$。

分布概况：单属科，约 93 种，主要分布于加里曼丹和苏门答腊，少数产太平洋诸岛，大洋洲北部，马达加斯加及印度半岛；中国产广东、海南和香港。

系统学评述：分子系统学研究表明，猪笼草科与同为食虫植物的双钩叶科 Dioncophyllaceae 和钩枝藤科 Ancistrocladaceae 形成姐妹群，并与同为食虫植物的茅膏菜科 Droseraceae 近缘[1,2]。Meimberg 等[1]基于叶绿体 *mat*K 基因对猪笼草科进行了分子系统发育分析，结果表明，该科植物可以分为 3 个分支，即马来群岛和东南亚、菲律宾及新几内亚、华莱士线以东区域分布的种类各自聚成 1 支，其中，马达加斯加的种类位于系统树的基部，代表了较为特化类群。但基于细胞核肽酰转移酶 1（peptide transferase 1, PTR 1）序列的研究结果支持了巽他古陆区域，包括苏门答腊、新几内亚、爪哇、加里曼丹等分布的类群聚为 Hamata-group 分支，印度-马来的植物与马达加斯加的种类各自独立聚为 1 支，与主支形成姐妹关系[3]。

1. *Nepenthes* Linnaeus 猪笼草属

Nepenthes Linnaeus (1753: 955); Lu et al. (2001: 198) (Type: *N. distillatoria* Linnaeus)

特征描述：同科描述。

分布概况：约 93/1 种，**5（7a）**型；分布同科。

系统学评述：同科评述。

DNA 条形码研究：BOLD 网站有该属 89 种 248 个条形码数据；GBOWS 已有 1 种 8 个条形码数据。

代表种及其用途：该属植物由于其奇异的食虫特性，目前已经被大量培育，成为观赏花卉。

主要参考文献

[1] Meimberg H, et al. Molecular phylogeny of nepenthaceae based on cladistic analysis of plastid *trn*K intron sequence data[J]. Plant Biol, 2001, 3: 164-175.

[2] Meimberg H, et al. Molecular phylogeny of Caryophyllidae *s.l.* based on *mat*k sequences with special emphasis on carnivorous taxa[J]. Plant Biol, 2000, 2: 218-228.

[3] Meimberg H, Heubl G. Introduction of a nuclear marker for phylogenetic analysis of Nepenthaceae[J]. Plant Biol, 2006, 8: 831-840.

Ancistrocladaceae Planchon ex Walpers (1851), *nom. cons.*
钩枝藤科

特征描述：藤本。<u>枝具环状钩</u>。<u>单叶互生</u>，<u>常聚于枝顶</u>，<u>全缘</u>；<u>常无柄</u>。花小，两性，辐射对称，顶生或侧生二歧状分枝的圆锥状、穗状花序；<u>萼筒短和子房下部合生</u>；<u>萼片 5</u>，<u>覆瓦状排列</u>；花瓣 5，<u>基部稍合生</u>；雄蕊 5 或 10，<u>花丝不等长</u>，花药常 2 室，纵裂；<u>花柱粗厚</u>，<u>球形或长圆形</u>；果为坚果。种子 1，近球形，外种皮革质，种皮薄。花粉粒 3 沟，穿孔-颗粒纹饰。

分布概况：1 属/约 16 种；分布于亚洲，非洲热带；中国 1 种，产海南。

系统学评述：传统上钩枝藤科常被置于山茶目 Theales，分子系统学研究将钩枝藤科移至石竹目 Caryophyllales，并支持其与双钩叶科 Dioncophyllaceae 构成姐妹群关系[1,2]。

1. *Ancistrocladus* Wallich 钩枝藤属

Ancistrocladus Wallich (1829: 1052); Wang & Gereua (2007: 208) [Type: *A. hamatus* (Vahl) Gilg (≡ *Wormia hamata* Vahl)]

特征描述：同科描述。

分布概况：约 16/1 种，**6 型**；分布于亚洲，非洲热带；中国 1 种，仅见于海南。

系统学评述：该属在热带亚洲和非洲西部分布的物种分别构成 2 个单系类群[3]。

DNA 条形码研究：BOLD 网站有该属 21 种 81 个条形码数据。

主要参考文献

[1] Brockington SF, et al. Phylogeny of the Caryophyllales *sensu lato*: revisiting hypotheses on pollination biology and perianth differentiation in the core Caryophyllales[J]. Int J Plant Sci, 2009, 170: 627-643.

[2] Crawley SS, Hilu KW. Caryophyllales: evaluating phylogenetic signal in *trn*K intron versus matK[J]. J Syst Evol, 2012, 50: 387-410.

[3] Meimberg H, et al. Evidence for species differentiation within the *Ancistrocladus tectorius* complex (Ancistrocladaceae) in Southeast Asia: a molecular approach[J]. Plant Syst Evol, 2010, 284: 77-98.

Caryophyllaceae Jussieu (1789), *nom. cons.* 石竹科

特征描述：草本，稀亚灌木。茎节常膨大。叶对生，全缘；托叶膜质或无。花两性；单生或排成聚伞花序；萼片（4）5；花瓣（4）5，稀无；雄蕊（2）5-10；子房上位，1室，稀2-5室，胚珠1至多数；花柱（1）2-5。果为蒴果，稀为浆果。种子1至多数，肾形、卵形、胚环形或半圆形。花粉粒3沟、散沟或散孔。蛾类、蜂类、蚊类、甲虫类等传粉。含三铁皂甙、蜕皮甾酮、黄酮类及环肽类等次生代谢物。

分布概况：97属/约2200种，世界广布，主产北半球的温带和暖温带，地中海，亚洲西部至喜马拉雅种类最多，少数在非洲，大洋洲和美洲；中国33属/396种，南北均产，主产华北、西南和西北。

系统学评述：在传统分类中，石竹科被认为是石竹目中较为进化的类群，与粟米草科 Molluginaceae 系统发育关系近缘[1,2]。分子证据表明石竹科为单系群[3-5]，

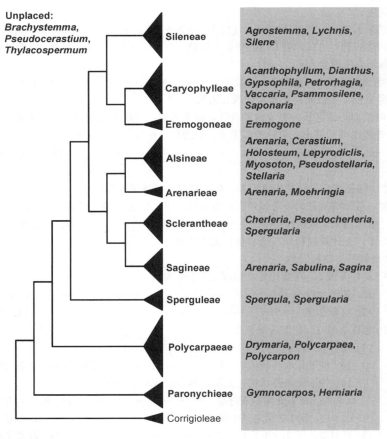

图 164　石竹科分子系统框架图（根据 Harbaugh 等[4]；Greenberg 和 Donoghue[5]）

与由玛瑙果科 Achatocarpaceae 与苋科 Amaranthaceae 所形成的分支互为姐妹群关系[3,6,7]，位于石竹目核心类群所在分支靠基部位置[3,6]。传统上该科常被划分为 3 亚科，即繁缕亚科 Alsinoideae（仅繁缕族 Alsineae）、石竹亚科 Silenoideae（包括石竹族 Diantheae 和剪秋罗族 Lychnideae）和指甲草亚科 Paronychioideae（包括指甲草族 Paronychieae、白鼓钉族 Polycarpaeae 和大爪草族 Sperguleae）[FRPS]。分子证据表明上述 3 亚科均非单系[4,5,8]。依据分子证据该科目前被界定为 11 族，包括 Sclerantheae、漆姑草族 Sagineae、繁缕族、无心菜族 Arenarieae、Eremogoneae、Caryophylleae、蝇子草族 Sileneae、大爪草族、白鼓钉族、指甲草族和 Corrigioleae[4]。

分属检索表

1. 有托叶，稀不明显
  2. 果实为瘦果；无花瓣
    3. 亚灌木；叶锥状线形；萼片顶端具芒尖；雌蕊 3 心皮，花柱顶端 3 裂 ················
    ··· **10. 裸果木属 *Gymnocarpos***
    3. 多年生草本；叶长圆形椭圆形或近心形；萼片顶端无芒尖；雌蕊 2 心皮，花柱顶端 2 裂 ·······
    ··· **12. 治疝草属 *Herniaria***
  2. 果实为蒴果；有花瓣
    4. 花柱离生
      5. 叶通常假轮生，托叶不合生；花柱 5；蒴果 5 瓣裂 ············· **29. 大爪草属 *Spergula***
      5. 叶对生，托叶合生；花柱 3；蒴果 3 瓣裂 ··············· **30. 拟漆姑属 *Spergularia***
    4. 花柱基部合生或全合生
      6. 花萼绿色，叶状；花瓣 2-6 深裂 ·················· **8. 荷莲豆草属 *Drymaria***
      6. 花萼白色，干膜质；花瓣全缘或 2 齿裂
        7. 叶倒卵形或匙状；萼片背部具脊，边缘透明；花柱顶端 3 裂 ··· **20. 多荚草属 *Polycarpon***
        7. 叶线形或长圆形；萼片背部无脊，全透明；花柱合生，顶端不分裂 ·················
        ·· **19. 白鼓钉属 *Polycarpaea***
1. 无托叶
  8. 萼片离生，稀基部合生；花瓣近无爪，稀无花瓣；雄蕊通常周位生
    9. 花二型，茎顶端的花为开花授精花，有花瓣，常不结实；茎基部的花为闭花授精花，无花瓣，结实；植株具肉质根 ························ **24. 孩儿参属 *Pseudostellaria***
    9. 花非二型，无闭花授精花；通常植株无肉质根
      10. 蒴果裂齿与花柱同数
        11. 花柱 4 或 5；花瓣比萼片短或近等长，稀无
          12. 花瓣全缘 ·· **26. 漆姑草属 *Sagina***
          12. 花瓣 2 裂 ··· **31. 繁缕属 *Stellaria***
        11. 花柱 2 或 3；花瓣长于萼片
          13. 花柱 3；种子多数
            14. 种子具流苏状齿 ···················· **23. 假车勒草属 *Pseudocherleria***
            14. 种子无流苏状齿，光滑，具条纹或具疣状凸起
              15. 花多成聚散花序状 ·················· **25. 沙生米努草属 *Sabulina***
              15. 花 1-3 顶生（中国种）············· **6. 车勒草属 *Cherleria***
          13. 花柱 2，稀 3；种子 1 或 2 ················· **14. 薄蒴草属 *Lepyrodiclis***
      10. 蒴果裂齿为花柱数的 2 倍

16. 花柱 5，稀 4

 17. 花瓣 2 裂达 1/3，呈浅凹形，或全缘；蒴果圆柱形，通常明显长于花萼，顶端具 8-10 齿 ·· **5. 卷耳属 Cerastium**

 17. 花瓣深 2 裂；蒴果卵形至短圆柱形，比花萼短或稍长于花萼，顶端具 10 齿，或 5 瓣裂至中部，瓣裂顶端再 2 齿裂

  18. 蒴果短圆柱形，比花萼短，顶端具 10 齿；花柱萼上 ··· **22. 假卷耳属 Pseudocerastium**

  18. 蒴果卵形，稍长于花萼，5 瓣裂至中部，瓣裂顶端再 2 齿裂；花柱与萼片互生 ·· **17. 鹅肠菜属 Myosoton**

16. 花柱 3，稀 2 或 4

 19. 花瓣稀无，2 裂，裂片顶端不呈齿状

  20. 花瓣 2 裂达 1/3；蒴果圆柱形 ··················· **5. 卷耳属 Cerastium**

  20. 花瓣稀无，深 2 裂；蒴果卵形或球形 ········· **31. 繁缕属 Stellaria**

 19. 花瓣全缘，稀顶端微凹，具齿，或 2 裂且顶端裂片呈齿状

  21. 萼片中部以下合生；种皮海绵质 ··········· **32. 囊种草属 Thylacospermum**

  21. 萼片离生；种子非海绵质

   22. 种子种阜膜状 ······························ **16. 种阜草属 Moehringia**

   22. 种子无种阜

    23. 花序伞形；蒴果圆柱形；种子盾形 ········· **13. 硬骨草属 Holosteum**

    23. 花序聚伞圆锥状，或单花；蒴果卵形或长圆形；种子肾形或球形

     24. 直立草本，铺散状或垫状；种子少数或多数，稀 1；萼片草质；花瓣比萼片短或长

      25. 叶钻形至线形或禾草状 ········· **9. 老牛筋属 Eremogone**

      25. 叶常卵形至椭圆形 ··············· **3. 无心菜属 Arenaria**

     24. 攀援草本；种子 1；萼片近干膜质，半透明；花瓣明显长于萼片 ······························· **4. 短瓣花属 Brachystemma**

8. 萼片合生成明显的花萼筒；花瓣通常显爪；雄蕊下位生

 26. 花柱 3 或 5

  27. 果实浆果状，成熟后干燥，不规则开裂（*Silene baccifera*）············· **28. 蝇子草属 Silene**

  27. 果实为蒴果，具规则的齿

   28. 花萼裂片叶状，长于花萼筒；花柱被毛 ········· **2. 麦仙翁属 Agrostemma**

   28. 花萼齿短于花萼筒；花柱无毛

    29. 蒴果室间开裂，具 5 齿；花柱基部下弯且宿存于果实 ········· **15. 剪秋罗属 Lychnis**

    29. 蒴果室背开裂（也常室间开裂），具 6-10 齿；花柱基部不宿存于果实 ··· **28. 蝇子草属 Silene**

 26. 花柱 2，稀 3

  30. 花萼具 5 棱 ··· **33. 麦蓝菜属 Vaccaria**

  30. 花萼无棱

   31. 花萼基部具 1 至数苞叶；种子背腹压扁 ········· **7. 石竹属 Dianthus**

   31. 花萼基部无苞叶；种子肾形或近肾形，极少背腹压扁

    32. 叶刺状；蒴果近膜质，不规则横裂；种子 1-2 ········· **1. 刺叶属 Acanthophyllum**

    32. 叶非刺状；蒴果干燥且易碎，具 4 齿或 4 裂；种子无数

     33. 花瓣具副花冠 ····················· **27. 肥皂草属 Saponaria**

     33. 花瓣无副花冠

1. *Acanthophyllum* C. A. Meyer 刺叶属

Acanthophyllum C. A. Meyer (1831: 210); Lu & Turland (2001: 107) (Type: *A. mucronatum* C. A. Meyer)

特征描述：亚灌木状草本。茎多分枝。叶对生，叶片针状或锥形；无托叶。花两性；圆锥花序、伞房花序或头状花序；苞片草质，针刺状、卵形或披针形；花萼筒状或钟形，常具 5 脉，脉间膜质，萼齿 5；雌雄蕊柄短；花瓣 5，全缘或凹缺，爪狭长；无副花冠；雄蕊 10，2 轮列；子房 1 室，胚珠 4-10，花柱 2。蒴果长圆形或近圆球形，下部膜质，不规则横裂或齿裂。种子 1-2，近肾形，微扁；胚环形。花粉粒具散孔。染色体 2n=26，30，60，90。

分布概况：60/1 种，**12** 型；分布于亚洲西部和中部；中国产新疆。

系统学评述：传统上，刺叶属被置于石竹亚科石竹族，现有分子证据支持将其置于 Caryophylleae[5]。Shishkin[9]曾将该属分为 2 亚属 6 组，Schiman-Czeika[10]则将其分为 7 组。分子证据表明该属为并系群[5]，其中，在已研究的 2 种中，*Acanthophyllum sordidum* Bunge ex Boissier 与 *Allochrusa versicolor* (Fischer & C. A. Meyer) Biossier 成姐妹群关系，两者所形成的分支又与 *Acanthophyllum paniculatum* Regel 成姐妹群关系，且这些关系都得到了强烈支持。

DNA 条形码研究：BOLD 网站有该属 1 种 1 个条形码数据；GBOWS 已有 1 种 8 个条形码数据。

2. *Agrostemma* Linnaeus 麦仙翁属

Agrostemma Linnaeus (1753: 435); Lu et al. (2001: 100) (Lectotype: *A. githago* Linnaeus)

特征描述：一年生草本。茎直立。叶对生，狭披针形至线形；无柄或近无柄；无托叶。花两性，单生枝顶；花萼卵形或椭圆状卵形，具 10 纵脉，裂片 5，线形，叶状，常比萼筒长，稀近等长；无雌雄蕊柄；花瓣 5，深紫色，稀近白色，常比花萼短，爪明显，瓣片微凹缺；无副花冠；雄蕊 10，二轮列，外轮雄蕊基部与瓣爪合生；子房 1 室，花柱 5，与萼裂片互生。蒴果卵形，5 齿裂。种子多数，肾形；胚环形。花粉粒具散孔。染色体 2n=24，48。

分布概况：3/1 种，**10** 型或 **8-4** 型；分布于欧洲，亚洲，北非和北美；中国产东北和西北。

系统学评述：传统上，麦仙翁属被置于石竹亚科剪秋罗族蝇子草亚族 Sileninae。分子证据支持将其置于蝇子草族，系统位置位于该族最基部[5,8]。

DNA 条形码研究：BOLD 网站有该属 1 种 9 个条形码数据。

　　代表种及其用途：麦仙翁 *A. githago* Linnaeus 全草药用，治百日咳等症；茎、叶与种子有毒。

3. *Arenaria* Linnaeus 无心菜属

Arenaria Linnaeus (1753: 423); Wu et al. (2001: 40) (Lectotype: *A. serpyllifoia* Linnaeus)

　　特征描述：草本。茎直立，常丛生，有时垫状。叶对生，全缘，常卵形至椭圆形。花单生或多数，成聚伞花序；花常 5 数；萼片全缘，稀顶端微凹；花瓣全缘或顶端齿裂至缝裂；雄蕊（5，8）10；子房 1 室，胚珠多数，花柱（2）3。蒴果卵形，常短于宿存萼。种子肾形或近圆卵形。花粉粒散孔，颗粒状纹饰。蝇类和蜂类传粉，或自花传粉。染色体 2*n*=16，18，20，22，24，26，28，30，36，40，44，46，80，100，120，200，240。

　　分布概况：超过 210/78（66）种，**8-4** 型；分布于北温带或寒带；中国主产西南至西北的高山、亚高山地区。

　　系统学评述：传统上，无心菜属被置于繁缕亚科繁缕族。该属植物因地理分布广，包含类群多，形态变异大，分类极为困难。McNeill[11]根据花萼、花瓣、花柱、果实等一系列形态特征将属下分为 10 亚属，并对部分亚属进行了组与系的划分。分子证据表明该属为多系类群[4,5,8]。目前，老牛筋亚属 *Arenaria* subgen. *Eremogone* 与雪灵芝亚属 *A.* subgen. *Eremogoneastrum* 已从该属中分出[12,13]，但无心菜属为多系类群，因此，该属的系统及分类学仍需进一步研究。

　　DNA 条形码研究：BOLD 网站有该属 55 种 157 个条形码数据；GBOWS 已有 22 种 165 个条形码数据。

　　代表种及其用途：该属不少物种具有很高的药用价值，如福禄草 *A. przewalskii* Maximowicz、无心菜 *A. serpyllifolia* Linnaeus 等，有清热润肺，治咽喉痛，肺结核等功效。

4. *Brachystemma* D. Don 短瓣花属

Brachystemma D. Don (1825: 216); Lu & Gilbert (2001: 66) (Type: *B. calycinum* D. Don)

　　特征描述：一年生草本。茎铺散或上升，分枝。叶对生，叶片披针形。花两性，多数；聚伞状圆锥花序；萼片 5，边缘膜质；花瓣 5，披针形，全缘；雄蕊 10，5 退化无花药；子房 1 室，具 3-4 胚珠，花柱 2。蒴果扁球形，4 裂，具 1 成熟种子。种子肾形或球形，有小疣状凸起。

　　分布概况：1/1 种，**14SH** 型；主产东南亚；中国产西南。

　　系统学评述：传统上，短瓣花属被置于繁缕亚科繁缕族，但该属目前还未涉及分子系统学研究。

　　DNA 条形码研究：BOLD 网站有该属 1 种 1 个条形码数据；GBOWS 已有 1 种 12 个条形码数据。

　　代表种及其用途：短瓣花 *B. calycinum* D. Don 根药用，可强壮筋骨，治风湿和跌打损伤。

5. *Cerastium* Linnaeus 卷耳属

Cerastium Linnaeus (1753: 437); Lu & Morton (2001: 31) (Lectotype: *C. arvense* Linnaeus)

特征描述：一年生或多年生草本，多数被柔毛或腺毛。叶对生，叶片卵形或长椭圆形至披针形。二歧聚伞花序顶生；萼片（4）5，离生；花瓣（4）5，白色，顶端2裂，稀全缘或微凹；雄蕊（5）10，花丝无毛或被毛；子房1室，具多数胚珠；花柱（3）5，与萼片对生。蒴果圆柱形，薄壳质，露出宿萼外，顶端裂齿为花柱数的2倍。种子多数，近肾形，稍扁，常具疣状凸起。花粉粒3孔，颗粒纹饰。染色体2*n*=30，34，36，38，40，48，52，54，72，82-86，90，94-96，108，126，144。

分布概况：100/23（9）种，**8-4**型；世界广布，主产温带和寒带；中国产华北至西南。

系统学评述：传统上，卷耳属被置于繁缕亚科繁缕族，这一观点得到了分子证据的支持[4,5]。Schischkin[14]将卷耳属分为 *Cerastium* subgen. *Dichodon*（花柱3，蒴果6齿裂）和 *C.* subgen. *Eucerastium*（花柱5，蒴果10齿裂）2亚属，其中前者曾被提升为 *Dichodon*。分子证据表明目前所界定的卷耳属为多系群[5]，其中 *C.* subgen. *Dichodon* 的2个代表种所形成的分支与同样表现为花柱3、蒴果6齿裂的硬骨草属 *Holosteum* 构成支持率较低的姐妹群关系，而卷耳属其他类群则聚在1个支持率较低的分支中，该分支与 *Moenchia* 构成姐妹群关系。

DNA 条形码研究：BOLD 网站有该属16种93个条形码数据；GBOWS 已有11种106个条形码数据。

代表种及其用途：达乌里卷耳 *C. dahuricum* Fischer 花、叶皆大，可供观赏。

6. *Cherleria* Linnaeus 车勒草属

Cherleria Linnaeus (1753: 425) (Type: *C. sedoides* Linnaeus)

特征描述：草本。茎常丛生。叶线形尖锥状。花1-3顶生（中国种）；萼片5，离生，线状长圆形至卵状长圆形，顶端钝，具脉；花瓣5，白色，与萼片近等长或明显长于萼片，或无花瓣；雄蕊10；子房1室；花柱3。蒴果长于萼片，3瓣裂。种子肾形或肾形近球状，光滑或具条纹，或种脊具模糊的疣状凸起。花粉粒散孔。染色体*x*=13。

分布概况：19/2种，**8**型；分布于北极-欧亚，中亚，北美西部及高加索地区；中国产吉林长白山、新疆博格达山。

系统学评述：该属曾长期被置于米努草属 *Minuartia*，为米努草属下的1个亚组 *M.* sect. *Spectabiles* subsect. *Cherleria*。分子系统学研究表明米努草属为多系，并将车勒草属独立为1个属，但其在属的界定范围上较最初有所扩大[12]。

7. *Dianthus* Linnaeus 石竹属

Dianthus Linnaeus (1753: 409); Lu & Turland (2001: 102) (Lectotype: *D. caryophyllus* Linnaeus)

特征描述：草本。根有时木质化。茎多丛生，圆柱形或具棱。叶对生，禾草状。花单生或成聚伞花序，有时簇生成头状，围以总苞片；花萼圆筒状，5 齿裂，有脉 7、9 或 11，基部贴生苞片 1-4 对；花瓣 5，具长爪，瓣片边缘具齿或繸状细裂，稀全缘；雄蕊 10；子房 1 室，胚珠多数，花柱 2。蒴果圆筒形或长圆形，顶端 4 齿裂或瓣裂。种子多数，圆形或盾状；胚直生，胚乳常偏于一侧。花粉粒具散孔。蝶类、蛾类等传粉。染色体 2*n*=14，30，60，90。

分布概况：600/18（4）种，**10** 型；广布北温带，主产欧洲和亚洲，少数产美洲和非洲；中国主产北方草原和山区草地。

系统学评述：传统上，石竹属被置于石竹亚科石竹族。分子证据支持将其置于 Caryophylleae[4,5]。由于自然杂交现象在石竹属中非常普遍，其属下类群间的界定显得较为困难[15]。分子系统发育分析表明，石竹属下物种呈多歧分支的状态且支持率不高[5]，因此，属下其系统发育关系还有待深入研究。此外，由于 *Velezia rigida* Linnaeus 聚在该属类群之中而非单系群。

DNA 条形码研究：BOLD 网站有该属 111 种 270 个条形码数据；GBOWS 已有 5 种 38 个条形码数据。

代表种及其用途：该属须苞石竹原变种 *D. barbatus* var. *barbatus* Linnaeus、石竹 *D. chinensis* var. *chinensis* Linnaeus、香石竹 *D. caryophyllus* Linnaeus 等为观赏花卉。石竹、瞿麦 *D. superbus* Linnaeus 等根和全草入药，有清热利尿，破血通经，散瘀消肿至功效。瞿麦还可作农药，具杀虫功效。

8. *Drymaria* Willdenow ex Schultes 荷莲豆草属

Drymaria Willdenow ex Schultes (1819: 31); Lu & Gilbert (2001: 5) (Lectotype: *D. arenarioides* Humboldt & Bonpland ex Schultes)

特征描述：一年生或多年生草本。茎匍匐或近直立，二歧分枝。叶对生，叶片圆形或卵状心形，具 3-5 基出脉；具短柄；托叶小，刚毛状，常早落。花单生或成聚伞花序；萼片 5，绿色，草质；花瓣 5，顶端 2-6 深裂；雄蕊 5，与萼片对生，花丝基部较宽；子房卵圆形，1 室，胚珠少数；花柱 2-3，基部合生。蒴果卵圆形，3 瓣裂，含种子 1-2。种子卵圆形或肾形，稍扁，具疣状凸起；胚环形。花粉粒具散孔。染色体 2*n*=24，36，44，72。含环肽、黄酮甙等次生代谢物。

分布概况：49/2 种，**2** 型；分布于墨西哥，西印度群岛至南美；中国产长江以南。

系统学评述：传统上，荷莲豆草属被置于指甲草亚科白鼓钉族，这一观点得到了分子证据的支持，并且该属与 *Ortegia*、*Pycnophyllum* 等属系统发育关系近缘[4,5]。该属类群种间形态变异较大，Duke[16]根据叶形、花瓣顶端裂片、种子表面特征等方面的性状将属下分为 17 个系。分子系统学研究表明该属为多系类群[5]。

DNA 条形码研究：BOLD 网站有该属 2 种 5 个条形码数据；GBOWS 已有 1 种 42 个条形码数据。

代表种及其用途：荷莲豆草 *D. diandra* Blume 全草入药，有消炎，清热，解毒之效。

9. *Eremogone* Fenzl 老牛筋属

Eremogone Fenzl (1833: 13) (Type: *E. graminifolia* Fenzl)

特征描述：多年生草本，常密丛生或垫状。叶钻形至线形或禾草状，顶端钝至具尖或刺状。花序顶生，单生或成聚伞花序；苞片叶状或干膜质；花托浅杯状；萼片 5，离生或基部稍合生，线状披针形至卵形，边缘干膜质；花瓣 5；雄蕊 10；花丝离生；花柱 3，长 2-3mm；子房 1 室，多为倒卵形、卵球形至近球形，柱头 3，近头状，光滑或具乳突。蒴果 6 裂。种子 1-10 粒，两侧稍扁。花粉粒散孔。染色体 x=11。

分布概况：约 90/26（15）种，**8** 型；分布于北温带；中国产华北、西北、东北和西南。

系统学评述：该属曾被长期置于无心菜属 *Arenaria* 的范畴，为无心菜属的 1 个亚属。分子系统学研究表明无心菜属为多系类群，老牛筋属独立出来，曾被置于无心菜属的雪灵芝亚属 *Arenaria* subgen. *Eremogoneastrum* 及米努草属 *Minuartia* 的部分类群被归入老牛筋属[12,13]。

DNA 条形码研究：BOLD 网站有该属 5 种 5 个条形码数据。

代表种及其用途：雪灵芝 *E. brevipetala* Y. W. Cui & L. H. Zhou 可药用。

10. *Gymnocarpos* Forsskål 裸果木属

Gymnocarpos Forsskål (1775: 65); Lu & Thulin (2001: 3) (Type: *G. decandrus* Forsskål)

特征描述：亚灌木。茎粗壮，多分枝。叶对生或簇生，叶片线形；托叶膜质，透明。花两性，小形，聚伞花序，具苞片；萼片 5，顶端具芒尖，宿存；无花瓣；雄蕊 10，排列 2 轮，外轮 5 退化，内轮 5 与萼片对生；雌蕊由 3 心皮合生，子房上位，1 室，具 1 胚珠；花柱短，基部连合。果实为瘦果，包于宿存萼内。花粉粒具散孔，颗粒状纹饰。染色体 2n=28。

分布概况：10/1 种，**12** 型；分布于马卡罗尼西亚至蒙古国，主产东非热带地区；中国产新疆、青海、甘肃、宁夏和内蒙古。

系统学评述：传统上，裸果木属被置于指甲草亚科指甲草族，这一观点得到了分子证据的支持[4,5]。分子证据表明目前所界定的裸果木属，包含 *Sclerocephalus arabicus* (Decaisne) Boissier 为获得强烈支持的单系群[5, 17]。裸果木属曾被处理为 *Paronychia* 的异名[2]，分子系统发育分析表明裸果木属与白鼓钉属 *Polycarpaea* 构成姐妹群，且它们所形成的分支与 *Paronychia* 部分类群所形成的分支互为姐妹群，而 *Paronychia* 其他 2 种则与治疝草属 *Herniaria*+*Philippiella* 分支互为姐妹群，位于指甲草族最基部[5]。

DNA 条形码研究：BOLD 网站有该属 1 种 1 个条形码数据；GBOWS 已有 1 种 12 个条形码数据。

代表种及其用途：裸果木 *G. przewalskii* Bunge ex Maximowica 嫩枝为骆驼喜食；还可作固沙植物。

11. *Gypsophila* Linnaeus 石头花属

Gypsophila Linnaeus (1753: 406); Lu & Turland (2001: 108) (Lectotype: *G. repens* Linnaeus)

特征描述：一年生或多年生草本。茎直立或铺散，有时被白粉。叶对生。花两性，小形；疏散或头状的聚伞花序；苞片干膜质，少数叶状；花萼钟形或漏斗状，具 5 脉，脉间白色，顶端 5 齿裂；花瓣 5，白色或粉红色，长于花萼，顶端圆、平截或微凹；雄蕊 10；子房 1 室，胚珠多数；花柱 2。蒴果球形或卵球形，4 瓣裂。种子多数，扁圆肾形，具疣状凸起；种脐侧生；胚环形，围绕胚乳，胚根显。花粉粒具散孔，穿孔状-颗粒纹饰。蜂类、蝇类等传粉。染色体 2*n*=24，26，28，30，34，36，48，68。根含皂甙。

分布概况：150/17（4）种，**12-2** 型；主要分布于欧亚大陆温带地区，少数种类分布于非洲东北部，大洋洲与北美；中国产东北、华北和西北。

系统学评述：传统上，石头花属被置于石竹亚科石竹族，分子系统学研究支持将其置于 Caryophylleae[4,5]。该属下的划分主要依据生活型、茎、花序、花瓣等方面的特征。中国所产石头花属类群分为 5 组，即伞房组 *Arenaria* sect. *Corymbosae*、圆锥花序组 *A.* sect. *Rokejeka*、异色组 *A.* sect. *Heterochroa*、缕丝花组 *A.* sect. *Dichoglottis* 和长胚根组 *A.* sect. *Macrorrhizaea*[FRPS]。分子证据表明该属为多系类群[5]。

DNA 条形码研究：BOLD 网站有该属 5 种 11 个条形码数据；GBOWS 已有 7 种 47 个条形码数据。

代表种及其用途：长蕊石头花 *G. oldhamiana* Miquel、草原石头花 *G. davurica* Turczaninow ex Fenzl、大叶石头花 *G. pacifica* Komarov 有清热凉血、消肿止痛、化腐生肌长骨等功效；且其根通常含皂甙，还可用以洗涤。圆锥石头花 *G. paniculata* Linnaeus、缕丝花 *G. elegans* M. Bieberstein 等栽培可供观赏。

12. *Herniaria* Linnaeus 治疝草属

Herniaria Linnaeus (1753: 218); Lu & Gilbert (2001: 3) (Lectotype: *H. glabra* Linnaeus)

特征描述：草本。茎铺散或俯卧，多分枝。叶对生或互生，叶片圆状椭圆形或近圆形；近无柄；托叶小形，膜质，早落。花两性，小形，绿色，近无梗或有短梗，单生或成聚伞花序；苞片膜质，萼片 5，顶端无芒尖；无花瓣；雄蕊 5，稀 4；子房卵圆形，由 2 心皮合生，1 室，胚珠 1 至多数，花柱极短，基部连合，顶端 2 裂。果实为瘦果。种子卵圆形或扁圆形，两面凸起，黑色，具光泽。花粉粒 3-6 孔，光滑、皱波或颗粒状纹饰。染色体 2*n*=18，36，54，72，108，126，144。

分布概况：45/3 种，**10-3** 型；分布于非洲，欧洲，地中海至中亚；中国主产新疆，1 种见于四川。

系统学评述：传统上，治疝草属被置于指甲草亚科指甲草族，这一观点得到了分子证据的支持[5]。但现有的分子证据表明该属为非单系类群[5]，已研究的 4 种与 *Philippiella patagonica* Spegazzini 共同构成 1 个中度支持的分支，该分支与 *Paronychia* 另外 2 个种所形成的分支构成强烈支持的姐妹群。

DNA 条形码研究：BOLD 网站有该属 5 种 10 个条形码数据。

13. *Holosteum* Linnaeus 硬骨草属

Holosteum Linnaeus (1753: 88); Lu & Rabeler (2001: 40) (Lectotype: *H. umbellatum* Linnaeus)

特征描述：一年生草本。茎上部常具腺状柔毛。叶对生，叶片狭线形。花两性；伞形花序；萼片 5，披针形；花瓣 5，白色或淡红色，全缘，稀微凹缺或具齿；雄蕊 3-5，稀 10；子房 1 室，具多数胚珠；花柱 3。蒴果圆柱形，6 齿裂。种子盾状，粗糙；胚马蹄形。花粉粒散孔，穿孔状-颗粒纹饰。染色体 2*n*=20，40。

分布概况：4/1 种，**10** 型；分布于欧洲，地中海至中亚；中国产新疆。

系统学评述：传统上，硬骨草属被置于繁缕亚科繁缕族，这一观点得到了分子证据的支持[4,5]。分子证据表明已研究的 2 个种形成支持率很高的单系，并与卷耳属 2 种所形成的分支构成支持率较低的姐妹群关系[5]。

DNA 条形码研究：BOLD 网站有该属 2 种 2 个条形码数据。

14. *Lepyrodiclis* Fenzl 薄蒴草属

Lepyrodiclis Fenzl (1840: 966); Lu & Rabeler (2001: 31) [Type: *L. holosteoides* (C. A. Meyer) Fenzl ex F. E. L. Ficher & C. A. Meyer (≡ *Gouffeia holosteoides* C. A. Meyer)]

特征描述：一年生草本。茎上升或铺散，分枝。叶对生，叶片线状披针形或披针形，具 1 中脉；无托叶。花两性，小形；圆锥状聚伞花序；萼片 5（稀 6）；花瓣 5，全缘或顶端凹缺；雄蕊（7-）10（14）；花柱 2，稀 3。蒴果扁球形，2-3 瓣裂，具 1-2 种子。种子小，种皮厚，表面有凸起；胚弯曲。花粉粒具散孔。染色体 2*n*=34，68。

分布概况：3/2 种，**12** 型；分布于亚洲；中国产西北和西南。

系统学评述：传统上薄蒴草属被置于繁缕亚科繁缕族，这一观点得到了分子证据的支持，且分子证据表明该属与孩儿参属 *Pseudostellaria*、繁缕属 *Stellaria* 部分类群及无心菜属 *Arenaria* 部分类群系统发育关系近缘[4,5]。依据分子系统学研究，该属所取代表种薄蒴草 *Lepyrodiclis holosteoides* (C. A. Meyer) Fenzl ex F. E. L. Ficher & C. A. Meyer 与繁缕属 1 种成支持率很低的姐妹群关系，两者所形成的分支与由无心菜属部分类群及孩儿参属部分类群所形成的分支构成强烈支持的姐妹群，共同位于繁缕族的最基部[5]。

DNA 条形码研究：BOLD 网站有该属 1 种 2 个条形码数据；GBOWS 已有 1 种 22 个条形码数据。

代表种及其用途：薄蒴草 *L. holosteoides* 花期全草药用，具利肺、托疮功效。

15. *Lychnis* Linnaeus 剪秋罗属

Lychnis Linnaeus (1753: 436); Lu et al. (2001: 100) (Lectotype: *L. chalcedonica* Linnaeus)

特征描述：多年生草本。茎直立。叶对生；无托叶。花两性；二歧聚伞花序或头状花序；花萼筒状棒形，稀钟形，具 10 脉，脉直达萼齿端，萼齿 5，比萼筒短；萼、冠间雌雄蕊柄显著；<u>花瓣 5</u>，<u>白色或红色</u>，<u>具长爪</u>，<u>2 裂或多裂</u>，稀全缘；<u>花冠喉部具副花冠</u>；<u>雄蕊 10</u>；<u>子房 1 室</u>，具部分隔膜，<u>胚珠多数</u>；<u>花柱 5</u>。蒴果 5 齿裂或 5 瓣裂。<u>种子多数</u>，肾形，<u>表面具凸起</u>；脊平或圆钝；胚环形。花粉粒散孔，穿孔状-颗粒纹饰。染色体 2*n*=24；36。

分布概况：25/6 种，**10** 型；分布于非洲，亚洲和欧洲温带；中国产东北、华北、西北东部和长江流域。

系统学评述：传统上，剪秋罗属被置于石竹亚科剪秋罗族蝇子草亚族。分子证据支持将该属置于蝇子草族[4,5]。分子系统学研究表明，该属所取类群聚在蝇子草属 *Silene* 之中[5,18-20]。依据植株被毛情况、萼齿性状等特征该属被分为 2 组，即 *Lychnis* sect. *Coronariae*（全株被白色绒毛；萼齿钻形，扭转）和 *L.* sect. *Lychnis*（全株无白色绒毛；萼齿扁平，不扭转）[FRPS]；或依据花冠、蒴果等方面的特征被分为 3 亚属，即 *Lychnis* subgen. *Lychnis*、*L.* subgen. *Coronaria* 和 *L.* subgen. *Viscaria*[2]。分子证据表明研究所涉及的该属类群聚为 1 个强烈支持的单系[5]，但在属下类群间划分仍需进一步研究。

DNA 条形码研究：BOLD 网站有该属 4 种 8 个条形码数据；GBOWS 已有 3 种 20 个条形码数据。

代表种及其用途：该属植物多数种类花较大，美丽，常栽培于庭园作观赏花卉。剪春罗 *L. coronate* Thunberg、剪红纱花 *L. senno* Siebold & Zuccarini 被《本草纲目》收录，根或全草入药，可治感冒，风湿关节炎或腹泻等症。

16. *Moehringia* Linnaeus 种阜草属

Moehringia Linnaeus (1753: 359); Lu & Rabeler (2001: 39) (Type: *M. muscosa* Linnaeus)

特征描述：<u>一年生或多年生草本</u>。<u>茎纤细</u>，<u>丛生</u>。<u>叶线形</u>、长圆形<u>至</u>倒卵形或卵状披针形；无柄或具短柄。花两性，单生或数花集成聚伞花序；<u>萼片 5</u>；<u>花瓣 5</u>，<u>白色</u>，全缘；<u>雄蕊常 10</u>；<u>子房 1 室</u>，<u>具多数胚珠</u>；<u>花柱 3</u>。蒴果椭圆形或卵形，6 齿裂。<u>种子平滑</u>，<u>光泽</u>；<u>种脐旁有白色</u>、<u>膜质种阜</u>，有时种阜可达种子周围 1/3。花粉粒具散孔，穿孔状纹饰具颗粒。染色体 2*n*=24，48。

分布概况：28/3 种，**8** 型；分布于北温带；中国南北均产。

系统学评述：传统上，种阜草属被置于繁缕亚科繁缕族，分子证据支持将其置于无心菜族[4,5]。McNeill[11]根据生活型、叶形及种子外壁纹饰等特征将种阜草属分为 4 组，即 *Moehringia* sect. *Diversioliae*、*M.* sect. *Latifoliae*、*M.* sect. *Moehringia* 和 *M.* sect. *Pseudomoehringia*，并认为最后 1 组的种子形态与无心菜属类群相似且明显区别于其他 3 组，因此对种阜草属是否为 1 个自然类群提出了质疑。分子系统发育研究表明该属为多系类群[5,21]，其中，*M.* sect. *Pseudomoehringia* 聚在无心菜属中，另外 3 组构成 1 个强烈支持的单系，即狭义的种阜草属，但这 3 个组均为非单系。

DNA 条形码研究：BOLD 网站有该属 29 种 41 个条形码数据；GBOWS 已有 1 种 8 个条形码数据。

17. *Myosoton* Moench 鹅肠菜属

Myosoton Moench (1794: 225); Lu & Rabeler (2001: 38) [Type: *M. aquaticum* (Linnaeus) Moench (≡ *Cerastium aquaticum* Linnaeus)]

特征描述：二年生或多年生草本。茎基部匍匐，无毛，上部直立，被腺毛。叶对生。花两性，白色，排列成顶生二歧聚伞花序；萼片 5；花瓣 5，比萼片短，2 深裂至基部；雄蕊 10；子房 1 室；花柱 5。蒴果卵形，比萼片稍长，5 瓣裂至中部，裂瓣顶端再 2 齿裂。种子肾状圆形，种脊具疣状凸起。花粉粒散孔。染色体 $2n=28$。

分布概况：1/1 种，**10** 型；分布于亚洲和欧洲温带；中国南北均产。

系统学评述：传统上，鹅肠菜属被置于繁缕亚科繁缕族。鹅肠菜 *Myosoton aquaticum* (Linnaeus) Moench 最初以卷耳属 *Cerastium* 的 1 种（*C. aquaticum* Linnaeus）发表，后被移至繁缕属 *Stellaria* 之中，随后又被独立为单种属。分子证据表明鹅肠菜属隶属于繁缕族，并聚在繁缕属中[4,5]，但由于繁缕属为多系，因此鹅肠菜属仍需进一步的分类修订。

DNA 条形码研究：BOLD 网站有该属 1 种 8 个条形码数据；GBOWS 已有 1 种 38 个条形码数据。

代表种及其用途：鹅肠菜全草供药用，祛风解毒，外敷治疖疮；幼苗可作野菜和饲料。

18. *Petrorhagia* (Seringe) Link 膜萼花属

Petrorhagia (Seringe) Link (1831: 235); Lu & Rabeler (2001: 113) [Lectotype: *P. saxifraga* (Linnaeus) Link (≡ *Dianthus saxifragus* Linnaeus)]. ——*Tunica* Ludwig (1757: 129)

特征描述：一年生或多年生草本。茎直立或上升。叶对生，叶片线形或线状锥形；无托叶。花两性，小形；二歧聚伞式圆锥花序；花萼钟形，具 5-15 脉，脉间膜质，基部具 1-4 对苞片，稀无苞片，萼齿 5；雌雄蕊柄几无；花瓣 5，白色或淡红色，全缘或凹缺；雄蕊 10；子房 1 室，胚珠多数；花柱 2。蒴果长圆形或卵形，4 齿裂或瓣裂。种子圆盾形或卵形，微扁，脊具翅，表面具瘤状凸起或平滑；胚劲直。花粉粒散孔。染色体 $2n=26$，28，30，60。

分布概况：30/1 种，**12** 型；分布于地中海至中亚；中国产新疆。

系统学评述：传统上，膜萼花属被置于石竹亚科石竹族，分子系统学研究表明该属隶属于 Caryophylleae[4,5]，属下种间系统关系需进一步研究。

DNA 条形码研究：BOLD 网站有该属 7 种 19 个条形码数据。

代表种及其用途：膜萼花 *P. saxifraga* (Linnaeus) Link 可供栽培观赏。

19. *Polycarpaea* Lamarck 白鼓钉属

Polycarpaea Lamarck (1792: 3), *nom. cons.*; Lu & Gilbert (2001: 6) (Type: *P. teneriffiae* Lamarck, *typ. cons.*)

特征描述：一年生或多年生草本。茎直立或铺散。叶对生或假轮生，叶片狭线形或长圆形；托叶膜质。花多数，排成密聚伞花序；萼片 5，膜质，全透明，无脊；花瓣 5，小，全缘或 2 齿裂；雄蕊 5；子房 1 室，具多数胚珠；花柱合生，伸长，顶端不分裂。蒴果 3 瓣裂。种子肾形稍扁；胚弯。花粉粒 3 孔沟，颗粒状纹饰。染色体 2*n*=18，26，36，52。

分布概况：50/2 种，**2 型**；大多分布于旧世界热带和亚热带，少数在新热带；中国产华南和西南。

系统学评述：传统上，白鼓钉属被置于指甲草亚科白鼓钉族。基于有限取样的分子系统学研究表明该属所取 1 种隶属于指甲草族，并与裸果木属构成支持率很高的姐妹群[5]；另有分子证据表明白鼓钉属与白鼓钉族下的多荚草属 *Polycarpon* 所取类群混杂，且都表现为获得强烈支持的多系群[22,23]，白鼓钉属的系统位置及种间发育关系还有待进一步研究。

DNA 条形码研究：BOLD 网站有该属 3 种 5 个条形码数据。

20. *Polycarpon* Loefling ex Linnaeus 多荚草属

Polycarpon Loefling ex Linnaeus (1759: 881); Lu & Gilbert (2001: 6) [Type: *P. tetraphyllum* (Linnaeus) Linnaeus (≡ *Mollugo tetraphylla* Linnaeus)]

特征描述：一年生或多年生草本。茎铺散，无毛或被柔毛。叶对生或假轮生，叶片卵形或长椭圆形；托叶膜质。花小形，多数，密聚伞花序；苞片薄膜质；萼片 5，白色，边缘透明，背部中央具脊；花瓣 5，小形，透明，全缘或 2 齿裂；雄蕊 3-5；子房 1 室，胚珠多数；花柱 3，基部合生。蒴果 3 瓣裂。种子卵圆形。花粉粒 3 孔沟，穿孔状-颗粒纹饰。染色体 2*n*=14，16，32，36，64。

分布概况：17/1 种，**1 型**；分布于热带及亚热带；中国产华南部和西南。

系统学评述：传统上，多荚草属被置于指甲草亚科白鼓钉族，这一观点得到了分子证据的支持[4,5]。分子系统学研究表明该属为多系群[22,23]，其中，分布于南美地区的物种与 *Haya obovata* Balfour 及白鼓钉属的 *Polycarpon spicata* Wight & Arnott 系统发育关系近缘，而在热带地区广布的多荚草 *P. prostratum* (Forsskål) Ascherson 则嵌套在分布于马卡罗尼西亚地区的白鼓钉属类群之中。

DNA 条形码研究：BOLD 网站有该属 4 种 15 个条形码数据；GBOWS 已有 1 种 4 个条形码数据。

21. *Psammosilene* W. C. Wu & C. Y. Wu 金铁锁属

Psammosilene W. C. Wu & C. Y. Wu (1945: t. 1.); Lu et al. (2001: 108) (Type: *P. tunicoides* W. C. Wu & C. Y. Wu (≡ *Silene cryptantha* Diels)]

特征描述：多年生草本。根倒圆锥形，肉质。茎铺散，多分枝。叶对生，卵形；无托叶。花两性，小形，几无梗，聚伞花序，花序密被腺毛；苞片 2；花萼筒状钟形，草质，纵脉 15，萼齿 5；无雌雄蕊柄；花瓣 5，紫红色，狭匙形，全缘，爪渐狭；无副花冠；雄蕊 5，与萼片对生，花丝线形，花药背着；子房 1 室，具 2 倒生胚珠；花柱 2。

蒴果棒状，质薄，几不开裂。种子 1，长倒卵形，背平，腹凸。染色体 $2n=28$。根含三铁皂甙、环肽类等次生代谢物。

分布概况：1/1（1）种，**15** 型；中国产西南。

系统学评述：传统上，金铁锁属被置于石竹亚科石竹族。分子系统学研究表明金铁锁属位于 Caryophylleae 的最基部，并与由肥皂草属 *Saponaria*、石竹属、石头花属等类群构成的分支互为姐妹群[5]。金铁锁 *Psammosilene tunicoides* W. C. Wu & C. Y. Wu 最初以种名 *Silene cryptantha* Diels 发表在蝇子草属之中，但其花和果的结构与蝇子草属不同。细胞学与分子系统学等研究均支持该属独立[5,24]。

DNA 条形码研究：BOLD 网站有该属 1 种 9 个条形码数据；GBOWS 已有 1 种 19 个条形码数据。

代表种及其用途：金铁锁根入药，治跌打损伤、胃疼；有毒，内服宜慎。

22. *Pseudocerastium* C. Y. Wu, X. H. Guo & X. P. Zhang 假卷耳属

Pseudocerastium C. Y. Wu, X. H. Guo & X. P. Zhang (1998: 395); Lu & Rabeler (2001: 38) (Type: *P. stellarioides* X. H. Guo & X. P. Zhang)

特征描述：草本。具匍匐茎，分枝单生，直立或倾立。叶对生；无托叶。二歧聚伞花序顶生，多回分枝；萼片 5，离生，边缘膜质；花瓣 5，白色，深 2 裂；雄蕊 10，花丝下部宽扁，有长柔毛；子房 1 室；花柱 5，对萼。蒴果短，藏于宿萼内，10 齿裂，残花柱连同基盘整体成帽状脱落。种子小，表面具瘤状凸起。

分布概况：1/1（1）种，**15** 型；中国安徽九华山特有。

系统学评述：目前该属分子系统学研究较少。形态学上，假卷耳属与卷耳属、繁缕属 *Stellaria*、鹅肠菜属等类群相近，而这 3 个属均在分子系统学研究中被归于繁缕族（繁缕属少数类群除外）[5]。

23. *Pseudocherleria* Dillenberger & Kadereit 假车勒草属

Pseudocherleria Dillenberger & Kadereit (2014: 79) [Type: *P. laricina* (Linnaeus) Dillenberger & Kadereit (≡ *Spergula laricina* Linnaeus)]

特征描述：多年生草本或亚灌木，植株被多细胞的长毛。茎常多分枝。叶披针形或线形披针状，明显具脉，全缘，靠基部边缘具刚毛。花单生或成聚伞花序；萼片 5，顶端钝，多呈线形、长圆状披针形，具 3 脉，花萼筒圆柱形；花瓣 5，明显长于萼片，顶端全缘或微凹；雄蕊 10；子房 1 室；花柱 3。蒴果长于花萼筒，3 瓣裂。种脊具流苏状齿。花粉粒散孔。染色体 $2n=26$，42，44，46，48，72。

分布概况：12/2 种，**8** 型；分布于北美西部，北极，亚洲南部至日本，高加索地区；中国产黑龙江、吉林、辽宁及内蒙古。

系统学评述：该属曾被置于米努草属，其绝大部分种被置于 *Minuartia* sect. *Spectabiles* ser. *Laricinae*。分子系统学研究表明米努草属为多系类群，假车勒草属作为其中 1 个单系分支而被独立为 1 个新属[12]。

DNA 条形码研究：BOLD 网站有该属 4 种 6 个条形码数据；GBOWS 已有 1 种 4 个条形码数据。

24. *Pseudostellaria* Pax 孩儿参属

Pseudostellaria Pax (1934: 318); Lu & Rabeler (2001: 7) [Type: *P. rupestris* (Turczaninow) Pax (≡ *Krascheninikovia rupestris* Turczaninow)]

特征描述：多年生小草本。常有块根。茎直立，有时匍匐，不分枝或分枝。叶对生，叶片卵状披针形至线状披针形，具明显中脉；无托叶。花两型。顶端的花较大，常不结实；萼片（4）5；花瓣（4）5，白色，全缘或顶端微缺；雄蕊（8）10；花柱常 3，稀 2-4，柱头头状。基部的花较小，能结实；萼片 4；无花瓣，雄蕊退化，稀 2；子房具多数胚珠，花柱 2。蒴果 3 瓣裂，稀 2-4 瓣裂。种子稍扁平，具瘤状凸起或平滑。花粉粒散孔。染色体 $2n=12$，14，32，96。含甾醇类、环肽类等次生代谢物。

分布概况：22/11（4）种，**11 型**；主要分布于亚洲东部和北部，少数到欧洲与北美；中国产长江以北。

系统学评述：传统上，孩儿参属被置于繁缕亚科繁缕族，这一观点得到了分子系统学研究的支持[4,5]。分子证据表明该属为多系群，其中，*Pseudostellaria palibiaiana* (Takeda) Ohwi、孩儿参 *P. heterophylla* (Miquel) Pax 和 *P. davidii* (Franchet) Pax 形成支持率较高的 1 支，并与无心菜属的 1 种成支持率较低的姐妹群关系；*P. jamesiana* (Torrey) W. A. Weber & R. L. Hartman 则与繁缕属 *Stellaria* 的 1 种构成支持率较高的单系分支[5]。

DNA 条形码研究：BOLD 网站有该属 3 种 3 个条形码数据；GBOWS 已有 3 种 24 个条形码数据。

代表种及其用途：孩儿参块根供药用，有健脾、补气、益血、生津等功效，为滋补强壮剂。

25. *Sabulina* Reichenbach 沙生米努草属

Sabulina Reichenbach (1832: 785) (Lectotype: *S. hybrid* Fourreau)

特征描述：一年生或多年生草本。茎丛生，平卧或直立。叶线形至线形刚毛状。花多成聚伞花序状；花萼 5，卵形至披针形，顶端急尖，渐尖或具短尖头，常具 3 脉；花瓣 5，白色；雄蕊 10；子房 1 室，花柱 3。蒴果卵形至长圆形、狭椭圆形，3 瓣裂。种子表面光滑或具疣状凸起。花粉粒散孔。染色体 $2n=22$，24，26，30，46，48。

分布概况：约 65/5 种，**8 型**；广布北半球，南半球 2 种；中国产新疆与西藏西北部。

系统学评述：该属曾为米努草属下的 1 个组，分子系统学研究表明米努草属为多系类群，沙生米努草属被独立为 1 个新属，但在属的范围上较最初有所扩大[12]。

DNA 条形码研究：BOLD 网站有该属 32 种 41 个条形码数据；GBOWS 已有 1 种 3 个条形码数据。

26. *Sagina* Linnaeus 漆姑草属

Sagina Linnaeus (1753: 128); Lu & Rabeler (2001: 10) (Lectotype: *S. procumbens* Linnaeus)

特征描述：一年生或多年生小草本。茎多丛生。叶线形或锥形，基部合生成鞘状；无托叶。花小，单生叶腋或顶生成聚伞花序，具长梗；萼片 4-5，顶端圆钝；花瓣 4-5 或无，白色，常比萼片短，稀等长，全缘或顶端微缺；雄蕊 4-5，有时 8 或 10；子房 1 室，胚珠多数；花柱 4-5，与萼片互生。蒴果卵圆形，4-5 瓣裂，裂瓣与萼片对生。种子细小，多数，肾形，表面有小凸起或平滑。花粉粒散孔，穿孔状-颗粒纹饰。染色体 2n=12，18，20，22，22-24，28，30，36，42，44，46，56，60，64，66，84，88，100。含挥发油、皂甙、黄酮甙类等次生代谢物。

分布概况：30/4 种，**8 型**；分布于北温带；中国南北均产。

系统学评述：传统上，漆姑草属被置于繁缕亚科繁缕族。分子证据表明该属隶属于漆姑草族，与目前所界定的繁缕族系统发育关系较远[4,5]。Koch[25]根据花基数将漆姑草属划分为 2 个组，即 *Sagina* sect. *Saginella*（基数 4）和 *S.* sect. *Spergella*（基数 5），但这一分类系统存在明显的缺陷，因为 4 基数与 5 基数的花有时同时出现于该属同一物种甚至同一植株中。Crow[26,27]重新将该属分为 2 个组，即 *Sagina* sect. *Sagina* 和 *S.* sect. *Maxima*，并认为种子形态在组的划分中具有重要意义，但这一划分也未得到分子证据的支持[5]。分子系统学研究表明漆姑草属所研究的 5 种构成了 1 个获得强烈支持的单系，并与 *Colobanthus* 构成支持率很高的姐妹群分支。

DNA 条形码研究：BOLD 网站有该属 14 种 55 个条形码数据；GBOWS 已有 3 种 29 个条形码数据。

代表种及其用途：漆姑草 *S. japonica* (Swartz) Ohwi 全草可供药用，有退热解毒之效，鲜叶揉汁涂漆疮有效；嫩时可作猪饲料。

27. *Saponaria* Linnaeus 肥皂草属

Saponaria Linnaeus (1753: 408); Lu et al. (2001: 107) (Lectotype: *S. officinalis* Linnaeus)

特征描述：多年生或一、二年生草本。茎单生，直立。叶对生，叶片披针形、椭圆形或匙形；无托叶。花两性，聚伞花序、圆锥花序或头状花序；花萼筒状，具 15-25 脉，萼齿 5；雌雄蕊柄短；花瓣 5，全缘、微凹缺或浅 2 裂，爪狭长；有副花冠；雄蕊 10；子房 1 室，胚珠多数；花柱 (3) 2。蒴果圆柱形或倒卵形，4 齿裂。种子多数，肾形，具小瘤或线条纹。胚环形。花粉粒散孔，穿孔状-颗粒纹饰。蜂类、碟类传粉。染色体 2n=28，56。根含肥皂草甙，种子含肥皂草素，有毒。

分布概况：30/1 种，**10 型**；分布于亚洲与欧洲温带，主产地中海；中国产东北。

系统学评述：传统上，肥皂草属被置于石竹亚科石竹族，分子系统学研究将其置于 Caryophylleae[4,5]。现有分子系统学研究表明，该属研究所涉及的 4 个种构成 1 个支持率很高的单系群[5]。

DNA 条形码研究：BOLD 网站有该属 3 种 27 个条形码数据；GBOWS 已有 1 种 7

个条形码数据。

代表种及其用途：肥皂草 *S. officinalis* Linnaeus 根入药，有祛痰、治气管炎、利尿作用；同时因含皂甙，可用于洗涤器物。

28. *Silene* Linnaeus 蝇子草属

Silene Linnaeus (1753: 416), *nom. cons.*; Zhou et al. (2001: 66) (Type: *S. anglica* Linnaeus). ——*Cucubalus* Linnaeus (1753: 414); *Melandrium* Rohling (1812: 274)

特征描述：一年生或多年生草本。茎直立或近平卧。叶对生，线形至卵形；无托叶。花两性，稀单性，单生或成聚伞花序、圆锥花序；花萼筒状、钟形、棒状或卵形，10至多脉，萼齿 5；花瓣 5，常 2 裂，稀全缘或多裂；花冠喉部具副花冠；雄蕊 10，二轮列，外轮 5 较长；子房基部 1、3 或 5 室，胚珠多数；花柱 3（5）。蒴果顶端 6 或 10 齿裂，裂齿为花柱数的 2 倍。种子肾形；胚环形。花粉粒 3 沟或散孔，穿孔状-颗粒纹饰。蜂类、蛾类等传粉。染色体 $2n$=12，20，24，34，48，64，72，96，120，240。

分布概况：600/110（67）种，**8-4 型**；主要分布于北温带，其次为非洲和南美洲；中国南北均产，以西北和西南较多。

系统学评述：传统上，蝇子草属被置于石竹亚科剪秋罗族蝇子草亚族，分子系统学研究将其置于蝇子草族[4,5]。Chowdhuri[28]将该属划分为 44 组，其他学者在此基础上又发表了几个新组。分子证据表明剪秋罗属、*Atocion rupetrie* (Linnaeus) Oxelman 等类群嵌套在蝇子草属类群所在分支中而使其未能表现为单系群[4,5,18-20]。狗筋蔓草属 *Cucubalus* 曾被作为单种属处理[2,FRPS]，该属目前被处理为蝇子草属的异名且得到了分子证据的支持[5]。

DNA 条形码研究：BOLD 网站有该属 205 种 1047 个条形码数据；GBOWS 已有 29 种 219 个条形码数据。

代表种及其用途：女娄菜 *S. aprica* Turczaninow、麦瓶草 *S. conoidea* Linnaeus、鹤草 *S. fortunei* Visiani 等有治蝮蛇咬伤，跌打损伤，风湿骨痛，胃腹疼痛，支气管炎，尿路感染，痢疾之功效。大蔓樱草 *S. pendula* Linnaeus、蝇子草 *S. gallica* Linnaeus 等栽培供观赏。

29. *Spergula* Linnaeus 大爪草属

Spergula Linnaeus (1753: 440); Lu & Gilbert (2001: 4) (Lectotype: *S. arvensis* Linnaeus)

特征描述：一年生或二年生草本。茎直立，分枝，腋生分枝的节间不延长。叶片线形，呈假轮生状；托叶小，膜质。花具长梗，聚伞花序；雌蕊花雌雄同株或雌蕊花雌雄异株；萼片 5；花瓣 5，全缘；雄蕊 10，稀为 5；花柱 5，常与萼片互生；子房 1 室，具多胚珠。蒴果常 5 瓣裂，与萼片对生。种子双凸镜状，边缘具翅。花粉粒散孔，颗粒状纹饰。染色体 $2n$=18。

分布概况：5/1 种，**8 型**；分布于北温带；中国产东北和西北。

系统学评述：传统上，大爪草属被置于指甲草亚科大爪草族，这样划分得到分子证据的支持[4,5]，分子系统发育研究表明该属与囊种草属 *Thylacospermum* 构成姐妹群，支持率较高[5]。

DNA 条形码研究：BOLD 网站有该属 2 种 12 个条形码数据；GBOWS 已有 1 种 11 个条形码数据。

代表种及其用途：大爪草 *S. arvensis* Linnaeus 可作家畜饲料。

30. *Spergularia* (Persoon) J. S. Presl & K. B. Presl 拟漆姑属

Spergularia (Persoon) J. S. Presl & K. B. Presl (1819: 94), *nom. cons.*; Lu & Rabeler (2001: 4) [Type: *S. rubra* (Linnaeus) J. S. Presl & K. B. Presl (≡ *Arenaria rubra* Linnaeus)]

特征描述：多年生或一、二年生草本。茎常铺散。叶对生，叶片线形；托叶小，膜质。花两性，具细梗，聚伞花序；萼片 5，草质，顶端钝，边缘膜质；花瓣 5，白色或粉红色，全缘，稀无花瓣；雄蕊 10 或较少；子房 1 室，具多数胚珠；花柱 3。蒴果卵形，3 瓣裂。种子多数，细小，扁平，边缘具翅或无翅。花粉粒 3 沟，穿孔状-颗粒纹饰。染色体 2*n*=18，36，54，72。

分布概况：25/4 种，**1 型**；分布于温带，主要为盐土植物；中国产东北和西北。

系统学评述：传统上，拟漆姑属被置于指甲草亚科大爪草族。分子证据表明该属为多系群，且属下多个种分散在不同族中[5]。该属种的界定比较困难，很多形态特征都存在很大程度的变异且在不同种之间存在重叠现象[29]，使得该属所包含的物种数目争议也很大，从 25 种[30]至 60 种[16]不等。

DNA 条形码研究：BOLD 网站有该属 9 种 48 个条形码数据；GBOWS 已有 1 种 14 个条形码数据。

31. *Stellaria* Linnaeus 繁缕属

Stellaria Linnaeus (1753: 421); Chen & Rabeler (2001: 11) (Lectotype: *S. holostea* Linnaeus)

特征描述：一年生或多年生草本。叶对生，扁平。花小，多数组成顶生聚伞花序，稀单生叶腋；萼片（4）5；花瓣（4）5 或无，白色，2 深裂，稀微凹或多裂；雄蕊 10，有时 8 或 2-5；子房 1 室，稀幼时 3 室，胚珠多数，稀仅几数，1-2 成熟；花柱（2）3。蒴果圆球形或卵形，裂齿数为花柱数的 2 倍。种子多数，稀 1-2，近肾形，微扁，具瘤或平滑；胚环形。花粉粒散孔，穿孔状-颗粒纹饰。蜂类、蝇类等传粉。染色体 2*n*=20，22，24，26，28，30，36，40，42，44，46，52，60，72，78，84，90，104，130，174-188。

分布概况：190/64（28）种，**1 型**；广布温带至寒带；中国南北均产。

系统学评述：传统上，繁缕属被置于繁缕亚科繁缕族，这一观点得到了分子证据的支持[4,5]。分子系统发育研究表明繁缕属为多系类群[4,5]。中国所产繁缕属植物根据胚珠数、花柱数、雄蕊数、种子数等特征被划分为 6 组，即繁缕组 *Stellaria* sect. *Stellaria*、腺丝组 *S.* sect. *Adenonema*、缕瓣组 *S.* sect. *Fimbripetalum*、白冠组 *S.* sect. *Leucostemma*、独子组 *S.* sect. *Schizothecium* 和寡子组 *S.* sect. *Oligosperma*[FRPS]，其中，繁缕组与腺丝组嵌套在一起均为非单系[5]。

DNA 条形码研究：BOLD 网站有该属 22 种 128 个条形码数据；GBOWS 已有 9 种 86 个条形码数据。

代表种及其用途：银柴胡 *S. lanceolata* Poiret var. *lanceolata*、鸡肠繁缕 *S. neglecta* Wehe ex Bluff & Fingerhuth、雀舌草 *S. uliginosa* Murra var. *uliginosa* 等，有清虚热，抗菌消炎，强筋骨，舒筋活血，生津止渴等功效；中国繁缕 *S. chinensis* Regel 可作饲料。

32. *Thylacospermum* Fenzl 囊种草属

Thylacospermum Fenzl (1840: 967); Lu & Gilbert (2001: 38) [Type: *T. caespitosum* (Cambessèdes) B. O. Schischkin (≡ *Periandra caespitosa* Cambessèdes)]

特征描述：垫状草本。叶极小，常成覆瓦状排列。花两性，单生枝端，近无梗；萼片 5，中部以下合生呈倒圆锥形，近直立；花瓣 5，全缘；雄蕊 10，花丝基部具腺体；子房 1 室，胚珠常 4；花柱 3，丝状。蒴果革质，球形，常 6 齿裂。种子肾形，具海绵质的种皮。染色体 2*n*=12。

分布概况：1/1 种，**13-2** 型；分布于中亚至热带亚洲；中国产青藏高原、甘肃和新疆。

系统学评述：传统上，囊种草属被置于繁缕亚科繁缕族。但其系统位置存在争议。分子系统学研究表明，该属与无心菜属部分类群所形成的分支构成支持率较低的姐妹群关系，并位于 Eremogoneae 最基部[4]；另有分子证据表明该属与大爪草属构成支持率很高的姐妹群关系，并聚在与 Eremogoneae 系统关系较远的 Sperguleae 中[5]。

DNA 条形码研究：BOLD 网站有该属 1 种 2 个条形码数据。

33. *Vaccaria* Wolf 麦蓝菜属

Vaccaria Wolf (1776: iii); Lu et al. (2001: 102) [Type: *V. pyramidata* Medikus (≡ *Saponaria vaccaria* Linnaeus)]

特征描述：一年生草本，全株无毛。茎直立，二歧分枝。叶对生，叶片卵状披针形至披针形，基部微抱茎；无托叶。花两性，伞房花序或圆锥花序；花萼狭卵形，具 5 翅状棱，萼齿 5；雌雄蕊柄极短；花瓣 5，淡红色，微凹缺或全缘，具长爪；无副花冠；雄蕊 10，常不外露；子房 1 室，胚珠多数；花柱 2。蒴果卵形，基部 4 室，顶端 4 齿裂。种子多数，近圆球形，具小瘤。花粉粒散孔，颗粒状纹饰。染色体 2*n*=30，60。含皂苷类、环肽类黄酮类等次生代谢物。

分布概况：1/1 种，**10** 型；分布于欧洲和亚洲温带；中国产长江流域及其以北。

系统学评述：传统上，麦蓝菜属被置于石竹亚科石竹族。分子系统发育研究将其置于 Caryophylleae，其模式种 *V. segetalis* (Necker) Garcke ex Ascherson 聚在石头花属中，且支持率较高[5]。

DNA 条形码研究：BOLD 网站有该属 1 种 6 个条形码数据；GBOWS 已有 1 种 19 个条形码数据。

代表种及其用途：麦蓝菜 *V. hispanica* (Miller) Rauschert 种子入药，治闭经、乳汁不

通、乳腺炎和痈疖肿痛。

主要参考文献

[1] Eckardt TH. Caryophyllaceae[M]//Melchior H. Syllabus der pflanzenfamilien, 12th ed. Berlin: Gebrüder Borntraeger, 1964: 93-96.

[2] Bittrich V. Caryophyllaceae[M]//Kubitzki K. The families and genera of vascular plants, II. Berlin: Springer, 1993: 206-236.

[3] Cuénod P, et al. Molecular phylogenetics of Caryophyllales based on nuclear 18S rDNA and plastid *rbc*L, *atp*B, and *mat*K DNA sequences[J]. Am J Bot, 2002, 89: 132-144.

[4] Harbaugh DT, et al. A new lineage-based tribal classification of the family Caryophyllaceae[J]. Int J Plant Sci, 2010, 171: 185-198.

[5] Greenberg AK, Donoghue MJ. Molecular systematics and character evolution in Caryophyllaceae[J]. Taxon, 2011, 60: 1673-1652.

[6] Brockington SF, et al. Phylogeny of the Caryophyllales *sensu lato*: revisiting hypotheses on pollination biology and perianth differentiation in the core Caryophyllales[J]. Int J Plant Sci, 2009, 170: 627-643.

[7] Crawley SS, Hilu KW. Caryophyllales: evaluating phylogenetic signal in *trn*K intron versus *mat*K[J]. J Syst Evol, 2012, 50: 387-410.

[8] Fior S, et al. Molecular phylogeny of the Caryophyllaceae (Caryophyllales) inferred from chloroplast *mat*K and nuclear rDNA ITS sequences[J]. Am J Bot, 2006, 93: 399-411.

[9] Shichkin BK. Acanthophyllum C. A. Mey.[M]//Komarov VL, Shishkin BK. Flora of the USSR, Vol. 6. Moskva: Akademii Nauk SSSR. 1936: 781-802, 892-896.

[10] Schiman-Czeika H, et al. Acanthophyllum[M]//Rechinger KH. Flora Iranica No. 163. Graz: Akademische Drucku, 1988, 163: 253-330.

[11] McNeill J. Taxonomic studies in the Alsinoideae, I. generic and infra-generic groups[J]. Notes R Bot Gard Edinb, 1962, 24: 79-155.

[12] Dillenberger MS, Kadereit JW. Maximum polyphyly: multiple origins and delimitation with plesiomorphic characters require a new circumscription of *Minuartia* (Caryophyllaceae)[J]. Taxon, 2014, 63: 64-88.

[13] Rabeler RK, Wagner WL. *Eremogone* (Caryophyllaceae): new combinations for Old World species[J]. PhytoKeys, 2015, 50: 35-42.

[14] Schischkin BK. *Cerastium*[M]//Komarov VL, Schischkin BK. Flora of the USSR, 6. Jerusalem: Israel Program for Scientific Translation, 1970: 330-359.

[15] Carolin RC. Cytological and hybridization studies in the genus *Dianthus*[J]. New Phytol, 1957, 56: 81-97.

[16] Duke JA. Preliminary revision of the genus *Drymaria*[J]. Ann MO Bot Gard, 1961, 48: 173-268.

[17] Oxelman B, et al. Circumscription and phylogenetic relationships of *Gymnocarpos* (Caryophyllaceae-Paranychioideae)[J]. Edinb J Bot, 2002, 59: 221-237.

[18] Oxelman B, et al. Chloroplast *rps*16 intron phylogeny of the tribe Sileneae (Caryophyllaceae) Plant Syst Evol, 1997, 206: 393-410.

[19] Sloan DB, et al. Phylogenetic analysis of mitochondrial substitution rate variation in the angiosperm tribe Sileneae (Caryophyllaceae)[J]. BMC Evol Biol, 2009, 9: 260.

[20] Rautenberg A, et al. Geographic and phylogenetic patterns in *Silene* section *Melandrium* (Caryophyllaceae) as inferred from chloroplast and nuclear DNA sequences[J]. Mol Phylogenet Evol, 2010, 57:978-991.

[21] Fior S, Karis PO. Phylogeny, evolution and systematics of *Moehringia* (Caryophyllaceae) as inferred from molecular and morphological data: a case of homology reassessment[J]. Cladistic, 2007, 23: 362-372.

[22] Kool A, et al. Polyphyly of *Polycarpon* (Caryophyllaceae) inferred from DNA sequence data[J]. Taxon,

2007, 56: 775-782.

[23] Kool A, et al. Bristly versus juicy: phylogenetic position and taxonomy of *Sphaerocoma* (Caryo-phyllaceae)[J]. Taxon, 2012, 61: 67-75.

[24] 潘跃芝, 等. 五种囊吾属植物的核型研究[J]. 云南植物研究, 2004, 26: 204-206.

[25] Koch WDJ. Synopsis Florae Germanicae et Helveticae[M]. Francofurt: Wilmans, 1843.

[26] Crow GE. A taxonomic revision of *Sagina* (Caryophyllaceae) in North America[J]. Rhodora, 1978, 80: 1-91.

[27] Crow GE. The systematic significance of seed morphology in *Sagina* (Caryophyllaceae) under scanning electron microscopy[J]. Brittonia, 1979, 31: 52-63.

[28] Chowdhuri PK. Studies in the genus *Silene*[J]. Notes R Bot Gard Edinb, 1957, 22: 221-278.

[29] Adams LG, et al. Revision of *Spergularia* (Caryophyllaceae) in Australia[J]. Aust Syst Bot, 2008, 21: 251-270.

[30] Hartman RH, Rabeler PK. *Spergularia*[M]//Flora of North America, Vol. 5. New York, Oxford: Oxford University Press, 2005: 16-23.

Amaranthaceae Jussieu (1789), *nom. cons.* 苋科

特征描述：<u>草本或半灌木</u>。<u>叶互生</u>、<u>螺旋状排列</u>，或对生，单叶，常全缘或波状，有时具锯齿或浅裂，羽状脉，但脉不清晰，有时肉质；无托叶；茎节有时膨大。<u>有限花序</u>，顶生或腋生；花两性或稀单性，辐射对称，同肉质至干纸质苞片和/或小苞片相连，常密集丛生；花被片常 3-5，<u>绿色</u>，<u>草质或肉质</u>；雄蕊 3-5，<u>与花被片对生</u>，<u>花丝分离</u>；心皮 2 或 3，<u>合生</u>，子房常上位，<u>基生胎座</u>。果实为瘦果、胞果或周裂的蒴果（盖）。种子直立、横生或斜生；胚乳粉质。<u>花粉粒具多萌发孔</u>。染色体 *x*=6-13，17。<u>韧皮部具蛋白质丝环</u>。

分布概况：170 属/2300 种，世界广布；中国 52 属/234 种，产西北和东北。

系统学评述：目前接受的苋科是广义的，包括藜科。藜科包括大约 110 属 1700 种，形态上，藜科具有分离的雄蕊，绿色和膜质至肉质花被片而独立成科。Wilson[1]将藜科分为 4 个亚科，即藜亚科 Chenopodioideae、盐角草亚科 Salicornioideae、猪毛菜亚科 Salsoloideae 和多节草亚科 Polycnemoideae。朱格麟仍沿用环胚亚科 Cyclolobeae（包括千针苋族 Hablitzieae、甜菜族 Beteae、藜族 Chenopodieae、滨藜族 Atripliceae、樟味藜族 Camphorosmeae、虫实族 Corispermeae、盐角草族 Salicornieae、多节草族 Polycnemeae 和 Sarcobateae）和螺胚亚科 Spirolobeae（包括碱蓬族 Suaedeae、猪毛菜族 Salsoleae 和 Sarcobateae）的观点[2]。传统上，苋科包含大约 70 属 800 余种，被看作与藜科平行发展的一个等级，根据花药、胚珠数和胎座类型，可以划分为苋亚科 Amaranthoideae（含青葙族 Celosieae 和苋族 Amarantheae)和千日红亚科 Gomphrenoideae（含 Pseudoplantageae 族和千日红族 Gomphreneae）[3]。近年来，分子系统学研究表明传统的藜科是 1 个并系群，应将藜科并入苋科中形成单系类群[4,5]。与石竹目内的 Achatocarpaceae 互为姐妹关系，形成 Amaranthaceae-Chenopodiaceae-Achatocarpaceae 分支（ACA 分支），位于核心石竹目（core Caryophyllales）[6,7]。Kadereit 等[4]应用 *rbc*L 重建了藜科和苋科的系统发育树，将传统的藜科划分 3 个主要的分支，即藜亚科（包括狭义滨藜族 Atripliceae *s.s.*和藜族 I-III）、虫实亚科 Corispermoideae（包括虫实族），以及由盐角草亚科（Haplopeplideae 族和盐角草族）+碱蓬亚科 Suaedoideae（碱蓬族和 Bienertieae 族；该亚科为并系）+猪毛菜亚科（樟味藜族，Sclerolaeneae 族和猪毛菜族 I-II）构成的 1 个大的分支；将狭义的苋科分为 2 个主要的分支：Amaranthoids I-II（包括青葙族和苋族 I-IV）和千日红亚科（仅包含千日红族）；而多节草亚科为单系并与狭义的苋科互为姐妹关系。Müller 和 Borsch[5]支持多节草亚科为单系，但认为该族位于整个苋科的基部。Masson 等[8]认为多节草亚科中的茎和根有规律的次生生长并不能作为区分苋科、藜科的重要的特征，结合分子系统学认为该族或可作为狭义苋科下的亚科。目前，广义苋科下各类群的划分亟须进一步研究。

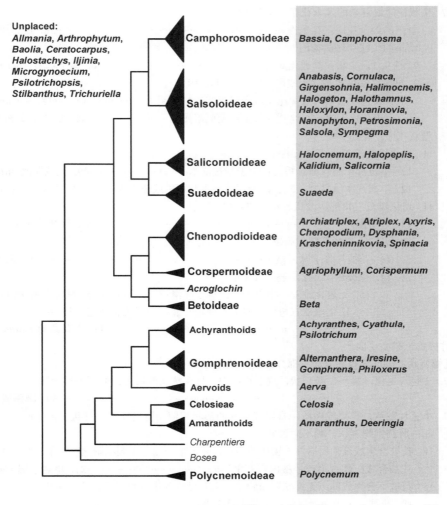

图 165　苋科分子系统框架图（参考 Masson 等[8]；Akhani 等[9]；Fuentes-Bazan 等[10]；Kadereit 等[4,11]；Karpalov 等[12]；Müller 和 Borsch[5]；Sage 等[13]）

分属检索表

1. 花被片干纸质
　2. 叶互生
　　3. 子房具 2 至多数胚珠
　　　4. 浆果红色；不开裂 ·· **23. 浆果苋属 Deeringia**
　　　4. 胞果或蒴果；盖裂 ·· **17. 青葙属 Celosia**
　　3. 子房具 1 胚珠
　　　5. 花两性；头状花序；花丝于基部连接成杯状；具假种皮 ········· **5. 砂苋属 Allmania**
　　　5. 花单性；穗状或圆锥花序；花丝离生；无假种皮 ············· **7. 苋属 Amaranthus**
　2. 叶对生或茎上部叶互生
　　6. 花 2 或多花形成聚伞花序；具不育花 ······················· **22. 杯苋属 Cyathula**
　　6. 苞片腋部具 1 花；无退化的不育花

   7. 头状花序或复杂的聚伞花序；花药 1 室

      8. 复杂的聚伞花序；花单性·····································**36. 血苋属 Iresine**

      8. 密集的头状花序；花两性

         9. 柱头 1，头状；具退化雄蕊·······················**6. 莲子草属 Alternanthera**

         9. 柱头 2 裂或形成 2-3 线形分枝；无退化雄蕊

           10. 小苞片末端具冠；花丝融合成管状；具侧裂片··········**26. 千日红属 Gomphrena**

           10. 小苞片无冠；花丝基部合生；无侧附属物···········**42. 安旱苋属 Philoxerus**

   7. 穗状花序；花药 2 室

      11. 退化雄蕊流苏状或具长毛缘

         12. 小苞片中脉弯曲具短尖；大型攀援灌木·············**49. 巨苋藤属 Stilbanthus**

         12. 小苞片中脉具刺，较长，于顶尖突出；草本或亚灌木·······**1. 牛膝属 Achyranthes**

      11. 退化雄蕊三角形、波状、矩形或缺失

         13. 果实盖裂·····································**52. 针叶苋属 Trichuriella**

         13. 果实不裂或不规则周裂

           14. 花被片具 1 脉，被毛·································**3. 白花苋属 Aerva**

           14. 花被片 3-7 脉，被毛或无毛

              15. 无退化雄蕊；胞果不裂；种子光滑·········**45. 林地苋属 Psilotrichum**

              15. 退化雄蕊三角形；胞果不规则开裂；种子疣状凸起··········

                                 44. 青花苋属 Psilotrichopsis

1. 花被片绿色，膜质至肉质

   16. 胚螺旋状；外胚乳被胚分成 2 部分或无外胚乳

      17. 小苞片退化，膜质，鳞片状，藏于花瓣中；柱头疣状或被毛；胚平面螺旋状·············

                                 50. 碱蓬属 Suaeda

      17. 小苞片发达，草质或肉质，舟状或与叶的形状相似，围抱花被；柱头仅内侧面有粉粒状凸

         起；胚圆锥螺旋状，稀平面盘旋

         18. 花被合生成筒，顶端具 5 膜质的齿；花被远轴一侧有 1 刺状附属物，果实刺状附属物与

           花被合成一体；小苞片腋内有束生长柔毛·············**21. 单刺蓬属 Cornulaca**

         18. 花被不合生成筒；无针状附属物；小苞片腋内光滑或微具毛，毛不成束

           19. 花被片无顶端附属物；小枝不具关节

              20. 垫状半灌木；花被果时显著增大，伸出于苞片外；叶钻状·············

                             40. 小蓬属 Nanophyton

              20. 一年生草本；花被果时不增大；叶条形，半圆柱状

                 21. 花被片果时变坚硬，并黏合成坛状体；花药附属物膀胱状·············

                            27. 盐蓬属 Halimocnemis

               21. 花被片果时不变硬，离生；花药附属物为厚实突出体，顶端具 3 齿·············

                         41. 叉毛蓬属 Petrosimonia

           19. 花被片完全发育或具退化的翅或具瘤状附属物

              22. 小枝具节；叶对生（对节刺属除外）

                  23. 种子直立

                    24. 半灌木；木质茎退缩成瘤状的肥大茎基；花药无附属物；叶先端钝或锐，

                      有时具钝的刺尖·····························**8. 假木贼属 Anabasis**

                    24. 一年生草本；花药顶端具细尖状附属物；叶先端锐利·············

                           25. 对叶盐蓬属 Girgensohnia

                  23. 种子横生

25. 一年生草本；叶和苞片先端具长针刺 ………… **34. 对节刺属** *Horaninovia*
25. 灌木、亚灌木或小乔木；叶及苞片先端不具长针刺
  26. 灌木或小乔木；花生于二年生枝条发出的侧生短枝上；花被膜质，果时具翅状附属物；花盘不明显 ………………………………………………… **33. 梭梭属** *Haloxylon*
  26. 亚灌木；花生于当年生枝条上；花被稍肉质，有不发达的翅状附属物；花盘明显 ……………………… **10. 节节木属** *Arthrophytum*
22. 小枝不具节；叶互生（*Solsola brachiata* 除外）
 27. 花通常 3 集生于具单节间小枝的末端 ………… **51. 合头草属** *Sympegma*
 27. 花单生或簇生于叶腋
  28. 翅状附属物位于花被片近顶端
   29. 一年生草本；花簇生叶腋；花被圆锥状；叶基部扩展 ……………………………………… **29. 盐生草属** *Halogeton*
   29. 半灌木；花单生叶腋；花被近球形；叶基部不扩展 ………………………………………… **35.戈壁藜属** *Iljinia*
  28. 翅状附属物位于花被片中部
   30. 花被片翅以下的部分果时增大、木质化 …… **32. 新疆藜属** *Halothamnus*
   30. 花被片翅以下部分果时不增大、也不木质化 …… **47. 猪毛菜属** *Salsola*
16. 胚环形或半环形；外胚乳丰富，被胚围绕
 31. 盖果；盖裂 ………………………………………………… **2. 千针苋属** *Acroglochin*
 31. 胞果；不裂或不规则开裂
  32. 花被下部与子房合生，合生部分果时增厚并硬化 …………… **15. 甜菜属** *Beta*
  32. 花被与子房离生，果时不增厚，不硬化
   33. 花着生于肉质的紧密排列的苞腋内，外观似花嵌入花序轴；叶退化为鳞片状或肉疣状，如为圆柱状则基部下延
    34. 一年生草本
     35. 枝、叶都对生 ……………………………… **46. 盐角草属** *Salicornia*
     35. 枝、叶都互生 ……………………………… **30. 盐千屈菜属** *Halopeplis*
    34. 灌木或亚灌木
     36. 枝无关节；叶互生 ……………………… **37. 盐爪爪属** *Kalidium*
     36. 枝具关节；叶对生
      37. 亚灌木；穗状花序无柄 ……………… **28. 盐节木属** *Halocnemum*
      37. 灌木；穗状花序有柄 ………………… **31. 盐穗木属** *Halostachys*
   33. 花不嵌入花序轴；叶通常发达
    38. 花单性（雌雄同株或雌雄异株）
     39. 植株被放射状或分枝状毛
      40. 雌花具花被 …………………………… **12. 轴藜属** *Axyris*
      40. 雌花无花被
       41. 灌木或亚灌木；雌花苞片中下部合生成筒,筒部具 4 束长柔毛（*Krascheninnikovia compacta* 仅具分枝状短毛）………………………… **38. 驼绒藜属** *Krascheninnikovia*
       41. 一年生草本；雌花苞片合生几达顶端，先端两侧各具 1 刺状附属物 ……………………………………… **18. 角果藜属** *Ceratocarpus*
     39. 植株光滑或有糠状被覆物

42. 雌花多数，生于叶状苞片基部

    43. 雌花具明显的花被 ·················· **9. 单性滨藜属 *Archiatriplex***

    43. 雌花无明显的花被；雌花苞片 3 裂，侧面裂片内折 ···················
    ·················· **39. 小果滨藜属 *Microgynoecium***

42. 雌花生于叶状苞片腋部，2 合生的小苞片形成杯状

    44. 柱头 4 或 5；植株光滑无毛 ·················· **48. 菠菜属 *Spinacia***

    44. 柱头 2；植株被糠秕状被覆物 ·················· **11. 滨藜属 *Atriplex***

38. 花两性，有时杂性

45. 花被片 1-3，白色膜质；胞果远露出花被外，背腹扁，顶端具 2 喙；植株多少有分枝状毛

    46. 胞果背腹微凸，喙与果核近等长；种子与果皮分离；叶和苞片先端针刺状 ·················· **4. 沙蓬属 *Agriophyllum***

    46. 胞果腹面平或微凹，背面凸，喙长为果核长的 1/5-1/8；种子与果皮贴生；叶及苞片先端锐尖但不呈针刺状 ·················· **20. 虫实属 *Corispermum***

45. 花被片（3）5 裂，肉质或草质；胞果顶基扁，较少背腹扁，无喙；植株无分枝状毛

47. 植株长被糠秕状被覆物；有时光滑无毛，或具腺毛则有强烈气味

    48. 花具 2 个膜质鳞片状小苞片；种子直立

        49. 叶具柄；叶片平展 ·················· **13. 苞藜属 *Baolia***

        49. 叶无柄；线状，半圆柱状 ·················· **43. 多节草属 *Polycnemum***

    48. 花无小苞片；种子横生或斜生，如为直立则花被 3-4 裂

        50. 植株被腺毛 ·················· **24. 刺藜属 *Dysphania***

        50. 植株被泡状毛（糠秕状），偶尔光滑无毛 ···················· **19. 藜属 *Chenopodium***

47. 植株被柔毛；叶圆柱状、半圆柱状，或狭小的平面叶

    51. 花被具 4 齿裂；雄蕊 4 ·················· **16. 樟味藜属 *Camphorosma***

    51. 花被具 5 齿裂；雄蕊 5 ·················· **14. 雾冰藜属 *Bassia***

1. *Achyranthes* Linnaeus 牛膝属

Achyranthes Linnaeus (1753: 204), *nom. cons.*; Bao et al. (2003: 424) (Type: *A. aspera* Linnaeus, *typ. cons.*)

    特征描述：草本或亚灌木，<u>茎具明显的节</u>，<u>枝对生</u>。叶对生，具柄。穗状花序顶生或腋生；花两性；每花有 1 苞片及 2 小苞片，<u>小苞片中脉具刺，顶尖突出</u>；花被片 4 或 5，顶端芒尖；雄蕊 5，花丝基部联合成短杯状，花药 2 室；花柱线形，宿存，柱头头状。胞果与花被片及小苞片同落。种子矩圆状，凸镜状。花粉粒散孔，穿孔状-颗粒纹饰。染色体 2*n*=34，35，38，42，48，56，70，80，84，96，166。

    分布概况：约 15/3 种，**4（2）**型；分布于热带及亚热带；中国南北均产。

    系统学评述：传统上，牛膝属隶属于苋科苋亚科苋族 Aervinae 亚族。Aervinae 亚族为多系，由 2 个单系类群构成，即 Achyranthoids（*Nototrichum*、*Achyranthes*、*Cyathula*、*Pandiaka*、*Sericostachys*、*Calicorema*、*Pupalia* 和 *Psilotrichum*）和 Aervoids（*Ptilotus*、*Nothosaerva* 和 *Aerva*），该属包括在 Achyranthoids 中[14]。基于 *rbc*L 和 *mat*K/*trn*K 的系

统学研究均表明其与 *Nototrichium* 有较近的亲缘关系，为 Achyranthoids 中较近分化的类群[4,5]。Ogundipe 等基于 *matK* 的系统学研究较好地支持了该属为单系[15]。

DNA 条形码研究：王淑美等[16]通过对 16 个牛膝 *Achyranthes bidentata* Blume 样品 ITS 序列的分析发现，不同产地牛膝基因变异不大，种间有明显差异，且差异均在 ITS-区内川牛膝 ITS-1 有差异，土牛膝 ITS-1 及 ITS-2 均有差异，说明 ITS 区易变异，并指出此方法可用于牛膝种间及真伪品鉴别，不能用于鉴别道地药材。Schori 等[17]在使用 DNA 条形码鉴别巴基斯坦药用植物的研究中，证明 *matK*、*rbcL* 和 *trnH-psbA* 片段对包括土牛膝 *A. aspera* Linnaeus 在内的 12 种药用植物具有一定的鉴别力。BOLD 网站有该属 4 种 17 个条形码数据；GBOWS 已有 4 种 85 个条形码数据。

代表种及其用途：土牛膝全草供药用，可治疗足疾、水肿、疝气、蛇咬、皮疹；叶的汁可缓解嘴唇水疱；根药用可清热解毒、利尿，主治感冒发热、扁桃体炎、白喉等症。牛膝 *A. bidentata*、柳叶牛膝 *A. longifolia* (Makino) Makino 的根也可入药，生用活血通经，熟用补肝肾、强腰膝；兽医用作治疗牛软脚症、跌伤断骨等。

2. *Acroglochin* Schrader 千针苋属

Acroglochin Schrader (1822: 69, 227)；Zhu et al. (2003: 235) (Type: *A. chenopodioides* Schrader)

特征描述：草本。无毛。叶互生，边缘具不整齐的锯齿；具长柄。复二歧聚伞状花序，腋生，最末端的分枝针刺状；花两性，无苞片和小苞片；花被 5 深裂，边缘膜质；雄蕊 1-3，花丝下部扩展；子房顶基扁。胞果顶基扁，果皮革质，周围具稍加厚的环边，成熟时由环边盖裂。种子横生，种皮壳质，黑色，有光泽；胚环形，胚乳粉状。花粉粒散孔，穿孔状-颗粒纹饰。

分布概况：1-2/1-2 种，**14SH 型**；分布于印度，不丹，克什米尔，尼泊尔，巴基斯坦；中国产西南。

系统学评述：朱格麟等将该属处理为单型属，仅包含千针苋 *Acroglochin persicarioides* (Poiret) Moquin-Tandon 1 种，并将 *Amaranthus persicarioides* Poiret、*Acroglochin chenopodioides* Schrader、*A. obtusifolia* Blom、*A. persicarioides* var. *muliensis* T. P. Soong、*A. persicarioides* var. *multiflora* T. P. Soong 处理为千针苋的异名[FOC]。传统上，该属被处理为藜科环胚亚科千针苋族。根据分子系统学分析，该属被归并入苋科甜菜亚科甜菜族[4,18]。

DNA 条形码研究：BOLD 网站有该属 1 种 2 个条形码数据；GBOWS 已有 1 种 19 个条形码数据。

代表种及其用途：千针苋的嫩尖可作蔬菜食用。

3. *Aerva* Forsskål 白花苋属

Aerva Forsskål (1775: 170), *nom. cons.*；Zhu et al. (2004: 422) (Type: *A. tomentosa* Forsskål, *typ. cons.*)

特征描述：草本或亚灌木。茎直立、匍匐或攀援。叶对生或互生，全缘。穗状花序顶生或腋生；花两性或单性同株或异株，小或微小；花被片 4 或 5，膜质或纸质，具绵毛；雄蕊 4 或 5，与钻状或矩圆状退化雄蕊间生，花药 2 室；花柱宿存，柱头 2，头状。胞果卵状，果皮不开裂或不规则开裂。花粉粒散孔，穿孔状-颗粒纹饰。染色体 2*n*=32，34，36，42，64。

分布概况：约 10/2 种，**4（6）**型；分布于非洲及亚洲；中国产广东、广西、贵州、海南、台湾、云南及四川。

系统学评述：传统上，白花苋属被置于苋科苋亚科苋族的 Aervinae 亚族。该属聚在该亚族的 Aervoids 分支中[14]。而孢粉学及依据 *mat*K 和 *rbc*L 分子系统学研究支持将该属与林地苋属 *Psilotrichum* 等一同置于千日红亚科，千日红亚科因此而形成 1 个单系群[19]。白花苋属被划分为 2 个组：*Aerva* sect. *Aervastrum*（具小苞片的顶生圆锥花序）和 *A.* sect. *Hemiaerva*（腋生、顶生复穗状花序）[20]。基于 *mat*K/*trn*K 分子系统学研究显示，*A. javanica* (Burman f.) Jussieu 在 Aervoids 中首先分化出来，紧跟着 *Nothosaerva brachiate* (Linnaeus) Wight，随后演化出 *Aerva leucura* Moquin-Tandon [5,21]，该属可能为多系。Sage 等[13]结合物种的光合作用类型支持该属的多源性，其大部分 C_3 种发生在不同的分支，该分支为 *Ptilotus* R. Brown 的姐妹群，而 C_4 种则聚为另外 1 支。而之后 Ogundipe 等[15]基于 *mat*K 的贝叶斯分析结果则较好地支持了 *Aerva javanica* 和 *A. leucura* 的姐妹群关系，指出该属为单系。Thiv 等[22]通过白花苋属的分子系统学研究对索科特拉岛植物区系 Eritreo-Arabian 亲缘关系进行了探讨，其结果支持该地白花苋属为单系，并进一步分化为 2 个单系群：分支 A 由 *A. artemisioides* Vierhapper & Schwartz、*A. revolute* I. B. Balfour 和 *A. microphylla* Moquin-Tandon 和 *A. javanica* 构成；分支 B 由剩余种构成。

DNA 条形码研究：BOLD 网站有该属 11 种 64 个条形码数据；GBOWS 已有 1 种 11 个条形码数据。

代表种及其用途：白花苋 *A. sanguinolenta* (Linnaeus) Blume 的根及花供药用，生用可破血、利湿，炒用补肝肾、强筋骨，治红崩、跌打损伤、老年咳嗽、痢疾等。

4. *Agriophyllum* Marschall von Bieberstein 沙蓬属

Agriophyllum Marschall von Bieberstein (1819: 6); Zhu et al. (2003: 366) (Type: *A. arenarium* Marschall von Bieberstein)

特征描述：草本。茎自基部分枝，光滑或被分枝状绒毛。叶互生，全缘。花序穗状，苞片覆瓦状排列，背部密被分枝状毛；花两性；花被片 1-5，膜质，顶端啮蚀状撕裂；雄蕊 1-5，花丝分离或仅基部联合；子房上位，无柄，花柱短，柱头 2。果实上部边缘具狭翅，顶端具果喙，喙 2 裂，果皮与种皮分离。种子直立；胚环形，胚根下位，胚乳丰富。花粉粒散孔，穿孔状-颗粒纹饰。

分布概况：5-6/3 种，**13-1** 型；分布于东南亚和中亚；中国产东北、华北和西北。

系统学评述：该属传统上被置于藜科环胚亚科虫实族。分子系统发育分析支持将该属置于苋科虫实亚科虫实族内，与 *Anthochlamys* 和虫实属 *Corispermum* 构成的分支互为姐妹关系。

DNA 条形码研究：BOLD 网站有该属 1 种 3 个条形码数据；GBOWS 已有 1 种 32 个条形码数据。

代表种及其用途： 沙蓬 *A. squarrosum* 的种子可食用，植株可作饲料。

5. *Allmania* R. Brown ex Wight 砂苋属

Allmania R. Brown ex Wight (1834: 226); Zhu et al. (2003: 417) [Type: *A. nodiflora* (Linnaeus) R. Brown ex Wight (≡ *Celosia nodiflora* Linnaeus)]

特征描述： 一年生草本。茎直立或铺散。叶互生，全缘，线形至倒卵形；具柄。头状花序顶生或腋生；花两性；每花有 1 苞片和 2 小苞片，干膜质；雄蕊 5，花丝基部联合成杯状，无退化雄蕊，花药 2 室；花柱丝状，柱头微 2 裂；胚珠 1，直生。胞果卵状，盖裂。种子平滑或具小斑点，假种皮肉质。花粉粒散孔，穿孔状-颗粒纹饰。染色体 2n=32。

分布概况： 1/1 种，（**7a**）型；分布于热带亚洲；中国产海南。

系统学评述： 砂苋属传统上隶属于苋科苋亚科苋族苋亚族 Amaranthinae[14]。全世界仅砂苋 *Allmania nodiflora* (Linnaeus) R. Brown ex Wight 1 种。

代表种及其用途： 曾有研究提出砂苋可以作为山羊冬季的牧草；其叶可用于蛋白质生产；是印度一些部族重要的野生食物；其成熟的果实可供药用治疗痢疾和便秘，叶可作退烧药。

6. *Alternanthera* Forsskål 莲子草属

Alternanthera Forsskål (1775: 28); Bao et al. (2003: 426) (Type: *A. achyranthes* Forsskål)

特征描述： 匍匐或攀援草本。茎多分枝。叶对生，全缘。花两性，头状花序，单生在苞片腋部；苞片及小苞片宿存，膜质；花被片 5；雄蕊 2-5，花丝在基部聚合成管状或杯状，花药 1 室；退化雄蕊全缘，具齿或条裂；子房球形或卵形，胚珠 1，花柱柱头头状。胞果球形或卵形，不裂。种子凸镜状。花粉粒散孔，网状纹饰，具多萌发孔。染色体 n=17。

分布概况： 约 200/5 种，**2** 型；分布于热带美洲；中国产西南至东部。

系统学评述： 莲子草属是千日红亚科下的第 2 大属[5,14]。传统上根据花及花粉等特征相似，认为莲子草属为单系属[23]，这一观点得到分子系统学研究的支持[24]，同时分子系统学研究得出莲子草属与 *Pedersenia* 和 *Tidestromia* 一起构成单系分支，即 "Alternantheroid 分支"，其中 *Pedersenia* 可能是莲子草属的最近姐妹群[25]。基于 *trn*L-F、*rpl*16 及 ITS 的分子系统学研究将莲子草属被划分为 2 个主要分支 A、B，同时 B 分支下又划分为 4 个次级分支，均得到较高的支持。同时指出雌蕊和花序特征可能是仅有的鉴别这 2 个主要分支的主要特征[24]。在 B 分支下的次级分支中，组成 B2 分支的 2 个种都曾被放在 *Bucholzia* 之下。分子系统学分析强烈支持两者构成单系分支，并且在形态上这 2 个种的花被片均无毛，为多年生匍匐生长的草本，叶片同为倒卵形。在 B4 分支下，*Alternanthera filifolia* (J. D. Hooker) J. T. Howell 是个多样性很高的种，具有多个种下分类单元[26]。有学者曾认为 *A. flavicoma* (Andersson) J. T. Howell 可能是 *A. filifolia* 的 1 个亚种[27]，两者之间的关系仍需进一步研究。

DNA 条形码研究： BOLD 网站有该属 17 种 42 个条形码数据；GBOWS 已有 2 种

36 个条形码数据。

代表种及其用途： 该属有些种类可作为中草药，如 *A. sessilis* (Linnaeus) R. Brown ex de Candolle 全植物入药，有散瘀消毒、清火退热功效，嫩叶作为野菜食用，又可作饲料。

7. *Amaranthus* Linnaeus 苋属

Amaranthus Linnaeus (1753: 989); Bao et al. (2003: 417) (Lectotype: *A. caudatus* Linnaeus)

特征描述： 一年生草本。茎直立或横卧，茎形成层连续生长不成环。叶互生，具腺毛。花无梗簇生；花单性，雌雄同株或异株；每花有 1 苞片及 2 小苞片；花被片 5；雄蕊 5，花丝丝状离生，无退化雄蕊；花柱极短或缺，柱头 2 或 3，胚珠 1。胞果膜质，盖裂、不规则开裂或不开裂。花粉粒散孔，穿孔状-颗粒纹饰。光合类型为 C_4 型。染色体 $2n$=28，30，32，34，49，64，68，84，85。

分布概况： 约 40/14（1）种，**1** 型；世界广布；中国南北均产（种植）。

系统学评述： 传统上苋属被置于苋科苋亚科苋族苋亚族[14]。*rbc*L 与 *mat*K 分子序列分析均支持该属为 1 个单系[4,15]，其与 *Chamissoa* Kunth 的姐妹群关系也得到了 *mat*K/*trn*K 及 *ndh*F 研究的支持[5,28]，基于 *rbc*L 与 *mat*K 序列的联合分析还表明其与青葙族的青葙属 *Celosia* 具有较近的亲缘关系[6]。苋科主要分布于热带亚热带地区，只有少数几个属分布于温带，其中最多的就是苋属。苋属被划分为 3 亚属：*Amaranthus* subgen. *Amaranthus*（产美洲，其中 1 种可能起源于欧洲）、*A.* subgen. *Acnida*（产北美）和 *A.* subgen. *Albersia*[29]，其中 *A.* subgen. *Amaranthus* 为雌雄同株，自花授粉；*A.* subgen. *Acnida* 为雌雄异株，在传粉过程中，其花粉需要在空气中移动较长距离，具更多数量的萌发孔以增大表皮面积，从而减小与空气的摩擦[30]。Ray 等[31]利用 RAPD 和 ISSR 分子标记研究了印度恒河流域该属 3 种叶用蔬菜苋（Leafy *amaranth*）及 3 种籽粒苋（Grain *amaranth*）的系统关系，用 UPGMA 对 2 种分子标记单独及联合聚类分析均表明，3 种蔬菜苋聚为 1 类，*A. paniculatus* Linnaeus 和 *A. viridis* Linnaeus 具有较近的关系，3 种籽粒苋聚为 1 类，但物种间的系统关系未能得到很好的解决。

DNA 条形码研究： Schori 等[17]使用 DNA 条形码鉴别巴基斯坦药用植物，表明 *mat*K 片段对包括老枪谷 *A. caudatus* Linnaeus 在内的 12 种具有一定的鉴别力。BOLD 网站有该属 22 种 144 个条形码数据；GBOWS 已有 7 种 144 个条形码数据。

代表种及其用途： 该属多数种具有利用价值，主要作蔬菜食用，作点心配料，其种子含有大量的淀粉、糖类、脂肪和蛋白质等，可做粮食及动物饲料，药用或栽培供观赏用。老鸦谷 *A. cruentus* Linnaeus 可栽培供观赏；茎叶可作蔬菜；种子为粮食，食用或酿酒。苋 *A. tricolor* Linnaeus 的茎叶可作蔬菜；叶杂有各种颜色者供观赏；根、果实及全草入药可明目、利大小便、去寒。

8. *Anabasis* Linnaeus 假木贼属

Anabasis Linnaeus (1753: 223)，Zhu et al. (2003: 397) (Lectotype: *A. aphylla* Linnaeus)

特征描述：半灌木。木质茎多分枝或退缩成瘤状肥大的茎基。叶互生，叶形多样或不明显。花两性或兼具雌性，小苞片 2；花被片 5，膜质，果时外轮 3 或全部花被片背面具横生的翅状附属物；雄蕊 5，着生于花盘上；花盘杯状，5 裂，裂片（退化雄蕊）与雄蕊相间，顶端多少有颗粒状腺体。果皮肉质。种子直立；胚螺旋状，无胚乳。花粉粒散孔，穿孔状-颗粒纹饰。

分布概况：约 30/8 种，**12** 型；分布于欧洲，地中海沿海，中亚，西伯利亚；中国产新疆。

系统学评述：传统的假木贼属是多系类群，被置于藜科螺胚亚科猪毛菜族。分子系统学研究表明，*Anabasis setifera* Moquin-Tandon 是假木贼属内异质性成员，将该种移出该属，其余类群组成单系类群[9,32]。

DNA 条形码研究：BOLD 网站有该属 9 种 16 个条形码数据；GBOWS 已有 2 种 21 条形码数据。

代表种及其用途：无叶假木贼 *A. aphylla* Linnaeus 含毒藜碱，可制土农药，兼具固沙作用。

9. *Archiatriplex* G. L. Chu 单性滨藜属

Archiatriplex G. L. Chu (1987: 461); Zhu et al. (2003: 360) (Type: *A. nanpinensis* G. L. Chu)

特征描述：草本。叶互生或对生，扁平，肉质，边缘具齿；具柄。花单性，雌雄同株；雄花花被 5，膜质，雄蕊 5，着生于花盘上；雌花着生于雄花序基部，苞片叶状，花被 3-4，花柱不明显，柱头 2。胞果具乳突，果皮膜质与种子贴生。种子扁平，种皮壳质；胚环形，胚乳丰富，胚根向下。

分布概况：1/1（1）种，**15** 型；中国四川北部特有。

系统学评述：单性滨藜属为单型属，为中国特有属。传统上单性滨藜属被置于藜科环胚亚科滨藜族中。分子系统学研究显示该属位于苋科藜亚科滨藜族的单性滨藜分支 *Archiatriplex* clade 内，位于分支的基部[11]。

DNA 条形码研究：BOLD 网站有该属 1 种 1 个条形码数据。

10. *Arthrophytum* Schrenk 节节木属

Arthrophytum Schrenk (1845: 211); Zhu et al. (2003: 396) (Type: *A. subulifolium* Schrenk)

特征描述：垫状半灌木或小灌木。当年生枝稍肉质，具关节。叶对生。花两性；花被片 5，草质，具膜质边缘，背面果时稍肥厚并在先端稍下方生横翅或翅状凸起；雄蕊 5，着生于花盘上；花丝扁平，花药先端不具附属物或有细尖状附属物；花盘杯状或盘状，花柱极短，柱头 2-5。胞果为花被所包裹，果皮肉质。种子横生；胚螺旋状，无胚乳。花粉粒散孔，穿孔状-颗粒纹饰。

分布概况：20/3-4 种，**13** 型；主产中亚；中国产新疆。

系统学评述：传统上该属被置于藜科螺胚亚科猪毛菜族。Akhani 等[9]建议将该属与 Cyatobasis 和 *Hammada* 一同归并入对叶盐蓬属 *Girgensohnia*。目前该属缺少详细的分子系统学研究。

11. *Atriplex* Linnaeus 滨藜属

Atriplex Linnaeus (1753: 1052), *nom. cons.*; Zhu et al. (2003: 360) (Lectotype: *A. hortensis* Linnaeus, *typ. cons.*)

特征描述：草本或小灌木。叶互生，稀对生，扁平，边缘具齿，较少全缘。团伞花序；雌雄同株或异株，稀两性；雄花花被常 5 裂，雄蕊 3-5，着生于花被基部，花丝离生或下部合生；雌花无花被，具 2 苞片，苞片离生或边缘不同程度合生，果时增大，表面常有附属物，无花盘，花柱短，柱头 2。胞果包藏于增大的苞片内。胚环形，具块状胚乳。花粉粒散孔，穿孔状-颗粒纹饰。

分布概况：约 180/17 种，**8-4** 型；分布于温带及亚热带；中国南北均产，新疆荒漠地区尤盛。

系统学评述：传统上滨藜属被置于藜科滨藜亚科滨藜族内，与藜属 *Chenopodium* 关系密切，为环胚类群中比较进化的属。该属种子形态和胚根位置对于属下种的识别具有重要的分类意义[33]，根据叶的解剖结构将中国滨藜属划分为 3 个组：全栅型组、双栅型组和单栅型组[34]。滨藜属的界限一直备受争议，曾有多个属被置于该属下，如 *Axyris*、*Ceratocarpus*、*Krascheninnikovia*、*Cremnophyton*、*Endolepis*、*Exomis*、*Obione*、*Halimione*、*Blackiella*、*Haloxanthium*、*Morrisiella*、*Neopreissia*、*Pachypharynx*、*Senniella*、*Theleophyton*、*Manochlamys*、*Proatriplex* 和 *Grayia*。分子系统学研究支持 *Hamlimione* 从滨藜属中分离出来成为单独的属，不支持将 *Obione*、*Blackiella*、*Haloxanthium*、*Neopreissia*、*Senniella* 和 *Theleophyton* 从滨藜属中分离出来，并将滨藜属划分为 5 个主要分支，即 *Cremnophyton*+*A. cana* Ledebour 分支、*Atriplex* sect. *Atriplex* 分支、*A.* sect. *Teuliopsis* 分支、C4 分支和 *A. crassifolia* C. A. Meyer 分支[11]。

DNA 条形码研究：BOLD 网站有该属 57 种 195 条形码数据；GBOWS 已 6 种 48 个条形码数据。

代表种及其用途：该属植物多用作牧草。中亚滨藜 *A. centralasiatica* Iljin 带苞的果实可入药。

12. *Axyris* Linnaeus 轴藜属

Axyris Linnaeus (1753: 979); Zhu et al. (2003: 357) (Lectotype: *A. amaranthoides* Linnaeus)

特征描述：草本。茎直立或平卧。叶互生，全缘，被星状毛；具柄。雌雄同株。雄花花序穗状或头状；花被片 3-5，膜质；雄蕊 2-5，花药二室，纵裂，无花盘和子房。雌花为二歧聚伞花序，苞片绿色；花被片 3-4，膜质，果时增大，包被果实；花柱短，柱头 2。果实直立，顶端具附属物。种子直立，与果同型；胚马蹄形，胚乳丰富。花粉粒散孔，穿孔状-颗粒纹饰。

分布概况：5-6/3 种，**11** 型；分布于亚洲北部和中部，欧洲，美洲北部；中国产东北、华北、西北和青藏高原。

系统学评述：轴藜属为多系类群。花粉形态支持将轴藜属与 *Ceratocarpus* 和 *Kras-*

cheninnikovia 一起归入滨藜族的 Axyridinae 亚族中[35]。分子系统学分析支持形态学的处理，并将 Axyridinae 亚族处理为 Axyrideae 族，与 *Krascheninnikovia* 和 *Ceratocarpus* 构成的分支互为姐妹关系[11]。

　　DNA 条形码研究：BOLD 网站有该属 3 种 4 个条形码数据；GBOWS 已有 2 种 22 个条形码数据。

13. *Baolia* H. W. Kung & G. L. Chu 苞藜属

Baolia H. W. Kung & G. L. Chu (1978: 119); Zhu et al. (2003: 375) (Type: *B. bracteata* H. W. Kung & G. L. Chu)

　　特征描述：草本。叶互生，<u>扁平</u>，全缘；<u>具叶柄</u>。花两性，簇生叶腋，<u>具苞片和 2 小苞片</u>；<u>花被 5 深裂</u>，果时显著增大，宿存；雄蕊 5，着生于环形花盘上，花丝扁平，花药细小；子房有点纹，柱头 2，极短，丝形，在果实上外弯。胞果，果皮与种子贴生。<u>种子直立</u>，背腹稍扁，种皮蜂窝状；<u>胚环形</u>，胚乳丰富。

　　分布概况：1/1（1）种，**15** 型；中国甘肃西南特有。

　　系统学评述：苞藜属为单型属。传统上该属被置于藜科藜族。尚缺少分子系统学研究。

　　代表种及其用途：该属仅苞藜 *B. bracteata* H. W. Kung & G. L. Chu，种子含丰富的淀粉。

14. *Bassia* Allioni 雾冰藜属

Bassia Allioni (1766: 177); Zhu et al. (2003: 386) [Lectotype: *B. muricata* (Linnaeus) Ascherson (≡ *Salsola muricata* Linnaeus)]. ——*Kirilowia* Bunge (1843: 7); *Kochia* Roth (1800: 307); *Londesia* Fischer & C. A. Meyer (1835: 40); *Panderia* Fischer & C. A. Meyer (1836: 46)

　　特征描述：草本。叶互生，膜质或肉质，密被毛；无柄。<u>花两性</u>，无柄，<u>单生或穗状花序</u>，<u>无苞片或小苞片</u>；花被筒状，膜质，<u>被毛</u>，上部 5 裂，裂齿等长，<u>果时在花被背部具 5 非翅状的附属物</u>；雄蕊 5；子房无柄，花柱短，柱头 2-3。胞果顶基扁，果皮膜质，不与种皮相联。种子横生；胚环形，有胚乳。

　　分布概况：约 10/3 种，**10** 型；分布于温带和大洋洲；中国产华北、西北、东北和青藏高原。

　　系统学评述：雾滨藜属是 1 个多系类群。传统上该属被置于藜科樟味藜族。分子系统学将其置于苋科猪毛菜亚科樟味藜族内[9]。

　　DNA 条形码研究：BOLD 网站有该属 12 种 26 条形码数据；GBOWS 已有 5 种 57 个条形码数据。

15. *Beta* Linnaeus 甜菜属

Beta Linnaeus (1753: 222); Zhu et al. (2003: 353) (Type: *B. vulgaris* Linnaeus)

　　特征描述：草本。茎具条棱。叶互生，近全缘。花单生或穗状花序；花两性，无小苞片；花被片 5 裂，<u>基部与子房合生</u>，<u>果时变硬</u>；雄蕊 5，周位；子房半下位，柱头 2-3。胞果下部与花被的基部合生，上部肥厚多汁或硬化。种子横生，顶基扁，种皮壳质，有光泽，与果皮分离；胚环形或近环形，胚乳丰富。花粉粒散孔，穿孔状-颗粒纹饰。

分布概况：约 10/1 种，**10 型**；分布于欧洲，亚洲及非洲北部；中国引种栽培。

系统学评述：传统上该属被置于藜科甜菜族。分子系统学支持将其置于苋科甜菜族内并与 *Hablitzia* 和 *Aphanisma* 构成的分支互为姐妹关系[21]。

DNA 条形码研究：BOLD 网站有该属 5 种 19 个条形码数据；GBOWS 已有 1 种 4 个条形码数据。

代表种及其用途：甜菜 *B. vulgaris* Linnaeus 广为栽培，是生产蔗糖的重要原料，此外还可作用精饲料，提取果胶等成分，是重要的经济作用。

16. *Camphorosma* Linnaeus 樟味藜属

Camphorosma Linnaeus (1753: 122); Zhu et al. (2003: 387) (Lectotype: *C. monspeliaca* Linnaeus)

特征描述：半灌木。叶互生，单生或密集成簇。花序穗状，紧密，具苞片，无小苞片，被毛；花两性，花被筒状，被毛，4 裂，裂齿等长或两侧裂齿较中间裂齿长，果时不变化；雄蕊 4，花丝条状，伸出花被外，无花盘；花柱长，柱头 2，丝状。胞果直立，背腹扁，果皮膜质，不与种皮联合。种子直立，种皮革质；胚马蹄形。

分布概况：约 10/1 种，**10 型**；分布于欧洲东南部，亚洲中部及西部；中国产新疆。

系统学评述：传统上该属被置于藜科樟味藜族。另据文献记载有分布于我国新疆地区的 *Camphorosma soongoricum* Bunge，待考。分子系统学研究表明该属位于苋科猪毛菜亚科樟味藜族内，与雾冰藜属和地肤属构成的分支互为姐妹关系[9]。

DNA 条形码研究：BOLD 网站有该属 3 种 6 个条形码数据；GBOWS 已有 1 种 8 个条形码数据。

代表种及其用途：该属植物大多生于荒漠、戈壁和干坡上，具有一定的固沙作用。

17. *Celosia* Linnaeus 青葙属

Celosia Linnaeus (1753: 205); Bao et al. (2003: 416) (Lectotype: *C. argentea* Linnaeus)

特征描述：灌木、半灌木或草本。叶互生，全缘或近全缘；具柄。穗状花序顶生或腋生；花两性；花被片 5，光滑无毛；雄蕊 5，花丝在基部合生为杯状，顶端离生；无退化雄蕊；子房 1 室，胚珠 2 至多数，花柱 1，宿存，柱头头状，或 2-3 裂。胞果具薄壁，卵形或球形，盖裂。种子黑色凸镜状。花粉粒散孔，穿孔状-颗粒纹饰。染色体 $n=18$，36。

分布概况：45-60/3（1）种，**2 型**；分布于非洲亚热带及温带，美洲南部及北部，亚洲；中国南北均产。

系统学评述：青葙属属于苋亚科青葙族，分子证据表明青葙属是个多系分支[5,15]。青葙属在青葙族下的系统位置尚不明确，属下也没有相关分类系统提出，缺乏较为全面的分子系统学研究。

DNA 条形码研究：BOLD 网站有该属 4 种 25 个条形码数据；GBOWS 已有 2 种 85

个条形码数据。

代表种及其用途：该属一些植物具药用和观赏价值，如 *C. argentea* Linnaeus 种子可供药用，有清热明目作用；*C. cristata* Linnaeus 花和种子供药用，为收敛剂，有止血、凉血、止泻功效。

18. *Ceratocarpus* Linnaeus 角果藜属

Ceratocarpus Linnaeus (1753: 969); Zhu et al. (2003: 366) (Type: *C. arenarius* Linnaeus)

特征描述：草本。茎直立，分枝多呈二歧式，被星状毛。叶互生，全缘；无柄。花单性，雌雄同株；雄花无柄或具短柄，花被管膜质，顶端二唇裂，雄蕊 1，内藏；雌花无花被，具苞片及小苞片，连合成管，两角各具 1 针状附属物，花柱短，柱头 2。胞果扁平，包藏于合生的小苞片内。种子与胞果同形，褐色，直立；胚马蹄形，胚乳较少。花粉粒散孔，穿孔状-颗粒纹饰。

分布概况：1/1 种，**12** 型；分布于亚洲中部和中亚的荒漠和沙漠中；中国见于新疆北部。

系统学评述：角果藜属是单型属，传统上被置于藜科滨藜族。分子系统学研究将该属置于苋科藜亚科 Axyrideae 族内，与驼绒藜属 *Krascheninnikovia* 互为姐妹关系[11]。

DNA 条形码研究：BOLD 网站有该属 1 种 2 个条形码数据；GBOWS 已有 1 种 9 个条形码数据。

19. *Chenopodium* Linnaeus 藜属

Chenopodium Linnaeus (1753: 218); Zhu et al. (2003: 378); Fuentes-Bazan et al. (2012: 5) (Lectotype: *C. album* Linnaeus)

特征描述：具腺体或腺毛，有强烈地气味。叶互生，扁平，全缘或具锯齿或浅裂；有柄。花两性或兼有雌性，无苞片和小苞片，团伞花序再排成穗状、圆锥状或复二歧式聚伞状的花序；花被 5，稀 3-4，背面中央具纵隆脊，果时花被开展或不变化；雄蕊 5 或较少；花柱极短。胞果不开裂。种子横生，稀斜生或直立；胚环形或马蹄形，胚乳丰富。

分布概况：约 250/19 种，**1** 型；世界广布；中国南北均产。

系统学评述：藜属为 1 个多系类群。传统上藜属被置于环胚亚科藜族内。该属下依据花特征可划分为 3 个亚属：土荆芥亚属 *Chenopodium* subgen. *Ambrosia*（=*Ambrina*）（具腺毛，花单生或为小而疏的团伞，花被干燥）、藜亚属 *C.* subgen. *Chenopodium*（具囊状毛，花被干燥，不肉质）、肉被藜亚属 *C.* subgen. *Blitum*（花被肥厚多汁，常红色）[3]。基于叶绿体片段的分子系统树将传统的藜属分成了 6 个分支：*Chenopodium* sect. *Tetrasepala*、*C.* sect. *Margaritaria*、*C.* sect. *Nigrescentia* 和 *C.* subsect. *Botrys* 及其相关类群被归并入 *Dysphania*，位于刺藜族 Dysphanieae；*Chenopodium capitatum* 分支拟定为 *Blitum* 置于 Anserineae 内；*C. polyspermum* 分支归入 *Lipandra*；*C. rubrum* 分支归入 *Oxybasis*；*C. murale* 分支归入新拟定的 *Chenopodiastrum*；滨藜属剩下的类群形成单系

分支狭义滨藜属；后 4 个分支都被置于滨藜族内[36]。

DNA 条形码研究：BOLD 网站有该属 56 种 234 个条形码数据；GBOWS 已有 4 种 125 个条形码数据。

代表种及其用途：该属部分类群可入药，如刺藜 *C. aristatum* Linnaeus、土荆芥 *C. ambrosioides* Linnaeus、杂配藜 *C. hybridum* Linnaeus 和藜 *C. album* Linnaeus。另杖藜 *C. giganteum* D. Don 可作蔬菜，种子可代粮食。

20. *Corispermum* Linnaeus 虫实属

Corispermum Linnaeus (1753: 4); Zhu et al. (2003: 367) (Lecotype: *C. hyssopifolium* Linnaeus)

特征描述：草本，植株全体被星状毛。叶互生，全缘；无柄。花序穗状；花两性，无柄；具苞片，苞片叶状，具宽或窄的膜质边缘，全缘；花被片 1-3，不等大，膜质；雄蕊 1-5，下位，花丝常长于花被片，花药纵裂；子房上位，花柱短，柱头 2。胞果直立，背腹扁，边缘具翅或无翅，果皮与种皮相联。种子直立；胚马蹄形，胚根向下，胚乳丰富。

分布概况：约 60/26 种，**8** 型；分布于北半球温带；中国产东北、华北、西北和青藏高原。

系统学评述：传统上该属被置于藜科虫实族内。分子系统学研究支持将其置于苋科虫实亚科虫实族，与沙蓬属 *Agriophyllum* 互为姐妹关系[4,5]。

DNA 条形码研究：BOLD 网站有该属 30 种 54 个条形码数据；GBOWS 已有 10 种 47 个条形码数据。

代表种及其用途：该属植物均为沙生植物，如虫实 *C. hyssopifolium* Linnaeus，可作牧畜饲料。

21. *Cornulaca* Delile 单刺蓬属

Cornulaca Delile (1812: 206); Zhu et al. (2003: 395) (Type: *C. monacantha* Delile)

特征描述：一年生草本或小灌木。茎及小枝无节。叶互生；叶腋内具丛生绒毛。花两性，单生或簇生，具小苞片 2；花被片 5，顶端各具 1 个离生的膜质裂片，果期花被片膨大变硬，背面生出 1 刺状附属物，刺状附属物与花被合成细圆锥状刺；雄蕊 5；子房卵圆形，柱头 2，丝状。胞果包于花被内，果皮膜质。种子直立，种皮膜质；无胚乳，胚螺旋状。

分布概况：约 6/1（1）种，**12** 型；分布于非洲西北部，亚洲西南部；中国产甘肃、内蒙古西部。

系统学评述：分子系统学研究认为，单刺蓬属属于猪毛菜亚科的狭义猪毛菜族[37]，为单系类群，与对节刺属 *Horaninovia* 互为姐妹群[9]。

代表种及其用途：阿拉善单刺蓬 *C. alaschanica* C. P. Tsien & G. L. Chu 中国特有，为优良牧草，羊和骆驼喜食。

22. *Cyathula* Blume 杯苋属

Cyathula Blume (1826: 548), *nom. cons.*; Bao et al. (2003: 421) [Type: *C. prostrata* (Linnaeus) Blume (≡ *Achyranthes prostrata* Linnaeus)]

特征描述： 草本或亚灌木。茎直立或横卧；茎形成层成环生长。叶对生，全缘；具柄。聚伞状花序，每丛有 1-3 花；花两性，部分伴生着不育花；苞片膜质，常具刺；花被片 5；雄蕊 5，与齿状或撕裂状的退化雄蕊间生，花药 2 室；花柱丝状，宿存，胚珠 1，垂生。胞果包被于宿存花被，膜质，果皮不开裂。种子矩圆状。花粉粒散孔，穿孔状-颗粒纹饰。染色体 2n=34，48。

分布概况： 约 27/4 种，**2** 型；分布于亚洲，太平洋诸岛，非洲和美洲；中国产广东、广西、海南、台湾、云南、四川、西藏、贵州、河北、陕西及浙江。

系统学评述： 传统上杯苋属隶属于苋科苋亚科苋族的 Aervinae 亚族。该属聚在该亚族的 Achyranthoids 分支中[14]。基于 *mat*K/*trn*K 片段的简约性、相似性及贝叶斯分析结果均较好地支持该属 *Cyathula prostrate* (Linnaeus) Blume 与 *Pandiaka* 的姐妹群关系[5]。另一基于 *mat*K/*trn*K 片段的系统学研究显示 Achyranthoids 中 1 支识别率较高的祖传系，该系由包括杯苋属在内的 6 属构成，该属 *C. lanceolata* 为最先分化的类群，为其他所有属的姐妹群[21]。综合以上研究表明该属并非单系[13]。

DNA 条形码研究： BOLD 网站有该属 3 种 3 个条形码数据；GBOWS 已有 3 种 33 个条形码数据。

代表种及其用途： 该属部分种可入药，用于治疗骨病、流产或癌症，亦可用于杀虫剂的提取生产。杯苋 *Cyathula prostrata* 全草入药，抗菌、消炎、镇痛、抗癌、治跌打、驳骨。头花杯苋 *C. capitata* 根供药用，可祛风除湿、祛瘀通经、强筋健骨。川牛膝 *C. officinalis* 根供药用，生品有下降破血行瘀作用，熟品补肝肾，强腰膝。

23. *Deeringia* R. Brown 浆果苋属

Deeringia R. Brown (1810: 413); Bao et al. (2003: 416) [Type: *D. celosioides* R. Brown, *nom. illeg.* (= *D. baccata* (Retzius) Moquin-Tandon ≡ *Celosia baccata* Retzius)]. ——*Cladostachys* D. Don (1825: 76)

特征描述： 直立或攀援草本或攀援灌木。叶互生；具柄。总状花序或穗状花序腋生或顶生；花两性或单性异株；每花有 1 苞片及 2 小苞片；花被片 5；雄蕊 5，花丝基部联合成杯状，无退化雄蕊，花药 2 室；花柱 2 或 3，条状或圆柱状，基部联合，胚珠少数或多数。浆果，不开裂。种子少数或多数，表面平滑或具极微小疣。花粉粒散孔，穿孔状-颗粒纹饰。染色体 2n=16。

分布概况： 约 7/2 种，**5** 型；分布于马达加斯加，亚洲及澳大利亚；中国产广东、广西、贵州、海南、四川、台湾、西藏及云南。

系统学评述： 传统上浆果苋属被置于苋科苋亚科青葙族[14]。基于 *rbc*L 和 *ndh*F 的系统学研究支持该族为单系，并且构成苋亚科中 *Amaranthus* + *Chamissoa* 的姐妹群[4,28]，基于 *mat*K 及核基因 ITS1 和 ITS2 的系统学研究还支持浆果苋属为青葙族最早分化的类群，并且为该族其他所有属的姐妹群[5]。浆果苋属由于其果实为浆果而得名，中国仅产

浆果苋 *Deeringia amaranthoides* (Lamarck) Merrill 和白浆果苋 *D. polysperma* (Roxburgh) Moquin-Tandon，暂无属下分子系统学研究。

DNA 条形码研究： BOLD 网站有该属 1 种 3 个条形码数据；GBOWS 已有 1 种 43 个条形码数据。

代表种及其用途： 浆果苋全株供药用，祛风除湿、通经活络，治风湿性关节炎，风湿腰腿痛等。

24. *Dysphania* R. Brown 刺藜属

Dysphania R. Brown (1810: 411); Zhu et al. (2003: 376) (Type: *D. littoralis* R. Brown)

特征描述： <u>一年生或短暂多年生草本</u>，<u>常芳香</u>。茎直立、上升或匍匐。<u>单叶互生</u>。花序顶生及腋生，简单或复合聚伞花序、穗状花序，密集聚伞花序或密集腋生聚伞花序，<u>无苞片</u>；<u>花两性</u>（稀功能性单性）；花被片 1-5；雄蕊 1-5；<u>子房上位</u>，<u>单室</u>，<u>胚珠 1</u>，花柱及柱头 1-3，柱头丝状。<u>胞果 1</u>，<u>常包被于花被片内</u>，果皮膜质。<u>种子 1</u>，近球形至两面凸起的扁球形；胚环状或不完全环状，被丰富的胚乳包围。花粉近球形，具散孔。染色体 $2n$=16，18，32，36 或 48。

分布概况： 约 30/4 种，**1** 型；世界广布，主产热带、亚热带至暖温带；中国主产西北、华北和东北，西南亦有。

系统学评述： 刺藜属为单系，根据分子系统学研究表明刺藜属属于藜亚科刺藜族，与 *Cycloloma*、*Suckleya* 和 *Teloxys* 具近缘关系，共同组成刺藜族 Dysphanieae，其中，与 *Cycloloma* 构成姐妹分支[11]。根据同时具有多细胞腺毛，欧亚地区分布的 *Chenopodium botrys* Linnaeus 和 *Teloxys aristata* (Linnaeus) Moquin-Tandon，以及澳大利亚分布的 *Chenopodium cristatum* (F. Mueller) F. Mueller 及 *Dysphania glomulifera* Paul G. Wilson 被认为具有近缘关系，被划分到藜属下的 *Chenopodium* subgen. *Ambrosia*[38,39]。根据形态特征，Mosyakin 和 Clemants[40]将 *Chenopodium* subgen. *Ambrosia* 从藜属分出并入刺藜属下，这一分类处理得到 Mosyakin 和 Clemants[41]的支持。刺藜属下划分 5 个组，即 *Dysphania* sect. *Adenois*、*D.* sect. *Botryoides*、*D.* sect. *Dysphania*、*D.* sect. *Orthospora* 和 *D.* sect. *Roubiev*，此外有一些种的位置没有确定，并未划分到上述任 1 个组内。

DNA 条形码研究： BOLD 网站有该属 10 种 41 个条形码数据；GBOWS 已有 3 种 55 个条形码数据。

代表种及其用途： 土荆芥 *D. ambrosioides* 在北方经常培育作为药材；全草入药，治蛔虫病、钩虫病及蛲虫病；果实含挥发油（土荆芥油），油中含有驱蛔素，是驱虫的有效成分。

25. *Girgensohnia* Bunge 对叶盐蓬属

Girgensohnia Bunge (1851: 835); Zhu et al. (2003: 400) [Type: *G. oppositiflora* (Pallas) Fenzl (≡ *Salsola oppositiflora* Pallas)]

特征描述： <u>一年生</u>草本或半灌木。<u>茎多分枝</u>，<u>枝具关节</u>。<u>叶对生</u>，全缘或有细锯齿；

无柄。花两性，<u>具 2 小苞片</u>；<u>花被片 5</u>，纸质，具 1 脉，果时背部具下弯的翅状附属物；雄蕊 5，花丝钻状；花盘 5 裂；子房背腹扁，卵形或近圆形，胚珠近无柄，柱头头状，2 裂。<u>胞果包藏于花被内，果皮膜质</u>。<u>种子直立</u>，卵形或圆形，背腹扁，<u>种皮膜质</u>；<u>胚螺旋或平面螺旋状，无胚乳</u>。

分布概况：约 6/1（1）种，**12** 型；分布于中亚；中国产新疆。

系统学评述：对叶盐蓬属属于猪毛菜亚科的狭义猪毛菜族[37]，为单系类群。根据分子系统学研究，该属的最近姐妹群并未得到解决[9,37]，根据分子序列分析结果，Akhani 等[9]认为该属与单型属 *Cyatobasis* 及 *Hammada articulata* O. Bolòs & Vigo 和 *H. griffithii* (Moquin-Tandon) Iljin 聚为 1 支。其中，对叶盐蓬属与 *H. articulata* 构成最近姐妹关系，但并未得到支持率。

DNA 条形码研究：BOLD 网站有该属 1 种 4 个条形码数据。

26. *Gomphrena* Linnaeus 千日红属

Gomphrena Linnaeus (1753: 224); Bao et al. (2003: 428) (Lectotype: *G. globosa* Linnaeus)

特征描述：草本或亚灌木。茎形成层成环生长。叶对生，稀互生，两面分明，被绒毛。头状花序；花两性；<u>小苞片末端有冠</u>；花被片 5，<u>有长柔毛或无毛</u>；雄蕊 5，花丝基部联合成管状或杯状，<u>具侧裂片</u>，顶端 3 裂，无退化雄蕊，<u>花药 1 室</u>；胚珠 1，柱头 2 或 3，条状或 2 裂。胞果侧扁，果皮不开裂。种子凸镜状，<u>有光泽</u>。花粉粒散孔，网状纹饰。染色体 $2n=18$，26，38。

分布概况：约 100/2 种，**2-1**（**3**）**型**；分布于美洲及太平洋诸岛；中国 1 种产于海南及台湾，1 种引种种植于福建、广西、贵州、河北、陕西、四川、新疆及浙江等。

系统学评述：千日红属最早是由林奈在 1753 年、1754 年描述的[42]，该属为苋科中种数最多、分布最广的属。传统上该属被置于千日红亚科千日红族千日红亚族[43,44]。Sánchez-del Pino 等[25]基于 *trn*L-F 和 *rpl*16 的研究将千日红亚科分为 Gomphrenoids、Alternantheroids 和 Iresinoids 3 支，该属聚在 Gomphrenoids 分支，该分支的共衍征为花粉近球形多空，具网状纹饰，包括了传统千日红亚科中除血苋属 *Iresine* 外的所有属，以及 *Pseudoplantago*。要解决千日红属与该分支其他属的关系，还需要更全面的取样及更多的分子序列的研究。千日红属的系统分类历史复杂，19 世纪及 20 世纪初，很多学者对其进行了广泛的研究，并划分为 9 个系，即 *Gomphrena* ser. *Serturnera*、*G.* ser. *Hebanthe*、*G.* ser. *Pfaffia*、*G.* ser. *Wadapus*、*G.* ser. *Xerosiphon*、*G.* ser. *Stachyanthus*、*G.* ser. *Gomphrena*、*G.* ser. *Gomphrenula* 和 *G.* ser. *Chnoanthus*，而后经过多位学者的研究，又将 *G.* ser. *Pfaffia*、*G.* ser. *Hebanthe* 和 *G.* ser. *Serturnera* 排除[25]。由于花粉类型的多样性，千日红属被假定为多系[45]，近年来，该推测得到了基于 *rbc*L、*trn*K/*mat*K 及 *mat*K 片段的分子系统学研究的支持，叶解剖学研究也表明 C_3 和 C_4 种分别聚在不同的祖传系[46]。基于 *trn*L-F 和 *rpl*16 的研究不仅支持该属为多系，还支持该属为并系，与 *Blutaparon*、*Lithophila* 和 *Gossypianthus* 一同组成 1 支[25]。在 Sage 等[13]对狭义苋科 C_4 植物的分类位置的研究中，89%的千日红属样品为 C_4 植物，并且都产澳洲；而 C_3 种都产美洲，并支持将 C_3 种

Gomphrena angustifolia Martius 和 *G. aphyllus* (Pohl ex Moquin-Tandon) Pedersen 归入 *Xerosiphon* Turczzaninow，而 *Gomphrena mandonii* R. E. Fries 和 *G. elegans* Martius 归入 *Pfaffia*。

DNA 条形码研究：BOLD 网站有该属 16 种 22 个条形码数据。

代表种及其用途：千日红 *G. globosa* Linnaeus 可供观赏，花序入药，有止咳定喘、平肝明目的功效。

27. *Halimocnemis* C. A. Meyer 盐蓬属

Halimocnemis C. A. Meyer (1829: 381); Zhu et al (2003: 413) [Lectotype: *H. brachiata* (P. S. Pallas) C. A. Meyer, *non vidi* (≡ *Polycnemum brachiatum* P. S. Pallas)]

特征描述：一年生草本。枝粗壮，圆柱形或三棱形。叶互生。花两性，单生，具小苞片；花被片 4 或 5，有毛或稀无毛；花盘全缘；雄蕊 4 或 5 数，花丝丝状，花药矩圆形，基部分离，顶端具囊状附属物；子房卵形，两侧扁，花柱细长，柱头 2。胞果卵状至球形，果皮膜质，与种子离生。种子直立，球形，两侧扁，种皮稍肉质；胚平面螺旋状，无胚乳。花粉粒长球形，具散孔。

分布概况：约 12/3 种，**12** 型；分布于黑海，里海至中亚；中国产新疆。

系统学评述：盐蓬属属于猪毛菜亚科 Caroxyloneae 族，为 1 个多系类群，其与 *Gamanthus*、*Halanthium* 及 *Halotis* 之间的关系未得到明确解决[9]。由于盐蓬属与 *Halotis* 在形态上非常相似，Hedge[47] 曾将两者合并；此外，系统学研究曾将 *Halimocnemis purpureum* Moquin-Tandon 及 *Halotis pedunculata* Assadi 与 *Halanthium* 置于一起。综合各研究结果，Akhani 等[9] 认为将上述几个属进行合并，虽然支持率较低，但可能是一个较为合理的处理。

DNA 条形码研究：BOLD 网站有该属 3 种 5 个条形码数据。

28. *Halocnemum* Marschall von Bieberstein 盐节木属

Halocnemum Marschall von Bieberstein (1819-1820: 3); Zhu et al. (2003: 356) [Lectotype: *H. strobilaceum* (Pallas) Marschall von Bieberstein (≡ *Salicornia strobilacea* Pallas)]

特征描述：半灌木，多分枝。小枝对生，具关节。叶鳞片状，不发育，对生。穗状花序，无柄；苞片盾状，对生；无小苞片；花两性，腋生，每 2（或 3）花生于一个苞片内；花被 3 裂；雄蕊 1；子房卵形，稍扁，具倒生胚珠，柱头 2，钻状，具乳头状小凸起。果实为胞果。种子直立；胚半环形，具胚乳。花粉粒散孔，颗粒状纹饰。染色体 2n=18。

分布概况：1/1 种，**12** 型；分布于非洲北部，亚洲和欧洲南部；中国产甘肃西北部、新疆。

系统学评述：盐节木属位于盐角草亚科盐角草族，为单系属，基于 *rbc*L 的分子系统学研究认为该属与 *Halosarcia* 互为姐妹群，但支持率较低[4]。

DNA 条形码研究：BOLD 网站有该属 1 种 6 个条形码数据；GBOWS 已有 1 种 6

个条形码数据。

29. *Halogeton* C. A. Meyer 盐生草属

Halogeton C. A. Meyer (1829: 10); Zhu et al. (2003: 400) [Type: *H. glomeratus* (Marschall von Bieberstein)
C. A. Meyer (≡ *Anabasis glomerata* Marschall von Bieberstein)]

特征描述：一年生草本。茎直立，无毛或蛛丝状毛。叶互生，圆柱状，肉质，基部膨大，顶端钝或具刺毛；无柄。花两性或兼有雌性，簇生于苞腋；小苞片 2；花被片 5，果时自背面的近顶部横生膜质翅；雄蕊 2-5，花药椭圆无附属物；子房卵形，柱头 2。胞果。种子圆形，种皮膜质或拟革质；胚螺旋状，无胚乳。花粉粒具散孔，孔膜和孔间具小刺，穿孔状-颗粒纹饰。染色体 2*n*=18。

分布概况：约 3/2 种，**12** 型；分布于中亚和西亚，南欧，北非；中国产西北、华北和西藏。

系统学评述：分子系统发育研究表明，盐生草属是单系类群，被归入猪毛菜族的猪毛菜分支中，该属与对叶盐蓬属 *Girgensohnia* 形成较好的姐妹支系关系，同时上述支系又与梭梭属 *Haloxylon* 形成支持率较高的支系[9,32]。

DNA 条形码研究：BOLD 网站有该属 3 种 5 个条形码数据；GBOWS 已有 2 种 35 个条形码数据。

代表种及其用途：盐生草属植物为荒漠地区特有的夏雨型营养植物之一，如白茎盐生草 *Halogeton arachnoideus* Moquin-Tandon 为一类低等饲用植物，由于富含盐碱，也可以作为取碱原料。

30. *Halopeplis* Bung ex Ungern-Sternberg 盐千屈菜属

Halopeplis Bung ex Ungern-Sternberg (1866: 102); Zhu et al. (2003: 355) [Lectoype: *H. nodulosa* (Delile)
Bunge ex Ungern-Sternberg (≡ *Salicornia nodulosa* Delile)]

特征描述：一年或多年生草本。茎多分枝，枝互生。叶轮生，基部叶有时互生，肉质，卵形或近球形。穗状花序；花两性，腋生；每苞片内具 3 花，苞片鳞片状，螺旋状排列；花被合生，两侧扁，顶端具 3 小齿；雄蕊 1-2。胞果。种子卵形或球形，无毛或密生小凸起；胚半圆形，具胚乳。花粉粒具散孔，孔膜和孔间具小刺。风媒传粉为主。染色体 2*n*=18。

分布概况：约 3/1 种，**12-1** 型；分布于北非，中亚，亚洲西南部和欧洲南部；中国产新疆罗布泊。

系统学评述：盐角草亚科的分子系统学研究表明，盐千屈菜属是单系类群，归入与盐角草亚科的盐千屈菜族，该族还包括了另 2 个属，分别为 *Allenrolfea* 和盐爪爪属 *Kalidium*[4,48]。对于盐千屈菜族各个属之间的系统关系还没有解决，然而盐千屈菜属植物的肉质圆形叶能够使之与另外 2 属区别开来[48]。

DNA 条形码研究：BOLD 网站有该属 1 种 2 个条形码数据。

31. *Halostachys* C. A. Meyer ex Schrenk 盐穗木属

Halostachys C. A. Meyer ex Schrenk (1843: 361); Zhu et al. (2003: 357) (Lectotype: *H. songarica* Schrenk)

特征描述：灌木。茎直立，多分枝，枝对生，小枝肉质，具密乳头状凸起。叶互生，发育不完全，鳞状。穗状花序，互生；苞片互生鳞状，无小苞片；花两性，腋生，每苞片内生 3 花；花被片 3 浅裂，裂片内弯；雄蕊 1；子房扁卵形，柱头 2。胞果。种子扁卵形；胚半圆形，具胚乳。花粉粒散孔，孔膜和孔间具小刺，穿孔状-颗粒纹饰。风媒传粉。染色体 $x=8$；$2n=72$。

分布概况：约 1/1 种，**12** 型；分布于亚洲和欧洲东南部；中国产新疆和甘肃。

系统学评述：分子系统发育研究表明盐穗木属属于盐角草族[37,48]，该属与盐爪爪属 *Kalidium* 和盐节木属 *Halocnemum* 系统关系较近，然而该属与相邻属的系统关系仍然没有解决。

DNA 条形码研究：BOLD 网站有该属 1 种 3 个条形码数据；GBOWS 已有 1 种 8 个条形码数据。

代表种及其用途：盐穗木 *H. caspica* C. A. Meyer ex Schrenk 是新疆南疆荒漠草场中优良的饲用牧草。

32. *Halothamnus* Jaubert & Spach 新疆藜属

Halothamnus Jaubert & Spach (1845: 50); Zhu et al. (2003: 401) (Lectotype: *H. bottae* Jaubert & Spach).
——*Aellenia* Ulbrich (1934: 567)

特征描述：草本或半灌木。茎直立，多分枝。叶互生，半圆柱形或条形。花两性，穗状花序，腋生，小苞片 2；花被 5 深裂，果时自背面中部横生膜质的翅，在翅以下部分增大，木质化，具 5 棱；雄蕊 5，花药无附属物；子房球形，顶基扁，柱头 2。胞果。种子横生；胚螺旋状。花粉粒具散孔，孔膜和孔间具小刺。风媒传粉为主。染色体 $x=6$，$2n=54$。

分布概况：约 6/1 种，**12** 型；分布于中亚和亚洲西南部地区延伸至蒙古国；中国产新疆。

系统学评述：Akhani 等[9]的分子系统发育研究表明新疆藜属是单系类群，属于猪毛菜族的新疆藜分支，而该属与其相邻属的系统关系还待进一步研究。

DNA 条形码研究：BOLD 网站有该属 1 种 1 个条形码数据。

33. *Haloxylon* Bunge 梭梭属

Haloxylon Bunge (1851: 468); Zhu et al. (2003: 395) [Lectotype: *H. ammodendron* (C. A. Meyer) Bunge (≡ *Anabasis ammodendron* C. A. Meyer)]

特征描述：灌木或小乔木。茎直立，多分枝，具关节。叶对生，退化呈鳞片状，或几无叶，基部合生，先端钝或具短芒尖。花单生于叶腋，两性；小苞片 2；花被片 5，果时背部上方具横翅状附属物；雄蕊 5，花药椭圆，无附属物；柱头 2-5。胞果。种子横生；<u>胚绿色，螺旋状，无胚乳</u>。花粉粒散孔，穿孔状-颗粒纹饰。虫媒、风媒为主。染色体 2*n*=18。

分布概况：约 11/2 种，**12** 型；分布于地中海至中亚；中国主产西北。

系统学评述：分子系统发育研究表明梭梭属是单系类群，属于猪毛菜族的猪毛菜支系中，与对叶盐蓬属 *Girgensohnia* 和盐生草属 *Halogeton* 组成的支系形成姐妹支系关系，并且 3 个属组成的支系具有较高的支持率[32,49]。

DNA 条形码研究：BOLD 网站有该属 3 种 8 个条形码数据；GBOWS 已有 2 种 20 个条形码数据。

代表种及其用途：该属植物是温带荒漠中生物产量较高的植被类型之一，对维持该地区的生态平衡具有重要的价值。梭梭 *H. ammodendron* (C. A. Meyer) Bunge 更是珍稀名贵的中草药材肉苁蓉，幼嫩的梭梭植株还是荒漠地区畜牧的饲料，其材质坚硬而脆易燃已被作为优良的薪炭材。

34. *Horaninovia* F. E. L. Fischer & C. A. Meyer 对节刺属

Horaninovia F. E. L. Fischer & C. A. Meyer (1841: 10); Zhu et al. (2003: 395) [Type: *H. juniperina* C. A. Meyer, *nom. illeg.* (= *H. anomala* (C. A. Meyer ex Eichwald) Moquin-Tandon ≡ *Salsola anomala* C. A. Meyer ex Eichwald)]

特征描述：一年生草本，无毛或有短硬毛。枝对生。<u>叶对生或互生</u>，<u>圆柱状</u>，顶端<u>具针刺</u>。花两性，单生或成簇，腋生，具小苞片；花被片 4-5，果时增厚，背面常具硬的横翅；雄蕊 5，<u>花丝钻状</u>；花盘杯状；子房圆形，基部陷入花盘内，柱头 2-3。胞果圆形，顶基扁。<u>种子横生</u>；<u>胚螺旋状，无胚乳</u>。花粉粒散孔。风媒为主。染色体 *x*=9，2*n*=18。

分布概况：约 7/1 种，**13** 型；分布于中亚，从里海到中国新疆。

系统学评述：分子系统发育研究表明对节刺属 *Horaninovia* 是个单系类群[9,32]，并且与单刺蓬属 *Cornulaca* 形成姐妹支系关系，尽管这个关系只在 Wen 等[32]的贝叶斯分析中得到了较高的支持率。Wen 等[32]的分子系统研究也支持将当前的节刺属和单刺蓬属归入猪毛菜亚科猪毛菜族的猪毛菜分支 *Salsoleae s.s.*中。

DNA 条形码研究：BOLD 网站有该属 1 种 2 个条形码数据。

35. *Iljinia* Korovin 戈壁藜属

Iljinia Korovin (1936: 309); Zhu et al. (2003: 401) [Type: *I. regelii* (Bunge) Korovin (≡ *Haloxylon regelii* Bunge)]

特征描述：<u>半灌木</u>。<u>多分枝</u>。<u>叶互生</u>，<u>肉质</u>，<u>圆柱状</u>，<u>顶部稍膨呈棒状</u>。花两性，单生于苞腋，无柄；小苞片 2；花被球形，花被片 5，卵形，边缘膜质，果时稍变硬，背面上部横生翅状附属物；雄蕊 5，着生于花盘上，花丝短；子房扁球形，花柱极短，柱头 2。胞果半球形，稍扁。<u>种子横生，顶基扁</u>；<u>胚螺旋状，无胚乳</u>。花粉粒具散孔。风媒为主。

分布概况：约 1/1 种，**13-1 型**；分布于中亚，巴基斯坦，蒙古国；中国产新疆、内蒙古及甘肃的戈壁荒漠。

系统学评述：Wen 等[32]的系统发育研究表明，戈壁藜属归入猪毛菜亚科猪毛菜族的猪毛菜分支中，然而该属与其他相邻属的系统关系尚未清楚，有待进一步的研究。

DNA 条形码研究：BOLD 网站有该属 1 种 2 个条形码数据；GBOWS 已有 1 种 4 个条形码数据。

代表种及其用途：戈壁藜 *I. regelii* (Bunge) Korovin 是荒漠区域骆驼等动物的中等饲用植物。

36. *Iresine* P. Browne 血苋属

Iresine P. Browne (1756: 358), *nom. cons.*; Bao et al. (2003: 426) (Lectotype: *I. diffusa* Humboldt & Bonpland ex Willdenow, *typ. cons.*)

特征描述：直立草本或攀援亚灌木。叶对生，全缘或有锯齿。花单生或簇生成穗状花序，再排列成复圆锥花序；花两性或单性异株，微小；花被片 5，被长柔毛或无毛；雄蕊 5，在雌花中退化成极短不育雄蕊或消失，花药 1 室；子房扁平，花柱极短或不存，柱头 2；胚珠 1，垂生。胞果果皮不开裂。种子凸镜状或肾状，有光泽。花粉粒散孔，穿孔状-颗粒纹饰。染色体 2n=30。

分布概况：约 70/1 种，**2-1（3）型**；分布于热带亚洲，北美，南美洲及太平洋诸岛；中国栽培于广东、广西、海南、江苏、上海及云南。

系统学评述：传统上血苋属由于其单室花药被置于苋科千日红亚科千日红族千日红亚族[14,44]。基于 *rbc*L 和 *mat*K/*trn*K 的分子系统学研究均未能解决该属的系统位置[4,5]。为了弄清该属的系统学地位，Sánchez-del Pino 等[25]利用简约法和贝叶斯法对 *trn*L-F 和 *rpl*16 进行了单独及联合分析，结果支持千日红亚科为单系，由两室花药进化来的单室花药为其形态学共衍征。该亚科由 3 个分支，即 Gomphrenoids、Alternantheroids 和 Iresinoids 构成，其中 Gomphrenoids 分支的共衍征为花粉粒近球形、多孔和网状纹饰，包括了传统千日红亚族除血苋属外的所有属，并包括了 *Pseudoplantago*；Iresinoids 中，血苋属为并系类群，单型属 *Irenella* 和 *Woehleria* 嵌在其中，这 3 个属均有 *Iresine*-type 花粉，该分支构成 Gomphrenoids + Alternantheroids 分支（core Gomphrenoideae）的姐妹群，该结果得到了 *mat*K 及花粉形态学（core Gomphrenoideae 具网状纹饰，而血苋属具有与苋亚科更类似的花粉类型）的支持[19]；该研究支持 Henrickson 和 Sundberg[50]将 *Dicraurus* 并入 *Iresine*。

DNA 条形码研究：BOLD 网站有该属 8 种 10 个条形码数据；GBOWS 已有 1 种 4 个条形码数据。

代表种及其用途：血苋 *I. herbstii* Hooker 具有较高的观赏价值，盆栽、地栽均可；由于其茎、叶含有大量的紫红色素，是抗氧化还原、耐酸碱、耐糖、耐光热的天然色素，具有一定的开发价值；此外，其茎、叶入药可治吐血，其叶还可用作愈伤药、抗癌药、产后滋补药，外用治疗湿疹、疮疡和丘疹及用作抗菌药；在生物技术方面，其叶还用于银纳米粒子的生物合成。

37. *Kalidium* Moquin-Tandon 盐爪爪属

Kalidium Moquin-Tandon (1849: 46); Zhu et al. (2003: 355) [Lectotype: *K. foliatum* (Pallas) Moquin-Tandon (≡ *Salicornia foliata* Pallas)]

特征描述：小灌木。多分枝，小枝无关节，圆柱状或不发育，肉质，基部下延。穗状花序；花两性或兼具雌性；每一苞片内具 3 花，稀 2；苞片肉质，螺旋状排列，无小苞片；花被合生至顶部，具 4-5 小齿，果时呈海绵状。胞果包藏于花被内，果皮膜质，具小凸起。种子直立；胚马蹄形，有胚乳。花粉粒散孔，穿孔状-颗粒纹饰。风媒。染色体 $x=8$，9；$2n=16$，18，36。

分布概况：约 5/5 种，**12 型**；分布于中亚和西南亚，欧洲东南部；中国产东北、华北和西北。

系统学评述：Zhou 等[51]利用单个花粉粒扩增的 ITS1 片段的研究中包括了盐爪爪属的样品，然而盐爪爪属的所有样品在系统树上并没有聚成很好的单系类群，而与盐穗木属一起形成了支持率较高的 1 个支系。分子系统学研究证实该属是个单系类群，并且建议归入盐角草亚科[32]。

DNA 条形码研究：BOLD 网站有该属 3 种 13 个条形码数据；GBOWS 已有 4 种 41 个条形码数据。

代表种及其用途：该属植物喜生长于盐碱滩、盐湖边，是一类典型的盐生植物，其中盐爪爪 *K. foliatum* (Pallas) Moquin-Tandon 是盐生草甸的主要成分，植物肉质多汁含盐，为干旱地区畜群冬季放牧和补饲有一定的意义；种子可磨成粉，供人食用。

38. *Krascheninnikovia* Gueldenstaedt 驼绒藜属

Krascheninnikovia Gueldenstaedt (1772: 551); Zhu et al. (2003: 358) [Type: *K. ceratoides* (Linnaeus) Gueldenst (≡ *Axyris ceratoides* Linnaeus)]. ——*Ceratoides* Gagnebin (1755: 59)

特征描述：灌木或亚灌木，覆盖着星形和树枝状毛以及简单（不分枝）的单列毛。叶互生，顶端钝或锐尖。花单性。雄花数花成簇，集聚成穗状花序或近头状花序，无苞片；花被片 4，基部合生，雄蕊 4。雌花腋生，1 或 2 聚生，小苞片 2，在近半处或基部联合，果时管外具 4 长毛或短毛，花被缺失，子房椭圆，柱头 2。胞果。种子垂立；胚半环形或马蹄形。花粉粒具 28-50 散孔，具小刺。

分布概况：1/1 种，**8 型**；分布于欧亚大陆和美国西北部；中国产东北、华北、西北和青藏高原。

系统学评述：驼绒藜属位于藜亚科滨藜族。根据分子系统学研究，该属与轴藜属构成了姐妹群[52,53]。该属的命名一直存在争议，根据现行的命名法规，*Ceratoides* 作为属名更具有命名优先权[54]，但由于一系列命名历史的原因，*Krascheninnikovia* 被提出作为该属的属名[55,56]。Heklau[52]将该属已描述的所有种都置于形态多变的种，驼绒藜 *K. ceratoides* (Linnaeus) Gueldenst 之下，该种包括了 2 个亚种，北美分布的 *K. ceratoides* subsp. *lanata* 和欧亚大陆分布的 *K. ceratoides* subsp. *ceratoides*。

DNA 条形码研究：BOLD 网站有该属 2 种 3 个条形码数据；GBOWS 已有 3 种 18

个条形码数据。

39. *Microgynoecium* J. D. Hooker 小果滨藜属

Microgynoecium J. D. Hooker (1880: 56); Zhu et al. (2003: 357) (Type: *M. tibeticum* J. D. Hooker)

特征描述：一年生草本，稍有囊状毛，干燥时为粉粒状。叶互生，全缘或具浅裂片。花单性；雄花无小苞片，花被 5 深裂至中部，雄蕊 1-4；雌花 7 花聚成簇，常 1-3 发育良好，无柄，封闭在侧裂片折叠形成的 3 裂苞片中，花被丝状，子房椭圆，凹陷且背腹扁，柱头 2。胞果，果皮膜质，贴伏于种子。种子直立；胚细瘦，马蹄形，胚乳粉质。花粉粒具 94-120 散孔，具小刺。

分布概况：1/1 种，**13-2 型**；分布于尼泊尔，印度（锡金）和中亚的帕米尔高原；中国产甘肃、青海及西藏。

系统学评述：小果滨藜属位于藜亚科滨藜族。卓立[53]认为该属是藜属 *Chenopodium* 向滨藜属 *Atriplex* 的过渡。分子证据对该属的位置仍存在争议，结合形态证据认为小果滨藜属更倾向于为滨藜族的一员，其拥有单性花，雌花无花被并有 2 苞片，雌花聚集在苞片相对的叶腋中[11]。

DNA 条形码研究：BOLD 网站有该属 1 种 2 个条形码数据；GBOWS 已有 1 种 8 个条形码数据。

40. *Nanophyton* Lessing 小蓬属

Nanophyton Lessing (1834: 197); Zhu et al. (2003: 411) (Type: *N. caspicum* Lessing)

特征描述：垫状半灌木，无毛或叶腋有绵毛。叶互生，三角状卵形，革质，边缘膜质，上面凹，先端钻状或锐尖；无柄。花两性，单生于叶（苞）腋，具 2 小苞片，常 1-4 聚在枝顶端；花被片 5，果时明显增大且成为纸质，背面无附属物，先端急尖或渐尖；雄蕊 5；柱头 2，外弯。胞果包藏于增大的花被内。种子直立，种皮膜质；无胚乳，胚螺旋状。花粉粒具 14-24 散孔，具小刺。

分布概况：1/1 种，**12 型**；分布于中亚扩展到蒙古国和俄罗斯；中国产新疆。

系统学评述：小蓬属位于藜亚科的猪毛菜族。Akhani 等[9]的研究中，小蓬属与 *Halocharis* 构成姐妹群，属于 *Kaviria* 分支的一员。Wen[32]认为小蓬属属于 Caroxyloneae 分支，处于该分支最基部或者与 Kaviria 构成姐妹群位于最基部。该属为单型属，存 *Nanophyton erinaceum* (Pallas) Bunge 1 种。Botschantzev[57]和 Pratov[58]描述了 9 个其他的种类，但需进一步确认。

DNA 条形码研究：BOLD 网站有该属 1 种 3 个条形码数据；GBOWS 已有 1 种 3 个条形码数据。

代表种及其用途：小蓬 *N. erinaceum* (Pallas) Bunge 为良好的家畜饲料。

41. *Petrosimonia* Bunge 叉毛蓬属

Petrosimonia Bunge (1862: 52); Zhu et al. (2003: 413) [Lectotype: *P. monandra* (Pallas) Bunge (≡ *Polycnemum monandrum* Pallas)]

特征描述：一年生草本。茎多分枝，圆柱状。叶条形，圆柱状或半圆柱状，先端急尖或渐尖；无柄。花两性，单生叶（苞）腋，小苞片 2；花被片 2-5，<u>果时略增大</u>，<u>下半部变成软骨质并内凹</u>，<u>很少无变化</u>，<u>不具附属物</u>；雄蕊 1-5，<u>花药药隔突出成厚实的附属物</u>；退化雄蕊不明显；子房宽卵形，柱头 2。胞果藏于花被。种子直立，圆形，背腹扁，种皮膜质；胚平面螺旋状，无胚乳。花粉粒散孔，穿孔状-颗粒纹饰。

分布概况：11-15/4 种，**10** 型；分布于亚洲中部和西南部，欧洲东南部；中国产新疆北部。

系统学评述：该属位于藜亚科猪毛菜族。叉毛蓬属为单系，其与 *Ofaiston* 构成姐妹群位于 *Climacoptera* 分支的基部或属于 Caroxyloneae 分支[9,32]。

DNA 条形码研究：BOLD 网站有该属 5 种 10 个条形码数据；GBOWS 已有 1 种 9 个条形码数据。

代表种及其用途：叉毛蓬 *P. sibirica* (Pallas) Bunge 可做牧草，秋季骆驼和羊喜食。

42. *Philoxerus* R. Brown 安旱苋属

Philoxerus R. Brown (1810: 168); Bao et al. (2003: 428) (Lectotype: *P. conicus* R. Brown)

特征描述：<u>匍匐草本</u>，无毛或稍有绒毛。<u>叶对生</u>，<u>全缘</u>。花两性，<u>紧密聚集成球状或圆柱状形顶生或腋生的头状花序</u>；苞片纸质，小苞片具龙骨状凸起，无远顶端；花被片 5，基部具短爪；雄蕊 5，花丝钻形，在基部合生成杯状，花药 1 室；无侧面附属物；<u>无退化雄蕊</u>；子房扁平卵形，花柱极短，2 裂，胚珠 1，垂生。种子光滑，凸镜状。

分布概况：约 15/1 种，**2（3）**型；分布于非洲西部，亚洲东北部，美洲东北部及南部，太平洋诸岛；中国产台湾。

系统学评述：安旱苋属属于千日红亚科，根据 *matK* 分析得出莲子草属可能是安旱苋属的姐妹群[15]，但更多的研究表明莲子草属与 *Pedersenia* 互为最近姐妹群[25]。Palmer[42] 认为安旱苋属与千日红属为同属。关于该属的系统位置及属下分类目前研究较少，属下的系统发育关系亦缺乏研究。

43. *Polycnemum* Linnaeus 多节草属

Polycnemum Linnaeus (1753: 35); Zhu et al. (2003: 375) (Type: *P. arvense* Linnaeus)

特征描述：一年生草本或半灌木。<u>叶互生</u>，<u>钻形</u>；<u>无柄</u>。花两性，小，单生于叶腋；小苞片 2，干膜质；花被 5，离生；雄蕊（1-）3（-5），插在一个环形，下位的盘状物上；柱头 2，花柱极短。果实为一个圆囊，果皮薄，干膜质，不开裂。种子垂直，成熟时呈黑色，种皮革质，具颗粒；胚环形，具胚乳。

分布概况：6-8/1 种，**12** 型；分布于中亚，西伯利亚和欧洲；中国产新疆。

系统学评述：该属隶属于多节菜亚科，是个单系，与该亚科的另 2 个成员 *Nitrophila* 和 *Hemichroa* 构成的分支为姐妹群。多节草 *Polycnemum perenne* Litvinov 和 *P. fontanesii* Durieu & Moquin-Tandon 为多年生的草本，前者位于该属的最基部，后者与其他一年生草本的种类构成姐妹群[8]。

DNA 条形码研究：BOLD 网站有该属 3 种 4 个条形码数据；GBOWS 已有 1 种 4 个条形码数据。

代表种及其用途：多节草 *P. arvense* Linnaeus 可作饲料。

44. *Psilotrichopsis* C. C. Townsend 青花苋属

Psilotrichopsis C. C. Townsend (1974: 464); Bao et al. (2003: 423) [Type: *P. curtisii* (D. Oliver) C. C. Townsend (≡ *Aerva curtisii* D. Oliver)]

特征描述：多年生草本。叶对生。穗状花序；具花梗，花两性，单生于苞片腋部；花被 5，花期后稍变硬，具 5 脉；雄蕊 5，退化雄蕊三角形，极小；花柱短，柱头头状。胞果不规则周裂。种子黑色，近肾形，具疣。花粉粒散孔，网状纹饰，具多萌发孔。

分布概况：2/1 种，**7-2** 型；分布于马来西亚，泰国；中国产海南。

系统学评述：青花苋属位于苋亚科苋族白花苋亚族；由于缺乏相关的分子系统学研究，其系统位置尚不清楚，属下目前缺乏全面的分子系统学研究。青花苋属为 Townsend[59] 将白花苋属的 *Aerva curtisii* Oliver 和 *A. cochinchinensis* Gagnepain 分出而建立，包括 2 种，即 *Psilotrichopsis curtisii* (Oliver) C. C. Townsend 和 *P. cochinchinensis* (Gagnepain) C. C. Townsend。Townsend[60] 根据外部形态及花粉特征又将 *Aerva hainanensis* How 移入青花苋属，命名为 *Psilotrichopsis hainanensis* (How) C. C. Townsend，即为该属第 3 个种。Oiu [61] 认为 *P. hainanensis* 只是 *P. curtisii* 的 1 个变种，对其重新做了修订，即为 *P. curtisii* (Oliver) C. C. Townsend var. *hainanensis* (F. C. How) H. S. Kiu。

45. *Psilotrichum* Blume 林地苋属

Psilotrichum Blume (1826: 544); Bao et al. (2003: 423) (Type: *P. trichotomum* Blume)

特征描述：草本或灌木。茎三歧分枝，被柔毛、绵毛或无毛。叶对生；具柄。头状花序或穗状花序顶生或腋生；花两性；花被片 5，膜质，花期后变硬或不变；雄蕊 5，花丝基部联合成杯状，退化雄蕊无或微小，花药 2 室；花柱细长，柱头头状或 2 浅裂；胚珠 1，垂生。胞果包裹于宿存花被片，果皮不开裂。种子平滑，凸镜状，平滑。花粉粒散孔，穿孔状-颗粒纹饰。

分布概况：约 14/3（1）种，**6** 型；分布于非洲及亚洲东南部；中国产海南和云南。

系统学评述：林地苋属传统上隶属于苋亚科苋族的 Aervinae 亚族。该属聚在该亚族的 Achyranthoids 分支中[14]。而孢粉学及 *mat*K 和 *rbc*L 分子证据支持将该属与白花苋属等一同置于千日红亚科，千日红亚科因此而形成单系群[19]。基于 *mat*K/*trn*K 的贝叶斯分析结果显示，该属的 *Psilotrichum africanum* Oliver 构成 *Calicorema*+*Pupali* 的姐妹群，但支持率较低[5]。同样基于 *mat*K/*trn*K，但更多的取样分析结果显示，该属为多系，并且得到了形态多样的花粉证据支持[13,21]。基于 *mat*K 的分子系统学研究表明，*Psilotrichum africanum* 为杯苋属的姐妹群[15]。中国林地苋属共 3 种，其中林地苋 *P. ferrugineum* (Roxburgh) Moquin-Tandon 和苋叶林地苋 *P. erythrostachyum* Gagnepain 为草本，特有种云南林地苋 *P. yunnanense* D. D. Tao 为亚灌木。基于 *mat*K/*trn*K 分子系统学研究显示，林地苋 *P. ferrugineum* 构成了 Gomphrenoideae + Achyranthoids + Aervoides + Allmaniopsis 的姐妹群，与 Amaranthoids + Celosieae 具有更近的亲缘关系[13]。

DNA 条形码研究：BOLD 网站有该属 5 种 7 个条形码数据；GBOWS 已有 2 种 8 个条形码数据。

代表种及其用途：在乌干达南部的桑戈语海湾地区，当地人用 *Psilotrichum elliotii* Bak. 泡酒，治疗子宫肌瘤和月经不调等问题。

46. *Salicornia* Linnaeus 盐角草属

Salicornia Linnaeus (1753: 3); Zhu et al. (2003: 354) (Lectotype: *S. europaea* Linnaeus)

特征描述：草本或小灌木。茎直立或外倾；枝对生，肉质，具关节。叶不发育，对生，鳞片状。穗状花序；花两性，无小苞片；花被合生，顶端具 4-5 小齿，果时为海绵质；雄蕊 1-2；花柱极短，有 2 钻状柱头。果实为胞果，包藏于花被内。种子直立，两侧扁；胚半环形，无胚乳。花粉粒具 24-28 散孔，具小刺。染色体 $2n$=18，27，36，54，72。

分布概况：20-30/1 种，**1** 型；分布于亚洲，欧洲，非洲及美洲；中国产东北、华北、西北、山东和江苏。

系统学评述：盐角草属隶属于盐角草亚科盐角草族，是个单系类群。该属的分类问题复杂，有着高度的表型可塑性且缺乏全面的修订[62]。*Sarcocornia* 曾属于盐角草属，Scott[63]根据生活型和花排列形式的不同两者分开，而根据 Kadereit 等[4,64]的分子系统学研究表明盐角草属是单系，*Salicornia* "*crassa*" group 位于该属的最基部，其他种呈不明显的谱系分化，一些种表现为高度的多系，在多个属分支出现，这些表明了缺乏鉴别特征和误导性的表现可塑性导致了该属现有名称的错误识别和滥用。

DNA 条形码研究：ETS 区域可作为该属的 DNA 条形码[65]。BOLD 网站有该属 23 种 73 个条形码数据；GBOWS 已有 1 种 22 个条形码数据。

47. *Salsola* Linnaeus 猪毛菜属

Salsola Linnaeus (1753: 222); Zhu et al. (2003: 402) (Lectotype: *S. kali* Linnaeus)

特征描述：一年生草本，半灌木或灌木。叶互生，稀对生。花序穗状或圆锥状；花两性，小苞片 2；花被 5 深裂，花被片卵状披针形或矩圆形，内凹，膜质，后变硬，无毛或生柔毛，果时背面横生翅状附属物；雄蕊 5，花药顶端具附属物；柱头 2。胞果。种子横生，斜生或直立；胚螺旋状。花粉粒散孔，孔数 15-53，表面光滑到具孔，带小刺。染色体 $2n$=18，36，54，72。

分布概况：约 130/36（3）种，**1**（**13**）型；分布于非洲，欧洲和亚洲，少数到北美；

中国产西北、东北和华北，少数见于西南及山东、江苏、浙江沿海地区。

系统学评价：传统的猪毛菜属位于藜亚科的猪毛菜族，为多系。根据 Akhani 等[9] 和 Wen 等[32] 对猪毛菜族的分类处理和分子系统学研究，认为传统的猪毛菜属包括了狭义的猪毛草属、3 个确认的新属（*Kaviria*、*Pyankovia* 和 *Turania*）、4 个被恢复的早先描述的属（*Caroxylon*、*Climacoptera*、*Kali* 和 *Xylosalsola*）及 3 个非正式的分类单位（"*Canarosalsola*"、"*Collinosalsola*" 和 "*Oreosalsola*"）。该属需要形态和分子系统学进一步的研究，故此处仍保留这个多系的属。

DNA 条形码研究：BOLD 网站有该属 35 种 105 个条形码数据；GBOWS 已有 10 种 98 个条形码数据。

代表种及其用途：猪毛菜 *S. collina* Pallas 可作中药降血压。

48. *Spinacia* Linnaeus 菠菜属

Spinacia Linnaeus (1753: 1027); Zhu et al. (2003: 366) (Type: *S. oleracea* Linnaeus)

特征描述：一年生草本，直立，平滑无毛。叶互生，为平面叶，三角状卵形或戟形，全缘或具缺刻；有叶柄。花单性；集成团伞花序；雄花再排列成穗状圆锥花序，雌花腋生；雄花花被片 4-5，不具附属物，雄蕊 4-5；雌花生于叶腋，无花被，小苞片 2，子房近球形，柱头 4-5，丝状，胚珠近无柄。胞果，果皮膜质，与种皮贴生。种子直立，胚环形；胚乳丰富，粉质。花粉粒具 84-109 散孔，具小刺。

分布概况：3/1 种，**12** 型；分布于地中海；中国南北均产，引种栽培。

系统学评述：菠菜属以前置于藜亚科的滨藜族，但分子系统学研究表明该属应排除于在滨藜族之外，在形态学上其具有复杂的苞片解剖形态、缺乏囊状毛、4-5 花柱、染色体基数 6 和独特的花粉形态也都使得菠菜属区别于滨藜族，但菠菜属的系统位置还需要进一步研究[49]。

DNA 条形码研究：BOLD 网站有该属 3 种 6 个条形码数据；GBOWS 已有 1 种 8 个条形码数据。

代表种及其用途：菠菜 *S. oleracea* Linnaeus 作为蔬菜被广泛种植。

49. *Stilbanthus* J. D. Hooker 巨苋藤属

Stilbanthus J. D. Hooker(1879: 67); Bao et al. (2003: 429) (Type: *S. scandens* J. D. Hooker)

特征描述：大型攀援灌木。茎木质化并有下垂分枝，小枝草质，钝四棱。叶对生；具柄。穗状花序顶生或腋生于上部的节，常具圆锥花序，生于下垂的花序梗；小苞片中脉弯曲，具短尖；花被片 5，坚硬；雄蕊 5，花丝基部较短联合，与 5 流苏状退化雄蕊间生，花药 2 室；胚珠 1，花柱细长，柱头微小。胞果果皮不开裂，种子 1。

分布概况：仅 1/1 种，**7-2** 型；分布于亚洲；中国产广西及云南。

系统学评述：巨苋藤属传统上隶属于苋科苋亚科苋族的 Aervinae 亚族。巨苋藤属在该亚族内的系统位置尚不清楚[14]。杜凡等[66] 认为该属因其叶对生、花辐射对称、花药 2 室、有退化雄蕊、胚珠悬垂倒生等特征而与白花苋属最为近缘，同被置于苋族中，同时根据 2 个属的分布推测，巨苋藤属可能由白花苋属的早期原始类型衍生发展而来。

代表种及其用途：在广西，巨苋藤 *S. scandens* J. D. Hooker 的枝、叶被用作猪的青饲料。

50. *Suaeda* Forsskål ex J. F. Gmelin 碱蓬属

Suaeda Forsskål ex J. F. Gmelin (1776: 797), *nom. cons.*; Zhu et al. (2003: 389) (Type: *S. vera* Forsskål ex J. F. Gmelin, *typ. cons.*)

特征描述：一年生草本、半灌木或灌木。茎直立、斜升或平卧。叶常互生，肉质。<u>花小型</u>，<u>两性</u>，有时具单性，具小苞。两性花的<u>花被多为近球形</u>、<u>半球形</u>、<u>陀螺状或坛状</u>，5 深裂或浅裂，<u>果时背面具翅状或角状凸起</u>。单性花时，雄花花被 5 深裂，雌花<u>花被膜质</u>，<u>花被果时呈浆果状</u>，附着于胞果上（sect. *Borszczowia*）；雄蕊 5，花药无附属物；柱头 2-3，稀 4-5。胞果。种子横生或直立；胚为平面盘旋状。花粉粒具 48-111 散孔，表面光滑带小刺。染色体 2n=18，54。

分布概况：约 101/21（2）种，**1** 型；分布于亚洲，欧洲，北美各地海滨；中国产西北、华北和东北，少数到长江以南。

系统学评述：碱蓬属置于藜亚科的碱蓬族 Suaedeae，为单系类群。该属分 2 亚属：*Suaeda* subgen. *Brezia* 和 *S.* subgen. *Suaeda*，进一步划分为 9 组，即 *Suaeda* sect. *Salsina*、*S.* sect. *Macrosuaeda*、*S.* sect. *Schoberia*、*S.* sect. *Alexandra*、*S.* sect. *Physophora*、*S.* sect. *Schanginia*、*S.* sect. *Borszczowia*、*S.* sect. *Suaeda* 和 *S.* sect. *Brezia* [12,67]。Kühn 等[68]将 *Alexandra* 和异子蓬属 *Borszczowia* 也作为碱蓬族下的 2 属，但 Schütze 等[62]根据分子证据将其后者变为碱蓬属的 1 个组，前者因为在形态上的显著差异和分子证据的缺乏仍保留。Kapralov 等[12]的研究表明，*Alexandra* 与 *Suaeda* sect. *Schoberia* 成姐妹群，再根据前者的一些性状，如透明边缘的叶子、穗状的花序、花被上的翅状凸起和光滑的种子，这些与后者的相似性而将其变为碱蓬属的 1 个组。

DNA 条形码研究：BOLD 网站有该属 60 种 184 个条形码数据；GBOWS 已有 6 种 47 个条形码数据。

代表种及其用途：碱蓬 *S. glauca* (Bunge) Bunge 的种子油可用于工业。

51. *Sympegma* Bunge 合头草属

Sympegma Bunge (1879: 351, 371); Zhu et al. (2003: 400) (Type: *S. regelii* Bunge)

特征描述：半灌木。茎多分枝，无毛，茎皮近木栓质，条裂。叶互生，肉质。<u>花两性</u>，<u>1 至数花簇生于仅具 1 节间的腋生小枝顶端</u>，<u>无小苞片</u>；花被片 5，果时硬化，背面顶部生横翅状附属物；雄蕊 5，花药先端无附属物；子房瓶状，柱头 2。胞果为花被包覆，两侧稍扁，圆形，果皮膜质，与种子离生。种子直立，种皮膜质；胚平面螺旋状，无胚乳。

分布概况：1/1 种，**13-1** 型；分布于哈萨克斯坦，蒙古国；中国产甘肃西北部、宁夏、青海北部和新疆。

系统学评述：合头草属位于藜亚科的猪毛菜族。该属与狭义的猪毛菜族或狭义的猪毛菜族和 *Kali* 分支构成的分支成姐妹群[9,32]。

DNA 条形码研究：BOLD 网站有该属 1 种 4 个条形码数据；GBOWS 已有 1 种 12 个条形码数据。

代表种及其用途：合头草 *S. regelii* Bunge 在沙漠和半沙漠地区作饲料用。

52. *Trichuriella* Bennet 针叶苋属

Trichuriella Bennet(1985: 86); Bao et al. (2003: 425) [Type: *T. monsonia* (Linnaeus f.) Bennet (≡ *Illecebrum monsoniae* Linnaeus f.)]

特征描述：多年生草本。叶及枝对生，偶轮生。花两性，具 1 苞片和 2 小苞片，腋生或顶生；苞片及小苞片小，膜质；花被片 4，披针状钻形，宿存；雄蕊 4 或 5，在基部连合；退化雄蕊三角形或近四角形（钻形），与雄蕊互生；花柱极短，柱头极短，2 裂。胞果顶端盖裂。种子卵形。花粉粒具多萌发孔。

分布概况：1/1 种，**7-1** 型；分布于印度，缅甸，斯里兰卡，泰国，越南；中国产海南。

系统学评述：针叶苋属位于苋亚科苋族白花苋亚族。该属只有 1 种，即针叶苋 *Trichuriella monsoniae* (Linnaeus f.) Bennet。其划分在历史上发生了多次变化，最早于 1782 年发表，置于 *Illecebrum*，后来曾被置于白花苋属，青葙属等，直至 1974 年，Townsend[59] 又将其从白花苋属中分出，建立针叶苋属。但目前该属的系统位置还尚未明确。

DNA 条形码研究：GBOWS 已有 1 种 4 个条形码数据。

主要参考文献

[1] Wilson PG. Chenopodiaceae[M]//George A. Flora of Australia, 4. Canberra: Australian Government Publishing Service, 1984: 81-330.

[2] 朱格麟. 藜科植物的起源、分化和地理分布[J]. 植物分类学报, 1995, 34: 486-504.

[3] 吴征镒, 等. 中国被子植物科属综论[M]. 北京: 科学出版社, 2003.

[4] Kadereit G, et al. Phylogeny of Amaranthaceae and Chenopodiaceae and the evolution of C4 photosynthesis[J]. Int J Plant Sci, 2003, 164: 959-986.

[5] Müller K, Borsch T. Phylogenetics of Amaranthaceae based on *mat*K/*trn*K sequence data: evidence from parsimony, likelihood, and bayesian analyses[J]. Ann MO Bot Gard, 2005, 92: 66-102.

[6] Cuénoud P, et al. Molecular phylogenetics of Caryophyllales based on nuclear 18S rDNA and plastid *rbc*L, *atp*B, and *mat*K DNA sequences[J]. Am J Bot, 2002, 89: 132-144.

[7] Brockington S, et al. Phylogeny of the Caryophyllales *sensu lato*: revisiting hypotheses on pollination biology and perianth differentiation in the core Caryophyllales[J]. Int J Plant Sci, 2009, 170: 627-643.

[8] Masson R, Kadereit G. Phylogeny of Polycnemoideae (Amaranthaceae): implications for biogeography, character evolution and taxonomy[J]. Taxon, 2013, 62: 100-111.

[9] Akhani H, et al. Diversification of the Old World Salsoleae *s.l.* (Chenopodiaceae): molecular phylogenetic analysis of nuclear and chloroplast data sets and a revised classification[J]. Int J Plant Sci, 2007, 168: 931-956.

[10] Fuentes-Bazan S, et al. Towards a species level tree of the globally diverse genus *Chenopodium* (Chenopodiaceae)[J]. Mol Phylogenet Evol, 2012, 62: 359-374.

[11] Kadereit G, et al. Molecular phylogeny of Atripliceae (Chenopodioideae, Chenopodiaceae): impli-

cations for systematics, biogeography, flower and fruit evolution, and the origin of C4 photosynthesis[J]. Am J Bot, 2010, 97: 1664-1687.

[12] Kapralov MV, et al. Phylogenetic relationships in the Salicornioideae/Suaedoideae/Salsoloideae *s.l.* (Chenopodiaceae) clade and a clarification of the phylogenetic position of *Bienertia* and *Alexandra* using multiple DNA sequence datasets[J]. Syst Bot, 2006, 31: 571-585.

[13] Sage R, et al. The taxonomic distribution of C_4 photosynthesis in Amaranthaceae *sensu stricto*[J]. Am J Bot, 2007, 94: 1992-2003.

[14] Townsend C. Amaranthaceae[M]//Kubitzki K. The families and genera of vascular plants, II. Berlin: Spinger, 1993: 70-91.

[15] Ogundipe OT, Chase M. Phylogenetic analyses of Amaranthaceae based on *mat*K DNA sequence data with emphasis on west African species[J]. Turk J Bot, 2009, 33: 153-161.

[16] 王淑美, 等. 牛膝的 rDNA ITS 序列分析[J]. 中草药, 2004, 35: 559-562.

[17] Schori M, Showalter A. DNA barcoding as a means for identifying medicinal plants of Pakistan[J]. Pak J Bot, 2011, 43: 1-4.

[18] Kadereit G, et al. A synopsis of Chenopodiaceae subfam. Betoideae and notes on the taxonomy of Beta[J]. Willdenowia, 2006, 36: 9-19.

[19] Martyniuk O, et al. Phylogenetic assay of maturase k, ribulose bisphosphate carboxylase (*rbc*L) sequences, and pollen structure of representatives of the family Amaranthaceae Juss[J]. Biotechnologia, 2009, 2: 98-104.

[20] Moquin-Tandon CD. *Aerva* Forrsk[M]//de Candolle. Prodromus systematis naturalis regni vegetabilis, 13. Paris: Treuttel & Würtz, 1849: 299-306.

[21] Müller K, Borsch T. Multiple origins of a unique pollen feature: stellate pore ornamentation in Amaranthaceae[J]. Grana, 2005, 44: 266-282.

[22] Thiv M, et al. Eritreo-Arabian affinities of the socotran flora as revealed from the molecular phylogeny of *Aerva* (Amaranthaceae)[J]. Syst Bot, 2006, 31: 560-570.

[23] Harling G, Sparre B. Flora of Ecuador[M]. Göteborg, Sweden: Department of Systematic Botany, University of Göteborg, 1987

[24] Sánchez-del Pino I, et al. Molecular phylogenetics of *Alternanthera* (Gomphrenoideae, Amaranthaceae): resolving a complex taxonomic history caused by different interpretations of morphological characters in a lineage with C4 and C3-C4 intermediate species[J]. Bot J Linn Soc, 2012, 169: 493-517.

[25] Sánchez-del Pino I, et al. *trn*L-F and *rpl*16 sequence data and dense taxon sampling reveal monophyly of unilocular anthered Gomphrenoideae (Amaranthaceae) and an improved picture of their internal relationships[J]. Syst Bot, 2009, 34: 57-67.

[26] Wiggins I, et al. Flora of the Galapagos islands[M]. California: Stanford University Press, 1971

[27] Eliasson U. Species of Amaranthaceae in the Galápagos islands and their affinities to species on the South American mainland[M]//Lawesson JE. Botanical research and management in Galápagos. Monographs in Systematic Botany from the Missouri Botanical Garden 32, 1990: 29-33.

[28] Pratt D. *ndh*F Phylogeny of the Chenopodiaceae-Amaranthaceae-Alliance[D]. PhD thesis. Ames: Iowa State University, 2003.

[29] Trucco F, Tranel PJ. *Amaranthus*[M]//Kole C. Wild crop relatives: genomic and breeding resources. Berlin: Springer, 2011: 11-21.

[30] Franssen A. Pollen morphological differences in *Amaranthus* species and interspecific hybrids[J]. Weed Sci, 2001, 49: 732-737.

[31] Ray T, Roy S. Phylogenetic relationships between members of Amaranthaceae and Chenopodiaceae of lower Gangetic plains using RAPD and ISSR markers[J]. Bangladesh J Bot, 2007, 36: 21-28.

[32] Wen ZB, et al. Phylogeny of Salsoleae *s.l.* (Chenopodiaceae) based on DNA sequence data from ITS, *psb*B-*psb*H, and *rbc*L, with emphasis on taxa of Northwestern China[J]. Plant Syst Evol, 2010, 288: 25-42.

[33] 贺新强, 李法曾. 中国滨藜属种子形态及其分类学意义[J]. 植物研究, 1995, 15: 65-71.

[34] 周桂玲, 等. 新疆滨藜属植物叶表皮微形态学及叶的比较解剖学研究[J]. 干旱区研究, 1995, 12: 34-37.

[35] Olvera HF, et al. Pollen morphology and systematics of Atripliceae (Chenopodiaceae)[J]. Grana, 2006, 45: 175-194.

[36] Fuentes-Bazan S, et al. A novel phylogeny-based generic classification for *Chenopodium sensu lato*, and a tribal rearrangement of Chenopodioideae (Chenopodiaceae)[J]. Willdenowia, 2012, 42(1): 5-24.

[37] Kadereit G, Freitag H. Molecular phylogeny of Camphorosmeae (Camphorosmoideae, Chenopodiaceae): Implications for biogeography, evolution of C_4-photosynthesis and taxonomy[J]. Taxon, 2011, 60: 51-78.

[38] Scott A. A review of the classification of *Chenopodium* L. and related genera (Chenopodiaceae) [J]. Bot Jahrb, 1978, 100: 205-220.

[39] Simón L. Notes on *Chemopodium* L. subgen. *Ambrosia* A. J. Scott (Chenopodiaceae): 1 Taxonomy, 2 Phytogeography: Disjunct areas[J]. Anales Jard Bot Madrid, 1996, 54: 137-148.

[40] Mosyakin S, Clemants S. New nomenclatural combinations in *Dysphania* R. Br. (Chenopodiaceae): taxa occurring in North America[J]. Ukr Bot Zhur, 2002, 59: 380-385.

[41] Mosyakin S, Clemants S. Further transfers of glandular-pubescent species from *Chenopodium* subg. *Ambrosia* to *Dysphania* (Chenopodiaceae)[J]. J Bot Res Inst Texas, 2008, 2(1): 425-431.

[42] Palmer J. A taxonomic revision of *Gomphrena* (Amaranthaceae) in Australia[J]. Aust J Bot, 1998, 11: 73-161.

[43] Schinz H. Amaranthaceae[M]//Engler A, Prantl K. Die natürlichen pflanzenfamilien, Vol. 3. Leipzig: W. Engelmann, 1893: 91-118.

[44] Schinz H. Amaranthaceae[M]//Engler A, Prantl K. Die natürlichen pflanzenfamilien, Vol. 16c. ed. 2. Berlin: Duncker & Humbolt, 1934: 7-85.

[45] Borsch T. Pollen types in the Amaranthaceae. Morphology and evolutionary significance[J]. Grana, 1998, 37: 129-142.

[46] Welkie G, Caldwell M. Leaf anatomy of species in some dicotyledon families as related to the C3 and C4 pathways of carbon fixation[J]. Can J Bot, 1970, 48: 2135-2146.

[47] Hedge I. *Seidlitzia* to *Halogeton* (Chenopodiaceae)[M]//Rechinger K. Flora Iranica, 172. Graz: Akademische Druck und Verlagsanstalt, 1997: 290-357.

[48] Kadereit G, et al. Phylogeny of Salicornioideae (Chenopodiaceae): diversification, biogeography, and evolutionary trends in leaf and flower morphology[J].Taxon, 2006, 55: 617-642.

[49] Kadereit G, et al. A broader model for C4 photosynthesis evolution in plants inferred from the goosefoot family (Chenopodiaceae *s.s.*)[J]. Proc Roy Soc Lond B Biol Sci, 2012, 279: 3304-3311.

[50] Henrickson J, Sundberg S. On the submersion of *Dicraurus* into *Iresine* (Amaranthaceae)[J]. Aliso, 1986, 11: 355-364.

[51] Zhou L, et al. A molecular approach to species identification of Chenopodiaceae pollen grains in surface soil[J]. Am J Bot, 2007, 94: 477-481.

[52] Heklau H, Roser M. Delineation, taxonomy and phylogenetic relationships of the genus *Krascheninnikovia* (Amaranthaceae subtribe Axyridinae)[J]. Taxon, 2008, 57: 563-576.

[53] 卓立. 中国滨藜亚科的地理分布与分子系统学研究[D]. 乌鲁木齐: 新疆农业大学博士学位论文, 2010.

[54] Steffen S, et al. Revision of *Sarcocornia* (Chenopodiaceae) in South Africa, Namibia and Mozambique[J]. Syst Bot, 2013, 5: 390-408.

[55] de la Fuente V, et al. A micromorphological and phylogenetic study of *Sarcocornia* A. J. Scott (Chenopodiaceae) on the Iberian Peninsula a micromorphological and phylogenetic study of *Sarcocornia* A. J. Scott (Chenopodiaceae) on the Iberian Peninsula[J]. Plant Biosyst, 2013, 147: 158-173.

[56] Heklau H, et al. Wood anatomy of Chenopodiaceae (Amaranthaceae *s.l.*)[J]. IAWA, 2012, 33: 205.

[57] Botschantzev VP. The new Chenopodiaceae from Middle Asia[J]. Bot Zhurn, 1975, 60: 1158-1160.

[58] Pratov UP. New species of the genus *Nanophyton* (Chenopodiaceae). Bot Zhurn, 1982, 67: 1525-1528.

[59] Townsend C. Notes on Amaranthaceae: 2[J]. Kew Bull, 1974, 29: 461-475.

[60] Townsend C. A third species of *Psilotrichopsis* (Amaranthaceae)[J]. Kew Bull, 1977, 31: 774.

[61] 丘华兴. 华南植物区系的评论: I. 苋科新的和值得注意的种类[J]. 广西植物, 1993, 13: 103-107.

[62] Schütze P, et al. An integrated molecular and morphological study of the subfamily Suaedoideae Ulbr. (Chenopodiaceae)[J]. Plant Syst Evol, 2003, 239: 257-286.

[63] Scott AJ. Reinstatement and revision of Salicorniaceae J. Agardh (Caryophyllales)[J]. Bot J Linn Soc, 1977, 75: 357-374.

[64] Kadereit G, et al. A taxonomic nightmare comes true: phylogeny and biogeography of glassworts (*Salicornia* L., Chenopodiaceae)[J].Taxon, 2007, 56: 1143-1170.

[65] Xu F, Sun M. Comparative analysis of phylogenetic relationships of grain amaranths and their wild relatives (*Amaranthus*; Amaranthaceae) using internal transcribed spacer, amplified fragment length polymorphism, and double-primer fluorescent intersimple sequence repeat markers[J]. Mol Phylogenet Evol, 2001, 21: 372-387.

[66] 杜凡, 等. 巨苋藤属——云南苋科的未详知属及其分布式样[J]. 云南植物研究, 1997, 19: 23-26.

[67] Murray M. The genetics of sex determination in the family Amaranthaceae[J]. Genetics, 1940, 25: 409-431.

[68] Kühn U, et al. Chenopodiaceae[M]//Kubitzki K. The families and genera of vascular plants, II. Berlin: Springer, 1993: 253-281.

Gisekiaceae Nakai (1942) 吉粟草科

特征描述：<u>铺散草本。茎多分枝，常有白色的针晶条纹</u>。叶对生或假轮生，叶片稍肉质，匙形，<u>富有针状结晶体</u>；托叶不存在。<u>聚伞花序或伞形花序</u>，腋生；花小，<u>两性或杂性</u>，淡绿色或淡紫色；花被片 5，近离生，宿存；雄蕊 5-20；心皮（3-）5（-15），离生；子房 1 室，<u>有 1 基生胚珠</u>。瘦果肾形，果皮脆壳质，有针状结晶体。种子有胚乳。花粉粒 3 沟，穿孔状-颗粒纹饰。染色体 $2n=18$。

分布概况：1 属/7 种，分布于热带、亚热带非洲和亚洲，主产非洲；中国 1 属/2 种，产广东和海南。

系统学评述：吉粟草属 *Gisekia* 曾被置于番杏科 Aizoaceae[FPRS]、粟米草科 Molluginaceae[FOC]或商陆科 Phytolaccaceae。分子证据表明，该科隶属于核心石竹目的针晶体分支（the raphide clade）内，但与针晶体分支其他科间的系统发育关系较远，而与由紫茉莉科 Nyctaginaceae、商陆科和 Sarcobataceae 等类群所形成的分支，以及番杏科、*Hypertelis*（粟米草科）和 *Lophiocarpus*（Lophiocarpaceae）等系统发育关系较为近缘[1]。

1. *Gisekia* Linnaeus 吉粟草属

Gisekia Linnaeus (1771: 554); Lu & Hartmann (2003: 437) (Type: *G. pharnacioides* Linnaeus)

特征描述：同科描述。

分布概况：约 7/2 种，**6 型**；分布于热带、亚热带非洲和亚洲；中国产广东和海南。

系统学评述：在 Gilbert[2]修订该属之前，吉粟草属的 2 个广布种吉粟草 *Gisekia pharnaceoides* Linnaeus 和 *G. Africana* Kuntze 的形态被认为可由雄蕊数目来区分；Gibert[2]发现其他 5 个种的区别在于花序形态、花梗长度和果实表面形态上。然而，Bissinger 等[3]基于核基因和叶绿体基因分析发现，该属所有的种均为多系（仅 *G. paniculata* Hauman 除外，但该种仅取了 1 个样），且属内的各个分支均找不到形态性状支持，因而提出该属仅包含吉粟草这 1 个形态多样的种，或者包含一些基因多样化且形态含糊的种。

DNA 条形码研究：BOLD 网站有该属 3 种 42 个条形码数据。

主要参考文献

[1] Brockington SF, et al. Phylogeny of the Caryophyllales *sensu lato*: revisiting hypotheses on pollination biology and perianth differentiation in the core Caryophyllales[J]. Int J Plant Sci, 2009, 170: 627-643.

[2] Gilbert MG. A review of *Gisekia* (Gisekiaceae)[J]. Kew Bull, 1993, 48: 343-356.

[3] Bissinger K, et al. *Gisekia* (Gisekiaceae): phylogenetic relationships, biogeography, and ecophysiology of a poorly known C4 lineage in the Caryophyllales[J]. Am J Bot, 2014, 101: 499-509.

Aizoaceae Martinov (1820), *nom. cons.* 番杏科

特征描述：草本或半灌木。茎直立或平卧。叶常对生或互生，<u>单叶</u>，<u>全缘和肉质</u>；托叶常无。花两性，辐射对称，单生或聚伞花序；<u>花被片常 5</u>，合生；<u>雄蕊 3 至多数</u>，<u>分离或基部合生</u>，<u>最外方常退化呈丝状</u>；<u>子房上位或下位</u>、<u>合生</u>，心皮 2 至多数，胚珠 1 至多数，弯生，<u>中轴胎座或侧膜胎座</u>。蒴果或坚果状。种子具弯细长胚，包围胚乳，稀具假种皮。花粉粒 3 沟。

分布概况：135 属/1800 种，分布于亚热带干旱地区，南非最多，澳大利亚，美洲西部或泛热带也产；中国 3 属/3 种，产海南、台湾和广东等海滨地带。

系统学评述：Hartmann[1]将该科划分为 5 亚科，即 Sesuvioideae、Tetragonioideae、Aizooideae、Mesembryanthemoideae 和 Ruschioideae；Chesselet 等[2]将其中最大的 Ruschioideae 划分为 4 族，即 Apatesieae、Dorotheantheae、Delospermeae 和 Ruschieae。Klak 等[3]结合形态学和分子系统学证据的研究表明，Tetragonioideae 是 1 个多系，包含 2 属，其中番杏属 *Tetragonia* 嵌入番杏亚科 Aizooideae，而 *Tribulocarpus* 则与 Sesuvioideae 构成姐妹群关系。此外，该研究将 Ruschioideae 划分为 3 族，即 Apatesieae、Dorotheantheae 和 Ruschieae（包括 Delospermeae 和 Ruschieae）；不支持 Mesembryanthemoideae 和 Ruschioideae 作为独立的科。Mesembryanthemoideae 和 Ruschioideae 中具有高度肉质化叶片、多数雄蕊、外部雄蕊为花瓣状退化雄蕊的种构成单系类群，这 2 个亚科是仅具有稍肉质化叶片和附属侧枝的番杏亚科的姐妹群。这 3 个亚科均具有爆裂蒴果。具环裂的蒴果和种子具假种皮支持 Sesuvioideae 亚科为 1 个单系分支，是番杏科其他成员的姐妹群。

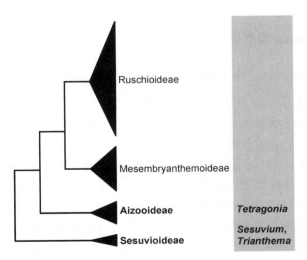

图 166　番杏科分子系统框架图（参考 APW；Klak 等[3]）

分属检索表

1. *Sesuvium* Linnaeus 海马齿属

Sesuvium Linnaeus (1759: 1052)；Lu & Hartmann (2003: 441) [Type: *S. Portulacastrum* (Linnaeus) Linnaeus (≡ *Portulaca portulacastrum* Linnaeus)]

特征描述：草本或半灌木。茎斜升，稀匍匐。叶对生，叶片圆柱状至倒卵形，肉质；叶柄基部增粗形成纸质叶鞘紧包茎。花单生或聚伞花序；花两性；花被 5 裂，裂片椭圆形，末端具下延的距；雄蕊 5 至多数，离生或与花被筒融合；子房上位，3-5 室，胚珠多数，花柱 3-5，线形。蒴果椭圆形，果皮薄，膜质，盖裂。种子多数，被黑色光滑的假种皮。花粉粒 3 沟，穿孔状-颗粒纹饰。染色体 2*n*=16，32，48。

分布概况：17/1 种，**2** 型；分布于热带和亚热带；中国产福建、广东和海南。

系统学评述：该属隶属于 Sesuvioideae[3]，与 *Trianthema* 互为姐妹群。ITS 序列和形态性状的分析显示，*Cypselea* 镶嵌在海马齿属中，应该被并入该属，海马齿属被划分为 3 个分支[4]。

DNA 条形码研究：BOLD 网站有该属 6 种 7 个条形码数据；GBOWS 已有 1 种 4 个条形码数据。

代表种及其用途：海马齿 *S. portulacastrum* (Linnaeus) Linnaeus 作为典型的海岸植物，耐淹耐旱耐盐碱耐强光；其根系对水中悬浮颗粒具有良好的清除作用，对水体富营养化的氮磷等生源要素具有很好的净化效果，因此其兼具有研究与应用开发价值。

2. *Tetragonia* Linnaeus 番杏属

Tetragonia Linnaeus (1753: 480)；Lu & Hartmann (2003: 440) (Lectotype: *T. fruticosa* Linnaeus)

特征描述：肉质草本或半灌木，具针晶体，偶具毛。茎直立、斜升或匍匐。叶互生，扁平，全缘或浅波状；无托叶。花单生或聚伞花序，两性或单性；花被（3）4-7 裂，内面黄色或绿色，基部融合成花被管；雄蕊 4 或更多，基部与花被筒融合；子房下位，2-8 室，每室 1 下垂胚珠，花柱与室同数。坚果，陀螺状或倒卵形，具小角或翅。种子近肾形。

分布概况：60/1 种，**2** 型；分布于非洲，亚洲南部，澳大利亚，新西兰及南美洲；中国产福建、广东、江苏、云南和浙江。

系统学评述：该属和 *Tribulocarpus* 曾先后被置于 Tetragoniaceae[5]和 Tetragonioideae[1]。分子系统学研究表明该属隶属于 Aizooideae，与 *Gunniopsis* 形成姐妹群，两者在果实形态上与番杏科其他属明显不同[3]。

DNA 条形码研究：BOLD 网站有该属 5 种 13 个条形码数据。

代表种及其用途：番杏 *T. tetragonioides* (Pallas) Kuntze 可药用，清热解毒，祛风消肿，治肠炎等病，也作为蔬菜被广泛种植。

3. *Trianthema* Linnaeus 假海马齿属

Trianthema Linnaeus (1753: 223); Lu & Hartmann (2003: 441) (Type: *T. portulacastrum* Linnaeus)

特征描述：一年至多年生草本。茎匍匐或斜升，常分枝。叶对生，全缘，一对不均匀；圆柱至扁平状的叶柄基部加粗形成叶鞘包围茎。花单生或簇生，被干膜质苞片和小苞片；花被筒钟状，短或长，光滑或具毛，裂片 5，内面白绿色或粉色至紫色，外面肉质；雄蕊 5 至多数，与花被贴生；子房上位，先端截形或凹陷，1 室，花柱 1。蒴果圆柱状或陀螺状。种子肾球形。花粉粒 3 沟，穿孔状-颗粒纹饰。染色体 *n*=8，13。

分布概况：28/1 种，**2 型**；分布于非洲，热带亚洲，澳大利亚，南美洲和泛热带；中国产广东、海南和台湾。

系统学评述：该属隶属于 Sesuvioideae[3]，与 *Sesuvium* 互为姐妹群。de Candolle [6] 曾将该属划分为 2 个组，即 *Trianthema* sect. *Zaleya*（雄蕊 10）和 *T.* sect. *Rocama*（雄蕊 5）。Jeffrey[7]基于果实特征将 *Zaleya* 提升为属，并将假海马齿属划分为 *Trianthema* subgen. *Trianthema*（通常 4 胚珠，单花）和 *T.* subgen. *Papularia*（具 2 胚珠，为聚伞花序）2 亚属。ITS 片段分析结果支持将 *Zaleya* 并入假海马齿属[4]，两者在形态上的共同特征包括具有不规则对生叶、基生胎座及种子少数。

DNA 条形码研究：BOLD 网站有该属 14 种 26 个条形码数据。

代表种及其用途：假海马齿 *T. portulacastrum* Linnaeus 生于海滨空旷沙地。

主要参考文献

[1] Hartmann HEK. Illustrated handbook of succulent plants: Aizoaceae A-E[M]. Berlin: Springer, 2001.

[2] Chesselet P, et al. A new tribal classification of Mesembryanthemaceae: evidence from floral nectaries[J]. Taxon, 2002, 51: 295-308.

[3] Klak C, et al. A Phylogenetic hypothesis for the Aizoaceae (Caryophyllales) based on four plastid DNA regions[J]. Am J Bot, 2003, 90: 1433-1445.

[4] Hassan et al. Phylogenetic analysis of Sesuvioideae (Aizoaceae) inferred from nrDNA internal transcribed spacer (ITS) sequences and morphological data[J]. Plant Syst Evol, 2005, 255: 121-143.

[5] Friedrich HC. Beiträge zur kenntnis einiger familien der Centrospermae[J]. Mitt Bot Staatssamml München, 1955, 2: 56-66.

[6] de Candolle. Prodromus systematis naturalis regni vegetabilis, 3[M]. Paris: Treuttel and Wurtz, 1828: 415- 455.

[7] Jeffrey C. Aizoaceae[M]//Hubbard C, Milne-Redhead E. Flora of Tropical East Africa. London: Crown Agents for Oversea Governments, 1961: 1-37.

Phytolaccaceae R. Brown (1818), *nom. cons.* 商陆科

特征描述： 草本或藤本，稀乔木状。单叶互生，全缘。<u>花两性或有时退化成单性，</u><u>辐射对称；总状花序或聚伞花序；<u>花被片 4-5</u>，分离或基部连合，覆瓦状排列，<u>宿存</u>；</u><u>雄蕊 4-5</u> 或多数，与花被片互生或对生；子房上位，稀下位，心皮 3-17，离生或合生，<u>每心皮有 1 胚珠</u>。浆果或带翅瘦果。花粉粒多为 3 沟。

分布概况： 17 属/70 种，分布于热带和亚热带，主产美洲热带和南非，仅少数至亚热带边缘及温带；中国 2 属/5 种，产辽宁、陕西、甘肃以南各省区。

系统学评述： 商陆科与石竹目 Caryophyllales 的其他科有一些相近的特征，有些属花的构造与藜科 Chenopodiaceae 和苋科 Amaranthaceae 一致，但也包括雄蕊心皮数增多的类型，故有学者认为石竹目的其他科是以商陆型祖先沿不同路线演化而来[1]。商陆科目前仍无较为广泛接受的科下分类系统。Nowicke 将商陆科分为 6 亚科，包括商陆亚科 Phytolaccoideae、Rivinoideae、Microteoideae、Agdestioideae、Stegnospermoideae 和 Barbeuioideae，后 3 个亚科均只包含 1 属[2]。Brown 和 Varadarajan 将该科的 3 个单属亚科均提升到科，另外，将原属于 Rivinoideae 的 *Petiveria* 也提升为 Petiveriaceae[3]。Rohwer 将 Stegnospermoideae 提升为科，而其余类群的划分均采纳 Nowicke 的处理，此外，针晶粟草属 *Gisekia* 的系统位置待定[4]。Takhtajan 将商陆科划分为 3 亚科，即商陆亚科、Rivinoideae（包括 Rivineae、Seguierieae 和 Lophiocarpeae）和 Agdestioideae；并将 Microteoideae 归入藜科[5]。最近的研究亦发现 Rivinoideae 与紫茉莉科 Nyctaginaceae 为姐妹群，故而再次分出独立成 Petiveriaceae；而商陆亚科与 *Sarcobatus*（以前属于藜科

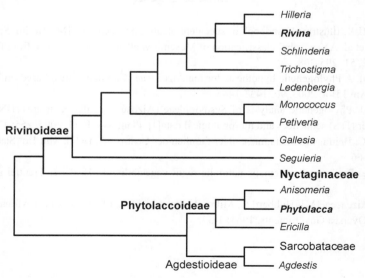

图 167　商陆科分子系统框架图（参考 Brockington 等[7]）

Chenopodiaceae，现独立为 Sarcobataceae）聚为 1 支[6-8]。总之，商陆科的内容混杂，其在 APG III 的处理中已经划分出一些新科，但可能仍非单系，故需要进一步研究处理。在此，暂仍保持商陆亚科、Rivinoideae 和 Agdestioideae 三亚科的划分。

分属检索表

1. 花被片 5；雄蕊 6-33；心皮 5-16 ·································· **1. 商陆属 *Phytolacca***
1. 花被片 4；雄蕊 4；子房近球形，1 室 ·································· **2. 数珠珊瑚属 *Rivina***

1. *Phytolacca* Linnaeus 商陆属

Phytolacca Linnaeus (1753: 441); Lu & Larsen (2003: 435) (Lectotype: *P. americana* Linnaeus)

特征描述：草本，根肉质，或为灌木，稀为乔木，常直立，稀攀援。托叶无。花小，常两性，稀退化为单性；总状花序、聚伞圆锥花序或穗状花序，顶生或与叶对生；花被片 5，宿存；雄蕊 5-30，着生花被基部；子房近球形，上位，心皮 5-16，每心皮有 1 近于直生或弯生的胚珠。浆果。种子肾形，内种皮膜质。花粉粒 3 沟、散沟或散孔，穿孔状-颗粒纹饰。

分布概况：25/4 种，**2**（**3**）型；主产南美洲，少数到非洲和亚洲；中国南北均产，长江以南尤盛。

系统学评述：Moquin-Tandom[9]最早对该属进行了较为全面的研究，Walter[10]于 1909 年发表商陆科专著时将商陆属整理为 26 种，分为 3 亚属，即 *Phytolacca* subgen. *Pircunia*（心皮在花期完全离生，果由分离的小浆果组成）、*P.* subgen. *Pircuniopsis*（花期时心皮基部合生，而上部分离）和 *P.* subgen. *Euphytolacca* 为花期时心皮完全合生。Rogers[11]基于心皮合生情况也将该属划分为 3 亚属。目前该属仍缺乏全面的分子系统学研究。

DNA 条形码研究：BOLD 网站有该属 4 种 38 个条形码数据；GBOWS 已有 4 种 76 个条形码数据。

代表种及其用途：垂序商陆 *P. americana* Linnaeus 根可入药。

2. *Rivina* Linnaeus 数珠珊瑚属

Rivina Linnaeus (1753: 121); Lu & Larsen (2003: 436) (Type: *R. humilis* Linnaeus)

特征描述：半灌木。茎直立，有棱。叶具柄长；无托叶。总状花序顶生或腋生，纤细；花小，两性，辐射状；花被片 4，花瓣状，裂片近相等，宿存；雄蕊 4，位于花盘上，与花被片互生；子房上位，单心皮，1 室，花柱近顶生，比子房短，稍弯，柱头单一，具乳头。浆果球形。种子双凸镜状。花粉粒 15 沟，其中每个极端 5 沟，另外 5 沟位于赤道面，网状纹饰。

分布概况：1/1 种，**2**（**3**）型；产美洲热带和亚热带；中国杭州、福州和广州等地栽培。

系统学评述：该属为单种属，在不同学者的系统中均被置于商陆科下的 Rivinoideae[3,4,11]。分子证据显示，数珠珊瑚属所在的 Rivinoideae 与同属于石竹目的紫茉莉科

Nyctaginaceae 有较近的亲缘关系，形态上两者皆为单心皮[12,13]。

DNA 条形码研究：BOLD 网站有该属 1 种 6 个条形码数据；GBOWS 已有 1 种 3 个条形码数据。

代表种及其用途：数珠珊瑚 *R. humilis* Linnaeus 可作观赏花卉。

主要参考文献

[1] Bittrich V. Systematic studies in Aizoaceae[J]. Mitt Inst Allg Bot Hamb, 1990, 23: 491-507.

[2] Nowicke JW. Palynotaxonomic study of the Phytolaccaceae[J]. Ann MO Bot Gard, 1968, 55: 294-364.

[3] Brown GK, Varadarajan GS. Studies in Caryophyllales. I. Re-evaluation of classification of Phytolaccaceae[J]. Syst Bot, 1985, 10: 49-63.

[4] Rohwer JG. Phytolaccaceae[M]//Kubitzki K. The families and genera of vascular plants, II. Berlin: Springer, 1993: 506-515.

[5] Takhtajan A. Flowering plants. 2nd ed.[M]. Berlin: Springer, 2009.

[6] Brockington SF, et al. Phylogeny of the Caryophyllales *sensu lato*: revisiting hypotheses on pollination biology and perianth differentiation in the core Caryophyllales[J]. Int J Plant Sci, 2009, 170: 627-643.

[7] Brockington SF, et al. Complex pigment evolution in the Caryophyllales[J]. New Phytol, 2011, 190: 854-865.

[8] Bissinger K, et al. *Gisekia* (Gisekiaceae): phylogenetic relationships, biogeography, and ecophysiology of a poorly known C4 lineage in the Caryophyllales[J]. Am J Bot, 2014, 101: 499-509.

[9] Moquin-Tandon A. Amaranthaceae[M]//de Candolle. Prodromous, 13. Paris: Treuttel et Wurtz. 1849: 31-34.

[10] Walter H. Phytolaccaceae[M]//Engler A. Pflanzenreich 4, 83. Leipzig: W. Engelmann, 1909: 1-154.

[11] Rogers GK. The genera of Phytolaccaceae in the southeastern United States[J]. J Arnold Arbor, 1985, 66: 1-37.

[12] Cuenoud P, et al. Molecular phylogenetics of Caryophyllales based on nuclear 18S rDNA and plastid *rbc*L, *atp*B, and *mat*K DNA sequences[J]. Am J Bot, 2002, 89: 132-144.

[13] Downie SR, et al. Relationships in the Caryophyllales as suggested by phylogenetic analyses of partial chloroplast DNA ORF2280 homolog sequences[J]. Am J Bot, 1997, 84: 253-273.

Nyctaginaceae Jussieu (1789), *nom. cons.* 紫茉莉科

特征描述：草本、灌木或乔木，偶为具刺藤状灌木。<u>单叶</u>，对生、互生或假轮生，<u>全缘，羽状脉</u>；具柄；无托叶。花辐射对称，常两性；<u>常具苞片或小苞片</u>；<u>花被单层，5 数</u>，<u>宿存</u>；雄蕊 1 至多数，常 3-5；子房上位，1 室。<u>瘦果状掺花果</u>，有棱或槽，有时具翅，<u>常具腺</u>。种子有胚乳；胚直生或弯生。花粉粒 3 沟至多孔。风媒，鸟类、蜂类、蝶类和蛾类传粉。具甜菜红色素。

分布概况：30 属/300 种，分布于热带和亚热带，主产热带美洲；中国 6 属/13 种，产华南和西南。

系统学评述：Heimerl 和 Standley 对该科进行了长期研究[1-4]。部分属的系统位置存在变动，如山紫茉莉属 *Oxybaphus*、*Hesperonia*、*Quamoclidion* 和 *Allionella* 曾被并入紫茉莉属 *Mirabilis*[4]；黄细心属 *Boerhavia*、粘腺果属 *Commicarpus*、*Anulocauli* 和 *Cyphomeris* 被合并为黄细心属 *Boerhavia*[5]。分子系统学研究表明，该科与同属于石竹目 Caryophyllales 的商陆科 Phytolaccaceae 数珠珊瑚亚科 Rivinoideae 系统发育关系较近缘，两者同具单心皮[6,7]；Behnke[7,8]基于质体类型所建立的夷藜科 Sarcobataceae 也被认为与该科近缘；此外，该科可能为 1 个多系类群[9,10]。目前，科下被划分为 7 族，包括 Leucastereae、Boldoeae、Colignonieae、Bougainvilleeae、Pisonieae、Nyctagineae 和 Caribeeae。其中，Nyctagineae 为并系，Colignonieae 和 Caribeeae 各仅包含 1 属[10]。该科为新热带起源[11]。

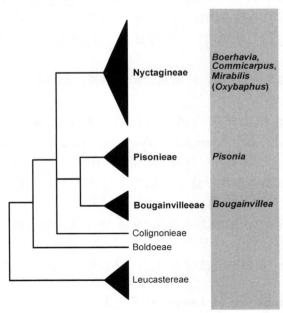

图 168　紫茉莉科分子系统框架图（Douglas 和 Manos[11]）

分属检索表

1. 灌木、藤状灌木或乔木
  2. 花小而多，集成聚伞花序或圆锥花序，苞片缺；子房无柄；胚直生 ············ **6. 腺果藤属** *Pisonia*
  2. 花 3 簇生，外包 3 红色、紫色或橘色大苞片；子房具柄；胚弯生 ················
  ·· **2. 叶子花属** *Bougainvillea*
1. 草本或半灌木
  3. 花 1 至多数簇生枝端或腋生，常有萼状总苞；果实球形，不具棱，无粘腺
    4. 总苞花后不增大或膜质；花大而华美，午后开放；花被高脚碟状，长 2-15cm，檐部直径约 25mm；花梗长 1-2mm ·· **4. 紫茉莉属** *Mirabilis*
    4. 总苞花后增大，果时膜质；花小而不显，早晨开放；花被钟状或短漏斗状，长不超过 1 厘米；花梗长 2-2.5cm ··· **5. 山紫茉莉属** *Oxybaphus*
  3. 聚伞圆锥花序或伞形花序；果实棍棒状、倒圆锥形或倒卵状长圆形，具 5 或 10 纵棱，多具粘腺
    5. 头状聚伞圆锥花序；花梗短或近无梗；花被上部钟状；花丝、花柱内藏或短伸出；果实具 5 棱，无毛或具腺毛 ·· **1. 黄细心属** *Boerhavia*
    5. 伞形花序；花梗长；花被上部漏斗状；花丝、花柱长伸出；果实具 10 棱，具瘤样粘腺 ··········
    ·· **3. 粘腺果属** *Commicarpus*

1. *Boerhavia* Linnaeus 黄细心属

Boerhavia Linnaeus (1753: 3); Lu & Gilbert (2003: 433) (Lectotype: *B. diffusa* Linnaeus)

特征描述：一年生或多年生草本。茎直立或平卧；枝开展，有时具腺。叶对生；上部叶常具柄。花小，两性，聚伞圆锥花序；花梗短；小苞片细；花被合生，花后脱落；雄蕊 1-5；子房上位，1 室，具柄。掺花果小，倒卵球形、陀螺形、棍棒状或圆柱状，具 5 棱，常粗糙，具腺。胚弯曲，子叶薄而宽，围绕薄的胚乳。花粉粒散孔，穿孔状-刺状纹饰。

分布概况：约 40/4 种，**2 型**；广布热带和亚热带，北美西南部尤盛；中国产西南至东南。

系统学评述：传统上黄细心属曾包含粘腺果属 *Commicarpus*、*Anulocauli* 和 *Cyphomeris*[5]。该属目前置于 Nyctagineae 族 Boerhaviinae 亚族[7]，或 Nyctagineae 族[10]。分子系统学研究显示，该属物种可分为一年生和多年生 2 个分支，其中，一年生的分支与 *Okenia* 属构成姐妹群，但由于这 2 个属的生殖生物学特征有极大差异，它们的系统关系还有待更多研究[11]。

DNA 条形码研究：BOLD 网站有该属 19 种 35 个条形码数据；GBOWS 已有 2 种 8 个条形码数据。

代表种及其用途：该属部分植物可食，亦可入药，如黄细心 *B. diffusa* Linnaeus。

2. *Bougainvillea* Commerson ex Jussieu 叶子花属

Bougainvillea Commerson ex Jussieu (1789: 91), *nom.* et *orth. cons.*; Lu & Gilbert (2003: 431) (Type: *B.*

spectabilis Willdenow, *typ. cons.*)

特征描述：灌木或小乔木，偶攀援。枝有刺。叶互生；具柄。花两性，常 3 花簇生枝端，叶状苞片 3；花梗贴生苞片中脉上，花被合生成管状，顶端 5-6 裂；雄蕊 5-10，花丝基部合生；子房纺锤形，具柄，1 室，具 1 胚珠，花柱侧生，短线形，柱头尖。掺花果柱形或棍棒状，具 5 棱。胚弯，子叶席卷，围绕胚乳。花粉粒 3 沟，网状纹饰。

分布概况：18/2 种，**3 型**；原产南美洲，现多地引种；中国引种栽培。

系统学评述：基于 *ndh*F+*rps*16+*rpl*16+ITS 片段联合分析结果显示，叶子花属、*Belemia* 和 *Phaeoptilum* 形成 1 个分支，共同构成 Bougainvilleeae 族，并与 *Pisonia*、*Pisoniella*、*Neea* 和 *Guapira* 构成的分支互为姐妹群[9,10]。目前对该属的分子系统学研究取样有限。

DNA 条形码研究：BOLD 网站有该属 7 种 15 个条形码数据；GBOWS 已有 1 种 3 个条形码数据。

代表种及其用途：该属一些种类可作观赏，如光叶子花 *B. glabra* Choisy 和叶子花 *B. spectabilis* Willd。

3. *Commicarpus* Standley 粘腺果属

Commicarpus Standley (1909: 373-374); Lu & Gilbert (2003: 434) [Type: *C. scandens* (Linnaeus) Standley (≡ *Boerhavia scandens* Linnaeus)]

特征描述：多年生草本或半灌木。叶对生，近相等，常肉质。花小，两性，伞形花序；花被筒在子房之上缢缩，上部漏斗状，顶部浅 5 裂；雄蕊 2-6，常 3，花丝不等长，基部合生；子房具柄，花柱线形，柱头盾状。掺花果棒槌状或倒圆锥形，具瘤状腺体，有黏质或钩状毛。种子 1，直立，子叶围绕少量胚乳。

分布概况：约 25/2 种，**2 型**；分布于热带和亚热带，主产非洲和阿拉伯半岛南部；中国产海南、四川、云南和西藏。

系统学评述：该属曾被置于黄细心属的 *Boerhavia* sect. *Adenophorae*[1]，后因植株习性和果实形态的差异又从该属中被独立出[4]。分子系统学证据表明该属为单系类群[11]，隶属于 Nyctagineae 族[9,10]，FOC 也保留了该属。

DNA 条形码研究：BOLD 网站有该属 4 种 6 个条形码数据；GBOWS 已有 1 种 4 个条形码数据。

4. *Mirabilis* Linnaeus 紫茉莉属

Mirabilis Linnaeus (1753: 177); Lu & Gilbert (2003: 432) (Type: *M. jalapa* Linnaeus)

特征描述：一年生或多年生草本。根常肥粗。单叶，对生。花两性；每花基部具 5 深裂的萼状总苞 1，裂片直立，花后不扩大；花被颜色多样，花被筒伸长，在子房上部稍缢缩，顶端 5 裂，凋落；雄蕊 2-6；子房 1 室，胚珠 1；花柱线形，柱头头状。掺花果球形或倒卵球形；胚弯曲，子叶折叠，包围粉质胚乳。花粉粒散沟，穿孔状-颗粒纹饰。

分布概况：60/1 种，**3 型**；产热带美洲；中国引种紫茉莉 *M. jalapa* Linnaeus，列为

外来入侵物种。

系统学评述：该属曾经包含山紫茉莉属 *Oxybaphus*、*Hesperonia*、*Quamoclidion* 和 *Allionella*[4]，目前置于 Nyctagineae 族 Nyctagininae 亚族[9]，或 Nyctagineae 族[10]。基于 ITS+*acc*D+*rbc*L-*acc*D 联合分析表明该属为单系[12]。该属下分 6 组[2, 13]，其中，*Mirabilis* sect. *Quamoclidion* 在剔除 *M. triflora* Bentham 后为单系[12]。

DNA 条形码研究：BOLD 网站有该属 10 种 30 个条形码数据；GBOWS 已有 1 种 8 个条形码数据。

代表种及其用途：该属一些物种可作药用和观赏，如紫茉莉 *M. jalapa* Linnaeus。

5. *Oxybaphus* L'Héritier ex Willdenow 山紫茉莉属

Oxybaphus L'Héritier ex Willdenow (1797: 170); Lu & Gilbert (2003: 432) [Type: *O. viscosus* (Cavanilles) L'Héritier ex Choisy (≡ *Mirabilis viscosa* Cavanilles)]

特征描述：直立或斜升草本，偶具块茎。茎被粘腺毛或几无毛。单叶对生。聚伞花序或圆锥花序，稀单花腋生，花小；总苞钟状，5 裂，花后增大，具网状脉；花被钟状或短漏斗状，常偏斜，花被筒在子房上缢缩，凋落；雄蕊 2-5，常 3；花丝毛发状，在子房基部合生；花柱丝状，柱头头状。掺花果小；胚弯，子叶包围粉状胚乳。

分布概况：25/1 种，3（14SH）型；分布于美洲温暖地区，欧亚稀有；中国产甘肃、陕西、四川、西藏和云南。

系统学评述：山紫茉莉属曾被并入紫茉莉属[5,9]，但 FOC 仍保留该属。该属目前仍缺乏分子系统学研究。

DNA 条形码研究：GBOWS 已有 1 种 12 个条形码数据。

代表种及其用途：山紫茉莉 *O. himalaicus* Edgeworth var. *chinensis* (Heimerl) D. Q. Lu 的根为藏药，用于胃寒、肾寒、肾虚、浮肿、腰及下肢痹症等。

6. *Pisonia* Linnaeus 腺果藤属

Pisonia Linnaeus (1753: 1026); Lu & Gilbert (2003: 430) (Lectotype: *P. aculeata* Linnaeus). —— *Ceodes* J. R. Forster & G. Forster (1755: 71)

特征描述：直立灌木或乔木，或木质藤本。叶对生或互生，全缘。花常单性异株，聚伞花序；花萼 5-10 裂，雄花的漏斗状，雌花的管状；雄蕊 6-10 或更多；子房无柄，1 室，胚珠 1 颗。掺花果伸长，且包以宿存的花萼，具极黏性。花粉粒 3 沟或散孔，穿孔-颗粒或网状纹饰。

分布概况：40/3 种，2（3）型；主产美洲热带、亚热带和亚洲东南部，西印度群岛，美洲中南部及太平洋西南部尤盛；中国产广东南部和台湾。

系统学评述：该属被置于 Pisonieae 族[9,10]。

DNA 条形码研究：BOLD 网站有该属 12 种 39 个条形码数据；GBOWS 已有 1 种 4 个条形码数据。

代表种及其用途：抗风桐 *P. grandis* R. Brown 为西沙群岛地区主要树种，常成纯林。

主要参考文献

[1] Heimerl A. Nyctaginaceae[M]//Engler A, Prantl K. Die natürlichen pflanzenfamilien. Leipzig: W. Engelmann, 1889: 14-32.

[2] Heimerl A. Gyrostemonaceae[M]//Engler A, Prantl K. Die natürlichen pflanzenfamilien, 16C, 2nd ed. Leipzig: W. Engelmann, 1934: 86-134.

[3] Standley PC. The Allioniaceae of the United States with notes on Mexican species[J]. Contr U S Natl Herb, 1909, 12: 303-389.

[4] Standley PC. Studies of American plants: Nyctaginaceae[J]. Field Mus Bot Ser, 1931, 8: 304-311.

[5] Fosberg FR. Studies in the genus *Boerhavia* L. (Nyctaginaceae), 1-5[J]. Smithson Contr Bot, 1978, 39: 1-20.

[6] Downie SR, et al. Relationships in the Caryophyllales as suggested by phylogenetic analyses of partial chloroplast DNA ORF2280 homolog sequences[J]. Am J Bot, 1997, 84: 253-273.

[7] Cuenoud P, et al. Molecular phylogenetics of Caryophyllales based on nuclear 18S rDNA and plastid *rbc*L, *atp*B, and *mat*K DNA sequences[J]. Am J Bot, 2002, 89: 132-144.

[8] Behnke HD. Sarcobataceae-a new family of Caryophyllales[J]. Taxon, 1997, 46: 495-507.

[9] Bittrich V, Kühn U. Nyctaginaceae[M]//Kubitzki K. The families and genera of flowering plants, II. Berlin: Springer, 1993: 473-486.

[10] Douglas N, et al. A new tribal classification of Nyctaginaceae[J]. Taxon, 2010, 59: 905-910.

[11] Douglas N, Manos PS. Molecular phylogeny of Nyctaginaceae: taxonomy, biogeography, and characters associated with a radiation of xerophytic genera in North America[J]. Am J Bot, 2007, 95: 856-872.

[12] Levin RA. Taxonomic Status of *Acleisanthes*, *Selinocarpus*, and *Ammocodon* (Nyctaginaceae)[J]. Novon, 2002, 12: 58-63.

[13] Le DA. A revision of *Mirabilis* section Mirabilis (Nyctaginaceae)[J]. SIDA, 1995, 16: 613-648.

Molluginaceae Bartling (1825), *nom. cons.* 粟米草科

特征描述：草本或亚灌木。单叶互生，很少对生，<u>基生叶莲座丛或在茎上假螺旋</u>，<u>叶边缘全缘</u>。顶生或近腋生的聚伞花序；<u>花小</u>，<u>两性</u>，<u>很少单性</u>，辐射下位；<u>花被片（4-）5</u>，<u>离生</u>；花瓣无或 5 至多数；雄蕊 3-5 或多数，排列成几列；<u>子房上位</u>，<u>心皮合生</u>，<u>心皮 2-5 或多数</u>，<u>中轴胎座</u>。蒴果，<u>室背开裂</u>，极少为坚果。花粉粒 3（4）沟。昆虫传粉或自花授粉。染色体 2n=18，36。植株含花青素和黄酮碳苷。

分布概况：13 属/120 种，分布于热带和亚热带干旱地区，世界广布，主产非洲南部；中国 2 属/6 种，产西南至华东。

系统学评述：粟米草科是个分类极为困难的类群。广义粟米草科由于其花的特征与番杏科 Aizoaceae 及商陆科 Phytolaccaceae 较为相似，曾被归于番杏科并置于亚科水平，或部分类群置于番杏科而其他部分置于商陆科。但粟米草科模式属粟米草属 *Mollugo* 等一些属含花青素而不含甜菜色素，与番杏科及商陆科明显不同，因此其科的分类地位被支持[APG III,APW]。基于分子系统学研究，曾被置于广义粟米草科中的 *Corbichonia*、吉粟草属 *Gisekia*、粟麦草属 *Limeum*、*Macarthuria* 等均被从粟米草科中分出，独立成科或并入其他科之中[1-3]。目前所界定的粟米草科为其狭义概念，仅包含 10 个属[APW]。尽管该科的单系性在分子系统学研究中获得支持，但其科下系统发育关系未得到很好解决，此外，分子系统学研究表明其模式属是多系类群[4]。

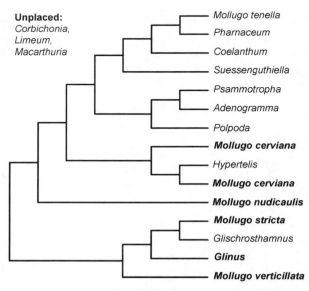

图 169　粟米草科分子系统框架图（Christin 等[4]）

分属检索表

1. 种子具环形种阜和假种皮；花有退化雄蕊 ·· **1. 星粟草属** *Glinus*
1. 种子无种阜和假种皮；花无退化雄蕊 ···　**2. 粟米草属** *Mollugo*

1. *Glinus* Linnaeus 星粟草属

Glinus Linnaeus (1753: 463); Lu & Hartmann (2003: 438) (Type: *G. lotoides* Linnaeus)

特征描述：一年生草本。茎铺散，常多分枝，密被星状柔毛或无毛。单叶，互生、对生或假轮生，全缘。花腋生成簇，为聚伞花序；具梗或近无梗；花被片 5，离生，草质，宿存；雄蕊（3-）5（-20），离生或成束，有退化雄蕊；心皮 3（-5），合生，子房宽椭圆形或长圆形，3（-5）室，胚珠多数；花柱 3（-5），直立，宿存。蒴果卵球形，3（-5）瓣裂。种子肾形，多数；具环形种阜和假种皮；种皮具小瘤或平滑。花粉粒 3 沟，穿孔状-颗粒纹饰。染色体 2n=18。

分布概况：约 10/2 种，**2 型**；分布于热带，亚热带和暖温带；中国产云南、海南和台湾。

系统学评述：星粟草属是个单系类群，与轮生叶的粟米草属和 *Glischrothamnus* 系统发育关系近缘[4]。

DNA 条形码研究：BOLD 网站有该属 4 种 20 个条形码数据；GBOWS 已有 1 种 8 个条形码数据。

2. *Mollugo* Linnaeus 粟米草属

Mollugo Linnaeus (1753: 89); Lu & Hartmann (2003: 438) (Lectotype: *M. verticillata* Linnaeus)

特征描述：草本。茎铺散，多分枝，无毛。单叶，全缘，基生叶莲座状，茎生叶近对生或假轮生。花小，具梗，簇生或成聚伞花序、伞形花序；花被片 5，离生；雄蕊常 3（-5），无退化雄蕊；心皮 3（-5），子房上位，3（-5）室，每室胚珠多数，中轴胎座上花柱 3（-5），线形。蒴果球形，果皮膜质，包于宿存花被内，室背开裂为 3（-5）果瓣。种子多数，肾形，平滑或有颗粒状凸起。花粉粒 3（-4）沟或散孔，穿孔状-颗粒纹饰。染色体 2n=18，36。

分布概况：约 35/4 种，**2 型**；主要分布于热带和亚热带，欧洲，东亚和北美的暖温带；中国主产西南至华东。

系统学评述：分子系统学研究表明粟米草属是个多系类群[4]，中国产的 4 个种分散在不同的分支上。该属的范围需进行重新界定，一些类群可能需被移置到别的属，或独立为新属。

DNA 条形码研究：BOLD 网站有该属 17 种 104 个条形码数据；GBOWS 已有 2 种 43 个条形码数据。

主要参考文献

[1] Brockington SF, et al. Phylogeny of the Caryophyllales *sensu lato*: revisiting hypotheses on pollination biology and perianth differentiation in the core Caryophyllales[J]. Int J Plant Sci, 2009, 170: 627-643.

[2] Schäferhoff B, et al. Caryophyllales phylogenetics: disentangling Phytolaccaceae and Molluginaceae and description of Microteaceae as a new isolated family[J]. Willdenowia, 2009, 39: 209-228.

[3] Christenhusz MJM, et al. On the disintegration of Molluginaceae: a new genus and family (*Kewa*, Kewaceae) segregated from *Hypertelis*, and placement of *Macarthuria* in Macarthuriaceae[J]. Phytotaxa, 2014, 181: 238-242.

[4] Christin PA, et al. Complex evolutionary transitions and the significance of C3-C4 intermediate forms of photosynthesis in Molluginaceae[J]. Evolution, 2011, 65: 643-660.

Basellaceae Rafinesque (1837), *nom. cons.* 落葵科

特征描述：<u>多年生肉质草本</u>。<u>茎攀援状</u>。单叶，互生，全缘，稍肉质。花小，两性，稀单性，辐射对称，排成穗状花序或总状花序；苞片小，小苞片 2，宿存；<u>花被片 5</u>，离生或下部合生，白色或淡红色；<u>雄蕊 5，与花被片对生</u>，<u>花丝着生花被上</u>；雌蕊由 3 心皮合生，<u>子房上位</u>，<u>1 室</u>，<u>胚珠 1</u>。浆果状核果。种子球形，<u>胚乳丰富</u>。花粉粒散孔或散沟。

分布概况：4 属/19 种，分布于亚洲，非洲及拉丁美洲热带；中国 2 属/3 种；引种栽培。

系统学评述：Franz[1]曾将落葵属置于马齿苋科 Portulacaceae，Pax 和 Hoffmann[2]将原属于马齿苋科的落葵属 *Basella* 提升为落葵科。Thorne[3]提出传统的落葵科、仙人掌科 Cactaceae、龙树科 Didiereaceae 和马齿苋科系统发育关系较近，可划入马齿苋亚目 Portulacineae。APG III 将该科置于石竹目 Caryophyllales，分子证据表明上述 4 个科构成 1 个单系分支，支持率较高。Müller 和 Borsch[4]认为落葵科和单型属的滨藜叶科 Halophytaceae 代表了马齿苋亚目中 2 个独立的谱系。Nyffeler 和 Eggli[5]基于叶绿体 *mat*K 和 *ndh*F 片段研究表明落葵科为单系。落葵科可分为 2 类，一类为花丝在花苞期及开花时直立，花无气味，包括落葵属、*Tournonia* 和 *Ullucus*；另一类为伸出花冠外的花丝反折，花具香味，含落葵薯属 *Anredera*[6]。

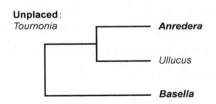

图 170　落葵科分子系统框架图（Arakaki 等[7]）

分属检索表

1. 花具柄，花被片薄；花丝在花蕾中反折；胚半圆形或马蹄形·····························**1. 落葵薯属 Anredera**

1. 花无柄，花被片肉质；花丝在花蕾中直立；胚螺旋状弯曲···································**2. 落葵属 Basella**

1. *Anredera* A. L. Jussieu 落葵薯属

Anredera A. L. Jussieu (1789: 84); Lu & Gilbert (2003: 445) (Type: *A. spicata* J. F. Gmelin)

特征描述：草质藤本。具块根。茎有棱。叶互生，全缘，稍肉质。<u>花小，两性，小花梗具关节</u>，排成腋生和顶生的总状花序；花被管极短，裂片 5，<u>膜质</u>；雄蕊 5，花药"丁"字着生；子房扁圆形，花柱 3，基部连合。<u>胞果藏于宿存的花被及小苞片内，果皮稍肉质</u>。花粉粒散孔，颗粒状纹饰。

分布概况：12/2 种，**3** 型；产美国南部，西印度群岛至阿根廷，加拉帕哥斯群岛；

中国南北均有栽培。

系统学评述：该属根据花被片特征可划分为 3 个类群，花被片淡白色、花被片淡棕色、花被片黑色并紧包果实[8]。后者是 Moquin-Tandon 所指的狭义 *Tandonia*[9]。除花被片淡棕色类群外，其余可能为单系类群。此外，FOC 中短序落葵薯 *Anredera scandens* (Linnaeus) Smith 实为 *A. vesicaria* (Lamarck) C. F. Gaertner 的异名。

DNA 条形码研究：BOLD 网站有该属 4 种 16 个条形码数据；GBOWS 已有 1 种 6 个条形码数据。

代表种及其用途：落葵薯 *A. cordifolia* (Tenore) Steenis 可作药用，用于腰膝痹痛，病后体虚。

2. *Basella* Linnaeus 落葵属

Basella Linnaeus (1753: 272); Lu & Gilbert (2003: 445) (Lectotype: *B. rubra* Linnaeus)

特征描述：一年或二年生攀援状草本。叶互生，稍肉质，全缘。<u>花小</u>，<u>无梗</u>，常淡红色或白色花，两性或单性，辐射对称，排成穗状花序或总状花序；花柱 3，柱头线形；小苞片 2，极小；花被片 5，分离或稍合生；雄蕊 5，子房上位，1 室；胚珠单生，<u>浆果状核果</u>。花粉粒 6 萌发孔，粗网状纹饰。

分布概况：5-6/1 种，**2** 型；分布于热带；中国产长江以南。

系统学评述：该属曾被 Franz[1] 置于马齿苋科，Pax 和 Hoffmann[2] 将落葵属提升为落葵科。该属的 *Basella paniculata* Volkens 因分枝花序无柄且几乎无花瓣而明显有别于其他种，被建议独立为单种属[8]。属下分类还有待进一步研究。

DNA 条形码研究：BOLD 网站有该属 2 种 5 个条形码数据。

代表种及其用途：落葵 *B. alba* Linnaeus 叶含葡聚糖、黏多糖、β-胡萝卜素等，可作蔬菜，亦可供药用，具清热滑肠、凉血解毒的功效。

主要参考文献

[1] Franz E. Beiträge zur kenntnis der Portulacaceen und Basellaceen[J]. Bot Jahrb Syst, 1908, 42: 1-46.

[2] Pax F, Hoffmann K. Portulacaceae[M]//Engler A, Harms H. Die natürlichen pflanzenfamilien, Vol. 16c. 2nd ed. Leipzig: W. Engelmann, 1934: 234-262.

[3] Thorne RF. A phylogenetic classification of the Angiospermae[M]//Hecht MK, et al. Evolution Biology, 9. New York: Plenum Press, 1976: 35-106.

[4] Müller K, et al. Phylogenetics of Amaranthaceae based on *mat*K/*trn*K sequence data: evidence from parsimony, likelihood, and bayesian analyses[J]. Ann MO Bot Gard, 2005, 92: 66-102.

[5] Nyffeler R, et al. Disintegrating Portulacaceae: a new familial classification of the suborder Portulacineae (Caryophyllales) based on molecular and morphological data[J]. Taxon, 2010, 59: 227-240.

[6] Sperling CR. Basellaceae[M]//Kubitzki K. The families and genera of vascular plants, VII. Berlin: Springer, 1993: 143-147.

[7] Arakaki M, et al. Contemporaneous and recent radiations of the world's major succulent plant lineages[J]. Proc Natl Acad Sci USA, 2011, 108: 8379-8384.

[8] Eriksson R. A synopsis of Basellaceae[J]. Kew Bull, 2007, 26: 297-320.

[9] Moquin-Tandon A. Basellaceae[M]//de Candolle. Prodromus systematis naturalis regni vegetabilis, 13. Paris: Masson, 1849: 220-230.

Talinaceae Doweld (2001) 土人参科

特征描述：草本、灌木，稀小乔木。茎直立，肉质。叶肉质，互生、对生或簇生，全缘；无柄或具短柄；无托叶。花序顶生或侧生，常组成总状花序或圆锥花序；花小；萼片 2，卵形，早落，无毛或稀有软毛；花瓣（2-）5，稀多数（8-10）；雄蕊 5 至多数，有时 2 轮，贴生于花瓣基部；子房上位，1-3（-4）室，胚珠多数，花柱顶端 3 裂，稀 2 裂。浆果或顶端开裂蒴果；1 到多数种子。花粉粒散沟或散孔。染色体 n=8。

分布概况：2 属/27 种，分布于美洲，非洲大陆东部和马达加斯加；中国 1 属/1 种，引种栽培后逸生。

系统学评述：形态学和分子证据显示马齿苋亚目 Portulacineae 包括 3 大分支，即 ACPT 分支（包括 Anacampseroteae、仙人掌科 Cactaceae、马齿苋属 *Portulaca* 和土人参属 *Talinum*）、CDP 分支和 PAW 分支[1-3]。分子系统发育分析表明，马达加斯加特有属 *Talinella* 和土人参属系统发育关系近缘[1-3]。Nyffeler[3]根据其研究结果，建议将土人参属（包括 *Talinella*）置入 1 个超科 "Cactariae"，或是独立成土人参科。

1. *Talinum* Adanson 土人参属

Talinum Adanson (1763: 245), *nom. cons.*; Lu & Gibert (2003: 443) [Type: *T. triangulare* (Jacquin) Willd, *typ. cons.* (≡ *Portulaca triangularis* Jacquin)]

特征描述：多年生肉质草本或亚灌木。常具粗根。叶常互生，扁平，全缘；无托叶。总状花序或圆锥花序顶生或腋生，稀有单花；苞片和小苞片小，鳞片状；萼片 2，卵形，早落；花瓣 5，离生，基部合生；雄蕊 5 至多数，贴生花瓣基部，花丝线形；子房上位，1 室，胚珠多数，花柱细长，顶端 3 裂。蒴果俯垂球形，3 瓣裂。种子多数。花粉粒散孔，穿孔状-颗粒纹饰。染色体 n=8。

分布概况：10/1 种，**2** 型；分布于美洲，少数到非洲和亚洲；中国引种栽培，逸生。

系统学评述：基于形态和分子证据，土人参属的范围已被重新进行了界定，该属具线形、圆柱形叶的草本类群被划分为 *Phemeranthus*，在系统关系上其也与 PAW 分支近缘[1,3-5]。狭义的土人参属包括 10 种，主要分布于美洲和非洲，亚洲有引种[6]。目前土人参属的种间系统关系，目前还缺乏全面的研究。

DNA 条形码研究：BOLD 网站有该属 8 种 20 个条形码数据；GBOWS 已有 1 种 24 个条形码数据。

代表种及其用途：土人参 *T. paniculatum* (Jacquin) Gaertner 可供观赏；嫩茎叶作蔬菜食用；肉质根可入药，有滋补强壮之效。

主要参考文献

[1] Hershkovitz MA, Zimmer EA. On the evolutionary origins of the Cacti[J]. Taxon, 1997, 46: 217-232.

[2] Applequist WL, Wallace RS. Phylogeny of the portulacaceous cohort based on *ndh*F sequence data[J]. Syst Bot, 2001, 26: 406-419.

[3] Nyffeler R. The closest relatives of cacti: insights from phylogenetic analyses of chloroplast and mito-chondrial sequences with special emphasis on relationships in the tribe Anacampseroteae[J]. Am J Bot, 2007, 94: 89-101.

[4] Carolin R. A review of the family Portulacaceae[J]. Austr J Bot, 1987, 35: 383-412.

[5] Hershkovitz MA. Revised circumscriptions and subgeneric taxonomies of *Calandrinia* and *Montiopsis* (Portulacaceae) with notes on phylogeny of the Portulacaceous alliance[J]. Ann MO Bot Gard, 1993, 80: 333-365.

[6] Eggli U. *Talinum*[M]//Eggli U. Illustrated handbook of succulent plants: dicotyledons. Berlin: Springer, 2002: 425-433.

Portulacaceae Jussieu (1789), *nom. cons.* 马齿苋科

特征描述： 肉质、平卧或斜生草本。叶互生或对生，扁平或圆柱形，上部的常聚生成总苞状；托叶为膜质鳞片状或毛状的附属物，稀完全退化。花单生或簇生；萼片2，基部合生成1管，且与子房合生；花瓣4-6；雄蕊5或多数；子房半下位或下位，1室，胚珠多数；花柱3-8。蒴果盖裂。种子细小，肾形。花粉粒散沟，穿孔状-颗粒纹饰。

分布概况： 1属/116种，产热带和亚热带，非洲和南美洲间断分布，少数到温带；中国1属/5种，南北均产。

系统学评述： 基于形态学特征Franz最早将马齿苋科划分为2亚科[1]。McNeill[2]将其作为仅含1属的马齿苋族Portulaceae。形态和分子证据表明传统的马齿苋科是并系类群，包括了落葵科Basellaceae、仙人掌科Cactaceae和龙树科Didieraceae[3-9]。Nyffeler和Eggli基于叶绿体*mat*K和*ndh*F片段研究显示，马齿苋科为单系类群，仅包含马齿苋属*Portulaca*（包含*Lamia*、*Lemia*、*Merida*和*Sedopsis*），FOC中马齿苋科所包含的土人参属*Talinum*目前被接受为独立的土人参科Talinaceae[10,APW]。

1. *Portulaca* **Linnaeus** 马齿苋属

Portulaca Linnaeus (1753: 445); Lu & Gilbert (2003: 442) (Lectotype: *P. oleracea* Linnaeus)

特征描述： 同科描述。

分布概况： 116/5种，2型；产热带和亚热带，特别是非洲和南美洲间断分布，少数种类分布到温带；中国南北均产。

系统学评述： 该属一直被认为与回欢草族Anacampseroteae和土人参属有较近的亲缘关系，隶属于马齿苋亚目Portulacineae的ACPT分支[9]。该属物种数从40到100不等，形态上因其蒴果盖裂而有别于其近缘类群[11,12]。von Poellnitz[13]最早对马齿苋属进行了专著性研究，并基于蒴果的特征将其划分为2个亚属，即*Portulaca* subgen. *Discoportulaca*和*P.* subgen. *Euportulaca*。Legrand[14]基于花序与花的形态将马齿苋属划分为6个亚属，即*Portulaca* subgen. *Dichocalyx*、*P.* subgen. *Enantiophylla*、*P.* subgen. *Portulacella*、*P.* subgen. *Siphonopetalum*、*P.* subgen. *Portulacelloides*和马齿苋亚属*P.* subgen. *Portulaca*，其中前4个亚属为旧世界分布，第5亚属为新世界分布，而马齿苋亚属世界广布。Geesink[11]则根据花序的形态将该属划分为马齿苋亚属和*P.* subgen. *Portulacella*，并得到了众多研究结果的支持。Ocampo和Columbus[15]的分子系统学研究表明马齿苋属为单系类群，但前人所提出的这几种属下划分观点均未得到支持，其中，Geesink[11]所建立的*P.* subgen. *Portulacella*为单系类群，而马齿苋亚属为并系。

DNA条形码研究： BOLD网站有该属75种133个条形码数据；GBOWS已有2种29个条形码数据。

代表种及其用途： 该属部分种类作蔬菜及药用，如马齿苋 *P. oleracea* Linnaeus。

主要参考文献

[1] Franz E. Beiträge zur kenntnis der Portulacaceen und Basellaceen[J]. Bot Jahrb Syst, 1908, 42: 1-46.
[2] McNeill J. Synopsis of a revised classification of the Portulacaceae[J]. Taxon, 1974, 23: 725-728.
[3] Hershkovitz MA, et al. On the evolutionary origins of the cacti[J]. Taxon, 1997, 46: 217-232.
[4] Applequist WL, Wallace RL. Phylogeny of the portulacaceous cohort based on *ndh*F sequence data[J]. Syst Bot, 2001, 26: 406-419.
[5] Cuénoud P, et al. Molecular phylogenetics of Caryophyllales based on nuclear 18S rDNA and plastid *rbc*L, *atp*B, and *mat*K DNA sequences[J]. Am J Bot, 2002, 89: 132-144.
[6] Huli KW, et al. Phylogeny of *Nymphaea* (Nymphaeaceae): evidence from substitutions and microstructural changes in the chloroplast *trn*T-*trn*F region[J]. Am J Bot, 2003, 90: 1758-1776.
[7] Müller K, et al. Phylogenetics of Amaranthaceae based on *mat*K/*trn*K sequence data: evidence from parsimony, likelihood, and bayesian analyses[J]. Ann MO Bot Gard, 2005, 92: 66-102.
[8] Applequist WL, et al. Molecular evidence resolving the systematic position of *Hectorella* (Portulacaceae)[J]. Syst Bot, 2006, 31: 310-319.
[9] Nyffeler R, et al. The closest relatives of cacti: insights from phylogenetic analyses of chloroplast and mitochondrial sequences with special emphasis on relationships in the tribe Anacampseroteae[J]. Am J Bot, 2007, 94: 89-101.
[10] Nyffeler R, Eggli U. Disintegrating Portulacaceae: a new familial classification of the suborder Portulacineae (Caryophyllales) based on molecular and morphological data[J]. Taxon, 2010, 59: 227-240.
[11] Geesink R. An account of the genus *Portulaca* in Indo-Australia and the Pacific (Portulacaceae)[J]. Blumea, 1969, 17: 275-301.
[12] Legrand CD. Desmembración del género *Portulaca* II. Comun[J]. Bot Mus Hist Nat Montevideo, 1953, 3: 1-16.
[13] von Poellnitz K. Versuch einer monographie der gattung *Portulaca* L.[J]. Fedde Rep, 1934, 37: 240-320.
[14] Legrand D. Desmembración del género *Portulaca* II[J]. Com Bot Mus Hist Nat, 1958, 3: 1-17.
[15] Ocampo G, Columbus JT. Molecular phylogenetics, historical biogeography, and chromosome number evolution of *Portulaca* (Portulacaceae)[J]. Mol Phylogenet Evol, 2012, 63: 97-112.

Cactaceae Jussieu (1789), *nom. cons.* 仙人掌科

特征描述：<u>多年生肉质草本</u>、<u>灌木或乔木</u>，地生或附生。<u>茎肉质</u>，呈球状、柱状或扁平，<u>具螺旋状排列特殊刺座（小窠）</u>，枝和花均从小窠发出。<u>叶常退化</u>。花常两性；<u>花托常与子房合生，外面覆以鳞片（苞片）和小窠</u>；花被片及雄蕊多数；<u>雌蕊 3 至多心皮合生而成</u>；<u>子房常下位，1 室</u>，胚珠多数。浆果肉质，常具黏液，散生鳞片和小窠。种皮坚硬；胚常弯曲。花粉粒为 3、6 和 12 沟。昆虫或鸟、兽类传粉。染色体 $x=11$。

分布概况：约 124 属/1500 种，分布于美洲热带和亚热带，偶产高寒地区；中国栽培 60 余属/600 多种，其中 4 属 7 种或已归化。

系统学评述：仙人掌科下分类长期存在争议。Backeberg 系统[1]认为该科包含 233 属，而 Hunt 系统[2]仅含 84 属。科下曾被不同的学者划分为 3 亚科 121 属、3 亚科 98 属或 4 亚科 125 属（含 3 个杂交属）[3-5]。在最新的分类修订研究中，Hunt 等[6]将仙人掌科分为 4 亚科 124 属，包括叶仙人掌亚科 Pereskioideae（仅包含叶仙人掌属 *Pereskia*）、拟叶仙人掌亚科 Maihuenioideae（仅包含拟叶仙人掌属 *Maihuenia*）、仙人掌亚科 Opuntioideae（包含 2 族 17 属，即圆柱仙人掌族 Cylindropuntieae 和仙人掌族 Opuntieae）和仙人球亚科 Cactoideae（包含 8 族 104 属，即鹿角柱族 Echinocereeae、量天尺族 Hylocereeae、丝苇族 Rhipsalideae、轮柱族 Cerceae、毛花柱族 Trichocereeae、南国仙人球族 Notocacteae 和仙人球族 Cacteae）。分子系统学和形态学证据显示仙人掌类与马齿苋科 Portulacaceae 的回欢草族 Anacampseroteae、马齿苋属 *Portulaca* 和土人参属 *Talinum* 有最近的亲缘关系，基于 *ndh*F+*mat*K+*nad*1 片段联合分析显示，回欢草族是仙人掌科的姐妹群[7]。该科起源于约 3500 万年前，科内的分化主要发生于 500 万-1000 万年前[8]，为单系[4,9]。

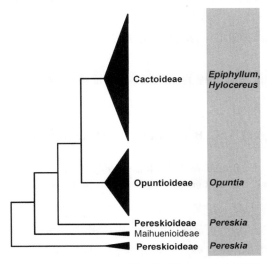

图 171　仙人掌科分子系统框架图（Nyffeler 等[7]）

分属检索表

1. 茎无叶和倒刺刚毛，具气根；花白色，夜间开放，无梗，单生于小窠，漏斗状或高脚碟状；花托延伸成管状花托筒；子房下位；柱头 10-24，线形至狭线形，先端长渐尖，开展
    2. 分枝叶状侧扁，具粗大的中肋，柔软，无刺 ·······················**1. 昙花属 Epiphyllum**
    2. 分枝三棱柱状或三角柱状，坚硬，具刺 ·······················**2. 量天尺属 Hylocereus**
1. 茎具叶，无气根；花黄色、红色或白色，白天开放，具梗或无梗，辐射状；花托边缘略高出子房，但不延伸成花托筒；子房上位至下位；柱头 3-10（-20），长圆形至狭长圆形，先端圆至微钝，直立至开展
    3. 小窠有倒刺刚毛；叶圆柱状、钻形或锥形，无叶脉和叶柄，通常早落；花无梗，单生于小窠；子房下位；种子具骨质假种皮，白色至黄褐色 ·······················**3. 仙人掌属 Opuntia**
    3. 小窠无倒刺刚毛；叶扁平，全缘，具羽状脉和叶柄，宿存；花具梗，组成总状、聚伞状或圆锥花序；子房上位至下位；种子无假种皮，黑色 ·······················**4. 叶仙人掌属 Pereskia**

1. *Epiphyllum* Haworth 昙花属

Epiphyllum Haworth (1812: 197); Li & Taylor (2007: 212) [Type: *E. phyllanthus* (Linnaeus) Haworth (≡ *Cactus phyllanthus* Linnaeus)]

特征描述：<u>附生肉质灌木</u>。茎分枝。叶状扁平，具两面凸起的中肋，<u>小窠无刺</u>；<u>叶退化</u>。花单生于枝侧的小窠，无梗，两性，<u>夜间开放</u>；花托与子房合生，花托筒细长，多少弯曲，疏生披针形鳞片；花被片多数，外轮花被片萼片状，常反曲，内轮花被片花瓣状，白色；雄蕊多数，着生于花托筒内面及喉部；子房下位，1 室；花柱圆柱状，<u>柱头 8-20</u>。浆果，种子多数。花粉粒 3 沟，穿孔状-颗粒纹饰。

分布概况：约 13/1 种，（**3**）型；产热带美洲；中国引种昙花 *Epiphyllum oxypetalum* (de Candolle) Haworth，已归化。

系统学评述：该属被置于仙人球亚科量天尺族 Hylocereeae[4,6]，属下目前尚无分子系统学研究报道。

DNA 条形码研究：BOLD 网站有该属 2 种 3 个条形码数据；GBOWS 已有 1 种 3 个条形码数据。

代表种及其用途：该属部分种类供观赏，如孔雀花 *E. phyllanthus* (Linnaeus) Haworth；也可作蔬菜，如昙花。

2. *Hylocereus* (A. Berger) N. L. Britton & J. N. Rose 量天尺属

Hylocereus (A. Berger) N. L. Britton & J. N. Rose (1909: 428); Li & Taylor (2007: 211) [Type: *H. triangularis* (Linnaeus) N. L. Britton & J. N. Rose (≡ *Cactus triangularis* Linnaeus)]

特征描述：<u>攀援肉质灌木</u>。茎多分枝和气根，<u>枝延伸呈三棱柱状或三角柱状</u>；<u>小窠具粗短硬刺</u>。叶不存在。花单生无梗，两性，<u>夜间开放</u>；花托与子房合生；花被片多数，螺旋状聚生于花托筒上部，外轮萼片状，常反曲，内轮花瓣状，开展；雄蕊多数；子房下位，1 室；花柱圆柱形，<u>柱头 20-24</u>。浆果。种子多数，卵形至肾形，黑色。

分布概况：约 15/1 种，**3** 型；分布于中美洲，西印度群岛及南美洲；中国均为引种栽培。

系统学评述：该属被置于仙人球亚科量天尺族[4,6]，属下目前尚无分子系统学研究报道。

DNA 条形码研究：BOLD 网站有该属 13 种 146 个条形码数据。

代表种及其用途：量天尺 *H. undatus* (Haworth) Britton & Rose 常作同科植物的砧木；花可作蔬菜；浆果可食，商品名为"火龙果"。

3. *Opuntia* Miller 仙人掌属

Opuntia Miller (1754, ed. 4); Li & Taylor (2007: 210) [Lectotype: *O. vulgaris* Miller (≡ *Cactus opuntia* Linnaeus)]

特征描述：<u>肉质灌木或小乔木</u>。茎直立、匍匐或上升，常具多数分枝；<u>小窠具绵毛、倒刺刚毛和刺</u>。<u>具叶</u>，<u>早落</u>，稀宿存；<u>无脉及叶柄</u>。花单生无梗，<u>白天开放</u>；花托大部与子房合生；花被片多数，外轮较小，内轮花瓣状；雄蕊多数，<u>具蜜腺腔</u>；子房下位，胚珠多数至少数；花柱圆柱状或基部上方膨大，<u>柱头 5-10</u>，<u>直立至开展</u>。浆果。<u>种子具骨质假种皮</u>，稀单生，<u>白色至黄褐色</u>，肾状椭圆形至近圆形。花粉粒散孔，网状纹饰。

分布概况：约 90/4 种，**3** 型；主产美洲；中国引种栽培。

系统学评述：该属被置于仙人掌亚科仙人掌族[6]。传统上的仙人掌属是 1 个多系类群。在仙人掌族内部，狭义仙人掌属包含了胭脂掌属 *Nopalea*，并与由长蕊掌属 *Tacinga*、猪耳掌属 *Brasiliopuntia*、金毛团扇 *Opuntia schickendantzii* F. A. C. Weber 和 *O. lilae* Trujillo & M. Ponce 组成的分支构成姐妹群关系。狭义仙人掌属起源于南美洲西南部，后扩张到中部安第斯河谷和北美西部的沙漠地区，后一地区的物种在上新世时期通过网状进化或多倍化方式分化出 8 个分支，形成了大量的异源多倍体[10]。

DNA 条形码研究：该属的 ITS 条码鉴别率为 83%，*matK* 鉴别率为 88%[11]。BOLD 网站有该属 142 种 491 个条形码数据；GBOWS 已有 1 种 4 个条形码数据。

代表种及其用途：该属一些植物可入药或作蔬菜，如仙人掌 *O. dillenii* (Ker Gawler) Haworth、梨果仙人掌 *O. ficus-indica* (Linnaeus) Miller。

4. *Pereskia* Miller 叶仙人掌属

Pereskia Miller (1754, ed. 4); Leuenberger (1986: 1); Li & Taylor (2007: 209) (Type: *P. aculeata* Miller)

特征描述：<u>直立或攀援灌木</u>，<u>稀为小乔木</u>。分枝多数，开展，圆柱状，节间细长，嫩时稍肉质；<u>小窠具绒毛和 1 至多数刺</u>。叶互生，具羽状脉和叶柄。花具梗，<u>白天开放</u>；花托杯状，外面散生小窠及叶状鳞片；花被片多数，外轮萼片状，内轮花瓣状；雄蕊多数；<u>子房上位至下位</u>，1 室；花柱圆柱状，<u>柱头 3-20</u>，<u>直立或近直立</u>。浆果。种子多数至少数，倒卵形至双凸镜状，长过于宽，<u>黑色具光泽</u>。花粉粒散沟，穿孔状-颗粒纹饰。

分布概况：17/1 种，**3** 型；产热带和亚热带美洲；中国无野生种分布。木麒麟 *P. aculeata* Miller 引种，已归化。

系统学评述：该属为叶仙人掌亚科的唯一代表[4,6]，为并系类群[9,12]。该属保留了大量的近祖性状，包括茎非肉质、叶高度发育且宿存，有些种具上位子房和基底胎座。在仙人掌科中这些性状均为该属所特有。该属以加勒比海为分布中心的8种构成一个分支，以茎无气孔为共衍征，其余物种与其他仙人掌类群构成另一个分支，这2个分支构成姐妹群[9]。

DNA 条形码研究：该属的 *mat*K 鉴别率为85%[11]。BOLD 网站有该属 18 种 43 个条形码数据；GBOWS 已有 1 种 3 个条形码数据。

代表种及其用途：木麒麟供观赏。

主要参考文献

[1]   Backeberg C. Das Kakteenlexikon[M]. Jena: G. Fischer, 1966.

[2]   Hunt DR. Cactaceae[M]//Hutchinson J. The genera of flowering plants, Vol. 2. Oxford: Oxford University Press, 1967: 427-467.

[3]   Gibson AC, et al. The cactus primer[M]. Cambridge: Harvard University Press, 1986.

[4]   Barthlott W, et al. Cactaceae[M]//Kubitzki K. The families and genera of vascular plants, II. Berlin: Springer, 1993: 161-197.

[5]   Anderson EF. The cactus family[M]. Portland: Timber Press, 2001.

[6]   Hunt DR. The new cactus lexicon, 2 Vols[M]. Milborne Port: DH Books, 2006.

[7]   Nyffeler R, et al. Disintegrating Portulacaceae: a new familial classification of the suborder Portulacineae (Caryophyllales) based on molecular and morphological data[J]. Taxon, 2010, 59: 227-240.

[8]   Arakaki M, et al. Contemporaneous and recent radiations of the world's major succulent plant lineages[J]. Proc Natl Acad Sci USA, 2011, 108: 8379-8384.

[9]   Edwards EJ, et al. Basal cactus phylogeny: implications of *Pereskia* (Cactaceae) paraphyly for the transition to the cactus life form[J]. Am J Bot, 2005, 92: 1177-1188.

[10] Majure LC, et al. Phylogeny of *Opuntia s.s.* (Cactaceae): clade delineation, geographic origins, and reticulate evolution[J]. Am J Bot, 2012, 99: 847-864.

[11] Yesson C. DNA barcodes for mexican Cactaceae, plants under pressure from wild collecting[J]. Mol Ecol Res, 2011, 11:775-783

[12] Nyffeler R. Phylogenetic relationships in the cactus family (Cactaceae) based on evidence from *trn*K/*mat*K and *trn*L-*trn*F sequences[J]. Am J Bot, 2002, 89: 312-326.